国外计算机科学教材系列

数据库处理
——基础、设计与实现
（第十三版）

Database Processing: Fundamentals, Design, and Implementation

Thirteen Edition

[美] David M. Kroenke　David J. Auer　著

孙未未　陈彤兵　张　健　陈依娇　朱　良　译

電子工業出版社
Publishing House of Electronics Industry
北京·BEIJING

内容简介

本书从基础、设计和实现三个层面介绍数据库处理技术，内容全面翔实，既包括数据库设计、数据库实现、多用户数据处理、数据访问标准等经典理论，也包括商务智能、XML 和.NET 等最新技术。本书的内容编排和写作风格新颖，强调学习过程中的乐趣，围绕两个贯穿全书的项目练习，让读者从一开始就能把所学的知识用于解决具体的应用实例。本书各章都提供了大量的习题和项目练习，并为授课教师提供了丰富的教辅资源。

本书可作为高等学校相关专业的本科生或研究生的数据库课程的教材，同时也是很好的专业参考书籍。

图书在版编目(CIP)数据

数据库处理：基础、设计与实现：第十三版/(美)克伦克(Kroenke, D. M.),(美)奥尔(Auer, D. J.)著;孙未未等译.
北京：电子工业出版社，2016.4
书名原文：Database Processing: Fundamentals, Design, and Implementation, Thirteenth Edition
国外计算机科学教材系列
ISBN 978-7-121-27605-7

Ⅰ.①数… Ⅱ.①克… ②奥… ③孙… Ⅲ.①数据库-高等学校-教材 Ⅳ.①TP311.13

中国版本图书馆 CIP 数据核字(2015)第 277610 号

策划编辑：冯小贝
责任编辑：周宏敏
印　　刷：三河市鑫金马印装有限公司
装　　订：三河市鑫金马印装有限公司
出版发行：电子工业出版社
　　　　　北京市海淀区万寿路 173 信箱　邮编　100036
开　　本：787×1092　1/16　印张：35　字数：1036 千字
版　　次：2003 年 7 月第 1 版(原著第 8 版)
　　　　　2016 年 4 月第 4 版(原著第 13 版)
印　　次：2016 年 4 月第 1 次印刷
定　　价：89.00 元

凡所购买电子工业出版社图书有缺损问题，请向购买书店调换。若书店售缺，请与本社发行部联系，联系及邮购电话：(010)88254888。

质量投诉请发邮件至 zlts@phei.com.cn，盗版侵权举报请发邮件至 dbqq@phei.com.cn。

服务热线：(010)88258888。

译 者 序

本书介绍数据库处理技术，包括基础、设计和实现三个方面。本书突出的重点是强调“学以致用”，指导读者使用数据库管理系统来解决具体的应用问题。突破了传统数据库教材“从数据模型教数据库设计”的陈规，强调学习过程中的乐趣，让读者从一开始就能把所学的知识用于解决具体的应用实例。

这次呈现的是本书的第十三版，对数据库基础理论和技术的讲述已经非常成熟。但作者为了适应教学环境的最新变化，本版仍对全书的结构和内容做了很多重大改变。提前介绍基本 SQL 的使用，使学生从一开始就可以在 DBMS 上实践；增加了对数据仓库、OLAP 和商务智能、大数据、结构化存储、MapReduce 处理、分布式数据库、虚拟机、云计算等基本概念的介绍；把 DBMS 产品使用介绍等内容以电子版形式在网站上提供，减少了纸质书籍的篇幅，从而降低了图书价格；同时提供了丰富的教学资源供教师使用。

本书可作为本科生或研究生的数据库教材，每章最后有关键概念复习和丰富的习题，包括精心设计贯串全书的项目练习，不但帮助读者巩固所学的理论知识，并且通过项目练习掌握对所学知识的运用能力。

本书的翻译工作由孙未未和陈彤兵主持和统稿，张健、陈依娇和朱良等承担了部分章节的翻译工作。

本书的策划编辑电子工业出版社的冯小贝老师在翻译过程中给予了大力支持，复旦大学首席教授、上海(国际)数据库研究中心主任施伯乐教授和顾宁教授，在本书翻译过程中提出了很多宝贵的指导意见，他们的帮助保障了本书的顺利翻译和出版。

由于译者水平所限，书中难免存有不妥之处，敬请广大读者批评指正。

译　者

前　　言

新增内容

第十三版的《数据库处理——基础、设计与实现》相比上一个版本，新增内容如下：

- 第 12 章增加了大数据和 NoSQL 运动的内容。大数据是这一章的主题，关于可视化、云计算、非关系型非结构化数据库（例如 Cassandra 和 HBase）的发展和 Hadoop 分布式文件系统（HDFS）的内容也包含在这一章。
- 每一章都新增了一个独立的项目练习内容。每一章中项目练习的习题通常都不需要读者完成之前章节同一项目提出的问题才能完成（除了数据建模和数据库设计这两章之外）。尽管不同的章节会有一些具有相同命名的案例，不过这些同名的案例都是彼此独立的。
- 之前第 7 章的 JOIN…ON 和 OUTER JOIN 的 SQL 主题内容都移至第 2 章，所以所有的 SQL 查询主题内容都放在第 2 章（关联子查询的内容仍然保留在第 8 章）。
- SQL/持久性存储模块（SQL/PSM）的内容会在第 7 章、第 10 章、第 10A 章[①]、第 10B 章[①]出现。第 10C 章[①]还包含用户自定义函数的内容。
- 这本书的更新也反映在 Microsoft SQL Server 2012 的使用上，这是 SQL Server 的最新版本。尽管这些内容与 SQL Server 2008 R2 和 SQL Server 2008 R2 Express 版本都是兼容的，但本书还是采用 SQL Server 2012 并结合 Office 2013。
- 本书选择使用 MySQL 5.6，这是 MySQL 的最新可用版本。另外，我们会介绍在 Windows 操作系统上使用的 MySQL 安装程序。
- 作为服务器操作系统的 Microsoft Windows Server 2012 和作为工作站操作系统的 Windows 8 也会在书中介绍。这是最新的 Microsoft Server 和工作站操作系统。我们仍然保留了 Windows 7 的一些内容，因为这些内容无论是在 Windows 7 还是 Windows 8 中的操作和功能都是一致的。
- 在线的附录 J 部分增加了“商业智能系统”的内容。附录包含的这些内容原本属于第 12 章，剩余篇幅用来描述大数据和 NoSQL 运动的内容。
- 在线的附录 I 部分更新了“Web 服务器、PHP 和 Eclipse 开发工具入门”的内容。这部分新内容详细介绍了用来进行 Web 数据库应用开发的 Microsoft IIS Web 服务器、PHP 和 Eclipse IDE 的安装与使用过程，这部分内容在第 11 章也有讨论。

基础、设计与实现

随着技术的发展，如今不可能在不学习掌握基础概念的情况下成功使用 DBMS。经过多年商用数据库的发展，数据库的基本概念体系已经成熟。Internet、万维网和数据分析工具的广泛使用使得数据库理论的发展显得更加迫切。第十三版的内容选取和组织如下：

---

① 为在线内容。——编者注

- 对 SQL 查询的早期介绍。
- 数据库设计采用“螺旋式过程”。
- 数据模型和数据库设计采用一致、通用的信息工程(IE)鸦脚(Crow's Foot)E-R 图符号。
- 在关注于实用规范化技术的规范化讨论中，提供了对特定范式的详尽讨论。
- 采用当前的 DBMS 技术：Microsoft Access 2013，Microsoft SQL Server 2012，Oracle Database 11g Release 2 和 MySQL 5.6。
- 在广泛使用的 Web 开发技术基础上创建 Web 数据库应用。
- 提供对商务智能(BI)系统的介绍。
- 讨论了数据仓库和联机分析处理(OLAP)中数据库设计所用到的维数据库的概念。
- 讨论了服务器可视化、云计算、大数据和 NoSQL 运动的出现与重要主题。

做出这些改变是因为前面几个版本的基本结构所针对的教学环境已经不存在了。对于这本书的结构性改变，有以下几点原因：

- 不同于以前的数据库处理，现在的学生已经很容易得到数据建模和 DBMS 产品。
- 现在的学生也没有耐心在课程的一开始就学习冗长的有关数据库设计和建模的基本概念了，他们希望动手做一些事，然后看到结果，获得反馈。
- 在现有的经济环境下，学生需要确信他们学到的是有用的技术。

SQL DML 的早期介绍

针对以上所述的教学环境变化，本书提供了 SQL 数据操纵语言(DML)SELECT 语句的早期介绍。对 SQL DDL 和其他 DML 语句的讨论留在第 7 章和第 8 章讲述。把 SQL SELECT 语句提前到第 2 章，学生就可以尽早知道怎样查询数据和得到结果，尽早知道数据库技术的一些用途。

本书要求学生在一个 DBMS 系统上实践 SQL 语句和例子。在今天，这也是可行的，因为几乎每个学生都可以得到 Microsoft Access。因此，第 1 章、第 2 章和附录 A 描述了 Microsoft Access 2013 的早期介绍和使用 Access 2013 来进行 SQL 查询(Access 2013QBE 查询技术也被包括在内)。

如果不想使用 Access，也可以使用 SQL Server 2012、Oracle Database 11g Release 2 和 MySQL 5.6 等其他版本。这本书中三大主要的 DBMS 产品(SQL Server 2012 Express，Oracle Express 11g Release 2 和 MySQL5.6 Community edition)的免费版都可以下载。这样，学生就可以在课程的第一周结束时主动地使用一种 DBMS 产品了。

BY THE WAY 对 SQL 的演示和讨论分布在三章中进行，这样学生就可以逐步学习这些重要内容。SQL SELECT 语句在第 2 章中介绍，SQL DDL 和 SQL DML 则在第 7 章中介绍，相关的子查询和 EXISTS/NOT EXISTS 语句在第 8 章中介绍，同时事务控制语言(TCL)和 SQL 数据控制语言(DCL)在第 9 章中讨论。每个部分都以实际应用为例。例如，相关的子查询被用于验证函数依赖假设，这是数据库重设计的必要任务。

楷体印刷部分表明了这一版的另一个新特点：用于把有关的评论与正式的内容区分开来。其中有些内容是辅助资料，其他一些内容则可能用于增强重要概念。

数据库设计的螺旋式过程

现在的数据库来源于三个方面：(1)来源于从电子表格、数据文件和数据库中提取现有的数据；(2)来源于新的信息系统项目的开发；(3)来源于重新设计现有数据库以适应变化的需求。我们认为这三个方面的来源为教师提供了一个重要的教学机会。不是只从数据模型讲授数据库设计，而是讲三遍数据库设计，每一遍对应这三种来源之一。事实上，这个思路的结果比预想的还要好。

设计迭代1：来源于现有数据的数据库

考虑从现有数据出发设计数据库，如果有人用电子邮件发给我们一些数据表格并且说："根据这些数据建立一个数据库"，我们该怎么办？我们会根据规范化原则检查这些表格，确定新的数据库是只用于查询，还是既有查询又有更新，据此决定是反规范化(denormalize)这些数据，把它们联接起来，还是对它们规范化，把它们分开。这些都是需要学生学习和理解的重要内容。

因此，第一遍数据库设计给教师丰富的机会来介绍规范化，这不是一组理论概念，而是一个根据现有数据进行数据库设计决策的有用工具集。另外，最近数据挖掘方面的咨询经验说明，从现有数据构造数据库是越来越常见的任务，通常会交给任务组的初级成员。学习怎样应用规范化根据现有数据进行数据库设计，不仅为规范化教学提供了有趣的途径，而且也是常见和有用的。

我们建议从实用出发来讲授和使用规范化，并且在第3章中介绍了此方法。然而，我们也明白很多教师喜欢按照范式出现顺序(1NF,2NF,3NF,BCNF)一步一步地讲解规范化，因此第3章中同样包含了支持此方法的素材。

在今天的平台环境下，现在大型组织逐渐增加了从SAP、Oracle和Siebel这样的供应商取得标准化软件。这些软件已经有了相应的数据库设计。但对于每个使用这些软件的机构而言，他们知道只有更好地利用这些预先设计好的数据库中的数据才能取得竞争优势。因此，那些知道怎样提取数据并建立只读数据库用于报告和数据挖掘的学生取得了可以用于ERP和其他软件包的技能。

设计迭代2：数据建模和数据库设计

数据库的第二个来源是新系统的设计。虽然不像以前那么普遍了，但许多数据库仍然是从零开始建立的。所以，学生们仍然需要学习数据库建模，并因此仍然需要学习数据建模，而且仍然需要知道怎样把数据模型转换为数据库设计。

信息工程鸦脚模型作为一个设计标准

本版使用一种通用的标准IE鸦脚符号。对于理解这些符号和使用你推荐的数据模型或数据库设计工具，学生们应该没有什么困难。

IDEF1X(本书第9版中用到的E-R图符号)在附录C中有所介绍，以便学生在需要时可以用得上，或者你喜欢在你的课堂上用它。UML在附录D中也有所解释，以方便在课堂上使用。

BY THE WAY 数据模型工具的选择是个有些难以确定的问题。两个最容易得到的工具——Microsoft Visio 2013 和 SUN Microsystems MySQL Workbench 都是数据库设计工具，而并非是数据模型工具。它们都不能产生一个 N:M 联系(一个数据模型所必需的)，但是它们能把它分为两个 1:N 联系(数据库设计做的)。因此，交集表必须要构建和模型化。这容易混淆数据模型和数据库设计，而我们要教学生们去避免这些混淆。

对于 Visio 2013，公正地说，N:M 联系的数据模型确实可以用标准 Visio 2013 画图工具或实体-联系图形动态连接器来画。遗憾的是，Microsoft 选择把 Visio 2010 中很多最好的数据库设计工具从 Visio 2013 中移除出去，同时 Microsoft Visio 2013 也缺少 Microsoft Access 和 Microsoft SQL Server 的用户喜爱使用的数据库设计工具。对于这些工具的的讨论，请参阅附录 E 和附录 F。

实际上有很多好的数据模型工具，但是它们都太复杂和太昂贵。Visible Systems 的 Visible Analyst 和 Computer Associates 的 Erwin Data Modeler 就是这样两个工具。Visible Analyst 有学生版(不太高的价格)，并且有着一年时间期限的 CA 的 Erwin Data Modeler Community 版可以从 http://erwin. com/products/data-modeler/community-edition 下载。CA 的这个版本限制了可创建对象的数量，每个模型最多创建 25 个实体，并且关闭了一些其他的功能(参见 http://erwin. com/content/products/CA-ERwin-r9-Community-Edition-Matrix-na. pdf)，但这个产品的功能对于在课堂上学习使用仍是足够的。

从 E-R 数据模型进行数据库设计

正如第 6 章所述，从数据模型进行数据库设计包括三个任务：用表和列表示实体和属性；通过建立和放置外键表示最大基数(cardinality)；用约束、触发器和应用逻辑表示最小基数。

前两个任务直接明了，但要设计最小基数则比较困难，父记录(required parent)可以方便地用非空(NOT NULL)外键和参照完整性约束增强。子记录(required children)则比较复杂。不过本书通过限制使用参照完整性动作辅以设计文档进行补充来简化这方面的讨论，具体参见图 6.28 前后的讨论。

虽然对子记录的设计很复杂，但它确实是很重要的学习内容，而且也为学生学习触发器提供了一种应用。总之，由于使用了鸦脚模型以及辅助设计文档，这方面的讨论比以前的版本大大简化了。

BY THE WAY David Kroenke 是语义对象模型(SOM)的发明者。SOM 在附录 H 中有所介绍；E-R 数据模型普遍地使用在本书中。

设计迭代 3：数据库再设计

数据库再设计，即数据库设计的第三次迭代，既常见又困难。正如第 8 章所述，信息系统导致机构的变革。新的信息系统为用户提供新的功能，当用户按新的方式行事时，需要改变他们的信息系统。

数据库再设计自然很复杂，这部分内容需要根据学生的情况可以跳过。如果跳过，并不会影响内容的连贯性。数据库再设计放在第 7 章讨论了 SQL DDL 和 DML 之后，因为它需要高级的 SQL，它也为学习相关子查询(correlated subquery)和 EXISTS/NOT EXISTS 语句提供了应用。

主动使用 DBMS 产品

我们假设学生们将主动使用一种 DBMS 产品，那么唯一的问题是使用“哪一种”？实际上，我们大多数人都有 4 种选择：Microsoft Access、Microsoft SQL Server、Oracle Database 或者 MySQL。本书适合使用其中的任何一种，附录 A、第 10 章、第 10A 章和第 10B 章中分别有 Microsoft Access 2013、SQL Server 2012、Oracle Database 11g Release 2 和 MySQL 5.6 的指导。由于时间有限，应该至多只选择其中的一种产品，你可以经常在课程中探讨每种产品的特点，但学生们最好只针对其中的一种产品进行练习。我们建议从 Microsoft Access 开始学习，然后在后面的课程中再转向更加健壮的 DBMS 产品。

使用 Microsoft Access 2013

Access 的首要优点是普遍。想必大多数学生都已经有了，即使没有也很容易得到。许多学生将会在导论性课程和其他课程中使用 Access 2013。附录 A 为没有使用过 Access 2007 的学生提供了一个指导。

但 Access 也有一些缺点，首先，正如第 1 章所介绍的，Access 是应用生成器和 DBMS 的混合体。Access 让学生迷惑，因为它混合了数据库处理和应用开发。而且 Access 2013 把 SQL 隐藏在它的查询处理器之后，使得 SQL 像是事后才想到的。另外，正如在第 2 章中讨论的，Access 并没有正确地处理一些基本的 SQL-92 标准语句。最后，Access 2013 不支持触发器。可以通过捕获 Windows 的事件来模拟触发器，但这并不是标准的技术，并且误导了触发器的意义。

使用 SQL Server 2012、Oracle Database 11g Release 2 或者 MySQL 5.6

选择使用哪一种产品取决于各自的具体情况。Oracle Database 11g Release 2 是一种优秀的企业级 DBMS 产品，但安装困难且难以管理，如果有本地人员为学生提供支持，这是一个极好的选择。在第 10B 章中将看到 Oracle 的图形界面开发(Developer GUI)工具(或者 SQL* Plus，如果你钟爱这个命令行工具)是一个学习 SQL、触发器和存储过程的方便工具。我们的经验是，学生们需要得到相当的支持才能把 Oracle 安装在他们的系统中，而通过一个中央服务器使用 Oracle 也许是更好的方式。

SQL Server 2012 虽然可能在健壮性方面不如 Oracle Database 11g Release 2，却很容易在 Windows 系统上安装，并且提供了企业级 DBMS 产品的能力。标准的数据库管理工具是 Microsoft SQL Server Management Studio GUI 工具。在第 10A 章中，可以使用 SQL Server 2012 来学习 SQL、触发器和存储过程。

在第 10C 章中介绍的 MySQL 5.6 是一种开放源代码的 DBMS 产品(正在备受关注和增长市场份额)。MySQL 的能力在持续升级，并且 MySQL 5.6 现在已经支持存储过程和触发器了。MySQL 还有着突出的图形界面工具(MySQL Query Brower 和 MySQL Administrator)和优秀的命令行工具(MySQL Command Line Client)。学生在他们的计算机上可以很容易地安装这三种产品。MySQL 同时也支持 Linux 操作系统，并且普遍地作为 AMP(Apache-MySQL-PHP)包的一部分(在 Windows 系统中称为 WAMP，在 Linux 系统中称为 LAMP)。

BY THE WAY 如果读者不必受环境限制而可以自由选择使用各种 DBMS，我建议使用 SQL Server 2012。它具有企业级 DBMS 产品的所有特点，并且易于安装和使用。如果可以得到 Access 2013，也可以选择使用它，在第 7 章时再换成 SQL Server 2012。第 1、2 章和附录 A 都是为支持这种方法特意编写的。此外，一种变通方法是使用 Access 2013 作为表单的开发工具，而运行 SQL Server 2012 数据库。

如果你喜欢其他 DBMS 产品，则可以一开始使用 Access 2013，在以后的课程中再换掉。请参阅关于可用 DBMS 产品的详细讨论，来对自己的选择有更加充分的理解。

关注数据库应用处理

在本版中，我们明确地区分开应用开发和数据库应用处理。具体如下：

- 关注特定的依赖数据库的应用：
  - 基于 Web 的数据库驱动的应用
  - 基于 XML 的数据处理
  - 商务智能(BI)系统应用
- 强调使用一般能得到的、兼容多种操作系统的应用开发语言。
- 尽可能地限制使用厂商特定提供的工具和编程语言。

由于篇幅所限，本书没有对 Microsoft. NET 和 Java 等做基本介绍。因此，与其在这里介绍这些语言，不如把它们留在其他的课程中介绍，而且这些课程能覆盖一定的深度。作为替代，我们关注于一些基本的工具，这些工具相对容易学会而且能立即应用到数据库支持的应用程序。我们使用 PHP 作为 Web 开发语言，并且使用 Eclipse IDE 作为开发工具。这些都集中在本书的最后章节，同时在最后章节中也涉及到了数据库和这些开发工具的接口。

BY THE WAY 虽然我们尽可能地使用大众化的软件，但是有些特殊情况下必须使用厂商特定的工具。比如，对于商务智能应用，我们使用 Microsoft Excel 2013 add-in 的 PivotTable capabilities 和 Microsoft SQL Server 2012 SP1 Data Mining Add-ins for Microsoft Office。

当然，也有可代替它们的工具(OpenOffice. org DataPilot capabilities，Palo OLAP Server)，或者这些工具会逐渐地被提供下载。

商务智能系统和维数据库

本版增加了商务智能系统(第 12 章和附录 J)的覆盖范围。第 12 章包含了对维数据库的讨论，维数据库是数据仓库、数据集市(data mart)和 OLAP 服务器的基础结构。同时这一章包括对数据仓库和数据集市的数据管理的讨论，也讨论了报告和数据挖掘应用，包括 OLAP。

附录 J 提供了对于学生特别有趣的两个应用。第一个是 RFM 分析，即一个被邮件订购和电子商务公司经常使用的报告应用。附录 J 通过使用标准 SQL 语句完成了完整的 RFM 分析。

另外，这一章包括了一个用 SQL 相关子查询实现的购物篮分析。这一章可以放在第 8 章之后的任意位置用来讲解 SQL 的实际应用。

第十三版章节概览

第 1 章介绍数据库处理，描述数据库系统的基本部件，并且概括介绍了数据库处理的历史。如果学生是第一次使用 Access 2013（或者需要好好回顾一下），这时就需要学习附录 A。第 2 章介绍 SQL SELECT 语句，它也包括关于怎样向 Access 2013、SQL Server 2012、Oracle Database 11g Release 2 和 MySQL 5.6 提交 SQL 语句的部分。

接下来的四章，从第 3 章到第 6 章，介绍了数据库设计的前两次迭代。第 3 章是关于用 BCNF 范式进行规范化的原则，描述了多值依赖的问题并解释怎样消除。这个规范化的基础被用于第 4 章从现有数据中设计数据库。

第 5 章和第 6 章是关于设计新数据库的。第 5 章介绍了 E-R 数据模型，解释了传统的 E-R 符号，但这一章主要用的是 IE 鸦脚符号。第 5 章还提供了实体类型的一种分类，包括强的、ID 依赖的、弱但非 ID 依赖的、超类型/子类型以及递归。这一章以一个简单的大学数据库建模的例子结束。

第 6 章介绍通过把实体和属性转换成表和列，用建立和放置外键表示最大基数，用 DBMS 约束、触发器和应用程序代码表示最小基数，实现从数据模型到数据库设计的转换。这一章的主要内容按第 5 章的分类次序展开。

第 7 章是关于 SQL DDL、DML 和 SQL 持续存储模型（SQL/PSM）的。SQL DDL 被用于实现在第 6 章引入的设计例子。讨论了 INSERT、UPDATE 和 DELETE 语句，以及 SQL 视图。另外也指出了在程序代码中嵌入 SQL 的原则，介绍了 SQL/PSM，还解释了触发器和存储过程。

数据库再设计，即数据库设计的第三遍迭代在第 8 章中介绍。这一章介绍了 SQL 相关子查询和 EXISTS/NOT EXISTS 语句，并在再设计过程中使用了这些语句。描述了逆向工程，说明和讨论了基本的再设计模式。

第 9 章、第 10 章、第 10A 章、第 10B 章和第 10C 章考虑了多用户数据库的结构。第 9 章描述了数据的管理，包括并发、安全、备份和恢复。第 10 章是关于 DBMS 产品的概述，第 10A 章、第 10B 章和第 10C 章分别描述了 SQL Server 2012、Oracle Database 11g Release 2 和 MySQL 5.6，展示了怎样使用这些产品来创建数据库结构和处理 SQL 语句，同时解释了每个产品的并发、安全、备份和恢复。虽然一些内容为了支持特定 DBMS 产品的讨论的需要而重新排序，但是第 10 章，第 10A 章、第 10B 章和第 10C 章的讨论是与第 9 章讨论的顺序平行进行的。

BY THE WAY 我们在本书扩展了 Access、SQL Server、Oracle Database 和 MySQL 的知识范围。为了使本书篇幅合理和价格降低，我们选择在网站（www.pearsonhighered.com/kroenke）[①]上提供一些资料给读者。

① 也可登录华信教育资源网（www.hxedu.com.cn）免费注册下载。

- 第 10A 章——通过 SQL Server 2012 管理数据库
- 第 10B 章——通过 Oracle Database 11g Release 2 管理数据库
- 第 10C 章——通过 MySQL 5.6 管理数据库
- 附录 A——Microsoft Access2013 简介
- 附录 B——系统分析与设计简介
- 附录 C——E-R 图与 IDEF1X 标准
- 附录 D——E-R 图与 UML 标准
- 附录 E——MySQL Workbench 数据建模工具简介
- 附录 F——Microsoft Visio 2013 简介
- 附录 G——数据库处理中的数据结构
- 附录 H——语义对象模型
- 附录 I——Web 服务器、PHP 和 Eclipse PDT 简介
- 附录 J——商业智能系统

第 11 章、第 12 章是关于数据库访问的标准。第 11 章涉及 ODBC、OLE DB、ADO. NET、ASP. NET、JDBC 和 JSP，然后介绍了 PHP 并说明了使用 PHP 通过网页显示数据库的数据。第 12 章描述了 XML 与数据库技术的集成。这一章从对 XML 的初步介绍开始，然后演示怎样在 SQL Server 中使用 FOR XML SQL 语句。

第 12 章以对于商务智能系统、数据仓库、数据集市服务器可视化、云计算、大数据、结构化存储和 NoSQL 运动的讨论结束本书。

辅助资料

本书带有大量的辅助资料，访问本书的 Web 站点 www. pearsonhighered. com/kroenke 可获得以下所列的教师和学生用辅助资料。若需要更多信息，请联系 Pearson 的销售人员。所有的辅助资料都由 David Auer 和 Robert Crossler 撰写。

学生辅助资料

- 本书所用的示例数据库，有 Access、SQL Server 2012、Oracle Database 11g Release 2 和 MySQL5.6 等格式。

教师辅助资料[①]

- 教师资源手册(Instructor's Resource Manual)提供课程大纲示例，教学建议和各章复习、项目和案例问题的答案。
- Test Item File 和 TestGen 包含大量的多选题、是非题、填空题、简答题和问答题，这些问题都标注了难度和所覆盖的内容范围。Test Item File 有 Microsoft Word 和 TestGen 两种格式。TestGen 是一组用于测试和评估的全面工具，使得教师能够方便地创建和发布课

① 具体申请方式请参见前面的“教学支持说明”。

程测试。如果有需要，教师也可以增加或者修改测试的问题。TestGen 也可转到 BlackBoard、WebCT、Angel、D2L 和 Moodle 课程管理系统。

- PowerPoint 幻灯片。强调关键词和概念的课程笔记，教师可以自行增加或修改这些幻灯片。
- 图像库（Image Library）包括所有的图、表和屏幕快照（screenshot）（经过允许），用于增强课堂讲解和 PowerPoint 演示。

致谢

感谢许多人对本书第十三版以及先前几版的支持。

感谢 James Madison 大学的 Rick Mathieu 关于数据库课程的有趣而深刻的讨论。华盛顿大学市场营销系的 Doug MacLachlan 教授对我理解数据挖掘技术的目标提供了极大的帮助，特别是因为其来源于市场营销。Microsoft 的 Don Nilson 帮助我理解了 XML 对于数据库处理的重要性。西华盛顿大学的商业经济学院的 Kraig Pencil 和 Jon Junell 也帮助我们在课堂上改进了这本书。

另外还要感谢本版的评阅人：

皮德蒙特中心社区学院的 Ann Aksut
俄克拉何马城市大学的 Allen Badgett
华盛顿大学的 Rich Beck
密尔沃基工学院的 Jeffrey J. Blessing
克莱顿州立大学的 Larry Booth
弗吉尼亚理工大学的 Jason Deane
密苏里大学理工学院的 Barry Flaschbart
肯尼索州立大学的 Andy Green
奥本大学的 Dianne Hall
犹他大学的 Jeff Hassett
得克萨斯 A&M 金斯维尔分校的 Barbara Hewitt
富兰克林大学的 William Hochstettler
圣路易斯大学的 Margaret Hvatum
南加州大学洛杉矶分校的 Nitin Kale
奇摩卡塔社区学院的 Darrel Karbginsky
南方大学的 Johnny Li
新泽西理工学院的 Lin Lin
东南俄克拉何马州立大学的 Mike Morris
得克萨斯农工大学中央学院的 Jane Perschbach
爱纳大学的 Catherine Ricardo
德锐大学的 Kevin Roberts
乔治梅森大学的 Ioulia Rytikova
佩斯大学的 Christelle Scharff
新泽西理工学院的 Julian M. Scher

卡梅隆大学的 K. David Smith
贝尔维社区大学的 Marcia Williams
得克萨斯农工大学中央学院的 Timothy Woodcock

最后，我们要感谢我们的编辑 Bok Horan、编辑项目经理 Kelly Loftus、生产项目经理 Jane Bonnell 和项目经理 Angel Chavez，感谢他们的职业精神、见识以及在项目进行中所给予的各种帮助。我们也感谢 Robert Crossler 对本书最终版的详细评论。最后 David Kroenke 感谢妻子 Lynda 在撰写工作中所给予的爱和帮助，David Auer 感谢妻子 Donna 在完成这个项目过程中所给予的爱、鼓励和耐心。

David Kroenke
西雅图，华盛顿
David Auer
贝灵汉，华盛顿

目　　录

第一部分　引言

第二部分　数据库设计

第三部分　数据库的实现

第四部分　多用户数据库处理

第五部分　数据访问标准

北京培生信息中心
北京市东城区北三环东路 36 号
北京环球贸易中心 D 座 1208 室
邮政编码：100013
电话：(8610) 57355171/57355169/57355176
传真：(8610) 58257961

Beijing Pearson Education
Information Centre
Suit 1208, Tower D, Beijing Global Trade Centre,
36 North Third Ring Road East,
Dongcheng District, Beijing, China 100013
TEL: (8610)57355171/57355169/57355176
FAX: (8610)58257961

尊敬的老师：

您好！

为了确保您及时有效地申请教辅资源，请您务必完整填写如下教辅申请表，加盖学院公章后将扫描件用电子邮件的形式发送给我们，我们将会在 2-3 个工作日内为您开通属于您个人的唯一账号以供您下载与教材配套的教师资源。

请填写所需教辅的开课信息：

采用教材			□中文版 □英文版 □双语版
作　者		出版社	
版　次		ISBN	
课程时间	始于　年　月　日	学生人数	
	止于　年　月　日	学生年级	□专科　□本科 1/2 年级 □研究生　□本科 3/4 年级

请填写您的个人信息：

学　校			
院系/专业			
姓　名		职　称	□助教 □讲师 □副教授 □教授
通信地址/邮编			
手　机		电　话	
传　真			
official email(必填) (eg:XXX@ruc.edu.cn)		email (eg:XXX@163.com)	
是否愿意接受我们定期的新书讯息通知：		□是　□否	

Publishing House of Electronics Industry
电子工业出版社：www.phei.com.cn
www.hxedu.com.cn
北京市万寿路 173 信箱高等教育分社（100036）
联系电话：010-88254555
E-mail：Te_service@phei.com.cn

系 / 院主任：________________（签字）

（系 / 院办公室章）

_____年_____月_____日

第一部分
引　　言

本部分的两章将对数据库处理进行介绍。在第 1 章中，我们考虑数据库的特性，并描述重要的数据库应用，同时说明数据库的各个组成部分，并对读者将从本书中学到的知识进行概述，以及概要介绍数据库处理的历史。

在第 2 章中，读者将开始和数据库一起工作，并通过数据库来学习如何使用 SQL，这是一种用于查询数据库中数据的数据库处理语言。读者将会学习如何查询单个表和多个表，并使用 SQL 来研究一个实际的例子——在证券市场数据中去寻找模式。这两章共同为用户提供了有关数据库是什么，以及对数据库如何进行处理的认识。

第1章 引　　言

本章目标

- 理解数据库的本质和特性
- 概述一些重要和有趣的数据库应用
- 对表和联系有大概的认识
- 描述 Microsoft Access 数据库系统的组成部分并解释它们的功能
- 描述企业级数据库系统的组成部分并解释它们的功能
- 描述数据库管理系统(DBMS)的组成部分并解释它们的功能
- 定义术语数据库和描述数据库包含什么
- 定义术语元数据并给出元数据的例子
- 定义并理解从已有的数据进行数据库设计
- 定义并理解为新系统的开发进行数据库设计
- 定义并理解为系统重新设计进行数据库设计
- 理解数据库处理的发展历史

本章介绍数据库处理。我们首先考虑数据库的本质和特性，然后概述一些要点和很有趣的数据库应用。接着，将描述数据库系统的组成，并介绍一般情况下数据库是如何设计的。在此以后，我们纵览作为应用开发人员或数据库管理员在数据库工作中需要掌握的知识。最后，以一个简要的数据库处理历史对这一章进行小结。

本章假定读者具有最基本的数据库使用知识。这里假定用户曾经使用过一些比如 Microsoft Access 的数据库产品来为表单输入数据，制作报表，或者可能执行过某个查询。如果读者从未做过这些工作，那么应该去找一个 Microsoft Access 2013 软件，并阅读附录 A 中的指南。

1.1　数据库的特性

数据库的目的是帮助用户明了事情，最常用的数据库类型是关系数据库。我们将在第 3 章深入讨论关系数据库模型，现在只需要了解一些基本知识，即一个关系数据库是怎样帮助用户去了解他们感兴趣的事物的。

首先，一个关系数据库把数据存储在表中。数据是被记录的事实和数字。像电子表格(spreadsheet)一样，一个表包括行和列。一个数据库通常包含多个表，而且每一个表包含不同类型的数据。例如，如图 1.1 所示，一个数据库包含两个表：STUDENT 表存储关于学生的数据，而 CLASS 表存储关于班级的数据。

表中每一行记录的数据是关于一个特定事件的或者是与用户感兴趣的实例有关的。例如，STUDENT 表中每一行的数据是关于四名学生中的某一位：Cooke，Lau，Harris 和 Greene。同样，CLASS 表中的每一行是一门特定课程的数据。因为每一行记录的是特定实例的数据，所以行又被称为记录。表的每一列存放所有行共同的特性。比如，STUDENT 表的第一列存放学号，第二类存放学生姓名，等等。列又被称为字段。

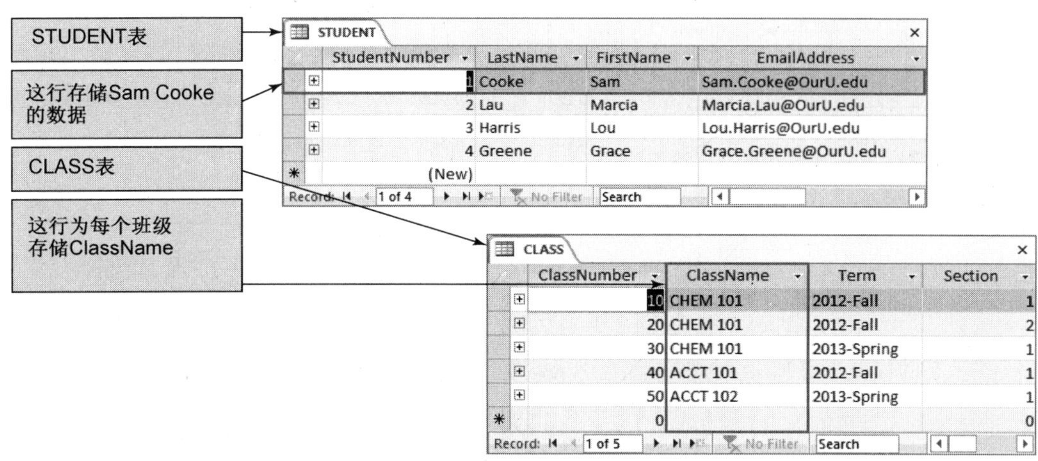

图1.1 STUDENT表和CLASS表

BY THE WAY 一个表和一个电子数据表非常相像，因为两者都有行、列和单元格。表与电子数据表在定义时一些不同的细节将在第3章讨论。现在来说，你可以看到的主要不同是表的列有列名，而电子数据表的列则是标识字母(比如，用NAME代替了A)，并且行不需要编号。

虽然在理论上可以将行和列交换，将实例存放在列中，而将特性存放在行中，但人们却从来不这么做。本书中的每个数据库，以及世界上99.999999%的数据库，都将实例存放在行中，而将特性存放在列中，如图1.1所示。

1.1.1 命名约定说明

在本书中，表名以大写字母表示。这个约定可以帮助读者在描述中区分表名。然而，用户并不是必须以大写字母来设置表名。Access和一些类似的程序允许用户以STUDENT，student，Student，stuDent或其他方式来书写表名。

此外，本书中的列名以首字母大写表示。同样，这只是一个约定。你可以将列名Term写成term，teRm，TERM，或是其他任何的方式。为便于阅读，有时候将复合列名中的每一个组成单词的首字母大写。例如，在图1.1中，STUDENT表有列StudentNumber，StudentName和EmailAddress。同样，这只是一个为方便而采用的约定。然而，遵循这些或是其他一致的约定将会使对数据库结构的解析更容易。例如，总是可以知道STUDENT是表的名字，而Student是表中一个列的名字。

1.1.2 一个包含数据和联系的数据库

图1.1说明了一个数据库中的表是怎么被构建用来存储数据的，但是如果一个数据库没有包含数据行之间的联系，那么这个数据库是不完整的。我们通过图1.2来说明这一点的重要性。在这个图中，数据库包含了图1.1中所有的基本数据，并添加了一张GRADE表。但是，数据间的联系并没有显示出来。在这种格式下，GRADE数据变得毫无意义。就好像是个笑话一样，体育播报员宣布：“现在播报今晚的棒球比分：2比3，7比2，1比0和4比5。”如果不知道是哪些球队的比分，则这些比分毫无意义。因此，数据库不但包含数据，还包含数据间的联系。

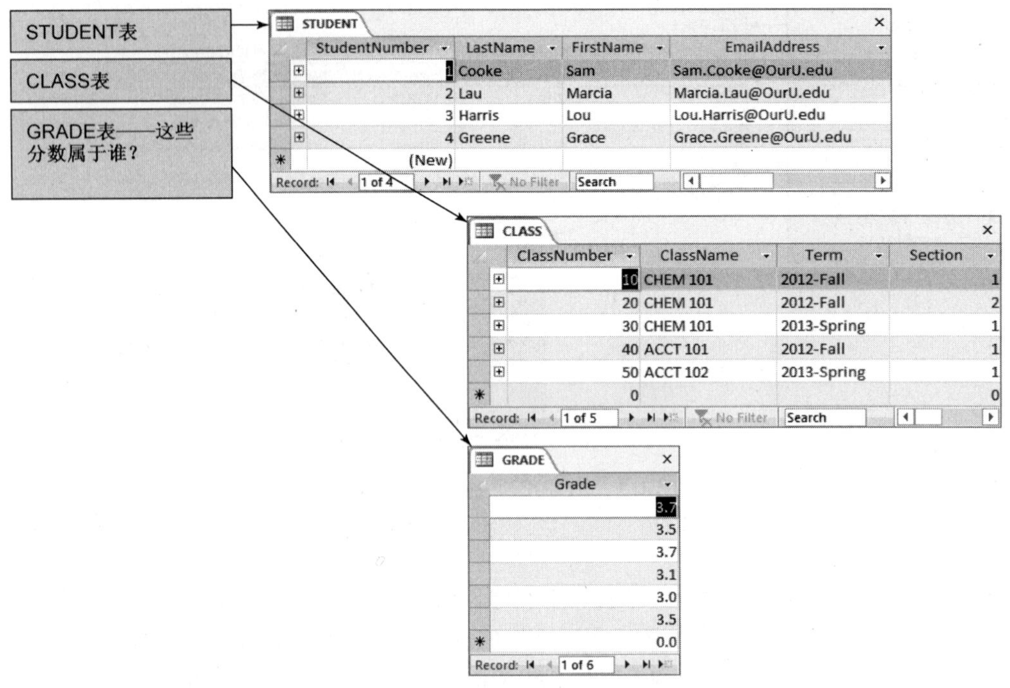

StudentNumber	LastName	FirstName	EmailAddress
1	Cooke	Sam	Sam.Cooke@OurU.edu
2	Lau	Marcia	Marcia.Lau@OurU.edu
3	Harris	Lou	Lou.Harris@OurU.edu
4	Greene	Grace	Grace.Greene@OurU.edu
(New)			

ClassNumber	ClassName	Term	Section
10	CHEM 101	2012-Fall	1
20	CHEM 101	2012-Fall	2
30	CHEM 101	2013-Spring	1
40	ACCT 101	2012-Fall	1
50	ACCT 102	2013-Spring	1
0			0

Grade
3.7
3.5
3.7
3.1
3.0
3.5
0.0

图 1.2　STUDENT，CLASS 和 GRADE 表

图 1.3 显示了一个完整的数据库，其中不但包含关于学生、课程和成绩的数据，同时还表明了这些表中行之间的联系。例如，学生 Sam Cooke 的学号为 100，在课程号为 10 的课程中取得的成绩是 3.7，因此可以关联到的这门课程是 Chem101。同时由于他在课程号为 40 的课程中取得的成绩为 3.5，因此可以关联到这门课程是 Acct101。

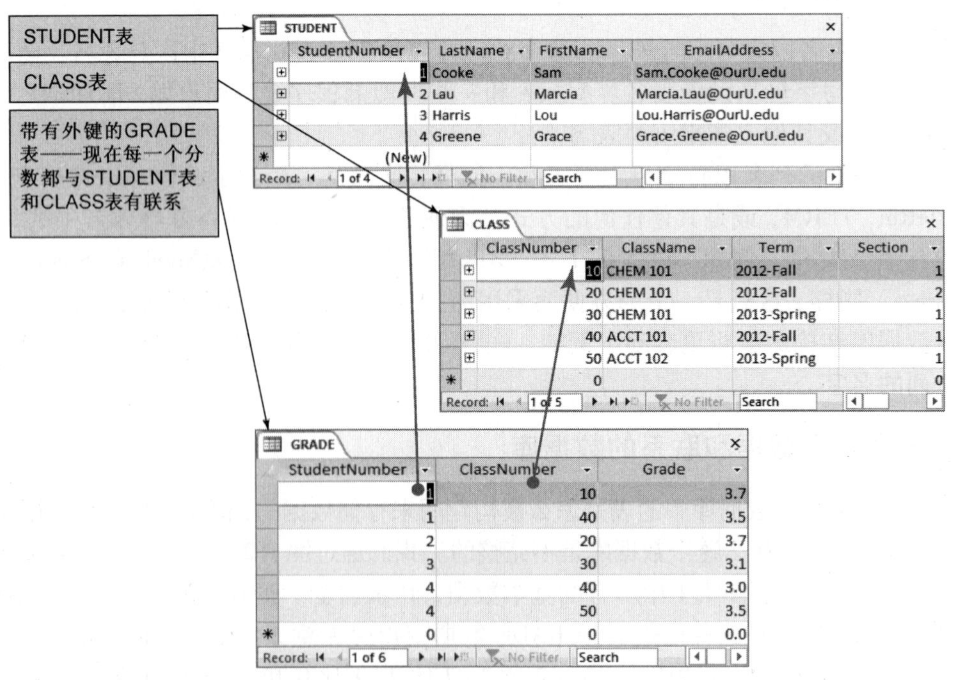

StudentNumber	LastName	FirstName	EmailAddress
1	Cooke	Sam	Sam.Cooke@OurU.edu
2	Lau	Marcia	Marcia.Lau@OurU.edu
3	Harris	Lou	Lou.Harris@OurU.edu
4	Greene	Grace	Grace.Greene@OurU.edu
(New)			

ClassNumber	ClassName	Term	Section
10	CHEM 101	2012-Fall	1
20	CHEM 101	2012-Fall	2
30	CHEM 101	2013-Spring	1
40	ACCT 101	2012-Fall	1
50	ACCT 102	2013-Spring	1
0			0

StudentNumber	ClassNumber	Grade
1	10	3.7
1	40	3.5
2	20	3.7
3	30	3.1
4	40	3.0
4	50	3.5
0	0	0.0

图 1.3　数据库的重要特性：关系表

图1.3说明了数据库处理的一个重要特性。表中的每一行由主键(primary key)唯一标识，这些键值用来在表之间创建联系。例如，在STUDENT表中，StudentNumber是主键。StudentNumber的每一个值是唯一的，并且唯一标识一个学生。这样，StudentNumber 100标识Sam Cooke。同样，CLASS表中的ClassNumber标识每一类课程。

比较图1.2和图1.3，可以看到STUDENT表和CLASS表的主键是如何被添加到GRADE表中的，这样给GRADE表提供了一个主键(StudentNumber, ClassNumber)来唯一标识每一行。更为重要的是，在GRADE表中StudentNumber和ClassNumber的每一个都是作为外键(foreign key)。一个外键提供了两个表间的一个链接。通过加入外键，我们就创建了两个表间的联系。

图1.4在Microsoft Access 2013中显示了图1.3的表和联系。在图1.4中，每一个表中的主键都被钥匙形状的符号所标记，联系线表示外键(在GRADE表中)同相应主键(在STUDENT表和CLASS表中)的联系。联系线上的符号(数字1和无穷符号)表明STUDENT表中的一个学生可以与GRADE表中的多个成绩相关。

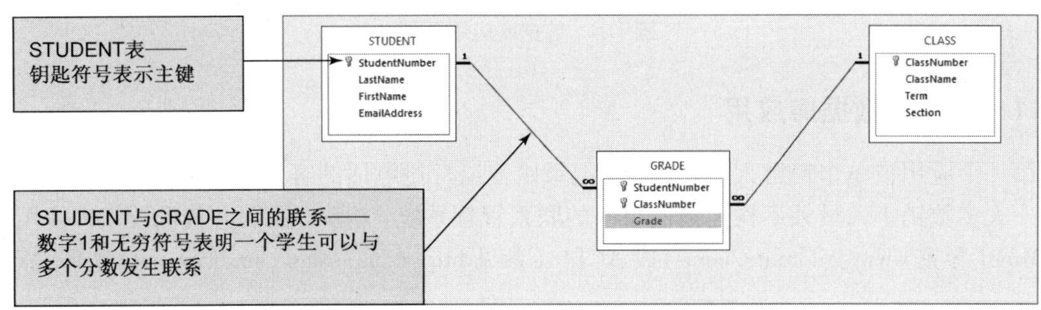

图1.4　Microsoft Access 2013中的表和联系

1.1.3　创建数据库信息

为了做出决策，我们需要信息来作为这些决策的依据。因为我们已经定义了数据是被记录的事实和数字，所以可以把信息(information)定义为：

- 从数据中导出的知识
- 有意义的上下文表示的数据
- 经过求和、排序、平均、分组、比较或其他类似的操作处理后的数据

数据库记录事实和数字，即记录数据。但数据库以一种可以让数据产生信息的方式来记录它们。图1.3中的数据可以被处理来产生一个学生的GPA，一门课程的平均GPA，一门课程的平均学生数，等等。在第2章中会介绍一种称为结构化查询语言(或SQL语言)的语言，读者可以使用它们来从数据库的数据中产生信息。

总结一下，关系数据库将数据存放在表中，同时表示表中行之间的联系，它们以一种易于产生信息的方式来实现。我们将在本书的第二部分进一步讨论关系数据库。

1.2　数据库示例

今天，数据库技术几乎是每个信息系统的一部分。这个事实不奇怪，如果我们考虑到每个信息系统都需要存放数据和数据间的联系。同时，使用数据库技术的应用，其数量之巨大也是令人震惊的。例如，考虑图1.5中给出的应用。

应　　用	示例用户	用户数量	典型大小	备　　注
销售联系管理	销售人员	1	2000 行	类似于 GoldMine 和 ACT! 等产品都是以数据库为中心的
病人预约(牙医、医生)	就医办公室	15 ~ 50	100 000 行	垂直市场软件供应商将数据库合并到他们的软件产品中
客户资源管理(CRM)	销售、市场或客户服务部门	500	1000 万行	诸如微软和 Oracle PeopleSoft Enterprise 等主要供应商围绕数据库构建应用
企业资源规划(ERP)	整个企业	5000	1000 万行以上	SAP 使用数据库作为 ERP 数据的中心仓库
电子商务网站	Internet 用户	可能上百万	10 亿以上	Drugstore. com 拥有一个每天以 2000 万行速度增长的数据库
数字报表	高级经理	500	100 000 行	操作数据库的抽取、摘要和合并
数据挖掘	商业分析人员	25	100 000 到 100 万行以上	数据被抽取、重新格式化、清洗和过滤，以用于统计数据挖掘工具

图 1.5　数据库应用示例

1.2.1　单用户数据库应用

第一个应用被单个销售人员使用，来记录她曾经打过电话的客户，以及和这个客户之间的联系。大多数销售人员并不构建他们自己的联系管理系统，相反，他们会获得授权来使用诸如 GoldMine(参见 www. goldmine. com)或 ACT! (参见 http://na. sage. com/sage-act)这样的系统。

1.2.2　多用户数据库应用

图 1.5 中的下一个应用涉及到不止一个用户。例如，病人调度应用可能包含 15 ~ 50 个用户。这些用户可以是预约员工、办公室管理人员、护士、牙医、医生等。类似于这种数据库可能包含多达 100 000 条记录，有 5 个或者 10 个不同的表。

当多个用户使用一个数据库应用时，一个用户的工作总是可能会干扰其他的用户。例如，两个预约员工可能为两个不同的病人指定同一个预约。必须在数据库中使用特殊的并发性控制机制来协调行为，以避免这种冲突情况。我们会在第 9 章中介绍这些机制。

图 1.5 中的第三行给出一个更大的数据库应用。客户资源管理(CRM)是一个管理有关客户联系的信息系统，包括首次接触请求、购买行为、持续购买和支持服务等。CRM 系统被销售人员、销售经理、客户服务和支持人员以及其他员工使用。在一个大型公司中，CRM 数据库可能有 500 个用户，上千万或更多的行，并包含 50 个或更多的表。据 Microsoft 介绍，在 2004 年，Verizon 拥有一个 SQL Server 客户数据库系统，它包含超过 15 TB 的数据。如果这些数据以书面的形式发布，则需要一个 450 英里长的书架来装载。

企业资源规划(ERP)是一个接触到制造业公司中每个部门的信息系统，它包含销售、存货、生产计划、采购和其他的商业功能。SAP 是领先的 ERP 应用提供商，其产品中的一个核心元素是将来自不同商业功能的数据集成在一起的数据库。一个 ERP 系统可能包含 5000 个或更多的用户，以及上亿行和几百个表。

1.2.3　电子商务数据库应用

电子商务是另一个重要的数据库应用。数据库是电子商务的订单、记账、装运和客户支持的一个关键部分。然而令人意外的是，在电子商务网站上，最大的数据库并不是订单处理的数据库，而是用来追踪用户浏览行为的数据库。大多数优秀的电子商务公司，比如 Amazon. com（www. amazon. com）和 Drugstore. com（www. drugstore. com）跟踪他们发送给用户的网页和网页的组成。它们同时记录用户的点击、将物品加入购物车、订单购买和放弃购物车等行为。

电子商务公司使用 Web 行为数据库来确定 Web 页面上的哪些元素是流行的和成功的，而哪些不是。他们同时可以通过实验来判定，诸如是否一个紫色背景比一个蓝色背景产生更多的订单等。这种 Web 应用数据库是非常巨大的。例如，Drugstore. com 每天为其 Web 日志数据库添加 2000 万行。

1.2.4 报表和数据挖掘数据库应用

图 1.5 中的另两个应用例子是数字报表和数据挖掘应用。这些应用使用订单处理或是其他操作系统所生成的数据来产生信息，以帮助管理企业。这类应用不产生新的数据，它们汇总已有的数据来提供更深入的管理支持。数字报表和其他的报表系统评估过去和现在的表现；而数据挖掘应用预测未来的表现。我们在第 12 章中会介绍这类应用。概要地说，数据库技术被应用于几乎所有的信息系统，涵盖从数百行到数百万行的数据库。

BY THE WAY 不要只因为数据库小，就假定它一定结构简单。例如，考虑每年卖出 100 万个零件的公司和每年卖出 1 亿个零件的公司。虽然销售数量不同，这些公司却有着相似的数据库。数据库中包含有同类型的数据，大致相同数目的数据表，数据联系的复杂度也类似；仅仅是数据量的大小有所不同。因此，虽然一个小型企业的数据库可能比较小，但它却未必简单。

1.3 数据库系统的组成

如图 1.6 所示，一个典型的数据库系统由四个部分组成：用户，数据库应用程序，数据库管理系统（DBMS），数据库。然而，结构化查询语言（SQL）是一种国际公认的、被所有商业数据库管理系统产品所理解的标准语言，鉴于 SQL 在数据库处理中的重要性和数据库应用程序通常是用 SQL 语句来处理数据库管理系统的这一事实，我们可以如图 1.7 所示更加完善地描述数据库系统。

从图 1.7 的右边开始，数据库是相关表和其他结构的集合。数据库管理系统（DBMS）是一个用来创建、处理和管理数据库的计算机程序。DBMS 接受 SQL 请求，然后把这些请求转换成数据库上的操作。DBMS 是需要被软件供应商许可的一个又大又复杂的程序。几乎没有企业编写他们自己的数据库管理系统程序。

数据库应用程序是作为用户和 DBMS 之间媒介的一个或多个计算机程序的集合。应用程序通过提交 SQL 语句给 DBMS，从而读取或修改数据库数据。应用程序同时又以表单或报表的方式返回数据给用户。应用程序可以从软件供应商那里获得，而且它们经常都是被写在内部的。从这本书中学到的知识将会帮助你编写应用程序。

数据库系统的第四个组成部分是用户。用户通过数据库应用程序明了事情，他们使用表单去读取、输入和查询数据，并且生成表达信息的报表。

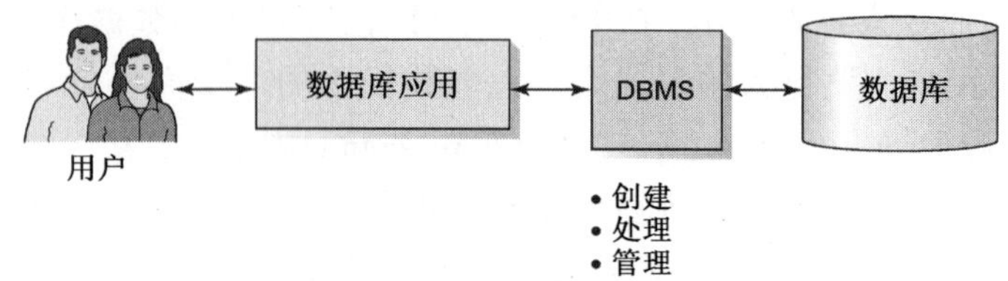

图 1.6 数据库系统的组成部分

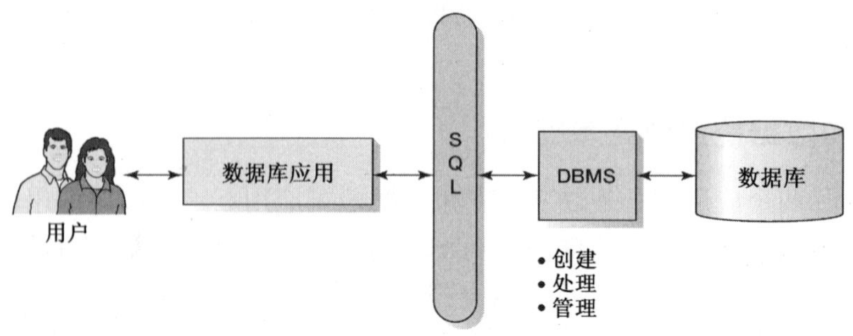

图 1.7 带有 SQL 的数据库系统组成部分

1.3.1 数据库应用和 SQL

如图 1.7 所示，用户直接与数据库应用程序交互。图 1.8 列出了数据库应用程序的基本功能。

创建和处理表单
处理用户查询
创建和处理报表
执行应用逻辑
控制应用

图 1.8 应用程序的基本功能

首先，应用程序创建和处理表单。图 1.9 所示是一个典型的表单，它用来输入和处理图 1.3 与图 1.4 所示的 Student-Class-Grade 数据库中的学生入学数据，其中，可以注意到这个表单隐藏了用户的基础表结构。通过图 1.3 和图 1.4 中的表和数据与图 1.9 的表单相比较，可以发现 CLASS 表中的数据出现在表单的顶部，而 STUDENT 表中的数据显示在表单的 Class Enrollment Data 表中。

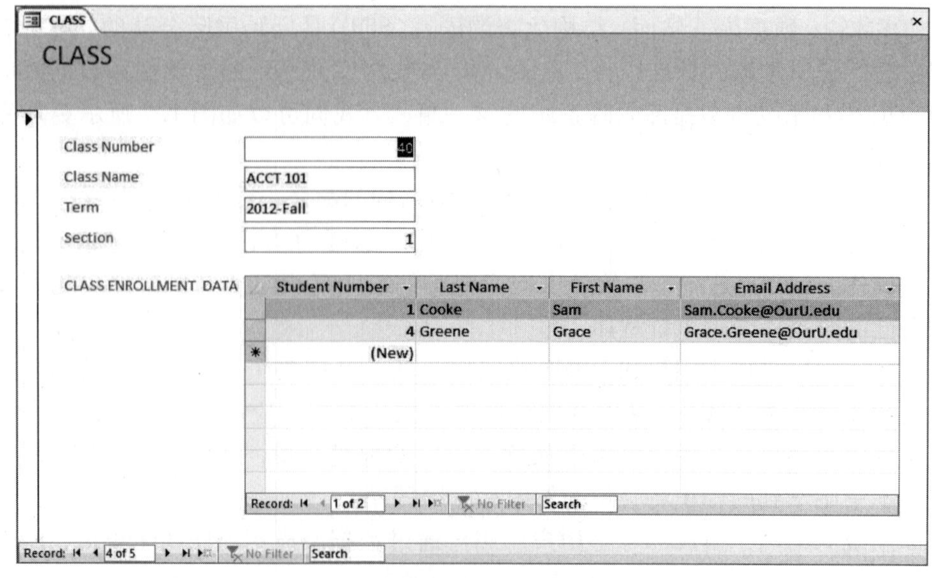

图 1.9 数据输入表单的例子

像所有的数据输入表单一样，这个表单的目的是以实用的方式把数据呈现给用户，而不用考虑基础表结构。除了屏幕显示的表单之外，应用程序根据用户的操作处理数据，生成 SQL 语句，用于插入、更新或修改任何一个构成这个表单的表中的数据。

应用程序的第二个功能是处理用户的查询。应用程序首先生成一个查询请求，并且发送给 DBMS，然后将被表单化的结果返回给用户。应用程序使用 SQL 语句并将它们传递给 DBMS 处理。

为使用户对 SQL 有个概念，这里给出一个简单的 SQL 语句来处理图 1.1 中的 STUDENT 表：

```
SELECT      LastName, FirstName, EmailAddress
FROM        STUDENT
WHERE       StudentNumber > 2;
```

这条 SQL 语句是一条查询语句，它要求 DBMS 从数据库中获得特定的数据。在本例中，查询要求返回学号超过 2 的所有学生的 last name，first name 和 e-mail 地址。这条 SQL 语句的返回结果如图 1.10 所示(在 Microsoft Access 2013 中显示)。执行该 SQL 语句将会生成学生 Harris 和 Greene 的 LastName，FirstName 和 EmailAddress。

SQL-Query-01

LastName	FirstName	EmailAddress
Harris	Lou	Lou.Harris@OurU.edu
Greene	Grace	Grace.Greene@OurU.edu

Record: 1 of 2 No Filter Search

图 1.10 SQL 查询结果的例子

应用程序的第三个功能是创建和处理报表。这个功能有点类似于第二个功能，因为应用程序首先向 DBMS 查询数据(同样是使用 SQL)，接着应用程序把查询结果编排成报表样式。图 1.11 以报表的样式并且按照 ClassNumber，Section 和 LastNamede 的排序方式显示了图 1.3 中 Student-Class-Grade 数据库的内容。像图 1.9 所示的报表，我们要注意到报表是根据用户的需要构建的，而并非是根据基础表结构构建的。

Class Grade Report

Class Number	Class Name	Term	Section	Last Name	First Name	Grade
10	CHEM 101	2012-Fall	1			
				Cooke	Sam	3.7
20	CHEM 101	2012-Fall	2			
				Lau	Marcia	3.7
30	CHEM 101	2013-Spring	1			
				Harris	Lou	3.1
40	ACCT 101	2012-Fall	1			
				Cooke	Sam	3.5
				Greene	Grace	3.0
50	ACCT 102	2013-Spring	1			
				Greene	Grace	3.5

图 1.11 示例报表

除了生成表单、查询和报表，应用程序还会采取其他方式根据特定应用逻辑来更新数据库。例如，假设一个用户使用订单录入应用程序请求 10 个单位的某个商品，进一步假设当应用程序查询数据库后(通过 DBMS)，发现只有 8 个单位的该商品在库存中，那么接下来应该怎么做呢？这就取决于具体应用程序的逻辑。可能会将这一结果告知用户，但任何一个商品都不会从存货清单中取出；可能会将 8 个单位的商品取出，而 2 个单位的商品延期交货。也可能采取其他的一些策略。无论什么情况，应用程序的工作就是要执行合适的逻辑。

最后，图 1.8 所列出的应用程序的最后一个功能是控制应用。这个功能可以用两种方法来实现：第一种是应用程序必须能被编写，使得用户只能看到逻辑选择。例如，应用程序可能会生成用户选择菜单。在这种情况下，应用程序必须确保只有合适的选择才是有效的。第二种是应用程序需要与 DBMS 一同控制数据活动。例如，应用程序指导 DBMS 把一系列对数据的改动归为一个集合。应用程序要么告知 DBMS 做所有的改动，要么一个都不改。你将会在第 9 章中进一步学习此类控制。

1.3.2 数据库管理系统

DBMS，即数据库管理系统，负责创建、处理和管理数据库。数据库管理系统是一个庞大而复杂的产品，通常要获得软件供应商的许可。一种 DBMS 产品是Microsoft Access。其他的商业 DBMS 产品有 Oracle 公司的 Oracle DataBase 和 MySQL，微软公司的 SQL Server，以及 IBM 公司的 DB2，还有几十种其他的 DBMS 产品，但是这五种占据了大部分市场份额。图 1.12 列出了 DBMS 的功能。

创建数据库
创建表
创建支撑结构(索引)
读取数据库数据
修改(插入，更新，删除)数据库数据
维护数据库结构
执行规则
并发性控制
安全
备份和恢复

图 1.12　DBMS 的功能

DBMS 用来创建数据库和数据库中的表以及其他的支撑结构。比如后面的一个例子，假设我们有一张 EMPLOYEE 表，该表有 10 000 行且包含有 DepartmentName 列，此列用来记录每一个职工工作的部门名字，进一步假设我们经常需要通过 DepartmentName 来访问雇员的数据。因为这是一个很大的数据库，通过表查找，比如查询会计部门的所有职工，将会花费很长的时间。为了提高效率，可以为 DepartmentName 建立一个索引(类似于教材后面的一个索引)，用来显示哪一个职工在哪一个部门。这类索引就是由 DBMS 创建和维持的支撑结构的一个例子。

DBMS 还具有的两个功能是读取和修改数据库数据。为了实现这两个功能，DBMS 接受 SQL 和其他请求，并将这些请求转化为数据库文件上的操作。DBMS 的另外一项功能是维护所有的数据库结构，举例来说，有时候必须对表或其他支撑结构的格式进行调整或改变。

对于大多数的 DBMS 产品，都会对数据项的值声明规则并且执行它们。例如，在图 1.3 所示的 Student-Class-Grade 数据库表中，如果一个用户在 GRADE 表中对 StudentNumber 错误地输入了 9，将会发生什么情况呢？9 号的学生不存在，因此这将导致巨大的差错。为了阻止这种情况发生，可以告知 DBMS，GRADE 表中 StudentNumber 的任何一个值都应该是 STUDENT 表中 StudentNumber 列中包含的一个值。如果该值不存在，插入和更新请求都是不允许的。DBMS 执行这些规则，这些规则就叫做参照完整性约束。

图 1.12 所示的 DBMS 最后三个功能都与数据库管理有关。DBMS 的并发性控制确保一个用户的工作不会不适当地影响其他用户的工作，其重要而又复杂的功能将在第 9 章讨论。此

外，一个 DBMS 包含有安全系统，确保只有授权用户才能对数据库进行被授权的操作。例如，普通非授权用户被阻止查看某些数据。类似地，普通非授权用户的操作局限于特定数据上某些类型数据的改变。

最后，DBMS 可以方便地备份数据库并可在必要时从备份中恢复。数据库作为数据的仓库，是珍贵的组织性资产。例如，可以联想到书籍数据库对像 Amazon. com 这样的公司的价值。正因为数据库如此重要，因此必须采取措施确保没有数据在错误的事件、硬件或软件问题、自然或人为灾难中丢失。

1.3.3　数据库

数据库是自描述集成的表存储。集成的表是指不但存储数据，同时存储表间联系的表。图 1.3 中的表是集成的，因为它们不但存储学生、课程和成绩数据，还存储数据行之间的联系。

数据库是自描述的，因为它包含对自己的描述。因此，数据库不但包括用户数据表，还包括用来描述用户数据的数据表。这些描述性的数据称为元数据，因为它们是关于数据的数据。不同的数据库管理系统对于元数据有不同的形式和格式。图 1.13 给出了一个一般化描述图 1.3 数据库的表和列的元数据表。

USER_TABLES 表

TableName	NumberColumns	PrimaryKey
STUDENT	4	StudentNumber
CLASS	4	ClassNumber
GRADE	3	(StudentNumber, ClassNumber)

USER_COLUMNS 表

ColumnName	TableName	DataType	Length(bytes)
StudentNumber	STUDENT	Integer	4
LastName	STUDENT	Text	25
FirstName	STUDENT	Text	25
EmailAddress	STUDENT	Text	100
ClassNumber	CLASS	Integer	4
Name	CLASS	Text	25
Term	CLASS	Text	12
Section	CLASS	Integer	4
StudentNumber	GRADE	Integer	4
ClassNumber	GRADE	Integer	4
Grade	GRADE	Decimal	(2,1)

图 1.13　典型的元数据表

用户可以通过检查元数据来判断是否一个特定的表、列、索引或是其他结构存在于数据库中。例如，下面的语句查询 SQL Server 的元数据表 SYSOBJECTS 来确定数据库中是否存在一个用户表(Type = 'U')，其名字为 CLASS。如果存在，所有关于这个表的元数据都会被显示出来。

```
SELECT      *
FROM        SYSOBJECTS
WHERE       [Name]='CLASS'
    AND     Type='U';
```

不要过分关心这个语句的语法。随着本书的进展，读者将会学到它是什么意思，以及如何书写这样的语句。目前，只需要理解这是数据库管理员使用元数据的一种方式。

BY THE WAY 由于元数据被存放在表中，因此可以像说明的那样使用 SQL 语句来进行查询。通过学习如何使用 SQL 来查询用户表，就可以同样了解如何书写 SQL 语句来查询元数据。为实现这一目的，只需要将 SQL 语句应用于元数据表而不是用户表就可以了。

除去用户表和元数据，数据库还包括其他的元素，如图 1.14 所示。这些组成部分将会在随后的章节中详细介绍。目前，只需要了解索引是用来加速数据库数据排序和搜索的结构。触发器和存储过程是存储在数据库中的程序。触发器用来维护数据库的准确性和一致性，并强制实现数据约束。存储过程被用来进行数据管理工作，有些时候是数据库应用的一部分。读者会在第 7 章、第 10 章、第 10A 章、第 10B 章和第 10C 章学习这些不同的元素。

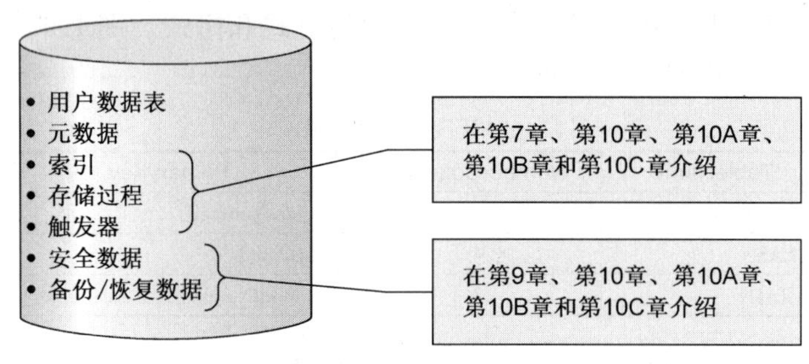

图 1.14 数据库的内容

安全数据定义用户、组以及用户和组所允许的权限，其细节依赖于所使用的 DBMS 产品。最后，备份和恢复数据用来将数据库数据存放到备份设备上，同时在需要的时候对数据库进行恢复。读者会在第 9 章、第 10 章、第 10A 章、第 10B 章和第 10C 章学到更多的有关安全和备份恢复数据的知识。

1.4 个人数据库系统与企业级数据库系统

可以把数据库系统和 DBMS 产品分为两类：个人数据库系统和企业级数据库系统。

1.4.1 Microsoft Access 是什么

我们首先澄清一些错误的概念：Microsoft Access 不仅仅是一个数据库管理系统，事实上，它是一个数据库管理系统和一个应用生成器。Microsoft Access 包含一个数据库引擎，可以创建、处理和管理数据库。它同时也包含表单、报表和查询组件这些 Access 的应用生成器。Microsoft Access 的组成部分如图 1.15 所示，描述了 Microsoft Access 表单、报表和创建 SQL 语句的查询应用程序，并将这些传递给 DBMS 处理。

Microsoft Access 是一个低端的产品，它的目标市场是个人用户和小的工作组。Microsoft 尽其所能地将底层的数据库技术和用户分开。用户通过例如图 1.9 所示的数据输入表单与应用程序交互，请求报表和查询数据库数据，所以 Microsoft Access 需要处理这些表单，生成这些报表和执行这些查询。从内部来看，隐藏在 Access 外表之下的应用组件使用 SQL 来调用数据库管理系统，它也隐藏在 Access 的外表之下。在 Microsoft Access 内部现有的数据库引擎被称为 Access 数据库引擎(ADE)。ADE 是 Microsoft Office 专用版的 Microsoft Jet(Joint Engine Technology)数据库引擎。Jet 自从 Microsoft Office 2007 发行后都被用在 Microsoft Access 数据库引擎。Jet 仍然被 Microsoft Windows 操作系统使用，不过读者可能很少听说 Jet，因为 Microsoft 并不将 Jet 作为一个单独的产品来销售。

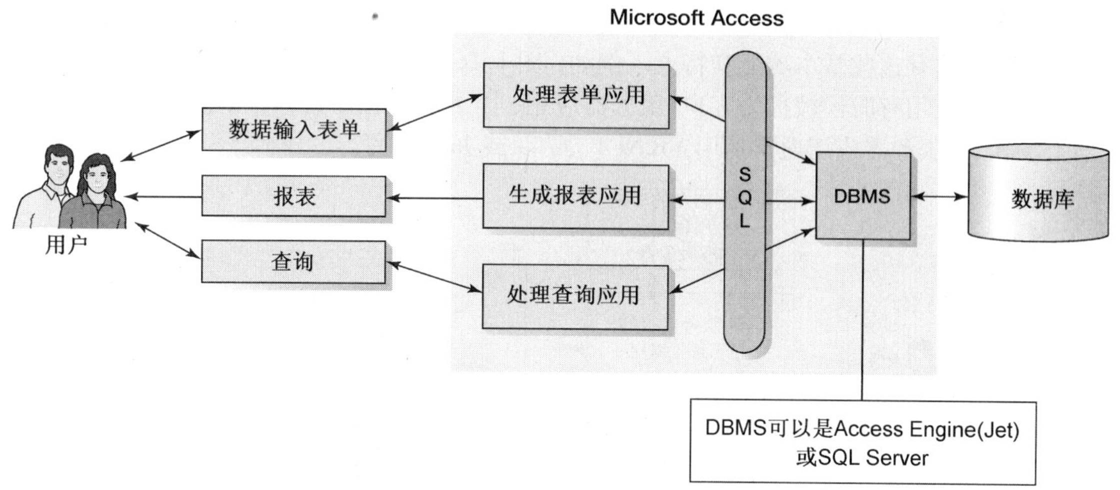

图 1.15 Microsoft Access 数据库系统组成部分

BY THE WAY 虽然 Microsoft Access 是最有名的个人数据库系统，但它并不是唯一的。比如 OpenOffice Base 是一款个人数据库系统，它作为 OpenOffice.org 软件套件中的一部分，我们可以在 www.openoffice.org 上下载它。另外还有一款个人数据库系统 LibreOffice，它是 LibreOffice 软件套件的一部分，可以从 www.libreoffice.org 下载。

虽然这种将底层技术隐藏起来的策略对于使用小型数据库的初学者很有效，但是却不适用于绝大多数工作在图 1.5 所示应用的数据库专家。对于更大的、更复杂的数据库，了解那些被 Microsoft 所隐藏的技术和组成部分是非常重要的。

然而，由于 Microsoft Access 被包含在 Microsoft Access 套件中，所以经常是学生用到的第一款 DBMS。事实上，你可能已经在其他课程上学过 Microsoft Access。在本书中，我们将提供一些 Microsoft Access 2013 的例子。如果你不熟悉 Microsoft Access 2013，可以学习在线附录 A——“Microsoft Access 2013 入门”。

BY THE WAY 在 Microsoft Access 2000 和以后的版本中，可以将 Jet 更换为 Microsoft 的企业级数据库管理系统产品——SQL Server。如果需要处理大的数据库，或是需要使用 SQL Server 的高级功能和特性，则可以选择这样做。

1.4.2 什么是企业级数据库系统

图1.16给出了企业级数据库系统的组成情况。这里，应用和数据库管理系统不再像在Access时那样处于同样的外表之下。相反，应用和应用之间，以及应用和数据库管理系统之间都被分割开来。

企业级数据库系统中的数据库应用

在本章前些部分，我们介绍了应用程序的基本功能，并在图1.8中总结了这些功能。然而，如图1.5举例的那样，存在着许多不同类型的数据库应用；而企业级数据库系统中的数据库应用并不只具有这些基本功能和特点。例如，图1.16给出了一个在企业网络上连接的数据库应用。这种应用有时候被称为客户/服务器应用，因为应用程序是客户，它连接到数据库服务器上。客户/服务器应用通常使用VB.NET，C++或Java编写。

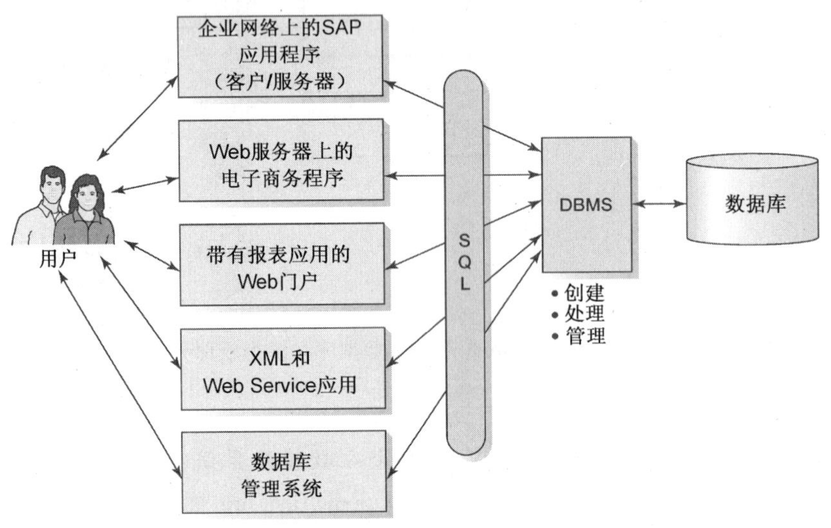

图1.16 企业级数据库应用的结构

图1.16中的另一类应用是在Web服务器上运行的电子商务和其他应用。用户使用诸如Microsoft Internet Explorer、Mozilla Firefox、Google Chrome等浏览器来访问这些应用。常见的Web服务器包含Microsoft Internet Information Server(IIS)和Apache。常见的Web服务器应用语言包括PHP，Java和Microsoft .NET语言，比如C#.NET和VB.NET。我们将在第11章讨论这些应用中的一些技术。

第三类应用是报表程序，它们在企业门户或其他Web站点上发布数据库查询的结果。这些报表应用通常使用第三方的报表生成工具和来自于IBM(Cognos)，以及MicroStrategy(MicroStrategy9)的数字报表产品来创建，我们将在第12章中介绍这些应用。

最后一类应用是XML的Web Service。这些应用通过XML标记语言和其他标准的结合，以提供程序到程序的通信。在这种方式中，组成应用的代码在多个不同的计算机间分发。Web Service可以使用Java或是其他的.NET语言编写。我们将在第12章中介绍这类重要的新应用类型。

所有的数据库应用都通过向数据库管理系统发送SQL语句来获得或发送数据。这些应用可以创建表单和报表，它们也可以将结果发送给其他程序。它们同样可以实现应用逻辑，而不仅仅局限于简单的表单和报表处理。例如，一个订单输入应用使用应用逻辑来处理缺货的商品和备货。

企业级数据库系统中的数据库管理系统(DBMS)

像前面所介绍的那样，数据库管理系统管理数据库。它处理 SQL 语句，并提供其他的特性和功能用于创建、处理和管理数据库。图 1.17 给出了五个最著名的 DBMS 产品，它们以逐步增强的能力和特性，以及使用的困难程度依次排列。

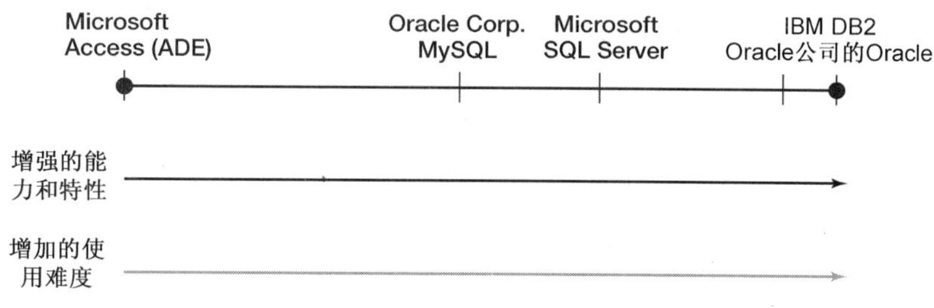

图 1.17 对于 DBMS 产品通常的专业看法

Access(事实上是 Microsoft ADE)最容易使用，同时功能也最弱。Oracle MySQL 是一款强大的、开源的 DBMS，经常被选来做 Web 开发。SQL Server 有着比 Microsoft Access 强得多的功能，它可以处理更大的数据库，速度也更快，并包含多用户控制、备份和恢复，以及其他的管理功能。DB2 是 IBM 的一个 DBMS 产品，大多数人认同它比 SQL Server 性能好，可以处理更大的数据库，同时也更难使用。最后，最快同时也是功能最强的 DBMS 是 Oracle 公司的 Oracle 数据库产品。Oracle 可以为非常大的数据库提供非常高的性能，且年复一年地 7 天 24 小时工作。和 SQL Server 相比，Oracle 的使用和管理都复杂得多。

1.5 数据库设计

数据库设计(作为一个过程)是指制定合理的表结构、合理的表之间的联系、恰当的数据约束和其他的结构化元素。正确的数据库设计既是重要的，但同时又是困难的。因此，世界上充斥着设计得很糟糕的数据库。这些数据库工作得并不好，它们可能需要应用开发人员编写过度复杂和不自然的 SQL 语句来获取想要的数据，它们可能很难适用于新的和变化的需求，或者在某些情况下会失效。

因为数据库设计是重要的，但同时又是困难的，我们将在本书前半部分用大部分篇幅来介绍这一主题。如图 1.18 所示，有三种类型的数据库设计：

- 在已有的数据上进行数据库设计
- 在新系统的开发上进行数据库设计
- 在已有的数据库上进行数据库的重新设计

1.5.1 在已有的数据上进行数据库设计

如图 1.19 所示，第一种数据库设计是从已有的数据中构建数据库。在某些情况下，给一个开发团队提供一组电子数据表或是包含数据表的文本文件，要求他们开发一个数据库，并将来源于电子数据表和其他表的数据导入到新的数据库中。

- 在已有的数据上进行数据库设计(第 3 章和第 4 章):
  分析电子数据表和其他的数据表
  从其他的数据库中抽取数据
  使用规范化原理进行设计
- 在新系统的开发上进行数据库设计(第 5 章和第 6 章):
  根据应用需求创建数据模型
  将数据模型转化为数据库设计
- 在已有的数据库上进行数据库的重新设计(第 8 章):
  将数据库移植到新的数据库
  将两个或更多数据库集成在一起
  逆向工程,使用规范化原理和数据模型转化来设计新数据库

注:第 7 章介绍了使用 SQL 实现数据库。在你学习数据库再设计之前需要了解那部分知识。

图 1.18 三种类型的数据库设计

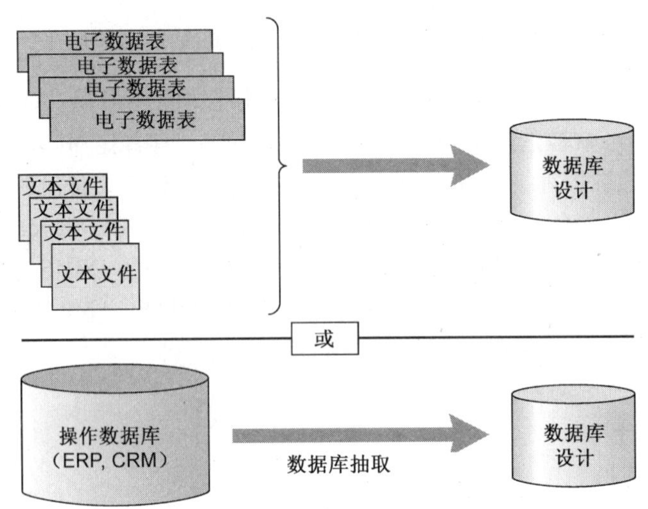

图 1.19 从已有数据中构建数据库

此外,数据库也可以通过从其他数据库抽取数据来构建,这种方式在包含报表和数据挖掘应用的商务智能系统中特别常见。例如,从诸如 CRM 或 ERP 等操作数据库中抽取的数据,可能被复制到一个仅仅用于研究和分析的新数据库中。如读者在第 13 章中将要学习的那样,这种用法的数据库称为数据仓库(data warehouses)和数据集市(data marts)。数据仓库和数据集市数据库用来存储特意为研究和报表而组织的数据。数据集市数据库通常被导出给其他的分析工具,比如 SAS 的 Enterprise Miner,IBM 的 SPSS Data Modeler,或者 TIBCO 的 Spotfire。

当从已有的数据库中创建数据库时,数据库开发人员必须为新的数据库确定合适的结构。一个常见的问题是如何在新数据库中联系多个文件或表。然而,即使是导入单个表也可能会引起设计问题。图 1.20 给出了两种不同的导入一个关于员工和他们所处部门的表的方式。这些数据应该被存放在一个还是两个表中呢?

不能武断地为这类问题下定论。数据库专家使用一系列的原理,统称为规范化(normalization)或是范式(normal forms)来指导和评估数据库设计。读者会在第 3 章中学习这些原理和它们在数据库设计中的作用。

EmpNum	EmpName	DeptNum	DeptName
100	Jones	10	Accounting
150	Lau	20	Marketing
200	McCauley	10	Accounting
300	Griffin	10	Accounting

(a) 一个表的设计

还是

DeptNum	DeptName
10	Accounting
20	Marketing

EmpNum	EmpName	DeptNum
100	Jones	10
150	Lau	20
200	McCauley	10
300	Griffin	10

(b) 两个表的设计

图 1.20 数据导入：一个表还是两个表

1.5.2 在新系统的开发上进行数据库设计

另一种数据库设计是源于新信息系统的开发。如图 1.21 所示，通过对新系统需求的分析，例如需要的设计输入表单和报表、用户需求陈述、用例和其他的需求等来创建数据库设计。

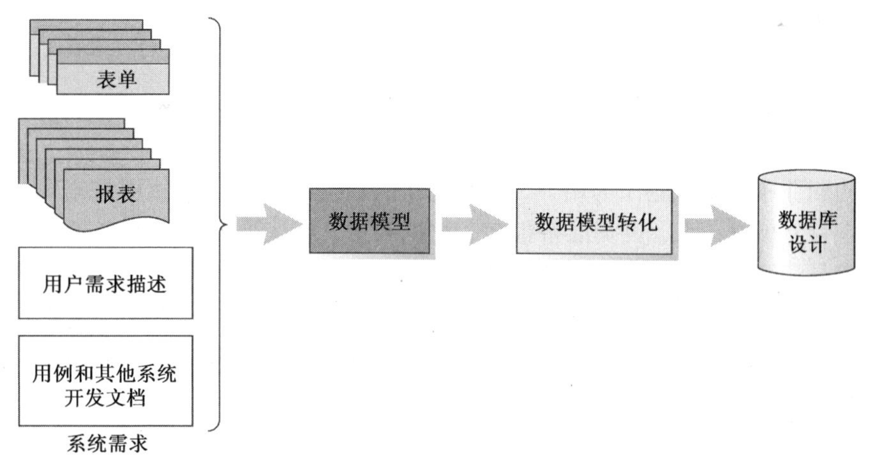

图 1.21 从新系统开发产生的数据库

在除最简单的系统开发以外的所有项目中，直接从用户需求到数据库设计的步伐太大。相应地，开发团队分两步进行。首先，他们从需求陈述中生成数据模型，接着将数据模型再转化为数据库设计。读者可以将数据模型想象为一个指导数据库设计道路的蓝图，这也是在 DBMS 中构建实际数据库的基础。

在第 5 章中，读者会学习最流行的数据建模技术——实体-联系(ER)模型。读者将会了解如何使用实体-联系模型来表示各种常见的表单和报表模式。然后，在第 6 章中，将会学习如何将实体-联系数据模型转化为数据库设计。

1.5.3 在已有的数据库上进行数据库的重新设计

数据库重设计是在已经设计好的数据库上进行的。如图 1.22 所示，有两种常见的数据库重设计方式。

一种是数据库需要适应新的或变化的需求。这个过程有时被称为数据库移植。在移植的过程中，表可能被创建、修改或删除；联系可能被更改；数据约束被修改；等等。

另一种数据库重设计的类型包括将两个或更多的表进行集成。这种类型的重设计在更改或是消除遗留系统时很常见。在企业应用集成中，当两个或更多的本来独立的信息系统被修改为一起工作时，这种重设计也很常见。

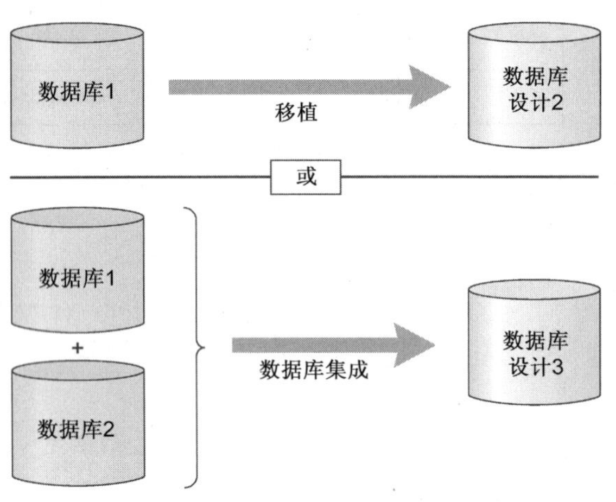

图 1.22 从数据库重设计起源的数据库

数据库重设计是复杂的，没有普遍适用的方法。如果这是你第一次接触到数据库设计，指导教师可能会略去这一课题。如果是这样的话，在读者获得更多的经验以后，应该重新阅读这里的资料。虽然有些难度，但是数据库重设计是很重要的。

要理解数据库重设计，读者需要知道修改数据库结构的 SQL 语句和更多用于查询和更新数据库的高级 SQL 语句。因此，我们将会在第 7 章介绍高级 SQL 语句和数据库中表的创建和更改的知识后，再讨论数据库重设计的课题。

1.6 读者需要学习什么

在读者的职业中，既可能作为用户，也可能作为数据库管理员来使用数据库技术。作为用户，你可能是一个知识工人，负责准备报表，挖掘数据，或从事其他数据分析的工作。你还可能是一个程序员，负责编写处理数据库的程序。此外，你还可能是一个数据库管理员，负责设计、构建和管理数据库系统。用户主要关心的是如何构建 SQL 语句来根据需要获取和发送数据。数据库管理员最关心的是数据库的管理。图 1.23 给出了每个用户角色的领域。

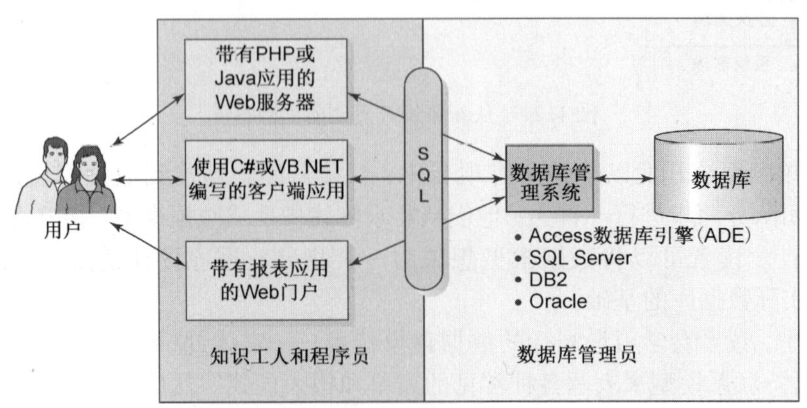

图 1.23 知识工人、程序员和数据库管理员的工作领域

BY THE WAY　在科技中最令人兴奋和有趣的工作总是处于前沿领域。如果你居住在美国，并对外部资源感兴趣，一个 Rand 公司[①]的最新研究表明，在美国最安全的工作中包括以创新的方式将新技术应用于解决商业问题。进行和数据库打交道的工作能够帮助你学习解决问题的技巧。CNNMoney 网站列出的 10 个顶尖工作职位中有 3 个需要使用数据库知识和相关技能（详情见：http://money.cnn.com/magazines/moneymag/best-jobs/2011/fast-growing-jobs/1.html）。

无论是一般用户，还是数据库管理员都需要本书中的所有知识。然而，每个主题的重要性对这两类人来说是不同的。图 1.24 给出作者认为的不同主题对不同用户的相对重要性。请读者和教师进行讨论。他们可能对于你的本地就业市场有一定了解，这会影响这些主题的相对重要性。

主题	章	对知识工人和程序员的重要性	对数据库管理员的重要性
基本 SQL	第 2 章	1	1
通过规范化的设计	第 3 章	2	1
数据建模	第 5 章	1	1
数据模型转化	第 6 章	2	1
数据定义 SQL	第 7 章	2	1
约束执行	第 7 章	3	1
数据库重设计	第 8 章	3	2，但对于高级数据库管理员为 1
数据库管理	第 9 章	2	1
SQL Server 和 Oracle 的细节	第 10 章、第 10A 章、第 10B 章和第 10C 章	3	1
数据库应用技术	第 11 章和第 12 章	1	3

1 表示非常重要；2 表示重要；3 表示不太重要。

提示：这并不是完全确定的，请咨询教师的意见。

图 1.24　优先应该了解的知识

1.7　数据库处理简史

数据库处理大约出现于 1970 年，自那以后一直演进和变化着。这个不断的变化使得它成为迷人的和令人愉快的一个工作领域。图 1.25 概述了数据库处理的主要时期。

1.7.1　早期时代

在 1970 年以前，所有的数据都存放在单独的文件中，它们大多存放在磁带的卷轴上。磁盘和磁鼓（磁柱现在不再使用）非常昂贵，容量也很小。今天 1.44 MB 的软盘比当时的很多磁盘容量都要大。内存也同样昂贵。在 1969 年，我们在只有 32 KB 的内存上运行薪水程序，而我写这段历史所用的计算机有 8 GB 的内存。

① Karoly, Lynn A. 和 Constantijn W. A. Panis. *The 21st Century at Work*. Santa Monica, CA: The Rand Corporation, 2004.

时　　期	年　　代	重要产品	备　　注
数据库前时代	1970 年以前	文件管理器	所有的数据被存放在独立的文件中。数据集成非常困难。数据存储空间非常昂贵和有限
早期数据库时代	1970～1980 年	ADABAS, System2000, Total, IDMS, IMS	第一个提供相关表的产品。CODASYL DBTG 和层次数据模型(DL/I)的流行
关系模型的出现	1978～1985 年	DB2, Oracle	早期的关系数据库管理系统产品仍有许多问题有待解决。随着时间的推移,其优势逐步显现
微型计算机 DBMS 产品	1982～1992 年	dBase-II, R:base, Paradox, Access	令人吃惊的是微型计算机上的数据库。在 20 世纪 90 年代早期,所有的小型 DBMS 产品都被 Microsoft Access 消灭了
面向对象 DBMS	1985～2000 年	Oracle ODBMS 和其他产品	从未获得成功。需要对关系数据库进行转化。为可能的益处需要进行太多的工作
Web 数据库	1995 年至目前	IIS/ASP, Apache/PHP 和 Java	最初 HTTP 的无状态特性是个问题。最初的应用仅仅是单步的事务。后来,开发出更复杂的逻辑
开源 DBMS 产品	1995 年至目前	MySQL, PostgreSQL, 以及其他产品	开源 DBMS 产品能在较低成本下提供商用 DBMS 产品的大部分功能和特性
XML 和 Web Service	1998 年至目前	XML, SOAP, WSDL, UDDI 和其他标准	XML 为基于 Web 的应用提供极大的益处,在今天非常重要。可能会在读者的职业生涯中代替关系数据库。请参阅第 12 章
大数据和 NoSQL 运动	2009 年至目前	Hadoop, Cassandra, Hbase, CouchDB, MongoDB 和其他产品	使用大数据技术的 Web 应用,例如 Facebook 和 Twitter 常常使用 Hadoop 和相关的产品。NoSQL 运动实际上是 NoRelationalDB 运动,它的目的是采用非关系型的数据结构代替关系型数据库。请参阅第 12 章

图 1.25　数据库的历史

集成的处理非常重要,但是很难进行。例如,一个保险公司想将客户的账户数据和他的权益数据联系起来。账户数据存放在一个磁带上,而权益数据存放在另一个磁带上。为处理权益,两个不同磁带上的数据必须以某种方式集成起来。

数据集成的需要推动了最早的数据库技术的发展。到 1973 年,出现一些商用的 DBMS 产品。这些产品在 20 世纪 70 年代中期仍在使用。本书的第一版于 1977 年出版,以介绍 DBMS 产品 ADABAS, System2000, Total, IDMS 和 IMS 为特色。在这 5 个系统中,只有 ADABAS 和 IMS 仍在使用,但它们在今天已不具有显著的市场份额了。

这些早期的 DBMS 产品采用不同的方式构建数据联系。其中一种称为 Data Language/I 或 DL/I 的方法,使用层次或树(参见附录 G)来表示联系。由 IBM 开发和授权的 IMS 就是基于这种模型的。IMS 在许多组织内获得成功,尤其是在一些大型的制造业企业,目前仍然有少量的应用。

另一个构建数据联系的技术使用称为网络的数据结构。CODASYL 委员会(开发程序设计语言 COBOL 的组织)设立了一个称为数据库任务工作组(DBTG)的分委会。这个分委会开发出一种标准的数据模型,并由此命名为 CODASYL DBTG 模型。这是一种过于复杂的模型(每个人所喜欢的想法都被放入委员会的设计),但仍有一些成功的 DBMS 产品是使用这个规范开发的。最成功的一个产品是 IDMS,并且它的厂商 Cullinane 公司是第一个在纽约证券交易所上市的软件公司。就我们所知,目前已经没有 IDMS 数据库在使用了。

1.7.2 关系模型的出现及其统治地位

在1970年，一个当时不那么知名的IBM工程师E. F. Codd在*Communications of the ACM*[①]上发表了一篇论文，在文章中它将数学的一个称为关系代数的分支应用于“共享数据银行”问题，从此确立了数据库的概念。现在已经出现了数据库的关系模型，而且所有的关系数据库DBMS产品都是在这个模型上产生的。

Codd的工作最初被认为对于实际实现而言太理论化了。从业者认为其过于缓慢，并且需要太多的存储空间，因而在商业领域中永远不会得到应用。然而，关系模型和关系数据库DBMS产品却成了创建和管理数据库的最好方式。

本书1977年的版本中有一章专门介绍关系模型(Codd本人进行过审阅)。很多年以后，Wayne Ratliff说他就是在读过这一章后[②]产生为个人计算机开发dBase系列产品的想法。

BY THE WAY 与1977年时的Wayne Ratliff一样，今天有同样多的创新机会。也许读者可以阅读第11章并开发一个将XML和DBMS处理以新的方式集成在一起的创新产品。或者阅读第12章，参与到NoSQL和大数据运动去帮助开发用以替代关系型数据库技术的技术。就如同1977年一样，没有产品能够锁定未来，机会在等待着你！

关系模型、关系代数和以后的SQL是很有意义的。它们没有那些不必要的复杂组件，正相反，它们似乎将集成数据的问题概要为很少的几个关键点。随着时间的推移，Codd使IBM的管理部门确信，可以开发一个关系模型的DBMS产品。其结果就是IBM的DB2和其他的变种，至今仍然非常流行。

同时，其他公司也在考虑关系模型的使用。到1980年，已经发布了相当数量的关系DBMS产品。最著名和最重要的产品就是Oracle公司的Oracle Database(这个产品一开始被命名为Oracle，但是后来因为Oracle公司接收了其他产品，需要把这个DBMS产品和其他区分开来，就将它重命名为Oracle Database)。Oracle Database的成功有很多原因，其中一个原因是它几乎可以在任何计算机和任何操作系统上运行。某些用户可能会抱怨：“它是可以在任何地方运行，并且在任何地方都运行得很糟糕。”

然而除可以在许多不同类型的机器上运行以外，Oracle Database曾经并且仍然具有非常一流和有效的内部设计。我们将会在第10B章中了解到有关同步控制方面的设计。卓越的设计、同时又有辛苦和成功的销售和市场工作，将Oracle Database推向了DBMS市场的顶端。

同时，Gordon Moore和其他人也在Intel辛勤地工作。在20世纪80年代早期，个人计算机开始流行，开始开发DBMS产品。微机的DBMS开发人员发现关系模型的优点，并围绕它开发产品。dBase是早期产品中最成功的一个，而另一个产品R:base则是第一个在PC上实现了真正的关系代数和其他操作。此后，另一个名为Paradox的关系DBMS产品在个人计算机上开发，它最终被Borland公司所收购。

然而当Microsoft进入这个领域以后，所有的一切都结束了。Microsoft在1991年发布了Access，并定价为99美元。没有任何其他的PC DBMS厂商可以在这个价格上生存。Access杀

---

① Codd, E. F. “A Relational Model of Data for Large Shared Databanks,” *Communications of the ACM*, June 1970, pp. 377-387.

② Ratliff, C. Wayne. “dStory: How I Really Developed dBASE,” *Data Based Advisor*, March 1991, p. 94.

死了 R:base 和 Paradox。随即 Microsoft 收购了一个和 dBase 相似的称为 FoxPro 的产品，利用它消灭了 dBase。微软已经停止了 Microsoft FoxPro(现称为 Microsoft Visual FoxPro)的升级，但是 Microsoft 将会继续支持它到 2015 年(详情参见 http://en.wikipedia.org/wiki/Visual_FoxPro)。

因此，Microsoft 的 Access 是 PC 平台上 DBMS 大屠杀后的唯一幸存者。在今天，Microsoft Access 面临的主要挑战来自于 Apache 软件基金会(Apache Software Foundation)和开源软件开发社区。他们已经接管了 OpenOffice.org。OpenOffice.org 是一个包含个人数据库 OpenOffice.org Base(详情请参考 www.openoffice.org)及其姊妹产品 LibreOffice(详情请参考 www.libreoffice.org)的免费软件产品的可下载套件(详情请参考 http://www.openoffice.org)。LibreOffice 是 OpenOffice 的相关发展，这一产品开始于 2010 年初 Oracle 公司收购 Sun Microsystem 的时候。

1.7.3 后关系时代的发展

在 20 世纪 80 年代中期，产生了面向对象程序设计(OOP)，并且人们迅速地认识到其相比传统的结构化程序设计的优势。到 1990 年，一些厂商开发出面向对象的 DBMS 产品(称为 OODBMS 或 ODBMS)。这些产品被设计来更容易存储以 OOP 对象方式进行封装的数据。一些特定用途的 OODBMS 被开发出来，同时 Oracle 将 OOP 的结构加入到 Oracle 数据库中，使其可以创建一种称为对象-关系的混合 DBMS。

OODBMS 从未成为主流，今天这类 DBMS 产品逐渐凋谢。它们不被接受有两个原因。首先，为使用 OODBMS，必须将关系数据从关系格式转化为面向对象格式。而在 OODBMS 出现的时候，已经有海量字节的数据被以关系格式存放在组织的数据库中。没有公司愿意为使用新的 OODBMS 来承受这种转化所带来的辛苦。

其次，就绝大多数商业数据库处理而言，相对于关系数据库，面向对象数据库缺乏实质的优势。在下一章中会看到，SQL 不是面向对象的。但是它工作得很好，并且成千上万的开发人员使用它来创建程序。由于缺乏可证实的相比于关系数据库的优势，没有组织愿意进行将他们的数据转化为 OODBMS 格式的工作。

同时，还有 Internet 的出现。到 20 世纪 90 年代中期，很明显 Internet 已经成为历史上最重要的一个交互方式，它永久性地改变了客户和商业人员相互联系的方式。早期的 Web 站点只不过是一个小册子，但在几年之内，包括查询和数据库处理的动态 Web 站点开始出现。

然而，还存在一个很棘手的问题。HTTP 是一个无状态的协议，服务器接受来自于用户的请求，处理请求，然后就忘记用户和相关请求。而很多数据库交互是需要多次的。一个客户查看商品，将一个或多个商品加入到购物车，查看更多的商品，加入更多的商品到购物车，最终结账。一个无状态的协议不能够在这种应用中使用。

随着时间的推移，一些方法被提出来克服这一问题。Web 应用开发人员学会将 SQL 语句添加到他们的 Web 应用中，随即成千上万的数据库开始在 Web 上被处理。我们会在第 11 章中学习这种处理方式。现在存在一种有趣的现象就是开源 DBMS 产品的出现。开源产品使得源代码到处都可以得到，这对于不在同一个公司的一群程序员来说都是有助于程序发展的。此外，这些产品的某些模块通常可以免费下载，但是其他模块或产品支持必须从拥有产品的企业购买。

一个很好的例子就是 MySQL DBMS(www.mysql.com)。MySQL 最初由瑞典公司 MySQL

AB 在 1995 年发行。在 2008 年 2 月，Sun Microsystems[①] 收购了 MySQL AB。到了 2010 年 1 月，Oracle 公司完成了对 Sun Microsoftsystem 的收购，这意味着 Oracle 公司现在拥有两个主要的 DBMS 产品：Oracle Databse 和 Oracle MySQL。但是目前来说，MySQL 仍然是开源产品，免费的 MySQL 社区服务器版可以从 MySQL 网站上下载。网站开发者只需要向运行 Linux 操作系统的 Web 服务器上的 SQL DBMS 提交网页请求就可以使用 MySQL，所以，MySQL 受到了网站开发者的广泛欢迎。我们将在第 10C 章中介绍 MySQL。

MySQL 并不是唯一的开源 DBMS 产品，事实上，正在这本书的编写过程中，在维基百科分类页 http://en.wikipedia.org/wiki/Category:Free_database_management_systems 上列出了 83 种免费 DBMS 产品（本书前一版本出版时有 72 种）。

开源产品的出现引出了一个有趣的结果：销售私有（不开源）DBMS 产品的公司现在都提供他们产品的免费版。例如，Microsoft 现在提供 SQL Server 2012 速成版（www.microsoft.com/en-us/sqlserver/editions/2012-editions/express.aspx），Oracle 公司免费提供 Oracle Database 11g 速成版（www.oracle.com/technetwork/products/express-edition/overview/index.html）。虽然这些产品没有公司销售的其他版本那么完整和强大（比如，在允许最大数据存储方面），然而它们还是可以被用于只需小型数据库的项目，同时它们对于学生学习使用数据库和 SQL 是很理想的。

在 20 世纪 90 年代后期，人们定义 XML 来解决当 HTML 被用来交换商业文档时所遇到的问题。XML 及其相关标准的制定不但解决了 HTML 存在的问题，同时也表明 XML 文档在交换数据库数据视图时的优越性。在 2002 年，比尔·盖茨说：“XML 是 Internet 时代的标准语言。”

XML Web Service 标准的制定进一步推动了 XML 的数据库处理，这些标准包括 SOAP（并非首字母缩写词），WSDL（Web Services Description Language），UDDI（Universal Description, Discovery, and Integration）等。使用 Web Service 可以将数据库处理的功能提供给其他使用 Internet 架构的程序来使用。这意味着，例如在一个供应链管理应用中，一个卖主可以将他的部分存货应用程序提供给其供应商。此外，这项工作还可以以一种标准化的形式来进行。

图 1.25 中的最后一行将我们带到现在。紧跟着 XML 的发展，在近几年，尤其在一个 2009 年举办的围绕开源分布式数据库（在第 12 章讨论）的会议之后，NoSQL（“Not only SQL”）运动和大数据出现了。NoSQL 运动实际上应该被称为 NoRelational 运动，因为它们的主要工作与不遵循关系型数据模型的数据库有关，有关本章介绍的关系型数据库会在第 3 章中详细讨论。大数据运动则是在信息系统需要支持越来越大的数据集的基础上发展而来。大数据结合 NoSQL（非关系型）数据库，是譬如 Facebook 和 Twitter 这些网站应用的基础。我们将在第 12 章讨论 NoSQL 运动和大数据，以及它们的相关主题，如分布式数据库、可视化和云计算。

NoSQL 运动和大数据将我们带向 IT 技术火山的尖端，在这里，新技术的岩浆正在渗出地面。将来会发生什么，在一定程度上取决于你自己。

1.8 小结

数据库的目的是帮助人们明了事情。数据库将数据存放在表中，每个表包含不同类型事物的数据。事物的实例被存放在表的行中，实例的特性被存放在列中。在本书中，全部表名使

① 正当这本书出版的时候，Oracle 公司已经跟 Sun Microsystems 达成收购 Sun Microsystems 的协议。这将使得 Oracle 数据库和 MySQL 都属于 Oracle 公司。参考 http://www.sun.com/third-party/global/oracle/。

用大写字母表示；列名则首字母大写。数据库存储数据和数据间的联系。数据库存储数据，但它们以一种可以从数据中获取信息的结构存储。

图 1.5 列出了一些重要的数据库应用的例子。数据库可以被单个或多个用户使用。那些支持多个用户的应用需要特别的同步控制机制来确保一个用户的工作不会影响到另一个用户的工作。

一些数据库只涉及少数用户，存储在少量表中的数千个行中。而在另一端，一些大型的数据库，例如支持 ERP 应用的数据库，支持数千个用户，可能在几百个不同的表中存储数百万个行。

一些数据库应用支持电子商务行为。一些最大的数据库被用来追踪用户对于 Web 页面和 Web 页面组件的反应。这些数据库被用来分析用户对不同的基于 Web 行销程序的反应。

数字报表、数据挖掘应用和其他的报表应用，使用由事务处理系统所生成的数据来帮助管理企业。数字报表和报表系统评估过去和现在的表现，数据挖掘应用预测未来的表现。数据库系统的基本组成部分包括数据库、数据库管理系统(DBMS)、一个或多个数据库应用和用户。因为结构化查询语言(SQL)是国际公认的数据库处理语言，它可以被看成是数据库系统的第五个组成部分。

数据库应用的功能是创建和处理表单、处理用户请求、创建和处理报表。应用程序也执行应用逻辑和控制应用。用户提供数据，通过表单、查询、报表来更改和读取数据。

DBMS 是一个庞大且复杂的程序，它负责创建、处理和管理数据库。DBMS 产品由软件厂商授权使用。DBMS 的具体功能如图 1.12 所示。

数据库是一组相关记录的自描述集合。关系数据库是一组相关表的自描述集合。这些表之所以相关是因为它们存储关于数据行之间关系的数据。表通过存储共同列的关联值进行关联。一个数据库是自描述的，因为它包含对于自身的描述，也就是所谓的元数据，大多数 DBMS 产品将元数据以表的形式存储。如图 1.14 所示，数据库同时还包含索引、触发器、存储过程、安全特性、备份和恢复数据等。

Microsoft Access 不是一个单纯的 DBMS，而是一个应用生成器加上一个 DBMS。应用生成器包含应用组件来创建和处理表单、报表和查询。默认的 Access 所使用的 DBMS 产品称为 Access 数据库引擎(ADE)，它不作为一个单独的产品授权。SQL Server 可以用来代替 ADE 以支持更大的数据库。

企业级数据库系统不像 Access 一样将应用和 DBMS 结合在一起。相反，应用是彼此之间相互独立并且和 DBMS 相独立的程序。图 1.16 给出了 4 类数据库应用：客户/服务器应用、Web 应用、报表应用和 XML Web Service 应用。

5 个最流行的 DBMS 产品，按照性能、特性和使用难度排序，依次为 Microsoft AccessMySQL，SQL Server，DB2 和 Oracle Database。其中 Microsoft Access 和 SQL Server 由 Microsoft 授权使用，DB2 由 IBM 授权使用，而 Oracle Database 和 MySQL 则是 Oracle 公司的产品。

数据库设计既是困难的，同时又是重要的。本书前半部分的绝大多数内容都是关于数据库设计的。数据库由三种途径起源：从已有的数据，从新的系统开发，从数据库重设计。规范化可以被用来指导从已有数据设计数据库的过程。数据模型被用来作为创建系统需求的一个蓝图，这个蓝图接下来被转化为数据库设计。大多数数据模型使用实体-联系模型创建。当一个已经存在的数据库被更改来支持新的或是变化的需求，或当两个或多个数据库被集成在一起时，则产生数据库的重设计。

就数据库处理而言，有两个角色：用户或数据库管理员。你可以是数据库/DBMS 的用户或应用开发人员。此外，也可以是一个数据库管理员，负责设计、构建和管理数据库。各个角色的工作领域在图 1.23 中给出，图 1.24 给出了每个角色应该优先了解的知识。

图 1.25 概述了数据库处理的历史。在早期，1970 年以前，不存在数据库处理，所有的数据都被存放在独立的文件中。对于集成处理的需求推动了早期 DBMS 产品的开发。CODASYL DBTG 和 DL/I 数据模型曾经流行。在那个时代的 DBMS 产品中，只有 ADABAS 和 IMS 仍在使用。

关系模型在 20 世纪 80 年代发展成为一种突出的技术。最初，关系模型被认为不实际，但是随着时间的推移，关系数据库产品例如 DB2 和 Oracle 获得成功。在这段时间里，个人计算机上的 DBMS 产品也获得开发。dBase，R：base 和 Paradox 都是个人电脑上的 DBMS 产品，但最终市场份额都被 Microsoft Access 所占据。

面向对象 DBMS 产品在 20 世纪 90 年代得到开发，但从未获得商业上的成功。最近，基于 Web 的数据库被开发以支持电子商务。现在开源数据库产品可以很容易地获得，这迫使商业化 DBMS 供应商提供其公司数据库产品部分功能的免费版产品。一些特性和功能被开发出来以克服 HTTP 协议的无状态本质，例如 XML 和 XML Web Service。NoSQL 运动、大数据、可视化和云计算是目前数据库处理的前沿领域。

1.9 关键术语

大数据
云计算
CODASYL DBTG
列
并发性
数据
Data Language/I(DL/I)
数据集市
数据模型
数据仓库
数据库
数据库管理者
数据库应用
数据库设计(作为过程)
数据库设计(作为产品)
数据库管理系统(DBMS)
数据库迁移
数据库系统
分布式数据库
企业级数据库系统
实体-联系(ER)数据模型
外键
信息
实例
集成表
知识工人
元数据
范式
规范化
NoSQL 运动
面向对象 DBMS(OODBMS 或 ODBMS)
面向对象程序设计(OOP)
对象-关系 DBMS
个人数据库系统
主键
程序员
记录
参照完整性约束
关系数据库
关系模型
联系
行
自描述
结构化查询语言(SQL)
表
用户
可视化
XML

1.10 习题

1.1 数据库的目的是什么?

1.2 数据库最常使用的类型什么?

1.3 给出一个不同于本书中例子的两个相关表。使用图 1.3 中的 STUDENT 和 GRADE 表作为一个示例模式。使用本书中的规定来命名表和列。

1.4 针对习题 1.3 中的两个表,每个表的主键是什么?你认为这些主键中是否存在可作为代理键的主键?

1.5 说明你在习题 1.3 中给出的两个表是如何关联的。哪个表包含主键?哪个是外键?

1.6 针对习题 1.3 中的两个表,给出不包含表示联系的列时的情况。说明两个表中的数据在不考虑联系的情况下是如何减少的。

1.7 定义术语数据和信息,说明它们有什么区别。

1.8 根据习题 1.3 的答案,举例说明可以得到的信息。

1.9 给出不同于图 1.5 中的单用户数据库应用和多用户数据库应用的例子。

1.10 当数据库被多于一个用户操作时,可能出现什么问题?

1.11 不同于图 1.5,给出一个包含上百个用户和非常大而复杂数据库的数据库应用例子。

1.12 诸如 Amazon.com 的电子商务公司中最大的数据库是什么?

1.13 电子商务公司如何使用习题 1.12 中提到的这些数据库?

1.14 数字报表以及数据挖掘应用和事务处理应用有什么区别?

1.15 说明为什么一个小的数据库不一定比一个大数据库的结构简单。

1.16 解释图 1.7 中的组成部分。

1.17 应用程序的功能是什么?

1.18 SQL 是什么?为什么它很重要?

1.19 DBMS 代表什么?

1.20 DBMS 的功能是什么?

1.21 指出三个 DBMS 产品的厂商。

1.22 定义术语数据库。

1.23 为什么数据库被认为是自描述的?

1.24 元数据是什么?在数据库领域中,它指什么?

1.25 将元数据存放在表中的优点是什么?

1.26 列举数据库中除用户表和元数据以外的组成部分。

1.27 Microsoft Access 是数据库管理系统吗?为什么?

1.28 描述图 1.15 所示的组成部分。

1.29 Access 中应用生成器的功能是什么?

1.30 Access 中 DBMS 引擎名称是什么?为什么我们很少听说这个引擎?

1.31 为什么 Microsoft Access 隐藏了重要的数据库技术?

1.32 为什么有些人选择将 Access 自身的数据库引擎更换为 SQL Server?

1.33 指出企业级数据库系统的组成部分。

1.34 指出和描述用在企业级数据库系统中的 4 类数据库应用。

1.35 数据库应用如何读写数据?

1.36 指出本章中介绍的 5 个 DBMS 产品,并给出这些产品在功能、特性和易用性方面的比较。

1.37 列举设计不好的数据库的一些后果。

1.38 解释两种从已有数据中设计数据库的方式。

1.39 数据仓库是什么？数据集市是什么？

1.40 说明为新的信息系统设计数据库的一般过程。

1.41 说明两种数据库可以被重新设计的途径。

1.42 术语数据库移植的含义是什么？

1.43 概述使用数据库技术的不同方式。

1.44 一个知识工人的工作职能是什么？

1.45 一个数据库管理员的工作职能是什么？

1.46 解释图 1.23 中不同域的含义。

1.47 是什么需求驱动最早的数据库技术？

1.48 Data Language/I 和 CODASYL DBTG 是什么？

1.49 谁是 E. F. Codd？

1.50 最早的对于关系模型的反对意见是什么？

1.51 指出两个早期的关系 DBMS 产品。

1.52 Oracle 成功的原因何在？

1.53 指出三个早期的个人计算机 DBMS 产品。

1.54 在习题 1.53 中提到的一些产品，现在情况如何？

1.55 OODBMS 产品的目的是什么？给出两个为什么 OODBMS 产品不成功的原因。

1.56 HTTP 的什么特性给数据库处理应用带来问题。

1.57 什么是开源 DBMS 产品？在习题 1.36 中所提到的 5 种 DBMS 产品中，哪几种曾经是开源 DBMS 产品？

1.58 售卖私有 DBMS 产品的公司对开源 DBMS 产品的反应是什么？针对你的回答举出两个例子。

1.59 什么是 XML？比尔·盖茨对 XML 做出了什么评价？

1.60 什么是 NoSQL 运动？说出基于 NoSQL 数据库构建的两个应用。

项目练习

为进行下面的项目，读者需要一台安装了 Microsoft Access 的计算机。如果对如何使用 Access 没有经验，请在开始前先阅读附录 A。

对于下面的这些项目练习题。我们将为 Wedgewood Pacific Corporation（WPC）创建一个 Microsoft Access 数据库。1957 年，WPC 成立于华盛顿州的西雅图，现在已经发展成了一个国际性知名企业。这个公司位于两幢大楼中。一幢楼中是行政、会计、金融和人力资源等部门。另一幢是生产、市场和信息系统等部门。公司数据库包含公司员工、部门、公司项目、公司财产（例如，计算机设备）和公司运行的其他方面的数据。

在下面的项目练习中，我们将从创建 WPC.accdb 数据库和下面两个表开始：

DEPARTMENT(DepartmentName, BudgetCode, OfficeNumber, Phone)

EMPLOYEE(EmployeeNumber, FirstName, LastName, *Department*, Phone, Email)

1.61 创建一个新的名为 WPC.accdb 的 Microsoft Access 数据库。

1.62 图 1.26 显示了 WPC DEPARTMENT 表的列属性。使用这些列属性，在 WPC.accdb 数据库中创建 DEPARTMENT 表。

1.63 图 1.27 显示了 WPC DEPARTMENT 表中的数据。使用 Datasheet 视图，在 DEPARTMENT 表中输入图 1.27 中的数据。

1.64 图 1.28 显示了 WPC EMPLOYEE 表的列属性。使用这些列属性，在 WPC.accdb 数据库中创建 EMPLOYEE 表。

1.65 为 DEPARTMENT 表和 EMPLOYEE 表创建联系和参照完整性约束。使能够执行参照完整性和数据的级联更新，但不能从级联删除记录中的数据。

DEPARTMENT

Column Name	Type	Key	Required	Remarks
DepartmentName	Text (35)	Primary Key	Yes	
BudgetCode	Text (30)	No	Yes	
OfficeNumber	Text (15)	No	Yes	
Phone	Text (12)	No	Yes	

图 1.26 DEPARTMENT 表的行属性

DepartmentName	BudgetCode	OfficeNumber	Phone
Administration	BC-100-10	BLDG01-300	360-285-8100
Legal	BC-200-10	BLDG01-200	360-285-8200
Accounting	BC-300-10	BLDG01-100	360-285-8300
Finance	BC-400-10	BLDG01-140	360-285-8400
Human Resources	BC-500-10	BLDG01-180	360-285-8500
Production	BC-600-10	BLDG02-100	360-287-8600
Marketing	BC-700-10	BLDG02-200	360-287-8700
InfoSystems	BC-800-10	BLDG02-270	360-287-8800

图 1.27 WPC DEPARTMENT 表的数据

EMPLOYEE

Column Name	Type	Key	Required	Remarks
EmployeeNumber	AutoNumber	Primary Key	Yes	Surrogate Key
FirstName	Text (25)	No	Yes	
LastName	Text (25)	No	Yes	
Department	Text (35)	No	Yes	
Phone	Text (12)	No	No	
Email	Text (100)	No	Yes	

图 1.28 EMPLOYEE 表的行属性

1.66 图 1.29 显示了 WPCEMPLOYEE 表中的数据。使用 Datasheet 视图，在 EMPLOYEE 表中输入图 1.29 中的前三行数据。

1.67 使用 Microsoft Access 的表单向导，为 EMPLOYEE 表创建一个数据输入表单，并命名为 WPC Employee Data Form。对表单做出一些必要调整使所有数据适当地显示。使用这个表单输入图 1.29 所示的 EMPLOYEE 表中剩下的数据。

1.68 使用 Microsoft Access 的报表向导，创建一个名为 Wedgewood Pacific Corporation Employee 的报表，以职工姓为第一顺序、名字为第二顺序来显示 EMPLOYEE 表中的数据。对报表做出一些必要调整使所有数据适当地显示。打印这个报表。

EmployeeNumber	FirstName	LastName	Department	Phone	Email
[AutoNumber]	Mary	Jacobs	Administration	360-285-8110	Mary.Jacobs@WPC.com
[AutoNumber]	Rosalie	Jackson	Administration	360-285-8120	Rosalie.Jackson@WPC.com
[AutoNumber]	Richard	Bandalone	Legal	360-285-8210	Richard.Bandalone@WPC.com
[AutoNumber]	Tom	Caruthers	Accounting	360-285-8310	Tom.Caruthers@WPC.com
[AutoNumber]	Heather	Jones	Accounting	360-285-8320	Heather.Jones@WPC.com
[AutoNumber]	Mary	Abernathy	Finance	360-285-8410	Mary.Abernathy@WPC.com
[AutoNumber]	George	Smith	Human Resources	360-285-8510	George.Smith@WPC.com
[AutoNumber]	Tom	Jackson	Production	360-287-8610	Tom.Jackson@WPC.com
[AutoNumber]	George	Jones	Production	360-287-8620	George.Jones@WPC.com
[AutoNumber]	Ken	Numoto	Marketing	360-287-8710	Ken.Numoto@WPC.com
[AutoNumber]	James	Nestor	InfoSystems		James.Nestor@WPC.com
[AutoNumber]	Rick	Brown	InfoSystems	360-287-8820	Rick.Brown@WPC.com

图1.29 WPC EMPLOYEE 表数据

1.69 使用Access的表单向导，创建一个包含两个表中所有数据的表单。当被问及如何查看数据时，选择通过DEPARTMENT。为向导所问的其他问题选择默认的选项，打开你的表单并翻阅每个部分。

1.70 使用Access的报表向导，创建一个包含两个表中所有数据的报表。当被问及如何查看数据时，选择通过DEPARTMENT。对于EMPLOYEE表中的数据，以职工姓为第一顺序、名字为第二顺序来显示。对报表做出一些必要调整使所有数据适当地显示。打印这个报表。

1.71 就本章所介绍的内容而言，解释一下针对习题1.67、习题1.68、习题1.69和习题1.70，在Access的外表下进行哪些工作？哪个子组成部分创建表单和报表？数据存放在哪里？你认为SQL承担了一个什么角色？

第2章　结构化查询语言简介

本章目标

- 理解商务智能(BI)系统中抽取数据集的使用
- 理解商务智能(BI)系统中即席查询的使用
- 理解结构化查询语言(SQL)的历史和意义
- 理解数据库查询的基础:SQL SELECT/FROM/WHERE 框架
- 能够编写 SQL 查询语句从单个表中检索数据
- 能够使用 SQL SELECT, FROM, WHERE, ORDER BY 和 HAVING 子句编写 SQL 查询语句
- 能够使用 SQL DISTINCT, AND, OR, NOT, BETWEEN, LIKE 和 IN 关键字编写 SQL 查询语句
- 能够分别在使用和不使用 GROUP BY 子句的条件下使用 SQL SUM, COUNT, MIN, MAX 和 AVG 等内置函数编写 SQL 查询语句
- 能够编写 SQL 查询语句从单个表中检索数据且检索的数据局限于另一个表中(子查询)
- 能够使用 SQL join 和 JOIN ON 操作编写 SQL 查询语句从多个表中检索数据
- 能够使用 SQL OUTER JOIN 操作编写 SQL 查询语句从多个表中检索数据

在今天的商业环境中,用户通常将数据存放在数据库中,并通过生成的信息帮助他们进行商业决策。在第 13 章中,我们将深度介绍商务智能(BI)系统,它通过产生评估、分析、计划和控制等信息对管理提供支持。在本章中,我们将看到用户怎样使用即席查询(ad-hoc queries)。即席查询是通过使用数据库数据回答一些基本问题。例如,一个即席查询为“在波特兰和俄勒冈有多少顾客买了我们的绿色棒球帽”。这种查询称为即席查询是因为它们是根据用户的需要提出的,而并非是程序化到应用程序中的。

这种数据库查询方法已经变得很重要,所以一些公司致力于产品的应用来帮助不熟悉数据库结构的用户创建即席查询。一个例子是 Open Text 的 OpenText Business Intelligence 产品(http://www.opentext.com/2/global/products/products-content-reporting/products-opentext-business-intelligence.htm),它利用友好的图形用户界面(GUI)简化了即席查询的创建。个人数据库同样有即席查询工具,比如 Microsoft Access。它使用一个叫通过实例查询(QBE)的 GUI 形式来简化即席查询。

一般而言,结构化查询语言(SQL)——关系型 DBMS 产品的通用查询语言,总是隐藏在友好的图形用户界面背后。在本章中,我们将学习怎样编写和运行 SQL 查询。我们将在第 7 章学习怎样使用 SQL 用于其他目的,比如怎样创建和添加数据到数据库本身。

2.1　数据仓库的元素

BI 系统通常会把它们关联到的数据存储到数据仓库中。数据仓库是一个数据库系统,它包含专门进行供给 BI 处理数据的准备工作的数据、程序以及员工。数据仓库的内容会在

第 12 章中详细讨论，而在这里我们只需了解数据仓库在不同规模和范围下会有很大的不同。数据仓库可以简单到只有一个员工在兼职进行数据抽取的工作，也可以复杂到一个包含数十名员工的部门在维护数据和程序的库。

图 2.1 展示了一个典型的公司规模数据仓库的组成元素。数据通过数据资源提取、转换和加载(ETL)系统来进行读取，可能来自操作数据库(存储公司当前的日常交易数据的数据库)，来自其他内部数据，或者来自外部数据资源。然后 ETL 系统清洗数据，准备数据提供给 BI 处理。这是一个复杂的过程，数据被存储在数据仓库 DBMS 中，BI 用户可以通过不同的 BI 工具来访问数据。如同第 1 章所描述，数据仓库使用的 DBMS 同时存储数据库和该数据库的元数据。

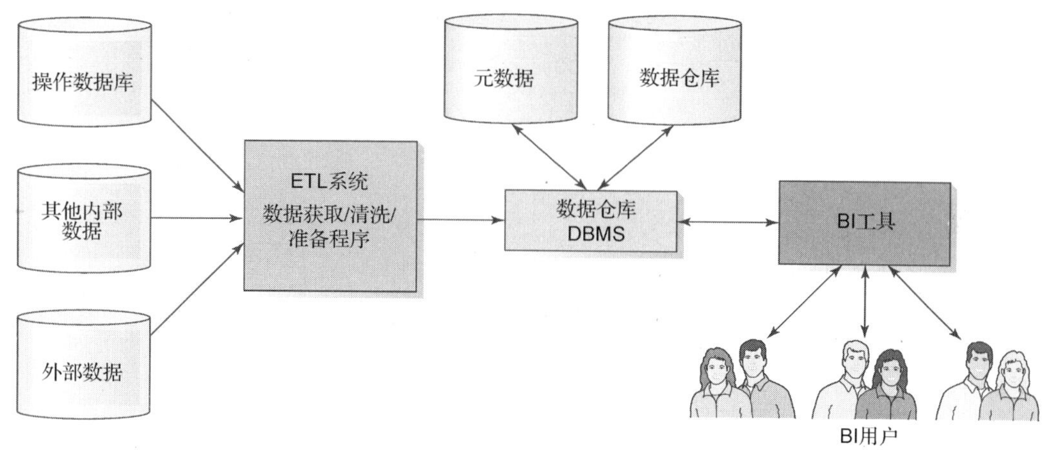

图 2.1 数据仓库的组成

BY THE WAY 有一种小型的专门化的数据仓库被称为数据集市(data mart)。数据集市及其与数据仓库的关系会在第 12 章详细讨论。需要注意到的是，数据仓库使用 DBMS 可能和操作数据库的 DBMS 一样，也可能不一样。举例来说，操作数据库可能被存储在一个 Oracle Database 11g Release 2 DBMS，而数据仓库使用了一个 Microsoft SQL Server 2012 DBMS。

2.2 Cape Codd 户外运动

在本章的学习中，我们将使用来自于 Cape Codd 户外运动的数据(虽然基于一个真正的户外零售设备供应商，但 Cape Codd 户外运动是一个虚构的公司)。Cape Codd 在遍及美国和加拿大的 15 个零售店铺中销售娱乐用途的户外设备，它同时通过 Internet 上的 Web 店面应用和邮件订单的方式销售商品。所有的零售销售都被存储在一个由 Oracle Database 11g Release 2 DBMS 管理的销售数据库中，如图 2.2 所示。

2.2.1 零售数据抽取

Cape Codd 的市场部门打算对于店铺内的销售进行一次分析。相应地，市场分析人员要求信息服务部分从操作数据库中抽取零售销售数据。为进行市场研究，他们并不需要所有的订单数据。它们需要的表和列在图 2.3 中给出，从图中可以轻易看出，交易操作数据库中需要的列并不包含在抽取出的数据中。例如，RETAIL_ORDER 表缺少 CustomerLastName，CustomerFirstName 和 OrderDay 三个列。各个表中列的数据类型如图 2.4 所示。

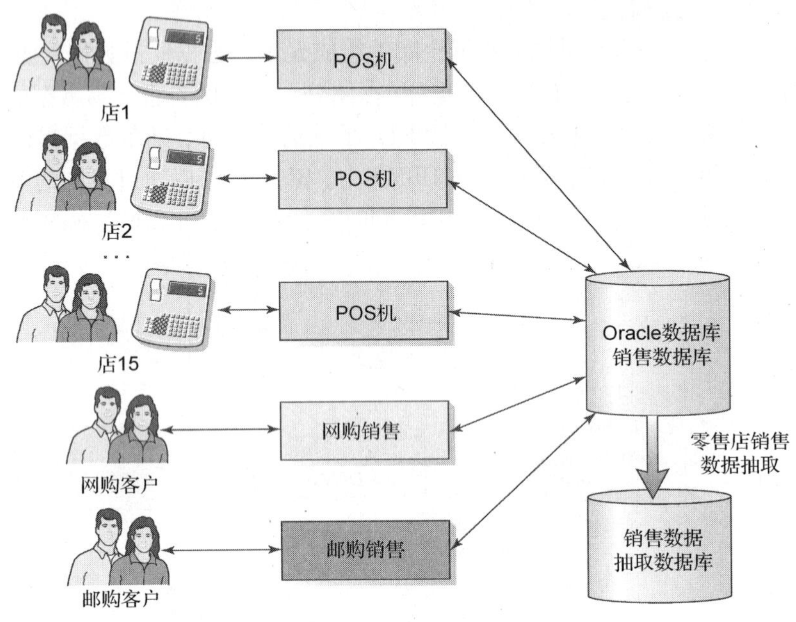

图 2.2　Cape Codd 零售销售抽取

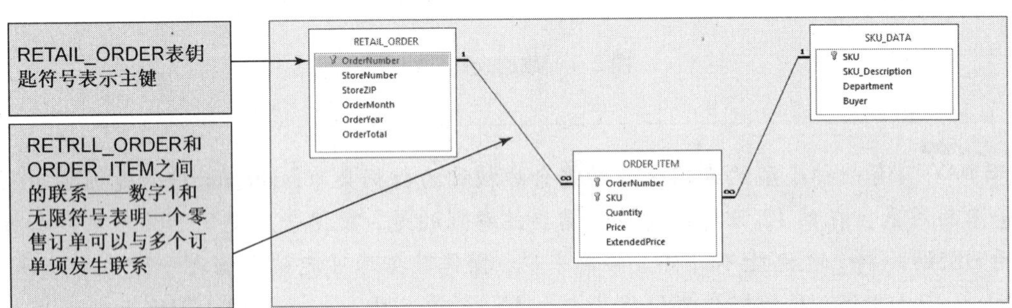

图 2.3　Cape Codd 零售销售抽取数据的数据库表和联系

表	列	数据类型
RETAIL_ORDER	OrderNumber	Integer
	StoreNumber	Integer
	StoreZip	Character(9)
	OrderMonth	Character(12)
	OrderYear	Integer
	OrderTotal	Currency
ORDER_ITEM	OrderNumber	Integer
	SKU	Integer
	Quantity	Integer
	Price	Currency
	ExtendedPrice	Currency
SKU_DATA	SKU	Integer
	SKU_Description	Character(35)
	Department	Character(30)
	Buyer	Character(30)

图 2.4　Cape Codd 零售销售抽取数据格式

如图 2.3 和图 2.4 所示，需要三个表：RETAIL_ORDER，ORDER_ITEM 和 SKU_DATA。RETAIL_ORDER 表包含每个订单的数据，ORDER_ITEM 表包含订单中每个项目的数据，而 SKU_DATA 包含每个库存单元(SKU)的数据。SKU 是每个 Cape Codd 公司所销售物品的唯一标识。表中存储的数据如图 2.5 所示。

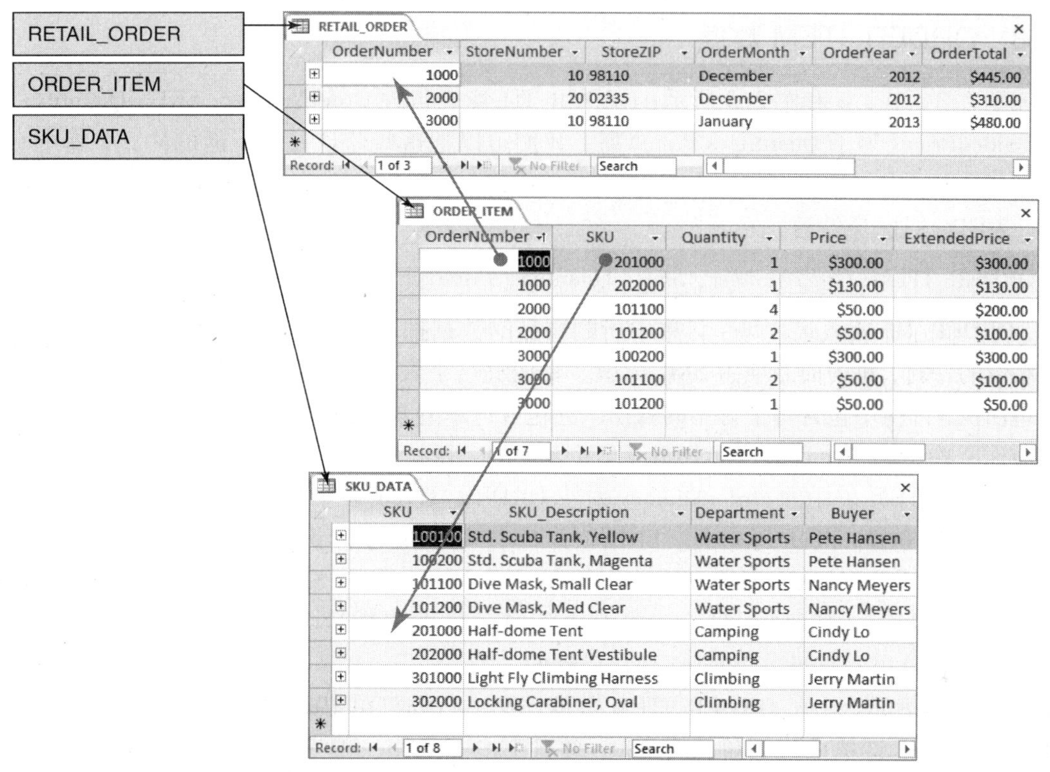

RETAIL_ORDER

OrderNumber	StoreNumber	StoreZIP	OrderMonth	OrderYear	OrderTotal
1000	10	98110	December	2012	$445.00
2000	20	02335	December	2012	$310.00
3000	10	98110	January	2013	$480.00

ORDER_ITEM

OrderNumber	SKU	Quantity	Price	ExtendedPrice
1000	201000	1	$300.00	$300.00
1000	202000	1	$130.00	$130.00
2000	101100	4	$50.00	$200.00
2000	101200	2	$50.00	$100.00
3000	100200	1	$300.00	$300.00
3000	101100	2	$50.00	$100.00
3000	101200	1	$50.00	$50.00

SKU_DATA

SKU	SKU_Description	Department	Buyer
100100	Std. Scuba Tank, Yellow	Water Sports	Pete Hansen
100200	Std. Scuba Tank, Magenta	Water Sports	Pete Hansen
101100	Dive Mask, Small Clear	Water Sports	Nancy Meyers
101200	Dive Mask, Med Clear	Water Sports	Nancy Meyers
201000	Half-dome Tent	Camping	Cindy Lo
202000	Half-dome Tent Vestibule	Camping	Cindy Lo
301000	Light Fly Climbing Harness	Climbing	Jerry Martin
302000	Locking Carabiner, Oval	Climbing	Jerry Martin

图 2.5　Cape Codd 零售销售抽取的示例数据

BY THE WAY　例子中的数据集市一个很小的数据集，我们通过这个小数据集来描述本章中涉及的概念。“真实世界”的数据抽取会产生一个比这个数据集庞大得多的数据集。

2.2.2　RETAIL_ORDER 数据

如图 2.3、图 2.4 和图 2.5 所示，RETAIL_ORDER 表有列 OrderNumber，StoreNumber，StoreZip(销售该订单的商铺邮政编码)，OrderMonth，OrderYear 和 OrderTotal。我们可以把这些信息写成下面的格式，其中 OrderNumber 用下画线标出来，表明它是 RETAIL_ORDER 表的主键。

RETAIL_ORDER(<u>OrderNumber</u>, StoreNumber, StoreZip, OrderMonth, OrderYear, OrderTotal)

RETAIL_ORDER 的样本数据如图 2.4 所示。我们只抽取有关零售店铺销售的数据,其他类型的销售操作数据(来回票据和其他销售相关的事务)在抽取过程中没有复制。此外，数据抽取过程只选择操作数据的几个列。销售点(POS)和其他的应用所处理的数据比这里所给出的要多得多，同时操作数据库保存数据的格式也不相同。例如，在 Oracle Database 11g Release 2 操作数据库中，原始的订单数据以数据格式 MM/DD/YYYY 来存放 OrderDate(例如，10/22/2008 代表 2008 年 10 月 22 日)。抽取程序(extraction program)将 OrderDate 转化为 OrderMonth 和 OrderYear 的格式，这样做是因为这是市场部门所需要的数据格式。这种数据过滤和转换是数据抽取过程中常见的。

2.2.3 ORDER_ITEM 数据

如图 2.3、图 2.4 和图 2.5 所示，ORDER_ITEM 表包含 OrderNumber，SKU，Quantity，Price 和 ExtendedPrice(等于 Quantity × Price)列。我们可以把这些信息写成下面的格式，其中 OrderNumber 和 SKU 用下画线标出，表明它们是 ORDER_ITEM 表的联合主键，另外它们也用斜体表示，表明它们也是外键。

ORDER_ITEM(*OrderNumber*, *SKU*, Quantity, Price, ExtendedPrice)

这样，ORDER_ITEM 表包含每个订单中所购物品的数据抽取。对应于订单中每一商品项的表中都有相应的一行，每一商品项由 SKU 标识。要理解这个表，可以考虑一下你从零售商店中获得的销售回执，回执中包含每个订单的数据。它包含订单的基本数据，比如日期和总额，并且每一行对应你所购买的一种商品。ORDER_ITEM 表中的一行就对应类似订单回执中的条目。

ORDER_ITEM 表中的 OrderNumber 列使 ORDER_ITEM 表中的每一行与 RETAIL_ORDER 表中的相应 OrderNumber 列相关。SKU 依靠库存单位编号标识购买的实际商品项。而且，ORDER_ITEM 表中的 SKU 列使 ORDER_ITEM 表中的每一行与 SKU_DATA 表中的相应 SKU 相关(在下一节讨论)。Quantity 是该订单中这个 SKU 的购买数量。Price 是每个商品项的价格，ExtendedPrice 是由 Quantity 和 Price 相乘得到的。

图 2.5 的下部给出了 ORDER_ITEM 数据。第一行和订单 1000 以及 SKU 201000 相关。对于 SKU 201000，订单中购买价格是 300，并且 ExtendedPrice 是 300。第二行显示了订单 1000 的第二个商品项，编号 202000 的商品一个价格为 50，ExtendedPrice 为 1 乘 50，即 50。与 ORDER_ITEM 表相关的 ORDER 表的表结构对于订单中有许多物品的销售系统是很典型的。我们将在第 5 章和第 6 章详细讨论，届时会为整个订单创建数据模型，并为这个数据模型设计数据库。

BY THE WAY 读者可能认为在一个订单中，所有行的 ExtendedPrice 之和应该等于 RETAIL_ORDER 表中的 OrderTotal 列值。但是实际上它们并不相等。例如，对于订单 1000，ExtendedPrice 之和等于 300 + 130，即 430。然而订单 1000 的 OrderTotal 值为 445。出现这个差别的原因在于 OrderTotal 中包含税、运输费和其他没有出现在数据抽取中的费用。

2.2.4 SKU_DATA 数据

如图 2.3、图 2.4 和图 2.5 所示，SKU_DATA 表包含列 SKU，SKU_Description，Department 和 Buyer。我们可以把这些信息写成下面的格式，其中 SKU 用下画线标出，表明 SKU 是 SKU_DATA 表的主键。

SKU_DATA(SKU, SKU_Description, Department, Byuer)

SKU 是一个整型值，表示每一样 Cape Codd 出售的物品。例如，SKU 100100 标识一个黄色的标准大小的 SCUBA 箱子，然而 SKU 100200 标识着紫红色的同样大小的箱子。SKU_Description 是一个对于每一样物品的简短文字描述。Department 和 Buyer 标识负责购买该物品的部门和个人。和其他的表一样，这些列也是操作数据库中所存储的 SKU 数据的一个子集。

2.2.5 完整的 Cape Codd 数据抽取模式

数据库模式(Schema)是数据库的一个完全的逻辑视图，包含了所有的表，每个表里面的所有列，每个表的主键(主键的列名已用下画线标出来)，以及把不同的表联系在一起的外键(外键的列名已用斜体标出来)。因此 Cape Codd 销售数据抽取的模式如下：

RETAIL_ORDER(OrderNumber, StoreNumber, StoreZip, OrderMonth, OrderYear, OrderTotal)

ORDER_ITEM(*OrderNumber*, *SKU*, Quantity, Price, ExtendedPrice)

SKU_DATA(SKU, SKU_Description, Department, Byuer)

需要注意到 ORDER_ITEM 表的联合主键包含了连接到 RETAIL_ORDER 表和 SKU_DATA 表的外键。

BY THE WAY 在本章后面的习题中，我们会扩展这个模式，使它包含另外两个表：WAREHOUSE 和 INVENTORY。本章中关于 Cape Codd 数据库的图包含这两个表，但是这两个表在本章内容的讨论中并没有用到。

2.2.6 数据抽取是普遍的

在继续学习之前，首先请读者注意，这里介绍的数据抽取过程并不仅仅是一个理论化的练习。正相反，这种抽取过程是很现实、非常常见和重要的商务智能系统操作。目前，数以百计的全球商业公司正像 Cape Codd 一样在使用他们的商务智能系统创建抽取数据库。

在本章的下一节，读者会学习如何编写 SQL 语句来处理这些抽取数据，这个过程就好像是向数据库“提出关于数据的问题”一样。这个知识非常有价值，并且很实用。再重复一下，就在你阅读这段话的时候，数以百计的人们正在编写 SQL 来从抽取数据中获得信息。在本章所学习的 SQL 将会是你作为知识工人、应用程序员或数据库管理员的重要资产。花时间来学习 SQL——这项投资会在你的职业中回报丰厚。

2.3 SQL 的背景

SQL 在 20 世纪 70 年代后期由 IBM 公司开发，并于 1986 年被美国国家标准化协会(ANSI)和 1987 年被国际标准化组织(ISO)认可为国家标准。SQL 随后的版本分别在 1989 年和 1992 年被认可。1992 年的版本通常指的是 SQL-92 或 ANSI-92 SQL。在 1999 年，结合了面向对象概念发布了 SQL:1999(又称 SQL3)，接下来在 2003 年发布了 SQL:2003，2006 年发布了 SQL:2006，2008 年发布了 SQL:2008，并且最近在 2011 年发布了 SQL:2011。每一次发布都加入了新的特性或扩展了 SQL 功能，提供给我们的最重要的 SQL 功能有：SQL:2008 对 INSTEAD OF 触发器(SQL 触发器会在第 7 章中讨论)进行标准化，SQL:2009 增加了对扩展标记语言(XML)的支持(XML 将在第 12 章讨论)。本章和第 7 章的讨论重点在于从 SQL-92 版本以来 SQL 共同的语言特征，不过也包含了 SQL:2003 和 SQL:2008 的一些特性。第 11 章包含一些对 SQL XML 特征的讨论。

BY THE WAY 虽然存在 SQL 的标准，但这并不意味着对于不同的 DBMS 产品使用同样的标准。事实上，每个 DBMS 都按它们特有的方式去实现 SQL，在使用一个 DBMS 的过程中你会了解到该 DBMS 中使用到的 SQL 方言的特性。

在本书中，我们使用 Microsoft SQL Server 2012 SQL 语法，书中也用有限的篇幅讨论不同的 SQL 方言。第 10B 章中会用到 Oracle Database 11g Release 2 SQL 语法，第 10C 章会用到 MySQL SQL 5.6 SQL 语法。

不同于 Java 或是 C#，SQL 不是一种完整的编程语言。相反，它被称为数据子语言，因为它只包括那些用来创建和处理数据库数据和元数据的语句。可以通过多种不同的方式来使用 SQL 语句。可以将它们直接提交给 DBMS 来处理；可以将 SQL 语句嵌入到客户/服务器应用程序中；可以将它们嵌入到 Web 页面；可以将它们用于报表和数据抽取程序；同样也可以直接从 Visual Studio .NET 和其他开发工具中执行 SQL 语句。

SQL 语句通常分为以下不同的类，其中以下 5 类是我们感兴趣的：

- 数据定义语言(DDL)语句，用来创建表、联系和其他结构。
- 数据操作语言(DML)语句，用来查询、插入、修改和删除数据。
- SQL/持久性存储模块(SQL/PSM)语句，将面向过程编程的特性扩展到 SQL 中，譬如说变量或者控制流语句，使得在 SQL 框架中具有可编程的功能。
- 事务处理控制语言(TCL)语句，用来标记事务边界和控制事务行为。
- 数据控制语言(DCL)语句，用来对用户或组授予数据库权限(或撤销数据库权限)，从而使用户和组可以对数据库的数据执行不同的操作。

本章仅考虑用 DML 语句查询数据，剩下的如何用 DML 语句来插入、修改和删除数据将在第 7 章讨论，同时 SQL DDL 语句也会在这章讨论。SQL/PSM 会在第 7 章中介绍，而它对于不同的 DBMS 有不同的特定变种，例如企业级的 DBMS Microsoft SQL Server 2012，Oracle Database 11g Release 2 和 MySQL 5.6，它们分别会在第 10A 章、第 10B 章和第 10C 章中讨论。TCL 和 DCL 语句会在第 9 章讨论。

BY THE WAY 一些作者把 SQL 查询看作是 SQL 的一个独立部分，而不是作为 SQL DML 的一部分。需要注意到，SQL 规范里面的 SQL/框架部分包含了 SQL 查询，并且把其中一些看作是“SQL-数据语句”类的声明的一部分，以及把其他的查询看作是 SQL DML 语句。

BY THE WAY SQL DML 中列出的四个行为有时候被称为 CRUD：create，read，update，delete。在本书中我们并没有用到这个术语，但现在你知道这个词代表什么意思了。

SQL 到处存在，因此 SQL 编程是一项重要的技能。今天，除了几个新兴的 NoSQL 和大数据运动的产品，几乎所有的 DBMS 产品都处理 SQL。企业级 DBMS 系统(比如 Microsoft SQL

Server 2012, Oracle MySQL 5.6 和 IBM DB2)都需要你懂得 SQL。对于这些产品，所有的数据操作都是使用 SQL 来表示的。

像在第 1 章中解释的那样，如果读者使用过 Microsoft Access，就已经使用过 SQL 了，即使没有意识到。每次处理一个表单、创建一个报表或运行一个查询，Microsoft Access 都生成 SQL 语句，将其发送给 Microsoft Access 内部的 DBMS 引擎 ADE。要进行更多的基础数据库处理，读者需要揭示出被 Microsoft Access 所隐藏的 SQL。更进一步地，一旦你了解了 SQL，相对于必须使用 Microsoft Access 按实例查询 GUI 形式的图形化表单、按钮和其他的工具来创建查询，就会发现以 SQL 直接书写查询语句更为方便。

2.4 SQL 的 SELECT/FROM/WHERE 框架

本节介绍 SQL 查询语句的基础语句框架。在我们讨论这个基础框架之后，读者会学习如何将 SQL 语句提交给 Access, SQL Server, Oracle Database 和 MySQL 执行。如果愿意，可以像处理本章剩下部分所解释的 SQL 语句那样，随着教材的进程来学习额外的 SQL 语句。SQL 查询的基本结构为 SQL SELECT/FROM/WHERE。在这个结构中：

- SQL SELECT 语句指定哪些列将在查询结果集中列出。
- SQL FROM 语句指定哪些表将被查询。
- SQL WHERE 语句指定哪些行将在查询结果集中列出。

我们通过几个例子来体会这些结构。

2.4.1 从单一表中读取特定的列

我们从最简单操作开始。假设我们要获取 SKU_DATA 表的 Department 和 Buyer 列值，读取这些数据的 SQL 语句如下所示：

```
SELECT    Department, Buyer
FROM      SKU_DATA;
```

使用图 2.4 中的数据，当 DBMS 处理这条语句时，结果为：

	Department	Buyer
1	Water Sports	Pete Hansen
2	Water Sports	Pete Hansen
3	Water Sports	Nancy Meyers
4	Water Sports	Nancy Meyers
5	Camping	Cindy Lo
6	Camping	Cindy Lo
7	Climbing	Jerry Martin
8	Climbing	Jerry Martin

当执行 SQL 语句时，SQL 语句开始转换表。SQL 语句转换表从表开始，以某种方式处理表，最后以另外一种表的结构提供结果。即使处理的结果仅仅是一个单一的数字，这个数字也会被认为是一个一行一列的表。读者会在本章的后面学习到，一些 SQL 语句处理多个表。然而不管输入表的数目是多少，每条 SQL 语句的结果都是一个单一的输出表。

同时注意 SQL 语句以分号结尾，这是 SQL 标准所要求的。虽然一些 DBMS 产品允许忽略这个分号，但是另外一些有这个要求。因此请养成以分号结束 SQL 语句的习惯。

SQL 语句包含一个叫 SQL 注释的部分。SQL 注释是一个文本块，用来说明 SQL 语句但并不执行。SQL 注释会用符号 /∗ 和 ∗/ 围起来，在 SQL 语句执行过程中，这两个符号之间的任何文本都会被忽略。例如，下面的 SQL 语句是由上一条 SQL 查询和一个 SQL 注释组合而成的，它对原来的 SQL 查询增加了查询名称的说明信息。

```
/* *** SQL-Query-CH02-01 *** */
SELECT      Department, Buyer
FROM        SKU_DATA;
```

因为 SQL 注释会在 SQL 语句执行的过程中被忽略，这一条查询返回的结果和上一条查询返回的结果是完全相同的。我们会在本章后面使用相似的注释来标记 SQL 语句，这样能更方便引用到其中一条特定的 SQL 语句。

2.4.2 从单一表中指定 SQL 查询中列的次序

SELECT 语句中列名的顺序决定结果表中列的顺序。因此，如果在 SELECT 语句中交换 Buyer 和 Department 的顺序，它们也会在结果表中同样交换顺序。由此，SQL 语句：

```
/* *** SQL-Query-CH02-02 *** */
SELECT      Buyer, Department
FROM        SKU_DATA;
```

会产生下面的结果表：

	Buyer	Department
1	Pete Hansen	Water Sports
2	Pete Hansen	Water Sports
3	Nancy Meyers	Water Sports
4	Nancy Meyers	Water Sports
5	Cindy Lo	Camping
6	Cindy Lo	Camping
7	Jerry Martin	Climbing
8	Jerry Martin	Climbing

注意，在结果中有一些行是重复的。例如，第一行和第二行中的数据是相同的。下面使用 DISTINCT 关键字来消除重复：

```
/* *** SQL-Query-CH02-03 *** */
SELECT      DISTINCT Buyer, Department
FROM        SKU_DATA;
```

当所有的重复行被移除后，这个语句的结果为：

	Buyer	Department
1	Cindy Lo	Camping
2	Jerry Martin	Climbing
3	Nancy Meyers	Water Sports
4	Pete Hansen	Water Sports

BY THE WAY SQL 不自动去除重复行的原因是因为做这件事情很浪费时间。为确定行是否有重复，每一行都必须和其他行进行比较。如果在表中有 100 000 行，检查会占用很长的时间。因此默认情况下并不删除重复。然而总是可以使用 DISTINCT 关键字来强迫删除重复行。

假如我们要查看 SKU_DATA 表的所有列，为此可以在 SELECT 语句中指定每个列，如下所示：

```
/* *** SQL-Query-CH02-04 *** */
SELECT      SKU, SKU_Description, Department, Buyer
FROM        SKU_DATA;
```

结果将会是包含 SKU_Data 中所有行和所有 4 个列的表。

	SKU	SKU_Description	Department	Buyer
1	100100	Std. Scuba Tank, Yellow	Water Sports	Pete Hansen
2	100200	Std. Scuba Tank, Magenta	Water Sports	Pete Hansen
3	101100	Dive Mask, Small Clear	Water Sports	Nancy Meyers
4	101200	Dive Mask, Med Clear	Water Sports	Nancy Meyers
5	201000	Half-dome Tent	Camping	Cindy Lo
6	202000	Half-dome Tent Vestibule	Camping	Cindy Lo
7	301000	Light Fly Climbing Harness	Climbing	Jerry Martin
8	302000	Locking Carabiner, Oval	Climbing	Jerry Martin

然而，SQL 提供一种简洁的符号来查询一个表的所有列，这种方式是使用一个星号通配符来表示我们想要所有列都被显示：

```
/* *** SQL-Query-CH02-05 *** */
SELECT      *
FROM        SKU_DATA;
```

结果为一个包含 SKU_DATA 表中的所有行和所有列数据的表。

	SKU	SKU_Description	Department	Buyer
1	100100	Std. Scuba Tank, Yellow	Water Sports	Pete Hansen
2	100200	Std. Scuba Tank, Magenta	Water Sports	Pete Hansen
3	101100	Dive Mask, Small Clear	Water Sports	Nancy Meyers
4	101200	Dive Mask, Med Clear	Water Sports	Nancy Meyers
5	201000	Half-dome Tent	Camping	Cindy Lo
6	202000	Half-dome Tent Vestibule	Camping	Cindy Lo
7	301000	Light Fly Climbing Harness	Climbing	Jerry Martin
8	302000	Locking Carabiner, Oval	Climbing	Jerry Martin

2.4.3　从单一表中读取特定的行

假如我们要选择 SKU_DATA 表的所有列，而只要与 Water Sports 部门相关的行。可以以如下的方式使用 WHERE 子句来获取结果：

```
/* *** SQL-Query-CH02-06 *** */
SELECT      *
FROM        SKU_DATA
WHERE       Department='Water Sports';
```

这个 SQL 语句的结果为：

	SKU	SKU_Description	Department	Buyer
1	100100	Std. Scuba Tank, Yellow	Water Sports	Pete Hansen
2	100200	Std. Scuba Tank, Magenta	Water Sports	Pete Hansen
3	101100	Dive Mask, Small Clear	Water Sports	Nancy Meyers
4	101200	Dive Mask, Med Clear	Water Sports	Nancy Meyers

在一个 SQL WHERE 子句中，如果列包含字符或日期类型，用于比较的值必须以单引号('{文本或日期数据}')引起来。如果这个列包含的是数字类型数据，则比较的值不需要在引号内。因此，要寻找所有 SKU 值大于 200 000 的行，我们将使用下面的 SQL 语句(注意在数字类型值中不使用逗号)：

```
/* *** SQL-Query-CH02-07 *** */
SELECT      *
FROM        SKU_DATA
WHERE       SKU > 200000;
```

结果为：

	SKU	SKU_Description	Department	Buyer
1	201000	Half-dome Tent	Camping	Cindy Lo
2	202000	Half-dome Tent Vestibule	Camping	Cindy Lo
3	301000	Light Fly Climbing Harness	Climbing	Jerry Martin
4	302000	Locking Carabiner, Oval	Climbing	Jerry Martin

BY THE WAY SQL 对单引号是很挑剔的，它要求使用无格式、无方向的单引号，而使用带方向的单引号将会产生错误。例如，数据项'Water Sports'是正确的写法，而'Water Sports'是错误的，你能发现两者的不同吗?

2.4.4 从单一表中读取特定的列和行

到目前为止，我们已经可以选择特定列和所有行，以及所有列和特定行了。我们可以将这些操作结合在一起，通过为需要的列命名和使用 WHERE 子句来选择特定列及特定行。例如，要选择 Climbing 部门中所有产品的 SKU_Description 和 Department，可指定：

```
/* *** SQL-Query-CH02-08 *** */
SELECT      SKU_Description, Department
FROM        SKU_DATA
WHERE       Department='Climbing';
```

结果为：

	SKU_Description	Department
1	Light Fly Climbing Harness	Climbing
2	Locking Carabiner, Oval	Climbing

SQL 并不要求在 WHERE 子句中使用的列也同样出现在 SELECT 的列名列表中。因此，可以指定：

```
/* *** SQL-Query-CH02-09 *** */
SELECT      SKU_Description, Buyer
FROM        SKU_DATA
WHERE       Department='Climbing';
```

在这里，限定列 Department 并没有出现在 SELECT 的列名列表中。结果为：

	SKU_Description	Buyer
1	Light Fly Climbing Harness	Jerry Martin
2	Locking Carabiner, Oval	Jerry Martin

BY THE WAY 标准练习中我们将 SQL 语句的 SELECT，FROM 和 WHERE 都写在单独的行上。这只是一种编码惯例，事实上 SQL 解析器并不要求这样。你可以像下面一样书写 SQL 语句，即所有内容都在一行上。

```
SELECT SKU_Description, Buyer FROM SKU_DATA WHERE Department=
'Climbing';
```

任何 DBMS 产品都可以处理它，然而标准的多行 SQL 编码规则使得 SQL 更容易阅读。我们鼓励读者按照这个标准来书写自己的 SQL。

BY THE WAY 在 WHERE 子句中使用日期数据时，你通常会用单引号把它括起来，就和使用字符串一样。但是，在使用 Microsoft Access 时，必须用#符号把日期围起来。例如：

```
SELECT    *
FROM      PROJECT
WHERE     StartDate = #05/10/11#;
```

Oracle Database 11g Release 2 和 MySQL 5.6 在 SQL 语句中使用日期数据时会有不同的特点，这些内容分别在第 10B 章和第 10C 章中讨论。

2.5 向 DBMS 提交 SQL 语句

在继续介绍 SQL 之前，学习如何向具体的 DBMS 提交 SQL 语句是很有用的。通过这种方式，读者可以在学习本书时，一边输入和运行 SQL 语句，一边阅读对它的讨论。提交 SQL 语句的具体方法取决于 DBMS，这里我们将介绍 Microsoft Access 2013，Microsoft SQL Server 2012，Oracle Database 11g Release 2 和 MySQL 5.6 中提交 SQL 语句的过程。

BY THE WAY 即使不在 DBMS 上运行查询，也可以学习 SQL 语句。如果出于某种原因，读者并没有 Access，SQL Server，Oracle 或 MySQL，不要绝望，你可以在没有它们的情况下学习 SQL。情况可能是，你的教师和现在实践中的绝大多数人一样，都是在没有 DBMS 的情况下学习 SQL 的。只是如果可以在阅读时同时运行 SQL，则会更容易理解和记住 SQL 语句。然而，由于有 Microsoft SQL Server 2012 Express Edition，Oracle Database 11g Express Edition 和 MySQL 5.6 Community Server Edition 等免费下载版本，如果你没有购买 Microsoft Access，则可以安装一个 DBMS 来运行这些 SQL 例子。使用这些 DBMS 来创建数据库的详细说明可以参考第 10A 章、第 10B 章和第 10C 章。在本章中用来创建 Cape Codd 户外运动数据库的 SQL 代码可以在 www.pearsonhighered.com/kroenke 上下载。

2.5.1 在 Microsoft Access 2013 中使用 SQL 语句

在可以执行 SQL 语句之前，需要一台已经安装了 Microsoft Access 的计算机，并且需要包含图 2.5 中的表和示例数据的 Microsoft Access 数据库。Microsoft Access 是许多版本的 Microsoft Office 中的一部分，因此要找到一台装有它的计算机并不困难。

因为把本书作为教材的课堂上普遍使用 Microsoft Access，所以我们将详细介绍在 Microsoft Access 中怎样使用 SQL。在此之前，我们需要说明一下 Microsoft Access 中一个需要注意的特别之处——Microsoft Access 中默认 SQL 版本的局限。

“Does Not Work with Microsoft Access ANSI-89 SQL”

正如前面所提到的，我们对 SQL 的讨论是基于 SQL 标准中的 SQL 特性，而 SQL 标准是从 ANSI SQL-92 标准开始的(Microsoft 称为 ANSI-92 SQL)。遗憾的是，Microsoft Access 2013 仍然默认为早期的 SQL-89 版本——Microsoft 把它称为 ANSI-89 SQL 或 Microsoft Jet SQL(在 Access 采用 Microsoft Jet DBMS 引擎之后)。ANSI-89 SQL 与 SQL-92 有着明显的不同，因此 SQL-92 语言的很多特性在 Access 中不能实现。

Microsoft Access 2013(和早些的 Microsoft Access 2003，2007 和 2010 版本)都提供了一个设置，这个设置允许你使用 SQL-92 代替默认的 ANSI-89 SQL。Microsoft 含有这个选项以允许 Access 工具(比如表单和报表)在做 Microsoft SQL Server 的应用开发时能够被使用，Microsoft SQL Server 支持新的 SQL 标准。在 Microsoft Access 2013 中设置选项时，先点击 File 按钮，然后点击 Options 按钮打开 Access 选项对话框，在 Access Options 对话框中，点击 Object Designers 按钮显示 Access 对象设计选项页面，如图 2.6 所示。

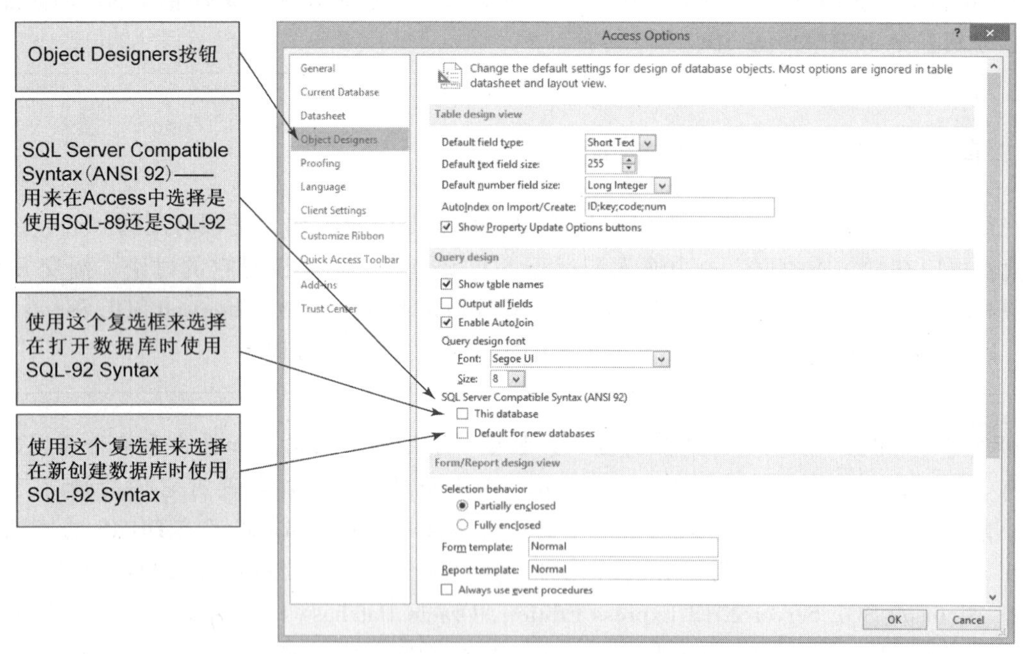

图 2.6 Microsoft Access 2007 对象设计选项页面

如图 2.6 所示，SQL Server Compatible Syntax(ANSI 92)选项控制着 Access 2013 数据库中使用的是哪个版本的 SQL。如果选中 This database 复选框，你将会在当前的数据库中使用 SQL-92 语法，或者可以选择 Default for new database 复选框使得你创建的所有新表都默认为 SQL-92 语法形式。当点击 OK 按钮来保存 SQL 语法选项的改动时，将会出现如图 2.7 所示的 SQL-Syntax Information 对话框，点击 OK 按钮关闭对话框。

遗憾的是，很少有使用 Microsoft Access 的用户或组织机构会把 Access SQL 版本设置为 SQL-92，因此，在本章中，我们设想 Microsoft Access 是运行在默认的 ANSI-89 SQL 模式下。这样做的一个优点是有助于你理解 Microsoft Access ANSI-89 SQL 的局限性以及怎样处理这些局限。

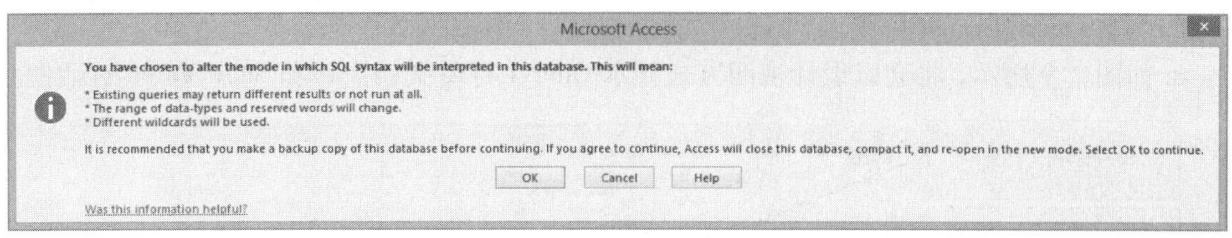

图 2.7　Microsoft Access 2007 SQL-Syntax 信息对话框

在接下来的讨论中，我们使用"Does Not Work with Microsoft Access ANSI-89 SQL"框来标识 SQL 命令和 SQL 语句在 Access ANSI-89 SQL 中不适用。应对方案可以多种多样，一个万能的应对方案是：在数据库中选中 SQL-92 语法选项。

Microsoft Access 2007 Cape Codd 户外运动数据库的两个版本可以在 www.pearsonhighed.com/kroenke 上下载。Microsoft Access 数据库文件名为 Cape-Codd.accdb 的文件是使用 Microsoft Access ANSI-89 的，而 Microsoft Access 数据库文件名为 Cape-Codd-SQL-92.accdb 的文件是使用 Microsoft Access SQL-92 的。你可以选择你想要的一个使用（或同时使用它们两个并比较结果）。需要注意的是这些文件包含了本章没有使用的两个表（INVENTORY 和 WAREHOUSE），但是你会在本章后面的习题中需要它们。

此外，当然也可以创建自己的 Access 数据库，并按照附录 A 中的描述把图 2.3、图 2.4 和图 2.5 中的表和数据添加到数据库中。如果你创建了自己的数据库，要看看本章后面的习题，除了创建本章讨论的 RETAIL-ORDER，ORDER-ITEM 和 SKU 表之外，还要创建 INVENTORY 和 WAREHOUSE 表，这就确保了你在显示器上所看到的内容将符合本章的截图。不管是下载数据库还是自己创建数据库，在继续下去之前，你都会需要做其他的工作。

在 Microsoft Access 2013 中处理 SQL 语句

为了在 Microsoft Access 2013 中处理 SQL 语句，首先像附录 A 中描述的那样在 Microsoft Access 中打开数据库，然后创建一个新的标签查询窗口。

以设计视图方式打开 Microsoft Access 查询窗口

1. 如图 2.8 所示，点击 CREATE 命令标签显示创建命令组。

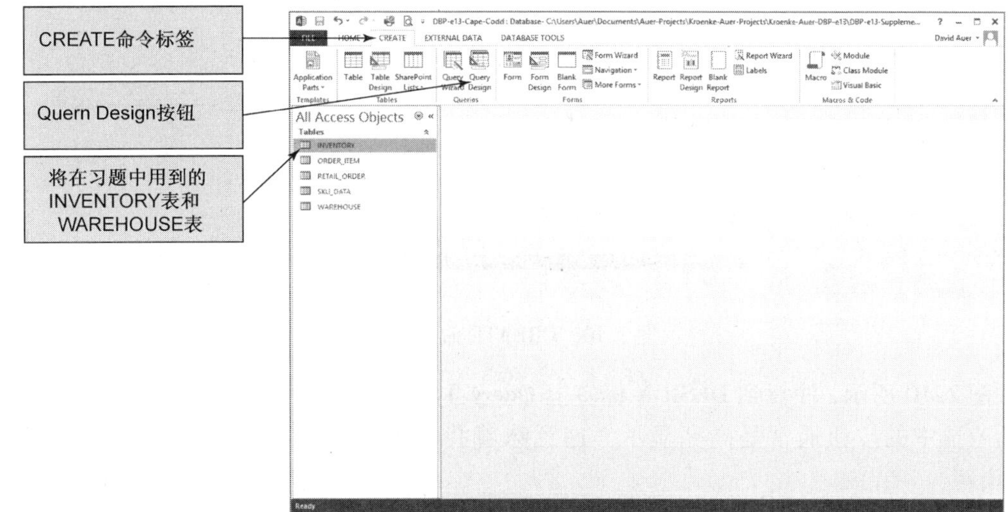

图 2.8　CREATE 命令标签

2. 点击 Query Design 按钮。
3. 如图 2.9 所示，将会以设计视图方式显示 Query1 标签文档窗口和 Show Table 对话框。

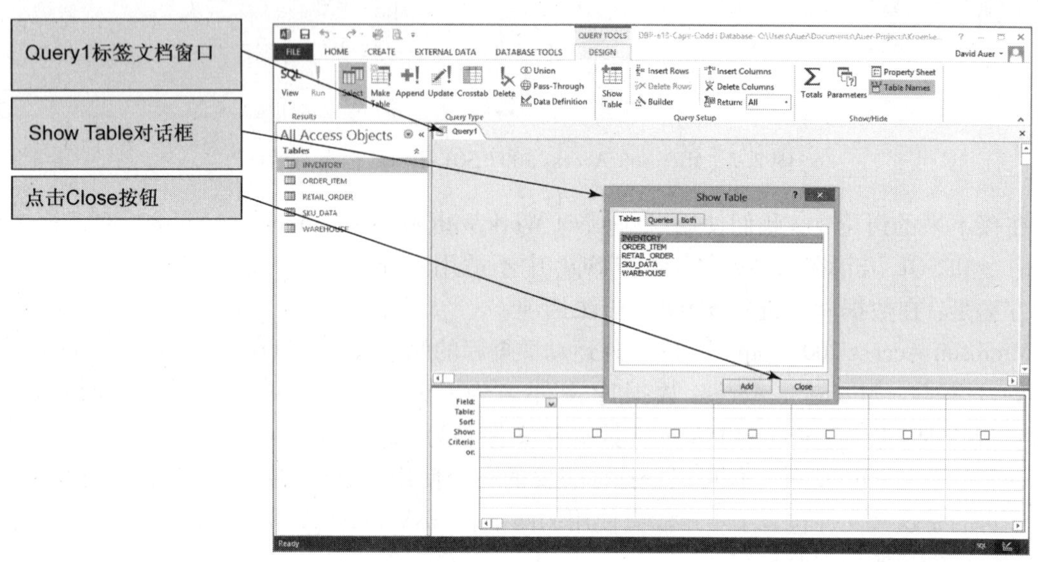

图 2.9 Show Table 对话框

4. 点击 Show Table 对话框上的 Close 按钮，Query1 标签文档窗口将如图 2.10 所示。这个窗口用来以设计视图方式创建和编辑 Microsoft Access 查询，还可以用于 Microsoft Access QBE。

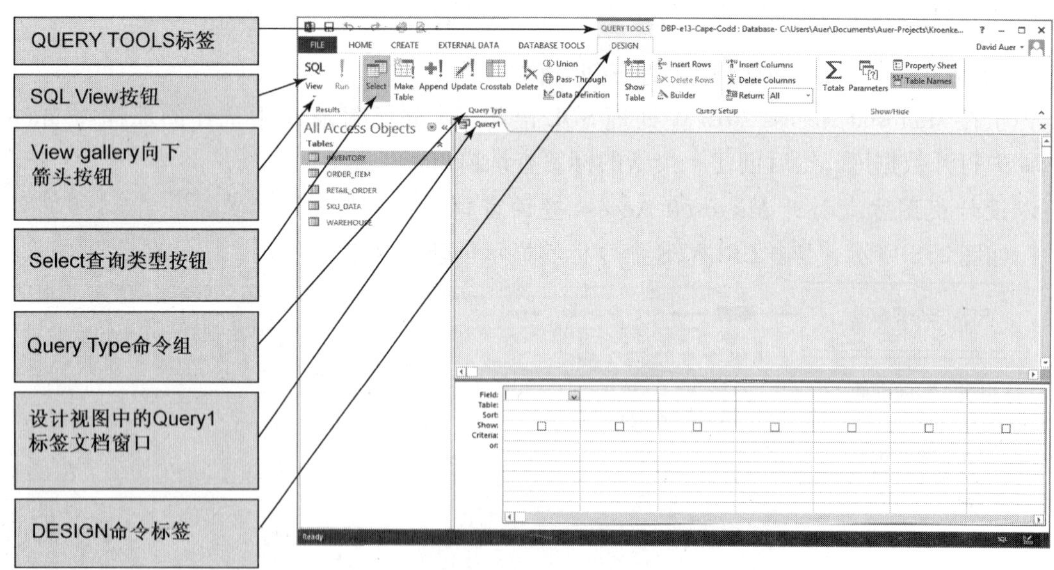

图 2.10 CREATE 命令标签

如图 2.10 所示，注意到 DESIGN 标签上 Query Type 中的 Select 按钮是被选中的。这是因为激活或选中的按钮通常是高亮显示。这意味着我们创建的一个查询等价于一个 SQL SELECT 语句。

同时注意到在图 2.10 中 DESIGN 标签的 Results 组中的 View 列表是可选的。我们可以使用这个列表在设计视图和 SQL 视图之间转换，或者也可以仅仅使用 SQL 视图按钮转换到 SQL 视图。SQL 视图按钮一直都被显示是因为对于不同的视图，Microsoft Access 认为你最可能选择 SQL 视图。Microsoft Access 通常在 View 列表上提供最有可能需要的视图选择作为一个按钮。

对于 Microsoft Access 中 SQL 查询的例子，我们将使用前面讨论的第一个 SQL 查询 SQL-Query-CH02-01。

```
/* *** SQL-Query-CH02-01 *** */
SELECT      Department, Buyer
FROM        SKU_DATA;
```

打开 Microsoft Access SQL 查询窗口并运行 Microsoft Access SQL 查询

1. 点击 Design 标签上 Results 组中的 SQL View 按钮，Query1 窗口转换为 SQL 视图，如图 2.11 所示。注意到基本的 SQL 命令 SELECT 在窗口中显示，这是一个不完整的命令，运行它不会产生任何结果。

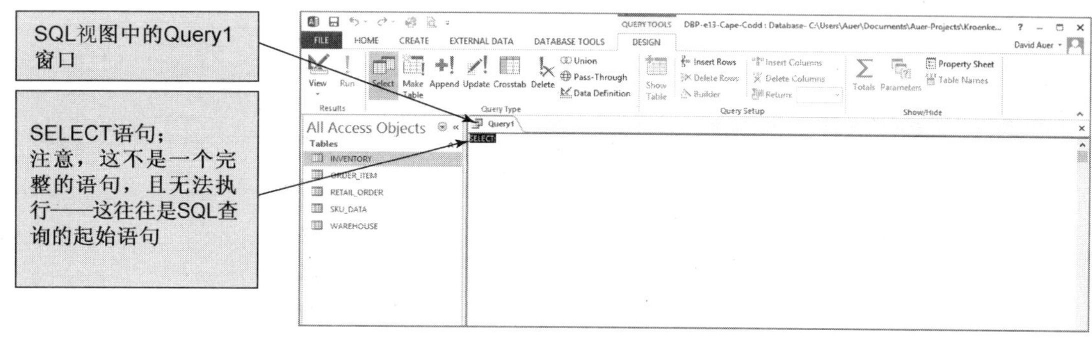

图 2.11　SQL 视图中的 Query1 窗口

2. 编辑 SQL SELECT 命令：

```
SELECT      Department, Buyer
FROM        SKU_DATA;
```

如图 2.12 所示。

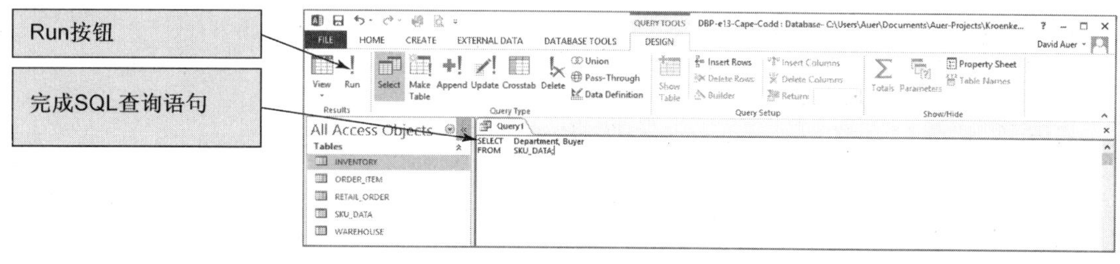

图 2.12　SQL 查询

3. 点击 Design 标签上的 Run 按钮，运行结果如图 2.13 所示。可以比较一下图 2.13 所示的结果和 2.4.1 节所示的 SQL-Query-CH02-01 查询结果。

因为 Microsoft Access 是个人数据库，并且包含一个应用生成器，我们可以保存 Microsoft Access 查询以备将来使用。企业级数据库 DBMS 产品一般不允许用户保存查询（然而它们允许用户在数据库中保存 SQL 视图和 SQL 查询脚本作为独立的文件，我们将在后面讨论这些方法）。

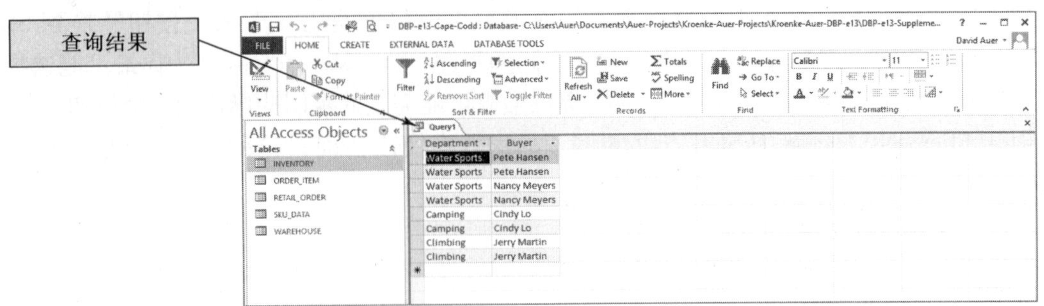

图 2.13 查询结果

保存 Microsoft Access SQL 查询

1. 为了保存查询，点击快速 Access 工具条上的 Save 按钮，弹出 Save As 对话框，如图 2.14 所示。

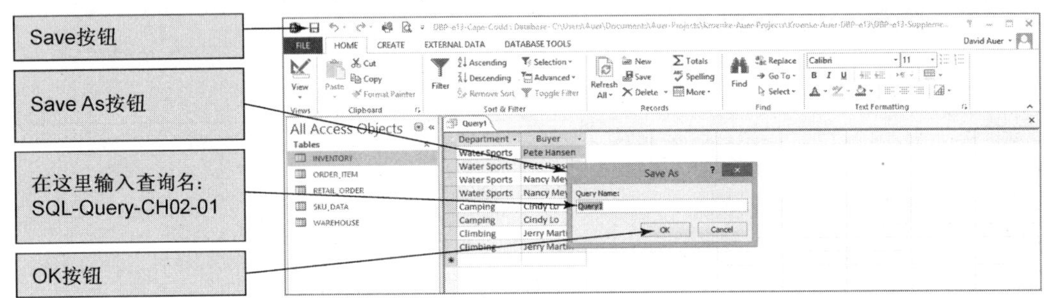

图 2.14 查询结果

2. 输入查询名：SQL-Query-CH02-01，然后点击 OK 按钮，查询就被保存了并且窗口现在重命名为输入的查询名。如图 2.15 所示，查询文档窗口重命名为 SQL-Query-CH02-01，并且一个新创建的 SQL-Query-CH02-01 查询对象出现在导航面板的 Queries 部分。
3. 点击文档窗口的 Close 按钮可以关闭 SQL-Query-CH02-01 窗口。

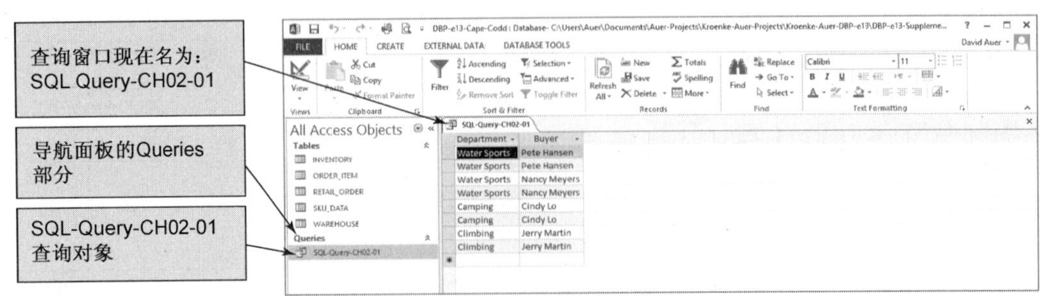

图 2.15 已命名和保存好的查询

4. 如果 Access 弹出一个对话框问你是否想要保存对 SQL-Query-CH02-01 查询的改动，要点击 Yes 按钮。

此时，你应该完成前面对 SQL SELECT/FROM/WHEREE 框架讨论的其他九个查询，每一个查询被保存为 SQL-Query-CH02-##，##是从 02 到 09 的连续数字，对应 SQL 查询中的注释。

2.5.2 在 Microsoft SQL Server 2012 中使用 SQL 语句

在用 Microsoft SQL Server 运行 SQL 语句之前，你需要一台装有 SQL Server 并且包含图 2.3、图 2.4 和图 2.5 所示表和数据的数据库的计算机。你的老师可能已经在实验室的计算机上装有 SQL Server，并且已经录入了数据。如果是这样的话，按照他或她的指导访问数据库。否则，你将会需要获得 SQL Server 2012 的副本，并且安装在你的计算机上。关于怎样获得和安装 SQL Server 2008 可以阅读第 10A 章中的某些内容。

在安装好 SQL Server 2012 之后，还需要阅读第 10A 章中关于使用 SQL Server 的介绍性知识和如何创建 Cape Codd 数据库。创建 Cape Codd 数据库表和输入数据的 SQL Server 脚本可以在我们的网站(www. pearsonhignered. com/kroenke)上下载。

SQL Server 2012 使用 Microsoft SQL Server 2012 Management Studio 作为 GUI 工具来管理 SQL Server 2012 DBMS，而 DBMS 管理数据库。Microsoft SQL Server 2012 Management Studio 是 SQL Server 2012 安装过程的一部分，将在第 10 章中讨论。图 2.16 显示了 SQL 语句 SQL-Query-CH02-01 的执行(需要注意到，在运行时 SQL 注释是不包含在 SQL 语句中的。另外，SQL 注释也可以被包含到 SQL 代码中，如果我们选择这样做)。

```
/* *** SQL-Query-CH02-01 *** */
SELECT      Department, Buyer
FROM        SKU_DATA;
```

执行 SQL Server SQL 查询

1. 点击 New Query 按钮显示一个新的查询窗口。
2. 如果 Cape Codd 数据库没有在 Available Database 框中出现，可以在 Available Database 下拉列表中选中它，然后再点击 Intellisense Enabled 按钮关闭 Intellisense 功能。
3. 如图 2.16 所示，在查询窗口中输入 SQL SELECT 命令(不包含 SQL 注释)：

   ```
   SELECT      Department, Buyer
   FROM        SKU_DATA;
   ```

4. 此时，在运行 SQL 命令之前，你可以点击 Parse 按钮检查 SQL 命令的语法。如果 SQL 命令语法是正确的，结果窗口会在如图 2.16 所示的同样位置出现，而且显示消息“Command(s) completed successfully”，否则会显示出错信息。
5. 点击 Execute 按钮运行查询。如图 2.16 所示，结果在 Results 窗口中显示。

注意到图 2.16 的 SQL Server Management Studio 左边窗口的 Object Brower 中，Cape Codd 数据库对象已经展开，显示了 Cape Codd 数据库中的表。SQL Server Management Studio 中的许多功能与 Object Brower 中的对象相关，并且经常可以通过右键点击对象展开快捷菜单访问。

BY THE WAY 我们在 Microsoft Server 2012 中使用的是 SQL Server 2012 Enterprise Edition。当在本书中以文字或图片形式给出步骤的具体顺序时，使用 SQL Server 2012 中的命令术语，并且与 Microsoft Server 2012 中的实用程序相联系。如果运行的是 Microsoft XP 或 Microsoft Vista 这样的工作站操作系统，术语可能有点不同。

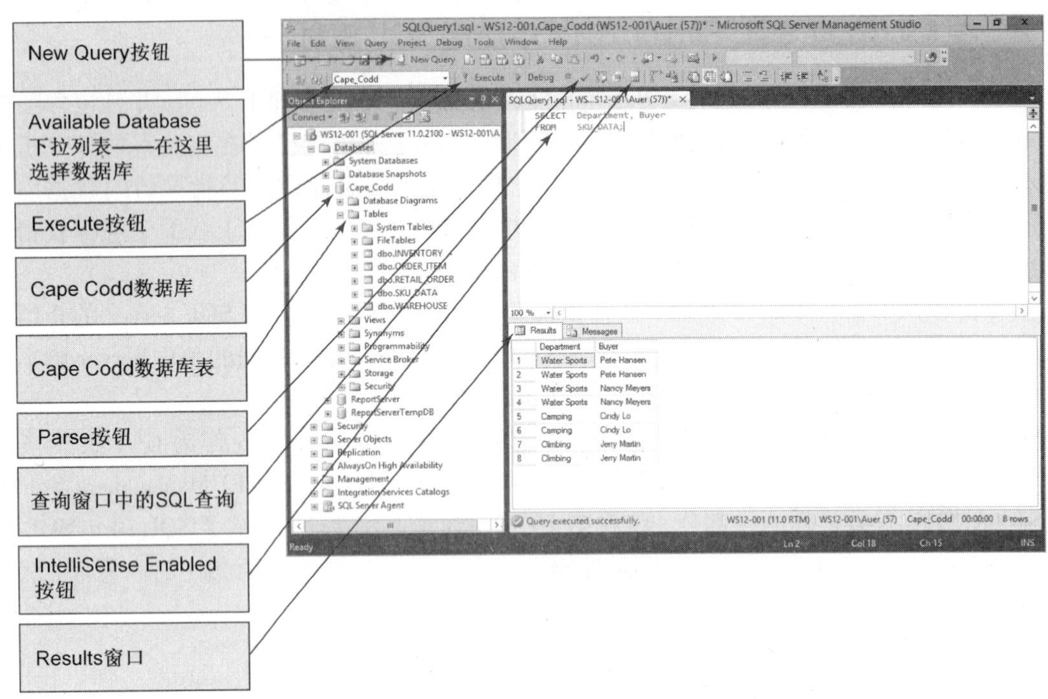

图 2.16 在 SQL Server Management Studio 中执行 SQL 查询

SQL Server 2012 是企业级 DBMS 产品，这种产品的典型特征是在 DBMS 中不存储查询(但它存储 SQL 视图，视图可以看作是一种查询，我们将在第 7 章讨论 SQL 视图)。然而，你可以把查询存储为 SQL 脚本文件。一个 SQL 脚本文件是单独存储的普通文本文件，一般文件名的扩展名为 *.sql。一个 SQL 脚本可以打开，并且可以像一条 SQL 命令(或命令集)那样运行。脚本通常用来创建数据库和输入数据，同时也可以用来存储一个查询或查询集合。图 2.17 显示了 SQL 查询是如何被保存为一个 SQL 脚本的。

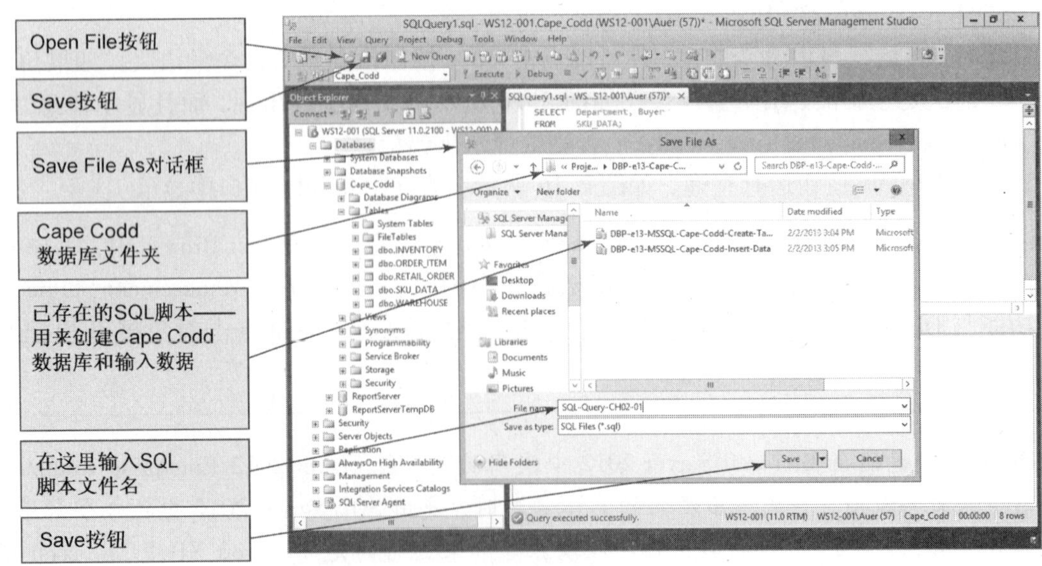

图 2.17 在 SQL Server Management Studio 中保存一个 SQL 查询为 SQL 脚本

注意到图 2.17 中，SQL 脚本显示在 DBP-e13-Cape-Codd-Database 的文件夹中。当安装好 Microsoft SQL Server 2012 Management Studio 时，一个名为 SQL Server Management Studio 的新文件夹已经创建在你的文档文件夹(在 Windows XP 中是我的文档)里，同时有名为 Projects 的文件夹作为子文件夹。Projects 文件夹是 SQL Server 2012 存储 SQL 脚本文件的默认位置。

我们建议你在 Projects 文件夹里为每一个数据库创建一个文件夹。我们已经创建了名为 DBP-e13-Cape-Codd-Database 的文件夹用来存储与 Cape Codd 数据库相关的脚本文件。

将 SQL Server Management Studio 查询保存为一个 SQL 脚本

1. 点击图 2.17 中的 Save 按钮。如图 2.17 所示，弹出 Save File As 对话框。
2. 查看/SQL Server Management Studio/Project/DBP-e13-Cape-Codd-Database 文件夹。
3. 注意到已经有两个 SQL 脚本显示在对话框中。它们是创建 Cape Codd 数据库表和输入数据的脚本文件，可以在网站 www. pearsonhighered. com/kroenke 上下载它们。
4. 在文件名输入框中，输入 SQL 脚本文件名 SQL-Query-CH02-01。
5. 点击 Save 按钮。

如果要重新运行保存的查询，可以点击如图 2.17 所示的 Open File 按钮打开 Open File 对话框，打开查询，然后点击 Execute 按钮。

此时，你应该完成前面对 SQL SELECT/FROM/WHEREE 框架讨论的其他九个查询。每一个查询都保存为 SQL-Query-CH02-##，##是从 02 到 09 的连续数字，对应 SQL 查询中的注释。

2.5.3　Oracle Database 11g Release 2 中提交 SQL 语句

在用 Oracle Database 11g Release 2 运行 SQL 语句之前，你需要一台装有 Oracle Database 11g Release 2 并且数据库中包含图 2.3、图 2.4 和图 2.5 所示表和数据的计算机。你的老师可能已经在实验室的计算机上装了 Oracle Database 11g Release 2，并且已经录入了数据。如果是这样的话，你需要按照他或她的指导访问数据库。否则，你将需要获得 Oracle Database 11g Release 2 的副本，并且将这些副本安装在你的计算机上。关于怎样获得和安装 Oracle Database 11g Release 2 可以参考第 10B 章中的某些内容。

在已经安装好 Oracle Database 11g Release 2 之后，你需要阅读第 10B 章中关于使用 Oracle Database 11g Release 2 的介绍性知识和如何创建 Cape Codd 数据库，从 10B-1 页开始，创建 Cape Codd 数据库表和输入数据的 Oracle 脚本可以在网站(www. pearsonhignered. com/kroenke)上下载。

虽然 Oracle 用户已经习惯使用 Oracle SQL*Plus 命令行工具，然而专业人员正在逐步趋向于使用 Oracle SQL Developer GUI 工具。这个应用程序是安装 Oracle 的一部分，可以在 www. oracle. com/technology/software/products/sql/index. html 上免费下载最新版本。我们将使用它作为管理数据库的标准 GUI 工具。图 2.18 显示了 SQL 语句的执行(需要注意到，在运行时 SQL 注释是不包含在 SQL 语句中的。另外，SQL 注释也可以被包含到 SQL 代码中，如果我们选择这样做)：

```
/* *** SQL-Query-CH02-01 *** */
SELECT      Department, Buyer
FROM        SKU_DATA;
```

在 Oracle SQL Developer 中执行 SQL 查询

1. 点击 New Connection 按钮打开 Cape Codd 数据库。

2. 在 SQL Worksheet 标签中，输入 SQL SELECT 命令：

```
SELECT    Department, Buyer
FROM      SKU_DATA;
```

如图 2.18 所示。

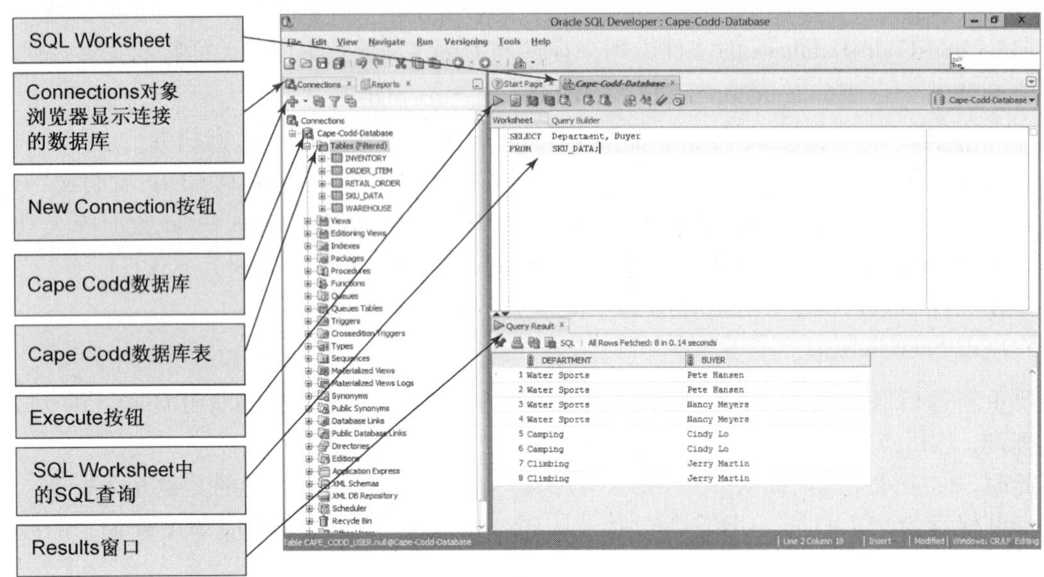

图 2.18 在 Oracle SQL Developer 中运行 SQL 查询

3. 点击 Execute 按钮运行查询。结果在图 2.17 中的 Results 窗口中显示。

注意到图 2.18 中 Oracle SQL Developer 左边窗口的 Object Brower(对象浏览器)中，Cape Codd 数据库对象已经展开，显示了 Cape Codd 数据库中的表。SQL Developer 中的许多功能与 Connections 对象浏览器中的对象相关，并且经常可以通过右键点击对象展开快捷菜单访问。

BY THE WAY 我们在 Microsoft Server 2008 R2 中使用的是 Oracle Database 11g Release 2。当我们在本书中以文字或图片形式给出步骤的具体顺序时，使用 Oracle Database 11g Release 2 中的命令术语，并且与 Microsoft Server 2008 R2 中的实用程序相联系。如果运行的是 Microsoft XP, Microsoft Vista 或者是 Linux 这样的工作站操作系统，术语可能有点不同。

Oracle Database 11g Release 2 是企业级 DBMS 产品，这种产品的典型特征是在 DBMS 中不存储查询(但它存储 SQL 视图，视图可以看作是一种查询，我们将在本章后面讨论 SQL 视图)。然而，你可以把查询存储为 SQL 脚本文件。一个 SQL 脚本文件是单独存储的普通文本文件，一般文件名的扩展名为 *.sql。一个 SQL 脚本可以打开，并且可以像一条 SQL 命令(或命令集)那样运行。脚本通常用来创建数据库和输入数据，同时也可以用来存储一个查询或查询集合。图 2.19 显示了 SQL 查询被保存为一个 SQL 脚本。

注意到图 2.19 中，SQL 脚本显示在{UserName}\Documents\Oracle Workplace\DBP-e13-Cape-Codd-Database 的文件夹中。默认情况下，Oracle SQL Developer 把 *.sql 文件同各自的应用文件存储在同一位置。我们建议在你的文档文件夹里建立一个名为 SQL Developer 的子文件夹(在 Windows XP 中是我的文档)，然后在 SQL Developer 文件夹中为每一个数据库创建一个子文件夹。我们已经创建了名为 DBP-e13-Cape-Codd-Database 的文件夹用来存储与 Cape Codd 数据库相关的脚本文件。

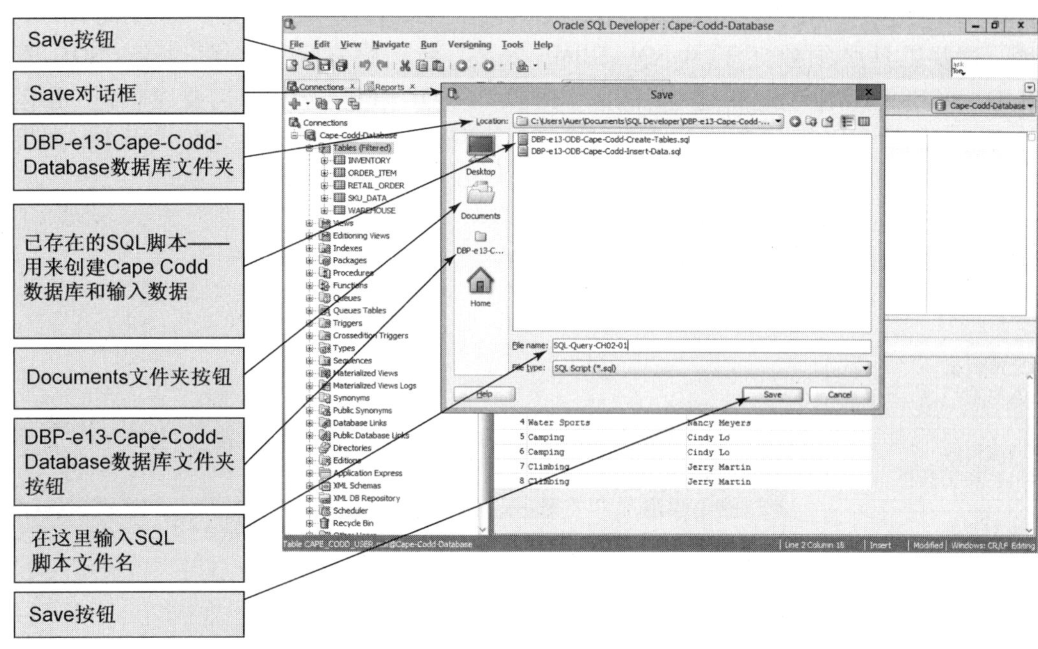

图 2.19　在 Oracle SQL Developer 中保存一个 SQL 查询为 SQL 脚本

在 Oracle SQL Developer 中保存一个 SQL 脚本

1. 点击图 2.19 中的 Save 按钮。如图 2.19 所示，弹出 Save 对话框。
2. 点击 Save 对话框中的 Documents 按钮转到 Documents 文件夹，再浏览进入 DBP-e13-Cape-Codd-Database 文件夹。
3. 注意到已经有两个 SQL 脚本显示在对话框中。它们是创建 Cape Codd 数据库表和输入数据的脚本文件，可以在网站 www.pearsonhighered.com/kroenke 上下载它们。
4. 在文件名输入框中，输入 SQL 脚本文件名 SQL-Query-CH02-01.sql。
5. 点击 Save 按钮。

如果要重新运行保存的查询，可以点击 SQL 设计器的 Open File 按钮打开 Open File 对话框，浏览到查询文件，再打开查询文件，然后点击 Execute 按钮。

此时，你应该完成前面对 SQL SELECT/FROM/WHEREE 框架讨论的其他九个查询。每一个查询都保存为 SQL-Query-CH02-##，##是从 02 到 09 的连续数字，对应 SQL 查询中的注释。

2.5.4　在 Oracle MySQL5.6 中使用 SQL 语句

在用 Oracle MySQL 5.6 运行 SQL 语句之前，你需要一台装有 MySQL 并且数据库中包含图 2.4、图 2.5 和图 2.6 所示表和数据的计算机。你的老师可能已经在实验室的计算机上装了 MySQL 5.6，并且已经录入了数据。如果是这样的话，你需要按照他或她的指导访问数据库。否则，你将需要获得 MySQL Community Server 5.6 的副本，并且将这些副本安装在你的计算机上。关于怎样获得和安装 MySQL Community Server 5.6 可以参阅第 10C 章中的某些内容。

在已经安装好 MySQL 5.6 之后，你需要阅读第 10C 章中关于使用 MySQL 5.6 的介绍性知识和如何创建 Cape Codd 数据库，从 10C-1 页开始，创建 Cape Codd 数据库表和输入数据的 MySQL 脚本可以在我们的网站(www.pearsonhignered.com/kroenke)上下载。

MySQL 5.6 包含 MySQL Workbench 作为 GUI 工具来管理 MySQL 5.6 DBMS，而 DBMS 管理数据库。这些工具必须独立于 MySQL DBMS 安装，我们将在第 10C 章讨论。SQL 语句在 MySQL Query Browser 中创建和运行，图 2.20 显示了 SQL 语句的运行(需要注意到，在运行时 SQL 注释是不包含在 SQL 语句中的。另外，SQL 注释也可以被包含到 SQL 代码中，如果我们选择这样做)：

```
/* *** SQL-Query-CH02-01 *** */
SELECT    Department, Buyer
FROM      SKU_DATA;
```

图 2.20 在 MySQL Query Browser 中运行 SQL 查询

在 MySQL Workbench 中运行 SQL Query

1. 为了将 Cape Codd 数据库设为默认架构(活动数据库)，右键点击 Capc Codd 数据库对象，显示一个快捷菜单，再点击 Set Default Schema 命令。
2. 在 SQL Editor 窗口中的 Query 1 选项卡窗口中输入 SQL SELECT 命令(不包含 SQL 注释)：

```
SELECT    Department, Buyer
FROM      SKU_DATA;
```

   如图 2.20 所示。
3. 点击 Execute Current SQL Statement in Connected Server 按钮运行查询。结果在图 2.20 中的 Results 窗口中显示(可能会有多于一个查询结果窗口打开，所以它们必须被编号)。

注意到图 2.20 中 MySQL Workbench 左边窗口的 Object Brower 中，Cape Codd 数据库对象已经展开，显示了 Cape Codd 数据库中的表。MySQL Workbench 中的许多功能与 Object Brower 中的对象相关，并且经常可以通过右键点击对象展开快捷菜单访问。

BY THE WAY 我们在 Microsoft Server 2012 中使用的是 MySQL 5.6 社区版。当在本书中以文字或图片形式给出步骤的具体顺序时，使用 MySQL 5.6 中的命令术语，并且与 Microsoft Server 2012 中的实用程序相联系。如果运行的是 Microsoft XP，Microsoft Vista 或者是 Linux 这样的工作站操作系统，术语可能有点不同。

MySQL 5.6 是企业级 DBMS 产品，这种产品的典型特征是在 DBMS 中不存储查询(但它存储 SQL 视图，视图可以看作是一种查询，我们将在本章后面讨论 SQL 视图)。然而，你可以把 MySQL 查询存储为 MySQL 查询文件。一个 MySQL 查询文件是单独存储的普通文本文件，一般文件名的扩展名为 *.qbquery。一个 MySQL 查询文件可以打开，并且可以像一条 SQL 命令(或命令集)那样运行。图 2.21 显示了 SQL 查询被保存为一个 MySQL 查询文件。

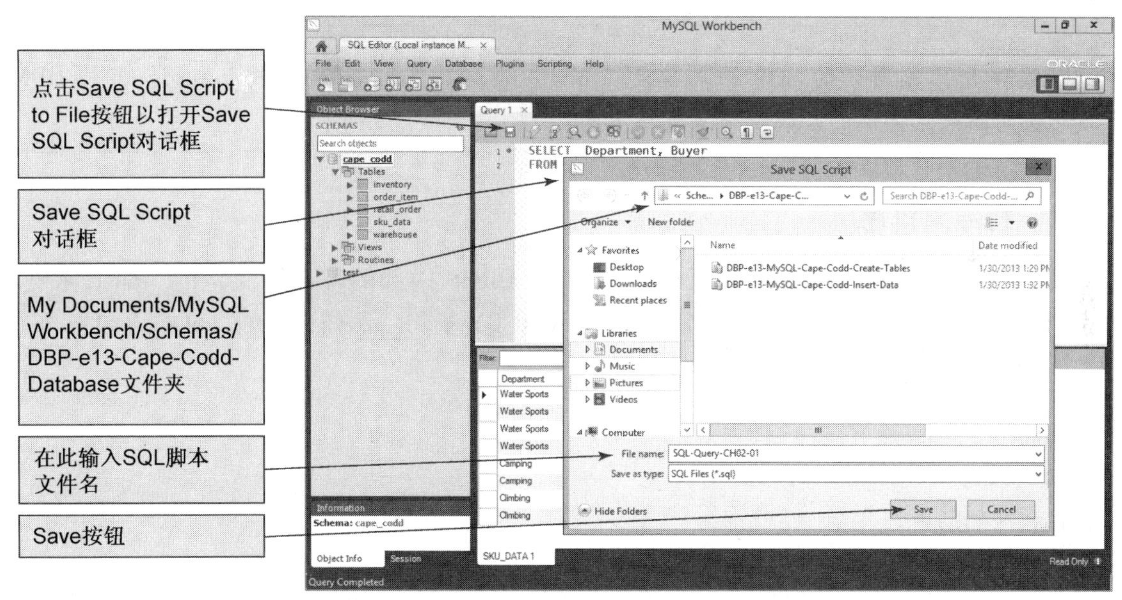

图 2.21　在 MySQL Query Browser 中保存一个 SQL 查询为 MySQL 查询文件

注意到图 2.21 中，查询显示在{UserName}\Documents\MySQL Workplace\DBP-e13-Cape-Codd-Database 的文件夹中。默认情况下，MySQL Workbench 把文件存储在用户文档文件夹中(在 Windows XP 中是我的文档)。我们建议在你的文档文件夹里建立一个名为 MySQL Workbench 的子文件夹，然后再创建两个标为 EER Models 和 Schemas 的子文件夹。之后在子文件夹中分别为每一个数据库各创建一个子文件夹。我们已经创建了名为 DBP-e13-Cape-Codd-Database 的文件夹用来存储与 Cape Codd 数据库相关的脚本文件。

保存 MySQL 5.6 查询

1. 点击图 2.21 中的 Save SQL Script to File 按钮。如图 2.21 所示，弹出 Save Query to File 对话框。

2. 选择 Documents\MySQL Workplace\DBP-e13-Cape-Codd-Database 文件夹。

3. 在文件名输入框中，输入 SQL 查询文件名 SQL-Query-CH02-01。

4. 点击 Save 按钮。

如果要重新运行保存的查询，可以点击 File | Open SQL Script 命令打开 Open SQL Script 对话框，然后浏览和打开查询文件，最后点击 Execute Current SQL Statement in Connected Server 按钮。

此时，你应该完成前面对 SQL SELECT/FROM/WHEREE 框架讨论的其他九个查询。每一个查询都保存为 SQL-Query-CH02-##，##是从 02 到 09 的连续数字，对应 SQL 查询中的注释。

2.6 查询单一表的 SQL

我们从处理单个表的 SQL 语句开始对 SQL 查询进行讨论，同时我们将对这些查询加入一个新添的 SQL 特征。随着本书的进展，读者会发现 SQL 对于查询数据库和从已有的数据中产生的信息是多么强大。

BY THE WAY 本章所示的 SQL 结果都是在 Microsoft SQL Server 2012 中产生的。其他 DBMS 产品的查询结果是类似的，只是稍微有点不同。

2.6.1 将结果排序

SQL 语句产生的行序是任意的，这是由每个 DBMS 内部的程序所决定的。如果你要求 DBMS 以特定的顺序显示行，可以使用 SQL ORDER BY 子句。例如，下面的 SQL 语句：

```
/* *** SQL-Query-CH02-10 *** */
SELECT      *
FROM        ORDER_ITEM
ORDER BY    OrderNumber;
```

将会有如下的结果：

	OrderNumber	SKU	Quantity	Price	ExtendedPrice
1	1000	201000	1	300.00	300.00
2	1000	202000	1	130.00	130.00
3	2000	101100	4	50.00	200.00
4	2000	101200	2	50.00	100.00
5	3000	101200	1	50.00	50.00
6	3000	101100	2	50.00	100.00
7	3000	100200	1	300.00	300.00

通过添加第二个列名，我们可以在两个列上排序。例如，首先使用 OrderNumber 排序，然后在同一个 OrderNumber 内使用 Price 排序。这里使用下面的 SQL 查询：

```
/* *** SQL-Query-CH02-11 *** */
SELECT      *
FROM        ORDER_ITEM
ORDER BY    OrderNumber, Price;
```

查询结果为：

	OrderNumber	SKU	Quantity	Price	ExtendedPrice
1	1000	202000	1	130.00	130.00
2	1000	201000	1	300.00	300.00
3	2000	101100	4	50.00	200.00
4	2000	101200	2	50.00	100.00
5	3000	101200	1	50.00	50.00
6	3000	101100	2	50.00	100.00
7	3000	100200	1	300.00	300.00

如果希望首先使用 Price，然后再用 OrderNumber 对数据排序，应该交换 ORDER BY 子句中字段的顺序：

```
/* *** SQL-Query-CH02-12 *** */
SELECT      *
FROM        ORDER_ITEM
ORDER BY    Price, OrderNumber;
```

结果为：

	OrderNumber	SKU	Quantity	Price	ExtendedPrice
1	2000	101100	4	50.00	200.00
2	2000	101200	2	50.00	100.00
3	3000	101200	1	50.00	50.00
4	3000	101100	2	50.00	100.00
5	1000	202000	1	130.00	130.00
6	1000	201000	1	300.00	300.00
7	3000	100200	1	300.00	300.00

BY THE WAY 对 Microsoft Access 用户的说明：不同于这里显示的 SQL Server 的输出，Microsoft Access 在现金数据的输出时添加了美元符号。

默认情况下，行按照升序排列。为按照降序排列，可在列名后面添加 SQL 关键字 DESC。因此，为了首先按照 Price 降序排列，再按照 OrderNumber 升序排列，可以指定：

```
/* *** SQL-Query-CH02-13 *** */
SELECT      *
FROM        ORDER_ITEM
ORDER BY    Price DESC, OrderNumber ASC;
```

结果为：

	OrderNumber	SKU	Quantity	Price	ExtendedPrice
1	1000	201000	1	300.00	300.00
2	3000	100200	1	300.00	300.00
3	1000	202000	1	130.00	130.00
4	2000	101100	4	50.00	200.00
5	2000	101200	2	50.00	100.00
6	3000	101200	1	50.00	50.00
7	3000	101100	2	50.00	100.00

由于默认的顺序是升序，我们不需要在最后的 SQL 语句中指明 ASC。因此，下面的 SQL 语句是等价的：

```
/* *** SQL-Query-CH02-14 *** */
SELECT      *
FROM        ORDER_ITEM
ORDER BY    Price DESC, OrderNumber;
```

结果为：

	OrderNumber	SKU	Quantity	Price	ExtendedPrice
1	1000	201000	1	300.00	300.00
2	3000	100200	1	300.00	300.00
3	1000	202000	1	130.00	130.00
4	2000	101100	4	50.00	200.00
5	2000	101200	2	50.00	100.00
6	3000	101200	1	50.00	50.00
7	3000	101100	2	50.00	100.00

2.6.2 SQL WHERE 子句选项

SQL 包含一组 WHERE 子句的选项，这可以极大地扩展 SQL 的功能和应用。在本节中，我们考虑三个选项：复合子句、范围和通配符。

复合 WHERE 子句

SQL 的 WHERE 子句可以使用 AND，OR，IN 和 NOT IN 运算符来包含多个条件。例如，要选择 SKU_DATA 中所有部门名称为 Water Sports，而买主为 Nancy Meyers，可以在查询代码中使用 SQL AND 运算符：

```
/* *** SQL-Query-CH02-15 *** */
SELECT      *
FROM        SKU_DATA
WHERE       Department='Water Sports'
    AND     Buyer='Nancy Meyers';
```

结果为：

	SKU	SKU_Description	Department	Buyer
1	101100	Dive Mask, Small Clear	Water Sports	Nancy Meyers
2	101200	Dive Mask, Med Clear	Water Sports	Nancy Meyers

类似地，要选择 SKU_DATA 中或者属于 Camping 部门，或者属于 Climbing 部门的数据，可以在查询代码中使用 SQL OR 运算符：

```
/* *** SQL-Query-CH02-16 *** */
SELECT      *
FROM        SKU_DATA
WHERE       Department='Camping'
    OR      Department='Climbing';
```

结果为：

	SKU	SKU_Description	Department	Buyer
1	201000	Half-dome Tent	Camping	Cindy Lo
2	202000	Half-dome Tent Vestibule	Camping	Cindy Lo
3	301000	Light Fly Climbing Harness	Climbing	Jerry Martin
4	302000	Locking Carabiner, Oval	Climbing	Jerry Martin

三个或者更多的 AND 和 OR 条件可以组合使用，但在这种情况下，使用 IN 和 NOT IN 运算符会更容易。例如，假设要获取 SKU_DATA 中所有买主为 Nancy Meyers，Cindy Lo 或 Jerry Martin 其中之一的行，我们可以构建一个包含两个 AND 的 WHERE 子句。但另一种简单的途径是使用 IN 运算符，如下面的 SQL 查询：

```
/* *** SQL-Query-CH02-17 *** */
SELECT     *
FROM       SKU_DATA
WHERE      Buyer IN ('Nancy Meyers', 'Cindy Lo', 'Jerry Martin');
```

在这种格式中，一个值的集合被括在括号里。如果买主等于其中任意一个值，则所在的行被选中。结果为：

	SKU	SKU_Description	Department	Buyer
1	101100	Dive Mask, Small Clear	Water Sports	Nancy Meyers
2	101200	Dive Mask, Med Clear	Water Sports	Nancy Meyers
3	201000	Half-dome Tent	Camping	Cindy Lo
4	202000	Half-dome Tent Vestibule	Camping	Cindy Lo
5	301000	Light Fly Climbing Harness	Climbing	Jerry Martin
6	302000	Locking Carabiner, Oval	Climbing	Jerry Martin

类似地，如果要在 SKU_DATA 中寻找买主不是 Nancy Meyers，Cindy Lo 或 Jerry Martin 中的任何一位，可以这样写：

```
/* *** SQL-Query-CH02-18 *** */
SELECT     *
FROM       SKU_DATA
WHERE      Buyer NOT IN ('Nancy Meyers', 'Cindy Lo', 'Jerry Martin');
```

结果为：

	SKU	SKU_Description	Department	Buyer
1	100100	Std. Scuba Tank, Yellow	Water Sports	Pete Hansen
2	100200	Std. Scuba Tank, Magenta	Water Sports	Pete Hansen

注意 IN 和 NOT IN 的重要区别。一行满足 IN 的条件(如果它等于括号内的任意一个值)，而一行满足 NOT IN 的条件(如果它不等于括号中的所有值)。

SQLWHERE 子句中的范围

SQL 的 WHERE 子句可以使用 SQL BETWEEN 关键字来指定数据值的范围。例如，下面的 SQL 语句：

```
/* *** SQL-Query-CH02-19 *** */
SELECT     *
FROM       ORDER_ITEM
WHERE      ExtendedPrice BETWEEN 100 AND 200;
```

会产生如下的结果：

	OrderNumber	SKU	Quantity	Price	ExtendedPrice
1	2000	101100	4	50.00	200.00
2	3000	101100	2	50.00	100.00
3	2000	101200	2	50.00	100.00
4	1000	202000	1	130.00	130.00

注意，范围的上界和下界，即 100 和 200，也被包含在结果表中。前面的 SQL 语句相当于：

```
/* *** SQL-Query-CH02-20 *** */
SELECT      *
FROM        ORDER_ITEM
WHERE       ExtendedPrice >= 100
    AND     ExtendedPrice <= 200;
```

它将会产生同样的结果：

	OrderNumber	SKU	Quantity	Price	ExtendedPrice
1	2000	101100	4	50.00	200.00
2	3000	101100	2	50.00	100.00
3	2000	101200	2	50.00	100.00
4	1000	202000	1	130.00	130.00

SQLWHERE 子句中的通配符

可以在 WHERE 子句中使用关键字 SQL LIKE 来指定对于列值的部分匹配。例如，假设要在 SKU_DATA 表中寻找所有买主名为 Pete 的行。为实现这个目的，可使用如下带有通配符 SQL 百分号(%)的关键字 LIKE：

```
/* *** SQL-Query-CH02-21 *** */
SELECT      *
FROM        SKU_DATA
WHERE       Buyer LIKE 'Pete%';
```

当百分号(%)作为 SQL 的通配符时，它代表着符号的任意顺序。当使用 SQL LIKE 关键字时，字符串'Pete%'意味着任何以字母 Pete 开头的字符串。这个查询的结果是：

	SKU	SKU_Description	Department	Buyer
1	100100	Std. Scuba Tank, Yellow	Water Sports	Pete Hansen
2	100200	Std. Scuba Tank, Magenta	Water Sports	Pete Hansen

在 Microsoft Access ANSI-89 SQL 中不适用

Microsoft Access ANSI-89 SQL 也使用通配符，但不是 SQL-92 标准通配符。Microsoft Access 使用 Microsoft Access 星号(*)通配符代替百分号%来表示多个字符。

解决方法：在 Microsoft Access ANSI-89 SQL 语句中使用 Microsoft Access 星号(*)通配符代替 SQL-92 百分号。这样在 Microsoft Access 中 SQL 查询写法如下：

```
/* *** SQL-Query-CH02-21-Access *** */
SELECT      *
FROM        SKU_DATA
WHERE       Buyer LIKE 'Pete*';
```

假设我们要寻找在 SKU_DATA 的 SKU_Description 里，描述中的某个地方包含单词 Tent 的行。由于 Tent 可以出现在开始、结尾或者中间，因此需要在 LIKE 短语的两端都加上通配符，如下所示：

```
/* *** SQL-Query-CH02-22 *** */
SELECT     *
FROM       SKU_DATA
WHERE      SKU_Description LIKE '%Tent%';
```

这个查询将返回单词 Tent 出现在 SKU_Description 任意位置的所有行，结果为：

	SKU	SKU_Description	Department	Buyer
1	201000	Half-dome Tent	Camping	Cindy Lo
2	202000	Half-dome Tent Vestibule	Camping	Cindy Lo

有些时候我们需要在列的某个特定位置寻找某个特定的值。例如，假定在 SKU 值的编码中，从右侧开始的第三个位置上的 2 有特殊的含义，比如表明它是其他商品的变种。不管出于什么原因，假定要寻找从右侧开始的第三个位置上是 2 的所有 SKU。假如使用如下的 SQL 语句：

```
/* *** SQL-Query-CH02-23 *** */
SELECT     *
FROM       SKU_DATA
WHERE      SKU LIKE '%2%';
```

结果为：

	SKU	SKU_Description	Department	Buyer
1	100200	Std. Scuba Tank, Magenta	Water Sports	Pete Hansen
2	101200	Dive Mask, Med Clear	Water Sports	Nancy Meyers
3	201000	Half-dome Tent	Camping	Cindy Lo
4	202000	Half-dome Tent Vestibule	Camping	Cindy Lo
5	302000	Locking Carabiner, Oval	Climbing	Jerry Martin

这不是所要的结果，我们错误地选择了所有在 SKU 值中任何地方有 2 的行。为寻找到所想要的商品，我们不能使用 SKU LIKE '%2%' 的表示。不同的是，我们必须使用 SQL 下画线(_)通配符来表示单个、不确定的字符。下面的 SQL 语句会找到所有的 SKU_DATA 行，它在右侧第三个位置上是 2：

```
/* *** SQL-Query-CH02-24 *** */
SELECT     *
FROM       SKU_DATA
WHERE      SKU LIKE '%2__';
```

注意这里有两个下画线，一个代表右边的第一个位置，而另一个代表右边的第二个位置。这个查询返回了我们想要的结果：

	SKU	SKU_Description	Department	Buyer
1	100200	Std. Scuba Tank, Magenta	Water Sports	Pete Hansen
2	101200	Dive Mask, Med Clear	Water Sports	Nancy Meyers

在 Microsoft Access ANSI-89 SQL 中不适用

Microsoft Access ANSI-89 SQL 也使用通配符,但不是 SQL-92 标准通配符。Microsoft Access 使用 Microsoft Access 问号(?)通配符代替下画线(_)来表示单个字符。

解决方法: 在 Microsoft Access ANSI-89 SQL 语句中使用 Microsoft Access 问号(?)通配符代替 SQL-92 下画线(_)。这样在 Microsoft Access 中 SQL 查询写法如下:

```
/* *** SQL-Query-CH02-24-Access *** */
SELECT     *
FROM       SKU_DATA
WHERE      SKU LIKE '*2??';
```

此外, Microsoft Access 通常对文本域中尾部空格的存储是很挑剔的。下面的 WHERE 语句可能会出问题:

```
WHERE      SKU LIKE '10?200';
```

解决方法: 考虑到尾部空格时,使用尾部星号(*):

```
WHERE      SKU LIKE '10?200*';
```

BY THE WAY SQL 百分号(%)通配符和下画线(_)通配符是 SQL-92 标准里特有的。除了 Microsoft Access, 其他所有的 DBMS 产品都支持这两种通配符。因此, 为什么 Microsoft Access 要用星号(*)替代百分号(%)和用问号(?)代替下画线呢? 这种差异的存在可能是由于 Microsoft Access 的设计者选择使用 SQL-89 标准(微软称之为 ANSI-89 SQL)。在这种标准内,星号(*)和问号(?)都是正确的通配符。当通过 Microsoft Access 选项对话框将 Microsoft Access 数据库转换为 SQL-92(微软称之为 ANSI-92 SQL)标准时, 百分号(%)和下画线(_)能正常工作。更多的信息请参阅 http://office.microsoft.com/en-us/access-help/access-wildcard-character-reference-HA010076601.aspx#BMansi89。

2.6.3 SQL WHERE 语句和 SQL ORDER 语句的结合

如果想要对这些增强的 SQL WHERE 语句的运行结果进行排序, 则可以简单地把 SQL ORDER BY 语句和 WHERE 语句结合起来。如下的 SQL 查询:

```
/* *** SQL-Query-CH02-25 *** */
SELECT     *
FROM       ORDER_ITEM
WHERE      ExtendedPrice BETWEEN 100 AND 200
ORDER BY   OrderNumber DESC;
```

运行结果如下:

	OrderNumber	SKU	Quantity	Price	ExtendedPrice
1	3000	101100	2	50.00	100.00
2	2000	101200	2	50.00	100.00
3	2000	101100	4	50.00	200.00
4	1000	202000	1	130.00	130.00

2.7　在 SQL 查询中进行计算

可以在 SQL 查询语句中进行一些类型的算术运算。一类计算涉及到内置的 SQL 函数的使用，另一类涉及到在 SELECT 语句中的列上进行简单的算法操作。下面我们来依次讨论。

2.7.1　使用 SQL 内置的函数

SQL 提供了 5 个内置的函数用于在表的列上进行算术运算：SUM，AVG，MIN，MAX 和 COUNT。一些 DBMS 产品扩展这些标准的内置函数来提供一些额外的函数，这里重点讨论这 5 个标准内置函数。

假设要知道 RETAIL_ORDER 表中所有订单的 OrderTotal 之和，可以采用如下的方法来获得这个总数：

```
/* *** SQL-Query-CH02-26 *** */
SELECT      SUM(OrderTotal)
FROM        RETAIL_ORDER;
```

结果为：

	(No column name)
1	1235.00

回想一下，SQL 语句的结果总是一个表。在这个例子中，该表只包含一个单元(一行和一列的交叉处包含 OrderTotal 之和)。但是因为 OrderTotal 并不是表中的一列，DBMS 不能为它提供列名。前述的结果来自于 SQL Server 2012，它将该列命名为'(No column name)'。其他 DBMS 产品所采取的举措也是类似的。

这个结果看上去不太好。我们希望有一个有意义的列名，SQL 允许我们使用 AS 关键字为其设置一个列名。如果我们在如下的查询中使用 AS 关键字：

```
/* *** SQL-Query-CH02-27 *** */
SELECT      SUM(OrderTotal) AS OrderSum
FROM        RETAIL_ORDER;
```

修改后查询的结果为：

	OrderSum
1	1235.00

这个结果是一个更有意义的列标签。这里的名字 OrderSum 是任意的，可以自由地选择我们认为对于用户来说该结果有意义的名字。可以选择 OrderTotal_Total，OrderTotalSum 或者我们认为有用的任意标签。

如果将内置函数用于 WHERE 子句，则可以增强其效用。例如，可以书写 SQL 查询：

```
/* *** SQL-Query-CH02-28 *** */
SELECT      SUM(ExtendedPrice) AS Order3000Sum
FROM        ORDER_ITEM
WHERE       OrderNumber=3000;
```

查询结果为:

	Order3000Sum
1	450.00

SQL 内置的函数可以在一个语句中混合和匹配。例如，我们创建如下的 SQL 语句:

```
/* *** SQL-Query-CH02-29 *** */
SELECT     SUM(ExtendedPrice) AS OrderItemSum,
           AVG(ExtendedPrice) AS OrderItemAvg,
           MIN(ExtendedPrice) AS OrderItemMin,
           MAX(ExtendedPrice) AS OrderItemMax
FROM       ORDER_ITEM;
```

查询结果为:

	OrderItemSum	OrderItemAvg	OrderItemMin	OrderItemMax
1	1180.00	168.5714	50.00	300.00

SQL 内置函数 COUNT 看上去和 SUM 函数类似，但实际上会产生不同的结果。COUNT 计算行的数目，而 SUM 累加列的值。举例来说，可以使用 SQL 内置函数去计算 ORDER_ITEM 表里面有多少行:

```
/* *** SQL-Query-CH02-30 *** */
SELECT     COUNT(*) AS NumberOfRows
FROM       ORDER_ITEM;
```

查询结果为:

	NumberOfRows
1	7

这个结果表明表中共有 7 行。注意，如果要计算行数的话，需要在 COUNT 函数后加上一个星号(*)。COUNT 是唯一一个需要参数的内置函数，参数可以是星号(如查询 SQL-Query-CH02-30)，也可以是列名(如查询 SQL-Query-CH02-31)。COUNT 也是唯一一个可以被应用于任意类型数据的内置函数，而 SUM，AVG，MIN 和 MAX 只能被应用于数值型数据。

COUNT 产生的结果在某些情况下可能令人意外。例如，假设要计算 SKU_DATA 表中部门的数目。如果使用如下的查询:

```
/* *** SQL-Query-CH02-31 *** */
SELECT     COUNT(Department) AS DeptCount
FROM       SKU_DATA;
```

结果为:

	DeptCount
1	8

这是 SKU_DATA 表中行的数目，而不是不同部门值的数目，如图 2.4 所示。如果你要计算不同部门值的数目，则需要使用如下的 SQL DISTINCT 关键字:

```
/* *** SQL-Query-CH02-32 *** */
SELECT     COUNT(DISTINCT Department) AS DeptCount
FROM       SKU_DATA;
```

查询结果为：

	DeptCount
1	3

在 Microsoft Access ANSI-89 SQL 中不适用

Microsoft Access 不支持作为 COUNT 表达式一部分的 DISTINCT 关键字，因此 SQL 命令 COUNT(Department)将会运行，而 SQL 命令 COUNT(DISTINCT Department)将会失效。**解决方法：**把 DISTINCT 关键字放在 SQL 子查询结构(将在本章后面讨论)中。这种 SQL 查询如下：

```
/* *** SQL-Query-CH02-32-Access *** */
SELECT     COUNT(*) AS DeptCount
FROM       (SELECT DISTINCT Department
            FROM SKU_DATA) AS DEPT;
```

注意到这个查询与本书中其他使用子查询的 SQL 查询有点不同，这是因为这个子查询是在 FROM 子句中(如你所见)而不是在 WHERE 子句中。基本上，这个子查询是创建了一个名为 DEPT 的新的临时表，其中只包含不同部门的值，而整个查询计算这些不同部门值的数目。

应该意识到 SQL 内置函数的两个限制。首先，除了分组(后面有定义)，你不能把 SQL 内置函数和表列名结合在一起。例如，如果运行下面的 SQL 查询，将会发生什么情况呢?

```
/* *** SQL-Query-CH02-33 *** */
SELECT     Department, COUNT(*)
FROM       SKU_DATA;
```

SQL Server 2008 的运行结果如下：

```
Msg 8120, Level 16, State 1, Line 1
Column 'SKU_DATA.Department' is invalid in the select list because it is not contained
in either an aggregate function or the GROUP BY clause.
```

这个是 SQL Server 2012 中的出错信息。然而，你将会从 Microsoft Access，Oracle Database，DB2 或 MySQL 中得到同样的信息。

第二个问题是内置函数不能使用在 SQL WHERE 子句中。因此，你不能使用下面的 SQL 语句：

```
/* *** SQL-Query-CH02-34 *** */
SELECT     *
FROM       RETAIL_ORDER
WHERE      OrderTotal > AVG(OrderTotal);
```

尝试使用这种语句同样会导致 DBMS 出现错误信息：

```
Msg 147, Level 15, State 1, Line 3
An aggregate may not appear in the WHERE clause unless it is in a subquery contained
in a HAVING clause or a select list, and the column being aggregated is an outer reference.
```

同样，这个也是 SQL Server 2012 中的出错信息。但是其他 DBMS 产品也会给出同样的出错信息。在第 7 章，你将学会如何使用一系列 SQL 视图对以上查询获得想要的结果。

2.7.2 SQL SELECT 语句中的表达式

可以在 SQL 语句中进行基本的算术运算。例如，假设为验证 ORDER_ITEM 表中数据的准确性，要计算总价的值。我们可以使用 SQL 表达式 Quantity * Price 来计算总价：

```
/* *** SQL-Query-CH02-35 *** */
SELECT      Quantity * Price AS EP
FROM        ORDER_ITEM;
```

结果为：

	EP
1	300.00
2	200.00
3	100.00
4	100.00
5	50.00
6	300.00
7	130.00

SQL 表达式基本上是一个公式或数值集合，它决定一个 SQL 查询的确切结果。我们可以认为 SQL 表达式是任何含有显式或隐藏的等于(=)号(或其他关系符号，比如大于号、小于号等)或特定的 SQL 关键字比如 LIKE 和 BETWEEN 的式子。这样，在上面查询的 SELECT 子句中包含有隐含的等于号，即 EP = Quantity * Price。对于另外一个例子，在 WHERE 子句中：

```
WHERE     Buyer IN ('Nancy Meyers', 'Cindy Lo', 'Jerry Martin');
```

SQL 表达式由 IN 关键字和跟随其后的三个文本值组成。

既然我们知道怎样计算总价的值，因此可以通过下面的 SQL 查询来比较计算的值和存储的 ExtendedPrice 的值：

```
/* *** SQL-Query-CH02-36 *** */
SELECT      Quantity * Price AS EP, ExtendedPrice
FROM        ORDER_ITEM;
```

这条语句的结果可以使我们可视化地比较两个值，确保所存的数据是正确的：

	EP	ExtendedPrice
1	300.00	300.00
2	200.00	200.00
3	100.00	100.00
4	100.00	100.00
5	50.00	50.00
6	300.00	300.00
7	130.00	130.00

另一个 SQL 语句中表达式的用途是进行字符串操作。假设要将 Buyer 和 Department 列结合(使用串联运算符，在 SQL Server 2012 中用加号[+]表示)成一个单一的名为 Sponsor 的列。如果这样写这个语句：

```
/* *** SQL-Query-CH02-37 *** */
SELECT    Buyer+' in '+Department AS Sponsor
FROM      SKU_DATA;
```

结果将会包含名为 Sponsor 的列：

	Sponsor
1	Pete Hansen　　in Water Sports
2	Pete Hansen　　in Water Sports
3	Nancy Meyers　　in Water Sports
4	Nancy Meyers　　in Water Sports
5	Cindy Lo　　in Camping
6	Cindy Lo　　in Camping
7	Jerry Martin　　in Climbing
8	Jerry Martin　　in Climbing

BY THE WAY 串联运算符就像许多 SQL 语法元素那样，对于不同的 DBMS 产品也是不同的。Oracle Database 使用了双竖线[‖]来表示串联运算符，从而查询 SQL-QUERY-CH02-37 可写为：

```
/* *** SQL-Query-CH02-37-Oracle-Database *** */
SELECT    Buyer||' in '||Department AS Sponsor
FROM      SKU_DATA;
```

MySQL 使用串联字符串函数 CONCAT( )作为串联运算符，串联的各个元素是在括号中用逗号分隔开来的。在 MYSQL 中，查询 SQL-QUERY-CH02-37 写为：

```
/* *** SQL-Query-CH02-37-MySQL *** */
SELECT    CONCAT(Buyer,' in ',Department) AS Sponsor
FROM      SKU_DATA;
```

Oracle Database 11g Release 2 和 MySQL 5.6 在 SQL 语句中使用日期数据时会有不同的特点，这些内容分别在第 10B 章和第 10C 章中讨论。

结果的形式不太好。我们可以使用更高级的函数去除空白。其相关语法和使用方法在不同的 DBMS 中是不同的。如果我们在这里对每个 DBMS 产品的不同特性进行说明，则会偏离讨论的重点。如果读者要了解更多的信息，可在所使用的 DBMS 文档中搜索有关字符串函数的部分。

仅仅为说明这种可能性，我们这里给出有关 SQL Server 2012 的语句，消除 Buyer 和 Department 右侧结尾的空白：

```
/* *** SQL-Query-CH02-38 *** */
SELECT    DISTINCT RTRIM(Buyer)+' in '+RTRIM(Department) AS Sponsor
FROM      SKU_DATA;
```

这个查询的结果在视觉上要好一些：

	Sponsor
1	Cindy Lo in Camping
2	Jerry Martin in Climbing
3	Nancy Meyers in Water Sports
4	Pete Hansen in Water Sports

2.8 SQL SELECT 语句中的分组

在 SQL 查询中，可以使用 GROUP BY 关键字来对行依照相同的值进行分组。例如，假设在 SKU_DATA 表上的 SELECT 语句上指定 GROUP BY Department，DBMS 会首先按照部门对所有的行排序，然后将所有具有相同部门值的行归成一组。针对每一个不同的部门值，都会有相应的一个组。

例如，我们在 SQL 语句使用 GROUP BY 子句：

```
/* *** SQL-Query-CH02-39 *** */
SELECT     Department, COUNT(*) AS Dept_SKU_Count
FROM       SKU_DATA
GROUP BY   Department;
```

将得到结果：

	Department	Dept_SKU_Count
1	Camping	2
2	Climbing	2
3	Water Sports	4

为获取这个结果，DBMS 首先依照部门的值对行进行排序，然后计算具有相同部门值的行数。

另一个 SQL 查询使用 GROUP BY 的例子是：

```
/* *** SQL-Query-CH02-40 *** */
SELECT     SKU, AVG(ExtendedPrice) AS AvgEP
FROM       ORDER_ITEM
GROUP BY   SKU;
```

该查询结果为：

	SKU	AvgEP
1	100200	300.00
2	101100	150.00
3	101200	75.00
4	201000	300.00
5	202000	130.00

这里行被按照 SKU 进行排序和分组，然后计算每组 SKU 物品的平均 ExtendedPrice。

我们可以在一个 GROUP BY 表达式中使用多个列。例如，SQL 语句：

```
/* *** SQL-Query-CH02-41 *** */
SELECT     Department, Buyer, COUNT(*) AS Dept_Buyer_SKU_Count
FROM       SKU_DATA
GROUP BY   Department, Buyer;
```

首先按照部门，然后再按照买主的值对行进行分组；之后计算每个部门值和买主值组合所对应的行数。其结果为：

	Department	Buyer	Dept_Buyer_SKU_Count
1	Camping	Cindy Lo	2
2	Climbing	Jerry Martin	2
3	Water Sports	Nancy Meyers	2
4	Water Sports	Pete Hansen	2

当使用 GROUP BY 子句时，只有在 GROUP BY 表达式中出现的列和 SQL 的内置函数可以被应用于 SELECT 子句中的表达式。在下面的查询 SQL-Query-CH02-42 中，列名 SKU 并没有用在 GROUP BY 子句里面，因此这个查询执行时会产生错误：

```
/* *** SQL-Query-CH02-42 *** */
SELECT      SKU, Department, COUNT(*) AS Dept_SKU_Count
FROM        SKU_DATA
GROUP BY    Department;
```

该查询结果为：

```
Msg 8120, Level 16, State 1, Line 1
Column 'SKU_DATA.SKU' is invalid in the select list because it is not contained
in either an aggregate function or the GROUP BY clause.
```

这个是 SQL Server 2012 中的出错信息。但是其他 DBMS 产品也会给出同样的出错信息。这样的语句是错误的，因为对应每个部门组，会有多个不同的 SKU 值。DBMS 没有办法将多个值放置在结果中。如果读者不理解这个问题，可以试着手工来处理这个语句，它是不能运行的。

当然，SQL WHERE 和 SQL ORDER BY 子句也可以在 SELECT 语句中使用，如下所示：

```
/* *** SQL-Query-CH02-43 *** */
SELECT      Department, COUNT(*) AS Dept_SKU_Count
FROM        SKU_DATA
WHERE       SKU <> 302000
GROUP BY    Department
ORDER BY    Dept_SKU_Count;
```

结果为：

	Department	Dept_SKU_Count
1	Climbing	1
2	Camping	2
3	Water Sports	4

注意，Climbing 部门信息的一行被从计数(count)中删除了，因为它不满足 WHERE 条件。如果不使用 ORDER BY 子句，则行会以任意的部门顺序显示。当使用它以后，就可以给出顺序。通常情况下，为了安全起见，将 WHERE 放置在 GROUP BY 之前。一些 DBMS 产品不要求这个顺序，但另一些有这个要求。

SQL 提供另外一个 GROUP BY 的特性，以扩展其功能。SQL HAVING 子句限制在结果中出现的组。我们可以限制前面的查询，只显示包含有超过一行的组，SQL 查询如下：

```
/* *** SQL-Query-CH02-44 *** */
SELECT      Department, COUNT(*) AS Dept_SKU_Count
FROM        SKU_DATA
WHERE       SKU <> 302000
GROUP BY    Department
HAVING      COUNT (*) > 1
ORDER BY    Dept_SKU_Count;
```

这个修改后的查询结果为：

	Department	Dept_SKU_Count
1	Camping	2
2	Water Sports	4

将这个结果与前面的结果进行比较，对应 Climbing 的一行(数量为 1)被去除了。

在 Microsoft Access ANSI-89 SQL 中不适用

Microsoft Access 不能识别 ORDER BY 子句中的别名 Dept_SKU_Count，并且会产生一个参数请求，要求你输入并不存在的 Dept_SKU_Count 的值。然而，不管你输不输入参数的值都没关系，点击 OK 按钮，查询照样运行。查询结果基本是正确的，但是查询结果没有正确排序。

解决方法：使用 Access QBE GUI 修改查询结构。正确的 QBE 结构如图 2.22 所示。Microsoft Access ANSI-89 SQL 中的写法为：

```
/* *** SQL-Query-CH02-43-Access-A *** */
SELECT       SKU_DATA.Department, Count(*) AS Dept_SKU_Count
FROM         SKU_DATA
WHERE        (((SKU_DATA.SKU)<>302000))
GROUP BY     SKU_DATA.Department
ORDER BY     Count(*);
```

可以修改为：

```
/* *** SQL-Query-CH02-43-Access-B *** */
SELECT       Department, Count(*) AS Dept_SKU_Count
FROM         SKU_DATA
WHERE        SKU<>302000
GROUP BY     Department
ORDER BY     Count(*);
```

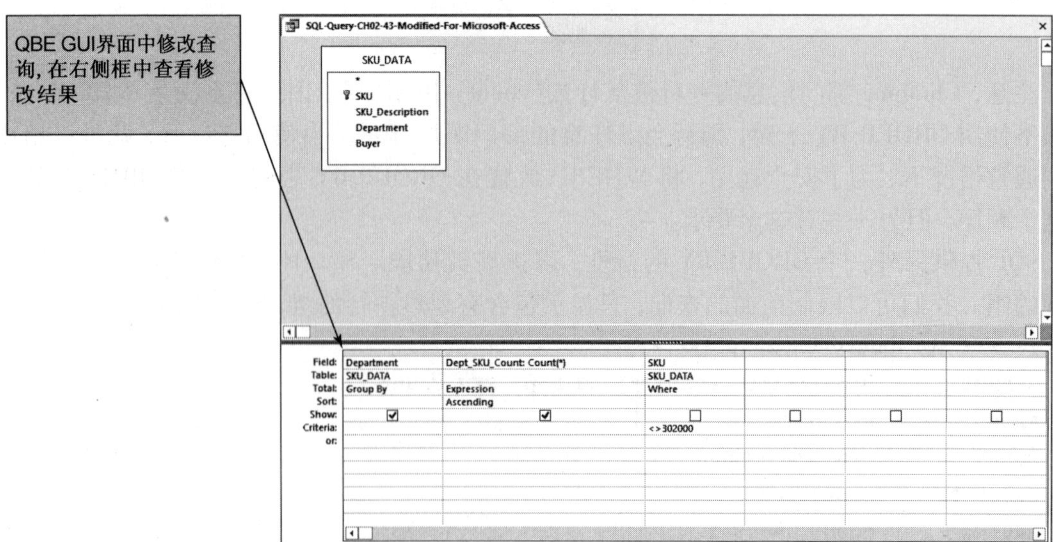

图 2.22　在 Microsoft Access 2013 QBE GDI 界面中编辑 SQL 查询

在 Microsoft Access ANSI-89 SQL 中不适用

这个查询会在 Microsoft Access ANSI-89 SQL 中失效，原因跟上一个查询一样。

解决方法： 参考前面描述的解决方法。这个查询在 Microsoft Access ANSI-89 SQL 中正确的写法为：

```
/* *** SQL-Query-CH02-44-Access *** */
SELECT      Department, Count(*) AS Dept_SKU_Count
FROM        SKU_DATA
WHERE       SKU<>302000
GROUP BY    Department
HAVING      Count(*)>1
ORDER BY    Count(*);
```

SQL 的内置函数可以用于 HAVING 子句。例如，下面是一个有效的 SQL：

```
/* *** SQL-Query-CH02-45 *** */
SELECT     COUNT(*) AS SKU_Count, SUM(Price) AS TotalRevenue, SKU
FROM       ORDER_ITEM
GROUP BY   SKU
HAVING     SUM(Price)=100;
```

运行这个查询来查看结果。

	SKU_Count	TotalRevenue	SKU
1	2	100.00	101100
2	2	100.00	101200

注意，当语句中同时包含 WHERE 和 HAVING 子句时，可能有一些含糊的情况。最终的结果取决于 WHERE 条件在 HAVING 之前还是之后应用。为消除这种含糊，WHERE 总是在 HAVING 子句之前被应用。

2.9 在 NASDAQ 交易数据中寻找模式

在继续对 SQL 讨论之前，考虑一个例子，来展示我们刚刚介绍的 SQL 的能力。

假设一个朋友告诉你，她怀疑股票市场倾向于在一周的某些特定日子上涨，而在其他的日子下跌。她请求你去检查过往的交易数据来判断这是否是事实。特别是她希望交易一个称为 NASDAQ 100 的指数基金，该基金是一个针对 NASDAQ 交易最大的 100 家公司的交易所基金。她提供给你 20 年(1985—2004)中 NASDAQ 100 的交易数据集以供分析。假定她提供的数据以关系数据库中一个名为 NDX 包含有 4611 行的表的形式存储(可以在本书的网站 www.pearsonhighered.com/kroenke 找到这个数据集)。

2.9.1 检查数据的特性

假定你决定首先检查数据的一般特性。通过执行下面的查询来查看这个表中存在的列：

```
/* *** SQL-Query-NDX-CH02-01 *** */
SELECT     *
FROM       NDX;
```

该查询结果的前5行数据如下:

	TClose	PriorClose	ChangeClose	Volume	TMonth	TDayOfMonth	TYear	TDayOfWeek	TQuarter
1	1520.46	1530.65	-10.1900000000001	24827600	January	9	2004	Friday	1
2	1530.65	1514.26	16.3900000000001	26839500	January	8	2004	Thursday	1
3	1514.26	1501.26	13	22942800	January	7	2004	Wednesday	1
4	1501.26	1496.58	4.68000000000006	22732200	January	6	2004	Tuesday	1
5	1496.58	1463.57	33.01	23629100	January	5	2004	Monday	1

BY THE WAY 使用SQLSQL TOP{NumberOfRows}属性来控制显示多少行一条SQL语的结果。要显示前5条在SQL-Query-NDX-CH02-02中的结果,修改如下:

```
/* *** SQL-Query-NDX-CH02-01A *** */
SELECT      TOP 5 *
FROM        NDX;
```

假设你知道第一行是该基金在某个交易日休市时的值,而第二行则是前一个交易日休市时的值,第三行是当天休市值和前一天休市值的差。Volume是所有交易的数目,而其他的数据都和交易日期相关。

下面你决定使用这个查询语句来检查交易价格的变动:

```
/* *** SQL-Query-NDX-CH02-02 *** */
SELECT      AVG(ChangeClose) AS AverageChange,
            MAX(ChangeClose) AS MaxGain,
            MIN(ChangeClose) AS MaxLoss
FROM        NDX;
```

结果为:

	AverageChange	MaxGain	MaxLoss
1	0.281167028199584	399.6	-401.03

BY THE WAY DBMS提供了很多函数来格式化查询结果,以减少小数点后数字的显示位数,为结果添加现金符号,比如$或£,或者进行其他的格式修改。然而这些函数是和DBMS相关的。使用术语formatting results搜索所使用DBMS的文档,来了解更多有关这些函数的信息。

仅仅是出于好奇,你决定寻找那些有最大和最小变动的日子。为避免在长数字串中寻找位置,以进行相等的比较,使用大于和小于来对相近的值进行比较:

```
/* *** SQL-Query-NDX-CH02-03 *** */
SELECT      ChangeClose, TMonth, TDayOfMonth, TYear
FROM        NDX
WHERE       ChangeClose > 398
    OR      ChangeClose < -400;
```

结果为:

	ChangeClose	TMonth	TDayOfMonth	TYear
1	-401.03	January	3	1994
2	399.6	January	3	2001

结果是令人吃惊的!有什么理由使最大的涨幅和最大的跌幅都出现在1月3日吗?

2.9.2　在一周的日交易中寻找模式

若你希望确定是否在一周的日平均交易中存在着差异。相应地，创建如下的 SQL 语句：

```
/* *** SQL-Query-NDX-CH02-04 *** */
SELECT     TDayOfWeek, AVG(ChangeClose) AS AvgChange
FROM       NDX
GROUP BY   TDayOfWeek;
```

结果为：

	TDayOfWeek	AvgChange
1	Wednesday	0.777940552017005
2	Monday	-1.03577929465299
3	Friday	0.146021739130452
4	Thursday	2.17412972972975
5	Tuesday	-0.711440677966085

确实，在一周的不同交易日上似乎存在着差异。NASDAQ 100 似乎在周一和周二下跌，而在其他的三天中上涨。特别是周四，似乎是一个非常好的交易日。

然而，你开始怀疑，是否该模式在每年都成立呢？为回答这个问题，可以使用下面的查询：

```
/* *** SQL-Query-NDX-CH02-05 *** */
SELECT     TDayOfWeek, TYear, AVG(ChangeClose) AS AvgChange
FROM       NDX
GROUP BY   TDayOfWeek, TYear
ORDER BY   TDayOfWeek, TYear DESC;
```

因为有 20 年的数据，这个查询结果共有 100 行。前 12 行如下面结果中所示。

	TDayOfWeek	TYear	AvgChange
1	Friday	2004	-7.2700000000001
2	Friday	2003	-2.48499999999996
3	Friday	2002	-2.19419999999997
4	Friday	2001	-19.5944
5	Friday	2000	8.8980392156863
6	Friday	1999	13.9656000000001
7	Friday	1998	5.2640816326531
8	Friday	1997	-0.194799999999989
9	Friday	1996	0.819019607843153
10	Friday	1995	0.691372549019617
11	Friday	1994	0.123725490196082
12	Friday	1993	-0.899399999999989

为简化分析，决定将行限定为最近的 5 年(2000—2004)：

```
/* *** SQL-Query-NDX-CH02-06 *** */
SELECT     TDayOfWeek, TYear, AVG(ChangeClose) AS AvgChange
FROM       NDX
WHERE      TYear > '1999'
GROUP BY   TDayOfWeek, TYear
ORDER BY   TDayOfWeek, TYear DESC;
```

这个查询的部分结果如下:

	TDayOfWeek	TYear	AvgChange
1	Friday	2004	-7.2700000000001
2	Friday	2003	-2.48499999999996
3	Friday	2002	-2.19419999999997
4	Friday	2001	-19.5944
5	Friday	2000	8.8980392156863
6	Monday	2004	33.01
7	Monday	2003	3.77416666666668
8	Monday	2002	-2.60229166666664
9	Monday	2001	-3.7527083333333
10	Monday	2000	-19.899574468085
11	Thursday	2004	16.3900000000001
12	Thursday	2003	5.70700000000002
13	Thursday	2002	-3.77979999999998
14	Thursday	2001	9.31440000000003
15	Thursday	2000	24.766274509804
16	Tuesday	2004	4.68000000000006
17	Tuesday	2003	4.41307692307694
18	Tuesday	2002	-7.85882352941176
19	Tuesday	2001	-8.88459999999997
20	Tuesday	2000	-3.50627450980385
21	Wednesday	2004	13
22	Wednesday	2003	-1.69596153846152
23	Wednesday	2002	4.54372549019611
24	Wednesday	2001	7.47420000000005
25	Wednesday	2000	-37.8636538461538

至少在这段时间对于这个基金而言，看来一周中的某一天并不是一个很好的对于上涨或是下跌的预言者。我们会继续讨论，以分析这些数据，但到目前为止你应该了解 SQL 对于处理表是非常有用的。本章的最后给出一些推荐的额外 SQL 习题。

2.10 使用 SQL 查询两个或多个表

本章迄今为止，我们都是操作一个表，现在我们介绍查询两个或多个表的 SQL 语句作为本章的结束。

假定读者要了解由 Water Sports 部门所管理的 SKU 所产生的收入，这个收入可以通过对 ExtendedPrice 求和来得到，但是我们会遇到一个问题：ExtendedPrice 存放在表 ORDER_ITEM 中，而部门信息则存放在表 SKU_DATA 中。我们需要处理两个表中的数据，而到目前为止所介绍的 SQL 语句都只能一次在一个表上工作。

SQL 提供两种不同的技术来从多个表中查询数据：子查询和联接。虽然这两种技术都可以在多个表上工作，但它们在用途上却有细微的差别。我们将在下面对其进行介绍。

2.10.1 使用子查询查询多个表

我们如何获得由 Water Sports 部门所管理的物品所产生的 ExtendedPrice 之和呢？如果知道这些物品的 SKU 值，则可以使用一个带有 IN 关键字的 WHERE 子句。

对于图 2.5 中的数据，Water Sports 部门物品的 SKU 值是 100100，100200，101100 和 101200。知道这些值，则可以使用下面的 SQL 语句来获得它们的 ExtendedPrice 之和：

```
/* *** SQL-Query-CH02-46 *** */
SELECT     SUM(ExtendedPrice) AS Revenue
FROM       ORDER_ITEM
WHERE      SKU IN (100100, 100200, 101100, 101200);
```

结果为：

	Revenue
1	750.00

但在通常情况下，我们预先并不知道需要的 SKU 值。然而有一种途径可以获取这些值，即通过在 SKU_DATA 表上使用 SQL 查询。为获得 Water Sports 部门的 SKU 值，我们编写以下 SQL 语句：

```
/* *** SQL-Query-CH02-47 *** */
SELECT     SKU
FROM       SKU_DATA
WHERE      Department='Water Sports'
```

该 SQL 语句的结果为：

	SKU
1	100100
2	100200
3	101100
4	101200

这就是我们所要的 SKU 值。

现在需要将最后两个 SQL 语句结合在一起，以获得想要的结果。我们将第一个 SQL 查询中的列表值替换为第二个 SQL 语句，结果如下：

```
/* *** SQL-Query-CH02-48 *** */
SELECT     SUM(ExtendedPrice) AS Revenue
FROM       ORDER_ITEM
WHERE      SKU IN
           (SELECT    SKU
            FROM      SKU_DATA
            WHERE     Department='Water Sports');
```

其结果为：

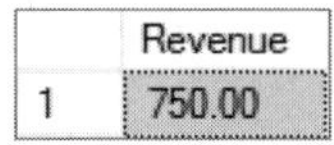

	Revenue
1	750.00

这与之前的结果是相同的。

第二个被包含在括号中的 SELECT 查询称为子查询。我们可以使用多个子查询来处理三个甚至是更多的表。例如，假设想知道那些在 2003 年 1 月购买商品的买主姓名。首先，注意到买主的信息被存储在表 SKU_DATA 中，而 OrderMonth 和 OrderYear 则存储在表 RETAIL_ORDER 中。

我们可以使用一个包含两个子查询的 SQL 语句来获得想要的数据，SQL 语句如下：

```
/* *** SQL-Query-CH02-49 *** */
SELECT      Buyer
FROM        SKU_DATA
WHERE       SKU IN
            (SELECT   SKU
             FROM     ORDER_ITEM
             WHERE    OrderNumber  IN
                     (SELECT      OrderNumber
                      FROM        RETAIL_ORDER
                      WHERE       OrderMonth='January'
                          AND     OrderYear=2013));
```

该语句的结果为：

	Buyer
1	Pete Hansen
2	Nancy Meyers
3	Nancy Meyers

为理解这个语句，我们自底向上查看。底端的 SELECT 语句获取在 2003 年 1 月出售订单的 OrderNumbers 列表。中间的 SQL 语句获取那些在 2003 年 1 月出售订单中物品的 SKU 值。最后，最高层的 SELECT 查询获得那些在中间层 SELECT 语句中找到的 SKU 的买主。

本章前面介绍的所有 SQL 语句都可以被应用到子查询所获得的表上，不管这些 SQL 看上去有多么复杂。例如，可以在结果上应用 DISTINCT 来消除重复行。或者，可以像下面这样应用 GROUP BY 和 ORDER BY：

```
/* *** SQL-Query-CH02-50 *** */
SELECT      Buyer, COUNT(*) AS NumberSold
FROM        SKU_DATA
WHERE       SKU IN
            (SELECT   SKU
             FROM     ORDER_ITEM
             WHERE    OrderNumber  IN
                     (SELECT      OrderNumber
                      FROM        RETAIL_ORDER
                      WHERE       OrderMonth='January'
                          AND     OrderYear=2013))
GROUP BY    Buyer
ORDER BY    NumberSold DESC;
```

结果为：

	Buyer	NumberSold
1	Nancy Meyers	2
2	Pete Hansen	1

在 Microsoft Access ANSI-89 SQL 中不适用

这个查询会在 Microsoft Access ANSI-89 SQL 中失效，原因跟 2.6 节描述的查询一样。

解决方法：参考 2.6 节"在 Microsoft Access ANSI-89 SQL 中不适用"框中描述的解决方法。这个查询在 Microsoft Access ANSI-89 SQL 中正确的写法为：

```
/* *** SQL-Query-CH02-50-Access *** */
SELECT  Buyer, Count(*) AS NumberSold
FROM    SKU_DATA
WHERE   SKU IN
        (SELECT    SKU
         FROM      ORDER_ITEM
         WHERE     OrderNumber IN
                   (SELECT       OrderNumber
                    FROM         RETAIL_ORDER
                    WHERE        OrderMonth='January'
                         AND     OrderYear=2011))
GROUP   BY Buyer
ORDER   BY Count(*) DESC;
```

2.10.2　使用联接查询多个表

子查询是非常强大的，但它们有严格的限制。被选中的数据只能来自于最高层的表。不能使用子查询获取来自于超过一个表的数据。为达到这个目的，必须使用联接。

SQL 联接(join)操作用来结合两个或多个表，这是通过将一个表中的行和其他表中的行连接(concatenating)起来(黏在一起)实现的。关于怎样联合 RETAIL_ORDER 和 ORDER_ITEM 表中的数据，可以使用下面的 SQL 语句来将一个表中的行和第二个表中的行联接起来：

```
/* *** SQL-Query-CH02-51 *** */
SELECT     *
FROM       RETAIL_ORDER, ORDER_ITEM;
```

这个语句会将第一个表中的每一行和第二个表中的每一行黏在一起，就图 2.5 中的数据而言，其结果为：

	OrderNumber	StoreNumber	StoreZIP	OrderMonth	OrderYear	OrderTotal	OrderNumber	SKU	Quantity	Price	ExtendedPrice
1	1000	10	98110	December	2012	445.00	3000	100200	1	300.00	300.00
2	1000	10	98110	December	2012	445.00	2000	101100	4	50.00	200.00
3	1000	10	98110	December	2012	445.00	3000	101100	2	50.00	100.00
4	1000	10	98110	December	2012	445.00	2000	101200	2	50.00	100.00
5	1000	10	98110	December	2012	445.00	3000	101200	1	50.00	50.00
6	1000	10	98110	December	2012	445.00	1000	201000	1	300.00	300.00
7	1000	10	98110	December	2012	445.00	1000	202000	1	130.00	130.00
8	2000	20	02335	December	2012	310.00	3000	100200	1	300.00	300.00
9	2000	20	02335	December	2012	310.00	2000	101100	4	50.00	200.00
10	2000	20	02335	December	2012	310.00	3000	101100	2	50.00	100.00
11	2000	20	02335	December	2012	310.00	2000	101200	2	50.00	100.00
12	2000	20	02335	December	2012	310.00	3000	101200	1	50.00	50.00
13	2000	20	02335	December	2012	310.00	1000	201000	1	300.00	300.00
14	2000	20	02335	December	2012	310.00	1000	202000	1	130.00	130.00
15	3000	10	98110	January	2013	480.00	3000	100200	1	300.00	300.00
16	3000	10	98110	January	2013	480.00	2000	101100	4	50.00	200.00
17	3000	10	98110	January	2013	480.00	3000	101100	2	50.00	100.00
18	3000	10	98110	January	2013	480.00	2000	101200	2	50.00	100.00
19	3000	10	98110	January	2013	480.00	3000	101200	1	50.00	50.00
20	3000	10	98110	January	2013	480.00	1000	201000	1	300.00	300.00
21	3000	10	98110	January	2013	480.00	1000	202000	1	130.00	130.00

由于有3行的零售订单信息和7行的订单项信息，因此在这个表中有3×7，即21行。注意到订单编号为1000的订购单和ORDER_ITEM表中的全部7行相关联，订购单中的订单编号2000与同样的全部7行相关联，最后，订购单中的订单编号3000也与同样的全部7行相关联。

这不符合逻辑，我们需要做的是将那些在表RETAIL_ORDER和表ORDER_ITEM之间与OrderNumber匹配的行相关联。这很容易实现，我们只需要对这个SQL语句应用WHERE子句：

```
/* *** SQL-Query-CH02-52 *** */
SELECT      *
FROM        RETAIL_ORDER, ORDER_ITEM
WHERE       RETAIL_ORDER.OrderNumber=ORDER_ITEM.OrderNumber;
```

结果为：

	OrderNumber	StoreNumber	StoreZIP	OrderMonth	OrderYear	OrderTotal	OrderNumber	SKU	Quantity	Price	ExtendedPrice
1	3000	10	98110	January	2013	480.00	3000	100200	1	300.00	300.00
2	2000	20	02335	December	2012	310.00	2000	101100	4	50.00	200.00
3	3000	10	98110	January	2013	480.00	3000	101100	2	50.00	100.00
4	2000	20	02335	December	2012	310.00	2000	101200	2	50.00	100.00
5	3000	10	98110	January	2013	480.00	3000	101200	1	50.00	50.00
6	1000	10	98110	December	2012	445.00	1000	201000	1	300.00	300.00
7	1000	10	98110	December	2012	445.00	1000	202000	1	130.00	130.00

这个结果是正确的，但是如果我们使用ORDER BY子句对结果进行排序，将会更好地观察结果。

```
/* *** SQL-Query-CH02-53 *** */
SELECT      *
FROM        RETAIL_ORDER, ORDER_ITEM
WHERE       RETAIL_ORDER.OrderNumber=ORDER_ITEM.OrderNumber
ORDER BY    RETAIL_ORDER.OrderNumber, ORDER_ITEM.SKU;
```

结果为：

	OrderNumber	StoreNumber	StoreZIP	OrderMonth	OrderYear	OrderTotal	OrderNumber	SKU	Quantity	Price	ExtendedPrice
1	1000	10	98110	December	2012	445.00	1000	201000	1	300.00	300.00
2	1000	10	98110	December	2012	445.00	1000	202000	1	130.00	130.00
3	2000	20	02335	December	2012	310.00	2000	101100	4	50.00	200.00
4	2000	20	02335	December	2012	310.00	2000	101200	2	50.00	100.00
5	3000	10	98110	January	2013	480.00	3000	100200	1	300.00	300.00
6	3000	10	98110	January	2013	480.00	3000	101100	2	50.00	100.00
7	3000	10	98110	January	2013	480.00	3000	101200	1	50.00	50.00

如果我们将这个结果和图2.5中的数据进行比较，会发现只有RETAIL_ORDER才和ORDER_ITEM相关联。同时发现我们可以达到这个目的。因为在结果中，RETAIL_ORDER(第一列)的每一行的OrderNumber都等于ORDER_ITEM(第七列)的OrderNumber值。这在前面的结果中并不成立。

你可以认为联接操作按照如下方式工作。首先从RETAIL_ORDER表中第一行开始，使用第一行中的订单号(OrderNumber)的值(在图2.5中的订单号为1000)对ORDER_ITEM表中的行进行扫描。当你找到ORDER_ITEM表中订单号同样等于1000的行时，把这行的所有列和RETAIL_ORDER表的第一行的所有列联接起来。

对于图2.5中的数据，ORDER_ITEM表的第一行的订单号等于1000，所以就把RETAIL_ORDER表中第一行的所有列和ORDER_ITEM表中第一行的所有列联接起来，结果如下：

	OrderNumber	StoreNumber	StoreZIP	OrderMonth	OrderYear	OrderTotal	OrderNumber	SKU	Quantity	Price	ExtendedPrice
1	1000	10	98110	December	2012	445.00	1000	201000	1	300.00	300.00

接下来，继续使用 1000 作为订单号，去查找 ORDER_ITEM 表中下一个满足订单号等于 1000 的行。对于我们的数据，ORDER_ITEM 表中的第二行满足这个条件。所以，我们也把 RETAIL_ORDER 表中 FirstName 和 LastName 的列联接到 ORDER_ITEM 表的第二行中，得到了联接操作的第二行结果，如下：

	OrderNumber	StoreNumber	StoreZIP	OrderMonth	OrderYear	OrderTotal	OrderNumber	SKU	Quantity	Price	ExtendedPrice
1	1000	10	98110	December	2012	445.00	1000	201000	1	300.00	300.00
2	1000	10	98110	December	2012	445.00	1000	202000	1	130.00	130.00

以这种方式继续查找满足订单号为 1000 的匹配，直到样本数据中没有更多的满足订单号为 1000 的行出现为止。接下来移到 RETAIL_ORDER 表的第二行，获得新的订单号的值为 2000，然后继续查找满足订单号为 2000 的匹配。在这次查询中，ORDER_ITEM 表的第三行满足匹配，因此把联接后的行和之前的联接结果合并起来，得到如下结果：

	OrderNumber	StoreNumber	StoreZIP	OrderMonth	OrderYear	OrderTotal	OrderNumber	SKU	Quantity	Price	ExtendedPrice
1	1000	10	98110	December	2012	445.00	1000	201000	1	300.00	300.00
2	1000	10	98110	December	2012	445.00	1000	202000	1	130.00	130.00
3	2000	20	02335	December	2012	310.00	2000	101100	4	50.00	200.00

继续这个过程直至 RETAIL_ORDER 表的所有行都遍历过了，最终结果如下：

	OrderNumber	StoreNumber	StoreZIP	OrderMonth	OrderYear	OrderTotal	OrderNumber	SKU	Quantity	Price	ExtendedPrice
1	1000	10	98110	December	2012	445.00	1000	201000	1	300.00	300.00
2	1000	10	98110	December	2012	445.00	1000	202000	1	130.00	130.00
3	2000	20	02335	December	2012	310.00	2000	101100	4	50.00	200.00
4	2000	20	02335	December	2012	310.00	2000	101200	2	50.00	100.00
5	3000	10	98110	January	2013	480.00	3000	100200	1	300.00	300.00
6	3000	10	98110	January	2013	480.00	3000	101100	2	50.00	100.00
7	3000	10	98110	January	2013	480.00	3000	101200	1	50.00	50.00

实际上，以上只是一个理论上的结果。从执行语句 SQL-Query-CH02-52 的结果来看，SQL 查询中的行的顺序是不确定的。为了确保能得到上面的结果，需要在查询语句中增加 ORDER BY 从句，如同查询 SQL-Query-CH02-53 所示。

你可能会发现我们在前面的两个查询中使用了一个新的 SQL 语法，这就是 RETAIL_ORDER. OrderNumber，ORDER_ITEM. OrderNumber 和 ORDER_ITEM. SKU。简单来说，新语法是 TableName. ColumnName，它用于指定与哪个表中的一行相联系。简单来说，RETAIL_ORDER. OrderNumber 指的是 RETAIL_ORDER 表中的 OrderNumber。同样，ORDER_ITEM. OrderNumber 指 ORDER_ITEM 表中的 OrderNumber，ORDER_ITEM. SKU 指 ORDER_ITEM 表中的 SKU 列。通常可以通过这样的表名来限定列名。在前面我们没有这样做，是因为当时只在一个表上操作，但是之前的 SQL 语句也可以使用 SKU_DATA. Buyer 这样的语法，这跟仅仅就写个 Buyer 这样的语法的效果一样，或者直接用 ORDER_ITEM. Price 来代替 Price。

通过连接(concatenating)两个表得到的表称为联接(join)，创建这个表的过程称为联接两个表，操作称为联接操作。当表被使用一个相等的条件(例如在 StudentNumber 的情况中)联接时，这个联接称为同等联接。当人们提到联接时，99.99999% 的时候指的都是同等联接。这种联接同时也称为内联接。

我们可以使用联接从两个或多个表中获取数据。例如，使用图 2.4 中的数据，假设要查询买主的姓名和这个买主所购买的全部销售的 ExtendedPrice，可以使用下面的 SQL 语句：

```
/* *** SQL-Query-CH02-54 *** */
SELECT     Buyer, ExtendedPrice
FROM       SKU_DATA, ORDER_ITEM
WHERE      SKU_DATA.SKU=ORDER_ITEM.SKU;
```

结果为:

	Buyer	ExtendedPrice
1	Pete Hansen	300.00
2	Nancy Meyers	200.00
3	Nancy Meyers	100.00
4	Nancy Meyers	100.00
5	Nancy Meyers	50.00
6	Cindy Lo	300.00
7	Cindy Lo	130.00

同样,每个 SQL 语句的结果只是一个表,所以可以将所学的所有在单个表上的 SQL 语句应用到这个结果上。例如,可以使用 GROUP BY 和 ORDER BY 子句来得到每一个买主的总金额,SQL 语句如下:

```
/* *** SQL-Query-CH02-55 *** */
SELECT      Buyer, SUM(ExtendedPrice) AS BuyerRevenue
FROM        SKU_DATA, ORDER_ITEM
WHERE       SKU_DATA.SKU=ORDER_ITEM.SKU
GROUP BY    Buyer
ORDER BY    BuyerRevenue DESC;
```

结果为:

	Buyer	BuyerRevenue
1	Nancy Meyers	450.00
2	Cindy Lo	430.00
3	Pete Hansen	300.00

在 Microsoft Access ANSI-89 SQL 中不适用

这个查询会在 Microsoft Access ANSI-89 SQL 中失效,原因跟 2.8 节描述的查询一样。

解决方法: 参考 2.8 节"在 Microsoft Access ANSI-89 SQL 中不适用"框中描述的解决方法。这个查询在 Microsoft Access ANSI-89 SQL 中的正确写法为:

```
/* *** SQL-Query-CH02-55-Access *** */
SELECT      Buyer, Sum(ORDER_ITEM.ExtendedPrice) AS BuyerRevenue
FROM        SKU_DATA, ORDER_ITEM
WHERE       SKU_DATA.SKU=ORDER_ITEM.SKU
GROUP BY    Buyer
ORDER BY    Sum(ExtendedPrice) DESC;
```

我们可以扩展这个语法来联接三个或更多的表。例如,假设要获取买主和每个买主所购买全部物品的 ExtendedPrice 和 OrderMonth,则需要联接三个表来获取这些数据。方式如下:

```
/* *** SQL-Query-CH02-56 *** */
SELECT      Buyer, ExtendedPrice, OrderMonth
FROM        SKU_DATA, ORDER_ITEM, RETAIL_ORDER
WHERE       SKU_DATA.SKU=ORDER_ITEM.SKU
    AND     ORDER_ITEM.OrderNumber=RETAIL_ORDER.OrderNumber;
```

结果为：

	Buyer	ExtendedPrice	OrderMonth
1	Pete Hansen	300.00	January
2	Nancy Meyers	200.00	December
3	Nancy Meyers	100.00	January
4	Nancy Meyers	100.00	December
5	Nancy Meyers	50.00	January
6	Cindy Lo	300.00	December
7	Cindy Lo	130.00	December

我们可以通过使用 ORDER BY 或者 GROUP BY 子句对 Buyer 分组来改进这个查询：

```
/* *** SQL-Query-CH02-57 *** */
SELECT     Buyer, OrderMonth, SUM(ExtendedPrice) AS BuyerRevenue
FROM       SKU_DATA, ORDER_ITEM, RETAIL_ORDER
WHERE      SKU_DATA.SKU=ORDER_ITEM.SKU
    AND    ORDER_ITEM.OrderNumber=RETAIL_ORDER.OrderNumber
GROUP BY   Buyer, OrderMonth
ORDER BY   Buyer, OrderMonth DESC;
```

结果为：

	Buyer	OrderMonth	BuyerRevenue
1	Cindy Lo	December	430.00
2	Nancy Meyers	December	300.00
3	Nancy Meyers	January	150.00
4	Pete Hansen	January	300.00

2.10.3 比较子查询和联接

子查询和联接都处理多个表，但是它们有细微的差别。如前所述，子查询只可以用来从顶层表中获取数据，而联接可以从任意数目的表中获取数据。因此，联接可以做任何子查询可以做的工作，并且可以做得更多。那么为什么我们还要学习子查询呢？一方面，如果只从单一表中查询数据，则使用子查询更容易书写，也更容易理解。这在处理多个表时尤其明显。

然而在第 8 章中将会学习另一种类型的子查询，称为相关子查询。这类子查询可以做联接所不能做的工作。因此，同时学习联接和子查询是非常重要的，即使目前看来似乎联接一律都比较优越。如果读者有好奇心，雄心勃勃，并且富有勇气，那么可以阅读 8.2 节对于相关子查询的讨论。

2.10.4 SQL JOIN ON 语法

目前，我们已经学会使用下面的语法来编写 SQL 联接的代码。

```
/* *** SQL-Query-CH02-53 *** */
SELECT     *
FROM       RETAIL_ORDER, ORDER_ITEM
WHERE      RETAIL_ORDER.OrderNumber=ORDER_ITEM.OrderNumber
ORDER BY   RETAIL_ORDER.OrderNumber, ORDER_ITEM.SKU;
```

不过，还有另外一种方法可实现 SQL 联接。在第二种方法中，我们使用 SQL JOIN ONJOIN ON 语法：

```
/* *** SQL-Query-CH02-58 *** */
SELECT      *
FROM        RETAIL_ORDER JOIN ORDER_ITEM
    ON      RETAIL_ORDER.OrderNumber=ORDER_ITEM.OrderNumber
ORDER BY    RETAIL_ORDER.OrderNumber, ORDER_ITEM.SKU;
```

结果为:

	OrderNumber	StoreNumber	StoreZIP	OrderMonth	OrderYear	OrderTotal	OrderNumber	SKU	Quantity	Price	ExtendedPrice
1	1000	10	98110	December	2012	445.00	1000	201000	1	300.00	300.00
2	1000	10	98110	December	2012	445.00	1000	202000	1	130.00	130.00
3	2000	20	02335	December	2012	310.00	2000	101100	4	50.00	200.00
4	2000	20	02335	December	2012	310.00	2000	101200	2	50.00	100.00
5	3000	10	98110	January	2013	480.00	3000	100200	1	300.00	300.00
6	3000	10	98110	January	2013	480.00	3000	101100	2	50.00	100.00
7	3000	10	98110	January	2013	480.00	3000	101200	1	50.00	50.00

这两种联接语法是等价的,使用哪一种方法取决于个人偏好。有的人认为 SQL JOIN ON 语法比起第一种来说更加容易理解。需要注意到,当使用 SQL JOIN ON 语法时:

- SQL JOIN 关键字被放置在 SQL FROM 子句里面,用来代替之前分隔两个表名的逗号。
- SQL ON 关键字引导一个 SQL ON 子句,该子句包含前一个查询里面 SQL WHERE 子句中匹配键值的声明。

需要注意到,SQL ON 子句并没有替代 SQL WHERE 子句,SQL WHERE 子句仍然被用来决定哪些行被展示。例如,我们使用 SQL WHERE 子句把显示的记录限制在 OrderYear 是 2012 这一条件下。

```
/* *** SQL-Query-CH02-59 *** */
SELECT      *
FROM        RETAIL_ORDER JOIN ORDER_ITEM
    ON      RETAIL_ORDER.OrderNumber=ORDER_ITEM.OrderNumber
WHERE       OrderYear = '2012'
ORDER BY    RETAIL_ORDER.OrderNumber, ORDER_ITEM.SKU;
```

结果为:

	OrderNumber	StoreNumber	StoreZIP	OrderMonth	OrderYear	OrderTotal	OrderNumber	SKU	Quantity	Price	ExtendedPrice
1	1000	10	98110	December	2012	445.00	1000	201000	1	300.00	300.00
2	1000	10	98110	December	2012	445.00	1000	202000	1	130.00	130.00
3	2000	20	02335	December	2012	310.00	2000	101100	4	50.00	200.00
4	2000	20	02335	December	2012	310.00	2000	101200	2	50.00	100.00

可以使用 JOIN ON 语法作为三个或更多表联接的替代格式。举例说,如果想要获取一个订单数据、订单行数据和 SKU 数据的列表,可以使用下面的 SQL 语句:

```
/* *** SQL-Query-CH02-60 *** */
SELECT      RETAIL_ORDER.OrderNumber, StoreNumber, OrderYear,
            ORDER_ITEM.SKU, SKU_Description, Department
FROM        RETAIL_ORDER JOIN ORDER_ITEM
    ON      RETAIL_ORDER.OrderNumber=ORDER_ITEM.OrderNumber
            JOIN SKU_DATA
                ON ORDER_ITEM.SKU=SKU_DATA.SKU
WHERE       OrderYear = '2012'
ORDER BY    RETAIL_ORDER.OrderNumber, ORDER_ITEM.SKU;
```

结果为：

	OrderNumber	StoreNumber	OrderYear	SKU	SKU_Description	Department
1	1000	10	2012	201000	Half-dome Tent	Camping
2	1000	10	2012	202000	Half-dome Tent Vestibule	Camping
3	2000	20	2012	101100	Dive Mask, Small Clear	Water Sports
4	2000	20	2012	101200	Dive Mask, Med Clear	Water Sports

可以使用 SQL AS 关键字创建表的别名，方式和重命名输出列一样，这样可以使语句更加简洁。

```
/* *** SQL-Query-CH02-61 *** */
SELECT     RO.OrderNumber, StoreNumber, OrderYear,
           OI.SKU, SKU_Description, Department
FROM       RETAIL_ORDER AS RO JOIN ORDER_ITEM AS OI
    ON     RO.OrderNumber=OI.OrderNumber
           JOIN SKU_DATA AS SD
                ON   OI.SKU=SD.SKU
WHERE      OrderYear = '2012'
ORDER BY   RO.OrderNumber, OI.SKU;
```

当一个查询结果产生一个行数较多的表时，我们可能想要限制看到的行数。可以使用 SQL TOP{行数} property 实现这个查询，最终的 SQL 查询语句为：

```
/* *** SQL-Query-CH02-62 *** */
SELECT     TOP 3 RO.OrderNumber, StoreNumber, OrderYear,
           OI.SKU, SKU_Description, Department
FROM       RETAIL_ORDER AS RO JOIN ORDER_ITEM AS OI
    ON     RO.OrderNumber=OI.OrderNumber
           JOIN SKU_DATA AS SD
                ON   OI.SKU=SD.SKU
WHERE      OrderYear = '2012'
ORDER BY   RO.OrderNumber, OI.SKU;
```

结果为：

	OrderNumber	StoreNumber	OrderYear	SKU	SKU_Description	Department
1	1000	10	2012	201000	Half-dome Tent	Camping
2	1000	10	2012	202000	Half-dome Tent Vestibule	Camping
3	2000	20	2012	101100	Dive Mask, Small Clear	Water Sports

2.10.5 外联接

假设我们想要看到 Cape Codd 户外体育的销售与购买者的关系如何——购买者是否获得了出售的产品？我们从查询 SQL-Query-CH02-63 开始：

```
/* *** SQL-Query-CH02-63 *** */
SELECT     OI.OrderNumber, Quantity,
           SD.SKU, SKU_Description, Department, Buyer
FROM       ORDER_ITEM AS OI JOIN SKU_DATA AS SD
    ON     OI.SKU=SD.SKU
ORDER BY   OI.OrderNumber, SD.SKU;
```

结果为:

	OrderNumber	Quantity	SKU	SKU_Description	Department	Buyer
1	1000	1	201000	Half-dome Tent	Camping	Cindy Lo
2	1000	1	202000	Half-dome Tent Vestibule	Camping	Cindy Lo
3	2000	4	101100	Dive Mask, Small Clear	Water Sports	Nancy Meyers
4	2000	2	101200	Dive Mask, Med Clear	Water Sports	Nancy Meyers
5	3000	1	100200	Std. Scuba Tank, Magenta	Water Sports	Pete Hansen
6	3000	2	101100	Dive Mask, Small Clear	Water Sports	Nancy Meyers
7	3000	1	101200	Dive Mask, Med Clear	Water Sports	Nancy Meyers

这个结果是正确的,不过结果表明只有5/8的SKU商品的名字在SKU_ITEM这张表上。其他三种SKU商品和它们关联的购买者发生了什么问题?仔细观察图2.5的数据,会发现没在查询结果中的这三项SKU商品和它们的购买者(SKU100100对应购买者Pete Hansen,SKU301000对应购买者Jerry Martin,SKU302000对应购买者Jerry Martin)并没有在零售订单中出现。因此,这三个SKU商品的主键键值不匹配ORDER_ITEM表中的任何外键键值,而且因为它们没有匹配的对象,所以它们也未能出现在联接查询的结果集合中。我们在创建SQL查询时应该怎么处理这种情况呢?

看看图2.23(a)中的STUDENT表和LOCKER表。STUDENT表包含了大学学生的StudentPK(学号)和StudentName。LOCKER表描述了校园里学生活动中心的储物柜信息,包括LockerPK(储物柜编号)和LockerType(完整大小或一半大小)。如果对这两个表执行查询SQL-QUERY-CH02-64,可获得被分配储物柜的学生和被分配的储物柜的表。结果如图2.23(b)所示。

```
/* *** EXAMPLE CODE - DO NOT RUN *** */
/* *** SQL-Query-CH02-64 *** */
SELECT     StudentPK, StudentName, LockerFK, LockerPK, LockerType
FROM       STUDENT, LOCKER
WHERE      STUDENT.LockerFK = LOCKER.LockerPK
ORDER BY   StudentPK;
```

这种类型的SQL联接称为SQL内联接,也可以使用SQL JOIN ON语法与使用SQL INNER JOIN去执行这个查询,SQL语句如查询SQL-QUERY-CH02-65,执行查询的结果如图2.23(c)所示。

```
/* *** EXAMPLE CODE - DO NOT RUN *** */
/* *** SQL-Query-CH02-65 *** */
SELECT     StudentPK, StudentName, LockerFK, LockerPK, LockerType
FROM       STUDENT INNER JOIN LOCKER
    ON     STUDENT.LockerFK = LOCKER.LockerPK
ORDER BY   StudentPK;
```

现在,假设我们想要显示所有已经在这个联接里出现过的行,而且同时也显示不包含在内联接里面的但在STUDENT表里的任意一行。这表示我们想看到所有的学生信息,包括那些未分配到储物柜的学生。为了达成这个目的,我们使用了SQL外联接。因为我们所需要的表首先被列出在查询中,位于查询表列表的左边,所以我们使用SQL LEFT JOIN语法,称为SQL左外联接。查询语句写成查询SQL-QUERY-CH02-66,执行查询的结果如图2.23(c)所示。

```
/* *** EXAMPLE CODE - DO NOT RUN *** */
/* *** SQL-Query-CH02-66 *** */
SELECT      StudentPK, StudentName, LockerFK, LockerPK, LockerType
FROM        STUDENT LEFT OUTER JOIN LOCKER
    ON      STUDENT.LockerFK = LOCKER.LockerPK
ORDER BY    StudentPK;
```

STUDENT

StudentPK	StudentName	LockerFK
1	Adams	NULL
2	Buchanan	NULL
3	Carter	10
4	Ford	20
5	Hoover	30
6	Kennedy	40
7	Roosevelt	50
8	Truman	60

LOCKER

LockerPK	LockerType
10	Full
20	Full
30	Half
40	Full
50	Full
60	Half
70	Full
80	Full
90	Half

(a) STUDENT表和LOCKER表的行互相对齐以表示字段之间的关系

只有满足LockerFK的行才被显示——注意某些StudentPK和LockerPK没有出现在结果中

StudentPK	StudentName	LockerFK	LockerPK	LockerType
3	Carter	10	10	Full
4	Ford	20	20	Full
5	Hoover	30	30	Half
6	Kennedy	40	40	Full
7	Roosevelt	50	50	Full
8	Truman	60	60	Half

(b) STUDENT表和LOCKER表做内联接

所有STUDENT表中的行被显示，即使LockFK=LockPK未被满足

StudentPK	StudentName	LockerFK	LockerPK	LockerType
1	Adams	NULL	NULL	NULL
2	Buchanan	NULL	NULL	NULL
3	Carter	10	10	Full
4	Ford	20	20	Full
5	Hoover	30	30	Half
6	Kennedy	40	40	Full
7	Roosevelt	50	50	Full
8	Truman	60	60	Half

(c) STUDENT表和LOCKER表做左外联接

所有LOCKER表中的行被显示，即使LockFK=LockPK未被满足

StudentPK	StudentName	LockerFK	LockerPK	LockerType
3	Carter	10	10	Full
4	Ford	20	20	Full
5	Hoover	30	30	Half
6	Kennedy	40	40	Full
7	Roosevelt	50	50	Full
8	Truman	60	60	Half
NULL	NULL	NULL	70	Full
NULL	NULL	NULL	80	Full
NULL	NULL	NULL	90	Half

(d) STUDENT表和LOCKER表做右外联接

图 2.23　WAREHOUSE 表的列属性

图 2.23(c)中的结果显示，STUDENT 表中所有之前与 LOCKER 表不匹配的行现在都被包含了进来，而且被赋值为 NULL。从查询结果输出可以看出学生 Adams 和 Buchanan 都没有与 LOCKER 表相关联的行。这表示 Adams 和 Buchanan 并没有被分配到学生活动中心的储物柜。

如果想要显示所有已经在这个联接里面出现过的行，而且同时也显示不包含在内联接里面的但在 LOCKER 表里的任意一行。这时可使用 SQL RIGHT JOIN 语法，称为 SQL 右外联接，因为我们所需的表在查询中第二个出现，在查询表列表的右边。这表示我们想看到所有储物柜的信息，包括那些未被分配给学生的储物柜。查询语句写成查询 SQL-QUERY-CH02-66，执行查询的结果如图 2.23(d)所示。

```
/* *** EXAMPLE CODE - DO NOT RUN *** */
/* *** SQL-Query-CH02-67 *** */
SELECT     StudentPK, StudentName, LockerFK, LockerPK, LockerType
FROM       STUDENT RIGHT OUTER JOIN LOCKER
    ON     STUDENT.LockerFK
ORDER BY   StudentPK;
```

在图 2.23(d)中，需要注意到 LOCKER 表中之前所有与 STUDENT 表不匹配的行现在都被包含进来，而且被赋值为 NULL。从查询结果输出可以看出编号为 70,80,90 的储物柜都没有与 STUDENT 表相关联的行。这表示这些储物柜目前还没有被分配给学生，仍然可供使用。

回到关于 SKU 商品和购买者的问题，可以使用 SQL OUTER JOIN 尤其是 SQL OUTER JOIN 获得期望的结果：

```
/* *** SQL-Query-CH02-68 *** */
SELECT     OI.OrderNumber, Quantity,
           SD.SKU, SKU_Description, Department, Buyer
FROM       ORDER_ITEM AS OI RIGHT OUTER JOIN SKU_DATA AS SD
    ON     OI.SKU=SD.SKU
ORDER BY   OI.OrderNumber, SD.SKU;
```

这个查询会产生下面的结果。这个结果显示了没有出现在零售订单中的 SKU 和它们关联的购买者。从结果看出，我们并没有卖出 30000 范围以外的 SKU 商品，其中全是攀登装备，管理层很可能需要考虑一下这些问题。

	OrderNumber	Quantity	SKU	SKU_Description	Department	Buyer
1	NULL	NULL	100100	Std. Scuba Tank, Yellow	Water Sports	Pete Hansen
2	NULL	NULL	301000	Light Fly Climbing Harness	Climbing	Jerry Martin
3	NULL	NULL	302000	Locking Carabiner, Oval	Climbing	Jerry Martin
4	1000	1	201000	Half-dome Tent	Camping	Cindy Lo
5	1000	1	202000	Half-dome Tent Vestibule	Camping	Cindy Lo
6	2000	4	101100	Dive Mask, Small Clear	Water Sports	Nancy Meyers
7	2000	2	101200	Dive Mask, Med Clear	Water Sports	Nancy Meyers
8	3000	1	100200	Std. Scuba Tank, Magenta	Water Sports	Pete Hansen
9	3000	2	101100	Dive Mask, Small Clear	Water Sports	Nancy Meyers
10	3000	1	101200	Dive Mask, Med Clear	Water Sports	Nancy Meyers

关于 SQL 查询语句的讨论到此结束。我们已经覆盖了对一个执行即时查询所有需要用

到的 SQL 语法，包括对一个或多个表执行查询，显示特定的行、列或者计算相关的值。在第 7 章，我们会返回到 SQL 去讨论 SDL DDL，SQL DML 的另外一部分，以及 SQL/PSM。

BY THE WAY 在写 SQL 查询时会很容易忘记内联接会丢弃不匹配的行。若干年前，作者中有一位接受一个庞大的机构作为咨询客户。客户有一个预算计划的应用，其中包含一长串复杂的 SQL 语句。序列中一个原本是外联接的语句写成了内联接，结果导致了 3000 个员工脱离了预算计划的计算范围。这个错误只有在数月后当实际的工资费用大幅度超过了预算工资费用时才被发现。这个错误对于董事会来说一直都是个令人难堪的事情。

2.11　小结

SQL 是由 IBM 开发的，并被 ANSI SQL-92 确认为一项标准。SQL 是一种数据子语言，它可以被嵌入到其他的完整程序设计语言或是直接提交给 DBMS 处理。了解 SQL 对于知识工人、应用开发人员和数据库管理员都是非常重要的。

所有的 DBMS 都处理 SQL。Microsoft Access 将 SQL 隐藏了起来，而 SQL Server，Oracle Database 和 MySQL 要求用户使用 SQL。

有五种 SQL 语句：DML，DDL，SQL/PSM 语句，TCL 和 DCL。DML 包含用于查询数据和插入、修改以及删除数据的语句。本章只介绍用于查询的 DML 语句。更多的 DML 语句、DDL 和 SQL/PSM 会在第 7 章中讨论，TCL 和 DCL 会在第 9 章中讨论。

本章中的例子基于从 Cape Codd 运动公司的操作数据库中抽取出的三个表。类似的数据抽取很常见，同时也很重要。图 2.5 给出了这三个表的一些示例数据。

SQL 查询语句的基本结构是 SELECT/FROM/WHERE。在 SELECT 后列出要选择的列，在 FROM 后给出要处理的表，而在 WHERE 后给出所有对于数据值的约束。在一个 WHERE 子句中，字符和日期数据必须以单引号引起来，而数值型数据则不需要。像本章所描述的那样，可以直接将 SQL 语句提交给 Microsoft Access，SQL Server，Oracle Database 和 MySQL。

本章介绍的 SQL 子句有：SELECT，FROM，WHERE，ORDER BY，GROUP BY，HAVING。本章还介绍了一些关键字的使用：DISTICT，DESC，ASC，AND，OR，IN，NOT IN，BETWEEN，LIKE，%［对于 Microsoft Access 是星号（*）］，_［对于 Microsoft Access 是问号（?）］，SUM，AVG，MIN，MAX，COUNT 和 AS。读者应该知道如何通过混合和匹配这些特性来取得所要的结果。默认情况下，WHERE 子句在 HAVING 子句前先执行。

读者可以使用子查询和联接来检索多个表。子查询是使用关键字 IN 和 NOT IN 的嵌套查询。一个 SQL 的 SELECT 表达式被放置在括号内。使用子查询，可以只显示顶层表的数据。联接是通过在 FROM 子句中指定多个表名来实现的，WHERE 子句则被用来获取同等联接。在大多数情况下，同等联接是最直观的选择。联接可以显示来自于多个表的数据。在第 8 章中，读者将会学到另一种类型的子查询，它不能通过联接来实现。

一些人认为 JOIN ON 语法是联接的一种更简单的形式。在使用一般的联接或者说内联接时，那些不匹配联接条件的行会从联接结果中被丢弃。为了保留这些行，应该使用 LEFT OUTER 联接或者 RIGHT OUTER 联接，而不是使用内联接。

2.12 关键术语

/*和*/
ad-hoc 查询
美国国家标准学会(ANSI)
AVG
商务智能(BI)系统
相关子查询
COUNT
CRUD
数据控制语言(DCL)
数据定义语言(DDL)
数据操作语言(DML)
数据集市
数据子语言
数据仓库
数据仓库 DBMS
同等联接
扩展标记语言(XML)
数据抽取、转换和加载(ETL)系统
图形用户界面(GUI)
内联接
国际标准化组织(ISO)
联接
联接操作
联接两个表
MAX
Microsoft Access 星号通配符
Microsoft Access 问号通配符
MIN
实例查询(QBE)
模式
SQL AND 运算符
SQL AS 关键字
SQL 星号通配符
SQL BETWEEN 关键字
SQL 内置函数
SQL 注释
SQL DESC 关键字
SQL DISTINCT 关键字
SQL 表达式
SQL FROM 子句
SQL GROUP BY 子句
SQL HAVING 子句
SQL IN 运算符
SQL 内联接
SQL INNER JOIN 短语
SQL JOIN 关键字
SQL JOIN ON 语法
SQL 联接运算符
SQL LEFT JOIN 语法
SQL 左外联接
SQL LIKE 关键字
SQL NOT IN 运算符
SQL ON 关键字
SQL OR 运算符
SQL ORDER BY 子句
SQL 外联接
SQL 百分号通配符
SQL 查询
SQL RIGHT JOIN 语法
SQL 右外联接
SQL 脚本文件
SQL SELECT 子句
SQL SELECT/FROM/WHERE 框架
SQL Server 兼容语法(ANSI 92)
SQL TOP{行数}属性
SQL 下画线通配符
SQL WHERE 子句
SQL/持久性存储模块(SQL/PSM)
库存单元(SKU)
结构化查询语言(SQL)
子查询
SUM
TableName. ColumnName 语法
事务处理控制语言(TCL)

2.13 习题

2.1 什么是商务智能(BI)系统?
2.2 什么是 ad_hoc 查询?

2.3　SQL 代表什么？什么是 SQL？
2.4　SKU 代表什么？什么是 SKU？
2.5　概述在 Cape Codd 数据抽取中，数据是如何被修改和过滤的。
2.6　大致说明 RETAIL_ORDER，ORDER_ITEM 和 SKU_DATA 表之间的联系。
2.7　概述 SQL 的背景。
2.8　SQL-92 是什么？它和本章中介绍的 SQL 语句有什么关系？
2.9　在 SQL-92 后来的版本中对 SQL 添加了什么特性？
2.10　为什么 SQL 被描述为一种数据子语言？
2.11　DML 代表什么？什么是 DML 语句？
2.12　DDL 代表什么？什么是 DDL 语句？
2.13　什么是 SQL SELECT/FROM/WHERE 框架？
2.14　说明 Access 如何使用 SQL。
2.15　说明企业级的 DBMS 产品如何使用 SQL。

Cape Codd 户外运动销售抽取数据库包含另外两个表：INVENTORY 表和 WAREHOUSE 表。数据库模式，除包含上述两张表外，还包含 RETAIL_ORDER 表，ORDER_ITEM 表和 SKU_DATA 表，如下：

RETAIL_ORDER(OrderNumber, StoreNumber, StoreZip, OrderMonth, OrderYear, OrderTotal)
ORDER_ITEM(*OrderNumber*, *SKU*, Quantity, Price, ExtendedPrice)
SKU_DATA(SKU, SKU_Decription, Department, Buyer)
WAREHOUSE(WarehouseID, WarehouseCity, WarehouseState, Manager, Squarefeet)
INVENTORY(*WarehouseID*, *SKU*, SKU_Decription, QuantityOnHand, QuantityOnOrder)

修正后的 Cape Codd 数据库模式的五个表如图 2.24 所示。WAREHOUSE 表的列属性如图 2.25 所示，INVENTORY 表的列属性如图 2.26 所示。WAREHOUSE 表的数据如图 2.27 所示，INVENTORY 表的数据如图 2.28 所示。

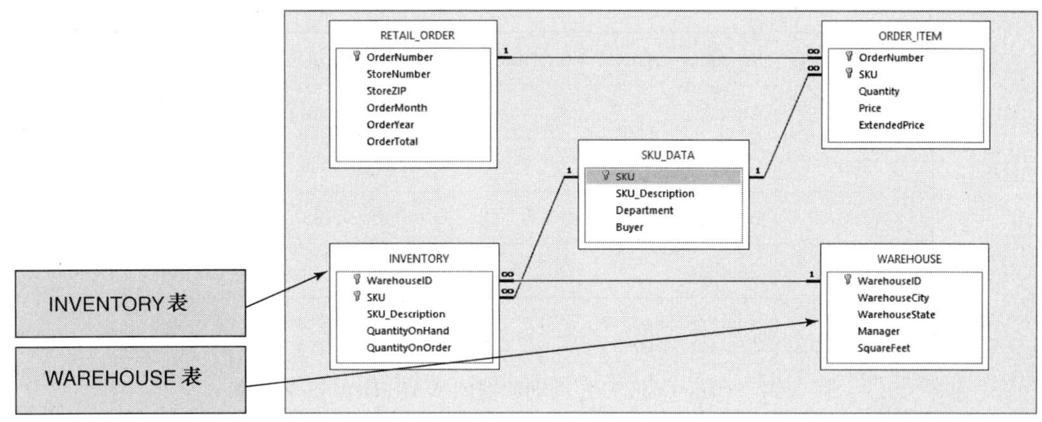

图 2.24　包含 WAREHOUSE 表和 INVENTORY 表的 Cape Codd 户外运动数据库

如果有可能，应该在真实的数据库中运行下面问题的 SQL 解决方法。名为 Cape-Codd. accdb 的Microsoft Access 数据库可以在我们的网站(www. pearsonhighered. com/kroenke)上下载，它包含了 Cape Codd 户外运动销售抽取数据库中所有的表和数据。同样，为创建和填充 Cape Codd 数据库表的 SQL 脚本也可以在我们的网站上下载，它们分别适用于 Microsoft SQL Server，Oracle Database 和 MySQL。

2.16　这些练习题中的 INVENTORY 表有一个故意的错误。你可以仅仅使用这个表来回答下面的一些问题。比较 SKU 表和 INVENTORY 表，找出 INVENTORY 表中设计错误的地方。特别要考虑一下为什么我们要包含这个错误？

WAREHOUSE

Column Name	Type	Key	Required	Remarks
WarehouseID	Integer	Primary Key	Yes	Surrogate Key
WarehouseCity	Text (30)		Yes	
WarehouseState	Text (2)		Yes	
Manager	Text (35)	No	No	
SquareFeet	Integer	No	No	

图 2.25　Cape Codd 户外运动数据库 WAREHOUSE 表的列属性

INVENTORY

Column Name	Type	Key	Required	Remarks
WarehouseID	Integer	Primary Key, Foreign Key	Yes	Surrogate Key
SKU	Integer	Primary Key, Foreign Key	Yes	Surrogate Key
SKU_Description	Text (35)	No	Yes	
QuantityOnHand	Integer	No	No	
QuantityOnOrder	Integer	No	No	

图 2.26　Cape Codd 户外运动数据库 INVENTORY 表的列属性

WarehouseID	WarehouseCity	WarehouseState	Manager	SquareFeet
100	Atlanta	GA	Dave Jones	125,000
200	Chicago	IL	Lucille Smith	100,000
300	Bangor	MA	Bart Evans	150,000
400	Seattle	WA	Dale Rogers	130,000
500	San Francisco	CA	Grace Jefferson	200,000

图 2.27　Cape Codd 户外运动数据库 WAREHOUSE 表数据

使用 INVENTORY 表来回答习题 2.17 ~ 习题 2.39 的问题：

2.17　书写 SQL 语句来显示 SKU 和 SKU_Description。

2.18　书写 SQL 语句来显示 SKU_Description 和 SKU。

2.19　书写 SQL 语句来显示 WarehouseID。

2.20　书写 SQL 语句来显示不重复的 WarehouseID。

2.21　不使用 *，书写 SQL 语句来显示所有的列。

2.22　使用 *，书写 SQL 语句来显示所有的列。

2.23　书写 SQL 语句来显示所有商品数据，只要其 QuantityOnHand 大于 0。

2.24　书写 SQL 语句来显示商品的 SKU 和 SKU_Description，只要其 QuantityOnHand 等于 0。

WarehouseID	SKU	SKU_Description	QuantityOnHand	QuantityOnOrder
100	100100	Std. Scuba Tank, Yellow	250	0
200	100100	Std. Scuba Tank, Yellow	100	50
300	100100	Std. Scuba Tank, Yellow	100	0
400	100100	Std. Scuba Tank, Yellow	200	0
100	100200	Std. Scuba Tank, Magenta	200	30
200	100200	Std. Scuba Tank, Magenta	75	75
300	100200	Std. Scuba Tank, Magenta	100	100
400	100200	Std. Scuba Tank, Magenta	250	0
100	101100	Dive Mask, Small Clear	0	500
200	101100	Dive Mask, Small Clear	0	500
300	101100	Dive Mask, Small Clear	300	200
400	101100	Dive Mask, Small Clear	450	0
100	101200	Dive Mask, Med Clear	100	500
200	101200	Dive Mask, Med Clear	50	500
300	101200	Dive Mask, Med Clear	475	0
400	101200	Dive Mask, Med Clear	250	250
100	201000	Half-Dome Tent	2	100
200	201000	Half-Dome Tent	10	250
300	201000	Half-Dome Tent	250	0
400	201000	Half-Dome Tent	0	250
100	202000	Half-Dome Tent Vestibule	10	250
200	202000	Half-Dome Tent Vestibule	1	250
300	202000	Half-Dome Tent Vestibule	100	0
400	202000	Half-Dome Tent Vestibule	0	200
100	301000	Light Fly Climbing Harness	300	250
200	301000	Light Fly Climbing Harness	250	250
300	301000	Light Fly Climbing Harness	0	250
400	301000	Light Fly Climbing Harness	0	250
100	302000	Locking Carabiner, Oval	1000	0
200	302000	Locking Carabiner, Oval	1250	0
300	302000	Locking Carabiner, Oval	500	500
400	302000	Locking Carabiner, Oval	0	1000

图 2.28　Cape Codd 户外运动数据库 INVENTORY 表数据

2.25　书写 SQL 语句来显示商品的 SKU，SKU_Description 和 WarehouseID，要求 QuantityOnHand 等于 0，且将结果按照 WarehouseID 升序排列。

2.26　书写 SQL 语句来显示商品的 SKU，SKU_Description 和 WarehouseID，要求 QuantityOnHand 等于 0，且以 WarehouseID 的降序和 QuantityOnHand 的升序排列。

2.27　书写 SQL 语句来显示商品的 SKU 和 SKU_Description，要求 QuantityOnHand 等于 0，QuantityOnOrder 大于 0，且以 WarehouseID 的降序和 SKU 的升序排列。

2.28 书写 SQL 语句来显示商品的 SKU 和 SKU_Description，要求 QuantityOnHand 等于 0，或者 QuantityOnOrder 等于 0，且以 WarehouseID 的降序和 SKU 的升序排列。

2.29 书写 SQL 语句来显示商品的 SKU，SKU_Description，WarehouseID 和 QuantityOnHand，要求 QuantityOnHand 大于 1，且小于 10，不使用 BETWEEN。

2.30 书写 SQL 语句来显示商品的 SKU，SKU_Description，WarehouseID 和 QuantityOnHand，要求 QuantityOnHand 大于 1，且小于 10，使用 BETWEEN。

2.31 书写 SQL 语句来显示商品的 SKU 和 SKU_Description，要求 SKU_Description 以'Half-dome'开头。

2.32 书写 SQL 语句来显示商品的 SKU 和 SKU_Description，要求 SKU_Description 包含单词'Climb'。

2.33 书写 SQL 语句来显示商品的 SKU 和 SKU_Description，要求在 SKU_Description 列中左起第三个字母是'd'。

2.34 书写 SQL 表达式，在 QuantityOnHand 列上使用所有的内置函数。在结果中使用有意义的列名。

2.35 说明 SQL 内置函数 COUNT 和 SUM 的不同。

2.36 书写 SQL 语句来显示 WarehouseID 和按照 WarehouseID 分组的 QuantityOnHand 数目，将该数目所在的列命名为 TotalItemsOnHand，并按照 TotalItemsOnHand 的降序排列。

2.37 书写 SQL 语句来显示 WarehouseID 和按照 WarehouseID 分组的 QuantityOnHand 数目，忽略所有数目大于 2 的 SKV 项。将该数目所在的列命名为 TotalItemsOnHandLT3，并按照 TotalItemsOnHandLT3 的降序排列。

2.38 书写 SQL 语句来显示 WarehouseID 和按照 WarehouseID 分组的 QuantityOnHand 数目。统计所有数目大于 3 的 SKV，将该数目所在的列命名为 TotalItemsOnHandLT3。显示 TotalItemsOnHandLT3 中 SKU 数目小于 2 的 WarehouseID，并按照 TotalItemsOnHandLT3 的降序排列。

2.39 在对习题 2.38 的回答中，是 WHERE 子句还是 HAVING 子句先做？为什么？

使用 INVENTORY 表和 WAREHOUSE 表来回答习题 2.40 ~ 习题 2.55：

2.40 书写 SQL 语句来显示物品的 SKU，SKU_Description，WarehouseID，WarehouseCity 和 WarehouseState，要求它们被存放在 Atlanta，Bangor 或者 Chicago 的仓库中。不使用 IN 关键字。

2.41 书写 SQL 语句来显示物品的 SKU，SKU_Description，WarehouseID，WarehouseCity 和 WarehouseState，要求它们被存放在 Atlanta，Bangor 或者 Chicago 的仓库中。使用 IN 关键字。

2.42 书写 SQL 语句来显示物品的 SKU，SKU_Description，WarehouseID，WarehouseCity 和 WarehouseState，要求它们不被存放在 Atlanta，Bangor 或者 Chicago 的仓库中。不使用 NOT IN 关键字。

2.43 书写 SQL 语句来显示物品的 SKU，SKU_Description，WarehouseID，WarehouseCity 和 WarehouseState，要求它们不被存放在 Atlanta，Bangor 或者 Chicago 的仓库中。使用 NOT IN 关键字。

2.44 书写 SQL 语句来产生一个命名为 ItemLocation 的列，这个列的值由 SKU-Description、短语“is in a warehouse in”和 WarehouseCity 连接组合而成。不用考虑去除头尾的空格。

2.45 书写 SQL 语句来显示物品的 SKU，SKU_Description 和 WarehosueId，要求它们被存放在由'Lucille Smith'管理的仓库中。使用子查询。

2.46 书写 SQL 语句来显示物品的 SKU，SKU_Description 和 WarehosueId，要求它们被存放在由'Lucille Smith'管理的仓库中。使用联接，但不使用 JOIN ON 语法。

2.47 书写 SQL 语句来显示物品的 SKU，SKU_Description 和 WarehosueId，要求它们被存放在由'Lucille Smith'管理的仓库中。使用 JOIN ON 语法。

2.48 书写 SQL 语句来显示 WarehouseID 和该 WarehouseID 中 QuantityOnHand 的平均值，要求该仓库由'Lucille Smith'管理。使用子查询。

2.49 书写 SQL 语句来显示 WarehouseID 和该 WarehouseID 中 QuantityOnHand 的平均值，要求该仓库由'Lucille Smith'管理。使用联接，但不使用 JOIN ON 语法。

2.50 书写 SQL 语句来显示 WarehouseID 和该 WarehouseID 中 QuantityOnHand 的平均值，要求该仓库由'Lucille Smith'管理。使用 JOIN ON 语法。

2.51 书写 SQL 语句来显示 WarehouseID 和按 WarehouseID 和 QuantityOnOrder 分组的 QuantityOnOrder 的数

目，QuantityOnHand 的数目。重命名 QuantityOnOrder 的数目为 TotalItemsOnOrder，重命名 QuantityOnHand 的数目为 TotalItemsOnHand。

2.52　书写 SQL 语句来显示所有物品的 WarehouseID，WarehouseCity，WarehouseState，Manager，SKU，SKU_Description 和 QuantityOnHand，要求该仓库由 'Lucille Smith' 管理。使用联接。

2.53　说明为什么在习题 2.51 的答案中不能使用子查询。

2.54　说明子查询和联接有什么不同。

2.55　书写 SQL 语句去联接 WAREHOUSE 和 INVENTORY，把 WAREHOUSE 的所有行都包含在结果中，无论它们是否存在于 INVENTORY。运行这个语句。

项目练习

对于下面的这些项目练习题，我们将对第 1 章中创建的 Wedgewood Pacific Corporation（WPC）的数据库进行扩展。1957 年，WPC 成立于华盛顿州的西雅图，现在已经发展成了一个国际性知名企业。这个公司位于两幢大楼中。一幢楼中是行政、会计、金融和人力资源等部门，另一幢是生产、市场和信息系统等部门。公司数据库包含公司员工、部门、公司项目、公司财产和公司运行等其他方面的数据。

在下面的项目练习题中，我们已经创建了 WPC.accdb 数据库下面的两个表（请参阅第 1 章的项目练习）：

DEPARTMENT(<u>DepartmentName</u>, BudgetCode, OfficeNumber, Phone)

EMPLOYEE(<u>EmployeeName</u>, FirstName, LastName, *Department*, Phone, Email)

现在将增加以下两个表：

PROJECT(<u>ProjectID</u>, Name, *Department*, MaxHours, StartDate, EndDate)

ASSIGNMENT(<u>*ProjectID*</u>, <u>*EmployeeNumber*</u>, HoursWorked)

修改后的 WPC 数据库模式中的四个表如图 2.29 所示。PROJECT 表中的列属性如图 2.30 所示，ASSIGNMENT 表的列属性如图 2.32 所示。PROJECT 表的数据如图 2.31 所示，ASSIGNMENT 表的数据如图 2.33 所示。

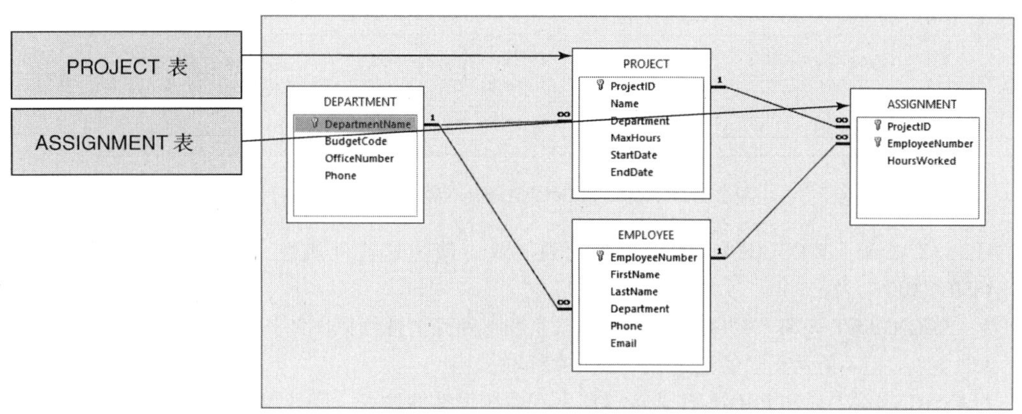

图 2.29　包含 PROJECT 表和 ASSIGNMENT 表的 WPC 数据库

2.56　图 2.30 显示了 WPC PROJECT 表的列属性。使用这些列属性，在 WPC.accdb 数据库中创建 PROJECT 表。

2.57　为 PROJECT 表和 DEPARTMENT 表创建联系和参照完整性约束。使能够执行参照完整性和数据的级联更新，但不能从删除的记录中的数据来级联。

2.58　图 2.31 显示了 WPC PROJECT 表中的数据。使用 Datasheet 视图，在 PROJECT 表中输入图 2.31 中的数据。

PROJECT

Column Name	Type	Key	Required	Remarks
ProjectID	Number	Primary Key	Yes	Long Integer
Name	Text (50)	No	Yes	
Department	Text (35)	Foreign Key	Yes	
MaxHours	Number	No	Yes	Double
StartDate	Date	No	No	
EndDate	Date	No	No	

图 2.30 WPC 数据库 PROJECT 表的列属性

ProjectID	Name	Department	MaxHours	StartDate	EndDate
1000	2013 Q3 Product Plan	Marketing	135.00	10-MAY-13	15-JUN-13
1100	2013 Q3 Portfolio Analysis	Finance	120.00	07-JUL-13	25-JUL-13
1200	2013 Q3 Tax Preparation	Accounting	145.00	10-AUG-13	15-OCT-13
1300	2013 Q4 Product Plan	Marketing	150.00	10-AUG-13	15-SEP-13
1400	2013 Q4 Portfolio Analysis	Finance	140.00	05-OCT-13	

图 2.31 WPC 数据库 PROJECT 表的示例数据

ASSIGNMENT

Column Name	Type	Key	Required	Remarks
ProjectID	Number	Primary Key, Foreign Key	Yes	Long Integer
EmployeeNumber	Number	Primary Key, Foreign Key	Yes	Long Integer
HoursWorked	Number	No	No	Double

图 2.32 WPC 数据库 ASSIGNMENT 表的列属性

2.59 图 2.32 显示了 WPC ASSIGNMENT 表的列属性。使用这些列属性，在 WPC.accdb 数据库中创建 ASSIGNMENT 表。

2.60 为 ASSIGNMENT 表和 EMPLOYEE 表创建联系和参照完整性约束。使其能够执行参照完整性和数据的级联更新，但不能从删除的记录中的数据来级联。

2.61 为 ASSIGNMENT 表和 PROJECT 表创建联系和参照完整性约束。使其能够执行参照完整性和数据的级联更新，但不能从删除的记录中的数据来级联。

2.62 图 2.33 显示了 WPC ASSIGNMENT 表中的数据。使用 Datasheet 视图，在 ASSIGNMENT 表中输入图 2.33 中的数据。

2.63 习题 2.58 中，在经过习题 2.57 创建了参照完整性约束后输入数据。习题 2.62 中，在经过习题 2.59 和习题 2.60 创建了参照完整性约束后输入数据。为什么数据的输入是在参照完整性约束建立后而不是在约束建立之前呢?

2.64 使用 Microsoft Access SQL 语句，创建并运行查询来回答下面的问题。保存每一个查询，并以 SQL-Query-02-##的格式命名，##符号用问题的指定字母来替代。例如，第一个查询将保存为 SQL-Query-02A。

A. 在 PROJECT 表中有哪些项目？显示每一个项目的所有信息。

B. PROJECT 表中项目的 ProjectID，Name，StartDate 和 EndDate 等属性的值是什么？

C. PROJECT 表中 2013 年 8 月 1 日之前的项目有哪些？显示这些项目的所有信息。

D. PROJECT 表还没完成的项目有哪些？显示这些项目的所有信息。

E. 为每一个项目分配的职工有哪些？显示 ProjectID，EmployeeNumber，LastName，FirstName 和 Phone 等信息。

F. 为每一个项目分配的职工有哪些？显示 ProjectID，Name，Department，EmployeeNumber，LastName，FirstName 和 Phone 等信息。

G. 为每一个项目分配的职工有哪些？显示 ProjectID，Name，Department，DepartmentPhone，EmployeeNumber，LastName，FirstName 和 EmployeePhone 等信息，并按 ProjectID 的升序排序。

H. 为市场部运作的每一个项目分配的职工有哪些？显示 ProjectID，Name，Department，DepartmentPhone，EmployeeNumber，LastName，FirstName 和 EmployeePhone 等信息，并按 ProjectID 的升序排序。

ProjectID	EmployeeNumber	HoursWorked
1000	1	30.0
1000	8	75.0
1000	10	55.0
1100	4	40.0
1100	6	45.0
1100	1	25.0
1200	2	20.0
1200	4	45.0
1200	5	40.0
1300	1	35.0
1300	8	80.0
1300	10	50.0
1400	4	15.0
1400	5	10.0
1400	6	27.5

图 2.33　WPC 数据库 ASSIGNMENT 表的示例数据

I. 现在有多少项目是市场部在运作？为计算的结果分配一个适当的列名。

J. 市场部运作项目的总的 MaxHours 是多少？为计算的结果分配一个适当的列名。

K. 市场部运作项目的平均 MaxHours 是多少？为计算的结果分配一个适当的列名。

L. 每一个部门现在正在运作的项目是多少？显示每一个 DepartmentName，并为计算的结果分配一个适当的列名。

M. 书写 SQL 语句联接 EMPLOYEE，ASSIGNMENT 和 PROJECT，使用 JOIN ON 语法。运行这个语句。

N. 书写 SQL 语句联接 EMPLOYEE 和 ASSIGNMENT，并且把 EMPLOYEE 的所有行都包含进来，无论它们是否有一个 ASSIGNMENT。运行这个语句。

2.65　使用 Microsoft Access QBE，创建并运行新的查询来回答习题 2.64 中的问题。保存每一个查询，并以 QBE-Query-02-##的格式命名，##符号用问题的指定字母来替代。例如，第一个查询将保存为 QBE-Query-02A。

下面的问题使用 2.9.1 节的 NDX 数据表。读者可以从本书的网站 www. epearsonhighered/kroenke 找到该数据的一份副本。它是一个 Microsoft Access 的数据库(DBP-e13-NDX. accdb)。

2.66　书写 SQL 查询来获取以下结果：

A. 星期五的 ChangeClose。

B. 星期五的最小、最大和平均 ChangeClose。

C. 按照 TYear 分组的平均 ChangeClose，同时显示 TYear。

D. 按照 TYear 和 TMonth 分组的平均 ChangeClose，同时显示 TYear 和 TMonth。

E. 按照 TYear，TQuarter 和 TMonth 分组的平均 ChangeClose，要求按照平均值的降序排列(需要为该平均值赋予一个名称，以便按照它排序)。同时显示 TYear，TQuarter 和 TMonth。注意月份是依字母序而不是日历序的。请说明需要怎么做才可以获得日历序的月份。

F. 按照 TYear, TQuarter 和 TMonth 分组的最大 ChangeClose 和最小 ChangeClose 之间的差值，要求按照降序排列(需要为该差值赋予一个名称，以便按照它排序)。同时显示 TYear, TQuarter 和 TMonth。

G. 按照 TYear 分组的平均 ChangeClose，依降序排列(需要为该平均值赋予一个名称，以便按照它排序)。要求只显示平均值为正的分组。

H. 以年/月/日的形式显示一个单一的日期字段。不考虑结尾空白的情况。

2.67　交易量(交易的份额数)可能与证券市场的买卖方向有关。使用在本章学习的 SQL 来研究这种可能性，并至少给出 5 个不同的 SQL 语句。

Marcia 干洗店项目练习

Marcia 干洗店是一个迎合高消费层次者的干洗店，它位于富裕的郊区附近。通过提供高级的客户服务，Marcia 干洗店使其业务表现显著而领先于其他竞争者。Marcia 干洗店希望可以追踪每个客户及其订单，并最终通过电子邮件的方式通知客户的衣服已经洗好。为提供这项服务，干洗店开发初始的带有几张表的数据库，其中三张表如下：

CUSTOMER(<u>CustomerID</u>, FirstName, LastName, Phone, Email)

ORDER(<u>InvoiceNumber</u>, *CustomerNumber*, DateIn, DateOut, TotalAmount)

ORDER_ITEM(<u>*InvoiceNumber*</u>, <u>ItemNumber</u>, Item, Quantity, UnitPrice)

在上面的数据库结构中，主键用下画线表示，外键用斜体表示。数据库名为 MDC。MDC 数据库模式的三个表如图 2.34 所示。

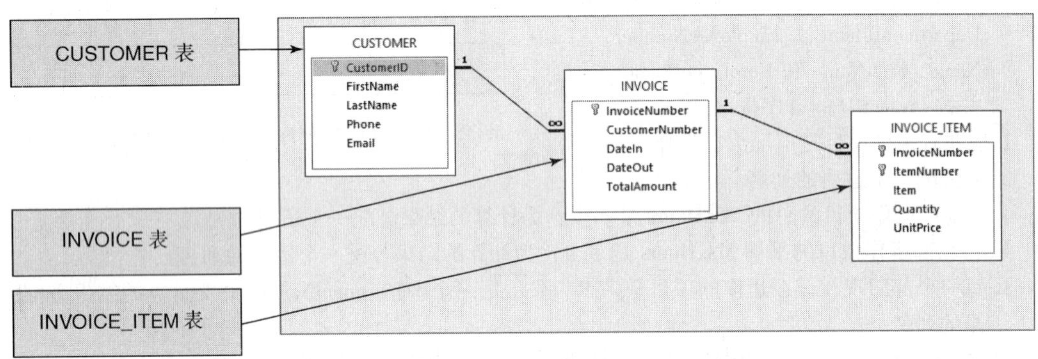

图 2.34　MDC 数据库

表的列属性如图 2.35、图 2.36、图 2.37 所示。CUSTOMER 和 INVOICE 间的联系必须强制进行参照完整性约束，但不需要数据的级联升级或删除。INVOICE 和 INVOICE_ITEM 间的联系必须强制进行参照完整性约束，而且能够执行数据的级联升级和删除。这些表的数据如图 2.38、图 2.39、图 2.40 所示。

CUSTOMER

Column Name	Type	Key	Required	Remarks
CustomerID	AutoNumber	Primary Key	Yes	Surrogate Key
FirstName	Text (25)	No	Yes	
LastName	Text (25)	No	Yes	
Phone	Text (12)	No	No	
Email	Text (100)	No	No	

图 2.35　MDC 数据库 CUSTOMER 的表属性

INVOICE

Column Name	Type	Key	Required	Remarks
InvoiceNumber	Number	Primary Key	Yes	Long Integer
CustomerNumber	Number	Foreign Key	Yes	Long Integer
DateIn	Date	No	Yes	
DateOut	Date	No	No	
TotalAmount	Currency	No	No	Two Decimal Places

图 2.36　MDC 数据库 INVOICE 表的列属性

INVOICE_ITEM

Column Name	Type	Key	Required	Remarks
InvoiceNumber	Number	Primary Key, Foreign Key	Yes	Long Integer
ItemNumber	Number	Primary Key	Yes	Long Integer
Item	Text (50)	No	Yes	
Quantity	Number	No	Yes	Long Integer
UnitPrice	Currency	No	Yes	Two Decimal Places

图 2.37　MDC 数据库 INVOICE_ITEM 表的列属性

CustomerID	FirstName	LastName	Phone	Email
1	Nikki	Kaccaton	723-543-1233	Nikki.Kaccaton@somewhere.com
2	Brenda	Catnazaro	723-543-2344	Brenda.Catnazaro@somewhere.com
3	Bruce	LeCat	723-543-3455	Bruce.LeCat@somewhere.com
4	Betsy	Miller	725-654-3211	Betsy.Miller@somewhere.com
5	George	Miller	725-654-4322	George.Miller@somewhere.com
6	Kathy	Miller	723-514-9877	Kathy.Miller@somewhere.com
7	Betsy	Miller	723-514-8766	Betsy.Miller@elsewhere.com

图 2.38　MDC 数据库 CUS TOMER 表的示例数据

我们建议你创建一个名为 MDC-Ch02. accdb 的 Microsoft Access 2013 数据库。该数据库使用上面的属性和数据，然后用这个数据库测试你对本节中问题的解法。作为选择，读者可以从我们的网站 www. pearson-highered. com/kroenke 下载创建 MDC-CH02 数据库的 SQL 脚本(包含 Microsoft SQL Server，Oracle Database 和 MySQL 的版本)。

在 MDC 数据的基础上编写 SQL 语句并显示结果：

A. 显示每张表中的所有数据。

B. 列出每个客户的 LastName，FirstName 和 Phone。

InvoiceNumber	CustomerNumber	DateIn	DateOut	TotalAmount
2013001	1	04-Oct-13	06-Oct-13	$158.50
2013002	2	04-Oct-13	06-Oct-13	$25.00
2013003	1	06-Oct-13	08-Oct-13	$49.00
2013004	4	06-Oct-13	08-Oct-13	$17.50
2013005	6	07-Oct-13	11-Oct-13	$12.00
2013006	3	11-Oct-13	13-Oct-13	$152.50
2013007	3	11-Oct-13	13-Oct-13	$7.00
2013008	7	12-Oct-13	14-Oct-13	$140.50
2013009	5	12-Oct-13	14-Oct-13	$27.00

图 2.39 MDC 数据库 INVOICE 表的示例数据

InvoiceNumber	ItemNumber	Item	Quantity	UnitPrice
2013001	1	Blouse	2	$3.50
2013001	2	Dress Shirt	5	$2.50
2013001	3	Formal Gown	2	$10.00
2013001	4	Slacks-Mens	10	$5.00
2013001	5	Slacks-Womens	10	$6.00
2013001	6	Suit-Mens	1	$9.00
2013002	1	Dress Shirt	10	$2.50
2013003	1	Slacks-Mens	5	$5.00
2013003	2	Slacks-Womens	4	$6.00
2013004	1	Dress Shirt	7	$2.50
2013005	1	Blouse	2	$3.50
2013005	2	Dress Shirt	2	$2.50
2013006	1	Blouse	5	$3.50
2013006	2	Dress Shirt	10	$2.50
2013006	3	Slacks-Mens	10	$5.00
2013006	4	Slacks-Womens	10	$6.00
2013007	1	Blouse	2	$3.50
2013008	1	Blouse	3	$3.50
2013008	2	Dress Shirt	12	$2.50
2013008	3	Slacks-Mens	8	$5.00
2013008	4	Slacks-Womens	10	$6.00
2013009	1	Suit-Mens	3	$9.00

图 2.40 MDC 数据库 INVOICE_ITEM 表的示例数据

C. 列出所有名为'Nikki'客户的 LastName，FirstName 和 Phone。

D. 列出所有超出 100 元的订单的 LastName，FirstName，Phone，DataIn 和 DataOut。

E. 列出所有名字以'B'开始的客户的 LastName，FirstName 和 Phone。

F. 列出所有姓氏包含字符'cat'的客户的 LastName，FirstName 和 Phone。

G. 列出所有电话号码第二位和第三位分别为 2 和 3 的客户的 LastName，FirstName 和 Phone。

H. 确定最大和最小的 TotalAmount。

I. 确定平均的 TotalAmount。

J. 计算客户数。

K. 按照 LastName 和 FirstName 对客户分组。

L. 计算不同名同姓的客户数。

M. 使用子查询，给出拥有单一订单总价超过 100 元的客户的 LastName，FirstName 和 Phone。结果先按照 LastName 升序排列，再按照 FirstName 降序排列。

N. 使用联接，但不使用 JOIN ON 语法，给出拥有单一订单总价超过 100 元的客户的 LastName，FirstName 和 Phone。结果先按照 LastName 升序排列，再按照 FirstName 降序排列。

O. 使用 JOIN ON 语法，给出拥有单一订单总价超过 100 元的客户的 LastName，FirstName 和 Phone。结果先按照 LastName 升序排列，再按照 FirstName 降序排列。

P. 使用子查询，给出拥有包含物品'Dress Shirt'的订单的客户的 LastName，FirstName 和 Phone。结果先按照 LastName 升序排列，再按照 FirstName 降序排列。

Q. 使用联接，但不使用 JOIN ON 语法，给出拥有包含物品'Dress Shirt'的订单的客户的 LastName，FirstName 和 Phone。结果先按照 LastName 升序排列，再按照 FirstName 降序排列。

R. 使用 JOIN ON 语法，给出拥有包含物品'Dress Shirt'的订单的客户的 LastName，FirstName 和 Phone。结果先按照 LastName 升序排列，再按照 FirstName 降序排列。

S. 使用带有子查询的联接，给出拥有包含物品'Dress Shirt'的订单的客户的 LastName，FirstName，Phone 和 TotalAmount。结果先按照 LastName 升序排列，再按照 FirstName 降序排列。

T. 列出拥有包含物品'Dress Shirt'的订单的客户的 LastName，FirstName，Phone 和 TotalAmount。同时也列出其他客户的 LastName，FirstName 和 Phone。结果先按照 LastName 升序排列，再按照 FirstName 降序排列。

Queen Anne Curiosity 商店项目练习

Queen Anne Curiosity 商店是一间迎合高消费层次者的家居装饰商店，它位于富裕的郊区附近。商店出售古董或者是当前生产的搭配古董的家居用品。例如，这家商店会出售古董餐桌和崭新的桌布。古董商品是从私人或者批发商那里买来的，全新商品则从经销商那里买来。这家商店的顾客包括私人，连锁旅馆业主，以及为私人和小企业服务的室内装饰设计者。这些古董是独一无二的，尽管有一些重复的商品，譬如说餐桌椅子，很可能是一套的（一整套没有损坏的话）。那些新的商品并不是唯一的，一项商品在缺货的情况下需要重新订购。新的商品可提供不同的大小和颜色（例如，一种特定款式的桌布可能会有不同的大小和多种颜色）。

现在假设 Queen Anne Curiosity 商店设计了一个包含如下几个表的数据库：

CUSTOMER(<u>CustomerID</u>, LastName, FirstName, Address, City, State, ZIP, Phone, Email)

ITEM(<u>ItemID</u>, ItemDescription, CompanyName, PurchaseDate, ItemCost, ItemPrice)

SALE(<u>SaleID</u>, *CustomerID*, SaleDate, SubTotal, Tax, Total)

SALE_ITEM(SaleID, SaleItemID, ItemID, ItemPrice)

其中的参照完整性约束为：

CustomerID in SALE must exist in CustomerID in CUSTOMER

SaleID in SALE_ITEM must exist in SaleID in SALE

ItemID in SALE_ITEM must exist in ItemID in ITEM

假设 CUSTOMER 的 CustomerID，ITEM 的 ItemID，SALE 的 SaleID 和 SALE_ITEM 的 SaleItemID 都是代理键，其值如下：

CustomerID	从 1 开始	增量为 1
ItemID	从 1 开始	增量为 1
SaleID	从 1 开始	增量为 1

Queen Anne Curiosity 商店使用的数据库名为 QACS，QACS 数据库模式的四个表如图 2.41 所示。

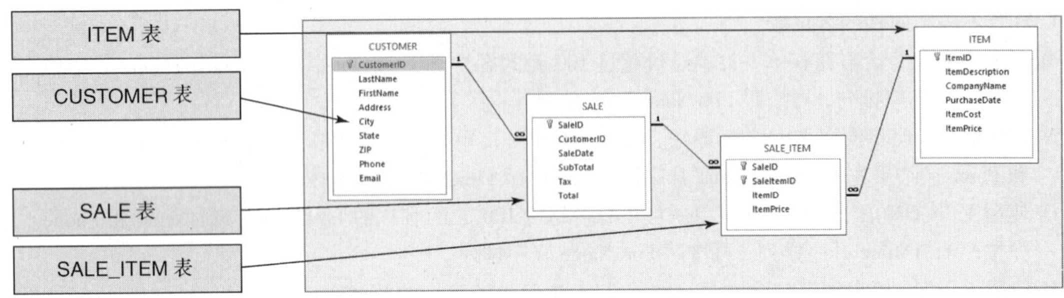

图 2.41 QACS 数据库

表的列属性如图 2.42、图 2.43、图 2.44 和图 2.45 所示。CUSTOMER-to-SALE 联系和 ITEM-to-SALE_ITEM 联系必须强制进行参照完整性约束，但不进行数据的级联升级或级联删除。SALE 和 SALE_ITEM 间的联系必须强制进行参照完整性约束，而且能够执行数据的级联升级和删除。这些表的数据如图 2.46、图 2.47、图 2.48 和图 2.49 所示。

CUSTOMER

Column Name	Type	Key	Required	Remarks
CustomerID	AutoNumber	Primary Key	Yes	Surrogate Key
LastName	Text (25)	No	Yes	
FirstName	Text (25)	No	Yes	
Address	Text (35)	No	No	
City	Text (35)	No	No	
State	Text (2)	No	No	
ZIP	Text (10)	No	No	
Phone	Text (12)	No	Yes	
Email	Text (100)	No	Yes	

图 2.42 QACS 数据库 CUSTOMER 表的列属性

我们建议你创建一个名为 QACS-Ch02.accdb 的 Microsoft Access 2013 数据库。该数据库使用上面的属性和数据，然后用这个数据库测试你对本节中问题的解法。作为选择，读者可以从我们的网站 www.pearsonhighered.com/kroenke 下载创建 QACS-CH02 数据库的 SQL 脚本(包含 Microsoft SQL Server，Oracle Database 和 MySQL 的版本)。

SALE

Column Name	Type	Key	Required	Remarks
SaleID	AutoNumber	Primary Key	Yes	Surrogate Key
CustomerID	Number	Foreign Key	Yes	Long Integer
SaleDate	Date	No	Yes	
SubTotal	Number	No	No	Currency, 2 decimal places
Tax	Number	No	No	Currency, 2 decimal places
Total	Number	No	No	Currency, 2 decimal places

图 2.43　QACS 数据库 SALE 表的列属性

SALE_ITEM

Column Name	Type	Key	Required	Remarks
SaleID	Number	Primary Key, Foreign Key	Yes	Long Integer
SaleItemID	Number	Primary Key	Yes	Long Integer
ItemID	Number	Number	Yes	Long Integer
ItemPrice	Number	No	No	Currency, 2 decimal places

图 2.44　QACS 数据库 SALE_ITEM 表的列属性

ITEM

Column Name	Type	Key	Required	Remarks
ItemID	AutoNumber	Primary Key	Yes	Surrogate Key
ItemDescription	Text (255)	No	Yes	
CompanyName	Text (100)	No	Yes	
PurchaseDate	Date	No	Yes	
ItemCost	Number	No	Yes	Currency, 2 decimal places
ItemPrice	Number	No	Yes	Currency, 2 decimal places

图 2.45　QACS 数据库 ITEM 表的列属性

在 QACS 数据的基础上编写 SQL 语句并显示结果：

A. 显示表中的所有数据。

B. 列出所有客户的 LastName，FirstName 和 Phone。

C. 列出所有名叫'John'的客户的 LastName，FirstName 和 Phone。

D. 列出所有姓氏为'Anderson'的客户的 LastName，FirstName 和 Phone。

E. 列出所有名字以'D'开头的客户的 LastName，FirstName 和 Phone。

F. 列出所有姓里面包含字符'ne'的客户的 LastName，FirstName 和 Phone。

CustomerID	LastName	FirstName	Address	City	State	ZIP	Phone	Email
1	Shire	Robert	6225 Evanston Ave N	Seattle	WA	98103	206-524-2433	Rober.Shire@somewhere.com
2	Goodyear	Katherine	7335 11th Ave NE	Seattle	WA	98105	206-524-3544	Katherine.Goodyear@somewhere.com
3	Bancroft	Chris	12605 NE 6th Street	Bellevue	WA	98005	425-635-9788	Chris.Bancroft@somewhere.com
4	Griffith	John	335 Aloha Street	Seattle	WA	98109	206-524-4655	John.Griffith@somewhere.com
5	Tierney	Doris	14510 NE 4th Street	Bellevue	WA	98005	425-635-8677	Doris.Tierney@somewhere.com
6	Anderson	Donna	1410 Hillcrest Parkway	Mt. Vernon	WA	98273	360-538-7566	Donna.Anderson@elsewhere.com
7	Svane	Jack	3211 42nd Street	Seattle	WA	98115	206-524-5766	Jack.Svane@somewhere.com
8	Walsh	Denesha	6712 24th Avenue NE	Redmond	WA	98053	425-635-7566	Denesha.Walsh@somewhere.com
9	Enquist	Craig	534 15th Street	Bellingham	WA	98225	360-538-6455	Craig.Enquist@elsewhere.com
10	Anderson	Rose	6823 17th Ave NE	Seattle	WA	98105	206-524-6877	Rose.Anderson@elsewhere.com

图2.46 QACS数据库CUSTOMER表的示例数据

SaleID	CustomerID	SaleDate	SubTotal	Tax	Total
1	1	12/14/2012	$3,500.00	$290.50	$3,790.50
2	2	12/15/2012	$1,000.00	$83.00	$1,083.00
3	3	12/15/2012	$50.00	$4.15	$54.15
4	4	12/23/2012	$45.00	$3.74	$48.74
5	1	1/5/2013	$250.00	$20.75	$270.75
6	5	1/10/2013	$750.00	$62.25	$812.25
7	6	1/12/2013	$250.00	$20.75	$270.75
8	2	1/15/2013	$3,000.00	$249.00	$3,249.00
9	5	1/25/2013	$350.00	$29.05	$379.05
10	7	2/4/2013	$14,250.00	$1,182.75	$15,432.75
11	8	2/4/2013	$250.00	$20.75	$270.75
12	5	2/7/2013	$50.00	$4.15	$54.15
13	9	2/7/2013	$4,500.00	$373.50	$4,873.50
14	10	2/11/2013	$3,675.00	$305.03	$3,980.03
15	2	2/11/2013	$800.00	$66.40	$866.40

图 2.47　QACS 数据库 SALE 表的示例数据

G. 列出所有手机号码中第二个和第三个数字是 56 的客户的 LastName，FirstName 和 Phone。

H. 确定最大和最小的销售总额 Total。

I. 确定平均销售总额 Total。

J. 计算客户的总数。

K. 按照 LastName 和 FirstName 对客户进行分组。

L. 计算 LastName 和 FirstName 的每种组合的客户数目。

M. 使用子查询，显示所有含有超过 100 元销售总额的订单的客户的 LastName，FirstName 和 Phone。结果先按照 LastName 升序排序，再按照 FirstName 降序排序。

N. 使用联接，但不使用 JOIN ON 语法，显示所有含有超过 100 元销售总额的订单的客户的 LastName，FirstName 和 Phone。结果先按照 LastName 升序排序，再按照 FirstName 降序排序。

O. 使用 JOIN ON 语法，显示所有含有超过 100 元销售总额的订单的客户的 LastName，FirstName 和 Phone。结果先按照 LastName 升序排序，再按照 FirstName 降序排序。

P. 使用子查询，显示购买了一项名叫'Desk Lamp'的商品的所有客户的 LastName，FirstName 和 Phone。结果先按照 LastName 升序排序，再按照 FirstName 降序排序。

SaleID	SaleItemID	ItemID	ItemPrice
1	1	1	$3,000.00
1	2	2	$500.00
2	1	3	$1,000.00
3	1	4	$50.00
4	1	5	$45.00
5	1	6	$250.00
6	1	7	$750.00
7	1	8	$250.00
8	1	9	$1,250.00
8	2	10	$1,750.00
9	1	11	$350.00
10	1	19	$5,000.00
10	2	21	$8,500.00
10	3	22	$750.00
11	1	17	$250.00
12	1	24	$50.00
13	1	20	$4,500.00
14	1	12	$3,200.00
14	2	14	$475.00
15	1	23	$800.00

图 2.48　QACS 数据库 SALE_ITEM 表的示例数据

ItemID	ItemDescription	CompanyName	PurchaseDate	ItemCost	ItemPrice
1	Antique Desk	European Specialties	11/7/2012	$1,800.00	$3,000.00
2	Antique Desk Chair	Andrew Lee	11/10/2012	$300.00	$500.00
3	Dining Table Linens	Linens and Things	11/14/2012	$600.00	$1,000.00
4	Candles	Linens and Things	11/14/2012	$30.00	$50.00
5	Candles	Linens and Things	11/14/2012	$27.00	$45.00
6	Desk Lamp	Lamps and Lighting	11/14/2012	$150.00	$250.00
7	Dining Table Linens	Linens and Things	11/14/2012	$450.00	$750.00
8	Book Shelf	Denise Harrion	11/21/2012	$150.00	$250.00
9	Antique Chair	New York Brokerage	11/21/2012	$750.00	$1,250.00
10	Antique Chair	New York Brokerage	11/21/2012	$1,050.00	$1,750.00
11	Antique Candle Holder	European Specialties	11/28/2012	$210.00	$350.00
12	Antique Desk	European Specialties	1/5/2013	$1,920.00	$3,200.00
13	Antique Desk	European Specialties	1/5/2013	$2,100.00	$3,500.00
14	Antique Desk Chair	Specialty Antiques	1/6/2013	$285.00	$475.00
15	Antique Desk Chair	Specialty Antiques	1/6/2013	$339.00	$565.00
16	Desk Lamp	General Antiques	1/6/2013	$150.00	$250.00
17	Desk Lamp	General Antiques	1/6/2013	$150.00	$250.00
18	Desk Lamp	Lamps and Lighting	1/6/2013	$144.00	$240.00
19	Antique Dining Table	Denesha Walsh	1/10/2013	$3,000.00	$5,000.00
20	Antique Sideboard	Chris Bancroft	1/11/2013	$2,700.00	$4,500.00
21	Dining Table Chairs	Specialty Antiques	1/11/2013	$5,100.00	$8,500.00
22	Dining Table Linens	Linens and Things	1/12/2013	$450.00	$750.00
23	Dining Table Linens	Linens and Things	1/12/2013	$480.00	$800.00
24	Candles	Linens and Things	1/17/2013	$30.00	$50.00
25	Candles	Linens and Things	1/17/2013	$36.00	$60.00

图 2.49 QACS 数据库的 ITEM 表

Q. 使用联接，但不使用 JOIN ON 语法，显示购买了一项名叫'Desk Lamp'的商品的所有客户的 LastName，FirstName 和 Phone。结果先按照 LastName 升序排序，再按照 FirstName 降序排序。

R. 使用 JOIN ON 语法，显示购买了一项名叫'Desk Lamp'的商品的所有客户的 LastName，FirstName 和 Phone。结果先按照 LastName 升序排序，再按照 FirstName 降序排序。

S. 使用子查询和联接的组合，显示购买了一项名叫'Desk Lamp'的商品的所有客户的 LastName，FirstName 和 Phone。结果先按照 LastName 升序排序，再按照 FirstName 降序排序。

T. 使用子查询和联接的组合，但是不同于习题 S 中使用的组合方法，显示购买了一项名叫 'Desk Lamp' 的商品的所有客户的 LastName，FirstName 和 Phone。结果先按照 LastName 升序排序，再按照 FirstName 降序排序。

Morgan 进口公司项目练习

James Morgan 拥有并经营 Morgan 进口公司。Morgan 进口公司从亚洲购买古玩和家庭装饰品，将它们船运到位于 Los Angeles 的一个仓库，然后在美国销售这些商品。Morgan 先生使用一个数据库来维护购买物品的列表、装船情况和船运的物品。他的数据库包含以下的表：

ITEM(ItemID, Decription, Store, City, Quantity, LocalCurrencyAmt, ExchangeRate)

SHIPMENT(ShipmentID, ShipperName, ShipperInvoiceNumber, DepartureDate, ArrivalDate, InsuredValue)

SHIPMENT_ITEM(*ShipmentID*, *ShipmentItemID*, ItemID, Value)

在上面的数据库结构中，主键用下画线表示，外键用斜体表示。

数据库名为 MI，MI 数据库模式的三个表如图 2.50 所示。表的列属性如图 2.51、图 2.52、图 2.53 所示。这些表的数据如图 2.54、图 2.55、图 2.56 所示。ITEM 和 SHIPMENT_ITEM 间的联系必须强制进行参照完整性约束，需要数据的级联升级但不进行级联删除。SHIPMENT 和 SHIPMENT_ITEM 间的联系必须强制进行参照完整性约束，而且能够执行数据的级联升级和删除。

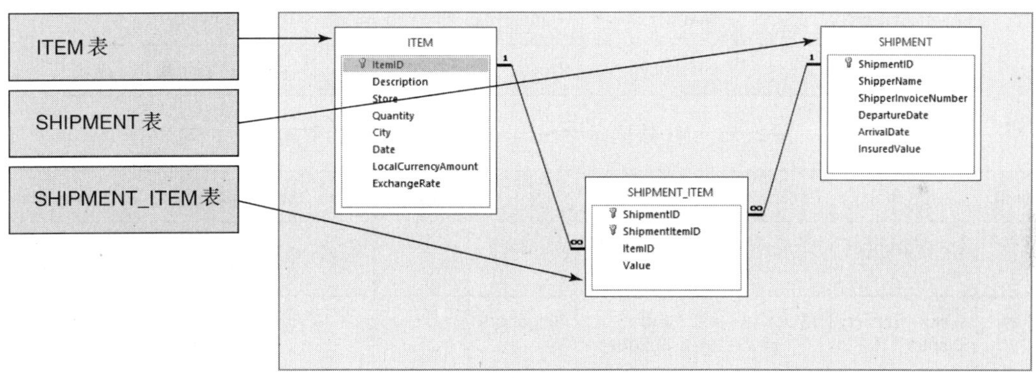

图 2.50　MI 数据库

ITEM

Column Name	Type	Key	Required	Remarks
ItemID	AutoNumber	Primary Key	Yes	Surrogate Key
Description	Text (255)	No	Yes	Long Integer
PurchaseDate	Date	No	Yes	
Store	Text (50)	No	Yes	
City	Text (35)	No	Yes	
Quantity	Number	No	Yes	Long Integer
LocalCurrencyAmount	Number	No	Yes	Decimal, 18 Auto
ExchangeRate	Number	No	Yes	Decimal, 12 Auto

图 2.51　MI 数据库中 ITEM 表的列属性

SHIPMENT

Column Name	Type	Key	Required	Remarks
ShipmentID	AutoNumber	Primary Key	Yes	Surrogate Key
ShipperName	Text (35)	No	Yes	
ShipperInvoiceNumber	Number	No	Yes	Long Integer
DepartureDate	Date	No	No	
ArrivalDate	Date	No	No	
InsuredValue	Currency	No	No	Two Decimal Places

图 2.52 MI 数据库中 SHIPMENT 表的列属性

SHIPMENT_ITEM

Column Name	Type	Key	Required	Remarks
ShipmentID	Number	Primary Key, Foreign Key	Yes	Long Integer
ShipmentItemID	Number	Primary Key	Yes	Long Integer
ItemID	Number	Foreign Key	Yes	Long Integer
Value	Currency	No	Yes	Two Decimal Places

图 2.53 MI 数据库中 SHIPMENT_ITEM 表的列属性

ItemID	Description	PurchaseDate	Store	City	Quantity	LocalCurrencyAmount	ExchangeRate
1	QE Dining Set	07-Apr-13	Eastern Treasures	Manila	2	403405	0.01774
2	Willow Serving Dishes	15-Jul-13	Jade Antiques	Singapore	75	102	0.5903
3	Large Bureau	17-Jul-13	Eastern Sales	Singapore	8	2000	0.5903
4	Brass Lamps	20-Jul-13	Jade Antiques	Singapore	40	50	0.5903

图 2.54 MI 数据库中 ITEM 表的示例数据

ShipmentID	ShipperName	ShipperInvoiceNumber	DepartureDate	ArrivalDate	InsuredValue
1	ABC Trans-Oceanic	2008651	10-Dec-12	15-Mar-13	$15,000.00
2	ABC Trans-Oceanic	2009012	10-Jan-13	20-Mar-13	$12,000.00
3	Worldwide	49100300	05-May-13	17-Jun-13	$20,000.00
4	International	399400	02-Jun-13	17-Jul-13	$17,500.00
5	Worldwide	84899440	10-Jul-13	28-Jul-13	$25,000.00
6	International	488955	05-Aug-13	11-Sep-13	$18,000.00

图 2.55 MI 数据库中 SHIPMENT 表的示例数据

ShipmentID	ShipmentItemID	ItemID	Value
3	1	1	$15,000.00
4	1	4	$1,200.00
4	2	3	$9,500.00
4	3	2	$4,500.00

图 2.56　MI 数据库中 SHIPMENT_ITEM 表的示例数据

我们建议你创建一个名为 MI-Ch02. accdb 的 Microsoft Access 2013 数据库。该数据库使用上面的属性和数据，然后用这个数据库测试你对本节中问题的解法。作为选择，读者可以从我们的网站 www. pearsonhighered. com/kroenke 下载创建 MI-CH02 数据库的 SQL 脚本(包含 Microsoft SQL Server，Oracle Database 和 MySQL 的版本)。

在 MI 数据的基础上编写 SQL 语句并显示结果：

A. 显示表中的所有数据。

B. 列出所有船运的 ShipmentID，ShipperName 和 ShipperInvoiceNumber。

C. 列出所有保险金额超过 10 000 元船运的 ShipmentID，ShipperName 和 ShipperInvoiceNumber。

D. 列出所有名字以'AB'开头船运的 ShipmentID，ShipperName 和 ShipperInvoiceNumber。

E. 假设 DepartureDate 和 ArrivalDate 的格式为月/日/年。列出所有于 12 月出发船运的 ShipmentID，ShipperName，ShipperInvoiceNumber 和 ArrivalDate。

F. 假设 DepartureDate 和 ArrivalDate 的格式为月/日/年。列出所有于某月 10 日出发船运的 ShipmentID，ShipperName，ShipperInvoiceNumber 和 ArrivalDate。

G. 确定最大和最小的 InsuredValue。

H. 确定平均 InsuredValue。

I. 计算船运的总数。

J. 对于表 ITEM_PURCHASE 中的每一行，显示 ItemID，Store 和一个计算得到的名为 StdCurrencyAmount 的列。该列的值为 LocalCurrencyAmt 乘以 ExchangeRate。

K. 按照 City 和 Store 对购买的物品分组。

L. 按照 City 和 Store 对购买的物品分组，计算每组的数目。

M. 使用子查询，显示所有包含单价超过 1000 的物品船运的 ShipperName，ShipmentID 和 DepartureDate。结果先按照 ShipperName 升序排列，再按照 DepartureDate 降序排列。

N. 使用联接，显示所有包含单价超过 1000 的物品船运的 ShipperName，ShipmentID 和 DepartureDate。结果先按照 ShipperName 升序排列，再按照 DepartureDate 降序排列。

O. 使用子查询，显示所有包含在新加坡购买的物品船运的 ShipperName，ShipmentID 和 DepartureDate。结果先按照 ShipperName 升序排列，再按照 DepartureDate 降序排列。

P. 使用联接，但不使用 JOIN ON 语法，显示所有包含在新加坡购买的物品船运的 ShipperName，ShipmentID 和 DepartureDate。结果先按照 ShipperName 升序排列，再按照 DepartureDate 降序排列。

Q. 使用 JOIN ON 语法，显示所有包含在新加坡购买的物品船运的 ShipperName，ShipmentID 和 DepartureDate。结果先按照 ShipperName 升序排列，再按照 DepartureDate 降序排列。

R. 使用子查询和联接的组合，显示船运的 ShipperName，ShipmentID，DepartureDate，以及在新加坡购买物品的价格。结果先按照 ShipperName 升序排列，再按照 DepartureDate 降序排列。

S. 显示船运的 ShipperName，ShipmentID，DepartureDate，以及在新加坡购买物品的 Value。同时也显示所有其他船运的 ShipperName，ShipmentID 和 DepartureDate。结果先按照 Value 升序排列，然后按照 ShipperName 升序排列，再按照 DepartureDate 降序排列。

第二部分

数据库设计

本部分的四章内容讨论了数据库设计的原理和技术。第3章和第4章描述数据库的设计，这些数据库来自于已存在的数据源，如电子表格、文本文件、数据库摘要等。在第3章中，我们先定义关系模型，讨论关系模型的规范化。规范化是关系存在修改异常时的转换过程。然后在第4章，我们用规范化准则指导从已有数据来设计数据库。

第5章和第6章按照信息系统的新发展来检查数据库设计。第5章描述实体-联系数据模型，它是用来创建数据库设计的工具。通过学习你会发现，这样的实体-联系数据模型是通过分析各种窗体、报表以及信息系统中其他要素而得到的。第6章主要描述将实体-联系数据模型转换为关系数据库设计的技术。

第 3 章　关系模型和规范化

本章目标

- 理解基本的关系术语
- 理解关系的特征
- 理解用于描述关系模型的可交换的术语
- 能够识别函数依赖、决定因素和依赖属性
- 能识别主键、候选键和组合键
- 能够识别一个关系中可能的插入、删除和更新异常
- 能够把一个关系转化为 BCNF 范式
- 理解域/关键字范式的特殊重要性
- 能够识别多值依赖
- 能够把一个关系转化为第四范式

正如第 1 章所述，数据库有三种来源：从已有的数据、信息系统的新发展以及对已有数据库系统的重新设计。在本章和下一章中，我们考虑从已有数据，如电子表格或已有数据库摘要来设计数据库。

第 3 章和第 4 章的前提条件是：假设有多个源自某数据库源的表将要存储在新数据库中。问题在于：这些数据是直接存储还是在其存储之前先进行一些变换？例如，考虑图 3.1 顶端的两张表 SKU_DATA 和 ORDER_ITEM，它们来自于第 2 章的数据库。

人们可以设计新的数据库，将这些数据存储为两张单独的表，也可以将这些表连接在一起，设计成数据库中的一张表。这两种方法各有利弊，在决定选择其中的一种方式来设计时，总会付出一定的代价。本章的目的就是帮助读者来理解这些利弊。

这样的问题看起来并不难，你会奇怪，为什么我们要用两章的内容来讲述它们呢？事实上，即使是一张表也会非常复杂。考虑图 3.2 中的表，它表示从某公司(corporate)数据库中抽取的样本数据，这张简单的表包含 3 列：BuyerName(采购员的姓名)、SKU_Managed(采购员采购的产品号 SKU)和 CollegeMajor(采购员所学的专业)。采购员可能管理多个 SKU，他们也可能是跨多个专业的。

为了理解为什么这是张奇怪的表，设想 Nancy Meyers 分配了一个新的 SKU，如 101300，我们应该对表做什么样的添加操作呢？显然，必须在表中为这个 SKU 新增加一行，但如果只增加一行，如('Nancy Meyers', 101300, 'Art')，就会出现她是作为 Art 专业的人员管理着产品 101300，而不是作为一名 Info System 专业的人员管理产品 101300。为了避免这样逻辑混乱的状态，有必要添加两行：('Nancy Meyers', 101300, 'Art')和('Nancy Meyers', 101300, 'Info Systems')。

这一要求很特别，为什么我们必须添加两行来记录将新的 SKU 分配给一位采购员的事实呢？而且，如果我们把这一产品分配给 Pete Hansen，就只须添加一行，但如果把这一产品分配给某位跨 4 个专业的采购员时，就必须新增加 4 行。

ORDER_ITEM

	OrderNumber	SKU	Quantity	Price	ExtendedPrice
1	1000	201000	1	300.00	300.00
2	1000	202000	1	130.00	130.00
3	2000	101100	4	50.00	200.00
4	2000	101200	2	50.00	100.00
5	3000	100200	1	300.00	300.00
6	3000	101100	2	50.00	100.00
7	3000	101200	1	50.00	50.00

SKU_DATA

	SKU	SKU_Description	Department	Buyer
1	100100	Std. Scuba Tank, Yellow	Water Sports	Pete Hansen
2	100200	Std. Scuba Tank, Magenta	Water Sports	Pete Hansen
3	101100	Dive Mask, Small Clear	Water Sports	Nancy Meyers
4	101200	Dive Mask, Med Clear	Water Sports	Nancy Meyers
5	201000	Half-dome Tent	Camping	Cindy Lo
6	202000	Half-dome Tent Vestibule	Camping	Cindy Lo
7	301000	Light Fly Climbing Harness	Climbing	Jerry Martin
8	302000	Locking Carabiner, Oval	Climbing	Jerry Martin

SKU_ITEM

	OrderNumber	SKU	Quantity	Price	SKU_Description	Department	Buyer
1	1000	201000	1	300.00	Half-dome Tent	Camping	Cindy Lo
2	1000	202000	1	130.00	Half-dome Tent Vestibule	Camping	Cindy Lo
3	2000	101100	4	50.00	Dive Mask, Small Clear	Water Sports	Nancy Meyers
4	2000	101200	2	50.00	Dive Mask, Med Clear	Water Sports	Nancy Meyers
5	3000	100200	1	300.00	Std. Scuba Tank, Magenta	Water Sports	Pete Hansen
6	3000	101100	2	50.00	Dive Mask, Small Clear	Water Sports	Nancy Meyers
7	3000	101200	1	50.00	Dive Mask, Med Clear	Water Sports	Nancy Meyers

图 3.1　用多少张表

对图 3.2 中的表，思考得越多，就会发现它越奇怪，如果将 SKU = '101100'的产品分配给'Pete Hansen'，那表应该有什么样的变化呢？如果将 SKU = '100100'的产品分配给'Nancy Meyers'，那表又应该有什么样的变化呢？如果将图 3.2 中所有的 SKU 值删除，又该怎么办呢？在本章的后续章节中将会学习到，这些问题源自表上的多值依赖问题。更有益的是，将能学会如何消除这类问题。

表有许多不同的模式，一些模式可能有某类严重的问题，而另一些模式可能没有。在讨论这类问题之前，应先学习一些基本术表。

PRODUCT_BUYER

	BuyerName	SKU_Managed	CollegeMajor
1	Pete Hansen	100100	Business Administration
2	Pete Hansen	100200	Business Administration
3	Nancy Meyers	101100	Art
4	Nancy Meyers	101100	Info Systems
5	Nancy Meyers	101200	Art
6	Nancy Meyers	101200	Info Systems
7	Cindy Lo	201000	History
8	Cindy Lo	202000	History
9	Jenny Martin	301000	Business Administration
10	Jenny Martin	301000	English Literature
11	Jenny Martin	302000	Business Administration
12	Jenny Martin	302000	English Literature

图 3.2　一张奇怪的表——PRODUCT_BUYER

3.1　关系模型术语

图 3.3 列出了关系模型中用到的最重要的术语，学习完第 3 章和第 4 章后，应该能给出其中每一个术语的定义，并能解释在设计关系数据库时它们是如何保持的。用术语列表来检验你对它们的理解。

我们从术语关系的定义开始。

3.1.1 关系

到现在为止，我们已经交替地使用了表和关系。事实上，关系是表的一种特殊情形，这意味着所有的关系都是表，但并不是所有的表都是关系。E. F. Codd[①]1970年在论文中首次定义了关系的特征，这奠定了关系模型的基础。这些特征总结在图3.4中。

重要的关系模型术语
● 关系(Relation)
● 函数依赖(Functional dependency)
● 决定因素(Determinant)
● 候选关键字(Candidate key)
● 组合关键字(Composite key)
● 主关键字(Primary key)
● 强制关键字(Surrogate key)
● 外键(Foreign key)
● 参照完整性约束(Referential integrity constraint)
● 范式(Normal form)
● 多值依赖(Multivalued dependency)

图3.3 重要的关系模型术语

关系的特征
● 行包含一个实体的数据
● 列包含实体属性的数据
● 同一列中的实体属于相同的类
● 每一列都有唯一的名字
● 表的每个单元保存单个值
● 列的顺序是不重要的
● 行的顺序是不重要的
● 没有两行是相同的

图3.4 关系的特征

BY THE WAY 在图3.4和我们的讨论中，用术语实体来表示某些可区分事物的一个实例。一名客户、一名售货员、一个订单、一个零件或者一个租约都被称为实体的例子。在第5章介绍实体-联系模型时，再对实体给出更加精确的定义。现在，我们只是把实体当作某些可区分的事物，以便用户进行跟踪。

3.1.2 关系的特征

如图3.4所示，关系有着特定的定义。对于一个关系表，这些定义的规则都要符合。首先，表是一个关系，表的行存储关于一个实体的数据，表的列必须存储关于这些实体的特征。而且，每一列的名字是唯一的，同一关系中没有两列具有相同的名字。

再者，在关系中，一列的所有取值都具有相同的数据类型。例如，如果关系的第一行第二列是FirstName，那么所有行的第二列都必须是FirstName。这是一个重要的约束条件，被称为域完整性约束，其中术语域表示满足特定类型定义的一个分组内的数据。例如，FirstName一定有一个名字的域，譬如Albert，Bruce，Cathy，David，Edith等，FirstName的所有值都必须出自于这个域里面的名字。图3.5所示的EMPLOYEE表符合了这些要求，是一个关系。

BY THE WAY 不同关系中的列可以有相同的名字。例如，第2章中的两个关系都有名为SKU的列，为了避免混淆，列名跟在关系名后面，中间用点(.)隔开。于是，关系SKU_DATA中的列SKU就可以表示为SKU_DATA.SKU，而关系R1中的列C1命名为R1.C1。由于在一个数据库中关系名唯一，一个关系中的列名唯一，因而数据库中关系名和列名的结合就唯一地确定了一列。

---

① Codd, E. F. "A Relational Model of Data for Large Shared Databanks", *Communications of the ACM*, June 1970, pp. 377-387.

EmployeeNumber	FirstName	LastName	Department	Email	Phone
100	Jerry	Johnson	Accounting	JJ@somewhere.com	834-1101
200	Mary	Abernathy	Finance	MA@somewhere.com	834-2101
300	Liz	Smathers	Finance	LS@somewhere.com	834-2102
400	Tom	Caruthers	Accounting	TC@somewhere.com	834-1102
500	Tom	Jackson	Production	TJ@somewhere.com	834-4101
600	Eleanore	Caldera	Legal	EC@somewhere.com	834-3101
700	Richard	Bandalone	Legal	RB@somewhere.com	834-3102

图 3.5　EMPLOYEE 关系样本数据

关系中的每一个单元只有一个取值或项，不允许多实体的存在。图 3.6 中的表就不是一个关系，因为员工 Caruthers 和 Bandalone 的 Phone 中存放了多个电话号码。

EmployeeNumber	FirstName	LastName	Department	Email	Phone
100	Jerry	Johnson	Accounting	JJ@somewhere.com	834-1101
200	Mary	Abernathy	Finance	MA@somewhere.com	834-2101
300	Liz	Smathers	Finance	LS@somewhere.com	834-2102
400	Tom	Caruthers	Accounting	TC@somewhere.com	834-1102, 834-1191, 834-1192
500	Tom	Jackson	Production	TJ@somewhere.com	834-4101
600	Eleanore	Caldera	Legal	EC@somewhere.com	834-3101
700	Richard	Bandalone	Legal	RB@somewhere.com	834-3102, 834-3191

图 3.6　非关系表——每个单元多个条目

关系中，行和列的顺序没有实质性的区别，行和列的顺序不携带任何信息。图 3.7 中的表不是一个关系，因为雇员 Caruthers 和 Caldera 要求特定的行顺序。如果将表中的行顺序重新编排，将无法知道哪位雇员有图中所示的传真号码(Fax)和家庭电话号码(Home)。

最后，按照图 3.4 所示的最后一条特征，作为关系的表，没有两行是相同的。正如在第 2 章所学习到的，某些 SQL 语句会产生具有重复行的表。在这种情形下，可以使用 DISTINCT 关键字来使行唯一。这样重复的行只作为 SQL 查询结果出现。你所设计的存储在数据库中的表是不应包含重复行的。

BY THE WAY　不要犯常识性错误，尽管关系中的每个单元必须取唯一值，但这并不意味着所有的取值必须有相同的长度。图 3.8 中的表是一个关系，但在列 Comment 上的行与行之间取值长度各不相同。这是因为，尽管 Comment 在各行上的取值有不同的长度，但在 Comment 列上，每个单元只有一个备注(Comment)字段值。

EmployeeNumber	FirstName	LastName	Department	Email	Phone
100	Jerry	Johnson	Accounting	JJ@somewhere.com	834-1101
200	Mary	Abernathy	Finance	MA@somewhere.com	834-2101
300	Liz	Smathers	Finance	LS@somewhere.com	834-2102
400	Tom	Caruthers	Accounting	TC@somewhere.com	834-1102
				Fax:	834-9911
				Home:	723-8795
500	Tom	Jackson	Production	TJ@somewhere.com	834-4101
600	Eleanore	Caldera	Legal	EC@somewhere.com	834-3101
				Fax:	834-9912
				Home:	723-7654
700	Richard	Bandalone	Legal	RB@somewhere.com	834-3102

图 3.7 非关系表——行的顺序和 Email 中不同的列条目

EmployeeNumber	FirstName	LastName	Department	Email	Phone	Comment
100	Jerry	Johnson	Accounting	JJ@somewhere.com	834-1101	Joined the Accounting Department in March after completing his MBA. Will take the CPA exam this fall.
200	Mary	Abernathy	Finance	MA@somewhere.com	834-2101	
300	Liz	Smathers	Finance	LS@somewhere.com	834-2102	
400	Tom	Caruthers	Accounting	TC@somewhere.com	834-1102	
500	Tom	Jackson	Production	TJ@somewhere.com	834-4101	
600	Eleanore	Caldera	Legal	EC@somewhere.com	834-3101	
700	Richard	Bandalone	Legal	RB@somewhere.com	834-3102	Is a full-time consultant to Legal on a retainer basis.

图 3.8 不定长关系——列值长度

3.1.3 可互换的术语(Alternative Terminology)

Codd 已经定义，关系中的列称为属性(attribute)，关系中的行称为元组(tuple)。但许多初学者不会使用这些学术上相近的术语，而使用列和行。而且，表不一定就是关系，许多初学者一提到表就认为是关系。因此，在很多口语中，术语“关系”和“表”是同义词，事实上，本书余下的部分，表和关系也将作为同义词使用。

除此之外，还使用第三种术语集合，有些初学者将文件、字段、记录作为表、列、行的代名词。这些术语源自传统的数据处理，在遗留系统中很常见。有时，人们会混用这些术语。例如，你会听到某些人说一个关系有特定的列，包含 47 条记录。这三种集合的术语总结在图 3.9 中。

表(Table)	列(Column)	行(Row)
关系(Relation)	属性(Attribute)	元组(Tuple)
文件(File)	字段(Field)	记录(Record)

图 3.9　三种等价术语的集合

3.1.4　函数依赖

函数依赖(Functional Dependency)是数据库设计的核心部分，理解它们非常重要。我们首先解释此概念的常规意义，然后看两个例子。

我们先来探险一下代数世界。设想你正在买饼干，有人告诉你每盒$5。基于这个事实，就可以用下面的公式来计算多盒饼干的总费用：

饼干的费用(CookieCost)=盒数(NumberOfBoxes) ×$5

更一般的方法是表示出费用(CookieCost)与盒数(NumberOfBoxes)之间的联系，也就是说，买饼干的费用(CookieCost)取决于(depend upon)饼干的盒数(NumberOfBoxes)。即使不给出前面的公式，这也告诉了我们费用(CookieCost)与盒数(NumberOfBoxes)之间的联系特征。更一般地，我们说费用(CookieCost)函数依赖于(functionally dependent)盒数(NumberOfBoxes)，可以写成：

NumberOfBoxes→CookieCost

这个表达式可以读成"NumberOfBoxes 决定了 CookieCost"。式子左边的变量在这里是 NumberOfBoxes，被称为决定因素(determinant)。

用另外一个公式，我们通过数量(Quantity)乘以单价(UnitPrice)可以计算出价钱的总额(ExtendedPrice)，或者：

ExtendedPrice = Quantity × UnitPrice

在这个例子中，我们说 ExtendedPrice 函数依赖于 Quantity 和 UnitPrice，或：

(Quantity, UnitPrice)→ExtendedPrice

这里，决定因素是(Quantity, UnitPrice)的组合。

函数依赖不是等式

一般来说，当一个属性或多个属性决定其他属性的值时，我们说存在函数依赖。许多函数依赖的存在不涉及相等。看下面的一个例子：试想你知道一个袋子里有红、蓝或黄的物体，而且进一步设想，你知道红色物体的重量(Weight)是 5 磅，蓝色物体的重量是 5 磅，黄色物体的重量是 7 磅。如果有朋友检查袋子，告诉你一个物体的颜色(ObjectColor)，你就能告诉她物体的重量，我们可以将此形式化为：

ObjectColor→Weight

因此，可以说，重量(Weight)函数依赖于物体的颜色(ObjectColor)，物体的颜色(ObjectColor)决定了物体的重量(Weight)。这里的这种联系不包括相等，但保持函数依赖。给定某物体的 ObjectColor，就决定了物体的 Weight。如果你同时还知道红色的物体是球，蓝色的物体是立方体，黄色的物体也是立方体，就可以说：

ObjectColor(物体的颜色)→Shape(物体的形状)

因此，ObjectColor 决定 Shape，我们把这些放在一起就有：

ObjectColor→(Weight, Shape)

因而有 ObjectColor(物体的颜色)决定 Weight(重量)和 Shape(形状)。

表示这些事实的另一种办法就是把它们放在一张表中：

物体的颜色(ObjectColor)	重量(Weight)	形状(Shape)
红色	5	球
蓝色	5	立方体
黄色	7	立方体

这张表满足图 3.4 中列出的所有条件，是一个关系。你会认为我们是在做一个小游戏或杂耍来得到这样一个关系，但事实上，需要这样一个关系的唯一原因是用它来存储函数依赖的关系实例。如果有公式，可以用物体颜色来计算重量和形状，那就不需要这张表了。我们只需要进行计算就行了。类似地，如果能够通过一个公司员工数(EmployeeNumber)来计算员工姓名(EmployeeName)和雇用日期(HireDate)，那我们也就不需要员工(EMPLOYEE)这样一个关系了。但由于没有这样的公式，因此必须用关系的行来存储员工数(EmployeeNumber)、员工姓名(EmployeeName)和雇用日期(HireDate)。

组合函数依赖(Composite Functional Dependencies)

函数依赖的决定因素可以包含多个属性。例如，一个班的年级(Grade)是由学生姓名(StudentName)和班级名(ClassName)来决定的，或

(StudentName, ClassName)→Grade

在这种情况下，决定因素被称为组合决定因素(composite determinant)。

注意，只有学生和班级同时才能决定年级。一般来说，如果(A, B)→C，那么 A 或 B 独自是不能决定 C 的。另一方面，如果 A→(B, C)，则有 A→B 和 A→C 成立。仔细思考一下前面的那些例子就会明白，为什么这两种情形是正确的。

3.1.5 发现函数依赖

理解了函数依赖，来看图 3.1 中的表 SKU_DATA 和表 ORDER_ITEM 存在哪些函数依赖。

表 SKU_DATA 上存在的函数依赖

为了能够找到表上存在的函数依赖，我们必须问：是否某些列的取值决定了其他列的取值呢？例如，考虑图 3.1 表 SKU_DATA 中的取值：

	SKU	SKU_Description	Department	Buyer
1	100100	Std. Scuba Tank, Yellow	Water Sports	Pete Hansen
2	100200	Std. Scuba Tank, Magenta	Water Sports	Pete Hansen
3	101100	Dive Mask, Small Clear	Water Sports	Nancy Meyers
4	101200	Dive Mask, Med Clear	Water Sports	Nancy Meyers
5	201000	Half-dome Tent	Camping	Cindy Lo
6	202000	Half-dome Tent Vestibule	Camping	Cindy Lo
7	301000	Light Fly Climbing Harness	Climbing	Jerry Martin
8	302000	Locking Carabiner, Oval	Climbing	Jerry Martin

看最后的两列，如果我们知道了 Department(部门)列上的取值，是否就能唯一确定 Buyer

(采购员)列上的取值呢？这不可能，因为列 Department(部门)上的每个取值可以有多个 Buyer 值与之相对应。在样本数据中，'Water Sports'可以与'Pete Hansen'和'Nancy Meyers'相关联。因此，列 Department(部门)不能函数决定列 Buyer(采购员)。

那反过来呢？Buyer(采购员)函数决定列 Department(部门)吗？每一行对应列 Buyer 上的每一个取值，我们是不是能在列 Department 上找到相同的取值与之相对应呢？例如，每当 Jerry Martin 出现时，列 Department 上是不是有相同的取值与之配对呢？答案是肯定的，并且，每当'Cindy Lo'在列 Buyer 中出现时，列 Department 上都有相同的取值与之相匹配。这种情况对列 Buyer 上的其他取值也是成立的。因此，假设这些数据是具有代表性的，列 Buyer 决定了列 Department，我们可以写成：

Buyer→Department

列 Buyer 还决定其他的列吗？如果知道了列 Buyer 上的取值，是不是也能知道列 SKU 上对应的取值呢？不，我们不能，因为给定列 Buyer 上的一个取值，在列 SKU 上有多个值与之相对应。列 Buyer 是否决定了列 SKU_Description 呢？不能，因为给定一个列 Buyer 的取值，会出现多个 SKU_Description 与之相对应。

BY THE WAY　如前面所述，Buyer→Department 是函数依赖的，每一个 Buyer 值，有且仅有一个 Department 值与之相对应。注意，一个 Buyer 值可能在表中出现多次，如果这样，每个 Buyer 值总是有相同的 Department 值与之相匹配。这对于所有的函数依赖都成立，如果 A→B，对某个 A 的取值，在 B 上有且仅有一个取值与之相对应。同时也必须注意，反过来却不一定成立，如果有 A→B，对每个 B 上的取值，A 上可能有多个值与之相对应。

那么，其他列之间呢？结果是，如果我们知道列 SKU 上的一个取值，就能知道其他列上与之对应的值。换句话说：

SKU→SKU_Description

因为给定 SKU 的取值，就只有一个 SKU_Description 值与之相对应。

SKU→Department

因为给定 SKU 的取值，就只有一个 Department 值与之相对应。

SKU→Buyer

因为给定 SKU 的取值，就只有一个 Buyer 值与之相对应。

我们可以把上面的三个语句写成：

SKU→(SKU_Description, Department, Buyer)

同样的道理，有 SKU_Description 决定了其他所有的列，可以写为：

SKU_Descripton→(SKU, Department, Buyer)

在此可以小结一下，表 SKU_DATA 上有以下一些函数依赖：

SKU→(SKU_Description, Department, Buyer)

SKU_Description→(SKU, Department, Buyer)

Buyer→Department

BY THE WAY 并不总是能从样本数据中找到函数依赖的，你可能没有任何样本数据，或者只有其中的一些行，它们并不能代表所有数据之间的关系。在这种情况下，必须咨询创建这些数据的专家。对表 SKU_DATA，可以提出这样的问题:“每一位 Buyer 是否与相同的 Department 相关联呢?”以及“一个 Department 可以有多个 Buyer 吗?”大多数情况下，这些问题的答案比样本数据更加可靠，有疑问时，相信用户。

表 ORDER_ITEM 上的函数依赖

现在来看图 3.1 中的表 ORDER_ITEM。为方便起见，这里将数据复制到下面的表中：

	OrderNumber	SKU	Quantity	Price	ExtendedPrice
1	1000	201000	1	300.00	300.00
2	1000	202000	1	130.00	130.00
3	2000	101100	4	50.00	200.00
4	2000	101200	2	50.00	100.00
5	3000	100200	1	300.00	300.00
6	3000	101100	2	50.00	100.00
7	3000	101200	1	50.00	50.00

这张表中有哪些函数依赖呢？从左边开始，OrderNumber 决定其他的列吗？它不能决定 SKU 列，因为有多个 SKU 值对应一个 OrderNumber 值。同样的原因，它也不能决定 Quantity，Price 或 ExtendedPrice。那 SKU 怎么样呢？因为有多个 OrderNumber 与一个给定的 SKU 相关联，所以 SKU 不能决定 OrderNumber。同样也不能决定 Quantity 或 ExtendedPrice。

从这些数据来看，SKU 和 Price 之间又怎么样呢？看起来好像有：

SKU→Price

但一般来说这不正确。事实上，我们知道，在处理完一份订单后，价格可能会发生变化，而且，由于促销等方面的原因，一份订单可能有特定的价格。为了准确记录客户的实际支付情况，我们需要将一特定的 SKU 与某一订单关联在一起。因而有：

(OrderNumber, SKU)→Price

再看其他的列，Quantity，Price 或者 ExtendedPrice 是没有这种决定关系的。你可以从样本数据看出来，也可以按销售规律来加以确信。取值为 2 的 Quantity 会决定一个 OrderNumber 值或者一个 SKU 值吗？这是没有任何意义的，在杂货铺，如果说买两件东西，你就得出结论：我的 OrderNumber 是 1010022203466 或者我要买胡萝卜，这是没有根据的。Quantity 不能决定 OrderNumber 或者 SKU。

类似地，如果说某项物品的价格是$3.99，你就得出我的 OrderNumber 是什么或者说我买了一罐绿色橄榄油的结论，这是不符合逻辑的。因此，Price 也不能决定 OrderNumber 或者 SKU。同样，Price 和 ExtendedPrice 之间也不存在这种决定关系。结果是在表 ORDER_ITEM 中不存在某一列决定其他列的关系。

那两列会不会有这种决定关系呢？我们已经知道，存在(OrderNumber, SKU)→Price，检查数据会发现，(OrderNumber, SKU)也决定了其他的两列，因此有：

(OrderNumber, SKU)→(Quantity, Price, ExtendedPrice)

存在这样的函数依赖是有道理的，意味着一份给定的订单和订单上某特定的项有唯一的数量(Quantity)、唯一的价格(Price)和唯一的总价(ExtendedPrice)。

同时也要注意到，由于总价(ExtendedPrice)是由公式 ExtendedPrice = Quantity * Price 计算得到的，因此有：

(Quantity, Price)→ExtendedPrice

表 ORDER_ITEM 中存在下面的函数：

(OrderNumber, SKU)→(Quantity, Price, ExtendedPrice)

(Quantity, Price)→ExtendedPrice

在数据库设计中，没有哪项技能比识别函数依赖的能力更重要了，因此要理解本节的精髓。本章的后续部分将解决习题3.58、习题3.59、Marcia 干洗店、Queen Anne Curiosity 商店和 Morgan 进口公司的项目问题。如果需要，从你的辅导员那里寻求帮助，必须理解函数依赖并能用它们处理问题。

什么情况下决定因素的取值唯一

在前面的章节中你可能已经发现了一些异常。有时，在关系中，函数依赖的左边取值唯一，有时它们的取值并不唯一。来看关系 SKU_DATA，决定因素包含 SKU，SKU_Description 和 Buyer，表中列 SKU 和 SKU_Description 的取值唯一，如列 SKU 中'100100'只出现一次。类似地，'Half_dome Tent'在 SKU_Description 列也只出现了一次。由此可以得出，决定因素的取值总是唯一的，但这并不正确。

例如，Buyer 为决定因素，但在表 SKU_DATA 中的取值并不唯一。'Cindy Lo'在两个不同的行中出现。事实上，在样本数据中，Buyer 上的每个取值都在不同行中出现两次。

正确的是，如果决定因素决定这个关系中所有的行，那么它就是唯一的。如关系 SKU_DATA，SKU 决定了其他所有的列。类似地，SKU_Description 也决定了其他所有的列，因此它们的取值唯一。而 Buyer 只决定 Department，而不能决定 SKU 和 SKU_Description。

关系 ORDER_ITEM 中的决定因素为(OrderNumber, SKU)和(Quantity, Price)，因为(OrderNumber, SKU)决定了其他所有的列，所以在关系中它们的取值唯一。组合属性(Quantity 和 Price)仅决定了 ExtendedPrice，因而它们在关系中可能不唯一。

事实上，你不可能通过查看属性的取值是否唯一来找到所有的决定因素，有些决定因素可能取值唯一，但有些却不一定。相反，为了确定列 A 是否确定了列 B，可以查看数据并提出问题：每当列 A 的某个值出现时，列 B 中是否有相同的取值与之相对应呢？如果这样，A 可能就决定了 B。但样本数据可能不完全，因此最好的方法是思考商务活动中数据源的本质属性或咨询用户。

3.1.6　关键字

关系模型中会有比锁匠更多的 key(关键字)，有候选关键字、组合关键字、主关键字、强制关键字、外键等。在本节中，我们对这些类型的关键字进行定义。由于这些定义与函数依赖概念有关，在继续阅读之前，必须确信你已理解函数依赖的概念。

一般来说，关键字由一列或多列组成，关键字用来区分关系中特定的行。包含两列或多列的关键字称为组合键(composite key)。

候选关键字

候选关键字(candidate key)是决定关系中所有其他列的决定因素。关系 SKU_DATA 有两个候选关键字：SKU 和 SKU_Description。Buyer 是决定因素，但不是候选关键字，因为它只能决定 Department。

表 ORDER_ITEM 正好有一个候选关键字：(OrderNumber, SKU)。表中其他决定因素(Quantity, Price)不是候选关键字，因为它只决定了 ExtendedPrice。

在关系中，候选关键字能唯一地确定一行。给定候选关键字的键值，我们能找到并且只能找到一行具有关键字的键值。例如，给定 SKU 的值为'100100'，在 SKU_DATA 中能找到并且只能找到一行。类似地，给定 OrderNumber 和 SKU 的值为('2000'，'101100')，在 ORDER_ITEM 中能找到且只能找到一行。

主关键字

在设计数据库时，我们选择某个候选关键字作为主关键字(primary key)。我们之所以用主关键字这一术语，是因为它将在 DBMS 中定义，DBMS 用它来作为主要的方法查找表中的行。一张表只有一个主关键字，主关键字可以由一列或多列组合而成。

为了使我们的讨论简单明了，在本书中，有时会用一张表名以及表名后面紧跟一对包含了表中所有列名的括号来表示表的结构。在这样做时，还在组成主关键字的列上加下画线以示区分。例如，我们会用下面的结构来表示 SKU_DATA 和 ORDER_ITEM：

SKU_DATA(<u>SKU</u>, SKU_Description, Department, Buyer)

ORDER_ITEM(<u>OrderNumber</u>, <u>SKU</u>, Quantity, Price, ExtendedPrice)

这种记法表示 SKU 是 SKU_DATA 的主关键字，(OrderNumber, SKU)是 ORDER_ITEM 的主关键字。

为了正确运行，无论主关键字是由一列组成还是由多列组合而成，插入到表中的每一行的数据都必须是唯一的。这点要求看起来非常明显也很必要，因而被命名为实体完整性约束(entity integrity constraint)，这是正确运行关系型数据的一个基本要求。

BY THE WAY 如果一张表没有候选关键字怎么办？此时，我们定义表中所有列组成的集合为主关键字，因为存储在表的行是不重复的，表中所有列的组合总是唯一的。另外，由 SQL 语句所产生的表可能包含重复的行，你所设计的表是不允许有行重复存储的。因此，所有列的组合总是一个候选关键字。

强制关键字

强制关键字(surrogate key)是人为在表中加入作为主关键字的一列。DBMS 在每行产生时给强制关键字赋一个唯一的值，该取值以后不再改变。每当主关键字较大或难以处理时就采用强制关键字。例如表 RENTAL_PROPERTY：

RENTAL_PROPERTY(<u>Street</u>, <u>City</u>, <u>State/Province</u>, <u>Zip/PostalCode</u>, <u>Country</u>, Rental_Rate)

该表的主关键字为(Street, City, State/Province, Zip/PostalCode)。在第 6 章将会讲到，为了有较好的性能，主关键字必须简短，可能的话最好是数字型。而表 RENTAL_PROPERTY 的主关键字不属于这两种情况中的任何一种。

在这种情况下，数据库设计者可能会创建一个强制关键字。此表的结构将会是：

RENTAL_PROPERTY(PropertyID, Street, City, State/Province, Zip/PostalCode, Country, Rental_Rate)

在表中创建一行时，DBMS 会给 PropertyID 赋一个数字型的值。和原来的关键字相比，使用强制关键字会获得更好的性能。注意，强制关键字是人为创建的，对用户而言没有任何意义。事实上，强制关键字的值通常在窗体和报表中是隐藏的。

外键

外键(foreign key)由一列或多列组成，它不是当前所在表的主关键字，而是另一张表的主关键字。之所以称为外键，是因为它是不同于当前表的其他表的关键字。下面的两个表中，DEPARTMENT. Department 是表 DEPARTMENT 的主关键字，EMPLOYEE. DepartmentName 是外键。以后的内容中，外键将用斜体表示。

DEPARTMENT(DepartmentName, BudgetCode, ManagerName)

EMPLOYEE(EmployeeNumber, EmployeeName, *DepartmentName*)

外键表达了两张表中行之间的联系。在上面的例子里，外键 EMPLOYEE. DepartmentName 表示员工及其所在部门之间的联系。

考虑表 SKU_DATA 和 ORDER_ITEM，SKU_DATA. SKU 是表 SKU_DATA 的主关键字，ORDER_ITEM. SKU 是外键。

SKU_DATA(SKU, SKU_Description, Department, Buyer)

ORDER_ITEM(OrderNumber, *SKU*, Quantity, Price, ExtendedPrice)

注意，ORDER_ITEM. SKU 既是外键，又是表 ORDER_ITEM 的主关键字的一部分。这种情形是可能出现的，但也未必。在上面的例子中，EMPLOYEE. DepartmentName 是外键，但它却不是表 EMPLOYEE 的主关键字的一部分。在本章的后续部分及以后的章节中将会看到外键的用途，在第 6 章将会对外键有一个完整的介绍。

多数情况下，我们必须保证，每一个处键的值都与一个合法的主键值相匹配。在表 SKU_DATA 和 ORDER_ITEM 中，所有 ORDER_ITEM 的值都与某一个 SKU_DATA. SKU 值相匹配。为了达到上述要求，我们创建参照完整性约束(referential integrity constraint)来限制外键的取值。在这种情况下，可创建约束：

ORDER_ITEM. SKU 必须存在于 SKU_DATA. SKU 中

约束保证 ORDER_ITEM 中的每一个 SKU 值必须与 SKU_DATA 中的某个 SKU 值相匹配。

BY THE WAY　当我们定义一个参照完整性约束时，需要外键列的每个单元在关联的表内有一个对应的主关键字值。参照完整性的技术定义允许这么一个选择，即表里面的一个外键单元是空的，并没有一个值[1]。如果表里面的一个单元没有值，就称它为具有空值(null value，我们会在第 4 章讨论空值)。

很难想象在一个真实的使用参照完整性约束的数据库中出现外键包含空值的情况。在本

---

① 请参阅关于参照完整性的维基百科文章(http://en.wikipedia.org/wiki/Referential_integrity)。

书内，我们会坚持使用参照完整性约束的基本定义。但与此同时，参照完整性约束的完整规范定义不允许外键的列里面出现空值的情况①。

BY THE WAY 在讨论中，我们定义了三种约束：

- 域完整性约束
- 实体完整性约束
- 参照完整性约束

定义这三种约束的目的，总体上来说是为了创建数据库约束(database integrity)，也就是说数据库中存储的数据是有用的、有意义的数据②。"

3.2 范式

不是所有的关系都是等价的，有些易于处理，有些却存在问题。按照这些关系所存在的问题，我们可以将关系归类为范式(normal form)。范式有助于创建适当的数据库设计，为了理解范式，有必要先定义修改异常(Modification Anomalies)。

3.2.1 修改异常

考虑图 3.10 中的关系 EQUIPMENT_REPAIR，关系存储了设备制造和设备修理的数据。假设删除了 RepairNumber = '2100'的数据，当删除这一行时(图 3.10 中的第二行)，不仅删除了有关机器修理数据，而且删除了机器自身的数据。例如，我们将不可能再知道型号为"Lathe"，AcquisitionPrice 为"4750"的机器。在删除一行时，表的结构使我们丢掉了两件事的事实：一台机器和一次修理，我们把这种情况称为删除异常。

	ItemNumber	EquipmentType	AcquisitionCost	RepairNumber	RepairDate	RepairCost
1	100	Drill Press	3500.00	2000	2013-05-05	375.00
2	200	Lathe	4750.00	2100	2013-05-07	255.00
3	100	Drill Press	3500.00	2200	2013-06-19	178.00
4	300	Mill	27300.00	2300	2013-06-19	1875.00
5	100	Drill Press	3500.00	2400	2013-07-05	0.00
6	100	Drill Press	3500.00	2500	2013-08-17	275.00

图 3.10 表 EQUIPMENT_REPAIR

现在假设要输入某设备的第一次修理数据，为此我们不仅要知道 RepairNumber，RepairDate，RepairCost 的值，还必须知道 ItemNumber，EquipmentType，AcquisitionCost 的值。如果工作在修理部门，就会发现这是个问题，因为我们不可能知道 AcquisitionCost 的值。表的结构使

① 更多的信息和讨论请参阅关于数据库完整性的维基百科文章(http://en.wikipedia.org/wiki/Database_integrity)，以及该文章上的相关链接。

② 更多的信息和讨论请参阅关于数据库完整性的维基百科文章(http://en.wikipedia.org/wiki/Database_integrity)，以及该文章上的相关链接。

得要输入关于两个实体的事实，而我们只想输入一个实体的事实。我们把这种情况称为插入异常(insertion anomaly)。

最后假设我们要对已有数据进行修改，如果修改 RepairNumber，RepairDate 或 RepairCost 的值，这没有问题。但如果要修改 ItemNumber，EquipmentType 或 AcquisitionCost 的值，就会产生数据的不一致。这是为什么呢？假设我们用数据(100，'Drill Press'，5500，2500，'6/1/04'，275)更新图 3.10 中表的最后一行。

图 3.11 中的表显示了更新之后的错误，drill press 有两个不同的 AcquisitionCost 值，显然，这是错误的，一台设备不能以两种不同的价格来购买。如果表中有 10 000 行，发现这样的错误就会非常困难，我们称上述这种情况为更新异常(update anomaly)。

	ItemNumber	EquipmentType	AcquisitionCost	RepairNumber	RepairDate	RepairCost
1	100	Drill Press	3500.00	2000	2013-05-05	375.00
2	200	Lathe	4750.00	2100	2013-05-07	255.00
3	100	Drill Press	3500.00	2200	2013-06-19	178.00
4	300	Mill	27300.00	2300	2013-06-19	1875.00
5	100	Drill Press	3500.00	2400	2013-07-05	0.00
6	100	Drill Press	5500.00	2500	2013-08-17	275.00

图 3.11　不正确更新之后的表 EQUIPMENT_REPAIR

BY THE WAY　注意，图 3.10 和图 3.11 中的表 EQUIPMENT_REPAIR 有重复数据，如同一台设备的 AcquisitionCost 出现了多次。有重复数据的任何表都可能出现图 3.11 中类似的更新异常，当表中存在这样的不一致性时，我们就说表存在数据完整性问题。

在第 4 章将会学习到，为了提高查询速度，有时我们设计的表允许数据重复存储，但必须注意到，每当以这种方式来设计表时，也就为数据完整性问题敞开了大门。

3.2.2　一段有关范式的简短史

在 Codd 定义关系模型时，就已注意到修改异常。在他的第二篇论文中[①]，他定义了第一范式、第二范式和第三范式，通常表示为 1NF，2NF，3NF。将任何满足关系条件的表定义为第一范式(参见图 3.4)，他注意到第一范式的表存在修改异常的问题，通过施加某些特定的条件可以消除这些异常，满足这些条件的关系是第二范式。他还注意到，满足第二范式的关系仍然存在一些异常，因而他定义了第三范式，第三范式由一些能消除更多异常的条件组成。后来，研究人员发现仍然存在其他形式的异常，因而就定义了 BCNF 范式(Boyce-Codd Normal Form)。

定义了这些范式，就可得到满足 BCNF 范式的关系一定是 3NF，而 3NF 关系一定是 2NF，2NF 关系一定是 1NF。因此，如果让一个关系满足了 BCNF 范式，那么这个关系自动地也就满足了后面这些范式。

从 2NF 到 BCNF 主要考虑函数依赖所引起的异常，后来又发现了其他的异常源，这导致了

① Codd, E. F. and A. L. Dean. “Proceedings of 1971 ACM-SIGFIDET Workshop on Data Description.” *Access and Control*, San Diego, California, November 11-12, 1971 ACM 1971.

后来第四范式和第五范式的定义(4NF 和 5NF)。随着研究者们对修改异常的消除，范式理论进一步向前发展，每一种新的范式都是前一种范式的改进。

在 1982 年，Fagin 发表了一篇另辟捷径的论文①，与寻找其他范式的方法相反，Fagin 提出了“什么样的条件才能使关系没有异常”的问题。文中，他定义了域关键字范式(domain key normal from)，缩写为 DK/NF。通过证明处于域关键字范式(DK/NF)的关系没有修改异常，且没有修改异常的关系是域关键字范式(DK/NF)的结论来结束他的研究论文。关于 DK/NF 会在本章后面有更多细节上的讨论。

3.2.3 范式分类

如图 3.12 所示，范式理论可以划分为三种主要的类型，有些异常是由函数依赖引起的，有些异常是由于多值依赖引起的，还有一些异常是由于数据约束及其他奇特条件引起的。

异 常 源	范 式	设计原则
函数依赖	1NF, 2NF, 3NF, BCNF	BCNF：将表设计成表上的每个决定因素都是候选关键字
多值依赖	4NF	4NF：将每个多值依赖都放置在它自己的表中
数据完整性和奇特关系	5NF, DK/NF	DK/NF：使每条约束都按候选关键字和域逻辑有序

图 3.12 范式理论总结

BCNF，3NF 以及 2NF 考虑由于函数依赖所引起的异常，满足 BCNF 范式的关系没有由于函数依赖所引起的异常，同时也满足 2NF 和 3NF，因此，我们只集中学习如何将关系转换为 BCNF 范式。然而，理解如何处理每一个范式特定异常对于从 1NF 转化为 BCNF 是颇具指导意义的，我们将在本章后面讨论②。

正如图 3.12 的第二行所示，有些异常是由于另一种称为多值依赖的依赖所引起的，这些异常可以通过将每一个多值依赖置于它自身的关系中来消除，这样的条件称为第四范式(4NF)。本章的最后一节将介绍如何处理这种情形。

第三种异常源是生僻的，这些问题与特定的、不常见的、甚至是奇怪的数据约束有关，因而在这里我们将不对它们进行讨论。

3.2.4 从第一范式到 BCNF 范式

任何符合图3.4 关系定义的表都是 1NF。这意味着要符合下面的要求：一个表的单元必须是单个值，不允许重复的集合或数组作为值；列中的所有条目都必须是同样的数据类型；每一列必须有唯一的名字，但是对表中列的顺序不做要求；没有两行是相同的，但对行的顺序不做要求。

第二范式

当 Codd 发现了 1NF 表中的异常后，定义了 2NF 来消除这些异常。当且仅当一个 1NF 所有的非主属性都由整个主键所决定时，称这个关系为 2NF。这意味着如果某个主键是组合键，

---

① Fagin, R. “A Normal Form for Relational Databases that Is Based on Domains and Keys,” *ACM Transactions on Database Systems*, *September* 1981, *pp.* 387-414.

② 对范式完整的讨论参考 C. J. *Database Systems*, 8th ed. (New York: Addison-Wesley, 2003)。

任何非主属性都不能由组成这个键的一个属性或属性集所决定。因此，如果有一个关系 R(A, B, N, O, P)，组合键是(A, B)，这样非主属性 N, O, P 都不能仅由 A 或 B 决定。

注意到非主属性能对主键部分依赖的必须条件是存在组合键。这意味着单属性主键的关系是 2NF。

例如，考虑关系 STUDENT_ACTIVITY：

STUDENT_ACTIVITY(StudentID, Activity, ActivityFee)

组合键是(StudentID, Activity)，这允许我们决定对于特定学生所付的具体费用。然而，因为费用是由活动决定的，Fee 仅仅依赖于 Activity 本身，于是可以说 Fee 对表主键存在部分函数依赖。函数依赖集合如下：

(StudentID, Activity)→(ActivityFee)

(Activity)→(ActivityFee)

这样，存在非主属性对组合键的部分依赖，因此，STUDENT_ACTIVITY 关系不是 2NF。

在这种情况下应该怎么做呢？我们将把存在部分函数依赖的列移出，作为一个单独的关系，留下决定因素作为原关系中的外键。我们将得到两个关系：

STUDENT_ACTIVITY(StudentID, Activity)

ACTIVITY_FEE(Activity,ActivityFee)

STUDENT_ACTIVITY 中的 Activity 列为外键。新的关系如图 3.14 所示。现在，这两个新的关系是否是 2NF 呢？答案是肯定的。STUDENT_ACTIVITY 仍有一个组合主键，但是现在没有其他属性是仅仅依赖于组合键的其中一部分的。ACTIVITY_FEE 的属性集合(在例子中仅有一个属性)都是依赖于整个主键的。

STUDENT_ACTIVITY

	StudentID	Activity	ActivityFee
1	100	Golf	65.00
2	100	Skiing	200.00
3	200	Skiing	200.00
4	200	Swimming	50.00
5	300	Skiing	200.00
6	300	Swimming	50.00
7	400	Golf	65.00
8	400	Swimming	50.00

图 3.13　符合 1NF 范式的 ACTIVITY 关系

STUDENT_HOUSING

	StudentID	Building
1	100	Randolph
2	200	Ingersoll
3	300	Randolph
4	400	Randolph
5	500	Pitkin
6	600	Ingersoll
7	700	Ingersoll
8	800	Pitkin

HOUSING_FEE

	Building	BuildingFee
1	Ingersoll	3400.00
2	Pitkin	3500.00
3	Randolph	3200.00

图 3.14　符合 2NF 范式的 STUDENT_ACTIVITY和ACTIVITY_FEE关系

第三范式

然而，2NF 的必要条件并没有消除所有的异常。为了处理其他的异常，Codd 定义了 3NF。当且仅当一个 2NF 不存在非主属性由其他非主属性决定的条件下，才将其称为 3NF。非主属性由其他非主属性决定称为传递依赖。因此可以重新定义一个关系是 3NF：当且仅当它是 2NF 并且不存在传递依赖。因此，要使关系 R(A, B, N, O, P)为 3NF，应当不存在非主属性 N, O, P 由 N, O, P 所决定。

例如，考虑关系 STUDENT_HOUSING(StudentID, Building, Fee)。其模式如下：

STUDENT_HOUSING(StudentID, Building, HousingFee)

关系 STUDENT_HOUSING 中有一个单属性主键 StudentID。因为没有存在属性仅依赖于主键一部分的可能性，所以这个关系是 2NF。另外，如果我们知道一个学生，那么就可以确定他或她住在哪一幢宿舍楼，从而有：

(StudentID)→Building

在这种情况下，住宿费不依赖于哪个学生住在某个宿舍楼。然而，宿舍楼中的每一个房间都收取相同的费用，因此，Building 决定了 Fee。

(Building)→(HousingFee)

因此，一个非主属性(HousingFee)由另一个非主属性(Building)所决定，这个关系不是 3NF。

同样，我们将把函数依赖的列移出作为一个单独的关系，留下决定因素作为原关系中的外键。我们将得到两个关系：

STUDENT_HOUSING(StudentID, *Building*)
BUILDING_FEE(Building,HousingFee)

STUDENT_HOUSING 中的 Building 列为外键。这两个关系现在是 3NF(请读者亲自完成这个逻辑以确认理解了 3NF)，如图 3.16 所示。

STUDENT_ADVISOR

	StudentID	Subject	AdvisorName
1	100	Math	Cauchy
2	200	Psychology	Jung
3	300	Math	Riemann
4	400	Math	Cauchy
5	500	Psychology	Perls
6	600	English	Austin
7	700	Psychology	Perls
8	700	Math	Riemann
9	800	Math	Cauchy
10	800	Psychology	Jung

图 3.15 符合 3NF 范式的 STUDENT_ADVISOR 关系

STUDENT_ACTIVITY

	StudentID	Activity
1	100	Golf
2	100	Skiing
3	200	Skiing
4	200	Swimming
5	300	Skiing
6	300	Swimming
7	400	Golf
8	400	Swimming

ACTIVITY_FEE

	Activity	ActivityFee
1	Golf	65.00
2	Skiing	200.00
3	Swimming	50.00

图 3.16 符合 3NF 范式的 STUDENT_HOUSING和HOUSING_FEE关系

BCNF 范式

一些数据库设计者把他们的数据库关系规范为 3NF。遗憾的是，由于 3NF 中的函数依赖，仍然存在异常。Codd 同 Raymond Boyce 一起定义了 BCNF 来解决这个问题。判断一个关系是 BCNF 的定义为：当且仅当它是 3NF 并且每一个决定因素都是候选键。

例如，考虑图 3.17 中的关系 STUDENT_ADVISOR，其中一个学生(StudentId)可以选一门或多门课程(Major)，一门课程可以有一个或多个教师(AdvisorName)，一个教师只教一门课程。图 3.17 显示，两个学生(学号分别为 700 和 800)都有两门课程(两个学生都选了数学和心理学)，而且这两名课程都分别有两个教师。

STUDENT_HOUSING

	StudentID	Building	BuildingFee
1	100	Randolph	3200.00
2	200	Ingersoll	3400.00
3	300	Randolph	3200.00
4	400	Randolph	3200.00
5	500	Pitkin	3500.00
6	600	Ingersoll	3400.00
7	700	Ingersoll	3400.00
8	800	Pitkin	3500.00

图 3.17 符合 2NF 范式的 STUDENT_HOUSING 关系

因为学生可以选多门课，所以 StudentId 并不决定 Major。而且，因为学生可以有多个教师，所以 StudentId 也不决定 AdvisorName。因此，StudentId 本身不能作为一个键。然而，组合键（StudentId，Major）决定了 AdvisorName，组合键（StudentId，AdvisorName）决定了 Major。这就给我们带来（StudentId，Major）和（StudentId，AdvisorName）两个组合键。我们可以选择它们中的任意一个作为这个关系的主键：

STUDENT_ADVISOR（StudentID，Major，AdvisorName）

和

STUDENT_ADVISOR（StudentID，Major，AdvisorName）

注意到 STUDENT_ADVISOR 是 2NF，这是因为每一个属性都至少是一个候选键的一部分，从这个意义上来说，它没有非主属性。2NF 的定义声明是不存在非主属性对候选键的部分依赖，而非主属性是不包含在任何候选键中的属性。基于这个事实，没有非主属性是 2NF 的一个微妙的条件。STUDENT_ADVISOR 是 3NF 是因为在关系中没有传递依赖。

这个关系中的两个候选键是重叠候选键，这是因为它们都包含 StudentId 属性。当一个 3NF 关系表有重叠候选键时，由于函数依赖它仍然存在修改异常。在 STUDENT_ADVISOR 关系中有关系异常，因为在关系中存在另外一个函数依赖：因为一个教师只教一类课程，所以 AdvisorName 决定 Major。因此，AdvisorName 是一个决定因素，但它不是一个候选键。

设想有一个学生（StudentId = 300）修了 Perls（AdvisorName = Perls）老师的心理学（Major = Psychology）。进一步设想这个表中只有这一行 AdvisorName 值为 Perls。如果我们删除了这行，将会丢失 Perls 的相关数据。这是一种删除异常。同样，我们不能插入 Keynes 所教的 Economics 课程，除非有一个学生选了 Economics 课程。这是一种插入异常。这些问题导致了 BCNF 的产生。

对于 STUDENT_ADVISOR 关系，我们该怎么做呢？像前面一样，我们移出对另外一个关系产生问题的函数依赖，同时留下决定因素作为原关系中的外键。在本例中，我们将得到这些关系：

STUDENT_ADVISOR（StudentId，*AdvisorName*）

ADVISOR_MAJOR（AdvisiorName，Major）

STUDENT_ADVISOR 关系中的 AdvisorName 是外键。两个关系最终如图 3.18 所示。

STUDENT_ADVISOR

	StudentID	AdvisorName
1	100	Cauchy
2	200	Jung
3	300	Riemann
4	400	Cauchy
5	500	Perls
6	600	Austin
7	700	Perls
8	700	Riemann
9	800	Cauchy
10	800	Jung

ADVISOR_SUBJECT

	AdvisorName	Subject
1	Austin	English
2	Cauchy	Math
3	Jung	Psychology
4	Perls	Psychology
5	Riemann	Math

图 3.18　符合 BCNF 范式的 STUDENT_ADVISOR 和 ADVISOR_SUBJECT 关系

3.2.5 消除因函数依赖所引起的异常

大多数修改异常是因为函数依赖所引起的，你可以不断地根据 1NF，2NF，3NF 和 BCNF 范式的定义测试一个关系。我们把这种方法称为“Step-by-Step”方法。

或者可以将你的表设计(或重新设计)成每一个决定因素都是候选关键字，这样就能够消除这类异常问题。BCNF 范式定义的这一条件能消除所有由于函数依赖所引起的异常。我们把这种方法称为“Straight-to-BCNF”或者“一般规范化”方法。

我们更喜欢使用“Straight-to-BCNF”一般规范化方法，并且将会在本书中专门用到。不过，这仅仅是我们的偏好而已，两种方法产生的是相同的结果，而你(或你的老师)可能会更喜欢“Step-by-Step”方法。

一般规范化方法归纳在图 3.19 中。识别关系中的每一个函数依赖，识别候选关键字，如果存在决定因素不是候选关键字，那么这个关系就不是 BCNF 范式，就存在修改异常。按照过程的第三步，使过程满足 BCNF 范式。为了加深对该过程的记忆，下面来看 5 个不同的例子。我们也会将它与“Step-by_Step”方法进行比较。

将表转换成 BCNF 范式的过程
1. 识别每一个函数依赖
2. 识别每一个候选关键字
3. 如果存在某个决定因素不是候选关键字，则：
A. 将这个函数依赖中所有的列移入一个新的关系中
B. 让决定因素成为新关系的主关键字
C. 将决定因素保留在原关系中使其成为外键
D. 在新关系和原关系之间创建参照完整性约束
4. 重复第 3 步，直到每一个关系上的决定因素都是候选关键字

(注意：在第 3 步，如果存在多个这样的函数依赖，则从包含列最多的那个函数依赖开始处理)

图 3.19　将表转换成 BCNF 范式的过程

BY THE WAY　我们的处理原则，即一个关系是 BCNF 当且仅当每一个决定因素都是候选键，可以用一句众所周知的话来概括：

我保证所构建的表，表上所有非关键字的列全部只依赖于整个关键字。

BY THE WAY　规范化过程的目标是创建出满足 BCNF 的关系。有的时候说规范化过程的目标是创建出满足 3NF 的关系，但是在经过本章的讨论后，读者会明白为什么 BCNF 是比 3NF 更好的选择。

需要注意到，及时使用 BCNF 仍然未能解决有些问题。我们会在对下面的例子进行 BCNF 规范化之后讨论这些问题。

例 1　考虑表 SKU_DATA：

SKU_DATA(SKU, SKU_Description, Department, Buyer)

前面已经讨论过，该表上存在下面三个函数依赖：

SKU→(SKU_Description, Department, Buyer)
SKU_Description→(SKU, Department, Buyer)
Buyer→Department

例 1："Step-by-Step"方法

SKU 和 SKU_Description 都是候选键。逻辑上，SKU 作为主键更加具有说服力，因为它是一个强制键。所以我们创建的关系(显示在图 3.20 中)如下：

SKU_DATA(<u>SKU</u>, SKU_Description, Department, Buyer)

对比图 3.4，我们会发现 SKU_DATA 是满足 1NF 的。

SKU_DATA

	SKU	SKU_Description	Department	Buyer
1	100100	Std. Scuba Tank, Yellow	Water Sports	Pete Hansen
2	100200	Std. Scuba Tank, Magenta	Water Sports	Pete Hansen
3	101100	Dive Mask, Small Clear	Water Sports	Nancy Meyers
4	101200	Dive Mask, Med Clear	Water Sports	Nancy Meyers
5	201000	Half-dome Tent	Camping	Cindy Lo
6	202000	Half-dome Tent Vestibule	Camping	Cindy Lo
7	301000	Light Fly Climbing Harness	Climbing	Jerry Martin
8	302000	Locking Carabiner, Oval	Climbing	Jerry Martin

图 3.20　SKU_DATA 关系

SKU_DATA 关系是否满足 2NF？一个关系满足 2NF 当且仅当它满足 1NF，而且所有非主键属性由整个主键决定。因为主键 SKU 是一个单属性键，所以所有的非主键属性都必须依赖于整个主键。从而，SKU_DATA 关系是满足 2NF 的。

SKU_DATA 关系是否满足 3NF？一个关系满足 3NF 当且仅当它满足 2NF，而且没有非主键属性依赖于其他的非主键属性。因为我们找到了两个非主键属性(SKU_Description 和 Buyer)能决定其他非主键属性，所以这个关系并不满足 3NF。

但是，这里有个比较棘手的地方。非主键属性作为一个属性必须满足两个条件：(1)不能是候选键本身；(2)不能是候选键的一部分。因而，SKU_Description 不是一个非主键属性。唯一的非主键属性是 Buyer。

因此，必须移除下面的函数依赖：

Buyer→Department

我们会得到以下两个关系：

SKU_DATA_2(<u>SKU</u>, SKU_Description, *Buyer*)
BUYER(<u>Buyer</u>, Department)

SKU_DATA_2 关系是否满足 3NF？答案是肯定的。没有非主键属性能决定其他非主键属性。

SKU_DATA_2 关系是否满足 BCNF？一个关系满足 BCNF 当且仅当它满足 3NF，而且每个决定因素都是候选键。SKU_DATA_2 中的决定因素是 SKU 和 SKU_Description：

SKU→(SKU_Description, *Buyer*)

SKU_Description→(SKU, Buyer)

两个决定因素都是候选键(它们都决定了关系中所有的其他属性)。因此，每个决定因素都是候选键，所以 SKU_DATA_2 关系是满足 BCNF 的。

在这点上，我们需要去检查 BUYER 关系是否满足 BCNF。读者需要通过对 BUYER 执行上述几个步骤来确定自己是否已经掌握了"Step-by-Step"方法。读者会发现，BUYER 满足 BCNF，所以规范化后的关系连同样本数据如图 3.21 所示，即：

SKU_DATA_2(SKU, SKU_Description, *Buyer*)

BUYER(Buyer, Department)

两个表如今都满足 BCNF，在函数依赖方面没有异常。然而，为了保持多个表上的数据一致，我们需要定义一个参照完整性约束(注意到这是图 3.19 中的步骤 3D)：

SKU_DATA_2. Buyermust exist in BUYER. Buyer

这个语句意味着 SKU_DATA_2 的 Buyer 列中的每个值都必须存在于 BUYER 的 Buyer 列中。

例 1："Straight-to-BCNF"方法

现在，让我们重新使用"Straight-to-BCNF"方法来完成规范化工作。SKU 和 SKU_Description 决定了表中所有的列，因此它们是候选关键字，Buyer 是决定因素，但不能决定其他所有的列，因而不是候选关键字。所以，SKU_DATA 上存在某个决定因素不是候选关键字，因而也就不是 BCNF 范式，可能存在修改异常。

为了消除这类异常，在第 3 步的 A 中，我们将不是候选关键字的决定因素所有列移入一个新的表中。在这个例子中，我们把 Buyer 和 Department 置入一个新的表：

BUYER(Buyer, Department)

接下来，在第 3 步的 B 中，让决定因素成为新表的主关键字，在这个例子中，Buyer 变成了主关键字：

BUYER(Buyer, Department)

下一步，在第 3 步的 C 中，我们将决定因素保留在原来的关系中作为外键，因而 SKU_DATA 就变成了：

SKU_DATA_2(SKU, SKU_Description, *Buyer*)

因此所得到的结果为：

SKU_DATA_2(SKU, SKU_Description, *Buyer*)

BUYER(Buyer, Department)

这里 SKU_DATA_2. Buyer 是表 BUYER 的外键。

现在的两个表都是 BCNF 范式的，没有由于函数依赖所引起的异常。但为了保持数据在这些表中的一致性，我们还应在图 3.19 内第 3 步的 D 中定义参照完整性约束：

SKU_DATA_2. Buyer 必须存在于 BUYER. Buyer

约束表明，表 SKU_DATA_2 中 Buyer 列上的每一个值必定也出现在表 BUYER 的 Buyer 列上。这些表中的示例数据如图 3.21 所示。

SKU_DATA_2

	SKU	SKU_Description	Buyer
1	100100	Std. Scuba Tank, Yellow	Pete Hansen
2	100200	Std. Scuba Tank, Magenta	Pete Hansen
3	101100	Dive Mask, Small Clear	Nancy Meyers
4	101200	Dive Mask, Med Clear	Nancy Meyers
5	201000	Half-dome Tent	Cindy Lo
6	202000	Half-dome Tent Vestibule	Cindy Lo
7	301000	Light Fly Climbing Harness	Jerry Martin
8	302000	Locking carabiner, Oval	Jerry Martin

BUYER

	Buyer	Department
1	Cindy Lo	Camping
2	Jerry Martin	Climbing
3	Nancy Meyers	Water Sports
4	Pete Hansen	Water Sports

图 3.21　规范化的 SKU_DATA_2 和 BUYER 表

需要注意到"Step-by-Step"方法和"Straight-to-BCNF"方法产生的是完全相同的结果。可以使用你偏好的方法，因为结果都会一样。为了使本章更加简洁，我们接下来的规范化例子只使用"Straight-to-BCNF"方法。

例 2　现在考虑图 3.10 中的关系 EQUIPMENT_REPAIR，表结构如下：

EQUIPMENT_REPAIR(ItemNumber, Type, AcquisitionCost, RepairNumber, RepairDate, RepairAmount)

检查图 3.10 中的数据，存在函数依赖：

ItemNumber→(EquipmentType, AcquisitionCost)

RepairNumber→(ItemNumber, EquipmentType, AcquisitionCost, RepairDate, RepairCost)

ItemNumber 和 RepairNumber 都是决定因素，但只有 ItemNumber 是候选关键字，相对应地，EQUIPMENT_REPAIR 不满足 BCNF 范式，易于引起修改异常。按图 3.13 的转换过程，将有问题的函数依赖的所有列放在一个单独的表中：

EQUIPMENT_ITEM(<u>ItemNumber</u>, EquipmentType, AcquisitionCost)

除了 ItemNumber 列，从 EQUIPMENT_REPAIR 中移除函数依赖中所有的列得到(重新安排列的顺序使得主键 RepairNumber 是关系中的第一个列)：

REPAIR(<u>RepairNumber</u> *ItemNumber*, RepairDate, RepairAmount)

还需要创建参照完整性约束：

REPAIR. ItemNumber 必须存在于 EQUIPMENT_ITEM. ItemNumber

这两个新关系中的数据如图 3.22 所示。

EQUIPMENT_ITEM

	ItemNumber	EquipmentType	AcquisitionCost
1	100	Drill Press	3500.00
2	200	Lathe	4750.00
3	300	Mill	27300.00

REPAIR

	RepairNumber	ItemNumber	RepairDate	RepairCost
1	2000	100	2013-05-05	375.00
2	2100	200	2013-05-07	255.00
3	2200	100	2013-06-19	178.00
4	2300	300	2013-06-19	1875.00
5	2400	100	2013-07-05	0.00
6	2500	100	2013-08-17	275.00

图 3.22 规范化的 REPAIR 和 ITEM 表

BY THE WAY 关于范式，还有一个更加直观的方法。还记得八年级英语老师吗？她说“每一段话都有一个主题思想”，如果你写一段话有两个主题思想，那么就应该将它分成两段，使得每一段只有一个主题思想。

关系 EQUIPMENT_REPAIR 问题出在它有两个主题思想：一个是关于修理的，另一个是关于每项设备的。通过将包含两个主题思想的关系分解成两个只包含一个主题思想的关系，就消除了修改异常。有时，对一张表提出“它有几个主题思想”的问题是有帮助的。如果表包含多于一个的主题思想，就对该表重新设计，使得每个表只包含一个主题思想。

例 3 考虑下面结构的关系 ORDER_ITEM：

ORDER_ITEM(OrderNumber, SKU, Quantity, Price, ExtendedPrice)

存在以下函数依赖：

(OrderNumber, SKU)→(Quantity, Price, ExtendedPrice)

(Quantity, Price)→ExtendedPrice

由于决定因素(Quantity, Price)不是候选关键字，因而表不满足 BCNF 范式。我们可以按照例 1 和例 2 所示的转换过程进行规范化。但在这里，由于第二个函数依赖是由公式 ExtendedPrice = Quantity * Price 得到的，所以我们得到了愚蠢的结论。

现在来看为什么，按照图 3.19 的过程，为每个决定因素是候选关键字的函数依赖创建一张表，这意味着我们将列 Quantity, Price 和 ExtendedPrice 移到了它们自己的表中：

EXTENDED_PRICE(<u>Quantity</u>, <u>Price</u>, ExtendedPrice)

ORDER_ITEM_2(<u>OrderNumber</u>, <u>SKU</u>, *Quantity*, *Price*)

注意，我们将 Quantity 和 Price 保留在原来的表中作为组合外键，虽然现在的两个表已经是 BCNF 范式了，但表 EXTENDED_PRICE 中的值却很荒谬。这些值只是 Quantity 与 Price 的乘积，我们不必创建一张表来存储这些结果，相反，只是在我们想知道 ExtendedPrice 的值时计算一下它们的乘积就可以了。事实上，可以在 DBMS 中定义这个公式，必要的时候让

DBMS 计算 ExtendedPrice 的值。读者将会在第 10 章、第 10A 章、第 10B 章和第 10C 章中，分别看到在 Microsoft SQL Server 2012，Oracle Database 11g Release 2 和 MySQL 5.6 中如何处理这种情形。

有了公式，就可以从表中移除 ExtendedPrice 了。满足 BCNF 范式的结果为：

ORDER_ITEM_2(OrderNumber, SKU, Quantity, Price)

注意，Quantity 和 Price 不再是外键。Order_Item_2 表的样本数据如图 3.23 所示。

ORDER_ITEM_2

	OrderNumber	SKU	Quantity	Price
1	1000	201000	1	300.00
2	1000	202000	1	130.00
3	2000	101100	4	50.00
4	2000	101200	2	50.00
5	3000	100200	1	300.00
6	3000	101100	2	50.00
7	3000	101200	1	50.00

图 3.23　标准化后的 ORDER_ITEM_2 关系

例 4　考虑下面存储有关学生活动数据的表：

STUDENT_ACTIVITY(StudentID, StudentName, Activity, ActivityFee, AmountPaid)

StudentID 是身份识别符，StudentName 是学生的姓名，Activity 是俱乐部或者其他组织的学生活动的名称，ActivityFee 是参加俱乐部或学生活动的花费，AmountPaid 是学生付给俱乐部或参与活动的总钱数，图 3.24 是这个表的样本数据。

STUDENT_ACTIVITY

	StudentID	StudentName	Activity	ActivityFee	AmountPaid
1	100	Jones	Golf	65.00	65.00
2	100	Jones	Skiing	200.00	0.00
3	200	Davis	Skiing	200.00	0.00
4	200	Davis	Swimming	50.00	50.00
5	300	Garrett	Skiing	200.00	100.00
6	300	Garrett	Swimming	50.00	50.00
7	400	Jones	Golf	65.00	65.00
8	400	Jones	Swimming	50.00	50.00

图 3.24　STUDENT_ACTIVITY 关系示例

StudentID 是唯一的学生身份识别符，因此我们知道：

StudentID→StudentName

但是，以下这个函数依赖成立吗？

StudentID→Activity

如果成立，那么一名学生只属于一个俱乐部或者只参与一个活动；如果不成立，则一名学生可能属于多个俱乐部或者会参与不止一个活动。看表中的数据，学号是 200 的学生参与了滑雪和游泳两个不同的活动，因此 StudentID 不能决定 Activity。StudentID 也不能决定 ActivityFee 或 AmountPaid。

现在来考虑 StudentName 这一列，StudentName 能决定 StudentID 吗？例如，值'Jones'总是与相同的 StudentID 值配对吗？不，有两个名叫'Jones'的人，他们有不同的 StudentID 值。在这个表里，StudentName 不能决定任何其他的列。

看下一列 Activity，我们知道有多名学生从属于一个俱乐部，因此 Activity 不能决定 StudentID 或 StudentName。Activity 能决定 ActivityFee 吗？例如，值'Skiing'是否总是与相同的 ActivityFee 配对呢？从这些数据来看，好像是，只用这些样本数据，我们可以得出结论：Activity 决定 ActivityFee。

但这些数据仅是一个样本，从逻辑上来讲，不同的学生付费不同是可能的，也许他们选择了俱乐部不同的会员级。如果是这样，我们说存在：

(StudentID, Activity)→ActivityFee

为了证实其真实性，必须找用户证实。这里假设：对给定的俱乐部，所有的学生都付相同的费用。最后一列是 AmountPaid，它不能决定任何其他列。

因此，我们得到函数依赖：

StudentID→StudentName

Activity→ActivityFee

会不会还有组合决定因素的函数依赖呢？没有一列能够决定 AmountPaid，因此我们考虑多个列的组合，所付费用的总和是由学生和学生所参加的俱乐部决定的，因此 Student 与 Activity 结合在一起决定了 AmountPaid。我们说：

(StudentID, Activity)→AmountPaid

到现在为止，我们得到了三个决定因素：StudentID，Activity 和(StudentID，Activity)，它们都是候选关键字吗？它们是否能够唯一地确定一行呢？从已有数据来看，好像(StudentID，Activity)能唯一确定一行，是候选关键字。但在实际的环境中，我们还有必要和用户一起检验这一假设的正确性。

由于 StudentID 和 Activity 都是决定因素，但都不是候选关键字，所以 STUDENT_ACTIVITY 不是 BCNF 范式。StudentID 和 Activity 都只是候选关键字(StudentID，Activity)的一部分。

BY THE WAY StudentID 和 Activity 都是候选关键字(StudentID，Activity)的一部分，但这还不够，决定因素还必须包含与候选关键字相同的列。记住，如我们前面所提到的："我保证我所构建的表，表上所有非关键字的列全部依赖于关键字，依赖于整个关键字，除了依赖于关键字之外，不依赖于别的什么列。"

为了对表规范化，必须构建所有决定因素为候选关键字的表。和前面一样，我们可以通过为每一个函数依赖单独创建一张表来实现。结果为：

STUDENT(<u>StudentID</u>, StudentName)

ACTIVITY(<u>Activity</u>, ActivityFee)

PAYMENT(<u>*StudentID*</u>, <u>*Activity*</u>, AmountPaid)

含参照完整性约束：

PAYMENT.StudentID 必须存在于 STUDENT.StudentID

和

PAYMENT.Activity 必须存在于 ACTIVITY.Activity

这些表已是 BCNF 范式的，不会有由于函数依赖所引起的异常。规范化后表的样本数据如图 3.25 所示。

STUDENT

	StudentID	StudentName
1	100	Jones
2	200	Davis
3	300	Garrett
4	400	Jones

ACTIVITY

	Activity	ActivityFee
1	Golf	65.00
2	Skiing	200.00
3	Swimming	50.00

PAYMENT

	StudentID	Activity	ActivityFee
1	100	Golf	65.00
2	100	Skiing	200.00
3	200	Skiing	200.00
4	200	Swimming	50.00
5	300	Skiing	200.00
6	300	Swimming	50.00
7	400	Golf	65.00
8	400	Swimming	50.00

图 3.25　规范化的 STUDENT，PAYMENT 和 ACTIVITY 表

例 5　现在考虑一个规范化过程，需要图 3.19 过程中的第 3 步的两次迭代。为此，在关系 SKU_DATA 中加入每个部门的预算码对原关系进行扩展。我们把修改后的关系命名为 SKU_DATA_3，定义如下：

SKU_DATA_3(SKU, SKU_Description, Department, DeptBudgetCode, Buyer)

该关系的样本数据如图 3.26 所示。

SKU_DATA_3

	SKU	SKU_Description	Department	DeptBudgetCode	Buyer
1	100100	Std. Scuba Tank, Yellow	Water Sports	BC-100	Pete Hansen
2	100200	Std. Scuba Tank, Magenta	Water Sports	BC-100	Pete Hansen
3	101100	Dive Mask, Small Clear	Water Sports	BC-100	Nancy Meyers
4	101200	Dive Mask, Med Clear	Water Sports	BC-100	Nancy Meyers
5	201000	Half-dome Tent	Camping	BC-200	Cindy Lo
6	202000	Half-dome Tent Vestibule	Camping	BC-200	Cindy Lo
7	301000	Light Fly Climbing Harness	Climbing	BC-300	Jerry Martin
8	302000	Locking carabiner, Oval	Climbing	BC-300	Jerry Martin

图 3.26　规范化的 SKU_DATA_3 表

SKU_DATA_3 上存在以下函数依赖：

SKU→(SKU_Description, Department, DeptBudgetCode, Buyer)

SKU_Description→(SKU, Department, DeptBudgetCode, Buyer)

Buyer→(Department, DeptBudgetCode)

Department→DeptBudgetCode

DeptBudgetCode→Department

以上 4 个决定因素里，SKU 和 SKU_Description 为候选关键字，而 Buyer，Department 和 DeptBudgetCode 不是，因此这个关系不满足 BCNF 范式。

为了使表规范化，我们必须将这个表转变成两个或多个 BCNF 范式的表。这里有两个问题函数依赖，按图 3.19 的最后提示，首先选择包含列最多的一个函数依赖，选取下面的列置入一个单独的表中：

Buyer→(Department, Dept_BudgetCode)

接着，让决定因素为新表的主关键字，除了 Buyer，从 SKU_DATA_3 中清除所有该函数依赖的列，让 Buyer 成为一个新版本 SKU_DATA_3 的外键，并命名为 SKU_DATA_4。结果为：

BUYER(Buyer, Department, DeptBudgetCode)

SKU_DATA_4(SKU, SKU_Description, *Buyer*)

同时，创建参照完整性约束：

SKU_DATA_4. Buyermust exist in BUYER. Buyer

SKU_DATA_4 上有函数依赖：

SKU→(SKU_Description, Buyer)

SKU_Description→(SKU, Buyer)

以及 BUYER 上的函数依赖：

Buyer→(Department, Dept_BudgetCode)

Department→DeptBudgetCode

DeptBudgetCode→Department

由于决定因素 Department 和 DeptBudgetCode 不是候选关键字，BUYER 不满足 BCNF 范式。此时，必须将(Department, DeptBudgetCode)移入到它自己的表中。按照图 3.13 的过程，把 BUYER 分为两个表(DEPARTMENT 和 BUYER_2)，现在有：

DEPARTMENT(Department, DeptBudgetCode)

BUYER_2(Buyer, *Department*)

SKU_DATA_4(SKU, SKU_Description, *Buyer*)

以及完整性约束：

SKU_DATA_4. Buyermust exist in BUYER_2. Buyer

BUYER_2. Department must exist in DEPARTMENT. Department

所有以上三个表上存在函数依赖：

Department→DeptBudgetCode

DeptBudgetCode→Department

Buyer→Department

SKU→(SKU_Description, Buyer)

SKU_Description→(SKU, Buyer)

最终，所有决定因素都是候选关键字，所有三张表都满足 BCNF 范式要求，这些操作的结果如图 3.27 所示。

3.2.6 消除由于多值依赖引起的异常

上节中所有的异常都是由于函数依赖所引起的。异常也可能源自其他的依赖，如多值依赖(multivalued dependency)。当决定因素与某特定的值集合相匹配时，我们就说存在多值依赖。

多值依赖的例子如：

EmployeeName→→EmployeeDegree

EmployeeName→→EmployeeSibling

PartKitName→→Part

每一个依赖中，决定因素与一个值的集合相关联。这些多值依赖的样本数据如图 3.28 所示。这些表达式读作“Employee 多值决定于 Degree”、“Employee 多值决定于 Sibling”和“Part_Kit 多值决定于 Part”。注意，多值依赖用两个箭头而不是用一个箭头来表示。

DEPARTMENT

	Department	DeptBudgetCode
1	Camping	BC-200
2	Climbing	BC-300
3	Water Sports	BC-100

BUYER_2

	Buyer	Department
1	Cindy Lo	Camping
2	Jerry Martin	Climbing
3	Nancy Meyers	Water Sports
4	Pete Hansen	Water Sports

SKU_DATA_4

	SKU	SKU_Description	Buyer
1	100100	Std. Scuba Tank, Yellow	Pete Hansen
2	100200	Std. Scuba Tank, Magenta	Pete Hansen
3	101100	Dive Mask, Small Clear	Nancy Meyers
4	101200	Dive Mask, Med Clear	Nancy Meyers
5	201000	Half-dome Tent	Cindy Lo
6	202000	Half-dome Tent Vestibule	Cindy Lo
7	301000	Light Fly Climbing Harness	Jerry Martin
8	302000	Locking carabiner, Oval	Jerry Martin

图 3.27　规范化的 BUYER_2，DEPARTMENT 和 SKU_DATA_4 表

EMPLOYEE_DEGREE

	EmployeeName	EmployeeDegree
1	Chau	BS
2	Green	BS
3	Green	MS
4	Green	PhD
5	Jones	AA
6	Jones	BA

EMPLOYEE_SIBLING

	EmployeeName	EmployeeSibling
1	Chau	Eileen
2	Chau	Jonathan
3	Green	Nikki
4	Jones	Frank
5	Jones	Fred
6	Jones	Sally

PARTKIT_PART

	PartKitName	Part
1	Bike Repair	Screwdriver
2	Bike Repair	Tube Fix
3	Bike Repair	Wrench
4	First Aid	Aspirin
5	First Aid	Bandaids
6	First Aid	Elastic Band
7	First Aid	Ibuprofin
8	Toolbox	Drill
9	Toolbox	Drill bits
10	Toolbox	Hammer
11	Toolbox	Saw
12	Toolbox	Screwdriver

图 3.28　多值依赖的三个例子

例如，员工 Jones 拥有 AA 和 BS 学位(EmployeeDegree)，员工 Greene 拥有 BS，MS 和 PhD 学位，而员工 Chau 只拥有 BS 学位。类似地，员工 Jones 有同胞或兄弟姐妹(EmployeeSibling) Fred，Sally 和 Frank，员工 Greene 有同胞 Nikki，员工 Chau 有同胞 Jonathan 和 Eileen。最后，值为 Bike Repair 的 PartKitName 有值为 Wrench，Screwdriver，Tube Fix 的 Parts 与之相对应，Part-kit 的其他取值以及与之相对应的 Parts 如图 3.28 所示。

和函数依赖不一样，多值依赖的决定因素不会是主关键字。在图 3.28 所示的三个表中，每张表的主关键字由两列组合而成。表 EMPLOYEE_DEGREE 的主关键字为(EmployeeName，EmployeeDegree)的组合。

只要多值依赖存在于其自身的表中，就不会引起异常。图 3.21 中所有的表都没有修改异常。但如果 A→→B，那么任何包含 A，B，以及其他一列或多列的表都将会有修改异常问题。

例如，思考这样的情形，如果图 3.28 中员工的数据合成含三列的一张表(EmployeeName，EmployeeDegree，EmployeeSibling)，如图 3.29 所示。现在，假设员工 Jones 获得了 MBA 学位，将采取什么样的动作呢？我们必须在表中添加三行，否则，如果只添加一行('Jones'，'MBA'，'Fred')的话，就会出现 Jones 与她的兄弟有 MBA，却和她的姐妹没有 MBA。另一方面，设想 Greene 获得了 MBA 呢？那我们就只须添加一行('Greene'，'MBA'，'Nikki')。但如果是 Chau 获得了 MBA，就必须添加两行。这些都是插入异常，与修改与删除异常是等价的。

在图 3.29 中，我们把两个多值依赖并入一张表中，结果导致了修改异常。遗憾的是，如果把一个多值依赖与其他行相结合，也会导致异常，即使其他行没有多值依赖也是如此。

图 3.30 说明了当我们将多值依赖

PartKitName→→Part

与函数依赖

PartKitName→ParkKitPrice

结合在一起时，会出现什么样的情况。为了保持数据的一致性，必须将 Price 值重复多次，每一个 Part_Kit 有多少个 Part 值，Price 就必须在多少行中重复。在这个例子中，必须为 Bike Repair 添加 3 行，为 First Aid 添加 4 行。结果是这些重复数据可能导致数据完整性问题。

EMPLOYEE_DEGREE_SIBLING

	EmployeeName	EmployeeDegree	EmployeeSibling
1	Chau	BS	Eileen
2	Chau	BS	Jonathan
3	Green	BS	Nikki
4	Green	MS	Nikki
5	Green	PhD	Nikki
6	Jones	AA	Frank
7	Jones	AA	Fred
8	Jones	AA	Sally
9	Jones	BA	Frank
10	Jones.	BA	Fred
11	Jones	BA	Sally

图 3.29 含两个多值依赖的 EMPLOYEE_DEGREE_SIBLING 关系

PARTKIT_PART_PRICE

	PartKitName	Part	PartKitPrice
1	Bike Repair	Screwdriver	14.95
2	Bike Repair	Tube Fix	14.95
3	Bike Repair	Wrench	14.95
4	First Aid	Aspirin	24.95
5	First Aid	Bandaids	24.95
6	First Aid	Elastic Band	24.95
7	First Aid	Ibuprofin	24.95
8	Toolbox	Drill	74.95
9	Toolbox	Drill bits	74.95
10	Toolbox	Hammer	74.95
11	Toolbox	Saw	74.95
12	Toolbox	Screwdriver	74.95

图 3.30 包含一个函数依赖和一个多值依赖的PARTKIT_PART_PRICE关系

现在你可能已经知道图 3.2 中关系所存在的问题。由于

BuyerName→→SKU_Managed

BuyerName→→CollegeMajor

使得表中存在异常。幸好多值依赖是易于处理的：将多值依赖放在它们自己的表中。图 3.28 中的表都没有修改异常问题，这是因为表是由一个多值依赖的列组成的。因此，为了解决图 3.2 所出现的问题，必须将 BuyerName 和 SKU_Managed 移入同一张表中，而将 BuyerName 和 CollegeMajor 移入另一张表中：

PRODUCT_BUYER_SKU(BuyerName, SKU Managed)

PRODUCT_BUYER_MAJOR(BuyerName, CollegeMajor)

结果如图 3.31 所示。

如果要保持这些表之间严格的等价特性，还应加入参照完整性约束：

PRODUCT_BUYER_SKU. BuyerName must be identical to PRODUCT_BUYER_MAJOR. BuyerName

这里的参照完整性不一定必要，取决于实际应用的要求。

注意，当你将多值依赖放在它们自己的表中后，它们就消失了。结果是表中只有两列，主键(唯一的候选关键字)是这两列的组合。当所有的多值依赖都以这种方式分离后，我们称此时的表是第四范式或 4NF。

多值依赖最难的部分是如何找到它们，一旦你知道表中存在多值依赖，只需将它们移入自己的表中即可。每当遇到表中存在奇怪的异常时，特别是要求插入、修改、删除多行来维护完整性的异常时，有必要检查多值依赖。

PRODUCT_BUYER_SKU

	BuyerName	SKU_Managed
1	Cindy Lo	201000
2	Cindy Lo	202000
3	Jenny Martin	301000
4	Jenny Martin	302000
5	Nancy Meyers	101100
6	Nancy Meyers	101200
7	Pete Hansen	100100
8	Pete Hansen	100200

PRODUCT_BUYER_MAJOR

	BuyerName	CollegeMajor
1	Cindy Lo	History
2	Jenny Martin	Business Administration
3	Jenny Martin	English Literature
4	Nancy Meyers	Art
5	Nancy Meyers	Info Systems
6	Pete Hansen	Business Administration

图 3.31　将图 3.2 中的两个多值依赖分别放在两个不同的关系中

BY THE WAY　有时你会听到人们在文中这样使用规范化术语：“那张表已经规范化了”或者“检查那些表是否已经规范化”。遗憾的是，不是每个人在使用这些词的时候表示的是同一个意思。有些人不知道 BCNF，他们使用规范化表示表是 3NF 的，是规范化更低的一种形式，它允许函数依赖所引起的异常，而 BCNF 却不允许这样的异常。还有些人在使用规范化时表示表是 BCNF 和 4NF 的。或许别的人还有其他意思。最好的选择是使用术语规范化表示表既是 BCNF 的，又是 4NF 的。

3.2.7　第五范式

第五范式，又称投影连接范式(Project-Join Normal Form, PJ/NF)，它包含一个异常：一个表能够分解但不能正确地连接回去。然而，这个产生的条件比较复杂，一般情况下，如果一个关系是 4NF，那它是 5NF。我们在本书中将不研究 5NF。关于 5NF 更多的知识，可以访问 http://en.wikipedia.org/wiki/Fifth_normal_form。

3.2.8　域/关键字范式

如本章前面所介绍的，R. Fagin 在 1982 年发表了一篇文章，其中定义了域/关键字范式(DK/NF)。Fagin 问道：“在什么条件下一个关系没有异常?”他声称 DK/NF 关系不存在修改异常，进一步说，一个不存在修改异常的关系是域/关键字范式。

但是这意味着什么呢? 基本上，DK/NF 要求数据项上的所有约束都是域和关键字定义的逻辑结果。DK/NF 可以重申如下：每一个函数依赖的决定因素都是一个候选键。当然，这与 BCNF 的定义很相似。从实用目的来说，BCNF 关系也就是 DK/NF。

3.3 小结

数据库源于三种形式：从已有数据、新系统的开发以及从已有数据库系统的重新设计。本章和下一章主要考虑已有数据的数据库。虽然表的概念很简单，但特定的表可能使问题的处理非常困难。这一章使用规范化概念来理解和解决这些问题。图 3.3 列出了你应熟悉的一些术语。

关系是表的一种特殊情形，所有的关系都是表，但不是所有的表都是关系。关系具有图 3.4 中所列表的特性，有三个术语的集合用来描述关系的结构：(关系，属性，元组)，(表，列，行)，(文件，字段和记录)。有时这些术语被混用。实际上，术语表和关系通常当作同义词使用，在本书中为了文字的平衡，我们也会这样做。

在函数依赖中，一个属性的值或多个属性的值决定了其他属性的值。函数依赖 A→B 中，属性 A 是决定因素。有些函数依赖源自等式，但还有许多不是这样的。事实上，数据库的目的就是存储那些不是源自等式的函数依赖实例。

称包含多于一个属性的决定因素为组合决定因素。如果 A→(B，C)，则有 A→B，A→C。如果(A，B)→C，则既没有 A→C，也没有 B→C。

如果 A→B，关系中 A 的值可以是唯一的，也可以不是唯一的。但每次给定的 A 值出现时，都将会有对应的 B 值与之相匹配。当且仅当决定因素能决定关系中其他所有属性时，决定因素在关系中的取值才会唯一。不能总是依赖从样本数据中找到函数依赖，最好的办法是从使用数据的用户那里验证结论。

关键字是一列或多列的组合，用于识别关系中的一行或多行。组合关键字是包含多于一个属性的关键字。能决定每一个其他属性的决定因素称为候选关键字，一个关系可以有多个候选关键字，其中被 DBMS 用来查找行的候选关键字称为主关键字。强制关键字是作为主关键字人为加入的属性，强制关键字的值由 DBMS 提供，对用户而言没有任何意义。外键是一张表引用另一张表中主关键字的关键字。参照完整性约束是对外键取值的约束，确保外键的每一个取值都与主关键字的取值相匹配。

三类修改异常分别是插入、更新和删除异常。Codd 及其他研究者对范式进行了定义，用于描述导致异常的不同的表结构。满足图 3.4 列出的条件的表结构是满足 1NF 的。有些异常源自函数依赖，三种范式 2NF，3NF 和 BCNF 用于处理这样的异常。本书中，我们只考虑这些范式中最强的范式 BCNF。如果关系满足 BCNF 范式，就不会有因函数依赖所引起的异常。如果关系中的每个决定因素都是候选关键字，那么关系是 BCNF 范式的。

关系可以通过"Step-by-Step"方法或者"Straight-to-BCNF"方法进行规范化。采用何种方法只是关乎个人的偏好，因为这两种方法都产生相同的结果。

有些异常源自多值依赖，如果 A 决定一个值的集合，那么 A 多值决定 B 或 A→→B。如果 A 多值决定 B，那么任何包含 A，B 以及其他一列或多列的关系都将会有修改异常。通过将多值依赖放在它们自己的表中可以消除由于多值依赖所引起的异常。这些表是 4NF。

存在 5NF，但一般情况下，4NF 表就是 5NF。已经定义了 DK/NF，但从实际来说，DK/NF 的定义与 BCNF 的定义相同。

3.4 关键术语

属性
Boyce-Codd 范式(BCNF)
候选键
组合决定因素
组合键
数据一致性问题
数据库完整性
删除异常
决定因素
域
域完整性约束
域/关键字范式(DK/NF)
实体
实体完整性约束
第五范式(5NF)
第一范式(1NF)
外键
第四范式(4NF)
函数依赖
插入异常
键
多值依赖
非主属性
范式
空值
重叠候选键
部分依赖
主键
投影连接范式(PJ/NF)
参照完整性约束
联系
第二范式(2NF)
强制关键字
第三范式(3NF)
传递依赖
元组
更新异常

3.5 习题

3.1 三种数据库的来源是什么?

3.2 本章和下一章的基本前提条件是什么?

3.3 解释图 3.2 中的表错在哪里。

3.4 给出图 3.3 中列出术语的定义。

3.5 描述成为关系的表的特征。定义术语域,并且解释域完整性约束对关系的意义。

3.6 举出不是关系的两个表的例子。

3.7 假设两张不同的表有相同的列名,为了给出它们唯一的名字,通常怎样做?

3.8 关系中同一列的取值必须有相同的长度吗?

3.9 解释用于描述表、列和行的三种不同集合的术语。

3.10 解释源于等式的函数依赖与非源于等式的函数依赖的不同之处。

3.11 直观地看,函数依赖 PartNumber→PartWeight 有什么含义?

3.12 解释下面语句的含义:
"使用关系的唯一理由就是存储函数依赖的实例。"

3.13 表达式(FirstName, LastName)→Phone 是什么含义?

3.14 什么是组合决定因素?

3.15 如果(A, B)→C, A→C 成立吗?

3.16 如果 A→(B, C), A→B 成立吗?

3.17 图 3.1 中的表 SKU_DATA,试解释为什么 Buyer 决定 Department,但反过来 Department 不能决定 Buyer。

3.18 对图3.1中的表SKU_DATA，试解释为什么SKU_Description→(SKU, Department, Buyer)?
3.19 如果PartNumber→PartWeight成立，是不是表明PartNumber在关系中唯一呢?
3.20 什么条件下决定因素在关系中是唯一的?
3.21 为了判别决定因素在关系中是否唯一，什么测试方法最好?
3.22 什么是组合关键字?
3.23 什么是候选关键字?
3.24 什么是主键? 试解释实体完整性约束对于主键的意义。
3.25 试解释候选关键字与主关键字之间的差别。
3.26 什么是强制关键字?
3.27 强制关键字的值从哪里来?
3.28 什么情况下你会用到强制关键字?
3.29 什么是外键? 试解释参照完整性约束对于外键的意义。
3.30 术语内关键字(domestic key)没有被使用到，但如果使用内关键字的话，你认为它会是什么含义?
3.31 什么是范式?
3.32 使用图3.24中的关系STUDENT_ACTIVITY，请图示删除、修改和插入异常。
3.33 试解释为什么重复数据会导致数据完整性问题。
3.34 什么样的关系是1NF的?
3.35 哪一个范式与函数依赖有关?
3.36 满足什么样条件的关系才是第二范式?
3.37 满足什么样条件的关系才是第三范式?
3.38 满足什么样条件的关系才是BCNF范式?
3.39 如果关系是BCNF范式，那么关系也一定是2NF和3NF吗?
3.40 什么范式与多值依赖有关?
3.41 Fagin关于DK/NF的研究工作其前提条件是什么?
3.42 总结一下三类范式理论。
3.43 一般来说，如何才能将不是BCNF范式的关系转换为BCNF范式的关系?
3.44 什么是参照完整性约束? 定义这个术语，并且给出它的一个使用例子。在参照完整性约束条件下，是否允许外键的列存在空值? 参照完整性对于数据库完整性有什么影响?
3.45 试解释参照完整性约束在规范化过程中充当的角色。
3.46 为什么说非规范化的关系就像一段有多个主题思想的文章。
3.47 在例3中，为什么说关系EXTENDED_PRICE是愚笨的?
3.48 在例4中，在什么条件下函数依赖(StudentID, Activity)→ActivityFee会比Activity→ActivityFee更加准确?
3.49 如果决定因素是候选关键字的一部分，是否已经足以满足BCNF范式?
3.50 在例5中，为什么下面的两个表不是正确的?

DEPARTMENT(<u>Department</u>, DeptBudgetCode, Buyer)

SKU_DATA_4(<u>SKU</u>, SKU_Description, *Department*)

3.51 多值依赖是如何区别于函数依赖的?
3.52 考虑下面的关系:

PERSON(Name, Sibling, ShoeSize)

假设有Name→→Sibling和Name→ShoeSize，试描述关系中的删除、修改和插入异常。

3.53 试将习题3.52中的PERSON关系转变成4NF。
3.54 考虑下面的关系:

PERSON_2(Name, Sibling, ShoeSize, Hobby)

假设 Name→→Sibling, Name→ShoeSize 和 Name→→Hobby。

试描述关系中的删除、修改和插入异常。

3.55 试将习题 3.54 中的 PERSON_2 关系转变成 4NF。

3.56 什么是第五范式?

3.57 DK/NF 的条件怎样与 BCNF 条件相对应?

项目练习

3.58 考虑下面的表:

STAFF_MEETING(EmployeeName, ProjectName, Date)

表中的行记录了来自特定工程的一名员工在给定日期参加某会议的事实。假设一个工程一天最多只召开一次会议，只有一名员工代表一项给定的工程，但这名员工可能被分配多个工程。

A. 试述存在的函数依赖。

B. 将此表转换成一张或多张 BCNF 的表，并指出它们的主关键字、候选关键字、外键以及参照完整性约束。

C. 上面 B 中你所设计的表比原来的表有什么改进? 有什么样的优缺点?

3.59 考虑下面的表:

STUDENT(StudentNumber, StudentName, Dorm, RoomType, DormCost, Club, ClubCost, Sibling, Nickname)

假设学生所付的住宿费是不同的，这取决于房子的类型，但同一俱乐部的成员所付费用相同。并假设一名学生可能有多个昵称。

A. 试述存在的多值依赖。

B. 试述存在的函数依赖。

C. 将此表转换成一张或多张 BCNF 和 4NF 的表，并指出它们的主关键字、候选关键字、外键以及参照完整性约束。

Regional Labs 公司项目练习

Regional Labs 是一间为其他公司和机构进行关于合同基础研究工作的公司。图 3.32 展示了 Regional Labs 公司收集了归属于这些公司或机构的项目和员工信息，这些信息被存储到命名为 PROJECT 的关系(表)里面:

PROJECT(ProjectID, EmployeeName, EmployeeSalary)

A. 假设数据中的函数依赖都是明显的，下面哪些函数依赖是成立的?

1. ProjectID→EmployeeName
2. Project→EmployeeSalary
3. (ProjectID, EmployeeName)→EmployeeSalary
4. EmployeeName→EmployeeSalary
5. EmployeeSalary→ProjectID
6. EmployeeSalary→(ProjectID, EmployeeName)

B. PROJECT 的主键是什么?

C. 是否所有的非主键属性(如果有的话)都依赖于主键?

D. PROJECT 满足什么范式?

E. 试说明影响 PROJECT 的两个修改异常。

F. ProjectID 是否是一个决定因素? 如果是, 是根据 A 部分的哪个函数依赖?

G. EmployeeName 是否是一个决定因素? 如果是, 是根据 A 部分的哪个函数依赖?

H. (ProjectID, EmployeeName)是否是一个决定因素? 如果是, 是根据 A 部分的哪个函数依赖?

I. EmployeeSalary 是否是一个决定因素? 如果是, 是根据 A 部分的哪个函数依赖?

J. 这个关系中包含传递依赖吗? 如果包含请指出来。

K. 重新设计这个关系以消除修改异常。

ProjectID	EmployeeName	EmployeeSalary
100-A	Eric Jones	64,000.00
100-A	Donna Smith	70,000.00
100-B	Donna Smith	70,000.00
200-A	Eric Jones	64,000.00
200-B	Eric Jones	64,000.00
200-C	Eric Parks	58,000.00
200-C	Donna Smith	70,000.00
200-D	Eric Parks	58,000.00

图 3.32 Regional Labs 数据示例

Queen Anne Curiosity 商店项目联系

图 3.33 描述了 Queen Anne Curiosity 商店的典型销售数据, 图 3.34 描述了该商店的购买数据。

LastName	FirstName	Phone	InvoiceDate	InvoiceItem	Price	Tax	Total
Shire	Robert	206-524-2433	14-Dec-13	Antique Desk	3,000.00	249.00	3,249.00
Shire	Robert	206-524-2433	14-Dec-13	Antique Desk Chair	500.00	41.50	541.50
Goodyear	Katherine	206-524-3544	15-Dec-13	Dining Table Linens	1,000.00	83.00	1,083.00
Bancroft	Chris	425-635-9788	15-Dec-13	Candles	50.00	4.15	54.15
Griffith	John	206-524-4655	23-Dec-13	Candles	45.00	3.74	48.74
Shire	Robert	206-524-2433	5-Jan-14	Desk Lamp	250.00	20.75	270.75
Tierney	Doris	425-635-8677	10-Jan-14	Dining Table Linens	750.00	62.25	812.25
Anderson	Donna	360-538-7566	12-Jan-14	Book Shelf	250.00	20.75	270.75
Goodyear	Katherine	206-524-3544	15-Jan-14	Antique Chair	1,250.00	103.75	1,353.75
Goodyear	Katherine	206-524-3544	15-Jan-14	Antique Chair	1,750.00	145.25	1,895.25
Tierney	Doris	425-635-8677	25-Jan-14	Antique Candle Holders	350.00	29.05	379.05

图 3.33 Queen Anne Curiosity 销售数据示例

A. 使用这些数据, 陈述不同列的数据之间的函数依赖的假设。在样本数据以及你对零售的理解的基础上验证你的假设。

B. 根据你对 A 中的假设, 评论以下这些设计的合理性:

1. CUSTOMER(<u>LastName</u>, FirstName, Phone, Email, InvoiceDate, InvoiceItem, Price, Tax, Total)

2. CUSTOMER(<u>LastName</u>, <u>FirstName</u>, Phone, Email, InvoiceDate, InvoiceItem, Price, Tax, Total)

PurchaseItem	PurchasePrice	PurchaseDate	Vendor	Phone
Antique Desk	1,800.00	7-Nov-13	European Specialties	206-325-7866
Antique Desk	1,750.00	7-Nov-13	European Specialties	206-325-7866
Antique Candle Holders	210.00	7-Nov-13	European Specialties	206-325-7866
Antique Candle Holders	200.00	7-Nov-13	European Specialties	206-325-7866
Dining Table Linens	600.00	14-Nov-13	Linens and Things	206-325-6755
Candles	30.00	14-Nov-13	Linens and Things	206-325-6755
Desk Lamp	150.00	14-Nov-13	Lamps and Lighting	206-325-8977
Floor Lamp	300.00	14-Nov-13	Lamps and Lighting	206-325-8977
Dining Table Linens	450.00	21-Nov-13	Linens and Things	206-325-6755
Candles	27.00	21-Nov-13	Linens and Things	206-325-6755
Book Shelf	150.00	21-Nov-13	Harrison, Denise	425-746-4322
Antique Desk	1,000.00	28-Nov-13	Lee, Andrew	425-746-5433
Antique Desk Chair	300.00	28-Nov-13	Lee, Andrew	425-746-5433
Antique Chair	750.00	28-Nov-13	New York Brokerage	206-325-9088
Antique Chair	1,050.00	28-Nov-13	New York Brokerage	206-325-9088

图 3.34 Queen Anne Curiosity Shop 进货数据示例

3. CUSTOMER(LastName, FirstName, Phone, Email, InvoiceDate, InvoiceItem, Price, Tax, Total)
4. CUSTOMER(LastName, FirstName, Phone, Email, InvoiceDate, InvoiceItem, Price, Tax, Total)
5. CUSTOMER(LastName, FirstName, Phone, Email, InvoiceDate, InvoiceItem, Price, Tax, Total)
6. CUSTOMER(LastName, FirstName, Phone, Email)

   和:

   SALE(InvoiceDate, InvoiceItem, Price, Tax, Total)
7. CUSTOMER(LastName, FirstName, Phone, Email, *InvoiceDate*)

   和:

   SALE(InvoiceDate, InvoiceItem, Price, Tax, Total)
8. CUSTOMER(LastName, FirstName, Phone, Email, InvoiceDate, InvoiceItem)

   和:

   SALE(InvoiceDate, Item, Price, Tax, Total)

C. 修改你认为的在 B 中的最合理的设计以把强制键 ID 列包含进去，包括 CustomerID 和 SaleID。应该怎么改进设计?

D. 修改 C 中的设计，把 SALE 拆分为两个关系，分别命名为 SALE 和 SALE_ITEM。如果你认为必要的话，可以修改列或者添加额外的列。应该怎么改进设计?

E. 根据你的假设，评论以下这些设计的合理性:

1. PURCHASE(PurchaseItem, PurchasePrice, PurchaseDate, Vendor, Phone)
2. PURCHASE(PurchaseItem, PurchasePrice, PurchaseDate, Vendor, Phone)
3. PURCHASE(PurchaseItem, PurchasePrice, PurchaseDate, Vendor, Phone)

4. PURCHASE(PurchaseItem, PurchasePrice, PurchaseDate, Vendor, Phone)
5. PURCHASE(PurchaseItem, PurchasePrice, PurchaseDate)
   和:
   VENDOR(Vendor, Phone)
6. PURCHASE(PurchaseItem, PurchasePrice, PurchaseDate, Vendor)
   和:
   VENDOR(Vendor, Phone)
7. PURCHASE(PurchaseItem, PurchasePrice, PurchaseDate, *Vendor*)
   和:
   VENDOR(Vendor, Phone)

F. 按照你设想的最优设计去修改 E 部分,以把 PurchaseID 和 VendorId 的代理 ID 列包含进数据库设计中。应该怎么改进设计?

G. 在之前的设计中,D 部分和 F 部分的设计之间是不关联的。修改数据库设计来把销售数据和购买数据关联起来。

Morgan 进口公司项目练习

Morgan 保留着一张关于他购买商品的购物店的数据表,这些购物店位于不同的国家,有着不同的特色,考虑下面的关系:

STORE(StoreName, City, Country, OwnerName, Specialty)

A. 试解释什么条件下,下式成立:
1. StoreName→City
2. City→StoreName
3. City→Country
4. (StoreName, Country)→(City, OwnerName)
5. (City, Specialty)→StoreName
6. OwnerName→→StoreName
7. StoreName→→Specialty

B. 对 A 中的关系:
1. 对小额进出口贸易,试指出 A 中的哪个依赖最恰当。
2. 假设 B.1 成立,将表 STORE 转换成一张或多张 BCNF 和 4NF 的表,并指出它们的主关键字、候选关键字、外键及参照完整性约束。

C. 考虑下面的关系:

SHIPMENT(ShipmentNumber, ShipperName, ShipperContact, ShipperFax, DepartureDate, ArrivalDate, CountryOfOrigin, Destination, ShipmentCost, InsuranceValue, Insurer)

1. 写一个函数依赖,表达两个城市之间的运输费用相同的事实。
2. 写一个函数依赖,表达对给定的供应商,保险值相同的事实。
3. 写一个函数依赖,表达对给定的供应商和原产国,保险值相同的事实。
4. 试述 SHIPMENT 中可能存在的两个多值依赖。
5. 对 SHIPMENT 关系,如果是小额进出口贸易,试述你所信赖的函数依赖是合理的。
6. 对 SHIPMENT 关系,试述你所信赖的多值依赖是合理的。
7. 用 5 和 6 中的设想,将表 SHIPMENT 转换成一张或多张 BCNF 和 4NF 的表,并指出它们的主关键字、候选关键字、外键以及参照完整性约束。

第4章 使用规范化进行数据库设计

本章目标

- 设计可更新的数据库来存储其他数据源的数据
- 使用SQL访问表结构
- 理解规范化的优点和缺点
- 理解反规范化
- 设计只读数据库存储可更新数据库的数据
- 识别和能够改正常见的设计问题：
  - 多值，多列问题
  - 不一致数据值问题
  - 缺失值问题
  - 通用目的的备注列问题

第3章定义了关系模型，描述了更改异常，并讨论了如何使用BCNF和4NF进行规范化。这一章我们使用这些概念从现有数据中设计数据库。

本章的前提和第3章一样，就是从某个数据源得到一张表或多张表，将要把它们存储到一个新的数据库中。问题是：这些数据应该照原样存储，还是存储之前先进行某种变化？正如将要看到的，规范化理论起了非常重要的作用。

4.1 评估表结构

若有人给了你一些表，希望你构造一个数据库来存储它们。首先应该评估这些表的结构和内容。图4.1总结了评估表结构的通用方法。

如图4.1所示，应该检查表中的数据来决定函数依赖、多值依赖、候选键和每张表的主键。同时搜索可能存在的外键。可以根据你的采样数据来做出判断，但这些数据可能并没有覆盖所有可能的情况。因此，需要询问用户来验证你的假设。

- 计算表的行数以及检查表中的列
- 检查表中数据的值并和用户交流，让他们决定：
  多值依赖
  函数依赖
  候选键
  主键
  外键
- 评估假设的参照完整性约束是否有效

图4.1 评估表结构的方针

例如，假设得到下面两个表SKU_DATA和BUYER的数据（两个表的主键已经根据应用逻辑确定）：

SKU_DATA(<u>SKU</u>, SKU_Description, Buyer)
BUYER(<u>Buyer</u>, Department)

首先使用COUNT(*)函数来计算每张表中行的数目。然后使用SELECT *语句来确定表中列的数目和类型。然而，如果表有上千行或上万行，这样的查询会耗费大量的时间。一种方法是使用TOP{行数}属性。例如，为了获得SKU_DATA表中前5行的所有列，可采用下面的查询：

```
/* *** SQL-Query-CH04-01 *** */
SELECT     TOP 5 *
FROM       SKU_DATA;
```

这个查询会返回前5行的所有列的数据。如果你要前50行，就用TOP 50来代替TOP 5。此时，你需要确定表的主键，以及确定表中每一列的数据类型。

	SKU	SKU_Description	Buyer
1	100100	Std. Scuba Tank, Yellow	Pete Hansen
2	100200	Std. Scuba Tank, Magenta	Pete Hansen
3	101100	Dive Mask, Small Clear	Nancy Meyers
4	101200	Dive Mask, Med Clear	Nancy Meyers
5	201000	Half-dome Tent	Cindy Lo

关于外键，冒然假设存在参照完整性约束是非常危险的。你应该亲自检查，例如假设通过调查，得知SKU是SKU_DATA的主键，BuyerName是BUYER的主键。你认为SKU_DATA. Buyer可能是BUYER. BuyerName的外键。问题是是否下面的参照完整性约束存在：

SKU_DATA. Buyermust 存在于 BUYER. BuyerName

可以通过下面的SQL语句来进行验证。这个查询会返回任何违反这一约束的外键：

```
/* *** SQL-Query-CH04-02 *** */
SELECT     Buyer
FROM       SKU_DATA
WHERE      Buyer NOT IN
           (SELECT     Buyer
            FROM       SKU_DATA, BUYER
            WHERE      SKU_DATA.Buyer = BUYER.Buyer);
```

这个子查询返回所有在Buyer中对应于SKU_DATA. Buyer和BUYER. Buyer之间的值。如果有个Buyer不在这个子查询的结果集中，则这个值会在总的查询结果中显示。所有这些值都违反了参照完整性约束。在图3.21中对数据集进行查询返回的实际结果中(其中SKU_DATA以表名SKU_DATA_2出现)，可以得到一个空集，即没有能够满足查询的记录。这表明表内没有外键的值是与参照完整性约束冲突的。

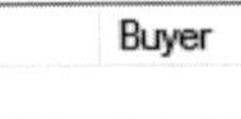

检查完输入表后，下一步依赖于要创建可更新表还是只读表。我们首先讨论可更新表。

4.2 设计可更新数据库

如果要构造一个可更新数据库，需要考虑更改异常和不一致数据。因此，必须仔细思考规范化原则。开始之前，我们首先回顾一下规范化的优点和缺点。

4.2.1 规范化的优缺点

图4.2总结了规范化的优缺点。优点是：规范化消除了更改异常且减少了数据冗余。减少数据冗余，消除了可能存在的不一致数据取值所带来的数据完整性问题，并且还节省了文件存储空间。

- 优点：
  - 消除更新异常
  - 减少数据冗余
    - 解决了数据完整性问题
    - 节省存储空间
- 缺点：
  - 涉及多表的子查询和表之间的联接需要更复杂的 SQL 语句
  - DBMS 的额外工作使应用程序变慢

图 4.2　规范化的优缺点

BY THE WAY　为什么是减少数据冗余而不是消除数据冗余？因为外键的存在，所以我们无法完全消除数据冗余。比如，我们不能从 SKU_DATA 表中去掉 Buyer，因为如果去掉了，将无法把 BUYER 和 SKU_DATA 两张表关联起来。所以，Buyer 的值在 BUYER 和 SKU_DATA 两张表中是重复的。

这就导致了另一个问题：如果只是减少数据冗余，为什么能做到消除不一致数据呢？外键所引起的数据冗余是不会产生不一致数据的，因为有参照完整性作为保证。只要我们强制执行了这样的约束，那么冗余的外键值能消除不一致数据。

缺点是：规范化要求应用程序开发者编写更加复杂的 SQL 语句。要恢复原始数据，必须使用子查询和联接来处理分散在多张表中的数据。并且，DBMS 必须读两张表或多张表，这会使得应用程序变慢。

4.2.2　函数依赖

正如第 3 章所述，我们可以通过 BCNF 来消除函数依赖所引起的异常。大多数情况下，更改异常的问题非常严重，所以要求表满足 BCNF。但是，下面将看到会有例外存在。

4.2.3　使用 SQL 进行规范化

第 3 章讲过，如果表中的所有决定因子都是候选键，则这张表满足 BCNF。如果某个决定因子不是候选键，则需要把原表分成两张或多张表。参见图 4.3 中的表 EQUIPMENT_REPAIR（与图 3.10 中的表相同）。在第 3 章中，我们知道 ItemNumber 是一个决定因子，但不是候选键。因此，构造两张表：EQUIPMENT_ITEM 和 REPAIR，如图 4.4 所示。在这些表中，ItemNumber 是 EQUIPMENT_ITEM 表的决定因子和候选键，RepairNumber 是 REPAIR 表的决定因子和候选键。这两张表都满足 BCNF。

那么，怎样把图 4.3 中的表变为图 4.4 中的两张表呢？我们使用 SQL 中的 INSERT 语句。它的细节将在第 7 章中介绍。在这里，我们仅仅使用它的一个版本来演示规范化的实际过程。

首先，我们构造这两张新表的结构，如图 4.4 所示。如果是使用 Microsoft Access，可以使用附录 A 中的过程来创造表。在第 7 章中将学习如何使用 SQL 来创造表——一个所有数据库产品都支持的操作。

EQUIPMENT_REPAIR

	ItemNumber	EquipmentType	AcquisitionCost	RepairNumber	RepairDate	RepairCost
1	100	Drill Press	3500.00	2000	2013-05-05	375.00
2	200	Lathe	4750.00	2100	2013-05-07	255.00
3	100	Drill Press	3500.00	2200	2013-06-19	178.00
4	300	Mill	27300.00	2300	2013-06-19	1875.00
5	100	Drill Press	3500.00	2400	2013-07-05	0.00
6	100	Drill Press	3500.00	2500	2013-08-17	275.00

图 4.3 EQUIPMENT_REPAIR 表

EQUIPMENT_ITEM

	ItemNumber	EquipmentType	AcquisitionCost
1	100	Drill Press	3500.00
2	200	Lathe	4750.00
3	300	Mill	27300.00

REPAIR

	RepairNumber	ItemNumber	RepairDate	RepairCost
1	2000	100	2013-05-05	375.00
2	2100	200	2013-05-07	255.00
3	2200	100	2013-06-19	178.00
4	2300	300	2013-06-19	1875.00
5	2400	100	2013-07-05	0.00
6	2500	100	2013-08-17	275.00

图 4.4 规范化 ITEM 表和 REPAIR 表

一旦这些表创建好，就可以使用下面的 SQL INSERT 语句来插入值了：

```
/* *** SQL-INSERT-CH04-01 *** */
INSERT INTO EQUIPMENT_ITEM
    SELECT    DISTINCT ItemNumber, EquipmentType, AcquisitionCost
    FROM      EQUIPMENT_REPAIR;
```

注意：必须使用 DISTINCT 关键字，因为(ItemNubmer，EquipmentType，AcquisitionCost)组合在 EQUIPMENT_REPAIR 表中不是唯一的。之后我们用类似的方法在 REPAIR 中插入值：

```
/* *** SQL-INSERT-CH04-02 *** */
INSERT INTO REPAIR
    SELECT    RepairNumber, ItemNumber, RepairDate, RepairCost
    FROM      EQUIPMENT_REPAIR;
```

规范化表的 SQL 语句比较简单。之后，就可以删除原来的 EQUIPMENT_REPAIR 表了。当前，Microsoft Access，SQL Server，Oracle Database 和 MySQL 都提供图形化工具来删除表。在第 7 章将学习如何使用 SQL 中的 DROP TABLE 语句来删除表，以及如何使用 SQL 创建参照完整性约束：

REPAIR. ItemNumber must exist in ITEM. ItemNumber

如果想尝试这个例子，从网站 www. pearsonhighered. com/kroenke 下载 Microsoft Access 2013 数据库 Equipment-Repair-Database. accdb。它包含表 EQUIPMENT_REPAIR 的数据。创建新表(参见附录 A)，并执行 INSERT 语句来进行规范化。

这个操作可以扩展到任意数据的表上，第 7 章将详细介绍，现在只需要大致了解它即可。

4.2.4 选择不使用 BCNF

尽管大多数情况下，可更新的数据库中的表应满足 BCNF。但有时候，BCNF 要求太苛刻。下面是一个经典的不需要规范化的例子：美国 ZIP 编码和其他国家类似的邮政编码（尽管实际上 ZIP 编码并不总是能确定城市和州）。考察如下针对美国客户的表：

CUSTOMER(<u>CustomerID</u>, LastName, FirstName, Street, City, State, ZIP)

表中存在函数依赖：

CustomerID→(LastName, FirstName, Street, City, State, ZIP)

和

ZIP→(City, State)

这张表不满足 BCNF，因为 ZIP 是一个决定因子但不是候选键。可以进行如下的规范化：

CUSTOMER_2(<u>CustomerID</u>, LastName, FirstName, Street, *ZIP*)

ZIP_CODE(<u>ZIP</u>, City, State)

存在参照完整性约束：

CUSTOMER_2. ZIP 必须存在于 ZIP_CODE. ZIP

表 CUSTOMER_2 和 ZIP_CODE 满足 BCNF，考察图 4.2 列出的规范化的优点和缺点。规范化消除了更新异常，但是 ZIP 会经常变化吗？邮政局会经常变化和 ZIP 匹配的 State 和 City 吗？几乎不会发生。任何的改变对企业和个人来说都会带来较大的代价，所以，即使设计允许更新异常发生，事实上，它们从来不会发生，因为数据不会改变。下面考察第二个优点：规范化减少数据冗余并因此提高数据的一致性。事实上，仅当 City，State 或者 ZIP 录入错误时才会发生数据不一致的情况。这时，数据库中存在了不一致的 ZIP 值。但是，正常的商业过程会发现 ZIP 值的错误，并轻松地更正这个错误值。

现在考察规范化的缺点。两个单独的表需要更复杂的 SQL 操作。需要 DBMS 管理两张表，这会降低应用程序的速度。权衡上述考虑，大多数开发者会觉得规范化的设计太苛刻，并选择不把 ZIP 独立出来。

综上所述，当设计可更新数据库时，检查每个表是否满足 BCNF。当表不满足 BCNF 时，它可能引起更新异常和数据不一致。大多数情况下，改变表使其满足 BCNF。但如果数据不是经常发生变化，而且数据的不一致可以在商业处理中轻易地检测出来，则应该选择不对它进行改变。

4.2.5 多值依赖

不同于函数依赖，多值依赖的后果非常严重，因此应该在所有情况下都消除多值依赖。与 BCNF 不同，多值依赖没有特殊情况。因此只要它存在，就应该分离表。

从上一节的叙述中可以看出，进行规范化比较简单。尽管它确实需要开发者编写子查询和联接来重新创建表，但和编写程序来处理多值依赖引起的异常的复杂性相比，这个操作明显比较简单。

一些专家不同意这条快速且严格的规则，但这条规则确实成立。虽然存在一些罕见的、不可思议的情况，多值依赖引起的后果并不严重，但这些例子可以忽略不计。在你有多年的数据库设计经验之前，总是应该在可更新数据库中消除多值依赖。

4.3 设计只读数据库

我们可能会遇到要把一些表设计成一个只读数据库的情况。事实上，这个任务一般会分配给数据库设计的新手。

只读数据库用在商务智能系统中用于处理查询、生成报表或数据挖掘，本书将在第 12 章介绍。因为只读数据库由受控和定时的进程谨慎地进行更新，设计的方法和属性就和频繁更新的操作数据库的设计有很大不同。

基于若干理由，规范化不是只读数据库的优先选择。第一，如果数据库从来不被更新，则更改异常就不会发生。考察图 4.2，规范化一个只读数据库的唯一理由就是减少数据冗余。然而，没有了更新操作，数据不一致也不会发生。因此，避免数据冗余的唯一理由就是节省存储空间。

在当今的硬件条件下，文件存储设备非常便宜，几乎不需要代价。因此，除非这个数据库异常庞大，否则存储代价非常小。不可否认，DBMS 在一张比较大的表中查询和处理数据会花费更多时间，规范化数据库用来提高处理时间是有道理的。但这个提高并不是非常明显的。如果数据库被规范化，那么需要从两张表或多张表中读取数据，对表进行联接的时间会抵消掉读较小的表所节省下来的时间。因此在大多数情况下，规范化只读数据库是不合理的。

4.3.1 反规范化

只读数据库通常是从事务数据库中抽取而来的。由于这种数据库是可更新的，所以它们一般都是规范化的。因此，很可能得到的数据具有符合规范化的格式。事实上，规范化数据在数据请求时是更好的选择。一方面，规范化数据更小且易于传输。另一方面，如果数据是规范化的，更加容易被转换以满足特定的需求。

根据上节的内容，可能不想把只读数据库的数据规范化。如果得到的是规范化的，则需要反规范化，或者说联接。

考虑图 4.5 中的例子。这是图 3.18 中 STUDENT，ACTIVITY 和 PAYMENT 的例子。假定要创建一个只读数据库，用来生成学生活动付费的报表。如果把数据放在这三个表中，而且每次都有人需要比较 AmountPaid 和 ActivityFee，则每次生成报表时都要在三个表中进行联接操作。因此，开发者必须了解如何编写三个表的联接操作，而且每次准备报表的过程中，DBMS 都必须执行这些联接。

为了降低 SQL 读取这些数据的复杂度，提高 DBMS 运行效率，可以一次性地把这三个表进行联接并存储到一张表中。下面的操作把这三个表进行联接并存储到一张名为 STUDENT_ACTIVITY_PAYMENT_DATA 的表中：

```
/* *** SQL-INSERT-CH04-03 *** */
INSERT INTO STUDENT_ACTIVITY_PAYMENT_DATA
    SELECT   STUDENT.StudentID, StudentName,
             ACTIVITY.Activity, ActivityFee,
             AmountPaid
    FROM     STUDENT, PAYMENT, ACTIVITY
    WHERE    STUDENT.StudentID = PAYMENT.StudentID
       AND   PAYMENT.Activity = ACTIVITY.Activity;
```

正如图4.6所示，联接得到的STUDENT_ACTIVITY_PAYMENT_DATA表等于原来的图3.24所示的STUDENT_PAYMENT表。

STUDENT

	StudentID	StudentName
1	100	Jones
2	200	Davis
3	300	Garrett
4	400	Jones

ACTIVITY

	Activity	ActivityFee
1	Golf	65.00
2	Skiing	200.00
3	Swimming	50.00

PAYMENT

	StudentID	Activity	ActivityFee
1	100	Golf	65.00
2	100	Skiing	200.00
3	200	Skiing	200.00
4	200	Swimming	50.00
5	300	Skiing	200.00
6	300	Swimming	50.00
7	400	Golf	65.00
8	400	Swimming	50.00

图4.5　规范化STUDENT，ACTIVITY，PAYMENT表

STUDENT_ACTIVITY_PAYMENT_DATA

	StudentID	StudentName	Activity	ActivityFee	AmountPaid
1	100	Jones	Golf	65.00	65.00
2	100	Jones	Skiing	200.00	0.00
3	200	Davis	Skiing	200.00	0.00
4	200	Davis	Swimming	50.00	50.00
5	300	Garrett	Skiing	200.00	100.00
6	300	Garrett	Swimming	50.00	50.00
7	400	Jones	Golf	65.00	65.00
8	400	Jones	Swimming	50.00	50.00

图4.6　反规范化STUDENT_ACTIVITY_PAYMENT_DATA表

反规范化非常简单，只是把表进行联接然后存到一张表中。通过反规范化，节省了开发人员编写多表操作以及DBMS执行它的开销。

4.3.2　自定义的复制表

因为只读数据库没有数据完整性问题，而且现在存储介质非常便宜，所以通常会对同一数据生成很多副本，每一副本用于特定的一个应用。

例如，假定一家公司有一个如图4.7所示的表PRODUCT。表中的列用于不同的商业过程：一些用于购买，一些用于销售分析，一些用于在网上显示数据，一些用来营销策划，还有一些用于库存控制。

某些列，例如存储图形的列，存储空间很大。如果对于每个查询，DBMS都要求读这个表，那么处理速度会很慢。因而，这家公司应该生成这个表的若干自定义的版本，以应付不同的查询需求。如果是可更新数据库，太多的冗余数据会产生严重的数据完整性问题，但如果是只读数据库，则是安全的。假定公司设计了如下的表：

- SKU (Primary Key)
- PartNumber (Candidate key)
- SKU_Description (Candidate key)
- VendorNumber
- VendorName
- VendorContact_1
- VendorContact_2
- VendorStreet
- VendorCity
- VendorState
- VendorZip
- QuantitySoldPastYear
- QuantitySoldPastQuarter
- QuantitySoldPastMonth
- DetailPicture
- ThumbNailPicture
- MarketingShortDescription
- MarketingLongDescription
- PartColor
- UnitsCode
- BinNumber
- ProductionKeyCode

图4.7　PRODUCT表中的列

PRODUCT_PURCHASING(SKU, SKU_Description, VendorNumber, VendorName, VendorContact_1, VendorContact_2, VendorStreet, VendorCity, VendorState, VendorZIP)
PRODUCT_USAGE(SKU, SKU_Description, QuantitySoldPastYear, QuantitySoldPastQuarter, QuantitySoldPastMonth)
PRODUCT_WEB(SKU, DetailPicture, ThumbnailPicture, MarketingShortDescription, MarketingLongDescription, PartColor)
PRODUCT_INVENTORY(SKU, PartNumber, SKU_Description, UnitsCode, BinNumber, ProductionKeyCode)

可以使用 Microsoft Access 或其他 DBMS 的图形界面来创建这些表。一旦这些表被创建，可以用前面讨论过的 INSERT 语句来插入数据。唯一要注意的地方是要使用 DISTINCT 来保证数据的唯一性，参见习题 4.10。

4.4 常见的设计问题

尽管对已存在数据设计数据库时，规范化和反规范化是主要考虑的问题，然而还有 4 个问题也常常需要考虑，如图 4.8 所示。

从已存在数据设计数据库的常见问题
● 多值、多列问题
● 不一致的数据值
● 缺失值
● 通用目的的备注列

图 4.8 从已存在数据设计数据库的常见问题

4.4.1 多值、多列问题

图 4.7 中的表阐述了第一个通用问题。观察列 VendorContact_1 和 VendorContact_2，这些列存储了两个过去的卖主的联系名字。如果公司想要使用同样的方式存储第 3 个或第 4 个联系人的名字，将增加两个字段：VendorContact_3 和 VendorContact_4。再考虑一个员工停车管理的应用程序。假设 EMPLOYEE_AUTO 表包含员工基本信息以及三个停车执照号，表结构如下所示：

EMPLOYEE(EmployeeNumber, EmployeeLastName, EmployeeFirstName, Email, Auto1_LicenseNumber, Auto2_LicenseNumber, Auto3_LicenseNumber)

类似的例子还有存储员工子女信息的表，每一列存储一个孩子的名字，比如 Child_1, Child_2, Child_3；以及在应用程序中用列 Picture_1, Picture_2, Picture_3 存储一个房子内的画；等等。

这种存储方式虽然很方便，但它的缺点也是显而易见的。最明显的就是能够存储的个数是固定的。如果一个卖主有三个联系名字该怎么办？SKU_DATA 表中只有 VendorContact_1 和 VendorContact_2 两列，在哪里存储第三个卖主联系名字呢？对于第二个例子，假如只有三列用来存储孩子的名字，那么第四个孩子存储到哪里呢？

第二个缺点是在查询数据的时候。假设 EMPLOYEE 表如下：

EMPLOYEE(EmployeeNumber, EmployeeLastName, EmployeeFirstName, Email, Child_1, Child_2, Child_3, …{other data})

假设想查询哪些员工有名叫 Gretchen 的孩子。如果表中有三列表示孩子的名字，查询语句应该写为：

```
/* *** EXAMPLE CODE-DO NOT RUN *** */
/* *** SQL-Query-CH04-03 *** */
SELECT     *
FROM       EMPLOYEE
WHERE      Child_1 = 'Gretchen'
    OR     Child_2 = 'Gretchen'
    OR     Child_3 = 'Gretchen';
```

当然，如果表中有 7 个孩子的名字的话……你可以想象会是什么样子了。

可以通过使用第二张表来存储这些值以解决这两个问题。对于员工/孩子的例子，使用下面的表：

EMPLOYEE(<u>EmployeeNumber</u>, EmployeeLastName, EmployeeFirstName, Email, …{other data})

CHILD(<u>*EmployeeNumber*</u>, <u>ChildFirstName</u>,… other data)

使用这个结构，对于每个员工都可以存储任意数量的孩子。而没有孩子的员工则什么都不用存储。另外，如果想查询哪些员工有名叫 Gretchen 的孩子，可采用下面的语句：

```
/* *** EXAMPLE CODE-DO NOT RUN *** */
/* *** SQL-Query-CH04-04 *** */
SELECT     *
FROM       EMPLOYEE
WHERE      EmployeeNumber IN
           (SELECT    EmployeeNumber
            FROM      CHILD
            WHERE     ChildFirstName = 'Gretchen');
```

第二个查询更加容易书写和理解，并且，不管员工有多少个孩子，都可以使用这个查询语句来进行查询。

第二种设计方案需要 DBMS 去处理两张表，如果表比较大，当考虑性能的时候，有些人认为第一种方案更好。在这种情况下，使用多个列来存储多值情况更有优势。另外，另一种对第二个设计方案的反对理由是："我们只需要三列来存储，因为学校政策限制每个员工只能注册三辆车。"问题往往是数据库的使用时间会比政策的存续时间长。当政策发生改变时，数据库就需要重新设计。在第 8 章将学到，数据库的重新设计是非常复杂和昂贵的，最好能够避免重新设计。

BY THE WAY 几年前，人们认为每个人只需要 3 个电话号码：家、办公室和传真。后来，他们说："或许我们需要 4 个号码：家、办公室、传真和移动电话。"今天，谁会去猜测每个人应该拥有的最大电话号码个数呢？因此，把号码存储到第二张表中可以允许用户不拥有或拥有任意数量的电话号码。

你可能会在为非数据库数据设计数据库的时候遇到多值多列的问题，它在涉及清单和文本数据文件时非常普遍。幸运的是，这种两张表的设计方案非常简单，并且把数据移动到新的表中的 SQL 语句也非常易于编写。

BY THE WAY 多值多列问题是多值依赖的另一种形式。例如，对于停车应用，不是为 EMPLOYEE 的每一辆车建一行，而是使用多值列。这个问题是一样的。

4.4.2 不一致的数据值

为已存在数据设计数据库时不一致取值非常普遍。这种情况来源于不同的用户或者不同的数据源存储相同的数据所用的表单可能会有略微的差别。这些差别难以被检测，并且会产生不一致或错误的信息。

最难以解决的一个问题是不同的用户使用不同的方式来表示相同的数据。一个用户可能把 SKU_Description 表示为 Corn, Large Can；另外的用户可能表示为 Can, Corn, Large 或者 Large Can Corn。这三种方式都表示同一个 SKU，但协调它们是非常困难的。这些例子不是被精心设计的，在从不同的数据库、清单和文件中汇集数据时，这个问题常常会发生。

一个类似的但比较简单的问题是一些拼写错误。一个用户可能输入 Coffee，另外的用户可能输入 Coffeee。它们可能会被看成两件不同的商品。

在主键和外键中存在不一致的数据值会引发非常严重的问题。当外键列中有值不一致或被错误拼写时，关系会因此而被破坏。

有两种技术用来发现这个问题。第一种是前面检查参照完整性时使用到的技术。这种检查会发现不一致的或拼写错误的值。

第二种技术是在可能存在问题的列上使用 GROUP BY。例如，假设我们怀疑在 SKU_DATA 表的 SKU_Description 列上可能有不一致的数据值(注意这里的讨论使用的是图 2.5 所示的包含四列的 SKU_DATA 表，而不是本章中的包含三列的表，尽管下面这个查询在两个表上都能正确执行)，可以使用下面的查询来检查：

```
/* *** SQL-Query-CH04-05 *** */
SELECT      SKU_Description, COUNT(*) as SKU_Description_Count
FROM        SKU_DATA
GROUP BY    SKU_Description;
```

查询结果如下：

	SKU_Description	SKU_Description_Count
1	Dive Mask, Med Clear	1
2	Dive Mask, Small Clear	1
3	Half-dome Tent	1
4	Half-dome Tent Vestibule	1
5	Light Fly Climbing Harness	1
6	Locking Carabiner, Oval	1
7	Std. Scuba Tank, Magenta	1
8	Std. Scuba Tank, Yellow	1

在这个例子中，没有不一致的数据存在。但是如果有，它们会被显示出来。如果查询结果太多，可使用 HAVING 条件进行过滤。没有一种检查是绝对有效的，有时我们不得不通过读数据来检查。

处理这种数据时，应该开发一个错误报告和跟踪系统来记录和纠正找到的不一致数据。当已经找出的不一致数据再次发生时，用户会很快变得失去耐心。

4.4.3　缺失值

缺失值是对已存在数据设计数据库时经常会遇到的第三个问题。缺失值，或称 null 值，是那些未被提供的值。它不同于空白值，因为空白值本身就是一种取值，而缺失值是没被提供的值。

null 值的产生原因有多种。可能这个值是不合适的；可能这个值是合适的但没有人知道；还可能它既是合适的也是已知的，但没有人把它录入到数据库。遗憾的是，我们无法判断一个 null 值产生的原因是上面哪一种。

例如，考虑 PATIENT 表中 DateOfLastChildbirth 列里的 null 值。如果这一行代表一个男性患者，这个 null 值就是不合适的；如果这个患者是女性，但没有人问过她的情况，这就是第二种情况；如果这个患者是女性并且已经登记过这个信息，但还没有被录入到数据库中，就属于第三种情况。

可以使用 SQL 术语 IS NULL 来检查 null 值。例如，想要查询 ORDER_ITEM 表中 Quantity 列的 null 值个数，可以使用下面的查询语句：

```
/* *** SQL-Query-CH04-06 *** */
SELECT     COUNT (*) as QuantityNullCount
FROM       ORDER_ITEM
WHERE      Quantity IS NULL;
```

查询结果如下：

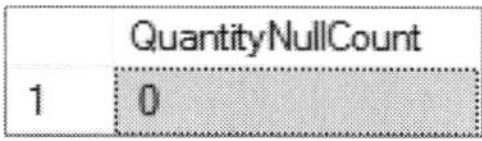

	QuantityNullCount
1	0

在本例中，不存在 NULL 值，但是如果有的话，我们将知道有多少个。然后我们使用 SELECT * 来查看包含 null 值的行数据信息。

当为已存在数据构造数据库时，如果要把有空值的列作为主键，DBMS 将生成一个错误。因此，首先应该把这些空值清除掉。并且，应该在 DBMS 中设定此列不允许为空值(null)，这样，当插入的元组中包含空值的时候，DBMS 会自动生成错误信息。具体细节随 DBMS 的不同而不同。第 10A 章将讲述 Microsoft SQL Server 2012，第 10B 章将讲述 Oracle Database 11g Release 2，第 10C 章将讲述 MySQL 5.6。读者应该养成在所有外键中检查是否存在空值的习惯。任何在外键列上是空值的行都不能插入到数据库中。这点可能是合理的也可能不是，所以在建库时要询问用户的具体情况。另外，当对表做联接时，空值也会引发错误。我们将在第 7 章讲述这个问题。

4.4.4　通用目的的备注列

通用目的的备注列的问题非常普遍，并且是严重和难以解决的。叫作“备注”、“评论”等的列经常已不一致地、非形式化地存储了重要的数据，因此应该小心处理这些列。

考虑一个销售贵重物品，比如飞机、名车、游艇或者画作等的公司的客户数据。可能使用清单来保存客户数据。这样做并不是因为这是最好的方法，很可能只是因为手头有这样的电子表格程序并了解它的用法(可能“自以为了解它的用法”这种说法更准确点)。

典型的清单有列：姓、名字、电子信箱、电话号码、地址等，并且可能拥有叫作“备注”、“评论”、“笔记”等的列。问题是需要的数据常常保存在这些列中，但是无法轻易取出来。假

设要为飞机代理商建立一个数据库来保存客户信息。设计了如下两张表:

CONTACT(<u>ContactID</u>, ContactLastName, ContactFirstName, Address,… {other data}, Remarks, *AirplaneModelID*)

和

AIRPLANE_MODEL(<u>AirplaneModelID</u>, AirplaneModelName, AirplaneModelDescription,… {other airplane model data})

CONTACT. AirplaneModelID 是指向 AIRPLANE_MODEL. AirplaneModelID 的外键。使用这张表来保存谁买过或将要买特定的飞机模型。

某些情况下,作为外键的数据是保存在备注列中的。比如,"想要买一个 Piper Seneca II"或"已经购买 Piper Seneca II",或"可能购买一个 turbo Seneca"。这三个列都包含"Piper Seneca II",但你不得不绞尽脑汁才可能发现它们。

另一个问题是备注列的用途是不一致的或者里面存储了多个数据项。可能有的用户用它来保存联系人的名字;别的用户可能用它来保存飞机模型的描述;还可能保存客户最后一次联系的时间;更有甚者,同一个用户可能在不同的时间使用它来保存不同的信息。

最好的方法是识别出所有的存储内容,然后在要创建的数据库中使用新的列来分别保存这些内容,再从原数据中导出数据并插入到新的表中。但无法自动实现这个功能。

注意在实际操作中,任何解决方法都需要很大的耐心和若干小时的工作。

4.5 小结

当为已存在数据构建数据库时,第一步是评估输入表的结构和内容。计算表的行数以及使用 SELECT TOP{行数} * 来观察表的列。然后检查数据,发现其中的函数依赖、多值依赖、候选键和每张表的主键、外键。检查每种可能存在的参照完整性约束的可能行。

建立可更新数据库和只读数据库的设计原则是不同的。如果是建立可更新数据库,必须考虑修改异常和不一致的数据。规范化的优点是它可以消除修改异常、减少数据冗余以及消除不一致数据。它的缺点是要设计复杂的 SQL 语句和影响应用程序的效率。

对于可更新数据库,大多数情况下,更新异常带来的问题都非常严重,因此要使得每张表都满足 BCNF。实现规范化的 SQL 语句非常简单。在某些情况下,数据不会频繁更新,并且不一致数据可以轻易地更正,因此无须进行规范化。必须消除多值依赖。

只读数据库用来处理查询、生成报表或数据挖掘。这个任务一般会分配给数据库设计的新手。当设计只读数据库时,无须进行规范化。如果输入数据是规范化的,应该考虑通过进行联接来反规范化。并且,有时为了处理特定的应用,需要把同样数据的复制多份保存。

从已存在数据中设计数据库时,有 4 个常见的问题。多值多列的设计包含固定数量的重复值,并用多个列来存储它们。这样的设计限制了可存储的数据个数,并且使得对它们的查询 SQL 难以编写。更好的设计是把它们放在另外的表中。

当输入数据来源于不同的用户或应用程序时,会发生值的不一致。外键中的不一致值会导致错误的关系。可以使用 SQL 语句来检测不一致的数据。null 值不同于空白值,它不代表任何数据。它表示多个意思:值是不合适的;未知的;也可能只是没有录入。

多种目的的备注列被用于不同的情况，它不一致或非形式化地存储数据。如果在备注列中包含外键的值，问题则更加复杂。即使不包含外键值，备注列中的数据也应该存储到多个列中。没有自动的解决方法来处理它，只能依靠耐心和大量的工作。

4.6　关键术语

反规范化
空集
null 值(缺失值)
SQL COUNT(*)函数
SQL DROP TABLE 语句
SQL INSERT 语句
SQLSELECT * 语句
SQL TOP{行数}属性

4.7　习题

4.1　总结这一章的前提。
4.2　当接收到一组表时，应该怎样来对它的结构和内容进行评估？
4.3　写出计算 RETAIL_ORDER 表的行数和列出前 15 行数据的 SQL 语句。
4.4　假定有以下两张表：

DEPARTMENT(DepartmentName, BudgetCode)

EMPLOYEE(EmployeeNumber, EmployeeLastName, EmployeeFirstName, Email, DepartmentName)

你认为 EMPLOYEE. DepartmentName 是指向 DEPARTMENT. DepartmentName 的外键。如何用 SQL 语句来验证下面的参照完整性约束？

EMPLOYEE. DepartmentName 必须存在于 DEPARTMENT. DepartmentName

4.5　总结建立可更新数据库和只读数据库的设计原则的区别。
4.6　描述规范化的两个优点。
4.7　为什么是减少而不是消除数据冗余？
4.8　如果只能减少数据冗余，为什么可以消除数据不一致？
4.9　描述规范化的两个缺点。
4.10　假定有以下的表：

EMPLOYEE_DEPARTMENT(EmployeeNumber, EmployeeLastName, EmployeeFirstName, Email, DepartmentName, BudgetCode)

你希望把它变为以下两张表：

DEPARTMENT(DepartmentName, BudgetCode)

EMPLOYEE(EmployeeNumber, EmployeeLastName, EmployeeFirstName, Email, *DepartmentName*)

写出把 EMPLOYEE_DEPARTMENT 中的数据导入到这两张表的 SQL 语句。

4.11　总结为什么在 ZIP 的例子中进行规范化的原因。
4.12　再写出一个不需要进行规范化的例子，并说明原因。
4.13　什么情况下不需要消除多值依赖。
4.14　比较编写子查询和联接的困难程度和处理多值依赖引起的异常的困难程度。
4.15　描述只读数据库的三种用途。
4.16　为什么在数据不频繁地被更新的情况下不需要规范化？
4.17　对于只读数据库，规范化能够减少文件存储空间吗？

4.18 什么是反规范化?

4.19 假定要把习题 4.10 中的两张表反规范化到 EMPLOYEE_DEPARTMENT, 设计 EMPLOYEE_ DEPARTMENT 的结构, 并写出把数据导入到这张表的 SQL 语句。

4.20 总结创建自定义复制表的理由。

4.21 为什么自定义复制表不能用于可更新数据库中?

4.22 列出从已存在数据中设计数据库时的 4 个常见问题。

4.23 写出一个多值多列的例子。

4.24 解释习题 4.23 中的多值多列例子会产生什么问题。

4.25 怎样把习题 4.23 中的例子分解到两张表?

4.26 解释习题 4.25 中的分解怎样解决习题 4.24 列出的问题。

4.27 解释"多值多列问题只是多值依赖的另一种形式"及原因。

4.28 说明什么情况下会产生不一致数据。

4.29 为什么外键中的不一致数据会引起非常严重的后果。

4.30 描述识别不一致数据的两种方法。这两种方法一定能够找出所有不一致的数据吗? 还需要进行哪些另外的操作?

4.31 什么是 null 值?

4.32 null 值为什么不同于空白值?

4.33 什么是 null 值产生的三种情况? 用不同于书中的一个例子来说明。

4.34 写出在 EMPLOYEE 表的 EmployeeFirstName 列中找出 null 值的个数的 SQL 语句。

4.35 描述普遍目的的备注列的问题。

4.36 给出一个例子来说明为什么难以从备注列中找出用于外键的值。

4.37 给出一个备注列中存储多种值的例子, 怎样解决这个问题?

4.38 为什么要对备注列格外关注?

项目练习

Elliot Bay 运动俱乐部在 Houston 拥有三个分店, 每个分店拥有大量的运动器材、用于瘦身的房间和用于瑜伽以及其他课程的房间。Elliot Bay 有三个月或半年的会员, 会员可以使用任何一家分店的器材。

Elliot Bay 有一个个人训练师的花名册, 这些个人训练师是单独的顾问。已批准的训练师可以安排和客户在 Elliot Bay 的会面时间, 这些客户是 Elliot Bay 的会员。训练师还教授瑜伽、普拉提和其他课程。假定你有以下的表(PT 表示个人训练师), 回答以下问题:

PT_SESSION(Trainer, Phone, Email, Fee, ClientLastName,
ClientFirstName, ClientPhone, ClientEmail, Date, Time)

CLUB_MEMBERSHIP(ClientNumber, ClientLastName, ClientFirstName,
ClientPhone, ClientEmail, MembershipType, EndingDate,
Street, City, State, Zip)

CLASS(ClassName, Trainer, StartDate, EndDate, Time, DayOfWeek, Cost)

4.39 找出可能的多值依赖。

4.40 找出可能的函数依赖。

4.41 找出每张表是否满足 BCNF 或 4NF, 并给出你的假设。

4.42 把每张表都变为满足 BCNF 和 4NF, 使用你在习题 4.41 中提出的假设。

4.43 使用前面得到的表和你的假设设计一个可更新的数据库。

4.44 在习题 4.43 的答案中加一张表, 使得 Elliot Bay 可以为会员安排课程。在你的新表中增加新列 AmountPaid。

4.45　设计一个只读数据库，满足下列需求：

A. 使得训练师可以确认他的客户是俱乐部会员。

B. 使得俱乐部可以评估训练师的受欢迎程度。

C. 使得不同训练师可以知道他们是否辅导同一个客户。

D. 使得辅导员可以知道上课的会员是否已付费。

Marcia 干洗店项目练习

Marcia 干洗店的老板 Marcia 要为她的生意建立数据库。去年，她和她的员工使用一个现金注册系统收集到以下数据：

SALE(InvoiceNumber, DateIn, DateOut, Total, Phone, FirstName, LastName)

遗憾的是，在业务多的时候，往往没有录入所有的数据，在 Phone，FirstName 和 LastName 中有很多 null 值。InvoiceNumber，DateIn 和 Total 中没有 null 值。DateOut 有一些 null 值。并且，Phone 和 Name 中偶尔会有输入错误的值。

为了便于建立数据库，Marcia 从政府购买了一个邮件列表。邮件列表包含：

HOUSEHOLD(Phone, FirstName, LastName, Street, City, State, Zip, Apartment)

一个电话可能对应多个名字，因此主键是(Phone，FirstName，LastName)。这三个列中没有 null 值，但在表示地址的列中有 null 值。

有很多名字出现在 SALE 中但不出现在 HOUSEHOLD 中，反之亦然。

A. 设计一个可更新数据库来保存客户信息和交易信息。解释如何处理缺失值。解释如何处理 Phone 和 Name 中的不正确输入。

B. 设计一个只读数据库来保存客户信息和交易信息。解释如何处理缺失值。解释如何处理 Phone 和 Name 中的不正确输入。

Queen Anne Curiosity 商店项目练习

第 3 章中的 Queen Anne Curiosity 商店请求你去组织和链接图 3.33 中的销售数据和图 3.34 中的购买数据，建立起一套关系集合。关系集合如下：

CUSTOMER(CustomerID, LastName, FirstName, Phone, Email)

SALE(SaleID, CustomerID, InvoiceDate, PreTaxTotal, Tax, Total)

SALE_ITEM(SaleID, SaleItemID, PurchaseID, SalePrice)

PURCHASE(PurchaseID, PurchaseItem, PurchasePrice, PurchaseDate, VendorID)

VENDOR(Vendor, Vendor, Phone)

按照这些关系和图 3.33 和图 3.34 中的数据回答下面的问题：

A. 使用图 4.1 中的方法来评估这些数据。

1. 列出所有的函数依赖。
2. 列出所有的多值依赖。
3. 列出所有的候选键。
4. 列出所有的主键。
5. 列出所有的外键。
6. 说出你列出这些元素所做的假设。

B. 列出你想让 Queen Anne Curiosity 商店老板确认的假设。

C. 如果存在多值依赖，设计表来消除之。

D. 这些数据中有多值多列问题吗？如果有，如何解决？

E. 这些数据中有不一致数据问题吗？如果有，如何解决？

F. 这些数据中有 null 值问题吗？如果有，如何解决？

G. 这些数据中有备注列问题吗？如果有，如何解决？

Morgan 进口公司项目练习

Phillip Morgan 定期到不同的国家旅行购物。在旅行中，他记录了购买的物品和物品的运输情况。他雇用了一个大学生作为实习生来把他记录的信息录入到如图 4.9 所示的电子表格中。这只是一个样本数据。他多年中购买了数百件物品，并且使用了各种不同的运输方式。

Phillip 想设计一个数据库来保存这些数据，以便记录他购买的物品、运输情况以及销售方。为图 4.9 的数据建立一个数据库。

A. 使用图 4.1 中的方法来评估这些数据。

  1. 列出所有的函数依赖。
  2. 列出所有的多值依赖。
  3. 列出所有的候选键。
  4. 列出所有的主键。
  5. 列出所有的外键。
  6. 说出你列出这些元素所做的假设。

B. 列出你想让 Phillip 确认的假设。

C. 如果存在多值依赖，设计表来消除之。

D. 可以通过 From 和 City 中的值的匹配关系来找到商品和运输情况的关系。描述这个策略带来的两个问题。

E. 描述对电子表格所做的改变来表示商品和运输情况的关系。

F. 假如 Phillip 想创建一个可更新的数据库，设计你认为适当的表。列出所有的参照完整性约束。

G. 假如 Phillip 想创建一个只读数据库，设计你认为适当的表。设计表列出所有的参照完整性约束。

H. 这些数据中有多值多列问题吗？如果有，如何解决？

I. 这些数据中有不一致数据问题吗？如果有，如何解决？

J. 这些数据中有 null 值问题吗？如果有，如何解决？

K. 这些数据中有备注列问题吗？如果有，如何解决？

	A	B	C	D	E	F	G	H	I
1	ShipmentNumber	Shipper	Phone	Contact	From	Departure	Arrival	Contents	InsuredValue
2	49100300	Wordwide	800-123-4567	Jose	Philippines	5/5/2013	6/17/1999	QE dining set, large bureau, porcelain lamps	$27,500
3	488955	Intenational	800-123-8898	Marilyn	Singapore	6/2/2013		Miscellaneous linen, large masks, 14 setting Willow design china	$7,500
4	84899440	Wordwide	800-123-4567	Jose	Peru	7/3/2013	7/28/2013	Woven goods, antique leather chairs	
5	399400	Intenational	800-123-8898	Marilyn	Singaporeee	8/6/2013	9/11/2013	Large bureau, brass lamps, willow design serving dishes	$18,000
6									
7									
8									
9		Item	Date	City	Store	Salesperson	Price		
10		QE Dining Set	4/7/2013	Manila	E. Treasures	Gracielle	$14,300		
11		Willow Serving Dishes	7/15/2013	Singapore	Jade Antiques	Swee Lai	$4,500		
12		Large bureau	7/17/2013	Singapore	Eastern Sales	Jeremey	$9,500		
13		Brass lamps	7/20/2013	Singapore	Jade Antiques	Mr. James	$1,200		
14									
15									

图 4.9　Morgan 进出口公司电子表格

第 5 章　使用实体-联系模型进行数据建模

本章目标

- 理解数据建模和数据库设计过程的两个阶段
- 理解数据建模过程的目的
- 理解实体-联系(E-R)图
- 能够确定实体、属性和联系
- 能够创建实体标识
- 能够确定最大粒度和最小粒度
- 理解 E-R 模型的变体
- 理解并能够使用 ID 依赖和其他弱实体
- 理解并能够使用超类型/子类型实体
- 理解并能够使用强实体
- 理解并能够使用 ID 依赖联系模式
- 理解并能够使用 ID 依赖多值属性模式
- 理解并能够使用 ID 依赖原型/实例模式
- 理解并能够使用 line-item 模式
- 理解并能够使用 for-use-by 模式
- 理解并能够使用递归模式
- 理解数据建模的迭代过程
- 能够使用数据建模过程

在本章和下一章，我们学习在开发新的信息系统时的数据库设计。要设计数据库，应该先分析需求，然后设计出数据模型(或者称为蓝图)，最后把数据模型转变为数据库设计。

本章讲述使用实体-联系(E-R)模型(最流行的建模方法)来构造数据模型。主要包括三部分。首先，介绍 E-R 模型的元素以及模型的几个变体。然后，介绍在建模时会遇到的关于表单、报表和数据模型的几种模式。最后，给出一个大学的数据库例子来说明建模过程。

在系统分析和设计过程中，数据建模出现在系统生命周期中的需求分析阶段。有关系统分析和设计以及 SDLC 的介绍请见附录 B。

5.1　数据建模的目的

一个数据模型是数据库设计的一个计划、蓝图，同时它是一个通用的概念，而非 DBMS 专有的设计。类似的是建造宿舍楼或教学楼。承包人不是只购买木材、找好卡车就开始建造，而是在之前要设计建造方案。如果在计划阶段发现一间房间太大或太小，可以重新绘图来改变设计；然而，如果在建造过程中要进行改变，则墙、电力系统等全部都要重新构造，需要付出高得多的代价。改变设计要比改变已建造好的建筑容易得多。

类似情况同样适用于数据模型和数据库。建模过程中改变数据仅仅是重新绘图或修改文档。数据库创建好后要改变的话则难得多，要迁移数据、重写 SQL 语句、重写表单和报表。

BY THE WAY 有关系统分析和设计的书籍通常将设计分为三个阶段：

- 概念设计
- 逻辑设计
- 物理设计

本书讨论的数据模型等同于概念模型。

5.2 实体-联系模型

这些年提出很多用于设计数据模型的工具和技术，包括层次数据模型、网状数据模型、ANSI/SPARC 数据模型、实体-联系数据模型、语义对象模型等。实体-联系数据模型是最成功的，已被大家认作一种标准的模型。这一章中只介绍实体-联系模型。

实体-联系(E-R)模型在 1976 年由 Peter Chen 发明①。在他的文章中，Chen 构造了模型的基本元素。后来，随着子类型被加入到 E-R 模型，扩展的 E-R 模型出现了。现在大多数人使用的 E-R 模型是指扩展的 E-R 模型②。本章中，我们使用扩展的 E-R 模型。

5.2.1 实体

实体是用户想追踪的东西。它可以在用户工作中被轻易辨别出。例如，EMPLOYEE Mary Lai，CUSTOMER 12345，SALES-ORDER 1000，SALES-PERSON Wally Smith 和 PRODUCT A4200。同一类型的实体被划分到一个实体类中。EMPLOYEE 实体类就是所有 EMPLOYEE 实体的集合。我们用大写字母来表示实体类。

应该区分实体类和实体实例。实体类是实体的集合，用实体的结构来描述。实体实例是一个特定的实体，比如 CUSTOMER 12345。实体类通常含有多个实体。图 5.1 是 CUSTOMER 实体类和两个实例。

CUSTOMER实体

CUSTOMER
CustomerNumber CustomerName Street City State Zip ContactName Email

两个CUSTOMER实例

1234 Ajax Manufacturing 123 Elm Street Memphis TN 32455 Peter Schwartz Peter@ajax.com	99890 Jones Brothers 434 10th Street Boston MA 01234 Fritz Billingsley Fritz@JB.com

图 5.1 CUSTOMER 实体和两个实体实例

5.2.2 属性

实体用属性来描述它的特征，比如 Employ-

① Chen，Peter P. "The Entity-Relationship Model—Towards a Unified View of Data." *ACM Transactions on Database Systems*，January 1976，pp. 9-36.

② Teorey，T. J.，D. Yang，and J. P. Fry. "A Logical Design Methodology for Relational Databases Using the Extended Entity-Relationship Model，" *ACM Computing Surveys*，June 1986，pp. 197-222.

eeNumber，EmployeeName，Phone，Email。使用首字母大写的形式来表示属性。E-R 模型假定实体类的所有实例都拥有同样的属性。

图 5.2 是两种表示属性的方法。图 5.2(a)用椭圆表示属性并连接到实体。这种方法用于最初的 E-R 模型。图 5.2(b)是用矩形表示属性，常用于现在的建模工具中。

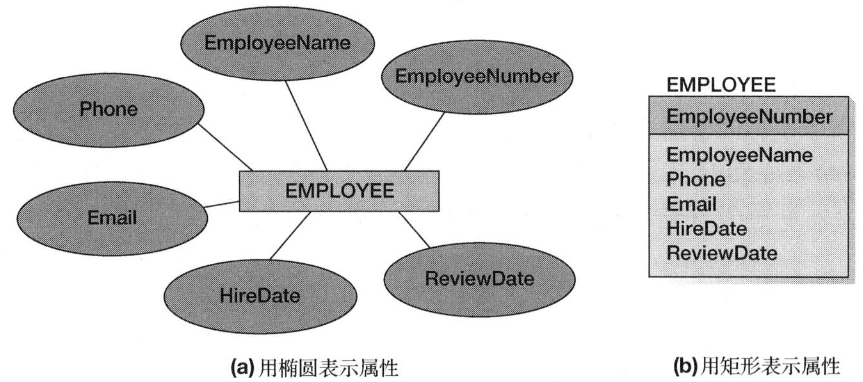

图 5.2　实体图中属性的不同表示方法

5.2.3　标识符

每个实体都有标识符。它是用来唯一标记实体的属性。例如，用 EmployeeNumber 来标记 EMPLOYEE 实例。EMPLOYEE 实例不会被 Salary 或 HireDate 等属性标记，因为这些属性不能被用于唯一标记。类似地，可用 CustomerNumber 或 CustomerName 标记 customer。

实体实例的标识符可由一个或多个属性组成。由多个属性构成的标识符称为组合标识符。比如(AreaCode，LocalNumber)、(ProjectName，TaskName)等。

BY THE WAY　标识符和键的对应关系。标识符用在数据建模中，键(在第 3 章关于关系型数据库的讨论中对其进行了介绍)用在数据库设计中。因此，实体拥有标识符，而表拥有键。标识符和实体的关系等同于键和表的关系。

在数据模型中，实体使用三个级别的细节来描述。有时，实体及其所有属性都被显示。这种情况下，标识符显示在顶端，下面是其他属性，中间用一条水平线隔开，如图 5.3(a)所示。在大型的数据模型中，如此的细粒度会使模型太过庞大。因此，实体图仅仅显示标识符，如图 5.3(b)所示。或者仅仅在一个矩形中显示实体的名字，如图 5.3(c)所示。

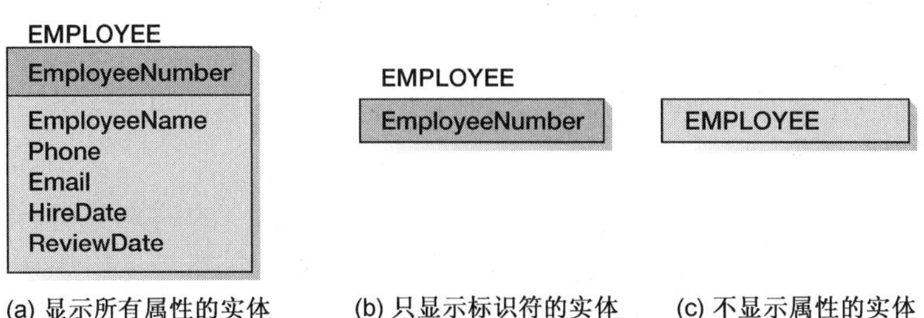

(a) 显示所有属性的实体　(b) 只显示标识符的实体　(c) 不显示属性的实体

图 5.3　不同级别的属性显示方法

三种技术都在实际中被使用，图 5.3(c)中最简单的形式用于大型图表来表示实体的整体联系。图 5.3(a)用于数据库设计阶段来表示细节。大多数的建模软件都包含这三种显示。

5.2.4 联系

实体可以使用联系和其他实体交互。E-R 模型既包含联系类，也包含联系实例①。联系类表示实体类间的联系，联系实例表示具体实体实例之间的关系。在最初的 E-R 模型中，联系含有属性。这一特性现在已不再使用了。

联系的名字应该有助于描述联系的本质。在图 5.4 中，Qualification 联系表示员工拥有的技术。Assignment 联系组合了客户、建筑师和工程。为了避免不必要的复杂性，在这一章中，仅在必要时才显示联系的名字。

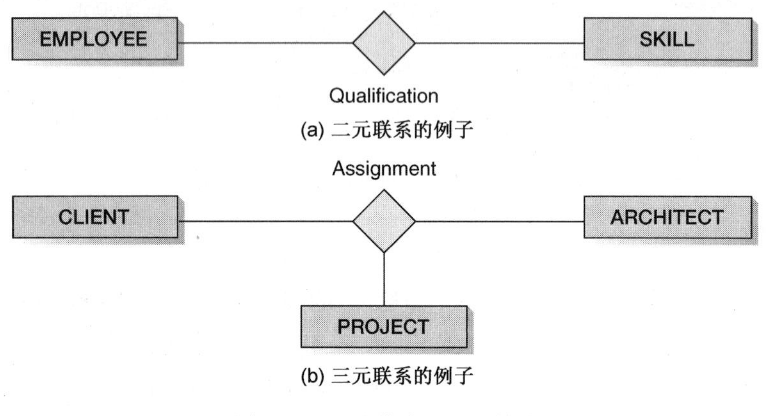

图 5.4 二元联系和三元联系

BY THE WAY 你的导师可能认为总应该显示出联系的名字，这样就可以从任何一个实体的角度来命名。比如，可以把 DEPARTMENT 和 EMPLOYEE 之间的联系称为 Department Consists Of，或者 Employee Works In，或者 Department Consists Of/Employee Works In。在两个实体间有多种联系时，为联系命名是必要的。

联系类可能涉及两个或多个实体类。联系中的实体个数称为联系的度。在图 5.4(a)中，Qualification 联系的度是 2，因为它包含两个实体：EMPLOYEE 和 SKILL。图 5.4(b)中的 Assignment 联系则是三元联系。度是 2 的联系称为二元联系，度是 3 的联系称为三元联系。

当把一个数据模型转化成关系设计时，所有的联系都被看成二元联系的组合。例如，图 5.4(b)中的联系可以分解成 3 个二元联系，正如在下一章中所述。大多数情况下，这种策略是正确的。然而，在第 6 章中将会看到，一些非二元联系需要额外的工作。所有建模软件都要求把联系表示成二元联系。

在 E-R 模型中，联系可以根据它的粒度用一个表示“数量”的词来分类。最大粒度表示一个联系实例涉及到的实体实例的最大数目，最小粒度表示一个联系实例涉及到的实体实例的最小数目。

① 为了简化，当明确上下文是涉及到实例而不是实体类时，我们通常采用单词 instance。

BY THE WAY 你可能会问:“实体和表的区别是什么?”目前为止,它们好像同一事物的两个不同称呼。最重要的区别是不用外键来表示实体间的联系。在 E-R 模型中,可以通过画一条线来表示联系。因为模型是逻辑层次的,而不是物理层上的数据库设计。你不需要关心主键、外键、参照完整性等。大多数数据建模工具允许设定主键等细节,但不是必需的。

这个特性使得实体比表更容易设计,尤其是在实体和联系不是很确定时。甚至可以在不知道实体的标识符的情况下表示联系。例如,可以在不知道 EMPLOYEE 和 DEPARTMENT 的属性时表示 DEPARTMENT 关联多个 EMPLOYEE。这个特性使得你可以从一般到具体的设计。首先标识实体,然后确定联系,最后再确定实体的属性。

5.2.5 最大粒度

在图 5.5 中,在表示联系的菱形中设定了最大粒度。图 5.5 的三部分分别是 E-R 模型中的三种最大粒度。图 5.5(a)表示一对一(简写为 1:1)联系。

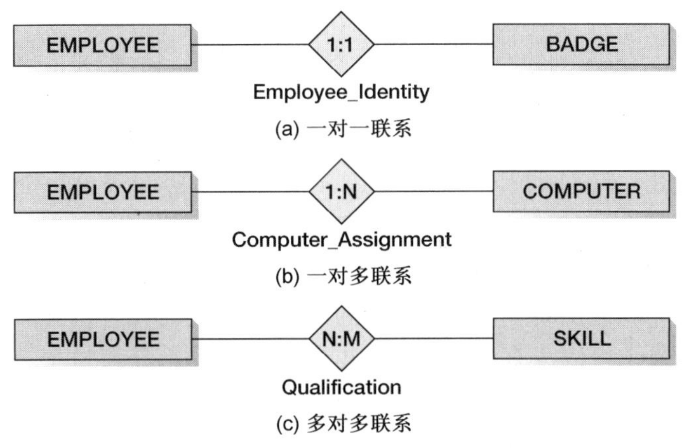

图 5.5 最大粒度的三种类型

在 1:1 联系中,类型的实体实例最多关联到一个其他类型的实体实例。Employee_Identity 联系关联一个 EMPLOYEE 实例和一个 BADGE 实例,参见图 5.5(a)。一个员工最多有一个徽章,同样,一个徽章最多属于一个员工。

图 5.5(b)的 Computer_Assignment 联系表示一个一对多(1:N)联系。一个 EMPLOYEE 实例可以关联到多个 COMPUTER 实例,但一个 COMPUTER 实例最多属于一个 EMPLOYEE 实例。根据图 5.5(b),一个员工可以拥有多台电脑,但每台电脑只属于一个员工。

1 和 N 的位置是很关键的。1 接近连接到 EMPLOYEE 的线,表示 1 指 EMPLOYEE 数量。N 接近连接到 COMPUTER 的线,表示 N 指 COMPUTER 的数量。如果把 1 和 N 的位置调换,联系变为 N:1,表示一个员工最多拥有一台电脑,而每台电脑属于多个员工。

讨论一对多联系时,有时会使用父亲和孩子。父亲表示联系中对应 1 的那个实体,孩子表示对应 N 的那个实体。因此在上例中,EMPLOYEE 是父亲,COMPUTER 是孩子(一个 DEPARTMENTT 有很多个 EMPLOYEE)。

图 5.5(c)表示多对多(N:M)联系。根据 Qualification 联系,每个 EMPLOYEE 实例可以关

联到多个 SKILL 实例,反之亦然。这个联系表示每个员工可以有多项技能,同时每项技能可能被多个员工拥有。

有人可能会问为什么不把多对多联系写成 N:N 或 M:M。原因是可能相互关联的两个实体拥有不同的粒度。换句话说,N 和 M 可能不相等。比如,一个员工有 5 项技能,但一个技能属于三个员工。因此写成 N:M 就是为了强调 N 和 M 可能不同。

BY THE WAY 图 5.5 所示的联系有时称为 HAS-A 联系。这是因为每个实体实例拥有一个联系关联到另外一个实体实例上。一个员工拥有一个徽章,一个徽章属于一个员工。如果最大粒度大于 1,则一个实体拥有多个其他实体。比如一个员工拥有多项技能。一项技能拥有多个员工。

有时,最大粒度是个确定的数字。比如,对于一种比赛,每队的人数是固定的(15)。在这种情况下,TEAM 和 PLAYER 之间的粒度是 15,而不是 N。

5.2.6 最小粒度

最小粒度表示一个联系实例涉及到的实体实例的最小数目。通常,最小粒度是 1 或 0。如果是 0,则关联的实例个数是可选的;如果是 1,则至少关联一个实例。在 E-R 图中,用连线中间的一个小圆圈表示可选联系,用斜线或竖线表示强制联系。

考虑图 5.6。在图 5.6(a)的 Employee_Identity 联系中,竖线表示每个员工都要有徽章,每个徽章都必须分配给某个员工。这种联系称为强制对强制联系,或者 M:M 联系。因为两端的实体都是必需的。Employee_Identity 联系的完整描述是一个 1:1、M:M 联系。

图 5.6(b)的 Computer_Assignment 联系中的两个小圆圈表示这个联系是可选对可选,或者 O:O。这意味着一个员工可以没有电脑,电脑也可以不分配给任何员工。因此,Computer_Assignment 联系是 1:N、O:O 联系。

最后,在图 5.6(c)中,圆圈和竖线的组合表示这是一个可选对强制的联系。一个员工必须具有至少一项技能,但某项技能可以不属于任何员工。因此 Qualification 联系的完整描述是 N:M、M:O 联系。圆圈和竖线的位置很重要。圆圈位于 EMPLOYEE 前,这表示员工是可选的。

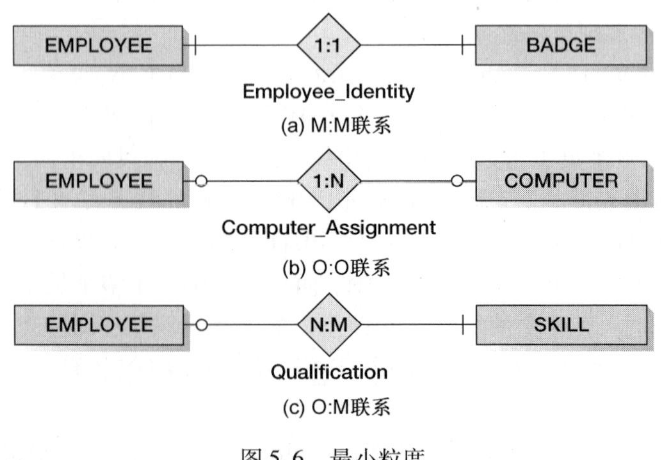

图 5.6 最小粒度

BY THE WAY 有时，当解释形如图 5.6(c)的图时，学生会不明白哪个实体可选、哪个实体强制。一种很简单的方法是想象你站在联系的菱形上来看这些实体。如果看到一个圆圈，则表示这个实体是可选的；如果看到斜线或竖线，则是必需的。因此，在图 5.6(c)中，如果朝着 SKILL 看，会看到竖线，这意味着 SKILL 是必需的。如果转过头朝着 EMPLOYEE 看，会看到源泉，这意味着 EMPLOYEE 是可选的。

第 4 种情况，即 O:M，没有出现在图 5.6 中。但如果把图 5.6(c)中的圆圈和直线换一下，Qualification 就变成了 O:M 联系。这时，一个员工可以没有技能，但每项技能必须被某个员工所拥有。

正如最大粒度，有些情况下，最小粒度也可以是一个具体的数字。比如 PERSON 和 MARRIAGE 之间的联系，最小粒度可以是 2:0 可选。

5.2.7 E-R 图和它的版本

图 5.5 和图 5.6 中的图有时称为 Entity-Relationship 图。E-R 模型的最初版本规定使用菱形表示联系，矩形表示实体，椭圆表示属性，如图 5.2 所示。后面还将出现这样的 E-R 图，读者应该掌握这种 E-R 图。

但现在这种标记方法已经不再使用。这有两个原因：第一，现在有很多版本的 E-R 模型，每种模型使用不同的标记方法；第二，数据建模工具使用不同的技术。例如，ERwin 使用一种标记方法，而 Visio 使用另外一种方法。

5.2.8 E-R 模型的不同版本

现在至少使用三个不同版本的 E-R 模型。第一个叫作 Information Engineering 或者 IE，由 James Martin 于 1990 年发明。它使用“鸦脚”来表示联系中表示多的一方，故有时也称为鸦脚模型。这种版本易于理解，我们将在后面的介绍中使用它。1993 年，另一个版本的 E-R 模型出现并成为美国国家标准。这个版本称为 IDEF1X 或者 Integrated Definition 1, Extended[①]。这个标准延续了 E-R 模型的基本概念，但使用不同的标记方法。尽管它是一种国家标准，但难以理解和使用。但它被用于政府中，因此也比较重要。附录 C 描述了这个模型。

与此同时，一种新的基于对象的开发方法，称为 Unified Modeling Language(UML)，也支持 E-R 模型，但它使用自己的标记方法。本书将在附录 D 中介绍 UML。

BY THE WAY 除了 E-R 模型的版本不同，它的开发工具也不同。例如，两种工具都实现了鸦脚模型，但具体方法不同。因此当创建一个数据模型图时，不仅要知道使用的模型版本，还要知道所使用的工具特点。

5.2.9 IE 鸦脚模型 E-R 图

图 5.7 显示了一对多联系的两个版本，图 5.7(a)显示了原始的 E-R 模型版本，图 5.7(b)是

① *Integrated Definition for Information Modeling(IDEFIX)*. Federal Information Processing Standards Publication 184.

使用常用鸦脚符号的鸦脚模型。注意到联系是用虚线画出的,我们将在稍后说明原因,现在要注意使用“鸦脚”来表示联系中多的一方。

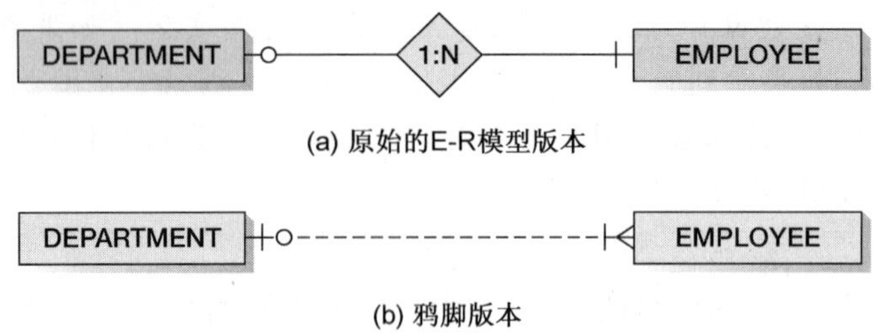

图 5.7 最小粒度例子

鸦脚符号使用如图 5.8 所示的符号来表示联系粒度。靠近实体的标记表示最大粒度,其他标记表示最小粒度。一条竖线表示 1(因此也是强制的),一个圆圈表示 0(可选的),鸦脚符号表示多个。注意,如图 5.8 所示,我们既可以从纯数值也可以从半数值的角度理解这些符号,这仅仅是一种偏好。

符　号	含　义	数值含义
	强制——一	一
	强制—多	一或多
	可选——一	零或一
	可选—多	零或多

图 5.8 鸦脚符号

因此,图 5.7(b)表示一个 DEPARTMENT 可以对应一个或多个 EMPLOYEE,一个 EMPLOYEE 可以对应零个或一个 DEPARTMENT。

一对一的联系可以以类似的方法绘制,但是连接每一个实体的线条应该与图 5.7(b)所示的一对多联系那边的连接是相似的。

图 5.9 所示为 N:M 联系的两个版本。N:M 联系有一些混乱。根据图 5.9(a)所示最初的 E-R 模型图。一个 EMPLOYEE 至少拥有一个 SKILL,同时 SKILL 可以不属于任何 EMPLOYEE,也可以属于多个 EMPLOYEES。图 5.9(b)中的鸦脚模型表示 N:M 最大粒度。鸦脚模型也可以表示 N:M 最小粒度。

除了附录 B 和附录 C,本书其他地方在 E-R 图中都将使用 IE 鸦脚符号模型。对于鸦脚符号还没有完整的标准,当我们第一次使用时,我们会解释用到的符号和标记。你可以得到各种各样的鸦脚符号模型产品,它们很容易理解而且跟原始的 E-R 图有关联。注意到其他产品使用的圆圈、竖线、鸦脚和其他符号可能有轻微的差别。你的老师可能建议你使用某种建模工具。如果这种工具不支持鸦脚模型,则应该把本书中的模型转换到你所使用的工具中。这是一个非常不错的练习,例如习题 5.57 和习题 5.58。

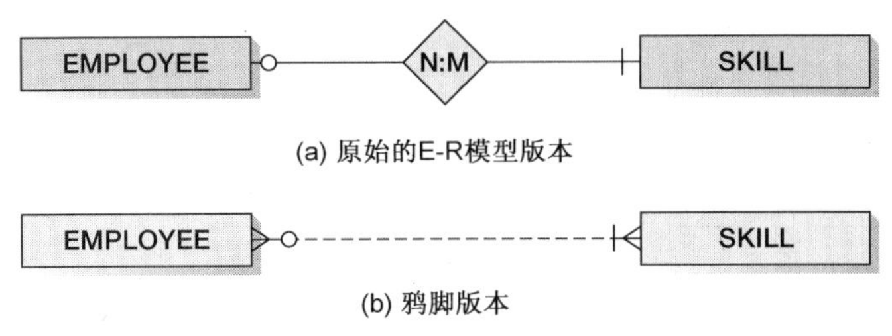

图 5.9　N:M 联系的两个版本

BY THE WAY　你可以尝试多个模型产品——每一个都有自己的特性。Computer Associates 开发了 ERwin，一个用来处理数据模型和数据库设计的商业数据模型产品。你可以从 www.ca.com/us/software-trials.aspx 上下载适合于班级使用的 CA ERwin Data Modeler 社区版，可以用 ERwin 来生成鸦脚或 IDEF1X。

虽然 Microsoft Visio 相对创建数据模型而言更适合于数据库设计(第 5 章讨论)，它仍然可供选择。在微软网站 http://office.microsoft.com/en-us/visio/default.aspx 上可下载试验版。使用 Microsoft Visio 进行数据建模的详细内容请参见附录 F。

最后，Oracle 正在继续 MySQL 平台的开发，可以在 MySQL 网站 http://dev.mysql.com/downloads/workbench/5.1.html 上下载免费版。然而，像 Microsoft Visio 一样，MySQL 在数据库设计方面更加好于数据模型。它是一款非常有用的工具，生成的数据库设计可在任何 DBMS 下使用，而并不仅限于 MySQL。

5.2.10　强实体和弱实体

强实体是指能够独立存在的实体。例如，PERSON 是一个强实体——我们考虑人是存在于他们自身权利中的个体。同样，AUTOMOBILE 是一个强实体。除了强实体，E-R 模型最初版本包含弱实体的概念，定义为一个实体的存在依赖于另一个实体。

5.2.11　ID 依赖实体

E-R 模型包括一类称为 ID 依赖实体的实体。如果一个实体的标识符中包括另一个实体的标识符，则这个实体称为 ID 依赖实体。例如，一个表示学生公寓的实体，它的标识符是组合(ApartmentNumber，BuildingName)，其中 BuildingName 是实体 BUILDING 的标识符。ApartmentNumber 本身不足以说明一个学生的具体住址。如果你说你住在公寓号是 5 的房间，别人会问你，是在哪幢楼呢？因此 APARTMENT 是 ID 依赖于 BUILDING 的。

图 5.10 显示了三种不同的 ID 依赖实体。实体 PRINT 是 PAINTING 实体上的 ID 依赖实体，EXAM 是 PATIENT 实体上的 ID 依赖实体。

只有当父实体(它依赖的实体)存在时，ID 依赖实体才可能存在。因此，从 ID 依赖实体到它的父实体的最小粒度总是 1。

另一方面，父实体是否必须拥有 ID 依赖实体则视具体应用而定。在图 5.9 中，APARTMENT 和 PRINT 是可选的，而 EXAM 是必需的。这些限制是应用程序决定的。

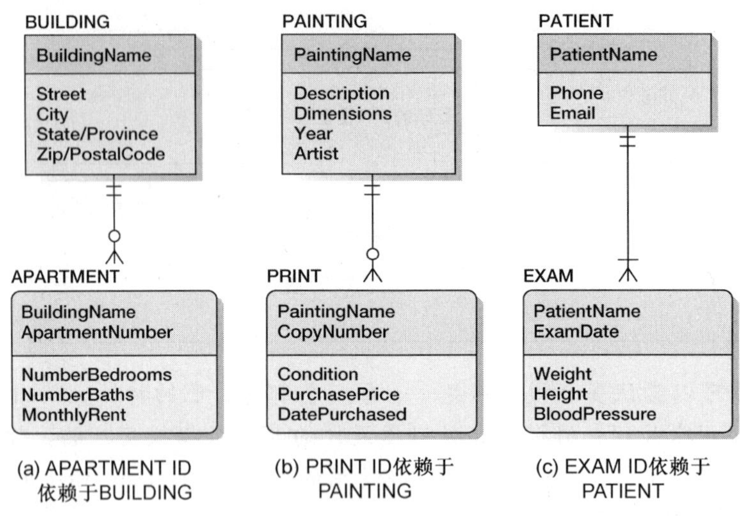

图 5.10 ID 依赖实体

如图5.10 所示，E-R 模型使用标识联系来表示 ID 依赖实体。大多数数据建模工具使用实线表示标识联系，使用虚线表示非标识联系。在 ID 依赖联系中，父实体是必需的，而子实体可以是必需的，也可以不是必需的。

ID 依赖实体对数据库设计提出了一些要求。代表父实体的行必须在代表它的 ID 依赖子实体之前创建；当删除一个父行时，所有子行也必须被删除。

ID 依赖实体非常普遍。另外一个例子是 PRODUCT 和 VERSION 之间联系中的 VERSION 实体。PRODUCT 表示一个软件产品，VERSION 是一个发布版本。PRODUCT 的标识符是 ProductName，VERSION 的标识符是(ProductName，ReleaseNumber)。另一个例子是 TEXTBOOK 和 EDITION 联系中的 EDITION 实体。TEXTBOOK 的标识符是 Title，EDITION 的标识符是(Title，EditionNumber)。

BY THE WAY ID 依赖子实体的父实体有时被看作主实体。例如，BUILDING 是其内部的 APARTMENT 的属主。

5.2.12 非 ID 依赖弱实体

所有 ID 依赖实体都是弱实体。但是根据原始的 E-R 模型，一些弱实体并不是 ID 依赖实体。设想一个汽车制造商数据库中的 AUTO_MODEL 和 VEHICLE 实体类，比如 Ford 或 Honda，如图 5.11 所示。

在图 5.11(a)中，每一个 VEHICLE 在生产时都被分配一个顺序编号。因此，对于"Super SUV"AUTO_MODEL，第一辆生产的 VEHICLE 得到生产顺序编号 1，下一辆得到生产顺序编号 2，等等。这明显是一个 ID 依赖联系，因为 ManufacturingSeqNumber 是依赖于 Manufacturer 和 Model 的。

现在给 VEHICLE 分配一个独立于 Manufacturer 和 Model 的标识。如图 5.11(b)所示，我们将使用 VIN(vehicle identification number)。现在 VEHICLE 有属于自己的唯一标识，而且不需要由它与 AUTO_MODEL 的联系来标识。

这是一个有趣的情况。VEHICLE 有自己的标识，因此它不是 ID 依赖实体。然而，如果某个 AUTO_MODEL 不存在，那 VEHICLE 也将不会存在。因此，VEHICLE 现在是一个非 ID 依赖的弱实体。

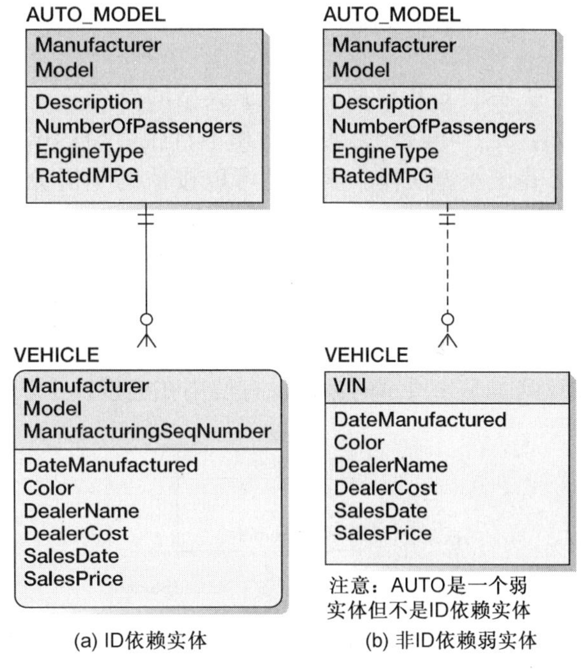

图 5.11　非 ID 依赖弱实体例子

设想你的汽车，为了便于讨论我们假设它是 Ford Mustang。你的个人 Mustang 是一个 VEHICLE，并且作为一个物理对象而存在，由每一辆合格汽车都必需的 VIN 所标识。由于它的标识，在这种情况下它不 ID 依赖于 AUTO_MODEL。然而，如果 Ford Mustang 没有按照 AUTO_MODEL 设计，Ford Mustang 不会被生产将导致你的汽车将不会被生产。因此，没有 Ford Mustang 的逻辑 AUTO_MODEL，你的物理个体 VEHICLE 将不会存在。在数据模型中，VEHICLE 不能脱离与 AUTO_MODEL 的联系而存在。这使得 VEHICLE 是一个非 ID 依赖的弱实体。但在大多数工具中，无法表示这种实体。对它们的表示应该像图 5.11 那样，表示为非标识联系，再加一个表示它是弱实体的注解。

但是，弱实体的定义是隐含着歧义的，而且不同的数据库设计者对歧义的解释也不同。这个有着歧义的地方是如果一个弱实体定义为数据库中的任何实体依赖于另外一个实体的话，那么一个联系中任何有一到两个实体的最小粒度的实体都是弱实体。因此，在一个学院数据库中，如果一个 STUDENT 必须有一个 ADVISER，那么 STUDENT 是一个弱实体，这是因为一个没有 ADVISER 的 STUDENT 实体不能被存储。

但这个说法对读者太宽泛了。一个 STUDENT 在物理上不会依赖于 ADVISER(不同于 APARTMENT 和 BUILDING)，从逻辑上也不依赖于 ADVISER，因此，STUDENT 是一个强实体。

为了避免这些情况，一些人把弱实体的定义解释得更窄。他们认为弱实体是一个在逻辑上依赖于另一个实体的实体。根据这个定义，APARTMENT 是一个弱实体，但 STUDENT 不是。一个 APARTMENT 不能脱离它所在的 BUILDING 而存在。然而，虽然要求一个 STUDENT 必须有一个 ADVISER，但一个 STUDENT 在逻辑上可以没有 ADVISER 而存在。我们同意后一种方法。ID 依赖和弱实体的特征总结在图 5.12 中。

- ID 依赖实体是标识符包含另一个实体标识符的实体
- 弱实体是它的存在依赖于其他实体的实体
- 标识联系用来表示 ID 依赖实体
- 有时，一个实体是弱实体，但不是 ID 依赖实体。在建模工具中，它们被表示成非标识联系，然后用单独的文档来说明它们是弱实体

图 5.12　ID 依赖实体和非 ID 依赖弱实体的小结

5.2.13 子类型实体

扩展的 E-R 模型引入了子类型的概念。一个子类型实体是一个超类型实体的一个特例。例如，学生可以分为研究生和本科生。STUDENT 是超实体，UNDERGRADUATE 和 GRADUATE 是子类型实体。学生也可以按他的年龄分类。这时，STUDENT 是超实体，FRESHMAN，SOPHOMORE，JUNIOR 和 SENIOR 是子类型实体。

如图 5.13 所示，在 E-R 模型中，我们使用一个圆圈，并在圆圈下面画一条线作为超类型标记，用来表示超类型-子类型联系，这个符号可认为是一(圆圈)对一(线段)可选择联系。此外，我们使用实心线来表示 ID 依赖子实体，因为每一个子实体都是依赖于超实体的。同时要注意到图 5.8 所示的标记没有使用在连接线上。

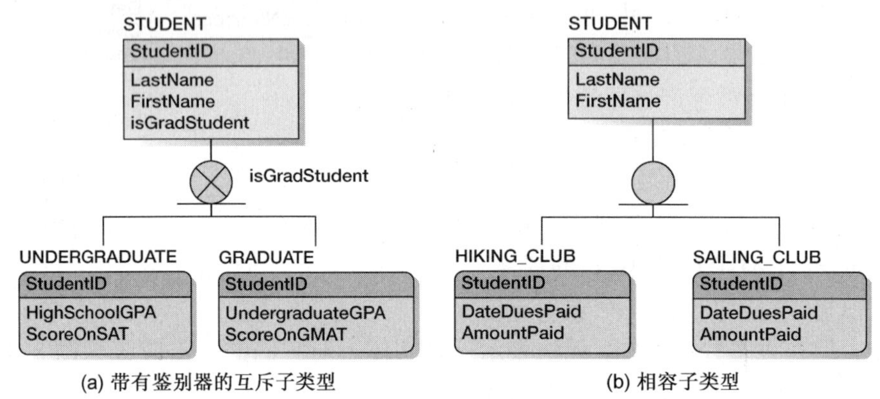

(a) 带有鉴别器的互斥子类型　　(b) 相容子类型

图 5.13　子类型实体例子

某些情况下，超类型实体可以表示一个实例是属于哪个子类型的。决定哪个超类型是适当的属性称为鉴别器。如图 5.13 所示，isGradStudent(只有 Yes 或 No 值)属性是鉴别器。在 E-R 图中，鉴别器的表示在超类型符号旁边，如图 5.13(a)所示。

不是所有的超类型都包含鉴别器属性。如果不包含，则需在应用程序中明确属于哪种子类型。

子类型可以是互斥的，也可以是相容的。如果是相容的，则一个超类型的实例可以是一个或多个子类型实例。在图 5.13(a)中，圆圈中的×表示 UNDERGRADUATE 和 GRADUATE 是互斥的。这样，一个 STUDENT 可以是 UNDERGRADUATE 或者 GRADUATE，但不能既是 UNDERGRADUATE 又是 GRADUATE。图 5.13(b)的子类型是相容的(在圆圈中没有×)。一个 STUDENT 可以参加 HIKING_CLUB 或者 SAILING_CLUB，也可以同时参加。这时，超类型没有鉴别器属性。

在模型中引入子类型的最重要的(有人说是唯一的)原因是避免不适合的 null 值。UNDERSTUDENT 参加 SAT 考试并公布分数，GRADUENT 参加 GMAT 考试并公布分数。这样，所有 STUDENT 实体中毕业生的 SAT 分数都为空，所有非毕业生的 GMAT 分数都为空。可以通过子类型来避免这种 null 值。

BY THE WAY　关联超类型和子类型的联系称为 IS-A 联系，因为子类型实体同时也是超类型实体。超类型和子类型的标识符必须相同。比较 IS-A 联系和 HAS-A 联系，HAS-A 联系中的两个实体的标识符是不同的。

图 5.14 总结了 E-R 模型中的元素和 IE 鸦脚标记。只有第一个例子显示了标识符和属性。在 1∶1 和 1∶N 非标识联系中，父实体是可选的，在标识联系中是必需的。

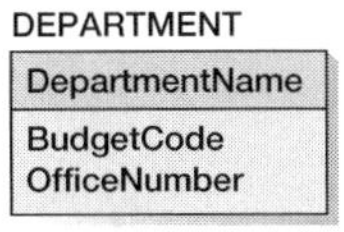 DEPARTMENT DepartmentName BudgetCode OfficeNumber	DEPARTMENT 实体。DepartmentName 是标识符，BudgetCode 和 OfficeNumber 是属性
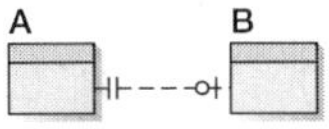 A　B	1∶1 非标识联系。A 关联到零个或一个 B；B 关联到一个 A。使用虚线表示
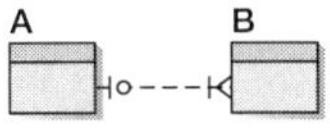 A　B	1∶N 非标识联系。A 关联到一个或多个 B；B 关联到零个或一个 A。使用虚线表示
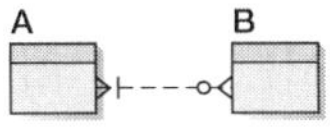 A　B	多对多非标识联系。最小粒度必须用注释或标记来说明。联系使用实线表示
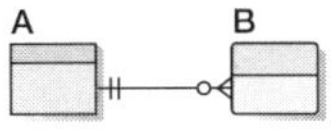 A　B	1∶N 标识联系。A 关联到零个、1 个或多个 B；B 关联到一个 A。联系使用实线表示。对于标识联系，子实体必须只关联到一个父实体。父实体可以关联到零个、一个、多个或它们的组合子实体
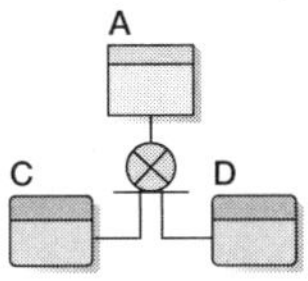 A C　D	A 是超类型，C 和 D 是互斥的子类型。没有显示出鉴别器。联系使用实线表示
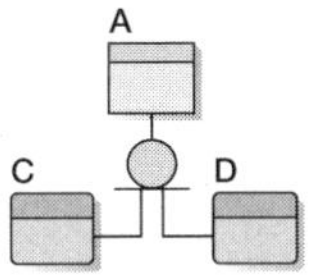 A C　D	A 是超类型，C 和 D 是互斥的子类型。联系使用实线表示

图 5.14　IE Crow 脚标表示总结

5.3　表单、报表和 E-R 模型中的模式

一个数据模型反映了用户如何认识真实世界。遗憾的是，即使是非常熟悉计算机的用户，也不可能回答这样的问题：“EMPLOYEE 和 SKILL 联系的最大粒度是多少?”很少有用户明白你指的是什么。因此，只能从用户的文档或同用户的交流中获取这些信息。

得到数据模型的最好方法是研究用户的表单和报表。从这些文件中，可以总结出实体和联系。实际上，表单和报表的结构决定了数据模型的结构，数据模型的结构也决定了表单和报表的结构。这意味着可以从表单和报表中得到实体和联系的信息。

还可以使用表单和报表来验证模型。不应该把建好的模型给用户，从而得到反馈，而应该根据模型创建表单和报表，然后把表单和报表交给用户以得到反馈。

例如，如果想知道是否一个 ORDER 可以有一个或多个 SALESPEOPLE，可以创建一个表单，上面只能填写一个销售员的名字。如果用户问“我在哪里填写别的销售员”，你就可以知

道会有两个或多个销售员。有时，如果没有合适的表单和报表，则可以创建表单和报表原型给用户去评估。

你必须掌握表单和报表的结构是如何决定数据模型结构的，以及相反的情况。很幸运，大多数表单和报表遵从一些模式。如果掌握了分析这些模式的方法，就可以很好地掌握表单和报表的结构和数据模型结构的逻辑联系。下面将详细介绍这些模式。

5.3.1 强实体模式

在两个强实体间可能存在1:1，1:N，N:M三种联系。当决定是哪一种时，必须知道最大粒度和最小粒度。通常可以从表单和报表得出最大粒度。而最小粒度则要同用户交流来获取。

1:1 强实体联系

图5.15中的表单和报表反映了一个一对一的联系，关联CLUB_MEMBER和LOCKER。从图5.15(a)可以看出，对于一个会员，只可以填写一个存物柜。这个表单表示一个CLUB_MEMBER最多有一个LOCKER。图5.15(b)中的报表说明一个存物柜只能分配给一个会员。

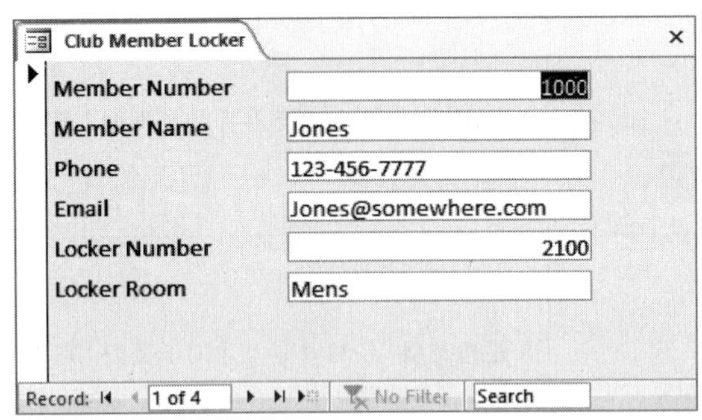

Club Member Locker

Member Number	1000
Member Name	Jones
Phone	123-456-7777
Email	Jones@somewhere.com
Locker Number	2100
Locker Room	Mens

Record: 1 of 4 No Filter Search

(a) 俱乐部会员数据表单

CLUB LOCKERS

Member Number	Member Name	Locker Number	Locker Room	Locker Size
1000	Jones	2100	Mens	Med
2000	Abernathy	2200	Womens	Large
3000	Wu	2115	Mens	Large
4000	Lai	2217	Womens	Small

(b) 俱乐部存物柜报表

图5.15 表示1:1联系的表单和报表

因此CLUB_MEMBER和LOCKER之间的联系是1:1的。为了表示这个联系，在这两个实体间画一个非标识联系(表示是强联系但不是ID依赖的)，如图5.16所示。设置最大粒度为 1∶1。虚线表示这是一个非标识联系。而且这是一个没有鸦脚表示的 1∶1 的联系。

至于最小粒度，表单中每个会员有一个存物柜，报表中每个存物柜属于一个会员。看似两边都不是可选的。然而，表单和报表仅仅是存在的一些实例，并不能显示出所有的可能性。如果这个俱乐部对大众开放，则可能并不是每个会员都有一个存物柜。另外，不可能所有存物柜都被占用，会有一些存物柜是闲置的。因此，在图 5.16 中，这个联系两边都是可选的。

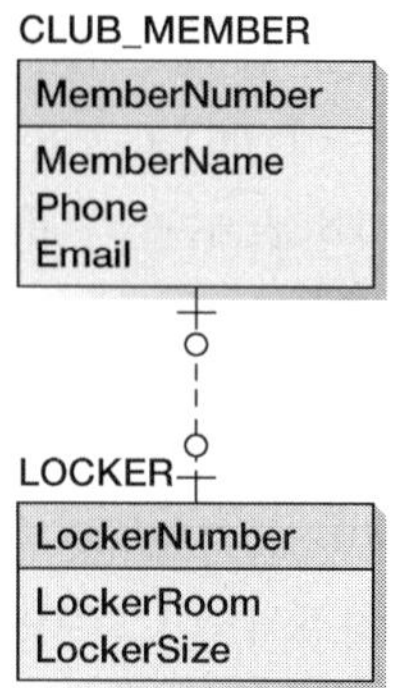

图 5.16　图 5.15 中联系的数据模型

BY THE WAY　如何来识别强实体呢？可以通过两种测试。第一，实体有它自己的标识符吗？如果实体标识符的一部分是另一个实体的标识符，则它是 ID 依赖实体，因此是弱实体。第二，实体是逻辑独立于其他实体吗？它是单独的，还是其他事物的一部分？在上例中，CLUB_MEMBER 和 LOCKER 都是独立的，之间不存在谁属于谁的联系。因此，它们是强实体。

表单或报表可能只反映联系的一方面。对于实体 A 和实体 B，报表可能只反映从 A 到 B 的联系，但不反映从 B 到 A 的联系。这时，应该研究别的表单或报表，或者同用户交流。

最后，通常情况下，从表单和报表中无法获取最小粒度的信息。应该通过询问用户来获取。

1∶N 强实体联系

图 5.17 是一个关于公司部门的表单。公司包含多个部门，因此从 COMPANY 到 DEPARTMENT 的最大粒度是 N。

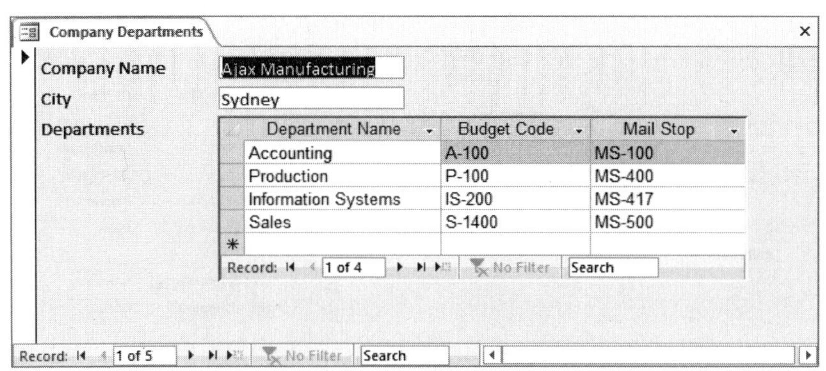

图 5.17　表示 1∶N 联系的表单

要决定是否一个部门关联到一个或多个公司，应该研究能反映这种联系的表单或报表。然而，如果用户从来不从部门的角度去看公司，没有这样的表单和报表存在，这时需要知道联系是 1∶N 还是 N∶M，因此不能忽略这个问题。

这种情况下，或者询问用户，或者通过观察一般的商业模式来得出一个结论。一个部门能够属于多个公司吗？部门能被多个公司共享吗？看起来是不可能的，因此，我们判断一个部门只关联到一个公司。从而得出这个联系是 1∶N 的。图 5.18 表示了这个联系。

关于最小粒度，我们无法得出是否一个公司一定会有部门或是否一个部门一定属于某个公司。这时，要去询问用户。图 5.18 表示一个部门必须属于一个公司，而一个公司不一定有部门。

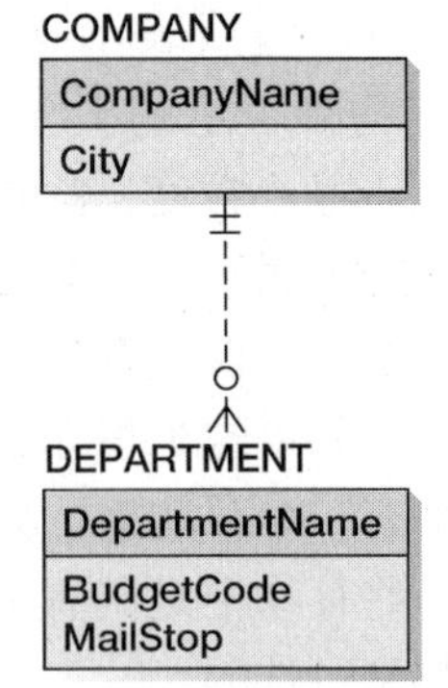

图 5.18　图 5.17 中的联系的数据模型

N:M 强实体联系

图 5.19(a)中的表单表示一个供应商和其供应的商品之间的联系。图 5.19(b)中的报表列出了商品和能供应这种商品的供应商。两种情况都是“多”的情况：一个 SUPPLIER 供应多个 PART；一个 PART 被多个 SUPPLIER 供应。因此，这是一个 N:M 联系。

图 5.20 扩展了图 5.19 中的联系，以反映新的联系。一个供应商是一个公司，因此用实体 COMPANY 来表示供应商。

Suppliers

Company Name: Forrest Supplies
City: Denver
Country: US
Volume (USD): $177,990.00
Parts

PartNumber	PartName	SalesPrice	ReOrderQuantity	QuantityOnHand
1000	Cedar Shakes	$22.00	100	200
2000	Garage Heater	$1,750.00	3	4
3000	Utility Cabinet	$55.00	7	3

Record: 1 of 3　No Filter　Search

(a) 供应商表单

PART

Part Number	Part Name	Sales Price	ROQ	QOH	Company Name	City	Country
1000	Cedar Shakes	$22.00	100	200			
					Bristol Systems	Manchester	England
					ERS Systems	Vancouver	Canada
					Forrest Supplies	Denver	US
2000	Garage Heater	$1,750.00	3	4			
					Bristol Systems	Manchester	England
					ERS Systems	Vancouver	Canada
					Forrest Supplies	Denver	US
					Kyoto Importers	Kyoto	Japan
3000	Utility Cabinet	$55.00	7	3			
					Ajax Manufacturing	Sydney	Australia
					Forrest Supplies	Denver	US

(b) PART报表

图 5.19　表示 N:M 联系的表单和报表

因为不是所有的公司都是供应商，所以从 COMPANY 到 PART 是可选的。另一方面，每个商品都由某个供应商供应，因此从 PART 到 COMPANY 是必需的。

综上所述，强实体联系有三种：1:1，1:N，N:M。可以通过表单和报表来获取某方面的最大粒度，从另外的表单或报表来获取另一个方向的最大粒度。如果这样的表单和报表不存在，则要通过询问用户来获得答案。通常情况下，无法从表单和报表来得出最小粒度。

5.3.2　ID 依赖联系

有三种重要的使用 ID 依赖实体的模式：多值属性、原型/实例（也称版本/实例）和关联。由于关联模式常常同 N:M 强实体联系混淆，因此首先介绍关联模式。

关联模式

关联模式和 N:M 强实体联系很相似。比较图 5.21 中的报表和图 5.19(b) 中的报表，其区别是什么呢？唯一的区别是图 5.21 的报表包含 Price，表示某个供应商供应某个商品的价格。

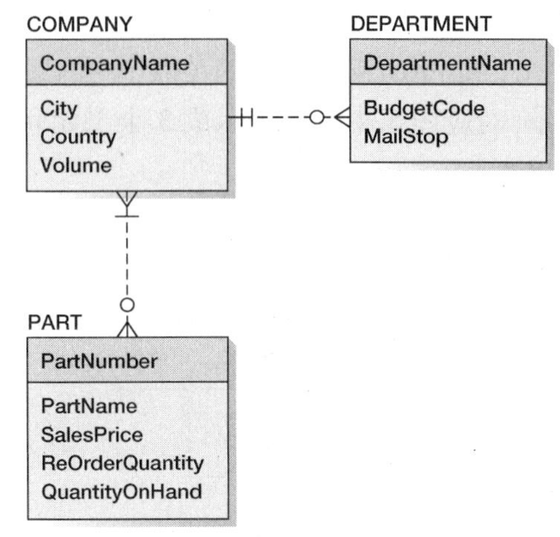

图 5.20　表示图 5.19 中的 N:M 联系的数据模型

Price 既不是 COMPANY 的属性，也不是 PART 的属性，而是它们之间的联系的属性。图 5.24 表示这种情况的数据模型。第三个实体 QUOTATION 被创建，它包含属性 Price。QUOTATION 的标识符是 PartNumber 和 CompanyName 的组合。注意，PartNumber 是 PART 的标识符，CompanyName 是 COMPANY 的标识符。因此，QUOTATION ID 依赖于 PART 和 COMPANY。

PART QUOTATIONS

PartNumber	PartName	SalesPrice	ROQ	QOH	CompanyName	City	Country	Price
1000	Cedar Shakes	$22.00	100	200				
					Bristol Systems	Manchester	England	$14.00
					ERS Systems	Vancouver	Canada	$12.50
					Forrest Supplies	Denver	US	$15.50
2000	Garage Heater	$1,750.00	3	4				
					Bristol Systems	Manchester	England	$950.00
					ERS Systems	Vancouver	Canada	$875.00
					Forrest Supplies	Denver	US	$915.00
					Kyoto Importers	Kyoto	Japan	$1,100.00
3000	Utility Cabinet	$55.00	7	3				
					Ajax Manufacturing	Sydney	Australia	$37.50
					Forrest Supplies	Denver	US	$42.50

图 5.21　表示关联模式的报表

在图 5.22 中，PART 和 QUOTATION 的联系以及 COMPANY 和 QUOTATION 的联系都是标识联系，图中用实线表示这两个联系。

正如所有的标识联系，父实体是必需的。因此，QUOTATION 到 PART 的最小粒度是 1，QUOTATION 到 COMPANY 的最小粒度也是 1。相反方向的最小粒度则根据应用需求而定。在这个例子中，一个 PART 必须有一个 QUOTATION，COMPANY 则可以没有。

BY THE WAY　观察图 5.20 和图 5.22 表示的模型的区别。唯一的不同是在后者中 COMPANY 和 PART 的联系多了一个属性——Price。当创建一个 N:M 联系时请记住这个例子。如果有属性不属于任何一个实体，则要创建的是一个关联、ID 依赖的模型，而不是 N:M 的强实体模式。

关联可以发生在不止两个实体之间。例如在图 5.23 中，ASSIGNMENT 是 CLIENT，ARCHITECT 和 PROJECT 之间的关联，它的属性是 HoursWorked。这个模型表示了如何把一个三元联系(对应图 5.4(b))表示成 3 个二元联系。

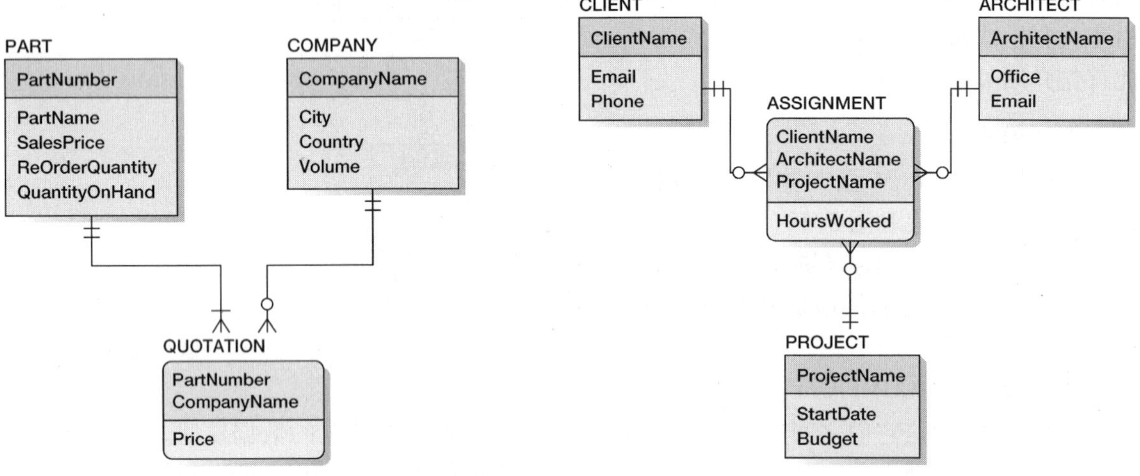

图 5.22 图 5.21 中的报表表示的关联模式数据模型

图 5.23 图 5.4 中三元联系的关联模式数据模型

多值属性模式

在目前使用的 E-R 模型中①，每个属性只能有一个值。如果 CUSTOMER 实体只有一个 Phone Number 和一个 Contact 属性，那么一个客户至多有一个电话号码和一个联系人。

然而，现实中很可能客户有多个电话号码或联系人。观察图 5.24 中的表单，某个客户有三个电话号码，而其他客户可能有一个、两个或任意个。应该在建立的模型中允许用户有任意个电话号码，在 CUSTOMER 中的 PhoneNumber 属性是做不到这点的。

图 5.25 给出了一种解决方法。创建一个 ID 依赖实体：PHONE 包含属性 PhoneNumber，CUSTOMER 到 PHONE 是 1∶N 联系，因此一个公司可以有多个电话号码。因为 PHONE 是 ID 依赖实体，所以它的标识符是 PhoneNumber 和 CompanyName 的组合。

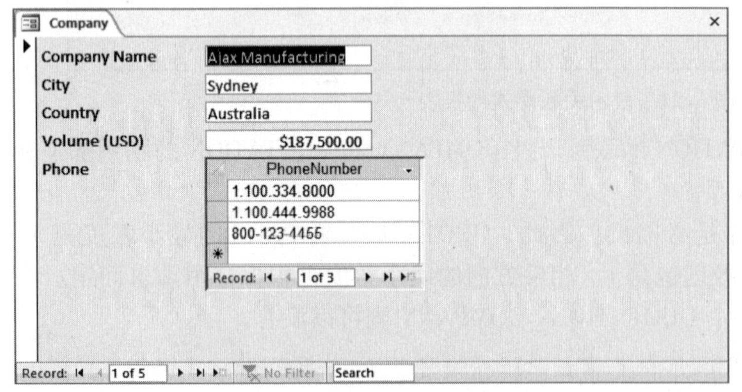

图 5.24 多值属性表单的数据

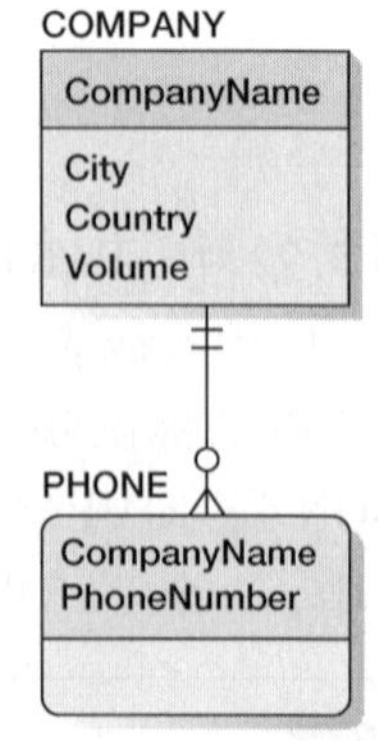

图 5.25 图 5.24 中的表单的模型

① 在先前的 E-R 模型中允许使用多值属性。随着时间的流逝，人们渐渐忽略了这一特性。如今大多数的人们都假设 E-R 模型仅要求单值属性。在本书中，我们也是这样假设的。

可以把这种策略扩展到其他的多值属性上。图 5.26 中的 CUSTOMER 表单有多值属性 Phone 和多值属性 Contact。这时，我们给每个多值属性创建一个 ID 依赖实体，如图 5.27 所示。

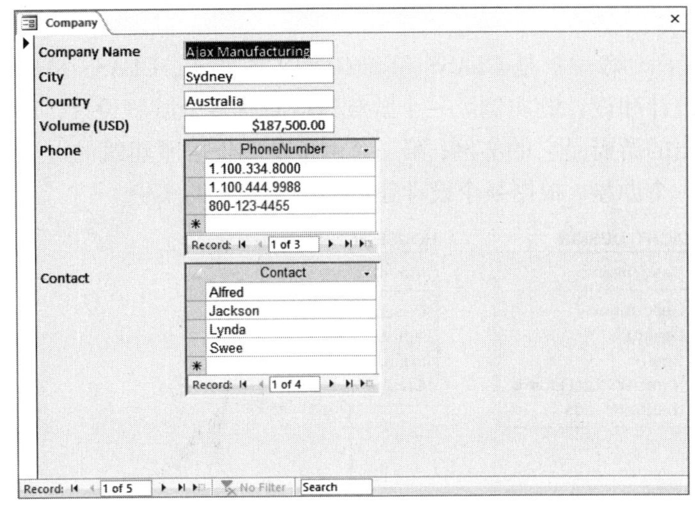

图 5.26　拥有独立的多值属性表单

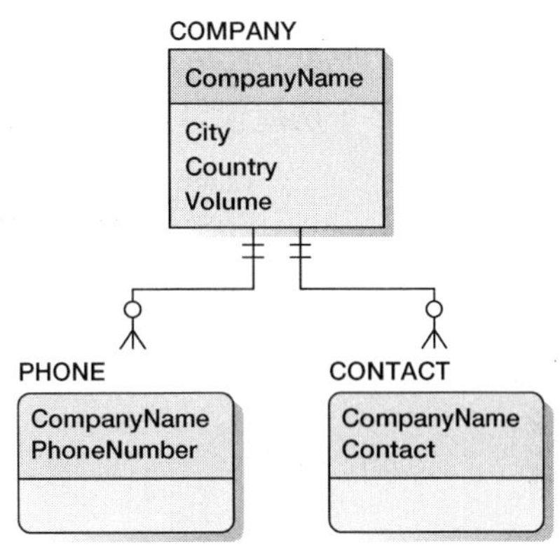

图 5.27　图 5.26 中的独立多值属性表单的数据模型

这时，PhoneNumber 和 Contact 是互相对应的。相应地，我们把它们放到一个 ID 依赖实体中，如图 5.29 所示。注意 PHONE_CONTACT 的标识符是 Contact 和 CompanyName 的组合。这意味着公司中每个联系人的名字只能有一个。联系人之间可以共享电话号码。如果 PHONE_CONTACT 的标识符是 PhoneNumber 和 CompanyName 的组合，则每个公司中一个电话号码只能出现一次，而一个联系人可以有多个电话号码。

在所有这些例子中，每个子实体都需要父实体的存在。这是 ID 依赖实体的特性。父实体可以有也可以没有子实体，COMPANY 可以有也可以没有 PHONE 或 CONTACT 实体，必须询问用户来确定是否是 ID 依赖实体。

多值属性是共同的，可以有效地建立它们的模型。回顾图 5.25 和图 5.27 的模型以及查看图 5.29 的模型，就可以准确地理解它们的差异和它们之间隐含的差异。

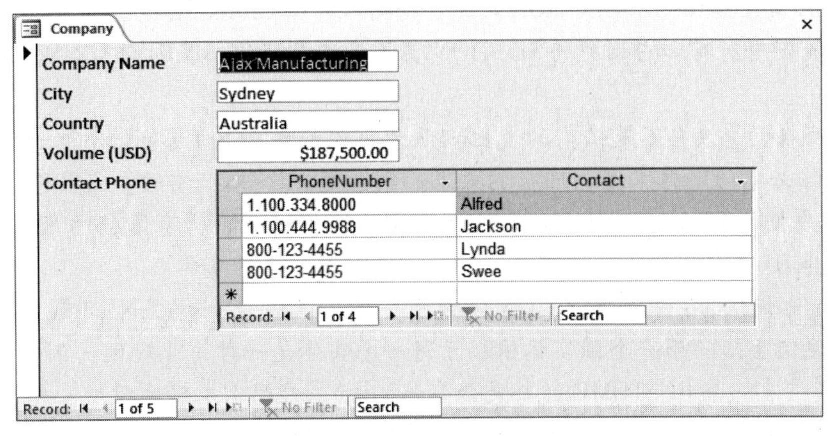

图 5.28　拥有组合多值属性的表单

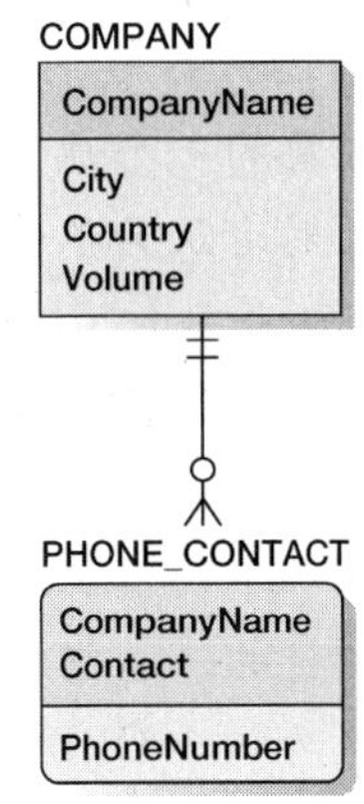

图 5.29　图 5.28 中的表单的数据模型

原型/实例模式

原型/实例模式(也称版本/实例)发生于一个实体代表另一个实体的实例时。我们已经在图5.10中见过一个原型/实例模式的例子：PAINTING和PRINT。PAINTING是原型，从它制造出的PRINT是它的一个实例。

图5.30是原型/实例模式的一些例子。第一个是CLASS和SECTION的例子，CLASS是原型，SECTION是实例；第二个例子涉及设计和设计的实例。一个游艇建造商有多个游艇设计，每个设计是一个原型，针对这个设计制造出的游艇是它的实例；第三个例子是关于房屋建筑的。一个承包商有多个房屋设计，每个设计是一个原型，根据某个设计建造的房屋是它的实例。

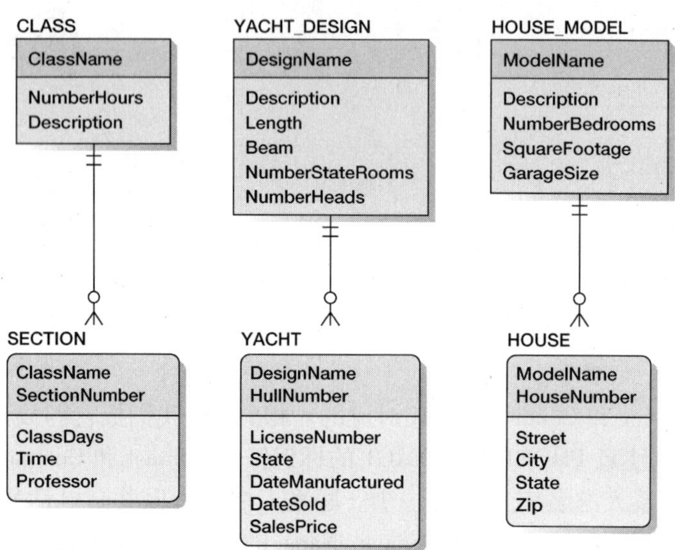

图5.30 三个原型/实例模式的例子

BY THE WAY 数据建模者们仍然在争论着弱的、非ID依赖实体的重要性。它的存在是无人否认的，但并不是所有人都认为它那么重要。

首先，应该明白存在的依赖会影响数据库应用程序的编写。比如对于CLASS/SECTION的例子(参见图5.31)，我们必须在插入一个SECTION之前，先插入一个CLASS实例。并且，删除一个CLASS实例时，必须删除所有和它相关的SECTION实例。这是弱的、非ID依赖实体之所以重要的一个原因。

反对者认为尽管它是存在的，但它不是必需的。他们认为可以通过把SECTION看作一个强实体，并且把CLASS看作必需的实体来得到同样的效果。因为CLASS是必需的，应用程序会在插入SECTION实例前先插入CLASS实例，并在删除CLASS实例时删除所有依赖的SECTION实例。因此，弱的、非ID依赖实体等同于强的、拥有一个依赖联系的实体。

有人不同意上述观点，他们认为：一个SECTION依赖于一个CLASS是一种逻辑必然。必须是这样的——它来源于现实生活。而一个强实体依赖于另一个实体是一种商业规则。例如，我们认为一个ORDER必须拥有一个CUSTOMER(都是强实体)；后来应用需求发生改变：一个ORDER不一定必须拥有CUSTOMER。商业规则经常会发生改变，但逻辑必然不会经常改变。因此，我们应该对弱的、非ID依赖实体进行建模。

可以根据你的导师的建议，确定自己的做法。弱的、非 ID 依赖实体和强的、拥有一个依赖联系的实体有什么区别吗？在图 5.31 中，SECTION，YACHT 和 HOUSE 可以称为强的、拥有一个依赖联系的实体吗？我认为不能，它们是有区别的。但有些人的看法则不是这样的。

正如 ID 依赖实体，父实体是必需的。子实体（SECTION，YACHT，HOUSE）可有可无，视具体应用而定。

逻辑上，原型/实例模式的子实体是 ID 依赖实体。上面三个例子中的子实体都是 ID 依赖实体（参见图 5.30）。但是有时，用户赋予实例实体另外的标识符，这时它就变为弱实体而不是 ID 依赖实体。

例如，尽管可以用 ClassName 和 SectionNumber 作为 SECTION 的标识符，但大学可以给每个 SECTION 添加一个新的标识符：ReferenceNumber。这时，SECTION 就不再是 ID 依赖实体了，而是一个弱实体。

对 YACHT 和 HOUSE 也可以做类似的修改。对于 YACHT，如果把标识符从（HullNumber，DesignName）变为（LicenseNumber，State），它也变成弱的、非 ID 依赖实体。

对于 HOUSE，如果把标识符从（HouseNumber，ModelName）变为（Street，City，State，Zip），它同样变成弱的、非 ID 依赖实体。图 5.31 显示了所有这些变化。

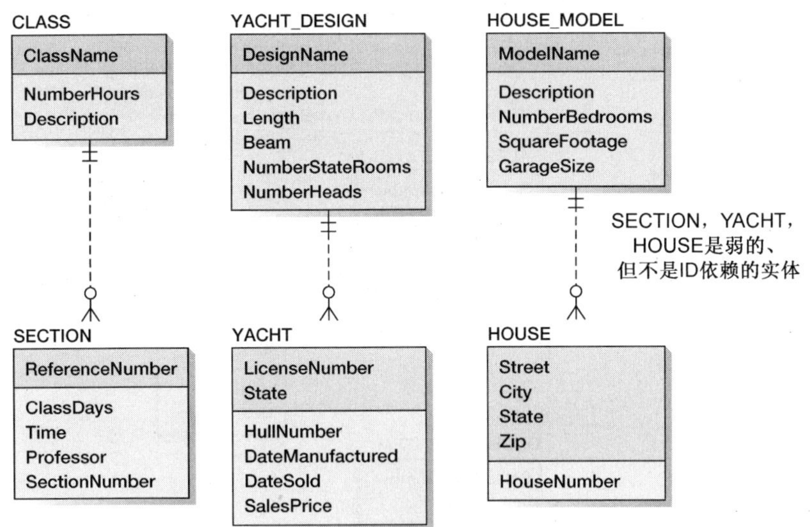

图 5.31　三个采用非 ID 依赖实体的原型/实例模式

5.3.3　混合标识和非标识的模式

一些模式既包括标识联系，又包括非标识联系。其中一个经典的例子是线元模式，另外还有一些别的混合模式。我们从 Line-Item 模式开始讲述。

Line-Item 模式

图 5.32 显示的是一个典型的销售订单，即发票。这类表单通常包含订单本身的信息，例如订单号、订单日期、关于客户的数据、关于销售人员的数据以及关于货物的数据。图 5.33 是对 SALES_ ORDER 的典型数据建模。

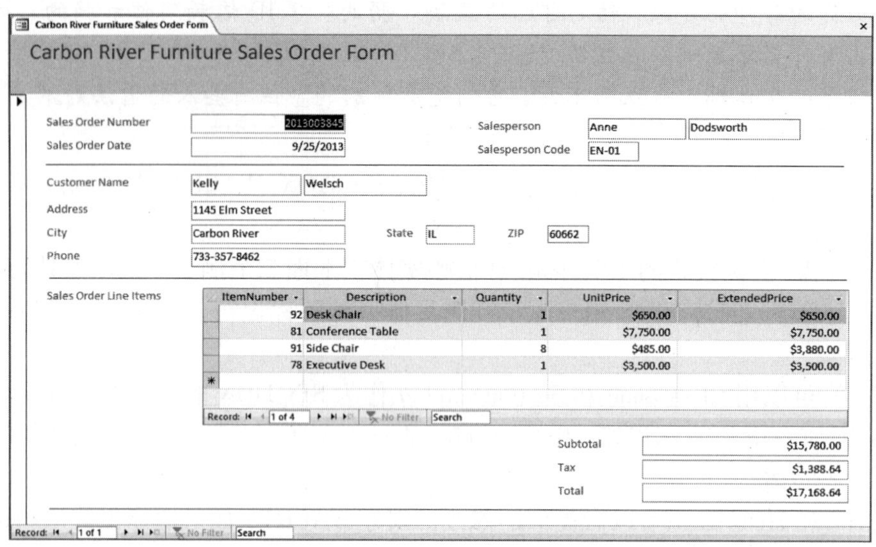

图 5.32 销售订单数据表单

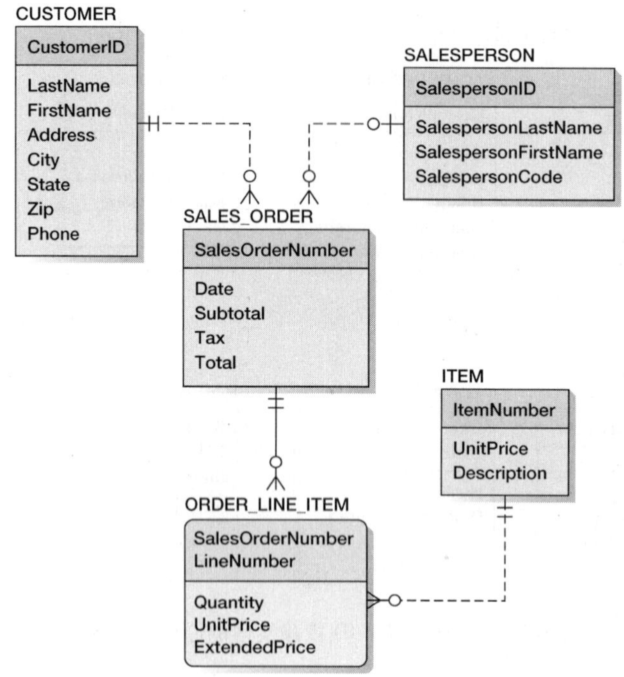

图 5.33 图 5.32 中的销售订单的数据模型

在图 5.35 中，CUSTOMER，SALESPERSON，SALES_ORDER 都是强实体，它们含有非标识联系。CUSTOMER 到 SALES_ORDER 是 1:N 联系；SALESPERSON 到 SALES_ORDER 也是 1:N 联系。根据这个模型，一个 SALES_ORDER 必须包含一个 CUSTOMER，有可能包含 SALESPERSON。这些都是显而易见的。

一些有趣的联系是涉及订单上的 Line-Item 的联系。观察图 5.34 中的数据网格，其中有的值属于订单，而有的值则属于货物本身。例如，Quantity 和 ExtendedPrice 属于 SALES_ORDER，而 ItemNumber，Description 和 UnitPrice 属于 ITEM。订单上的每行没有自己的标识符。没有人会说："给我第 12 行的数据"，而会说："给我订单 12345 上的第 12 行的数据。"因此，行的标识符是行本身的标识符和订单标识符的组合。线元总是 ID 依赖实体。在图 5.33 中，ORDER_LINE_ITEM ID 依赖于 SALES_ORDER。ORDER_LINE_ITEM 的标识符是(SalesOrderNumber, LineNumber)。

这里有一点可能令人迷惑。ORDER_LINE_ITEM 的存在不依赖于 ITEM。即使这个 ITEM 不存在，对应的 ORDER_LINE_ITEM 也可以存在。并且，如果一个 ITEM 被删除，我们不希望把包含它的 ORDER_LINE_ITEM 也删除。对 ITEM 的删除也能使 ItemNumber 或其他数据变得无效，但它不应该使对应的行从订单上消失。

另一方面，考虑当一个订单数据被删除时 Line-Item 会发生什么。不像一项删除只会使数据无效，订单的删除会删除 Line-Item。逻辑上，如果订单被删除，它上面的 Line-Item 线元也应该被删除。

因此，Line-Item 线元存在依赖于订单。仔细观察图 5.33 中的联系，掌握它们的类型和最大、最小粒度，并且弄明白这个模型的含义。

其他混合模型

标识联系和非标识联系的混合模型经常发生。当一个强实体包含一个多值合成的组，并且这个合成组中有一个元素是另一个实体的标识符时，应该考察是否存在混合模式。

考察烘焙配方的例子。每个配方包括若干种成分，例如糖、面粉等。成分列表是一个多值合成组，其中的元素(成分的名字)是另一个强实体的标识符。如图 5.34 所示，RECIPE 和 INGREDIENT 是强实体，而 INGREDIENT_USE ID 依赖于 RECIPE。

考察关于员工技能精通程度的例子。技能名字和精通级别是一个多值合成组，而技能本身是一个实体，如图 5.35 所示。类似的例子还有很多。

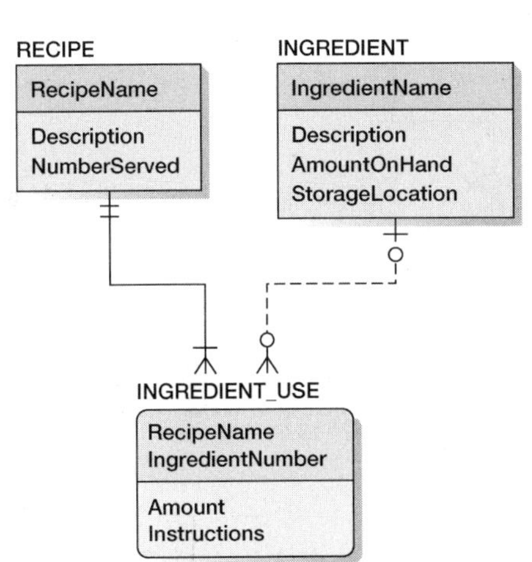

图 5.34　餐厅配方的混合联系模式

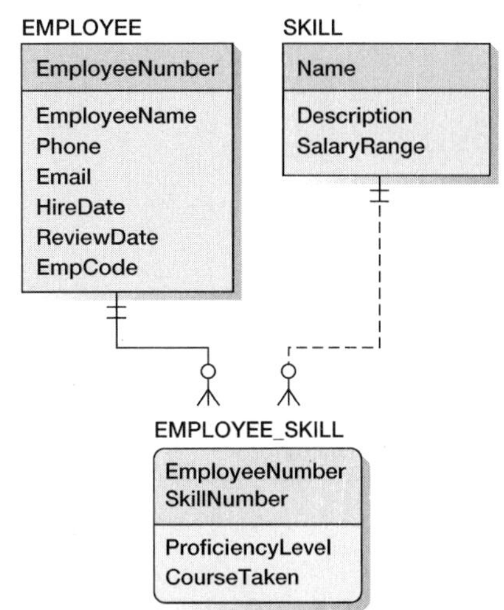

图 5.35　员工技能的混合联系模式

比较图 5.33 和图 5.34 的模型与图 5.22 中的关联模式。掌握这两种模式间的不同以及为什么后者有两个标识联系而前者只有一个。

5.3.4 For-Use-By 模式

在本章前面学过，使用子类型的目的是避免不适合类型的 null 值。当一些表单中包括灰色区域，并且这些区域有标签“For Use By *someone/something* Only”时，则需要考虑使用子类型。图 5.36 中包括两个灰色区域，一个用于商业钓鱼手，另一个用于比赛钓鱼手。这两个灰色区域的出现表明需要使用子类型。

Resident Fishing License 2013 Season *State of Washington*			**License No:** **03-1123432**
Name:			
Street:			
City:		State:	Zip:
For Use by Commercial Fishers Only		For Use by Sport Fishers Only	
Vessel Number:		Number Years at This Address:	
Vessel Name:		Prior Year License Number:	
Vessel Type:			
Tax ID:			

图 5.36　包含子类型实体的数据表单

图 5.37 是相应的数据模型，每个灰色区域对应一个子类型。注意子类型不仅属性不同，而且一个有联系，而另一个没有联系。有时，子类型之间的唯一区别就是有的有联系而有的没有联系。

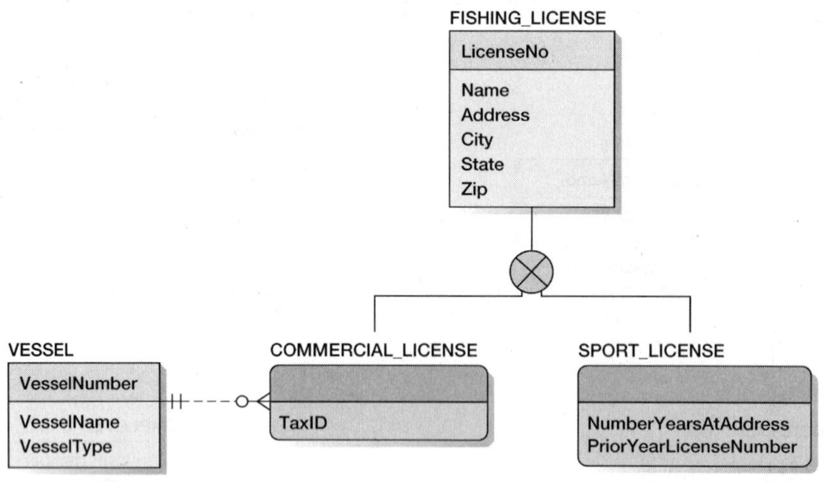

图 5.37　图 5.36 中表单的数据模型

从 VESSEL 到 COMMERCIAL_LICENSE 是 1∶N 的非标识联系。事实上，这个表单并不能说明从 VESSEL 到 COMMERCIAL_LICENSE 的最大粒度是 N。这个结论是通过询问用户得知一艘船有时被多个商业钓鱼手使用。最小粒度表明每个商业钓鱼手必须有一艘船，数据库中的值存放被使用的那些船。

这个例子的目的是演示表单如何暗示使用子类型。当你看到一些表单中包括灰色区域，并且这些区域有标签“For Use By …”时，则应该考虑使用子类型。

5.3.5　递归模式

当一个实体有到它本身的联系时，这就是递归联系。递归联系的经典例子存在于制造业应用中。类似于强实体，递归联系也包括 1∶1，1∶N，N∶M。

1∶1 递归联系

假定要为铁路创建一个数据库，需要对货运列车进行建模。BOXCAR 是一个实体，但 BOXCAR 之间如何关联呢？除了最前面的 BOXCAR，每一个 BOXCAR 前面都有一个 BOX-CAR；除了最后面的 BOXCAR，每一个 BOXCAR 后面都有一个 BOXCAR。因此，BOXCAR 之间是 1∶1 联系，第一节车厢和最后一节车厢是可选的。

图 5.38 所示是相应的数据模型。其中，每个 BOXCAR 和前面的 BOXCAR 之间有 1∶1 的联系，车头的 BOXCAR 和 ENGINE 之间也是 1∶1 联系。

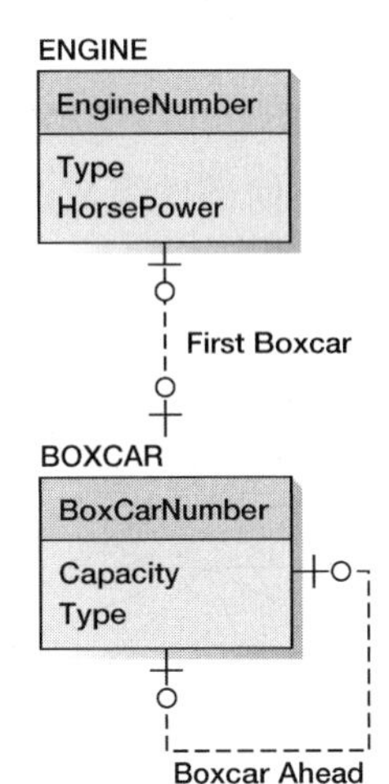

图 5.38　1∶1 递归联系的数据模型

图 5.39 中的实体实例说明了这个数据模型。很明显，这些实体实例看起来正像一列列车。

二者之一的模型是使用关系模型以表示在 BOXCAR 之后的每一个模型能够工作。1∶1 递归联系的其他例子包括美国总统的继任、一个商学院主任的继任或排队的人之间的次序。

1∶N 递归联系

1∶N 递归联系的典型例子是组织表。其中每个员工被一个经理管理，而一个经理可能同时管理多个员工。图 5.40 是一个组织表的例子，注意这个联系是 1∶N 的。

图 5.41 所示是一个管理关系的数据模型。鸦脚表明经理可以管理多名员工。这个联系是可选的，因为有的员工(例如总经理)是不被管理的，而有的员工(职员)不管理任何人。

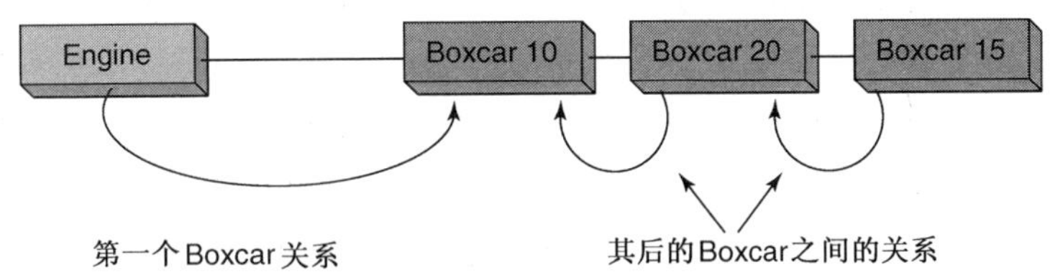

图 5.39　图 5.38 中数据模型的实体

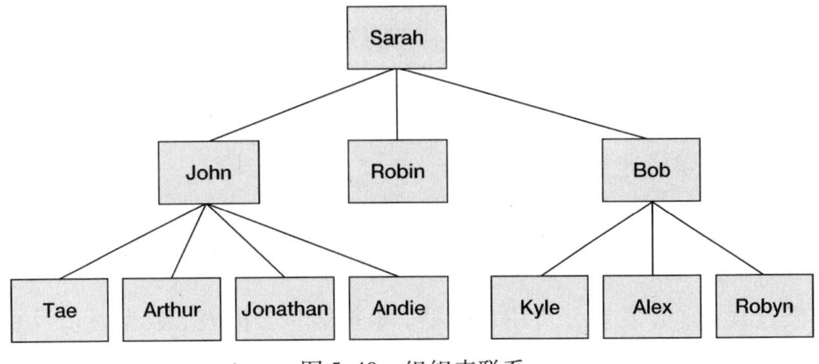

图 5.40　组织表联系

1:N 递归联系的另一个例子是地图。例如，一个世界地图关联到很多洲地图，每个洲地图关联到国家地图等。第三个例子是父子(母子)关系，每次只可以表示一个。

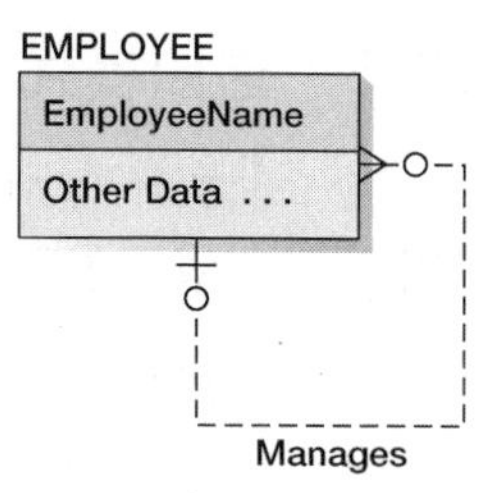

.41 N 递归联系的数据模型

N:M 递归联系

N:M 递归联系的经典例子存在于制造业应用中，图 5.42 便是一个例子。

关键点是一个部件由另一些部件组成。一个小孩用的红色童车由把手、车身和轮子组合而成，驾驶组合由把手、螺钉、垫圈和螺母组成。部件间的联系是 N:M 的，因为每个部件可能由多个部件组成，而每个部件可能用在多个部件上。

图 5.43 是相应的模型。注意，每个部件有一个到其他部件的 N:M 联系。因为一个部分可能不由任何部件组成，以及一个部件不参与任何部件的组成，因此最小粒度都是可选的。

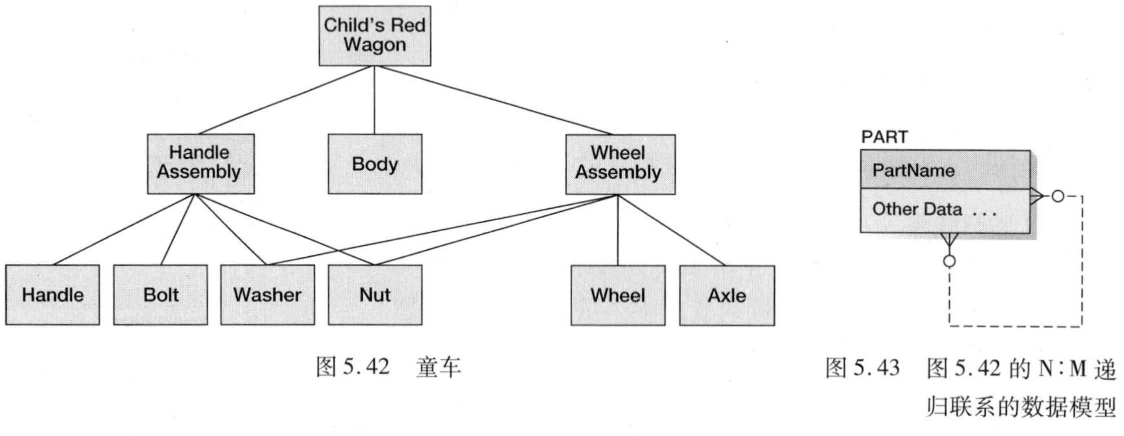

图 5.42 童车

图 5.43 图 5.42 的 N:M 递归联系的数据模型

BY THE WAY 如果这个表要表示确切数字，模型会发生什么变化呢？例如，轮子组合需要四个垫圈，而把手组合只要一个。这时，图 5.43 中的模型就不再正确了。事实上，把数量加到 N:M 联系中，类似于图 5.22 中把价格加到 N:M 联系中(参见习题 5.63)。

N:M 递归联系还可以用来表示有向网络。例如，在多个部门之间文件的传递或气体在管道中的流动。它们还可以用来表示双亲关系，这时可以同时包括父亲、母亲以及继父、继母。

如果觉得递归模型难以理解，不必担心，它们只是初次接触时看起来比较奇怪，但并不复杂。可以通过一些例子来获得信心。画一个列车并思考图 5.38 中的模型是怎样的；把图 5.40 中的例子从员工变成部门，思考应该怎样变化图 5.41 中的模型。一旦掌握了如何识别递归模式，就会发现为它们的建模非常简单。

5.4 数据建模过程

在数据建模过程中，开发者分析用户模型，根据表单、报表、数据源以及用户交流来建立数据模型。这个过程总是迭代进行的：首先根据某个报表或表单来建立，然后根据别的表单报表进行调整。并且周期性地询问用户以得到额外的信息，例如估计最小粒度。此外还需要用户来审核验证建好的模型。

为了演示数据建模的迭代过程，我们给出关于大学的一个简单的数据建模过程。阅读这个例子的时候，观察模型是怎样随着需求的分析而演变的。

BY THE WAY 作者经历过的最大的数据模型是为美国军方开发的后勤系统模型。这个模型包括大约 500 不同的实体类型，由 7 个人花费一年时间来开发。有时，一个新的需求使得原来的模型变得不再正确，于是数日的工作不得不推翻重做。这个项目最困难的地方在于管理的复杂性，比如实体之间的关联性、是否一个实体已经被定义、是否一个实体是强实体、弱实体、超类型、子类型。这需要对模型有一个全局的认识。有时，一个在 7 月份建立的实体是一个在 2 月份建立的实体的子类型，在它们之间已建立过数百个实体，因此仅靠记忆是远远不够的。为了管理这个模型，我们使用了很多不同的管理工具。当读者阅读下面的例子时，请思考上面的这个例子。

假定 Highline University 要建立一个数据库来存储学院、系、员工和学生的信息。一个开发小组搜集了一系列的报表作为需求。下一节，我们通过分析这些报表来建立数据模型。

5.4.1　学院报表

图 5.44 是商学院的一个报表。Highline University 不同的学院也有类似的报表。建模小组要搜集足够多的报表数据来建立一个具有代表性的例子。假定图 5.44 中的报表是具有代表性的。

College of Business
Mary B. Jefferson, Dean

Phone: 232-1187　　　　Campus Address: Business Building, Room 100

Department	Chairperson	Phone	Total Majors
Accounting	Jackson, Seymour P.	232-1841	318
Finance	HeuTeng, Susan	232-1414	211
Info Systems	Brammer, Nathaniel D.	236-0011	247
Management	Tuttle, Christine A.	236-9988	184
Production	Barnes, Jack T.	236-1184	212

图 5.44　Highline University 的学院报表的例子

可以看出，这个报表包含关于学院的数据，比如名字、主任、电话号码和地址，以及学院中每个系的数据。因此应该建立两个实体：COLLEGE 和 DEPARTMENT，它们之间有联系，如图 5.45 所示。

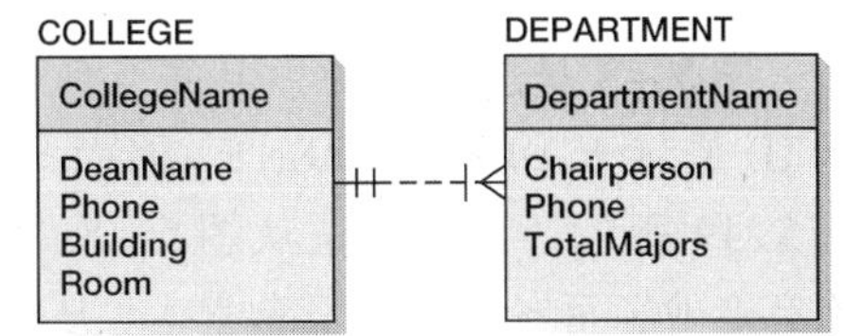

图 5.45　图 5.44 中学院报表的数据模型

图 5.45 中的联系是非标识的，因为系不是 ID 依赖的。逻辑上一个 DEPARTMENT 是独立实体。我们无法从图 5.44 中看出系是否可以属于多个学院。为了确定这一点，需要询问用户或查看别的表单报表。

假定我们通过用户得知每个系只属于一个学院，

因此 COLLEGE 和 DEPARTMENT 之间的联系是 1∶N 的。从图 5.44 中无法看出联系的最小粒度，同样，需要询问用户。假定我们得知每个学院至少有一个系，每个系必须属于一个学院。

5.4.2 系报表

图 5.46 中的报表包括系信息以及系中教授的列表。因为系的地址没有在图 5.45 中出现，因此需要把地址假定到刚才建立的 DEPARTMENT 实体中，如图 5.47(a)所示。这是一个典型的数据建模过程：通过另外的表单报表来调整原来建好的实体和联系。

Information Systems Department
College of Business

Chairperson: Brammer, Nathaniel D
Phone: 236-0011
Campus Address: Social Science Building, Room 213

Professor	Office	Phone
Jones, Paul D.	Social Science, 219	232-7713
Parks, Mary B	Social Science, 308	232-5791
Wu, Elizabeth	Social Science, 207	232-9112

图 5.46 Highline University 的系报表的例子

图 5.47(a)显示 DEPARTMENT 和 PROFESSOR 之间的联系是 N∶M 的，因为一个教授可能在多个学院中任职。建模小组需要确定是否允许一个教授在多个学院中任职。如果不能，这个将是 1∶N 的非标识联系，如图 5.47(b)所示。

关于 DEPARTMENT 和 PROFESSOR 之间的 N∶M 联系的另一个可能性是一些同时涉及系和教授的属性被忽略了。如果是这样，则关联模式更加准确。假定小组发现另外一个描述每个教授在每个系的工作报表。图 5.47(c)中的实体 APPOINTMENT 表示这个报表，正如前面期望的，APPOINTMENT ID 依赖于 DEPARTMENT 和 PROFESSOR。

主任由教授担任，因此需要把属性 Chairperson 从 DEPARTMENT 中删除，再建立一个称为 chairperson 的联系，如图 5.47(d)所示。在 Chairs/Chaired By 联系中，PROFESSOR 是父实体。一个教授可以是一个或零个系的主任，每个系应该有一个教授作为主任。

有了这个联系，DEPARTMENT 中不再需要 Chairperson 属性，因此删除这个属性。一般情况下，每位主任在系办公室中有他的办公室。如果事实是这样的，则 DEPARTMENT 中的 Phone，Building 和 OfficeNumber 属性复制了 PROFESSOR 中的 Phone，Building 和 OfficeNumber 属性，因而应该从 DEPARTMENT 删除 Phone，Building 和 OfficeNumber 属性。但是，教授可能还有别的办公室，故不应该把这些属性删除。

5.4.3 系/专业报表

图 5.48 是这个系的学生关于系和专业的报表，因此应该建立实体 STUDENT。因为学生不是 ID 依赖于 DEPARTMENT，因而 STUDENT 和 DEPARTMENT 之间的联系是非标识的，如图 5.49 所示。我们无法从图 5.48 中得到这个联系的最小粒度，假定通过询问，得知学生必须有专业，而专业可以没有学生，从而得到它的最小粒度。再把 StudentNubmer，StudentName，Phone 属性加到 STUDENT 中。

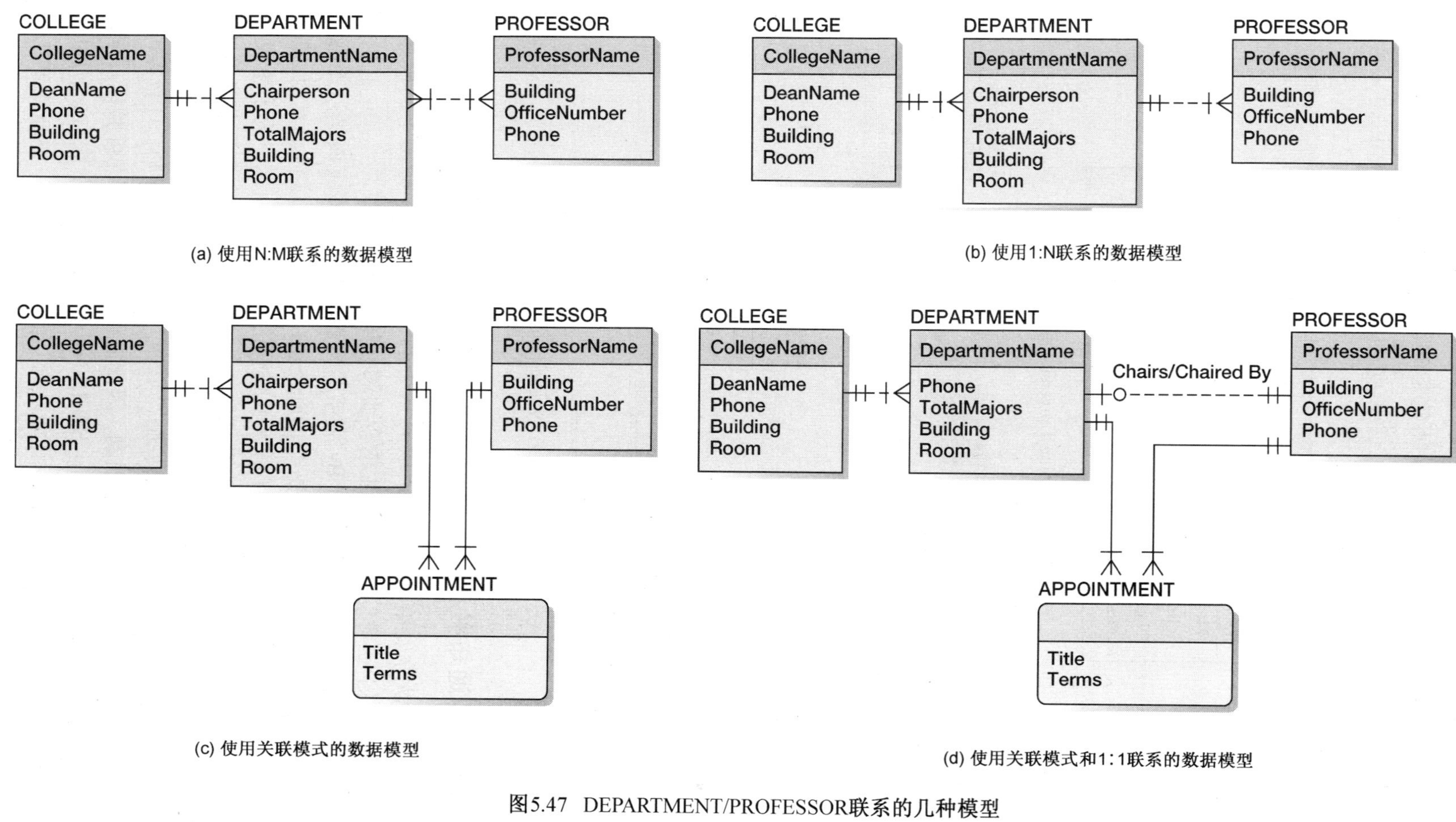

图5.47 DEPARTMENT/PROFESSOR联系的几种模型

图 5.48 中还有两个需要注意的地方。第一，Major's Name 被替换为 StudentName，这是因为后者更具普遍性。第二，这个报表有一个不清楚的地方，Phone 是 DEPARTMENT. Phone 还是 PROFESSOR. Phone？建模小组需要进一步调查来确定这一点。更可能的是：这是 DEPARTMENT. Phone。

Student Major List
Information Systems Department

Chairperson: Brammer, Nathaniel D　　Phone: 236-0011

Major's Name	Student Number	Phone
Jackson, Robin R.	12345	237-8713
Lincoln, Fred J.	48127	237-8713
Madison, Janice A.	37512	237-8713

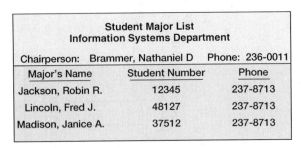

图 5.48　Highline University 的系报表例子

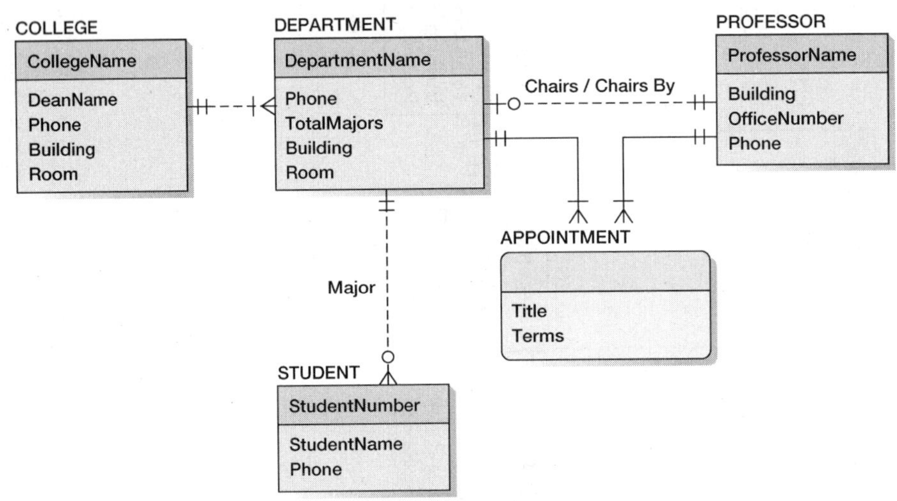

图 5.49　STUDENT 实体的数据模型

5.4.4　学生录取通知书

图 5.50 是这所大学发给新学生的录取通知书，图中用黑体字标出了同模型中相关的信息。除了学生的信息，这封信还包括学生的专业和导师的信息。

应该在模型中加入 Advises/Advised By 联系。然而，哪个实体应该是这个联系的父实体呢？因为导师由教授担任，看起来应该是 PROFESSOR 实体作为父实体。然而，教授可能只在某个系作为导师，因此由 APPOINTMENT 作为父实体，如图 5.51 所示。为了生成图 5.50 中的报表，可以通过 APPOINTMENT 检索到教授的信息。然而，这个决定不是非常令人信服的，人们有很多理由认为 PROFESSOR 应该是父实体。

根据这个模型，一个学生最多有一个导师。另外，学生必须有导师，且教授可以不指导任何学生。从上述报表中都无法得到这个限制，因此需要询问用户来进行验证。录取通知书在每位学生前有"Mr."之类的称呼，因此应在 STUDENT 中加入 Title 属性。这个 Title 不同于 APPOINTMENT 中的 Title，应在文档中加以记录。还应该在 STUDENT 中加入学生的家庭地址信息。

Mr. Fred Parks
123 Elm Street
Los Angeles, CA 98002

Dear Mr. Parks:

You have been admitted as a major in the **Accounting** Department at Highline University, starting in the Fall Semester, 2011. The office of the Accounting Department is located in the **Business Building, Room 210.**

Your adviser is professor **Elizabeth Johnson**, whose telephone number is **232-8740** and whose office is located in the **Business Building, Room 227.** Please schedule an appointment with your adviser as soon as you arrive on campus.

Congratulations and welcome to Highline University!

Sincerely,

Jan P. Smathers
President

JPS/rkp

图 5.50　Highline University 的录取通知书的例子

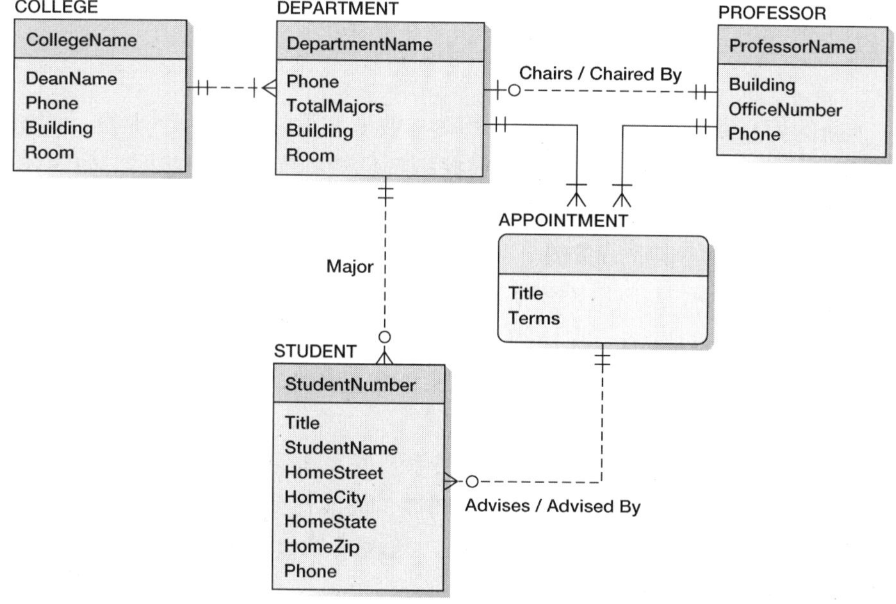

图 5.51　包含 Advise 联系的数据模型

还有一个问题。例如，学生名字是 Fred Parks，但只分配了一个属性 StudentName 来记录这个信息，因此很难从这个属性中区分学生的姓和名。所以，应该把这个属性变为 StudentFirstName 和 StudentLastName。类似地，ProfessorName 和 DeanName 也应该做同样的调整。图 5.52 显示的是变化后的模型，也是最终的模型。

通过这一节，读者应该感受到建模的过程。表单和报表被依次使用，然后调整模型。在建模过程中经常要调整模型很多次。习题 5.64 包括另外可能的调整。

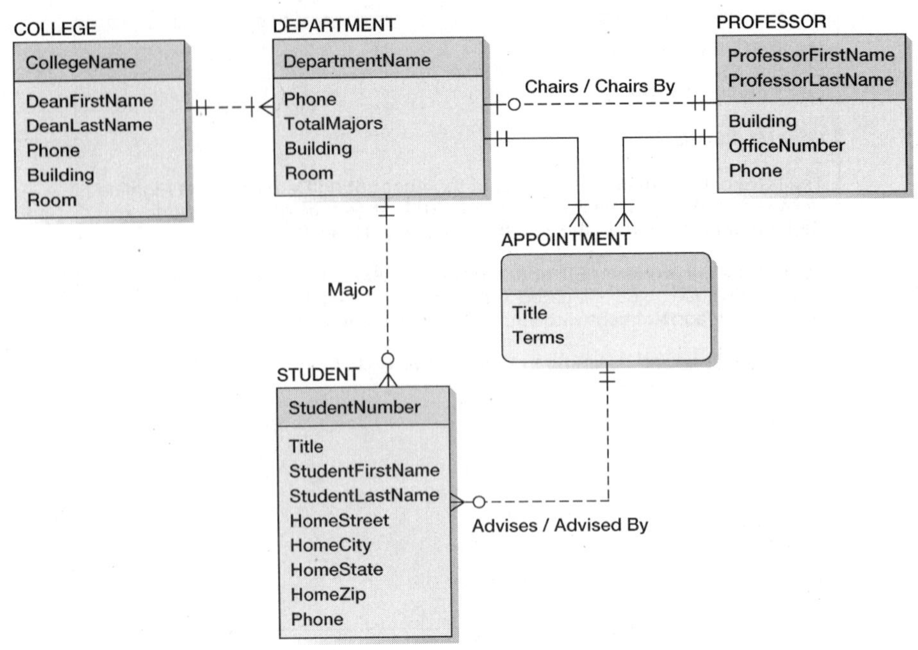

图 5.52 最终的数据模型

5.5 小结

当在一个新的信息系统项目中开发数据库时，数据库设计分为两个步骤。首先，建立数据模型；然后，根据建好的模型设计数据库。数据模型是数据库设计的蓝图。如同建造房屋时的模型，必要时可以对数据模型进行更改，这时只需要付出较少的努力。然而，一旦数据库创建好，对它进行修改的代价是非常昂贵的。

当今最流行的数据模型是 E-R 模型。由 Peter Chen 发明，后来又经过扩展从而包括子类型。实体是用户想要记录的事物。实体类是同类型实体的一个集合，由类中实体的结构来描述。一个实体实例是给定实体类的一个实体。实体中的属性用来描述实体的特征。标识符用来区分实体。组合标识符由两个或多个属性构成。

E-R 模型还包括联系，用来表示实体间的关系。联系类是实体类之间的关系，联系实例是实体实例之间的关系。现在，属性不允许拥有属性，联系有自己的名字。

联系的元表示参与这个联系的实体个数。二元联系只包括两个实体。在现实创建中，多元联系用多个二元联系来表示。

实体和表的区别是实体不需要外键。使用实体使得建模更加简单且易于修改。

联系根据它们的粒度进行分类。最大粒度表示可以参与联系实例的最大实体实例个数，最小粒度表示可以参与联系实例的最小实体实例个数。

联系通常包括 3 种粒度：1∶1，1∶N，N∶M。某些情况中，最大粒度可以是明确的数字，例如 1∶15。联系通常包含 4 种基本的最小粒度：可选对可选、强制对可选、可选对强制、强制对强制。某些情况下，最小粒度也可以是明确的数字。

现在有很多 E-R 模型的版本。最初的版本使用菱形表示联系，IE 版本使用带有鸦脚的直线，IDEF1X 版本使用另外的标记，UML 也有自己的标记。更复杂的是，不同的数据建模工具还有自己的标记方式。在本书中，我们使用鸦脚模型和 ERwin 建模工具。附录 B、附录 C、附录 D 和附录 H 总结了其他的模型和技术。

ID 依赖实体是标识符包括另外实体标识符的实体。这类实体使用标识联系。这种联系中，父实体是必需的，但子实体则不是必需的，视具体应用而定。E-R 图中使用实线来表示标识联系。

存在依赖于别的实体的实体称为弱实体。所有 ID 依赖实体都是弱实体。另外，有一些实体是弱实体，但不是 ID 依赖实体。有人认为这类实体不重要，也有人持相反意见。

子类型实体是超类型实体的一个特例。子类型实体之间可以是互斥的或相容的。互斥子类型实体有时有鉴别器，它是超类型实体的属性，可以确定子类型的种类。使用子类型最重要的(可能是唯一的)理由是它可以避免不适合类型的 null 值。

实体和它本身之间的联系是递归的。递归联系可以是 1:1，1:N 或 N:M。

非子类型实体间的联系称为 HAS-A 联系，子类型实体间的联系称为 IS-A 联系。

通过分析表单、报表、其他数据元和询问用户来创建模型的元素。很多表单和报表符合一定的模式。我们讨论了 1:1，1:N，N:M 强实体模式，还讨论了三种使用 ID 依赖的实体模式：关联模式、多值属性模式和版本/实例模式。一些表单混合了非标识和标识联系。线元是混合表单的经典例子。

For-Use-By 模式需要使用子类型。一些情况下，子类型由于含有不同的属性而不同，而有些情况下，由于含有不同的联系而不同。数据建模过程是一个迭代的过程。通过分析表单和数据，模型被建立、修改和调整。有时，表单和报表的分析需要一些预备工作。

5.6　关键术语

- 关联模式
- 属性
- 二元联系
- 粒度
- 孩子
- 组合标识
- 鸦脚符号
- 数据模型
- 度
- 鉴别器
- 实体
- 实体类
- 实体实例
- 实体-联系图(E-R 图)
- 实体-联系模型(E-R 模型)
- 互斥子类型
- 扩展 E-R 模型
- HAS-A 联系
- ID 依赖实体
- 标识
- 标识联系
- IE 鸦脚模型
- 相容子类型
- 信息工程(IE)模型
- IDEF1X
- IS-A 联系
- M-M 联系
- M-O 联系
- N:M 联系
- 最小粒度
- 最大粒度
- 非标识联系
- 1:N 联系
- 1:1 联系
- O-M 联系
- O-O 联系
- 父亲
- 递归联系
- 联系
- 联系类
- 联系实例
- 强实体

子类型
超类型
系统分析和设计
系统生命周期
三元联系
一元联系
统一建模语言(UML)
弱实体

5.7 习题

5.1 描述当为一个新的信息系统项目开发数据库时，数据库设计的两个步骤。
5.2 解释在通常情况下，如何把数据模型用于为一个小型的视频租赁店设计的数据库。
5.3 解释数据模型如何类似于建筑蓝图。在建模阶段进行修改的好处是什么?
5.4 谁是 E-R 模型的作者。
5.5 定义实体。给出一个实体的例子。
5.6 解释实体类和实体实例的区别。
5.7 定义属性。给出习题 5.5 中的实体例子的属性。
5.8 定义标识符。给出上面的例子的标识符。
5.9 给出一个组合标识符的例子。
5.10 定义联系。给出一个例子并为它命名。
5.11 解释联系类和联系实例的区别。
5.12 什么是联系的元? 给出一个三元联系的例子。
5.13 什么是二元联系?
5.14 解释实体和表的区别，什么是最重要的区别?
5.15 什么是粒度?
5.16 给出最大粒度和最小粒度的定义。
5.17 分别给出 1:1, 1:N, N:M 联系的例子。分别使用菱形和 IE 鸦脚标记来表示你的例子。
5.18 给出最大粒度是确切数字的例子。
5.19 给出 M:M, M:O, O:M, O:O 的例子，分别使用菱形和 IE 鸦脚标记来表示你的例子。
5.20 解释传统 E-R 模型、IE 模型、IDEF1X、UML 模型的区别，本书主要使用哪个版本?
5.21 解释图 5.7 中标记的区别。
5.22 解释图 5.9 中标记的区别。
5.23 什么是 ID 依赖实体? 给出一个 ID 依赖实体的例子。
5.24 解释如何决定 ID 依赖实体中的最小粒度。
5.25 当创建 ID 依赖实体实例时，要遵循什么规则? 当删除 ID 依赖实体的父实体实例时，要遵循什么规则?
5.26 什么是标识联系? 如何使用?
5.27 解释为什么 5.2.11 节中 BUILDING 和 APARTMENT 之间是标识实体。
5.28 什么是弱实体? 弱实体和 ID 依赖实体的关系是什么?
5.29 如何区分弱实体和依赖于其他实体的强实体?
5.30 定义子类型和超类型。给出一个子类型、超类型之间联系的例子。
5.31 解释互斥子类型和相容子类型的区别。分别给出一个例子。
5.32 什么是鉴别器?
5.33 解释 IS-A 和 HAS-A 联系的区别。
5.34 在数据模型中使用子类型最重要的原因是什么?
5.35 描述表单和报表的结构以及数据模型的关系。
5.36 解释两种在建模中使用表单和报表的方法。
5.37 为什么在图 5.15 中的表单和报表表示联系是 1:1 的?

5.38　为什么不可能从图 5.15 中的表单和报表中得出最小粒度？
5.39　描述两种测试实体是否是强实体的方法。
5.40　为什么图 5.17 中的表单无法表明联系是 1∶N 的？还需要什么信息来验证这个猜测？
5.41　为什么通常要用两个表单或报表来确定最大粒度？
5.42　如何估计图 5.17 中实体的最小粒度？
5.43　为什么在图 5.19 中表单和报表表示联系是 N∶M 的？
5.44　列出使用 ID 依赖联系的三个模式。
5.45　解释关联模式和 N∶M 强实体模式的不同。图 5.21 中报表的什么特性表明是关联模式？
5.46　解释如何区分关联模式和 N∶M 强实体模式。
5.47　解释为什么需要两个实体来表示多值属性。
5.48　图 5.26 和图 5.28 的表单为什么不同？这种不同如何影响建模？
5.49　描述原型/实例模式。为什么这个模式需要 ID 依赖联系？使用 CLASS/SECTION 例子来回答。
5.50　解释什么原因使得图 5.31 的实体发生变化。
5.51　总结关于弱实体，但不是 ID 依赖实体的重要性的辩论。
5.52　给出一个线元模式的例子，用它来表示运输情况。假设运输情况包括不同货物的名字、数量以及货物的保险价值。每个 ITEM 实体中含有一个保险值。
5.53　当看到表单中的“For Use By”时，应该想起什么类型的实体？
5.54　给出 1∶1，1∶N，N∶M 的递归联系的例子。
5.55　解释为什么建模过程是迭代的。使用 Highline University 的例子来解释。

项目练习

使用鸦脚标记回答下列问题：

5.56　查看图 5.53 中的订阅表。根据表单结构：

A. 创建一个实体的模型。明确标识符和属性。

B. 创建一个包含两个实体的模型。一个实体是客户，另一个实体是订阅。明确标识符、属性、联系名称、类型和粒度。

C. 在什么情况下选择模型 A？

D. 在什么情况下选择模型 B？

Fine
Wood
Working

To subscribe

☐ 1 year (6 issues) for just $18—20% off the newsstand price.
(Outside the U.S. $21/year—U.S. funds, please)

☐ 2 years (12 issues) for just $34—save 24%
(Outside the U.S. $40/2 years—U.S. funds, please)

Name ______________________

Address ______________________

City ____________ State ______ Zip ______

☐ My payment is enclosed. ☐ Please bill me.

Please start my subscription with ☐ current issue ☐ next issue.

图 5.53　订阅表单

5.57 查看图 5.54 中的 E-mail 信息列表:

A. 创建一个实体的模型。明确标识符和属性。

B. 创建包含 SENDER 和 SUBJECT 实体的模型。明确实体的标识符、属性、联系名称、类型和粒度。

C. E-mail 信息的 From 列有两种(参见图 5.55):一种是真实的 E-mail 地址。一种是用户 E-mail 地址簿中的成员。基于这两种类型创建两种 SENDER。明确标识符和属性。

	From	Subject	Date	Size
	WDA2259@sailmail.com	Big Wind	5/13/2013	3 KB
	WDA2259@sailmail.com	Update	5/12/2013	4 KB
	WDA2259@sailmail.com	Re: Saturday Am	5/11/2013	4 KB
	WDA2259@sailmail.com	Re: Weather window!	5/10/2013	4 KB
	WDA2259@sailmail.com	Re: Howdy!	5/10/2013	3 KB
	WDA2259@sailmail.com	Still here	5/9/2013	3 KB
	WDA2259@sailmail.com	Re: Turle Bay	5/8/2013	4 KB
	WDA2259@sailmail.com	Turle Bay	5/8/2013	4 KB
	WDA2259@sailmail.com	Re: Hi	5/6/2013	3 KB
	WDA2259@sailmail.com	Sunday, Santa Maria	5/5/2013	3 KB
	Ki6yu@aol.com	Cabo, Thurs. Noon	5/2/2013	2 KB
	WDA2259@sailmail.com	turbo	5/1/2013	3 KB
	WDA2259@sailmail.com	on our way	4/28/2013	3 KB
	Tom Cooper	RE: Hola!	4/26/2013	3 KB
	Tom Cooper	RE: Hola!	4/24/2013	2 KB
	Tom Cooper	RE: Hola!	4/23/2013	3 KB

图 5.54 E-mail 列表

5.58 查看图 5.55 中的股票信息列表:

A. 创建一个实体的模型。明确标识符和属性。

B. 创建包含 COMPANY 和 INDEX 实体的模型。明确实体的标识符、属性、联系名称、类型和粒度。指明哪些粒度是可以从表单中得出的,哪些粒度是需要询问用户的。

C. 图 5.56 中的列表是股票在某天某时刻的报价。假定要使得这个列表显示每支股票每天的价格,它应该包含一个新列:QuoteDate。改变 B 中的模型来反映这个变化。

D. 改变 C 中的模型来记录投资者。每个投资者有名字、电话号码、E-mail 地址和持有股票的列表,这个列表包含股票的标识符和拥有量。指出要增加的实体,以及它们的标识符、属性和新增联系的粒度。

E. 改变 D 中的模型来记录投资者购买和抛售股票的价格。明确实体的标识符、属性、联系名称、类型和粒度。

Symbol	Name	Last	Change	% Chg
$COMPX	Nasdaq Combined Composite Index	1,400.74 ▼	-4.87	-0.35%
$INDU	Dow Jones Industrial Average Index	9,255.10 ▼	-19.80	-0.21%
$INX	S&P 500 INDEX	971.14 ▼	-5.84	-0.60%
ALTR	Altera Corporation	13.45 ▼	-0.450	-3.24%
AMZN	Amazon.com, Inc.	15.62 ▲	+0.680	+4.55%
CSCO	Cisco Systems, Inc.	13.39 ▼	-0.280	-2.05%
DELL	Dell Computer Corporation	24.58 ▼	-0.170	-0.69%
ENGCX	Enterprise Growth C	14.60 ▼	-0.210	-1.42%
INTC	Intel Corporation	18.12 ▼	-0.380	-2.05%
JNJ	Johnson & Johnson	53.29 ▼	-0.290	-0.54%
KO	Coca-Cola Company	56.70 ▼	-0.580	-1.01%
MSFT	Microsoft Corporation	53.96 ▲	+1.040	+1.97%
NKE	NIKE, Inc.	57.34 ▲	+0.580	+1.02%

图 5.55 股票报价

5.59　图 5.56 是空气压缩机的规格说明。注意，空气压缩机根据 Air Performance 分为两种类型：A 模型压力为 125 lbf/in²①；E 模型压力为 150 lbf/in²：

Single Stage

Set 95 to 150 PSI also available, substitute "E" for "A" in model number. i.e., K15A-30 make K15E-30

HP	Model	Tank Gal	Air Performance A @ 125 Pump RPM	A @ 125 CFM Disp	A @ 125 DEL'D Air	E@ 150 Pump RPM	E@ 150 CFM Disp	E@ 150 DEL'D Air	Approx Ship Weight	Dimensions L	W	H
1/2	F12A-17	17	680	3.4	2.2	590	2.9	1.6	135	37	14	25
3/4	F34A-17	17	1080	5.3	3.1	950	4.7	2.3	140	37	14	25
3/4	F34A-30	30	1080	5.3	3.1	950	4.7	2.3	160	38	16	31
1	K1A-30	30	560	6.2	4.0	500	5.7	3.1	190	38	16	34
1 1/2	K15A-30	30	870	9.8	6.2	860	9.7	5.8	205	49	20	34
1 1/2	K15A-60	60	870	9.8	6.2	860	9.7	5.8	315	38	16	34
2	K2A-30	30	1140	13.1	8.0	1060	12.0	7.0	205	49	20	39
2	K2A-60	60	1140	13.1	8.0	1060	12.0	7.0	315	48	20	34
2	GC2A-30	30	480	13.1	9.1	460	12.4	7.9	270	38	16	36
2	GC2A-60	60	480	13.1	9.1	460	12.4	7.9	370	49	20	41
3	GC3A-60	60	770	21.0	14.0	740	19.9	12.3	288	38	16	36
5	GC5A-80	60	770	21.0	14.0	740	19.9	12.3	388	49	20	41
5	GC5A-60	60	1020	27.8	17.8	910	24.6	15.0	410	49	20	41
5	GC5A-80	80	1020	27.8	17.8	910	24.6	15.0	450	62	20	41
5	J5A-80	60	780	28.7	19.0	770	28.6	18.0	570	49	23	43
5	J5A-80	80	780	28.7	19.0	770	28.6	18.0	610	63	23	43

图 5.56　空气压缩机规格说明

A. 创建一组互斥的子类型来代表这些空气压缩机。超类型含有所有公共属性。子类型含有根据 Air Performance 而不同的属性。明确实体的标识符、属性、联系名称、类型、粒度和可能的鉴别器。

B. 图 5.56 显示了空气压缩机的另一种模型。明确实体的标识符、属性、联系名称、类型、粒度。你认为这种模型符合图 5.56 中的数据吗？

C. 比较 A 的答案和图 5.57 中的模型。它们的本质区别是什么？你认为哪种更好？

D. 假设要为一个用户解释这两种模型的区别，你将如何解释？

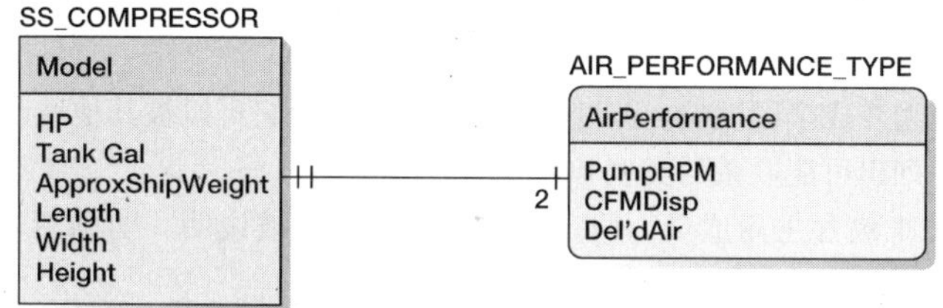

图 5.57　空气压缩机的另一种数据模型

5.60　图 5.58 显示的是华盛顿西雅图剧院的电影上映时间。

A. 创建一个模型包含 MOVIE，THEATER 和 SHOW_TIME。假设剧院上映多部电影。尽管这个报表只包含一天的信息，你的模型应该可以包含不止一天的电影上映时间。明确实体的标识符和属性。列出可能联系的类型和粒度。指明哪些粒度是可以从表单中得出的，哪些粒度是需要询问用户的。假定 distance 是 THEATER 的属性。

① 1lbf/in² = 6.894 76 kPa。——编者注

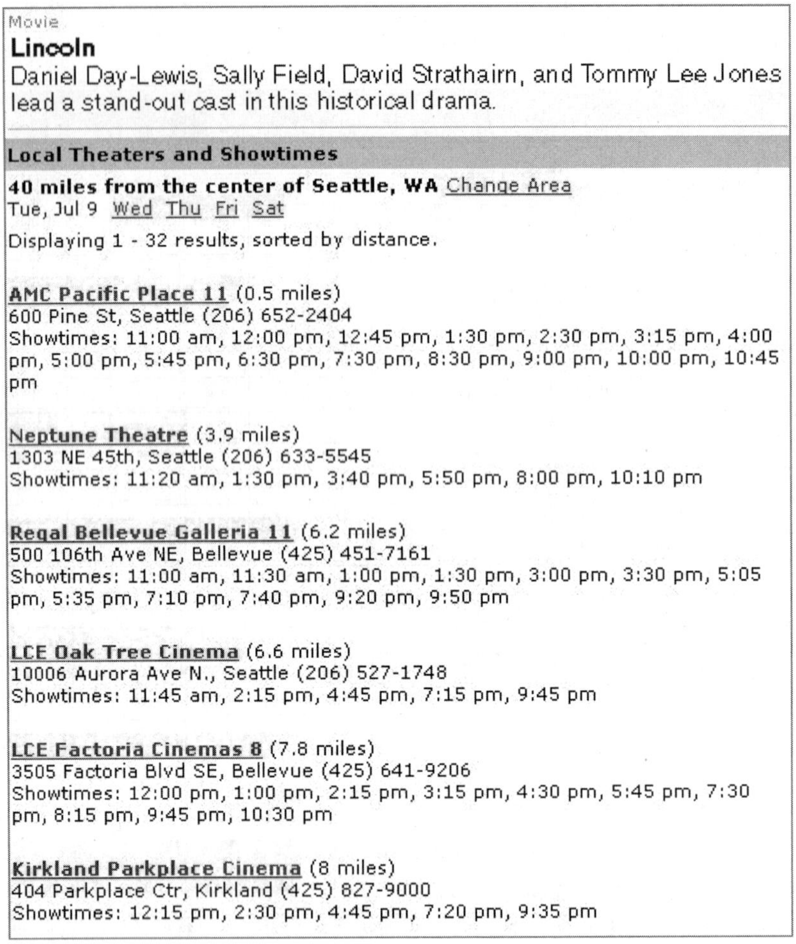

Movie
Lincoln
Daniel Day-Lewis, Sally Field, David Strathairn, and Tommy Lee Jones lead a stand-out cast in this historical drama.

Local Theaters and Showtimes

40 miles from the center of Seattle, WA Change Area
Tue, Jul 9 Wed Thu Fri Sat

Displaying 1 - 32 results, sorted by distance.

AMC Pacific Place 11 (0.5 miles)
600 Pine St, Seattle (206) 652-2404
Showtimes: 11:00 am, 12:00 pm, 12:45 pm, 1:30 pm, 2:30 pm, 3:15 pm, 4:00 pm, 5:00 pm, 5:45 pm, 6:30 pm, 7:30 pm, 8:30 pm, 9:00 pm, 10:00 pm, 10:45 pm

Neptune Theatre (3.9 miles)
1303 NE 45th, Seattle (206) 633-5545
Showtimes: 11:20 am, 1:30 pm, 3:40 pm, 5:50 pm, 8:00 pm, 10:10 pm

Regal Bellevue Galleria 11 (6.2 miles)
500 106th Ave NE, Bellevue (425) 451-7161
Showtimes: 11:00 am, 11:30 am, 1:00 pm, 1:30 pm, 3:00 pm, 3:30 pm, 5:05 pm, 5:35 pm, 7:10 pm, 7:40 pm, 9:20 pm, 9:50 pm

LCE Oak Tree Cinema (6.6 miles)
10006 Aurora Ave N., Seattle (206) 527-1748
Showtimes: 11:45 am, 2:15 pm, 4:45 pm, 7:15 pm, 9:45 pm

LCE Factoria Cinemas 8 (7.8 miles)
3505 Factoria Blvd SE, Bellevue (425) 641-9206
Showtimes: 12:00 pm, 1:00 pm, 2:15 pm, 3:15 pm, 4:30 pm, 5:45 pm, 7:30 pm, 8:15 pm, 9:45 pm, 10:30 pm

Kirkland Parkplace Cinema (8 miles)
404 Parkplace Ctr, Kirkland (425) 827-9000
Showtimes: 12:15 pm, 2:30 pm, 4:45 pm, 7:20 pm, 9:35 pm

图 5.58 电影上映时间表

B. 假定这个报表是给一个位于西雅图附近的用户的，现在要把它改成给一个位于西雅图郊区的用户。这时，distance 不再是 THEATER 的属性，改变 A 中的模型。明确实体的标识符和属性。列出可能联系的类型和粒度。

C. 假定想把这个模型变成全国性的。改变 B 中的模型，使得它可以被其他城市的人使用。明确实体的标识符和属性。列出可能联系的类型和粒度。

D. 改变 C 中的模型来包含主角成员。假定主角演的角色不被说明。明确新增实体的标识符和属性。列出可能联系的类型和粒度。

E. 改变 C 中的模型来包含主角成员。假定主角演的角色需要被说明。明确新增实体的标识符和属性。列出可能的联系的类型和粒度。

5.61 查看图 5.59 中的三个报表。

A. 列出可能的实体。

B. 检查 A 中列出的实体是否有同义性。如果存在，更改实体列表。

C. 创建一个鸦脚模型来表示这些实体间的联系。为每个联系命名并指出粒度。指明哪些粒度是可以从报表中得出的，哪些是需要询问用户的。

5.62 查看图 5.60 中的 CD 封面。

A. 明确实体 CD，ARTIST，ROLE 和 SONG 的标识符和属性。

FDA REPORT #6272
Date: June 30, 2011
Issuer: Kelly's Corporation
Report Title: Product Summary by Ingredient

Corn	Kelly's Corn Cereal
	Kelly's Multigrain Cereal
	Kelly's Crunchy Cereal
Corn syrup	Kelly's Corn Cereal
	Kelly's Rice Cereal
	Kelly's Crunchy Cereal
Malt	Kelly's Corn Cereal
	Kelly's Crunchy Cereal
Wheat	Kelly's Multigrain Cereal
	Kelly's Crunchy Cereal

(a)

SUPPLIERS LIST
Date: June 30, 2011

Ingredient	Supplier	Price
Corn	Wilson	2.80
	J. Perkins	2.72
	Pollack	2.83
	McKay	2.80
Wheat	Adams	1.19
	Kroner	1.19
	Schmidt	1.22
Barley	Wilson	0.85
	Pollack	0.84

(b)

图 5.59　产品列表

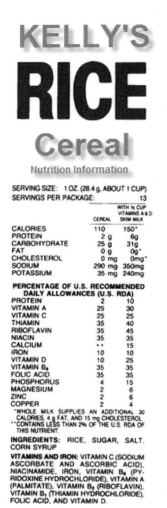

B. 创建一个鸦脚模型来表示这些实体间的联系。为每个联系命名并指出粒度。指明哪些粒度是可以从这些封面中得出的，哪些粒度是需要询问用户的。

C. 假定 CD 不包含作曲，因此不需要 ROLE，但是需要实体 SONG_WRITER。假定 ARTIST 既可以是一个人，也可以是几个人。假定一些作者既作为个人出作品，也和其他人合作出作品。

D. 合并 B 和 C 中的模型。如果有必要创建新的实体，则尽可能使得模型简单。明确新增实体的标识符和属性。列出可能联系的类型和粒度。

5.63　查看图 5.43 中的数据模型。如果用户想记录每种零件的使用数，例如轮子需要 4 个垫圈而把手只需要 1 个垫圈，数据库中必须包含这些数目。提示：在 N∶M 联系中添加属性 Quantity 类似于在图 5.22 的联系中添加 Price 属性。

5.64　图 5.54 中的数据模型在 COLLEGE 和 DEPARTMENT 中使用属性 Room，但在 PROFESSOR 中使用 OfficeNumber。这些属性包含相同类型的数据，尽管名称不同。检查图 5.48 并解释造成这个现象的原因。你认为相同类型的数据有不同名称的情况多吗？这是一个缺点吗？解释其原因。

West Side Story
Based on a conception of Jerome Robbins

Book by ARTHUR LAURENTS
Music by LEONARD BERNSTEIN
Lyrics by STEPHEN SONDHEIM

Entire Original Production Directed
and Choreographed by JEROME ROBBINS

Originally produced on Broadway by Robert E. Griffith and Harold S. Prince
by arrangement with Roger L. Stevens
Orchestration by Leonard Bernstein with Sid Ramin and Irwin Kostal

HIGHLIGHTS FROM THE COMPLETE RECORDING

Maria..................KIRI TE KANAWA
Tony..................JOSE CARRERAS
Anita..............TATIANA TROYANOS
Riff.....................KURT OLLMAN
and MARILYN HORNE singing "Somewhere"

Rosalia..........Louise Edeiken　Diesel.............Marty Nelson
Consuela.........Stella Zambalis　Baby John.....Stephen Bogardus
Fancisca.........Angelina Reaux　A-rab..............Peter Thom
Action..........David Livingston　Snowboy............Todd Lester
Bernardo....Richard Harrell

1. Jet Song (Riff, Action, Baby John, A-rab, Chorus) [3'13]
2. Something's Coming (Tony) [2'33]
3. Maria (Tony) [2'56]
4. Tonight (Maria, Tony) [5'27]
5. America (Anita, Rosalia, Chorus) [4'47]
6. Cool (Riff, Chorus) [4'37]
7. One Hand, One Heart (Tony, Maria) [5'38]
8. Tonight (Ensemble) (Entire Cast) [3'40]
9. I Feel Pretty (Maria, Chorus) [3'22]
10. Somewhere (A Girl) [2'34]
11. Gee Officer Krupke (Action, Snowboy, Diesel, A-rab, Baby John, Chorus) [4'18]
12. A Boy Like That (Anita, Maria) [2'05]
13. I Have a Love (Maria, Anita) [3'30]
14. Taunting Scene (Orchestra) [1'21]
15. Finale (Maria, Tony) [2'40]

图 5.60　CD 封面

5.8　案例

华盛顿州巡逻案例

图 5.61 展示的是华盛顿州的交通罚单。罚单上的圆角矩提供了各个实体边界的图形化提示。

A. 根据该表单创建 E-R 数据模型。使用 5 个实体和表中的数据项来为实体设定标识符和属性。采用 IE 鸦脚 E-R 模型。

B. 设定实体间的关系。为关系命名并设定关系的种类和基数，解释你如何考虑最小和最大基数，主要指明哪个基数能从表单中的数据获取，哪个需要通过系统用户检验。

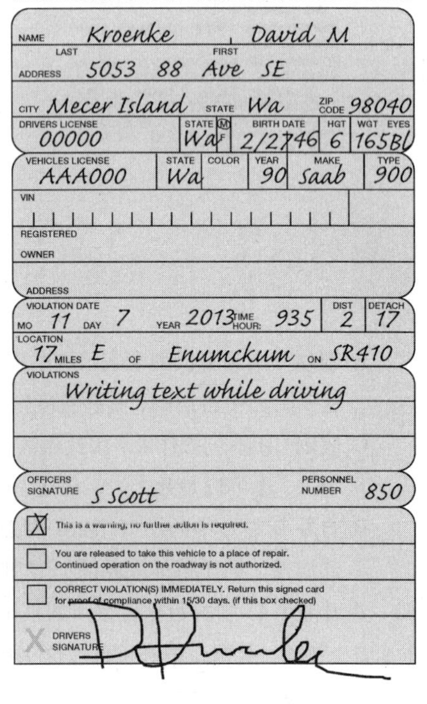
WASHINGTON STATE PATROL CORRECTION NOTICE

NAME Kroenke, David M (LAST, FIRST)
ADDRESS 5053 88 Ave SE
CITY Mecer Island STATE Wa ZIP CODE 98040
DRIVERS LICENSE 00000 STATE Wa M/F M BIRTH DATE 2/27/46 HGT 6 WGT 165 EYES BL
VEHICLES LICENSE AAA000 STATE Wa COLOR YEAR 90 MAKE Saab TYPE 900
VIN
REGISTERED OWNER
ADDRESS
VIOLATION DATE MO 11 DAY 7 YEAR 2013 TIME HOUR: 935 DIST 2 DETACH 17
LOCATION 17 MILES E OF Enumckum ON SR410
VIOLATIONS Writing text while driving
OFFICERS SIGNATURE S Scott PERSONNEL NUMBER 850
[X] This is a warning, no further action is required.
[ ] You are released to take this vehicle to a place of repair. Continued operation on the roadway is not authorized.
[ ] CORRECT VIOLATION(S) IMMEDIATELY. Return this signed card for proof of compliance within 15/30 days. (if this box checked)
X DRIVERS SIGNATURE

图 5.61　交通罚单

Highline 大学导师计划案例

Highline 大学是一所坐落于华盛顿州普吉特海湾的四年制本科学校。Highline 大学信息系统的设计在本章中作为创建数据模型的例子进行了讨论。在案例问题中我们将考虑一个不同的信息系统，使其能用于大学导师计划中。Highline 大学导师计划招募了商业专家作为学生们的导师。导师作为无偿志愿者，将与学生顾问一起工作确保在导师计划中的学生学到有用的管理技能。你将为导师计划信息系统创建数据模型。

Highline 大学同很多太平洋西北地区(见 http://en.wikipedia.org/wiki/Pacific_Northwest)的大学一样，被西北委员会认可。按照规定，它需要每隔 5 年重新被认可一次，另外委员会要求每年要有更新报告。

Highline 大学由 5 个学院组成：商学院，社会科学和人类学学院，表演艺术学院，科学与技术学院，环境科学学院。Highline 大学是一个虚构的大学，不能将其同华盛顿得梅因的 Highline 社区大学混为一谈。

A. 为 Highline 大学导师计划信息系统(MPIS)创建 E-R 数据模型。使用 IE 鸦脚模型。解释你是如何考虑最大基数的。该模型需要追踪学生，顾问和导师。另外大学需要追踪校友，因为他们被看作是潜在的导师。

1. 为学生，校友，顾问和导师创建单独的实体。
   - Highline 大学的所有 students 需要住在校园内，并分配有 ID 号码和 E-mail 邮箱(格式为 FirstName.LastName@ student. hu. edu)。学生实体记录学生的 last name，first name，ID，E-mail 地址，宿舍名称，宿舍房间编号和宿舍电话。
   - Highline 大学的所有 advisers 在学校都有办公室，并分配有 ID 号码和 E-mail 邮箱(格式为 FirstName. LastName@ hu. edu)。教员实体记录教员的 last name，first name，ID，E-mail 地址，院系，办公室名称，办公室房间编号和办公室电话。
   - Highline 大学的校友不住在学校，其曾经被分配过学校 ID。校友可以有私人的 E-mail 账户(格式为 FirstName. LastName@ somewhere. com)。校友实体记录校友的 last name，first name，曾用的 ID，E-mail 地址，家庭住址，所在城市，所在州，邮编和手机电话。
   - Highline 大学的 mentors 在公司工作并使用公司的地址、电话和 E-mail 地址进行联系。E-mail 地址的格式为 FirstName. LastName@ companyname. edu。mentor 实体记录 mentor 的 last name，first name，E-mail 地址，公司名称，公司地址，公司所在城市，公司所在州，公司邮编和公司电话号码。
2. 基于以下要求创建实体间的关系。
   - 为每个学生分配一个并只分配一个顾问，并且其必须要有顾问。
   - 为每个学生分配一个并只分配一个导师，但其并必须要有导师。
   - 为每个导师分配一个并只分配一个顾问共同工作和合作，并且其必须要有顾问，但是顾问不必须要有导师。
   - 每个导师可能会是校友，但导师不必须是校友。

B. 回顾你在 A 中创建的 E-R 模型，下面要创建一个新的模型，其中学生，职员，校友和导师都属于 PERSON。使用 IE 鸦脚模型。注意：

- 一个 person 可能是学生，校友或都是，因为 Highline 大学确实存在校友回来继续深造的情况。
- 一个 person 可能是职员 member 或者导师，但不能都是。
- 一个 person 可能同时是职员 member 和校友。
- 一个 person 可能同时是导师和校友。
- 一个在读的学生不能是导师。
- 每个导师可能是校友，但导师不要求一定是校友。
- 校友当然不必须成为导师。

C. 扩展和修改你在 B 中创建的 E-R 模型，使得 MPIS 系统能够记录更多的数据。使用 IE 鸦脚模型。MPIS 需要记录：

- 学生入学日期、毕业日期和获得的学位。
- 顾问被分配给一个学生的日期和终止日期。
- 顾问被分配给导师一起工作的日期和终止日期。
- 导师被分配给一个学生的日期和终止日期。

D. 简短地讨论以上三个数据模型的区别。当创建 B 和 C 的模型时你为 E-R 模型增加了什么特征？

Queen anne Curiosity 商店项目问题

Queen anne Curiosity 商店想要在现有销售记录的基础上扩展数据库应用。它还想要包括 customers，employees，vendors，sales 和 items 的数据，但想(a)改变处理存货的方式，(b)简化 customer 和 employee 数据的存储。

通常每个物品被看作是唯一的，Queen anne Curiosity 商店管理想要对那个数据库进行修改使其能包含存货系统，能够允许单一物品的多个单元采用同一个 ItemID 进行存放。系统应有在手数量、订购数量和订购期限。如果物品是由多个供应商供货的，则物品应该可以从任意一个供货商处订购。SALE_ITEM 表应包含 Quantity 和 ExtendedPrice 列来满足这一要求。

Queen anne Curiosity 商店管理注意到 CUSTOMER 和 EMPLOYEE 表的一些地方存储着相似的数据。在当前系统中，当一个 employee 在商店中购买东西时，他/她的数据会同时被存储进 CUSTOMER 表中。经理们想要重新设计 CUSTOMER 和 EMPLOYEE 表。

A. 为第 3 章的 Queen anne Curiosity 商店数据库模式画出 E-R 数据模型。使用 IE 鸦脚模型，解释你是如何考虑最小和最大基数的。

B. 通过增加存货系统需求来扩展并修改 E-R 数据模型。使用 IE 鸦脚模型，为每个实体创建适当的标识符和属性。解释你是如何考虑最小和最大基数的。

C. 通过增加更加高效存储 CUSTOMERHeEMPLOYEE 数据的需求来扩展并修改 E-R 数据模型。使用 IE 鸦脚模型。为每个实体创建适当的标识符和属性。解释你是如何考虑最小和最大基数的。

D. 结合 B 和 C 的数据模型来满足所有新的需求，并根据需要进行额外的修改。使用 IE 鸦脚模型。

E. 描述验证 D 中的数据模型。

摩根进口

摩根进口的 James Morgan 决定扩展他的生意，他需要员工，并且需要一个采购系统来获得在摩根进口卖出的物品。假设你要为采购信息系统创建和实现数据库应用。该系统中的信息包括：

- Morgan Importing 中的采购代理。
- 验货员。
- 采购代理购买物品的商店。
- 商店中的采购物品。
- 运货商。
- 集装箱。
- 收据。

James Morgan 和他的太太 Susan 经常在去各个国家旅行的时候自己进货。进货可以通过直接在商场或者通过网络或电话进货。有时有些物品是通过商场一次采购的，但并不假定所有的 items 放在了同一个集装箱中。装箱必须记录集装箱中的每个物品并对每个物品分配单独的保险。收据必须记录集装箱的到达日期和时间。

A. 为摩根进口采购信息系统创建数据模型。为每个实体命名，描述其类型，指明所有的属性和标识符。为每个关系命名，表述其类型，指定最小和最大基数。

B. 列出你认为 James Morgan 及其员工应该检验的所有物品。

第 6 章　把数据模型转变成数据库设计

本章目标

- 理解怎样把数据模型转变成数据库设计
- 能够识别主键并理解什么时候使用强制关键字
- 理解参照完整性约束
- 理解参照完整性动作
- 能够把 ID 依赖，1∶1，1∶N 和 1:M 联系表示成表
- 能够把弱实体表示成表
- 能够把超类型/子类型表示成表
- 能够把递归联系表示成表
- 能够把二元联系表示成表
- 能够实现最小粒度所必需的参照完整性动作

本章讲述从 E-R 模型到数据库设计的转变。这个转变包括三个主要任务：(1)用表和列来代替实体和属性；(2)用外键来替换联系和最大粒度；(3)定义限制主键和外键的行为来表示最小粒度。前两个任务比较简单，第三个任务有时简单，有时则比较复杂，这要视最小粒度的类型而定。本章中我们将创建数据库设计，并且在第 7 章中用 SQL DDL 和 DML 建立数据库来实现数据库设计。

在系统分析和设计过程中，数据库设计出现在系统生命周期(SDLC)的组件设计阶段。关于系统分析和设计与 SDLC 的介绍，请参见附录 B。

6.1　数据库设计的目的

数据库设计是一组真正能够实现为 DBMS 中的数据库的规格详述。在第 5 章中提及的数据模型是一个泛化的、非专用于 DBMS 的设计，而数据库设计却是专用于 DBMS 的设计，能够在 DBMS 产品如 SQL Server 2012 或 Oracle Database 11 g Release 2 中得到实现。

由于不同的 DBMS 产品有各自的特点，即使基于相同的关系型数据库模型和相同的 SQL 标准，对特定的 DBMS 产品必须建立对应的数据库设计。

BY THE WAY　有关系统分析和设计的书籍通常将设计分为三个阶段：

- 概念设计
- 逻辑设计
- 物理设计

我们讨论的数据库设计基本等价于逻辑设计，物理设计解决的是数据库真正在 DBMS 中实现时遇到的种种问题(第 10A 章的 Microsoft SQL Server 2012，第 10B 章的 Oracle Database 11g Release 2 和第 10C 章的 MySQL 5.6)，如物理记录、文件结构、索引和查询优化。但是，本书对数据库设计的讨论还会包括常被认为属于物理设计范畴的数据类型说明。

6.2 为每个实体创建一个表

如图 6.1 所示，我们从创建表来开始数据库的设计。大多数情况下，表的名字和实体名字相同。实体的每个属性变成表中的一个列。实体的标识符变成表的主键。图 6.2 中的例子演示从 EMPLOYEE 实体创建 EMPLOYEE 表。为了区别表和实体，我们用带阴影的矩形来表示实体，用不带阴影的矩形来表示表。这个标记有助于更好地叙述本章的内容，但它并不是工业标准。

图 6.2(a)中带阴影的矩形表示逻辑上的设计，它不是真实存在的，而是一个蓝图。图 6.2(b)中不带阴影的矩形则表示一张表。表中的标记与第 3 章和第 4 章使用的方法相同：

EMPLOYEE(<u>EmployeeNumber</u>, EmployeeName, Phone, Email, HireDate, ReviewDate, EmpCode)

注意，EmployeeNumber 旁边的钥匙形标记表示 EmployeeNumber 是表的键，等价于前面使用的下画线。

1. 为每个实体创建一个表：
   - 明确主键
   - 明确候选键
   - 明确每一列的属性：
     - 是否非空
     - 数据类型
     - 默认值(如果有)
     - 数据约束(如果有)
   - 验证范式
2. 通过外键来表示联系
   - 强(1:1, 1:N, N:M)
   - ID 依赖(关联，多值，原型/实例)
   - 混合
   - 子类型
   - 递归(1:1, 1:N, N:M)
3. 明确保证最小粒度的方法
   - M-O
   - O-M
   - M-M

图 6.1 把数据模型转化成数据库设计的步骤

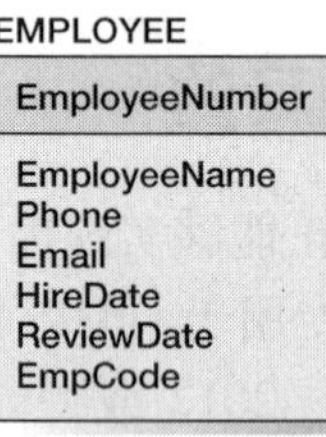

(a) EMPLOYEE实体

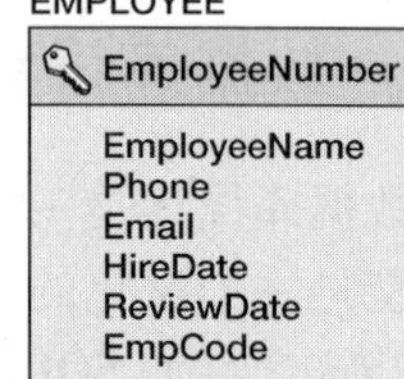

(b) EMPLOYEE表

图 6.2 把实体转化成表

6.2.1 主键的选择

选择主键非常重要。DBMS 利用主键优化表的搜索和排序，还有一些 DBMS 产品利用它来组织表的存储。DBMS 产品通常都利用主键来创建索引和其他的数据结构。

理想主键的特点是短的、数字型的、固定长度的。图 6.2 中的 EmployeeNumber 主键满足这三个条件，因此是应该采用的。还有一些主键，如 EmployeeName, Email, (AreaCode, PhoneNumber), (Street, City, State, Zip)以及一些长的字符型的主键，应该考虑使用其他候选键来代替这种主键。如果没有更好的选择，则应考虑使用强制关键字。

强制关键字是 DBMS 维护的标记唯一一行的列。在表中它的值是唯一的，并且永远不会改变。当新添加行时，自动为强制关键字生成一个值；当一行删除时，这个值被删除。强制关键字是最好的主键，因为它满足主键应有的三个特点。由于这个特性，有些组织甚至要求每张表都使用强制关键字作为主键。

然而在接受这条规则前，应该先明白它的两个缺点。首先，它的值对于用户来说是没有意义的。假定用户想查询一个员工属于哪个部门，如果 DepartmentName 是 EMPLOYEE 表中的外键，那么当得到你想要的员工的行时，可能会得到诸如“Accounting”、“Finance”之类的部门名。这正是用户想得到的信息。

然而，如果把强制关键字 DepartmentSK 作为 DEPARTMENT 的主键，以及 EMPLOYEE 表中的外键。当得到表示你想要的员工的行时，会在 DepartmentSK 列得到诸如 123499788 之类的值。从这个值完全看不出是哪个部门，因此不得不用这个值对 DEPARTMENT 再做一次查询来得到想要的部门名。

当数据分布在不同的表中时，就会暴露出强制关键字的第二个缺点。例如，一个公司有三个不同的 SALES 数据库，每一个对应一个不同的商品。假定这三个数据库都有一张名为 SALES_ORDER 的表，这张表以强制关键字 ID 作为主键。在每个库中，这些值都是唯一的，然而，可能两个库中两个不同的销售员的 ID 值却是一样的。

如果要把这些数据库合并，就会出现数据重复的问题。为了消除这种数据重复，就应该删除 ID 列。然而，如果 ID 值被改变，与它对应的外键值也应该被改变。因此会出现很多混乱的情况。

当然，可以在不同的数据库中让强制关键字的开始值不同。这样不同数据库中的 ID 值就不会重复了。但这需要非常仔细地设计开始值，并且如果开始值设置得太小，则可能会被轻易地超出，从而再次造成重复。

BY THE WAY　为了追求一致性，一些设计者认为如果某张表以强制关键字作为主键，则所有的表都应该使用强制关键字作为主键。另一些人认为这个规则太过严格，毕竟还有很多列也很适合作为主键，比如 ProductSKU(使用在第 2 章中提及的 SKU 码)。如果这种类型的关键字存在，则应使用它而不是强制关键字作为主键。应该遵循自己的组织关于这方面的规定。

不同的 DBMS 产品对强制关键字作为主键的支持也是不同的。Access 和 SQL Server 都支持强制关键字作为主键；SQL Server 允许用户选择 SQL Server 的开始值和增长幅度。Oracle 不直接支持强制关键字，但可以通过其他途径来获得类似的效果。在第 10B 章中会有更详细的介绍。

这里的标准是除非有非常好的理由，否则总是使用强制关键字。除了上述的优点，它还简化了关于最小粒度的操作。下一节将会做专门的介绍。

6.2.2　明确候选键

下一步是明确候选键。第 3 章曾讲过候选键就是可选的标识符，用来标识表中行的唯一性。一些产品，使用术语替代键(AK)。注意，这两个词表示同一个意思。

图 6.3(a)中的表 EMPLOYEE 的主键是 EmployeeNumber，候选键是 Email。图 6.3(b)中表 CUSTOMER 的主键是 CustomerNumber，候选键是(Name，City)和 Email。在这些图中，标记 AK*n*.*m* 表示第 *n* 个候选键的第 *m* 列。在 EMPLOYEE 表中，用 AK1.1 表示 Email，因为它是第一个候选键，并且它是候选键的第一列。CUSTOMER 有两个候选键。第一个是一个

组合，分别用 AK1.1 和 AK1.2 来标记。Name(AK1.1)表示它是第一个候选键的第一列。City(AK1.2)表示它是第一个候选键的第二列。Email 用 AK2.1 来标记，因为它是第二个候选键的第一列。

6.2.3 指定列的属性

创建表的下一步是指定列的属性。有 4 个属性：空值状态，数据类型，默认值，数据约束。

Null Status

表示这一列是否允许出现空值。一般情况下，如果选择 NULL，则不允许出现空值；选择 NOT NULL，则允许出现空值。注意，NULL 并不表示这一列的所有取值都是空，它表示允许空值。为了消除这种误解，一些人更愿意用 NULL ALLOWED 来代替 NULL。图 6.4 显示了表 EMPLOYEE 中每个列的空值状态取值。

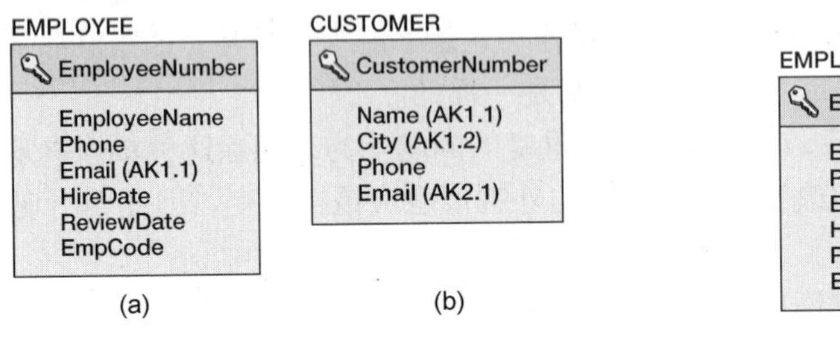

图 6.3 候选键的表示

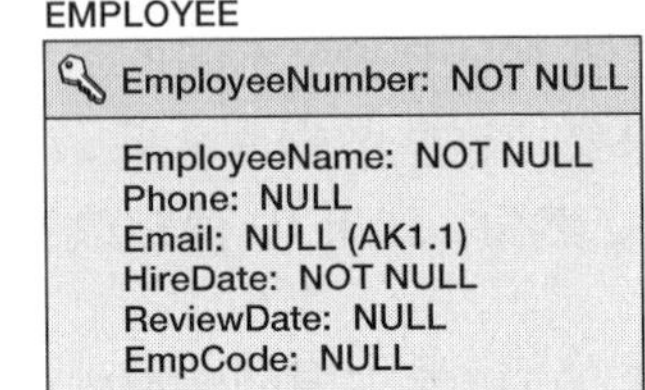

图 6.4 显示非空状态的表

BY THE WAY EMPLOYEE 表中还有一个值得注意的地方。主键 EmployeeNumber 被标记为 NOT NULL，而候选键 Email 却被标记为 NULL。主键不允许出现空值是很正常的，但什么候选键允许空值呢？

答案是候选键通常只用来表明数据的唯一性。Email 是候选键，表示 Email 可以没有值，但只要有，则必须是唯一的。这个答案也许并不十分令人信服，因为这样候选键就不是真正的候选主键了。但事实就是如此，只需记住：主键不允许为空值，而候选键则允许为空值。

数据类型

下一步是定义每一列的数据类型。遗憾的是，每个 DBMS 产品都有自己的类型集合。例如，Microsoft Access 使用 Currency；SQL Server 使用 Money；而 Oracle 则没有专门的类型表示货币，它用数值型来表示货币。

如果事先知道会使用哪种 DBMS 产品，则应该在设计时使用它的数据类型集合。例如，图 6.5 使用 SQL Server 的数据类型(datetime 是 SQL Server 的一种数据类型)。

事实上，在许多建模工具中，如 CA Technologies 的 ERwin，你可以指定要使用的 DBMS，然后建模产品会自动提供合适的教程类型。另一些产品则是特定于某些 DBMS 的。如 Oracle 的 MySQL Workbench 专为设计 MySQL 中的数据库而设计，因此只提供适合 MySQL 数据类型。

如果不知道将使用哪种 DBMS 产品，或想在设计时不依赖于特定的 DBMS 产品，可以把列指定为通用的数据类型。典型的数据类型有：CHAR(n)表示固定长度为 n 的字符串，VARCHAR(n)表示指定了最大长度 n 的变长的字符串，此外还有 DATE，TIME，MONEY，INTEGER 和 DECI-

MAL。如果在一个大型的组织中进行设计，则这个公司可能有自己的通用数据类型，应该遵循这些数据类型。

图 6.6 所示的表同时指定了数据类型和是否允许非空。设计的视图看起来非常拥挤，从现在开始，我们将仅显示表的列。大多数产品中，可以根据你正在进行的工作来选择显示或不显示这些设置。

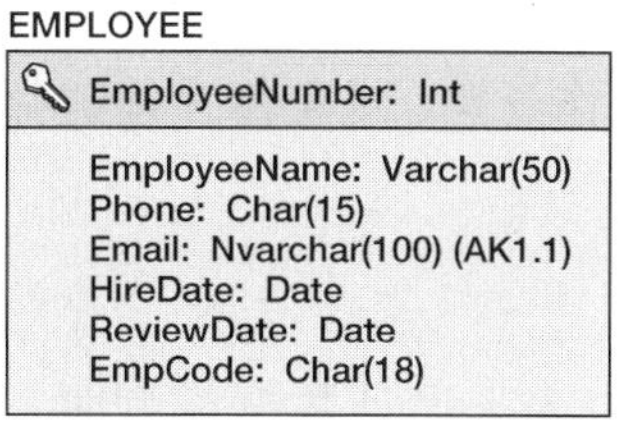

EMPLOYEE

EmployeeNumber: Int
EmployeeName: Varchar(50) Phone: Char(15) Email: Nvarchar(100) (AK1.1) HireDate: Date ReviewDate: Date EmpCode: Char(18)

图 6.5　显示数据类型的表

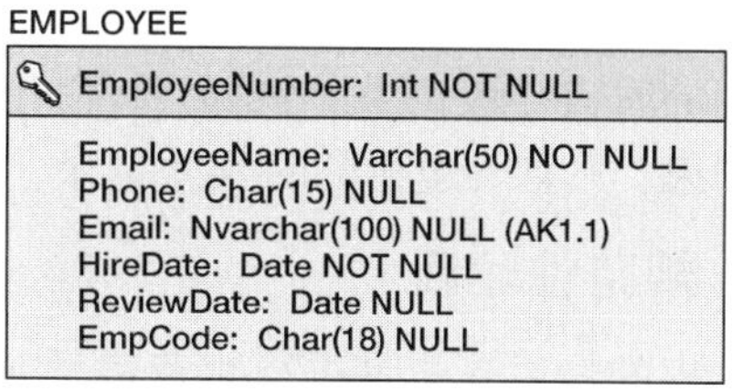

EMPLOYEE

EmployeeNumber: Int NOT NULL
EmployeeName: Varchar(50) NOT NULL Phone: Char(15) NULL Email: Nvarchar(100) NULL (AK1.1) HireDate: Date NOT NULL ReviewDate: Date NULL EmpCode: Char(18) NULL

图 6.6　显示非空状态和数据类型的表

BY THE WAY　一个 DBMS 产品的设计工具并不意味着它不能用来为其他的 DBMS 产品设计数据库。例如，MySQL Workbench 可以设计 SQL SERVER 数据库，并且大多数设计都是正确的。但是，你需要了解 DBMS 产品的相关区别，并在创建数据库时做出调整。

默认值

默认值(default value)是当 DBMS 创建一个新的行时为某些列自动设定的值。可以设定常数，比如为 EmpCode 列设定常量字符串'New Hire'；也可以是一个函数的结果，例如为 HireDate 列设定系统时钟的值。

有时候，使用更复杂的方法来设定默认值。例如，要为 Price 设定默认值，可以用 Cost 的默认值和用户给定的一个折扣来计算。这时，应该编写代码或触发器(将在下一章讨论)来提供这个值。

可以使用建模工具来记录默认值，但通常写在一个另外的文件中。图 6.7 就使用这种方式记录了一个默认值。

表	列	默认值
ITEM	ItemNumber	Surrogate key
ITEM	Category	None
ITEM	ItemPrefix	If Category = ‘Perishable’ then ‘P’ If Category = ‘Imported’ then ‘I’ If Category = ‘One-off’ then ‘O’ Otherwise = ‘N’
ITEM	ApprovingDept	If ItemPrefix = ‘I’ then ‘SHIPPING/PURCHASING’ Otherwise = ‘PURCHASING’
ITEM	ShippingMethod	If ItemPrefix = ‘P’ then ‘Next Day’ Otherwise = ‘Ground’

图 6.7　默认值的文档例子

数据限制

数据限制(data constraint)用来限制数据的取值。有几种类型：域限制(domain constraint)只可以取被允许的几个值。例如，EMPLOYEE. EmpCode 只可以取['New Hire'，'Hourly'，

'Salary', 'Part Time']。范围限制(range constraint)只可以取某个范围内的值。例如，EMPLOYEE. HireDate 只可以取从 1990.1.1 到 2025.12.31 的值。

相互关系约束通过和同一张表中的其他列比较来进行限制。例如，EMPLOYEE. ReviewDate 至少比 EMPLOYEE. HireDate 晚三个月。相互关系约束通过与其他表中的列比较来进行限制。例如，CUSTOMER. Name 一定不能等于 BAD_CUSTOMER. Name。

参照完整性约束是相互关系约束的一种(参见第 3 章)。由于它非常普遍，所以通常只有在不使用的时候才被记录。例如，一个开发小组为了节约工作开销，规定每个外键都遵循参照完整性约束，只有不遵循的时候才记录。

6.2.4 规范性验证

创建表的最后一步是进行规范性验证。当根据表单或报表来设计数据模型时，设计出的实体通常是规范的，因为表单或报表的结构往往反映了用户对数据的理解。例如，表单中的边界通常表明了函数依赖的范围。如果觉得这点难以理解，可以考虑一个主题中的函数依赖。一个设计良好的表单或报表通常会使用线条、颜色、方框或其他的图形来表示一个主题。建模工具可以用这些图形来设计实体，从而设计出规范化的表。

但仍然应该对表进行验证。应该考虑是否所有的表满足 BCNF 范式以及是否所有的多值依赖都被消除了。如果不满足，则应该对表进行规范化。正如第 4 章所述，一些表不应该被规范化，这时候应该检查一下，看是否有的表应该被反规范化。

6.3 创建联系

通过步骤——创建出的表是完整的，但也是独立的。下一步则是创建联系。通常，我们通过在表中设置外键来表示联系，具体方法和外键列的属性依赖于联系的类型。考虑第 5 章讲述的每种联系：强实体联系、ID 依赖联系、混合联系、子类型和递归联系。最后给出一个二元联系的例子。

6.3.1 强实体联系

我们知道，强实体联系根据最大粒度可以分为：1:1，1:N，N:M，下面将分别介绍。

1:1 强实体联系

在强实体相应的表设计完成之后，可以用两种方法来表示 1:1 强实体联系：把第一张表的主键作为外键放到第二张表中或把第二张表的主键作为外键放到第一张表中。图 6.8 表示了 CLUB_MEMBER 和 LOCKER 之间的联系。在图 6.8(a)中，MemberNumber 作为外键被放置到表 LOCKER 中；在图 6.8(b)中，LockerNumber 作为外键被放置到 CLUB_MEMBER 中。

这两种方法都是可行的。如果希望根据会员号来查询其存储柜的信息，并且用的是第一种方法，就可以使用特定的 MemberNumber 值对 LOCKER 表进行查询，参见图 6.8(a)。如果想知道拥有某个存储柜的会员信息，则应该先对 LOCKER 表进行查询，然后用得到的 MemberNumber 值在 CLUB_MEMBER 中查找其具体信息。

对于图 6.8(b)中的设计是一样的。对于这两种设计，都有一个限制：因为联系是 1:1 的，所以外键的值只可以出现一次。例如，在图 6.8(a)的设计中，每个 MemberNumber 值只可以出现一次。如果它在 LOCKER 表中出现了两次，则表示一个会员拥有了两个存储柜，那么这个联系就不是 1:1 联系了。

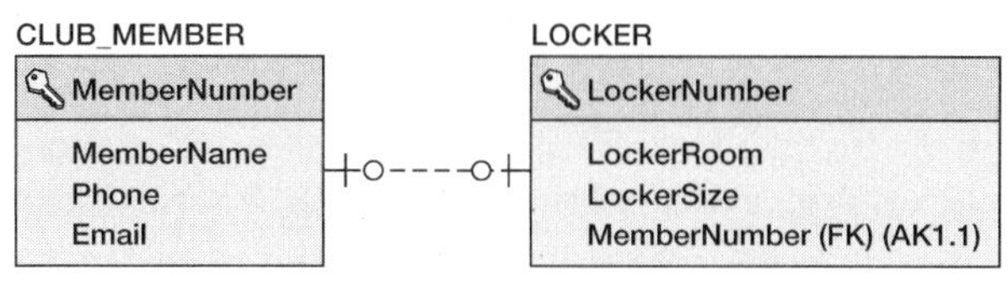

(a) 含有外键的LOCKER表

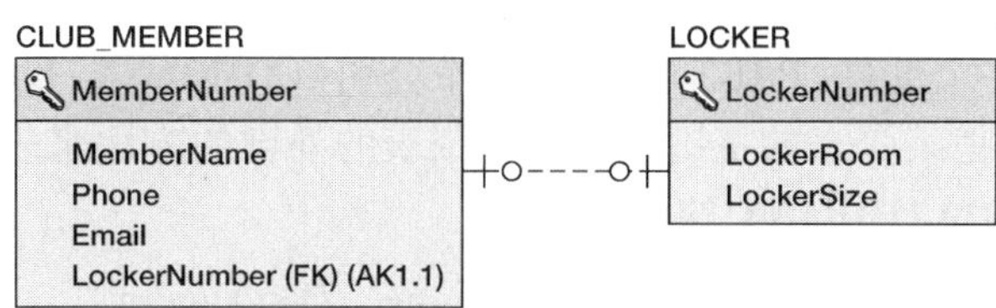

(b) 含有外键的CLUB_MEMBER表

图 6.8　两种表示 1:1 强实体联系的方法

为了在 DBMS 中反映这种唯一性，我们把外键定义成候选键。这样做容易引起误会，因为逻辑上，MemberNumber 并不是 LOCKER 的候选键。我们仅仅利用候选键的唯一性来保证联系是 1:1 的。同样的方法也可以应用到图 6.8(b)中。

图 6.8 展示了 O:O 联系的最小粒度。尽管图中的两种设计都可以使用，但一个设计小组应该有所侧重。如果这个联系是 M:O 或 O:M 的，则更应如此。因为应用需求使得一种设计会明显比另一种高效。

综上所述，如果要在表中表示 1:1 强实体联系，则把一个表的键作为另一张表的外键。为了强调最大粒度是 1，应该把外键设置成候选键。

1:N 强实体联系

在强实体相应的表设计完成之后，如果要表示 1:N 强实体联系，应该把对应“1”的那一端的表的键放到对应“N”的那一端的表中。在第 5 章中，我们用父亲来表示对应“1”的那一端的表，用孩子来表示对应“N”的那一端的表。使用这种表示方式，可以表达为“把父亲的键作为外键放到孩子表中”，如图 6.9 所示。

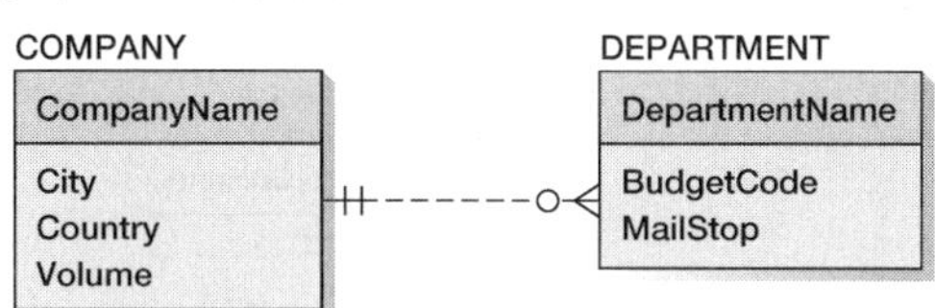

(a) 强实体间的1:N联系

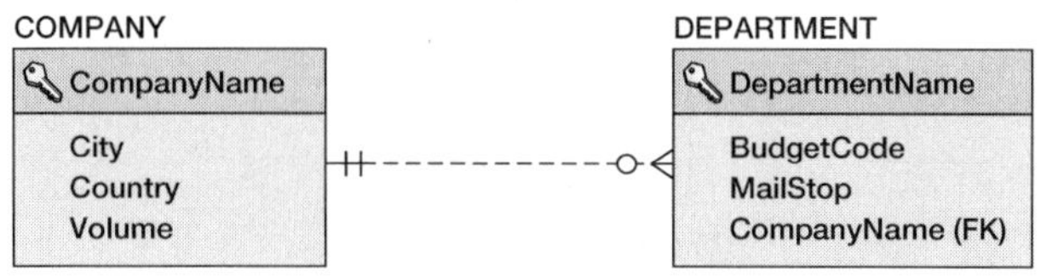

(b) 把父表中的主键设成子表的外键

图 6.9　1:N 强实体联系的方法

图 6.9(a)表示 COMPANY 和 DEPARTMENT 之间的 1:N 的联系。图 6.9(b)中通过把父表的键(CompanyName)作为子表的外健表示这个联系。因为父记录有多个子记录，所以外键没有必要设成唯一。

对于 1:N 强实体联系，这就是所有要做的。只需记住："把父表的主键设成子表的外键。"

N:M 强实体联系

在强实体相应的表设计完成之后，再创建联系。然而，N:M 强实体联系更加复杂。问题在于不可能在任何一张表中放置外键。考虑图 6.10(a)的例子，一个公司(COMPANY)可以供应多个部件(PART)，一个部件(PART)可以被多个公司(COMPANY)供应。

假定我们想要通过把某张表的主键作为另一张表的外键的方法来表示 1:N 这个联系。例如，把 PART 的主键作为 COMPANY 的外键：

COMPANY(<u>CompanyName</u>, City, Country, Volume, *PartNumber*)

PART(<u>PartNumber</u>, PartName, SalesPrice, ReOrderQuantity, QuantityOnHand)

在这个设计中，一个 PartNumber 的值可以出现在多个 COMPANY 的行中，这意味着多个公司供应这个部件。但是如何表示一个公司可以供应多个部件呢？这个设计只能表示一个部件。我们不希望复制整个列来代表公司供应另一种部件。这个策略会导致表非常大，并且可能出现数据完整性问题。若把 COMPANY 的主键放到 PART 表中，也会发生类似的情况。

解决方法是建立第三张表[①]，称为交表(Intersection Table)。这张表表示公司和部件的关系。它只包含外键，不包含用户数据。对于图 6.10(a)的例子，创建下面的表：

COMPANY_PART_INT(<u>*CompanyName*</u>, <u>*PartNumber*</u>)

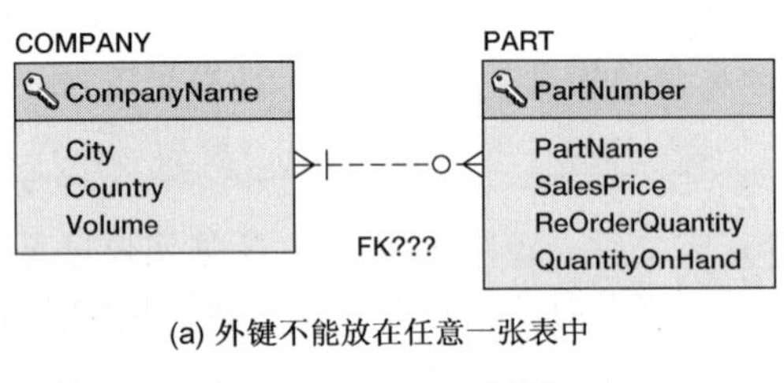

(a) 外键不能放在任意一张表中

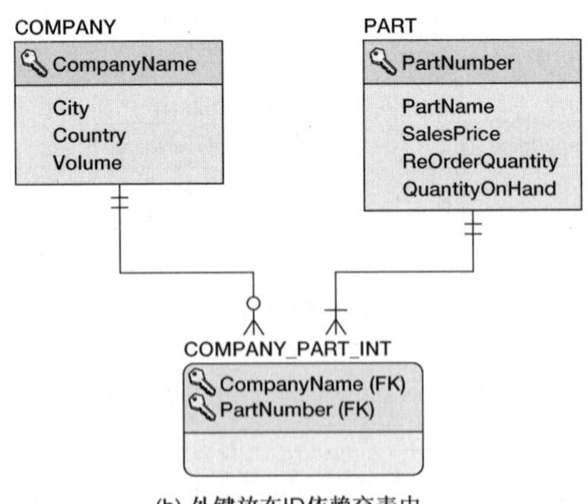

(b) 外键放在ID依赖交表中

图 6.10 N:M 强实体联系的方法

这个表的每一行表示一个公司部件的组合。注意，每一列都是主键的一部分，每一列都是一个外键。由于每一列都是对应于其他表的外键，因此交表总是 ID 依赖于它的两个父表。

---

① 参见 http://en.wikipedia.org/wiki/Junction_table。

因此，在图 6.10(b)中，COMPANY_PART_INT 是 ID 依赖的。正如其他 ID 依赖的表，父表是必需的；COMPANY_PART_INT 的记录既需要公司，也需要部件。COMPANY 和 PART 是否需要交表依赖于具体的应用。在图 6.10(b)中，公司可以不提供部件，但每个部件必须被至少一家公司提供。

BY THE WAY　设计 N:M 强实体联系的问题是它们没有直接的代表物。一个 N:M 强实体联系总是应该被分解成交表的两个 1:N 联系。这就是为什么 MySQL 不能表示 N:M 强实体联系。Visio 要求用户事先把联系都转化成表。正如第 5 章所述，大多数研究者都认为这样的要求是不合理的，因为它增加了设计的复杂性，而建模的目的是减少逻辑的复杂性。

6.3.2　使用 ID 依赖实体的联系

图 6.11 总结了 ID 依赖实体的 4 种使用方法。这里只讲述第一种方法：代表 N:M 强实体联系。如图 6.10 所示，ID 依赖交表的建立是为了存放 2 个相关表中的外键，并确保每张表和交叉表之间 1:N 联系已经被创建。

其他的联系在第 5 章中已经有过介绍。下面描述其他三种方法的联系设计。

多值属性中 ID 依赖实体的转换
• 代表 N:M 联系 • 关联联系 • 多值属性 • 原型/实例联系

图 6.11　多值属性中 ID 依赖实体的转换

关联联系

关联联系和 N:M 强实体联系很相似，唯一的区别是关联联系含有只针对联系本身，而不是针对这两个实体的属性。图 6.12(a)复制了图 5.22 中的关联联系。在这个例子中，公司和货物的联系有属性 Price。

在表中代表这类型联系很简单。只需要建立一张表，ID 依赖于两张父表，并包含列 Price。结果如图 6.12(a)所示。

QUOTATION(<u>*CompanyName*</u>, <u>*PartNumber*</u>, Price)

这个表在图 6.12(b)所示的数据库设计中。正如所有的 ID 依赖联系，关联表中的父表是必需的。相反，父表中的行是否依赖于关联表中的行，视具体应用程序而定。在图 6.12(b)中，一个 COMPANY 可以没有 QUOTATION 中的行，而 PART 则一定要有。

BY THE WAY　代表关联实体的表和交表看起来很像，唯一的区别是前者带有属性 Price。有时在表单或报表中也会有属性 Price。但对于交表，现实世界中不会有显式的要求，只是关系模型中虚拟的表。没有表单、报表或用户的需求会显式地表明需要它。

交表使得应用的结构变得很复杂。需要通过处理它来获得相关的行。但它们从来不会直接出现在表单或报表中。例如在 Microsoft Access 中，很难把交表反映在表单或报表设计工具中。在后面的章节中会有更详细的介绍。只需记住：关联表和交表的最重要区别就是关联表含有用户数据，而交表则没有。

有时关联实体连接的实体类型多于两个。如图 6.13(a)所示，表示 CLIENT，ARCHITECT 和 PROJECT 之间的联系。如果一个联系有多个实体参与，设计方法和只有两个实体时是相似

的。关联表含有每个父表的键，如图6.13(b)所示。这时，ASSIGNMENT表有三个外键和一个非键属性HoursWorked。

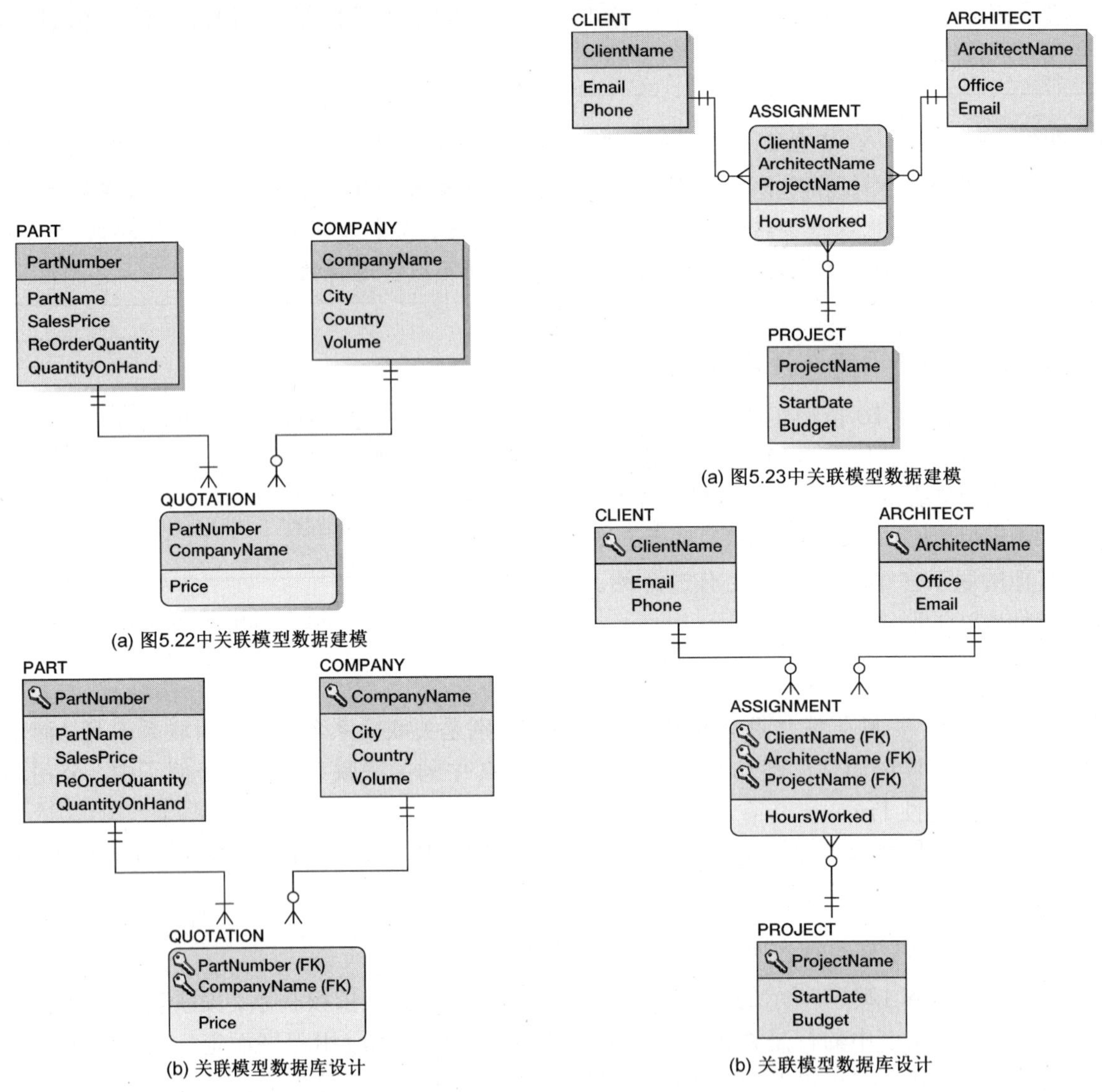

图6.12　关联联系中使用ID依赖实体　　　　6.13　三个实体间关联联系中ID依赖实体的转换

注意，所有这些例子都只有一个属于联系本身的属性(偶然现象)。通常，应用需求有多少个这类的属性，关联表就会包含多少个这类的列。

多值属性

ID依赖实体的第三个用途是表示多值实体属性。图6.14(a)和图5.29相同，COMPANY2含有一个多值组合(Contact，PhoneNumber)，ID依赖实体PHONE_CONTACT来代表它。

表示PHONE_CONTACT实体很简单，只需要把它放到一张表中，为每个属性创建一个列。在这个例子中，属性Contact既是主键又是外键。

就像所有的ID依赖表一样，PHONE_CONTACT必须有行对应于COMPANY2中的行。相反，COMPANY2中的行可以有对应的PHONE_CONTACT的行，也可以没有，视应用需求而定。

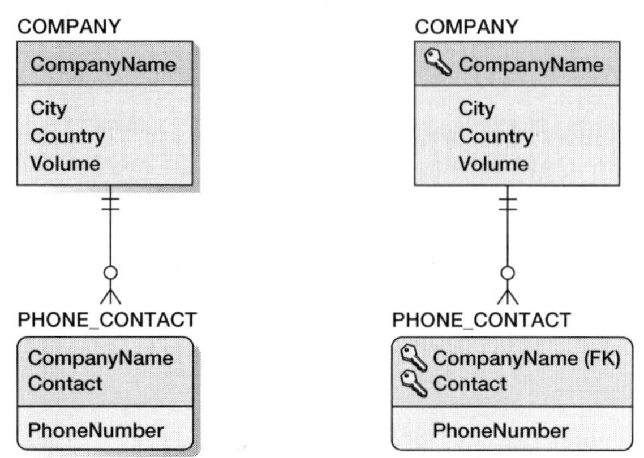

(a) 图5.29中的带有多值属性的数据模型　(b) 存储多值属性的数据库设计

图 6.14　多值属性中 ID 依赖实体的转换

BY THE WAY　正如在这些例子中看到的，把 ID 依赖实体转化成表并不是一件困难的事情，只要创建相应的表，然后为每个属性创建相应的列即可。

为什么会这么简单呢？有两个原因：第一，所有的标识联系都是 1∶N 的。如果是 1∶1 的，则不必创建 ID 依赖联系，只需把属性放到父实体的表中即可。如果联系是 1∶N 的，则应该把父表中的键放到子表中。然而，根据 ID 依赖实体的定义，父实体的标识符是子实体标识符的一部分。所以，根据定义，父表的键已经在子表中了，因此不需要再创建外键。

原型/实例模式

第 4 个 ID 依赖实体的用途是用于原型/实例模式。图 6.15(a)所示是上一章的 CLASS/SECTION 例子(参见图 5.30)，图 6.15(b)是转化成表的设计。

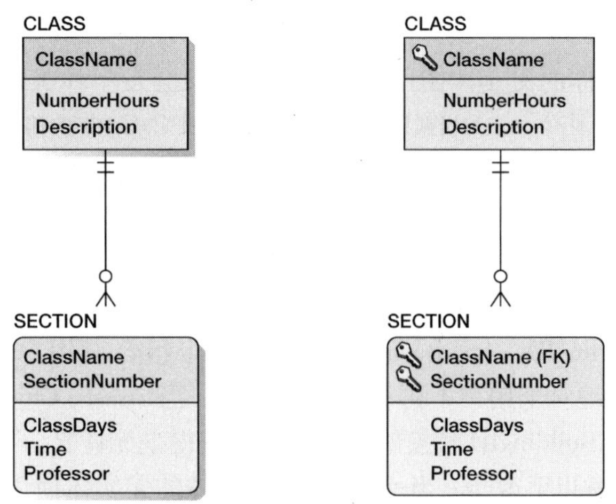

(a) 图5.30中的原型/实例模式数据模型　(b) 原型/实例模式的数据库设计

图 6.15　原型/实例联系中 ID 依赖实体的转换

正如上一章所提到的，有时原型/实例模式中的实例有它自己的标识符。这时，实例实体变成一个弱实体、非 ID 依赖实体。这时，这个联系必须像 1∶N 强联系那样转换。这意味着父表的键要放到子表中。在图 6.16(a)中，SECTION 有自己的标识符 ReferenceNumber。图 6.16(b)是相应的数据库设计，父表的键(ClassName)作为外键被放到子表 SECTION 中。

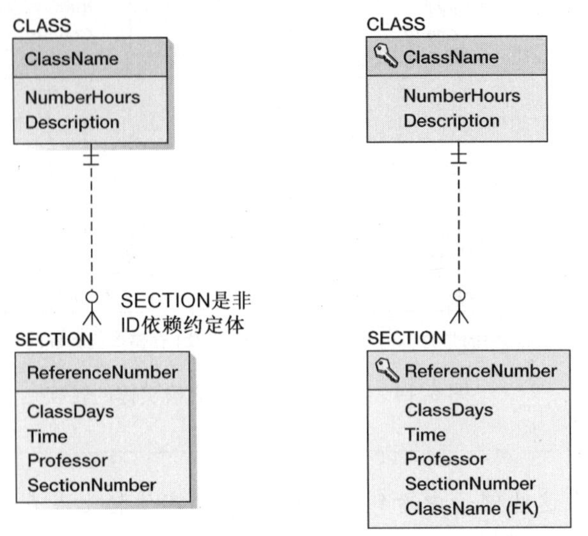

(a) 图5.31中非ID依赖弱实体的数据模型　(b) 非ID依赖弱实体的数据库设计

图 6.16 通过使用非 ID 依赖弱实体来转化原型/实例联系

记住，即使 SECTION 不是 ID 依赖实体，它仍然是弱实体。SECTION 的存在依赖于 CLASS 的存在。这意味着 SECTION 中的行必须在 CLASS 中有对应的行。应该在设计文档中标明 SECTION 是弱实体。

6.3.3 非 ID 依赖弱实体联系

从第 5 章中知道，强实体和非 ID 依赖弱实体之间的联系很像两个强实体间的联系。前面讨论的强实体之间的 1:1，1:N 和 N:M 联系同样可以应用于强实体和非 ID 依赖弱实体之间的联系形式。

当一个 ID 依赖实体的父实体使用强制关键字时，会发生什么情况呢？考虑 BUILDING 和 APARTMENT 的例子，其中 APARTMENT 的键是 BUILDING 的键和 ApartmentNumber 的组合。

假如 BUILDING 的标识符是(Street，City，State/Province，Country)，这时 APARTMENT 的标识符是(Street，City，State/Province，Country，ApartmentNumber)。由于 BUILDING 的标识符太长，在设计数据库时，我们使用强制关键字 BuildingID 作为它的键。

这时，APARTMENT 的关键字应该是什么呢？当把 BUILDING 的键放到 APARTMENT 表中时，它的键变为(BuildingID，ApartmentNumber)，这个组合对用户来说是没有意义的。类似(10045898，'5C')的键对于用户不再有直观的意义。当 Street，City，State/Province 以及 Country 在 BUILDING 中由 BuildingID 替换时，这些键就变得毫无意义。

我们对这一现象做以下改进：当一个 ID 依赖实体的父实体使用强制关键字时，ID 依赖实体也使用自己的强制关键字。得到的结果是弱实体，但不是 ID 依赖实体。

6.3.4 混合实体联系

不难猜测，混合实体联系的设计既包含强实体设计，也包含 ID 依赖实体的设计。考虑图 6.17(a)中的例子，EMPLOYEE_SKILL ID 依赖于 EMPLOYEE，但和 SKILL 之间是非标识联系。

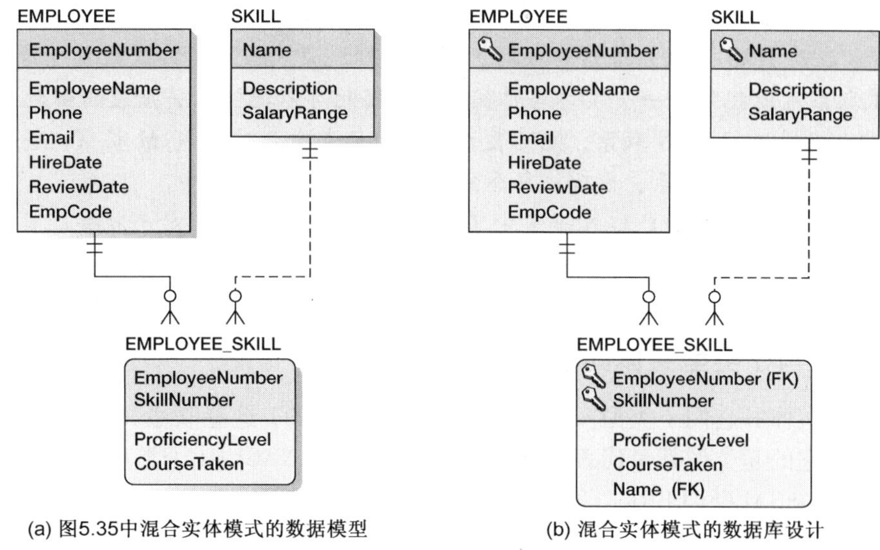

(a) 图5.35中混合实体模式的数据模型 (b) 混合实体模式的数据库设计

图 6.17 混合实体模型的转化

图 6.17(a) 中的 E-R 模型数据库设计如图 6.17(b) 所示。注意，EmployeeNumber 既是 EMPLOYEE_SKILL 主键的一部分，又是指向 EMPLOYEE 的外键。EMPLOYEE_SKILL 和 SKILL 之间 1:N 的非标识联系用 EMPLOYEE_SKILL 中的外键和 Name 来表示。EMPLOYEE_SKILL. Name 是外键但不是 EMPLOYEE_SKILL 主键的一部分。

转换图 6.18(a) 中的模型时也使用相同的策略。在 ID 依赖表 ORDER_LINE_ITEM 中，SalesOrderNumber 既是它主键的一部分，又是外键；而 ItemNumber 只是外键。

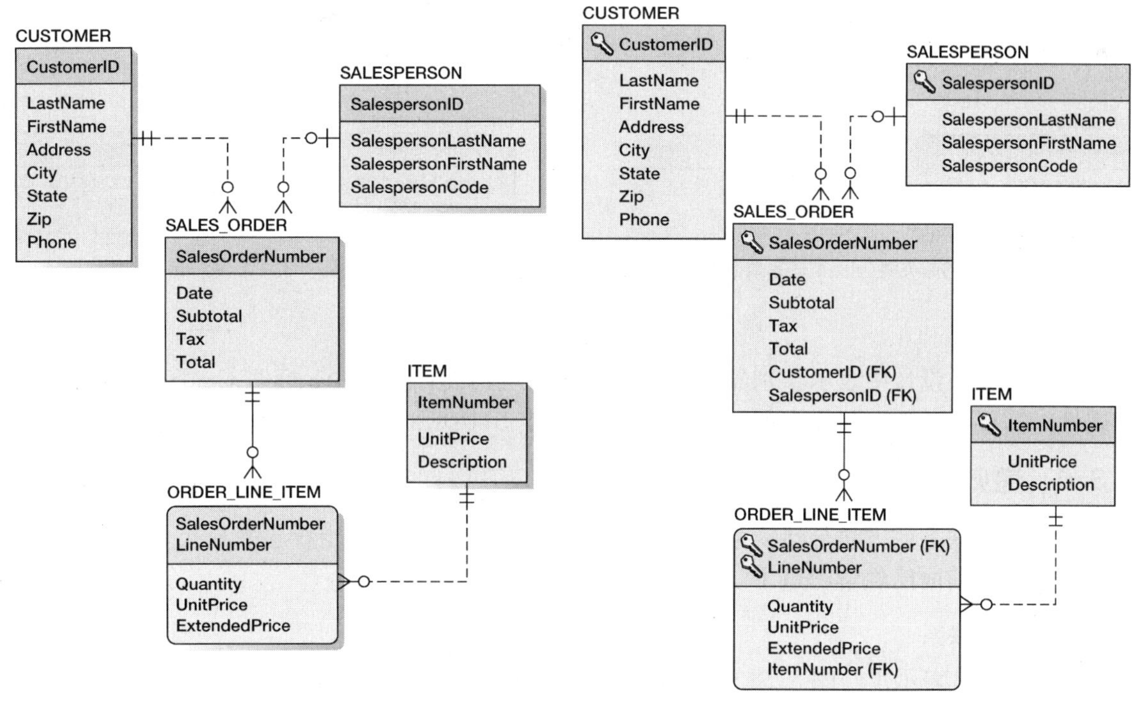

(a) 图5.33中的SALES_ORDER模式的数据模型 (b) SALES_ORDER模型的数据库设计

图 6.18 SALES_ORDER 模型的转化

BY THE WAY 在对 HAS-A 联系进行转换时，总的原则就是"把父表的键放到子表中"。对于强实体，1:1 联系可以把任何一个实体当作父实体，因此可以把任何一张表的键放到另一张表中来表示这个联系。对于1:N 联系，把父表的键放到子表中。对于 N:M 联系，通过创建一个交表把它分解成两个1:N 联系，然后把每个父表的键放到这个交表中。

对于标识联系，父表的键已经在子表中了，所以什么都不用做。对于混合联系，在标识的联系中，父表的键已经在子表中了；在非标识的联系中，父表的键放在子表中。

6.3.5 超类型与子类型实体间的联系

表示超类型实体和它们子类型实体间的联系是很简单的，这些联系又称为 IS-A 联系，因为一个子类型和它的超类型都是代表同样的实体。一个 MANAGER(子类型)是一个 EMPLOYEE(超类型)，一个 SALESCLERK(子类型)也是一个 EMPLOYEE(超类型)。因为这些等价，所有子类型表的键与超类型表的键是相同的。

图 6.19(a)所示为图 5.13(a)的数据模型，即 STUDENT 的两个子类型实体的例子。注意到 STUDENT 的键是 STUDENTID，而它的每一个子类型实体的键也是 STUDENTID。UNDERGRADUATE. StudentID 和 GRADUATE. StudentID 都是主键并且是其超类型实体的外键。

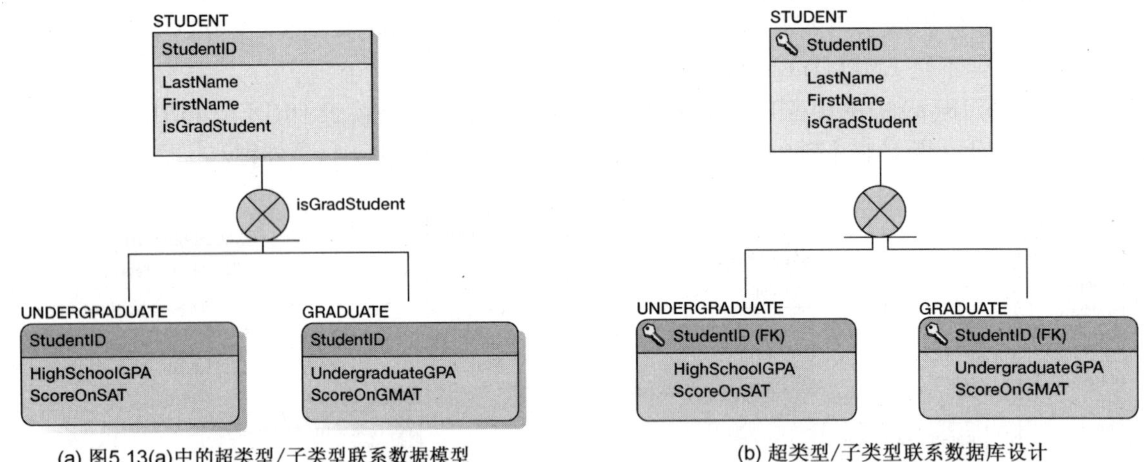

图 6.19 超类型/子类型模型的转化

无法在关系设计中表示鉴别器属性，只能把它写到设计文档中，标明 GradStudent 是鉴别器属性。需要手动编写代码来使用 GradStudent 决定 STUDENT 的具体子类型。

6.3.6 递归联系

转换递归联系的方法是转换强实体方法的扩展。具体方法可能看起来有点奇怪，但实际上它的本质在前面已经学习过了。

1:1 递归联系

图 6.20(a)表示了与图 5.38 中的数据模型相同的 1:1 递归 BOXCAR 关系。为表示该关系，我们在 BOXCAR 中创建一个外键，如图 6.20(b)所示。由于是1:1 联系，因此将这个外键定义为唯一的。这一约束保证了一个 boxcar 前最多只有一个 boxcar。

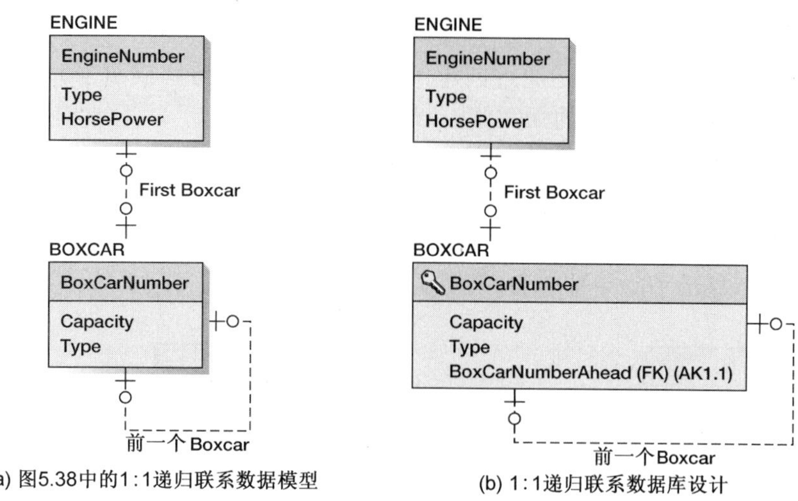

(a) 图5.38中的1:1递归联系数据模型　(b) 1:1递归联系数据库设计

图 6.20　1:1 递归联系的表示

联系两端都是可选的，因为最后一节车厢不是任何车厢的前一节车厢，而第一节车厢没有前一节车厢。如果是循环的，则不会有这个限制。例如，如果要表示 12 个月的顺序，并且想表示 12 月的后面是 1 月，则这是一个子端时必需的 1:1 递归联系。

BY THE WAY　如果觉得递归联系难以理解，可以试试下面的方法。假定有两个实体：BOXCAR_AHEAD 和 BOXCAR_BEHIND，它们有相同的属性，并且之间有一个 1:1 联系。为每一个实体创建一张表，如同 1:1 强实体联系，可以把任何一张表的键放到另一张表来表示这个联系。假如是把 BOXCAR_AHEAD 的键放到 BOXCAR_BEHIND 中。

可以看出，BOXCAR_AHEAD 仅仅是 BOXCAR_BEHIND 表的数据的一部分，所以这张表是不需要的，把它删去就得到了图 6.20(b) 中的设计。

1:N 递归联系

正如别的 1:N 联系，可以通过把父表的键放到子表中来表示 1:N 递归联系。考虑图 6.21(a) 中的例子，我们在 EMPLOYEE 表中的每一行都添加经理的名字。转换成数据库设计的结果，如图 6.21(b) 所示。

注意联系两端都是可选的，这是因为有的员工没有经理，有的员工不管理任何其他员工。如果数据结构是循环的，则两端不是可选的。

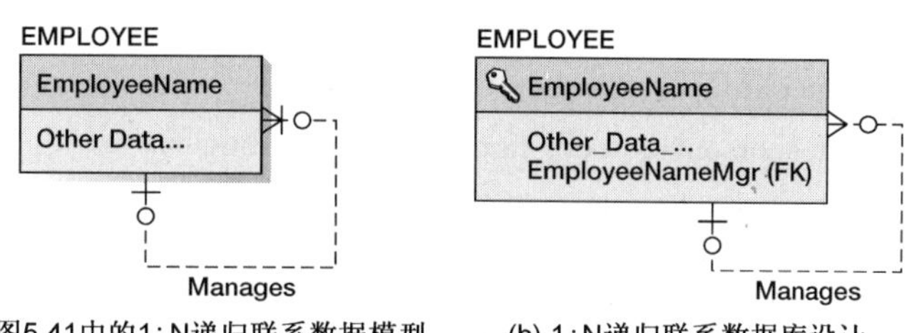

(a) 图5.41中的1:N递归联系数据模型　(b) 1:N递归联系数据库设计

图 6.21　1:N 递归联系的表示

N:M 递归联系

转换 N:M 递归联系的方法是通过创建一个交表，并把它分解成两个 1:N 联系。这样将创建交表，也就是 N:M 联系之间的强实体。

考虑图 6.22(a)中的例子，每个部件都可能包含若干个子部件，并且每个部件都可能是若干个部件的子部件。为了代表这个联系，创建一个交表来表示 part/part use。可以选择任何一个方向。对于前者，交表将保存部件和它用于的部件。对于后者，交表将保存部件和它使用的部件。图 6.22(b)显示了后一种交表。

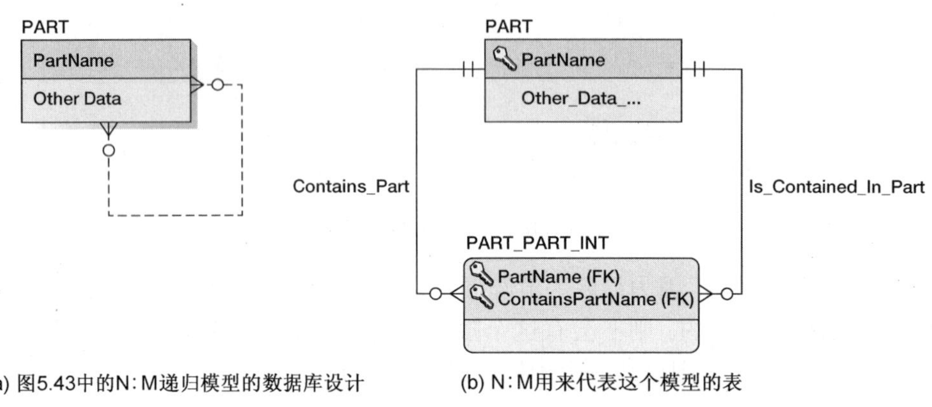

图 6.22 N:M 递归联系的表示

BY THE WAY 同样，如果觉得这种联系难以理解，则假设有两个表：PART 和 CONTAINED_PART。创建它们之间的交表。注意，CONTAINED_PART 复制了 PART 的所有属性，这是不必要的。把 CONTAINED_PART 表删除，就会得到图 6.22(b)的设计。

6.3.7 代表三元或多元联系

第 5 章曾讲述过，三元或多元联系可以表示成几个二元联系。大多数情况下，这种表示方法是没有问题的。但是有时这种方法会带来一些限制，进而增加设计的复杂性。例如，考虑 ORDER，CUSTOMER，SALESPERSON 三个实体间的三元联系。假定 CUSTOMER 和 ORDER 之间是 1:N 联系，SALESPERSON 和 ORDER 之间也是 1:N 联系。我们可以用两个二元联系来代表这个三元联系：一个是 ORDER 和 CUSTOMER 之间的联系，一个是 SALESPERSON 和 ORDER 之间的联系。下面是设计后的表：

CUSTOMER(<u>CustomerNumber</u>, nonkey data attributes)

SALESPERSON(<u>SalespersonNumber</u>, nonkey data attributes)

ORDER(<u>OrderNumber</u>, nonkey data attributes, *CustomerNumber*, *SalespersonNumber*)

然而，假设有这样一条规则：一个客户只能和一个销售员签订单。这时，这个三元联系中多了一个限制：SALESPERSON 和 CUSTOMER 之间的 1:N 联系。为了表示它，应该在 CUSTOMER 表中加入 SALESPERSON 的键。结果表变为：

CUSTOMER(<u>CustomerNumber</u>, nonkey data attributes, *SalespersonNumber*)

SALESPERSON(<u>SalespersonNumber</u>, nonkey data attributes)

ORDER(<u>OrderNumber</u>, nonkey data attributes, *CustomerNumber*, *SalespersonNumber*)

这个限制意味着若某个客户出现在一个订单表中，和它关联的销售人员也必须出现在这条记录中。遗憾的是，关系模型无法表示这种限制，必须把它写在设计文档中，并在编写应用程序时反映出这个限制，参见图 6.23。

SALESPERSON Table

<u>SalespersonNumber</u>	Other nonkey data
10	
20	
30	

CUSTOMER Table

<u>CustomerNumber</u>	Other nonkey data	*SalespersonNumber*
1000		10
2000		20
3000		30

二元 MUST 约束

ORDER Table

<u>OrderNumber</u>	Other nonkey data	*SalespersonNumber*	*CustomerNumber*
100		10	1000
200		20	2000
300		10	1000
400		30	3000
500			2000

只有 20 可以填于此处

图 6.23　包含 MUST 约束的三元联系

要求一个实体必须和另一个实体同时出现的约束称为 MUST 约束。类似的约束还有 MUST NOT 和 MUST COVER。在 MUST NOT 约束中，一个二元联系表示在其中出现的二元组合不能出现在包含它的三元联系中。例如，PRESCRIPTION : DRUG : CUSTOMER 之间的三元联系中存在二元联系约束：ALLERGY 表中列出了患者不允许服用的药，如图 6.24 所示。

在 MUST COVER 约束中，表示这个约束的二元联系中的组合必须出现在包含它的三元联系中。例如，考虑 AUTO : REPAIR : TASK 之间的三元联系。假如每个 REPAIR 都包含了一些 TASK，只有这些 TASK 都被执行，REPAIR 才能成功。这时，在 AUTO-REPAIR 表中出现某个 AUTO 和 REPAIR 时，这个 REPAIR 包含的 TASK 也必须都作为单独的一行出现，如图 6.25 所示。

这三种二元约束都无法在关系设计中被表示。它们都应该在专门的设计文档中被说明，并在代码编写时被体现。

6.3.8　Highline University 数据模型的关系数据库表示

考虑第 5 章为 Highline University 创建的数据模型，最终的 Highline University 数据模型如图 6.26 所示。

使用本章介绍的原则，我们能够把它转化为对一个关系数据库的设计，并且这个设计是本章所讲述原则的直接运用。对 Highline University 的数据库设计如图 6.27 所示。

仔细查看图 6.27 以保证你明白每个联系所代表的事物。注意到 DepartmentName 在 STUDENT 中作为外键出现两次，一次是 DepartmentName(FK)，即作为外键与 DEPARTMENT 中的主键 DepartmentName 相联系。这个联系要符合参照完整性约束：

DepartmentName in STUDENT 必须存在于 DepartmentName in DEPARTMENT

DRUG 表

DrugNumber	Other nonkey data
10	
20	
30	
45	
70	
90	

ALLERGY 表

CustomerNumber	DrugNumber	Other nonkey data
1000	10	
1000	20	
2000	20	
2000	45	
3000	30	
3000	45	
3000	70	

二元MUST约束

PRESCRIPTION 表

PrescriptionNumber	Other nonkey data	*DrugNumber*	*CustomerNumber*
100		45	1000
200		10	2000
300		70	1000
400		20	3000
500			2000

20和45均不能填于此处

图 6.24　包含 MUST NOT 约束的三元联系

REPAIR 表

RepairNumber	Other nonkey data
10	
20	
30	
40	

TASK 表

TaskNumber	Other nonkey data	*RepairNumber*
1001		10
1002		10
1003		10
2001		20
2002		20
3001		30
4001		40

二元MUST约束

AUTO_REPAIR 表

InvoiceNumber	RepairNumber	TaskNumber	Other nonkey data
100	10	1001	
100	10	1002	
100	10	1003	
200	20	2001	
200	20		

只有2002能填于此处

图 6.25　包含 MUST COVER 约束的三元联系

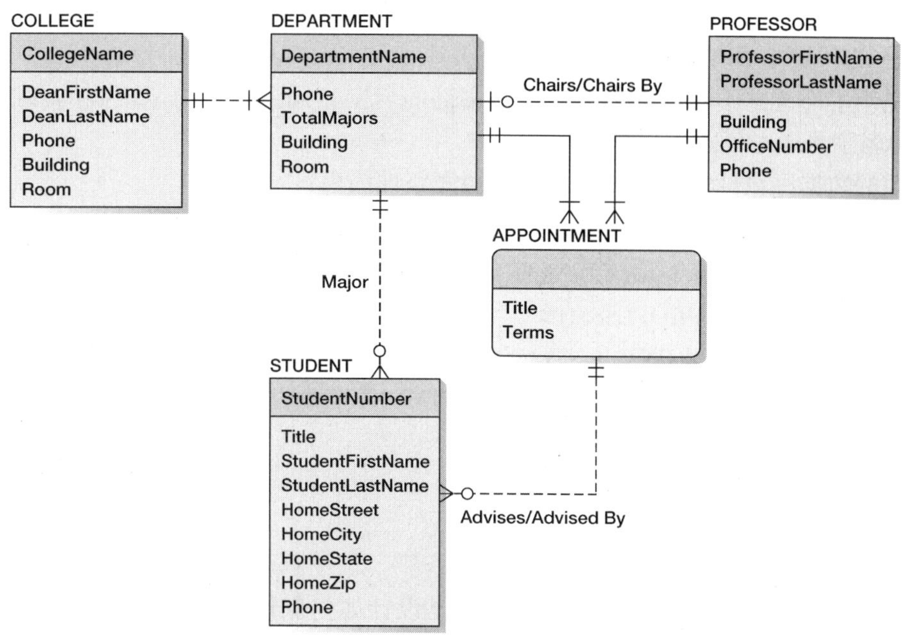

图 6.26　图 5.52 中 Highline University 数据模型的表设计

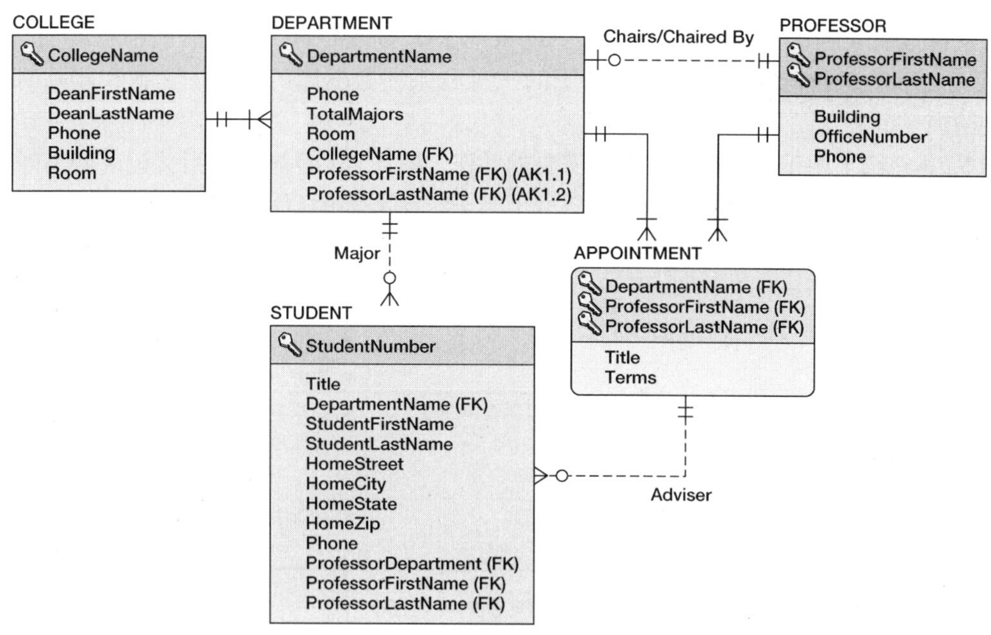

图 6.27　Highline University 数据库设计

另一次是 ProfessorDepartment(FK)，即(ProfessorDepartment，ProfessorFirstName，ProfessorLastName)组合外键的一部分。这个外键与 APPOINTMENT 中的(DepartmentName，ProfessorFirstName，ProfessorLastName)的主键相联系，并且有参照完整性约束：

(ProfessorDepartment，ProfessorFirstName，ProfessorLastName) in STUDENT 必须存在于(DepartmentName，ProfessorFirstName，ProfessorLastName)in APPOINTMENT

注意到我们要把 APPOINTMENT 中的 DepartmentName 改成 STUDENT 中的 ProfessorDepartment，这是因为在 STUDENT 中不能有两个列名都为 DepartmentName，而且我们已经把 DepartmentName 作为外键与 DEPARTMENT 相联系。

以上说明了外键并不一定要与其相联系主键的名字相同。只要指定正确的参照完整性约束，外键的名字可以是任意你所想要的。

在我们的数据库设计中还有另外两个参照完整性约束：

CollegeName in DEPARTMENT 必须存在于 CollegeName in COLLEGE

(ProfessorFirstName, ProfessorLastName) in DEPARTMENT 必须存在于(ProfessorFirstName, ProfessorLastName) in PROFESSSOR

DepartmentName in APPOINTMENT 必须存在于 DepartmentName in DEPARTMENT(ProfessorFirstName, ProfessorLastName) in APPOINTMENT 必须存在于(ProfessorFirstName, ProfessorLastName) in PROFESSSOR

6.4 关于最小粒度的设计

把数据模型转化成数据库设计的最后一步是设计如何保证最小粒度。遗憾的是，这一步远比前两步复杂。子实体必要的联系总会出现问题，因为我们无法使用数据库结构来保证这个约束。代替的方法是，必须设计由 DBMS 或应用程序执行的过程来做到这一点。

联系可以有 4 种类型的最小粒度：O:O，M:O，O:M，M:M。就保证最小粒度而言，对于 O:O 联系，不需要任何额外的动作。剩下的三种联系在数据库的插入、更新和删除时都会产生一些约束。

图 6.28 总结了用于保证最小粒度所需要的动作。图 6.28(a)显示了当父记录必需时(M:O，M:M 联系)所需要的动作。图 6.28(b)显示了当子记录必需时(O:M，M:M 联系)所需要的动作。这里，术语“动作”表示保证最小粒度的动作。

父记录必需	父表中的动作	子表中的动作
插入	没有动作	● 获得父记录 ● 禁止
更改键或外键	● 更改子表中的外键以匹配新的值(级联更新) ● 禁止	● 如果新的外键值和父表中的某个主键匹配，则允许
删除	● 删除子记录(级联删除) ● 禁止	没有动作

(a)父记录必需时的动作

子记录必需	父表中的动作	子表中的动作
插入	● 获得一个子记录 ● 禁止	没有动作
更改键或外键	● 更改(至少一个)子记录的外键 ● 禁止	● 如果不是最后一个，则允许 ● 否则，找一个新的替代品或禁止
删除	没有动作	● 如果不是最后一个，则允许 ● 否则，找一个新的替代品或禁止

(b)子记录必需时的动作

图 6.28 保证最小粒度的动作总结

为了讨论这些规则，我们将使用图 6.29 所示的为几个公司存储数据的数据库设计。在该图中有 COMPANY 和 DEPARTMENT 间，以及 DEPARTMENT 和 EMPLOYEE 间的 1:N，M-O 联系，COMPANY 和 PHONE_CONTACT 间的 1:N，M-N 联系。在 COMPANY-to-DEPARTMENT 联系中，COMPANY 是父实体，DEPARTMENT 是子实体。在 DEPARTMENT-to-EMPLOYEE 联系中，DEPARTMENT 是父实体，EMPLOYEE 是子实体。在 COMPANY-to-PHONE_CONTACT 联系中，COMPANY 是父实体，PHONE_CONTACT 是子实体。

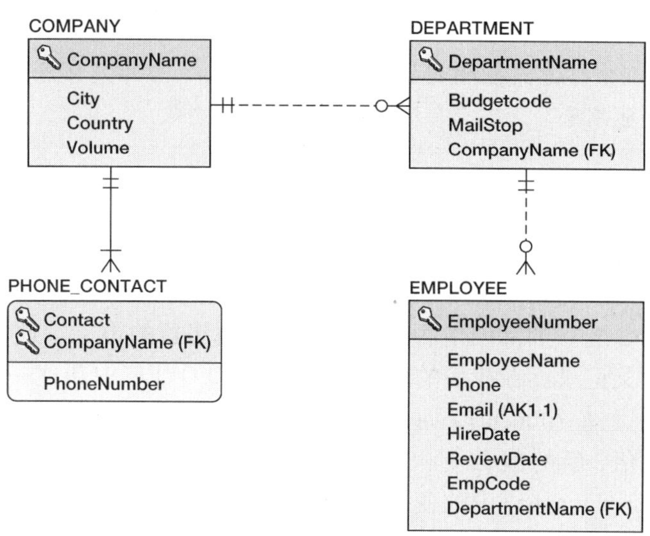

图 6.29　多家公司数据的数据库设计

6.4.1　父记录必需时的动作

当父记录必需时，我们需要保证子表中的每条记录都有一个有效的、非空的外键。为了达到这个目的，我们必须限制对父记录的主键的更新和删除操作，以及对子记录的外键的创建和更改操作。首先考虑父记录。

父记录必需时父表中的动作

根据图 6.28(a)，当父表中要创建一个新的记录时，没有任何限制。因为这时子表中没有任何记录依赖于这条记录。在我们的例子中，可以创建一个新的部门，而不必担心它的最小粒度。

然而，考虑如果改变一个已存在的父记录的主键时会发生什么情况。如果这条记录有子记录，则这些子记录的外键和现在这条父记录的主键相匹配。如果这条父记录的主键被改变，则所有这些子记录将变成“孤儿”，它们的外键将不再匹配父记录。为了阻止“孤儿”的产生，或者父记录改变时子记录的外键也同时改变，或者禁止父记录的主键改变。

在这个例子中，如果一个部门(DEPARTMENT)想要把它的部门名从'Info Sys'改变成'Information System'，则所有以它为父记录的子记录都将不再和它匹配。为了阻止这种情况的发生，或者子记录中的外键也同时改变，或者禁止部门名发生变化。父记录主键的改变造成子记录外键改变的策略称为级联更新。

现在考虑要删除一条父记录的情况。如果这条记录有子记录，如果这个删除被允许，则它的子记录将变成“孤儿”。因此，当这种删除发生时，或者它的子记录也被删除，或者禁止父记录的删除。删除父记录使得子记录被删除的策略称为级联删除。在这个例子中，当删除一个部门时，或者 EMPLOYEE 中相关的子记录都被删除，或者禁止删除这个部门。

BY THE WAY 通常，对于强实体之间的联系不会选择级联删除。删除 DEPARTMENT 中的一条记录不应该造成删除 EMPLOYEE 中所有和它相关的记录。而应该禁止这个删除发生。为了删除 DEPARTMENT 中的记录，应该先把它的子记录分配一个新的外键值，然后再删除这个部门。

另一方面，对于弱实体总是应该选择级联删除。例如，当你想删除一个公司时，应该把它里面的所有电话号码也删除。

父记录必需时子表中的动作

现在考虑子表中的动作。如果父记录是必需的，当一个新的子记录被创建时，这条记录必须有一个有效的外键值。例如，当我们想创建一个新的员工时，如果 DEPARTMENT 必需，则必须为这个新的员工分配一个部门。否则，将不允许创建新的员工。通常有一个默认的策略来为新的子记录分配父记录。在我们的例子中，在 EMPLOYEE 中新建一条记录时，默认它的 DepartmentName 被设置成'Human Resources'。

关于改变外键的值，新的值必须和父表中某条记录的主键相匹配。在 DEPARTMEM 中，如果在'Accounting'到'Finance'中改变 DepartmentName，则 DEPARTMENT 的行必须具有'Finance'的主键值。如果不这样做，这一改变将会被禁止。

BY THE WAY 当父表使用强制关键字时，涉及更新的动作有所不同。对于父表，由于强制关键字不允许被改变，因此不会有更新操作发生。对于子表，如果子记录改变到一个新的父记录，则更新是被允许的。因此，对于父表，可以不考虑更新操作；对于子表，则必须考虑。

如果子记录是必需的，则子表中的删除没有任何限制。

6.4.2 子记录必需时的动作

当子记录必需时，我们需要保证任何时候父表中的记录都必须有至少一条子记录。例如，在 DEPARTMENT/EMPLOYEE 联系中，如果一个 DEPARTMENT 必须至少包含一个 EMPLOYEE，则不能够删除 DEPARTMENT 的最后一个 EMPLOYEE。有一个子记录动作的分支，如图 6.28(b)所示。

保证子记录必需将更加困难。为了保证父记录必需，我们仅仅需要检查外键是否与某个主键匹配。而为了保证子记录必需，必须计数父记录拥有的子记录个数。这个区别使得我们要编写额外的代码。首先，考虑这时父表的情况。

子记录必需时父表中的动作

如果子记录必需，则不能创建没有子记录的父记录。这意味着或者要在子表中选一条记录把它的外键改成父表中新记录的主键；或者在子表中创建一条新的记录，它的外键等于父表中新记录的主键。如果这两个动作都不允许，则父表中新的插入动作将被禁止。图 6.28(b)的第一行总结了这条规则。

如果子记录必需，为了更改父表中某条记录的主键，或者至少它的一个子记录的外键也做相应修改，或者这个更新操作被禁止。这个限制不应用于含有强制关键字的父表，因为它的主键不会被更新。

最后，如果子记录必需，父表中要删除某条记录时，不需要任何动作。

子记录必需时子表中的动作

正如图 6.28(b)所示，子记录必需时，在子表中插入记录不需要任何额外的动作。

然而，更新子记录的外键时会有限制。如果被更新的子记录是它的父记录的唯一一条子记录，这个更新将不允许发生。如果在这种情况下进行了更新，则它的父记录就不再有子记录了，这是不允许的。因此，必须编写一个过程来计算当前父记录的子记录数。如果记录数大于 1，更新被允许，否则被禁止。

一个类似的限制发生于删除子记录时。如果被删除的子记录是它的父记录的唯一一条子记录时，这个删除不允许发生。否则，删除不受影响。

6.4.3　对于 M:O 联系的动作实现

图 6.30 总结了图 6.28 中每种类型的最小粒度的动作应用。如前所述，O:O 联系不需要任何动作。

联系的最小粒度	动　作	注　释
O:O	没有	没有
M:O	图 6.28(a)中父记录必需的动作	可以在 DBMS 中轻易实现，定义一个参照完整性约束和定义外键为 NOT NULL
O:M	图 6.28(b)中子记录必需的动作	实现困难，利用触发器或应用程序代码来实现
M:M	图 6.28(a)中父记录必需的动作和图 6.28(b)中子记录必需的动作	非常难以实现。需要触发器的复杂组合，并存在矛盾，有很多问题

图 6.30　用于保证最小粒度的动作

M:O 联系需要图 6.28(a)中的动作。我们需要保证子表中每条记录都有父记录，并且父表和子表中的操作都不会产生“孤儿”。

幸运的是，在大多数现有的 DBMS 中，这些动作很容易被实现。我们只需要两个限制，首先，定义一个参照完整性约束来保证每个外键都匹配父表的某个主键。其次，定义外键为 NOT NULL，这里有两个约束，在图 6.28(a)中的动作都将执行。

考虑 DEPARTMENT/EMPLOYEE 的例子，如果我们定义：

EMPLOYEE 中的 DepartmentName 必须存在于 DEPARTMENT 中的 DepartmentName

则可以保证 EMPLOYEE 中每条记录的 DepartmentName 取值都会和 DEPARTMENT 中某条记录的 DepartmentName 相匹配。如果使 DepartmentName 为必需的，那么 EMPLOYEE 的行将有有效的 DEPARTMENT。

几乎所有的 DBMS 产品都可以定义这种参照完整性约束。下一章将学习如何用 SQL 语句来写参照完整性约束。在这些语句中，可以选择是否是级联更新/删除，还是被禁止。一旦定义了参照完整性约束并把外键设置成 NOT NULL，DBMS 会执行图 6.28(b)中所有的动作。

BY THE WAY 回想1:1强实体联系中，任何一个表的主键都可以作为另一张表的外键。如果这种联系的最小粒度是M:O或O:M，最好把强制表的主键作为可选表的外键。这样就成为父记录必需。你所要做的就是定义一个参照完整性约束和设置外键为非空。另一方面，如果是子记录必需，会有大量的工作要做。

6.4.4 O:M 联系的动作实现

遗憾的是，如果子记录必需，则DBMS无法提供足够的帮助。没有简单的方法来保证需要的子记录存在，也没有简单的方法来保证当插入、更新和删除记录时联系仍然保持有效。你需要自力更生。

大多数情况下，需要使用触发器。几乎所有的DBMS都可以定义插入、更新和删除的触发器。触发器需要在明确的表上定义。例如，可以定义增加客户的触发器或更新职员的触发器。下一章将学习触发器的定义。

为了说明如何使用触发器来保证子记录必需，考虑图6.28(b)。在父表中，我们需要编写父表中插入和更新的触发器。这些触发器或者建立新的子记录，或者把其他子记录改成新的父记录的子记录。如果它们无法执行其中一种操作，则必须取消插入或更新操作。

对于子表，记录可以很好地被插入。然而，一旦作为父记录的最后一个子记录的子表记录，则不能离开它的父记录。因此，我们需要编写更新或删除触发器来保证这一点。

- 删除父记录。
- 找到一个替代子记录。
- 驳回更新或删除。

DBMS无法自动地实现这些动作，你必须自己编写代码来执行这些规则。我们会在下一章看到更多的例子，并在第10A章提供SQL SERVER 2012的实例，第10B章提供Oracle Database 11g Release 2的实例，第10C章提供MySQL 5.6的实例。

6.4.5 M:M 联系的动作实现

保证M:M联系的最小粒度是非常困难的。图6.28(a)和图6.28(b)中的动作要同时被执行。父记录和子记录都是必需的。

例如，考虑当DEPARTMENT/EMPLOYEE联系是M:M时，DEPARTMENT和EMPLOYEE表的插入动作。在DEPARTMENT表中，我们必须编写插入触发器来先建一个EMPLOYEE以匹配新的DEPARTMENT。然而，EMPLOYEE有它自己的插入触发器。因此，当我们想要插入一个新的EMPLOYEE时，DBMS会调用它的插入触发器，除非它已经有自己的DEPARTMENT，否则会阻止EMPLOYEE的插入。但由于新的DEPARTMENT记录还没有被插入，这将形成一个循环。

现在考虑M:M联系的删除操作。假定要删除一条DEPARTMENT中的记录。我们不能删除拥有EMPLOYEE的DEPARTMENT记录。因此，在删除DEPARTMENT记录前，必须重新分配(或删除)它的子记录。但是EMPLOYEE的触发器会被触发，因此将无法重分配(删除)它的最后一个子记录。这时陷入一个僵局：最后一条子记录不能被删除，但只有最后一条子记录被删除，这个父记录才能被删除。

有几种解决方法，但每一种都不是非常安全的。在下一章中，我们将学习一种解决方法。这种解决方法非常复杂，需要很仔细编写。最好的建议就是尽量避免 M:M 联系。如果实在无法避免，要充分地预算你的时间。

6.4.6　特殊的 M:M 联系的实现方法

并不是所有的 M:M 联系都这样困难。尽管强实体间的 M:M 联系通常都是这样复杂，相比而言强实体和弱实体间的 M:M 联系更加简单。例如，考虑图 6.29 中 COMPANY 和 PHONE_CONTACT 之间的联系。因为 PHONE_CONTACT 是弱实体，它必须存在于一个 COMPANY。另外，假定 COMPANY 必须有 PHONE_CONTACT。因此，这个联系是 M:M 联系。

但是，事务通常从强实体开始。因此，所有 PHONE_CONTACT 的插入、更新和删除都开始于 COMPANY 中的动作。这样，我们可以忽略图 6.28(a)和图 6.28(b)中子列的动作。没有人会插入、更新和删除 PHONE_CONTACT，除非插入、更新和删除 COMPANY。

因为是 M:M 联系，我们必须执行所有图 6.28(a)和图 6.28(b)中父列的动作。若在父表中插入记录，必须也在子表中插入一条记录。可以编写一个 COMPANY INSERT 触发器来创建一条 PHONE_CONTACT 的记录，它的 Contact 和 PhoneNumber 是空值。

关于更新和删除，我们要做的就是级联所有的操作，参见图 6.28(a)和图 6.28(b)。COMPANY.CompanyName 的改变会造成 PHONE_CONTACT.CompanyName 的改变。在 COMPANY 中删除记录会使得它的子记录也被删除。如果我们不需要某家公司的数据，当然也不需要它的联系电话的数据。

BY THE WAY　因为 M:M 联系的动作很难被实现，开发人员寻找特定的环境来简化这个任务。这种环境通常是强实体和弱实体之间的 M:M 联系。对于强实体之间的 M:M 联系，通常都是非常困难的。有时，M:M 粒度会被忽略。当然，对于金融管理或某些需要仔细的记录管理的应用是不能忽略的。但是，比如航空公司的机票预订，有时座位可能被重复预订，则这个联系最好被定义成 M:O 联系。

6.4.7　文档化最小粒度的设计

因为针对最小粒度设计比较复杂，而且常常要创建触发器和过程，把最小粒度的设计写入文档中是很必要的。由于父记录必需情况的设计相对比较简单，我们将分别介绍所用到的技术。

BY THE WAY　理论上，参照完整性动作既可以表示父记录必需时的动作，也可以表示子记录必需时的动作。但当两种情况同时出现时，这种标记就变得不明确。例如，在 M:M 联系中，插入的参照完整性动作既可以表示关于父记录必需时的动作，也可以表示子记录必需时的动作，它的意义变得不再明确。为了消除混淆，我们只使用参照完整性动作来表示父记录必需的情况，子记录必需的情况用另外的技术来表示。

父记录必需情况的文档化

数据库模型和设计工具(比如 Erwin 和 MySQL Workbench)允许用户在每张表上定义参照

完整性动作。对于父记录必需情况的文档化这些定义非常有用。根据图 6.28(a),子记录必需的情况下,需要做三种设计判断:(1)判断父记录主键的更新应该禁止还是级联;(2)判断父记录的删除应该禁止还是级联;(3)当插入一条新的子记录时,如何选择它的父记录。

子记录必需情况的文档化

一种简单的、没有歧义的定义保证子记录必需的动作的方法是把图 6.28(b)作为样板文件。把这张表为每个子记录必需的联系复制一份,在其中填入需要的动作。

例如,图 6.31 表示 DEPARTMENT 和 EMPLOYEE 之间的 O:M 联系的动作。一个 DEPARTMENT 必须至少有一个 EMPLOYEE,但一个 EMPLOYEE 不一定有 DEPARTMENT。例如,一个公司可能有一个稽查员,但他并不属于任一个固定的 DEPARTMENT。DEPARTMENT 使用强制关键字 DepartmentID,如图 6.31 所示。

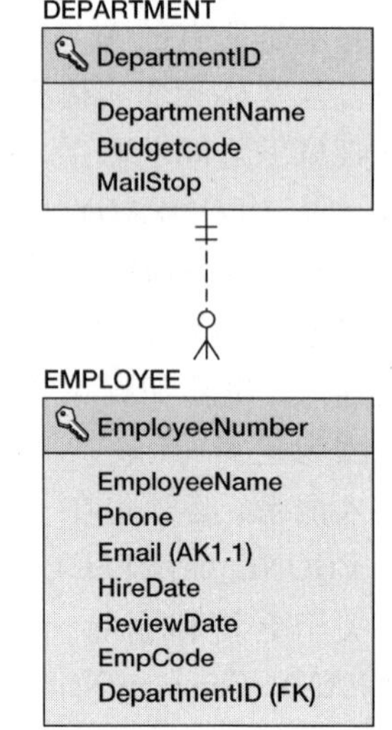

图 6.31　DEPARTMENT/EMPLOYEE 的 O:M 联系

因为在 DEPARTMENT 和 EMPLOYEE 之间的联系中,子记录是必需的,参见图 6.28(b)。图 6.32 是填好后的表,表中指出 DEPARTMENT 表的插入和 EMPLOYEE 的删除时使用触发器。由于 DEPARTMENT 使用强制关键字,它的更新不需要考虑。EMPLOYEE 的更新不允许,因为 DEPARTMENT 使用强制关键字,并且 EMPLOYEE 不会被重新分配给别的 DEPARTMENT。

INSPECTION 必需	HOUSE 表中的动作	INSPECTION 表中的动作
插入	在 HOUSE 表中插入时,也在 INSPECTION 中插入触发器。如果 INSPECTION 数据不存在,禁止在 HOUSE 中插入	没有动作
更改键或外键	不可能。强制关键字	不允许。HOUSE 有强制关键字。INSPECTION 不会改变对 HOUSE 的关联
删除	没有动作	如果是独立的 INSPECTION,使用触发器来禁止

图 6.32　DEPARTMENT/EMPLOYEE 的 O:M 联系中保证最小粒度的动作

6.4.8　进一步的复杂性

还有一个复杂的情况我们没有讲述。一张表可能涉及多个联系。事实上,同样两张表之间可能也有多个联系。需要为其中的每一个联系定义最小粒度,不同联系的最小粒度很可能是不同的。一些可能是 O:M,别的可能是 M:O 或 M:M。一些需要使用触发器,这意味着可能一张表中有多个触发器。触发器的集合不仅编写和测试非常复杂,触发器之间可能会在执行过程中互相影响。

为这种情况进行设计需要大量的经验和知识。现在,只需要记住它的复杂性。

6.4.9　最小粒度设计的总结

图 6.33 总结了最小粒度的设计,它包含了每种类型的联系、每种类型联系需要的设计决策和需要的文档化,可作为以后设计的指导方针。

联系的最小粒度	设计要考虑的问题	设计的文档化
M:O	● 级联更新或禁止 ● 级联删除或禁止 ● 子表中插入记录时赋予父记录的策略	参照完整性动作以及用来说明子表中插入记录时赋予父记录策略的文档
O:M	● 父表中插入记录时赋予子记录的策略 ● 主键级联更新或禁止 ● 更新子记录外键的策略 ● 删除子记录的策略	使用图 6.27(b)
M:M	上面的所有问题，以及如何解决插入一个父/子记录和删除最后一个父/子记录的触发器冲突	对于父记录必需，参照完整性动作以及说明子表中插入记录时赋予父记录策略的文档；对于子记录必需，使用图 6.27(b)，以及说明触发器冲突的文档

图 6.33　保证最小粒度设计的总结

6.5 View Ridge 画廊的数据库

我们使用一个例子来对本章进行总结。这个例子在后面也会用到，所以要对它好好理解。之所以选择这个例子，是因为它的联系非常典型，并且难度适中。既有一定难度，又不会因为太难而变得难以掌握。

6.5.1 需求小结

View Ridge 画廊是一个小型的美术陈列室，销售当代的欧洲和北美的艺术品，包括平版画、艺术真迹和照片。所有平版画和照片都有签字和编号。View Ridge 同时也提供艺术画框服务，它为每一件艺术作品定做相框，并且因其极好的相框收藏而出名。

View Ridge 看重欧洲印象派、抽象派和现代派艺术家作品的再创作，比如 Wassily Kandinsky 和 Henri Matisse。对于原版作品，View Ridge 集中了 Northwest School 艺术家的作品，比如 Mark Tobey，Morris Graves，Guy Anderson 和 Paul Horiuchi，并且举办同时代艺术家作品的展览。复制品的价格在 $1000 左右，同时代艺术品的价格在 $500 ~ $10 000 不等。Northwest School 艺术家的作品价格幅度很大，取决于作品本身。铅笔、炭笔或水彩、素描至少 $2000，而一些主要的作品价格在 $10 000 ~ $100 000。View Ridge 有时可能会把 Northwest School 的作品价格升到 $500 000，但是价格在 $250 000 以上的作品更可能是在拍卖会上卖出。

View Ridge 发展了 30 多年，有一个全职的所有人、三个销售人员和两个工人负责制作画框等工作。View Ridge 通过举办开幕式和其他活动来吸引客户。View Bridge 拥有所有销售的艺术品的所有权——即使是 View Bridge 购买然后转售给销售者的现代艺术品。

图 6.34 给出了需求小结。首先，所有人和销售人员都希望保存客户的名字、地址、电话号码和 E-mail 地址。他们还想知道哪些客户对哪些艺术家感兴趣。销售人员使用这个信息决定当新的艺术品到来时应该通知哪些客户。

需求小结
● 记录客户和他们感兴趣的艺术家
● 记录画廊购买艺术品的信息
● 记录客户购买艺术品的信息
● 列出画廊中出现的艺术家和作品
● 记录每位艺术家的作品交易频率和效益
● 在网页上列出艺术品清单

图 6.34　需求小结

当购买新的艺术品时，要记录艺术家的名字、作品的种类、日期和价格。偶然情况下，他们从客户中重新购买已售出的艺术品并再次出售，因此可能有的艺术品会在这家美术陈列室中出现多次。当重新购买已售出的艺术品时，作者的信息和作品的种类不需要再登记，但需要记录这次购买的日期和价格。另外，当艺术品被出售时，要记录出售日期、价格和购买者的信息。

销售人员希望能用以前的销售记录促进以后的销售。他们有时希望从销售记录中查询售出艺术品现在的下落。

出于经营目的，View Ridge 希望它的数据库应用系统能够列出作者和作品的名单，以便于观察某个作者或作品的销售情况。另外，这个系统要在网页上显示当前的库存艺术品。

6.5.2 View Ridge 的数据模型

图 6.35 显示了 View Ridge 数据库的数据模型。有两个强实体：CUSTOMER 和 ARTIST。另外，WORK 实体 ID 依赖于 ARTIST；TRANS 实体 ID 依赖于 WORK。CUSTOMER 和 TRANS 之间有一个非标识联系。

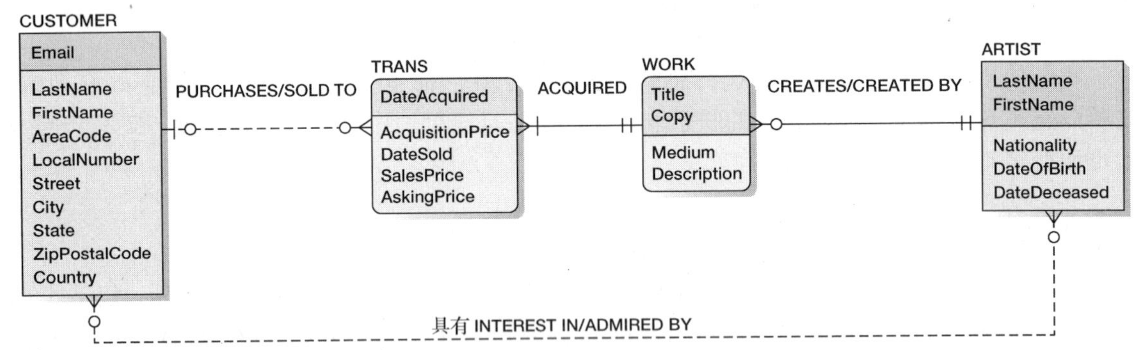

图 6.35 数据模型

注意，使用实体名 TRANS 代替了 TRANSACTION，这是因为 transaction 是大多数 DBMS 产品的保留字。使用 DBMS 保留字比如 table，column 或其他名字可能会产生问题，同样，我们也不能使用保留字 tran。而 trans 不是 DBMS 的保留字，我们使用它不会出现问题。我们将在第 10 章、第 10A 章、第 10B 章和第 10C 章讨论具体的 DBMS 产品时再说明这些问题。

即使一个作者没有作品出现在 View Ridge，他的信息可能仍然记录在数据库中，这是为了记录客户的喜好。因此，一个 ARTIST 可能有零个或多个 WORK。

WORK 的标识符是一个组合(Title，Copy)，因为对于平版画和照片，可能一个名字对应多个作品。另外，需求指出一个作品可能出现多次，这意味着一个 WORK 可能对应多个 TRANS。每次一个作品在 View Ridge 出现，都要记录它的购买日期和价格，因此，每个 WORK 至少有一个 TRANS 记录。

一个客户可能购买多件艺术品。因此，CUSTOMER 和 TRANS 之间的联系是 1∶N 的。注意，这个联系的两端都是可选的。最后，在 CUSTOMER 和 ARTIST 之间有 N∶M 联系，这是 N∶M 强实体联系，并且是一个关联联系。

6.5.3 数据库设计中键的设计

图 6.36 显示了图 6.35 的一个数据库设计。除了主键 ARTIST. Name 外，其他的主键都有

问题。WORK 和 TRANS 的键太大。CUSTOMER 的键不够准确，可能很多客户没有 E-mail 地址。由于这些问题，我们应该考虑使用强制关键字。

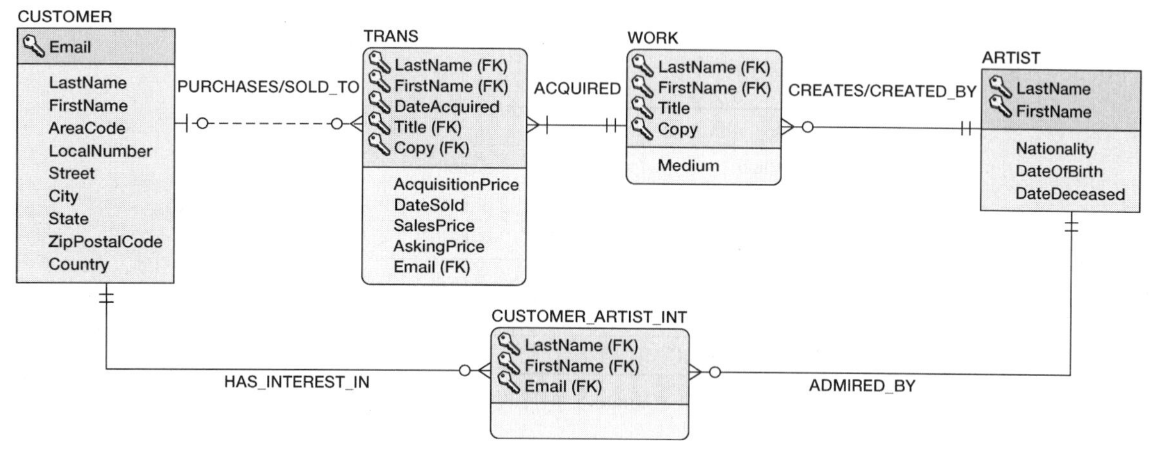

图 6.36　数据库的初次设计

强制关键字的设计

图 6.37 是一个使用了强制关键字的数据库设计。注意，两个标识联系变成非标识联系，因为 ARTIST 使用强制关键字，WORK 和 TRANS 不再是 ID 依赖的实体。WORK 和 TRANS 变成弱实体和 ID 依赖的实体。

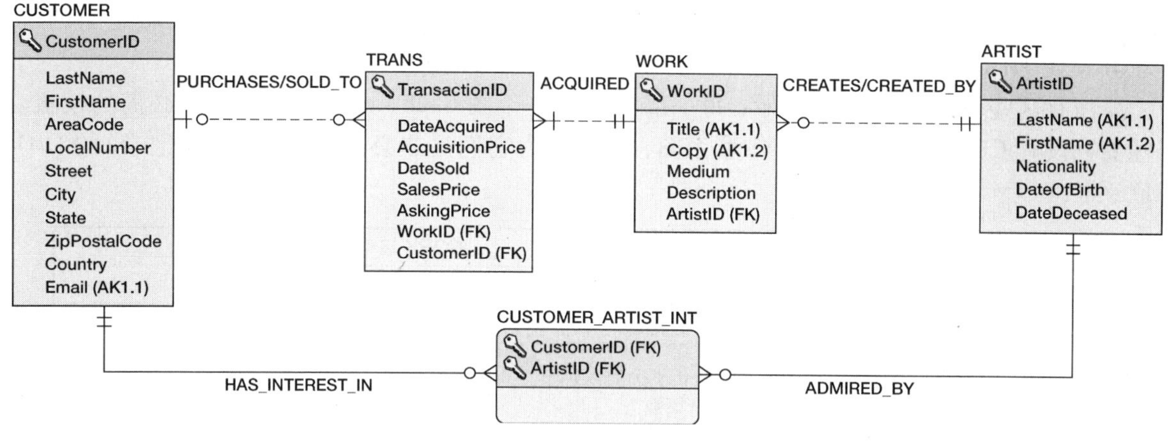

图 6.37　数据库的最终设计

ARTIST. Name 被定义成可选键，这样就保证了一个艺术家不会在数据库中被记录两次。相似地，(Title，Copy)也被定义成可选键。

外键的设置很好地反映了前面讲述的方法。TRANS. CustomerID 可以有 null 值，这样设计使得可以在客户购买艺术品之前创建 TRANS。其他的外键都是必需的。

6.5.4　父记录必需的最小粒度的设计

根据图 6.28(a)，对于每个父记录必需的联系，我们需要决定：

- 父记录的主键是级联更新还是不允许更新；
- 是级联删除还是不允许删除；
- 当创建一个子记录时，如何为它设置父记录。

图 6.38 中记录了这些参照完整性动作。

联　系		粒　度		
Parent	Child	类型	MAX	MIN
ARTIST	WORK	非标识	1:N	M-O
WORK	TRANS	非标识	1:N	M-M
CUSTOMER	TRANS	非标识	1:N	O-O
CUNTOMER	CUSTOMER_ARTIST_INT	标识	1:N	M-O
ARTIST	CUSTOMER_ARTIST_INT	标识	1:N	M-O

图 6.38　View Ridge 数据库设计联系的总结

因为所有的表都使用强制关键字，所有的联系都不需要级联更新。一些更新被禁止，但只限于子表。例如，一旦一个 WORK 被分配给某个 ARTLST，它就不允许被分配给别的作者。由于需要记录销售和购买信息。View Ridge 不希望删除以前的记录。每隔一段时间，会把以前的销售购买信息备份或删除，但这使用批量数据转换工具来做，而不会使用删除操作。

因此，和 TRANS 相关的 CUSTOMER，WORK 和 ARTIST 记录都不会被删除。图 6.38 记录了这个情况。但是，没有购买记录的 CUSTOMER 记录可以被删除。这时，删除会反映到交表 CUSTOMER_ARTIST_INT 中，如图 6.38 所示。

最后，获取父记录 WORK 和 TRANST 时需要参照完整性动作。这个默认策略是当创建 WORK 或 TRANS 的记录时，由应用程序来为它们设置父记录。

所有这些动作如图 6.39 所示，每一部分都是基于图 6.28(a)所示的子记录必需的模板。注意到没有 CUSTOMER-to-TRANS 联系图，这是因为它们是非必需父记录(或子记录)的 O-O 联系。

ARTIST 父记录必需	ARTIST 表中的动作(父记录)	WORK 表中的动作(子记录)
插入	没有动作	获得父记录
更改键或外键	不允许。ARTIST 有强制关键字	不允许。ARTIST 有强制关键字
删除	如果在 WORK 表中存在永不删除的与交易相关的数据，则不允许删除。 如果 WORK 中不存在，则允许删除	没有动作

(a) ARTIST-to-WORK 联系

WORK 父记录必需	WORK 表中的动作(父记录)	TRANS 表中的动作(子记录)
插入	没有动作	获得父记录
更改键或外键	不允许。WORK 有强制关键字	不允许。WORK 有强制关键字
删除	如果存在永不删除的与交易相关的数据，则不允许删除。	没有动作

(b) WORK-to-TRANS 联系

图 6.39　保证 WORK/TRANS 联系中父记录必需的动作

CUSTOMER 父记录必需	CUSTOMER 表中的动作(父记录)	CUSTOMER_ARTIST_INT 表中的动作(子记录)
插入	没有动作	获得父记录
更改键或外键	不允许。CUSTOMER 有强制关键字	不允许。CUSTOMERT 有强制关键字
删除	如果在 TRANS 表中存在永不删除的与交易相关的数据，则不允许删除。 如果 TRANS 中不存在，允许删除——级联删除子记录。	没有动作

(c) CUSTOMER-to-CUSTOMER_ARTIST_INT 联系

ARTIST 父记录必需	ARTIST 表中的动作(父记录)	CUSTOMER_ARTIST_INT 表中的动作(子记录)
插入	没有动作	获得父记录
更改键或外键	不允许。ARTIST 有强制关键字	不允许。ARTIST 有强制关键字
删除	如果在 TRANS 表中存在永不删除的与交易相关的数据，则不允许删除。 如果 TRANS 中不存在，允许删除——级联删除子记录。	没有动作

(d) ARTIST-to-CUSTOMER_ARTIST_INT 联系

图 6.39(续)　保证 WORK/TRANS 联系中父记录必需的动作

6.5.5　子记录必需的最小粒度设计

在图 6.37 中，TRANS 是唯一的子记录必需的表。图 6.40 文档化了保证子记录必需的动作。利用一个 INSERT WORK 触发器来创建子记录。当一个新的作品被购入时，这个触发器创建一个 TRANS 的记录，用来规定这个作品的购入时间和出售价格。

TRANS 必需	WORK 表中的动作	TRANS 表中的动作
插入	在 TRANS 中创建新行的触发器。应给出它在 DateAcquired 和 AcquisitionPrice 列上的取值。其他列设为空	根据 WORK 中的插入触发器来创建
更改键或外键	不可能。强制关键字	不允许。一个 TRANS 必须总是对应于一个 WORK
删除	不允许，数据与永不删除的交易相联系	不允许，数据与永不删除的交易相联系

图 6.40　保证 WORK/TRANS 联系中子记录必需的动作

由于 WORK 使用强制关键字，所以它的主键不会改变。因此 TRANS 中记录的外键不允许被改变。如前所述，数据库中的交易记录和相关数据不会被删除，所以对 WORK 和 TRANS 的删除操作都是不被允许的。

我们会在后面的很多章中使用这个设计，所以必须掌握它。

6.5.6　View Ridge 数据库设计表的列属性

如本章开始介绍的那样，除了指定每一张表的列名，我们还要为每一列指定图 6.1 总结的列属性：空值、数据类型、默认值和数据约束。这些如图 6.41 所示，其中替代键利用 SQL Server 的 IDENTITY({开始值},{增量})属性来指定强制关键字将会使用的值。我们将在对

Microsoft SQL Server 2012、Oracle Database 11 g Release 2 和 MySQL 5.6 的讨论中描述该属性是如何实现强制关键字的。

ARTIST

Column Name	Type	Key	NULL Status	Remarks
ArtistID	Int	Primary Key	NOT NULL	Surrogate Key IDENTITY (1,1)
LastName	Char (25)	Alternate Key	NOT NULL	Unique (AK1.1)
FirstName	Char (25)	Alternate Key	NOT NULL	Unique (AK1.2)
Nationality	Char (30)	No	NULL	IN ('Canadian', 'English', 'French', 'German', 'Mexican', 'Russian', 'Spanish', 'United States')
DateOfBirth	Numeric (4)	No	NULL	(DateOfBirth < DateDeceased) (BETWEEN 1900 and 2999)
DateDeceased	Numeric (4)	No	NULL	(BETWEEN 1900 and 2999)

(a) ARTIST表的列属性

WORK

Column Name	Type	Key	NULL Status	Remarks
WorkID	Int	Primary Key	NOT NULL	Surrogate Key IDENTITY (500,1)
Title	Char (35)	Alternate Key	NOT NULL	Unique (AK1.1)
Copy	Char (12)	Alternate Key	NOT NULL	Unique (AK1.2)
Medium	Char (35)	No	NULL	
Description	Varchar (1000)	No	NULL	DEFAULT value = 'Unknown provenance'
ArtistID	Int	Foreign Key	NOT NULL	

(b) WORK表的列属性

TRANS

Column Name	Type	Key	NULL Status	Remarks
TransactionID	Int	Primary Key	NOT NULL	Surrogate Key IDENTITY (100,1)
DateAcquired	Date	No	NOT NULL	
AcquisitionPrice	Numeric (8,2)	No	NOT NULL	
AskingPrice	Numeric (8,2)	No	NULL	
DateSold	Date	No	NULL	(DateAcquired <= DateSold)
SalesPrice	Numeric (8,2)	No	NULL	(SalesPrice > 0) AND (SalesPrice <=500000)
CustomerID	Int	Foreign Key	NULL	
WorkID	Int	Foreign Key	NOT NULL	

(c) TRANS表的列属性

图 6.41 View Ridge 数据库设计的数据库列属性

CUSTOMER

Column Name	Type	Key	NULL Status	Remarks
CustomerID	Int	Primary Key	NOT NULL	Surrogate Key IDENTITY (1000,1)
LastName	Char (25)	No	NOT NULL	
FirstName	Char (25)	No	NOT NULL	
Street	Char (30)	No	NULL	
City	Char (35)	No	NULL	
State	Char (2)	No	NULL	
ZipPostalCode	Char (9)	No	NULL	
Country	Char (50)	No	NULL	
AreaCode	Char (3)	No	NULL	
PhoneNumber	Char (8)	No	NULL	
Email	Varchar (100)	Alternate Key	NULL	Unique (AK 1.1)

(d) CUSTOMER表的列属性

CUSTOMER_ARTIST_INT

Column Name	Type	Key	NULL Status	Remarks
ArtistID	Int	Primary Key, Foreign Key	NOT NULL	
CustomerID	Int	Primary Key, Foreign Key	NOT NULL	

(e) CUSTOMER_ARTIST_INT表的列属性

图 6.41(续)　View Ridge 数据库设计的数据库列属性

到了这一步，我们已经完成了 View Ridge 画廊的数据库设计，现在我们准备在 DBMS 产品中实际地创建它。这些将在接下来的章节中学习，因此要确保你理解了 View Ridge 画廊的数据库设计。

6.6　小结

把一个数据模型转换成数据库设计包含三个主要任务：用表替换实体；用外键来表示联系和最大粒度；定义关于主键和外键的动作来表示最小粒度。

设计过程中，每一个实体都被替换成一张表。实体的属性变成表的列，实体的标识符变成表的主键，实体的候选键变成表的替代键。好的主键是短的、长度固定的数字。如果没有满足这些条件的列，则使用强制关键字。一些组织选择所有的表都使用强制关键字。替代键等同于候选键。标记 AK*n*. *m* 表示第 *n* 个替代键的第 *m* 个列。

对于表中的列，需要明确 4 个属性：非空状态、数据类型、默认值和数据约束。一个列可以是 NULL 或 NOT NULL。主键总是 NOT NULL 的，替代键也可以是 NULL 的，数据类型依赖于使用的具体 DBMS 产品。通用类型包括：CHAR(*n*)，VARCHAR(*n*)，DATE，TIME，MONEY，INTEGER，DECIMAL。默认值是 DBMS 为表创建一条新的记录时自动赋的值，既可以是一个值也可以是一个函数的结果。有时使用触发器来计算复杂的表达式。

数据约束包括域约束(domain 约束)、范围约束(range 约束)、关系内约束(intrarelation 约束)和关系间约束(interrelation 约束)。domain 约束是一个列上可以取的值，range 约束规定了列取值的范围，intrarelation 约束是一张表中列之间值的关系，interrelation 约束是多张表中列之间值的关系，参照完整性约束是 interrelation 约束。

一旦表、关键字和列被定义，应该检查是否满足规范化要求。通常表已经是规范化的，但任何时候都应该进行检查。有时需要对表进行反规范化。

第二步是用外键来表示联系和最大粒度。对于 1:1 强实体联系，可以把任一张表的主关键字作为另一张表的外键。对于 1:N 强实体联系，把父表的主键作为子表的外键。对于 N:M 强实体联系，创建一张交表，它只包含两张表的主键。

ID 依赖实体的 4 种用途是：N:M 联系、关联联系、多值属性和原型/实例联系。关联联系不同于交表，因为除了两张表的关键字，它还包括其他属性。在所有 ID 依赖实体中，父表的键已经在子表中，所以没有必要创建外键。若原型/实例模式中的实例实体的标识符是非 ID 依赖的，它就从 ID 依赖实体变成弱实体。代表它的表应该创建外键指向原型实体的主键。若 ID 依赖实体的父表使用强制关键字，ID 依赖实体也使用强制关键字。它仍然是弱实体。

混合实体由非同一性的父键联系放到子键来表示，而同一性联系的父键已经在子键中，由子类到子类的键作为外键来表示。递归联系用与 1:1，1:N 和 N:M 联系相同的方法来表示，唯一差别是：在表中外键引用行是多余的。

三元联系被分解成几个二元联系。但是，有时三元约束必须被文档记录。三个这样的约束是：MUST，MUST NOT，MUST COVER。

数据库设计的第三步是设计如何保证联系的最小粒度。图 6.28 总结了父记录或子记录必需时的动作。图 6.28(a)中的动作必须在 M:O，M:M 联系中被执行；图 6.28(b)中的动作必须在 O:M，M:M 联系中被执行。

父记录必需可以通过定义合适的参照完整性约束和把外键设置成非空来保证。设计者必须说明是否是级联更新、是否是级联删除。

保证子记录是必需的更加困难，这需要编写触发器或应用程序代码。图 6.28(b)总结了需要的动作。保证 M:M 联系非常困难，主要困难在于第一个父/子记录的创建和最后一个父/子记录的删除。两个表上的触发器会互相调用。强实体和弱实体间的 M:M 联系相对容易一点。

保证父记录是必需的需要创建参照完整性约束和设置外键为非空。保证子记录是必需的使用图 6.28(b)中的动作。一个另外的复杂性是一个表可能涉及多个联系。用于保证不同联系最小粒度的触发器可能会互相冲突。本书中没有介绍这方面的内容，但应该注意到这个问题的存在，最小粒度的设计原理如图 6.33 所示。

图 6.37 ~ 图 6.41 显示了 View Ridge 画廊数据库的设计。应该认真理解这个设计，因为在后面的章节中要经常用到这个内容。

6.7 关键术语

动作
替代键
关联联系
候选键

级联删除
级联更新
组件设计
数据约束
数据库设计
DMBS 保留字
默认值
域约束
interrelation 约束
交表
intrarelation 约束
保证最小粒度的动作
MUST 约束
MUST COVER 约束
MUST NOT 约束
是否为空
  M-M
  M-O
  O-M
  O-O
范围约束
参照完整性动作
强制关键字
SQL Server 的 IDENTITY ({开始值},{增量})属性
系统分析和设计
系统生命周期(SDLC)
触发器

6.8 习题

6.1 写出把数据模型转换成数据库设计的三个主要任务。
6.2 实体和表的关系是什么？属性和列的关系是什么？
6.3 选择主键的重要性是什么？
6.4 好的主键的特点是什么？
6.5 什么是强制关键字？它的优点是什么？
6.6 什么时候应该使用强制关键字？
6.7 强制关键字的两个缺点是什么？
6.8 候选键和替代键的区别是什么？
6.9 标记 LastName(AK2.2)表示什么？
6.10 说出列的 4 个属性。
6.11 解释为什么主键必须为非空，而替代键则可以为非空。
6.12 列出 5 种通用的数据类型。
6.13 描述三种默认值的设置方法。
6.14 什么是 domain 约束？给出一个例子。
6.15 什么是 range 约束？给出一个例子。
6.16 什么是 intrarelation 约束？给出一个例子。
6.17 什么是 interrelation 约束？给出一个例子。
6.18 验证数据库规范性时的任务是什么？
6.19 描述两种表示 1:1 强实体联系的方法。给出一个例子。
6.20 描述两种表示 1:N 强实体联系的方法。给出一个例子。
6.21 描述两种表示 N:M 强实体联系的方法。给出一个例子。
6.22 什么是交表？它存在的必要性是什么？
6.23 代表 ID 依赖关联实体的表和交表的区别是什么？
6.24 列出 ID 依赖实体的 4 种使用方法。
6.25 描述怎样表示关联实体联系。给出一个例子。
6.26 描述怎样表示多值属性实体联系。给出一个例子。
6.27 描述怎样表示原型/实例实体联系。给出一个例子。

6.28 如果实例实体拥有一个非 ID 依赖标识符，会发生什么情况？这个变化会影响联系的设计吗？

6.29 当 ID 依赖联系的父实体使用强制关键字时会发生什么情况，子实体的键是否应该变化？

6.30 描述如何表示混合实体联系。给出一个例子。

6.31 描述如何表示超类型/子类型实体联系。给出一个例子。

6.32 描述表示 1:1 递归联系的两种方法。给出一个例子。

6.33 描述表示 1:N 递归联系的两种方法。给出一个例子。

6.34 描述表示 N:M 递归联系的两种方法。给出一个例子。

6.35 通常情况下，如何表示三元联系？解释二元约束对这种联系的影响。

6.36 描述 MUST 约束。给出一个例子。

6.37 描述 MUST NOT 约束。给出一个例子。

6.38 描述 MUST COVER 约束。给出一个例子。

6.39 解释一般意义上，为了保证最小粒度需要做些什么？

6.40 解释图 6.28(a)中的动作的理由。

6.41 解释图 6.28(b)中的动作的理由。

6.42 图 6.28 中的动作哪些应该用于 M:O 联系、O:M 联系以及 M:M 联系。

6.43 解释为了保证父记录是必需的，DBMS 应该有哪些操作？

6.44 为了保证父记录是必需的，需要做哪些决定？

6.45 解释为什么无法用 DBMS 来保证子记录是必需的。

6.46 什么是触发器？如何用触发器来保证子记录是必需的。

6.47 解释保证 M:M 联系非常困难的原因。

6.48 解释图 6.33 中每一个设计决定的必要性。

6.49 解释图 6.38 中参照完整性约束的必要性。

6.50 解释图 6.40 中表的每一个规则的合理性。

项目练习

6.51 如果还没有解答过第 5 章的习题 5.56，请解答它。为你的模型设计一个数据库。你的设计应该包括一个表、属性以及主键、候选键和外键。还应指明如何保证最小粒度。对于父记录必需的情况，使用参照完整性动作的方式来保证最小粒度；对于子记录必需的情况，使用图 6.28(b)中的表的方式来保证最小粒度。

6.52 如果还没有解答过第 5 章的习题 5.57，请解答它。为你的模型设计一个数据库。你的设计应该包括一个表、属性以及主键、候选键和外键。还应指明如何保证最小粒度。对于父记录必需的情况，使用参照完整性动作的方式来保证最小粒度；对于子记录必需的情况，使用图 6.28(b)中的表的方式来保证最小粒度。

6.53 如果还没有解答过第 5 章的习题 5.58，请解答它。为你的模型设计一个数据库。你的设计应该包括一个表、属性以及主键、候选键和外键。还应指明如何保证最小粒度。对于父记录必需的情况，使用参照完整性动作的方式来保证最小粒度；对于子记录必需的情况，使用图 6.28(b)中的表的方式来保证最小粒度。

6.54 如果还没有解答过第 5 章的习题 5.59，请解答它。为你的模型设计一个数据库。你的设计应该包括一个表、属性以及主键、候选键和外键。还应指明如何保证最小粒度。对于父记录必需的情况，使用参照完整性动作的方式来保证最小粒度；对于子记录必需的情况，使用图 6.28(b)中的表的方式来保证最小粒度。

6.55 如果还没有解答过第 5 章的习题 5.60，请解答它。为你的模型设计一个数据库。你的设计应该包括一个表、属性以及主键、候选键和外键。还应指明如何保证最小粒度。对于父记录必需的情况，使用参照完整性动作的方式来保证最小粒度；对于子记录必需的情况，使用图 6.28(b) 中的表的方式来保证最小粒度。

6.56 如果还没有解答过第 5 章的习题 5.61，请解答它。为你的模型设计一个数据库。你的设计应该包括一个表、属性以及主键、候选键和外键。还应指明如何保证最小粒度。对于父记录必需的情况，使用参照完整性动作的方式来保证最小粒度；对于子记录必需的情况，使用图 6.28(b) 中的表的方式来保证最小粒度。

6.57 如果还没有解答过第 5 章的习题 5.62，请解答它。为你的模型设计一个数据库。你的设计应该包括一个表、属性以及主键、候选键和外键。还应指明如何保证最小粒度。对于父记录必需的情况，使用参照完整性动作的方式来保证最小粒度；对于子记录必需的情况，使用图 6.28(b) 中的表的方式来保证最小粒度。

案例

华盛顿州巡逻案例

为你在第 5 章的数据模型设计数据库。

A. 将这个数据模型转化为数据库设计。指定表、主键和外键。以图 6.41 作为引导，明确列属性。

B. 如果存在，描述你是如何表达弱实体的。

C. 如果存在，描述你是如何表达子类型和子类型实体的。

D. 为你的数据库设计创建一个可视化的表示，采用类似于图 6.37 的鸦脚 E-R 表。

E. 使用参考完整性动作来强制实施你的最小基数。

San Juan Sailboat Charters 案例

San Juan Sailboat Charters (SJSBC) 是一个帆船租赁代理商，其并不拥有这些船。相反，SJSBC 替那些帆船的拥有者出租船，同时从拥有者处获取一部分服务费。SJSBC 将帆船分为按天出租或者按周出租。最小的可用帆船有 28 英尺长，最大的有 51 英尺长。

每艘帆船在出租时都是整装好的。大部分装备是由船主提供的，一部分是由 SJSBC 提供的。由船主提供的包含收音机、指南针、深度探测仪和其他一些仪表、炉子和冰箱。其他一些船主提供的设备，如帆、绳、锚、小船、救生衣。SJSBC 提供一些消费品，例如图标、航海书，以及桌子、香皂、毛巾、卫生纸等。

记录这些装备是 SJSBC 的重要责任。很多装备都较为昂贵，同时其中并非固定于船上的物件可能会轻易损坏、丢失或被盗。SJSBC 在借出船期间需要让客户对这些东西负责。

SJSBC 希望保存其客户和租赁的详细信息，同时客户需要做一个记录。有些旅游旅程和天气情况会更为危险，日志中的数据能够提供客户的经验信息。这一信息对市场营销非常有用，同时可以评估客户掌控特定船和日程的能力。帆船需要维护。SJSBC 需要对所有的维护活动做准确的记录。

SJSBC 信息系统的数据模型见图 6.42。注意，由于 OWNER 实体允许船主作为公司或者是个人，SJSBC 可以作为设备拥有者。同时注意，这一模型将 EQUIPMENT 同 CHARTER 进行关联，而不是 BOAT，即使设备是固定在船上的。这是处理 EQUIPMENT 的唯一方式。

A. 将这个数据模型转换为数据库设计。设定表、主键和外键。参考图 6.41，设定列属性。

B. 如果存在，描述你是如何表达弱实体的。

C. 如果存在，描述你是如何表达子类型和子类型实体的。

D. 为你的数据库设计创建一个可视化的表示，采用类似于图 6.37 的鸦脚 E-R 图。

E. 使用参考完整性动作来强制实施你的最小基数。

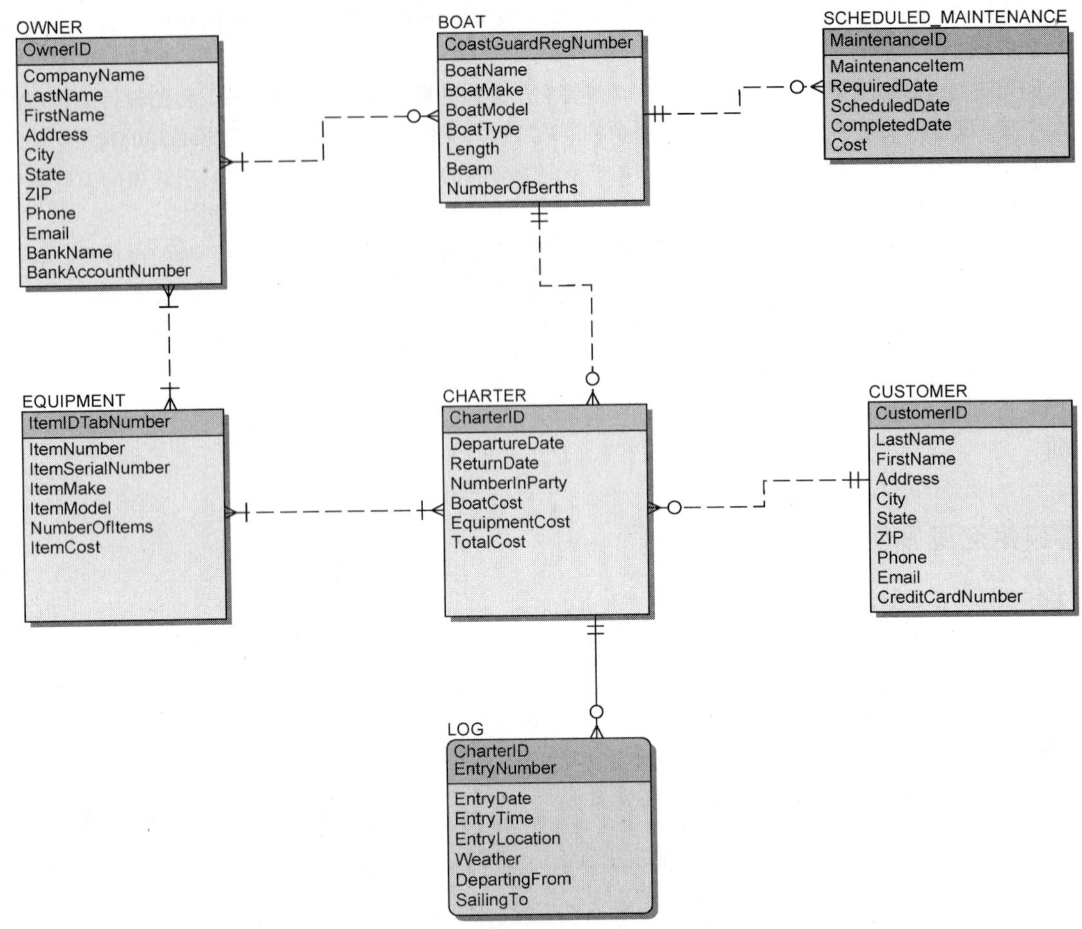

图 6.42 San Juan Sailboat Charters 数据模型

Queen Anne Curiosity 商店

继续完成第 5 章中的 Queen Anne Curiosity 商店案例

A. 将这个数据模型转换为数据库设计。设定表、主键和外键。参考图 6.41，设定列属性。

B. 如果存在，描述你是如何表达弱实体的。

C. 如果存在，描述你是如何表达子类型和子类型实体的。

D. 为你的数据库设计创建一个可视化的表示，采用类似于图 6.37 的鸦脚 E-R 图。

E. 使用参考完整性动作来强制实施你的最小基数。

摩根进口

继续完成第 5 章中的摩根进口案例

A. 将这个数据模型转换为数据库设计。设定表、主键和外键。参考图 6.41，设定列属性。

B. 如果存在，描述你是如何表达弱实体的。

C. 如果存在，描述你是如何表达子类型和子类型实体的。

D. 为你的数据库设计创建一个可视化的表示，采用类似于图 6.37 的鸦脚 E-R 图。

E. 使用参考完整性动作来强制实施你的最小基数。

第三部分
数据库的实现

第 5 章中讨论了如何为一个新的数据库创建数据模型，而第 6 章中演示了如何将数据模型转换为数据库设计来在关系型 DBMS 中建立真正的数据库。第 6 章中以 View Ridge 画廊（VRG）数据库为例并给出 VRG 数据库的完整的说明集。第三部分中，我们将会在 SQL Server 2012 中实现 VRG 数据库设计（Oracle 和 MYSQL 对应的版本将出现在第 10 章中）。

本部分包括两章内容，第 7 章介绍 SQL 的数据定义语言，即用于创建数据库各组成部分的语句。同时也描述了以下 SQL 数据操作语句：插入、更新及删除。读者将会了解到如何构造和使用 SQL 视图以及如何把 SQL 语句嵌入程序中。这一章最后还讨论触发器和存储过程。

第 8 章介绍使用 SQL 语句重新设计数据库。介绍和它有关的子查询以及 EXISTS/NOT EXISTS 语句，以及重新设计数据库需要用到的两个高级 SQL 语句。这一章描述了反工程学（reverse engineering），考察了普遍的数据库重新设计问题，并介绍如何利用 SQL 解决这些问题。

第 7 章　用 SQL 创建数据库并进行应用处理

本章目标

- 能够使用 SQL 语句创建和管理表结构
- 理解参照完整性行为怎样在 SQL 语句中实现
- 能够创建和使用 SQL 约束
- 理解 SQL 视图的几种用途
- 能够使用 SQL 语句创建和调用视图
- 理解 SQL 怎样用在应用程序中
- 理解 SQL/持久存储模块(SQL/PSM)
- 理解怎样创建和使用函数
- 理解怎样创建和使用触发器
- 理解怎样创建和使用存储过程

在第 2 章中，我们介绍了 SQL 语言并把 SQL 语言分为 5 类：

- 数据定义语言(DDL)语句，是用来建立表、联系和其他结构的语句；
- 数据操作语言(DML)语句，是用来进行查询和修改数据的语句；
- SQL/持久存储模块(SQL/PSM)语句，能够通过增加过程编程功能来扩展 SQL，如能够在 SQL 框架中提供可编程性的变量和控制流语句；
- 事务控制语言(TCL)语句，是用来标记事务边界和控制事务行为的语句；
- 数据控制语言(DCL)语句，是用来向用户和组赋予(或撤回)数据库权限的语句。

第 2 章只介绍了 DML 查询语句，这一章我们将描述并举例说明用于建立数据库的 SQL DDL 语句以及用于查询、修改和删除数据的 SQL DML 语句。同时描述如何构造 SQL 视图，如何把 SQL 语句嵌入到应用程序，以及如何在触发器和存储过程中应用 SQL。SQL TCL 和 SQL DCL 语句将在第 9 章中讨论。

本章中，我们使用一个 DBMS 产品来对第 6 章中得到的数据库设计进行创建。此时我们处于系统生命周期(SDLC)中的实现阶段，这也是我们最终的目的——建立和实现数据库以及用到数据库的管理信息系统应用。

无论想成为数据库管理员还是应用程序员，这一章的知识都是非常有用的。即使不必亲自建立触发器或存储过程，了解 SQL 语句是什么、它们如何运行以及如何影响数据库处理，也是非常重要的。

7.1　使用一个已安装的 DBMS 产品的重要性

为了完全理解 DBMS 的概念和特点，你需要使用一个已安装的 DBMS 产品。实际的上手经验很有必要，因为这可以使你从对这些概念特点抽象的理解转变为对实际知识和实现原理的掌握。

有关下载、安装和使用本书中讨论的 DBMS 产品的信息请见第 10 章(DBMS 产品的介绍)、第 10A 章(Microsoft SQL Server 2012)、第 10B 章(Oracle Database 11g Release 2)和第 10C 章(MySQL 5.6)。

为了能够最充分地理解本章，应该下载和安装自己选定的 DBMS 产品，然后按照每一节的要求在你的 DBMS 产品上进行操作。

7.2 View Ridge 画廊的数据库

在第 6 章中，我们介绍了 View Ridge 画廊，它是一个小型的美术陈列室，销售当代欧洲和北美的艺术品，并提供艺术画框服务。同时我们构建了一个数据模型并设计了 View Ridge 画廊数据库，我们为 View Ridge 最终设计的数据库如图 7.1 所示。在本章中，我们将在此设计的基础上使用 SQL 语言来创建 View Ridge 数据库。

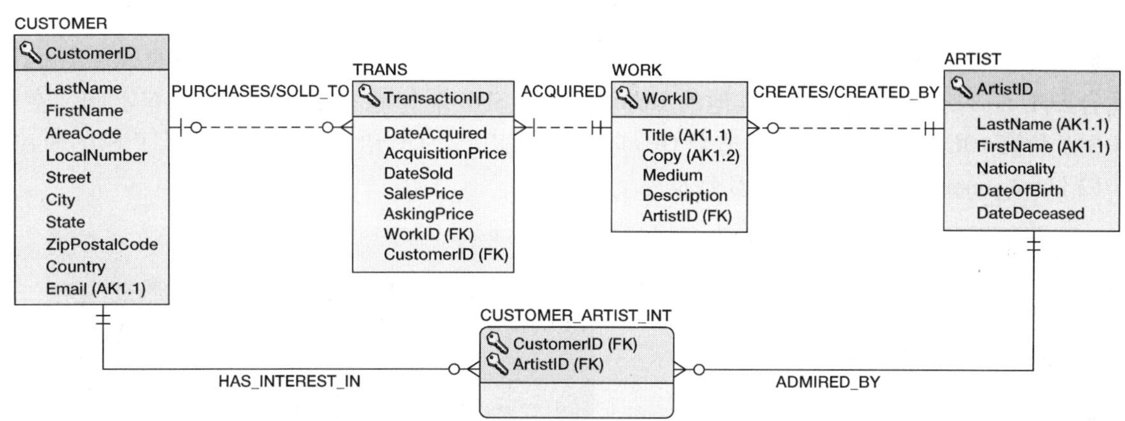

图 7.1　View Ridge 画廊的最终数据库设计图

7.2.1 SQL DDL 和 DML

图 7.2 概述了本章所要讲述的新的 SQL 语句。我们从管理表结构的 SQL DDL 语句开始讲起，包括建表、修改表和删除表。通过使用这些 SQL 语句，我们将设计 View Ridge 数据库的表结构。然后，将介绍四种 SQL DML 语句：插入、更新、删除和合并，以及进行创建、使用和管理 SQL 视图的 SQL 语句。最后，我们将讨论 SQL/持久存储模块(SQL/PSM)和相关函数，触发器和存储过程。

- SQL 数据定义语言(DDL)
  - CREATE TABLE
  - ALTER TABLE
  - DROP TABLE
- SQL 数据操纵语言(DML)
  - INSERT
  - UPDATE
  - DELETE
- 增加的联接操作
  - 可选择的联接语法
  - 外联接

图 7.2　本章涉及的 SQL 语句

7.3 用 SQL DDL 管理表结构

SQLCREATE TABLE 语句用来创建表、定义属性列和属性列的约束及创建联系。大多数 DBMS 产品都提供绘图工具可以完成以上任务，也许你会感到疑惑：为什么需要学习 SQL 来完成相同的工作呢？有 4 个原因。第一，建立表和联系时，用 SQL 语句要比用绘图工具快一些，一旦学会使用 SQL CREATE TABLE 语句，建立表时要比使用按钮和绘图的花招而忙得团团转要快得多；第二，一些应用软件尤其是要做报表、查询和数据挖掘的程序需要快速创建同样的表。如果使用必要的 SQL CREATE TABLE 语句建立一个文本文件，就能有效地完成这些任务；第三，一些应用程序在应用过程中需要建立一些临时表，附录 J 中的 RFM 报告就是这样一个应用程序，从程序代码中建表的唯一方法就是使用 SQL 语句。最后，SQL DDL 是标准的并且是独立于 DBMS 的。除了一些数据类型以外，同样的建表语句可以同时在 SQL Server，Oracle，DB2 以及 MySQL 中使用。

7.3.1 创建 View Ridge 数据库

当然，在建表之前，首先要创建数据库。SQL-92 和随后的标准包括创建数据库的 SQL 语句，但很少被使用。相反，很多开发者使用特殊命令或绘图工具创建数据库。这些技术都与具体的 DBMS 相关，我们将在相关的第 10A 章(SQL Server 2012)、第 10B 章(Oracle Database 11g Release 2)、第 10C 章(MySQL 5.6)和附录 A(Microsoft Access 2010)中讨论。

此时，我们强烈建议按照本节描述的步骤，在你使用的 DBMS 中创建一个新的名为 VRG 的数据库。为了更好地说明，我们将在本章中使用 SQL Server 2012，而且我们的 SQL 代码是适合 SQL Server 2012 的。对于其他的 DBMS 产品，SQL 语句基本相似，只是略有不同。在第 10B 章和第 10C 章中分别介绍了适合 Oracle 和 MySQL 的 SQL 语句。图 7.3 显示了 SQL Server 2012 Management Studio 中的 VRG 数据库。

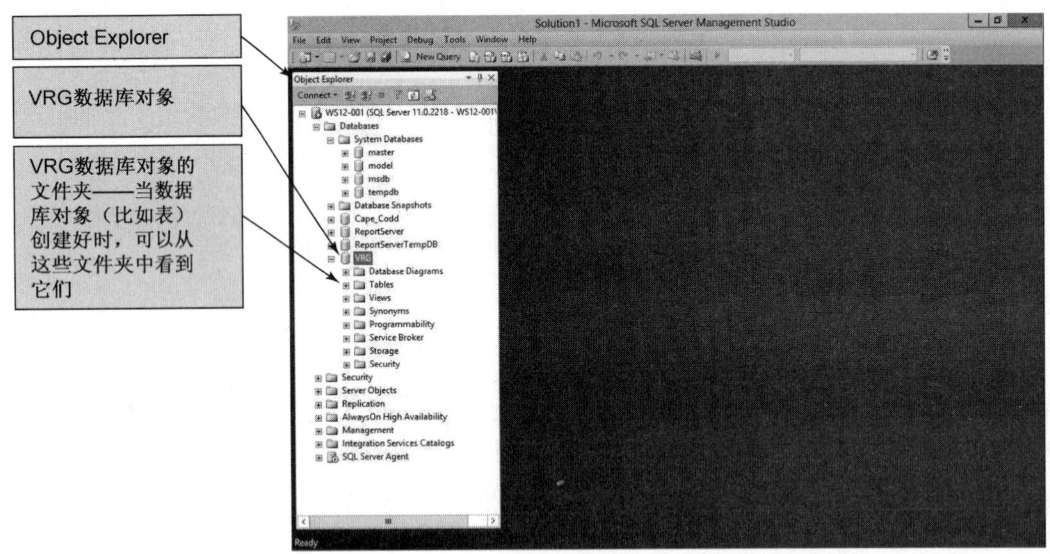

图 7.3 SQL Server 2008 Management Studio 中的 VRG 数据库

7.3.2 使用 SQL 脚本

每个 DBMS 产品都有 GUI 应用程序来创建、编辑和存储 SQL 脚本文件。一个 SQL 脚本文件是一个单独保存的纯文本文件，并常以 *.sql 作为命名后缀。SQL 脚本能够当作 SQL 命令(或命令集)打开和运行，用来创建和填充数据库以及存储查询数据。SQL 脚本也可以用来存储创建 SQL 元素的 SQL 语句：SQL 视图、SQL/PSM 函数、触发器和存储过程等。我们推荐你使用 SQL 脚本来编辑和存储你在 SQL 中的所有工作。

我们用于创建 SQL 脚本的 GUI 应用有:

- Microsoft SQL Server 2012 Management Studio
- Oracle SQL Developer
- Oracle MySQL Workbench

当 Microsoft SQL Server 2012 Management Studio 安装好后，在"我的文档"文件夹中会生成一个名为"SQL Server Management Studio"的文件夹。建议你创建一个名为"Projects"的子文件夹，作为 SQL 脚本文件的默认路径。进而，可以对每个数据库在 Projects 内创建新的文件夹。

默认情况下，Oracle SQL Developer 将 * sql 文件存储在自己的应用文件中的隐藏路径下。建议你在"我的文档"文件夹下创建名为"Oracle Workspace"的子文件夹，并在该文件夹下为每个数据库都创建一个子文件夹。

默认情况下，MySQL Workbench 将文件存储在"我的文档"文件夹下。建议你在"我的文档"文件夹下创建名为"MySQL Workspace"的子文件夹，然后创建标记为 EER 模型的子文件夹。在每个子文件夹下为每个 MySQL 数据库都创建一个子文件夹。

7.3.3 使用 SQL CREATE TABLE 语句

SQL CREATE TABLE 语句的基本格式如下:

```
CREATE TABLE NewTableName (
     three-part column definition,
     three-part column definition,
     ...
     optional table constraints
     ...
     );
```

列定义的三个组成部分是列名、列的数据类型和可选的列值上的约束。这样，我们可以重申 CREATE TABLE 格式如下:

```
CREATE TABLE NewTableName (
     ColumnName  DataType  OptionalConstraint,
     ColumnName  DataType  OptionalConstraint,
     ...
     Optional table constraint
     ...
     );
```

我们认为列约束和表约束为 PRIMARY KEY, FOREIGN KEY, NULL, NOT NULL, UNIQUE 和 CHECK。此外，DEFAULT 关键字(DEFAULT 不认为是列约束)可以用来设置初值。最后，SQL 的大多数变种都支持实现强制主键的性质。例如，SQL Server 2012 使用 IDENTITY({StartValue},{Increment})功能，Oracle, MySQL 和 Microsoft Access 使用不同的技术来创建强制关键字。如果你现在使用这些产品，可以参考第 10B 章、第 10C 章和附录 A 分别对 Oracle, MySQL 和 Microsoft Access 中强制关键字的讨论。在本章中我们会解释遇到的每一个约束、关键字及其功能。

7.3.4 SQL 中数据类型的变种

每一个 DBMS 产品有它自己的 SQL 变种或扩展，扩展通常都是过程语言的扩展，它允许 SQL 有类似于过程程序语言的作用(例如，IF…THEN…ELSE 结构)。在 ANSI/ISO SQL 标准中，这些过程语言的扩展被记作 SQL/持久存储模块(SQL/PSM)。一些商家已经给它们的变种或扩展版本以特定的名字。SQL Server 的 SQL 扩展版本名为 Transact-SQL(T-SQL)，Oracle 的 SQL 扩展版本名为 Procedural Language/SQL(PL/SQL)。然而，MySQL 的变种虽然包含了过程扩展，但仍称为 SQL。在讨论中遇到时，我们将指出它们具体的 SQL 语法的差异。关于 T-SQL 更多的知识，可以在 http://msdn.microsoft.com/en-us/library/bb510741.aspx 上参考 SQL Server 2012 本书的在线章节。关于 PL/SQL 更多的知识，可以参考 Oracle Database PL/SQL User's Guide 和 Reference 10g（在 http://download.oracle.com/docs.cd.B19306_01/appdev.102/b14261/toc.htm 上）。MySQL 中关于 SQL 更多的知识，可以在 http://dev.mysql.com/doc/reman/5.1/en/sql-syntax.html 上参考 MySQL 5.1 参考手册关于 SQL 语句语法的第 12 章。

DBMS SQL 中的变种起源于每一个商家所提供的不同数据类型。SQL 标准定义了数据类型的集合。图 7.4 显示了我们已经讨论过的 DBMS 中常见的(但非全部的)数据类型。

BY THE WAY 虽然 Microsoft Access 能够执行标准 SQL 和 SQL Server 2012 中使用的 SQL，但结果可能有点不同。例如，Microsoft Access ANSI-89 SQL 把 Char 型和 Varchar 型 SQL 数据类型都转换成固定的文本数据类型。

数字数据类型	描述
Bit	1 位整数。只能是 0，1 或 NULL
Tinyint	1 字节整数。范围是 0 ~ 255
Smallint	2 字节整数。范围是 -2^{15} ~ 2^{15-1}(-32 768 ~ 32 767)
Int	4 字节整数。范围是 -21^{31} ~ 2^{31-1}(-2 147 483 468 ~ 2 147 483 467)
Bigint	8 字节整数。范围是 -21^{63} ~ 2^{63-1}(-9 223 372 036 854 775 808 ~ 9 223 372 036 854 775 807)
Decimal(p[,s])	固定精度(p)和规模(s)数字。范围是 $-10^{38}+1$ ~ $10^{38}-1$。精度范围是 1 ~ 38，默认精度是 18。规模(s)指明小数点右边的位数。默认的规模为 0，规模范围是 0 ~ p(0≤s≤p)
Numeric(p[,s])	同 Decimal
Smallmoney	4 字节货币，有效值是-214 748.3646 ~ 214 748.3647
Money	9 字节货币，有效值是-922 337 203 685 477.5808 ~ +922 337 203 685 477.5807
Float(n)	n 位
Real(n)	等价于 Float(24)
日期时间数据类型	**描述**
Date	固定 3 字节。默认格式 YYYY-MM-DD。范围是 January 1,1(0001-01-01) ~ December 31,9999(9999-12-31)
Time	固定 5 字节，默认精度为 100 ns(.0000000)。默认格式是 HH:MM:SS.NNNNNNN。范围从 00:00:00.0000000 到 23:59:59.9999999
Smalldatetime	固定 4 字节。范围是 January 1,1900 00:00:00 AM(1900-01-01 00:00:00)到 June 6,2079 23:59:59 PM(2079-06-06 23:59:59)
Datetime	固定 8 字节。结合 Date 和 Time，但覆盖较少的日期和较低的时间精度。日期范围是 January 1,1753(1753-01-01) ~ December 31,9999(9999-12-31)

图 7.4　用于构建数据库和应用处理的 SQL

Datetime2	固定 8 字节。全精度结合 Date 和 Time。范围是 January 1,1 00:00:00.0000000 AM (0001-01-01 00:00:00.0000000) ~ December 31,9999 23:59:59.9999999 PM(9999-12-31 23:59:59.9999999)
Datetimeoffset	固定 10 字节，默认精度为 100 ns(.0000000)。使用 24 小时制，基于 UTC。默认格式是 YYYY-MM-DD HH:MM:SS. NNNNNNN(+ | -)HH:MM。范围是 January 1,1 00:00:00.0000000 AM(0001-01-01 00:00:00.0000000) ~ December 31,9999 23:59:59.9999999 PM(9999-12-31 23:59:59.9999999)，偏移量是 -14:59 ~ +14:59
Timestamp	**参考文档**
字符串数据类型	描述
Char(n)	n 字节固定长度字符。n 的范围是 1 ~ 8000
Varchar(n|max)	n 字节可变长度字符。n 的范围是 1 ~ 8000。Max 对应 $2^{(31-1)}$ 字节
Text	使用 VARCHAR(max)。见文档
Nchar(n)	2n 字节固定长度 Unicode 字符。n 的范围是 1 ~ 4000
Nchar(n|max)	2n 字节可变长度 Unicode 字符。n 的范围是 1 ~ 4000。Max 对应 $2^{(31-1)}$ 字节
Ntext	使用 NVARCHAR(max)。见文档
Binary(n)	n 字节固定长度二进制数据。n 的范围是 1 ~ 8000
其他数据类型	描述
Varbinary(n|max)	可变长度二进制数据。n 的范围是 1 ~ 8000。Max 对应 $2^{(31-1)}$ 字节
Image	使用 VARBINARY(max)。参考文档
Uniqueidentifier	16 字节 GUID。参考文档
hierarchyid	参考文档
Cursor	参考文档
Table	参考文档
XML	用于存储 XML 数据。参考文档
Sql_variant	参考文档

(a) Microsoft SQL Server 2012 中常见数据类型

数字数据类型	**描述**
SMALLINT	与 INTEGER 同义，以 NUMBER(38,0)实现
INT	与 INTEGER 同义，以 NUMBER(38,0)实现
INTEGER	当指定为一个数据类型时，以 NUMBER(38,0)实现
NUMBER(p[,s])	1 ~ 22 字节。固定精度(p)和规模(s)。范围是 $-10^{38}+1 \sim 10^{38}-1$。默认精度为 18
FLOAT(p)	1 ~ 22 字节。实现为 NUMBER(p)。p 的范围是 1 ~ 126 位
BINARY_FLOAT	4 字节 32 位浮点数
BINARY_LONG	8 字节 64 位浮点数
RAW(n)	n 字节固定长度原始二进制数据。n 的范围是 1 ~ 2000
LONG RAW	可变长度原始二进制数据。最大为 2GB
BLOB	最大长度为(4 GB-1) × 数据库块大小的二进制大对象
BFILE	参考文档
日期时间数据类型	**描述**
DATE	固定 7 字节。范围是 January 1,4712 BC ~ December 31,9999 AD。包括域 YEAR, MONTH, DAY, HOUR, MINUTE 和 SECOND，不包括时区
TIMESTAMP(p)	包含小数精度为 p 的秒。p 默认为 6，范围是 0 ~ 9。固定长度 13 字节。范围是 January 1,4712 BC ~ December 31,9999 AD。包括域 YEAR, MONTH, DAY, HOUR, INUTE 和 SECOND。包括小数秒，不包括时区

图 7.4(续)　用于构建数据库和应用处理的 SQL

带时区的 TIMESTAMP(p)	包含小数精度为 p 的秒。p 默认为 6，范围是 0 ~ 9。固定长度 13 字节。范围是 January 1,4712 BC ~ December 31,9999 AD。包括域 YEAR,MONTH,DAY,TIMEZONE_HOUR,TIMEZONE_MINUTE 和 TIMEZONE_SECOND。包括小数秒和时区
带本地时区的 TIMESTAMP(p)	与带时区的 TIMESTAMP 基本相同，注意：(1)数据是以基于数据库时区的时间存储的；(2)用户在会话时区中查看数据
INTERVAL YEAR[p(year)] TO MONTH	参考文档
INTERVAL DAY[p(day)] TO SECOND[p(second)]	参考文档

字符数据类型	描述
CHAR(n[BYTE|CHAR])	n 字节固定长度字符数据(非 Unicode)。n 的范围是 1 ~ 2000。BYTE 和 CHAR 是语义用法。参考文档
CHAR2(n[BYTE|CHAR])	n 字节可变长度字符数据(非 Unicode)。n 的范围是 1 ~ 4000 BYTE 或 CHARACTER
NCHAR(n)	2n 字节固定长度 Unicode 字符数据。对 UTF8 而言是 3n 字节。最大为 2000 字节以上
NVARCHAR2(n)	可变长度 Unicode 字符数据。对 UTF8 而言是 3n 字节。最大为 4000 字节以上
LONG	可变长度非 Unicode 字符数据。最大长度 $2^{(31-1)}$ 字节。参考文档
CLOB	最大为(4 GB-1) × 数据块大小的非 Unicode 字符大对象。支持固定长度和可变长度的字符集
NCLOB	最大为(4 GB-1) × 数据块大小的 Unicode 字符大对象。支持固定长度和可变长度的字符集

其他数据类型	描述
ROWID	参考文档
UROWID	参考文档
HTTPURIType	参考文档
XMLType	用于存储 XML 数据。参考文档
SDO_GEOMETRY	参考文档

(b) Oracle Database 11g Release 2 中常见数据类型

数值数据类型	描述
BIT(M)	M = 1 ~ 64
TINYINT	-128 ~ 127
TINYINT UNSIGNED	0 ~ 255
BOOLEAN	0 = FALSE; 1 = TRUE
SMALLINT	-32 768 ~ 32 767
SMALLINT UNSIGNED	0 ~ 65535
MEDIUMINT	-8 388 608 ~ 8 388 607
MEDIUMINT UNSIGNED	0 ~ 16 777 215
INT 或 INTEGER	-2 147 483 648 ~ 2 147 483 647
INT UNSIGNED 或 INTEGER UNSIGNED	0 ~ 4 294 967 295
BIGINT	-9 223 372 036 854 775 808 ~ 9 223 372 036 854 775 807
BIGINT UNSIGNED	0 ~ 1 844 674 073 709 551 615
FLOAT(P)	P = 精度; 0 ~ 24
FLOAT(M, D)	单精度浮点数 M = 显示宽度　　D = 有效位数
DOUBLE(M, B)	双精度浮点数 M = 显示宽度　　B = 精度; 25 ~ 53

图 7.4(续)　用于构建数据库和应用处理的 SQL

DEC(M[,D])或 DECIMAL(M[,D])或 FIXED(M[,D])	定点数 M = 数值总位数 D = 小数位数
日期/时间数据类型	**描述**
DATE	YYYY-MM-DD:1000-01-01 ~ 9999-12-31
DATETIME	YYYY-MM-DD HH:MM:SS
	1000-01-01 00:00:00 ~ 9999-12-31 23:59:59
TIMESTAMP	参考文档
TIME	HH:MM:SS 00:00:00 至 23:59:59
YEAR(M)	M = 2 或 4(默认)
	如果 M = 2 则范围是 1970 ~ 2069(70 ~ 60)
	如果 M = 4 则范围是 1901 ~ 2155
数据类型	**描述**
CHAR(M)	M = 0 ~ 255
VARCHAR(M)	M = 1 ~ 255
BLOB(M)	BLOB = 二进制大对象：最大可有 65 535 个字符
TEXT(M)	最大可有 65 535 个字符
TINYBLOB MEDIUMBLOB LONGBLOB TINYTEXT MEDIUMTEXT LONGTEXT	参考文档
ENUM('vlaue1', 'value2',…)	一个枚举，从列表中选择一个值。参考文档
SET('value1', 'value2'…)	一个集合，从列表中选择零个或多个值。参考文档

(c) MySQL 5.6 中的常见数据类型

图 7.4(续)　用于构建数据库和应用处理的 SQL

7.3.5 创建 ARTIST 表

我们将考虑第 6 章最后对 View Ridge 数据库设计的两张表，即 ARTIST 表和 WORK 表。这些表如图 7.1 所示，图 7.5 和图 7.6 显示了这些表的数据库列的属性。这些表中共显示了 3 个新的特征。

列　名	类　型	键　值	NULL 状态	备　注
ArtistID	Int	主键	不能为空	强制键 IDENTITY(1, 1)
LastName	Char(25)	预备键	不能为空	AK1
FirstName	Char(25)	预备键	不能为空	AK1
Nationality	Char(25)	无	可为空	
DateOfBirth	Numeric(4)	无	可为空	
DateDeceased	Numeric(4)	无	可为空	

图 7.5　VRG 的 ARTIST 表的列特征

第一个是 Microsoft SQL IDENTITY 属性，它用来指定强制关键字。在 ARTIST 表中，IDENTITY(1,1)表达式的意思为 ArtistID 是一个从 1 开始并以 1 为增长单位的强制关键字。这样，ARTIST 表中的第 2 行 ArtistID 的值为(1 + 1) = 2。在 WORK 表中，IDENTITY(500,1)表达式的意思是 WorkID 是一个从 500 开始并以 1 为增长单位的强制关键字。这样，ARTIST 表中的第 2 行 ArtistID 的值为(500 + 1) = 501。

列　名	类　型	键　值	NULL 状态	备　注
WorkID	Int	主键	不能为空	强制键 IDENTITY(500, 1)
Title	Char(35)	无	不能为空	
Copy	Char(12)	无	不能为空	
Medium	Char(35)	无	可为空	
Description	Varchar(1000)	无	可为空	默认值 = '未知来源'
ArtistID	Int	外键	不能为空	

图 7.6　WORK 表的数据库列特征

第二个新的特征是在 ARTIST 表中指定(LastName,FirstName)作为一个预备键。这意味着(LastName,FirstName)是 ARTIST 表的一个候选键。预备键可以使用 UNIQUE 约束来定义。

第三个新的特征是在 WORK 表的 Description 列使用 DEFAULT 列约束。DEFAULT 约束用来在插入新的一行时为其设置一个初值，前提是没有指定其他的值。

图 7.7 以表格的形式描述了图 7.1 中 ARTIST 表和 WORK 表的 M-O 联系，图 7.8 详细说明了 ARTIST-WORK 联系中保证最小粒度所需要的参照完整性动作。

联　系		粒　度		
父亲	子女	类型	MAX	MIN
ARTIST	WORK	非标识	1:N	M-O

图 7.7　ARTISTT-to-WORK 联系

	WORK 上的动作(父亲)	TRANS 上的动作(子女)
插入	无	创建一个父亲
修改主键或外键	禁止—ARTIST 使用强制键	禁止—ARTIST 使用强制键
删除	禁止—与事务有关的数据不能被删除(企业原则)	无

图 7.8　强制 ARTIST-to-WORK 联系最小粒度的动作

图 7.9 显示的是建立 ARTIST 表的 SQL CREATE TABLE 语句。(本章中所有的 SQL 语句都可以在 SQL Server 上运行。如果你在使用其他的 DBMS，则需要做一些相应的调整。如果使用这里的 SQL 语句有问题的话，请参考你所用的 DBMS 相关章节或附录。)CREATE TABLE 的格式是表名后面跟着被括号括起来的所有列定义和约束，并以分号结束。

```
CREATE TABLE ARTIST (
      ArtistID          Int             NOT NULL IDENTITY(1,1),
      LastName          Char(25)        NOT NULL,
      FirstName         Char(25)        NOT NULL,
      Nationality       Char(30)        NULL,
      DateOfBirth       Numeric(4)      NULL,
      DateDeceased      Numeric(4)      NULL,
      CONSTRAINT     ArtistPK        PRIMARY KEY(ArtistID),
      CONSTRAINT     ArtistAK1       UNIQUE(LastName, FirstName)
      );
```

图 7.9　创建 ARTIST 表初步的 SQL 语句

正如前面所述，SQL有几种列约束和表约束：PRIMARY KEY，NULL，NOT NULL，UNIQUE，FOREIGN KEY和CHECK。PRIMARY KEY约束用来定义表的主键，虽然它可以用来作为一个列约束，但因为它用来作为表约束去定义组合主键，我们通常把它作为表约束，如图7.9所示。NULL和NOT NULL列约束用来为某列设置空值，以说明该列的数据值是否是必需的。UNIQUE约束用来表明一列或多个列的值不能使用重复值。FOREIGN KEY约束用来定义参照完整性约束，CHECK用来定义数据约束。

在CREATE TABLE语句的第一部分，每一列都通过给出名称、数据类型和空值状态来定义。如果事先未被指定是NULL或NOT NULL，则默认为NULL。

在这个数据库里DateOfBirth和DateDeceased都是年份，也许用BirthYear和DeceasedYear作为列名更好一些。但是画廊的工作人员并不会把它作为查找艺术家的依据，因为画廊对艺术家的出生和死亡是几月几日并不在意，那些列被定义为Numeric(4,0)，在4位阿拉伯数字后面有一个小数点和零。

在图7.9定义的表后两部分是定义主键和候选键的约束。如第6章规定的那样，候选键的主要作用是确保列值的唯一性。因此，在SQL中，候选键用UNIQUE约束来定义。

这种约束的格式是CONSTRAINT后紧跟着开发者所命名的约束名，在约束名后就是PRIMARY KEY或UNIQUE，其后的圆括号里包含一个或者多个列。比如，以下的语句定义了一个名为MyExample的约束，它确保了圆括号里的列中第一个名字和最后一个名字都是唯一的：

```
CONSTRAINT  MyExample  UNIQUE (FirstName, LastName),
```

如第6章所述，主键列必须是NOT NULL，但是候选键可以是NULL或NOT NULL。

BY THE WAY　SQL起源于穿孔卡片时代的数据处理，穿孔卡片中只有大写字母，所以就不需要考虑大小写的敏感性问题。当卡片被键盘取代后，DBMS商家决定忽略大小写字母的区别。所以CREATE TABLE，create table和CReatE taBle的写法在SQL中都是一样的；NULL，null和Null同样没有什么区别。

请注意在SQL语句最后一行结尾处的括号后面是以分号结束的。这个特征可以放置在上一行，但是把它们放到新的行是一种较容易区分CREATE TABLE语句边界的习惯，还有就是列属性是用逗号隔开的，而在最后一列后则没有逗号。

BY THE WAY　很多机构都开发了自己的SQL代码标准。这些标准不仅指定了SQL语句的格式，而且指定了命名约束的规定。比如，在本章的图中，我们使用了PK作为所有主键名称后缀的约束并使用FK作为所有外键名称后缀的约束。大多数机构有更为广泛的标准。即使你并不认同，也应遵循所在机构的标准。一致的SQL代码提高了机构的效率，减少了错误。

7.3.6　创建WORK表和ARTIST/WORK的1:N联系

图7.10中显示的SQL语句的作用是创建ARTIST和WORK表以及它们之间的关联。注意到列名Description被写为[Description]，这是因为Description是SQL Server 2012的保留字，于是我们要使用方括号产生一个确定的标识。正如第6章使用表名TRANS来代替TRANSACTION，这两者的原因是相同的。

```
CREATE TABLE ARTIST (
      ArtistID            Int              NOT NULL IDENTITY(1,1),
      LastName            Char(25)         NOT NULL,
      FirstName           Char(25)         NOT NULL,
      Nationality         Char(30)         NULL,
      DateOfBirth         Numeric(4)       NULL,
      DateDeceased        Numeric(4)       NULL,
      CONSTRAINT      ArtistPK        PRIMARY KEY(ArtistID),
      CONSTRAINT      ArtistAK1       UNIQUE(LastName, FirstName)
      );

CREATE TABLE WORK (
      WorkID              Int              NOT NULL IDENTITY(500,1),
      Title               Char(35)         NOT NULL,
      Copy                Char(12)         NOT NULL,
      Medium              Char(35)         NULL,
      [Description]       Varchar(1000)    NULL DEFAULT 'Unknown provenance',
      ArtistID            Int              NOT NULL,
      CONSTRAINT      WorkPK          PRIMARY KEY(WorkID),
      CONSTRAINT      WorkAK1         UNIQUE(Title, Copy),
      CONSTRAINT      ArtistFK        FOREIGN KEY(ArtistID)
                            REFERENCES ARTIST(ArtistID)
                                  ON UPDATE NO ACTION
                                  ON DELETE NO ACTION
      );
```

图 7.10　用于创建 ARTIST-to-WORK 表 1∶N 联系的 SQL 代码

这个表中唯一的新语法就是 WORK 表最后的 FOREIGN KEY 约束。这个约束用来定义参照完整性约束。图 7.10 中的 FOREIGN KEY 等同于以下的参照完整性约束：

ArtistID in WORK 必须存在于 ArtistID in ARTIST

注意到外键约束包含两条 SQL 语句，用来实现图 7.8 中保证最小粒度的要求。SQL ON UPDATE 语句指定从 ARTIST 表到 WORK 表的更新是否是级联进行，SQL ON DELETE 语句指定 ARTIST 表上的删除是否级联到 WORK 表中。

UPDATE NO ACTION 表达式是指更新一个包含子表的表的主键是被禁止的(对于强制键来说，永远不能更改的是它的标准设定)。UPDATE CASCADE 指更新应级联进行。UPDATE NO ACTION 是默认的。

同样，DELETE NO ACTION 表达式指删除含有子记录的操作是被禁止的。DELETE CASCADE 是指删除操作会级联进行，DELETE NO ACTION 是默认的。

在目前的例子中，UPDATE NO ACTION 是没有意义的，因为 ARTIST 的主键是代理键，而且永远不会改变。然而对数据键来说，更新行为必须指定。我们这里给出了选项，这样就能了解应如何进行编码了。

BY THE WAY　请注意在建立子表之前要先建立双亲表。在这个例子中，ARTIST 表要建立在 WORK 表之前。如果颠倒了这两者建表的顺序，DBMS 将在 FOREIGN KEY 产生一个错误信息，因为它还不知道 ARTIST 的存在。

同样，在做删除表操作的时候，要先删除 DROP(后面将会讲到)子表后才能删除 DROP 双亲表。

如果有更好的 SQL 分析器能够对所有这些建表过程排序的话，这些建表或删除语句的顺序就不重要了，但事实并非如此，我们还是要牢记：双亲表要最先建立、最后删除。

7.3.7　实现必需的双亲记录

在第 6 章中已经学过，为满足双亲约束，必须定义参照完整性约束并把子表中的外键设置为 NOT NULL，图 7.10 中 WORK 表的 SQL CREATE TABLE 语句做到了以上两点。在这种情况下，ARTIST 表是必需的父表，WORK 表是子表。这样，WORK 表中的 ArtistID 被指定为 NOT NULL，ArtistFK FOREIGN KEY 约束定义为参照完整性约束，这些规范促使 DBMS 的执行必须满足双亲约束。

如果双亲不是必需的，我们就要把 WORK 中的 ArtistID 设置为 NULL。这个例子中，WORK 不必为 ArtistID 设一个值，所以它不需要双亲。但是 FOREIGN KEY 的约束确保 WORK 中的 ArtistID 中的所有值都在 ARTIST. ArtistID 中出现过。

7.3.8　实现 1∶1 联系

SQL 中实现 1∶1 联系和实现刚才给出的 1∶N 联系几乎是相同的，唯一的不同之处就是外键必须被声明是唯一的。比如，如果表 ARTIST 和 WORK 之间的联系是 1∶1 的，我们就要在图 7.10 中添加下面的约束：

```
CONSTRAINT  UniqueWork  UNIQUE (ArtistID)
```

注意到图 7.1 中的 ARTIST-WORK 联系显然不是 1∶1 的，所以不需要指定这个约束。如前所述，如果双亲是必需的，外键应该被设置为 NOT NULL；否则，应该为 NULL。

7.3.9　临时联系

有些时候，临时联系适合建立没有指定 FOREIGN KEY 约束的外键，这样的话，外键值可能和双亲中的主键值相匹配，也可能不匹配。例如，如果在 EMPLOYEE 表中定义了列 Department Name 但没有指定外键约束，那么 DepartmentName 中某一行的 DepartmentName 值可能和 DEPARTMENT 表中的 DepartmentName 值不相匹配。

这种联系被称为临时联系(casual relationship)，经常应用于处理有数据丢失的数据库表的应用程序。比如，你可能会买到一些消费者数据，这些数据可能会包含消费者的雇主的名字。假设有一个 EMPLOYER 表，这个表里并不包含所有的消费者为之工作的公司。如果碰巧拿到了这些信息，可能会用到这些联系，但是你并不需要保留它们。这时可以建立临时联系把 EMPLOYER 中的键放进消费者数据的表中，但是不要定义 FOREIGN KEY 的约束。

图 7.11 概述了用 FOREIGN KEY，NULL，NOT NULL 和 UNIQUE 约束在 1∶N，1∶1 和临时联系中建立联系的方法。

联系类型	CREATE TABLE 约束
1∶N 联系，双亲是可选的	指定 FOREIGN KEY 约束。设置外键为 NULL
1∶N 联系，双亲是必需的	指定 FOREIGN KEY 约束。设置外键为 NOT NULL
1∶1 联系，双亲是可选的	指定 FOREIGN KEY 约束。指定外键是 UNIQUE 约束。设置外键为 NULL
1∶1 联系，双亲是必需的	指定 FOREIGN KEY 约束。指定外键是 UNIQUE 约束。设置外键为 NOT NULL
临时联系	创建一个外键列，但是不指定 FOREIGN KEY 约束。如果联系是 1∶1，指定外键为 UNIQUE

图 7.11　概述用 SQL CREATE TABLE 定义联系的方法

7.3.10 用 SQL 建立默认值和数据约束

图 7.12 是为 View Ridge 数据库建立默认值和数据约束的范例。“未知来源”(Unknown provenance)的默认值将会赋给 WORK 表中的 Description 列。ARTIST 表和 TRANS 表被指定了多种数据约束。

表	列	默认值	约　束
WORK	Description	'Unknown provenance'	
ARTIST	Nationality		IN('Canadian','English','French','German','Mexican','Russian','Spanish','United States')
ARTIST	DateOfBirth		在 DateDeceased 之前
ARTIST	DateOfBirth		4 字节：1 或 2 是第一个数字，剩下的 3 个数字为 0 ~ 9
ARTIST	DateDeceased		4 字节：1 或 2 是第一个数字，剩下的 3 个数字为 0 ~ 9
TRANS	SalesPrice		>0 并且≤500 000
TRANS	DateAcquired		≤卖出的日期(DateSold)

图 7.12　View Ridge 数据库的默认值和数据约束

在 ARTIST 表中，Nationality 的值受限于值域约束，DateOfBirth 的值受限于关系间约束，即 DateOfBirth 要早于 DateDeceased。前面提到过，DateOfBirth 和 DateDeceased 的值应该为年份，它受限于以下的取值范围：第一位数字应为阿拉伯数字 1 或 2，余下的 3 个阿拉伯数字可以是任何十进位数字。这样的话，DateOfBirth 和 DateDeceased 的值是 1000 ~ 2999 之间的任何一个整数。TRANS 表中的 SalesPrice 的值是 0 ~ 500 000 之间的一个数。PurchaseDate 的值受限于关系间约束，因为 PurchaseDate 滞后于 DateAcquired。

图 7.12 没有给出表与表的关系间约束。尽管 SQL-92 规范定义了建立这种约束的方法，然而没有哪个 DBMS 商家会使用这种方法。这种约束必须在触发器里实现，本章的后面会给出这样的例子，图 7.13 显示了用合适的默认值和数据约束来创建 ARTIST 和 WORK 表的 SQL 语句。

实现默认值

默认值是由列定义中指定的关键字 DEFAULT 生成的，就在指定 NULL/NOT NULL 的后面，在图 7.13 中，WORK. Description 被定义了“未知来源”的默认值。

实现数据约束

数据约束是通过 SQL CHECK CONSTRAINTS 建立的，其格式是 CONSTRAINT 后跟开发者提供的约束名，其后是 CHECK，然后就是圆括号里的说明。CHECK 表达式类似于 SQL 语句中的 WHERE 子句。SQL IN 关键字用来提供一系列的正数值，SQL NOT IN 关键字也可以提供负数值范围的约束(本例中没有负数值)。SQL LIKE 关键字用来规定小数位。范围约束使用大于和小于符号(< ， >)。因为不支持关系间约束，比较关系可以作为同一个表的列之间的关系内约束。

```
CREATE TABLE ARTIST (
      ArtistID            Int              NOT NULL IDENTITY(1,1),
      LastName            Char(25)         NOT NULL,
      FirstName           Char(25)         NOT NULL,
      Nationality         Char(30)         NULL,
      DateOfBirth         Numeric(4)       NULL,
      DateDeceased        Numeric(4)       NULL,
      CONSTRAINT      ArtistPK         PRIMARY KEY(ArtistID),
      CONSTRAINT      ArtistAK1        UNIQUE(LastName, FirstName),
      CONSTRAINT      NationalityValues   CHECK
                         (Nationality IN ('Canadian', 'English', 'French',
                          'German', 'Mexican', 'Russian', 'Spanish',
                          'United States')),
      CONSTRAINT      BirthValuesCheck    CHECK (DateOfBirth < DateDeceased),
      CONSTRAINT      ValidBirthYear      CHECK
                         (DateOfBirth LIKE '[1-2][0-9][0-9][0-9]'),
      CONSTRAINT      ValidDeathYear      CHECK
                         (DateDeceased LIKE '[1-2][0-9][0-9][0-9]')
      );

CREATE TABLE WORK (
      WorkID              Int              NOT NULL IDENTITY(500,1),
      Title               Char(35)         NOT NULL,
      Copy                Char(12)         NOT NULL,
      Medium              Char(35)         NULL,
      [Description]       Varchar(1000)    NULL DEFAULT 'Unknown provenance',
      ArtistID            Int              NOT NULL,
      CONSTRAINT      WorkPK           PRIMARY KEY(WorkID),
      CONSTRAINT      WorkAK1          UNIQUE(Title, Copy),
      CONSTRAINT      ArtistFK         FOREIGN KEY(ArtistID)
                            REFERENCES ARTIST(ArtistID)
                                  ON UPDATE NO ACTION
                                  ON DELETE NO ACTION
      );
```

图 7.13　用合适的默认值和数据约束来创建 ARTIST 和 WORK 表的 SQL 语句

BY THE WAY　不同的 DBMS 的产品在实现 CHECK 约束时是不一样的。比如，图 7.13 中的 LIKE 约束是不能在 Oracle 中实现的。然而，Oracle 中可以实现其他类型的约束。遗憾的是，为了更好地实现约束，必须了解所使用的 DBMS 的特性。

7.3.11　建立 View Ridge 数据库表

图 7.14 给出的是第 6 章末尾的文件描述的 View Ridge 数据库中所有表的 SQL。请认真阅读每一行语句，确保弄清楚它们的功能和用途。请注意对 CUSTOMER 和 CUSTOMER_ARTIST_INT 之间以及 ARTIST 和 CUSTOMER_ARTIST_INT 之间的联系的删除是级联删除的。

任何一个用来作为表名和列名的 DBMS 保留字都必须被附在方括号里([，])，这样就转换成了确定的标识。我们已经使用表名 TRANS 来代替 TRANSACTION 保留字。表名 WORK 同样是个问题，单词 work 在大多数的 DBMS 产品中是保留字，类似的还有 WORK 表中的 Description 列和 TRANS 表中的 State。把它们附在括号里意味着对 SQL 分析器来说这些术语已经由开发者提供且不可通过标准的方式使用。有点讽刺的是，SQL Server 可以毫无问题地处理单词 WORK，但是 Oracle 却无法处理。SQL Server 处理单词 TRANSACTION 时会卡壳，但是 Oracle 处理时却一点问题也没有。因此，在图 7.14 所示的 SQL Server 2012 T-SQL 语句中，我们使用 WORK(没有括号)、[Description] 和 [State]。

```
CREATE TABLE ARTIST (
      ArtistID           Int               NOT NULL IDENTITY(1,1),
      LastName           Char(25)          NOT NULL,
      FirstName          Char(25)          NOT NULL,
      Nationality        Char(30)          NULL,
      DateOfBirth        Numeric(4)        NULL,
      DateDeceased       Numeric(4)        NULL,
      CONSTRAINT      ArtistPK        PRIMARY KEY(ArtistID),
      CONSTRAINT      ArtistAK1       UNIQUE(LastName, FirstName),
      CONSTRAINT      NationalityValues  CHECK
          (Nationality IN ('Canadian', 'English', 'French',
           'German', 'Mexican', 'Russian', 'Spanish',
           'United States')),
      CONSTRAINT      BirthValuesCheck   CHECK (DateOfBirth < DateDeceased),
      CONSTRAINT      ValidBirthYear     CHECK
          (DateOfBirth LIKE '[1-2][0-9][0-9][0-9]'),
      CONSTRAINT      ValidDeathYear     CHECK
          (DateDeceased LIKE '[1-2][0-9][0-9][0-9]')
      );

CREATE TABLE WORK (
      WorkID             Int               NOT NULL IDENTITY(500,1),
      Title              Char(35)          NOT NULL,
      Copy               Char(12)          NOT NULL,
      Medium             Char(35)          NULL,
      [Description]      Varchar(1000)     NULL DEFAULT 'Unknown provenance',
      ArtistID           Int               NOT NULL,
      CONSTRAINT      WorkPK          PRIMARY KEY(WorkID),
      CONSTRAINT      WorkAK1         UNIQUE(Title, Copy),
      CONSTRAINT      ArtistFK        FOREIGN KEY(ArtistID)
                          REFERENCES ARTIST(ArtistID)
                                ON UPDATE NO ACTION
                                ON DELETE NO ACTION
      );

CREATE TABLE CUSTOMER (
      CustomerID         Int               NOT NULL IDENTITY(1000,1),
      LastName           Char(25)          NOT NULL,
      FirstName          Char(25)          NOT NULL,
      Street             Char(30)          NULL,
      City               Char(35)          NULL,
      [State]            Char(2)           NULL,
      ZipPostalCode      Char(9)           NULL,
      Country            Char(50)          NULL,
      AreaCode           Char(3)           NULL,
      PhoneNumber        Char(8)           NULL,
      Email              Varchar(100)      NULL,
      CONSTRAINT      CustomerPK      PRIMARY KEY(CustomerID),
      CONSTRAINT      EmailAK1        UNIQUE(Email)
      );

CREATE TABLE TRANS (
      TransactionID      Int               NOT NULL IDENTITY(100,1),
      DateAcquired       Date              NOT NULL,
      AcquisitionPrice   Numeric(8,2)      NOT NULL,
      AskingPrice        Numeric(8,2)      NULL,
      DateSold           Date              NULL,
      SalesPrice         Numeric(8,2)      NULL,
      CustomerID         Int               NULL,
      WorkID             Int               NOT NULL,
      CONSTRAINT      TransPK         PRIMARY KEY(TransactionID),
      CONSTRAINT      TransWorkFK     FOREIGN KEY(WorkID)
                          REFERENCES WORK(WorkID)
                                ON UPDATE NO ACTION
                                ON DELETE NO ACTION,
      CONSTRAINT      TransCustomerFK FOREIGN KEY(CustomerID)
                          REFERENCES CUSTOMER(CustomerID)
                                ON UPDATE NO ACTION
                                ON DELETE NO ACTION,
```

图 7.14　创建 View Ridge 数据库表结构的 SQL 语句

```
        CONSTRAINT      SalesPriceRange    CHECK
                            ((SalesPrice > 0) AND (SalesPrice <=500000)),
        CONSTRAINT      ValidTransDate     CHECK (DateAcquired <= DateSold)
        );

CREATE TABLE CUSTOMER_ARTIST_INT(
        ArtistID            Int                NOT NULL,
        CustomerID          Int                NOT NULL,
        CONSTRAINT      CAIntPK          PRIMARY KEY(ArtistID, CustomerID),
        CONSTRAINT      CAInt_ArtistFK   FOREIGN KEY(ArtistID)
                                REFERENCES ARTIST(ArtistID)
                                        ON UPDATE NO ACTION
                                        ON DELETE CASCADE,
        CONSTRAINT    CAInt_CustomerFK FOREIGN KEY(CustomerID)
                        REFERENCES CUSTOMER(CustomerID)
                                        ON UPDATE NO ACTION
                                        ON DELETE CASCADE
        );
```

图 7.14(续)　创建 View Ridge 数据库表结构的 SQL 语句

在你所使用的 DBMS 产品的文档中，可以找到保留字列表。如果使用 SQL 句法中的任何关键字作为表或列的名字，比如 SELECT，FROM，WHERE，LIKE，ORDER，ASC，DESC 等，肯定会遇到麻烦。这些关键字要被放在方括号里。如果你能避免使用这些关键字作为表名或列名，使用 SQL 句法来建表就会轻松得多。

BY THE WAY　任何时候 DBMS 都可能产生奇怪的语法错误消息。例如，假设你定义了一张名为 ORDER 的表。当提交 SELECT * FROM ORDER 语句时，会从 DBMS 那里收到很奇怪的消息。

如果你从那些正确编码的语句的执行中收到了奇怪的消息，请考虑这些保留字。如果一个词是保留字，可用括号将它括起来，然后看看当你向 DBMS 提交的时候会发生什么事。将 SQL 词汇括进括号里面没有任何坏处。

如果你想要折磨你的 DBMS，可以提交像 SELECT [Select] FROM [FROM] WHERE [WHERE] < [NOT FIVE]这样的查询。建议你用常规的方法为表和列命名，这样会省去不必要的麻烦，而 DBMS 也能准确地执行命令。

在你的 DBMS 中运行图 7.14 中的 SQL 语句会产生 View Ridge 数据库中所有的表、联系以及约束。图 7.15 给出了 SQL Server 2012 中完整的表结构作为数据库关系图。和使用图形工具相比，编写 SQL 代码创建这些表和联系要简单得多，对于使用图形工具我们将在第 10A 章(SQL Server 2012)、第 10B 章(Oracle Database 11g Release 2)和第 10C 章(MySQL 5.6)讨论。

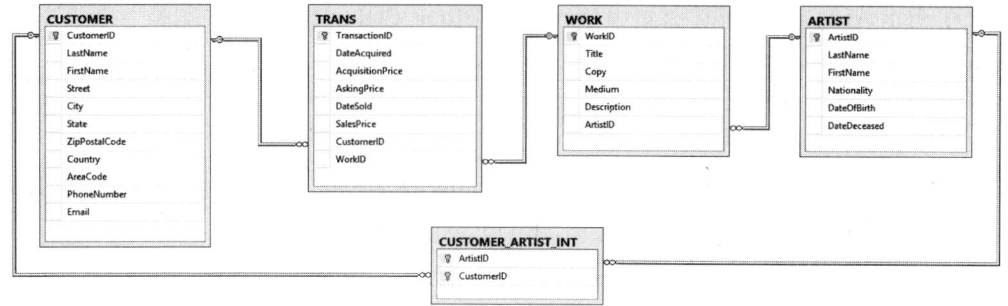

图 7.15　SQL Server 2012 View Ridge 数据库关系图

在 Microsoft Access ANSI-89 SQL 中不适用

遗憾的是 Microsoft Access 2013 ANSI-89 SQL 不支持我们在这里讨论许多 SQL 新的特征，但是你可以在 ANSI-89 SQL 中运行一个基本的 SQL CREATE TABLE 语句，然后使用 Microsoft Access GUI 工具来完成表和联系的创建。具体如下：

1. 虽然 Microsoft Access 支持数值型数据，但它不支持(m,n)指定的数字个数和小数位后的位数。

   解决方法：在创建好某个列之后，你可以在表设计视图中设定这些值。

2. 虽然 Microsoft Access 支持 AutoNumber 数据类型，但它通常是从 1 开始，并以 1 为单位增长。此外，AutoNumber 不能作为 SQL 数据类型。

   解决方法：在创建好表之后，手动地设置 AutoNumber 数据类型。任何其他的编码系统都支持手动或使用代码来设置。

3. Microsoft Access ANSI-89 SQL 不支持 UNIQUE，CHECK 列约束和 DEFAULT 关键字。

   解决方法：可以在图形化表设计视图中设置等同的约束和初值。

4. Microsoft Access 完全支持外键 CONSTRAINT 子句。而使用 SQL 创建基本的参照完整性约束时，ON UPDATE 和 ON DELETE 语句是不被支持的。

   解决方法：ON UPDATE 和 ON DELETE 可以在联系创建后手动设置。

5. 不同于 SQL Server，Oracle 和 MySQL，Microsoft Access 不支持 SQL 脚本。

   解决方法：你仍然可以使用 SQL CREATE 命令创建表，使用 SQL INSERT 命令插入数据(在本章后面再介绍)，但是你只能一次执行一个这样的命令。

7.3.12 SQL ALTER TABLE 语句

SQL ALTER TABLE 语句是 SQL DDL 语句，用来改变一个已有的表的结构，它可以用来添加、删除或改变列，也可以用来添加或删除约束。

添加和删除列

下面的语句通过在 SQL ALTER TABLE 语句中使用 SQL ADD 从句来增加一个名为 MyColumn 的列到 CUSTOMER 表中：

```
/* *** SQL-ALTER-TABLE-CH07-01 *** */
ALTER TABLE CUSTOMER
     ADD MyColumn Char(5) NULL;
```

可以通过在 SQL ALTER TABLE 语句中使用 SQL DROP COLUMN 从句来删除一个已有的列：

```
/* *** SQL-ALTER-TABLE-CH07-02 *** */
ALTER TABLE CUSTOMER
     DROP COLUMN MyColumn;
```

注意，这里的语法是不对称的。关键字 COLUMN 在 DROP 时要用到，但是在 ADD 时却没有用到。我们会在接下来的三章中看到 ALTER 也可以用来改变列属性。

添加和删除约束

ALTER TABLE 语句通过使用 SQL ADD 约束从句来添加约束，如下所示：

```
/* *** SQL-ALTER-TABLE-CH07-03 *** */
ALTER TABLE CUSTOMER
     ADD CONSTRAINT MyConstraint CHECK
        (LastName NOT IN ('RobertsNoPay'));
```

还可以用 ALTER TABLE 通过 SQL DROP 约束从句来删除一个约束：

```
/* *** SQL-ALTER-TABLE-CH07-04 *** */
ALTER TABLE CUSTOMER
     DROP CONSTRAINT MyConstraint;
```

BY THE WAY SQL ALTER 语句可以用来添加或删除任何 SQL 约束。可以用来创建主键和预备键(alternate key)，设置空值状态，创建参照完整性约束和创建数据约束。事实上，另一种 SQL 编程风格是仅使用 CREATE TABLE 来声明表的各列；所有约束通过 ALTER 添加。在本书中，我们不采用这种风格，但是要意识到它的确存在，可能你的雇主会要求使用这种风格。

7.3.13 SQL DROP TABLE 语句

在 SQL 中很容易删除表，事实上是太简单了。下面的 SQL DROP TABLE 语句将删除 TRANS 表和它里面的所有数据：

```
/* *** EXAMPLE CODE - DO NOT RUN *** */
/* *** SQL-DROP-TABLE-CH07-01 *** */
DROP TABLE TRANS;
```

因为这个简单的语句会删除表和表中所有的数据，所以在使用的时候要非常小心。

DBMS 不会删除在 FOREIGN KEY 约束中作为双亲的那些表。即使是没有孩子或是加上了 DELETE CASCADE 代码它也不会这样做。相反，为了删除这样的表，必须首先删除外键约束或删除子表，然后才可以删除双亲表。正如前面所提到的，双亲表必须先进先出。

删除 CUSTOMER 表时需要用下面的语句：

```
/* *** EXAMPLE CODE - DO NOT RUN *** */
/* *** SQL-DROP-TABLE-CH07-02 *** */
DROP TABLE CUSTOMER_ARTIST_INT;
DROP TABLE TRANS;
DROP TABLE CUSTOMER;
```

另外，也可以这样删除 CUSTOMER：

```
/* *** EXAMPLE CODE - DO NOT RUN *** */
/* *** SQL-ALTER-TABLE-CH07-05 *** */
ALTER TABLE CUSTOMER_ARTIST_INT
     DROP CONSTRAINT Customer_Artist_Int_CustomerFK;
ALTER TABLE TRANS
     DROP CONSTRAINT TransactionCustomerFK;
/* *** SQL-DROP-TABLE-CH07-03 *** */
DROP TABLE CUSTOMER;
```

7.3.14 SQL TRUNCATE TABLE 语句

SQL TRUNCATE TABLE 语句是在 SQL 2008 标准中正式被添加进来的，因此它也是 SQL 最新增加的部分之一，是用来移除表中所有数据的，同时保留原本的表结构。SQL TRUNCATE TABLE 不使用 SQL WHERE 来指定数据删除的条件，因为表中所有数据都将会被移除。

下面的语句可以用来移除 CUSTOMER_ARTIST_INT 表中的所有数据：

```
/* *** EXAMPLE CODE - DO NOT RUN *** */
/* *** SQL-TRUNCATE-TABLE-CH07-01 *** */
TRUNCATE TABLE CUSTOMER_ARTIST_INT;
```

TRUNCATE TABLE 语句不能用于引用外键约束的表，因为会产生没有对应主键值的外键值。并且，虽然可以对 CUSTOMER_ARTIST_INT 表使用 TRUNCATE TABLE，但不能对 CUSTOMER 表使用。

7.3.15 SQL CREATE INDEX 语句

索引是一种用来提升数据库性能的特殊的数据结构。SQL Server 会自动地对所有的主键和外键创建索引。开发人员也可以管理 SQL Server，对其他频繁用在 WHERE 从句中的列，或者用来对数据进行排序的列创建索引。附录 G 对索引的概念进行了进一步的讨论。

SQL DDL 包括用来创建索引的 SQL CREATE INDEX 语句，用来修改已有的数据库索引的 SQL ALTER INDEX 语句，以及用来移除索引的 SQL DROP INDEX 语句。

由于不同的 DBMS 产品实现索引的方式不同，在后面的章节中我们分别对各种 DBMS 产品的索引实现方式进行介绍：

- Microsoft SQL Server 2012(第 10A 章)
- Oracle Database 11g Release 2(第 10B 章)
- Oracle MySQL 5.6(第 10C 章)。

BY THE WAY 关于系统分析和设计的书籍通常认同以下三个设计阶段：

- 概念设计、逻辑设计和物理设计。
- 索引的创建和使用属于物理设计。
- 除了索引，物理设计还包括物理记录和文件结构组织，以及查询优化。

我们将在第 10A 章讲解 Microsoft SQL Server 2012，在第 10B 章讲解 Oracle Database 11g Release 2，在第 10C 章讲解 MySQL 5.6。

7.4 SQL DML 语句

现在，我们已经了解了如何使用 SQL 选择语句查询表和如何创建、修改和删除表、列以及约束，但是还不知道如何用 SQL 插入、修改和删除数据。接下来将讨论这些语句。

7.4.1　SQL INSERT 语句

SQL INSERT 语句用来向一个表中添加一行数据。SQL 插入命令有许多不同的选项。

用字段名称进行 SQL 插入操作

标准的版本是指定表，指定和你所拥有的数据相关的那些列以及将这些数据按下面的格式列出来：

```
/* *** EXAMPLE CODE - DO NOT RUN *** */
/* *** SQL-INSERT-CH07-01 *** */
INSERT INTO ARTIST
    (LastName, FirstName, Nationality, DateOfBirth, DateDeceased)
    VALUES ('Miro', 'Joan', 'Spanish', 1893, 1983);
```

注意列名和列值是同时被包含在括号中的，DBMS 强制关键字没有包含在语句中。如果提供了所有列的数据，而这些数据和表中的列具有相同的顺序，并且没有代理键，则可以忽略列的清单。

```
/* *** EXAMPLE CODE - DO NOT RUN *** */
/* *** SQL-INSERT-CH07-02 *** */
INSERT INTO ARTIST VALUES
    ('Miro', 'Joan', 'Spanish', 1893, 1983);
```

你不需要按与表中的列相同的顺序提供这些值。如果因为某些原因想要在 Name 之前提供 Nationality 值，可以按照下面的例子变换列名和数据值：

```
/* *** EXAMPLE CODE - DO NOT RUN *** */
/* *** SQL-INSERT-CH07-03 *** */
INSERT INTO ARTIST
    (Nationality, LastName, FirstName, DateOfBirth, DateDeceased)
    VALUES ('Spanish', 'Miro', 'Joan', 1893, 1983);
```

如果有部分的值，只要编写和所拥有的数据相关的那些列的名称。例如，如果你仅有 Name 和 Nationality，则可以编写：

```
/* *** EXAMPLE CODE - DO NOT RUN *** */
/* *** SQL-INSERT-CH07-04 *** */
INSERT INTO ARTIST
    (LastName, FirstName, Nationality)
    VALUES ('Miro', 'Joan', 'Spanish');
```

当然，你必须有全部 NOT NULL 的列的值。

批量插入

插入语句最常用的形式之一是用一个 SQL 选择语句提供值。假设在一张名为 IMPORTED_ARTIST 的表中有许多艺术家的名字、国籍和生日。在这种情况下，可以用下面的语句将这些数据添加到 ARTIST 表中：

```
/* *** EXAMPLE CODE - DO NOT RUN *** */
/* *** SQL-INSERT-CH07-05 *** */
INSERT INTO ARTIST
    (LastName, FirstName, Nationality, DateOfBirth, DateDeceased)
```

```
SELECT    LastName, FirstName, Nationality,
          DateOfBirth, DateDeceased
FROM      IMPORTED_ARTIST;
```

注意，关键字 VALUES 没有在这种形式的插入语句中使用。

这个语法应该是熟悉的。我们曾经在第 3 章和第 4 章的规范化和反规范化例子中用到过它。

7.4.2 创建 View Ridge 数据库表和输入数据

既然知道了怎样使用 SQL INSERT 语句在表中加入一行数据，那么我们可以向 View Ridge 数据库添加数据。View Ridge 数据库的样本数据如图 7.16 所示。

CustomerID	LastName	FirstName	Street	City	State	ZipPostalCode
1000	Janes	Jeffrey	123 W. Elm St	Renton	WA	98055
1001	Smith	David	813 Tumbleweed Lane	Durango	CO	81201
1015	Twilight	Tiffany	88 1st Avenue	Langley	WA	98260
1033	Smathers	Fred	10899 88th Ave	Bainbridge Island	WA	98110
1034	Frederickson	Mary Beth	25 South Lafayette	Denver	CO	80201
1036	Warning	Selma	205 Burnaby	Vancouver	BC	V6Z 1W2
1037	Wu	Susan	105 Locust Ave	Atlanta	GA	30322
1040	Gray	Donald	55 Bodega Ave	Bodega Bay	CA	94923
1041	Johnson	Lynda	117 C Street	Washington	DC	20003
1051	Wilkens	Chris	87 Highland Drive	Olympia	WA	98508

CustomerID	LastName	FirstName	Country	AreaCode	PhoneNumber	Email
1000	Janes	Jeffrey	USA	425	543-2345	Jeffrey.James@somewhere.com
1001	Smith	David	USA	970	654-9876	David.Smith@somewhere.com
1015	Twilight	Tiffany	USA	360	765-5566	Tiffany.Twilight@somewhere.com
1033	Smathers	Fred	USA	206	876-9911	Fred.Smathers@somewhere.com
1034	Frederickson	Mary Beth	USA	303	513-8822	MaryBeth.Frederickson@somewhere.com
1036	Warning	Selma	Canada	604	988-0512	Selma.Warning@somewhere.com
1037	Wu	Susan	USA	404	653-3465	Susan.Wu@somewhere.com
1040	Gray	Donald	USA	707	568-4839	Donald.Gray@somewhere.com
1041	Johnson	Lynda	USA	202	438-5498	NULL
1051	Wilkens	Chris	USA	360	765-7766	Chris.Wilkens@somewhere.com

(a) CUSTOMER表样本数据

图 7.16 View Ridge 数据库样本数据

ArtistID	LastName	FirstName	Nationality	DateOfBirth	DateDeceased
1	Miro	Joan	Spanish	1893	1983
2	Kandinsky	Wassily	Russian	1866	1944
3	Klee	Paul	German	1879	1940
4	Matisse	Henri	French	1869	1954
5	Chagall	Marc	French	1887	1985
11	Sargent	John Singer	United States	1856	1925
17	Tobey	Mark	United States	1890	1976
18	Horiuchi	Paul	United States	1906	1999
19	Graves	Morris	United States	1920	2001

(b) ARTIST表样本数据

ArtistID	CustomerID
1	1001
1	1034
2	1001
2	1034
4	1001
4	1034
5	1001
5	1034
5	1036
11	1001
11	1015
11	1036
17	1000
17	1015

ArtistID	CustomerID
17	1033
17	1040
17	1051
18	1000
18	1015
18	1033
18	1040
18	1051
19	1000
19	1015
19	1033
19	1036
19	1040
19	1051

(c) CUSTOMER_ARTIST_INT表样本数据

图 7.16(续)　View Ridge 数据库样本数据

WorkID	Title	Medium	Description	Copy	ArtistID
500	Memories IV	Casein rice paper collage	31 x 24.8 in.	Unique	18
511	Surf and Bird	High Quality Limited Print	Northwest School Expressionist style	142/500	19
521	The Tilled Field	High Quality Limited Print	Early Surrealist style	788/1000	1
522	La Lecon de Ski	High Quality Limited Print	Surrealist style	353/500	1
523	On White II	High Quality Limited Print	Bauhaus style of Kandinsky	435/500	2
524	Woman with a Hat	High Quality Limited Print	A very colorful Impressionist piece	596/750	4
537	The Woven World	Color lithograph	Signed	17/750	17
548	Night Bird	Watercolor on Paper	50 x 72.5 cm.—Signed	Unique	19
551	Der Blaue Reiter	High Quality Limited Print	"The Blue Rider"—Early Pointilism influence	236/1000	2
552	Angelus Novus	High Quality Limited Print	Bauhaus style of Klee	659/750	3
553	The Dance	High Quality Limited Print	An Impressionist masterpiece	734/1000	4
554	I and the Village	High Quality Limited Print	Shows Belarusian folk-life themes and symbology	834/1000	5
555	Claude Monet Painting	High Quality Limited Print	Shows French Impressionist influence of Monet	684/1000	11
561	Sunflower	Watercolor and ink	33.3 x 16.1 cm.—Signed	Unique	19
562	The Fiddler	High Quality Limited Print	Shows Belarusian folk-life themes and symbology	251/1000	5
563	Spanish Dancer	High Quality Limited Print	American realist style—From work in Spain	583/750	11
564	Farmer's Market #2	High Quality Limited Print	Northwest School Abstract Expressionist style	267/500	17

(d) WORK表样本数据

图7.16(续) View Ridge数据库样本数据

WorkID	Title	Medium	Description	Copy	ArtistID
565	Farmer's Market #2	High Quality Limited Print	Northwest School Abstract Expressionist style	268/500	17
566	Into Time	High Quality Limited Print	Northwest School Abstract Expressionist style	323/500	18
570	Untitled Number 1	Monotype with tempera	4.3 x 6.1 in.—Signed	Unique	17
571	Yellow covers blue	Oil and collage	71 x 78 in.—Signed	Unique	18
578	Mid Century Hibernation	High Quality Limited Print	Northwest School Expressionist style	362/500	19
580	Forms in Progress I	Color aquatint	19.3 x 24.4 in.—Signed	Unique	17
581	Forms in Progress II	Color aquatint	19.3 x 24.4 in.—Signed	Unique	17
585	The Fiddler	High Quality Limited Print	Shows Belarusian folk-life themes and symbology	252/1000	5
586	Spanish Dancer	High Quality Limited Print	American Realist style—From work in Spain	588/750	11
587	Broadway Boggie	High Quality Limited Print	Northwest School Abstract Expressionist style	433/500	17
588	Universal Field	High Quality Limited Print	Northwest School Abstract Expressionist style	114/500	17
589	Color Floating in Time	High Quality Limited Print	Northwest School Abstract Expressionist style	487/500	18
590	Blue Interior	Tempera on card	43.9 x 28 in.	Unique	17
593	Surf and Bird	Gouache	26.5 x 29.75 in.—Signed	Unique	19
594	Surf and Bird	High Quality Limited Print	Northwest School Expressionist style	366/500	19
595	Surf and Bird	High Quality Limited Print	Northwest School Expressionist style	366/500	19
596	Surf and Bird	High Quality Limited Print	Northwest School Expressionist style	366/500	19

(d) WORK表样本数据

图7.16(续) View Ridge数据库样本数据

TransactionID	DateAcquired	AcquisitionPrice	AskingPrice	DateSoldID	SalesPrice	CustomerID	WorkID
100	11/4/2009	$30,000.00	$45,000.00	12/14/2009	$42,500.00	1000	500
101	11/7/2009	$250.00	$500.00	12/19/2009	$500.00	1015	511
102	11/17/2009	$125.00	$250.00	1/18/2010	$200.00	1001	521
103	11/17/2009	$250.00	$500.00	12/12/2010	$400.00	1034	522
104	11/17/2009	$250.00	$250.00	1/18/2010	$200.00	1001	523
105	11/17/2009	$200.00	$500.00	12/12/2010	$400.00	1034	524
115	3/3/2010	$1,500.00	$3,000.00	6/7/2010	$2,750.00	1033	537
121	9/21/2010	$15,000.00	$30,000.00	11/28/2010	$27,500.00	1015	548
125	11/21/2010	$125.00	$250.00	12/18/2010	$200.00	1001	551
126	11/21/2010	$200.00	$400.00	NULL	NULL	NULL	552
127	11/21/2010	$125.00	$500.00	12/22/2010	$400.00	1034	553
128	11/21/2010	$125.00	$250.00	3/16/2011	$225.00	1036	554
129	11/21/2010	$125.00	$250.00	3/16/2011	$225.00	1036	555
151	5/7/2011	$10,000.00	$20,000.00	6/28/2011	$17,500.00	1036	561
152	5/18/2011	$125.00	$250.00	8/15/2011	$225.00	1001	562
153	5/18/2011	$200.00	$400.00	8/15/2011	$350.00	1001	563
154	5/18/2011	$250.00	$500.00	9/28/2011	$400.00	1040	564
155	5/18/2011	$250.00	$500.00	NULL	NULL	NULL	565
156	5/18/2011	$250.00	$500.00	9/27/2011	$400.00	1040	566
161	6/28/2011	$7,500.00	$15,000.00	9/29/2011	$13,750.00	1033	570
171	8/23/2011	$35,000.00	$60,000.00	9/29/2011	$55,000.00	1000	571
175	9/29/2011	$40,000.00	$75,000.00	12/18/2011	$72,500.00	1036	500
181	10/11/2011	$250.00	$500.00	NULL	NULL	NULL	578
201	2/28/2012	$2,000.00	$3,500.00	4/26/2012	$3,250.00	1040	580
202	2/28/2012	$2,000.00	$3,500.00	4/26/2012	$3,250.00	1040	581
225	6/8/2012	$125.00	$250.00	9/27/2012	$225.00	1051	585
226	6/8/2012	$200.00	$400.00	NULL	NULL	NULL	586
227	6/8/2012	$250.00	$500.00	9/27/2012	$475.00	1051	587
228	6/8/2012	$250.00	$500.00	NULL	NULL	NULL	588
229	6/8/2012	$250.00	$500.00	NULL	NULL	NULL	589
241	8/29/2012	$2,500.00	$5,000.00	9/27/2012	$4,750.00	1015	590
251	10/25/2012	$25,000.00	$50,000.00	NULL	NULL	NULL	593
252	10/27/2012	$250.00	$500.00	NULL	NULL	NULL	594
253	10/27/2012	$250.00	$500.00	NULL	NULL	NULL	595
254	10/27/2012	$250.00	$500.00	NULL	NULL	NULL	596

(e) TRANS表样本数据

图 7.16(续)　View Ridge 数据库样本数据

然而，我们要注意的是怎样把这些数据输入到 View Ridge 数据库中。注意到图 7.14 的 SQL CREATE TABLE 语句中，CustomerID，ArtistID，WorkID 和 TransactionID 都是强制键，它们

自动赋值并插入到数据库中，会产生顺序的编号。例如，如果使用 ArtistID 以 IDENTITY(1,1) 自动编号，向 ARTIST 表中插入图 7.16(b) 中的数据，9 个艺术家的 ArtistID 编号将为{1,2,3,4,5,6,7,8,9}，但图 7.16(b) 中的 ArtistID 编号是{1,2,3,4,5,11,17,18,19}。

出现这种情况是因为图 7.16 中的 View Ridge 数据是样本数据，并不是数据库的完整数据。因此，主键编号 CustomerID，ArtistID，WorkID 和 TransactionID 是不连续的。

当然，这就产生了一个问题：如何克服 DBMS 中强制键自动编号机制的不足。不同 DBMS 产品对这个问题的解决方法是不同的(像强制键值的产生方法是不一样的)。针对这个问题和如何向 DBMS 输入数据的 SQL INSERT 语句的讨论在第 10A 章(SQL Server 2012)、第 10B 章(Oracle Database 11g Release 2)和第 10C 章(MySQL 5.6)有所介绍。此时我们建议参考你所使用 DBMS 的相关章节，并在 DBMS 中创建 View Ridge 数据库和输入数据。

7.4.3　SQL UPDATE 语句

SQL UPDATE 语句用来改变已存在记录的值。下面的语句将 CustomerID 为 1000 的客户的 City 值改为'New York City'：

```
/* *** EXAMPLE CODE - DO NOT RUN *** */
/* *** SQL-UPDATE-CH07-01 *** */
UPDATE          CUSTOMER
    SET         City = 'New York City'
    WHERE       CustomerID = 1000;
```

为了同时改变 City 和 State 的值，编写以下 SQL 语句：

```
/* *** EXAMPLE CODE - DO NOT RUN *** */
/* *** SQL-UPDATE-CH07-02 *** */
UPDATE          CUSTOMER
    SET         City = 'New York City', State = 'NY'
    WHERE       CustomerID = 1000;
```

当处理更新命令时，DBMS 会满足所有的参照完整性约束。例如，在 View Ridge 数据库中，所有的键都是代理键，但是对于只有数据键的表，DBMS 会根据外键约束的规则、级联或不接受(无任何动作)更新。同时，如果存在外键约束的话，DBMS 在更新外键时会满足参照完整性约束。

批量更新

对于 SQL 更新命令，很容易进行批量更新。这很简单，但实际上却是有风险的。语句：

```
/* *** EXAMPLE CODE - DO NOT RUN *** */
/* *** SQL-UPDATE-CH07-03 *** */
UPDATE          CUSTOMER
    SET         City = 'New York City';
```

对 CUSTOMER 表中每一行改变其 City 的值。如果只是打算改变客户 1000 的 City 值，则会得到一个并不理想的结果，即每个客户都会有'New York City'这样的 City 值。

也可以使用 WHERE 子句找出多个记录，就可以进行批量更新了。例如，如果想要改变每一位生活在 Denver 的客户的 AreaCode，可以这样编写：

```
/* *** EXAMPLE CODE - DO NOT RUN *** */
/* *** SQL-UPDATE-CH07-04 *** */
UPDATE        CUSTOMER
    SET       AreaCode = '303'
    WHERE     City = 'Denver';
```

用其他表的值进行更新

SQL 更新命令可以设置列值和一个不同的表中的列值相等。View Ridge 数据库没有这个操作的合适例子，因此可以假设我们有一个名为 TAX_TABLE 的表，列为(Tax, City)，其中 Tax 是该城市的适当税率。

现在假设我们有一个表 PURCHASE_ORDER 包括了 TaxRate 和 City 列。我们对该城市里 Bodega Bay 的购物订单，用下面的 SQL 语句更新所有的记录：

```
/* *** EXAMPLE CODE - DO NOT RUN *** */
/* *** SQL-UPDATE-CH07-05 *** */
UPDATE        PURCHASE_ORDER
    SET       TaxRate =
              (SELECT      Tax
               FROM        TAX_TABLE
               WHERE       TAX_TABLE.City = 'Bodega Bay')
    WHERE     PURCHASE_ORDER.City = 'Bodega Bay';
```

更为可能的是，我们需要在没有指定城市的情况下更新一份购物订单的税率值。就是说对购物订单编号 1000 更新 TaxRate。在这种情况下，我们使用稍微复杂的 SQL 语句：

```
/* *** EXAMPLE CODE - DO NOT RUN *** */
/* *** SQL-UPDATE-CH07-06 *** */
UPDATE        PURCHASE_ORDER
    SET       TaxRate =
              (SELECT      Tax
               FROM        TAX_TABLE
               WHERE       TAX_TABLE.City = PURCHASE_ORDER.City)
    WHERE     PURCHASE_ORDER.Number = 1000;
```

SQL 选择语句可以通过许多不同的方式与更新语句合并。虽然我们必须继续讨论其他的话题，但你还是应该尝试这种方式的更新以及做些其他的变化。

7.4.4 用其他表的值进行更新

SQL MERGE 语句在 SQL 2003 中有所介绍，它是 SQL 的新加内容之一。SQL MERGE 语句将 SQL INSERT 和 SQL UPDATE 语句合并为一条语句，使之能够根据条件决定插入或者更新数据。

例如，假设在 VRG 的员工将数据插入 ARTIST 表前，他们对每位艺术家的数据进行了调研并将信息存在 ARTIST_DATA_RESEARCH 表。VRG 的商业逻辑是 ARTIST 的名字一旦入表就不能更改，但是如果国籍、出生日期或者死亡日期出错，错误信息可以更正。此处，ARTIST 数据的插入和更新可按以下方式进行：

```
/* *** EXAMPLE CODE - DO NOT RUN *** */
/* *** SQL-MERGE-CH07-01 *** */
MERGE INTO ARTIST AS A USING ARTIST_DATA_RESEARCH AS ADR
       ON     (A.LastName = ADR.LastName
               AND
               A.FirstName = ADR.FirstName)
WHEN MATCHED THEN
       UPDATE SET
          A.Nationality = ADR.Nationality,
          A.DateOfBirth = ADR.DateOfBirth,
          A.DateDeceased = ADR.DateDeceased
WHEN NOT MATCHED THEN
       INSERT (LastName, FirstName, Nationality,
          DateOfBirth, DateDeceased);
```

7.4.5 SQL 删除语句

SQL 删除语句也很容易使用。下面的 SQL 语句将删除 CustomerID 为 1000 的客户的记录：

```
/* *** EXAMPLE CODE - DO NOT RUN *** */
/* *** SQL-DELETE-CH07-01 *** */
DELETE    FROM CUSTOMER
WHERE     CustomerID = 1000;
```

当然，如果忽略了 WHERE 子句，就会删除所有的客户记录，因此还要小心使用这个命令。注意，不带 WHERE 从句的 DELETE 语句和 SQL TRUNCATE TABLE 语句逻辑等价。但是这两个语句并不完全一致，而且从表中移除数据的方法不同。例如，DELETE 语句可能会用到触发器，但是 TRUNCATE TABLE 不会用到。

当处理删除命令时，DBMS 会满足所有的参照完整性约束。例如，在 View Ridge 数据库中，无法删除拥有任何 TRANSACTION 孩子的客户记录。进一步，如果一个不包含 TRANSACTION 孩子的记录被删除了，那么任何存在的 CUSTOMER_ARTIST_INT 孩子也会被删除。后面这个行为的发生是因为 CUSTOMER 和 CUSTOMER_ARTIST_INT 之间的联系存在级联删除规则。

7.5 使用 SQL 视图

一个 SQL 视图是从其他表或视图构造出的一个虚拟表。一个视图本身没有数据，而是从其他表或视图中取得数据。视图是用 SQL SELECT 语句构造的，视图名可以像表名那样用在其他 SQL SELECT 语句中的 WHERE 子句中。用来构造视图的 SQL 语句的唯一限制是它不允许有 ORDER BY 子句[①]，需要由处理视图的 SELECT 语句提供排序。

---

① 这种限制出现在 SQL-92 标准中。Oracle 以及一些非常有限情况下的 SQL Server 允许视图使用 ORDER BY 子句。

BY THE WAY 视图是标准和流行的 SQL 结构。而 Microsoft Access 却不支持。相反，在 Microsoft Access 中可以创建一个查询，命名它，然后保存。可以通过与接下来讨论的处理视图的相同方式处理查询。

SQL Server, Oracle 和 MySQL 都支持视图，而且视图是在许多应用中非常重要的结构。不要由于 Microsoft Access 缺少对视图的支持就得到视图不重要的结论。

例如，以下语句在 CUSTOMER 表上定义了视图 CustomerNameView:

```
/* *** SQL-CREATE-VIEW-CH07-01 *** */
CREATE VIEW CustomerNameView AS
    SELECT    LastName AS CustomerLastName,
              FirstName AS CustomerFirstName,
    FROM      CUSTOMER;
```

注意，执行这个语句的结果仅仅是一条说明执行成功的系统消息。在比如 SQL Server Management Studio 等 GUI 应用程序中，一个适当命名的对象同时会被构造。

BY THE WAY 目前版本的 SQL Server, Oracle 和 MySQL 处理这里编写的 CREATE VIEW 语句不存在困难。然而对于早期版本的 SQL Server，要想构造视图，则必须在 CREATE VIEW 语句中删除分号。我不知道为什么 SQL Server 接受所有其他 SQL 语句的分号但是不接受创建视图的 SQL 语句的分号。如果碰巧你还在使用 SQL Server 2000，要意识到的是，在编写 CREATE VIEW 语句时，必须删除分号。最好是更新你的 SQL Server 的版本，因为 Microsoft 在 2013 年 4 月停止了 SQL Server，并且停止提供重要的安全更新。

一旦创建了视图，就可以像表一样用于 SELECT 语句的 FROM 子句中。下列语句得到的是已排好序的客户名字的列表:

```
/* *** SQL-Query-View-CH07-01 *** */
SELECT      *
FROM        CustomerNameView
ORDER BY    CustomerLastName, CustomerFirstName;
```

图 7.16 是图 7.12 的例子数据的结果。

	CustomerLastName	CustomerFirstName
1	Frederickson	Mary Beth
2	Gray	Donald
3	Janes	Jeffrey
4	Johnson	Lynda
5	Smathers	Fred
6	Smith	David
7	Twilight	Tiffany
8	Warning	Selma
9	Wilkens	Chris
10	Wu	Susan

注意，返回的字段的数目取决于视图中的字段的数目，而不是底层表的字段的数目。在这个例子中，SELECT 子句仅仅产生两个字段，因为 CustomerNameView 本身只有两个字段。

同时注意到 CUSTOMER 表中的 LastName 和 FirstName 字段在视图中被改名为 CustomerLastName 和 CustomerFirstName。因此，SELECT 语句中的 ORDER BY 子句需要用 CustomerLastName 和 CustomerFirstName 而不是 LastName 和 FirstName。而且，DBMS 在产生结果的时候使用的名称也是 CustomerLastName 和 CustomerFirstName。

BY THE WAY　如果你想修改已经构造好的视图，可以使用 SQL ALTER VIEW 语句。例如，如果想要改变 CustomerNameView 中 LastName 和 FirstName 字段的顺序，则可以使用以下 SQL 语句：

```
/* *** EXAMPLE CODE - DO NOT RUN *** */
/* *** SQL-ALTER-VIEW-CH07-01 *** */
ALTER VIEW CustomerNameView AS
     SELECT      FirstName AS CustomerFirstName,
                 LastName AS CustomerLastName,
     FROM        CUSTOMER;
```

如果你用的是 Oracle Database 11 g Release 2 或者 MySQL 5.6，则可以用 SQL CREATE 或者 REPLACE VIEW 替换 SQL CREATE VIEW。这样就可以在修改存储视图的同时不需要使用 SQL ALTER VIEW。

图 7.17 列出了视图的各种用途，可以隐藏字段或记录，也可以显示对多个字段计算的结果，隐藏复杂的 SQL 语句，并对内置函数进行分层应用，从而可以创建那些对单独一个 SQL 语句无法得到的结果。此外，SQL 视图提供了表重命名功能，因而可以对应用程序和用户隐藏真实表名，也可以用来指派不同的处理许可并为同一张表上的不同 SQL 视图提供不同的触发器。以下逐一提供这些用途的例子。

视图的用途
● 隐藏字段或记录 ● 显示计算结果 ● 隐藏复杂的 SQL 语法 ● 层次化内置函数 ● 在表数据和用户视图数据之间提供隔离层 ● 为同一张表的不同视图指派不同的处理许可 ● 为同一张表的不同视图指派不同的触发器许可

图 7.17　视图的用途

7.5.1　使用 SQL 视图隐藏字段和记录

视图可以隐藏字段。这可以简化查询结果或防止敏感数据的显示。例如，假设 View Ridge 的用户只需要客户名字及其电话号码的一个列表。以下语句定义 BasicCustomerData 视图，可以提供这样的列表：

```
/* *** SQL-CREATE-VIEW-CH07-02 *** */
CREATE VIEW CustomerBasicDataView AS
     SELECT    LastName AS CustomerLastName,
               FirstName AS CustomerFirstName,
               AreaCode, PhoneNumber
     FROM      CUSTOMER;
```

可以通过执行 SQL 语句来使用这个视图:

```
/* *** SQL-Query-View-CH07-02 *** */
SELECT        *
FROM          CustomerBasicDataView
ORDER BY      CustomerLastName, CustomerFirstName;
```

执行结果为:

	CustomerLastName	CustomerFirstName	AreaCode	PhoneNumber
1	Frederickson	Mary Beth	303	513-8822
2	Gray	Donald	707	568-4839
3	Janes	Jeffrey	425	543-2345
4	Johnson	Lynda	202	438-5498
5	Smathers	Fred	206	876-9911
6	Smith	David	970	654-9876
7	Twilight	Tiffany	360	765-5566
8	Warning	Selma	604	988-0512
9	Wilkens	Chris	360	876-8822
10	Wu	Susan	404	653-3465

如果对画廊的管理需要隐藏 TRANS 中的 AcquisitionPrice 和 SalesPrice 字段，那么可以定义一个并不包含这些字段的视图。这类视图的一个应用就是用来封装一个 Web 页面。

通过在视图定义中的 WHERE 子句可以隐藏整个数据记录。以下 SQL 语句是定义一个包含所有地址在华盛顿的客户的姓名、电话号码的视图:

```
/* *** SQL-CREATE-VIEW-CH07-03 *** */
CREATE VIEW CustomerBasicDataWAView AS
    SELECT     LastName AS CustomerLastName,
               FirstName AS CustomerFirstName,
               AreaCode, PhoneNumber
    FROM       CUSTOMER
    WHERE      State='WA';
```

可以通过执行 SQL 语句来使用这个视图:

```
/* *** SQL-Query-View-CH07-03 *** */
SELECT        *
FROM          CustomerBasicDataWAView
ORDER BY      CustomerLastName, CustomerFirstName;
```

执行结果为:

	CustomerLastName	CustomerFirstName	AreaCode	PhoneNumber
1	Janes	Jeffrey	425	543-2345
2	Smathers	Fred	206	876-9911
3	Twilight	Tiffany	360	765-5566
4	Wilkens	Chris	360	876-8822

正如预期的那样，只有生活在华盛顿的客户出现在这个视图中。由于 State 并不是这个视图结果的一部分，这个特点是隐含的。这个特点的好坏依赖于视图的使用。如果应用于专门针对华盛顿州的客户，这就是一个好的特点；而如果被误解为 View Ridge 仅有的客户，这就是一个不好的特点。

7.5.2 用 SQL 视图显示字段计算结果

视图的另一个用途是显示计算结果而不需要用户输入计算表达式。例如，以下视图合成

AreaCode 和 PhoneNumber 字段并格式化结果：

```
/* *** SQL-CREATE-VIEW-CH07-04 *** */
CREATE VIEW CustomerPhoneView AS
    SELECT   LastName AS CustomerLastName,
             FirstName AS CustomerFirstName,
             ('(' + AreaCode + ')' + PhoneNumber) AS CustomerPhone
    FROM     CUSTOMER;
```

若视图用户输入：

```
/* *** SQL-Query-View-CH07-04 *** */
SELECT          *
FROM            CustomerPhoneView
ORDER BY        CustomerLastName, CustomerFirstName;
```

则结果[①]为：

	CustomerLastName	CustomerFirstName	CustomerPhone
1	Frederickson	Mary Beth	(303) 513-8822
2	Gray	Donald	(707) 568-4839
3	Janes	Jeffrey	(425) 543-2345
4	Johnson	Lynda	(202) 438-5498
5	Smathers	Fred	(206) 876-9911
6	Smith	David	(970) 654-9876
7	Twilight	Tiffany	(360) 765-5566
8	Warning	Selma	(604) 988-0512
9	Wilkens	Chris	(360) 876-8822
10	Wu	Susan	(404) 653-3465

在视图中放置计算结果有两个主要的优点。首先用户可以不必写一个表达式就可以得到希望的结果，而且能够确保结果的一致。因为如果需要开发人员自己来写这个 SQL 表达式，不同的开发人员写的可能不一样，从而导致不一致的结果。

7.5.3　使用 SQL 视图隐藏复杂的 SQL 语法

视图也可以用于隐藏复杂的 SQL 语法。使用视图，开发人员就可以避免在需要一个特定的视图时输入一个复杂的语句。同样，即使不了解 SQL 的开发人员也能够充分利用 SQL 的优点。用于这种目的的视图同样可以确保结果的一致性。

例如，假设 View Ridge 的销售人员需要知道哪个客户对哪个艺术家感兴趣。为了显示这些兴趣，两个联接操作是必需的：一个是联接 CUSTOMER 和 CUSTOMER_ARTIST_INT，另一个是联接的结果再与 ARTIST 联接。我们可以编写 SQL 语句构建这些联接并把它定义为一个视图。事实上，我们使用前面讨论的嵌套左外联接的例子来构造 CustomerInterestsView 视图（这里使用等值联接（内联接），而不用外联接，因为我们对结果中的 NULL 值不感兴趣）：

```
/* *** SQL-CREATE-VIEW-CH07-05 *** */
CREATE VIEW CustomerInterestsView AS
    SELECT   C.LastName AS CustomerLastName,
             C.FirstName AS CustomerFirstName,
             A.LastName AS ArtistName
```

---

① 对于 CustomerPhoneView 视图中的连接符，不同的 DBMS 产品使用不同的符号。例如，在 Oracle 中，表示字符串的加号(+)必须改为双竖线(||)。

```
FROM      CUSTOMER AS C JOIN CUSTOMER_ARTIST_INT AS CAI
    ON    C.CustomerID = CAI.CustomerID
          JOIN   ARTIST AS A
            ON   CAI.ArtistID = A.ArtistID;
```

注意，把 C. LastName 改名为 CustomerLastName，把 A. LastName 改名为 ArtistLastName。我们至少要使用一个改名后的字段，因为如果不这样做，视图中会有两个名称为 Name 的字段，由于无法区分，DBMS 在建立视图时会生成错误信息。

这是写起来挺复杂的 SQL 语句，但是一旦创建好了视图，这个语句的结果可以通过简单的 SELECT 语句来获得。例如，以下的语句显示了根据 CustomerLastName 和 CustomerFirstName 排序的结果：

```
/* *** SQL-Query-View-CH07-05 *** */
SELECT        *
FROM          CustomerInterestsView
ORDER BY      CustomerLastName, CustomerFirstName;
```

图 7.18 显示了这个结果。显然，与构造联接语法相比，使用视图简单了许多。甚至较好地掌握了 SQL 的开发者也会乐于拥有一个简单点的视图来进行操作。

	CustomerLastName	CustomerFirstName	ArtistName
1	Frederickson	Mary Beth	Chagall
2	Frederickson	Mary Beth	Kandinsky
3	Frederickson	Mary Beth	Miro
4	Frederickson	Mary Beth	Matisse
5	Gray	Donald	Tobey
6	Gray	Donald	Horiuchi
7	Gray	Donald	Graves
8	Janes	Jeffrey	Graves
9	Janes	Jeffrey	Horiuchi
10	Janes	Jeffrey	Tobey
11	Smathers	Fred	Tobey
12	Smathers	Fred	Horiuchi
13	Smathers	Fred	Graves
14	Smith	David	Chagall
15	Smith	David	Matisse
16	Smith	David	Kandinsky
17	Smith	David	Miro
18	Smith	David	Sargent
19	Twilight	Tiffany	Sargent
20	Twilight	Tiffany	Tobey
21	Twilight	Tiffany	Horiuchi
22	Twilight	Tiffany	Graves
23	Warning	Selma	Chagall
24	Warning	Selma	Graves
25	Warning	Selma	Sargent
26	Wilkens	Chris	Tobey
27	Wilkens	Chris	Graves
28	Wilkens	Chris	Horiuchi

图 7.18　CustomerInterestsView 视图的 SELECT 结果

7.5.4　层次化内置函数

回忆第 2 章，不能将一个计算或一个内置(built-in)函数作为 SQL WHERE 子句的一部分。但是可以建立一个计算变量的视图，然后根据视图写出 SQL，可以使得计算得出的变量应用到 WHERE 子句中。为了理解这一点，考察 ArtistWorkNetView 视图定义：

```
/* *** SQL-CREATE-VIEW-CH07-06 *** */
CREATE VIEW ArtistWorkNetView AS
     SELECT    LastName AS ArtistLastName,
               FirstName AS ArtistFirstName,
               W.WorkID, Title, Copy, DateSold,
               AcquisitionPrice, SalesPrice,
               (SalesPrice - AcquisitionPrice) AS NetProfit
     FROM      TRANS AS T JOIN WORK AS W
         ON    T.WorkID = W.WorkID
               JOIN   ARTIST AS A
                 ON   W.ArtistID = A.ArtistID;
```

这个视图连接了 TRANS，WORK 和 ARTIST，并创建了计算得到的 NetProfit 列。

现在可以在下面查询的 SQL WHERE 子句中使用 NetProfit 了：

```
/* *** SQL-Query-View-CH07-06 *** */
SELECT         ArtistLastName, ArtistFirstName,
               WorkID, Title, Copy, DateSold, NetProfit
FROM           ArtistWorkNetView
WHERE          NetProfit > 5000
ORDER BY       DateSold;
```

这里在 WHERE 子句中使用了计算的结果，而在简单的 SQL 语句中是不允许的。SQL SELECT 结果如下：

	ArtistLastName	ArtistFirstName	WorkID	Title	Copy	DateSold	NetProfit
1	Horiuchi	Paul	500	Memories IV	Unique	2009-12-14	12500.00
2	Graves	Morris	548	Night Bird	Unique	2010-11-28	12500.00
3	Graves	Morris	561	Sunflower	Unique	2011-06-28	7500.00
4	Tobey	Mark	570	Untitled Number 1	Unique	2011-09-29	6250.00
5	Horiuchi	Paul	571	Yellow Covers Blue	Unique	2011-09-29	20000.00
6	Horiuchi	Paul	500	Memories IV	Unique	2011-12-18	32500.00

这样的层次化可以延续到更多的级别。我们定义另一个视图，对第一个视图进行另一个计算。例如，可以注意到在上面的结果中，Horiuchi 的作品 Memories IV 已经被卖了不止一次，而 ArtistWorkTotalNetView 视图将计算每一件作品总的销售净利润。

```
/* *** SQL-CREATE-VIEW-CH07-07 *** */
CREATE VIEW ArtistWorkTotalNetView AS
     SELECT    ArtistLastName, ArtistFirstName,
               WorkID, Title, Copy,
               SUM(NetProfit) AS TotalNetProfit
     FROM      ArtistWorkNetView
     GROUP BY ArtistLastName, ArtistFirstName,
               WorkID, Title, Copy;
```

现在我们对应用在 ArtistWorkTotalNet 视图上的 SQL WHERE 子句使用 TotalNetProfit，如下所示：

```
/* *** SQL-Query-View-CH07-07 *** */
SELECT        *
FROM          ArtistWorkTotalNetView
WHERE         TotalNetProfit > 5000
ORDER BY      TotalNetProfit;
```

在这个 SELECT 语句的 WHERE 子句中，我们在 SQL 视图上引用了 SQL 视图以及使用了一个内置的函数计算子句中的变量。结果如下：

	ArtistLastName	ArtistFirstName	WorkID	Title	Copy	TotalNetProfit
1	Tobey	Mark	570	Untitled Number 1	Unique	6250.00
2	Graves	Morris	561	Sunflower	Unique	7500.00
3	Graves	Morris	548	Night Bird	Unique	12500.00
4	Horiuchi	Paul	571	Yellow Covers Blue	Unique	20000.00
5	Horiuchi	Paul	500	Memories IV	Unique	45000.00

7.5.5　在隔离、多重许可和多重触发器中使用 SQL 视图

视图有三种其他重要的用途。一个用途是可以从应用代码中隔离出元数据表。为了了解其是如何进行的，假设我们定义了这个视图：

```
/* *** SQL-CREATE-VIEW-CH07-08 *** */
CREATE VIEW CustomerTableBasicDataView AS
     SELECT    *
     FROM      CUSTOMER;
```

这个视图指定了 CustomerTable001View 作为 CUSTOMER 表的别名。当查询这个视图时，结果是 CUSTOMER 表中自己的数据。如果所有应用程序代码在 SQL 语句中使用 CustomerTable001View，那么真正的数据源就被应用程序的程序员隐藏起来了。

```
/* *** SQL-Query-View-CH07-08 *** */
SELECT          *
FROM            CustomerTableBasicDataView;
```

	CustomerID	LastName	FirstName	Street	City	State	ZipPostalCode	Country	AreaCode	PhoneNumber	Email
1	1000	Janes	Jeffrey	123 W. Elm St	Renton	WA	98055	USA	425	543-2345	Jeffrey.Janes@somewhere.com
2	1001	Smith	David	813 Tumbleweed Lane	Loveland	CO	81201	USA	970	654-9876	David.Smith@somewhere.com
3	1015	Twilight	Tiffany	88 1st Avenue	Langley	WA	98260	USA	360	765-5566	Tiffany.Twilight@somewhere.com
4	1033	Smathers	Fred	10899 88th Ave	Bainbridge Island	WA	98110	USA	206	876-9911	Fred.Smathers@somewhere.com
5	1034	Frederickson	Mary Beth	25 South Lafayette	Denver	CO	80201	USA	303	513-8822	MaryBeth.Frederickson@somewhere.com
6	1036	Warning	Selma	205 Burnaby	Vancouver	BC	V6Z 1W2	Canada	604	988-0512	Selma.Warning@somewhere.com
7	1037	Wu	Susan	105 Locust Ave	Atlanta	GA	30322	USA	404	653-3465	Susan.Wu@somewhere.com
8	1040	Gray	Donald	55 Bodega Ave	Bodega Bay	CA	94923	USA	707	568-4839	Donald.Gray@somewhere.com
9	1041	Johnson	Lynda	117 C Street	Washington	DC	20003	USA	202	438-5498	NULL
10	1051	Wilkens	Chris	87 Highland Drive	Olympia	WA	98508	USA	360	876-8822	Chris.Wilkens@somewhere.com

这样隔离表为数据管理员提供了弹性。例如，假设将来有一天客户数据源变成了另一张不同的表(也许是从不同的数据库中导入的表)，名为 NEW_CUSTOMER。在这种情况下，数据库管理员所有需要做的事情就是使用 SQL ALTER VIEW 语句重新定义 CustomerTable001View：

```
/* *** EXAMPLE CODE - DO NOT RUN *** */
/* *** SQL-ALTER-VIEW-CH07-08 *** */
ALTER VIEW CustomerTableBasicDataView AS
     SELECT    *
     FROM      NEW_CUSTOMER;
```

所有使用 CustomerTableBasicDataView 的应用程序代码现在运行在新的数据源上没有任何问题。

SQL 视图的另一个用途是对相同的表设置不同的处理许可。我们会在第 9 章、第 10 章、第 10A 章、第 10B 章和第 10C 章中更详细地讨论安全性，但现在只需要知道在表和视图上限制增加、更新、删除和读取是可能的。

例如，企业也许定义 CUSTOMER 的一个视图 CustomerReadView，拥有只读许可；而第二个视图 CustomerUpdateView，拥有读取和更新许可。不需要更新客户数据的应用程序在 CustomerReadView 执行操作，然而那些需要更新这些数据的应用程序则在 CustomerUpdateView 执行操作。

最后一个使用 SQL 视图的原因是可以在相同数据源上定义多个触发器集合。这个技术一般用来满足 O:M 和 M:M 联系。在这种情况下，一个视图拥有一个触发器集合，可以禁止删除一个必需的孩子，而另一个视图拥有一个触发器集合，用于删除一个必需的孩子以及其双亲。这些视图用在不同的应用程序中，具体取决于这些应用程序的权限。

7.5.6　更新 SQL 视图

有些视图可以是可更新的，而有些则是不可更新的。确定视图是否可更新的规则较为复杂并依赖于具体的 DBMS。为了理解这个问题，考虑以下对于上一节定义的视图的两个更新请求：

```
/* *** EXAMPLE CODE - DO NOT RUN *** */
/* *** SQL-UPDATE-VIEW-CH07-01 *** */
UPDATE  CustomerTableBasicDataView
    SET     Phone = '543-3456'
    WHERE   CustomerID = 1000;
```

和

```
/* *** EXAMPLE CODE - DO NOT RUN *** */
/* *** SQL-UPDATE-VIEW-CH07-02 *** */
UPDATE  ArtistWorkTotalNetView
    SET     TotalNetProfit = 23000
    WHERE   ArtistLastName = 'Tobey';
```

处理第一个请求没有问题，因为 CustomerTableBasicDataView 与 CUSTOMER 表的结构相同。另一方面，第二个更新请求没有意义，因为 TotalNetProfit 是一个计算出的字段，在数据库中没有对应的字段可以被更新。显然，第二个更新请求不能被处理。

图 7.19 是判断一个视图是否可更新的普遍指导原则。同时，具体细节是应用中的 DBMS 决定的。通常 DBMS 需要把待更新的字段与特定基本表的特定记录关联起来。对这个问题可以通过回答问题“如果我是 DBMS 并被要求更新这个视图该怎么办？这个请求有意义吗？是否有足够的数据来完成这个更新？”来解决。显然，如果提供的是一张完整的表并且不存在计算字段，视图是可更新的。同时，DBMS 会标记这个视图是可更新的，如果在该视图上定义了一个 INSTEAD OF 触发器，我们将在后面描述。

如果视图不包含某个被要求的字段，视图显然就不能用于插入。但只要包含主键（或者有些 DBMS 只要求一个候选键），这样一个视图就可以用于更新和删除。多表视图中的大部分子表是可更新的，只要这个子表的主键或候选键包含在视图中。同时，只有是该表中的主键或候选键处于视图中才能完成这些操作。

我们会在第 10A 章、第 10B 章和第 10C 章中分别再次讲述 SQL Server 2012，Oracle Database11g Release 2 和 MySQL 5.6 中的这个主题。

可更新视图

- 视图基于一个单独的表并且不存在计算字段，所有的非空字段都包含在视图中
- 视图基于若干个表，有或者没有计算字段，并且有 INSTEAD OF 触发器定义在这个视图上

可能有可更新的视图

- 基于一个单独的表，主键包含在视图中，有些必需的字段不包含在视图中，可能允许更新或删除，但不允许插入
- 基于多个表，可能允许对其中的大多数表做更新，只要这些表中的记录可以被唯一确定

图 7.19 判断一个视图是否可更新的指导原则

7.6 在程序代码中嵌入 SQL

SQL 语句可以被嵌入触发器、存储过程和程序代码中。在讨论这些主题之前，首先从一般意义上解释 SQL 语句是怎样加入程序代码的。

为了在程序代码中嵌入 SQL，有两个问题必须解决。第一个问题是要能够把 SQL 语句的结果赋予程序变量。有许多不同的技术，有些涉及到面向对象程序，其他的较为简单。例如，在 Oracle 的 PL/SQL 中，以下语句把 CUSTOMER 中记录的数量赋予变量 rowCount：

```
/* *** EXAMPLE CODE - DO NOT RUN *** */
/* *** SQL-Code-Example-CH07-01 *** */
SELECT      Count(*) INTO rowCount
FROM        CUSTOMER;
```

MySQL SQL 使用相同的语法。在 SQL Server T-SQL 中，所有用户定义的变量必须在第一个字符处使用@（“at”）。因此 T-SQL 的代码使用用户定义的变量@ rowCount：

```
/* *** EXAMPLE CODE - DO NOT RUN *** */
/* *** SQL-Code-Example-CH07-02 *** */
SELECT      @rowCount = Count(*)
FROM        CUSTOMER;
```

在这两种情况下，上述语句的执行都会把 CUSTOMER 中记录的数量赋予程序变量 rowCount 或@ rowCount。

第二个需要解决的问题涉及到 SQL 和应用编程语言之间的不匹配。SQL 是面向集合的，SQL SELECT 是从一张表或多张表开始，然后产生一张表作为结果。另一方面，程序是从一个或多个变量开始处理这些变量的，并且将结果存储到某个变量中。由于这种区别，以下的语句没有意义：

```
/* *** EXAMPLE CODE - DO NOT RUN *** */
/* *** SQL-Code-Example-CH07-03 *** */
SELECT      LastName INTO CustomerLastName
FROM        CUSTOMER;
```

如果在 CUSTOMER 表中有 100 个记录，Name 就有 100 个值。而程序变量 custName 则只能接受一个值。

为了绕开这个问题，SQL 语句的结果被当作一个虚拟的文件处理。当一个 SQL 语句返回一组记录时，游标或者指向特定记录的指针就被确定了。应用程序可以将游标放在该 SQL 语句的输出结果中的第一行、最后一行或其他行上。根据游标的位置，该行中的所有列的值就会赋给程序的变量。当应用程序结束一个特定的行时，会将游标移向下一行、前一行或其他行，继续进行处理。

使用游标的典型模式如下：

```
/* *** EXAMPLE CODE - DO NOT RUN *** */
/* *** SQL-Code-Example-CH07-04 *** */
DECLARE SQLCursor CURSOR FOR (SELECT * FROM CUSTOMER);
/* Opening SQLcursor executes (SELECT * FROM CUSTOMER) */
OPEN SQLcursor;
MOVE SQLcursor to first row of (SELECT * FROM CUSTOMER);
     WHILE (SQLcursor not past the last row) LOOP
        SET customerLastName = LastName;
        ...other statements...
        REPEAT LOOP UNTIL DONE;
CLOSE SQLcursor
...other processing...
```

这样就可以逐一处理 SQL SELECT 返回的结果记录了。在后续章节中将有许多类似的例子，现在先对怎样把 SQL 嵌入程序代码中有一个初步的直观理解。

嵌入式 SQL 语句一个典型的应用是 Web 数据库应用。这将在第 11 章中进行讨论，同时将会提供 SQL 语句嵌入 PHP 脚本语言的一些例子。

7.6.1　SQL/持久存储模块(SQL/PSM)

如前所述，每个 DBMS 产品对 SQL 有自己的变化和扩展。ANSI/ISO 标准适用于 SQL/持久存储模块。Microsoft SQL Server 称它的 SQL 版本为 Transact-SQL(T-SQL)，Oracle Database 称其为 SQL Procedural Language/SQL(PL/SQL)，MySQL 也包括 SQL/PSM 组件，但是没有特定的名字，在 MySQL 文档中仍称为 SQL。

SQL/PSM 提供程序变量和游标功能，也包括流控制语言，如 BEGIN…END 块，IF…THEN…ELSE 逻辑结构和 LOOP，同时能够向用户提供可用的输出。

但是，SQL/PSM 最重要的特性是允许代码重用。可以采用以下三种模块类型编写 SQL 代码：用户定义函数、触发器和存储过程。将持久存储模块的名称分解来看，其中持久意味着代码长期可用，存储意味着代码存储在数据库中以备重用，模块意味着代码是以用户定义函数、触发器或者存储过程的形式编写的。

7.6.2　使用 SQL 用户定义函数

用户定义函数(也叫作存储函数)是一组存储好的 SQL 语句。

- 在另一个 SQL 语句中按名称被调用

- 在调用的 SQL 语句中传入参数
- 给调用 SQL 语句返回结果

图 7.20 描述了用户定义函数的逻辑流程。SQL/PSM 用户定义函数与 SQL 内置函数(COUNT, SUM, AVE, MAX 和 MIX)很像,但是从名字就可看出,前者可根据自己的需要编写函数执行特定的任务。

图 7.20 用户定义函数的处理流程

一个常见的问题是当数据库将基本数据存放在两个域 FirstName 和 LastName 的时候,怎么将名字以“LastName,FirstName”的格式输出。使用 VRG 数据库中的数据,可以用一条 SQL 语句解决这个问题:

```
/* *** SQL-Query-CH07-01 *** */
SELECT      RTRIM(LastName)+', '+RTRIM(FirstName) AS CustomerName,
            AreaCode, PhoneNumber, Email
FROM        CUSTOMER
ORDER BY    CustomerName;
```

虽然产生了预期的结果,但代价是代码比较累赘:

	CustomerName	AreaCode	PhoneNumber	Email
1	Frederickson, Mary Beth	303	513-8822	MaryBeth.Frederickson@somewhere.com
2	Gray, Donald	707	568-4839	Donald.Gray@somewhere.com
3	Janes, Jeffrey	425	543-2345	Jeffrey.Janes@somewhere.com
4	Johnson, Lynda	202	438-5498	NULL
5	Smathers, Fred	206	876-9911	Fred.Smathers@somewhere.com
6	Smith, David	970	654-9876	David.Smith@somewhere.com
7	Twilight, Tiffany	360	765-5566	Tiffany.Twilight@somewhere.com
8	Warning, Selma	604	988-0512	Selma.Warning@somewhere.com
9	Wilkens, Chris	360	876-8822	Chris.Wilkens@somewhere.com
10	Wu, Susan	404	653-3465	Susan.Wu@somewhere.com

另一种方法是创建用户定义函数来存放代码,这样不仅便于使用,也可以在其他 SQL 语句中使用。图 7.21 展示了 Microsoft SQL Server 2012 的 T-SQL 写的用户定义函数,该代码使用的是符合 Microsoft SQL Server's T-SQL 2012 的特定语法:

- 通过 T-SQL CREATE FUNCTION 语句创建和保存函数;
- 函数名以一个 Microsoft SQL Server 模式(第 10A 章)的名字 dbo 开头;
- 输入参数和返回的输出值的变量名都以@ 开头;
- 级联语法是 T-SQL 语法。

用户定义函数介绍的 Oracle Database 版本在第 10B 章介绍,而 MySQL 版本在第 10C 章介绍。

```
CREATE FUNCTION dbo.NameConcatenation

-- These are the input parameters
      (
      @FirstName          CHAR(25),
      @LastName           CHAR(25)
      )

RETURNS VARCHAR(60)
AS
BEGIN
      -- This is the variable that will hold the value to be returned
      DECLARE @FullName VARCHAR(60);

      -- SQL statements to concatenate the names in the proper order
      SELECT @FullName = RTRIM(@LastName) + ', ' + RTRIM(@FirstName);

      -- Return the concatentate name
      RETURN @FullName;
END
```

图 7.21　级联 FirstName 和 LastName 的用户定义函数代码

在得到用户定义函数之后，我们再将其用于 SQL-Query-CH07-02：

```
/* *** SQL-Query-CH07-02 *** */
SELECT      dbo.NameConcatenation(FirstName, LastName) AS CustomerName,
            AreaCode, PhoneNumber, Email
FROM        CUSTOMER
ORDER BY    CustomerName;
```

现在我们得到能够产生和 SQL-Query-CH07-02 相同结果的函数：

	CustomerName	AreaCode	PhoneNumber	Email
1	Frederickson, Mary Beth	303	513-8822	MaryBeth.Frederickson@somewhere.com
2	Gray, Donald	707	568-4839	Donald.Gray@somewhere.com
3	Janes, Jeffrey	425	543-2345	Jeffrey.Janes@somewhere.com
4	Johnson, Lynda	202	438-5498	NULL
5	Smathers, Fred	206	876-9911	Fred.Smathers@somewhere.com
6	Smith, David	970	654-9876	David.Smith@somewhere.com
7	Twilight, Tiffany	360	765-5566	Tiffany.Twilight@somewhere.com
8	Warning, Selma	604	988-0512	Selma.Warning@somewhere.com
9	Wilkens, Chris	360	876-8822	Chris.Wilkens@somewhere.com
10	Wu, Susan	404	653-3465	Susan.Wu@somewhere.com

使用用户定义函数的好处是之后可以直接复用而不需要再写代码。例如，先前的查询使用 VRG CUSTOMER 表，但现在可以轻松地对 ARTIST 表中的数据使用函数：

```
/* *** SQL-Query-CH07-03 *** */
SELECT      dbo.NameConcatenation(FirstName, LastName) AS ArtistName,
            DateofBirth, DateDeceased
FROM        ARTIST
ORDER BY    ArtistName;
```

该查询得到如下结果：

	ArtistName	DateofBirth	DateDeceased
1	Chagall, Marc	1887	1985
2	Graves, Morris	1920	2001
3	Horiuchi, Paul	1906	1999
4	Kandinsky, Wassily	1866	1944
5	Klee, Paul	1879	1940
6	Matisse, Henri	1869	1954
7	Miro, Joan	1893	1983
8	Sargent, John Singer	1856	1925
9	Tobey, Mark	1890	1976

我们甚至可以在同一个SQL语句中多次使用该函数，SQL-Query-CH07-04是我们创建SQL视图CustomerInterestView的SQL查询的变体，如下所示：

```
/* *** SQL-Query-CH07-04 *** */
SELECT    dbo.NameConcatenation(C.FirstName, C.LastName) AS CustomerName,
          dbo.NameConcatenation(A.FirstName, A.LastName) AS ArtistName
FROM      CUSTOMER AS C JOIN CUSTOMER_ARTIST_INT AS CAI
    ON    C.CustomerID = CAI.CustomerID
          JOIN   ARTIST AS A
            ON   CAI.ArtistID = A.ArtistID
ORDER BY CustomerName, ArtistName;
```

该查询产生了如图7.22所示的预期结果。可以看出，通过用户定义函数NameConcatenation，CustomerName和ArtistName都显示了LastName，FirstName格式的名字，将该图结果同图7.18进行对比，虽然返回的是相同的结果，但是后者的格式没有进行调整。

	CustomerName	ArtistName
1	Frederickson, Mary Beth	Chagall, Marc
2	Frederickson, Mary Beth	Kandinsky, Wassily
3	Frederickson, Mary Beth	Matisse, Henri
4	Frederickson, Mary Beth	Miro, Joan
5	Gray, Donald	Graves, Morris
6	Gray, Donald	Horiuchi, Paul
7	Gray, Donald	Tobey, Mark
8	Janes, Jeffrey	Graves, Morris
9	Janes, Jeffrey	Horiuchi, Paul
10	Janes, Jeffrey	Tobey, Mark
11	Smathers, Fred	Graves, Morris
12	Smathers, Fred	Horiuchi, Paul
13	Smathers, Fred	Tobey, Mark
14	Smith, David	Chagall, Marc
15	Smith, David	Kandinsky, Wassily
16	Smith, David	Matisse, Henri
17	Smith, David	Miro, Joan
18	Smith, David	Sargent, John Singer
19	Twilight, Tiffany	Graves, Morris
20	Twilight, Tiffany	Horiuchi, Paul
21	Twilight, Tiffany	Sargent, John Singer
22	Twilight, Tiffany	Tobey, Mark
23	Warning, Selma	Chagall, Marc
24	Warning, Selma	Graves, Morris
25	Warning, Selma	Sargent, John Singer
26	Wilkens, Chris	Graves, Morris
27	Wilkens, Chris	Horiuchi, Paul
28	Wilkens, Chris	Tobey, Mark

图7.22　使用NameConcatenation用户定义函数的SQL查询结果

7.6.3　使用SQL触发器

触发器是当特定的事件发生时，由DBMS执行的存储程序。Oracle的触发器使用Java编程，也可以使用Oracle专有的编程语言SQL(PL/SQL)。SQL Server触发器使用Microsoft .NET通用语言，比如Visual Basic.NET和T-SQL。MySQL触发器则使用MySQL的变种。在这一章里，将通过一般的方式而不是考虑那些特定的编程语言讨论触发器。我们将分别在第10A章、第10B章和第10C章中讨论使用T-SQL，PL/SQL和MySQL SQL编写的触发器。

触发器是和一张表或一个视图关联的。一张表或一个视图可以有许多触发器，但是一个触发器只能和一张表或一个视图相关联。当触发器所附着的表或视图上发生插入、更新、删除时，触发器程序将会被调用。图7.23总结了SQL Server 2012，Oracle Database 11g Release 2和MySQL 5.6中可用的触发器。

触发器类型 / DML动作	BEFORE	INSTEAD OF	AFTER
插入	Oracle Database My SQL	Oracle Database SQL Server	Oracle Database SQL Server My SQL
更新	Oracle Database My SQL	Oracle Database SQL Server	Oracle Database SQL Server My SQL
删除	Oracle Database My SQL	Oracle Database SQL Server	Oracle Database SQL Server My SQL

图7.23　DBMS产品SQL触发器的小结

Oracle支持3种触发器：BEFORE，INSTEAD OF和AFTER。显然，BEFORE触发器在插入、更新和删除之前被处理，INSTEAD OF触发器在插入、更新和删除过程中被处理，AFTER触发器在插入、更新和删除之后被处理。因此总共有9种触发器类型：BEFORE(插入、更新、删除)、INSTEAD OF(插入、更新、删除)和AFTER(插入、更新、删除)。

自SQL Server 2005之后，SQL Server既支持DDL触发器(在DDL语句如CREATE，ALTER和DROP上的触发器)也支持DML触发器。我们在这里只讨论DML触发器，也就是SQL Server 2012中在INSERTT，UPDATE和DELETE上的INSTEAD OF和ALTER触发器。因此，有6种可能的触发器类型。

SQL Server只支持INSTEAD OF和AFTER触发器，所以只支持6种可能的触发器类型。其他的DBMS支持不同的触发器类型。参见具体产品的文档了解其支持的触发器类型。

当一个触发器被触发时，DBMS使得插入、更新和删除的数据对触发器代码可用。对于插入操作，DBMS提供新记录的各个字段的值；对于删除，DBMS提供被删除记录的各个字段的值；对于更新，它同时提供旧的和新的数据。

提供数据的方式依赖于具体的DBMS产品。现在，假设新的值通过在字段名称前加一个前缀“new:”提供。因此，当插入CUSTOMER时，变量new:LastName就是被插入记录的LastName字段的值。对于更新，new: LastName是被更新后的记录的LastName字段的值。类似地，假设旧的值通过在字段名前面加前缀“old:”提供。因此，对于删除操作，变量old:Name是被删除记录的LastName字段值。对于更新，old:Name是被更新前记录的LastName字段的值(这实际是Oracle中的表示方法，在第10章和第10B章将分别看到SQL Server和MySQL中等价的表示方法)。

触发器有许多应用。在这一章里，我们考虑图7.24给出的4种应用。

- 提供默认值
- 增强数据约束
- 更新SQL视图
- 执行参照完整性动作

SQL触发器的应用
● 提供默认值
● 满足数据约束
● 更新视图
● 执行参照完整性行为

图7.24　触发器的用途

使用触发器提供默认值

在第 6 章前面介绍了怎样用 DEFAULT 关键字为一个字段指定一个初值。然而 DEFAULT 仅仅可以用于简单的表达式，如果指定默认值时要求较为复杂的逻辑，就需要使用一个触发器。

例如，假设 View Ridge Gallery 要求 AskingPrice 的值等于 AcquisitionPrice 或 AcquisitionPrice 的总和加上这个艺术品以往的平均销售净利润这两个值中的较大者。图 7.25 的 AFTER 触发器实现了这个策略。同样，图 7.25 中的代码也是通用的。我们将会在第 10 章、第 10A 章和第 10B 章中了解到 SQL Server，Oracle 和 MySQL 如何写出这样的代码。

```
CREATE TRIGGER TRANS_AskingPriceInitialValue
      AFTER INSERT ON TRANS

DECLARE
      rowCount          Int;
      sumNetProfit      Numeric(10,2);
      avgNetProfit      Numeric(10,2);

BEGIN
      /* First find if work has been here before                              */

      SELECT    Count(*) INTO rowCount
      FROM      TRANS AS T
      WHERE     new:WorkID = T.WorkID;

      IF (rowcount = 1)
      THEN
         /* This is first time work has been in gallery                       */

         new:AskingPrice = 2 * new:AcquisitionPrice;

      ELSE
         IF rowcount > 1
         THEN
            /* Work has been here before                                      */

            SELECT    SUM(NetProfit) into sumNetProfit
            FROM      ArtistWorkNetView AWNV
            WHERE     AWNV.WorkID = new.WorkID
            GROUP BY  AWNV.WorkID;

            avgNetProfit = sumNetProfit / (rowCount - 1);

               /* Now choose larger value for the new AskingPrice             */

               IF ((new:AcquisitionPrice + avgNetProfit)
                     > (2 * new:AcquisitionPrice))
               THEN
                  new:AskingPrice = (new:AcquisitionPrice + avgNetProfit);
               ELSE
                  new:AskingPrice = (2 * new:AcquisitionPrice);
               END IF;
         ELSE
            /* Error, rowCount cannot be less than 1                          */
            /* Do something!                                                  */
         END IF;
      END IF;
END;
```

图 7.25 插入一个默认值的触发器代码

在声明了程序变量之后，触发器读取TRANS表并找出有多少TRANS中的行是和该作品有关的。因为这是一个AFTER触发器，新的关于该作品的TRANS中的行已经插入好了。因此，如果该作品是第一次被收进画廊，则该计数结果是1。如果是这样，SalesPrice的新值被设为AcquisitionPrice的两倍。

如果rowcount大于1，这件作品就不是第一次被收入画廊。为了计算这件作品的平均净利，触发器使用7.5.3节描述的ArtistWorkNet计算这个作品的Sum(NetPrice)。计算出的总和被放在变量sumNetPrice中。注意，WHERE子句限制了视图中用到的这些行只可用于这件特殊的作品上。然后把总和除以rowcount减1计算平均值。

为什么不在SQL语句中用Avg(NetPrice)呢？因为默认的SQL平均值函数将把新的那一行也计算在平均值中。而这里不需要包含这一行，所以计算平均值时要从rowcount减1。

一旦计算了avgNetPrice的值，就与AcquisitionPrice的两倍做比较，较大者作为AskingPrice的新值。

使用触发器满足数据约束

触发器的第二个用途是满足数据约束。虽然SQL CHECK约束能够用来满足域、范围和关系内约束，但是没有DBMS商家实现了SQL-92关于关系间CHECK约束的特征。因此，这样的约束由触发器实现。

假设这样一个例子，画廊对墨西哥画家有特别的兴趣，而且从未对他们的作品价格打折扣。所以，作品的SalesPrice必须总是至少为AskingPrice。为了满足这个要求，画廊数据库含有一个插入和更新的触发器，用于在TRANS上检查作品是否由墨西哥画家创作。如果是，SalesPrice将再次检查并和AskingPrice比较。如果它小于AskingPrice，那么SalesPrice会被重设为AskingPrice。

图7.26给出的一般性触发器代码实现了这个要求。这个触发器将在对TRANS的行进行了任何的插入或更新操作后被触发。触发器首先检查并确定该作品是否由墨西哥的艺术家创作。如果不是，触发器就会退出执行。否则，SalesPrice将再次检查并和AskingPrice比较；如果它小于触发器将会被递归调用。

触发器中的更新语句会导致TRANS上的一个更新，而这又会导致触发器被再次调用。但是在第二次调用时，SalesPrice和AskingPrice相等，不会再进行更新，于是递归就会终止。

使用触发器更新视图

如前所述，有些视图是可以由DBMS更新的，有些则不能，这取决于构造视图的方式。对于不能由DBMS更新的视图，有时候可以由应用程序特有的针对给定商业设置的逻辑进行更新。应用程序更新视图的特有的逻辑被放在INSTEAD OF触发器中。

如果在视图中声明了一个INSTEAD OF触发器，DBMS除了调用触发器以外不执行任何操作。其他所有的事情都交给了触发器。如果你在MyView视图中声明了一个INSTEAD OF INSERT的触发器，并且如果你的触发器仅仅是发送电子邮件而不是做其他事情，那么电子邮件就会作为在这个视图上执行INSERT操作的结果。在MyView上进行INSERT意味着“发送一份电子邮件”，再无其他。

更加实际一些，考察7.5节的CustomerInterests视图和图7.18所示视图的结果。这个视图是在CUSTOMER和ARTIST之间的交集部分联接的结果。假设这个视图在一个用户表格上组合了一个格子，更进一步假设用户在需要的时候会在这个表格上修改客户名字。如果这些修改是不可能的话，用户就会这样说:“名字就在这里，我为什么不可以修改它呢?”然而他们甚少了解 DBMS 在显示数据时经过的许多审查和考验。

```
CREATE TRIGGER TRANS_CheckSalesPrice
      AFTER INSERT, UPDATE ON TRANS

DECLARE

      artistNationality   Char (30);

BEGIN
      /* First determine if work is by a Mexican artist */

      SELECT    Nationality into artistNationality
      FROM      ARTIST AS A JOIN WORK AS W
            ON  A.ArtistID = W.ArtistID
      WHERE     W.WorkID = new:WorkID;

      IF (artistNationality <> 'Mexican')
      THEN
         Exit Trigger;
      ELSE

          /* Work is by a Mexican artist - enforce constraint                */

          IF (new:SalesPrice < new:AskingPrice)
          THEN

              /* Sales Price is too low, reset it                            */

              UPDATE    TRANS
              SET       SalesPrice = new:AskingPrice;

              /* Note:  The above update will cause a recursive call on this */
              /* trigger. The recursion will stop the second time through    */
              /* because SalesPrice will be = AskingPrice.                   */

              /* At this point send a message to the user saying what's been */
              /* done so that the customer has to pay the full amount        */

          ELSE
              /* Error: new:SalesPrice >= new:AskingPrice                    */
              /* Do something!                                               */
          END IF;
       END IF;
END;
```

图 7.26 满足数据约束的触发器代码

在任何情况下，如果客户名字的值在数据库中碰巧是唯一的话，则该视图有足够的信息更新用户的名字。图 7.27 给出了针对这样更新的一般性触发器代码。这些代码仅仅计算具有旧的名字值的那些客户的数量。如果仅有一个客户的名字是这个值，那么就进行更新；否则，一份错误的信息就会产生。

注意到更新行为是作用在视图背后的多张表中的某张表上的。视图当然并没有包含真正的视图数据，只有实际的表会被更新。

使用触发器实现参照完整性行为

触发器的第 4 种用途是实现参照完整性行为。考察这样一个例子，DEPARTMENT 和 EMPLOYEE 之间存在 1:N 联系。假设这个联系是 M:M 而且 EMPLOYEE.DepartmentName 是 DEPARTMENT 的一个外键。

```
CREATE TRIGGER CustomerInterestView_UpdateCustomerLastName
       INSTEAD OF UPDATE ON CustomerInterestView

DECLARE

       rowCount          Int;

BEGIN

       SELECT     COUNT(*) into rowCount
       FROM       CUSTOMER
       WHERE      CUSTOMER.LastName = old:LastName

       IF (rowcount = 1)
       THEN

          /* If get here, then only one customer has this last name.      */
          /* Make the name change.                                        */

          UPDATE     CUSTOMER
          SET        CUSTOMER.LastName = new:LastName
          WHERE      CUSTOMER.LastName = old:LastName;

       ELSE

          IF (rowCount > 1 )
          THEN

             /* Send a message to the user saying cannot update because   */
             /* there are too many customers with this last name.         */

          ELSE
             /* Error, if rowcount <= 0 there is an error!                */
             /* Do something!                                             */
          END IF;
       END IF;
END;
```

图 7.27　更新一个 SQL 视图的触发器代码

为了满足这个约束，我们将创建两个同时基于 EMPLOYEE 的视图。第一个视图 DeleteEmployeeView，仅当某一行不是 DEPARTMENT 中的最后一个孩子时删除 EMPLOYEE 中的这一行。第二个视图 DeleteEmployeeDepartmentView 将删除 EMPLOYEE 中的一行，并且如果该行对应了 DEPARTMENT 中的最后一个员工，还会删除 DEPARTMENT 的行。

企业将会令 DeleteEmployeeView 视图对应用程序来说是可利用的，但是没有允许从 DEPARTMENT 删除行。而 DeleteEmployeeDepartmentView 视图则提供给应用程序，并允许其对不包含员工的 EMPLOYEE 表和 DEPARTMENT 表进行删除操作。

视图 DeleteEmployeeView 和 DeleteEmployeeDepartmentView 有相同的结构。

```
/* *** EXAMPLE CODE - DO NOT RUN *** */
/* *** SQL-CREATE-VIEW-CH07-09 *** */
CREATE VIEW DeleteEmployeeView AS
     SELECT    *
     FROM      EMPLOYEE;

/* *** EXAMPLE CODE - DO NOT RUN *** */
/* *** SQL-CREATE-VIEW-CH07-10 *** */
CREATE VIEW DeleteEmployeeDepartmentView AS
     SELECT    *
     FROM      EMPLOYEE;
```

图7.28给出了DeleteEmployee上的触发器，它确定该员工是否是该部门的最后一位员工。如果不是，EMPLOYEE的行被删除，否则该员工是该部门的最后一位员工，不做任何事情。

```
CREATE TRIGGER EMPLOYEE_DeleteCheck
      INSTEAD OF DELETE ON DeleteEmployeeView

DECLARE

      rowCount          Int;

BEGIN

      /*  First determine if this is the last employee in the department */

      SELECT     Count(*) into rowCount
      FROM       EMPLOYEE
      WHERE      EMPLOYEE.EmployeeNumber = old:EmployeeNumber;

      IF (rowCount > 1)
      THEN

         /* Not last employee, allow deletion                           */

         DELETE     EMPLOYEE
         WHERE      EMPLOYEE.EmployeeNumber = old:EmployeeNumber;

      ELSE

         /* Send a message to user saying that the last employee        */
         /* in a department cannot be deleted.                          */

      END IF;

END;
```

图7.28 删除非最后一个的员工记录的触发器代码

同理，若INSTEAD OF触发器在删除操作上做了声明，DBMS就不做任何事情。所有的行为都交给了触发器。如果该员工是部门中最后的员工，那么这个触发器什么也不做。这意味着数据库不会做修改，因为DBMS将所有的处理任务都留给了INSTEAD OF触发器。

图7.29给出了DeleteEmployeeDepartment上的触发器，它与对员工删除操作有点不同。首先检查该员工是否是该部门里的最后一位员工。如果是，DEPARTMENT将被删除，然后员工被删除。注意到EMPLOYEE中的行是一定会被删除的。

与第6章结尾所描述的一样，图7.28和图7.29中的触发器用于满足O:M和M:M之间联系的参照完整性行为。在第10A章中将会介绍如何在SQL Server中编写这些触发器，第10B章介绍在Oracle中编写触发器，第10C章中介绍在MySQL中编写触发器。

7.6.4 使用存储过程

存储过程是存放在数据库中的程序，执行一些常用的数据库操作。在Oracle中，存储过程可以用PL/SQL或Java编写。在SQL Server中，存储过程则用T-SQL或.NET CLR库语言(如VisualBasic.NET，C#.NET或C++.NET)编写。在MySQL中，可以使用MySQL的变种编写。

存储过程可以接受输入参数并返回结果。不同于触发器，存储过程是与数据库关联的而不是与具体的表或视图关联的。存储过程可以被任何使用数据库的进程执行，只要这些进程具有使用这个存储过程的权限。触发器和存储过程的不同点已概括在图7.30中。

```
CREATE TRIGGER EMPLOYEE_DEPARTMENT_DeleteCheck
       INSTEAD OF DELETE ON DeleteEmployeeDepartmentView

DECLARE

       rowCount         Int;

BEGIN

       /*  First determine if this is the last employee in the department    */

       SELECT     Count(*) into rowCount
       FROM       EMPLOYEE
       WHERE      EMPLOYEE.EmployeeNumber = old:EmployeeNumber;

       /* Delete Employee row regardless of whether Department is deleted   */

       DELETE     EMPLOYEE
       WHERE      EMPLOYEE.EmployeeNumber = old:EmployeeNumber;

       IF (rowCount = 1)
       THEN

          /* Last employee in Department, delete Department                  */

          DELETE     DEPARTMENT
          WHERE      DEPARTMENT.DepartmentName = old:DepartmentName;

       END IF;

END;
```

图 7.29　在必要的时候删除孩子及双亲的触发器代码

触发器
当 INSERT，UPDATE 或者 DELETE 命令执行时，由 DBMS 调用的代码模块
指派到一张表或视图中
依赖于 DBMS，每张表或视图可能有多个触发器
触发器也可能引发 INSERT，UPDATE 和 DELETE 命令，因而可能会激发其他触发器
存储过程
由用户或数据库管理员调用的代码模块
指派到一个数据库中，而不是一张表或视图
会引发 INSERT，UPDATE 和 DELETE 命令
用于重复性的管理任务或作为应用程序的一部分

图 7.30　触发器和存储过程的比较

存储过程可以用于多种目的，数据库管理员用存储过程执行常见的管理任务，而首要的用途是用于数据库应用程序中。可以由用 COBOL，C，Java，C#和C++编写的应用程序执行，也可以由使用 VBScript、JavaScript 或 PHP 的 Web 页面调用。特定的用户可以从 Oracle 的 SQL * Plus 或 SQL Developer 中、SQL Server 的 SQL Server Management Studio 中和 MySQL 的 MySQL Query Browser 中执行这些存储过程。

存储过程的优点

图 7.31 列出了存储过程的优点，不同于应用程序代码，存储过程不会部署到客户机上，而是驻留在数据库服务器上的数据库中并由 DBMS 处理。因此存储过程比分布的应用程序代码更安全并可以减少网络流量。存储过程是处理 Internet 或企业内部网应用程序逻辑的较好模式。存储过程的另一个优点是可以由 DBMS 编译器优化其中的 SQL 语句。

在存储过程中加入应用程序逻辑时，许多不同的应用程序员可以共享这些代码。这不仅减少了工作量，而且标准化了处理流程。而且，可以让熟悉数据库的开发人员开发存储过程，而熟悉其他工作(例如 Web 编程)的开发人员做他们熟悉的工作。由于这些优点，存储过程可能会在将来得到更多的应用。

更高安全性
减少网络传输量
SQL 能够被优化
代码共享
更少的工作量
标准化处理
开发者特殊化

图 7.31 存储过程的优点

Add_WORKTransaction 存储过程

图 7.32 是一个记录 View Ridge 画廊取得一件作品的存储过程。这里的代码同样是通用的，但更接近于 SQL Server 而不是在前一节中 Oracle 形式的触发器例子。如果比较这两节中的例子，可以了解到 PL/SQL 与 T-SQL 的一些区别。

```
CREATE PROCEDURE WORK_AddWorkTransaction
       (
       @ArtistID            Int,    /* Artist must already exist in database   */
       @Title               Char(25),
       @Copy                Char(8),
       @Description         Varchar(1000),
       @AcquisitionPrice    Numeric (6,2)
       )

/* Stored procedure to record the acquisition of a work.  If the work has     */
/* never been in the gallery before, add a new WORK row.  Otherwise, use      */
/* the existing WORK row.  Add a new TRANS row for the work and set           */
/* DateAcquired to the system date.                                           */

AS
BEGIN

       DECLARE @rowCount AS Int
       DECLARE @WorkID AS Int

       /* Check that the ArtistID is valid                                    */

       SELECT     @rowCount = COUNT(*)
       FROM       ARTIST AS A
       WHERE      A.ArtistID = @ArtistID

       IF (@rowCount = 0)
          /* The Artist does not exist in the database                        */
          BEGIN
             Print 'No artist with id of ' + Str(@artistID)
             Print 'Processing terminated.'
             RETURN
          END

       /* Check to see if the work is in the database                         */

       SELECT     @rowCount = COUNT(*)
       FROM       WORK AS W
       WHERE      W.ArtistID = @ArtistID and
                  W.Title = @Title and
                  W.Copy = @Copy

       IF (@rowCount = 0)
          /* The Work is not in database, so put it in.                       */
          BEGIN
```

图 7.32 记录 View Ridge 画廊取得一件作品的存储过程

```
            INSERT INTO WORK (Title, Copy, Description, ArtistID)
               VALUES (@Title, @Copy, @Description, @ArtistID)
         END

      /* Get the work surrogate key WorkID value                              */

      SELECT     @WorkID = W.WorkID
      FROM       WORK AS W
      WHERE      W.ArtistID = @ArtistID
         AND     W.Title = @Title
         AND     W.Copy = @Copy

      /* Now put the new TRANS row into database.                             */

      INSERT INTO TRANS (DateAcquired, AcquisitionPrice, WorkID)
         VALUES (GetDate(), @AcquisitionPrice, @WorkID)

      RETURN
END
```

图 7.32(续)　记录 View Ridge 画廊取得一件作品的存储过程

Add_WORKTransaction 存储过程接受 5 个输入参数，但没有返回数据。在实际应用中，可以通过返回给调用者的值来说明操作的成功或失败。由于这与数据库无关，所以不在这里讨论。

这里的代码并不假设接收的 ArtistID 值是一个合法的 ID。相反，存储过程的第一步是检查 ArtistID 值是否是一个合法的 ID。为了进行验证，第一块语句计算具有给定 ArtistID 值的记录的数量。如果数量为 0，则 ArtistID 的值是非法的，过程产生一个错误消息并返回。

否则[①]，这个过程接下来检查这个作品是否曾经被画廊收藏。如果是，WORK 表中将包含一个具有相应 Artist，Title 和 Copy 的记录。如果没有这样的记录存在，这个过程建立一个新的 WORK 记录。一旦完成，可以通过一个选择语句取得 WorkID 的值。如果要创建作品的记录，这个语句要得到 WorkID 代理键的新值。如果不需要创建一个新的作品记录，对 WorkID 的选择操作就可以得到现有记录的 WorkID。

一旦得到了 WorkID 的值，新的记录就被加入 TRANSACTION 中。注意，系统函数 GetDate( ) 被用于向新记录的 DateAcquired 提供一个值。

这个过程展示了在一般情况下 SQL 是怎样嵌入存储过程的。这个过程还不完全，因为还需要一些工作以确保要么对数据库做了全部的更新，要么就一个更新也不做。这将在第 9 章介绍。现在则主要关注上一章学到的 SQL 怎样用于数据库应用中的一部分。

7.7　小结

SQL 数据定义语言(DDL)的语句用于管理表的结构。这一章给出了 3 个 SQL DDL 语句：CREATE TABLE，ALTER TABLE 和 DROP TABLE。首选在图形工具上使用 SQL 创建表，因为会更加快速，而且用于重复创建同样的表。表可以在程序代码中创建并且是标准化的以及 DBMS 无关的。

---

① 因为 ArtistID 是一个代理键，这个代码不检查多于一个记录具有给定 ArtistID 的情况。

IDENTITY(N, M)数据类型用于创建代理键列，此时 N 是起始值而 M 是增加的增量值。SQL CREATE TABLE 语句用语定义表的名称、列和列的约束条件。有 5 种类型的约束：PRIMARY KEY，UNIQUE，NULL/NOT NULL，FOREIGN KEY 和 CHECK。

前面 3 种约束的用途是明显的。FOREIGN KEY 用于创建参照完整性；CHECK 用于创建数据约束。图 7.11 概述了使用 SQL 约束创建联系的技巧。

简单默认值可以通过 DEFAULT 关键字来指定。数据约束通过 CHECK 约束定义。可定义域、范围和可估计的约束。尽管 SQL-92 定义了关系间的 CHECK 约束机制，但是 DBMS 厂商并没有实现这些机制，而是采用触发器来实现关系间约束。

ALTER 语句用来添加或删除列和约束。DROP 语句用来删除表。在 SQL DDL 中，双亲必须最先创建而最后删除。

数据操作语言(DML)SQL 语句是 INSERT，UPDATE 和 DELETE。每个语句可以用于一个单独的行、一组行或是整个表上。因为它们的强大功能，UPDATE 和 DELETE 都必须小心使用。

一个 SQL 视图是一个从其他表或视图中构造出的虚拟表。SQL 的 SELECT 语句被用于定义视图，仅有的限制是视图定义不能包含 ORDER BY 子句。

视图可以用于隐藏字段或记录和用于显示多个字段计算的结果。也可用于隐藏联接和 GROUP BY 查询这样的复杂的 SQL 语法以及应用于在 WHERE 子句中使用的层计算和内置函数。有些组织通过视图在应用程序和数据表之间提供一定程度的转换。视图也可以用于为数据库表设定不同的处理权限和不同的触发器集合。确定一个视图是否可更新是一个复杂的和与特定 DBMS 有关的问题，图 7.23 给出了相关的指导原则。

SQL 可以嵌入触发器、存储过程和应用程序代码中。为此，需要能够把 SQL 表的字段与程序变量关联起来。SQL 与应用程序的另一个不匹配是大多数 SQL 语句返回记录集合，而应用程序一般每次只能处理一个记录。为了解决这个问题，SQL 语句的结果被当作一个虚拟的文件而利用一个指针来处理。Web 数据库应用是 SQL 语句在嵌入应用程序代码中的一个很好的例子。

SQL/PSM 是 SQL 标准的一部分，它提供存储可重用的编程模块。SQL/PSM 明确将 SQL 语句嵌入在数据库的函数、触发器和存储过程中，同时指定了 SQL 变量、游标、流控制语句和输出过程。

一个触发器是一个存储的程序，当一个特定的表或视图上发生了一个特定事件时，DBMS 将执行这个触发器。在 Oracle 中，触发器可以用 Java 或 Oracle 特有的 PL/SQL 语言编写。在 SQL Server 中，触发器可以用 SQL Server 特有的 TRANSACT-SQL 即 T-SQL 语言来编写，而且不久将可以用如 Visual Basic.NET，C#和C++等语言来编写。在 MySQL 中，触发器可以用 MySQL 的变量来编写。

可能的触发器类型有 BEFORE，INSTEAD OF 和 AFTER。每种类型都可以用于 Insert，Update 和 Delete，所以总共有 9 种触发器。Oracle 支持所有这 9 种触发器，而 SQL Server 则只能支持 INSTEAD OF 和 AFTER 触发器。当触发一个触发器时，DBMS 为更新操作提供新的和旧的值。新的值提供给插入和更新，旧的值提供给更新和删除。这些值提供给触发器的方法则依赖于具体的 DBMS。

触发器可以有许多应用，本章讨论其中的 4 种：默认值、数据约束、更新视图和维持参照完整性。

一个存储过程是一个程序存储在数据库中并在使用时被编译。存储过程可以接受输入参数和返回结果。不同于触发器，它们是在整个数据库范围有效的，可以被任何可以使用数据库存储过程的进程使用。

存储过程可以由与编写触发器同样的语言调用，它们也可以由 DBMS SQL 应用程序调用。图 7.31 概括了存储过程的优点。

7.8 关键术语

- 临时联系
- CHECK 约束
- 游标
- 数据控制语言
- 数据定义语言
- 数据操作语言
- DEFAULT 关键字
- FOREIGN KEY 约束
- IDENTITY({StartValue},{Increment})功能
- 实现
- 索引
- 内关系约束
- 相互关系约束
- Microsoft SQL Server 2012 Management Studio
- 非 NULL 约束
- NULL 约束
- Oracle MySQL Workbench
- Oracle SQL Developer
- PRIMARY KEY 约束
- 过程语言
- 过程语言/SQL(PL/SQL)
- 虚拟文件
- SQL ADD 子句
- SQL ADD CONSTRAINT 子句
- SQL ALTER INDEX 语句
- SQL ALTERTABLE 语句
- SQL ALTER VIEW 语句
- SQL CREATE TABLE 语句
- SQL CREATE VIEW 语句
- SQL CREATE OR REPLACE VIEW 语法
- SQL DELETE 语句
- SQL DROP COLUMN 子句
- SQL DROP CONSTRAINT 子句
- SQL DROP INDEX 语句
- SQL DROP TABLE 语句
- SQL INSERT 语句
- SQL MERGE 语句
- SQL ON DELETE 子句
- SQL ON UPDATE 子句
- SQL/持久存储模块(SQL/PSM)
- SQL 脚本
- SQL 脚本文件
- SQL TRUNCATE TABLE 语句
- SQL UPDATE 语句
- SQL 视图
- 存储函数
- 存储过程
- T-SQL
- 触发器
- UNIQUE 约束
- 用户定义函数

7.9 习题

7.1　DDL 代表什么？列出 SQL DDL 语句。

7.2　DML 代表什么？列出 SQL DML 语句。

7.3　解释表达式的含义：IDENTITY(4000, 5)。

对于下面的这些项目练习题，我们将为 Wedgewood Pacific Corporation(WPC)创建一个数据库，创建的数据库类似于第 1 章和第 2 章中使用的 Microsoft Access 数据库。1957 年，WPC 成立于华盛顿州的西雅图，

现在已经发展成了一个国际性知名企业。这个公司位于两幢大楼中。一幢楼中是行政、会计、金融和人力资源等部门，另一幢是生产、市场和信息系统等部门。公司数据库包含公司员工、部门、公司项目、公司财产和公司运行等其他方面的数据。

数据库命名为 WPC，包含下面 4 张表：

DEPARTMENT(DepartmentName, BudgetCode, OfficeNumber, Phone)
EMPLOYEE(EmployeeNumber, FirstName, LastName, *Department*, Phone, Email)
PROJECT(ProjectID, Name, *Department*, MaxHours, StartDate, EndDate)
ASSIGNMENT(*ProjectID*, *EmployeeNumber*, HoursWorked)

EmployeeNumber 是一个从 1 开始并以 1 为增长单位的强制键。ProjectID 是一个从 1000 开始并以 100 为增长单位的强制键。DepartmentName 是部门名称，因此不是强制键。

WPC 数据库有以下参照完整约束：

EMPLOYEE 表的 Department 必须存在于 DEPARTMENT 表的 Department 中
PROJECT 表的 Department 必须存在于 DEPARTMENT 表的 Department 中
ASSIGNMENT 表的 ProjectID 必须存在于 PROJECT 表的 ProjectID 中
ASSIGNMENT 表的 EmployeeNumber 必须存在于 Employee 表的 EmployeeNumber 中

EMPLOYEE 到 ASSIGNMENT 的联系是 1:N，M:O，以及 PROJECT 到 ASSIGNMENT 的联系是 1:N，M:O。

数据库同样有以下商业规则：

- 如果要删除一个 EMPLOYEE 行且该行与 ASSIGNMENT 有联系，那么对该行的删除操作是不允许的。
- 如果要删除一个 PROJECT 行，那么与 PROJECT 行相联系的所有 ASSIGNMENT 行也要被删除。

这些规则的商业含义如下：

- 如果要删除一个 EMPLOYEE 行，那么肯定有某个人要接管被删除员工的任务。这样，在删除员工之前，应用程序需要重新分配任务。
- 如果一个 PROJECT 行被删除了，即该项目已经被取消了，那么就没必要保留该项目的任务记录。

这些表的列属性如图 1.26(DEPARTMENT)、图 1.28(EMPLOYEE)、图 2.30(PROJECT)和图 2.32(ASSIGNMENT)所示。表的数据如图 1.27(DEPARTMENT)、图 1.29(EMPLOYEE)、图 2.31(PROJECT)和图 2.33(ASSIGNMENT)所示。

如果有可能，你应该在真实的数据库中运行下面问题的 SQL 解决方法。因为我们已经在 Microsoft Access 中创建过数据库，现在你应该使用面向 SQL 的 DBMS，比如 Oracle、SQL Server 或 MySQL。创建一个名为 WPC 的数据库，并创建文件夹保存 *.sql 脚本来回答之后有关的问题。

- 对于 SQL Sever Management Studio，在我的文档中的 Projects 中创建 WPC-Database 文件夹。
- 在我的文档中的 Oracle SQL Developer 文件夹中创建 WPC-Database 文件夹。
- 对于 SQL Workbench，在我的文档中的 Schemas 文件夹中创建 WPC-Database 文件夹。

不然，请创建一个新的名为 WPC-CH07.accdb 的 Microsoft Access 数据库。请将习题 7.4 ~ 习题 7.13 的答案编写在名为 WPC-Create-Tables.sql 的 SQL 脚本中。使用 SQL 脚本注释(/* 和 */)将习题 7.7 ~ 习题 7.9 的答案注释掉以保证它们不会被运行。只测试运行习题 7.4 ~ 习题 7.8 的 SQL 语句。表创建好后，运行习题 7.10 ~ 习题 7.13 的答案。注意在这四条语句运行后，表结构是与运行之前完全相同的。

7.4　给 DEPARTMENT 表写出 CREATE TABLE 语句。

7.5　给 EMPLOYEE 表写出 CREATE TABLE 语句。Email 是必需的且也是替代键。Department 的默认值是 Human Resources。从 DEPARTMENT 表到 EMPLOYEE 表是级联更新的，但不级联删除。

7.6　给 PROJECT 表写出 CREATE TABLE 语句。MaxHours 的默认值是 100。从 DEPARTMENT 表到 EMPLOYEE 表是级联更新的，但不级联删除。

7.7　给 ASSIGNMENT 表写出 CREATE TABLE 语句。从 PROJECT 表到 ASSIGNMENT 表仅仅是级联更新的，从 EMPLOYEE 表到 ASSIGNMENT 表则不能是级联更新的，也不能是级联删除的。

7.8　修改你对习题 7.5 的回答，包含约束条件，即 StartDate 必须在 EndDate 的前面。

7.9　写出一个 SQL 语句来修改你对习题 7.6 的回答，使得 EMPLOYEE 表和 ASSIGNMENT 表之间的联系是 1:1 联系。

7.10　写出一个 ALTER 语句，增加 AreaCode 列到 EMPLOYEE 表中。假设 AreaCode 不是必需的。

7.11　写出一个 ALTER 语句，从 EMPLOYEE 表中删除 AreaCode 列。

7.12　写出一个 ALTER 语句，使得 Phone 成为 EMPLOYEE 表的一个替代键。

7.13　写出一个 ALTER 语句，删除 EMPLOYEE 表中 Phone 是预备键的这个约束。

现在应该创建一个名为 WPC 的数据库，并只运行习题 7.4 ~ 习题 7.7 的 SQL 语句(提示：编写并测试一个 SQL 脚本，然后运行脚本。保存脚本为 WPC-Create-Tables. sql 以便将来使用)。注意，不要运行习题 7.8 的答案。在创建好表之后，运行习题 7.9 ~ 习题 7.12 的答案。注意，在这 4 条语句运行后，表结构与运行前一样。

在回答习题 7.14 ~ 习题 7.25 的过程中，以注释形式回答习题 7.18 和习题 7.19。假设从 EMPLOYEE 表到 ASSIGNMENT 的联系是 1:N。

7.14　编写 INSERT 语句向 DEPARTMENT 表中添加图 1.27 中的数据，并运行这些语句。(提示：保存为脚本 WPC-Insert-DEPARTMENT-Data. sql。)

7.15　编写 INSERT 语句向 EMPLOYEE 表中添加图 1.29 中的数据，并运行这些语句。(提示：保存为脚本 WPC-Insert-EMPLOYEE-Data. sql。)

7.16　编写 INSERT 语句向 PROJECT 表中添加图 2.31 中的数据，并运行这些语句。(提示：保存为脚本 WPC-Insert-PROJECT-Data. sql。)

7.17　编写 INSERT 语句向 ASSIGNMENT 表中添加图 1.33 中的数据，并运行这些语句。(提示：保存为脚本 WPC-Insert-ASSIGNMENT-Data. sql。)

7.18　为什么要以习题 7.13 ~ 习题 7.16 的顺序创建表和输入数据?

7.19　假设有一个名为 NEW_EMPLOYEE 的表，有列 Department，Email，FirstName 和 LastName，并且是按这个顺序安排的。写出一个 INSERT 语句，增加 NEW_EMPLOYEE 表中的所有行到 EMPLOYEE 表中。注意不要运行这个语句。

7.20　写出一个 UPDATE 语句，将编号为 11 的员工的电话号码改为'360-287-8810'，并运行这个语句。

7.21　写出一个 UPDATE 语句，将编号为 5 的员工的部门改为 Finance，并运行这个语句。

7.22　写出一个 UPDATE 语句，将编号为 5 的员工的电话号码改为'360-287-8420'，并运行这个语句。

7.23　将你所给出的习题 7.20 和习题 7.21 的答案合并成一个 SQL 语句，并运行这个语句。

7.24　写出一个 UPDATE 语句，将 ASSIGNMENT 表中 EmployeeNumber 值为 5 的每一行的 HoursWorked 都改为 60，并运行这个语句。

7.25　假设有一个名为 NEW_EMAIL 的表，包含了一些员工的新的 Email 值。NEW_EMAIL 表有两列：EmployeeNumber 和 NewEmail。写出一个 UPDATE 语句，将 EMPLOYEE 中相应的 Email 值改成 NEW_EMAIL 中的对应的值。不要运行这个语句。

创建并运行名为 WPC-Delete-Data. sql 的脚本以回答习题 7.26 ~ 习题 7.27。以注释形式回答习题 7.26 和习题 7.27。

7.26　写出一个 DELETE 语句，删除 ASSIGNMENT 表中 project '2013 Q3 Product Plan'的所有数据和它的所有行。不要运行这个语句。

7.27　写出一个 DELETE 语句，删除员工名为'Smith'的行。对于含有这个员工的 ASSIGNMENT 表的行来说将会发生什么事情?

7.28 SQL 视图是什么？视图有什么用途？

7.29 在 SQL 视图上使用 SELECT 语句有什么限制？

创建并运行名为 WPC-Create-Views. sql 脚本以回答习题 7.30 ~ 习题 7.35。

7.30 写出一个 SQL 语句，创建视图 EmployeePhoneView，把 EMPLOYEE. LastName 的值赋给 EmployeeLastName，EMPLOYEE. FirstName 的值赋给 EmployeeFirstName，EMPLOYEE. Phone 的值赋给 EmployeePhone，运行这个语句，然后使用 SQL SELECT 语句来测试这个视图。

7.31 写出一个 SQL 语句，创建视图 FinanceEmployeePhoneView，把在 Finance 部门工作员工的 EMPLOYEE. LastName 的值赋给 EmployeeLastName，EMPLOYEE. FirstName 的值赋给 EmployeeFirstName，EMPLOYEE. Phone 的值赋给 EmployeePhone，运行这个语句，然后使用 SQL SELECT 语句来测试这个视图。

7.32 写出一个 SQL 语句，创建视图 CombinedNameEmployeePhoneView，把 EMPLOYEE. LastName 的值赋给 EmployeeLastName，EMPLOYEE. FirstName 的值赋给 EmployeeFirstName，EMPLOYEE. Phone 的值赋给 EmployeePhone，但要求合并 EMPLOYEE. LastName 和 EMPLOYEE. FirstName 为 EMPLOYEEName 列，并将员工的名显示在前，运行这个语句，然后使用 SQL SELECT 语句来测试这个视图。

7.33 写出一个 SQL 语句，创建视图 EmployeeProjectAssignmentView，把 EMPLOYEE. LastName 的值赋给 EmployeeLastName，EMPLOYEE. FirstName 的值赋给 EmployeeFirstName，EMPLOYEE. Phone 的值赋给 EmployeePhone，PROJECT. Name 的值赋给 ProjectName，运行这个语句，然后使用 SQL SELECT 语句来测试这个视图。

7.34 写出一个 SQL 语句，创建视图 DepartmentEmployeeProjectAssignmentView，把 EMPLOYEE. LastName 的值赋给 EmployeeLastName，EMPLOYEE. FirstName 的值赋给 EmployeeFirstName，DEPARTMENT. DepartmentName，Department. PHONE 的值赋给 DepartmentPhone，EMPLOYEE. Phone 的值赋给 EmployeePhone，PROJECT. Name 的值赋给 ProjectName，运行这个语句，然后使用 SQL SELECT 语句来测试这个视图。

7.35 写出一个 SQL 语句，创建视图 ProjectHoursToDateView，把 PROJECT. ProjectID，PROJECT. Name 的值赋给 ProjectName，PROJECT. MaxHours 的值赋给 ProjectMaxHour，ASSIGNMENT. HoursWorked 的值赋给 ProjectHoursWorkedToDate，运行这个语句，然后使用 SQL SELECT 语句来测试这个视图。

7.36 描述视图如何用于提供一个表的别名。为什么这是有用的？

7.37 说明视图能够用于提高数据的安全。

7.38 说明如何利用视图提供额外的触发器功能。

7.39 给出视图是明显可更新的例子。

7.40 给出视图是明显不可更新的例子。

7.41 从一般意义上概括怎样判断一个视图是可更新的。

7.42 如果视图丢失了必需的项，在该视图上有哪些操作必然是不允许的？

7.43 解释 SQL 和编程语言之间的不匹配。

7.44 怎样解决习题 7.43 中的不匹配问题？

7.45 描述 SQL 标准中的 SQL/PSM 组件。什么是 Pl/SQL 和 T-SQL？什么是 MySQL 等价？

7.46 什么是用户定义函数？

使用 WPC 数据库，创建名为 WPC-Create-Function-and-View. sql 以回答习题 7.47 ~ 习题 7.48。

7.47 创建和测试一个名为 LastNameFirst 的用户定义函数，该函数将 FirstName 和 LastName 合并为一个级联的名字域，格式为 LastName，FirstName。

7.48 创建和测试一个名为 EmployeeDepartmentDataView 的视图，该视图中包含 EmployeeName(域中存放

员工的名字并将其格式化为 LastName, FirstName), EMPLOYEE. Department, DEPARTMENT. OfficeNumber、DEPARTMENT. Phone 和 EMPLOYEE. Phone。运行语句创建视图，然后通过一条合适的 SQL SELECT 语句来测试该视图。

7.49　什么是触发器？

7.50　触发器和一个表或视图之间的联系是什么？

7.51　给出 9 种可能的触发器类型。

7.52　从一般意义上解释怎样使新值和旧值对触发器可用。

7.53　描述触发器的 4 种用途。

7.54　假设 View Ridge 画廊视图，在作品从来没有出售的条件下，允许从 WORK 中删除行。从一般意义上解释如何利用触发器完成这样的删除操作。

7.55　假设 Wedgewood Pacific Corporation 在员工从来没有项目任务的条件下，允许从 EMPLOYEE 中删除行。从一般意义上解释如何利用触发器完成这样的删除操作。

7.56　什么是存储过程？与触发器有何不同？

7.57　概述如何调用一个存储过程。

7.58　概述存储过程的重要优点。

项目练习

项目练习扩展在前面习题中创建和使用的 WPC 数据库，它包含 COMPUTER 和 COMPUTER_ASSIGNMENT_表。

修改的数据模型如图 7.33 所示。COMPUTER 表的列特征如图 7.34 所示，COMPUTER_ASSIGNMENT 表的列特征如图 7.35 所示。COMPUTER 表的数据如图 7.36 所示，COMPUTER_ASSIGNMENT 表的数据如图 7.37 所示。

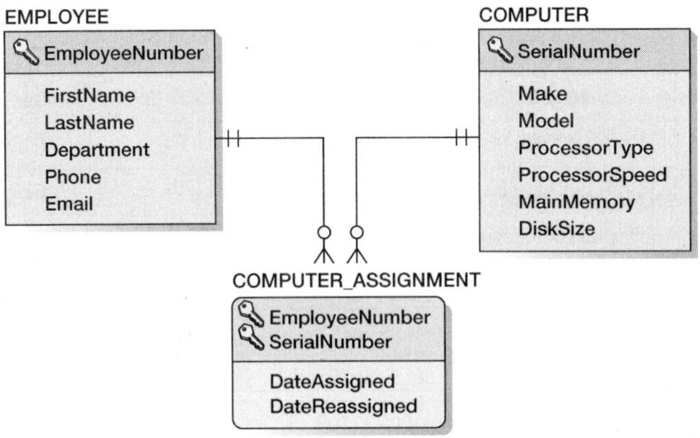

图 7.33　WPC 数据模型的例子

7.59　通过类型(标志性和非标志性)和最大/最小基数的形式描述联系。

7.60　说明每个外键的必要性。

7.61　只有 COMPUTER-to-COMPUTER_ASSIGNMENT 联系给出了参照完整性行为。说明为什么这些行为是必需的。

7.62　将图 6.28(b)作为样板，定义在 EMPLOYEE 和 COMPUTER_ASSIGNMENT 之间必须满足包含有孩子的触发器，并定义任何需要的触发器的用途。

COMPUTER

ColumnName	Type	Key	Required	Remarks
SerialNumber	Number	Primary Key	Yes	Long Integer
Make	Text (12)	No	Yes	Must be “Dell” or “Gateway” or “HP” or “Other”
Model	Text (24)	No	Yes	
ProcessorType	Text (24)	No	No	
ProcessorSpeed	Number	No	Yes	Double [3,2], Between 1.0 and 4.0
MainMemory	Text (15)	No	Yes	
DiskSize	Text (15)	No	Yes	

图 7.34　COMPUTER 表的列特征

COMPUTER_ASSIGNMENT

ColumnName	Type	Key	Required	Remarks
SerialNumber	Number	Primary Key, Foreign Key	Yes	Long Integer
EmployeeNumber	Number	Primary Key, Foreign Key	Yes	Long Integer
DateAssigned	Date	No	Yes	Medium Date
DateReassigned	Date	No	No	Medium Date

图 7.35　COMPUTER_ASSIGNMENT 表的列特征

SerialNumber	Make	Model	ProcessorType	ProcessorSpeed	MainMemory	DiskSize
9871234	HP	Compaq Elite 8300	Intel i5-3570S	3.10	4.0 Gbyte	500 Gbytes
9871245	HP	Compaq Elite 8300	Intel i5-3570S	3.10	4.0 Gbyte	500 Gbytes
9871256	HP	Compaq Elite 8300	Intel i5-3570S	3.10	4.0 Gbyte	500 Gbytes
9871267	HP	Compaq Elite 8300	Intel i5-3570S	3.10	4.0 Gbyte	500 Gbytes
9871278	HP	Compaq Elite 8300	Intel i5-3570S	3.10	4.0 Gbyte	500 Gbytes
9871289	HP	Compaq Elite 8300	Intel i5-3570S	3.10	4.0 Gbyte	500 Gbytes
6541001	Dell	OptiPlex 9010	Intel i7-3770S	3.10	8.0 Gbytes	1.0 Tbytes
6541002	Dell	OptiPlex 9010	Intel i7-3770S	3.10	8.0 Gbytes	1.0 Tbytes
6541003	Dell	OptiPlex 9010	Intel i7-3770S	3.10	8.0 Gbytes	1.0 Tbytes
6541004	Dell	OptiPlex 9010	Intel i7-3770S	3.10	8.0 Gbytes	1.0 Tbytes
6541005	Dell	OptiPlex 9010	Intel i7-3770S	3.10	8.0 Gbytes	1.0 Tbytes
6541006	Dell	OptiPlex 9010	Intel i7-3770S	3.10	8.0 Gbytes	1.0 Tbytes

图 7.36　COMPUTER 表的数据

7.63　说明项目练习 7.59 的答案中的触发器和 COMPUTER-to-COMPUTER_ASSIGNMENT 的联系。你希望发生什么样的事情？说明你是如何验证它是否已经按照你的想法工作了。

使用 WPC 数据库，创建名为 WPC-Create-New-Tables. sql 以回答习题 7.64。

7.64　使用图 7.36 和图 7.37 所示的列特征为图 7.35 中的 COMPUTER 表和 ASSIGNMENT 表编写 CREATE TABLE 代码。编写 CHECK 约束确保 Make 是 Dell，HP，Compaq 或其他之一。同时编写约束确保 ProcessorSpeed 在 2.0 ~ 5.0 GHz 之间。在 WPC 数据库上运行这些代码。

SerialNumber	EmployeeNumber	DateAssigned	DateReassigned
9871234	11	15-Sep-13	21-Oct-13
9871245	12	15-Sep-13	21-Oct-13
9871256	4	15-Sep-13	NULL
9871267	5	15-Sep-13	NULL
9871278	8	15-Sep-13	NULL
9871289	9	15-Sep-13	NULL
6541001	11	21-Oct-13	NULL
6541002	12	21-Oct-13	NULL
6541003	1	21-Oct-13	NULL
6541004	2	21-Oct-13	NULL
6541005	3	21-Oct-13	NULL
6541006	6	21-Oct-13	NULL
9871234	7	21-Oct-13	NULL
9871245	10	21-Oct-13	NULL

图 7.37　COMPUTER_ASSIGNMENT 表的数据

使用 WPC 数据库，创建名为 WPC-Insert-New-Data. sql 以回答习题 7.65。

7.65　使用图 7.38 中的 COMPUTER 表样本数据和图 7.39 中的 ASSIGNMENT 表样本数据，编写 INSERT 语句向 WPC 数据库中的这些表插入这些数据。运行这些 INSERT 代码。

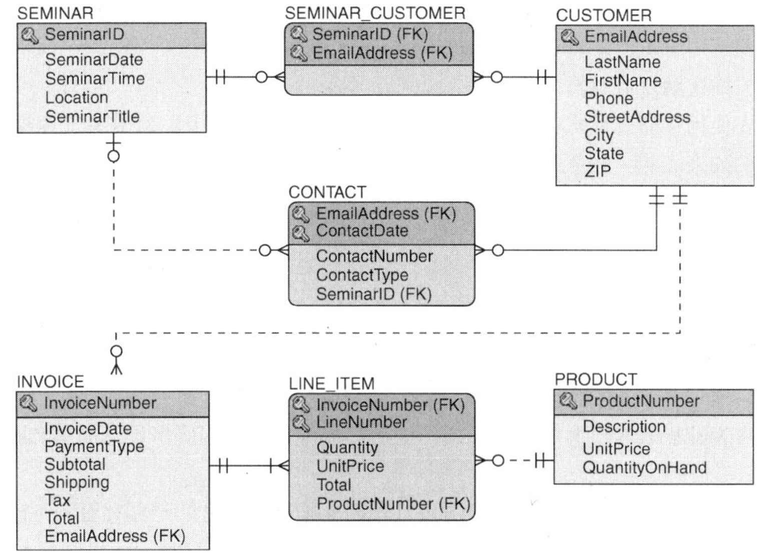

图 7.38　HSD 数据库的数据库设计

SEMINAR

Column Name	Data Type (Length)	Key	Required	Default Value	Remarks
SeminarID	Integer	Primary Key	Yes	DBMS supplied	Surrogate Key: Initial value=1 Increment=1 Format: yyyy-mm-dd Format: 00:00:00.000
SeminarDate	Date	No	Yes	None	
SeminarTime	Time	No	Yes	None	
Location	VarChar (100)	No	Yes	None	
SeminarTitle	VarChar (100)	No	Yes	None	

图 7.39 HSD 数据库的列说明举例

使用 WPC 数据库，创建名为 WPC-Create-New-Views-And-Functions. sql 以回答习题 7.66 ~ 习题 7.71。

7.66 对 COMPUTER 建立一个名称为 Computers 的视图，把 SerialNumber，Make 和 Model 显示为一个单一的属性 ComputerType。在 Model 之间放一个冒号和一个空格，形如 Dell：OptiPlex 9010。运行这些代码，然后使用 SQL SELECT 语句测试这个视图。

7.67 建立一个名为 ComputerMakesView 的视图，显示所有电脑的 Make 和 ProcessorSpeed 的平均值。运行这些代码，然后使用 SQL SELECT 语句测试这个视图。

7.68 建立一个名为 ComputerUses 的视图，包含 COMPUTER 和 ASSIGNMENT 的所有数据。运行这些代码，然后使用 SQL SELECT 语句测试这个视图。

7.69 利用 ComputerView 的视图建立一条 SQL SELECT 语句，显示计算机的 SerialNumber，ComputerType 和 Employee Name。运行这些代码。

7.70 建立并测试一个名为 ComputerMakeAndModel 的用户定义函数，在视图 ComputerView 中将 Make 和 Model 连接成{Make}:{Model}字符串。

7.71 创建一个名为 ComputerMakeAndModelView 的 COMPUTER 视图显示 SerialNumber，使用 Computer-MakeAndModel 函数来显示 ComputerType 属性。用 SQL SELECT 语句测试该视图。

7.72 假设你要使用触发器来自动地将 DateReassigned 值放入 COMPUTUER_ASSIGNMENT 表的已存在的一行中。描述触发器逻辑。

7.73 假设你要使用存储过程来存储一个新的行到表 COMPUTER 中。列出关于存储过程中所需要的参数最小的列表。从一般意义上描述存储过程的逻辑。

案例

Heather Sweeney 设计案例

Heather Sweeney 是一名专业的家庭厨房设计师。她提供不同的家装展示，以及关于厨房和用品商店的免费研讨会，并将这作为她积累客户群的一种方式。她通过提供指导人们厨房设计的书和视频，以及向客服提供咨询服务来赚钱。

在人们参加过研讨会之后，Heather 想要千方百计地向其推销出自己的产品和服务。因此她想要创建一个数据库来记录客户、客户参加的研讨会、客户与她的互动，以及他们的花费。她想要用数据库与客户保持联系，同时向他们提供产品和服务。

此处的 SQL 语句是从图 7.38 的 HSD 数据库设计、图 7.39 的数据库列说明举例和图 7.40 的参照完整性约束说明中创建的。用来创建 Heather Sweeney Designs(HSD)的 SQL 语句展示在图 7.41 中，产生 HSD 数据库的 SQL 语句展示在图 7.42 中。

SQL 语句的书写和针对该数据库的答疑如下：

A. 在你的 DBMS 中创建名为 HSD 的数据库。

B. 在 My Documents 文件夹中创建文件夹存放解决以下问题的 *. sql 脚本：

- 对于 SQL Server Management Studio，在 Projects 中创建名为 HSD-Database 的文件夹。
- 在 Oracle SQL Developer 文件夹中创建 HSD-Database 文件夹。
- 对于 SQL Workbench，在 Schemas 文件夹中创建 HSD-Database 文件夹。

关系		参照完整性动作	级联行为	
父记录	子记录		更新	删除
SEMINAR	SEMINAR_CUSTOMER	SeminarID in SEMINAR_CUSTOMER 必须存在于 SeminarID in SEMINAR	No	No
CUSTOMER	SEMINAR_CUSTOMER	EmailAddress in SEMINAR_CUSTOMER 必须存在于 EmailAddress in CUSTOMER	Yes	No
SEMINAR	CONTACT	SeminarID in CONTACT 必须存在于 SeminarID in SEMINAR	No	No
CUSTOMER	CONTACT	EmailAddress in CONTACT 必须存在于 EmailAddress in CUSTOMER	Yes	No
CUSTOMER	INVOICE	EmailAddress in INVOICE 必须存在于 EmailAddress in CUSTOMER	Yes	No
INVOICE	LINE_ITEM	InvoiceNumber in LINE_ITEM 必须存在于 InvoiceNumber in INVOICE	No	Yes
PRODUCT	LINE_ITEM	ProductNumber in LINE_ITEM 必须存在于 ProductNumber in PRODUCT	Yes	No

图 7.40　HSD 数据库的参照完整性约束说明

C. 基于图 7.41 编写名为 HSD-Create-Tables. sql 的脚本，来为 HSD 数据库创建表和关系。保存脚本并执行来创建 HSD 表。

D. 基于图 7.42 编写名为 HSD-Insert-Data. sql 的脚本，来为 HSD 数据库插入数据。保存脚本并执行来填入表。

```
CREATE  TABLE SEMINAR(
    SeminarID         Int               NOT NULL IDENTITY (1, 1),
    SeminarDate       Date              NOT NULL,
    SeminarTime       Time              NOT NULL,
    Location          VarChar(100)      NOT NULL,
    SeminarTitle      VarChar(100)      NOT NULL,
    CONSTRAINT        SEMINAR_PK        PRIMARY KEY(SeminarID)
    );

CREATE  TABLE CUSTOMER(
    EmailAddress      VarChar(100)      NOT NULL,
    LastName          Char(25)          NOT NULL,
    FirstName         Char(25)          NOT NULL,
    Phone             Char(12)          NOT NULL,
    [Address]         Char(35)          NULL,
    City              Char(35)          NULL DEFAULT 'Dallas',
    [State]           Char(2)           NULL DEFAULT 'TX',
    ZIP               Char(10)          NULL DEFAULT '75201',
```

图 7.41　创建 HSD 数据库的 SQL 语句

```
    CONSTRAINT       CUSTOMER_PK      PRIMARY KEY(EmailAddress)
    );

CREATE  TABLE SEMINAR_CUSTOMER(
    SeminarID        Int              NOT NULL,
    EmailAddress     VarChar(100)     NOT NULL,
    CONSTRAINT       S_C_PK           PRIMARY KEY(SeminarID, EmailAddress),
    CONSTRAINT       S_C_SEMINAR_FK   FOREIGN KEY(SeminarID)
                             REFERENCES SEMINAR(SeminarID)
                                      ON UPDATE NO ACTION
                                      ON DELETE NO ACTION,
    CONSTRAINT       S_C_CUSTOMER_FK FOREIGN KEY(EmailAddress)
                             REFERENCES CUSTOMER(EmailAddress)
                                      ON UPDATE CASCADE
                                      ON DELETE NO ACTION
    );

CREATE  TABLE CONTACT(
    EmailAddress VarChar(100)         NOT NULL,
    ContactDate      Date             NOT NULL,
    ContactNumber    Int              NOT NULL,
    ContactType      Char(15)         NOT NULL,
    SeminarID        Int              NULL,
    CONSTRAINT       CONTACT_PK       PRIMARY KEY(EmailAddress, ContactDate),
    CONSTRAINT       CONTACT_SEMINAR_FK FOREIGN KEY(SeminarID)
                             REFERENCES SEMINAR(SeminarID)
                                      ON UPDATE NO ACTION
                                      ON DELETE NO ACTION,
    CONSTRAINT       CONTACT_CUSTOMER_FK FOREIGN KEY(EmailAddress)
                         REFERENCES CUSTOMER(EmailAddress)
                         ON UPDATE CASCADE
                         ON DELETE NO ACTION
    );

CREATE  TABLE PRODUCT(
    ProductNumber    Char(35)         NOT NULL,
    [Description]    VarChar(100)     NOT NULL,
    UnitPrice        Numeric(9,2)     NOT NULL,
    QuantityOnHand   Int              NOT NULL DEFAULT 0,
    CONSTRAINT       PRODUCT_PK       PRIMARY KEY (ProductNumber),
    );

CREATE  TABLE INVOICE(
     InvoiceNumber   Int              NOT NULL IDENTITY (35000, 1),
    InvoiceDate      Date             NOT NULL,
    PaymentType      Char(25)         NOT NULL DEFAULT 'Cash',
    SubTotal         Numeric(9,2)     NULL,
    Shipping         Numeric(9,2)     NULL,
    Tax              Numeric(9,2)     NULL,
    Total            Numeric(9,2)     NULL,
    EmailAddress     VarChar(100)     NOT NULL,
     CONSTRAINT      INVOICE_PK       PRIMARY KEY (InvoiceNumber),
    CONSTRAINT       INVOICE_CUSTOMER_FK FOREIGN KEY(EmailAddress)
                             REFERENCES Customer(EmailAddress)
                                      ON UPDATE CASCADE
                                      ON DELETE NO ACTION
    );

CREATE  TABLE LINE_ITEM(
     InvoiceNumber   Int              NOT NULL,
    LineNumber       Int              NOT NULL,
    Quantity         Int              NOT NULL,
```

图 7.41(续) 创建 HSD 数据库的 SQL 语句

```
    UnitPrice         Numeric(9,2)     NOT NULL,
    Total             Numeric(9,2)     NULL,
    ProductNumber     Char(35)         NOT NULL,
    CONSTRAINT        LINE_ITEM_PK     PRIMARY KEY (InvoiceNumber, LineNumber),
    CONSTRAINT        L_I_INVOICE_FK   FOREIGN KEY(InvoiceNumber)
                            REFERENCES INVOICE(InvoiceNumber)
                                  ON IPDATE NO ACTION
                                  ON DELETE CASCADE,
    CONSTRAINT        L_I_PRODUCT_FK   FOREIGN KEY(ProductNumber)
                            REFERENCES PRODUCT (ProductNumber)
                                  ON UPDATE CASCADE
                                  ON DELETE NO ACTION
    );
```

图 7.41(续)　创建 HSD 数据库的 SQL 语句

```
/*****    SEMINAR    *********************************************************/

INSERT INTO SEMINAR VALUES(
   '11-OCT-2012', '11:00 AM', 'San Antonio Convention Center',
   'Kitchen on a Budget');
INSERT INTO SEMINAR VALUES(
   '25-OCT-2012', '04:00 PM', 'Dallas Convention Center',
   'Kitchen on a Big D Budget');
INSERT INTO SEMINAR VALUES(
   '01-NOV-2012', '08:30 AM', 'Austin Convention Center',
   'Kitchen on a Budget');
INSERT INTO SEMINAR VALUES(
   '22-MAR-2013', '11:00 AM', 'Dallas Convention Center',
   'Kitchen on a Big D Budget');


/*****    CUSTOMER DATA    ***************************************************/

INSERT INTO CUSTOMER VALUES(
   'Nancy.Jacobs@somewhere.com', 'Jacobs', 'Nancy', '817-871-8123',
   '1440 West Palm Drive', 'Fort Worth', 'TX', '76110');
INSERT INTO CUSTOMER VALUES(
   'Chantel.Jacobs@somewhere.com', 'Jacobs', 'Chantel', '817-871-8234',
   '1550 East Palm Drive', 'Fort Worth', 'TX', '76112');
INSERT INTO CUSTOMER VALUES(
   'Ralph.Able@somewhere.com', 'Able', 'Ralph', '210-281-7987',
   '123 Elm Street', 'San Antonio', 'TX', '78214');
INSERT INTO CUSTOMER VALUES(
   'Susan.Baker@elsewhere.com', 'Baker', 'Susan', '210-281-7876',
   '456 Oak Street', 'San Antonio', 'TX', '78216');
INSERT INTO CUSTOMER VALUES(
   'Sam.Eagleton@elsewhere.com', 'Eagleton', 'Sam', '210-281-7765',
   '789 Pine Street', 'San Antonio', 'TX', '78218');
INSERT INTO CUSTOMER VALUES(
   'Kathy.Foxtrot@somewhere.com', 'Foxtrot', 'Kathy', '972-233-6234',
   '11023 Elm Street', 'Dallas', 'TX', '75220');
INSERT INTO CUSTOMER VALUES(
   'Sally.George@somewhere.com', 'George', 'Sally', '972-233-6345',
   '12034 San Jacinto', 'Dallas', 'TX', '75223');
INSERT INTO CUSTOMER VALUES(
   'Shawn.Hullett@elsewhere.com', 'Hullett', 'Shawn', '972-233-6456',
   '13045 Flora', 'Dallas', 'TX', '75224');
INSERT INTO CUSTOMER VALUES(
   'Bobbi.Pearson@elsewhere.com', 'Pearson', 'Bobbi', '512-974-3344',
   '43 West 23rd Street', 'Auston', 'TX', '78710');
```

图 7.42　产生 HSD 数据库的 SQL 语句

```
INSERT INTO CUSTOMER VALUES(
    'Terry.Ranger@somewhere.com', 'Ranger', 'Terry', '512-974-4455',
    '56 East 18th Street', 'Auston', 'TX', '78712');
INSERT INTO CUSTOMER VALUES(
    'Jenny.Tyler@somewhere.com', 'Tyler', 'Jenny', '972-233-6567',
    '14056 South Ervay Street', 'Dallas', 'TX', '75225');
INSERT INTO CUSTOMER VALUES(
    'Joan.Wayne@elsewhere.com', 'Wayne', 'Joan', '817-871-8245',
    '1660 South Aspen Drive', 'Fort Worth', 'TX', '76115');

/*****   SEMINAR_CUSTOMER DATA   ***********************************************/

INSERT INTO SEMINAR_CUSTOMER VALUES(1, 'Nancy.Jacobs@somewhere.com');
INSERT INTO SEMINAR_CUSTOMER VALUES(1, 'Chantel.Jacobs@somewhere.com');
INSERT INTO SEMINAR_CUSTOMER VALUES(1, 'Ralph.Able@somewhere.com');
INSERT INTO SEMINAR_CUSTOMER VALUES(1, 'Susan.Baker@elsewhere.com');
INSERT INTO SEMINAR_CUSTOMER VALUES(1, 'Sam.Eagleton@elsewhere.com');
INSERT INTO SEMINAR_CUSTOMER VALUES(2, 'Kathy.Foxtrot@somewhere.com');
INSERT INTO SEMINAR_CUSTOMER VALUES(2, 'Sally.George@somewhere.com');
INSERT INTO SEMINAR_CUSTOMER VALUES(2, 'Shawn.Hullett@elsewhere.com');
INSERT INTO SEMINAR_CUSTOMER VALUES(3, 'Bobbi.Pearson@elsewhere.com');
INSERT INTO SEMINAR_CUSTOMER VALUES(3, 'Terry.Ranger@somewhere.com');
INSERT INTO SEMINAR_CUSTOMER VALUES(4, 'Kathy.Foxtrot@somewhere.com');
INSERT INTO SEMINAR_CUSTOMER VALUES(4, 'Sally.George@somewhere.com');
INSERT INTO SEMINAR_CUSTOMER VALUES(4, 'Jenny.Tyler@somewhere.com');
INSERT INTO SEMINAR_CUSTOMER VALUES(4, 'Joan.Wayne@elsewhere.com');


/*****   CONTACT DATA   ********************************************************/


INSERT INTO CONTACT VALUES(
    'Nancy.Jacobs@somewhere.com', '11-OCT-2012', 1, 'Seminar', 1);
INSERT INTO CONTACT VALUES(
    'Chantel.Jacobs@somewhere.com', '11-OCT-2012', 1, 'Seminar', 1);
INSERT INTO CONTACT VALUES(
    'Ralph.Able@somewhere.com', '11-OCT-2012', 1, 'Seminar', 1);
INSERT INTO CONTACT VALUES(
    'Susan.Baker@elsewhere.com', '11-OCT-2012', 1, 'Seminar', 1);
INSERT INTO CONTACT VALUES(
    'Sam.Eagleton@elsewhere.com', '11-OCT-2012', 1, 'Seminar', 1);

INSERT INTO CONTACT (EmailAddress, ContactDate, ContactNumber, ContactType)
    VALUES(
    'Nancy.Jacobs@somewhere.com', '16-OCT-2012', 2, 'FormLetter01');
INSERT INTO CONTACT (EmailAddress, ContactDate, ContactNumber, ContactType)
    VALUES(
    'Chantel.Jacobs@somewhere.com', '16-OCT-2012', 2, 'FormLetter01');
INSERT INTO CONTACT (EmailAddress, ContactDate, ContactNumber, ContactType)
    VALUES(
     'Ralph.Able@somewhere.com', '16-OCT-2012', 2, 'FormLetter01');
INSERT INTO CONTACT (EmailAddress, ContactDate, ContactNumber, ContactType)
    VALUES(
     'Susan.Baker@elsewhere.com', '16-OCT-2012', 2, 'FormLetter01');
INSERT INTO CONTACT (EmailAddress, ContactDate, ContactNumber, ContactType)
    VALUES(
     'Sam.Eagleton@elsewhere.com', '16-OCT-2012', 2, 'FormLetter01');

INSERT INTO CONTACT VALUES(
    'Kathy.Foxtrot@somewhere.com', '25-OCT-2012', 1, 'Seminar', 2);
INSERT INTO CONTACT VALUES(
    'Sally.George@somewhere.com', '25-OCT-2012', 1, 'Seminar', 2);
INSERT INTO CONTACT VALUES(
    'Shawn.Hullett@elsewhere.com', '25-OCT-2012', 1, 'Seminar', 2);
```

图 7.42(续) 产生 HSD 数据库的 SQL 语句

```
INSERT INTO CONTACT (EmailAddress, ContactDate, ContactNumber, ContactType)
   VALUES(
        'Kathy.Foxtrot@somewhere.com', '30-OCT-2012', 2, 'FormLetter01');
INSERT INTO CONTACT (EmailAddress, ContactDate, ContactNumber, ContactType)
   VALUES(
        'Sally.George@somewhere.com', '30-OCT-2012', 2, 'FormLetter01');
INSERT INTO CONTACT (EmailAddress, ContactDate, ContactNumber, ContactType)
   VALUES(
        'Shawn.Hullett@elsewhere.com', '30-OCT-2012', 2, 'FormLetter01');

INSERT INTO CONTACT VALUES(
   'Bobbi.Pearson@elsewhere.com', '01-NOV-2012', 1, 'Seminar', 3);
INSERT INTO CONTACT VALUES(
   'Terry.Ranger@somewhere.com', '01-NOV-2012', 1, 'Seminar', 3);

INSERT INTO CONTACT (EmailAddress, ContactDate, ContactNumber, ContactType)
   VALUES(
        'Bobbi.Pearson@elsewhere.com', '06-NOV-2012', 2, 'FormLetter01');

INSERT INTO CONTACT (EmailAddress, ContactDate, ContactNumber, ContactType)
   VALUES(
        'Terry.Ranger@somewhere.com', '06-NOV-2012', 2, 'FormLetter01');
INSERT INTO CONTACT (EmailAddress, ContactDate, ContactNumber, ContactType)
   VALUES(
   'Kathy.Foxtrot@somewhere.com', '20-FEB-2013', 3, 'FormLetter02');
INSERT INTO CONTACT (EmailAddress, ContactDate, ContactNumber, ContactType)
   VALUES(
   'Sally.George@somewhere.com', '20-FEB-2013', 3, 'FormLetter02');
INSERT INTO CONTACT (EmailAddress, ContactDate, ContactNumber, ContactType)
   VALUES(
   'Shawn.Hullett@elsewhere.com', '20-FEB-2013', 3, 'FormLetter02');

INSERT INTO CONTACT VALUES(
   'Kathy.Foxtrot@somewhere.com', '22-MAR-2013', 4, 'Seminar', 4);
INSERT INTO CONTACT VALUES(
   'Sally.George@somewhere.com', '22-MAR-2013', 4, 'Seminar', 4);
INSERT INTO CONTACT VALUES(
   'Jenny.Tyler@somewhere.com', '22-MAR-2013', 1, 'Seminar', 4);
INSERT INTO CONTACT VALUES(
   'Joan.Wayne@elsewhere.com', '22-MAR-2013', 1, 'Seminar', 4);


/*****    PRODUCT DATA    ************************************************************/


INSERT INTO PRODUCT VALUES(
   'VK001', 'Kitchen Remodeling Basics - Video', 14.95, 50);
INSERT INTO PRODUCT VALUES(
   'VK002', 'Advanced Kitchen Remodeling - Video', 14.95, 35);
INSERT INTO PRODUCT VALUES(
   'VK003', 'Kitchen Remodeling Dallas Style - Video', 19.95, 25);
INSERT INTO PRODUCT VALUES(
   'VK004', 'Heather Sweeny Seminar Live in Dallas on 25-OCT-11 - Video', 24.95, 20);
INSERT INTO PRODUCT VALUES(
   'VB001', 'Kitchen Remodeling Basics - Video Companion', 7.99, 50);
INSERT INTO PRODUCT VALUES(
   'VB002', 'Advanced Kitchen Remodeling - Video Companion', 7.99, 35);
INSERT INTO PRODUCT VALUES(
   'VB003', 'Kitchen Remodeling Dallas Style - Video Companion', 9.99, 25);
INSERT INTO PRODUCT VALUES(
   'BK001', 'Kitchen Remodeling Basics For Everyone - Book', 24.95, 75);
INSERT INTO PRODUCT VALUES(
   'BK002', 'Advanced Kitchen Remodeling For Everyone - Book', 24.95, 75);
```

图 7.42(续)　产生 HSD 数据库的 SQL 语句

```
/*****   INVOICE DATA    ************************************************/

/*****   Invoice 35000   ************************************************/


INSERT INTO INVOICE VALUES(
      '15-Oct-12', 'VISA', 22.94, 5.95, 1.31, 30.20,
      'Ralph.Able@somewhere.com');
INSERT INTO LINE_ITEM VALUES(35000, 1, 1, 14.95, 14.95, 'VK001');
INSERT INTO LINE_ITEM VALUES(35000, 2, 1, 7.99, 7.99, 'VB001');

/*****   Invoice 35001   ************************************************/
INSERT INTO INVOICE VALUES(
      '25-Oct-12', 'MasterCard', 47.89, 5.95, 2.73, 56.57,
      'Susan.Baker@elsewhere.com');
INSERT INTO LINE_ITEM VALUES(35001, 1, 1, 14.95, 14.95, 'VK001');
INSERT INTO LINE_ITEM VALUES(35001, 2, 1, 7.99, 7.99, 'VB001');
INSERT INTO LINE_ITEM VALUES(35001, 3, 1, 24.95, 24.95, 'BK001');

/*****   Invoice 35002   ************************************************/
INSERT INTO INVOICE VALUES(
      '20-Dec-12', 'VISA', 24.95, 5.95, 1.42, 32.32,
      'Sally.George@somewhere.com');
INSERT INTO LINE_ITEM VALUES(35002, 1, 1, 24.95, 24.95, 'VK004');

/*****   Invoice 35003   ************************************************/
INSERT INTO INVOICE VALUES(
      '25-Mar-13', 'MasterCard', 64.85, 5.95, 3.70, 74.50,
      'Susan.Baker@elsewhere.com');
INSERT INTO LINE_ITEM VALUES(35003, 1, 1, 14.95, 14.95, 'VK002');
INSERT INTO LINE_ITEM VALUES(35003, 2, 1, 24.95, 24.95, 'BK002');
INSERT INTO LINE_ITEM VALUES(35003, 3, 1, 24.95, 24.95, 'VK004');

/*****   Invoice 35004   ************************************************/
INSERT INTO INVOICE VALUES(
      '27-Mar-13', 'MasterCard', 94.79, 5.95, 5.40, 106.14,
      'Kathy.Foxtrot@somewhere.com');
INSERT INTO LINE_ITEM VALUES(35004, 1, 1, 14.95, 14.95, 'VK002');
INSERT INTO LINE_ITEM VALUES(35004, 2, 1, 24.95, 24.95, 'BK002');
INSERT INTO LINE_ITEM VALUES(35004, 3, 1, 19.95, 19.95, 'VK003');
INSERT INTO LINE_ITEM VALUES(35004, 4, 1, 9.99, 9.99, 'VB003');
INSERT INTO LINE_ITEM VALUES(35004, 5, 1, 24.95, 24.95, 'VK004');

/*****   Invoice 35005   ************************************************/
INSERT INTO INVOICE VALUES(
      '27-Mar-13', 'MasterCard', 94.80, 5.95, 5.40, 106.15,
      'Sally.George@somewhere.com');
INSERT INTO LINE_ITEM VALUES(35005, 1, 1, 24.95, 24.95, 'BK001');
INSERT INTO LINE_ITEM VALUES(35005, 2, 1, 24.95, 24.95, 'BK002');
INSERT INTO LINE_ITEM VALUES(35005, 3, 1, 19.95, 19.95, 'VK003');
INSERT INTO LINE_ITEM VALUES(35005, 4, 1, 24.95, 24.95, 'VK004');

/*****   Invoice 35006   ************************************************/
INSERT INTO INVOICE VALUES(
      '31-Mar-13', 'VISA', 47.89, 5.95, 2.73, 56.57,
      'Bobbi.Pearson@elsewhere.com');
INSERT INTO LINE_ITEM VALUES(35006, 1, 1, 24.95, 24.95, 'BK001');
```

图 7.42(续) 产生 HSD 数据库的 SQL 语句

```
INSERT INTO LINE_ITEM VALUES(35006, 2, 1, 14.95, 14.95, 'VK001');
INSERT INTO LINE_ITEM VALUES(35006, 3, 1, 7.99, 7.99, 'VB001');

/*****   Invoice 35007   ************************************************/
INSERT INTO INVOICE VALUES(
      '03-Apr-13', 'MasterCard', 109.78, 5.95, 6.26, 121.99,
      'Jenny.Tyler@somewhere.com');
INSERT INTO LINE_ITEM VALUES(35007, 1, 2, 19.95, 39.90, 'VK003');
INSERT INTO LINE_ITEM VALUES(35007, 2, 2, 9.99, 19.98, 'VB003');
INSERT INTO LINE_ITEM VALUES(35007, 3, 2, 24.95, 49.90, 'VK004');

/*****   Invoice 35008   ************************************************/
INSERT INTO INVOICE VALUES(
      '08-Apr-13', 'MasterCard', 47.89,  5.95, 2.73, 56.57,
      'Sam.Eagleton@elsewhere.com');
INSERT INTO LINE_ITEM VALUES(35008, 1, 1, 24.95, 24.95, 'BK001');
INSERT INTO LINE_ITEM VALUES(35008, 2, 1, 14.95, 14.95, 'VK001');
INSERT INTO LINE_ITEM VALUES(35008, 3, 1, 7.99, 7.99, 'VB001');

/*****   Invoice 35009   ************************************************/
INSERT INTO INVOICE VALUES(
      '08-Apr-13', 'VISA', 47.89, 5.95, 2.73, 56.57,
      'Nancy.Jacobs@somewhere.com');
INSERT INTO LINE_ITEM VALUES(35009, 1, 1, 24.95, 24.95, 'BK001');
INSERT INTO LINE_ITEM VALUES(35009, 2, 1, 14.95, 14.95, 'VK001');
INSERT INTO LINE_ITEM VALUES(35009, 3, 1, 7.99, 7.99, 'VB001');

/*****   Invoice 35010   ************************************************/
INSERT INTO INVOICE VALUES(
      '23-Apr-13', 'VISA', 24.95, 5.95, 1.42, 32.32,
      'Ralph.Able@somewhere.com');
INSERT INTO LINE_ITEM VALUES(35010, 1, 1, 24.95, 24.95, 'BK001');

/*****   Invoice 35011   ************************************************/
INSERT INTO INVOICE VALUES(
      '07-May-13', 'VISA', 22.94, 5.95, 1.31, 30.20,
      'Bobbi.Pearson@elsewhere.com');
INSERT INTO LINE_ITEM VALUES(35011, 1, 1, 14.95, 14.95, 'VK002');
INSERT INTO LINE_ITEM VALUES(35011, 2, 1, 7.99, 7.99, 'VB002');

/*****   Invoice 35012   ************************************************/
INSERT INTO INVOICE VALUES(
      '21-May-13', 'MasterCard', 54.89, 5.95, 3.13, 63.97,
      'Shawn.Hullett@elsewhere.com');
INSERT INTO LINE_ITEM VALUES(35012, 1, 1, 19.95, 19.95, 'VK003');
INSERT INTO LINE_ITEM VALUES(35012, 2, 1, 9.99, 9.99, 'VB003');
INSERT INTO LINE_ITEM VALUES(35012, 3, 1, 24.95, 24.95, 'VK004');

/*****   Invoice 35013   ************************************************/
INSERT INTO INVOICE VALUES(
      '05-Jun-13', 'VISA', 47.89, 5.95, 2.73, 56.57,
      'Ralph.Able@somewhere.com');
INSERT INTO LINE_ITEM VALUES(35013, 1, 1, 14.95, 14.95, 'VK002');
INSERT INTO LINE_ITEM VALUES(35013, 2, 1, 7.99, 7.99, 'VB002');
INSERT INTO LINE_ITEM VALUES(35013, 3, 1, 24.95, 24.95, 'BK002');

/*****   Invoice 35014   ************************************************/
INSERT INTO INVOICE VALUES(
```

图7.42(续)　产生HSD数据库的SQL语句

```
      '05-Jun-13', 'MasterCard', 45.88, 5.95, 2.62, 54.45,
      'Jenny.Tyler@somewhere.com');
INSERT INTO LINE_ITEM VALUES(35014, 1, 2, 14.95, 29.90, 'VK002');
INSERT INTO LINE_ITEM VALUES(35014, 2, 2, 7.99, 15.98, 'VB002');

/*****   Invoice 35015   ***********************************************/
INSERT INTO INVOICE VALUES(
      '05-Jun-13', 'MasterCard', 94.79, 5.95, 5.40, 106.14,
      'Joan.Wayne@elsewhere.com');
INSERT INTO LINE_ITEM VALUES(35015, 1, 1, 14.95, 14.95, 'VK002');
INSERT INTO LINE_ITEM VALUES(35015, 2, 1, 24.95, 24.95, 'BK002');
INSERT INTO LINE_ITEM VALUES(35015, 3, 1, 19.95, 19.95, 'VK003');
INSERT INTO LINE_ITEM VALUES(35015, 4, 1, 9.99, 9.99, 'VB003');
INSERT INTO LINE_ITEM VALUES(35015, 5, 1, 24.95, 24.95, 'VK004');

/*****   Invoice 35016   ***********************************************/
INSERT INTO INVOICE VALUES(
      '05-Jun-13', 'VISA', 45.88, 5.95, 2.62, 54.45,
      'Ralph.Able@somewhere.com');
INSERT INTO LINE_ITEM VALUES(35016, 1, 1, 14.95, 14.95, 'VK001');
INSERT INTO LINE_ITEM VALUES(35016, 2, 1, 7.99, 7.99, 'VB001');
INSERT INTO LINE_ITEM VALUES(35016, 3, 1, 14.95, 14.95, 'VK002');
INSERT INTO LINE_ITEM VALUES(35016, 4, 1, 7.99, 7.99, 'VB002');

/************************************************************************/
```

图7.42(续) 产生 HSD 数据库的 SQL 语句

利用 HSD 数据库，创建名为 HSD-RQ-CH07.sql 的 SQL 脚本回答 E~Q 的问题。

E. 编写 SQL 语句列出表中所有列。

F. 编写 SQL 语句列出 LastName，FirstName 和所有住在 Dallas 的客户的手机号。

G. 编写 SQL 语句列出 LastName，FirstName 和所有住在 Dallas 同时 LastName 以 T 字母开头的客户的手机号。

H. 编写 SQL 语句列出 INVOICE InvoiceNumber。使用子查询。(提示：正确的解决方案利用查询中的三张表，因为问题要求回答 INVOICE.InvoiceNumber。否则只有使用两张表的解决方法。)

I. 使用一个连接来回答 G。

J. 编写 SQL 语句列出 LastName，FirstName 和所有参加过 Kitchen on a Big D Budget 研讨会的客户的手机号。将结果按照 LastName 降序排序，然后再按照 FirstName 降序排序。

K. 编写 SQL 语句列出 LastName，FirstName，Phone，ProductNumber 和购买过一个视频产品的客户的描述。将结果按照 LastName 降序排序，然后按照 FirstName 降序排序，再按照 ProductNumber 降序排序。

L. 编写 SQL 语句显示 SubTotal(HSD 从附加有运输费和税费的货物中获取的利润)的和，记为 SumOfSubTotal。

M. 编写 SQL 语句显示 SubTotal 的平均值，记为 AverageOfSubTotal。

N. 编写 SQL 语句同时显示 SubTotal 的和与平均值，分别记为 SumOfSubTotal 和 AverageOfSubTotal。

O. 编写 SQL 语句将 SumOfSubTotal 为 VK004 的 PRODUCT UnitPrice 从现在的$24.95 修改为$34.95。

P. 编写 SQL 语句将 N 的对 UnitPrice 的修改撤回。

Q. 接下来问题的答案不需要你在自己的数据库中运行。以最少的 DELETE 的语句数量将数据库中的所有数据删除，但是保留表的结构。

利用 HSD 数据库，创建以 HSD-Create-Views-and-Functions. sql 命名的 SQL 脚本，回答问题 R ~ T。

R. 编写 SQL 语句来创建名为 InvoiceSummaryView 的视图，包含 INVOICE. InvoiceNumber，INVOICE. InvoiceDate，LINE_ITEM. LineNumber，SALE_ITEM. ItemID，PRODUCT. Description，LINE_ITEM. UnitPrice。运行该语句，然后用合适的 SQL SELECT 语句测试该视图。

S. 创建并测试一个名为 LastNameFirst 的用户自定义函数，该函数将两个参数 FirstName 和 LastName 合并为一个串联的名字域（格式为 LastName，FirstName）。

T. 编写 SQL 语句创建名为 CustomerInvoiceSummaryView 的视图，该试图包含 INVOICE. InvoiceNumber，INVOICE. InvoiceDate，使用 LastNameFirst 函数得到的串联的客户名字：CUSTOMER. EmailAddress 和 INVOICE. Total。运行该语句，然后用合适的 SQL SELECT 语句测试该视图。

Queen Anne Curiosity 商店案例

假定 Queen Anne Curiosity 商店通过下面的表设计数据库：

CUSTOMER(<u>CustomerID</u>, LastName, FirstName, Address, City, State, ZIP, Phone, Email)
EMPLOYEE(<u>EmployeeID</u>, LastName, FirstName, Phone, Email)
VENDOR(<u>VendorID</u>, CompanyName, ContactLastName, ContactFirstName, Address, City, State, ZIP, Phone, Fax, Email)
ITEM(<u>ItemID</u>, ItemDescription, PurchaseDate, ItemCost, ItemPrice, *VendorID*)
SALE(<u>SaleID</u>, CustomerID, EmployeeID, SaleDate, SubTotal, Tax, Total)
SALE_ITEM(<u>SaleID</u>, SaleItemID, ItemID, ItemPrice)

参照完整性限制是：

CustomerID in SALE 必须存在于 CustomerID in CUSTOMER
VendorID in ITEM 必须存在于 VendorID in VENDOR
CustomerID in SALE 必须存在于 CustomerID in CUSTOMER
EmployeeID in SALE 必须存在于 EmployeeID in EMPLOYEE
SaleID in SALE_ITEM 必须存在于 SaleID in SALE
ItemID in SALE_ITEM 必须存在于 ItemID in ITEM

假定 CUSTOMER 的 CustomerID，EMPLOyEE 的 EmployeeID，ITEM 的 ItemID，SALE 的 SaleID 和 SALE_ITEM 的 SaleItemID 都是具有以下值的代理键：

CustomerID	Start at 1	Increment by 1
EmployeeID	Start at 1	Increment by 1
VendorID	Start at 1	Increment by 1
ItemID	Start at 1	Increment by 1
SaleID	Start at 1	Increment by 1

卖家可能是个人或者公司。假如卖家是个人，则 CompanyName 域设为空白，而 ContactLastName 和 ContactFirstName 域必须有值。如果卖家是公司，则 CompanyName 必须记录公司名，ContactLastName 和 ContactFirstName 必须记录公司主要联系人。

A. 为每个表列设定 NULL/NOT NULL 限制条件。

B. 如果需要，设定替代键。

C. 声明外键表达的关系，设定每个关系的最大和最小基数并解释之。

D. 解释你是如何确保 C 中的最小基数的。对于需要的父亲使用参考完整性动作，对于需要的孩子使用图 6.28 作为引用。

E. 在你的 DBMS 中创建名为 QACS 的数据库。

F. 在 My Documents 文件夹中创建文件夹保存包含解决以下问题的 *. sql 脚本：

- 对于 SQL Server Management Studio，在 Projects 中创建名为 QACS-Database 的文件夹。
- 在 Oracle SQL Developer 文件夹中创建 QACS-Database 文件夹。
- 对于 SQL Workbench，在 Schemas 文件夹中创建 QACS-Database 文件夹。

使用 QACS 数据库，创建名为 QACS-Create-Tables. sql 的 SQL 脚本来回答 G ~ H 的问题：

G. 利用 A ~ D 的答案，为所有的表编写 CREATE TABLE 语句，将代理键的值按照上面设定。配合你的参考完整性动作设计设定 UPDATE 和 DELETE 动作。运行这些语句来创建 QACS 表。

H. 解释如何保证数据约束：SALE_ITEM. UnitPrice 等于 ITEM. ItemPrice，其中 SALE_ITEM. ItemID = ITEM. ItemID。

使用 QACS 数据库，创建名为 QACS-Insert-Data. sql 的 SQL 脚本来回答问题 I：

I. 编写 INSERT 语句来插入图 7.43 ~ 图 7.48 中的数据。

使用 QACS 数据库，创建名为 QACS-DML-CH07. sql 的 SQL 脚本来回答问题 J ~ K：

J. 编写 UPDATE 语句来更改从 Desk Lamp 到 Desk Lamps 的 ITEM. ItemDescription 的值。

K. 编写一条 INSERT 语句插入新的数据记录，记录 SALE 和 SALE_ITEMs。然后编写一条 DELETE 语句来删除该 SALE 和所有 SALE 的项。你需要多少条 DELETE 语句？为什么？

使用 QACS 数据库，创建名为 QACS-Create-Views-and-Functions. sql 的 SQL 脚本来回答问题 L 到 Q：

L. 编写 SQL 语句来创建名为 SaleSummaryView 的视图，该视图包含 SALE. SaleID，SALE. SaleDate，SALE_ITEM. SaleItemID，SALE_ITEM. ItemID，ITEM. ItemDescription 和 ITEM. ItemPrice。运行该语句创建视图，然后用合适的 SQL SELECT 语句来测试视图。

M. 创建并测试一个名为 LastNameFirst 的用户自定义函数，该函数将两个参数 FirstName 和 LastName 合并为一个串联的名字域(格式为 LastName，FirstName)。

N. 编写 SQL 语句创建名为 CustomerSaleSummaryView 的视图，该视图包含 SALE. SaleID，SALE. SaleDate，CUSTOMER. LastName，CUSTOMER, FirstName，SALE_ITEM. SaleItemID，SALE_ITEM. ItemID，ITEM. ItemDescription 和 ITEM. ItemPrice。运行该语句创建视图，然后用合适的 SQL SELECT 语句来测试视图。

O. 编写 SQL 语句创建名为 CustomerInvoiceSummaryView 的视图，该视图包含 INVOICE. InvoiceNumber，INVOICE. InvoiceDate，使用 LastNameFirst 函数得到的串联的客户名字：CUSTOMER. EmailAddress 和 INVOICE. Total。运行该语句，然后用合适的 SQL SELECT 语句测试该视图。

P. 编写 SQL 语句创建名为 CustomerSaleHistoryView 的视图，该视图：(1)包含 CustomerOrderSummaryView 中除了 SALE_ITEM. ItemNumber 和 SALE_ITEM. ItemDescription 之外的所有行；(2)具有按照 CUSTOMER. LastName，CUSTOMER. FirstName 和 SALE. SaleID 排好序的组；(3)对于每个客户的每种排序计算 SALE_ITEM. ItemPrice 的和与平均值。运行该语句，然后用合适的 SQL SELECT 语句测试该视图。

Q. 编写 SQL 语句创建名为 CustomerSaleCheckView 的视图，该视图使用 CustomerSaleHistoryView，展示所有 SALE_ITEM. ExtendedPrice 不等于 SALE. SubTotal 的客户的信息。运行该语句，然后用合适的 SQL SELECT 语句测试该视图。

R. 解释你是如何使用触发器来确保你的设计所需要的最小基数动作的。你不必编写触发器，只需设定你需要哪些并描述它们的逻辑。

CustomerID	LastName	FirstName	Address	City	State	ZIP	Phone	Email
1	Shire	Robert	6225 Evanston Ave N	Seattle	WA	98103	206-524-2433	Robert.Shire@somewhere.com
2	Goodyear	Katherine	7335 11th Ave NE	Seattle	WA	98105	206-524-3544	Katherine.Goodyear@somewhere.com
3	Bancroft	Chris	12605 NE 6th Street	Bellevue	WA	98005	425-635-9788	Chris.Bancroft@somewhere.com
4	Griffith	John	335 Aloha Street	Seattle	WA	98109	206-524-4655	John.Griffith@somewhere.com
5	Tiemey	Doris	14510 NE 4th Street	Bellevue	WA	98005	425-635-8677	Doris.Tiemey@somewhere.com
6	Anderson	Donna	1410 Hillcrest Parkway	Mt. Vemon	WA	98273	360-538-7566	Donna.Anderson@eleswhere.com
7	Svane	Jack	3211 42nd Street	Seattle	WA	98115	206-524-5766	Jack.Svane@somewhere.com
8	Walsh	Denesha	6712 24th Avenue NE	Redmond	WA	98053	425-635-7566	Denesha.Walsh@somewhere.com
9	Enquist	Craig	534 15th Street	Bellingham	WA	98225	360-538-6455	Craig.Enquist@elsewhere.com
10	Anderson	Rose	6823 17th Ave NE	Seattle	WA	98105	206-524-6877	Rose.Anderson@elsewhere.com

图7.43　QACS CUSTOMER表的例子数据

EmployeeID	LastName	FirstName	Phone	Email
1	Stuart	Anne	206-527-0010	Anne.Stuart@QACS.com
2	Stuart	George	206-527-0011	George.Stuart@QACS.com
3	Stuart	Mary	206-527-0012	Mary.Stuart@QACS.com
4	Orange	William	206-527-0013	William.Orange@QACS.com
5	Griffith	John	206-527-0014	John.Griffith@QACS.com

图7.44　QACS EMOLYEE表的例子数据

VendorID	CompanyName	ContactLastName	ContactFirstName	Address	City	State	ZIP	Phone	Fax	Email
1	Linens and Things	Huntington	Anne	1515 NW Market Street	Seattle	WA	98107	206-325-6755	206-329-9675	LAT@business.com
2	European Specialties	Tadema	Ken	6123 15th Avenue NW	Seattle	WA	98107	206-325-7866	206-329-9786	ES@business.com
3	Lamps and Lighting	Swanson	Sally	506 Prospect Street	Seattle	WA	98109	206-325-8977	206-329-9897	LAL@business.com
4	NULL	Lee	Andrew	1102 3rd Street	Kirkland	WA	98033	425-746-5433	NULL	Andrew.Lee@somewhere.com
5	NULL	Hamison	Denise	533 10th Avenue	Kirkland	WA	98033	425-746-4322	NULL	Denise.Hamison@somewhere.com
6	New York Brokerage	Smith	Mark	621 Roy Street	Seattle	WA	98109	206-325-9088	206-329-9908	NYB@business.com
7	NULL	Walsh	Denesha	6712 24th Avenue NE	Redmond	WA	98053	425-635-7566	NULL	Denesha.Walsh@somewhere.com
8	NULL	Bancroft	Chris	12605 NE 6th Street	Bellevue	WA	98005	425-635-9788	425-639-9978	Chris.Bancroft@somewhere.com
9	Specialty Antiques	Nelson	Fred	2512 Lucky Street	San Francisco	CA	94110	415-422-2121	415-423-5212	SA@business.com
10	General Antiques	Gamer	Patty	2515 Lucky Street	San Francisco	CA	94110	415-422-3232	415-429-9323	GA@business.com

图7.45　QACS VENDOR表的例子数据

ItemID	ItemDescription	PurchaseDate	ItemCost	ItemPrice	VendorID
1	Antique Desk	2012-11-07	$1,800.00	$3,000.00	2
2	Antique Desk Chair	2012-11-10	$300.00	$500.00	4
3	Dining Table Linens	2012-11-14	$600.00	$1,000.00	1
4	Candles	2012-11-14	$30.00	$50.00	1
5	Candles	2012-11-14	$27.00	$45.00	1
6	Desk Lamp	2012-11-14	$150.00	$250.00	3
7	Dining Table Linens	2012-11-14	$450.00	$750.00	1
8	Book Shelf	2012-11-21	$150.00	$250.00	5
9	Antique Chair	2012-11-21	$750.00	$1,250.00	6
10	Antique Chair	2012-11-21	$1,050.00	$1,750.00	6
11	Antique Candle Holders	2012-11-28	$210.00	$350.00	2
12	Antique Desk	2013-01-05	$1,920.00	$3,200.00	2
13	Antique Desk	2013-01-05	$2,100.00	$3,500.00	2
14	Antique Desk Chair	2013-01-06	$285.00	$475.00	9
15	Antique Desk Chair	2013-01-06	$339.00	$565.00	9
16	Desk Lamp	2013-01-06	$150.00	$250.00	10
17	Desk Lamp	2013-01-06	$150.00	$250.00	10
18	Desk Lamp	2013-01-06	$144.00	$240.00	3
19	Antique Dining Table	2013-01-10	$3,000.00	$5,000.00	7
20	Antique Sideboard	2013-01-11	$2,700.00	$4,500.00	8
21	Dining Table Chairs	2013-01-11	$5,100.00	$8,500.00	9
22	Dining Table Linens	2013-01-12	$450.00	$750.00	1
23	Dining Table Linens	2013-01-12	$480.00	$800.00	1
24	Candles	2013-01-17	$30.00	$50.00	1
25	Candles	2013-01-17	$36.00	$60.00	1

图 7.46　QACS ITEM 表的例子数据

	SaleID	CustomerID	EmployeeID	SaleDate	SubTotal	Tax	Total
1	1	1	1	2012-12-14	$3,500.00	$290.50	$3,790.50
2	2	2	1	2012-12-15	$100.00	$83.00	$1,083.00
3	3	3	1	2012-12-15	$50.00	$4.15	$54.15
4	4	4	3	2012-12-23	$45.00	$3.74	$48.74
5	5	1	5	2013-01-05	$250.00	$20.75	$270.75
6	6	5	5	2013-01-10	$750.00	$62.25	$812.25
7	7	6	4	2013-01-12	$250.00	$20.75	$270.75
8	8	2	1	2013-01-15	$3,000.00	$249.00	$3,249.00
9	9	5	5	2013-01-25	$350.00	$29.05	$379.05
10	10	7	1	2013-02-04	$14,250.00	$1,182.75	$15,432.75
11	11	8	5	2013-02-04	$250.00	$20.75	$270.75
12	12	5	4	2013-02-07	$50.00	$4.15	$54.15
13	13	9	2	2013-02-07	$4,500.00	$373.50	$4,873.50
14	14	10	3	2013-02-11	$3,675.00	$305.03	$3,980.03
15	15	2	2	2013-02-11	$800.00	$66.40	$866.40

图 7.47　QACS SALE 表的例子数据

SaleID	SaleItemID	ItemID	ItemPrice
1	1	1	$3,000.00
1	2	2	$500.00
2	1	3	$1,000.00
3	1	4	$50.00
4	1	5	$45.00
5	1	6	$250.00
6	1	7	$750.00
7	1	8	$250.00
8	1	9	$1,250.00
8	2	10	$1,750.00
9	1	11	$350.00
10	1	19	$5,000.00
10	2	21	$8,500.00
10	3	22	$750.00
11	1	17	$250.00
12	1	24	$50.00
13	1	20	$4,500.00
14	1	12	$3,200.00
14	2	14	$475.00
15	1	23	$800.00

图 7.48　QACS SALE_ITEM 表的例子数据

摩根进口

设想你已经为摩根进口设计了一个具有以下表的数据库:

EMPLOYEE(EmployeeID, LastName, FirstName, Department, Phone, Fax, EmailAddress)

STORE(StoreName, City, Country, Phone, Fax, EmailAddress, Contact)

ITEM(ItemID, *StoreName*, *PurchasingAgentID*, PurchaseDate, ItemDescription, Category, PriceUSD)

SHIPPER(ShipperID, ShipperName, Phone, Fax, EmailAddress, Contact)

SHIPMENT(ShipmentID, *ShipperID*, *PurchasingAgentID*, ShipperInvoiceNumber, Origin, Destination, ScheduledDepartureDate, ActualDepartureDate, EstimatedArrivalDate)

SHIPMENT_ITEM(ShipmentID, ShipmentItemID, *ItemID*, InsuredValue)

SHIPMENT_RECEIPT(ReceiptNumber, *ShipmentID*, *ItemID*, *ReceivingAgentID*, ReceiptDate, ReceiptTime, ReceiptQuantity, isReceivedUndamaged, DamageNotes)

A. 你是否认为 STORE 该有一个代理键? 如果是, 创建它同时对设计进行必要的调整。如果不是, 解释为什么, 或者对 STORE 或其他表做出其他的调整。

B. 为每个表列设定 NULL/NOT NULL 约束。

C. 如果需要，设定替代键。

D. 声明外键表达的关系，设定每个关系的最大和最小基数并解释之。

E. 解释你是如何确保 D 中的最小基数的。对于需要的父亲使用参考完整性动作。对于需要的孩子使用图 6.28(b)作为引用。

F. 在你的 DBMS 中创建名为 MI 的数据库。

G. 在 My Documents 文件夹中创建文件夹保存包含有解决以下问题的 *.sql 脚本：

- 对于 SQL Server Management Studio，在 Projects 中创建名为 MI-Database 的文件夹。
- 在 Oracle SQL Developer 文件夹中创建 MI-Database 文件夹。
- 对于 SQL Workbench，在 Schemas 文件夹中创建 MI-Database 文件夹。

使用 MI 数据库，创建名为 MI-Create-Tables.sql 的 SQL 脚本来回答 H 和 I 的问题：

H. 利用 A ~ E 的答案，为所有的表编写 CREATE TABLE 语句。如果你决定使用 StoreID 代理键，则将初始值设为 1000，增量为 50。设定 EmployeeID 的初始值为 1，增量为 1。设置 PurchaseID 的初始值为 500，增量为 5。设置 ShipmentID 的初始值为 100，增量为 1。ReceiptNumber 的值应从 200001 开始，增量为 1。使用 FOREIGN KEY 约束来创建合适的参照完整性约束。按照你的参考完整性动作设计设定 UPDATE 和 DELETE 行为。设定 InsuredValue 的默认值为 100。编写一个约束：STORE.Country 限于 7 个国家或地区(Hong Kong，India，Japan，Peru，Philippines，Singapore，United States)。

I. 解释如何保证规则：SHIPMENT_ITEM.InsuredValue 最小不小于 ITEM.PriceUSD。

使用 MI 数据库，创建名为 MI-Insert-Data.sql 的 SQL 脚本来回答问题 J：

J. 编写 INSERT 语句来插入如图 7.49 ~ 图 7.53 中的数据。

EmployeeID	LastName	FirstName	Department	Phone	Fax	EmailAddress
101	Morgan	James	Executive	310-208-1401	310-208-1499	James.Morgan@morganimporting.com
102	Morgan	Jessica	Executive	310-208-1402	310-208-1499	Jessica.Morgan@morganimporting.com
103	Williams	David	Purchasing	310-208-1434	310-208-1498	David.Williams@morganimporting.com
104	Gilbertson	Teri	Purchasing	310-208-1435	310-208-1498	Teri.Gilbertson@morganimporting.com
105	Wright	James	Receiving	310-208-1456	310-208-1497	James.Wright@morgnimporting.com
106	Douglas	Tom	Receiving	310-208-1457	310-208-1497	Tom.Douglas@morganimporting.com

图 7.49　MI EMPLOYEE 表的例子数据

使用 MI 数据库，创建名为 MI-DML-CH07.sql 的 SQL 脚本来回答问题 K 和 L：

K. 编写 UPDATE 语句将 STORE.City 的值从 New York City 改为 NYC。

L. 创建一条 INSERT 语句插入新的数据记录，记录 SHIPMENT 和 SHIPMENT_ITEMs。然后编写 DELETE 语句来删除该 SHIPMENT 和所有 SHIPMENT 的项。你需要多少条 DELETE 语句？为什么？

使用 MI 数据库，创建名为 MI- Create-Views-and-Functions.sql 的 SQL 脚本来回答问题 M ~ R：

M. 编写 SQL 语句来创建名为 PurchaseSummaryView 的视图，该视图包含 ITEM.ItemID，ITEM.PurchaseDate，ITEM.ItemDescription 和 ITEM.PriceUSD。运行该语句创建视图，然后用合适的 SQL SELECT 语句来测试视图。

N. 创建并测试一个名为 StoreContactAndPhone 的用户自定义函数，该函数将两个参数 StoreContact 和 ContactPhone 合并为一个串联的名字域(格式为 StoreContact：ContactPhone)。

StoreID	StoreName	City	Country	Phone	Fax	EmailAddress	Contact
1000	Eastern Sales	Singapore	Singapore	65-543-1233	65-543-1239	Sales@EasternSales.com.sg	Jeremy
1050	Eastern Treasures	Manila	Philippines	63-2-654-2344	63-2-654-2349	Sales@EasternTreasures.com.ph	Gracielle
1100	Jade Antiques	Singapore	Singapore	65-543-3455	65-543-3459	Sales@JadeAntiques.com.sg	Swee Lai
1150	Andes Treasures	Lima	Peru	51-14-765-4566	51-14-765-4569	Sales@AndesTreasures.com.pe	Juan Carlos
1200	Eastern Sales	Hong Kong	People's Republic of China	852-876-5677	852-876-5679	Sales@EasternSales.com.hk	Sam
1250	Eastern Treasures	New Delhi	India	91-11-987-6788	91011-987-6789	Sales@EasternTreasures.com.in	Deepinder
1300	European Imports	New York City	United States	800-432-8766	800-432-8769	Sales@EuropeanImports.com.sg	Marcello

图7.50　MI STORER表的例子数据

ItemID	StoreID	PurchasingAgentID	PurchaseDate	ItemDescription	Category	PriceUSD
500	1050	101	12/10/2012	Antique Large Bureaus	Furniture	$ 13,415.00
505	1050	102	12/12/2012	Porcelain Lamps	Lamps	$ 13,300.00
510	1200	104	12/15/2012	Gold Rim Design China	Tableware	$ 38,500.00
515	1200	104	12/16/2012	Gold Rim Design Serving Dishes	Tableware	$ 3,200.00
520	1050	102	4/7/2013	QE Dining Set	Furniture	$ 14,300.00
525	1100	103	5/18/2013	Misc Linen	Linens	$ 88,545.00
530	1000	103	5/19/2013	Large Masks	Decorations	$ 22,135.00
535	1100	104	5/20/2013	Willow Design China	Tableware	$ 147,575.00
540	1100	104	5/20/2013	Willow Design Serving Dishes	Tableware	$ 12,040.00
545	1150	102	6/14/2013	Woven Goods	Decorations	$ 1,200.00
550	1150	101	6/16/2013	Antique Leather Chairs	Furniture	$ 5,375.00
555	1100	104	7/15/2013	Willow Design Serving Dishes	Tableware	$ 4,500.00
560	1000	103	7/17/2013	Large Bureau	Furniture	$ 9,500.00
565	1100	104	7/20/2013	Brass Lamps	Lamps	$ 1,200.00

图 7.51　MI SHIPPER 表的例子数据

ShipperID	ShipperName	Phone	Fax	EmailAddress	Contact
1	ABC Trans-Oceanic	800-234-5656	800-234-5659	Sales@ABCTransOceanic.com	Jonathan
2	International	800-123-8898	800-123-8899	Sales@International.com	Marylin
3	Worldwide	800-123-4567	800-123-4569	Sales@worldwide.com	Jose

图 7.52　MI SHIPPER 表的例子数据

O. 编写 SQL 语句创建名为 StorePurchaseHistoryView 的视图，该视图包含 STORE. StoreName，STORE. Phone，STORE. Contact，ITEM. ItemID，ITEM. PurchaseDate，ITEM. ItemDescription 和 ITEM. PriceUSD。运行该语句创建视图，然后用合适的 SQL SELECT 语句来测试视图。

P. 编写 SQL 语句创建名为 StoreContactPurchaseHistoryView 的视图，该视图显示 STORE. StoreName，使用 StoreContactAndPhone 函数得到的 STORE. Phone 和 STORE. Contact，ITEM. Item，ID ITEM. PurchaseDate，ITEM. ItemDescription 和 ITEM. PriceUSD。运行该语句，然后用合适的 SQL SELECT 语句测试该视图。

Q. 编写 SQL 语句创建名为 StoreHistoryView 的视图，该视图为每个商店将 PriceUSD 求和并作为新的一列 TotalPurchases 进行显示。运行该语句，然后用合适的 SQL SELECT 语句测试该视图。

R. 编写 SQL 语句创建名为 MajorSources 的视图，该视图使用 StoreHistoryView，选择那些 TotalPurchases 大于 100 000 的商店。运行该语句，然后用合适的 SQL SELECT 语句测试该视图。

S. 解释你是如何使用触发器来确保你的设计所需要的最小基数动作的。你不必编写触发器，只需设定你需要哪些触发器，并描述它们的逻辑。

ShipmentID	ShipperID	PurchasingAgentID	ShipperInvoiceNumber	Origin	Destination	ScheduledDepartureDate	ActualDepartureDate	EstimatedArrivalDate
100	1	103	2010651	Manila	Los Angeles	10-Dec-12	10-Dec-12	15-Mar-13
101	1	104	2011012	Hong Kong	Seattle	10-Jan-13	12-Jan-13	20-Mar-13
102	3	103	49100300	Manila	Los Angeles	05-May-13	05-May-13	17-Jun-13
103	2	104	399400	Singapore	Portland	02-Jun-13	04-Jun-13	17-Jul-13
104	3	103	84899440	Lima	Los Angeles	10-Jul-13	10-Jul-13	28-Jul-13
105	2	104	488955	Singapore	Portland	05-Aug-13	09-Aug-13	11-Sep-13

图7.53 MI SHIPMENT表的例子数据

ShipmentID	ShipmentItemID	PurchaseItemID	InsuredValue
100	1	500	$15,000.00
100	2	505	$15,000.00
101	1	510	$40,000.00
101	2	515	$3,500.00
102	1	520	$15,000.00
103	1	525	$90,000.00
103	2	530	$25,000.00
103	3	535	$150,000.00
103	4	540	$12,500.00
104	1	545	$12,500.00
104	2	550	$5,500.00
105	1	555	$4,500.00
105	2	560	$10,000.00
105	3	565	$1,500.00

图 7.54 MI SHIPMENT_ITEM 表的例子数据

ReceiptNumber	ShipmentID	ItemID	ReceivingAgentID	ReceiptDate	ReceiptTime	ReceiptQuantity	isReceivedUndamaged	DamageNotes
200001	100	500	105	17-Mar-13	10:00 AM	3	Yes	NULL
200002	100	505	105	17-Mar-13	10:00 AM	50	Yes	NULL
200003	101	510	105	23-Mar-13	3:30 PM	100	Yes	NULL
200004	101	515	105	23-Mar-13	3:30 PM	10	Yes	NULL
200005	102	520	106	19-Jun-13	10:15 AM	1	No	One leg on one chair broken.
200006	103	525	106	20-Jul-13	2:20 AM	1000	Yes	NULL
200007	103	530	106	20-Jul-13	2:20 AM	100	Yes	NULL
200008	103	535	106	20-Jul-13	2:20 AM	100	Yes	NULL
200009	103	540	106	20-Jul-13	2:20 AM	10	Yes	NULL
200010	104	545	105	29-Jul-13	9:00 PM	100	Yes	NULL
200011	104	550	105	29-Jul-13	9:00 PM	5	Yes	NULL
200012	105	555	106	14-Sep-13	2:45 PM	4	Yes	NULL
200013	105	560	106	14-Sep-13	2:45 PM	1	Yes	NULL
200014	105	565	106	14-Sep-13	2:45 PM	10	No	Base of one lamp scratched

图 7.55 MI SHIPMENT_RECEIPT 表的例子数据

第 8 章　数据库再设计

本章目标

- 理解数据库再设计的必要性
- 能够使用相关子查询
- 能够在相关子查询中使用 SQL EXISTS 和 NOT EXISTS 关键字
- 理解逆向工程
- 能够使用依赖性图
- 能够修改表名
- 能够修改表的列
- 能够修改联系粒度
- 能够修改联系属性
- 能够添加和删除联系

正如第 1 章所述，数据库的来源有三种：它们有可能是根据现有表格和账本创建出来的，也可能是某个新的系统开发项目的产物，或者可能是数据库再设计的结果。前两种来源已经在第 2 章至第 7 章里讨论过了，本章将讨论最后一种来源：数据库再设计。

我们从数据库再设计的必要性开始本章的讨论，然后将描述两个重要的 SQL 语句：相关子查询和 EXISTS。这些语句在再设计之前分析数据时起着重要的作用。它们也能够用于高级查询，并且就其本身而言也是很重要的。在讨论这些内容之后，我们将转向普通数据库再设计任务的各种方案。

8.1　数据库再设计的必要性

你可能想知道："为什么我们不得不再设计一个数据库呢？如果我们第一次就正确地建立了数据库，为什么还需要对它再设计呢？"对于这个问题的回答有两个理由。首先，第一次就正确地建立一个数据库不是那么容易，尤其是当数据库来自新系统的开发时。即便我们能够获得所有的用户需求并建立了一个正确的数据模型，要把这个数据模型转变成一个正确的数据库设计也是非常困难的。对于大型数据库来说，该项任务令人望而生畏，并可能要求分若干个阶段来开发。在这些阶段里，数据库的某些方面可能需要重新设计。同时，不可避免地，必须纠正所犯的错误。

回答这个问题的第二个理由更为重要。暂时反映在信息系统和使用它们的组织机构之间的关联上。用比较时髦的说法是两者彼此相互影响，即信息系统影响着组织机构，而组织机构也影响着信息系统。

然而，实际上两者的关联要比这种相互影响更强有力得多。信息系统和组织机构不仅相互影响，它们还相互创建。一旦安装了一个新的信息系统，用户就能按照新的行为方式来表现。每当用户按照这些新的行为方式运转时，将会希望改变信息系统，以便提供更新的行为方式。等到这些变更制定出来后，用户又会对信息系统提出更多的变更请求，如此等等，永无止境地反复循环。

我们当前处于系统生命周期中的系统维护阶段(SDLC)。系统维护阶段可能导致需要对系统重新设计和重新实现，并且开始 SDLC 新的循环。这种循环过程意味着对于信息系统的变更并非是出于实现不良的悲惨后果，不如说这是信息系统使用的必然结果。因此，信息系统无法离开对于变更的需要。变更——它不能也不应当通过需求定义好一些、初始设计好一些、实现好一些或者别的什么好一些来消除。与此相反，变更乃是信息系统使用的一部分和外包装。这样，我们需要对它制订计划。在数据库处理的语义环境中，这意味着我们需要知道如何来实施数据库再设计。

8.2　检查函数依赖性的 SQL 语句

如果数据库没有任何数据，那么数据库再设计就不是特别困难的。可是当我们不得不修改包含有数据的数据库，或者当我们想要使得变更对现有数据存在的影响最小时，就会遇到严重困难。但是很遗憾，告诉现在工作的用户他们需要怎么做，而在修改后他们所有的数据都将会丢失，这对任何人来说都是不可接受的。

在我们能够继续进行某种变更之前，经常需要知道：一定的条件或者假定是否在数据中是有效的。例如，可能从用户需求了解到，部门的职能确定了 DeptPhone，但是可能不知道这种函数依赖性是否在所有的数据中都得到了正确的表达。

回忆第 3 章，如果因部门而确定 DeptPhone，那么部门中所有的值必须与带有相同的 DeptPhone 值者相匹配。例如，如果在会计(部门)中拥有一行，其 DeptPhone 值为 834-1100，那么在会计(部门)中出现的所有的行都应当有此 DeptPhone 值。同样，如果在财务(部门)中有一行 834-2100 的 DeptPhone 值，那么在财务(部门)中出现的所有其他行就应该都有此 DeptPhone 值。图 8.1 展示了违反这一假定的数据。在最后一行中，会计的 DeptPhone 值与其他行的不同在于它有太多的零。进一步考查这一差错，很有可能是有人在输入 DeptPhone 值时产生了一个输入错误。这样的差错是非常典型的。

EmployeeNumber	LastName	Email	Department	DeptPhone
100	Johnson	JJ@somewhere.com	Accounting	834-1100
200	Abernathy	MA@somewhere.com	Finance	834-2100
300	Smathers	LS@somewhere.com	Finance	834-21000
400	Caruthers	TC@somewhere.com	Accounting	834-1100
500	Jackson	TJ@somewhere.com	Production	834-4100
600	Caldera	EC@somewhere.com	Legal	834-3100
700	Bandalone	RB@somewhere.com	Legal	834-3100

图 8.1　违反某假想约束条件的表

现在，在做数据库修改之前，我们可能需要查找所有这样的违反情况，并且在纠正它们之后再向前推进。对于图 8.1 所示的小表格，我们正好能看到所有的数据，但是，倘若表格 EMPLOYEE 有 4 000 行怎么办？在这一点上，有两个 SQL 语句是特别有益的：即子查询和它们的“表亲”EXISTS 与 NOT EXISTS。我们最终将考虑其中的每一个语句。

8.2.1　相关子查询

相关子查询与第2章中讨论的子查询看起来非常相像，但是实际上，相关子查询与它是完全不同的。为了理解两者的区别，不妨考虑与第2章非常相像的如下子查询：

```
/* *** SQL-Query-CH08-01 *** */
SELECT      A.FirstName, A.LastName
FROM        ARTIST AS A
WHERE       A.ArtistID IN
            (SELECT    W.ArtistID
             FROM      WORK AS W
             WHERE     W.Title = 'Blue Interior');
```

DBMS能自底向上地处理这些子查询，即它能首先查找WORK中标题为'Blue Interior'的所有ArtistID的值，然后它就能使用那组值来处理上面的查询。而不需要在两个SELECT语句之间来回移动。本次查询的结果是艺术家Mark Tobey，这正是我们所期望的。

	FirstName	LastName
1	Mark	Tobey

搜索某个已知标题的多个副本

现在介绍相关子查询，假设View Ridge画廊提议将作品(WORK)的Title列作为一个备选键(alternate key)。如果查看图7.16(d)中的数据，会看到标题'Blue Interior'仅有一个副本，其他标题有两个或多个副本，比如'Surf and Bird'，因此该标题不可能是一个候选键。

但倘若WORK表超过10 000行，这就比较难以确定了。在这种情况下，我们想要查询表格WORK，并显示出标题和共享该相同标题的作品。

如果要求编写一段程序来执行这一查询，其逻辑将为：从WORK中的第一行取得Title的值，并且在该表格上检查所有的其他行。如果我们查找到与第一行有同样标题的某一行，就知道其中存在着副本，于是我们打印第一件作品的标题和副本。继续往下搜索与第一行有完全相同标题值的行，直到整个WORK表结束。

然后，我们再取得第二行中的标题值，把它与表格WORK中的所有其他行做比较，并打印出任何具有完全相同标题的作品的标题和副本。不断按照这种方式推进，直到所有行的WORK都已被检查过。

寻找具有相同标题的行的相关子查询

如下的相关子查询就是执行刚才所描述的操作：

```
/* *** SQL-Query-CH08-02 *** */
SELECT      W1.Title, W1.Copy
FROM        WORK AS W1
WHERE       W1.Title IN
             (SELECT    W2.Title
              FROM      WORK AS W2
              WHERE     W1.Title = W2.Title
                   AND  W1.WorkID <> W2.WorkID);
```

对于图 7.16(d)中的数据，这一查询的结果如下：

	Title	Copy
1	Farmer's Market #2	267/500
2	Farmer's Market #2	268/500
3	Spanish Dancer	583/750
4	Spanish Dancer	588/750
5	Surf and Bird	142/500
6	Surf and Bird	362/500
7	Surf and Bird	365/500
8	Surf and Bird	366/500
9	Surf and Bird	Unique
10	The Fiddler	251/1000
11	The Fiddler	252/1000

这个子查询与正规的子查询看上去非常类似。许多学生对此都感到惊讶，其实这个子查询和正规子查询是极其不同的，它们的相似仅仅是表面上的。

在解释原因之前，首先请注意在相关子查询中的记号法。最上层和最底层的 SELECT 语句都使用了 WORK 表格。在最上层的语句中，它被赋予别名 W1；在最底层的 SELECT 语句中，它被赋予别名 W2。

本质上，当使用这种记号法时，仿佛我们对表格 WORK 做了两个副本。一份称为 W1，另一份称为 W2。因此，在该相关子查询的最后两行中，是将 WORK 的 W1 副本的值与在 W2 副本中的值相比较。

正规子查询与相关子查询之间的差异

现在，考虑一下究竟是什么使得这个子查询如此不同？与正规子查询不同的是，DBMS 不能自己单独运行最底层的 SELECT 获得一组 Title，并使用这组 Title 来执行最上层的查询。其中的原因在查询的最后两行中表现出来：

```
WHERE       W1.Title = W2.Title
    AND     W1.WorkID <> W2.WorkID);
```

在这一表达式中，需要把 W1. Title(来自顶端 SELECT 语句)与 W2. Title(来自底部 SELECT 语句)相比较；对于 W1. WorkID 和 W2. WorkID 也是同样的。由于这些事实，DBMS 无法处理不依赖于最上层的那部分 SELECT 子查询。

与此相反，DBMS 必须把这个语句作为嵌套在主查询内的一个子查询来处理。其逻辑为：从 W1 取得第一行，并使用这一行来评价第二个查询。为此，对于 W2 中的第一行，把 W1. Title 与 W2. Title 进行比较，并把 W1. WorkID 与 W2. WorkID 进行比较。如果标题相等但 WorkID 值不相等，则把 W2. Title 的值归还到最上层的查询。对于 W2 中的所有的行都如此执行。

一旦对于 W1 中的第一行，所有 W2 的行都已被评价，就移动到 W1 中的第二行并且评价 W2 中的所有行，直到所有 W1 的行都已经与所有 W2 的行按照这个方式比较过。

倘若还不是很清楚，那么不妨拿一张纸在其上写出图 7.16(d)的 WORK 数据的两个副本。标识其中之一为 W1，而另一个为 W2，然后按照上述逻辑进行工作。据此，将会看到该相关子查询总是要求进行嵌套的处理。

一种常见陷阱

顺便说一下，不要落入如下的常见陷阱：

```
/* *** SQL-Query-CH08-03 *** */
SELECT     W1.Title, W1.Copy
FROM       WORK AS W1
WHERE      W1.WorkID IN
           (SELECT    W2.WorkID
            FROM      WORK AS W2
            WHERE     W1.Title = W2.Title
                AND   W1.WorkID <> W2.WorkID);
```

这里的逻辑似乎是正确的，其实它不正确。对比 SQL-Query-CH08-03 和 SQL-Query-CH08-02，注意这两个 SQL 语句的不同。当运行图 7.16(d) 中 VRG 数据时 SQL-Query-CH08-03 的结果是空集：

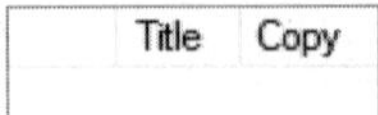

	Title	Copy

实际上，不论位于下面的数据是什么，这个查询都不会显示任何行。在继续讨论之前，我们来看一下为什么会这样。

最底层的查询确实将查找有相同的 Title 和不同的 WorkID 的所有行。如果找到，它将产生这行的 W2. WorkID。可是，随后此值将用来与 W1. WorkID 相比较。由于条件 W1. WorkID < >W2. WorkID，这两种值将始终是不同的。

```
W1.WorkID <> W2.WorkID
```

它不会返回任何行，因为用在 IN 里的是两个不相等的 WorkID 值，而不是两个相等的标题值。

使用相关子查询检查函数的依赖性

相关子查询能在数据库再设计期间有效地利用。正如所述，其中有一项应用是证实函数依赖性。例如，假设我们有与图 8.1 中同样的 EMPLOYEE 数据，而我们想要知道这些数据是否符合函数依赖性：

Department→DeptPhone

倘若符合，则每当在表格中出现部门的某个给定值时，其值必将与具有相同 DeptPhone 值者相匹配。

如下的相关子查询将查找出违反这一假定的所有行：

```
/* *** SQL-Query-CH08-04 *** */
SELECT     E1.EmployeeNumber, E1.Department, E1.DeptPhone
FROM       EMPLOYEE AS E1
WHERE      E1.Department IN
           (SELECT    E2.Department
            FROM      EMPLOYEE AS E2
            WHERE     E1.Department = E2.Department
                AND   E1.DeptPhone <> E2.DeptPhone);
```

对于图 8.1 中的数据，其结果如下：

	Department	DeptPhone
1	Finance	834-2100
2	Finance	834-21000

像这样的一个列表能轻易地查找并修复违反函数依赖性的任何行。

8.2.2 EXISTS 和 NOT EXISTS

EXISTS 和 NOT EXISTS 是相关子查询的另一种形式。我们能使用 SQL EXISTS 关键字形式改写最后的相关子查询，如下所示：

```
/* *** SQL-Query-CH08-05 *** */
SELECT      E1.EmployeeNumber, E1.Department, E1.DeptPhone
FROM        EMPLOYEE AS E1
WHERE       EXISTS
            (SELECT     E2.Department
             FROM       EMPLOYEE AS E2
             WHERE      E1.Department = E2.Department
                  AND   E1.DeptPhone <> E2.DeptPhone);
```

因为 EXISTS 是相关子查询的一种形式，SELECT 语句的处理是嵌套的。E1 的第一行输入到子查询。倘若该子查询在 E2 中查找到部门名称相同但概算码不同的任何行，那么 EXISTS 为真，其部门和部门电话就是选择到的第一行。接着，E1 的第二行输入到子查询，SELECT 将加以处理，并评价 EXISTS。如果为真的话，就代表选择到第二行的部门和部门电话。对于 E1 中的所有行，重复这一过程。

	Department	DeptPhone
1	Finance	834-2100
2	Finance	834-21000

在双重否定中使用 NOT EXISTS

如果在子查询中找到任何满足条件的行，那么 EXISTS 关键字将为真。仅当子查询查找满足条件的所有行都失败时，SQL NOT EXISTS 关键字才为真。

因而，NOT EXISTS 的双重使用能用来查找到对于某一表格的每一行具有某种指定条件的行。例如，假设在 View Ridge 的用户需要知道对任何艺术家感兴趣的所有客户的名字，可如下进行：

- 首先，产生对于某一位特定的艺术家感兴趣的所有客户的集合。
- 然后，对于这个集合进行取补，结果将是不对这位艺术家感兴趣的客户。
- 如果该补集是空的，那么所有的客户都对给定的艺术家感兴趣。

BY THE WAY 这种双重嵌套的 NOT EXISTS 模式在外行或者另一些 SQL 从业者中间是很有名气的，它经常在求职面试中和自我吹嘘型会话中用作对 SQL 知识的一个测试，而正如你将在本章的最后一节里看到的，它也能有利于用来评估一定的数据库再设计的可能性的合适性。因此，尽管这个例子包括有一些学究性的研究，但它是值得花些时间去理解的。

双重的 NOT EXISTS 查询

如下的 SQL 语句则完成刚才所描述的策略：

```
/* *** SQL-Query-CH08-06 *** */
SELECT      A.FirstName, A.LastName
FROM        ARTIST AS A
```

```
WHERE     NOT EXISTS
          (SELECT   C.CustomerID
           FROM     CUSTOMER AS C
           WHERE    NOT EXISTS
                    (SELECT     CAI.CustomerID
                     FROM       CUSTOMER_ARTIST_INT AS CAI
                     WHERE      C.CustomerID = CAI.CustomerID
                        AND     A.ArtistID = CAI.ArtistID));
```

查询结果是一个空集，说明没有一个艺术家是每一个顾客都感兴趣的。

FirstName	LastName

最底层的 SELECT 查找对某位特定的艺术家感兴趣的所有客户。当你看到这一 SELECT (即查询中的最后一个 SELECT)时，请记住这是相关子查询。这个 SELECT 嵌套在有关 CUSTOMER 的查询内部，后者则又嵌套在有关 ARTIST 的查询内部。C. CustomerID 来自中间的有关 CUSTOMER 的 SELECT，而 A. ArtistID 则来自顶层的有关 ARTIST 的 SELECT。

现在，查询中第 6 行的 NOT EXISTS 将查找对指定的艺术家不感兴趣的客户。如果所有客户对指定的艺术家都感兴趣，中间的 SELECT 结果将为空。如果中间的 SELECT 结果为空，第 3 行查询的 NOT EXISTS 将为真，并将产生该艺术家的名字，这正是我们想要的。

现在不妨考虑一下，对于这个查询中不匹配的艺术家会发生些什么？假设除 Tiffany Twilight 之外的所有客户都对艺术家 Miro 感兴趣(这并非是图 7. 16 中的数据的情况，但不妨假定它是这样的)。现在，对于前面的查询，当考虑 Miro 行时，底层 SELECT 将找出除 Tiffany Twilight 之外的所有的客户。在这种情况中，由于第 6 行查询的 NOT EXISTS，中间的 SELECT 将产生 Tiffany Twilight(因为该行是唯一不在底层 SELECT 中出现的)的 CustomerID。现在，因为中间的 SELECT 存在有一个结果，所以顶层 SELECT 的 NOT EXISTS 为假，而在查询的输出里将不会包括 Miro 的名字。这是正确的，因为存在有对 Joan Miro 不感兴趣的一位客户。

再一次，请花点时间学习这一模式。这是很著名的，如果你将在数据库领域里工作的话，肯定会再一次以这种形式或别的形式看到它。

8.3 分析现有的数据库

在继续讨论数据库再设计之前，应稍微反思一下，对于其运作依赖于数据库的某个实际的公司来说，这项任务意味着什么？例如，假设你在为 Amazon. com 之类的某个公司工作，并进一步假设已分配给你一个重要的数据库再设计任务，比如说修改供应商表的主键。

开始时，你可能感到奇怪，为什么他们想要做这个？这是有可能的，在早期，当他们仅仅销售书籍时，Amazon 对供应商使用其公司的名称。但是，当 Amazon 开始出售更多类型的产品时，公司名称就不够了。或许因为存在太多的重复，所以他们决定转换成一个专门为 Amazon 所创建的 VendorID。

现在，想用什么来转换主键呢？除了把新的数据追加到正确的行之外，还需要采用其他什么办法呢？显然，如果旧主键曾经被用作外键，那么所有的外键也需要修改。这样我们需要知道在其中使用过旧主键的所有关联。但是，视图怎么样？是否每个视图使用旧主键呢？如果是这样，它们就都需要修改。同时，触发器以及存储过程怎么样？它们全都使用旧主键吗？同时，也不能忘记任何现有的应用程序代码，一旦移去旧主键，它们有可能崩溃。

现在，为了创建一个半夜例行程序，如果你通过改变过程获得了部分时间，但有某样东西不能正确地工作，那将会发生什么？不妨假设你遇到了意外的数据，于是在试图追加新主键时，从 DBMS 收到了错误信息。Amazon 总不能把其 Web 网站修改成显示："抱歉，数据库已崩溃；(希望你)明天再来！"

这个半夜例行程序培育出许多的主题，其中大多数与系统分析和设计有关。但是，关于数据库处理有三条原则是很清楚的。首先，正如俗话所说："三思而后行。"在我们试图对一个数据库修改任何结构之前，必须清楚地理解该数据库的当前结构和内容，必须知道其中的依赖关系。其次，在对一个运作数据库做出任何实际的结构性修改之前，必须在拥有所有重要的测试数据案例的(相当规模的)测试数据库上测试那些修改。最后，只要有可能，就需要在做出任何结构性修改之前，先创建一份该运作数据库的完整副本。倘若一切都阴错阳差地出现问题，那么这份副本就能在纠正问题时用来恢复数据库。以下将逐个考虑这些重要的主题。

8.3.1　逆向工程

所谓逆向工程就是读取一个数据库模式并从该模式产生出数据模型的过程。所产生的数据模型并非真是一个逻辑模型，因为它对于每个表格，即便是没有任何非键数据并且完全不应该在逻辑模型里出现的交集表也都会产生出实体。这也不是一个内部模式，因为它并不拥有内部模式的所有信息，比如参照完整性操作。由逆向工程所产生的模式，倒不如说，它是事物到其本身的、穿着实体关联外衣的表格关联图。在本书中我们把它称为 RE(逆向工程)化的数据模型。

图 8.2 显示的是从第 7 章中所定义的 View Ridge 数据库的 MySQL 5.6 通过 MySQL Workbench 所产生的 RE 数据库设计。注意，由于 MySQL Workbench 的局限性，所以这是一个物理数据库设计而不是一个逻辑数据模型，然而它却说明了我们现在讨论的逆向工程技术。

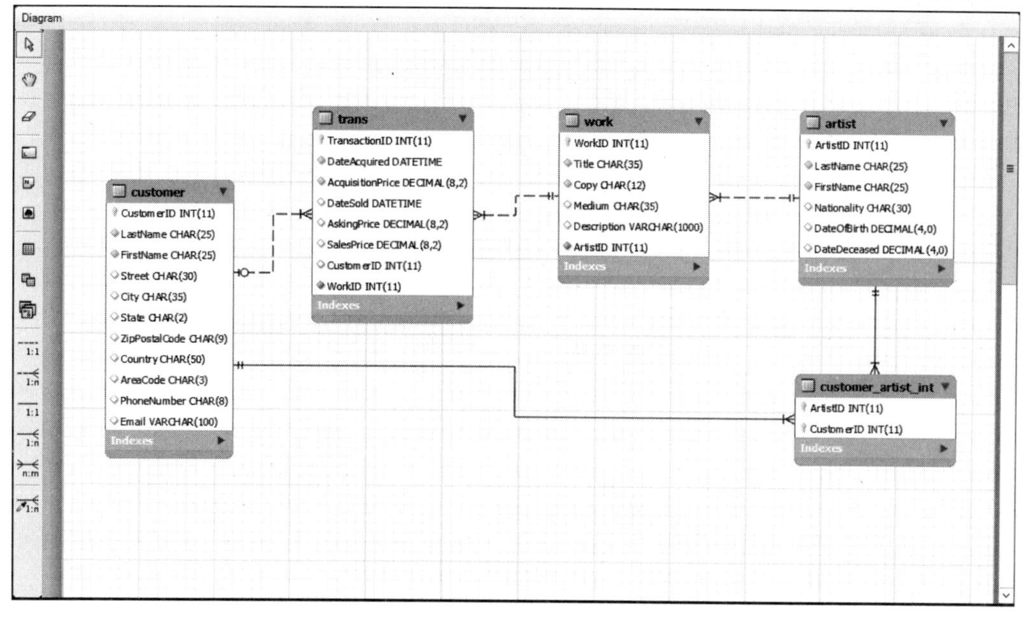

图 8.2　逆向工程化的数据库设计

在这里使用 MySQL Workbench 是因为它的通用性。如附录 E，MySQL Workbench 使用标准 IE 鸦脚数据库建模符号。图 6.35 展示了 VRG 数据模型，图 6.37 展示了 VRG 数据库设计。如果将它们同图 8.2 中的 VRG RE 数据模型进行对比，会发现 MySQL Workbench 更接近复制了 VRG 数据库设计而非 VRG 数据模型。

然而 MySQL Workbench 只能进行数据库设计，不能数据建模。而其他的一些设计软件，如 Computer Associates 的 Erwin，可以从逻辑上(数据建模)和物理上(数据库设计)构建数据库结构。除若干表格和视图之外，有些数据模型还将从该数据库里捕捉到约束条件、触发器和存储过程(事实上 MySQL Workbench 可以捕捉到这些中的一部分，虽然在图 8.2 中没有包含进来)。

这些结构并没有加以解释，而是把它们的正文导入到此数据模型中。同时，在某些产品里，还能获得正文与引用它们的项目的关联。约束条件、触发器和存储过程的再设计已经超出这里所讨论的范围。然而，应当意识到，它们也是数据库的一个部分，因而也是再设计的论题。

8.3.2 依赖性图

在修改数据库结构之前，理解那些结构之间的依赖性是极其重要的。例如，考虑修改某一表格的名称。该表格名称正在何处使用？用在哪一个触发器里？用在哪一个存储过程里？用在哪一个关联里？由于必须知道依赖性，所以许多数据库的再设计项目都是从制作依赖性图(dependency graph)开始的。

术语图(graph)来自于图论的数学论题。依赖性图并不是像酒吧间图那样的图形显示。倒不如说，它们是包含着节点和连接那些节点的弧(或线)的一种图形。

图 8.3 显示了利用逆向工程模型的结果所引出的一张部分依赖性图，但其中的视图和触发器是人工解释的。为了简单起见，这个图并没有显示出 CUSTOMER 上的视图，也没有显示出 CUSTOMER_ARTIST_INT 以及相关的结构。同时，既没有包括存储过程 WORK_AddWork-Transaction，也没有包括其约束条件。

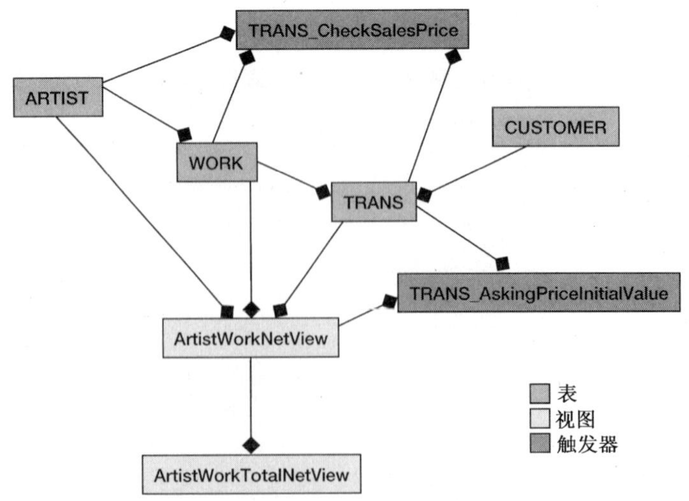

图 8.3　依赖性图(部分)的例子

即便是这样的部分图形，已经揭示出(在数据库结构中间)依赖性的复杂程度。例如，可以看到，在 TRANS 表上修改任何事物时，进行淡化处理将是明智的。这类修改的后果需要针对两种关联、三个触发器和四张视图做评估。再次提醒，三思而后行！

8.3.3　数据库备份和测试数据库

由于再设计期间可能对数据库造成潜在的严重破坏，在做出任何结构性修改之前，应当先创建一份该运作数据库的完整备份。同样重要的是，所提议的任何修改应当经过彻底的测试。不仅结构修改必须成功地进行，而且所有的触发器、存储过程和应用系统都必须在修改后的数据库上正确运行。

典型地，在再设计过程中使用的数据库模式至少应有三份副本。第一份是能用于初始测试的小型测试数据库。第二份是较大的测试数据库，甚至可能是包含整个运作数据库的满副本，它用于第二阶段的测试。最后是运作数据库本身，有时是若干个大型测试数据库。

必须创建一种工具，能在测试过程期间将所有测试数据库恢复到原来的状态。通过采用这种手段，当万一需要时，测试就能够从同样的起点再次运行。根据具体的 DBMS，在测试运行之后，可以采用备份和恢复或者其他手段来复原该数据库。

显然，对于有庞大的数据库的组织机构来说，直接将运作数据库的副本作为测试数据库是不可能的。相反，需要创建较小的测试数据库，但是那些测试数据库必须具有其运作数据库的所有重要的数据特征；否则，将不能提供真实的测试环境。构造这样的测试数据库是对自己的一种高难度并富有挑战性的工作。事实上，有许多开发测试数据库和数据库测试套件的有趣的就业机会。

最后，对于有庞大数据库的企业，不可能在进行结构修改之前预先制作运作数据库的完整副本。在这种情况下，数据库需要分块备份，而修改也是在每一块内做出的。这项任务十分困难并且要求丰富的知识和经验。它也需要数周或数月的规划。你可以作为初学者参与到这样的修改队伍里，但是，倘若试图对这样的大型数据库做出结构修改，那么就应当具有多年的数据库经验。即便如此，这仍然是一项令人沮丧的任务。

8.4　修改表名与表列

在本节中，我们将考虑变更若干表格名字和表格列。我们将仅仅使用 SQL 语句来完成这些修改。许多 DBMS 产品提供除 SQL 之外的修改结构的工具。例如，一些产品拥有简化这种过程的图示化设计工具。但是，这些特性并不是标准通用的，不应该依赖它们。本章所给出的语句可以工作在每一个企业类 DBMS 产品中，绝大多数同时还可以在 Microsoft Access 上工作。

8.4.1　修改表名

初看上去，修改表格名似乎是一种不错和轻松的操作。然而，浏览图 8.3，这种修改的后果大大出乎意料。例如，如果我们想要修改表格 WORK 的名字为 WORK_VERSION2，那么就必须完成若干项任务。定义在从 WORK 到 TRANS 的关联上的约束条件必须加以修改，ArtistWorkNetView 视图必须重新定义，而 TRANS_CheckSalesPrice 触发器也必须依据新的名字改写。

Oracle Database 和 MySQL 都有 SQL RENAME {Name01} TO {Name02} 语句，可以用来对表进行重命名，而 SQL Server 使用系统存储过程 sp_rename 来达到这一目标。但是，虽然表名

能够修改，其他使用表名的对象(如触发器和存储过程)将不会被改变。因此，这些重命名方法只适用于特定的环境中。反之，采用以下策略来对表名做修改：首先，需要创建包含所有相关结构的新表格，等到新表格工作正常再清除旧表格。倘若改名的表格太大而无法复制，就不得不使用其他的策略，但是这些已超出了本书讨论的范围。

然而，这种策略有一个严重的问题，即 WorkID 是一个控制键。当我们创建该新表时，DBMS 将会在该新表里创建 WorkID 的新值。此新值与表示外键 TRANS 值的旧表里的值未必相匹配，TRANS. WorkID 将是错误的。解决这个问题的最简单的办法是，首先创建 WORK 表的新版本，不把 WorkID 定义为控制键。然后，用 WORK 表的当前值来填满该表，包括 WorkID 的当前值在内。最后再把 WorkID 修改为一个控制键。

首先，通过向 DBMS 提交 SQL CREATE TABLE WORK_VERSION2 语句来创建该表格。我们让 WorkID 是整数而不是控制键。对于该 WORK 约束，我们也需要给出新的名字。原来的约束仍然存在，倘若不采用新的名字，其 DBMS 将会在处理 CREATE TABLE 语句时报告重复约束的问题。新约束名字的一个例子如下：

```
/* *** EXAMPLE CODE - DO NOT RUN *** */
CONSTRAINT WorkV2PK PRIMARY KEY (WorkID),
CONSTRAINT WorkV2AK1 UNIQUE (Title, Copy),
CONSTRAINT ArtistV2FK FOREIGN KEY(ArtistID)
                 REFERENCES ARTIST(ArtistID)
                      ON DELETE NO ACTION
                      ON UPDATE NO ACTION;
```

其次，利用如下的 SQL 语句，把数据复制到新表格里：

```
/* *** EXAMPLE CODE - DO NOT RUN *** */
/* *** SQL-INSERT-CH08-01 *** */
INSERT INTO WORK_VERSION2 (WorkID, Copy, Title, Medium,
      Description, ArtistID)
      SELECT     WorkID, Copy, Title, Medium, Description, ArtistID
      FROM       WORK;
```

在这时，修改 WORK_VERSION2 表，使其 WorkID 成为一个控制键。对于 SQL Server 来说，最容易的办法是打开图示化表格设计器，并重新定义 WorkID 为 IDENTITY 列(实现这样的修改，是不存在任何标准的 SQL 语句的)。设定该 Identity Seed(和 SQL Server 2012 IDENTITY ({初始值}，{增量})属性中的{StartValue}是一样的)属性初值为 500。SQL Server 将会设定 WorkID 的下一个新值为 WorkID 最大值加 1，即成为最大值。采用 Oracle 和 MySQL 修改为控制键的另外一种策略将在第 10A 章和第 10B 章中讨论。

现在剩下的全部工作就是定义两个触发器。这可以通过复制旧触发器的正文并将名字 WORK 修改为 WORK_VERSION2 来实现。

在这种场合，应该针对数据库运行测试套件，以证实所有的修改都已正确实施。在这之后，使用 WORK 的存储过程和应用系统就可以修改成运行新的表格名字①。如果一切正确，那

① 这里的时机很重要。WORK_VERSION2 表格是根据表 WORK 创建的。如果触发器、存储过程和应用系统继续在 WORK 上运行，可是对 WORK_VERSION2 的检验尚未进行，那么 WORK_VERSION2 将是不合时宜的。在存储过程和应用系统切换到 WORK_VERSION2 之前，必须采取某些操作对其更新。

么外键约束条件 TransactionWorkFK 和表格 WORK 就能通过如下的语句加以清除：

```
/* *** EXAMPLE CODE - DO NOT RUN *** */
/* *** SQL-ALTER-TABLE-CH08-01 *** */
ALTER TABLE TRANS DROP CONSTRAINT TransWorkFK;
/* *** SQL-DROP-TABLE-CH08-01 *** */
DROP TABLE WORK;
```

然后，通过对该 WORK 表的新命名，将 TransWorkFK 约束重新加到 TRANS 上：

```
/* *** EXAMPLE CODE - DO NOT RUN *** */
/* *** SQL-ALTER-TABLE-CH08-02 *** */
ALTER TABLE TRANS ADD CONSTRAINT TransWorkFK FOREIGN KEY(WorkID)
      REFERENCES WORK_VERSION2(WorkID)
            ON UPDATE NO ACTION
            ON DELETE NO ACTION;
```

显然，修改表格名字需要做的事情比想象中的要多得多。现在，应该明白为什么有些组织机构采取绝不允许任何应用系统或用户使用表格的真名的做法。相反，正如第 7 章所述，他们往往定义视图作为表格的别名。倘若这样做的话，每当需要修改其数据来源表的名字时，只要视图使用 * 引用表中所有列，只需要修改定义别名的视图就可以了。

8.4.2 追加与清除列

把 NULL 列追加到表格里是直截了当的。例如，向 WORK 表追加 NULL 列 DateCreated，我们可以简单地使用如下的 ALTER 语句：

```
/* *** SQL-ALTER-TABLE-CH08-03 *** */
ALTER TABLE WORK
      ADD DateCreated Date NULL;
```

如果有其他诸如 DEFAULT 或 UNIQUE 之类的列约束条件，可以将它们包括在列定义里，正像你将列定义作为 CREATE TABLE 语句的一部分那样。然而，倘若包括 DEFAULT 约束条件，那么需要小心：其默认值将运用到所有新行上，但是目前现有的行仍然还是可为空值的。

例如，假设想要把 DateCreated 的默认值设置成 1/1/1900，以表示其值尚未被输入。在这种情况下，不妨使用如下的 ALTER 语句：

```
/* *** SQL-ALTER-TABLE-CH08-04 *** */
ALTER TABLE WORK
      ADD DateCreated Date NULL DEFAULT '01/01/1900';
```

这个语句使得 WORK 中新行的 DateCreated 可以在默认场合赋予 1/1/1900。但为了设置现有的数据行，还需要执行如下的查询：

```
/* *** SQL-UPDATE-CH08-01 *** */
UPDATE WORK
     SET     DateCreated = '01/01/1900'
     WHERE   DateCreated IS NULL;
```

追加 NOT NULL 列

为了追加新的 NOT NULL 列，首先将其作为 NULL 列追加。然后，使用如上所示的更新语句来显示在所有行中给列赋予某个值。在这之后，执行如下的 SQL 语句就把 DateCreated 的 NULL 约束条件修改为 NOT NULL 了。

```
/* *** SQL-ALTER-TABLE-CH08-05 *** */
ALTER TABLE WORK
      ALTER COLUMN DateCreated Date NOT NULL;
```

然而，再一次提醒，如果 DateCreated 尚未在所有行中赋给过值，这个语句必然会失败。

清除列

清除非关键字的列是很容易的。例如，从 WORK 清除 DateCreated 列，可以使用下列方法完成：

```
/* *** SQL-ALTER-TABLE-CH08-06 *** */
ALTER TABLE WORK
      DROP COLUMN DateCreated;
```

为了清除某个外键列，必须首先清除定义该外键的约束条件。做这样的一种修改相当于清除一种关联，这个主题稍后将在本章的剩余部分加以讨论。

为了清除主键，首先需要清除该主键的约束条件。然而，为此必须首先清除使用该主键的所有外键。这样，要清除 WORK 的主键并且用复合键(Title, Copy, ArtistID)来替换它，必须完成如下的步骤：

- 从 TRANS 清除约束条件 WorkFK。
- 从 WORK 清除约束条件 WorkPK。
- 使用(Title, Copy, ArtistID)来创建新的约束条件 WorkPK。
- 在 TRANS 中创建一引用(Title, Copy, ArtistID)的新的约束条件 WorkFK。
- 清除列 WorkID。

在清除 WorkID 之前，证实所有的修改都已正确完成是极其重要的。一旦清除后，除非通过备份副本来恢复表格 WORK，否则就再也没有办法恢复它了。

8.4.3 修改列的数据类型或约束条件

为了修改列的数据类型或约束条件，只要利用 ALTER TABLE ALTER COLUMN 命令简单地重新规定就可以了。然而，倘若要将列从 NULL 修改成 NOT NULL，那么，为了保证修改取得成功，在所有行的被修改的列上必须拥有某个值。

同时，某些类型的数据修改可能会造成数据丢失。例如，修改 char(50)为日期，或者将造成任何文本域的丢失，因为 DBMS 不能把它成功地铸造成一个日期；或者 DBMS 可能干脆拒绝执行列修改。其结果取决于所使用的具体 DBMS 产品。

一般来说，将数字修改为 char 或 varchar 将会获得成功。同时，修改日期或 Money 或其他较具体的数据类型为 char 或 varchar 通常也会获得成功。但反过来修改 char 或 varchar 成为日期、Money 或数字，则要冒一定的风险，它有时是可以的，有时则是不可以的。

在 View Ridge 模式中，如果 DateOfBirth 曾经被定义为 char(4)，那么虽然冒风险但却是明智的数据类型修改是：把 ARTIST 的 DateOfBirth 修改成 Numeric(4, 0)。

这将是一种明智的修改，因为这一列里的所有值都是数字。不妨回忆一下用来定义 DateOfBirth(参见图 7.14)的检查约束条件。如下的语句将完成这一修改：

```
/* *** EXAMPLE CODE - DO NOT RUN *** */
/* *** SQL-ALTER-TABLE-CH08-07 *** */
ALTER TABLE ARTIST
      ALTER COLUMN DateOfBirth Numeric(4,0) NULL;
ALTER TABLE ARTIST
      ADD CONSTRAINT NumericBirthYearCheck
            CHECK (DateOfBirth > 1900 AND DateOfBirth < 2100);
```

对 DateOfBirth 预先的检查约束条件现在应该删除。

8.4.4　追加和清除约束条件

正如已经示例的那样，约束条件能够通过 ALTER TABLE ADD CONSTRAINT 和 ALTER TABLE DROP CONSTRAINT 语句进行追加和清除。

8.5　修改关联基数和属性

修改基数是数据库再设计的一项常见任务。有时，需要修改最小的基数从 0 到 1 或者是从 1 到 0。另一项常见任务是把最大基数从 1:1 修改成 1:N 或者从 1:N 修改成 N:M。不太多见的另一种可能是，减少最大基数，从 N:M 修改为 1:N 或者从 1:N 修改为 1:1。正如我们将看到的，后者只能通过数据的丢失来实现。

8.5.1　修改最小基数

修改最小基数的操作依赖于是在关联的双亲侧还是子女侧上修改。

修改双亲侧的最小基数

如果修改落在双亲一侧，意味着子女将要求或者不要求拥有一个双亲，于是，修改的问题归结为是否允许代表关联的外键为 NULL 值。例如，假设从 EMPLOYEE 到 DEPARTMENT 有一个 1:N 的关联，外键 DepartmentNumber 出现在 EMPLOYEE 表中。修改是否要求每个雇员都有一个部门的问题，就成了单纯修改 Department Number 的 NULL 状态的问题。

如果将某个最小基数从 0 修改为 1，那么应当处于 NULL 状态的外键必须修改成 NOT NULL。修改某个列为 NOT NULL，仅当该表格的所有行都具有某种值的情况下才可能实施。在某个外键的情况下，这意味着每条记录必须都已经关联。否则，就必须修改所有的记录，使得在外键成为 NOT NULL 之前每条记录都有一个关联。在前例中，就是在修改 DepartmentNumber 为 NOT NULL 之前，所有的雇员都必须与某个部门有关。

根据所使用的 DBMS，有些定义关联的外键约束条件，在修改外键之前，或许已不得不清除了。那么，这时就需要重新再追加外键约束条件。如下的 SQL 将实现前述的例子：

```
/* *** EXAMPLE CODE - DO NOT RUN *** */
/* *** SQL-ALTER-TABLE-CH08-08 *** */
ALTER TABLE EMPLOYEE
      DROP CONSTRAINT DepartmentFK;
ALTER TABLE EMPLOYEE
      ALTER COLUMN DepartmentNumber Int NOT NULL;
```

```
ALTER TABLE EMPLOYEE
    ADD CONSTRAINT DepartmentFK FOREIGN KEY (DepartmentNumber)
        REFERENCES DEPARTMENT (DepartmentNumber)
            ON UPDATE CASCADE;
```

在修改最小基数从 0 到 1 时，同时还需要规定对于更新和删除上的级联行为。本例中，更新是需要级联的，但删除则不必(记住，默认行为即是 NO ACTION)。

修改最小基数从 1 到 0 很简单，只要将 DepartmentNumber 从 NOT NULL 改为 NULL 即可。有必要的话，可能还需要修改在更新和删除上的级联行为。

修改子女侧的最小基数

正如在第 6 章注意到的，在某个关联的子女侧强制修改非零最小基数的唯一方式是编写一个触发器来强制此约束条件。因此，修改最小基数从 0 到 1，必须编写合适的触发器。用图 6.28 来设计触发器的行为，然后再编写该触发器。但对于修改最小基数从 1 到 0，只需要清除强制执行该约束的此触发器就可以了。

在 DEPARTMENT-EMPLOYEE 联系的例子中，为了要求每条 DEPARTMENT 记录都有一条 EMPLOYEE 记录，就需要在 DEPARTMENT 的 INSERT 上以及在 EMPLOYEE 的 UPDATE，DELETE 上编写触发器。在 DEPARTMENT 上的触发器代码确保每条 EMPLOYEE 记录都是赋给这一新 DEPARTMENT 记录的，而 EMPLOYEE 上的触发器代码则确保被移到某个新部门的雇员或者正要删除的雇员并非是与其双亲关联中的最后一名雇员。

这一讨论假定需要有子女的约束条件是通过触发器强制的。倘若需要有子女的约束条件是通过应用程序来强制的，那么对于这些应用程序的强制也必须要加以修改。这也是赞成在触发器中而并非在应用代码中强制这样的约束条件的另一个原因。

8.5.2 修改最大基数

当将基数从 1:1 增加到 1:N 或者从 1:N 增加到 N:M 时，唯一的困难是保存现有的关联。这是能够做到的，但你将看到，它需要一点专门处理。凡当减少基数时，数据将会丢失。在这种场合，必须确立一项方针策略以决定丢失哪些关联。

将 1:1 关联修改成 1:N 关联

图 8.4 显示了 EMPLOYEE 和 PARKING_PERMIT 之间的 1:1 关联。正如在第 6 章中看到的，对于 1:1 关联，外键能放置在随便哪个表格中。然而，无论它被放置于何处，必须定义为唯一用来强制 1:1 基数的。对于图 8.5 中的表来说，所采取的操作取决于其 1:N 关联的双亲是 EMPLOYEE 还是 PARKING_PERMIT。

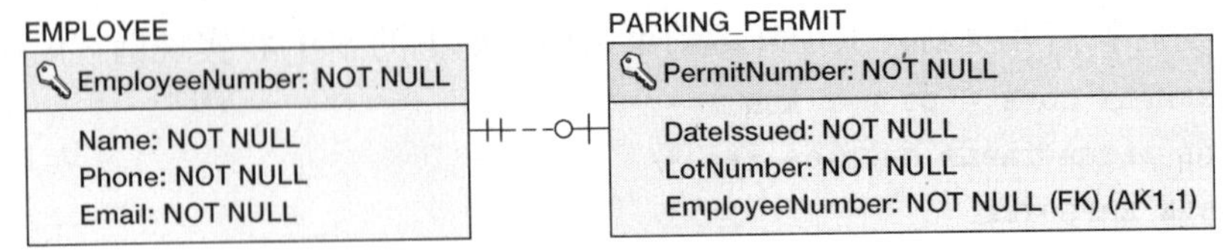

图 8.4 1:1 关联的例子

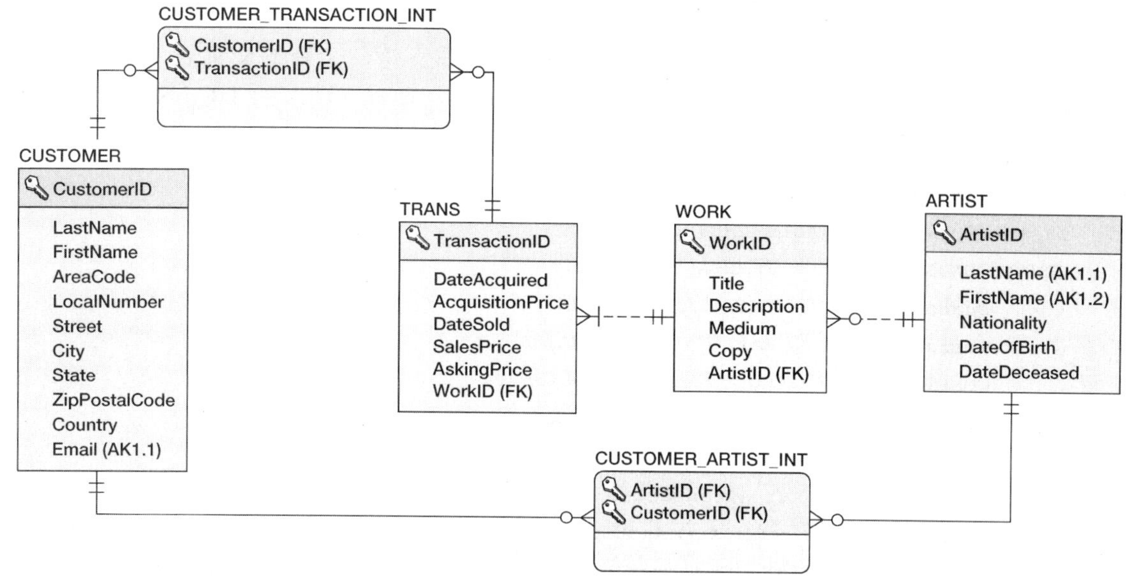

图 8.5　View Ridge 数据库设计为带有新的 N:M 关联

倘若 EMPLOYEE 是双亲(即雇员有多重停车许可)，那么唯一需要修改的是：清除约束条件 PARKING_PERMIT. EmployeeNumber 为唯一。然后关联就变为 1:N。

倘若 PARKING_PERMIT 是双亲(比如对于每一停车位来说，停车许可分配给了许多位雇员)，那么外键及相应的值必须从 PARKING_PERMIT 移到 EMPLOYEE。如下的 SQL 语句可完成这项任务：

```
/* *** EXAMPLE CODE - DO NOT RUN *** */
/* *** SQL-ALTER-TABLE-CH08-09 *** */
ALTER TABLE EMPLOYEE
      ADD PermitNumber Int NULL;
/* *** SQL-UPDATE-CH08-02 *** */
UPDATE EMPLOYEE
      SET EMPLOYEE.PermitNumber =
           (SELECT    PP.PermitNumber
            FROM      PARKING_PERMIT AS PP
            WHERE     PP.EmployeeNumber = EMPLOYEE.EmployeeNumber);
```

一旦外键已移到表 EMPLOYEE 上，就应该清除 PARKING_PERMIT 的 EmployeeNumber 列。接着，必须创建某个新的外键约束条件，用以定义参照完整性。以至于同一个停车许可有可能与多位雇员相关联，因此，该新的外键未必具有某种唯一的约束条件。

将 1:N 关联修改成 N:M 关联

假设 View Ridge 画廊决定要对于某种特定的交易处理多重地记录其采购行为。例如，其一些艺术品可能是某个客户与银行或值得信任的某个账户彼此之间的共同拥有；或许当一对夫妇购买艺术品时，它可能想要同时记录两个人的名字。无论是什么原因，这种修改将会要求将 CUSTOMER 和 TRANSACTION 之间的 1:N 关联修改为一个 N:M 关联。

将 1:N 关联修改成 N:M 关联是很容易的[①]。只要创建新的交集表并用数据填满它，再清除旧的外键列。图 8.5 显示出设计 View Ridge 数据库支持一个新的交集表 N:M 关联。

我们必须先创建该表格，然后对于其中 CustomerID 为 NOT NULL 的 TRANS 行复制 TransactionID 和 CustomerID 的值。首先，使用下列 SQL 语句创建新的交集表：

```
/* *** EXAMPLE CODE - DO NOT RUN *** */
/* *** SQL-CREATE-TABLE-CH08-01 *** */
CREATE TABLE CUSTOMER_TRANSACTION_INT(
      CustomerID        Int      NOT NULL,
      TransactionID     Int      NOT NULL,
      CONSTRAINT        CustomerTransaction_PK
            PRIMARY KEY(CustomerID, TransactionID),
      CONSTRAINT Customer_Transaction_Int_Trans_FK
            FOREIGN KEY (TransactionID) REFERENCES TRANS(TransactionID),
      CONSTRAINT Customer_Transaction_Int_Customer_FK
            FOREIGN KEY (CustomerID) REFERENCES CUSTOMER(CustomerID)
      );
```

注意，这里的更新没有任何的级联行为，因为 CustomerID 是一个控制键。对于删除操作也没有任何的级联行为，因为传统商务策略是从不删除与事务有关系的数据的。

接下来的任务是通过下述 SQL 语句，用 TRANS 表的数据填满此交集表格：

```
/* *** EXAMPLE CODE - DO NOT RUN *** */
/* *** SQL-INSERT-CH08-02 *** */
INSERT INTO CUSTOMER_TRANSACTION_INT (CustomerID, TransactionID)
      SELECT     CustomerID, TransactionID
      FROM       TRANS
      WHERE      CustomerID IS NOT NULL;
```

一旦所有这些修改完成，就可以清除 TRANS 的 CustomerID 列了。

8.5.3 减少基数(伴随着数据丢失)

减少基数的结构修改是很容易实现的。为了减少 N:M 关联为 1:N，我们只要在子女的关联上创建一个新的外键，并且用交集表数据填满它。为了减少 1:N 关联为 1:1，我们只要让 1:N 关联的外键的值为唯一的，然后在外键上定义某个唯一的约束条件。无论哪一种情况，最困难的问题是确定丢失哪类数据。

首先考虑减少 N:M 到 1:N 的情况。例如，假设 View Ridge 画廊决定对于每位客户仅仅保留对一位艺术家的兴趣。从 ARTIST 到 CUSTOMER 的关联则将成为 1:N。相应地，我们把新的外键列 ArtistID 追加到 CUSTOMER 上，并对那个客户在 ARTIST 上建立一个新的外键约束条件。如下的 SQL 语句将完成这些任务：

① 至少数据修改是非常容易的。处理在视图、触发器、存储过程和应用代码方面数据修改的结果将要困难一些。所有这些将需要重新写入跨越某个新交集表的联接中。所有表单和报告也需要修改，以便描绘某一交易的多重客户。例如，这意味着将文本编辑框修改成栅格。所有这些工作都要耗时，因而代价昂贵。

```
/* *** EXAMPLE CODE - DO NOT RUN *** */
/* *** SQL-ALTER-TABLE-CH08-10 *** */
ALTER TABLE CUSTOMER
      ADD ArtistID Int NULL;
ALTER TABLE CUSTOMER
      ADD CONSTRAINT ArtistInterestFK FOREIGN KEY (ArtistID)
            REFERENCES ARTIST(ArtistID);
```

由于是控制键，更新不需要级联，而删除是不应该级联的，因为客户可能有某个确实的事务，它不应该由于艺术家兴趣的转移而被删除。

现在，若某客户潜在地对许多艺术家有兴趣，在新的关联中究竟应该保留哪一位呢？画廊的回答依赖于商业方针。在这里，假设我们决定简单地取第一个：

```
/* *** EXAMPLE CODE - DO NOT RUN *** */
/* *** SQL-UPDATE-CH08-03 *** */
UPDATE      CUSTOMER
SET         ArtistID =
            (SELECT     TOP 1 ArtistID
             FROM       CUSTOMER_ARTIST_INT AS CAI
             WHERE      CUSTOMER.CustomerID = CAI.CustomerID);
```

短语 TOP 1 用来返回第一个合格行。

需要修改所有的视图、触发器、存储过程和应用代码，以便适应新的 1:N 关联。接着，清除在 CUSTOMER _ARTIST_INT 上定义的约束条件。最后，清除表 CUSTOMER_ARTIST _INT。

为了把 1:N 修改为 1:1 关联，我们只需要去除所有关联的外键上完全相同的值，然后对外键追加某个唯一的约束条件。不妨参见习题 8.51。

8.6　追加、删除表和关联

追加新的表格和关联是直截了当的。正如以前显示的，只需要使用带有 FOREIGN KEY 约束条件的 CREATE TABLE 语句来追加表格和关联。倘若某个现有的表格与新表格有子女关联，那么就使用现有的表格来追加 FOREIGN KEY 约束条件。

例如，如果将主键为 Name 的新表 COUNTRY 追加到 View Ridge 数据库里，并若将 CUSTOMER. Country 作为进入该新表的外键，那么可以在 CUSTOMER 中定义新外键的约束条件：

```
/* *** EXAMPLE CODE - DO NOT RUN *** */
/* *** SQL-ALTER-TABLE-CH08-11 *** */
ALTER TABLE CUSTOMER
      ADD CONSTRAINT CountryFK FOREIGN KEY (Country)
            REFERENCES COUNTRY(Name)
                  ON UPDATE CASCADE;
```

删除关联和表格只不过是一个清除外键的约束条件，然后清除表格的问题。当然，在实施这些之前，必须首先建立依赖性图，并用它来确定哪些视图、存储过程、触发器和应用程序将会受到该删除的影响。

正如第 4 章所述，添加新的表格和关联或者将现有表格压缩到更少的表里的另一个理由是出于规范化或者反规范化的需要。除了指出在数据库再设计中，规范化或者反规范化只是一项很普通的任务以外，本章不再继续涉及这个话题。

8.7 前向工程

可以使用许多种数据建模产品，根据你的利益对数据库做出修改。为此，首先对该数据库实施逆向工程，并修改得到 RE 数据模型，然后调用数据建模工具的前向工程功能。

这里不再谈论前向工程，因为它隐藏了需要学习的 SQL。同时，前向工程过程的细节又是非常依赖于具体产品的。

由于正确地修改数据模型极其重要，许多专业人员对于利用一个自动的过程来实现数据库再设计是抱有疑虑的。当然，在对运作数据使用前向工程之前，有必要彻底测试一下所得到的结果。有些产品在对数据库修改之前还会显示为了评估而需要执行的 SQL。

对于数据库再设计，自动化实现或许不是最好的想法。有许多东西依赖于所做修改的性质以及该前向工程的数据建模产品的特性的质量。有了在本章中学到的知识，应当能够完成绝大多数的再设计修改，并编写出自己的 SQL。用这个办法是不会错的!

8.8 小结

数据库设计和实现的必要性出于三点原因。数据库可以创建已有的数据，可以用于新的系统开发工程或者用于数据库再设计。再设计的必要性，既体现在修正由于初始的数据库设计期间所犯的错误，又体现在使数据库适应在系统需求方面的修改。这样的修改是不可避免的，因为信息系统和组织机构不仅在相互影响，而且还相互创建。因此，新的信息系统又引起了在系统需求上的修改。

相关子查询和 EXISTS 与 NOT EXISTS 是重要的 SQL 语句。它们能用来回答高级查询，而在数据库再设计期间，它们能用来确定指定的数据条件是否成立。例如，它们能用来确定在数据中是否可能存在函数依赖性。

相关子查询呈现出类似于正规子查询的欺骗性，区别在于正规子查询是自底向上处理的。在正规子查询中，能从最低层的查询确定结果，并用它来评价上层的查询。与此相反，在相关子查询中，其处理是嵌套的，即利用从上层的查询语句得到的一行与在低层查询中得到的若干行相比较。相关子查询的关键性差异是低层的选择语句使用了高层语句的若干列。EXISTS 和 NOT EXISTS 是相关子查询的特殊形式。有了它们，高层查询所产生的结果，可以依赖于底层查询中的若干行的存在或者不存在。如果在子查询中能遇到任何满足指定条件的行，那么 EXISTS 条件为真；仅当子查询的所有行都不满足指定的条件时，NOT EXISTS 条件才为真。NOT EXISTS 对于涉及包含必须对所有行为真的条件的查询场合是很有用处的，比如“购买过所有产品的客户”。在 8.2 节中显示的双重 NOT EXISTS 的用法，是常用来测试 SQL 知识的著名的 SQL 模式。

在再设计一个数据库之前，必须细心检查现有的数据库，以避免数据库的修改只能部分地处理，从而导致数据库无法使用的情况。“三思而后行”是一条重要规则。逆向工程可用来创建现有数据库的数据模型。这样做，使得能在继续进行修改之前能够更好地理解数据库的结构。所产生的数据模型称为逆向工程(RE)数据模型，它既不是一个概念性模式，也不是一个内部模式，它兼有两者的特征。大多数的数据建模工具都能执行逆向工程。RE 数据模型几乎总是包含有错误的信息，这样的模型必须仔细加以审视。

一个数据库的所有要素都是相互联系的。依赖性图用来描绘一个要素对于其他要素的依赖性。例如，在一张表格上的修改可能潜在地影响着关联、视图、索引、触发器、存储过程和应用程序。这些影响需要在修改数据库之前就了解并得以考虑。

在任何数据库再设计的修改到运作数据库之前，必须先制作该运作数据库的一份完整备份。另外，这样的修改必须被彻底测试，最初可能在小型测试数据库上测试，后来在大型测试数据库上甚至可能在运作数据库的副本上测试。只有当如此广泛的测试完成之后，才能真正实施再设计的修改。

数据库再设计里的修改可以划分为若干类型。一种类型涉及修改表格名字和表格的列。修改表格名字存在着数量令人吃惊的潜在后果。在继续进行修改之前，首先应该利用一张依赖性图来理解这些后果。非关键字的列是很容易追加和删除的。追加 NOT NULL(不可空)列必须分三个步骤来完成：首先，作为 NULL(可空)列添加；接着把数据追加到所有行；最后把列约束条件修改为 NOT NULL。为了清除用作外键的某个列，必须首先清除该外键的约束条件。

列的数据类型和约束条件能使用 ALTER TABLE ALTER COLUMN 语句来修改。修改数据类型，将一种较具体的类型(比如日期)修改成 char 或者 varchar，一般不会有什么问题。但将 char 或者 varchar 的数据类型修改成某种较具体的类型可能会有些问题。在某些情况下，数据可能会丢失，或者 DBMS 可能会拒绝修改。约束条件能够使用 ALTER TABLE ADD/DROP CONSTRAINT 语句来予以追加或者清除。倘若开发者已为所有的约束条件提供了它们各自的名字，那么这些语句的使用是很容易的。

在某个关联的双亲侧修改最小基数，只不过是把外键的约束条件从 NULL 修改为 NOT NULL 或者从 NOT NULL 修改为 NULL 的一个问题。但在某个关联的子女侧修改最小基数，则只能够通过追加或者清除强制约束条件的触发器来完成。

如果外键驻留在正确的表格上，那么将最大基数从 1:1 修改为 1:N 就是很简单的。在这种情况下，只需要清除对外键列的唯一的约束条件就可以了。如果修改时外键驻留在错误的表格上，那么首先需要将外键移到其他表格上，并且不对这个表格设置唯一的约束条件。

把 1:N 关联修改为 N:M 需要建立一个新的交集表，并把关键字和外键的值移动到交集表上。这方面的修改相对比较简单一些。难的是修改所有的视图、触发器、存储过程、应用程序以及需要用到新交集表的那些表单与报告。减少基数是容易的，但是这样的修改可能会导致数据的丢失。因此，在减少基数之前，必须要确定一项方针：维持数据。把 N:M 关联修改为 1:N 关联涉及到在双亲表里创建一个外键，并把交集表中的某个值移入该外键。把 1:N 关联修改成为 1:1 关联则要求：首先清除在外键中的复制，然后对该外键设置某个唯一的约束条件。追加和删除关联，能够通过定义新的外键约束条件或者清除现有外键的约束条件来完成。

绝大多数数据建模工具都能够完成前向工程，这只不过是一个(对于现有的数据库)应用数据模型修改的过程。如果采用前向工程，应在应用到实际运作数据库之前，首先彻底地测试其结果。有些工具会显示需要在前向工程过程期间执行的 SQL。倘若如此，就应当仔细地审视这些 SQL。总体上说，手工编写数据库再设计的 SQL 语句要好于使用前向工程。

8.9 关键术语

相关子查询
依赖性图
逆向工程数据模型
SQL EXISTS 关键字
SQL NOT EXISTS 关键字

8.10 习题

8.1 回顾数据库设计和实现的三种来源。
8.2 为什么数据库再设计是必要的。
8.3 用自己的语言解释如下语句:“信息系统和组织机构相互创建。”这为何与数据库再设计有关?
8.4 假设某表格包含两个非关键字列:AdviserName 和 AdviserPhone。并假设你怀疑存在依赖性 AdviserPhone→AdviserName。你将如何确定数据是否支持这一假设?
8.5 除本章中的例子外,试编写一个非相关子查询的子查询。
8.6 为什么处理相关子查询的语句是嵌套的,而普通子查询则不是?
8.7 除本章中的例子外,试编写一个相关子查询。
8.8 回答习题 8.7 的查询与回答习题 8.5 的查询有何不同?
8.9 为什么 8.2.1 节中“一种常见陷阱”中的相关子查询是不对的?
8.10 试编写相关子查询,来确定数据是否支持习题 8.4 的假设。
8.11 试述关键字 EXISTS 的意义。
8.12 试用 EXISTS 来回答习题 8.10。
8.13 试说明在 EXISTS 和 NOT EXISTS 之间“每个”(any)和“所有的”(all)用法的区别。
8.14 试解释有关 8.2.2 节中“双重的 NOT EXISTS 查询”所列查询的处理过程。
8.15 试编写一个查询,显示对所有艺术家感兴趣的每个客户的名字。
8.16 回答习题 8.15 的查询是如何工作的。
8.17 在执行数据库再设计任务之前分析数据库为什么重要?如果不做,又会怎么样?
8.18 试说明逆向工程的过程。
8.19 逆向工程创建的模型,为什么不是概念性模式?
8.20 什么是依赖性图?它是为什么目的服务的?
8.21 对于图 8.3,说明其中表 WORK 的依赖性。
8.22 创建依赖性图时,需要使用哪些数据来源?
8.23 在测试数据库再设计的修改时,应当使用哪两类测试数据库?
8.24 当修改某表格名字时,有可能会发生哪些问题?
8.25 试述修改某表格名字的过程。
8.26 考虑图 8.3,试述修改 WORK 表的名字为 WORK_VERSION2 这项任务的必要性。
8.27 试说明视图为何能简化修改表名字的过程。
8.28 在哪些条件下,如下的 SQL 语句条件是有效的?

```
INSERT     INTO T1     (A, B)
           SELECT      (C, D) FROM T2;
```

8.29 试给出向表 T2 追加某个整数列 C1 的 SQL 语句。其中假定 C1 为 NULL。
8.30 当 C1 为 NOT NULL 时,扩展你对习题 8.29 追加 C1 的回答。
8.31 试给出从表 T2 清除列 C1 的 SQL 语句。

8.32　试给出清除主键 C1 并使 C2 成为新主键的过程。

8.33　哪一种数据类型修改的风险最小?

8.34　哪一种数据类型修改的风险最大?

8.35　试给出一个 SQL 语句：将列 C1 修改为 char(10) NOT NULL。为了使这种修改成功，在数据中必须存在怎样的条件?

8.36　当原来要求每个子女有一个双亲，现在不再要求有双亲时，应当如何修改最小基数?

8.37　当原来不需要每个子女有双亲，现在要求必须有双亲时，应当如何修改最小基数? 为了使这种修改成功，在数据中必须存在怎样的条件?

8.38　当原来要求每个双亲有一个子女，现在不再要求有子女时，应当如何修改最小基数?

8.39　当原来不需要每个双亲有子女，现在要求必须有子女时，应当如何修改最小基数?

8.40　如何将最大基数从 1∶1 修改为 1∶N(假定外键在 1∶N 关联中的新子女侧)?

8.41　如何将最大基数从 1∶1 修改为 1∶N(假定外键在 1∶N 关联中的新的双亲侧)?

8.42　假定表格 T1 和 T2 都有一个 1∶1 的关联，并假定 T2 有外键。试给出把外键移到表 T1 所需要的 SQL 语句，并给出你自己关于关键字和外键的名字的假定。

8.43　如何把 1∶N 关联转变成 N∶M 关联?

8.44　假设表格 T1 与 T2 都有一个 1∶N 的关联。试给出填满交集 T1_T2_INT 所需要的 SQL 语句，并给出自己关于关键字和外键的名字的假定。

8.45　减少最大基数为什么会造成数据的丢失?

8.46　使用对习题 8.44 回答中的表格，试给出把关联修改回 1∶N 所需要的 SQL 语句。假定由交集表上的第一个合格行来提供外键，并给出关键字和外键的名字的假定。

8.47　使用习题 8.46 的结果，试说明：为了完成修改这一关联为 1∶1，必须做些什么? 并给出关于关键字和外键的名字的假定。

8.48　一般来说，为了追加一种新的关联，需要做些什么?

8.49　假设表格 T1 和 T2 都有一个 1∶N 的关联，并以 T2 为其子女。试给出移去表格 T1 所需要的 SQL 语句，并给出你自己关于关键字和外键的名字的假定。

8.50　前向工程的风险和存在问题有哪些?

项目练习

8.51　假设表格 EMPLOYEE 与表格 PHONE_NUMBER 有 1∶N 的关联，并假设 EMPLOYEE 的主键是 EmployeeID；同时，PHONE_NUMBER 的列包括 PhoneNumberID(一个强制键)，AreaCode，LocalNumber 和 EmployeeID(EMPLOYEE 的一个外键)。修改这一设计，使得 EMPLOYEE 到 PHONE_NUMBER 有 1∶1 的关联。而对于超过一个电话号码的雇员，则仅仅保留第一个。

8.52　假设表格 EMPLOYEE 与表格 PHONE_NUMBER 有 1∶N 的关联，并假设 EMPLOYEE 的主键是 EmployeeID；同时，PHONE_NUMBER 的列包括 PhoneNumberID(一个强制键)，AreaCode，LocalNumber 和 EmployeeID(EMPLOYEE 的一个外键)。写出再设计这一数据库的全部 SQL 语句，使它恰好只有一张表。解释本题结果与习题 8.51 结果间的差异。

8.53　考虑下述表格：

TASK(EmployeeID, EmpLastName, EmpFirstName, Phone, OfficeNumber, ProjectName, Sponsor, WorkDate, HoursWorked)

它可能具有如下的函数依赖性：

EmployeeID→(EmpLastName, EmpFirstName, Phone, OfficeNumber)

ProjectName→Sponsor

A. 试编写 SQL 语句，以显示违反这些函数依赖性的每一行的值。

B. 倘若没有任何数据违反这些函数依赖性，我们能假定它们是有效的吗？为什么？

C. 假定这些函数依赖性是正确的，如果有必要的话，不妨纠正数据，使其为真。试编写使该表格再设计成为域/关键字的规范形式所需要的所有 SQL 语句。假定表格确实具有(必须适当地转换到新的设计的)数据值。

案例问题

Marcia 干洗店项目练习

Marcia Wilson 在一个有钱人居住的社区中有一家高档的 Marcia 干洗店。Marcia 通过提供更为优质的客户服务使她的生意比竞争者更好。她想要记录每一位顾客和他们的订单。最终，她想要通过邮件的方式告知客户他们的衣服已经处理好了。假设你已经为 Marcia 的干洗店设计了具有以下表格的数据库：

CUSTOMER(CustomerID, FirstName, LastName, Phone, Email,)

ORDER(InvoiceNumber, *CustomerID*, DateIN, DateOut, Subtotal, Tax, Total)

INVOICE_ITEM(*InvoiceNumber*, ItemNumber, *ServiceID*, Quantity, UnitPrice, ExtendedPrice)

SERVICE(ServiceID, ServiceDescription, UnitPrice)

假定所有由这个表格列表中的外键所蕴涵的关联都已经定义好了。

A. 创建一张依赖性图，显示在这些表格中间的依赖性。并说明：为何需要扩展这张图，使它包括视图和其他的数据库结构(如触发器和存储过程)。

B. 使用上述依赖性图，试述把 INVOICE 表的名字修改成 CUST_INVOICE 所需要完成的任务。

C. 试编写实现问题 B 中所描述的名字修改任务的全部 SQL 语句。

D. 假设 Marcia 决定每份订单允许多位客户(例如，出于考虑客户的配偶关系)。请相应地修改这些表格的设计。

E. 试编写实现上述问题 D 的回答中所述的对该数据库再设计所需要的全部 SQL 语句。

F. 假设 Marcia 考虑把 CUSTOMER 的主键修改成(FirstName, LastName)。试编写相关子查询，以显示表明这种修改不是无可非议的任何数据。

G. 假设(FirstName, LastName)可以作为 CUSTOMER 的主键。在这种新主键的条件下，请制定出与其相应的表格设计修改。

H. 试编写实现你对问题 G 所述的修改的全部 SQL 语句。

Queen Anne Curiosity 商店案例

假定 Queen Anne Curiosity 商店已创建好了一个如第 7 章末所述的数据库：

CUSTOMER(CustomerID, LastName, FirstName, Address, City, State, ZIP, Phone, Email)

EMPLOYEE(EmployeeID, LastName, FirstName, Phone, Email)

VENDOR(VendorID, CompanyName, ContactLastName, ContactFirstName,

Address, City, State, ZIP, Phone, Fax, Email)

ITEM(ItemID, ItemDescription, PurchaseDate, ItemCost, ItemPrice, *VendorID*)

SALE(SaleID, *CustomerID*, *EmployeeID*, SaleDate, SubTotal, Tax, Total)

SALE_ITEM(*SaleID*, SaleItemID, *ItemID*, ItemPrice)

参照完整性约束：

CustomerID in SALE 必须存在于 CustomerID in CUSTOMER

VendorID in ITEM 必须存在于 VendorID in VENDOR

CustomerID in SALE 必须存在于 CustomerID in CUSTOMER

EmployeeID in SALE 必须存在于 EmployeeID in EMPLOYEE

SaleID in SALE_ITEM 必须存在于 SaleID in SALE

ItemID in SALE_ITEM 必须存在于 ItemID in ITEM

假定 CUSTOMER 的 CustomerID，EMPLOyEE 的 EmployeeID，ITEM 的 ItemID，SALE 的 SaleID 和 SALE_ITEM 的 SaleItemID 都有如下值的代理键：

CustomerID	从 1 开始	每次增加 1
EmployeeID	从 1 开始	每次增加 1
VendorID	从 1 开始	每次增加 1
ItemID	从 1 开始	每次增加 1
SaleID	从 1 开始	每次增加 1

卖家可能是个人或者公司。假如卖家是个人，则 CompanyName 域设为空白，而 ContactLastName 和 ContactFirstName 域必须有值。如果卖家是公司，则 CompanyName 必须记录公司名，ContactLastName 和 ContactFirstName 必须记录公司的主要联系人。

A. 创建一张依赖性图，显示在这些表格中间存在的依赖性，并说明为何需要扩展这张图，使它包括视图和其他的数据库结构（如存储过程）。

B. 使用上述依赖性图，试述把 SALE 表的名字修改成 CUSTOMER_SALE 所需要完成的任务。

C. 试编写实现问题 B 中所描述的名字修改任务的全部 SQL 语句。

D. 假设 Queen Anne Curiosity 商店的店主决定允许每个订单有多人（例如顾客的配偶）。依据这一新的事实来制定设计修改。

E. 编写 SQL 语句来实现你对问题 D 的回答中的再设计建议。

F. 假设 Queen Anne Curiosity 商店店主考虑把 CUSTOMER 的主键修改成（FirstName，LastName）。试编写相关子查询，以显示表明这种修改不是无可非议的任何数据。

G. 假设（FirstName，LastName）可以作为 CUSTOMER. 的主键。请制定相应的表格设计修改。

H. 试编写实现你对问题 G 所述的修改的全部 SQL 语句。

Morgan 进口公司项目练习

假定 Morgan 已创建好一个与第 7 章末所述表格相似但不完全一样的数据库（在第 7 章中叫 ITEM 的表此处叫 PURChASE_ITEM，其主键叫作 PurchaseItemID，它同时也是其他表中的外键）：

EMPLOYEE(<u>EmployeeID</u>, LastName, FirstName, Department, Phone, Fax, EmailAddress)

STORE(<u>StoreID</u>, StoreName, City, Country, Phone, Fax, EmailAddress, Contact)

PURCHASE_ITEM (<u>PurchaseItemID</u>, *StoreID*, *PurchasingAgentID*, PurchaseDate, ItemDescription, Category, PriceUSD)

SHIPMENT(<u>ShipmentID</u>, *ShipperID*, *PurchasingAgentID*, ShipperInvoiceNumber, Origin, Destination, ScheduledDepartureDate, ActualDepartureDate, EstimatedArrivalDate)

SHIPMENT_ITEM(<u>ShipmentID</u>, <u>ShipmentItemID</u>, *PurchaseItemID*, InsuredValue)

SHIPPER(<u>ShipperID</u>, ShipperName, Phone, Fax, Email, Contact)

SHIPMENT_RECEIPT (<u>ReceiptNumber</u>, *ShipmentID*, *PurchaseItemID*, *ReceivingAgent*, ReceiptDate, ReceiptTime, ReceiptQuantity, isReceivedUndamaged, DamageNotes)

假定所有由这个表格列表中的外键所蕴涵的关联都已经定义好了。

James Morgan 想要修改 MIPIS 系统的数据库设计来将 PURC hASE_ITEM 的项单独存放在名为 ITEM 的表中。这将使得每个 item 能够在它获取和贩卖的整个过程中被作为唯一的实体得以记录。ITEM 表的模式为:

ITEM(<u>ItemID</u>, ItemDescription, Category)

接着 PURCHASE_ITEM 将会被两个表 INVOICE 和 INVOICE_LINE_ITEM 所替代。这两个表通过如图 8.6 所示的收货订单相连。相似地, MIPIS 的装箱部分也通过对 ShIPMENT_ITEM 表的修改而修改。

SHIPMENT_LINE_ITEM(<u>ShipmentID</u>,<u>ShipmentLineNumber</u>, *ItemID*, InsuredValue)

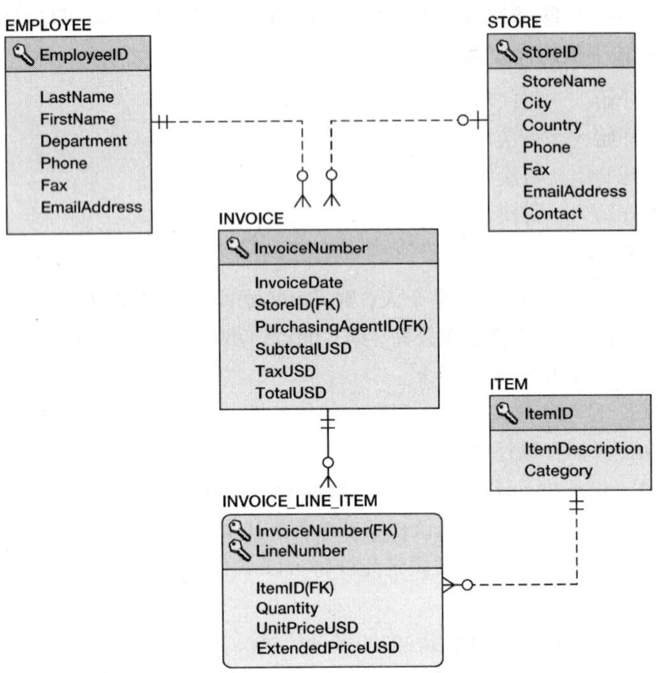

图 8.6 摩根进口 MIPIS 中修改过的 SALES_ORDER 配置

如果你想在 DBMS 产品中运行这些例子,首先按照第 7 章的描述创建一个 MI 数据库版本,然后将它命名为 MI-CH08。

A. 创建一张依赖性图,显示在这些表格中间存在的依赖性。并说明:为何需要扩展这张图,使它包括视图和其他的数据库结构(如存储过程)。

B. 使用上述依赖性图,试述把 SHIPMENT 表的名字修改成 MORGAN SHIPMENT 所需要完成的任务。

C. 试编写实现问题 B 中所描述的名字修改任务的全部 SQL 语句。

D. 使用上述依赖性图,试述把 SHIPMENT_ITEM 表的名字修改成 SHIPMENT_LINE_ITEM 所需要完成的任务,以及列名需要的改变。

E. 写出如 D 所指所有改变名字的 SQL 语句。

F. 使用上述依赖性图,试述把销售订单部分转换为新的配置所需要完成的任务。

G. 编码 SQL 语句实现你对 F 的重设计。

第四部分
多用户数据库处理

本部分共有5章内容，介绍和讨论多用户数据库处理的主要问题，并描述了3种重要的DBMS产品提供的解决这些问题的特点和功能。我们首先在第9章描述数据库管理，以及多用户数据库管理的主要任务和技术。第10章是对后续3章的介绍，后续3章则用Microsoft SQL Server 2012(10A章)，Oracle公司的Oracle Database 11g Release 2(10B章)，以及MySQL 5.6(10C章)说明这些概念的实现。

第9章　管理多用户数据库

本章目标

- 理解数据库管理的必要性和重要性
- 理解并发性控制、安全和备份与恢复的必要性
- 了解多用户并发处理数据库时出现的典型问题
- 理解锁的使用和死锁问题
- 了解乐观加锁和悲观加锁的区别
- 知道 ACID 事务的含义
- 了解 1992 ANSI 标准定义的四种孤立级
- 理解安全的必要性和促进数据库安全的具体任务
- 知道通过重新处理来恢复和通过回滚/前滚来恢复的区别
- 理解通过回滚/前滚来恢复所需要任务的性质
- 知道 DBA 基本的管理职责

虽然多用户数据库为创建和使用它们的组织提供了巨大的价值，但它们毕竟还是向这些组织提出了一些棘手的问题。举个例子来说，多用户数据库的设计和开发比较复杂，因为它们需要支持许多相互交叠的用户视图。其次，需求会随着时间变动，而这些变动又必定招致数据库结构的其他变更。对于这些结构上的变更，必须十分小心地加以规划和控制，使得一个群组做出的变更不至于引起其他群组的问题。此外，当用户并发地处理数据库时，要求采用特别的控制手段，以确保一个用户的操作不会不适当地影响其他用户的结果。正如下面将看到的，这个论题是既重要又复杂的。

在大多数组织里，加工处理的权限和责任是需要加以定义和强化的。例如，当一个雇员离开公司时会发生些什么事情？何时才能够删除此人的记录？出于工资处理的目的，是在最后一次工资支付期之后；出于季报的目的，则是在本季度末；而出于年末税务记录处理的目的，最好是在年底才删除其记录。显然，没有一个部门能够单方面地决定何时删除其数据。关于插入和修改数据的数值，也有类似的意见。出于诸如此类的理由，就有必要确保开发安全性系统，使得只有授权的用户才能在授权的时间里进行授权的操作。

数据库已经成为组织机构运作的关键性部件，有时甚至是决定整个组织价值的关键性部件。遗憾的是，数据库故障和灾害屡屡出现，因此，有效的备份和恢复计划、技术以及算法过程也是至关重要的。

最后，随着时间的推移，DBMS 本身也会需要修改，以便改善其性能、加入新的特点和新的版本以及迎合基于操作系统的修改等。所有这些都需要密切注意。

为了确保这些问题不被遗漏并得以解决，绝大多数组织都建立了一个数据库管理办公室。我们就从这个办公室的任务开始描述，然后在本章的其余部分描述用来完成这些任务的软件、手工实践和算法过程的组合手段。在第 10 章引入的第 10A、10B、10C 章这三章在线内容，我们将分别就 SQL Server 2012，Oracle Database 11g Release 2 和 MySQL 5.6 的特点与功能，介绍并讨论对这些问题的处理。

9.1　使用安装的DBMS产品的重要性

正如第7章所述，为了能够全面理解本章讨论和介绍的DBMS概念和特点，需要使用一个安装好的DBMS产品。这些实践对于从对这些概念和特征的抽象理解到实际的应用知识的过渡是必需的。

需要下载、安装和使用的DBMS产品的有关信息在本书第10章(DBMS产品介绍)、第10A章(微软SQL Server 2012)、第10B章(Oracle Database 11g Release 2)和第10C章(MySQL 5.6)。这些章的部分内容与本章的讨论平行，介绍了有关概念和特点在每一种DBMS产品上的实际使用。

为了最大程度地学好本章，读者应该根据自己的兴趣选择DBMS产品进行下载和安装，然后按照所选产品对应的章中与本章相应的各节的指导进行练习。

9.2　数据库管理

术语数据管理(data administration，DA)和数据库管理(database administration，DBA)同时在业界使用着。有时它们是同义的，有时则不同。最常见的用法是：术语数据管理指的是应用于整个组织上的一种功能，这是面向管理的功能，即涉及到公司数据的私密性与安全性问题。相反，术语数据库管理则是指针对某个特定数据库(包括对其进行处理的应用系统)的一种功能。本章只讨论数据库管理。

数据库规模的大小和范围变化很大，既有单用户个人数据库，也有像航空订票系统这样的大型跨组织的数据库。虽然复杂程度各不相同，但所有这些数据库都需要管理。例如，个人数据库用户按简单的算法程序备份数据，仅保存极少的文档记录。在这种场合下，使用数据库的人同时又在完成DBA的工作，尽管他本人可能并没有意识到这一点。

对于多用户数据库的应用系统来说，数据库管理变得既重要又困难。因此，普遍都需要认真对待。在有些应用场合，是指定一两个人利用部分时间来履行这项职能。而对于大型的Internet或内联网数据库，由于数据库管理工作过于耗时和变化太多，即便是一个全职的管理员也常常不能胜任。支持拥有数十个乃至数百个用户的数据库，则需要相当多的时间以及技术知识和交际技巧，通常由一个数据库管理办公室来承担。此类办公室的经理常被称为数据库管理员(database administrator，DBA)，这时缩略语DBA可以指这个办公室或者这个经理。

DBA的总体职责就是为数据库开发和使用提供便利。这通常意味着平衡互相冲突(保护数据库并使对用户的可用性和利益最大化)的目标。DBA负责数据库及其应用系统的开发、操作和维护，具体任务如图9.1所示。详细讨论将在以下各节中展开。

数据库管理的任务小结
● 管理数据库结构
● 控制并发性处理
● 管理处理权限和责任
● 开发数据库安全性
● 提供数据库恢复功能
● 管理DBMS
● 维护信息库

图9.1　数据库管理的任务小结

9.2.1　管理数据库结构

管理数据库结构包括参与初始数据库的设计和实现，并控制和管理它的变化。最好DBA能尽早加入到对数据库及其应用系统的开发中去，参与需求分析、评估方案(包含用到的 DBMS)，协助设计数据库结构。对于大型的、全组织性的应用系统，DBA 通常是一位经理，负责管理面向技术的数据库设计人员。

创建数据库涉及许多不同的任务。首先要创建数据库，并为数据库文件和日志分配存放的磁盘空间。然后，生成表格、创建索引、编写存储过程和触发器。在接下来的 3 章里，我们将对所有这些任务的例子进行讨论。一旦数据库结构创建完成，就要在数据库中填入数据。

配置控制

正如第 8 章所述，数据库及其应用系统实现之后，需求发生变化是不可避免的。这类变化可能来自新的要求，来自业务环境的变化，或者来自策略的变化。一旦需求有了变化，就必定会提出改变数据库结构的要求，使用时对此必须十分小心谨慎，因为数据库结构的改变很少是只涉及一个应用系统的。

因此，有效的数据库管理必须包含某种算法过程和策略原则，使得可以登记用户需要变更的要求，以便让整个数据库社团来讨论这种变更的影响，从而可以针对是否实现提议中的变更做出全局性的决定。由于数据库及其应用系统的规模和复杂性，变更有时候会产生意想不到的后果。因而 DBA 必须准备好修复数据库，并收集足够的信息来诊断和纠正造成数据库损害的问题。因为数据库在其结构发生改变后是很容易招致故障的。

文档管理

DBA 管理数据库结构的最后一项职责就是文档管理(documentation)。最重要的是，必须知道发生了什么样的变化，以及变化又是如何发生和何时发生的。数据库结构的一次变动将招致可能隐藏 6 个月的错误；倘若没有正确的关于结构变动的文档，随后的问题诊断几乎是不可能的。也可能会要求执行相当多项作业，以确定症状首次发生的位置。为此，保持对变更的确认测试以及测试过程的记录也是相当重要的。如果采用标准化的测试过程、测试格式和记录保持方法，那么记录这些测试结果应该不会耗费太多的时间。

尽管文档维护是一件相当烦琐却又毫无成就感的工作，然而每当灾难降临时，就会感到这一努力并非徒劳，文档是能否(不花昂贵代价地)解决主要问题的关键。目前，正不断涌现出一些产品，使得文档维护变得比较容易。例如，许多 CASE 工具可用来建立数据库的逻辑设计的文档。版本控制软件可以用来跟踪变更。数据字典提供表示数据库数据结构的报表和其他输出。

另一个详细记录数据库结构变动的原因是要恰如其分地使用历史数据。例如，如果市场要求对早已存档两年的 3 年前的销售数据进行分析，就需要知道那些数据最后活跃时的数据结构。反映数据库结构变化的记录就可以回答这一问题。在必须利用 6 个月前备份的数据副本对遭受损坏的数据库进行修复时，也会出现同样的情形(虽然应当不会发生这种要求，但有时候真有)。备份副本可以用来重建数据库，使其恢复到临做备份时的状态。这样，就可以按时间顺序执行事务和结构性变动，从而使数据库复原成当前状态。图 9.2 总结了 DBA 管理数据库结构的职责。

参与数据库和应用软件开发
- 协助需求分析和创建数据模型
- 在数据库设计和创建中起主动作用

为修改数据库结构提供帮助
- 寻找全社团范围内的解决办法
- 评估对所有用户的影响
- 提供配置控制论坛
- 准备好对付变更后出现的问题
- 维护文档

图 9.2 DBA 管理数据库结构的职责小结

9.3　并发性控制

并发性控制(concurrency control)手段用来确保一个用户的工作不会不适当地影响其他用户的工作。有些场合，这些手段可保证一个用户与其他用户一起加工处理时所得到的结果与其单独加工处理时所得到的结果完全相同；而在其他场合，则是以某种可预见的方式，使一个用户的工作受到其他用户的影响。例如，在订单输入系统中，用户能够输入一份订单，而无论当时有没有任何其他用户，都应当能得到相同的结果。另一方面，一个正在打印当前最新库存报表的用户或许会希望得到其他用户正在处理的数据的变动情况，哪怕这些变动有可能随后被抛弃。

遗憾的是，并不存在任何对于一切应用场合都理想的并发性控制技术或机制，它们总是要涉及某种类型的权衡。例如，某个用户可以通过对整个数据库加锁来实现非常严格的并发性控制，而在这样做时，其他所有用户就不能做任何事情。这是以昂贵的代价换来的严格保护。我们将会看到，还是存在一些虽然编程较困难或需要强化，但确实能提高处理效率的方法。还有一些方法可以使处理效率最大化，但却只能提供较低程度的并发性控制。在设计多用户数据库应用系统时，需要对此进行权衡取舍。

9.3.1　原子化事务的必要性

在绝大多数数据库应用系统中，用户是以事务(transaction)的形式提交作业的，事务也称为逻辑作业单元(LUW)。一个事务(或 LUW)就是在数据库上的一系列操作，它们要么全部成功地完成；要么一个都不完成，数据库仍然保持原样。这样的事务有时被称为是原子化的(atomic)，因为它是作为一个单位来完成的。

考虑在记录一份新订单时可能出现的以下一组数据库操作：

1. 修改客户记录，增加欠款(AmtDue)。
2. 修改销售员记录，增加佣金(CommissionDue)。
3. 在数据库中插入新的订单记录。

假设由于文件空间不够，最后一步出现了故障。请设想一下，如果前两步执行了，而第三步没有执行，所造成的混乱场面：客户会为一个不可能收到的订单付款，销售员会因为子虚乌有的客户订单而得到佣金。显然，这三个操作必须作为一个单元来执行——要么全部执行，要么任何一个也不执行。

图9.3比较了把这些操作作为一系列独立的步骤[参见图9.3(a)]和作为一个原子化事务[参见图9.3(b)]执行的结果。注意，当以原子化方式执行时，如果其中任何一个步骤出现故障，数据库都将保持原封不动。同时注意，必须由应用系统发出 Start Transaction，Commit Transaction 或 Rollback Transaction 命令来标记事务逻辑的边界。在本章后面以及第10章、第10A章和第10B章里，将学到更多的命令。

并发性事务处理

当两个事务同时处理同一个数据库时，它们被称为并发性事务(concurrent transaction)。尽管对用户来说并发性事务似乎是同时处理的，但实际上并不是这样的，因为处理数据库的计算机 CPU 每次只能执行一条指令。通常事务是交织执行的，即操作系统在任务之间切换服务，在每个给定的时间段内执行其中的一部分。这种切换非常快，以至于两个人并肩坐在浏览器前处理同一个数据库时会觉得这两个事务是同时完成的，实际上两个事务是交替进行的。

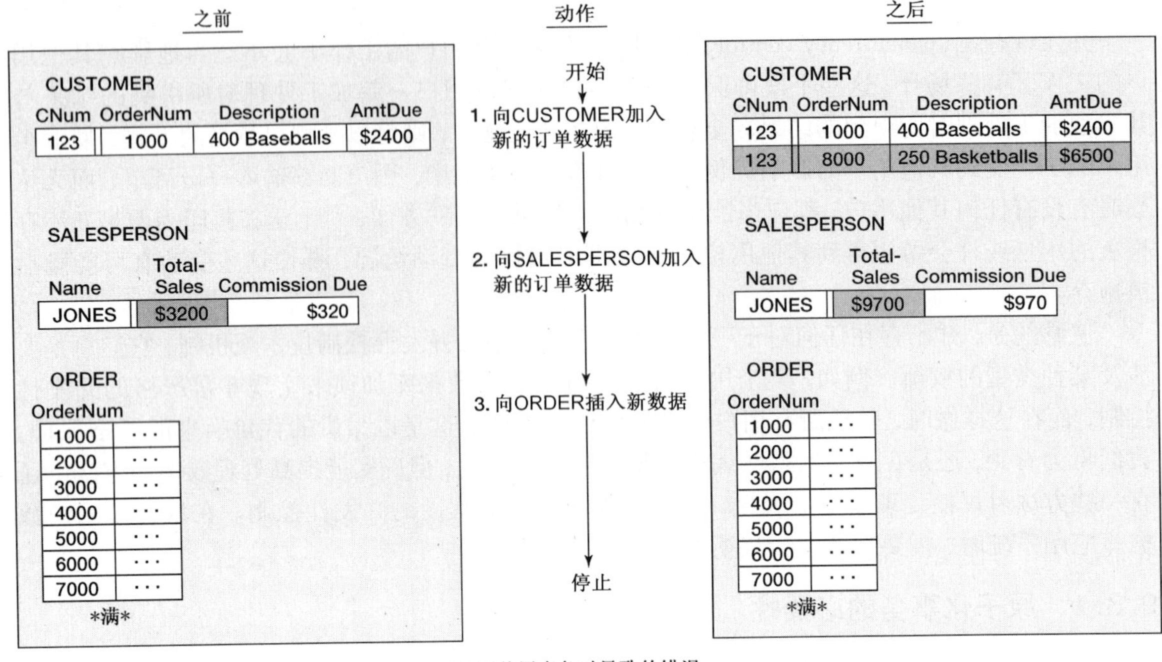

(a) 不使用事务时导致的错误

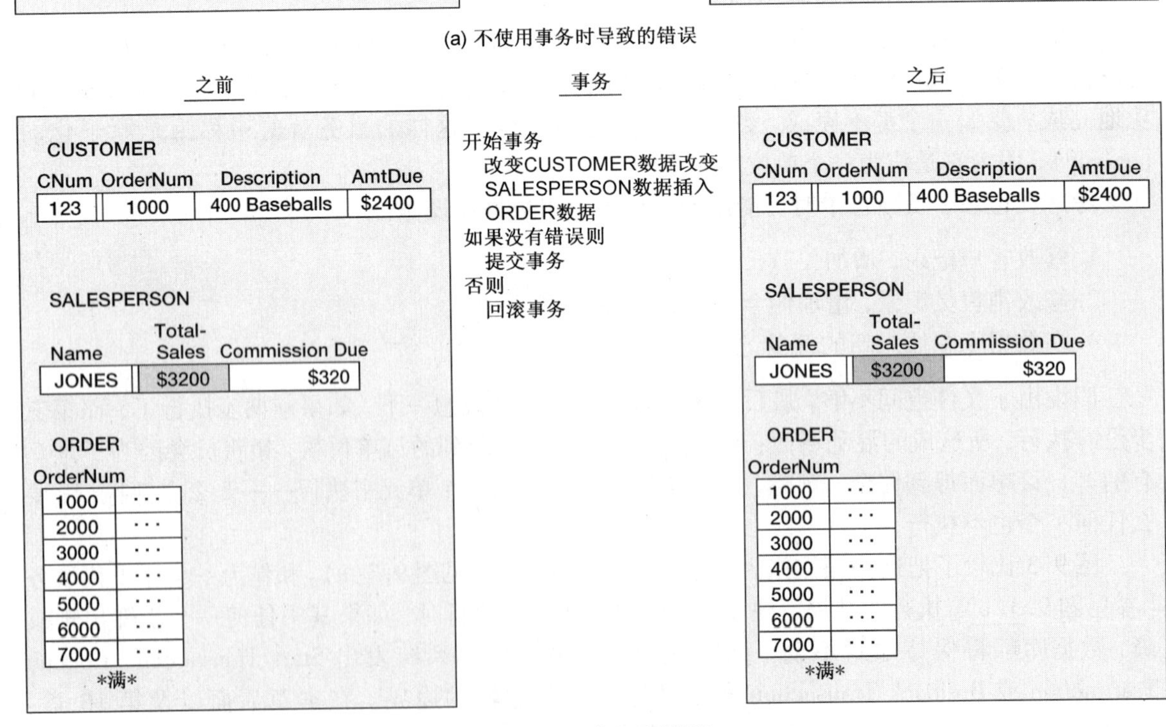

(b) 用原子事务预防错误

图 9.3　事务处理之必要性

图 9.4 显示了两个并发性事务。用户 A 的事务读第 100 项，修改它，然后将它写回数据库。用户 B 对第 200 项做同样的工作。CPU 处理用户 A 直到遇到 I/O 中断或者对于用户 A 的

其他延迟，这时操作系统把控制切换到用户 B，CPU 现在处理用户 B 直到再遇到一个中断，这时操作系统就把控制交回给用户 A。对于用户来说，处理好像是同时进行的，其实它们是交替或并发地进行的。

用户A

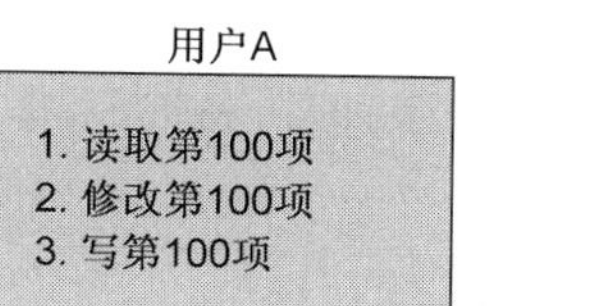

用户B

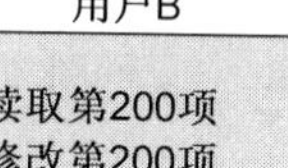

订单在数据库服务器上的处理

1. 为A读取第100项
2. 为B修改第200项
3. 为A修改第100项
4. 为A写第100项
5. 为B修改第200项
6. 为B写第200项

图 9.4　并发处理两个用户任务的例子

丢失更新的问题

如图 9.4 所示的并发处理不会有任何问题，因为用户处理的是不同的数据。然而，假设两个用户都需要处理第 100 项，例如用户 A 要订购 5 件第 100 项产品，用户 B 要订购 3 件。

图 9.5 说明了这个问题。用户 A 读入第 100 项的记录到用户工作区，根据记录，库存中有 10 件。接着用户 B 读入第 100 项的记录到另一个用户工作区，同样，记录中的库存也是 10 件。现在用户 A 从库存中取走 5 件，其工作区中记录的库存件数减少到 5，这个记录被写回到数据库第 100 项中。然后用户 B 又从库存中取走 3 件，其工作区中记录的库存件数变为 7，并被写回到数据库第 100 项中。这时数据库中第 100 项产品余额为 7 件，处于不正确的状态。也就是说，开始时库存 10 件，用户 A 取走 5 件，用户 B 再取走 3 件，而数据库中居然还有 7 件。显然，这里有问题。

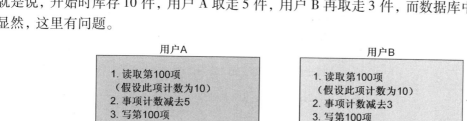

用户A

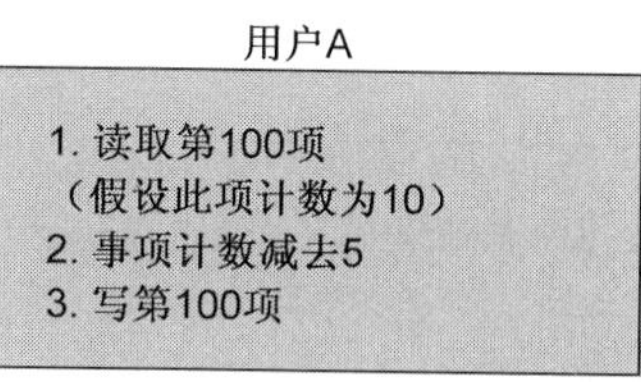

用户B

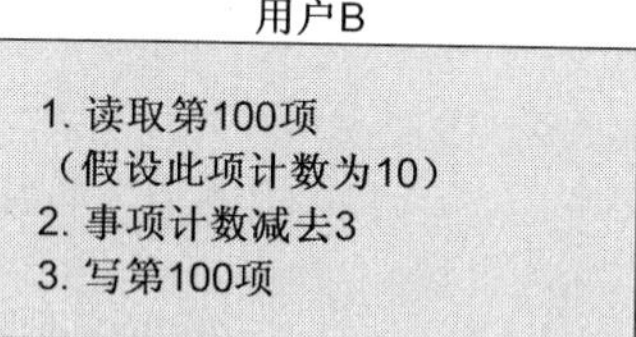

订单在数据库服务器上的处理

1. 为A读取第100项
2. 为B读取第100项
3. 为A置第100项为5
4. 为A写第100项
5. 为B置第100项为7
6. 为B写第100项

图 9.5　丢失更新的问题

两个用户取得的数据在其获取的当时都是正确的。但在用户 B 读取数据时，用户 A 已经有了一份副本，并且打算要对其进行修改更新。这被称为丢失更新问题(lost update problem)

或者称为并发性更新问题(concurrent update problem)。还有另一个类似的问题，称为不一致读取问题(inconsistent read problem)。即用户 A 读取的数据已被用户 B 的某个事务部分处理过，其结果是用户 A 读取了不正确的数据。

并发性处理引起的不一致问题的一种弥补方法是：不允许多个应用系统在一个记录将要被修改时获取该记录的副本。这种弥补方法称为资源加锁(resource locking)。

9.3.2 资源加锁

防止并发性处理问题最常用的一种方法是：通过对修改所要检索的数据进行加锁来阻止其被共享。图 9.6 显示了利用加锁(lock)命令时的处理顺序。由于有了锁，用户 B 的事务必须要等到用户 A 结束对第 100 项数据的处理后才能执行。采用这样的策略，用户 B 只能在用户 A 完成修改更新后才能读取第 100 项的记录。这时，存放在数据库中的最终余额件数是 2，这是正确的结果(开始是 10，A 取走 5，B 取走 3，最后剩下 2)。

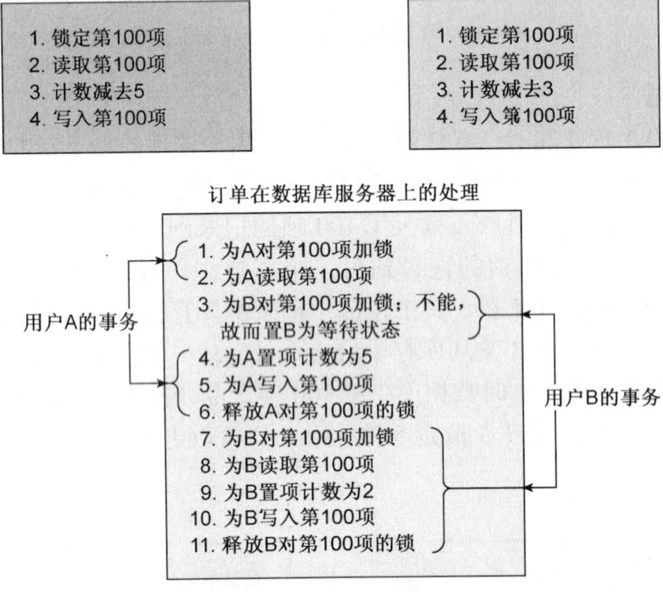

图 9.6 采用显式加锁的并发性处理

加锁术语

设置加锁既可以由 DBMS 自动完成，也可以由应用系统或查询用户向 DBMS 发布命令来完成。由 DBMS 自动完成加锁设置的称为隐式加锁(implicit lock)，而由发布命令设置的称为显式加锁(explicit lock)。现在几乎所有的锁都是隐式加锁。程序声明它需要做的事，然后 DBMS 按照其要求加锁，读者将在本章后面学习怎样做。

在前面例子里，加锁是应用到数据行上的。然而，并非所有的加锁都是应用在这一层级上的。有些 DBMS 产品锁住一个表中的一组记录，有些锁住表格层级，还有些则锁住数据库层级。加锁的大小规模与范围称为加锁粒度(lock granularity)。粒度大的加锁，对于 DBMS 来说比较容易管理，但经常会导致冲突的发生。小粒度的加锁比较难以管理(需要 DBMS 跟踪和检查得更加细致)，但冲突则较少发生。

所加之锁也分成多种类型。排他锁(exclusive lock)使事项拒绝任何类型的存取。任何事务都不能读取或修改数据。而共享锁(shared lock)则锁住对事项的修改，但允许读取。也就是说，其他事务可以读取该项，只要不去试图修改它。

可串行化事务

当并发地处理两个或更多的事务时，在数据库里产生的结果应当同这些事务按任意的顺序处理时所得到的结果在逻辑上相一致。每当并发性事务以这样的模式处理时，就称它是可串行化(serializable)的。

可串行化可以通过若干种不同的手段达到。有一种方法是使用两阶段加锁(two-phased locking)处理事务。这种策略是允许事务按其需要加锁，但一旦释放了第一阶段所加之锁以后，就不允许再进行任何加锁了。因此，事务就有一个加锁的增长阶段(growing phase)和一个开锁的收缩阶段(shrinking phase)。

有一些 DBMS 产品使用一种特殊的两阶段加锁，即在整个事务中都可以进行加锁，但要直到发出 COMMIT(提交)或 ROLLBACK(回滚)命令以后才解锁。这种策略比两阶段加锁的要求更为严格，但实现倒是很容易。

考虑一个订单输入事务，涉及 CUSTOMER 表、SALESPERSON 表和 ORDER 表中的数据。为了确保数据库不会由于并发性而产生异常，这个订单输入事务按需要对 CUSTOMER，SALESPERSON 和 ORDER 三个表发出加锁命令，然后对所有的数据库进行修改，最后再释放所有的锁。

死锁

虽然加锁解决了一个问题，但同时又带来了另一个问题。考虑两个用户各自分别向库存订购两项物品的情况。假设用户 A 要订购一些纸，如果成功，他还会要一些铅笔。用户 B 则要一些铅笔，如果成功，他还会要一些纸。处理的顺序如图 9.7 所示。

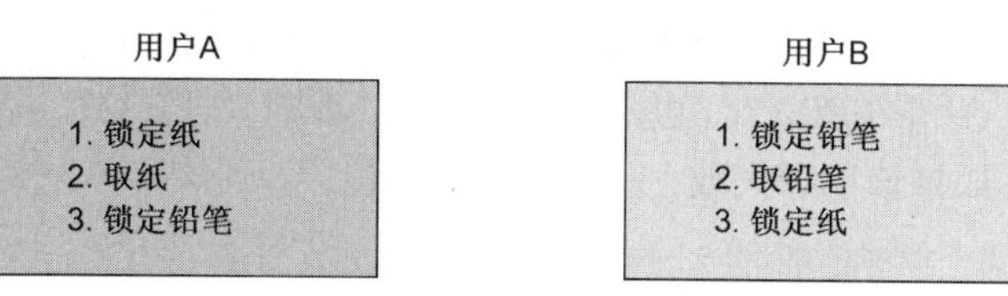

订单在数据库服务器上的处理

1. 为A锁定纸
2. 为B锁定铅笔
3. 处理A请求；写纸记录
4. 处理B请求；写铅笔记录
5. 置A为等待铅笔状态
6. 置B为等待纸状态
被锁住

图 9.7　死锁

在图 9.7 中，用户 A 和用户 B 被锁定成称为死锁(deadlock)的某个条件，有时也称为死亡拥抱(deadly embrace)。它们都分别无望地在等待已被对方加锁的资源。解决这个问题有两种常用的方法：在死锁发生前预防；或者允许发生死锁，然后打破它。

有好几种方法可以用来预防死锁。其一是每次只允许用户有一个加锁请求。这时用户必须一次性地对所有需要的资源进行加锁。如果图中的用户 A 一开始就锁住了纸和铅笔的记录，死亡拥抱就不会发生。第二种预防死锁的方法是：要求所有的应用程序都以相同的顺序锁住资源。

差不多每个 DBMS 都具备在死锁出现时打破死锁的算法过程。DBMS 首先必须检测到死锁的发生，典型的解决办法是将某个事务撤销，消除其在数据库里做出的变动。在下面 3 章里将看到 SQL Server、Oracle 和 MySQL 的解决方案。

BY THE WAY 即使并非全部应用程序都按照相同顺序加锁，其中按相同顺序加锁的应用程序也能预防死锁。这一思路可以扩展成一种全组织性的编程标准："每当在父子关联中通过表来处理行记录时，可在子记录之前先锁住父记录。"至少这样能够减少死锁的可能性，减少从死锁事务恢复的情况。

9.3.3 乐观型加锁与悲观型加锁

加锁可以有两种基本的风格。乐观型加锁(optimistic locking)是假设一般不会有冲突发生。读取数据，处理事务，发出修改更新命令，然后检查是否出现了冲突。如果没有，事务便宣告结束。倘若有冲突出现，便重复执行该事务，直到不再出现冲突为止。悲观型加锁(pessimistic locking)则假设冲突很可能会发生。首先发出加锁命令，接着处理事务，最后再解锁。

图 9.8 和图 9.9 分别给出了某个事务两种风格的例子，其中的事务把 PRODUCT 表中铅笔行记录的数量减少 5。图 9.8 显示了乐观型加锁。首先读入数据，铅笔当前的数量值保存在 OldQuantity 变量里。然后处理事务，假设没有问题，PRODUCT 就被加上锁。这个锁可能只锁住了铅笔行记录，也可能锁住了较大的粒度层级。不论怎样，都可以用一个 SQL 语句来更新铅笔行记录，它以 WHERE 条件指定 Quantity 当前值等于 OldQuantity。如果没有其他事务来修改铅笔行的 Quantity，这个 UPDATE(更新)就能成功。否则，UPDATE 就会出现故障。两种情况下锁都将被打开。如果该事务失败，就重复这一过程，直到该事务以无冲突方式结束。

```
/* *** EXAMPLE CODE - DO NOT RUN *** */

SELECT    PRODUCT.Name, PRODUCT.Quantity
FROM      PRODUCT
WHERE     PRODUCT.Name = 'Pencil';

Set NewQuantity = PRODUCT.Quantity - 5;

{处理事务——倘若 NewQuantity < 0,则采取异常操作等。 假设一切OK: }

LOCK      PRODUCT;

UPDATE    PRODUCT
SET       PRODUCT.Quantity = NewQuantity
WHERE     PRODUCT.Name = 'Pencil'
     AND PRODUCT.Quantity = OldQuantity;

UNLOCK    PRODUCT;

{检测更新是否成功？若不成功，重复事务
```

图 9.8 乐观型加锁

图9.9显示了采用悲观型加锁的相同事务逻辑。在所有工作开始以前，首先对PRODUCT加锁，随后读取数据值，处理事务，执行UPDATE，然后PRODUCT解锁。

```
/* *** EXAMPLE CODE - DO NOT RUN *** */
LOCK      PRODUCT;

SELECT    PRODUCT.Name, PRODUCT.Quantity
FROM      PRODUCT
WHERE     PRODUCT.Name = 'Pencil';

Set NewQuantity = PRODUCT.Quantity - 5;

{处理事务——倘若 NewQuantity < 0, 则采取异常操作等。 假设一切 OK: }

UPDATE    PRODUCT
SET       PRODUCT.Quantity = NewQuantity
WHERE     PRODUCT.Name = 'Pencil';

UNLOCK    PRODUCT;

{不必检测更新是否成功}
```

图9.9　悲观型加锁

乐观型加锁的优点是，只在事务处理完之后加锁，锁定持续的时间比悲观型加锁要短。对于复杂事务或较慢的客户(由于传输延迟、客户正在做其他事、用户正在喝咖啡或没有退出浏览器就关机等原因)，可以大大减少锁定持续的时间。在大粒度加锁场合，比如锁定整个PRODUCT表时，这种优点尤其重要。

乐观型加锁的缺点是：如果对铅笔行记录有好多个操作，事务可能就要重复许多次。因此，对一个记录有许多操作的事务(例如购买一种热门股票)，不适合应用乐观型加锁。

一般来说，Internet是一个野蛮混乱的地方，用户可能会采取比如中途抛弃事务等某种不可预见的行为。因此，除非预先确定了Internet用户的资质(例如在一个在线代理股票购买计划中登记之类)，否则乐观型加锁是一种较好的选择。可是，在内联网场合，决策可能比较困难一些。很可能乐观型加锁仍然较好，除非存在应用系统会对某些特定行记录做大量操作的特点，或者应用系统需求特别不希望重新处理事务。

9.4　SQL事务控制语言和声明加锁的特征

正如大家看到的，并发性控制是一个复杂的课题，确定锁的层级、类型和位置是很困难的。有时候，最优加锁策略也依赖于事务的主动性程度及其正在做什么。由于诸如此类的原因，数据库应用程序一般并不使用如图9.8和图9.9那样的显式加锁。取而代之的是主要标记事务的边界，然后向DBMS声明它们需要加锁行为的类型。这样一来，DBMS可以动态地安置或者撤销锁，甚至修改锁的层级和类型。

图9.10是用控制事务的SQL TCL标准命令BEGIN TRANSACTION，COMMIT TRANSACTION和ROLLBACK TRANSACTION语句标记了事务边界的铅笔事务。

SQL BEGIN TRANSACTION语句明确标记了一个新事务的起点，而SQL COMMIT TRANSACTION语句则使得事务中对数据库的改变永久化并且标记事务的结束。如果由于发生错误而需要取消事务中进行的修改，就用SQL ROLLBACK TRANSACTION语句取消事务所做的所有修改并且将数据库还原到事务之前的状态。因此SQL ROLLBACK TRANSACTION语句也标记了事务的结束。

```
/* *** EXAMPLE CODE - DO NOT RUN *** */
BEGIN TRANSACTION;
SELECT      PRODUCT.Name, PRODUCT.Quantity
FROM        PRODUCT
WHERE       PRODUCT.Name = 'Pencil';
Set NewQuantity = PRODUCT.Quantity - 5;
{处理事务——倘若 NewQuantity < 0, 则采取异常操作等。}
UPDATE      PRODUCT
SET         PRODUCT.Quantity = NewQuantity
WHERE       PRODUCT.Name = 'Pencil';
{继续处理事务} . . .

IF {事务正常地完成} THEN
     COMMIT TRANSACTION;
ELSE
     ROLLBACK TRANSACTION;
END IF;
继续处理非本事务部分的其他事务 . . .
```

图 9.10 标记事务边界

这些边界是 DBMS 实行不同加锁策略所需要的重要信息。如果这时开发者声明(通过系统参数或类似手段)他想要乐观型加锁, DBMS 就会为这种加锁风格在适当的位置设置隐式加锁。另一方面, 倘若他请求的是悲观型加锁, 则 DBMS 也会设置不同的隐式加锁。

BY THE WAY 每一种 DBMS 产品实现的这些 SQL 语句会有一些差别。SQL Server 中 SQL 关键字 TRANSACTION 不是必需的, 允许用缩写 TRANS, 也可以把关键字 SQL WORK 用于 COMMIT 和 ROLLBACK。Oracle 数据库则把 SET TRANSACTION 用于 COMMIT 和 ROLLBACK。MySQL 不用 SQL 关键字 TRANSACTION, 虽然它允许(但不要求)在相应的位置使用关键字 SQL WORK。

另外要注意 SQL BEGIN TRANSACTION 不同于 SQL/PSM 控制流语句 SQL BEGIN(在第 7、10A、10B 和 10C 章中讨论), 因此可能需要在触发器或者存储过程中用另一种语法标记事务。例如, MySQL 在一个 BEGIN…END 块中用 SQL START TRANSACTION 语句标记一个事务的开始。所以和往常一样, 需要在所使用的产品的文档中查找有关信息。

9.4.1 隐式和显式的 COMMIT TRANSACTION

当一个 SQL DML 语句执行时, 有些 DBMS 允许并且实现了一个隐式的 COMMIT TRANSACTION。例如, 假设用 SQL UPDATE 语句执行一个事务:

```
/* *** EXAMPLE CODE - DO NOT RUN *** */
/* *** SQL-UPDATE-CH09-01 *** */
UPDATE          CUSTOMER
SET             AreaCode = '425'
WHERE           ZipCode = '98050';
```

SQL Server 2012 和 MySQL 5.6 在默认情况下将在事务完成时自动提交对数据库的修改。

不需要用一个 COMMIT 语句实现数据库修改的持久化。这是一个隐式 COMMIT 设置。另一方面，Oracle Database 11g Release 2 不提供隐式 COMMIT 机制，需要用一个 COMMIT 语句实现数据库修改的持久化(Oracle 数据库用 COMMIT 而不是 COMMIT TRANSACTION)。这样，SQL UPDATE 的执行如下：

```
/* *** EXAMPLE CODE - DO NOT RUN *** */
/* *** SQL-UPDATE-CH09-02 *** */
UPDATE          CUSTOMER
SET             AreaCode = '425'
WHERE           ZipCode = '98050';
COMMIT;
```

注意，这个语句仅用于 Oracle 数据库 DBMS 本身。有些 Oracle 数据库工具(utilities)确实实现了自动发出 COMMIT 语句的能力，这样对用户而言就仿佛是一个隐式的 COMMIT。我们将在第 10B 章中进一步讨论。

9.4.2　一致性事务

有时候我们经常会看到首字母缩略语 ACID 用在事务上。所谓 ACID 事务是指同时原子化(atomic)、一致化(consistent)、孤立化(isolated)和持久化(durable)的事务。原子化和持久化是比较容易定义的。正如已经看到的，原子化事务就是要么出现所有的数据库操作，要么什么也不做。持久化事务是指所有已提交的修改都是永久性的。如果提交了持久化的改变，DBMS 将负责保持这些改变，即使系统失效。

然而，定义术语一致化和孤立化就不像定义术语原子化和持久化那么容易了。先来考虑下列 SQL 更新语句：

```
/* *** EXAMPLE CODE - DO NOT RUN *** */
/* *** SQL-UPDATE-CH09-03 *** */
BEGIN TRANSACTION;
    UPDATE      CUSTOMER
    SET         AreaCode = '425'
    WHERE       ZIPCode = '98050';
COMMIT TRANSACTION;
```

假设 CUSTOMER 表有 500 000 行，而其中 ZipCode 等于 '98050' 的有 500 行。DBMS 要寻找所有这 500 行是需要花一定时间的。那么在这段时间里，是否允许其他事务更新 CUSTOMER 表中的 AreaCode 或 ZipCode 字段呢？如果该 SQL 语句是一致性的，那么这类更新应当是不允许的。这样 SQL-UPDATE-CH09-03 中的更新将应用到在该 SQL 语句启动时就已经存在的行记录的状态上。我们称这种一致性为语句级一致性(statement level consistency)。

现在来考虑用 SQL 事务标记边境的包含两个 SQL 更新语句(可能还有其他的事务活动)的事务(SQL-Code-Example-CH09-01)：

```
/* *** EXAMPLE CODE - DO NOT RUN *** */
/* *** SQL-Code-Example-CH09-04 *** */
BEGIN TRANSACTION;
/* *** SQL-UPDATE-CH09-03 *** */
    UPDATE      CUSTOMER
```

```
    SET         AreaCode = '425'
    WHERE       ZIPCode = '98050';
    — Other transaction work
/* *** SQL-UPDATE-CH09-04 *** */
    UPDATE      CUSTOMER
    SET         Discount = 0.05
    WHERE       AreaCode = '425';
    — Other transaction work
COMMIT TRANSACTION;
```

在这个例子中，又有什么样的一致性呢？语句级一致性意味着每个语句都是独立地处理一致化的行记录，但在两个 SQL 语句之间这段时间内是可以允许其他的用户对这些行记录进行修改的。事务级一致性(transaction level consistency)意味着在整个事务期间，SQL 语句涉及到的所有行记录都不能修改。

事务级一致性是如此之强，以至在某些实现中，一个事务不能看到其本身所做的变更。在上述例子里，第二个 SQL 语句就可能无法看到由第一个 SQL 语句所做的行记录修改。

因此，当我们听到术语一致化时，还得继续了解，弄清楚它究竟是哪一类的一致性。千万要提防事务级一致性的潜在陷阱。

9.4.3 事务孤立级

术语孤立化有若干个不同的含义。为了理解这些含义，我们首先需要定义几个新术语，并概括在图 9.11 中。

数据读取问题类型	定　义
脏读取	事务在读取已被修改但尚未来得及提交给数据库的记录。如果修改被回滚，事务所用的就是不正确的数据
不可重复读取	事务重复读取被修改过的数据，并发现了由某个已提交的事务所引起的修改
幻影读取	事务重复读取数据，并发现自从上一次读取以来，由某个已提交的事务所插入的新行记录

图 9.11　数据读取问题小结

当一个事务在读取已被修改但尚未来得及提交给数据库的记录时，会出现脏读取(dirty read)。脏读取的危险性在于尚未提交的事务有可能被回滚。倘若如此，那么这个做了脏读取的事务有可能正在处理不正确的数据。

当一个事务重复读取其预先读取过的数据，并发现了由某个已提交的事务所引起的修改或删除时，就出现了不可重复读取(nonrepeatable read)的问题。最后，当一个事务读取数据，并发现自从上一次读取以来，由某个已提交的事务所插入的新行记录时，就出现了幻影读取(phantom read)的问题。

为了应对这些潜在的读数据的问题，SQL 标准定义了 4 种孤立级以控制允许哪些上述问题出现。目的是便于应用系统程序员在其需要时声明孤立性级别的类型，DBMS 将据此创建和管理锁，以实现该孤立级。

正如图 9.12 所示，读取未被提交孤立级允许出现脏读取、不可重复读取和幻影读取。读取已提交孤立级不允许出现脏读取。而可重复读取孤立级既不允许出现脏读取，也不允许出现不可重复读取。最后，可串行化孤立级对这三种读取都不允许出现。

		孤立级			
		读取未提交	读取已提交	可重复读取	可串行化
问题的类型	脏读取	允许	不允许	不允许	不允许
	不可重复读取	允许	允许	不允许	不允许
	幻影读取	允许	允许	允许	不允许

图 9.12 事务孤立级小结

一般来说，孤立级限制越多，生产率就越低，尽管这可能还要取决于应用系统的负载量以及编写形式。此外，并非所有的 DBMS 产品都支持全部的孤立级。在随后的 3 章里，将学到 SQL Server，Oracle 和 MySQL 是怎样支持孤立级的。①

9.4.4 游标类型

所谓游标(cursor)就是指向一个行记录集的指针。游标通常在一个利用 SELECT 语句定义游标的 SQL DECLARE CURSOR 语句中定义。例如，下列语句就定义了一个名为 TransCursor 的游标，它通过 SELECT 语句指示出操作所在的行记录集合：

```
/* *** EXAMPLE CODE - DO NOT RUN *** */
/* *** SQL-Code-Example-CH09-02 *** */
DECLARE CURSOR TransCursor AS
    SELECT      *
    FROM        TRANS
    WHERE       PurchasePrice > '10000';
```

正如第 7 章所述，每当应用程序打开游标后，它就可能在结果集上的某个位置设置游标。最常见的是设置在第一行或者最后一行，但其他位置也有可能存在。

一个事务能够打开若干个游标，既可以是串行依次的，也可以是同时的。此外，在同一个表上能够打开两个甚至更多的游标，既可以直接指向表，也可以通过 SQL 视图指向表。游标要求占用一定的内存，比如说，为 1000 个并发性事务同时打开许多游标，就可能会占用相当多的内存和 CPU 时间。压缩游标开销的一个办法是定义压缩化容量游标(reduced-capability cursor)，并在不需要全容量游标的场合使用这种游标。

图 9.13 罗列了在 Microsoft SQL Server 2012 环境下使用的 4 种游标类型(其他系统的游标类型与此相类似)。最简单的游标是前向(forward only)的。利用这种游标，应用程序只能顺着记录集合向前移动。对于本事务的其他游标和其他事务的游标所做出的修改，仅当它们先于本游标处理有关的数据行时才是可见的。

其余 3 种游标称为可滚动游标(scrollable cursor)，因为应用程序可以向前或向后顺着记录集合进行滚动。静态游标(static cursor)是每当打开游标时所摄取的关系的一个快照。采用这种游标所做出的修改是可见的，来自其他任何来源的修改则是不可见的。

---

① 关于事务孤立级别的更多信息，见 http://en.wikipedia.org/wiki/Isolation_level 的 Wikipedia 文章 Isolation(database systems)。

游标类型	描　述	注　释
前向游标	应用软件只能顺着记录集合向前移动	其他事务或本事务中其他游标所做的修改，只有当其出现在该游标行头时才是可见的
静态游标	应用软件看到的是游标刚打开时的数据	本游标所做的修改是可见的，但其他来源的修改不可见。允许向前或向后滚动
关键字集游标	在游标打开时，为记录集合的每行记录保存一个关键字值。每当应用软件存取某行记录时，便利用其关键字来存取该行记录的当前值	任何来源的更新都可见。游标外来源的插入皆不可见(关键字集中没有对应关键字)。本游标的插入出现在记录集底部。任何来源的删除都可见。行记录顺序的修改是不可见的。倘若孤立级为脏读取，则未提交的更新和删除也可见；否则，只有已提交的更新和删除可见
动态游标	任何来源的任何类型的修改都可见	所有的插入、更新、删除以及对记录集顺序的修改都可见。倘若孤立级为脏读取，则未提交的更新和删除也可见；否则，只有已提交的更新和删除可见

图 9.13　游标类型小结

关键字集游标(keyset cursor)结合了静态和动态游标的一些特点。游标打开时，记录集合的每一行记录的主关键字值都被保存起来。当应用程序在某个行记录上设置游标时，DBMS 就会使用其关键字值来读取该行记录的当前值。由其他游标(本事务或者其他事务中的)插入的新行则不可见。如果应用程序要对一个已被其他游标删除的行记录发出修改更新，DBMS 就会利用原来的关键字值创建一个新的行记录，并在其上设置更新后的值(假设提供了所有必要的字段)。除非事务的孤立级是脏读取，否则只有已提交的更新和删除对该游标是可见的。

动态游标(dynamic cursor)是全功能的游标。所有的插入、更新、删除以及对记录集顺序的修改，对于动态游标都是可见的。与关键字集游标一样，除非事务的孤立级是脏读取，否则只有已提交的修改更新是该游标可见的。

对于不同类型的游标所必需的处理以及管理开销量是不同的。一般来说，图 9.13 中的游标类型按从上到下的顺序，其成本是逐渐上升的。因此，为了改善 DBMS 的性能，应用系统开发者应当按照作业的需要，恰如其分地创建合适的游标。知道 DBMS 是怎样实现游标以及游标是放置在服务器还是客户机上的也很重要。有的时候，在客户端设置动态游标，可能要比在服务器上设置静态游标更好。这里没有什么普遍原则可以适用，因为性能完全取决于 DBMS 产品的实现和应用系统的需求。

需要提醒的是：倘若没有指定事务孤立级或打开游标的类型，DBMS 将使用默认的(默认值)孤立级和游标类型，这可能适合于你的应用，也可能根本不适合。因此，虽然这些问题经常被忽视，但其后果是无法回避的。所以，应该仔细研究所用的 DBMS 的能力，以便更加充分明智地使用它们。

9.5　数据库安全性

数据库安全性的目标是确保只有授权的用户才能在授权的时间里进行授权的操作。这一目标是很难达到的，而且为了真正能做出任何进展，数据库开发小组就必须在项目需求确定阶段便规定好所有用户的处理权限及责任。然后，这些安全性需求就能够通过 DBMS 的安全性特点得到加强，并补充写入应用程序里。

9.5.1　处理权限及责任

例如，考虑 View Ridge 画廊的要求。View Ridge 数据库存在三类用户：销售员、管理员和系统管理员。View Ridge 画廊设计处理权利的规则是：允许销售员输入新客户和事务数据，允许他们修改客户数据和查询任何数据。但是不允许他们输入新的艺术家(artist)或作品(work)数据，也绝对不允许删除任何数据。

对于管理员，除了对销售员允许的全部事项以外，还允许输入新的艺术家和作品数据，以及修改事务数据。虽然管理员拥有删除数据的权限，但是在本应用系统里不给予这样的许可。这样的限制是为了防止数据意外丢失的可能性。

系统管理员可以授予其他用户处理权限，他还能够修改诸如表、索引、存储过程之类的数据库元素的结构，但不授予系统管理员直接加工处理数据的权限。图 9.14 总结了这些要求。

BY THE WAY　读者可能会感到十分不解，当系统管理员能够批准授予加工处理权限时，竟然说此人不能加工处理数据！他完全可以授权自己修改数据的权限。然而，这样做将在数据库日志里留下审计轨迹。显然，虽然不是万无一失，但这样做要比允许系统管理员(或 DBA)直接拥有在数据库里处理所有权限来得更好。

	客　户	事　务	作　品	艺术家
销售员	插入，修改，查询	插入，查询	查询	查询
管理员	插入，修改，查询	插入，修改，查询	插入，修改，查询	插入，修改，查询
系统管理员	批准权限，修改结构	批准权限，修改结构	批准权限，修改结构	批准权限，修改结构

图 9.14　View Ridge 画廊的处理权限

在上述表里的许可是针对一群人，而不是针对个别人。有时候，这些群组被称为角色(role)，因为它们描述了扮演特定能力的人士。有时也采用术语用户群组(user group)。向角色(或用户群组)授予许可(PERMISSION)是典型的情况，但不是必需的。比如，可以说标识为"Benjamin Franklin"的用户拥有某种处理权限。要注意的是，每当使用角色时，也必定意味着要把每个用户归入角色。当"Mary Smith"登录时，就需要有一种手段来确定其属于哪个或哪些角色。我们将在下一节讨论这个问题。

在上述讨论中我们使用了短语"处理权限及责任"(processing rights and responsibilities)。正如该短语所蕴涵的，责任是伴随着处理权限而展开的。比如，如果系统管理员要删除事务数据，他就有责任确保这样的删除对于画廊的运营、财务等不会产生不利的影响。

处理的责任不可能通过 DBMS 或数据库应用系统得到强化。相反，倒是应当把它们编制成某种人为的程序规则，并在系统培训时向用户详细阐述。这些都是系统开发教科书上的内容，除了重复强调"权限伴随着责任"之外，我们不再进一步展开讨论。这类责任必须编写成文档，并应随时予以强调。

按照图 9.1 所示，DBA 有管理处理权限及责任的任务。正如其所蕴涵的，权限和责任是随着时间而改变的。凡是用到数据库，以及对应用程序和数据库结构进行修改，就会遇到新的或者不同的权限及责任的要求。DBA 的焦点之一就是探讨并实现这些修改。

一旦完成处理权限的定义，它们就有可能以多种层级范围实现：操作系统、网络、Web 服务器、DBMS 以及应用程序。以下两节着重考虑 DBMS 和应用程序，其余的讨论则超出了本书的范围。

9.5.2　DBMS 安全性

DBMS 安全性的特点和功能取决于所用的 DBMS 产品。基本上，所有的此类产品都提供有限制某些用户在某些对象上的某些操作的工具。DBMS 安全性的一般模型如图 9.15 所示。一个用户可以赋予一个或多个角色，而一个角色也可以拥有一个或多个用户。所谓的对象(Object)就是诸如表、视图或存储过程等数据库要素。许可是用户、角色和对象之间的一个关联实体。因此，从用户到许可的关联、从角色到许可的关联以及从对象到许可的关联都是 1∶N，M∶O 的。

可以采用 SQL Data Control Language(DCL)语句管理权限：

- SQL GRANT 语句用于给用户或者组分配权限使他们能对数据库中的数据做各种操作；
- SQL REVOKE 语句则收回用户或者组的现有权限。

虽然可以在 SQL 脚本和 SQL 命令行工具中使用这些语句，但在由各大数据库产品提供的各自的数据库管理系统的图形用户界面管理工具中使用则更为方便。本书将在第 10A 章介绍 SQL Server 2012 的有关工具，第 10B 章介绍 Oracle Database 11g Release 2 的有关工具，第 10C 章介绍 MySQL 5.6 的有关工具。

每当用户登录数据库时，DBMS 就会将其操作限定为指定给他的许可权限或者分配给他的角色。一般来说，要确定某个人是否就是其声称的那个人是一项很困难的任务。所有的商用 DBMS 产品都使用一定版本的用户名和口令来验证，但这类安全性在用户对其本身的标识不太注意时是很容易被别人窃取的。

用户能够输入其名字和口令，或者有些应用程序也能输入名字和口令。例如，Windows 用户名和口令可以直接传送给 DBMS。而在其他情况下，则由应用程序来提供用户名和口令。Internet 应用程序常常定义一个所谓“未知大众”(Unknown Public)的用户群组，并在匿名用户登录时把它们归入这个群组。这样，像 Dell 这样的公司就不需要为每个客户在安全性系统中输入用户名和口令。

SQL Server，Oracle 和 MySQL 所采用的安全性系统与图 9.15 所示的模型稍有不同，本书将分别在第 10A 章、第 10B 章和第 10C 章中讨论。

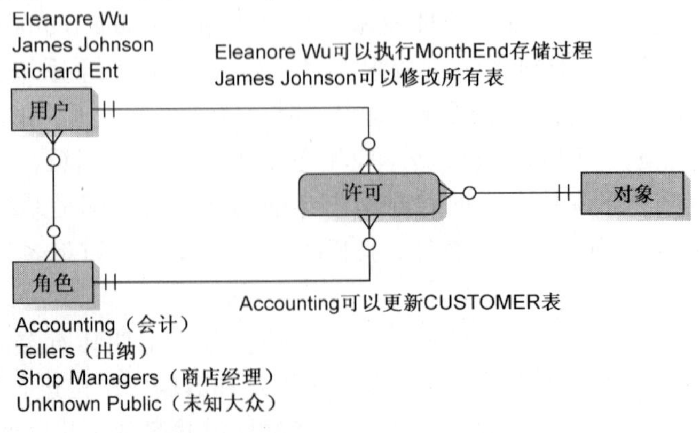

图 9.15　DBMS 安全性的一个模型

9.5.3　DBMS 安全性守则

在图 9.16 里列出了改善数据库安全性的守则。首先，DBMS 必须始终在防火墙后面运行。然而，DBA 在规划安全性时应当假设其防火墙已被突破。DBMS，数据库和应用系统应当在哪怕防火墙已经失效时仍然是安全的。

- 要在防火墙后运行 DBMS，但规划时则要把防火墙想象为失效的
- 要应用最新的操作系统和 DBMS 服务包与补丁
- 在功能上要尽可能最小化使用
  - ◇ 尽可能最少地支持网络协议
  - ◇ 要删除系统的不必要的或无用的存储过程
  - ◇ 只要有可能，就关闭默认登录和贵宾用户
  - ◇ 除非特殊需求，绝不允许用户交互地登录 DBMS
- 要保护运行 DBMS 的计算机
  - ◇ 不允许任何用户在运行 DBMS 的计算机上工作
  - ◇ DBMS 计算机在物理上要安全地放置在带锁的门内
  - ◇ 对于放置 DBMS 计算机的房间的拜访，应当记录在日志里
- 要妥善管理账户和口令
  - ◇ DBMS 服务要采用低特权的用户账户
  - ◇ 要采用强力口令来保护数据库账户
  - ◇ 要监控失败的登录企图
  - ◇ 要经常性地检查群组和角色的成员
  - ◇ 要对无口令的账户进行审计
  - ◇ 尽可能为账户分配最低的特权
  - ◇ 要限制 DBA 账户特权
- 要有规划
  - ◇ 要开发安全性规划，以防止和检测安全性问题
  - ◇ 要创建安全性的紧急状态算法过程，并对其加以实践

图 9.16　DBMS 安全性守则小结

包括 IBM，Oracle 及 Microsoft 在内的 DBMS 供应商，一直在坚持不懈地向其产品添加种种特性，以便改善安全性；并修补其产品，以减少其脆弱性。因此，使用 DBMS 产品的组织机构应当持续不断地查找其供应商 Web 网站上的服务包和补丁，而与安全性特点、功能及处理有关的服务包和补丁，更应当尽早地安装。

安装新服务包和补丁并不像这里描述的那么简单。安装某个服务包和补丁有可能会破坏某个应用系统，尤其是有版权的软件，需要安装(或未安装)特定的服务包和补丁。也许可能有必要推迟安装 DBMS 服务包，直到有版权软件的供应商升级其产品为新的版本。有时候，某个有版权的应用系统在安装某个 DBMS 服务包或补丁后会出现故障，这就有充分的理由推迟安装。当然，在这段时间里，DBMS 仍然是脆弱易受攻击的。切勿为此耿耿于怀!

此外，对那些应用系统用不到的数据库特性和功能，应当从 DBMS 运作中去掉或使其停用。例如，倘若连接 DBMS 采用的是 TCP/IP，那么就应当把其他的通信协议都去掉。这一措施将会大大减少未授权活动到达 DBMS 的可能路径。另外，所有的 DBMS 产品都会在系统里安装一些存储过程，以便提供诸如启动某个命令行、修改系统寄存器、初始化电子邮件等服务。所有这些存储过程，凡是应用系统不需要的，都应当把它们去掉。如果该 DBMS 知道所有

的用户，那么默认登录和贵宾账户也应当同时去掉。最后，除非有其他特殊的需求，应当严格禁止用户以交互方式登录到 DBMS 里。他们应当始终只能通过某个应用系统来访问数据库。

此外，运行 DBMS 的计算机必须受到保护。除了授权的 DBA 人员以外，其他任何人都不允许利用该计算机的键盘来运行 DBMS。这台计算机应当物理上安全地存放在带锁的门内，访问该设施应当受到控制。对于 DBMS 计算机室的拜访，应当记录在日志里。

账户和口令应当小心地分配并妥善保管。DBMS 本身应当是在(拥有最低可能的操作系统特权的)账户上运行的。在这种方式下，倘若有某个入侵者骗取了对该 DBMS 的控制权，那么该入侵者也只能在 DBMS 所在的计算机或网络上拥有相当有限的批准授权。此外，在 DBMS 内的所有账户都应当通过强口令加以保护。这些口令至少要有 15 位字符，并包含大写和小写字母、数字、诸如+、@ 、#、*** 等特殊字符以及特殊不可打印键符(Alt 键加其他键)的组合。

DBA 应当经常检查分配给群组和角色的账户，以确保所有账户和角色都是已知的、授权的，并拥有正确的许可。另外，DBA 还应当对不带口令的账户加以审计。这类账户的用户应采用强口令来保护其账户。作为常规，这类账户应当授予尽可能低的权限。

正如所述，DBA 的特权通常不应包括处理用户的数据的权限。倘若 DBA 授予自己处理那些数据的特权，那么授权操作将在数据库日志里暴露无遗。

2003 年春的 Slammer 蠕虫攻击(worm attack)入侵了成千上万个运行 SQL Server 的网站。微软事先已发布了一个 SQL Server 补丁来防止这种攻击。凡是安装了这种补丁的所有网站都没有出现任何问题。切记：尽量按照你的 DBMS 建议的方法安装安全性补丁。有必要创建一个算法过程，来常规性地检测这类补丁。

最后，DBA 应当参与到安全性规划中。应当开发一些预防和检测安全性问题的算法过程。另外，还应当对(在某个安全性遭到破坏的场合)所应采取的措施开发出相应的算法过程。这些过程应当是实践过的。近年来，信息系统安全性的重要性急剧增长。DBA 人士一般应当常规性地搜索各种网站，包括其 DBMS 供应商网站上的安全性信息。

9.5.4 应用系统安全性

尽管像 Oracle 和 SQL Server 这样的 DBMS 都提供有传统的数据库安全性能力，但它们本质上是极其一般的。如果应用系统需要像“不允许任何用户观看或联接雇员名字不是他本人的表记录”这样的特殊安全性措施，则 DBMS 工具就不适应了。这时，必须利用数据库应用系统特点来扩展安全性系统。

例如，我们将在第 11 章看到，Internet 应用中的应用系统安全性通常是由 Web 服务器计算机提供的。在这种服务器上执行应用系统安全性意味着安全性敏感的数据不必在网络上传送。

为了帮助读者理解这一点，假设编写一个应用系统，使得每当用户在浏览器页面上单击某个特定的按钮时，就会将下列查询传送给 Web 服务器并随后转发给 DBMS：

```
/* *** EXAMPLE CODE - DO NOT RUN *** */
/* *** SQL-Code-Example-CH09-03 *** */
SELECT        *
FROM          EMPLOYEE;
```

当然，这个语句会返回所有的 EMPLOYEE 记录。如果应用系统安全性限定雇员只能查看自己的数据，则 Web 服务器可以在这个查询里加入如下的 WHERE 子句：

```
/* *** EXAMPLE CODE - DO NOT RUN *** */
/* *** SQL-Code-Example-CH09-04 *** */
SELECT        *
FROM          EMPLOYEE
WHERE         EMPLOYEE.Name = '<% = SESSION(("EmployeeName"))%>';
```

像这样的表达式将会导致 Web 服务器把雇员的名字填入 WHERE 子句。对于名为 Benjamin Franklin 的用户，上述语句运行的结果为：

```
/* *** EXAMPLE CODE - DO NOT RUN *** */
/* *** SQL-Code-Example-CH09-05 *** */
SELECT        *
FROM          EMPLOYEE
WHERE         EMPLOYEE.Name = 'Benjamin Franklin';
```

由于名字是由 Web 服务器上的某个应用系统插入的，浏览器用户完全不知道它的出现，而且即便知道也根本无法干涉。

这里所显示的安全性处理能够通过 Web 服务器做到，但是它也能够在应用程序内部做到，甚至可以写成存储过程或触发器，通过 DBMS 在适当的时刻执行。

类似的安全处理可以像这里一样在 Web 服务器上完成，但也可以在应用程序自身内部完成，或者写入由 DBMS 在特定时间执行的存储过程或者触发器中。

这一思想还可以加以扩展，即附加数据到安全性数据库里，再通过 Web 服务器、存储过程或触发器来存取。该安全性数据库可以包含与 WHERE 子句的附加值相匹配的用户标识符。例如，假设人事部的用户能够存取比其本身拥有的更多的数据，就可以在安全性数据库里预先存放好适当的 WHERE 子句的谓词，然后可以通过应用程序来读取，并在必要的时候追加到 SQL SELECT 语句里。

利用应用系统处理来扩展 DBMS 的安全性还存在许多其他的可能性。然而，一般来说，DBMS 的安全特性总是首选的。只有当它们已经不适应需求的时候，才能通过应用系统代码来补充它们。安全措施越靠近数据，被渗透的机会就越少。而且，利用 DBMS 的安全特性比较快速、便宜，有可能产生比自行开发质量更高的结果。

9.5.5 SQL 注入攻击

每当使用用户的数据修改某个 SQL 语句时，就有可能发生所谓的 SQL 注入攻击(Injection Attack)。例如，在上一节里，如果选择语句中使用的 EmployeeName 值，不是通过某个安全的手段(比如操作系统)，而是以某种 Web 形式获得的话，那么该用户就有机会在此语句里插入 SQL。

对于本例来说，假定用户要将其名字输入某个 Web 形式的文本框。假设，某个用户输入值'Benjamin Franklin'OR TRUE 作为其名字，则由该应用程序所产生的 SQL 语句如下：

```
/* *** EXAMPLE CODE - DO NOT RUN *** */
/* *** SQL-Code-Example-CH09-06 *** */
SELECT        *
FROM          EMPLOYEE
WHERE         EMPLOYEE.Name = 'Benjamin Franklin' OR TRUE;
```

当然，值 TRUE 对于任何行都为真，所以，该 EMPLOYEE 表的每一行都将被返回。

因此，每逢用户输入用于修改某个 SQL 语句时，必须小心地编辑那些输入，以确保仅仅接收有效的输入，并且不会引起任何额外的 SQL 句法。

虽然已经是众所周知的黑客攻击，如果不做防御，SQL 注入攻击仍然非常有效。2011 年 3 月 29 日，Lizamoon 攻击影响了超过 150 万个 URL(详见 http://en.wikipedia.org/wiki/LizaMoon)。

9.6 数据库备份与恢复

计算机系统是有可能出现故障的：硬件会中断，程序会有 bug，过程会包含错误，而人也是会犯错误的。所有这些故障都是有可能的，也确实在数据库应用系统里出现过。由于数据库是由许多人共享的，而且它往往是一个组织机构运营的关键性要素，因此尽可能快地恢复数据库就极为重要。

有几个问题必须提到。首先，出于商务的需要，业务职能必须要继续维持。例如，在系统失效时，客户订单、财务事务以及包装清单必须以某种方式完成，即使是手工完成。这样一来，以后一旦数据库应用系统再次可运行，就可以输入这些数据；第二，计算机操作人员必须尽快将系统复原到能够使用的并尽可能接近故障前的状态；其三，用户必须知道系统再次可用时该怎么做。有些作业可能必须重新输入，而用户必须明白需要退回到多远。

一旦出现故障，不可能轻易地确定问题所在并恢复处理过程。即便在故障中没有丢失任何数据(即假设所有类型的存储器都是非易失的——这是一个不现实的假设)，如果要精确地重建计算机处理的时间片和作业调度，那也太复杂了。需要有大量的附加数据和处理，操作系统才能精确地从其中断处重新启动处理。把时钟倒拨和把元素安排到它们在故障发生时的配置简直是不可能的。这样，只有两种可能的方法：通过重新处理来恢复和通过后向/前向回滚来恢复。

9.6.1 通过重新处理来恢复

尽管不能精确地恢复到任意一点重新处理，但退一步讲，总可以回到某个已知点，并从那里重新开始装载处理。这类恢复的最简单形式就是定期地制作数据库副本(称为数据库保存件)，并保持一份自备份以来所有处理过的事务记录。这样，一旦发生故障时，操作员就可以从保存件复原出数据库，并重新处理所有的事务。遗憾的是，这一简单策略通常是不可行的。首先，重新处理事务与第一次处理这些事务耗费的时间是一样多的。如果计算机作业调度繁重，系统就可能永远也执行不完。

其次，当事务并发地处理时，事件是不同步的。人员活动中的轻微变化(如用户插入软盘稍慢些，或用户在响应应用系统提示前正在阅读电子邮件)，都可能会改变并发性事务的执行顺序。因此，当客户 A 在原始处理中得到飞机的最后一个座位时，可能客户 B 也在重新处理时获得此座位。由于这样的原因，在并发性系统中，重新处理通常不是故障恢复的一种可行形式。

9.6.2 通过回滚/前滚来恢复

第二种方法是定期地对数据库制作副本(数据库保存件)，并保持一份日志(log)，记录自从数据库保存以来其上的事务所做出的变更。这样，一旦发生故障时，可以使用两个方式中的任何一个来进行恢复。采用第一个称为前向回滚(rollforward)的方式时，先利用保存的数据复原数据库，然后重新应用自从保存以来的所有有效事务(这里并不是重新处理这些事务，因为在前向回滚时并未涉及到应用程序。取而代之的是重复应用记录在日志中处理后的变更)。

第二个方式是后向回滚(rollback)，就是通过撤销已经对数据库做出的变更，来退出有错误或仅仅处理了一部分的事务所做出的变更。接着，重新启动在出现故障时正在处理的有效事务。这两种方式都需要保持一份事务结果的日志，其中包含着按年月日时间先后顺序排列的数据变动的记录。所有的事务必须在其应用于数据库之前首先写入日志里。倘若在事务写入日志后但应用于数据库前系统崩溃了，那最坏的情况不过是存在一个尚未加以应用的事务而已。另一方面，如果事务在其写入日志前便被应用了，那就有可能(并非是期望的)变更了数据库，然而变更却没有被记录下来。一旦发生了这种情况，粗心的用户可能会重新输入一个实际已经完成的事务。正如图9.17所示，在发生故障的事件中，日志既可以撤销(undo)也可以重做(redo)事务。

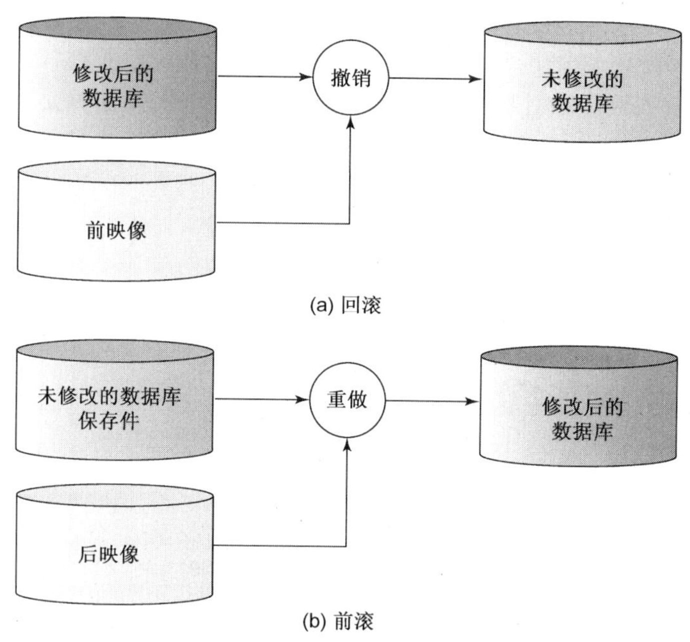

图9.17 事务的撤销和重做

为了撤销某个事务，日志必须包含每个数据库记录(或页面)在变更实施前的一个副本。这类记录称为前映像(beforeimage)。一个事务可以通过对数据库应用其所有变更的前映像而使之撤销。

为了重做某个事务，日志必须包含每个数据库记录(或页面)在变更后的一个副本。这些记录称为后映像(afterimage)。一个事务可以通过对数据库应用其所有变更的后映像来重做。图9.18显示了一个事务日志可能有的数据项。

对这个日志例子来说，每个事务都有唯一的标识名。而且，给定事务的所有映像都用指针链接在一起。有一个指针指向该事务工作以前的变更(逆向指针，reverse pointer)，其他指针则指向该事务的后来变化(正向指针，forward pointer)。指针字段的零值意味着链表的末端。DBMS的恢复子系统就是使用这些指针来对特定事务的所有记录进行定位的。图9.17显示了一个日志记录链的例子。

相对记录号	事务ID	逆向指针	正向指针	时间	操作类型	对象	前映像	后映像
1	OT1	0	2	11:42	START			
2	OT1	1	4	11:43	MODIFY	CUST 100	(旧值)	(新值)
3	OT2	0	8	11:46	START			
4	OT1	2	5	11:47	MODIFY	SP AA	(旧值)	(新值)
5	OT1	4	7	11:47	INSERT	ORDER 11		(值)
6	CT1	0	9	11:48	START			
7	OT1	5	0	11:49	COMMIT			
8	OT2	3	0	11:50	COMMIT			
9	CT1	6	10	11:51	MODIFY	SP BB	(旧值)	(新值)
10	CT1	9	0	11:51	COMMIT			

图 9.18　事务日志示例

日志中的其他数据项是：行为的时间；操作的类型(START 标识事务的开始，COMMIT 终止事务，释放了所有锁)；激活的对象(如记录类型和标识符)；以及前映像和后映像等。

给定了一个带有前映像和后映像的日志，那么撤销和重做操作就是直截了当的。要想撤销图 9.19 中的事务，恢复处理器只要简单地用变更记录的前映像来替换它们就可以了。

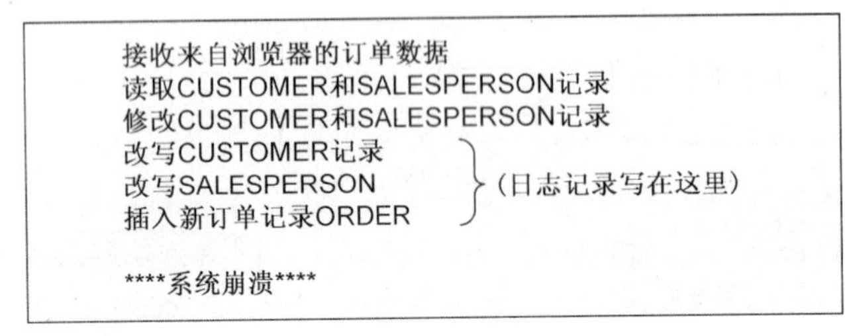

(a) 有问题的处理

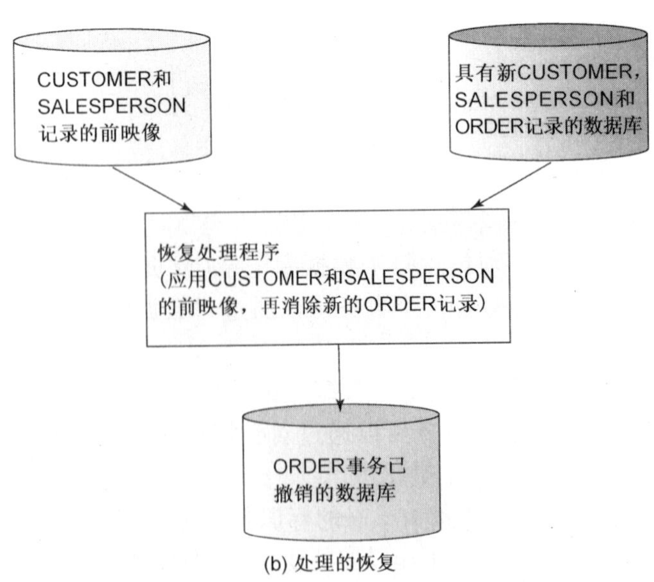

(b) 处理的恢复

图 9.19　恢复的例子

一旦所有的前映像都被复原，事务就被撤销了。为了重做某个事务，恢复处理程序便启动事务开始时的数据库版本，并应用所有的后映像。正如所述，这一操作假设数据库的早期版本是可以从数据库保存件中获取的。

要把数据库复原为其最新保存件，再重新应用所有的事务，就必须要有相当多的操作时间。为了降低这类延迟，有时候 DBMS 产品会利用检测点的机制。所谓检测点(checkpoint)就是数据库和事务日志之间的同步点。为了完成检测点命令，DBMS 拒绝接受新的请求；结束正在处理尚未完成的请求；并把缓冲区写入磁盘。然后，DBMS 一直等到操作系统确认所有对数据库和日志的写请求都已完成。此时，日志和数据库是同步的。接着，向日志写入一条检测点记录。然后，数据库便可以从该检测点开始恢复，而且只需要应用那些在该检测点之后出现的事务的后映像。

检测点是一种廉价操作，通常每小时可以实施 3 ~4 个(甚至更多)检测点操作。这样一来，必须恢复的处理不会超过 15 ~20 分钟。绝大多数 DBMS 产品本身就是自动实施检测点操作的，无需人工干预。

在后面 3 章里，我们会看到 Oracle、SQL Server 和 MySQL 备份和恢复技术的各种具体例子。现在，必须要理解下述基本思想：确保开发出合适的备份和恢复计划，并根据需要产生数据库的保存件和日志，同时认识到这些都是 DBA 的责任。

9.7　管理 DBMS

除了管理数据活动和数据库结构以外，DBA 还必须管理 DBMS 本身。DBA 应当编译和分析与系统性能有关的统计资料，并辨识出潜在的问题领域。要意识到数据库是为许多用户群组服务的。DBA 需要调查对于系统响应时间、数据准确度、易用性等方面所有的抱怨和意见。如果需要变更的话，DBA 还必须计划并实现这种改变。

DBA 必须定期地监视用户的数据库活动。在 DBMS 产品中都包括收集与报表统计的特点。例如，这些报告里，有的可能指出哪些用户在活动，哪些文件以及哪些数据项已被用到，使用了哪些存取方法，也可能获取并报告出错率与出错类型。DBA 通过对这些数据的分析，确定出数据库设计是否需要变更，以改善性能或使用户任务更容易实现。倘若需要的话，DBA 还应确保其实现成功。

DBA 应当对数据库活动和性能进行实时统计分析。每当辨识出性能问题(或者通过分析报告，或者通过用户的抱怨)，DBA 就必须确定是否要相应地修改数据库结构或系统。可能有的结构修改例子有：建立新的关键字、数据清除、删除关键字以及在对象中间建立新的联系等。

每当 DBMS 供货商在宣传新产品特点时，DBA 就必须站在用户团体总体要求的观点上来考虑它们。如果决定加入新的 DBMS 特点，开发者就必须被告知并培训它们的使用方法。相应地，DBA 必须管理和控制在 DBMS 以及数据库结构上的变更。

DBA 负责非常广泛的系统的其他变更，这取决于 DBMS 产品以及所使用的其他软件和硬件。例如，在其他软件(比如操作系统或 Web 服务器)上的修改，可能意味着某些 DBMS 特点、函数或参数必须加以修改。因此，DBA 也必须微调 DBMS 产品，以适合其他软件的使用。

有关 DBMS 的可选项(比如事务孤立级)一般是在初始时进行选择的，此时对于特定用户环境下系统将会有什么样的任务还了解甚少。因此，经过一定时期的运营经验和性能分析之后，或许将揭示出有必要加以改变。即便性能似乎是可接受的，但 DBA 还是需要通过对备选项的改变来观察性能上的效果。这种过程称为系统的微调(tuning)或者优化(optimizing)。图9.20总结了DBA管理DBMS产品的责任。

- 生成数据库应用软件性能报告
- 调查研究用户对性能的抱怨
- 评估对数据库结构或应用软件设计做出变更的需要
- 修改数据库结构
- 评价和实现新的DBMS特性
- 微调DBMS

图9.20　DBA管理DBMS的职责小结

9.7.1　维护数据信息库

作为实例，我们考虑类似电子商务公司所采用的某个大型Internet数据库应用系统，这是一家在Internet上销售服装的公司所采用的应用系统。这类系统可能涉及来自许多不同的数据库、数十个不同的Web页面或者成百上千个用户的数据。

假设采用这一应用系统的公司决定将其产品线扩展到包括销售体育商品。该公司的资深管理员可能会请DBA修改数据库应用系统，使其对支持这一新产品线所需要的时间和其他资源做一个估计。

为了响应这个请求，DBA需要有关数据库、数据库应用系统和应用系统部件、用户及其权限和责任，以及其他系统要素的精确元数据。数据库系统表中确实有一部分这样的元数据，但是这些元数据还是不足以回答资深管理员所提出的问题。DBA还需要有关于COM(组件对象模型)和ActiveX对象，脚本过程和函数，ASP(动态服务器页面)，样式表单、文档类型定义以及诸如此类的附加的元数据。而且，虽然DBMS安全机制用文档记录了用户、组和权限，它们却常常以不方便使用的高度结构化的形式存在。

出于所有这些理由，许多组织都开发和维护着数据信息库(data repository)，那是有关数据库、数据库应用系统、Web页面、用户以及其他应用系统部件的元数据的汇集。该信息库可能虚拟成来自许多不同来源(DBMS、版本控制软件、代码库、Web页面生成与编辑工具等)的元数据的复合。或者，该数据信息库可能是出自某个CASE工具供货商或诸如微软或Oracle之类的其他公司的集成性产品。

无论怎样，DBA在资深管理员提出问题之前很长一段时间就应当构思这类工具了。事实上，信息库应当在系统开发之时就构造起来，并应作为系统可交付部分的一个重要成分。要不然，DBA就得始终疲于奔命，一会儿试图维护现有的应用系统，一会儿要它们适应新的要求，倒不如把元数据汇集在一起形成一个信息库。

最好的信息库是主动型(active)的。当创建系统部件时元数据就被自动创建，它们是系统开发过程中的一部分。稍微差一些但是仍然有效的一种类型是被动型信息库(passive repository)，这需要人们花时间生成需要的元数据，并把它存入信息库里。

Internet创造了许多商务机会来扩展公司的客户基础，并增加公司的销售额和利润率。数据库和数据库应用系统是支持这些公司取得成功的基本要素。遗憾的是，仍然有些组织由于没有改善他们的应用系统或者适应变革的要求，而使自己的扩展处于困难境地。通常，建立一个新的系统要比改造旧的系统容易一些。可以肯定，建立一个与将被取代的旧系统相集成的新系统则更加困难。

9.8 小结

多用户数据库向创建和使用数据库的组织提出了一些难以对付的问题，所以绝大多数组织都设有一个数据库管理办公室，以确保这些问题能得到解决。在本书中，术语数据库管理员就是指与某个单一数据库打交道的人员或办公室。术语数据管理员用来描述与整个组织的所有数据资产打交道的类似职能。数据库管理员的主要职能列在图 9.1 中。

数据库管理员(DBA)参与到初始数据库结构的开发，并在遇到变更请求时提供相应的配置控制。保持结构和变更的精确文档是 DBA 的一个重要职能。

并发性控制的目标是确保一个用户的工作不会不适当地影响其他用户的工作。不存在任何对于一切应用场合都是理想的并发性控制技术。因此，必须在保护层级和系统生产率之间进行某种类型的权衡。一项事务或逻辑作业单元就是在数据库上以原子单位形式出现的一系列操作，它们要么全部出现，要么一个也不做。并发性事务的活动在数据库服务器上是交织在一起的。在有些场合，倘若对并发性事务不加以控制，就有可能导致更新丢失。并发性可能带来的另外一个后果就是不一致读取问题。

对数据库元素加锁可以避免并发性问题。隐式加锁由 DBMS 设置，显式加锁由应用程序发出。资源加锁的规模范围称为加锁的粒度。排他锁禁止其他用户读取被加锁的资源；而共享锁则允许其他用户读取，但不能修改更新被加锁的资源。当两个并发性事务的执行结果与它们分别执行所得结果相一致时，就称为可串行化的事务。所谓两阶段加锁，就是在增长阶段获得加锁，并在收缩阶段解锁，这是可串行化的一种模式。两阶段加锁的一种特例是在整个事务过程中都可以加锁，但在事务结束之前不能解开任何锁。

死锁或称死亡拥抱，出现在两个事务彼此都在绝望地等待已被对方锁定资源的场合。可以通过要求事务一次性地取得所有必要的加锁来预防死锁。一旦死锁发生，唯一的办法就是打破它，即废弃其中的一个事务(并撤销其已部分完成的作业)。乐观型加锁是假设冲突一般不会发生，然后在万一发生时对它进行处理。悲观型加锁则假设冲突很可能会发生，并通过事前加锁的办法来预防它。通常，Internet 和许多内联网的应用都首选乐观型加锁。

目前绝大多数应用程序都不显式地声明加锁。取而代之的是用 BEGIN，COMMIT 和 ROLLBACK TRANSACTION 语句来标记事务的边界，并声明它们要求的并发性行为。然后，DBMS 就会对应用系统加锁，据此将会产生期望的行为。

所谓 ACID 事务就是同时原子化、一致化、孤立化和持久化的事务。持久化意味着数据库的变更是永久性的。一致性可能意味着要么是语句级一致性，要么是事务级一致性。对于事务级一致性来说，事务可能会看不到自己的修改变更。1992 SQL 标准定义了 4 种事务孤立级：读取未提交、读取已提交、可重复读取和可串行化。图 9.12 总结了它们的特点。

所谓游标就是指向记录集的一个指针。普遍流行的 4 种游标类型是：前向、静态、关键字集和动态游标。开发人员应该根据具体的应用系统负载和所使用的数据库产品，来选择正好适合自己使用的孤立级和游标类型。

数据库安全性的目标是确保只有授权的用户才能在授权的时间里进行授权的活动。为了开发有效的数据库安全性，必须确定所有用户的处理权限和责任。

DBMS 产品都提供有安全性工具。绝大部分包括声明被保护的用户、群组、对象以及关于这些对象的权限或特权。几乎所有的 DBMS 产品都使用着某种形式的用户名和口令的安全性手段。安全性守则列在图 9.16 中。DBMS 的安全性可以通过应用系统安全性予以增强。

在系统故障事件里，数据库应当尽快地复原到某个可使用状态。出现故障时，正在处理的事务必须重新应用或者重新启动。尽管有时候可以通过重复处理来进行恢复，但更多的是利用日志进行前向和后向回滚。检测点可能会减少一些故障时必须完成的工作量。

除了这些任务以外，DBA 还要管理 DBMS 产品本身，测定数据库应用系统的性能，并对数据库结构变更或者 DBMS 性能微调的需求做出评估。DBA 还要确保新的 DBMS 特性得到评价，并在合适的时候使用它们。最后，DBA 有责任维护好数据信息库。

9.9 关键术语

ACID 事务
主动信息库
后映像
原子化
前映像
检测点
并发事务
一致性更新问题
一致化
游标
数据管理员
信息库
数据库管理
数据库管理员
数据库保存件
DBA
死锁
死亡拥抱
脏读取
持久化
动态游标
排他锁
显式锁
前向游标
增长阶段
隐式锁
不一致读取问题
孤立化
孤立级
关键字集游标
锁
加锁的粒度
日志
逻辑作业单元
登录名
丢失更新问题
不可重复读取
乐观加锁
被动型信息库
悲观加锁
幻影读取
加工处理的权限和责任
读取已提交孤立级
读取未提交孤立级
通过重新处理来恢复
通过回滚/前滚来恢复
可重复读孤立级
资源加锁
角色
回滚
前滚
可滚动游标
可串行化
可串行化孤立级
共享锁
收缩阶段
SQL BEGIN TRANSACTION 语句
SQL COMMIT TRANSACTION 语句
SQL 游标
SQL 数据控制语言
SQL DECLARE CURSOR 语句
SQL GRANT 语句
SQL 注入攻击
SQL REVOKE 语句

SQL ROLLBACK TRANSACTION 语句
SQL START TRANSACTION 语句
SQL 事务控制语言
SQL WORK 关键字
语句级一致性
静态游标
强力口令
事务
事务孤立级
事务级一致性
两阶段加锁
用户群组
用户名

9.10 习题

9.1 简述创建并使用多用户数据库的组织的 5 个难题。

9.2 试述数据库管理员和数据管理员之间的差别。

9.3 试列举 DBA 的 7 项重要任务。

9.4 试总结 DBA 管理数据库结构的职责。

9.5 什么是配置控制? 为什么它是必要的?

9.6 试述“一个用户的工作不会不适当地影响其他用户的工作”中的“不适当”之含义。

9.7 试述并发性控制中的权衡。

9.8 试定义原子化事务，并试述原子性的重要性。

9.9 试述并发性事务和同时性事务的区别，同时性事务需要多少个 CPU?

9.10 给出与本书不同的另一个更新丢失问题的例子。

9.11 试述显式加锁和隐式加锁的区别。

9.12 什么是加锁的粒度?

9.13 试述排他锁和共享锁的区别。

9.14 试述两阶段加锁。

9.15 在与两阶段加锁有关的事务结束时，如何释放所有的锁?

9.16 一般应当如何来定义某个事务的边界?

9.17 什么是死锁? 如何能避免? 一旦出现死锁时应该如何消除?

9.18 试述乐观加锁和悲观加锁的区别。

9.19 试述标记事务边界、声明加锁的特征以及让 DBMS 来设置加锁的好处。

9.20 什么是 SQL 事务控制语言(TCL)? 试述 SQL BEGIN TRANSACTION，COMMIT TRANSACTION 和 ROLLBACK TRANSACTION 语句的用法。为什么 MySQL 也用 SQL START TRANSACTION 语句?

9.21 试述 ACID 事务表达的含义。

9.22 概述语句级一致性。

9.23 概述事务级一致性。采用它可能存在什么不利之处?

9.24 事务孤立级的目标是什么?

9.25 试述读取未提交孤立级，并给出一个例子说明它的作用。

9.26 试述读取已提交孤立级，并给出一个例子说明它的作用。

9.27 试述可重复读取孤立级，并给出一个例子说明它的作用。

9.28 试述可串行化孤立级，并给出一个例子说明它的作用。

9.29 试述术语“游标”。

9.30 试述为什么一个事务可能有多个游标? 如何才能使一个事务在一个给定的表上可以有多个游标?

9.31 使用不同种类的游标有什么优点?

9.32 试述前向游标，并给出一个例子说明它的作用。

9.33 试述静态游标，并给出一个例子说明它的作用。

9.34 试述关键字集游标，并给出一个例子说明它的作用。

9.35 试述动态游标，并给出一个例子说明它的作用。

9.36 如果不声明事务孤立级和游标类型，DBMS 会怎样做？这样做是好还是坏？

9.37 什么是 SQL 数据控制语言？试述定义处理权限和责任的必要性。如何强化这类责任以及在强化中 SQL 数据控制语言的作用？

9.38 试述 USER，ROLE，PERMISSION 和 OBJECT 在一般的数据库安全性系统中的关联性。

9.39 在规划安全性时，DBA 是否应当假设防火墙？

9.40 对于产品的 DBMS 未使用的特点和功能，应当如何做？

9.41 试说明如何保护运行有 DBMS 的计算机？

9.42 根据安全性，DBA 应当对于用户的账号与口令采取怎样的操作？

9.43 试举出数据库安全性计划的两个要素。

9.44 试分别叙述由 DBMS 或应用系统提供安全性的利与弊。

9.45 何谓 SQL 注入攻击？如何防止它？

9.46 试述数据库是如何通过重新处理进行恢复的，为什么一般来说这是不可行的？

9.47 试定义后向回滚和前向回滚。

9.48 在更新数据库数值之前先写入日志为何很重要？

9.49 概述后向回滚的过程及其适用情况。

9.50 概述前向回滚的过程及其适用情况。

9.51 经常设置数据库检测点的优点是什么？

9.52 试概括 DBA 管理 DBMS 的职责。

9.53 什么是数据信息库？什么是被动数据信息库和主动数据信息库？

9.54 试述为什么信息库很重要？如果没有它将会怎么样？

项目练习

9.55 访问 www.msdn.microsoft.com 网站并搜索有关 SQL Server Security Guidelines 的信息。阅读链接到的三篇论文，并将其归纳小结一下。试将找到的信息与图 9.15 所列的内容做一比较。

9.56 访问 www.oracle.com 网站并搜索有关 Oracle Security Guidelines 的信息。阅读链接到的三篇论文，并将其归纳小结一下。试将找到的信息与图 9.15 所列的内容做一比较。

9.57 访问 www.mysql.com 网站并搜索有关 MySQL Security Guidelines 的信息。阅读链接到的三篇论文，并将其归纳小结一下。试将找到的信息与图 9.15 所列的内容做一比较。

9.58 使用 Google(www.google.com)或其他搜索引擎来搜索 Database Security Guidelines 网站。阅读链接到的三篇论文，并将其归纳小结一下。试将找到的信息与图 9.15 所列的内容做一比较。

9.59 在 Web 上搜索"distributed two-phase locking"，找到关于这个主题的一个教程，然后用通俗的语言解释这个加锁过程。

9.60 对于第 7 章中讨论的具有如图 7.15 所示表格的 View Ridge 数据库，回答下列问题：

A. 假设你正在开发某个(记录以前从未在该画廊出现过的一位艺术家)存储过程，与这些艺术家的每件作品一起，在 TRANS 表里有一行记录着获得的日期与获得的价格。你将如何声明该事务的边界？你会采用何种事务孤立级？

B. 假设你正在编写修改 CUSTOMER 表中值的存储过程。你会采用何种事务孤立级？

C. 假设你正在编写某个记录客户采购的存储过程。假定该客户的数据是新的，你将如何声明该事务的边界？你会采用何种事务孤立级？

D. 假设你正在编写检测交集表有效性的存储过程。特别地，对于每个客户，此过程应当读取客户的事务，并确定这些作品的艺术家。一旦给出了艺术家，之后此过程就应当进行检查以确保声明对该艺术家有兴趣的客户都在此交集表里。倘若没有这样的交集行，那么该过程便创建一个。你将如何声明该事务的边界？你会采用何种事务孤立级？（倘若需要的话）你会使用哪类游标？

Marcia 干洗店项目练习

Marcia Wilson 拥有并运作 Marcia 干洗店，这是一个位于一个城郊小康社区的高档干洗店。Marcia 通过提供优越的客户服务使得她的生意在竞争中胜出。她想要管理她的每个客户及其订单，而且想通过电子邮件在衣服洗好时通知客户。假设 Marcia 干洗店雇用你作为开发其运作数据库的数据库顾问，该数据库包含第 7 章结尾处所描述的 4 张表如下：

CUSTOMER(*CustomerID*, FirstName, LastName, Phone, Email)

INVOICE(InvoiceNumber, *CustomerID*,, DateIn, DateOut, Subtotal, Tax, TotalAmount)

INVOICE_ITEM(*InvoiceNumber*, ItemNumber, *ServiceID*, Quantity, UnitPrice, ExtendedPrice)

SERVICE(ServiceID, ServiceDescription, UnitPrice)

假设在这些表中的外键所蕴含的所有联系都已经被定义，而且适当的引用完整性约束也已经被定义。

A. 假设 Marcia 人员包括两名雇主、一位前台管理员、一位兼职女裁缝以及两名销售职员。请准备 2 ~ 3 页的备忘录，其涉及以下问题：

  1. 在 Marcia 进行数据库管理的必要性。
  2. 对数据库管理员人选的建议。假设 Marcia 不必要也供不起一个全职的数据库管理员。
  3. 以图 9.1 为指南，描述 Marcia 的数据库管理员活动的特点。作为一个有进取心的顾问，要记住，你可以推荐自己来承担 DBA 的某些职能。

B. 对于问题 A 所描述的雇员，定义出 4 张表中数据的用户、群组和许可。作为例子，请应用图 9.12 所示的安全性模式。按图 9.14 的样子创建一张表。同时不要忘记包括自己。

C. 假设你正在编写一个存储过程，用来创建 Marcia 将要完成的新服务在 SERVICE 里的新记录。假定你知道，当你的过程在运行时，尚有其他的第二个存储过程也同时在运行着，它可能是记录现有客户的新数据，或修改其原有数据和订单信息。此外，还有第三个记录新客户数据的存储过程也正在运行。

  1. 试给出这组存储过程中脏读取、不可重复读取与幻影读取的例子。
  2. 哪种并发性控制手段适合于你所创建的存储过程？
  3. 哪种并发性控制手段适合于另外两个存储过程？

安娜王后古玩店项目练习

假设安娜王后古玩店雇用你为数据库顾问，来开发其（拥有第 7 章末所述的 5 张表）运营数据库。

CUSTOMER(CustomerID, LastName, FirstName, Address, City, State, ZIP, Phone, Email)

EMPLOYEE(EmployeeID, LastName, FirstName, Phone, Email)

VENDOR(VendorID, CompanyName, ContactLastName, ContactFirstName,

Address, City, State, ZIP, Phone, Fax, Email)

ITEM(ItemID, ItemDescription, PurchaseDate, ItemCost, ItemPrice, *VendorID*)

SALE(SaleID, *CustomerID*, *EmployeeID*, SaleDate, SubTotal, Tax, Total)

SALE_ITEM(SaleID, SaleItemID, *ItemID*, ItemPrice)

引用完整性约束如下：

SALE 中的 CustomerID 必须存在于 CUSTOMER 的 CustomerID 中

ITEM 中的 VendorID 必须存在于 VENDOR 的 VendorID 中

SALE 中的 CustomerID 必须存在于 CUSTOMER 的 CustomerID 中

SALE 中的 EmployeeID 必须存在于 EMPLOYEE 的 EmployeeID 中

SALE_ITEM 中的 SaleID 必须存在于 SALE 的 SaleID 中

SALE_ITEM 中的 ItemID 必须存在于 ITEM 的 ItemID 中

假设 CUSTOMER 的 CustomerID, EMPLOYEE 的 EmployeeID, ITEM 的 ItemID, SALE 的 SaleID 以及 SALE_ITEM 的 SaleItemID 都是代理键,具有以下的值:

CustomerID:从 1 开始,每次增加 1

EmployeeID:从 1 开始,每次增加 1

VendorID:从 1 开始,每次增加 1

ItemID:从 1 开始,每次增加 1

SaleID:从 1 开始,每次增加 1

一个供应商(vendor)可能是个人或者公司。如果是个人,CompanyName 字段就保持空白,而 ContactLastName 和 ContactFirstName 字段必须有数据值。如果供应商是公司,则公司名记录在 CompanyName 字段,公司主要联系人的名字则记录在 ContactLastName 和 ContactFirstName 字段。

A. 假定安娜王后古玩店包括业主(Morgan)、一位办公室管理员、一位全职的销售职员以及两位兼职的销售人员。业主和办公室管理员需要处理所有表里的数据,此外,全职的销售职员能够输入采购和销售数据。兼职的销售人员只能读取销售数据。请为该业主准备 3~5 页纸的备忘录,涉及以下问题:

1. 数据库管理在店中的必要性。
2. 推荐谁来担任数据库管理员?假设该店还没有大到必须或能够负担一位全职的数据库管理员。
3. 以图 9.1 为指南,试述数据库管理员在该店的活动性质。作为一个有进取心的顾问,请不要忘记推荐自己来履行 DBA 的某些职能。

B. 对于问题 A 中所述雇员,请(为上述 6 张表里的数据)定义用户、群组和许可。创建类似图 9.15 所例示的安全性模式。创建一张类似于图 9.14 的表。再次提醒,请不要忘了包括自己在内。

C. 假定你正在编写一个记录新采购的存储过程。假定你知道,每当该过程运行时,另有一个记录新的客户销售及销售项的数据的存储过程可能正在运行,还可能存在第三个记录新客户的数据的存储过程在并发地运行着。

1. 请分别给出这组存储过程中脏读取、不可重复读取和幻影读取的一个例子。
2. 哪种并发性控制手段适合于你所创建的存储过程?
3. 哪种并发性控制手段适合于其他两个存储过程?

Morgan 进口公司项目练习

假设 Morgan 雇用你为数据库顾问,来开发其(拥有第 7 章末所述的几张表)运营数据库(注意 STORE 使用代理键 StoreID)。

EMPLOYEE(<u>EmployeeID</u>, LastName, FirstName, Department, Phone, Fax, EmailAddress)

STORE(<u>StoreID</u>, StoreName, City, Country, Phone, Fax, Email, Contact)

ITEM(<u>ItemID</u>, *StoreName*, *PurchasingAgentID*, PurchaseDate, ItemDescription, Category, PriceUSD)

SHIPPER(<u>ShipperID</u>, ShipperName, Phone, Fax, EmailAddress, Contact)

SHIPMENT(<u>ShipmentID</u>, ShipperID, PurchasingAgentID, ShipperInvoiceNumber, Origin, Destination, ScheduledDepartureDate, ActualDepartureDate, EstimatedArrivalDate)

SHIPMENT_ITEM(<u>ShipmentID</u>, <u>ShipmentItemID</u>, *ItemID*, InsuredValue)

SHIPMENT_RECEIPT(<u>ReceiptNumber</u>, *ShipmentID*, *ItemID*, *ReceivingAgentID*,

ReceiptDate, ReceiptTime, ReceiptQuantity, isReceivedUndamaged, DamageNotes)

A. 假定 Morgan 人员包括业主(Morgan)、一位办公室管理员、一位全职的销售职员以及两位兼职的销售人员。业主和办公室管理员需要处理所有表里的数据。此外，全职的销售职员能够输入采购和装船数据。兼职的销售人员只能读取装船数据，但他们可以看到 InsuredValue 的值。请为该业主准备 3 ~ 5 页纸的备忘录，其涉及以下问题：

1. 数据库管理在 Morgan 的必要性。
2. 推荐谁来担任数据库管理员？假设 Morgan 还没有大到必须或能够负担一位全职的数据库管理员。
3. 以图 9.1 为指南，试述数据库管理员在 Morgan 的活动性质。作为一个有进取心的顾问，请不要忘记推荐自己来履行 DBA 的某些职能。

B. 对于问题 A 中所述的雇员，请(为上述几张表里的数据)定义用户、群组和许可。创建类似图 9.15 所例示的安全性模式。创建一张类似于图 9.14 的表。再一次，请不要忘了包括自己在内。

C. 假定你正在编写一个记录新采购的存储过程。假定你知道，每当该过程运行时，另有一个记录装船数据的存储过程可能正在运行，还可能存在第三个更新发货人数据的存储过程在并发地运行着。

1. 请分别给出这组存储过程中脏读取、不可重复读取和幻影读取的一个例子。
2. 哪种并发性控制手段适合于你所创建的存储过程？
3. 哪种并发性控制手段适合于其他两个存储过程？

第 10 章　用 SQL Server 2012、Oracle Database 11g Release 2、MySQL 5.6 管理数据库

本章目标

- 能够安装 DBMS 软件
- 能够使用 DBMS 数据库管理和数据库开发的图形界面实用程序
- 在 DBMS 中建立一个数据库
- 能够通过 DBMS 实用程序提交 SQL DDL 和 DML
- 理解 DBMS 中 SQL/持久存储模块(SQL/PSM)的实现和使用
- 理解用户定义函数的目的和作用，知道怎样创建一个简单的用户定义函数
- 理解存储过程的目的和作用，知道怎样创建一个简单的存储过程
- 理解触发器的目的和作用，知道怎样创建一个简单的触发器
- 理解 SQL Server 怎样实现并行控制
- 理解 DBMS 怎样实现服务器和数据库安全
- 理解 DBMS 备份和恢复的基本特征

本章概述 3 个在线章中的内容，这些在线章详细描述了 3 种企业级 DBMS 产品：

- 在线第 10A 章是关于 Microsoft SQL Server 2012 的
- 在线第 10B 章是关于 Oracle Database 11g Release 2 的
- 在线第 10C 章是关于 MySQL 5.6 的

这些章放在网上以便能够比放在本书中包含更多的与各 DBMS 产品有关的资料。可以在本书(第十三版)的网站上看到这些在线章，网址为 http://www.pearsonhighered.com/kroenke。

在线资料(也包括本书的所有附录)是 PDF 格式，你需要安装一个 PDF 阅读器。如果你需要一个 PDF 阅读器，建议在 http://www.adobe.com/products/acrobat.html 下载和安装最新版的 Adobe Reader。

第 10A 章描述了 Microsoft SQL Server 2012 的基本特征和功能，第 10B 章描述了 Oracle Database 11g Release 2 的基本特征和功能，第 10C 章描述了 MySQL 5.6 的基本特征和功能。这些章的讨论使用第 7 章的 View Ridge 画廊数据库，与第 7 章关于 SQL DDL，DML 和 SQL/PSM 的讨论以及第 9 章的数据库管理的讨论平行。

这些 DBMS 都是庞大复杂的产品，在这些章中也只能接触到表层的功能，读者的目标应该是在掌握了基本知识后进一步深入学习。

这些章讨论的主题和技术通常也能用于这些软件产品的早期版本。例如，关于 SQL Server 2012 的内容对于 SQL Server 2008 R2、SQL Server 2008 和 SQL Server 2005 也是有效的，虽然早期版本的确切功能与 SQL Server 2012 稍有不同。类似地，Oracle Database 11g Release 2 的内容也通常适用于 Oracle Database 11g 和 Oracle 10g，MySQL 5.6 的内容也通常适用于 MySQL 5.5 和 5.1。

10.1　安装 DBMS

在线各章的这一节将讨论各 DBMS 现有的各种版本，推荐合适的版本，并且覆盖 DBMS 安装和设置的重点。这些 DBMS 产品的每一种都有一个容易下载和安装的免费版本适用于本书的大部分资料[除了附录 J 的一些商务智能(BI)的一些内容之外]。

例如微软 SQL Server 2012 可以从微软 SQL Server 2012 Express 高级包(从 http://www.microsoft.com/en-us/sqlserver/editions/2012-editions/express.aspx 下载)得到，而 MySQL 5.6 则可以用 MySQL Community Server 5.6(从 http://dev.mysql.com/downloads/mysql/5.6.html 下载，但如果用的是 Windows 操作系统，则应该从 http://dev.mysql.com/downloads/installer/5.6.html 下载 MySQL Installer 5.6 for Windows)。

Oracle Database 11g Release 2 的情况则更为复杂一些。第 10B 章将介绍 Oracle Database 11g Release 2。这个软件可以在线下载(下载地址为 http://www.oracle.com/technetwork/database/enterprise-edition/downloads/index.html)，除非购买了该产品的生产版本①，否则必须严格按照 Oracle 技术网络开发者许可(http://www.oracle.com/technetwork/licenses/standard-license-152015.html)的条款使用该软件。

我们不是法律专业人员，不能也不会解释在这个开发者许可下读者应当怎样使用 Oracle Database 11g Release 2。

因此读者可能会更愿意下载和使用 Oracle Database Express Edition 11g Release 2 包(可以从 http://www.oracle.com/technetwork/products/express-edition/downloads/index.html 下载)。针对 Oracle Database Express Edition 的 Oracle Technology Network Developer License(http://www.oracle.com/technetwork/licenses/database-11gexpress-license-459621.html)的使用条款宽容度较高，其部分内容如下：

> 我们授予您使用本软件程序的非独占的不可转移的有限许可用于：(a)开发应用系统原型用于自己内部的数据处理；(b)也可以发布您开发的应用程序；(c)可以用这个程序提供第三方的演示和培训；(d)也可以复制和发布该程序给您的授权持有者，前提是这些授权持有者同意该许可的条款。②

注意，在运行 Windows 操作系统的计算机上，只有适用于 32 位操作系统的 Oracle Database Express Edition 11g Release 2，并且如 Oracle Database Express Edition 的 Oracle 技术网络(OTN)开发者许可所述，对于运行 DBMS 的计算机的硬件有要求。然而，读者可以在 Oracle Database ExpressEdition 11g Release 2 和本章后面讨论的可下载的 Oracle SQL Developer GUI 工具箱(下载地址为 http://www.oracle.com/technetwork/developer-tools/sql-developer/downloads/index.html)上使用本书介绍的大多数 SQL 和 Web 相关的数据库功能。[主要的不能用的功能为：(1)基于 Web 的在第 10B 章介绍的使用 Oracle Database Control Enterprise Manager 工具箱的 Oracle Database 11g Release 2 管理；(2)在附录 J 中的一些商务智能的功能]。

---

① Oracle 技术网络开发者许可在 http://www.oracle.com/technetwork/licenses/standard-license-152015.html。在 2013 年 5 月 26 日访问过。

② Oracle 公司针对 Oracle Database Express Edition 的 Oracle 技术网络开发者许可在 http://www.oracle.com/technetwork/licenses/database-11g-express-license-459621.html。2013 年 5 月 26 日访问。

要想从本书的学习中得到最大收益，必须安装和使用一种 DBMS 产品(或者至少使用微软的 Access 2013)，因为在一个真正的 DBMS 上的操练是学习过程的重要部分。自然，使用之前必须首先在计算机上安装和配置 DBMS，因此我们会在相关的在线章节中介绍成功安装和使用各种 DBMS 需要知道的问题。

10.2 使用 DBMS 数据库管理和数据库开发工具

这些 DBMS 产品中的每一种都有一个或者多个用于数据库管理和数据库开发的工具程序。例如：

- 微软 SQL Server 2012 使用微软 SQL Server 2012 Management Studio。
- Oracle Database 11g Release 2 使用 Oracle SQL Developer。
- MySQL 5.6 使用 MySQL Workbench。

在每一在线章中将讨论各个 DBMS 产品合适的工具程序并演示其使用方法。

10.3 创建一个数据库

通过 DBMS 操作一个具体数据库的第一步是实际创建一个数据库，然而这个步骤比表面看起来复杂一些，因为每个 DBMS 产品用不同的术语表达数据库。

- 在微软 SQL Server 2012 中的说法是创建一个数据库(这很容易)。
- 在 Oracle Database 11g Release 2 中的说法(但不是必需的)是创建一个表空间以存储构成我们称为数据库的表和其他对象。
- 在 MySQL 5.6 中的说法则是创建一个模式。

在各 DBMS 产品对应的在线章节中将说明在该 DBMS 中我们所说的数据库由哪些部分构成，以及创建和命名数据库的步骤。这些内容将完成一个可用的用于 View Ridge 画廊数据库项目的名为 VRG 的“数据库”。

10.4 创建和运行 SQL 脚本

在创建了 VRG 数据库后，需要创建数据库的表和联系结构，然后向表中加入数据。我们更倾向于用第 2 章关于 SQL 查询和第 7 章关于 SQL DDL 中介绍的 SQL 脚本来完成这个任务，因此我们讨论用 DBMS 工具来创建、存储、检索和运行 SQL 脚本的方法：

- 对微软的 SQL Server 2012，我们使用微软的 SQL Server 2012 Management Studio。
- 对 Oracle Database 11g Release 2，我们使用 Oracle SQL Developer。
- 对 MySQL 5.6，我们使用 MySQL Workbench。

更进一步，每种 DBMS 产品都有它自己特有的 SQL 和 SQL/持久存储模块(SQL/PSM)：

- Microsoft SQL Server 2012 的是 Transact-SQL(T-SQL)。
- Oracle Database 11g Release 2 的是过程语言/SQL(PL/SQL)。
- MySQL 5.6 则没有特殊的名称而是简单地用 SQL 和 SQL/PSM。

我们将于各在线章中在对应的 DBMS 产品的上下文中讨论上述各工具。

10.5　在 DBMS 图形用户界面工具中检查数据库结构

除了提供一个用于创建和运行 SQL 脚本的优秀的 SQL 编辑器，每一种 DBMS 产品也建立了各自的能以 GUI 方式操作(类似于在 Microsoft Access 2013 上所做的)诸如表这样的数据库对象的 GUI 工具。我们将讨论怎样用具体的 GUI 工具来完成这些工作：

- Microsoft SQL Server 2012 用 Microsoft SQL Server 2012 Management Studio。
- Oracle Database 11g Release 2 用 Oracle SQL Developer。
- MySQL 5.6 用 MySQL Workbench。

10.6　创建和填充 View Ridge 画廊数据库表

在创建了 VRG 数据库和知道怎样使用 SQL 脚本后，我们将转向直接创建构成数据库本身结构的 VRG 表、引用完整性约束和索引。正如你可能预期的，每种 DBMS 都有自身特有的完成这些功能的部分。一个很好的例子是每种 DBMS 产品怎样处理代理键：

- Microsoft SQL Server 2012 使用 T-SQL IDENTITY 属性。
- Oracle Database 11g Release 2 使用 PL/SQL SEQUENCE 对象。
- MySQL 5.6 使用 MySQL AUTO_INCREMENT 属性。

一旦创建了数据库结构，接下来将讨论怎样向表中填入数据。由于在图 7.16 中提供的 VRG 数据包含了非连续的代理键值，我们将讨论在向表输入数据时怎样处理这种情况。

10.7　在 View Ridge 画廊数据库中创建 SQL 视图

在第 7 章中介绍了 SQL 视图的使用，下面将介绍在具体的 DBMS 中怎样创建和使用 SQL 视图。

10.8　数据库应用逻辑和 SQL/持久存储模块(SQL/PSM)

为了在一个应用程序中使用(例如一个 Web 站点应用程序)，必须能在这个应用程序中访问到一个数据库，然后必须克服一些应用程序相关的问题(例如创建和保存应用程序变量)。而这可以在像 Java 或者诸如 C#.NET、C++.NET 或 VB.NET 这样的某种微软的.NET 语言，或者 PHP Web 脚本语言(在第 11 章中介绍)这样的某种应用程序语言中实现。我们的讨论主要针对怎样把应用程序逻辑嵌入 SQL/持久存储模块(SQL/PSM)——用户定义函数、触发器和存储过程。

对每个具体的 DBMS 产品，我们分析和介绍不同的 SQL/PSM 构造和特征：

- 变量
- 参数
- 流程控制语句
  - ◇ BEGIN…END 块

  - ◇ IF…THEN…ELSE 结构
  - ◇ WHILE(循环)结构
- RETURN {值}结构
- 游标结构和语句
- SQL 事务控制语句
- 输出语句

接下来就用这些元素建立特定 DBMS SQL/PSM 的用户定义的函数、存储过程和触发器，覆盖的深度远超第 7 章介绍的深度。我们将建立和运行几个存储过程和触发器，解释应用程序使用触发器或存储过程以及在创建用户定义函数、存储过程和触发器时有用的其他编程元素。

10.9 DBMS 并发控制

在第 9 章中讨论了并发控制的概念。各种 DBMS 产品采用各自不同的方法实现并发事务孤立级别和加锁行为，这些会在各具体的 DBMS 产品对应的在线章节中介绍。

10.10 DBMS 安全

在第 9 章中介绍了安全的基本概念。对每一种具体的 DBMS 产品，将概括这些基本概念与该产品的关系，检查具体服务器和数据库可用的安全选项，以及创建特定安全权限的用户。覆盖的深度远超第 7 章介绍的深度。创建 VRG 数据库所需要的数据库用户后，就可以用这些用户为第 11 章的 Web 数据库应用程序提供所需要的数据库安全性了。

10.11 DBMS 数据库备份和恢复

正如在第 9 章中介绍的，数据库和相关的日志文件应该周期性地备份。当存在备份时，就可以用之前备份的数据库以及应用日志中记录的修改恢复失效的数据库。同样，覆盖的深度远超第 7 章介绍的深度，并且将介绍各 DBMS 的具体的备份和恢复特征和方法。

10.12 没有涉及的其他 DBMS 话题

每一个在线章覆盖一种具体 DBMS 的重要话题，但不可能在本书及其在线章中覆盖关于各 DBMS 的所有内容。因此我们会简单讨论一些在对应章中不覆盖的重要的话题并指导怎样找到关于这些话题的进一步信息。

10.13 选择 DBMS 产品

请参考想要安装的 DBMS 产品对应的在线章。下载并学习这些资料，将对在一个 DBMS 上实现本书讨论的概念提供指导。要真正学习这些概念就要在 DBMS 上实际使用它们。

第 10A 章：Microsoft SQL SERVER 2012
第 10B 章：ORACLE DATABASE 11g RELEASE 2
第 10C 章：MYSQL 5.6
可在本书的配套网站：
http://www.pearsonhighered.com/kroenke 上在线访问

10.14 小结

在本书的配套网站 http://www.pearsonhighered.com/kroenke 上可以在线访问在线章。把这些章放在网上使得我们能够把用本书篇幅能包含的与各 DBMS 相关的更多内容包含进来。在线资料为 PDF 格式并要求读者安装 PDF 阅读器。建议可以从 http://www.adobe.com/products/acrobat.html 下载最新的免费 Adobe Reader 版本。在第 10A 章中介绍了 Microsoft SQL Server 2012，在第 10B 章中介绍了 Oracle Database 11g Release 2，在第 10C 章中介绍了 Oracle MySQL 5.6。这些内容使用了第 7 章的 View Ridge 画廊数据库，与第 7 章关于 SQL DDL、DML 和 SQL/PSM 的讨论以及第 9 章关于数据库管理的讨论平行。

针对每一种 DBMS 产品的在线章中的话题包括：

- 安装 DBMS
- 使用 DBMS 数据库管理和数据库开发工具
- 创建一个数据库
- 创建和运行 SQL 脚本
- 在 DBMS GUI 工具中检查数据库结构
- 创建和填充 View Ridge 画廊数据库表
- 为 View Ridge 画廊数据库创建 SQL 视图
- 数据库应用程序逻辑和 SQL/持久存储模块(SQL/PSM)
- DBMS 并发控制
- DBMS 安全
- DBMS 数据库备份和恢复
- 没有涉及的其他 DBMS 话题

这些章基于第 7 章的内容，但覆盖的深度远超第 7 章介绍的深度，请参考你要安装和使用的 DBMS 产品对应的在线章。

10.15 关键术语

加锁行为
Microsoft Access 2013
Microsoft SQL Server 2012
Microsoft SQL Server 2012 Express 高级版
Microsoft SQL Server 2012 Management Studio
MySQL 5.6
MySQL AUTO_INCREMENT 属性
MySQL Community Server 5.6

MySQL Installer 5.6 for Windows
MySQL Workbench
Oracle Database Express Edition 11g Release 2
Oracle Database 11g Release 2
Oracle SQL Developer
PL/SQL SEQUENCE 对象
过程语言/SQL(PL/SQL)
模式
存储过程
表空间
Transact-SQL(T-SQL)
事务孤立基本
触发器
T-SQL IDENTITY 属性
用户定义函数

10.16 项目习题

10.1 在学习本书内容时决定你要使用的 DBMS 产品。

10.2 基于你对项目习题 10.1 的回答，从本书的配套网站 http://www.pearsonhighered.com/kroenke 上下载第 10A、10B 和 10C 章中的适当内容。

10.3 基于你对项目习题 10.1 的回答以及第 10A、10B 和 10C 章中的内容，下载和安装你在学习本书内容时要用的 DBMS 软件。当完成本题时，你应当已经安装了一个可用的 DBMS。

第五部分
数据访问标准

本部分的两章是关于数据库应用程序处理标准的。第 11 章讨论数据库访问标准，包括微软 .NET 框架下的 ODBC，ADO.NET 和 ASP.NET，以及基于 Java 的 JDBC 和 Java 服务器页面(JSP)技术。虽然其中一些已经不算新技术了，但仍然在许多应用程序中使用，有可能在读者的工作中遇到。事实上，当关系型 DBMS 产品需要与大数据结构化存储产品(在第 12 章中讨论)连接时，ODBC 可谓东山再起。ODBC 是一个可以处理该任务的现成的标准。第 11 章随后介绍使用 PHP 脚本语言建立网页和访问 View Ridge Gallery 数据库。随后在对于 XML 和 XML 模式的介绍中讨论了数据库处理和文档处理融合。第 12 章讨论商务智能系统及其支撑技术、数据仓库和数据集市，以及大数据结构化存储。

第 11 章　Web 服务器环境

本章目标：

- 理解基于因特网的数据库应用程序的数据环境的性质和特点
- 学习 ODBC 的意图、特点和功能
- 理解微软 .NET 框架的特点
- 理解 OLE DB 的性质和目标
- 学习 ADO.NET 的特点和对象模型
- 理解 JDBC 的特点和 4 种类型的 JDBC 驱动程序
- 理解 JSP 的性质以及 JSP 和 ASP.NET 的差别
- 理解 HTML 和 PHP
- 能够用 PHP 构造 Web 数据库应用程序的页面
- 理解 XML 的重要性
- 学习 XML 的基本知识，包括 XML 文档、文档类型描述(DTD)和 XML 样式表
- 理解 XSLT 在实化 XML 文档中的作用
- 学习 XML Schema 的基本概念及其对于数据库处理的重要性
- 理解 XML 文档
- 学习使用 SQL SELECT…FOR XML 语句的基本概念

本章讨论传统的访问数据库服务器的标准接口。ODBC(开放数据库连接标准)，是在 20 世纪 90 年代初为提供独立于 DBMS 的处理关系数据库中数据的方法而开发的。在 20 世纪 90 年代中期，微软宣布了 OLE DB，这是一个封装了数据服务器功能的面向对象的接口。微软随后又开发了动态数据对象(ADO)，它使用 OLE DB 的一组对象，可以由包括 VB，VBScript 和 JScript 等多种语言使用。这项技术被用于 ASP 中，这是 Web 数据库应用程序的基础。在 2002 年，微软引入了 .NET 框架，其中包括 ADO.NET(ADO 的后继者)和 ASP.NET(ASP 的后继者)部件。现在，.NET 框架已经成为微软所有应用程序开发的基础。

作为微软技术的替代者，在 20 世纪 90 年代，太阳微系统公司开发了 Java 平台，其中包括 Java 编程语言，JDBC 和 JSP。在 2010 年，太阳微系统公司被 Oracle 公司购买，现在 Java 平台成为 Oracle 家族的一部分。

虽然 .NET 和 Java 都是重用的开发平台，然而仍然有许多由其他公司和开源项目开发的技术。本章将采用两项这种独立开发工具——Eclipse 集成开发环境和 PHP 脚本语言。

本章还涉及在信息系统技术领域一项最重要的最新发展，即信息技术两个领域的融合的讨论：数据库处理和文档处理。20 多年来这两个领域各自独立发展。随着因特网的发展，它们发生了被某些专家称为技术列车碰撞的融合。最终的结构还有待时日，而几乎每个月都会有新的产品、产品特征、技术标准和开发实践出现。在介绍这些标准之前，需要首先了解一下因特网数据库应用中的 Web 服务器的数据环境。

11.1　用于 View Ridge 画廊的一个 Web 数据库应用程序

我们用 View Ridge 画廊和我们设计实施的用于此画廊的 VRG 数据库作为贯穿本书的例子。首先是在第 5 章创建了 VRG 数据模型，然后在第 6 章设计了 VRG 数据库，在第 7 章用 SQL Server 2012 实施了该数据库设计，并以此作为在第 8 章的数据库再设计和第 9 章的数据库管理的讨论的基础。

现在已经创建的 VRG 数据库将作为本章为 View Ridge 画廊开发 Web 数据库应用程序的基础。我们称此 Web 数据库应用程序为 View Ridge 画廊信息系统（VRGIS），VRGIS 将为该画廊提供数据输入和报告功能。但在建立 VRGIS 之前，首先需要理解开发 Web 数据库应用程序的基本概念和过程。

11.2　Web 数据库处理环境

因特网数据库应用所处的环境是丰富和复杂的。在图 11.1 中，一个典型的 Web 服务器需要发布包括许多不同类型数据的应用。到目前为止，本书讨论的都是关系数据库，但从图中可以看到还有许多其他类型的数据。

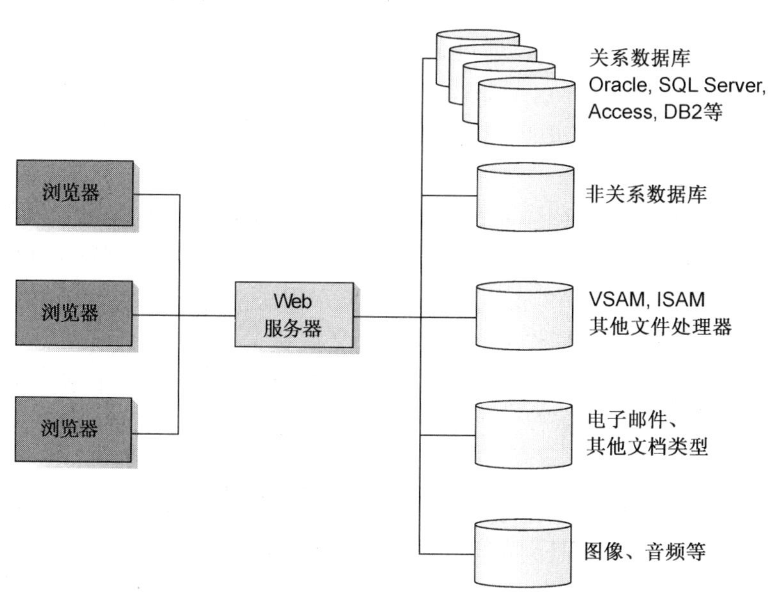

图 11.1　Web 数据库应用中的各种数据类型

考虑 Web 服务器应用开发者集成这些数据时所遇到的问题。他们可能需要联接 Oracle 数据库、DB2 大型机数据库、像 IMS 这样的非关系数据库、像 VSAM 和 ISAM 这样的文件数据、电子邮件目录等。开发者需要学习每一种产品的编程接口，而且这些产品都在发展，不断加入新的特征和功能，这更增加了开发者的困难。

为了访问数据库服务器，人们开发了多种标准接口。每个数据库管理系统产品都有一个应用程序接口（API）。一个 API 是用于从程序代码中执行 DBMS 功能的一组对象、方法和属性。但问题是，每个 DBMS 的 API 都是不同的。为了避免程序员要学习如此多的不同的接口，计算机行业开发了数据库访问的标准。

开放数据库连接(ODBC)标准是在20世纪90年代早期开发的，提供独立于DBMS的方法处理关系数据库中的数据。在20世纪90年代中期，微软发布了OLE DB，这是一个面向对象的接口，封装了数据服务器的功能。OLE DB不仅针对关系数据库而设计，而且也可以访问多种形式的数据。作为一个组件对象模型(COM)接口，程序员可以用C，C#和Java这样的编程语言访问OLE DB。但Visual Basic(VB)和脚本语言的程序员不能访问OLE DB。为此，微软开发了动态对象模型(ADO)，这是为使用OLE DB而设计的一组对象，可以用于任何语言，包括Visual Basic(VB)，VBScrip和JScript。ADO现在被ADO.NET(发音为"A-D-O-dot-NET")代替，这是ADO的一个改进版本，是微软.NET(发音为"dot-NET")的一部分，也是.NET框架的一个组件。

ADO技术用于动态服务器页面(ASP)建立基于Web的数据库应用。ASP是超文本标记语言(HTML)和VBScript或者JScript的混合体，能够访问数据库的数据并且在公用和专用网络上通过因特网协议传递。ASP运行在微软Web服务器产品因特网信息服务(IIS)上。引入ADO.NET后，微软也引入了ASP.NET。ASP.NET是ASP的后继者，并且是.NET框架的优选Web开发技术。

当然，除了微软的技术，还有其他的连接和标准。ADO.NET技术的一个主要替代是基于或者与太阳微系统的Java平台相关，包括Java编程语言、Java数据库连接(JDBC)、Java数据对象(JDO)和Java服务器页面(JSP)。

Java服务器页面(JSP)技术是HTML和Java的混合体，通过把页面编译为Java servlet，实现与ASP.NET相同的功能。JSP可以通过Java数据库连接(JDBC)连接数据库。JSP经常用于开源的Apache Web服务器。

然而，Java相关技术的特点是必须使用Java语言。你不能用JavaScript，它是与Java某种程度上相关的脚本语言。

虽然微软的.NET框架和太阳微系统的Java平台是Web数据库应用开发的两大主流，然而还有其他的技术。例如PHP，这是一种开源的Web页面编程语言。Web开发人员喜欢的另一种组合是Apache Web服务器和MySQL DBMS和PHP语言，这种组合简称为AMP(Apache-MySQL-PHP)。当运行在Linux操作系统中时，它又被称为LAMP；而如果运行在Windows操作系统中，则简称为WAMP。由于PHP能够访问所有的DBMS产品，本书中将使用这种语言。其他的可能包括Perl和Python语言(它们也都可能是AMP，LAMP和WAMP中的"P")，还有就是Ruby语言，与它的Web开发框架被称为Ruby on Rails。

在基于Web的数据库处理环境中，如果Web服务器和DBMS可以运行在同一台计算机上，则该系统为两层结构(一层是浏览器，另一层是Web服务器/DBMS)。而如果它们运行在不同的计算机上，则称为三层结构。高性能应用可能有多台Web服务器计算机，有些系统也会有多台计算机运行DBMS。在后一种情况下，如果多台DBMS计算机处理的是相同的数据库，则称为分布式数据库。

11.3 开放数据库连接标准

开放数据库连接(ODBC)标准是一种接口，应用程序可以通过它以独立于DBMS的方式访问和处理关系数据库以及类似于表结构的数据源，例如电子表格程序。如图11.2所示，ODBC是Web服务器(或者其他数据库应用程序)和DBMS之间的接口，它包括一组标准，涉及SQL语句的发出，以及结果和错误信息的返回。如图11.2所示，开发者可以用DBMS本身的接口

(API)调用 DBMS(有时候这样可以提高性能)，而如果开发者没有时间或者不想学习太多的 DBMS 自身的函数库，就可以使用 ODBC。

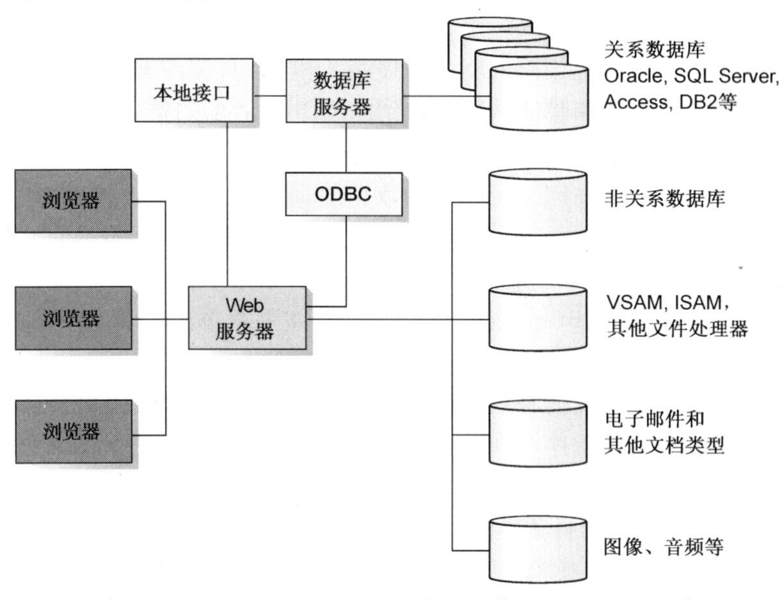

图 11.2　ODBC 标准的作用

开放数据库连接(ODBC)标准是应用程序可以以独立于 DBMS 的方式访问和处理关系数据库以及类似于表结构的数据源的一种接口。也就是说，用了 ODBC，一个应用不修改代码就可以处理 Oracle，DB2 和电子表格等支持 ODBC 的数据库。它的目的是使开发者建立的程序不做修改或重新编译就能够访问不同 DBMS 支持的数据库。

ODBC 由来自 X/Open 和 SQL 访问组的业界专家组成的委员会开发。好几个标准被建议，但 ODBC 被选中，主要是因为它是由微软实现的，并且是 Windows 的重要部分。微软最初希望通过支持这个标准使得像微软的 Excel 这样的产品不经过重新编译就能够访问不同的 DBMS 产品的数据库数据。当然，在引入 OLE DB 和 ADO .NET 后，微软改变了它的兴趣。

11.3.1　ODBC 体系结构

图 11.3 是 ODBC 标准的组成元素。应用程序、驱动程序管理器和 DBMS 驱动程序均驻留在 Web 服务器。驱动程序向数据库服务器上的数据源发出请求。在这个标准中，一个数据源是指数据库及相关的 DBMS、操作系统和网络平台。ODBC 数据源可以是关系数据库，也可以是像 BTrieve 这样的文件服务器，甚至是电子表格程序或表格类型的文本文件。

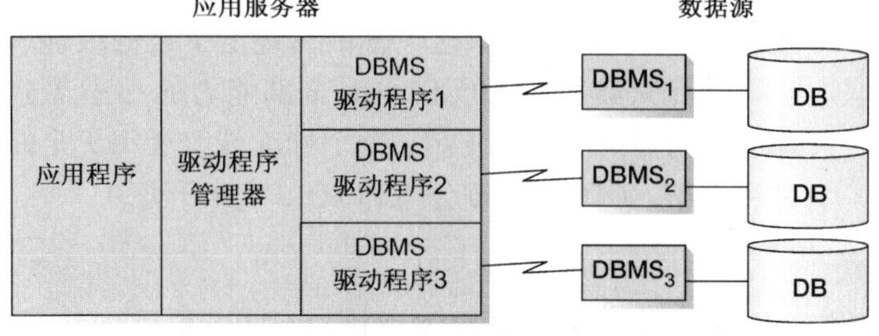

图 11.3　ODBC 体系结构

应用程序负责向数据源请求建立联接，发出 SQL 命令并接收结果，处理错误，启动、提交和回滚事务。ODBC 为所有这些请求提供了标准方法，它还定义了一组标准的错误代码和信息。

驱动程序管理器处于应用和 DBMS 驱动程序之间。当应用请求连接时，驱动程序管理器确定所请求的 DBMS 的类型并把相应的驱动程序装入内存(如果它还未被装入内存)。驱动程序管理器也处理一些初始请求和验证从应用收到的 ODBC 请求的格式和顺序。对于 Windows，驱动程序管理器是由微软提供的。

驱动程序处理 ODBC 请求并向指定类型的数据源提交 SQL 命令。不同的数据源有不同的驱动程序，例如 DB2，Oracle，Access 以及所有其他支持 ODBC 的产品都有自己的驱动程序。驱动程序是由 DBMS 提供商或独立软件公司提供的。

驱动程序必须保证标准 ODBC 命令的正确执行。如果数据源不支持 SQL，驱动程序就要做很多工作来弥补数据源的能力，如果数据源能够完全支持 SQL，驱动程序只要把请求传给数据源即可。驱动程序也负责把数据源的错误代码和消息转换成 ODBC 的标准代码和消息。

有两种类型的 ODBC 驱动程序：单层和多层。单层驱动程序处理 ODBC 调用和 SQL 语句。图 11.4(a)是单层驱动程序的一个例子，其中，数据被存放在 Xbase 文件(FoxPro，dBase 等使用的文件格式)，由于 Xbase 文件管理器不能处理 SQL，驱动程序需要把 SQL 请求转换成 Xbase 文件操作命令并把结果转换为 SQL 形式。

多层驱动程序处理 ODBC 调用，但把 SQL 请求转发给数据库服务器。它可能需要把 SQL 请求按数据源的方言改写，但它不处理 SQL。图 11.4(b)是使用多层驱动程序的例子。

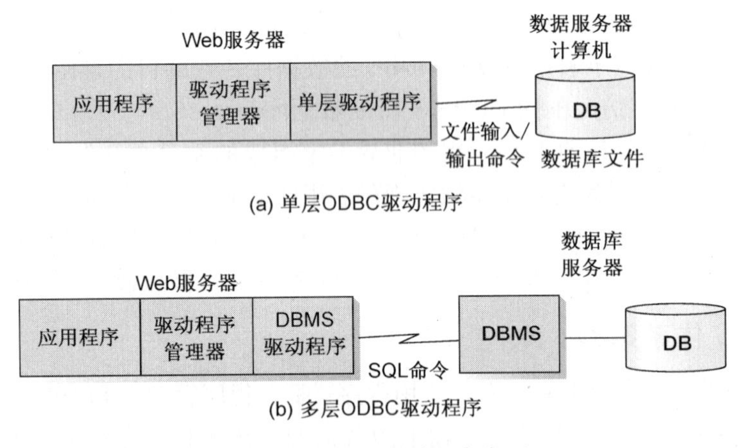

图 11.4 ODBC 驱动程序类型

11.3.2 一致级别

ODBC 的制定者面临这样一个困境，如果这个标准只规定了最低级别的能力，就会有很多提供商提供支持，但这样的标准只具有 ODBC 和 SQL 全部能力的一小部分。另一方面，如果这个标准要求太高，只有很少的提供商能够支持，这个标准就会变得无足轻重。为此，他们明智地决定进行分级。有两种分级：ODBC 一致分级和 SQL 一致分级。

ODBC 一致分级

ODBC 一致分级关心驱动程序的应用程序编程接口(API)提供的特征和能力。驱动程序 API 是应用程序可以调用的一组功能。图 11.5 概括了标准中定义的三个 ODBC 一致级别。实际上，几乎所有驱动程序提供至少第一级的 API 一致分级，所以核心 API 级别不是特别重要。

一个应用可以通过调用驱动程序来确定所提供的 ODBC 一致级别。如果发现驱动程序不能提供所需要的一致级别，它就可以有序地结束会话并向用户发出适当的消息。或者可以编写这样的应用，在提供高级一致时它可以使用这些功能，否则就绕过哪些没有被提供的功能。

例如，第二级的 API 必须提供可滚动游标。利用一致级别可以编写这样的应用，在游标可用时使用游标，否则，通过使用非常严格的 WHERE 子句选择数据。这样能够确保每次只有很少的记录被返回给应用，而应用可以用自己维护的游标来处理这些记录。第二种情况可能会降低性能，但至少应用可以成功运行。

核心 API
- 联接数据源
- 准备并执行 SQL 命令
- 从结果记录集中查找数据
- 提交或回滚事务
- 查找错误信息

一级 API
- 核心 API
- 使用特定驱动程序信息联接数据源
- 收发部分结果
- 查找目录信息
- 查找与驱动程序选项、能力和功能有关的信息

二级 API
- 核心 API
- 浏览可能的联接和数据源
- 查找 SQL 的原始形式
- 调用翻译程序库
- 处理可滚动游标

图 11.5 ODBC 一致级别小结

SQL 一致分级

SQL 一致分级说明驱动程序可以执行哪些 SQL 语句、表达式和数据类型。图 11.6 概括了所定义的三个级别。最小 SQL 语法是非常有限的，大部分驱动程序至少支持核心 SQL 语法。

像 ODBC 一致分级一样，应用可以调用驱动程序来决定它所支持的 SQL 一致级别，然后决定发出哪个 SQL 语句。必要时，应用程序可以结束会话或使用其他方法得到数据。

最小 SQL 语法
- CREATE TABLE，DROP TABLE
- 简单 SELECT（不包括子查询）
- INSERT，UPDATE，DELETE
- 简单表达式（A > B + C）
- CHAR，VARCHAR，LONGVARCHAR 数据类型

核心 SQL 语法
- 最小 SQL 语法
- ALTER TABLE，CREATE INDEX，DROP INDEX
- CREATE VIEW，DROP VIEW
- GRANT，REVOKE
- 全部 SELECT（包括子查询）
- 聚集函数，如 SUM，COUNT，MAX，MIN，AVG
- DECIMAL，NUMERIC，SMALLINT，INTEGER，REAL，FLOAT，DOUBLE PRECISION 数据类型

扩展 SQL 语法
- 核心 SQL 语法
- 外联接
- 使用游标位置的 UPDATE 和 DELETE
- 标量函数，如 SUBSTRING，ABS
- 日期、时间和时间戳
- SQL 批语句
- 过程调用

图 11.6 SQL 一致级别小结

11.3.3 建立一个 ODBC 数据源名

数据源是 ODBC 的一个数据结构，指定一个数据库及其 DBMS。数据源也可以指定其他类型数据，例如电子表格程序或其他非数据库数据，但这里不考虑这些数据。

有三种类型的数据源：文件、系统和用户。文件数据源是可以在数据库用户之间共享的文件，只要用户有相同的 DBMS 驱动程序和数据库权限。数据源文件可以通过电子邮件或其他方式分发给用户。系统数据源是一台计算机的本地数据源，操作系统和系统上的任何用户(具有适当权限)都可以使用系统数据源。用户数据源只能被建立它的用户所使用。

通常，对 Web 应用的最好选择是在 Web 服务器上建立系统数据源。浏览器用户访问 Web 服务器，Web 服务器则使用系统数据源建立与 DBMS 和数据库的连接。

需要为 ViewRidge Gallery VRG 数据库提供一个系统数据源，用于 Web 数据库处理应用中。可以用 ODBC Data Source Administrator① 在 Windows 操作系统中建立一个系统数据源。

打开 Window Server 2012 中的 ODBC DataSource Administrator

1. 点击 Start 按钮和 All Programs 按钮。
2. 点击打开 Administrative Tools 文件夹。
3. 在 Administrative Tools 窗口中双击 Data Source(ODBC)图标。

现在可以用 ODBC DataSource Administrator 建立 SQL Server 2008 中的名为 VRG 的系统数据源了。

建立 VRG 系统数据源

1. 在 ODBC DataSource Administrator 中，点击 System DSN 选项卡然后点击 Add 按钮。
2. 在 Create a New Data Source 对话框中按图 11.7 所示，选择 SQL Server Native Client 11.0 连接 SQL Server 2012。

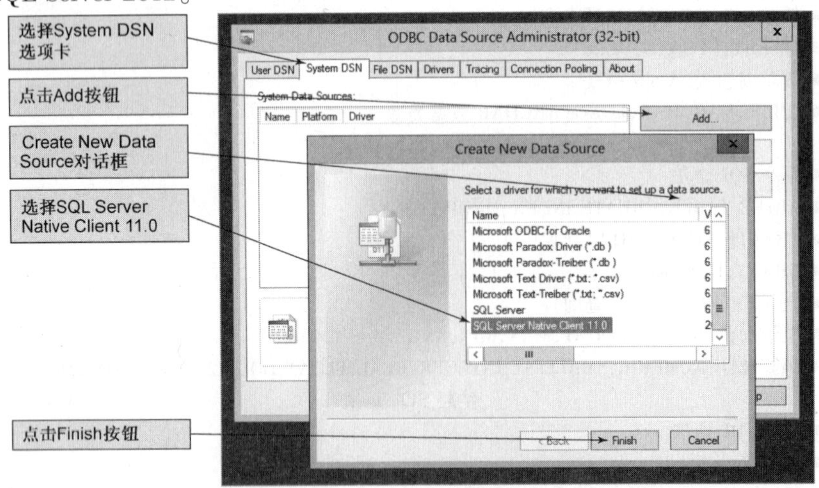

图 11.7 Create New Data Source 对话框

---

① 如果用 64 位的 Windows 操作系统，注意有两种不同的 ODBC Data Source Administrator 程序，一个用于 32 位应用程序，一个用于 64 位应用程序。然而，如果运行一个 32 位 DBMS(例如 SQL Server 2012 Express 高级版的 32 位版)，就需要用 ODBC DataSource Administrator 的 32 位版，在 64 位的 Windows 7 中，这是 C:\Windows\sysWOW64\odbcad32.exe。在 Windows 8 和 Windows Server 2012 中，这些程序被清楚地标明了 32 位或者 64 位。然而，如果所有设置都似乎是正确的情况下仍然不能正确显示 Web 页，则可能是这个版本问题。

3. 点击 Finish 按钮。显示 Create a New Data Souce to SQL Server 对话框。
4. 在 Create a New Data Souce to SQL Server 对话框中按图 11.8(a)输入信息(注意数据库服务器是从 Server 下拉列表中选择的),然后点击 Next 按钮。
   - 注意:如果安装的以所在的计算机的名字开头的 SQL Server 实例名字没有出现在 Server 下拉列表中,就按计算机名\SQLServer 名手工输入。如果 SQL Server 实例是默认安装(始终名为 MSSQLSERVER),就只要输入计算机名。

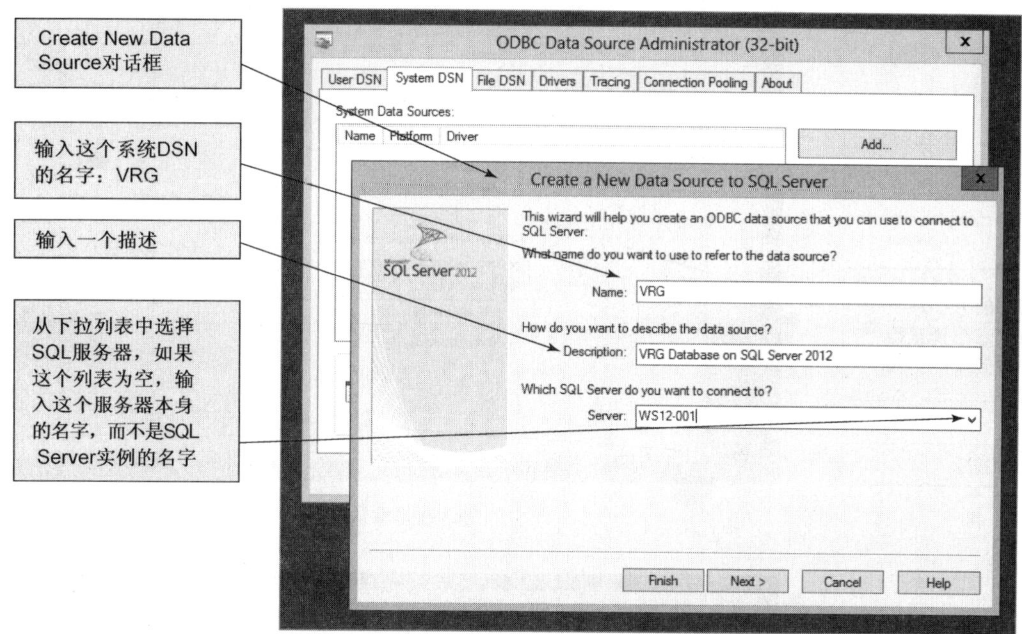

(a) 命名ODBC数据源

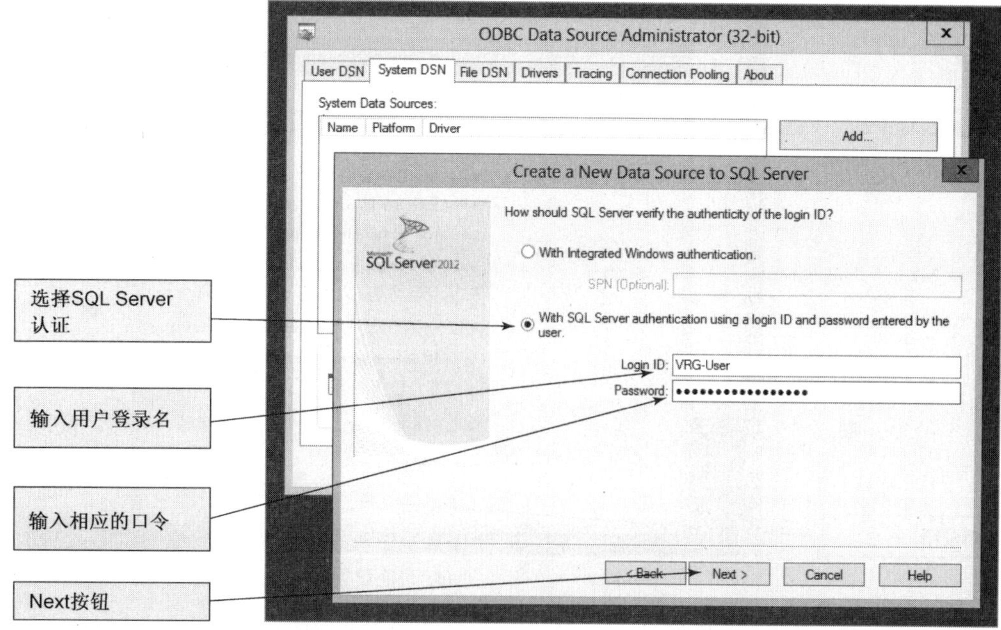

(b) 选择用户登录名认证方法

图 11.8　建立到 SQL Server 的新数据源的对话框

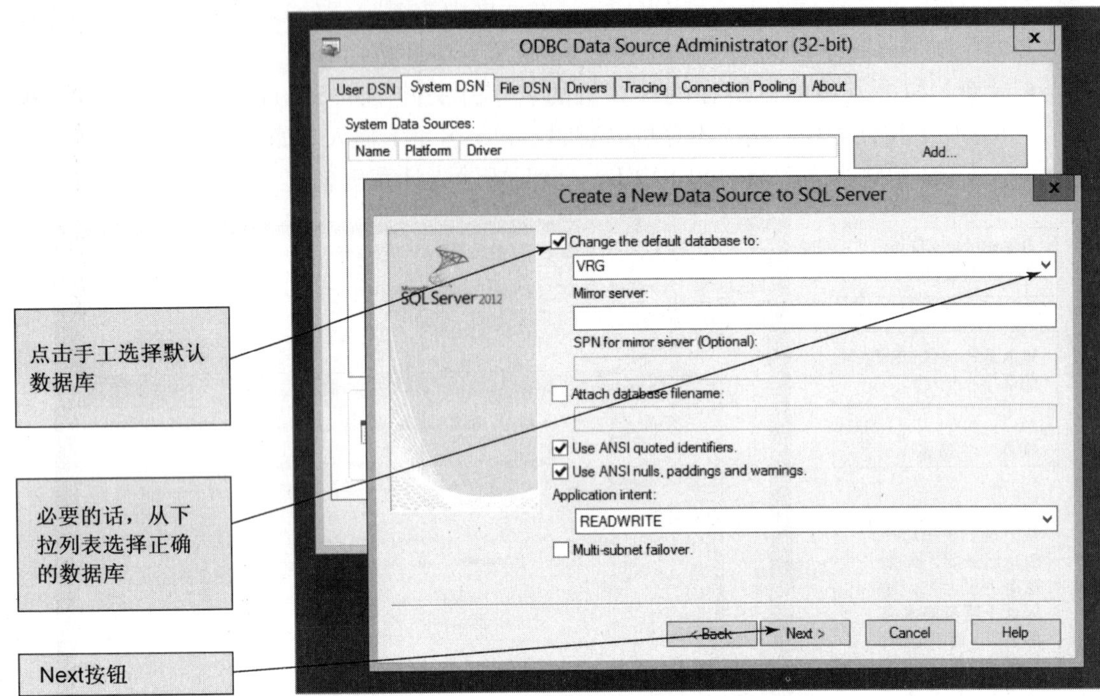

(c) 选择默认数据库

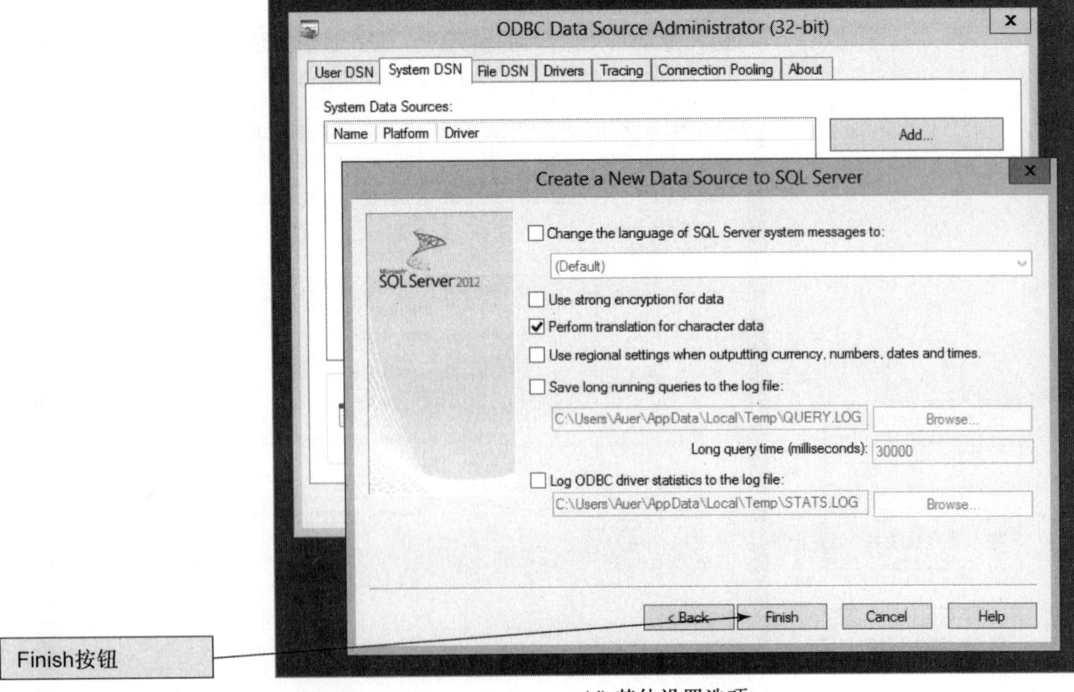

(d) 其他设置选项

图 11.8(续)　建立到 SQL Server 的新数据源的对话框

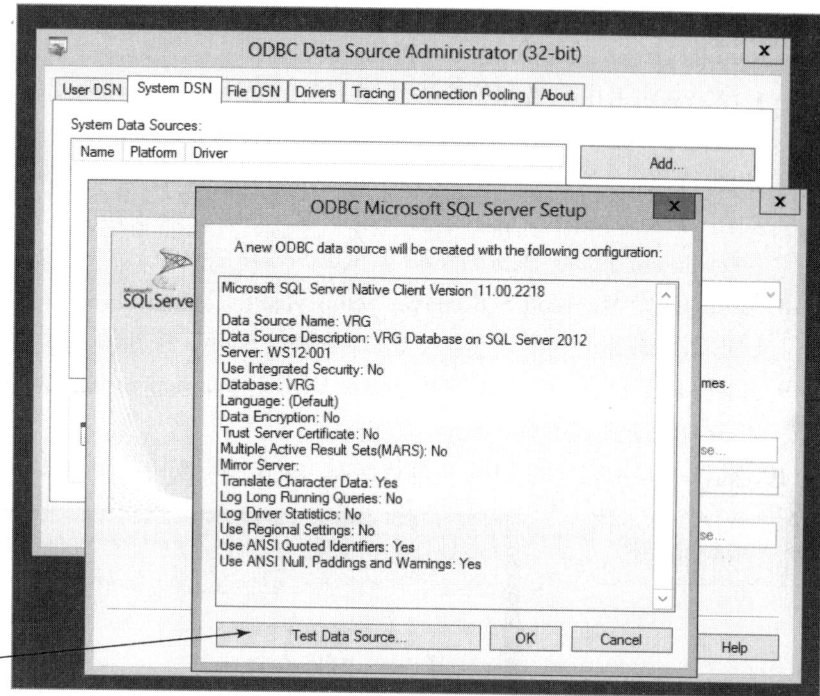

(e) 测试数据源

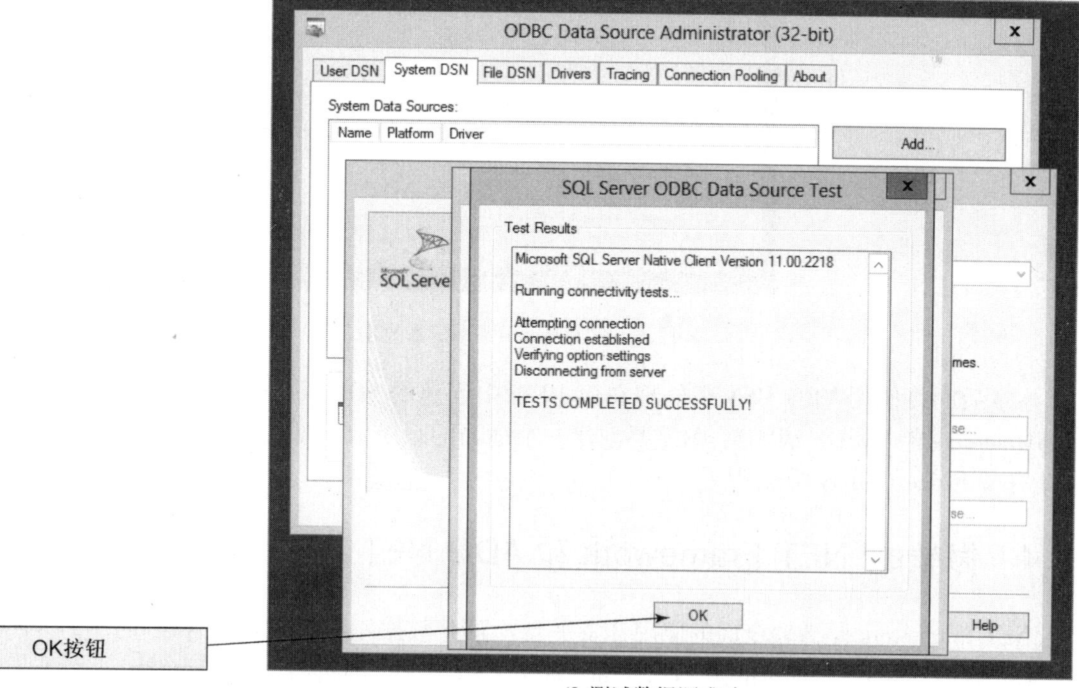

(f) 测试数据源成功

图 11.8(续)　建立到 SQL Server 的新数据源的对话框

5. 如图 11.8(b)所示，在 Create a New Data Source to SQL Server 对话框中，点击单选钮选择 SQL Server 认证，然后输入在第 9 章创建的 VRG-User 的用户名和 VRG-User + password 的口令。然后点击 Next 按钮。
   - 注意：如果用户名和口令不正确，将出现错误信息。因此确保按照第 9 章的描述正确创建了 SQL Server 的登录并在这里输入正确的数据。
6. 如图 11.8(c)所示，点击选择框把默认数据库改为 VRG，然后点击 Next 按钮。
7. 如图 11.8(d)所示，显示了另一组设置，不需要改变其中的设置，因此点击 Finish 按钮关闭 Create a New Data Source to SQL Server 对话框。
8. 显示 ODBC Microsoft SQL Server Setup 对话框，如图 11.8(e)所示，该对话框用于概括为 ODBC 数据源创建的设置，点击 Test Data Source 按钮测试这些设置。
9. 如图 11.8(f)所示，出现 SQL Server ODBC Data Source 测试对话框，表明测试成功完成，点击 OK 按钮退出对话框。
10. 图 11.9 显示完成的 VRG 系统数据源。点击 OK 按钮关闭 ODBC DataSource Administrator。

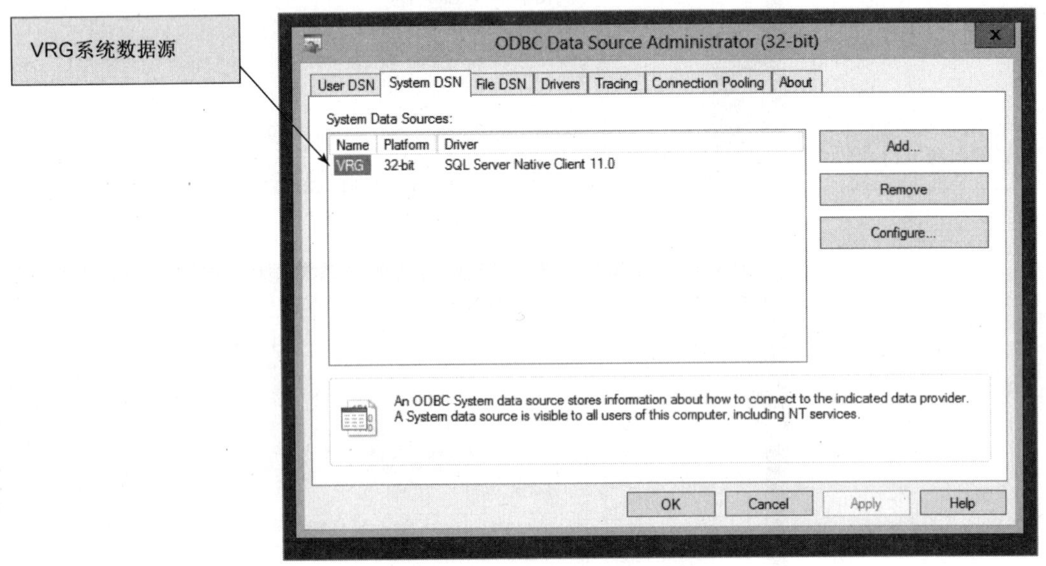

图 11.9　完整的 VRG 系统数据源

本章后面将使用 VRG DSN 来处理在第 10 章中创建的 SQL Server 数据库。类似地，如果是用 Oracle 或者 MySQL DBMS，则需要创建一个适当的系统数据源用于 Oracle 或者 MySQL 版本的 View Ridge Gallery 数据库。

11.4　微软的 .NET Framework 和 ADO.NET

.NET Framework 是微软全面的应用开发平台。Web 数据库应用工具包含在 .NET Framework 中。最初在 2002 年 1 月发行的是 .NET Framework 1.0，当前的版本是 .NET Framework 4.5。

如图 11.10 所示，.NET Framework 可以看作堆叠在一起的一组模块。每一个增加的模块都在之前存在的模块上追加新的功能，而如果较早的组件需要更新，则可以通过后面模块的服务包实现。因此，.NET Framework 2.0 SP2 和 .NET Framework SP2 都包含在 .NET Framework 3.5 SP1 中，对 .NET Framework 所有部分的升级包含在 .NET Framework 4.0 和 .NET Framework 4.5 中。

虽然图 11.10 并未列出 .NET Framework 3.5 SP1 的所有特性，还是容易看到其基本的结构。.NET Framework 2.0 的基础层包含了大多数的基本特性，包括公共语言运行时(Common Language Runtime)和基本类库，可以支持 .NET Framework 中的所有编程语言(例如 VB.NET 和 Visual C#.NET)。这一层也包括 Web 数据库应用所需的 ADO.NET 和 ASP.NET 组件。

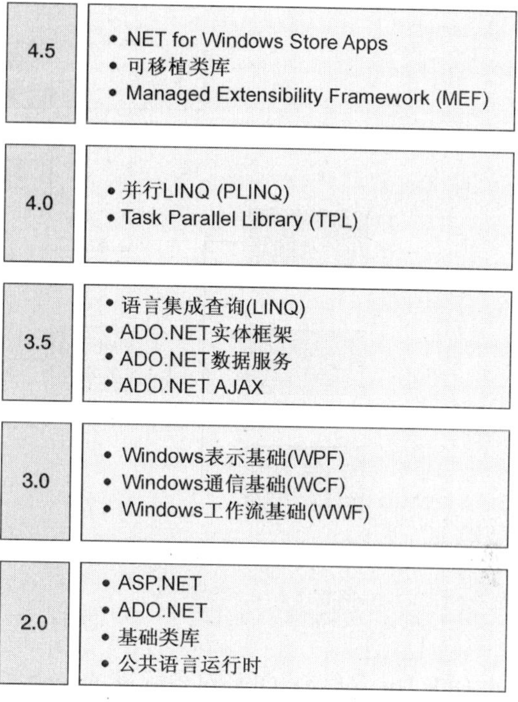

图 11.10　微软 .NET Framework 结构

.NET Framework 3.0 还增加了一组与这里没有什么关系的组件。我们更关注 .NET Framework 3.5 和 3.5 SP1 增加的特性。注意还包括了对 ADO.NET 的一些扩展，例如支持微软新兴的实体数据模型(EDM)数据建模技术的 ADO.NET 实体框架(Framework)，以及允许 SQL 查询以简单的方式直接编入应用程序的语言集成查询(LINQ)技术。

除了更新现有的特征，.NET Framework 4.0 加入了用于集群服务器上的并行处理的必要特征，包括 Parallel LINQ(PLINQ)和 Task Parallel Library(TPL)，但这些并行处理特征不在本书范围内。.NET Framework 4.5 还更新了 Windows 8 Apps 的许多现有特征并增加了功能，包括.NET for Window Store Apps，Portable Class Libraries 和 Managed Extensibility Framework(MEF)。关于.NET Framework 4.5 的更多信息，可以参考 http://msdn.microsoft.com/en-us/library/ms171868.aspx 上的 Microsoft MSDN Web 页面 What's New in the .NET Framework 4.5。

现在我们已经理解了 .NET Framework 的基本结构，现在可以更详细地了解其中的某些内容。

BY THE WAY　实体数据模型(EDM)在概念上与本书附录 E 提到的语义对象模型类似。可以在 msdn.mcrosoft.com/en-us/library/aa697428(VS.80).aspx 找到关于 EDM 的讨论。

11.4.1　OLE DB

ODBC 取得了巨大的成功，大大简化了一些数据库开发工作。但它确实有一些缺点，而微软开发 OLE DB 就是针对其中一个特别大的缺点。图 11.11 显示了 OLE DB，ODBC 和其他数据类型之间的联系。OLE DB 是微软数据访问的基础之一。因此，即使只使用建立在它之上的 ADO 接口，理解 OLE DB 的基本思想仍然是很重要的，因为随后会看到，OLE DB 仍然是 ADO.NET 的数据提供者。本节介绍 OLE DB 的核心概念，并使用它们引入一些重要的面向对象编程主题。

OLE DB 为几乎所有类型的数据提供面向对象接口。DBMS 提供商可以把他们自身函数库的一部分包装入 OLE DB 对象以通过这个接口提供其产品的功能。OLE DB 也可以作为 ODBC 数据源的接口。最后，OLE DB 也可以支持非关系数据的处理。

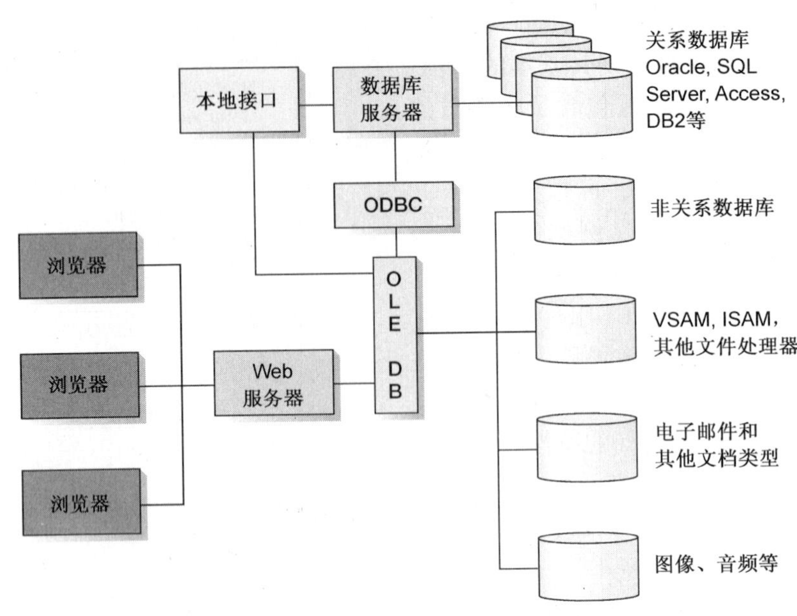

图 11.11 OLE DB 的作用

OLE DB 是微软 OLE 对象标准的一个实现。所以 OLE DB 是 COM 对象并支持这种对象的所有必需的接口。基本上，OLE DB 把 DBMS 的功能和特征分到各个对象中，其中一些支持查询，一些执行更新，一些支持表、索引和视图等数据库模式结构的建立，还有一些执行像乐观加锁这样的事务管理工作。

这些特点克服了 ODBC 的一个主要缺点。要支持 ODBC，一个 ODBC 驱动程序需要支持几乎所有的 DBMS 特征和功能。这需要大量的工作和初始投资。而 OLE DB 允许 DBMS 提供商只实现其产品的一部分功能，例如为使用 ADO 的客户提供查询处理器。这个提供商可以在以后加入更多的对象和接口。

本书并不是针对面向对象程序员的，所以首先需要理解一些概念，特别是理解抽象、方法、属性和集合。抽象是事物的泛化，ODBC 接口就是 DBMS 数据库访问方法的抽象。抽象忽略了细节，但扩大了适用范围。

例如，一个记录集是一个关系的抽象。在这个抽象中，一个记录集具有所有记录集共有的特征，例如，每一个记录集都有被称为域的一组列。抽象的目的是提取所有重要的东西而忽略不重要的细节。所以，可能 Access 的关系的一些特点没有体现在记录集中，SQL 服务器、DB2 以及其他的 DBMS 可能也会有类似的情况。它们的一些特征可能会丢失，但只要抽象得好，用户就不会在意。

再进一步，一个行集是 OLE DB 的记录集的抽象。OLE DB 定义另一种抽象的原因是 OLE DB 的数据源并不是表，但具有表的一些特征。例如，个人电子邮件文件中的所有地址，它们不构成数据库关系，但具有数据库关系的一些特征。每个地址是语义上相联系的一组数据项，像表中的行一样，可以从一行移到另一行。与数据库关系不同的是，它们并不属于同一类型，有些是个人地址，有些是邮件列表。所以任何依赖于记录集中类型的一致性的操作都不能在行集中使用。

OLE DB 为行集自顶向下定义了一组数据属性和行为，并且把记录集定义为行集的一个子集。记录集具有行集的所有属性和行为，此外还有自己的一些特征。

抽象是常见和有用的。例如，事务管理的抽象、查询的抽象、接口的抽象，等等。它只是表示一组事物的某些特征被正式定义成了一个类型。

一个对象（面向对象程序的对象，而不是语义对象）是由它的属性和方法定义的一个抽象。例如，一个记录集对象有一个 AllowEdits 属性、一个 RecordsetType 属性和一个 EOF 属性。这些属性代表了记录集抽象的特点。对象还有可以执行的方法，一个记录集的方法有 Open, MoveFirst, MoveNext 和 Close 等。严格地讲，对象抽象的定义被称为对象类，或简称为类。对象类的一个实例，例如一个具体的记录集，称为一个对象。同类对象有相同的方法和属性，但每个对象的属性值可能不同。

最后一个名词是集合（Collection）。一个集合是包含一组其他对象的对象。一个记录集有一组称为域的其他对象。集合有自己的属性和方法。集合的属性之一是计数，是集合中对象的数目。所以 recordset. Fields. Count 是集合中域的数目。在 ADO 和 OLE DB 中，集合以所包含的对象的复数形式命名，所以 Fields 是 Field 对象的集合，Errors 是 Error 对象的集合，Parameters 是 Parameter 对象的集合，等等。集合的一个重要方法是循环，可以遍历或定位集合中的对象。

OLE DB 的目标

图 11.12 列出了 OLE DB 的目标。首先，OLE DB 把 DBMS 的功能和服务分配到对象中。这为数据消费者（OLE DB 功能的使用者）和数据提供者（提供支持 OLE DB 功能的产品的提供商）带来了便利。数据消费者只需要取得所需要的对象和功能。例如，访问数据库的随身设备可以很小。不同于 ODBC，数据提供者也只要实现 DBMS 的部分功能。这种功能分配也使数据提供者可以以多接口方式提供功能。

最后一点需要解释一下。一个对象接口是对象的一个封装。一个接口是由一组对象及其提供的属性和方法定义的。一个对象不需要在某个接口上提供全部的属性和方法。例如，一个记录集对象在查询接口中只提供了读方法，而把建立、更新和删除方法放在修改接口中。

为 DBMS 功能建立对象接口

- 查询
- 更新
- 事务管理
- 其他

增加灵活性

- 使数据消费者只用需要的对象
- 允许数据提供者提供 DBMS 功能
- 提供者可以在多个接口中提供功能
- 接口是标准的和可扩展的

所有数据类型的对象接口

- 关系数据库
- ODBC 或原始的
- 非关系数据库
- VSAM 及其他文件
- 电子邮件
- 其他

不必强行转换或移动数据

图 11.12　OLE DB 的目标

对象如何支持接口（也称为实现）是完全隐蔽的。实际上，对象的开发者可以自由地改变实现，没有人会知道。但如果他们修改了接口，就会受到用户的责备。

OLE DB 定义了标准化的接口，但数据提供者可以在基本标准之上自由地增加接口。这种可扩展性对于为任何类型的数据提供对象接口非常重要。关系数据库可以通过使用 ODBC 或 DBMS 本身的驱动程序的 OLE DB 对象处理。OLE DB 还包括了对其他类型的支持。

这些设计目标使得数据不需要被从一种格式转换成另一种格式或从一个数据源移到另一个数据源。图 11.11 所示的 Web 服务器可以使用 OLE DB 处理任何地方的任何格式的数据。这意味着事务可以包括多个数据源并分布在不同的计算机上。OLE DB 通过微软事务管理器（MTS）来解决这个问题，相关内容的讨论则不在本书范围之内。

OLE DB 术语

如图 11.13 所示，OLE DB 有两种类型的数据提供者。表数据提供者通过行集提供数据。例如，DBMS 产品、电子表格程序、像 dBase 和 FoxPro 这样的 ISAM 文件处理器。另外，像电子邮件这样的其他类型数据也可以用行集表示。表数据提供者把某种类型的数据带入 OLE DB 世界。

服务提供者则是数据的转换者。服务提供者从 OLE DB 表数据提供者接收 OLE DB 数据并以某种方式转换。服务提供者同时是被转换数据的消费者和提供者。例如，一个服务提供者可以从数据库取得数据并转换成 XML 文档。数据和服务提供者都能处理行集(Rowset)数据。行集等同于第 9 章的游标，实际上它们被作为同义词使用。

在数据库应用中，行集是通过处理 SQL 语句创建的。例如，一个查询的结果可以存放在一个行集中。行集有几十个不同的方法，通过图 11.14 列出的行集接口向外提供。

IRowSet 提供在行集中的前向顺序移动。在 OLE DB 中声明一个前向游标就会调用 IRowSet 接口。IAccessor 接口被用来把程序变量绑定到行集的域上。

表数据提供者

通过记录集提供数据

样例:DBMS,spreadsheet,ISAM,电子邮件

服务提供者

通过 OLE DB 接口转换数据

同时是数据的消费和提供者

样例:查询处理器 XML 文档建立器

图 11.13　两种类型的 OLE DB 数据提供者

IRowSet

顺序浏览一个行集的方法

IAccessor

设定和确定行集与客户程序变量绑定的方法

IColumnsInfo

确定行集中有关列的信息的方法

其他接口

可滚动游标

建立、更新、删除行

直接存取特定记录(书签)

显式加锁

其他

图 11.14　行集接口

IColumnsInfo 接口有从行集的域中得到数据的方法。在本章结尾部分的两个 ADO 的例子说明了使用这个接口的优点。IRowSet，IAccessor，IColumnsInfo 是行集的基本接口。其他接口是为像可滚动游标、更新、特定行的直接访问、显式加锁等更高级的操作定义的。

11.4.2　ADO 和 ADO.NET

由于 OLE DB 是面向对象接口，它特别适合像 VB.NET 和 Visual C#.NET 这样的面向对象语言。但许多数据库应用开发人员用的是 VBScript 或者 JScript(微软版本的 JavaScript)这样的脚本语言。为了满足这些程序员的需要，如图 11.15 所示，微软开发了动态数据对象(ADO)作为 OLE DB 对象的包装。ADO 使得程序员几乎能够用各种语言访问 OLE DB 的功能。

ADO(动态数据对象)是建立在更为复杂的 OLE DB 对象模型之上的。ADO 可以被像 JScript 和 VBScript 这样的脚本语言或 Visual Basic .NET，Visual C#.NET 和 Visual C++.NET 甚至 Java 等更强有力的语言调用。由于 ADO 比 OLE DB 更容易理解和使用，数据库应用到目前为止仍然经常采用 ADO。

ADO.NET 是一个新的、增强的和大大扩展的 ADO 版本，是微软的 .NET 的一部分。它包

含了 ADO 和 OLE DB 的功能，但做了大量的扩充。特别是 ADO .NET 方便了 XML 文档（在第 12 章中讨论）和关系数据库之间的转换功能。ADO.NET 也提供创建和处理称为数据集（dataset）的内存数据库的功能。图 11.16 显示了 ADO.NET 的作用。

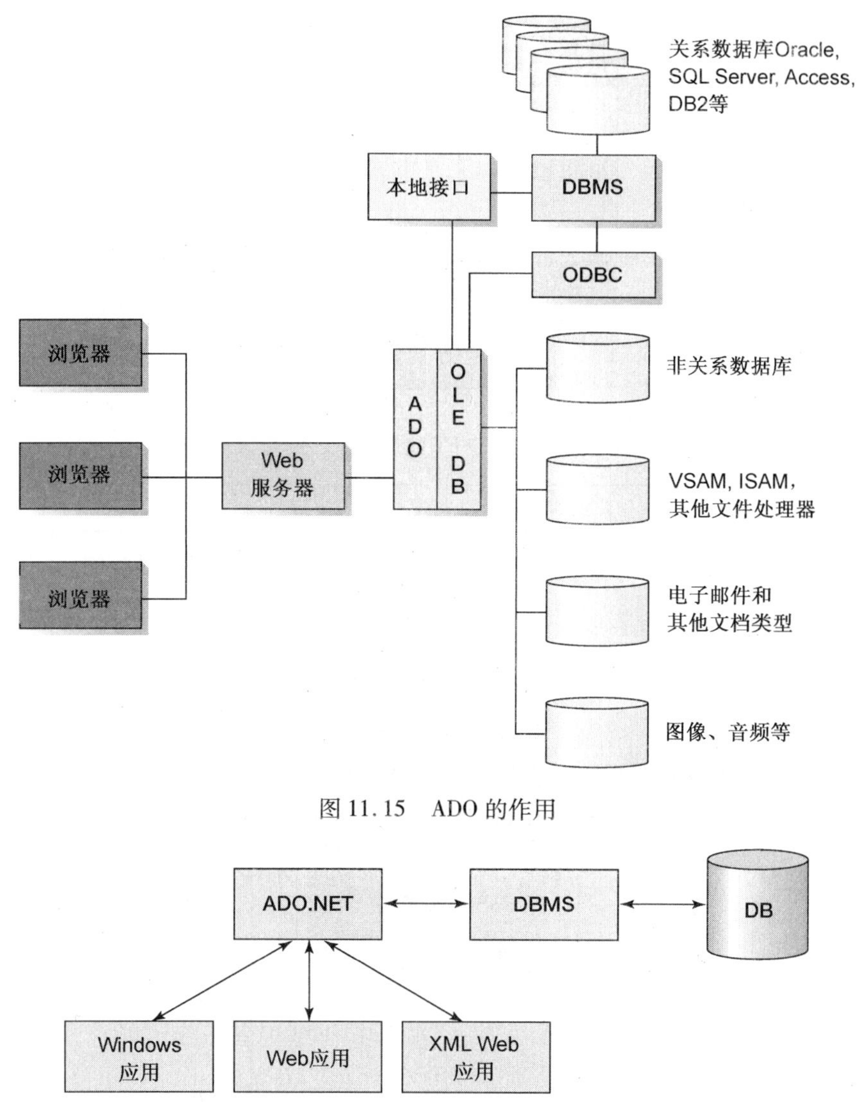

图 11.15　ADO 的作用

图 11.16　ADO.NET 的作用

11.4.3　ADO.NET 对象模型

现在进一步介绍 ADO.NET。如图 11.17 所示，一个 ADO.NET 数据提供者是一个提供 ADO.NET 服务的类库。.NET Framework 中有针对 ODBC，OLE DB，SQL Server 和 EDM 应用的数据提供者，这就是说 ADO.NET 不仅需要能够和 ODBC 和 OLE DB 的数据访问方法一起工作，也要能够与使用 EDM 的 SQL Server，Oracle 和 .NET 语言的应用程序直接一起工作。可以访问 http://msdn.microsoft.com/en-us/data/dd363565 了解其他供应商的 ADO 数据提供者。

图 11.18 是 ADO.NET 对象模型的一个简化版。ADO.NET 对象类被分组到数据提供者和数据集中。

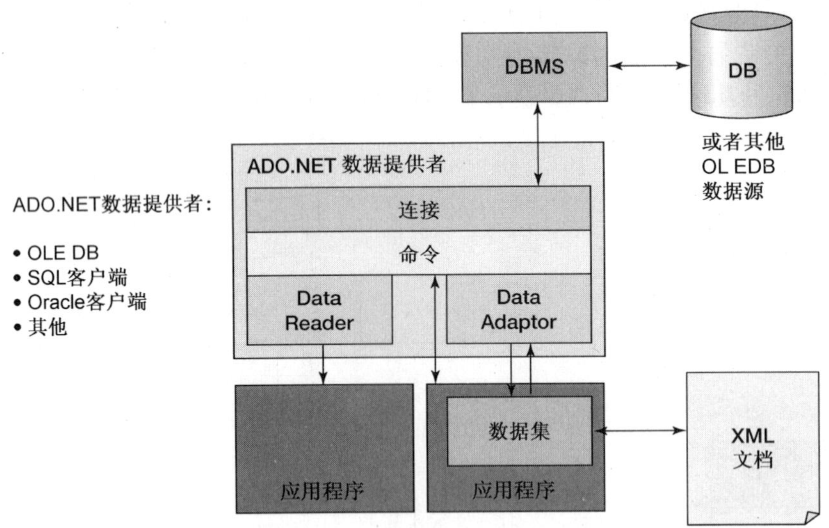

图 11.17　ADO.NET 数据提供者的组成

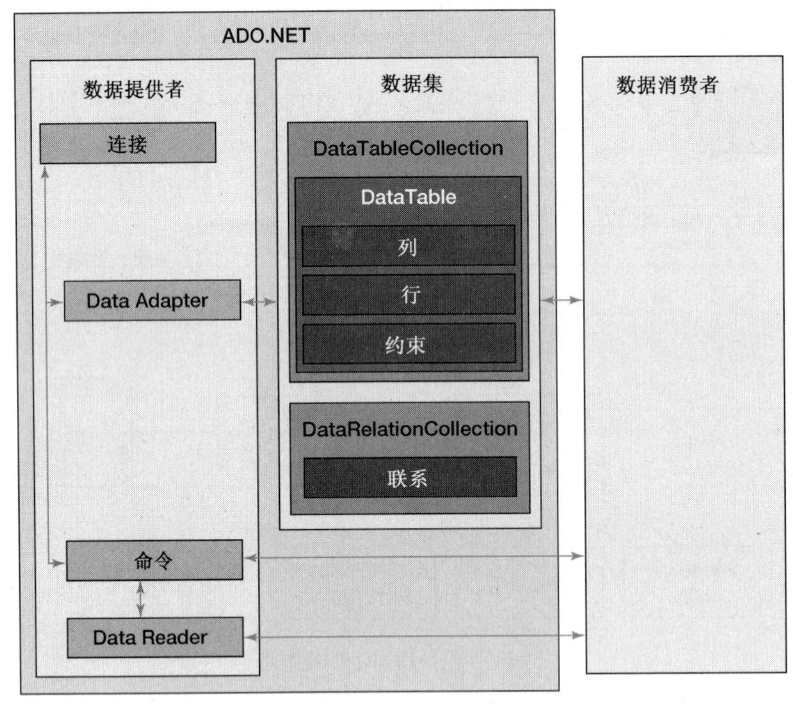

图 11.18　ADO.NET 对象模型

ADO.NET 连接对象负责连接数据源，除了不再把 ODBC 作为数据源，它基本上与原来的 ADO 连接对象相同。

ADO.NET 数据集表示从 DBMS 中分离出来的一组存储在内存中的数据，数据集中的数据不同于数据库中的数据，也不与数据库连接。这样可以在数据集而不是实际的数据上执行命令。数据集中的数据可以从多个数据库中构造，这些数据库可以由不同的 DBMS 管理。数据集包含 DataTableCollection 和 DataRelationCollection。图 11.19 是更为详细的 ADO.NET 数据集对象模型。

DataTableCollection 用 DataTable 对象模拟 DBMS 中的表。DataTable 对象包括一个 DataColumnsCollection、一个 DataRowCollection 和 Constraints。数据值以三种形式存放在 DataRow 集合中：原始值、当前值和建议值。每个 DataTable 对象有一个 PrimaryKey 属性保持行的唯一性。Constraints 集合采用两种约束。ForeignKeyConstraint 支持引用完整性，UniqueConstraint 支持数据完整性。

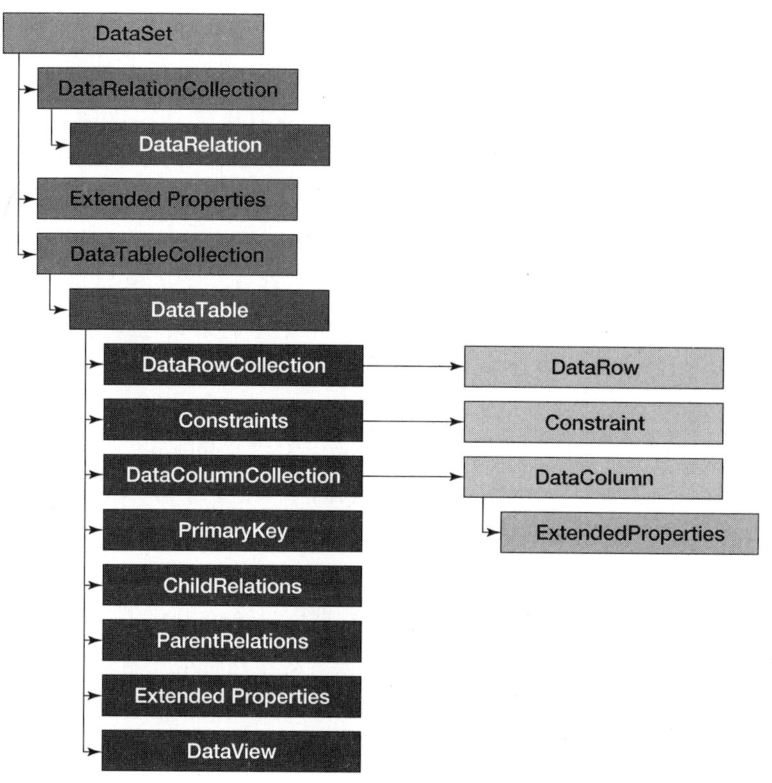

图 11.19　ADO.NET 数据集对象模型

DataRelationCollection 存放 DataRelation，作为表间的联系。注意，引用完整性是由 Constraint 集合中的 ForeignKeyConstraint 维持的。数据集中的表间联系可以像数据库中的联系一样处理。一个联系可以用于计算一个列的值，而数据集中的表也可以有视图。

图 11.17 和图 11.18 中的 ADO.NET 命令对象被作为一个 SQL 语句或者存储过程运行在数据集中的数据上。ADO.NET DataAdapter 对象是一个连接对象和一个数据集对象之间的联系。DataAdapter 采用 4 个命令对象：SelectCommand 对象、InsertCommand 对象、UpdateCommand 对象和 DeleteCommand 对象。SelectCommand 对象从数据库中取得数据并放入数据集中。其他的命令把数据集中的数据变化送回 DBMS。

ADO.NET DataReader 类似于游标，提供从数据源的只读、前向数据传递，只能通过某个 Command 的 Excute 方法使用。

如果提前阅读本章关于 XML 的内容，可以看到 ADO.NET 相对 ADO. 的一些优点。一旦构造了一个数据集，一个简单的命令就可以把它的内容转成 XML 格式。类似地，数据集的 XML 模式文档也可以用一个简单的命令生成。这个过程还可以反向进行。可以根据一个 XML 模式文档建立数据集的结构，然后从对应的 XML 文档读取数据填充这个数据集。

BY THE WAY 你可能会问"为什么需要这些？为什么需要一个驻留内存的数据库?"答案在于像第12章图12.14所示的数据视图。没有标准的方法描述和处理这种数据结构。因为它包括两条多值数据路径，SQL无法描述这样的数据。我们需要执行两条SQL语句并且以某种方式把结果拼起来才能得到这个视图。

人们处理类似于图12.14的视图已经有很多年了，但都是用各自特有的方式。每次需要处理这种结构时，一个开发者就要设计程序在内存中创建和操纵这些数据，然后存回到数据库中。面向对象程序员为这种数据结构定义了一个类并且创建串行化方法把这类对象保存到数据库中，其他程序员采用其他的方法。问题是每当定义一个新的视图时，都需要定义和开发新的模式来处理这个新视图。

当微软开发.NET技术时，很明显需要一种通用的方法定义和处理数据库视图和相关的结构。微软可以为此定义一种新的专用技术，但它没有。相反，它认识到用于管理普通数据库的概念、技术和功能也可以用于管理内存数据库。对开发者的好处就是到目前为止所学的普通数据库的所有概念和技术都可以用于处理数据集。

数据集确实有一个缺点，对某些应用而言还是一个严重的缺点。因为数据集中的数据集不与普通数据库连接，只能使用乐观锁。数据从数据库中读入，放入数据集中，并在数据集中处理。没有考虑把数据集中的数据改变传递回数据库中。如果在处理之后，应用程序需要把数据集中的数据存回数据库，它需要使用乐观锁。如果其他应用程序也修改了这些数据，要么需要重新处理数据集，要么数据改变被强行写回数据库，导致更新丢失问题。

因此在不能用乐观锁的应用程序中不能用数据集。对于这种应用程序，应该采用ADO.NET命令对象。而数据集的价值主要体现在对于很少发生冲突或者可以允许冲突后重新处理的应用程序。

BY THE WAY 把ASP.NET应用程序与Oracle数据库结合比较复杂，已经超出了本书的范围。http://docs.oracle.com/cd/E11882_01/appdev.112/e10767/toc.htm上的Oracle Database 2 Day +.NET Developer's Guide for Oracle Database 11g Release 2是一个好的起点。特别是其中的第7章——在http://docs.oracle.com/cd/E11882_01/appdev.112/e10767/using_aspnt.htm的Using ASP.NET with Oracle Database。

BY THE WAY 使用Oracle的XML功能的唯一方法是采用Java语言，这是一种面向对象编程语言。而且，处理ADO.NET只能通过某种.NET语言，所有这些语言，像Visual Basic .NET一样，都是面向对象语言。而如果你想在数据库处理的新兴领域工作，则需要奔向，而不是走向，离你最近的面向对象设计和编程培训班。

11.5 Java平台

在较为详细地了解了微软的.NET Framework后，现在把注意力转向Java平台，看一下它的各个部分。

11.5.1 JDBC

首先，不同于其他情况，JDBC 最初并不代表 Java 数据库连接。根据 Java 的发明者 Sun 公司的解释，JDBC 并不是一个缩写，它就是 JDBC。但现在我们甚至可以在 Sun 的网站上找到 Java DataBase Conncetivity（JDBC）这个名字（http://java. sun. com/javase/technologies/database/），因此本书介绍了全名后，仍将使用 JDBC 这个缩写。

基本上所有的 DBMS 都有对应的 JDBC 驱动程序。Oracle 在 http://www. oracle. com/technetwork/java/javase/jdbc/index. html 维护了一个这些驱动程序的目录。其中的一些驱动程序是免费的，而几乎所有的驱动程序都提供了可以在限定时间内可以免费使用的评估版。MySQL 的 JDBC 驱动程序名为 MySQL Connector/J，可以从 http://dev. mysql. com/downloads/connector/j/下载。

驱动程序类型

正如图 11.20 所概括的，有 4 种驱动程序类型。类型 1 驱动程序是 JDBC-ODBC 桥接驱动程序。这些驱动程序在 Java 和普通的 ODBC 驱动程序之间提供了一个接口。大多数 ODBC 驱动程序是用 C 或C++ 开发的。由于一些对本书并不重要的原因，Java 和 C/C++ 之间并不兼容。桥接驱动程序解决了这些不兼容性，使得可以从 Java 访问 ODBC 数据源。由于本章会用到 ODBC，如果你使用 MySQL，则可以从 http://dev. mysql. com/downloads/connector/j/odbc/下载 MySQL Connector/ODBC 驱动程序。注意，用于 Windows 操作系统的 MySQL ODBC 包含在第 10C 章讨论的 MySQL Installer for Windows 中。

驱动程序类型	特　点
1	JDBC-ODBC 桥接驱动程序。在 Java 和普通的 ODBC 之间提供了一个接口，使得可以从 Java 访问 ODBC 数据源
2	通过 DBMS 库的一种 Java API。Java 程序和 DBMS 运行在相同的机器上，否则 DBMS 必须处理机器间的通信
3	把 Java API 调用翻译成独立于 DBMS 的网络协议，可以用于 servelet 和 applet
4	把 Java API 调用翻译成特定 DBMS 使用的网络协议，可以用于 servelet 和 applet

图 11.20　JDBC 驱动程序类型小结

类型 2 到类型 4 的驱动程序则完全是用 Java 开发的，它们的区别在于连接 DBMS 的方式。类型 2 的驱动程序通过 DBMS 本身的 API 连接 DBMS，例如，使用标准的（非 ODBC）Oracle 编程接口访问 Oracle。类型 3 和类型 4 的驱动程序用于通信网络。类型 3 驱动程序把 JDBC 调用翻译成独立于 DBMS 的网络协议，这种协议随后被翻译成特定 DBMS 使用的网络协议。类型 4 驱动程序则把 JDBC 调用直接翻译成特定 DBMS 使用的网络协议。

要理解类型 2 到类型 4 驱动程序的不同，必须首先理解 servlet 与 applet 的区别。众所周知，Java 具有可移植性，为此，Java 程序并不被编译成特定的机器语言，而是被编译成独立于具体机器的字节码。Sun、微软等软件商则为各种机器环境（Intel 386，Alpha 等）提供字节码解释器。这些解释器称为 Java 虚拟机。

运行一个经过编译的 Java 程序时，独立于具体机器的字节码由 Java 虚拟机解释执行。当然，字节码的解释执行是一个额外的步骤，因此，这些程序永远不可能达到直接编译成机器代码的程序的速度。这是否成为一个问题则依赖于具体应用程序的负载。

一个 applet 是运行在应用程序用户的计算机上的字节码程序。applet 字节码通过 HTTP 发送给用户并在用户的机器上执行。解释字节码的虚拟机通常是浏览器的一部分。由于可移植性，同样的字节码可以被送给 Windows，UNIX 或 Apple 系统。

一个 servlet 是通过 HTTP 调用的 Web 服务器上的一个 Java 程序，它响应来自浏览器的请求。servlet 由服务器上的 Java 虚拟机解释和执行。

由于具有与通信协议的连接，类型 3 和类型 4 驱动程序可以用于 applet 和 servlet。类型 2 驱动程序则只能用于 Java 程序和 DBMS 在相同机器上的情况，或者类型 2 驱动程序连接的 DBMS 程序处理运行 Java 程序的计算机和运行 DBMS 的计算机之间的通信。

因此，如果从一个 applet 连接数据库(两层结构)，则只有类型 3 和类型 4 驱动程序可用。这时，如果 DBMS 有类型 4 驱动程序，速度将比类型 3 驱动程序快。

在 3 层或 *n* 层体系结构中，如果 Web 服务器和 DBMS 运行在相同的机器上，可以使用 4 种驱动程序中的任何一种。如果 Web 服务器和 DBMS 运行在不同的机器上，则可以使用类型 3 和类型 4 的驱动程序。如果 DBMS 提供商处理了 Web 服务器和 DBMS 之间的通信，则也可以使用类型 2 驱动程序。MySQL Connector/J 是一个类型 4 的驱动程序。

使用 JDBC

定义一个数据库连接的全部工作是由 Java 代码通过 JDBC 驱动程序完成的，这不同于 ODBC 需要使用工具程序。使用 JDBC 驱动程序的编码模式如下：

1. 装载驱动程序。
2. 建立与数据库的连接。
3. 建立一个语句。
4. 通过语句完成某些工作。

为了装载驱动程序，必须首先在 Java 编译器和虚拟机使用的 CLASSPATH 中设置的目录下安装驱动程序库。在上述第 2 步中提供 DBMS 产品的名称以及数据库的名称。图 11.21 概括了 JDBC 的组件。

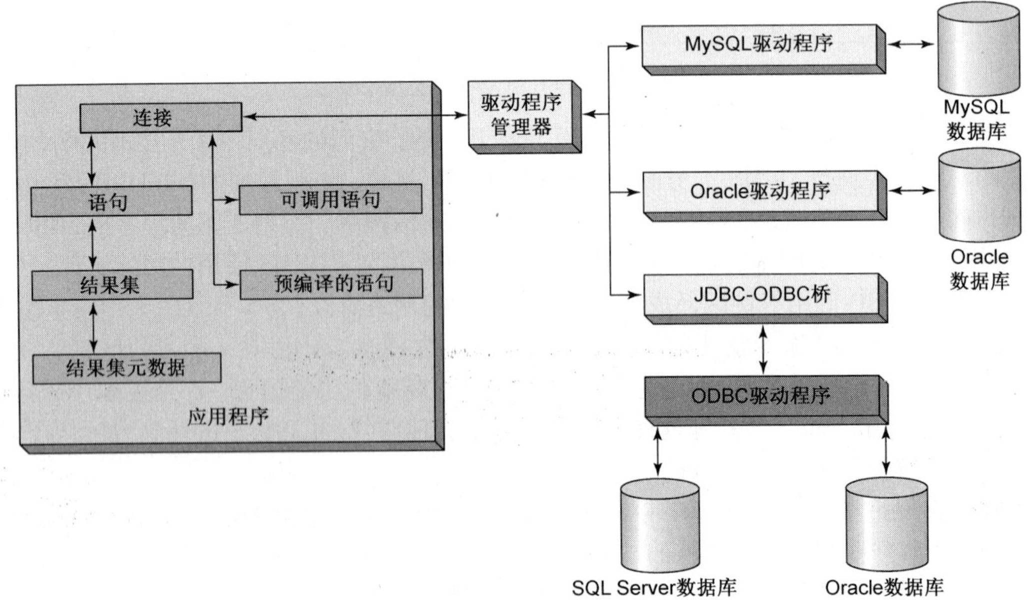

图 11.21 JDBC 组件

注意到图中的应用程序是用 Java 创建的，因为 Java 是一种面向对象的语言，在这个应用程序中可以看到与之前在 ADO.NET 中看到的类似的一组对象。这个应用程序建立了一个 JDBC 连接对象、JDBC 语句对象、JDBC ResultSet 对象和 JDBC ResultSetMetaData 对象。从这些对象发出的请求通过 JDBC 驱动程序管理器传递给适当的驱动程序。驱动程序处理这些数据库。注意，图中的 Oracle 数据库可以通过一个 JDBC-ODBC 驱动程序或者一个纯 JDBC 驱动程序处理。

BY THE WAY 大多数这些技术来自于 UNIX 世界。UNIX 是大小写敏感的，所以这里所有的输入几乎都是大小写敏感的，因此 jdbc 和 JDBC 是不同的。

Prepared 语句和 Callable 语句可以用于调用数据库中已编译的查询和存储过程。类似于 ADO.NET 中 Command 对象的使用。也可以从调用的过程得到返回值。可以从 http://www.oracle.com/technetwork/java/javase/documentation/index.html 了解更多信息。

11.5.2 Java 服务器页面

Java 服务器页面(JSP)为使用 HTML(和 XML)以及 Java 语言建立动态 Web 页面提供了一种方法。利用 Java，Web 页面开发人员可以利用面向对象编程语言的完整功能。这类似于在微软 .NET 语言中应用 ASP.NET 的效果。

由于使用了 Java，JSP 也具有平台独立性。不必局限在 Windows 和 IIS，同样的 JSP 页面也可以在 Linux 服务器和其他服务器上运行。可以在 http:// www.oracle.com/technetwork/java/javaee/jsp/index.html 找到 JSP 的正式规范。

JSP 页面被转换成标准的 Java 语言，然后与一般程序一样编译。这些程序是 Java servlet，也就是说，JSP 被转换成 HttpServlet 的子类。这样，JSP 代码就可以访问 HTTP 请求和响应对象以及其他的 HTTP 功能了。

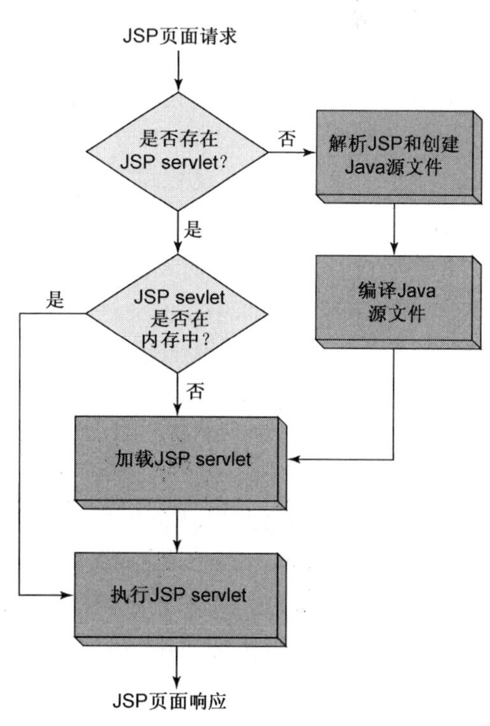

图 11.22 JSP 编译处理

11.5.3 Apache Tomcat

Apache Web 服务器并不支持 servlet。然而，Apache 基金和 Sun 共同支持的 Jakarta 项目开发了一个名为 Apache Tomcat 的 servlet 处理器(目前已经到了第 6 版)。可以从 Jakarta 项目的站点 http://tomcat.apache.org 得到 Tomcat 的源代码和可执行代码。

Tomcat 可以与 Apache 协同工作或本身作为一个独立 Web 服务器的 servlet 处理器。Tomcat 只具有有限的 Web 服务器功能，所以通常只在测试 servlet 和 JSP 时以独立的方式运行。实际商务应用中 Tomcat 必须与 Apache 共同使用。当 Tomcat 和 Apache 相互独立地运行在同一个 Web 服务器上时需要使用不同的端口。通常 Apache 使用 Web 服务器的默认 80 端口。在独立运行模式下，Tomcat 通常被配置为在 8080 端口上监听，当然这是可以改变的。

图 11.22 表示 JSP 页面被编译的过程。当收到一个 JSP 请求时，一个 Tomcat(或其他类型)servlet 处理器找到页面被编译的版本并检查其是否是最新的，这通过检查这个页面是否有一个更新的未编译的版本来实现。如果有更新的版本，新的页面被解析并被转换为 Java 源代码然后被编译。这个 servlet 随后被装载并执行。如果已编译的 JSP 页面是最新的，它将被装入内存并执行；如果它已经在内存中，则可以直接执行。

BY THE WAY 这种自动编译方式的缺点是如果在页面中有语法错误而又忘记了编译，第一个访问该页面的客户将收到编译错误。

不同于 CGI 和其他 Web 服务器程序，每次一个 JSP 页面只能有一份副本在内存中。而且页面是由 Tomcat 的一个线程而不是一个独立进程执行的。这意味着执行 JSP 页面所需要的内存和处理器时间要远小于 CGI 脚本。

11.6 用 PHP 进行 Web 数据库处理

现在到了可以利用本章的知识和一些即将学到的知识建立一个实际的 Web 数据库应用的时候了。我们已经为 View Ridge Gallery 数据库建立了一个 ODBC 数据源，现在可以把它用于 Web 数据库处理。虽然前面介绍了 ADO.NET、ASP.NET、Java 和 JSP 这些技术，但它们都过于复杂从而超出了本书的范围。而且这些技术趋向于特定供应商——你要么在以微软为中心的世界里使用 .NET 技术和 ASP，要么在以太阳微系统公司为中心的世界里使用 Java 和 JSP。

BY THE WAY 要完成本章内容，需要把要用的软件先安装起来，包括微软 IIS Web 服务器，Java JRE，PHP，以及 Eclipse PDT IDE。安装并且正确设置这些软件较为复杂但也很直接，具体说明见附录 I。强烈建议你现在就阅读附录 I 并确保在你的计算机上正确安装了这些软件，然后再继续本章后续内容。然后在你的计算机上试验本章的例子，这样才能学到更多东西。

本书将采用供应商中立的方法，选用的技术可以用于各种操作系统或者 DBMS。我们将采用 PHP 语言。PHP 是 PHP:Hypertext Processor(之前称为 Personal Hypertext Processor)的缩写，是一种可以嵌入在 Web 页面中的脚本语言，它现在也增加了面向对象编程的元素，但本书不涉及这些。

PHP 非常普遍，在 2007 年夏天，超过 200 万因特网域名的服务器运行 PHP[①]，在 2013 年 3 月 TIOBE Programming Community Index 把 PHP 评为第 6 位常用的编程语言(按顺序，排在 C，Java，C++，Objective C 和 C#之后)[②]。PHP 容易学习并可以用于大多数 Web 服务器环境和大多数数据库。而且它是一个开源产品，可以从 PHP 网站自由下载(www.php.net)。

虽然微软可能希望你使用 ASP.NET 进行 Web 应用开发，在微软的环境和微软的网站上仍

---

① 参见 www.php.net/usage.php。

② 参见 www.tiobe.com/index.php/content/paperinfo/tpci/index.html。

然有使用 PHP 的好消息(例如在 php. iis. net 上的 Running PHP on IIS7)。Oracle 和 MySQL 热情支持 PHP。Oracle 发布了“Oracle 数据库 2 天 + PHP 开发者指南”(在 www. oracle. com/pls/db112/homepage 上有 HTML 和 PDF 两种格式),这是在 Oracle 数据库 11 版上使用 PHP 的很好的参考资料。由于 PHP 通常是 AMP, LAMP 和 WAMP 上的 P, 因此有许多资料讨论 PHP 和 MySQL 的组合。MySQL 的网站上有关于在 MySQL 上使用 PHP 的基础文档(例如参见 dev. mysql. com/doc/refman/5. 6/en/apis-php. html)。

11.6.1　用 PHP 和 Eclipse 进行 Web 数据库处理

作为开始,需要一个 Web 服务器存放将要创建和使用的 Web 页。可以用 Apache HTTP 服务器(可以从 Apache 软件基金的 www. apache. org 得到)。这是最常用的 Web 服务器,而且可以运行在几乎所有现有的操作系统上。但由于本书介绍的 DBMS 产品是运行在 Window 操作系统上的,我们将在微软的 IIS Web 服务器上建立网站。采用这种 Web 服务器对于 Windows 8 和 Windows 2012 操作系统的用户来说好处是操作系统中已经包含了 IIS 服务器, Windows 7 和 Windows Server 2008 R2 中是 IIS 8.0 版(IIS 7.5 也包含在 Windows 7 和 Windows Server 2008 R2 中)。IIS 并不是默认安装,但可以很容易地随时安装。这样用户就可以在自己的工作站上练习建立和使用 Web 页面了。参考附录 I 了解安装 IIS 的详细信息。

BY THE WAY　这里对 Web 数据库处理的讨论尽可能具有通用性。只要对以下步骤稍做调整就可以用于 Apache Web 服务器。只要可能,我们就选择大多数操作系统都能支持的产品和技术。

当安装 IIS 时,在 C 盘上建立一个目录: C:\inetpub。在这个目录下是 wwwroot 目录,这里存放着 IIS 的最基础的 Web 页面。图 11.23 显示了在 Windows Server 2012 中安装了 IIS 后这个目录的结构。

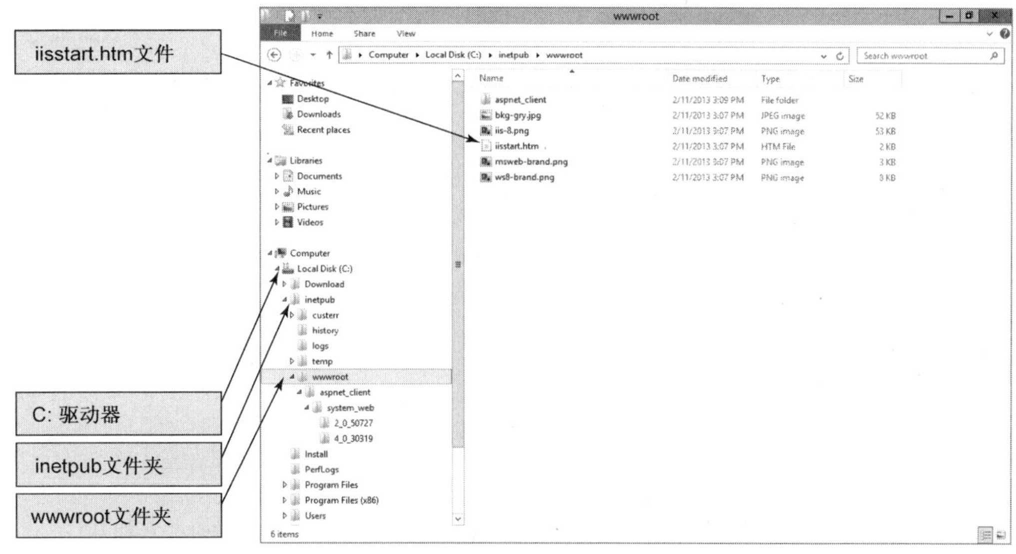

图 11.23　Windows Server 2012 中的 IIS wwwroot 文件夹

如图 11.24 所示，IIS 在 Windows Server 2012 中由 Internet Information Services Manager 这个程序管理。不同操作系统中这个程序的图标所在的位置不同。

- 在 Windows 7 中，打开控制面板后打开 System and Security，然后打开 Administrative Tools。Internet Information Services Manager 的快捷图标位于 Administrative Tools 中。
- 在 Windows Server 2008 R2 中，采用 Start | Administrative Tools | Internet Information Services(IIS) Manager.
- 在 Windows 8 中，点击[Windows Key] + X 打开 Quick Access 菜单，然后点击控制面板打开之。在控制面板中打开 System and Security，然后打开 Administrative Tools。Internet Information Services Manager 的快捷图标位于 Administrative Tools 中。

对于 Windows Server 2012：

- 在任务条上点击 Server Manager 图标打开 Server Manager。点击 Tools 选项卡显示 Tools 菜单，然后点击 Internet Information Services Manager。
- 点击[Windows Key] + X 打开 Quick Access 菜单，然后点击控制面板打开之。在控制面板中打开 System and Security，然后打开 Administrative Tools。Internet Information Services Manager 的快捷图标位于 Administrative Tools 中。

注意，在图 11.23 中 Default Web Site 文件夹下的文件与图 11.24 所示 wwwroot 文件夹下的文件是一样的，是 IIS 安装时创建的默认文件。在 Windows 7，Windows 8，Windows Server 2008 R2 和 Windows Server 2012 中，当浏览器访问这个 Web 服务器时将由文件 iisstart. htm 产生显示的页面。

为了检验安装的 Web 服务器，打开浏览器输入 URL：http://localhost，然后按 Enter 键。在 Windows Server 2012 中会显示如图 11.25 所示的 Web 页面。如果浏览器中没有显示合适的页面，说明 Web 服务器没有正确安装。

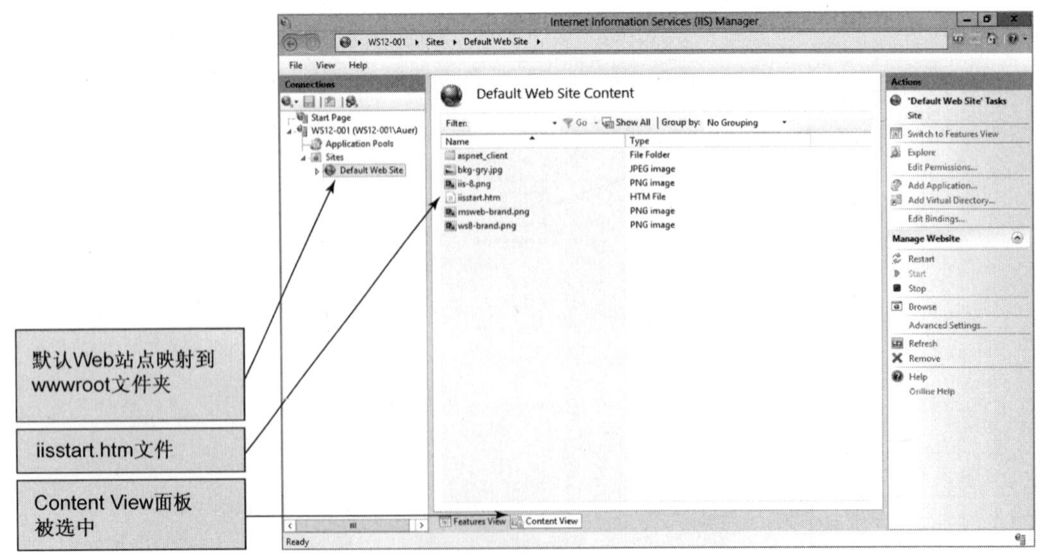

图 11.24　在 Windows Server 2012 上用 Internet Information Services Manager 管理 IIS

现在我们将建立一个小的 Web 站点用于处理 View Ridge Gallery VRG 数据库。首先将在 wwwroot 下建立一个新的名为 DBP 的目录。这个新的文件夹将用于保存本书的讨论和练习中创建的所有 Web 页面。其次，我们将创建 DBC 的一个子文件夹 VRG，这个目录将存放 VRG Web 站点。可以用 Window Explorer 创建这些文件夹。

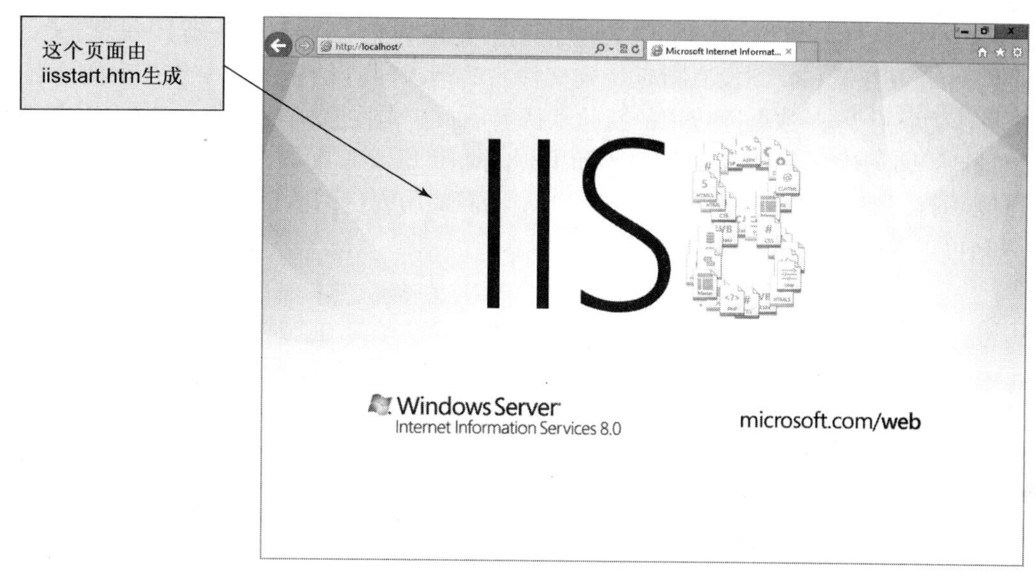

图 11.25　Windows Server 2012 和 IE 10 上默认的 IIS 8.0 Web 页

11.6.2　从 HTML Web 页面开始

最基本的 Web 页面是用超文本标记语言(HTML)创建的。术语超文本指可以在 Web 页面中包含指向其他对象的链接，例如 Web 页面、映射、图片甚至音频和视频。当你点击链接时，就可以立即访问到另一个对象并显示在浏览器中。HTML 本身是一组可以由浏览器显示的标准的 HTML 语法规则和 HTML 文档标记。

标记通常是配对的，由一个特定的开始标记和一个包括斜线(/)的匹配的结束标记。因此一个文本段落标记为 <p>{文本段内容}</p>，以及一个标记为 <h1>{标题文本}</h1>的主标题。一些标记并不需要一个结束标记，因为它们本质上是自包含的。例如，可以用水平线标记 <hr/>在 Web 页面中插入一个水平线。注意，单独的自包含的标记必须包含斜线(/)字符作为标记的一部分。

HTML 的规则是由 WWW 联盟(W3C)定义为标准的，可以在 www.w3c.org 找到目前的和建议的标准的细节(这个站点还有一些精彩的教程①)。W3C Web 站点上有最新的 HTML 和将在第 14 章讨论的可扩展标记语言(XML)以及称为 XHTML 的混合体的标准。对这些标准的全面讨论超出了本书的范围，本章采用当前的 HTML4.01 标准(通常是"严格的"形式)。

本章将为 View Ridge Gallery Web 站点创建一个简单的 HTML 主页并放在 VRG 文件夹中。我们将简单介绍一些常见的 Web 页面编辑器，但创建 Web 页面真正需要的是一个简单的文本编辑器。对于这第一个 Web 页面，我们将采用微软 Notepad ASCII 文本编辑器，它的优点是微软的所有操作系统版本中都有提供。

---

① 可以到 WWW 联盟(W3C)的网站 www.w3c.org 找到关于 HTML 的更多信息。要找到好的 HTML 教程，可以到 www.w3c.org/MarkUp/Guide 上看 David Raggett 的"Getting Started with HTML"教程，其在 www.w3c.org/MarkUp/Guide/Advanced.html 上的"More Advanced Features"和 www.w3c.org/MarkUp/Guide/Style.html 上的"Adding a Touch of Style"。

11.6.3 index.html 页面

将要建立的文件名为 index.html。用这个名字是因为它对 Web 服务器具有特定含义。这是大多数 Web 服务器在收到没有指定特定文件名的请求时自动显示的少数几个文件名之一，因此它将作为我们 Web 数据库应用的新的默认显示页。但注意到这里所说的"大多数 Web 服务器"。虽然 Apache 和 IIS 7.0，IIS 7.5 和 IIS 8(见图 11.26)配置为能够识别 index.html，但 IIS 5.1 则不行。如果用 Windows XP 和 IIS 5.1，则需要用因特网信息服务管理程序把 index.html 加入到可识别的文件列表中。

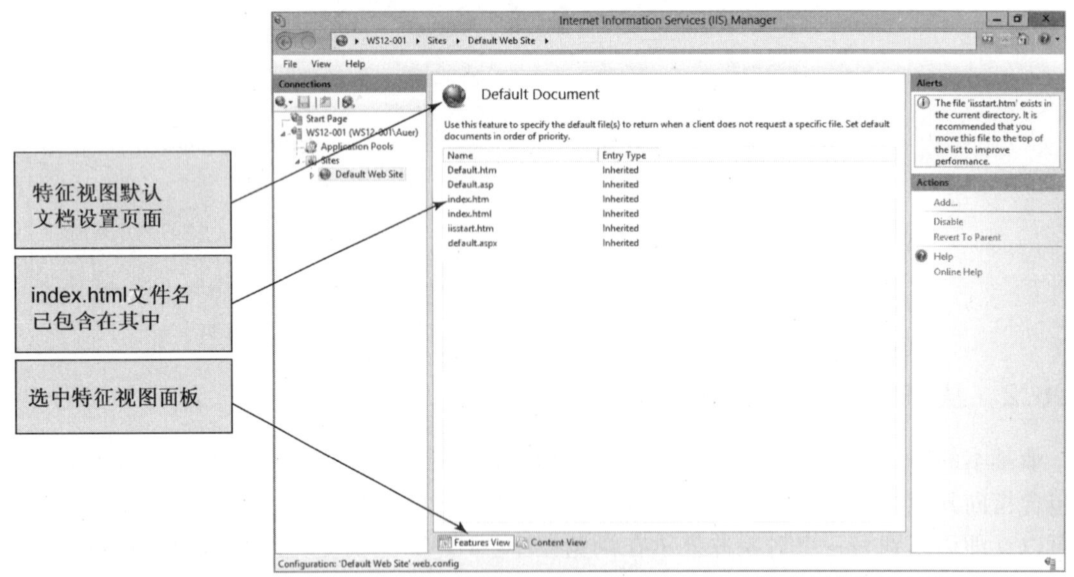

图 11.26 Windows Server 2012 IIS 管理器中的 index.html 文件

11.6.4 创建 index.html 页面

现在可以建立 index.html 页面了，其中包含图 11.27 中的基本 HTML 语句。图 11.28 显示了在 Notepad 中的 HTML 代码。

BY THE WAY 在 index.html 的 HTML 代码中，HTML 代码

```
<!DOCTYPE html PUBLIC "-//W3C//DTD HTML 4.01 Strict//EN"
"http://www.w3.org/TR/html4/strict.dtd">
```

是一个 HTML/XML 的文档类型描述(DTD)，用于检查和验证所写的代码的内容。DTD 将在本章后续部分中讨论，现在先按这样包含这部分代码。

如果现在用 http://localhost/DBC/VRG(如果 Web 服务器就是我们当前用的计算机)或者 http://{Web 服务器的 DNS 名或者 IP 地址}/DBC/WPC 作为 URL，就可以得到图 11.29 所示的 Web 页面。

```
<!DOCTYPE html PUBLIC "-//W3C//DTD HTML 4.01 Strict//EN"
"http://www.w3.org/TR/html4/strict.dtd">
<html>
      <head>
            <meta http-equiv="Content-Type" content="text/html; charset=ISO-8859-1" />
            <title>View Ridge Gallery Demonstration Pages Home Page</title>
      </head>
      <body>
            <h1 style="text-align: center; color: blue">
                  Database Processing (13th Edition)
            </h1>
            <h2 style="text-align: center; font-weight: bold">
                  David M. Kroenke
            </h2>
            <h2 style="text-align: center; font-weight: bold">
                  David J. Auer
            </h2>
            <hr />
            <h2 style="text-align: center; color: blue">
                  Welcome to the View Ridge Gallery Home Page
            </h2>
            <hr />
            <p>Chapter 11 Demonstration Pages From Figures in the Text:</p>
            <p>Example 1:   
                  <a href="ReadArtist.php">
                        Display the ARTIST Table (LastName, FirstName, Nationality)
                  </a>
            </p>
            <hr />
      </body>
</html>
```

图 11.27　VRG 文件夹中的 index. html 文件中的 HTML 代码

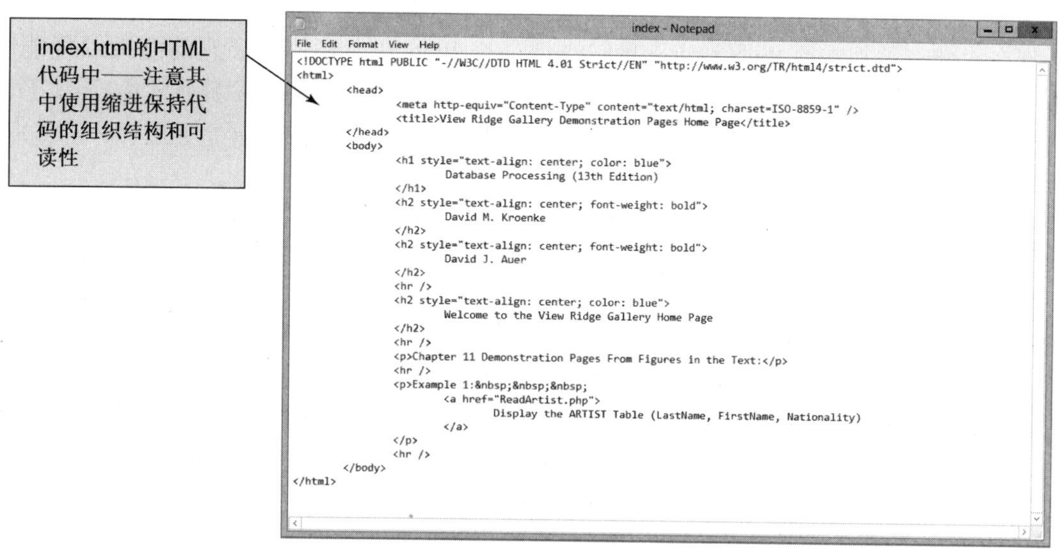


```
<!DOCTYPE html PUBLIC "-//W3C//DTD HTML 4.01 Strict//EN" "http://www.w3.org/TR/html4/strict.dtd">
<html>
        <head>
                <meta http-equiv="Content-Type" content="text/html; charset=ISO-8859-1" />
                <title>View Ridge Gallery Demonstration Pages Home Page</title>
        </head>
        <body>
                <h1 style="text-align: center; color: blue">
                        Database Processing (13th Edition)
                </h1>
                <h2 style="text-align: center; font-weight: bold">
                        David M. Kroenke
                </h2>
                <h2 style="text-align: center; font-weight: bold">
                        David J. Auer
                </h2>
                <hr />
                <h2 style="text-align: center; color: blue">
                        Welcome to the View Ridge Gallery Home Page
                </h2>
                <hr />
                <p>Chapter 11 Demonstration Pages From Figures in the Text:</p>
                <hr />
                <p>Example 1:   
                        <a href="ReadArtist.php">
                                Display the ARTIST Table (LastName, FirstName, Nationality)
                        </a>
                </p>
                <hr />
        </body>
</html>
```

图 11.28　在 Notepad 中的 index. html 文件中的 HTML 代码

BY THE WAY　如果是在一个单机上工作，DBMS 和 Web 服务器以及开发工具安装在一起，你将看到一个一致的界面。这可以是 Windows XP、Windows Vista 或者某个版本的 Linux。这是典型的小型开发平台，能够在创建每个应用组件的时候方便地测试它们。

在一个更大的开发环境中，Web 服务器和数据库服务器(可以在相同或者不同的物理服务器上)从开发者的工作站上分离出来。这种情况下，作为一个开发人员，在不同的机器上将看到不同的用户界面。

本章将采用后面一种设置。Web 服务器(IIS)和 DBMS 服务器(SQL Server 2012)在运行 Windows Server 2012 的服务器上。开发工具(IE 10 Web 浏览器和 Eclipse IDE)则在另一个运行 Windows 8 的工作站上，因此在服务器上(例如从图 11.23 ~ 图 11.26)或者在工作站上(例如图 11.29)看到的用户界面是不一样的。

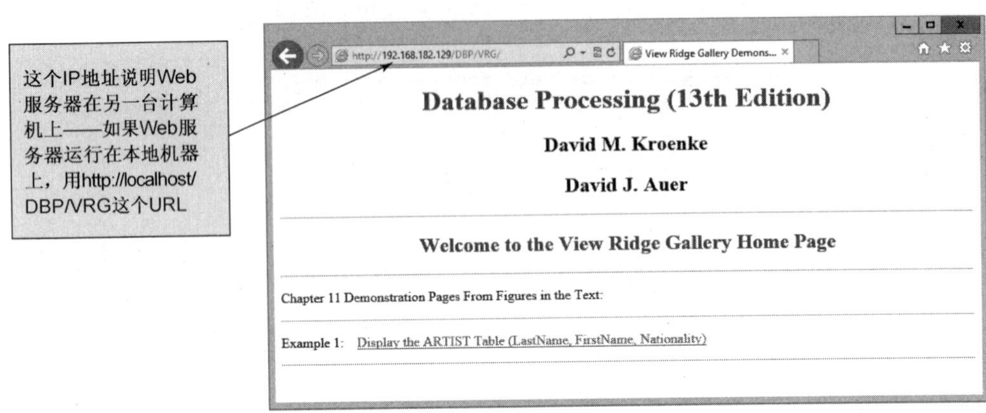

图 11.29　在 VRG 中的 index. html Web 页

11.6.5　使用 PHP

现在我们有了基本的 Web 站点，我们将用一个 Web 开发环境扩展它的能力以便能够把 Web 页面和数据库连接起来。这可以采用几种技术。用微软产品的开发者通常在 .NET Framework 中用 ASP.NET 技术。用 Apache Web 服务器的开发者倾向于在 Java 企业版(Java EE)环境中采用 JavaScript 脚本语言或者 Java 编程语言创建 JSP 文件。

PHP 脚本语言

本章将使用 PHP，可以从 PHP 网站(www. php. net)上免费下载。附录 I 中有关于安装和测试 PHP 的完整讨论。应该下载安装对应你所用的操作系统的最新版本。在 PHP 网站上有有关的文档，还可以在 Web 上搜索“PHP installation”找到有用的资料。安装 PHP 一般需要几个步骤(而不仅是运行一个安装例程)，所以需要一些时间确保你的 PHP 运行正常，同时确保使能 PHP Data Objects(PDO)——这不是自动的。

Eclipse 集成开发环境(IDE)

虽然像 Notepad 这样的简单文本编辑器就可以编辑简单的 Web 页，然而当网页变得复杂时，我们还是需要一个集成开发环境(IDE)。一个 IDE 是一个尽可能完整的开发框架，把所有需要的工具放在一起。IDE 为建立和维护 Web 页面提供了一个最强壮和用户友好的方法。

如果用的是微软的产品，最可能的是 Visual Studio(或者是可以从 http://www. microsoft. com/visualstudio/eng/products/visual-studio-express-products 免费下载的 Visual Studio 2012 Express 版)。实际上，如果安装了 SQL Server 2012 Express 高级版或者该产品的任何非 Express 版，Visual Studio 2012 的部分组件就会自动安装。安装这些是为了支持 SQL Server Reporting

Services，也足以用于创建基本的 Web 页。如果是用 JavaScript 或者 Java，则一般会倾向于采用 NetBeans IDE(可以从 www. netbeans. org 下载)。

本章仍然采用开源社区的 Eclipse IDE。Eclipse 提供了一个框架可以通过增加不同的附件修改以用于不同的目的。对于 PHP，可以用 Eclipse 的一个修改——Eclipse PDT(PHP 开发工具)项目，这是在 Eclipse 中专门提供的 PHP 开发环境(在 http://projects. eclipse. org/projects/tools. pdt 有相关的一般信息，http://download. eclipse. org/tools/pdt/downloads 上有可下载的文件，下载你所用的操作系统对应的最新稳定的构建配置)①。

图 11.30 显示了在 Eclipse IDE 中创建的 index. html 文件。可以与图 11.29 在 Notepad 中的情况做个比较。

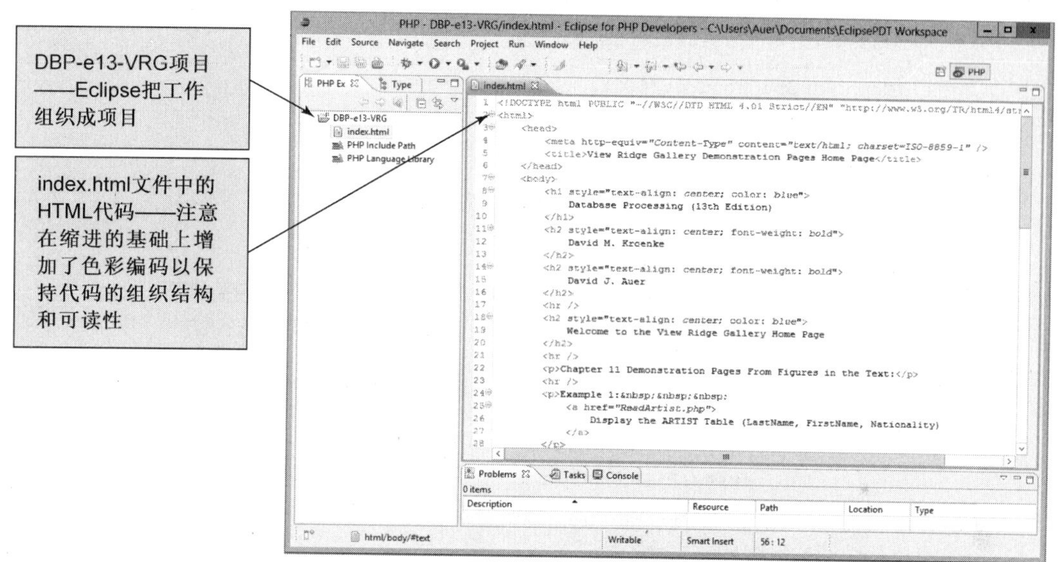

图 11.30　在 Eclipse IDE 的 index. html 文件中的 HTML 代码

ReadArtist. php 文件

现在设置好了基本的 Web 站点，可以把 PHP 集成到 Web 页面中了。首先建立一个页面从数据库表中读取数据并把结果显示在一个 Web 页中，即在 VRG 文件夹下建立一个 ReadArtist. php 的 Web 页运行 SQL 查询：

```
SELECT LastName, FirstName, Nationality FROM ARTIST;
```

这个页面显示不带有代理关键字 ArtistID 的查询结果。图 11.31 是相应的 HTML 和 PHP 代码，图 11.32 是显示在 Eclipse 中的同样的代码。

现在如果通过你的浏览器访问 http://localhost/DBP/VRG，然后点击该页上的链接 Example1：Display the ARTIST Table(No surrogate key)，就会显示图 11.33 所示的 Web 页。

---

① 正如在 PDT 下载页面中提到的，还需要安装 Java Runtime Environment(写本书的时候是来自 Sun Microsystems 的 JRE 7 Update 21，可以从 http://www. oracle. com/technetwork/java/javase/downloads/index. html 下载)。还要注意到 Windows 版的 Eclipse 不同于 Windows 其他程序的安装：需要在 C 盘的 Program Files 文件夹下建立名为 Eclipse 的文件夹(完整的路径名为 C:\Program Files\Eclipse)。在这个目录下解压缩 Eclipse PDT 文件，然后在桌面上建立一个到 Eclipse. exe 的快捷方式。参考附录 I 了解更多的细节。

```
<!DOCTYPE HTML PUBLIC "-//W3C//DTD HTML 4.01 Frameset//EN">
<html>
	<head>
		<meta http-equiv="Content-Type" content="text/html; charset=UTF-8">
		<title>ReadArtist</title>
		<style type="text/css">
			h1 {text-align: center; color: blue}
			h2 {font-family: Ariel, sans-serif; text-align: left; color: blue;}
			p.footer {text-align: center}
			table.output {font-family: Ariel, sans-serif}
		</style>
	</head>
	<body>
	<?php
		// Get connection
		$DSN = "VRG";
		$User = "VRG-User";
		$Password = "VRG-User+password";

		$Conn = odbc_connect($DSN, $User, $Password);

		// Test connection
		if (!$Conn)
			{
				exit ("ODBC Connection Failed: " . $Conn);
			}

		// Create SQL statement
		$SQL = "SELECT LastName, FirstName, Nationality FROM ARTIST";

		// Execute SQL statement
		$RecordSet = odbc_exec($Conn, $SQL);

		// Test existence of recordset
		if (!$RecordSet)
			{
				exit ("SQL Statement Error: " . $SQL);
			}
	?>
		<!--  Page Headers -->
		<h1>
			The View Ridge Gallery Artist Table
		</h1>
		<hr />
		<h2>
			ARTIST
		</h2>
	<?php

		// Table headers
		echo "<table class='output' border='1'
			<tr>
				<th>LastName</th>
				<th>FirstName</th>
				<th>Nationality</th>
			</tr>";

		//Table data
		while($RecordSetRow = odbc_fetch_array($RecordSet))
			{
				echo "<tr>";
					echo "<td>" . $RecordSetRow['LastName'] . "</td>";
					echo "<td>" . $RecordSetRow['FirstName'] . "</td>";
					echo "<td>" . $RecordSetRow['Nationality'] . "</td>";
				echo "</tr>";
			}
		echo "</table>";
```

图 11.31 ReadArtist.php 的 HTML 和 PHP 代码

```
            // Close connection
            odbc_close($Conn);
        ?>
            <br />
            <hr />
            <p class="footer">
                <a href="../VRG/index.html">
                    Return to View Ridge Gallery Home Page
                </a>
            </p>
            <hr />
        </body>
    </html>
```

图 11.31(续)　ReadArtist.php 的 HTML 和 PHP 代码

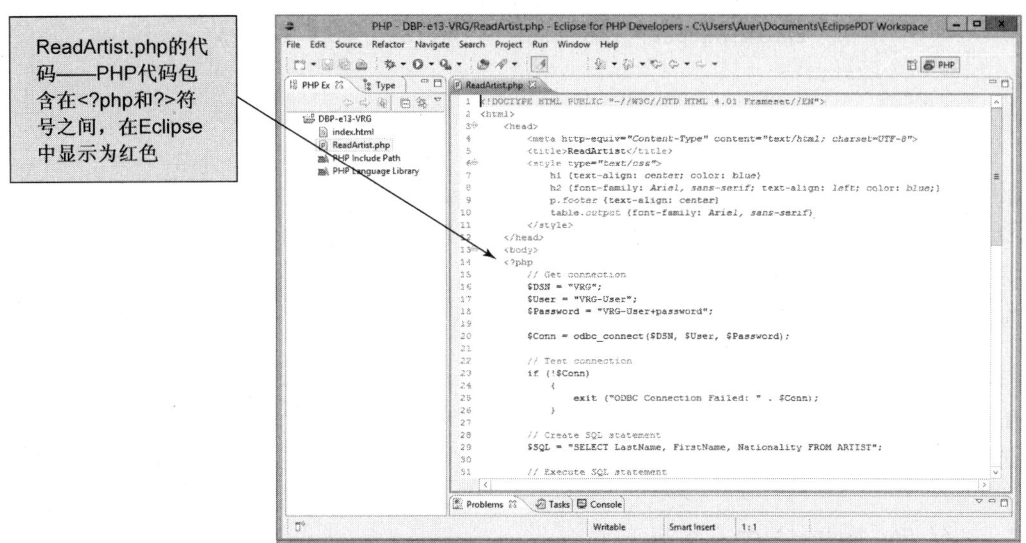

图 11.32　在 Eclipse IDE 中的 ReadArtist.php 的 HTML 和 PHP 代码

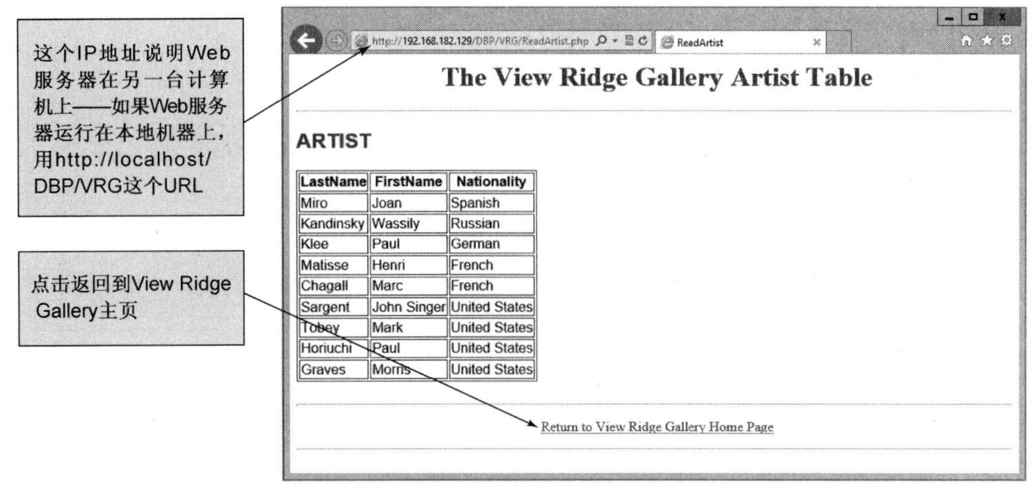

图 11.33　在 ReadArtist.php 的运行结果

ReadArtist.php 把 HTML(在客户工作站上执行)和 PHP 语句(在 Web 服务器上执行)混合在一起。在图 11.30 中，在 <? php 和? >标记之间的语句是要在 Web 服务器上执行的程序代码。剩下的则都是生成和发送给客户端的 HTML 代码。图 11.30 中的语句：

```
<!DOCTYPE HTML PUBLIC "-//W3C//DTD HTML 4.01 Frameset//EN">
<CDT>
      <head>
            <meta http-equiv="Content-Type" content="text/html;
            charset=UTF-8">
            <title>ReadArtist</title>
            <style type="text/css">
                  h1 {text-align: center; color: blue}
                  h2 {font-family: Ariel, sans-serif; text-align:
                  left; color: blue}
                  p.footer {text-align: center}
                  table.output {font-family: Ariel, sans-serif}
            </style>
      </head>
      <body>
```

是普通的 HTML 语句。当发送给浏览器时，这些语句把浏览器窗口的标题设为 ReadArtist PHP page；定义正文标题的样式[①]、输出的表格以及底部；并且引发其他 HTML 相关的动作。接下来一组语句则包含在 <? php 和? >中，因此是将要在 Web 服务器上运行的 PHP 代码。注意，所有的 PHP 语句，就像 SQL 语句一样，必须以分号(;)结束。

建立到数据库的连接

在图 11.31 所示的 HTML 和 PHP 代码中，以下的 PHP 代码嵌入在 HTML 中建立和测试一个数据库连接：

```
<?php
      // Get connection
      $DSN = "VRG";
      $User = "VRG-User";
      $Password = "VRG-User+password";
      $Conn = odbc_connect($DSN, $User, $Password);
      // Test connection
      if (!$Conn)
            {
                  exit ("ODBC Connection Failed: " . $Conn);
            }
```

运行之后，变量$Conn 可以用于连接 ODBC 数据源 VRG。注意，所有的 PHP 变量以$变量开头。

BY THE WAY 确保在你的 Web 页中使用注释。以两个前斜杠(//)开头的 PHP 代码片段是注释。这个符号用于定义单行注释。在 PHP 中，注释也可以放在符号/ * 和 * /之间，而在 HTML 中注释需要被插入到符号 <!-- 和 -->之间。

这个连接用于打开 VRG ODBC 数据源。这里我们用第 10 章创建的 SQL Server 2012 的用

① 样式用于控制 Web 页的视觉表现，被定义在 HTML 中 <style>和 </style>之间的 HTML 片段中。要了解 style 的更多信息，可以参考 www.w3.org/MarkUp/Guide/Style.html 上 David Raggett 的"Adding a Touch of Style"。

户名 VRG-User 和口令 VRG-User + password 作为 DBMS 的用户验证。如果用 Oracle 或者 MySQL，则采用创建这些数据库时的 ODBC 数据源名、用户名和用户口令。注意，用户名和口令只会送给数据库服务器，而不会出现在(1)用户浏览器中显示的结果 Web 页，或者(2)其对应的 HTML 代码中。因此这里没有安全问题。

对连接的测试包含在以下代码段：

```
// Test connection
if (!$Conn)
      {
            exit ("ODBC Connection Failed: " . $Conn);
      }
```

在英语中，这个语句的意思是“如果连接 Conn 不存在，则打印错误消息‘ODBC Connection Failed’，后面跟上变量$Conn 的内容”。注意，代码(! $Conn)表示 NOT $Conn——在 PHP 中感叹号(!)表示 NOT。

现在通过 ODBC 数据源建立了一个到 DBMS 的连接，并且打开了数据库。当需要一个数据库连接的时候就可以使用变量$Conn 了。

建立一个 RecordSet

在建立了与一个打开的数据库的连接后，图 11.31 中的以下代码将把一个 SQL 语句保存在变量$SQL 中，然后用 PHP odbc_exec 命令对数据库执行这个 SQL 语句取得查询结果并保存在变量$RecordSet 中：

```
      // Create SQL statement
      $SQL = "SELECT LastName, FirstName, Nationality FROM ARTIST";

      // Execute SQL statement
      $RecordSet = odbc_exec($Conn,$SQL);

      // Test existence of recordset
      if (!$RecordSet)
            {
                  exit ("SQL Statement Error: " . $SQL);
            }
?>
```

注意，需要测试运行结果以确保 PHP 命令正确执行。

显示结果

现在已经创建并且填充了名为$RecordSet 的记录集，可以用以下代码处理$RecordSet：

```
      <!-- Page Headers -->
      <H1>
            The View Ridge Gallery ARTIST Table
      </H1>
      <hr />
      <H2>
            ARTIST
      </H2>
<?php
```

```
        // Table headers
        echo "<table class='output' border='1'>
                <tr>
                        <th>LastName</th>
                        <th>FirstName</th>
                        <th>Nationality</th>
                </tr>";
        // Table data
        while($RecordSetRow = odbc_fetch_array($RecordSet))
                {
                        echo "<tr>";
                            echo "<td>" . $RecordSetRow['LastName'] . "</td>";
                            echo "<td>" . $RecordSetRow['FirstName'] . "</td>";
                            echo "<td>" . $RecordSetRow['Nationality'] . "</td>";
                        echo "</tr>";
                }
        echo "</table>";
```

这里的 HTML 部分定义了页面的标题，PHP 部分定义了怎样以表格格式显示 SQL 结果。注意，通过 PHP 的 echo 命令可以在 PHP 代码中使用 HTML 语法。还有就是需要一个循环用变量$RecordSetRow 对 RecordSet 中的记录进行迭代。

断开与数据库的连接

现在完成了 SQL 语句的运行并且显示了结果，可以用以下代码结束 ODBC 的数据库连接：

```
        // Close connection
        odbc_close($Conn);
?>
```

这里建立的基本页面演示了在一个 Web 数据库处理应用中用 ODBC 和 PHP 连接数据库并且处理其中数据的基本概念。现在可以在这个基础上讨论 PHP 命令的语法并且在 Web 页中加入 PHP 的其他特性①。

11.6.6　对 Web 数据库处理的挑战

Web 数据库应用处理因为 HTTP 的一个重要特点而变得复杂。确切地说，HTTP 是无状态的，它不能在请求之间保持会话(session)。用 HTTP 的时候，一个浏览器客户向 Web 服务器发出一个请求，服务器响应这个请求，把结果送回浏览器，然后就忘记了与客户的这次交互。来自同一客户的第二次请求被看作来自一个新客户的新请求，因为没有为维持与这个客户的连接或者会话而保存数据。

这个特点对于通过静态页面或者数据库查询提供内容没有什么影响。但在需要多次数据库操作的一个原子事务中则是不可接受的。在第6 章曾经看到，有些情况下，需要把一组数据库操作组织成一个事务，要么所有这些操作都成功提交给数据库，要么一个动作也不提交。这时，Web 服务器或者其他程序需要扩展 HTTP 的基本功能。

例如，IIS 为多次 HTTP 请求和响应之间的会话数据的保持提供了有关的功能和特性。利

① 参考 www. php. net/docs. php 上的 PHP 文档了解更多信息。

用这些特性和功能，Web 服务器上的应用程序可以向浏览器访问数据。一次会话会与特定的数据集合关联。这样，应用程序可以开始一次事务，与浏览器上的用户进行多次交互，对数据库做即时的修改，在事务结束时提交或者回退事务。Apache 上则用其他的方法提供会话和会话数据。

在有些情况下，应用程序需要建立它们自己的方法追踪会话数据。PHP 确实包括了对会话的支持，可以参考 PHP 的有关文档了解更多信息。

会话管理的内容超出了本书的范围，但读者必须清楚 HTTP 本身是无状态的，不论什么 Web 服务器，都需要在数据库应用程序中增加代码进行事务处理。

11.7 用 PHP 的 Web 页面

以下 3 个例子扩展了关于 Web 数据库应用中使用 PHP Web 页的讨论。这些例子主要关注 PHP 的使用而不是图形、表现或者工作流。如果想要有一个漂亮的应用程序，需要对这些例子做进一步的改进。这里只是学习 PHP 的使用。

所有这些例子都处理 View Ridge Gallery 数据库。这些例子都使用了我们在第 10 章、10A、10B 和 10C 章中分别在 SQL Server、Oracle 和 MySQL 这些 DBMS 上构造的 VRG 数据库。为了简单起见，对它们分别用一个 ODBC 系统数据源连接——VRG 用于 SQL Server，VRG-Oracle 用于 Oracle，VRG-MySQL 用于 MySQL。如果在每个 DBMS 中用同样的用户名和口令，则只要改变 ODBC 数据源名就可以在不同的 DBMS 之间切换了。很神奇，但这确实是 ODBC 的发起者在他们的 ODBC 规范中所希望的。

注意，虽然我们使用 ODBC 函数，然而 PHP 实际上为大多数 DBMS 产品提供了一个特定的函数集合。这些集合通常比 ODBC 更高效，如果你用某个特定的 DBMS，应该仔细研究一下针对它的 PHP 函数集合①。作为一个例子，我们通过以下代码连接数据库：

```
// Get connection
$DSN = "VRG";
$User = "VRG-User";
$Password = "VRG-User+password";
$Conn = odbc_connect($DSN, $User, $Password);
```

如果用 MySQL，可以用：

```
// Get connection
$Host = "localhost";
$User = "VRG-User";
$Password = "VRG-User+password";
$Database = "VRG";
$Conn = mysqli_connect($Host, $User, $Password, $Database);
```

类似地，SQL Server 用 sqlsrv_connect 函数（用脚注①中介绍的微软 PHP 驱动程序），Oracle 用 oci_connect 函数。

PHP5.3x 和 5.4x 也支持面向对象编程和一个称为 PHP 数据对象（PDO）的提供访问 DBMS 产品的公用语法的新的数据抽象层。PHP 有很多功能，这里只能做很简单的介绍。

---

① 微软创建和更新针对 SQL Server 的一组函数。如果你要使用 SQL Server 特定的函数，应该从 http://www.microsoft.com/en-us/download/details.aspx?id=20098 下载 Microsoft Driver 3.0 for PHP for SQL Server，其中也包含了有关的文档。

在继续我们的例子之前，需要增加一些指向我们 VRG 主页的链接。图 11.34 所示是要用到的代码。当学习这些例子的时候，要确保做了这些改变。

```
<p>Chapter 11 Demonstration Pages From Figures in the Text:</p>
      <p>Example 1:   
            <a href="ReadArtist.php">
                  Display the ARTIST Table (LastName, FirstName, Nationality)
            </a>
      </p>
<!-- ************ New text starts here ************  -->
      <p>Example 2:   
            <a href="NewArtistForm.html">
                  Add a New Artist to the ARTIST Table
            </a>
      </p>
      <p>Example 3:   
            <a href="ReadArtistPDO.php">
                  Display the ARTIST Table Using PHP PDO
            </a>
      </p>
      <p>Example 4:   
            <a href="NewCustomerWithInterestsForm.html">
                  Add a New Customer to the CUSTOMER Table Using PHP PDO
            </a>
      </p>

<!-- ************ New text ends here ************  -->
      <hr />
```

图 11.34　对 VRG 的 index.html 主页的修改

11.7.1　例 1：更新一个表

之前的 PHP 网页的例子只是读取数据，接下来的例子将通过 PHP 向数据库表中追加一行记录说明怎样更新数据库表数据。图 11.35 显示了获得艺术家名字和国籍创建一行新记录的数据输入表单。这个表单有三个数据输入域：First Name 和 Last Name 域是文本框，用户可以输入艺术家的名字，Nationality 域被设计成一个下拉列表以控制可能的取值并且确保拼写正确。当用户点击 Save New Artist 时，新的艺术家就被加入数据库中；如果成功，图 11.36 的确认页面就会显示。See Revised Artist List 链接将调用 ReadArtist. php 页，这个页会显示带有新记录的 ARTIST 表，如图 11.37 所示。我们已经通过增加 Northwest School 成员的美国艺术家 Guy Anderson(1906 年出生，1998 年去世)测试了这些页面。

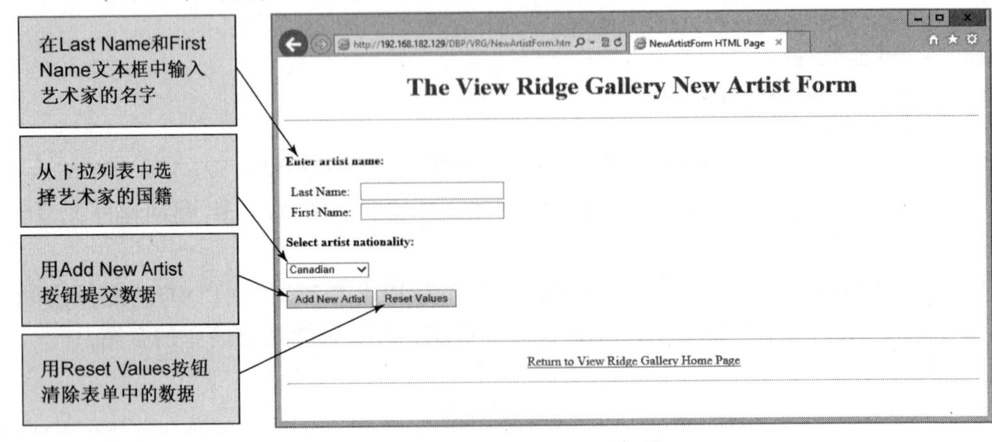

图 11.35　Add New Artist 表单

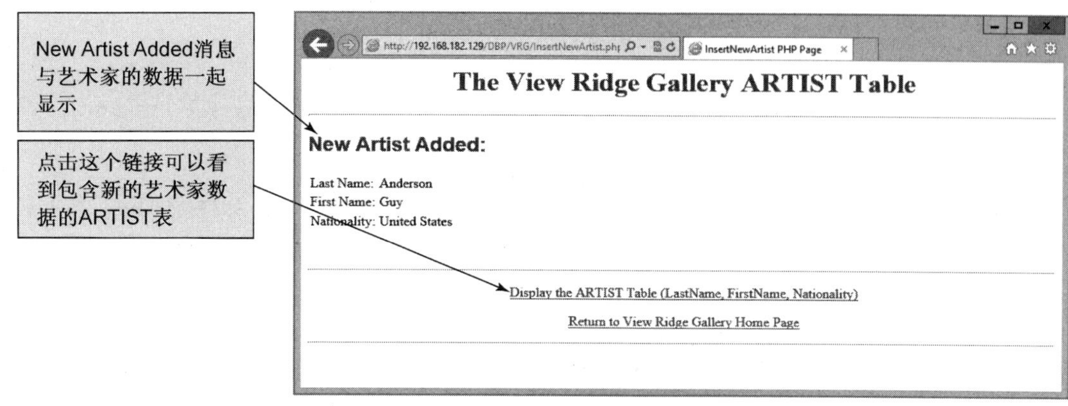

图 11.36　新艺术家确认页

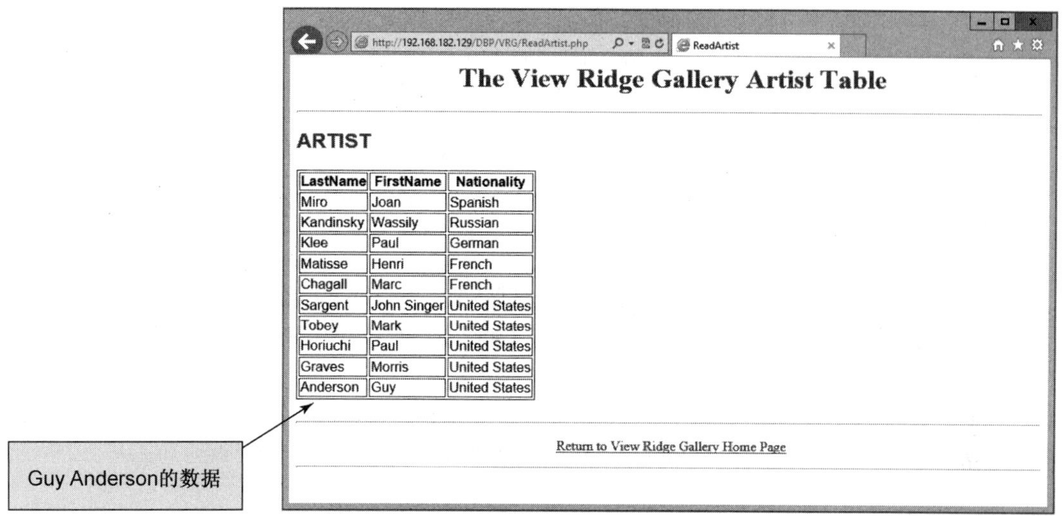

图 11.37　包含新的艺术家数据的 ARTIST 表

这个处理需要两个 PHP 页面。第一个页面显示在图 11.38 中，是带有艺术家姓、名和国籍三项输入域的输入表单。

它包含以下的表单标记：

```
<form action="InsertNewArtist.php" method="POST">
```

这个标记在页面中定义了一个表单部分，这个部分将用于得到输入值。这个表单只有一个数据输入值：表名。POST 方法是一个处理方法，把表单中的数据（这里是姓、名和选中的国籍）传递给 PHP 服务器以便可以用于一个名为$_POST 的数组变量中。注意，$_POST 是一个数组，因此可以有多个值。另一种方法是 GET，但 POST 可以传递更多的数据，在这里该区别并不重要。表单标记的第 2 个参数是 action，设为 InsertNewArtist. php。这个参数告诉 Web 服务器当它收到来自这个表单的响应时，它应该把数据值存放在$_POST 数组中并且把控制权传递给 InsertNewArtist. php。

该页的剩余部分是标准的 HTML，在表单中增加了 <select><option>… </option></select> 结构创建下拉列表。注意，这个下拉列表的名字是 Nationality。

当用户点击 Add New Artist 按钮时，这些数据就会被 InsertNewArtist. php 处理。

```
<!DOCTYPE html PUBLIC "-//W3C//DTD HTML 4.01 Strict//EN"
"http://www.w3.org/TR/html4/strict.dtd">
<html>
	<head>
		<meta http-equiv="Content-Type" content="text/html; charset=UTF-8">
		<title>NewArtistForm</title>
		<style type="text/css">
			h1 {text-align: center; color: blue}
			h2 {font-family: Ariel, sans-serif; text-align: left; color: blue}
			p.footer {text-align: center}
			table.output {font-family: Ariel, sans-serif}
		</style>
	</head>
	<body>
		<form action="InsertNewArtist.php" method="POST">
			<!--  Page Headers -->
			<h1>
				The View Ridge Gallery New Artist Form
			</h1>
			<hr />
			<br />
			<p>
				<b>Enter artist name:</b>
			</p>
			<table>
				<tr>
					<td> Last Name:  </td>
					<td>
						<input type="text" name="LastName" size="25" />
					</td>
				</tr>
				<tr>
					<td> First Name:  </td>
					<td>
						<input type="text" name="FirstName" size="25" />
					</td>
				</tr>
			</table>
			<p>
				<b>Select artist nationality:</b>
			</p>
			<select name="Nationality">
				<option value="Canadian">Canadian</option>
				<option value="English">English</option>
				<option value="French">French</option>
				<option value="German">German</option>
				<option value="Mexican">Mexican</option>
				<option value="Russian">Russian</option>
				<option value="Spanish">Spanish</option>
				<option value="United States">United States</option>
			</select>
			<br />
					<p>
						<input type="submit" value="Add New Artist" />
						<input type="reset" value="Reset Values" />
					</p>
				</form>
				<br />
				<hr />
				<p class="footer">
					<a href="../VRG/index.html">
						Return to View Ridge Gallery Home Page
					</a>
				</p>
				<hr />
			</body>
		</html>
```

图 11.38 NewArtistForm.html 的 HTML 代码

图 11.39 是 InsertNewArtist. php，即接收到来自表单的数据后将要调用的页面。注意到 INSERT 语句的变量值来自$_POST[ ]数组。首先，需要为$_POST 创建短的变量名，用这个短的变量名创建 SQL INSERT 语句。即：

```
// Create short variable names
$LastName = $_POST["LastName"];
$FirstName = $_POST["FirstName"];
$Nationality = $_POST["Nationality"];
// Create SQL statement
$SQL = "INSERT INTO ARTIST(LastName, FirstName, Nationality) ";
$SQL .= "VALUES('$LastName', '$FirstName', '$Nationality')";
```

注意，这里用到 PHP 拼接符(. =)(由一个句点和一个等号合成)把 SQL INSERT 语句的两个部分合并起来。作为另一个例子，以下代码用值 me，myself and I 建立一个名为$AllOfUs 的变量：

```
$AllOfUs = "me, ";
$AllOfUs .= "myself, ";
$AllOfUs .= "and I";
```

大多数代码是自解释的，请确保你知道它们的含义。

```
<!DOCTYPE HTML PUBLIC "-//W3C//DTD HTML 4.01 Frameset//EN">
<html>
	<head>
		<meta http-equiv="Content-Type" content="text/html; charset=UTF-8">
		<title>InsertNewArtist</title>
		<style type="text/css">
			h1 {text-align: center; color: blue}
			h2 {font-family: Ariel, sans-serif; text-align: left; color: blue}
			p.footer {text-align: center}
			table.output {font-family: Ariel, sans-serif}
		</style>
	</head>
	<body>
	<?php
		// Get connection
		$DSN = "VRG";
		$User = "VRG-User";
		$Password = "VRG-User+password";

		$Conn = odbc_connect($DSN, $User, $Password);

		// Test connection
		if (!$Conn)
			{
				exit ("ODBC Connection Failed: " . $Conn);
			}

		// Create short variable names
		$LastName = $_POST["LastName"];
		$FirstName = $_POST["FirstName"];
		$Nationality = $_POST["Nationality"];

		// Create SQL statement
		$SQL = "INSERT INTO ARTIST(LastName, FirstName, Nationality) ";
		$SQL .= "VALUES('$LastName', '$FirstName', '$Nationality')";

		// Execute SQL statement
		$Result = odbc_exec($Conn, $SQL);
```

图 11.39 InsertNewArtist. php 中的 HTML 和 PHP 代码

```
            // Test existence of result
            echo "<h1>
                        The View Ridge Gallery ARTIST Table
                  </h1>
                  <hr />";
            if ($Result){
                  echo "<h2>
                        New Artist Added:
                  </h2>
            <table>
                  <tr>";
                  echo "<td>Last Name:</td>";
                  echo "<td>" . $LastName . "</td>";
                  echo "</tr>";
                  echo "<tr>";
                  echo "<td>First Name:</td>";
                  echo "<td>" . $FirstName . "</td>";
                  echo "</tr>";
                  echo "<tr>";
                  echo "<td>Nationality:</td>";
                  echo "<td>" . $Nationality . "</td>";
                  echo "</tr>";
            echo "</table><br />";
            }
            else {
                  exit ("SQL Statement Error: " . $SQL);
            }

            // Close connection
            odbc_close($Conn);
      ?>
            <br />
            <hr />
            <p class="footer">
                  <a href="../VRG/ReadArtist.php">
                        Display the ARTIST Table (LastName, FirstName, Nationality)
                  </a>
            </p>
            <p class="footer">
                  <a href="../VRG/index.html">
                        Return to View Ridge Gallery Home Page
                  </a>
            </p>
            <hr />
      </body>
</html>
```

图 11.39(续) InsertNewArtist.php 中的 HTML 和 PHP 代码

11.7.2 例 2：使用 PHP 数据对象(PDO)

接下来的例子是使用 PHP 数据对象(PDO)的练习。这里我们重建 ReadArtist.php 页面，而且是用 PDO 来完成它。我们命名新的页面为 ReadArtistPDO.php，显示在图 11.40 中。建立页面的 PHP 代码在图 11.41 中，请把这里的 PHP 代码与图 11.31 的 ReadArtist.php 中的 PHP 代码做个比较。

当新版本的 PHP 发布时，PHP PDO 将变得重要。PHP PDO 的强大在于当使用另一个 DBMS 产品的时候，只有一行代码需要改变，就是连接数据库的一行代码。在图 11.41 中这行代码为：

```
$PDOconnection = new PDO("odbc:$DSN", $User, $Password);
```

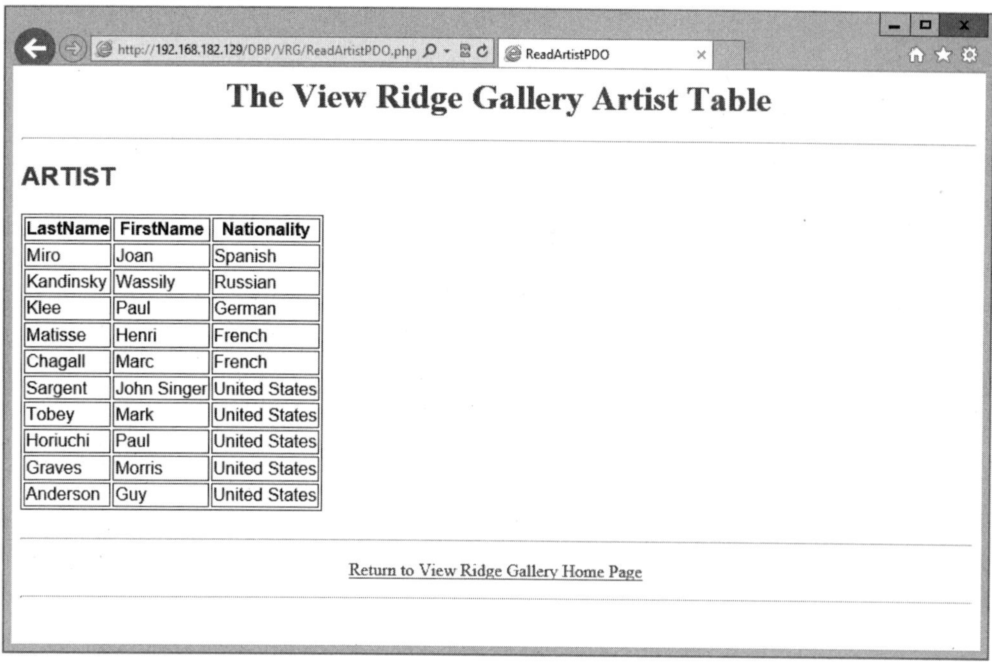

LastName	FirstName	Nationality
Miro	Joan	Spanish
Kandinsky	Wassily	Russian
Klee	Paul	German
Matisse	Henri	French
Chagall	Marc	French
Sargent	John Singer	United States
Tobey	Mark	United States
Horiuchi	Paul	United States
Graves	Morris	United States
Anderson	Guy	United States

图 11.40　ReadArtistPDO.php 的运行结果

```
<!DOCTYPE HTML PUBLIC "-//W3C//DTD HTML 4.01 Frameset//EN">
<html>
      <head>
            <meta http-equiv="Content-Type" content="text/html; charset=UTF-8">
            <title>ReadArtistPDO</title>
            <style type="text/css">
                  h1 {text-align: center; color: blue}
                  h2 {font-family: Ariel, sans-serif; text-align: left; color: blue;}
                  p.footer {text-align: center}
                  table.output {font-family: Ariel, sans-serif}
            </style>
      </head>
      <body>
      <?php
            // Get connection
            $DSN = "VRG";
            $User = "VRG-User";
            $Password = "VRG-User+password";

            $PDOconnection = new PDO("odbc:$DSN", $User, $Password);

            // Test connection
            if (!$PDOconnection)
                  {
                        exit ("ODBC Connection Failed: " . $PDOconnection);
                  }

            // Create SQL statement
            $SQL = "SELECT LastName, FirstName, Nationality FROM ARTIST";

            // Execute SQL statement
            $RecordSet = $PDOconnection->query($SQL);

            // Test existence of recordset
            if (!$RecordSet)
            {
                  exit ("SQL Statement Error: " . $SQL);
            }
      ?>
```

图 11.41　ReadArtistPDO.php 的 HTML 和 PHP 代码

```
            <!--  Page Headers -->
            <h1>
                  The View Ridge Gallery Artist Table
            </h1>
            <hr />
      <?php

            // Table headers
            echo "<table class='output' border='1'
                        <tr>
                              <th>LastName</th>
                              <th>FirstName</th>
                              <th>Nationality</th>
                        </tr>";

            //Table data
            while($RecordSetRow = $RecordSet->fetch())
                  {
                        echo "<tr>";
                              echo "<td>" . $RecordSetRow['LastName'] . "</td>";
                              echo "<td>" . $RecordSetRow['FirstName'] . "</td>";
                              echo "<td>" . $RecordSetRow['Nationality'] . "</td>";
                        echo "</tr>";
                  }
            echo "</table>";

            // Close connection
            $PDOconnection = null;

      ?>
            <br />
            <hr />
            <p class="footer">
                  <a href="../VRG/index.html">
                        Return to View Ridge Gallery Home Page
                  </a>
            </p>
            <hr />
      </body>
</html>
```

图 11.41(续) ReadArtistPDO. php 的 HTML 和 PHP 代码

11.7.3 例 3：调用存储过程

在第 10A、10B、10C 章分别为 SQL Server、Oracle 和 MySQL 版本的 VRG 数据库建立了名为 InsertCustomerAndInterest 的存储过程。这个存储过程接受一个新的顾客感兴趣的所有艺术家的姓、名、地区码、本地号码、电子邮件和国籍，然后在 CUSTOMER 中建立一个新的记录并且向 CUSTOMER_ARTIST_INT 表中加入适当的记录。

为了从一个使用 PDO 的 PHP 页面中调用这个存储过程，我们建立了一个 Web 表单来收集这些需要的数据，如图 11.42 所示。当用户点击 Add New Customer 时，我们希望使用 PDO 的 PHP 页面用这些表单数据调用这个存储过程。这样用户可以验证新的数据是否被正确地加入，这个 PHP 然后查询一个包含客户名字和艺术家名字以及国籍的视图。图 11.43 显示了结果。在这里，我们加入了 Richard Baxendale，电话号码是 206-876-7733，电子邮件地址是 Richard. Baxendale@ elsewhere. com。Richard 对美国的艺术家感兴趣。

图 11.44 是用于生成数据收集表单的 NewCustomerAndInterestsForm. html 的代码。表单调用的 InsertNewCustomerAndInterestsPDO. php 的页面显示在图 11.45 中。

注意，在图 11.45 中的 PDO 语句的形式为$Variable01 = $Variable02 -> {POD 命令}($Variable03)。例如，在 PDO 语句 $RecordSet = $PODconnection -> query($SQL)中，用 PDO 命令 query 通过名为$PODconnection 的连接向数据库发送变量$SQL 的内容，并且把结果保存在变量$RecordSet 中。注意，虽然 PDO 自己标准化了 PDO 命令集，然而不同的 DBMS 产品真正用的

SQL 语句是不同的，即使用 PDO 的 PHP 代码需要修改以适应这种不同。例如，SQL Server 用 EXEC 调用存储过程，而 MySQL 则用 CALL。

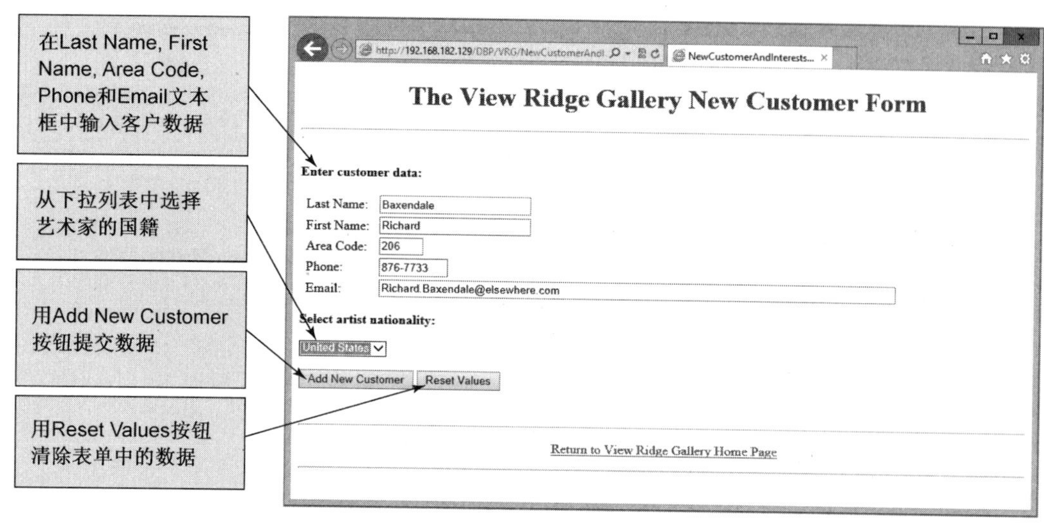

图 11.42　新客户及其兴趣表单

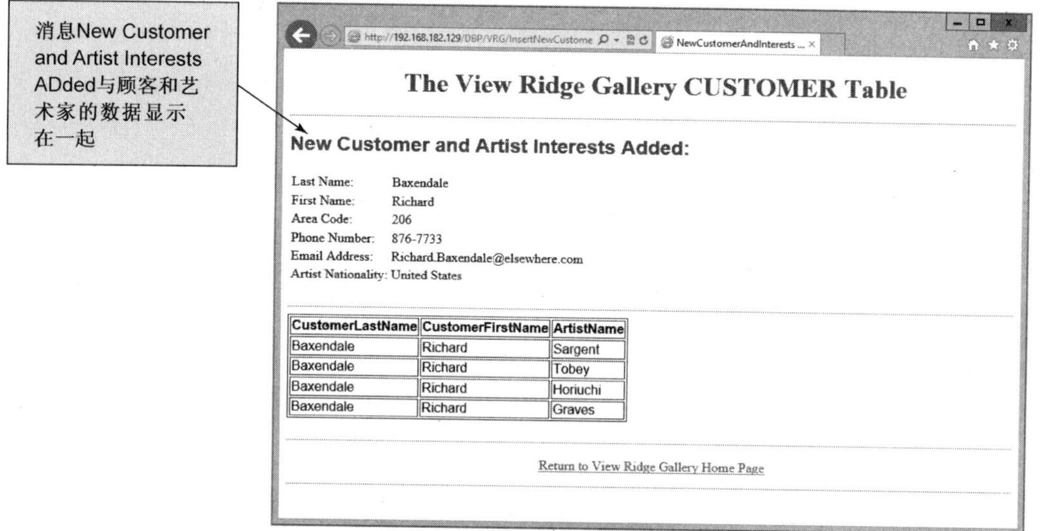

图 11.43　新增信息的确认页

这个 PHP 页面是非常直观的，但它也很有趣，因为其中包含了两条 SQL 语句。首先用一个 SQL CALL 语句调用存储过程，然后把参数传递给它。接着用 SQL SELECT 语句检索需要的值以构造确认增加了新客户的 Web 页。该页的剩余部分重用了前面例子中同样的元素。

同样有趣的是该页还同时用到了视图（CustomerInterestsView）和存储过程（InsertCustomer-AndInterests）。同时显示了这两种 SQL 结构的功能以及在 Web 数据库处理环境中的用法。

这些例子给出了使用 PHP 的一些概念，而更好的学习方法是自己写一些页面。本章介绍了你所需要的所有基本技术，然而你还需要努力学习，如果你能够自己创建一些页面，说明你从第 1 章开始已经学到了很多东西。

```
<!DOCTYPE html PUBLIC "-//W3C//DTD HTML 4.01 Strict//EN"
"http://www.w3.org/TR/html4/strict.dtd">
<html>
      <head>
            <meta http-equiv="Content-Type" content="text/html; charset=UTF-8">
            <title>NewCustomerAndInterestsForm</title>
            <style type="text/css">
                  h1 {text-align: center; color: blue}
                  h2 {font-family: Ariel, sans-serif; text-align: left; color: blue}
                  p.footer {text-align: center}
                  table.output {font-family: Ariel, sans-serif}
            </style>
      </head>
      <body>
            <form action="InsertNewCustomerAndInterestsPDO.php" method="POST">
                  <!--  Page Headers -->
                  <h1>
                        The View Ridge Gallery New Customer Form
                  </h1>
                  <hr />
                  <br />
                  <p>
                        <b>Enter customer data:</b>
                  </p>
                  <table>
                        <tr>
                              <td> Last Name:  </td>
                              <td>
                                    <input type="text" name="LastName" size="25" />
                              </td>
                        </tr>
                        <tr>
                              <td> First Name:  </td>
                              <td>
                                    <input type="text" name="FirstName" size="25" />
                              </td>
                        </tr>
                        <tr>
                              <td> Area Code:  </td>
                              <td>
                                    <input type="text" name="AreaCode" size="3" />
                              </td>
                        </tr>
                        <tr>
                              <td> Phone:  </td>
                              <td>
                                    <input type="text" name="PhoneNumber" size="8" />
                              </td>
                        </tr>
                        <tr>
                              <td> Email:  </td>
                              <td>
                                    <input type="text" name="Email" size="100" />
                              </td>
                        </tr>
                  </table>
                  <p>
                        <b>Select artist nationality:</b>
                  </p>
                  <select name="Nationality">
                        <option value="Canadian">Canadian</option>
                        <option value="English">English</option>
                        <option value="French">French</option>
                        <option value="German">German</option>
                        <option value="Mexican">Mexican</option>
                        <option value="Russian">Russian</option>
                        <option value="Spanish">Spanish</option>
                        <option value="United States">United States</option>
                  </select>
                  <br />
```

图 11.44　NewCustomerAndInterestsForm.html 的 HTML 代码

```
                <p>
                        <input type="submit" value="Add New Customer" />
                        <input type="reset" value="Reset Values" />
                </p>
            </form>
            <br />
            <hr />
            <p class="footer">
                <a href="../VRG/index.html">
                        Return to View Ridge Gallery Home Page
                </a>
            </p>
            <hr />
        </body>
</html>
```

图 11.44(续)　NewCustomerAndInterestsForm.html 的 HTML 代码

```
<!DOCTYPE HTML PUBLIC "-//W3C//DTD HTML 4.01 Strict//EN" "http://www.w3.org/TR/html4/strict.dtd">
<html>
      <head>
            <meta http-equiv="Content-Type" content="text/html; charset=UTF-8">
            <title>NewCustomerAndInterestsPDO</title>
            <style type="text/css">
                  h1 {text-align: center; color: blue}
                  h2 {font-family: Ariel, sans-serif; text-align: left; color: blue}
                  p.footer {text-align: center}
                  table.output {font-family: Ariel, sans-serif}
            </style>
      </head>
      <body>
      <?php
            // Get connection
            $DSN = "VRG";
            $User = "VRG-User";
            $Password = "VRG-User+password";

            $PDOconnection = new PDO("odbc:$DSN", $User, $Password);

            // Test connection
            if (!$PDOconnection)
            {
                  exit ("ODBC Connection Failed: " . $PDOconnection);
            }
            // Create short variable names
            $LastName = $_POST["LastName"];
            $FirstName = $_POST["FirstName"];
            $AreaCode = $_POST["AreaCode"];
            $PhoneNumber = $_POST["PhoneNumber"];
            $Email = $_POST["Email"];
            $Nationality = $_POST["Nationality"];

            // Create SQL statement to call the Stored Procedure
            $SQLSP = "EXEC InsertCustomerAndInterests ";
            $SQLSP .= "'$LastName', '$FirstName', '$AreaCode','$PhoneNumber', ";
            $SQLSP .= "'$Email', '$Nationality'";


            // Execute SQL statement
            $Result = $PDOconnection->exec($SQLSP);

            // Test existence of $Result
            if (!$Result)
                  {
                        exit ("SQL Statement Error: " . $SQLSP);
                  }

            // Execute SQL statement
            $RecordSet = $PDOconnection->query($SQL);
```

图 11.45　InsertNewCustomerandInterestsPDO.php 的 HTML 和 PHP 代码

```
    // Test existence of $RecordSet
    if (!$RecordSet)
          {
                exit ("SQL Statement Error: " . $SQL);
          }

    echo "<h1>
                The View Ridge Gallery CUSTOMER Table
          </h1>
          <hr />";

          echo "<h2>
                New Customer and Artist Interests Added:
          </h2>
          <table>
                <tr>";
                echo "<td>Last Name:</td>";
                echo "<td>" . $LastName . "</td>";
                echo "</tr>";
                echo "<tr>";
                echo "<td>First Name:</td>";
                echo "<td>" . $FirstName . "</td>";
                echo "</tr>";
                echo "<tr>";
                echo "<td>Area Code:</td>";
                echo "<td>" . $AreaCode . "</td>";
                echo "</tr>";
                echo "<tr>";
                echo "<td>Phone Number:</td>";
                echo "<td>" . $PhoneNumber . "</td>";
                echo "</tr>";
                echo "<tr>";
                echo "<td>Email Address:</td>";
                echo "<td>" . $Email . "</td>";
                echo "</tr>";
                echo "<tr>";
                echo "<td>Artist Nationality:</td>";
                echo "<td>" . $Nationality . "</td>";
                echo "</tr>";
          echo "</table><br /><hr />";

          // Table headers
    echo "<table class='output' border='1'>
          <tr>
                <th>CustomerLastName</th>
                <th>CustomerFirstName</th>
                <th>ArtistName</th>
          </tr>";

          // Table data
          while($RecordSetRow = $RecordSet->fetch())
                {
                echo "<tr>";
                echo "<td>" . $RecordSetRow['CustomerLastName'] . "</td>";
                echo "<td>" . $RecordSetRow['CustomerFirstName'] . "</td>";
                echo "<td>" . $RecordSetRow['ArtistName'] . "</td>";
                echo "</tr>";
                }
          echo "</table>";

          // Close connection
          $PDOconnection = null;
    ?>
          <br />
          <hr />
          <p class="footer">
                <a href="../VRG/index.html">
                      Return to View Ridge Gallery Home Page
                </a>
          </p>
          <hr />
    </body>
</html>
```

图 11.45(续) InsertNewCustomerandInterestsPDO.php 的 HTML 和 PHP 代码

11.8 XML 的重要性

数据库处理和文档处理是相互依赖的。数据库处理需要文档处理来表达数据库视图，文档处理需要数据库处理来存储和操纵数据。虽然这两种技术互相需要，然而 Internet 的广泛应用使得这种需求变得更明显。刚开始，Web 站点只是在线显示一些固定的内容。随着 Internet 应用的发展，各个机构都需要它们的 Web 页面具有更强的功能，能够显示(以及修改)机构的数据库中的数据。这时，Web 开发人员开始关注 SQL、数据库性能、数据库安全以及数据库处理的其他方面。

随着 Web 开发人员进入数据库领域，数据库人员开始考虑:“这都是些什么人? 他们想要什么?”数据库人员开始学习 HTML，这是用于标记文档以便在 Web 浏览器中显示的语言。一开始，数据库人员嘲笑 HTML 的各种局限，但他们随后知道 HTML 是更加健壮的 SGML(标准通用标记语言)的一个应用。显然 SGML 很重要，然而它对于文档处理的重要性就像关系模型对于数据库处理的重要性一样。显然，这种强大的语言在显示数据库数据时可以有所作为，但具体是怎样的呢?

在 20 世纪 90 年代的早期，两个领域的人员开始接触，他们工作的结果是有关一种被称为 XML(可扩展标记语言)语言的一系列标准。XML 是 SGML 的一个子集，但 XML 处理增加了其他的标准和功能，现在 XML 技术是文档处理和数据库处理的混合体。随着 XML 标准的演化，两个领域的人员发现他们实际上已经在同一个问题的不同方面进行了多年的工作。他们甚至使用相同的术语，但表达的却是不同的含义。例如，在本章的后面将看到术语模式在 XML 中的含义与在数据库领域中的含义完全不同。

XML 提供了一种标准的但可自定义的方法描述文档的内容，因此可以被用于按标准的方式描述数据库视图。后面将看到，不同于 SQL 视图，XML 视图并不局限于一个多值路径。

此外，当使用 XML 模式标准时，可以从数据库中的数据自动构造 XML 文档，也可以从 XML 文档中自动提取数据库数据。而且还有标准的方法定义文档中的元素和数据库模式中的元素之间的对应关系。

同时，其他计算领域的人员也开始注意 XML。最初代表简单对象访问协议的 SOAP 就是基于 XML 的标准，在 Internet 上提供远程过程调用。最初，SOAP 把 HTTP 作为假设的传输机制。但随着 Microsoft，IBM，Oracle 和其他大公司加入对于 SOAP 标准的支持，这个假设就不再存在了，SOAP 成为使用各种协议发送各种消息的标准协议。这样，SOAP 不再代表简单对象访问协议，所以现在 SOAP 就是一个名称，而不是一个缩写。

在各种情况下，XML 在计算机领域开始被用于许多目的。最重要的是作为一个标准化的方法定义和传递在 Internet 上处理的文档。XML 在 Microsoft 的 .NET 计划中扮演了重要的角色，比尔 · 盖茨在 2001 年称 XML 为“Internet 时代的语言”。

我们将从 XML 用于显示 Web 页面开始 XML 的讨论。当然，XML 远不止用于实化 Web 页面。实际上，实化 Web 页面可能是 XML 最不重要的应用。从这里开始只是因为这是介绍 XML 文档的方便途径。此后，我们将介绍 XML 模式标准并讨论其在数据库处理中的应用。

在阅读本章时，记住这是目前数据库处理的前沿领域。各种标准、产品和产品的功能经常变化。可以通过访问 www.w3c.org，www.xml.org，msdn.microsoft.com，www.oracle.com，www.ibm.com 和 www.mysql.com 获得最新的信息。学习尽可能多的 XML 和数据处理的知识是为一个成功的职业做准备的最好方法之一。

11.9 作为标记语言的 XML

作为标记语言，XML 大大优于 HTML。XML 的优势体现在几个方面。XML 的设计者明确地区分了文档的结构、内容和实化，在 XML 中对它们分别进行处理，而且不会像在 HTML 中那样把它们混淆起来。

另外，虽然 XML 是标准化的，但正如它的名称所暗示的，它允许开发者进行扩展。XML 并不局限于像 <TITLE>，<h1>，<P> 这样的固定元素集合，而可以由开发者自己定义新元素。

再者，XML 消除了在 HTML 中常常可能发生的标记不一致的问题。例如在 HTML 中：

```
<h2>Hello World</h2>
```

虽然这里的 <h2> 可以用于标记轮廓中的二级标题，但它也可以用于其他目的，例如使得 "Hello World" 以某种特定的字体和颜色来显示。由于一个标记有许多潜在的应用，我们不能依赖标记来确定一个 HTML 页面的真正结构。标记的使用过于任意，<h2> 可以表示一个标题，也可以什么也不表示。

在 XML 中则可以形式化地定义文档的结构。标记按相互之间的关系定义。在 XML 中，如果见到标记 <street>，我们就会确切地知道这是一个什么数据，它所属的地方以及在文档结构中与其他标记的关系。

11.9.1 XML 文档类型描述

图 11.46 是一个 XML 文档的例子。注意，文档有两个部分。第一部分定义了文档的结构，被称为文档类型描述或 DTD；第二部分则是文档的数据。

DTD 以 DOCTYPE 开始并说明这种文档的名称，这里则是 customer。然后是 customer 文档的内容。它包括两组：名字和地址。名字又包含两个元素：名和姓。名和姓被定义成#PCDATA，表示是字符串数据。接着，地址被定义成包含 4 个元素：街道、城市、州和邮政编码，也分别被定义为字符串数据。街道后面的加号表示至少要有一个值，也可以有多个值。

图 11.46 所示的 customer 的数据实例与 DTD 一致，所以这个文档被称为类型有效的 XML 文档。否则就是非类型有效的 XML 文档。非类型有效的 XML 文档仍然可以是很好的 XML，只不过是所属类型的非有效实例。例如，如果图 12.1 中的文档有两个城市元素，它将仍然是有效的 XML，但却是非类型有效的。

虽然几乎总是希望有 DTD，但这并不是 XML 文档所必需的。根据定义，没有 DTD 的文档是非类型有效的，因为没有证明它们有效的类型。

```
<?xml version="1.0" encoding="UTF-8"?>
<!DOCTYPE Customer [
    <!ELEMENT Customer (CustomerName, Address)>
    <!ELEMENT CustomerName (FirstName, LastName)>
    <!ELEMENT FirstName (#PCDATA)>
    <!ELEMENT LastName (#PCDATA)>
    <!ELEMENT Address (Street+, City, State, Zip)>
    <!ELEMENT Street (#PCDATA)>
    <!ELEMENT City (#PCDATA)>
    <!ELEMENT State (#PCDATA)>
    <!ELEMENT Zip (#PCDATA)>
]>
<Customer>
    <CustomerName>
        <FirstName>Jeffery</FirstName>
        <LastName>Janes</LastName>
    </CustomerName>
    <Address>
        <Street>123 W. Elm St.</Street>
        <City>Renton</City>
        <State>WA</State>
        <Zip>98055</Zip>
    </Address>
</Customer>
```

图 11.46 内置 DTD 的客户 XML 文档

不需要在文档中包含 DTD。图 11.47 是一个从文件 C:\inetpub\wwwroot\DBP\VRG\DBP-e13-CustomerList.dtd 取得 DTD 的 customer 文档。这里的 DTD 则在存放这个文档的计算机上。DTD 也可以通过 URL Web 地址引用。把 DTD 存放在外部的优点是多个文档都可以使用相同的 DTD 进行合法性检查。

```
<?xml version="1.0" encoding="UTF-8"?>
<!DOCTYPE CustomerList SYSTEM "C:\inetpub\wwwroot\DBP\VRG\DBP-e13-CustomerList.dtd">
<CustomerList>
    <Customer>
        <CustomerName>
            <FirstName>David</FirstName>/>
            <LastName>Smith</LastName>/>
        </CustomerName>
        <Address>
            <Street>813 Tumbleweed Lane</Street>/>
            <City>Durango</City>/>
            <State>CO</State>/>
            <Zip>81201</Zip>/>
        </Address>
    </Customer>
</CustomerList>
```

图 11.47 引用外部 DTD 的客户 XML 文档

DTD 的创建者可以自由地选择所需要的元素。所以，XML 文档可以被扩展，但却是以一种标准化和受控制的方式。

11.9.2 用 XSLT 实化 XML 文档

图 11.46 的 XML 文档包含了文档的结构和内容，但文档中没有指出如何实化。前面已经说过，XML 的设计者明确地区分了结构、内容和格式。最广泛使用的 XML 文档实化方法是使用 XSLT，即可扩展样式语言的转换部分。XSLT 是一种强大而健壮的语言，可以用于将 XML 文档实化为 DHTML 或 HTML，还可以用于其他多种用途。

XSLT 的一种常见应用是把 XML 文档从一种格式转换为另一种格式。例如，一个公司可以用 XSLT 把一个 XML 订单从公司自己的格式等价地转换成客户的格式。XSLT 还有许多其他特征和功能未在本书中涉及，可以访问 www.w3.org 了解更多的信息。

XSLT 是一种说明性的变换语言。之所以是说明性的是因为它通过建立一组规则而不是使用程序来控制文档的实化。它是变换语言(因为它把输入文档变换成另一种文档)。

图 11.48(a)是一个客户列表文档的 DTD，图 11.48(b)是对于这个 DTD 类型有效的一个 XML 文档。图 11.48(b)中的 DOCTYPE 语句指向一个包含图 11.48(a)的 DTD 的文件。XML 文档中接下来的语句指示作为样式表(参见图 11.49)的另一个文档的位置，XSLT 通过样式表指示怎样把 XML 文档中的元素转换为另一种格式，这里则是把这些元素转换为浏览器可接受的 HTML 文档。

XSLT 处理器复制样式表中的元素直到遇到一个格式为{匹配项，动作}的命令。每当遇到一个这样的命令，XSL 处理器在 XML 文档中寻找匹配项的一个实例，当找到时就执行指定的动作。例如，当 XSLT 遇到：

```
<xsl:for-each select = "CustomerList/Customer">
```

它就开始在文档中搜索 customerlist 元素，找到一个这样的元素后，在这个 customerlist 元素内部开始另一个搜索以寻找 customer 元素。如果能够找到，就执行在以 </xsl:for-each>(从底向上第 3 行)结束的循环中的动作。在循环内部为 customerlist 的每个 customer 元素设定了样式。

```
<?xml version="1.0" encoding="UTF-8"?>
<!ELEMENT CustomerList (Customer+)>
<!ELEMENT Customer (CustomerName, Address)>
<!ELEMENT CustomerName (FirstName, LastName)>
<!ELEMENT FirstName (#PCDATA)>
<!ELEMENT LastName (#PCDATA)>
<!ELEMENT Address (Street+, City, State, Zip)>
<!ELEMENT Street (#PCDATA)>
<!ELEMENT City (#PCDATA)>
<!ELEMENT State (#PCDATA)>
<!ELEMENT Zip (#PCDATA)>
```

(a) DBP-e13-CustomerList.dtd DTD

```
<?xml version="1.0" encoding="UTF-8"?>
<!DOCTYPE CustomerList SYSTEM "C:\inetpub\wwwroot\DBP\VRG\DBP-e13-CustomerList.dtd">
<?xml-stylesheet type="text/xsl" href="C:\inetpub\wwwroot\DBP\VRG\DBP-e13-CustomerListStyleSheet.xsl"?>
<CustomerList>
    <Customer>
        <CustomerName>
            <FirstName>Jeffery</FirstName>
            <LastName>Janes</LastName>
        </CustomerName>
        <Address>
            <Street>123 W. Elm St.</Street>
            <City>Renton</City>
            <State>WA</State>
            <Zip>98055</Zip>
        </Address>
    </Customer>
    <Customer>
        <CustomerName>
            <FirstName>David</FirstName>
            <LastName>Smith</LastName>
        </CustomerName>
        <Address>
            <Street>813 Tumbleweed Lane</Street>
            <City>Durango</City>
            <State>CO</State>
            <Zip>81201</Zip>
        </Address>
    </Customer>
</CustomerList>
```

(b) 包含两个客户的DBP-e13-CustomerListDocument.xml XML文档

图 11.48 一个外部 DTD 和示例 XML 文档

这里建立的例子是基于前面章节的 View Ridge Gallery 数据库。这里建立的 XML 文档能够通过浏览器显示 View Ridge Gallery 的客户列表。如图 11.50(a)所示，我们修订了 View Ridge Gallery 主页以包含指向这个 XML 文档的链接。点击这个链接会显示图 11.50(b)所示的 Web 页，这是对图 11.48(b)的文档应用图 11.49 的样式表后的结果。

XSLT 处理器是面向上下文的，每条语句都根据已经匹配的上下文计算。因此，语句

```
<xsl:value-of select = "CustomerName/LastName"/>
```

在已经匹配的 customerlist/customer 的上下文中计算。这样就不需要

```
<xsl:select = "CustomerList/Customer/CustomerName/LastName"/>
```

这样的代码了，因为已经在 customerlist/customer 的上下文中。事实上，如果这样编码，则什么也找不到。类似地，

```
<xsl:value-of select = "CustomerName/LastName"/>
```

也不会找到匹配，因为 lastname 只在 customerlist/customer/ name 的上下文中而不在 customerlist/customer 的上下文中。

```
<?xml version="1.0" encoding="UTF-8"?>
<xsl:stylesheet version="1.0" xmlns:xsl="http://www.w3.org/1999/XSL/Transform"
    xmlns:fo="http://www.w3.org/1999/XSL/Format">
    <xsl:output method="html"/>
    <xsl:template match="/">
        <html>
            <head>
                <title>CustomerListStyleSheet</title>
                <style type="text/css">
                    h1 {text-align:center; color:blue}
                    body {font-family:ariel, sans-serif; font-size:12pt; background-color:#FFFFFF}
                    div.customername {font-weight:bold; background-color:#3399FF;
                        color:#FFFFFF; padding:4px}
                    div.customerdata {font-size:10pt; font-weight:bold; background-color:#87CEFA;
                        color:#000000; margin-left:20px; margin-bottom:20px}
                    p.footer {text-align:center}
                </style>
            </head>
            <body>
                <h1>
                    View Ridge Gallery Customer List
                </h1>
                <hr/>
                <xsl:for-each select="CustomerList/Customer">
                    <div class="customername">
                        <xsl:value-of select="CustomerName/LastName"/>,
                        <xsl:value-of select="CustomerName/FirstName"/>
                    </div>
                    <br />
                    <div class="customerdata">
                        <xsl:for-each select="Address/Street">
                            <xsl:value-of select="node()"/>
                        </xsl:for-each>
                        <br />
                        <xsl:value-of select="Address/City"/>,
                        <xsl:value-of select="Address/State"/>
                        <br />
                        <xsl:value-of select="Address/Zip"/>
                    </div>
                </xsl:for-each>
                <hr />
                <p class="footer">
                    <a href="../VRG/index.html">
                            Return to View Ridge Gallery Home Page
                    </a>
                </p>
                <hr />
            </body>
        </html>
    </xsl:template>
</xsl:stylesheet>
```

图 11.49　DBP-e13-CustomerListStyleSheet. xls 的 XSL 样式表

BY THE WAY　XSLT 处理的特点是："当找到这些符号，就做这个动作。"因此，图 11.49 所示的文档表示，对在标记 customerlist 下找到的每个 customer，就做：输出一些 HTML DIV，然后是包含在这个文档中找到的 name/lastname 的值的一些 HTML。之后输出更多的 HTML 和所发现的 name/firstname 的值。接下来，对找到的每个 address/street，输出一些 HTML 和找到的 address/street 值。

XSL 可以输出各种内容。除了输出 HTML，它也可以写俄文或中文或者逻辑等式。XSL 只是像 XML 这样的结构化文档的一个转换机制。

这就是为什么需要语句(在样式表的中部):

```
<xsl:value-of select = "node()"/>
```

这个位置语句的上下文为 customerlist/customer/address/street。所以当前的节点是一个街道元素,而这个表达式表示要生成的节点的值。

同时注意样式表做了一个小的转换。在原文档中姓在名之后,而在输出中是名在姓之后。

图 11.49 是图 11.48(b)的 XML 文档经过 XSL 转换后生成的 HTML。图 11.50(a)是经过修订的 VRG 主页,现在有个显示 XML 文档的链接。图 11.50(b)是实化这个 HTML 后在浏览器中的显示结果。

现在大多数浏览器都有一个内置的 XSLT 处理器,因此只要向浏览器提供文档和样式表即可。图 11.50(b)是应用样式表进行 XSLT 转换后自动显示的结果。

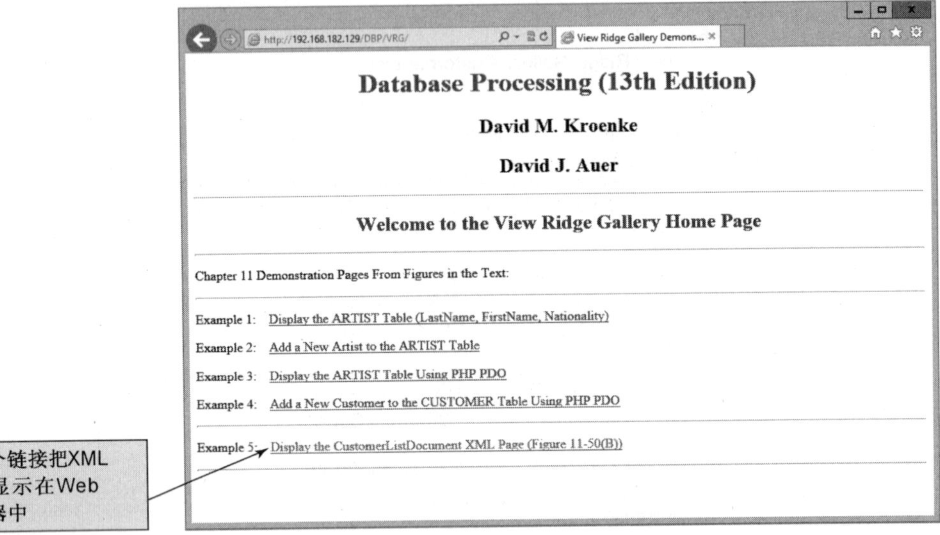

(a) View Ridge Gallery主页

View Ridge Gallery Customer List

Janes, Jeffery

123 W. Elm St.
Renton, WA
98055

Smith, David

813 Tumbleweed Lane
Durango, CO
81201

Return to View Ridge Gallery Home Page

(b) 显示在浏览器中

图 11.50 应用样式表的 HTML 结果

11.10 XML 模式

DTD 是 XML 社区开发文档结构说明语言的第一次尝试。DTD 是有效的，但存在一些局限和一些尴尬，因为 DTD 文档不是 XML 文档。为了解决这个问题，W3C 联盟定义了称为 XML Schema 的另一种说明语言。现在，XML Schema 成为定义文档结构的优先考虑的方法。

XML Schema 同时也是 XML 文档。这意味着可以用与定义其他 XML 文档相同的语言定义 XML。它也意味着可以像其他 XML 文档一样，验证 XML Schema 文档相对于它的模式的有效性。

读者会发现这里有一个鸡和蛋的问题。如果 XML 模式文档本身是 XML 文档，那么可以用什么文档来验证它们呢？所有这些模式的模式又是什么呢？在 www. w3. org 上有这样一个文档，是所有 XML 模式的祖先。所有 XML 模式都针对这个文档验证有效性。

BY THE WAY XML Schema 验证需要考虑两个元层次(meta level)。回忆一下，元数据是关于数据的数据。包含字段 CustomerName Char(25)的语句 CUSTOMER 是元数据。进一步，用一个数据类型 Char(n)定义长度为 n 的字符数据的 SQL 语句是关于元数据的数据，或者称为元-元数据(meta-metadata)。

XML 具有相同的元层次。一个 XML 文档的结构由一个 XML Schema 文档定义。XML Schema 文档包含元数据，因为它是关于其他 XML 文档结构的数据。但一个 XML Schema 文档的结构则是由另一个 XML Schema 文档定义的。这个 XML Schema 文档是关于元数据的数据，即元-元数据。

XML 的情况很雅致。可以写一个程序来验证一个 XML 文档。一旦有了这样一个程序，可以验证任何 XML 文档对于它的 XML 模式的有效性。无论是验证一个 XML 文档、一个 XML Schema 文档，或者任何其他层次的一个文档，这个过程都是完全相同的。

XML 模式涉及宽泛且复杂的问题。仅仅是针对 XML 模式就有几十本大部头的著作，显然本章甚至不可能全面讨论 XML 模式的主要问题。相反，我们将主要关注一些基本的术语和概念，并说明这些术语和概念怎样用于数据库处理。基于这些介绍，读者可以自学其他更多的内容。

11.10.1 XML 模式有效性验证

图 11.51(a)是一个简单的 XML 文档，可以用于表示 View Ridge 画廊中 ARTIST 表的一个记录。第 2 行指示用哪一个模式对这个文档做有效性验证。由于这是一个 XML 模式文档，需要用在 www. w3. org 中的所有模式的祖先模式进行验证。在全世界所有的 XML 模式都需要这个引用(顺便提一下，这个引用地址只是起到指示性的作用。由于这个模式的应用是如此广泛，大多数模式验证程序内部都包含该模式)。

第一条语句不仅定义了用于验证的文档，而且建立了一个带标签的名空间。名空间本身是一个复杂的话题，除了介绍标签的使用外，本章将不会讨论名空间的其他内容。在第一条语句中，通过表达式 xmlns:xsd 定义了 xsd。表达式的第一部分代表 xml 名空间，第二部分定义标签 xsd。注意文档中的其他部分都使用标签 xsd。表达式 xsd:complexType 告诉验证程序查找名为 xsd 的名空间(这里是定义在 http://www. w3. org/2001/XMLSchema)寻找 complexType 的定义。

```
<?xml version="1.0" encoding="UTF-8"?>
<xs:schema xmlns:xs="http://www.w3.org/2001/XMLSchema" elementFormDefault="qualified"
attributeFormDefault="unqualified">
    <xs:element name="Artist">
        <xs:annotation>
            <xs:documentation>
                This is the XML Schema document the VRG ARTIST table
            </xs:documentation>
        </xs:annotation>
        <xs:complexType>
            <xs:sequence>
                <xs:element name="LastName"/>
                <xs:element name="FirstName"/>
                <xs:element name="Nationality"/>
                <xs:element name="DateOfBirth" minOccurs="0"/>
                <xs:element name="DateDeceased" minOccurs="0"/>
            </xs:sequence>
            <xs:attribute name="ArtStyle"/>
        </xs:complexType>
    </xs:element>
</xs:schema>
```

(a) XML模式文档

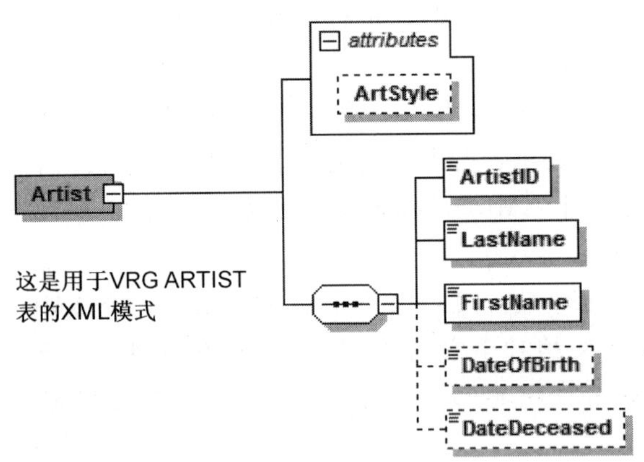

(b) 模式的图形化表示

```
<?xml version="1.0" encoding="UTF-8"?>
<Artist xmlns:xsi="http://www.w3.org/2001/XMLSchema-instance"
xsi:noNamespaceSchemaLocation="C:\inetpub\wwwroot\DBP\VRG\DBP-e13-VRG-ARTIST-001.xsd" ArtStyle="Modern" >
    <LastName>Miro</LastName>
    <FirstName>Joan</FirstName>
    <Nationality>Spanish</Nationality>
    <DateOfBirth>1893</DateOfBirth>
    <DateDeceased>1983</DateDeceased>
</Artist>
```

(c) 模式有效的XML文档

图 11.51 使用 XML 模式

标签的名称由文档的设计者决定。可以把 xmlns:xsd 改为 xmlns:mylabel,把 mylabel 设为指向前面的 w3 文档。文档可以有多个名空间,但这个话题超出了本书的范围。

11.10.2 元素和属性

从图 11.51(a)可以看出,模式包含元素和属性。有简单和复杂两种元素。简单元素包含单一的数值。从图 11.51(a)可以看出，模式包含元素和属性。有简单和复杂两种元素。简单元素包含单一的数值。图 11.51(a)的 Name，Nationality，Birthdate 和 DeceasedDate 都是简单元素。

复杂元素包含其他简单或者复杂的元素。在图 11.51(a)中，Artist 元素是 complexType，它顺序包含 4 个简单元素：Name，Nationality，Birthdate 和 DeceasedDate。后面将看到包含其他复杂类型的例子。

复杂类型可以有属性。图 11.51(a)定义了属性 ArtStyle。XML 文档的创建者用这个属性来指定一个艺术家的某个特点，即他的风格。图 11.51(c)的文档指定这个艺术家(Miro)的 ArtStyle 为 Modern。

BY THE WAY　元素和属性都带有数据，怎样决定什么时候应该用什么呢？一般来说，对于数据库/XML 应用，用元素存放数据而用属性存放元数据。例如，定义一个 ItemPrice 元素存放价格的值，定义一个 Currency 属性存放这个价格的货币类型，例如 USD，Aus $或者 Euro。

XML 标准并没有要求按这种方式使用元素和属性。这只是一种风格，在后续内容中将看到怎样让 SQL Server 把所有的字段值放在属性中、放在元素中或者混合起来，有些在元素中而有些在属性中。因此，这些决定只是设计的选择而不是 XML 的标准。

默认情况下，简单和复杂元素的基数(cardinality)是 1.1，表示值是必需的但不得超过 1 个。这可以被 minoccurs 和 maxoccurs 覆盖。例如，在图 11.51(a)中，minOccurs = "0" 表示 Birthdate 和 DeceasedDate 可以没有值。这类似于 SQL 模式定义中的空值约束。

图 11.51(b)是由 Altova 的 XMLSpy XML 编辑工具(见 http://www.altova.com/xml-editor)绘制的图格式的 XML 模式。以图形方式显示 XML 模式有助于 XML 模式的确切含义。在这张图中，注意实线和方框指示了必要的元素(SQL 术语中的 NOT NULL)，而用虚线和方框指示了可选的元素(SQL 术语中的 NULL)。

BY THE WAY　可以从网站 www.altova.com 上更多了解这个来自于一个小公司的优秀软件，这个公司现在还没有被微软这样的大公司收购。有一个 30 天的试用版。可以用 XMLSpy 处理本章的所有 XML 代码。

图 11.51(c)是对于图 11.51(a)中模式有效的一个 XML 文档。注意，ArtStyle 属性的值在 Artist 元素的头部给出。同时注意到定义了名空间 xsi。这个名空间只用了一次——用于 noNamespaceSchemaLocation 属性。不要介意这个属性的名称，这只是一种告诉 XML 解析器去哪里找这个文档的 XML 模式的方法。要把注意力放在文档的结构和 XML Schema 中的描述的联系上。

11.10.3　平展和结构化的模式

图 11.52 是一个 XML 模式和 XML 文档，表示 View Ridge 数据库中 CUSTOMER 表的字段。在图 11.52(a)中，CustomerID，LastName 和 FirstName 是必需的，而其他的元素则不一定是必需的。

```
<?xml version="1.0" encoding="UTF-8"?>
<xs:schema xmlns:xs="http://www.w3.org/2001/XMLSchema" elementFormDefault="qualified"
attributeFormDefault="unqualified">
    <xs:element name="Customer">
        <xs:annotation>
            <xs:documentation>This is the XML Schema for the VRG CUSTOMER table</xs:documentation>
        </xs:annotation>
        <xs:complexType>
            <xs:sequence>
                <xs:element name="CustomerID" type="xs:int"/>
                <xs:element name="LastName" type="xs:string"/>
                <xs:element name="FirstName" type="xs:string"/>
                <xs:element name="Street" type="xs:string" minOccurs="0"/>
                <xs:element name="City" type="xs:string" minOccurs="0"/>
                <xs:element name="State" type="xs:string" minOccurs="0"/>
                <xs:element name="ZipPostalCode" type="xs:string" minOccurs="0"/>
                <xs:element name="Country" type="xs:string" minOccurs="0"/>
                <xs:element name="AreaCode" type="xs:string" minOccurs="0"/>
                <xs:element name="PhoneNumber" type="xs:string" minOccurs="0"/>
                <xs:element name="EmailAddress" type="xs:string" minOccurs="0"/>
            </xs:sequence>
        </xs:complexType>
    </xs:element>
</xs:schema>
```

(a) XML模式的平展结构

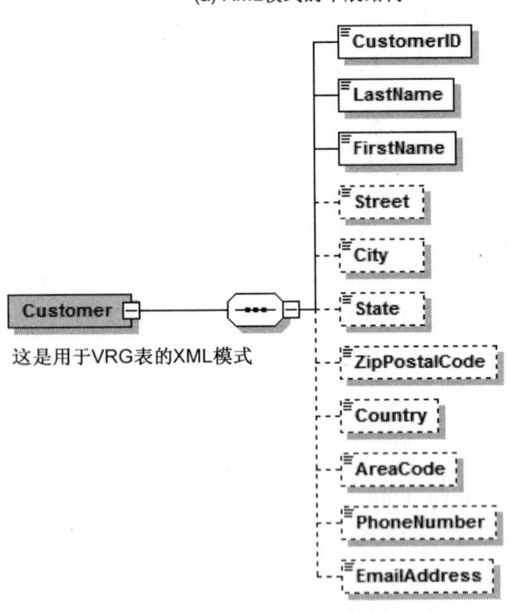

(b) 图形化表示的模式结构

```
<?xml version="1.0" encoding="UTF-8"?>
<Customer xmlns:xsi="http://www.w3.org/2001/XMLSchema-instance"
xsi:noNamespaceSchemaLocation="C:\inetpub\wwwroot\DBP\VRG\DBP-e13-Figure-12-07-A.xsd">
        <CustomerID>1000</CustomerID>
        <LastName>Janes</LastName>
        <FirstName>Jeffery</FirstName>
        <Street>123 W. Elm St.</Street>
        <City>Renton</City>
        <State>WA</State>
        <ZipPostalCode>98055</ZipPostalCode>
        <Country>USA</Country>
        <AreaCode>425</AreaCode>
        <PhoneNumber>543-2345</PhoneNumber>
        <EmailAddress>Jeffery.Janes@somewhere.com</EmailAddress>
</Customer>
```

(c) 模式有效的XML文档

图 11.52　平展模式结构的示例

像图 11.52(a)这样的 XML 模式，有时候被称为平展的(flat)，因为所有的元素都在同一个层次上。图 11.52(b)是一个名为 XML Spy 的 XML 编辑工具画的图，它以图形化的方式说明了为什么这个模式是平展的。同时注意到可选的元素被显示为虚线框。图 11.52(c)包含了 CUSTOMER 表的一行。

仔细分析这些元素，将会发现它们的一些语义被忽略了。特别地，{Street，City，State，ZipPostalCode，Country}的组合构成了 Address，而{AreaCode，PhoneNumber}则构成了 Phone。在关系模型中，所有的字段都是平等的，无法表示这种组成关系。

而在 XML 中却可以表达这种组合。图 11.53(a)的模式把适当的字段组合成 complexType 类型的元素 AddressType 和 PhoneType，图 11.53(b)是这个模式的一个图形化显示，图 11.53(c)是一个 XML 文档按这种格式表达 CUSTOMER 中的一个记录。

这种形式的模式有时候被称为结构化模式，因为其中的元素是有结构的。这种模型包含了更多的语义，所以从描述能力的角度要优于关系模型。

注意，在这个结构化 XML 模式中，Customer 的 Address 和 Phone 仍然是可选的(允许空值)。这保持了 CUSTOMER 表中这些列的可选状态。但在 Address complexType{Street，City，State，ZipPostalCode}中则要求{NOT NULL}。类似地，在 Phone complexType，{AreaCode，Phone Number}是必需的。这些条件可以被读作“如果一个客户有 Address 数据，则其中必须包含街道地址、城市、州和邮政编码”，和“如果一个客户有 Phone 数据，则其中必须包含区号和电话号码”。

```xml
<?xml version="1.0" encoding="UTF-8"?>
<xs:schema xmlns:xs="http://www.w3.org/2001/XMLSchema" elementFormDefault="qualified"
attributeFormDefault="unqualified">
    <xs:complexType name="AddressType">
        <xs:sequence>
            <xs:element name="Street" type="xs:string"/>
            <xs:element name="City" type="xs:string"/>
            <xs:element name="State" type="xs:string"/>
            <xs:element name="ZipPostalCode" type="xs:string"/>
            <xs:element name="Country" type="xs:string" minOccurs="0"/>
        </xs:sequence>
    </xs:complexType>
    <xs:complexType name="PhoneType">
        <xs:sequence>
            <xs:element name="AreaCode" type="xs:string"/>
            <xs:element name="PhoneNumber" type="xs:string"/>
        </xs:sequence>
    </xs:complexType>
    <xs:element name="Customer">
        <xs:annotation>
            <xs:documentation>
                This is the structured XML Schema for the VRG CUSTOMER table
            </xs:documentation>
        </xs:annotation>
        <xs:complexType>
            <xs:sequence>
                <xs:element name="CustomerID" type="xs:int"/>
                <xs:element name="LastName" type="xs:string"/>
                <xs:element name="FirstName" type="xs:string"/>
                <xs:element name="Address" type="AddressType" minOccurs="0"/>
                <xs:element name="Phone" type="PhoneType" minOccurs="0"/>
                <xs:element name="EmailAddress" type="xs:string" minOccurs="0"/>
            </xs:sequence>
        </xs:complexType>
    </xs:element>
</xs:schema>
```

(a) 结构化XML模式

图 11.53 结构化模式的示例

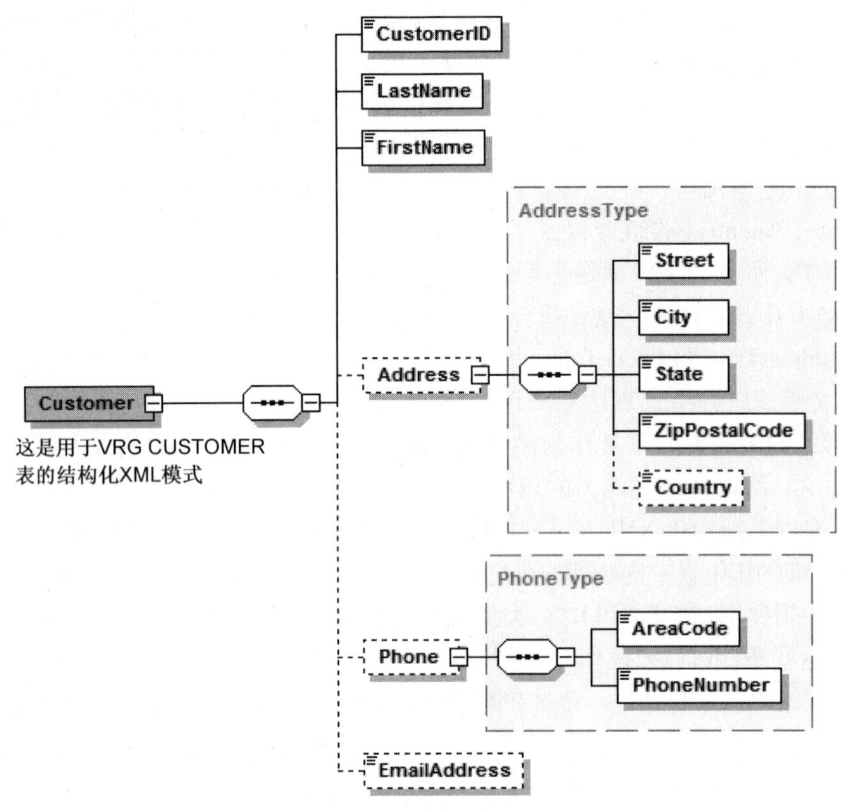

(b) 图形化表示的模式结构

```
<?xml version="1.0" encoding="UTF-8"?>
<Customer xmlns:xsi="http://www.w3.org/2001/XMLSchema-instance"
xsi:noNamespaceSchemaLocation="C:\inetpub\wwwroot\DBP\VRG\DBP-e13-Figure-12-08-A.xsd">
    <CustomerID>1000</CustomerID>
    <LastName>Janes</LastName>
    <FirstName>Jeffery</FirstName>
    <Address>
        <Street>123 W. Elm St.</Street>
        <City>Renton</City>
        <State>WA</State>
        <ZipPostalCode>98055</ZipPostalCode>
        <Country>USA</Country>
    </Address>
    <Phone>
        <AreaCode>425</AreaCode>
        <PhoneNumber>543-2345</PhoneNumber>
    </Phone>
    <EmailAddress>Jeffery.Janes@somewhere.com</EmailAddress>
</Customer>
```

(c) 模式有效的文档

图 11.53(续)　结构化模式的示例

11.10.4　全局元素

假设需要用一个 XML 模式表示一个文档，扩展图 11.53 的客户数据以包括指定给这个客户的销售人员。并且假设客户和销售人员都有地址和电话号码数据。可以用目前了解的技术来表示这种新的客户数据结构，但如果这样做，就会产生电话号码和地址的重复定义。

在关系模型中的数据冗余所引起的主要问题是可能存在修改一份数据时没有修改另一份

数据所导致的数据不一致，而文件空间的浪费则不是主要问题。类似地，在文档处理中，重复的元素定义就可能导致修改所引起的不一致。为了消除重复定义，如图 11.54 所示，元素可以被定义为全局的并可以被重复使用。

例如，图 11.54(a)中的地址就被定义为一个全局元素 AddressType，电话数据被定义为一个全局元素 PhoneType。按照 XML 模式的标准，这些是全局元素，因为它们在顶层模式中。

进一步在图 11.54(a)看到 Customer 和 Customer 中的 Salesperson 都使用了 AddressType 和 PhoneType 的全局定义，它们用 type = " AddressType" 这样的标记引用。通过使用这些全局定义，如果 PhoneType 或 AddressType 被改变了，Customer 和 Salesperson 都会继承这种改变。

```
<?xml version="1.0" encoding="UTF-8"?>
<xs:schema xmlns:xs="http://www.w3.org/2001/XMLSchema" elementFormDefault="qualified"
attributeFormDefault="unqualified">
    <xs:complexType name="AddressType">
        <xs:sequence>
            <xs:element name="Street" type="xs:string"/>
            <xs:element name="City" type="xs:string"/>
            <xs:element name="State" type="xs:string"/>
            <xs:element name="ZipPostalCode" type="xs:string"/>
            <xs:element name="Country" type="xs:string" minOccurs="0"/>
        </xs:sequence>
    </xs:complexType>
    <xs:complexType name="PhoneType">
        <xs:sequence>
            <xs:element name="AreaCode" type="xs:string"/>
            <xs:element name="PhoneNumber" type="xs:string"/>
        </xs:sequence>
    </xs:complexType>
    <xs:element name="Customer">
        <xs:annotation>
            <xs:documentation>
                This is the structured XML Schema for the VRG database with SALESPERSON added
            </xs:documentation>
        </xs:annotation>
        <xs:complexType>
            <xs:sequence>
                <xs:element name="CustomerID" type="xs:int"/>
                <xs:element name="LastName" type="xs:string"/>
                <xs:element name="FirstName" type="xs:string"/>
                <xs:element name="Address" type="AddressType" minOccurs="0"/>
                <xs:element name="Phone" type="PhoneType" minOccurs="0" maxOccurs="3"/>
                <xs:element name="EmailAddress" type="xs:string" minOccurs="0"/>
                <xs:element name="Salesperson">
                    <xs:complexType>
                        <xs:sequence>
                            <xs:element name="SalespersonID" type="xs:int"/>
                            <xs:element name="LastName" type="xs:string"/>
                            <xs:element name="FirstName" type="xs:string"/>
                            <xs:element name="Address" type="AddressType"/>
                            <xs:element name="Phone" type="PhoneType"/>
                        </xs:sequence>
                    </xs:complexType>
                </xs:element>
            </xs:sequence>
        </xs:complexType>
    </xs:element>
</xs:schema>
```

(a) 带有PhoneType全局元素的模式文档

图 11.54 使用全局元素的模式示例

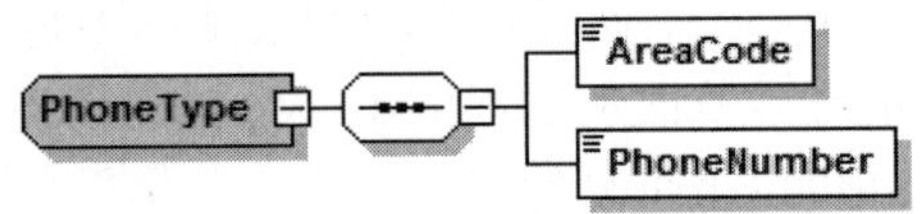

(b) 图形化表示的PhoneType全局元素

Customer
这是用于加入了SALESPERSON的VRG数据库的结构化XML模式
CustomerID
LastName
FirstName
Address
PhoneType
Phone
AreaCode
PhoneNumber
EmailAddress
SalespersonID
LastName
FirstName
Salesperson
Address
PhoneType
Phone
1..3
AreaCode
PhoneNumber

(c) 图形化表示的模式结构

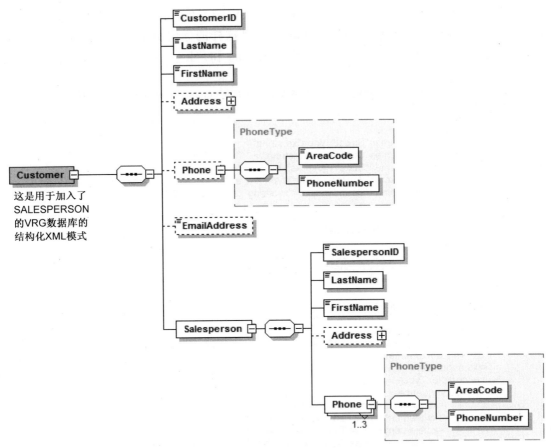

图 11.54(续) 使用全局元素的模式示例

图中的另一个改变是 Customer 中的 Phone 的基数被设为 1.3。这表示至少需要一个 Phone，但至多只能有 3 个 Phone。正如第 5 章所示，在实体联系模型中表示这样的多值属性需要定义一个 ID 依赖的实体，这个实体会在随后被转换为关系模型中的一个表。这里忽略这个问题。在这里包含这个表示是为了让读者看到在 XML 模式中的多值元素是怎样文档化的。

图 11.54(b)是 PhoneType 全局元素在 XML Spy 中的图形化表示，图 11.54(c)说明 Customer 和 Salesperson 引用 PhoneType 的方法。

BY THE WAY 在第 7 章中说明，在第 10、10A、10B 和 10C 章使用的 VRG 表结构中没有定义 SALESPERSON 表。而图 12.9 中的 XML 模式则建议了怎样向 VRG 数据库中加入一个 SALESPERSON 表。

11.11　利用数据库数据建立 XML 文档

Oracle, SQL Server 和 MySQL 都能利用数据库数据生成 XML 文档。Oracle 的 XML 特征需要使用 Java 语言。由于读者并不一定熟悉 Java 语言，本章不对这些特征做进一步讨论。对于 Java 程序员，可以从 http://www.oracle.com/上得到更多有关 Oracle 的 XML 特征的信息。

Oracle, SQL Server 和 MySQL 的有关功能都正处于快速发展阶段。SQL Server 的 7.0 版本在 SQL SELECT 语法中加入了表达式 FOR XML，这种表示也被包含在 SQL Server 2000 中。在 2002 年，SQL Server 开发小组通过 SQLXML 扩展了 SQL Server 功能，它不同于 ADO .NET。所有这些特征和功能都合并在 SQL Server 2005 中并且在 SQL Server 2008、2008 R2 以及 2012 中得到延续。

11.11.1　SELECT…FOR XML

SQL Server 2012 用 SELECT…FOR XML 语句处理 XML。考虑以下的 SQL 语句：

```
/* *** SQL-Query-CH11-01 *** */
SELECT    *
FROM      ARTIST
    FOR   XML RAW;
```

表达式 FOR XML RAW 告诉 SQL Server 把字段的值作为属性放在 XML 文档中。图 11.55(a)是这个语句在 Microsoft SQL Server Management Studio 中的样子。查询的结果显示在一个单元中，点击这个单元显示图 11.55(b)中的结果。正如预期，每个字段将作为 row 元素的一个属性。完整的输出(编辑为在一个 XML 文档中显示的样子)图 11.55(c)所示(删除了属性值中的多余空格)。

也可以通过 FOR XML AUTO, ELEMENTS 让 SQL Server 把字段的值放在元素而不是属性中。例如，可以用以下语句显示 ARTIST 表中的数据。

```
/* *** SQL-Query-CH11-02 *** */
SELECT    *
FROM      ARTIST
    FOR   XML AUTO, ELEMENTS;
```

图 11.56(a)是这个语句在 Microsoft SQL Server Management Studio 中的样子。图 11.56(b)是在分页的窗口上显示的完整的结果。这里每个属性值都是一个独立的元素。完整的输出(编辑为在一个 XML 文档中显示的样子)如图 11.56(c)所示(增加了 MyData 标记以包含整个数据集)。图 11.56(d)是这个文档的 XML 模式，图 11.56(e)是这个 XML 模式的图形表示。

开发者可以使用 FOR XML EXPLICIT 让 SQL Server 把一些字段放在元素中，把另一些字段放在属性中。例如，可以把除代理键外的所有字段放在元素中，而把所有的代理键放在属性中。因为代理键对于用户没有意义，所以可以被看作是元数据。实现的方法不在本章讨论范围之内，可以参考 http://msdn.microsoft.com/en-us/library/ms178107.aspx 上的 SQL Server 文档的 FOR XML EXPLICIT 得到更多的信息。

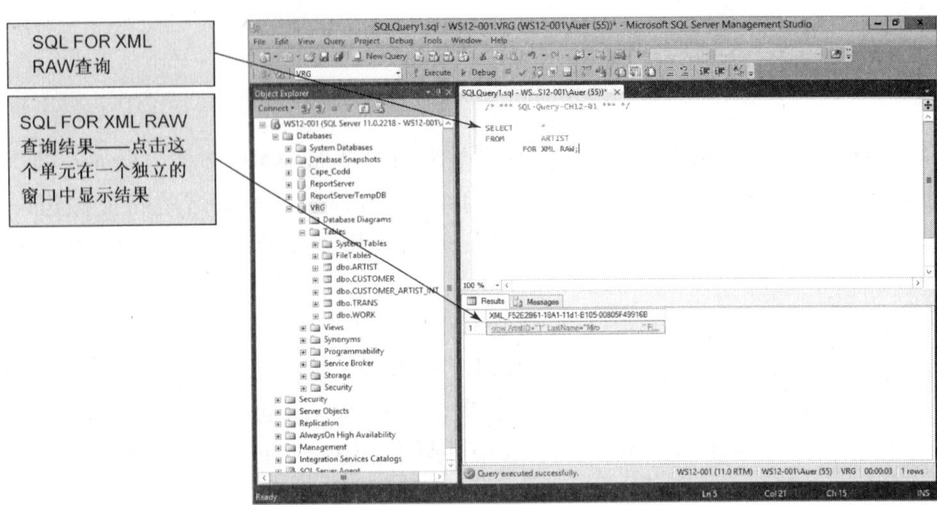

(a) FOR XML RAW查询

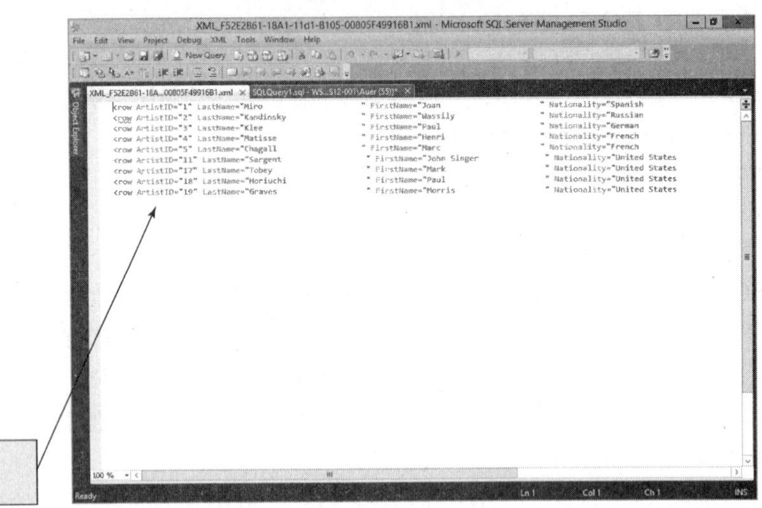

(b) 在Microsoft SQL Server Management Studio中显示的FOR XML RAW 的结果

```
<row ArtistID="1" LastName="Miro" FirstName="Joan"
        Nationality="Spanish"    DateOfBirth="1893" DateDeceased="1983" />
<row ArtistID="2" LastName="Kandinsky" FirstName="Wassily"
        Nationality="Russian " DateOfBirth="1866" DateDeceased="1944" />
<row ArtistID="3" LastName="Klee" FirstName="Paul"
        Nationality="German" DateOfBirth="1879" DateDeceased="1940" />
<row ArtistID="4" LastName="Matisse" FirstName="Henri"
        Nationality="French" DateOfBirth="1869" DateDeceased="1954" />
<row ArtistID="5" LastName="Chagall" FirstName="Marc"
        Nationality="French" DateOfBirth="1887" DateDeceased="1985" />
<row ArtistID="11" LastName="Sargent" FirstName="John Singer"
        Nationality="United States" DateOfBirth="1856" DateDeceased="1925" />
<row ArtistID="17" LastName="Tobey" FirstName="Mark"
        Nationality="United States" DateOfBirth="1890" DateDeceased="1976" />
<row ArtistID="18" LastName="Horiuchi" FirstName="Paul"
        Nationality="United States" DateOfBirth="1906" DateDeceased="1999" />
<row ArtistID="19" LastName="Graves" FirstName="Morris"
        Nationality="United States" DateOfBirth="1920" DateDeceased="2001" />
<row ArtistID="20" LastName="Anderson" FirstName="Guy"
        Nationality="United States" />
```

(c) XML文档表示的FOR XML RAW的结果

图 11.55　FOR XML RAW 示例

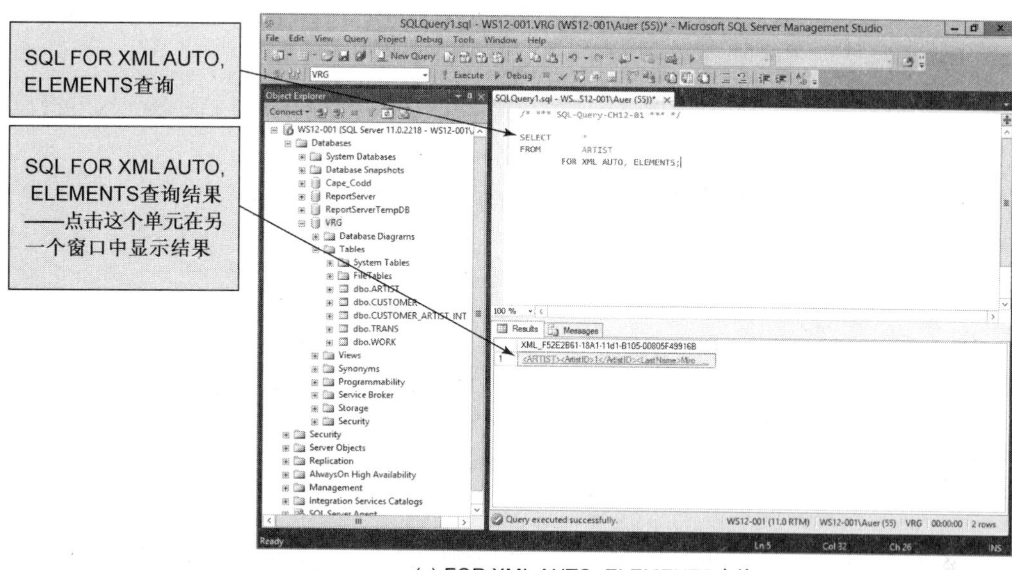

(a) FOR XML AUTO, ELEMENTS查询

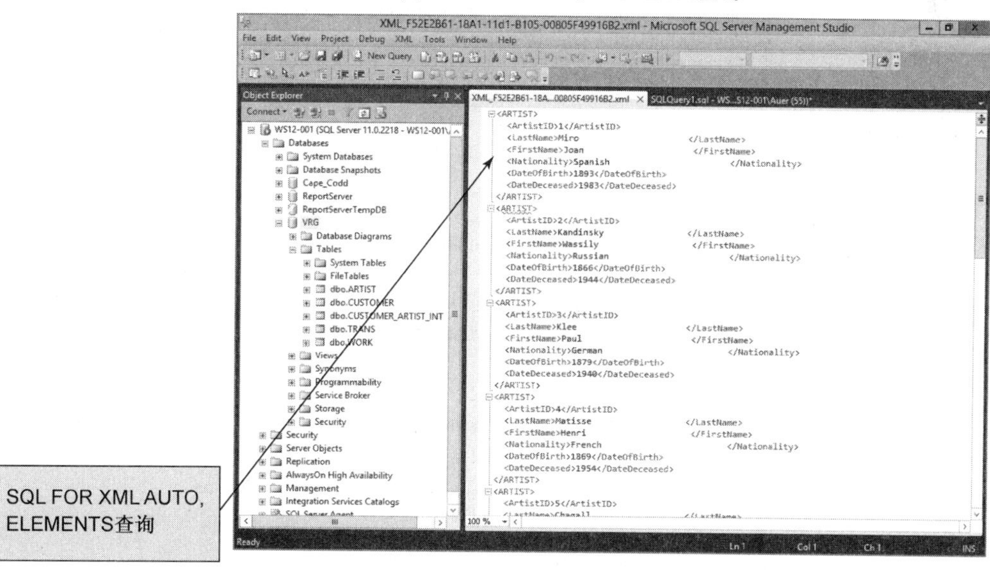

(b) 在Microsoft SQL Server Management Studio中显示的FOR XML AUTO, ELEMENTS的结果

```
<?xml version="1.0" encoding="UTF-8"?>
<MyData xmlns:xsi="http://www.w3.org/2001/XMLSchema-instance"
xsi:noNamespaceSchemaLocation="C:\inetpub\wwwroot\DBP\VRG\DBP-e13-Figure-12-11-D.xsd">
    <ARTIST>
        <ArtistID>1</ArtistID>
        <LastName>Miro                    </LastName>
        <FirstName>Joan                   </FirstName>
        <Nationality>Spanish                  </Nationality>
        <DateOfBirth>1893</DateOfBirth>
        <DateDeceased>1983</DateDeceased>
    </ARTIST>
    <ARTIST>
        <ArtistID>2</ArtistID>
        <LastName>Kandinsky               </LastName>
```

图 11.56　FOR XML AUTO, ELEMENTS 的例子

```
        <FirstName>Wassily              </FirstName>
        <Nationality>Russian              </Nationality>
        <DateOfBirth>1866</DateOfBirth>
        <DateDeceased>1944</DateDeceased>
    </ARTIST>
    <ARTIST>
        <ArtistID>3</ArtistID>
        <LastName>Klee              </LastName>
        <FirstName>Paul              </FirstName>
        <Nationality>German              </Nationality>
        <DateOfBirth>1879</DateOfBirth>
        <DateDeceased>1940</DateDeceased>
    </ARTIST>
    <ARTIST>
        <ArtistID>4</ArtistID>
        <LastName>Matisse              </LastName>
        <FirstName>Henri              </FirstName>
        <Nationality>French              </Nationality>
        <DateOfBirth>1869</DateOfBirth>
        <DateDeceased>1954</DateDeceased>
    </ARTIST>
    <ARTIST>
        <ArtistID>5</ArtistID>
        <LastName>Chagall              </LastName>
        <FirstName>Marc              </FirstName>
        <Nationality>French              </Nationality>
        <DateOfBirth>1887</DateOfBirth>
        <DateDeceased>1985</DateDeceased>
    </ARTIST>
    <ARTIST>
    <ArtistID>11</ArtistID>
        <LastName>Sargent              </LastName>
        <FirstName>John Singer              </FirstName>
        <Nationality>United States              </Nationality>
        <DateOfBirth>1856</DateOfBirth>
        <DateDeceased>1925</DateDeceased>
    </ARTIST>
    <ARTIST>
        <ArtistID>17</ArtistID>
        <LastName>Tobey              </LastName>
        <FirstName>Mark              </FirstName>
        <Nationality>United States              </Nationality>
        <DateOfBirth>1890</DateOfBirth>
        <DateDeceased>1976</DateDeceased>
    </ARTIST>
    <ARTIST>
        <ArtistID>18</ArtistID>
        <LastName>Horiuchi              </LastName>
        <FirstName>Paul              </FirstName>
        <Nationality>United States              </Nationality>
        <DateOfBirth>1906</DateOfBirth>
        <DateDeceased>1999</DateDeceased>
    </ARTIST>
    <ARTIST>
    <ArtistID>19</ArtistID>
        <LastName>Graves              </LastName>
        <FirstName>Morris              </FirstName>
        <Nationality>United States              </Nationality>
        <DateOfBirth>1920</DateOfBirth>
        <DateDeceased>2001</DateDeceased>
    </ARTIST>
    <ARTIST>
        <ArtistID>20</ArtistID>
        <LastName>Anderson              </LastName>
        <FirstName>Guy              </FirstName>
        <Nationality>United States              </Nationality>
    </ARTIST>
</MyData>
```

(c) XML文档表示的FOR XML AUTO, ELEMENTS的结果

图 11.56(续)　FOR XML AUTO, ELEMENTS 的例子

```
    <ARTIST>
        <ArtistID>17</ArtistID>
        <LastName>Tobey                  </LastName>
        <FirstName>Mark                 </FirstName>
        <Nationality>United States            </Nationality>
        <DateOfBirth>1890</DateOfBirth>
        <DateDeceased>1976</DateDeceased>
    </ARTIST>
    <ARTIST>
        <ArtistID>18</ArtistID>
        <LastName>Horiuchi               </LastName>
        <FirstName>Paul                 </FirstName>
        <Nationality>United States            </Nationality>
        <DateOfBirth>1906</DateOfBirth>
        <DateDeceased>1999</DateDeceased>
    </ARTIST>
    <ARTIST>
    <ArtistID>19</ArtistID>
        <LastName>Graves                 </LastName>
        <FirstName>Morris               </FirstName>
        <Nationality>United States           </Nationality>
        <DateOfBirth>1920</DateOfBirth>
        <DateDeceased>2001</DateDeceased>
    </ARTIST>
    <ARTIST>
        <ArtistID>20</ArtistID>
        <LastName>Anderson               </LastName>
        <FirstName>Guy                  </FirstName>
        <Nationality>United States           </Nationality>
    </ARTIST>
</MyData>
```

(d) XML模式

```
<?xml version="1.0" encoding="UTF-8"?>
<xs:schema xmlns:xs="http://www.w3.org/2001/XMLSchema" elementFormDefault="qualified"
attributeFormDefault="unqualified">
    <xs:element name="MyData">
        <xs:annotation>
            <xs:documentation>
                This is the XML Schema document for the VRG ARTIST table
            </xs:documentation>
        </xs:annotation>
        <xs:complexType>
            <xs:sequence>
                <xs:element name="ARTIST" maxOccurs="unbounded">
                    <xs:complexType>
                        <xs:sequence>
                            <xs:element name="ArtistID" type="xs:int"/>
                            <xs:element name="LastName"/>
                            <xs:element name="FirstName"/>
                            <xs:element name="Nationality"/>
                            <xs:element name="DateOfBirth" minOccurs="0"/>
                            <xs:element name="DateDeceased" minOccurs="0"/>
                        </xs:sequence>
                    </xs:complexType>
                </xs:element>
            </xs:sequence>
        </xs:complexType>
    </xs:element>
</xs:schema>
```

(e) XML模式的图形化表示

图 11.56(续) FOR XML AUTO, ELEMENTS 的例子

11.11.2 用 FOR XML 进行多表选择

FOR XML SELECT 并不局限于单表选择，也可以用于联接。例如，以下的联接产生 VRG 客户的一个列表以及他们感兴趣的艺术家：

```
/* *** SQL-Query-CH11-03 *** */
SELECT      CUSTOMER.LastName AS CustomerLastName,
            CUSTOMER.FirstName AS CustomerFirstName,
            ARTIST.LastName AS ArtistName
FROM        CUSTOMER,
            CUSTOMER_ARTIST_INT,
            ARTIST
WHERE       CUSTOMER.CustomerID = CUSTOMER_ARTIST_INT.CustomerID
    AND     CUSTOMER_ARTIST_INT.ArtistID = ARTIST.ArtistID
ORDER BY    CUSTOMER.LastName, ARTIST.LastName
    FOR     XML AUTO, ELEMENTS;
```

图 11.57(a)是这个查询在 Microsoft SQL Server Management Studio 中的样子，图 11.57(b)是显示在一个分页窗口中的完整的查询结果。图 11.57(c)为在一个 XML 文档中显示的查询结果。

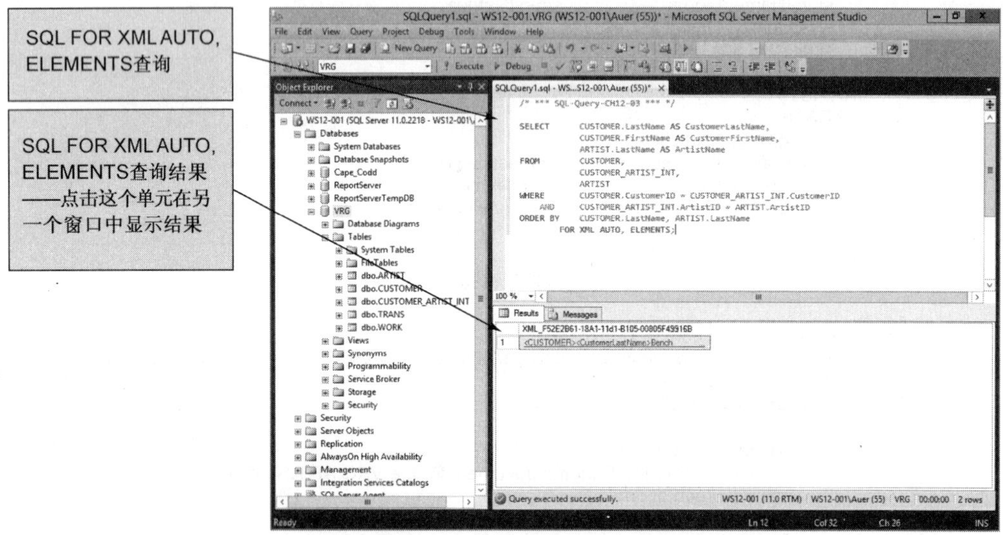

(a) FOR XML AUTO, ELEMENTS查询

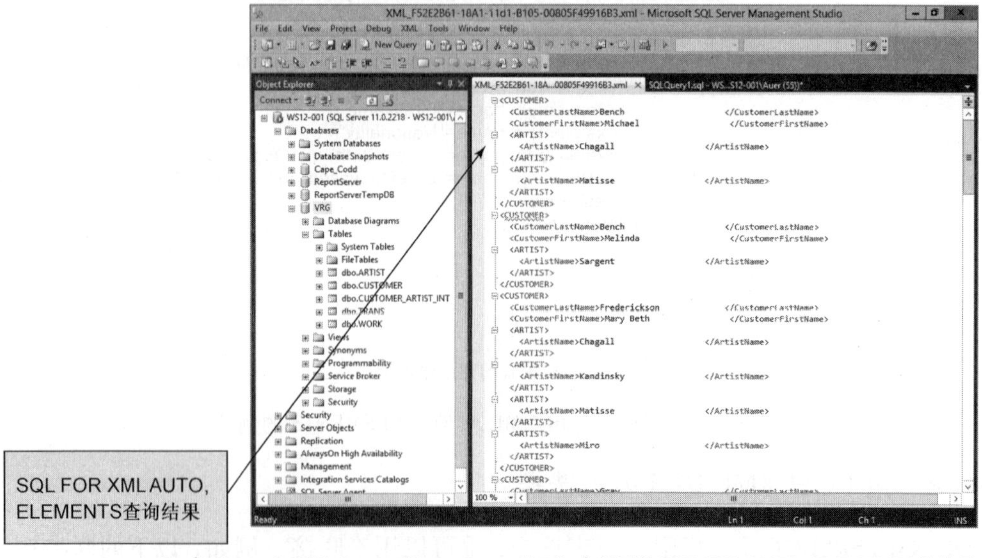

(b) 在Microsoft SQL Server Management Studio中显示的FOR XML AUTO, ELEMENTS的结果

图 11.57 显示 Customer and Aritist Interests 的 FOR XML AUTO，ELEMENTS 的例子

```
<?xml version="1.0" encoding="UTF-8"?>
<MyData xmlns:xsi="http://www.w3.org/2001/XMLSchema-instance"
xsi:noNamespaceSchemaLocation="C:\inetpub\wwwroot\DBP\VRG\DBP-e13-Figure-12-13-A.xsd">
    <CUSTOMER>
        <CustomerLastName>Baxendale            </CustomerLastName>
        <CustomerFristName>Richard             </CustomerFristName>
        <ARTIST>
            <ArtistName>Anderson           </ArtistName>
        </ARTIST>
        <ARTIST>
            <ArtistName>Graves             </ArtistName>
        </ARTIST>
        <ARTIST>
            <ArtistName>Horiuchi           </ArtistName>
        </ARTIST>
        <ARTIST>
            <ArtistName>Sargent            </ArtistName>
        </ARTIST>
        <ARTIST>
            <ArtistName>Tobey              </ArtistName>
        </ARTIST>
    </CUSTOMER>
    <CUSTOMER>
        <CustomerLastName>Bench                </CustomerLastName>
        <CustomerFirstName>Michael             </CustomerFirstName>
        <ARTIST>
            <ArtistName>Chagall            </ArtistName>
        </ARTIST>
        <ARTIST>
            <ArtistName>Matisse            </ArtistName>
        </ARTIST>
    </CUSTOMER>
    <CUSTOMER>
        <CustomerLastName>Bench                </CustomerLastName>
        <CustomerFirstName>Melinda             </CustomerFirstName>
        <ARTIST>
            <ArtistName>Sargent            </ArtistName>
        </ARTIST>
    </CUSTOMER>
    <CUSTOMER>
        <CustomerLastName>Frederickson         </CustomerLastName>
        <CustomerFirstName>Mary Beth           </CustomerFirstName>
        <ARTIST>
            <ArtistName>Chagall            </ArtistName>
        </ARTIST>
        <ARTIST>
            <ArtistName>Kandinsky          </ArtistName>
        </ARTIST>
      <ARTIST>
            <ArtistName>Matisse            </ArtistName>
        </ARTIST>
        <ARTIST>
            <ArtistName>Miro               </ArtistName>
        </ARTIST>
    </CUSTOMER>
    <CUSTOMER>
        <CustomerLastName>Gray                 </CustomerLastName>
        <CustomerFirstName>Donald              </CustomerFirstName>
        <ARTIST>
            <ArtistName>Graves             </ArtistName>
        </ARTIST>
        <ARTIST>
            <ArtistName>Horiuchi           </ArtistName>
```

图 11.57(续)　显示 Customer and Aritist Interests 的 FOR XML AUTO, ELEMENTS 的例子

```
    </ARTIST>
    <ARTIST>
        <ArtistName>Tobey                    </ArtistName>
    </ARTIST>
</CUSTOMER>
<CUSTOMER>
    <CustomerLastName>Janes                  </CustomerLastName>
    <CustomerFirstName>Jeffrey               </CustomerFirstName>
    <ARTIST>
        <ArtistName>Graves                   </ArtistName>
    </ARTIST>
    <ARTIST>
        <ArtistName>Horiuchi                 </ArtistName>
    </ARTIST>
    <ARTIST>
        <ArtistName>Tobey                    </ArtistName>
    </ARTIST>
</CUSTOMER>
<CUSTOMER>
    <CustomerLastName>Smathers               </CustomerLastName>
    <CustomerFirstName>Fred                  </CustomerFirstName>
    <ARTIST>
        <ArtistName>Graves                   </ArtistName>
    </ARTIST>
    <ARTIST>
        <ArtistName>Horiuchi                 </ArtistName>
    </ARTIST>
    <ARTIST>
        <ArtistName>Tobey                    </ArtistName>
    </ARTIST>
</CUSTOMER>
<CUSTOMER>
    <CustomerLastName>Smith                  </CustomerLastName>
    <CustomerFirstName>David                 </CustomerFirstName>
    <ARTIST>
        <ArtistName>Chagall                  </ArtistName>
    </ARTIST>
    <ARTIST>
        <ArtistName>Kandinsky                </ArtistName>
    </ARTIST>
    <ARTIST>
        <ArtistName>Matisse                  </ArtistName>
    </ARTIST>
    <ARTIST>
        <ArtistName>Miro                     </ArtistName>
    </ARTIST>
    <ARTIST>
        <ArtistName>Sargent                  </ArtistName>
    </ARTIST>
</CUSTOMER>
<CUSTOMER>
    <CustomerLastName>Twilight               </CustomerLastName>
    <CustomerFirstName>Tiffany               </CustomerFirstName>
    <ARTIST>
        <ArtistName>Graves                   </ArtistName>
    </ARTIST>
    <ARTIST>
        <ArtistName>Horiuchi                 </ArtistName>
    </ARTIST>
    <ARTIST>
        <ArtistName>Sargent                  </ArtistName>
    </ARTIST>
    <ARTIST>
```

图 11.57(续) 显示 Customer and Aritist Interests 的 FOR XML AUTO, ELEMENTS 的例子

```
            <ArtistName>Tobey                </ArtistName>
        </ARTIST>
    </CUSTOMER>
    <CUSTOMER>
        <CustomerLastName>Warning              </CustomerLastName>
        <CustomerFirstName>Selma               </CustomerFirstName>
        <ARTIST>
            <ArtistName>Chagall              </ArtistName>
        </ARTIST>
        <ARTIST>
            <ArtistName>Graves               </ArtistName>
        </ARTIST>
        <ARTIST>
            <ArtistName>Sargent              </ArtistName>
        </ARTIST>
    </CUSTOMER>
    <CUSTOMER>
        <CustomerLastName>Wilkens              </CustomerLastName>
        <CustomerFirstName>Chris             </CustomerFirstName>
        <ARTIST>
            <ArtistName>Graves               </ArtistName>
        </ARTIST>
        <ARTIST>
            <ArtistName>Horiuchi             </ArtistName>
        </ARTIST>
        <ARTIST>
            <ArtistName>Tobey                </ArtistName>
        </ARTIST>
    </CUSTOMER>
</MyData>
```

(c) XML文档表示的FOR XML AUTO, ELEMENTS的结果

图 11.57(续)　显示 Customer and Aritist Interests 的 FOR XML AUTO, ELEMENTS 的例子

SQL Server 按照数据库表在 FROM 子句中的顺序确定所生成的 XML 文档中元素的层次安排。这里顶层的元素是 CUSTOMER，下一个元素是 ARTIST。CUSTOMER_ARTIST_ INT 表则不出现在生成的文档中，因为这个表的字段不出现在 SELECT 中。

可以通过表达式 FOR XML AUTO, XMLDATA 让 SQL Server 在所生成的 XML 文档的头部产生 XML 模式语句。模式的生成涉及到本章以外的问题，因此不在这里讨论。

图 11.58(a)中的模式是对应图 11.57(c)的 XML 文档的。图 11.58(b)是这个模式的图形化表示。注意到 MyData 元素中的 CUSTOMER 元素的数量没有限制，而每个 CUSTOMER 又可以有无限个 ARTIST 元素，每一个对应一个感兴趣的艺术家。在这个图中，1..∞ 表示需要至少一个 CUSTOMER，但允许的数量没有上限。

11.11.3　用于客户购买的 XML 模式

假设现在需要产生一个包含所有客户购买数据的文档。为此需要进行 CUSTOMER，TRANS，WORK 和 ARTIST 的联接，从中选择适当的数据。以下是用 SQL 语句产生需要的数据：

```
/* *** SQL-Query-CH11-04 *** */
SELECT        CUSTOMER.LastName AS CustomerLastName,
              CUSTOMER.FirstName AS CustomerFirstName,
              TRANS.TransactionID, SalesPrice,
              WORK.WorkID, Title, Copy,
              ARTIST.LastName AS ArtistName
FROM          CUSTOMER, TRANS, [WORK], ARTIST
```

```
WHERE       CUSTOMER.CustomerID = TRANS.CustomerID
    AND     TRANS.WorkID = WORK.WorkID
    AND     WORK.ArtistID = ARTIST.ArtistID
ORDER BY    CUSTOMER.LastName, ARTIST.LastName
    FOR     XML AUTO, ELEMENTS;
```

图 11.59(a)是这个查询在 Microsoft SQL Server Management Studio 中的样子，图 11.59(b)是显示在一个分页窗口中的完整的查询结果。图 11.59(c)所示为在一个 XML 文档中显示的部分查询结果(因为这是一个非常长的 xml 文档)。

```
<?xml version="1.0" encoding="UTF-8"?>
<xs:schema xmlns:xs="http://www.w3.org/2001/XMLSchema" elementFormDefault="qualified"
attributeFormDefault="unqualified">
    <xs:element name="MyData">
        <xs:annotation>
            <xs:documentation>
                This XML Schema is for the VRG Customer Artist Interest data
                generated by an SQL XML FOR AUTO, ELEMENTS query
            </xs:documentation>
        </xs:annotation>
        <xs:complexType>
            <xs:sequence>
                <xs:element name="CUSTOMER" maxOccurs="unbounded">
                    <xs:complexType>
                        <xs:sequence>
                            <xs:element name="CustomerLastName"/>
                            <xs:element name="CustomerFirstName"/>
                            <xs:element name="ARTIST" minOccurs="0" maxOccurs="unbounded">
                                <xs:complexType>
                                    <xs:sequence>
                                        <xs:element name="ArtistName"/>
                                    </xs:sequence>
                                </xs:complexType>
                            </xs:element>
                        </xs:sequence>
                    </xs:complexType>
                </xs:element>
            </xs:sequence>
        </xs:complexType>
    </xs:element>
</xs:schema>
```

(a) XML模式

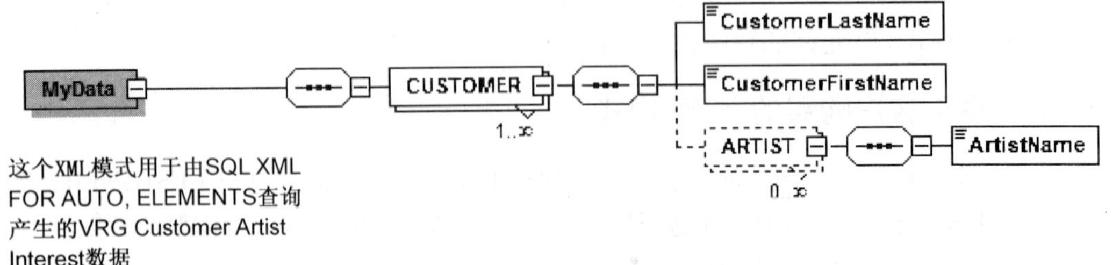

(b) XML模式的图形化表示

图 11.58 客户及艺术家兴趣

图 11.60(a)是这个 SQL 语句对应的 XML 模式的文档，图 11.60(b)是它的图形化视图。按照这个模式，每个 CUSTOMER 元素有 0 到无限个 TRANS 元素。一个 TRANS 元素只有一个 WORK 元素，而一个 WORK 元素则只有一个 ARTIST 元素。

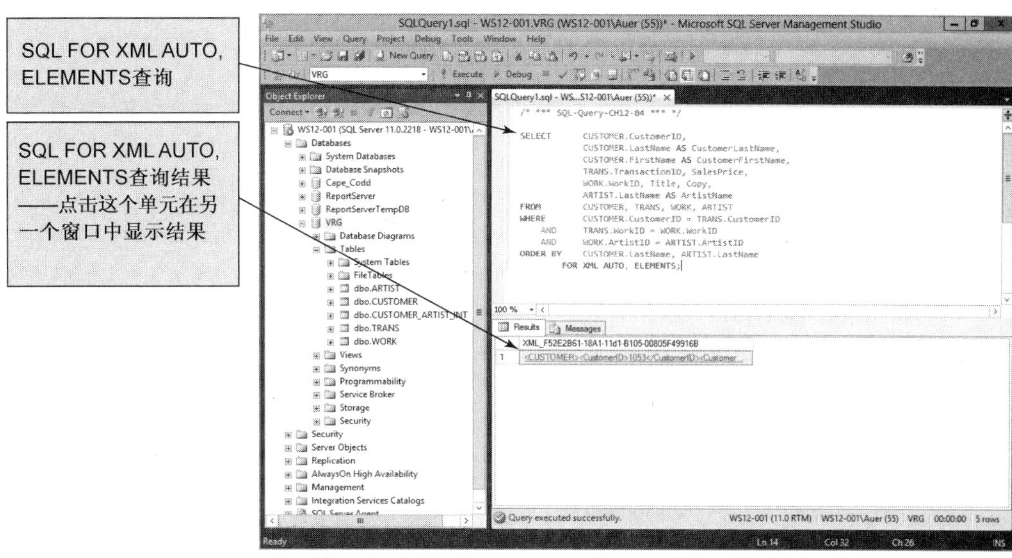

(a) FOR XML AUTO, ELEMENTS查询

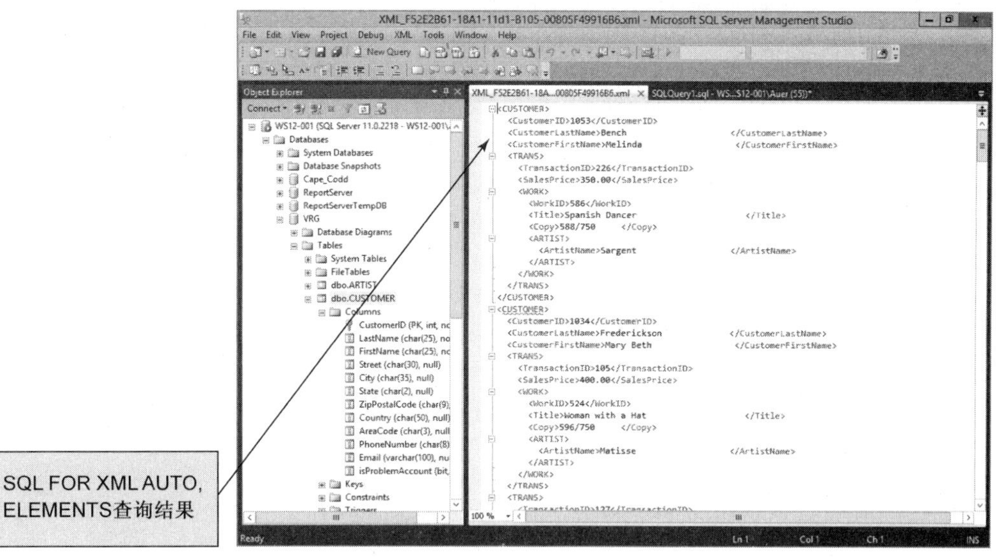

(b) 在Microsoft SQL Server Management Studio中显示的FOR XML AUTO, ELEMENTS的结果

```
<?xml version="1.0" encoding="UTF-8"?>
<MyData xmlns:xsi="http://www.w3.org/2001/XMLSchema-instance"
xsi:noNamespaceSchemaLocation="C:\inetpub\wwwroot\DBP\VRG\DBP-e13-Figure-12-15-A.xsd">
    <CUSTOMER>
        <CustomerID>1053</CustomerID>
        <CustomerLastName>Bench                 </CustomerLastName>
        <CustomerFirstName>Melinda              </CustomerFirstName>
        <TRANS>
            <TransactionID>229</TransactionID>
            <SalesPrice>475.00</SalesPrice>
            <WORK>
                <WorkID>589</WorkID>
                <Title>Color Foating in Time         </Title>
                 <Copy>487/500    </Copy>
                <ARTIST>
```

图 11.59　用 FOR XML AUTO, ELEMENTS 显示顾客购买情况

```
                <ArtistID>18</ArtistID>
                <ArtistName>Horiuchi              </ArtistName>
            </ARTIST>
        </WORK>
    </TRANS>
    <TRANS>
        <TransactionID>226</TransactionID>
        <SalesPrice>350.00</SalesPrice>
        <WORK>
            <WorkID>586</WorkID>
            <Title>Spanish Dancer              </Title>
            <Copy>588/750     </Copy>
            <ARTIST>
                <ArtistID>11</ArtistID>
                <ArtistName>Sargent              </ArtistName>
            </ARTIST>
        </WORK>
    </TRANS>
</CUSTOMER>
<CUSTOMER>
    <CustomerID>1034</CustomerID>
    <CustomerLastName>Frederickson              </CustomerLastName>
    <CustomerFirstName>Mary Beth              </CustomerFirstName>
    <TRANS>
        <TransactionID>105</TransactionID>
        <SalesPrice>400.00</SalesPrice>
        <WORK>
            <WorkID>524</WorkID>
            <Title>Woman with a Hat              </Title>
            <Copy>596/750     </Copy>
            <ARTIST>
                <ArtistID>4</ArtistID>
                <ArtistName>Matisse              </ArtistName>
            </ARTIST>
        </WORK>
    </TRANS>
    <TRANS>
    <TransactionID>127</TransactionID>
    <SalesPrice>400.00</SalesPrice>
    <WORK>
        <WorkID>553</WorkID>
        <Title>The Dance              </Title>
        <Copy>734/1000     </Copy>
        <ARTIST>
            <ArtistID>4</ArtistID>
            <ArtistName>Matisse              </ArtistName>
        </ARTIST>
    </WORK>
</TRANS>
<TRANS>
    <TransactionID>103</TransactionID>
    <SalesPrice>400.00</SalesPrice>
    <WORK>
        <WorkID>522</WorkID>
        <Title>La Lecon de Ski              </Title>
        <Copy>353/500     </Copy>
        <ARTIST>
            <ArtistID>1</ArtistID>
            <ArtistName>Miro              </ArtistName>
        </ARTIST>
    </WORK>
</TRANS>
</CUSTOMER>
```

(c) XML文档表示的FOR XML AUTO, ELEMENTS的部分结果

图 11.59(续) 用 FOR XML AUTO, ELEMENTS 显示顾客购买情况

11.11.4　一个具有两条多值路径的模式

假设现在需要构造一个具有所有 View Ridge 中的客户数据的 XML 文档。不可能通过一个单一的 SQL 语句构造出这样一个视图，因为其中有两条多值路径。需要由一个 SQL 语句取得所有客户的购买数据，另一个 SQL 语句取得所有的客户和感兴趣的艺术家。

但在 XML 模式中没有这种限制。XML 文档可以具有应用程序所需要的多个多值路径。在这里，所需要做的就是合并图 11.58(a)和图 11.60(a)的模式。在这里，也可以为每个基础表加入代理键。

```
<?xml version="1.0" encoding="UTF-8"?>
<xs:schema xmlns:xs="http://www.w3.org/2001/XMLSchema" elementFormDefault="qualified"
attributeFormDefault="unqualified">
    <xs:element name="MyData">
        <xs:annotation>
            <xs:documentation>
                This XML Schema is for the VRG Customer Purchase data generated
                by an SQL XML FOR AUTO, ELEMENTS query
            </xs:documentation>
        </xs:annotation>
        <xs:complexType>
            <xs:sequence>
                <xs:element name="CUSTOMER" maxOccurs="unbounded">
                    <xs:complexType>
                        <xs:sequence>
                            <xs:element name="CustomerID" type="xs:int"/>
                            <xs:element name="CustomerLastName"/>
                            <xs:element name="CustomerFirstName"/>
                            <xs:element name="TRANS" minOccurs="0" maxOccurs="unbounded">
                                <xs:complexType>
                                    <xs:sequence>
                                        <xs:element name="TransactionID" type="xs:int"/>
                                        <xs:element name="SalesPrice"/>
                                        <xs:element name="WORK">
                                            <xs:complexType>
                                                <xs:sequence>
                                                    <xs:element name="WorkID" type="xs:int"/>
                                                    <xs:element name="Title"/>
                                                    <xs:element name="Copy"/>
                                                    <xs:element name="ARTIST">
                                                        <xs:complexType>
                                                            <xs:sequence>
                                                                <xs:element name="ArtistID" type="xs:int"/>
                                                                <xs:element name="ArtistName"/>
                                                            </xs:sequence>
                                                        </xs:complexType>
                                                    </xs:element>
                                                </xs:sequence>
                                            </xs:complexType>
                                        </xs:element>
                                    </xs:sequence>
                                </xs:complexType>
                            </xs:element>
                        </xs:sequence>
                    </xs:complexType>
                </xs:element>
            </xs:sequence>
        </xs:complexType>
    </xs:element>
</xs:schema>
```

(a) XML模式

图 11.60　顾客购买情况

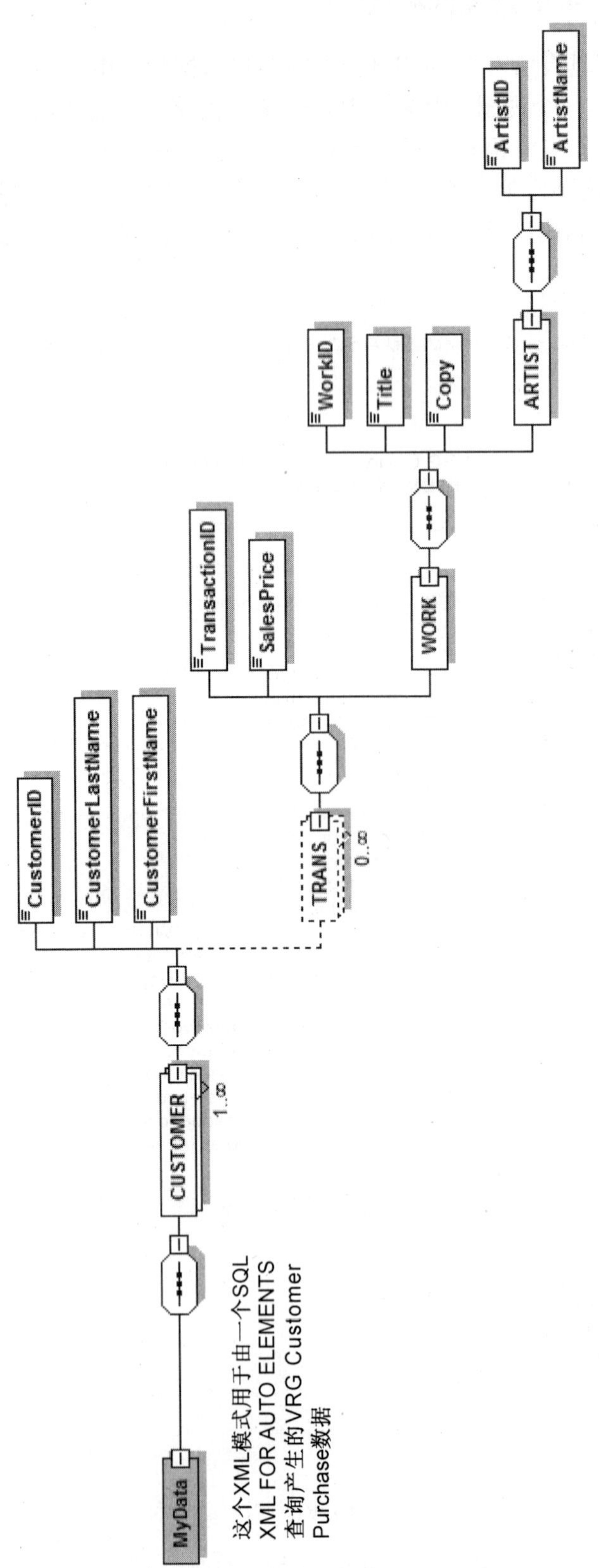

(b) XML模式的图形化表示

图11.60(续) 顾客购买情况

合并的结果(通过 XML Spy 的剪切和粘贴)显示在图 11.61 中。注意，图 11.61(b)中的 MyData 可以有一到无限个 CUSTOMER 元素，每个这样的元素可以有零到多个 TRANS 和零到多个 ArtistInterests 元素。这个模式中的所有简单元素都是必需的。

```
<?xml version="1.0" encoding="UTF-8"?>
<xs:schema xmlns:xs="http://www.w3.org/2001/XMLSchema" elementFormDefault="qualified"
attributeFormDefault="unqualified">
    <xs:element name="MyData">
        <xs:annotation>
            <xs:documentation>
                This XML Schema is for VRG Customer data with two multivalue paths
            </xs:documentation>
        </xs:annotation>
        <xs:complexType>
            <xs:sequence>
                <xs:element name="CUSTOMER" maxOccurs="unbounded">
                    <xs:complexType>
                        <xs:sequence>
                            <xs:element name="CustomerID" type="xs:int"/>
                            <xs:element name="LastName"/>
                            <xs:element name="FirstName"/>
                            <xs:element name="TRANS" minOccurs="0" maxOccurs="unbounded">
                                <xs:complexType>
                                    <xs:sequence>
                                        <xs:element name="TransactionID" type="xs:int"/>
                                        <xs:element name="SalesPrice"/>
                                        <xs:element name="WORK">
                                            <xs:complexType>
                                                <xs:sequence>
                                                    <xs:element name="WorkID" type="xs:int"/>
                                                    <xs:element name="Title"/>
                                                    <xs:element name="Copy"/>
                                                    <xs:element name="ARTIST">
                                                        <xs:complexType>
                                                            <xs:sequence>
                                                                <xs:element name="ArtistID" type="xs:int"/>
                                                                <xs:element name="LastName"/>
                                                                <xs:element name="FirstName"/>
                                                            </xs:sequence>
                                                        </xs:complexType>
                                                    </xs:element>
                                                </xs:sequence>
                                            </xs:complexType>
                                        </xs:element>
                                    </xs:sequence>
                                </xs:complexType>
                            </xs:element>
                           <xs:element name="ArtistInterests" minOccurs="0" maxOccurs="unbounded">
                               <xs:complexType>
                                   <xs:sequence>
                                       <xs:element name="ArtistID" type="xs:int"/>
                                       <xs:element name="LastName"/>
                                       <xs:element name="LastName"/>
                                       <xs:element name="Nationality"/>
                                       <xs:element name="DateOfBirth"" minOccurs="0"/>
                                       <xs:element name="DateDeceased"" minOccurs="0"/>
                                   </xs:sequence>
                               </xs:complexType>
                           </xs:element>
                        </xs:sequence>
                    </xs:complexType>
                </xs:element>
            </xs:sequence>
        </xs:complexType>
    </xs:element>
</xs:schema>
```

(a) XML模式

图 11.61　具有两个多值路径的 View Ridge Gallery Customer 视图

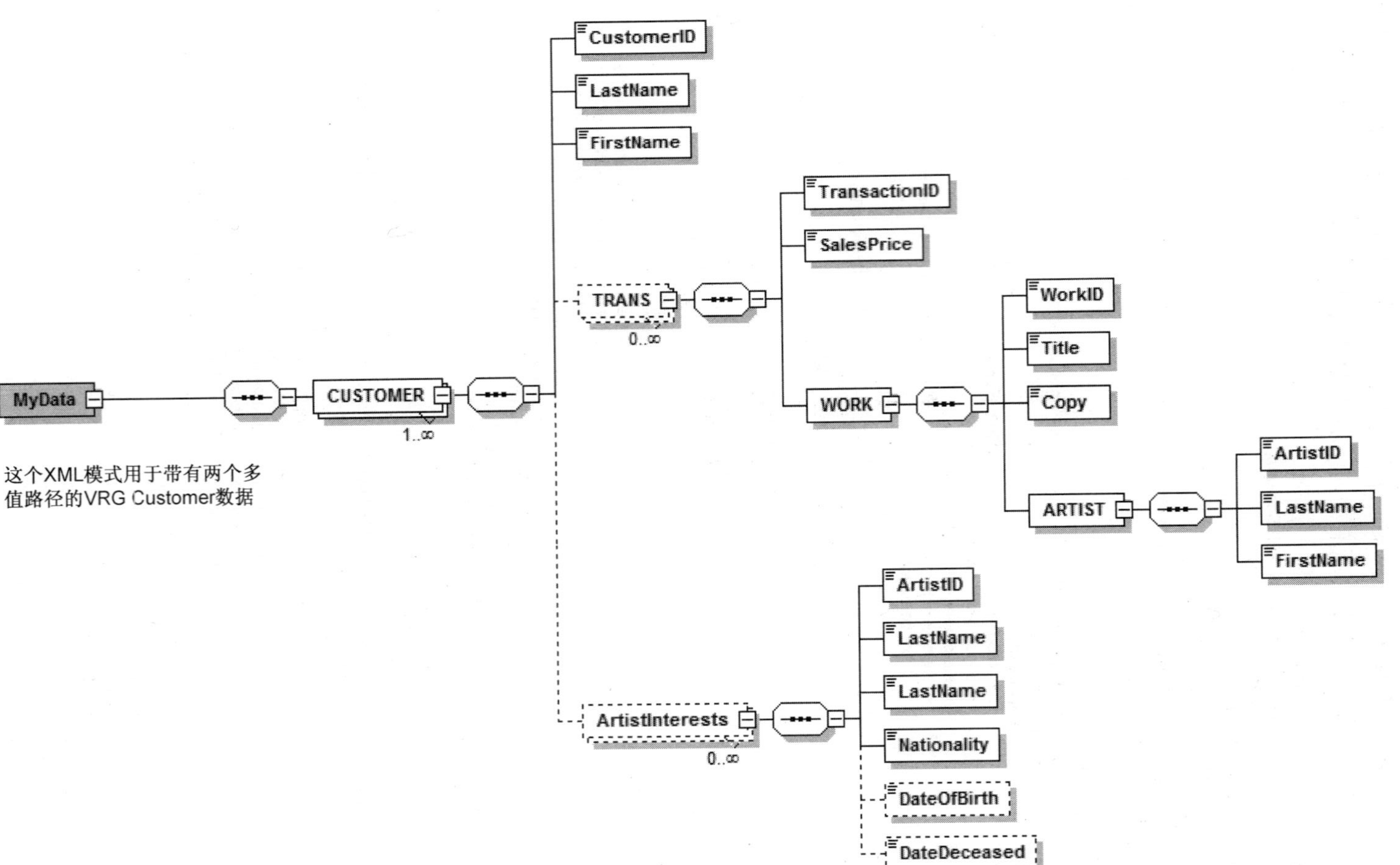

(b) XML模式的图形化表示

图11.61(续) 具有两个多值路径的View Ridge Gallery Customer视图

11.12 为什么 XML 很重要

现在读者已经了解了 XML 和 XML 标准的一些特点。XML 明确区分了文档的结构、内容和实化(materialization)。结构是通过 DTD 或一个 XML 模式文档定义的。内容则是通过 XML 文档表达的，而实化工作则是通过 XSL 文档实现的。SQL 语句可以被用于创建 XML 文档，但仅限于包含最多一条多值路径的文档。如果在文档中包含多个这样的路径，需要多个 SQL 语句按某种形式填充文档。

到这里，读者可能会问："这些都很有趣，但有什么用？为什么很重要？"答案是 XML 提供了标准的功能来描述、验证和实化任意一个数据库视图。

考虑 View Ridge 画廊。假设它需要与另一个画廊共享所有的客户数据，例如在一个联合销售计划中。如果它们都接受图 11.61 的 XML 模式，就可以按照这个模式准备客户数据文档。在发送一个文档之前，可以运行一个自动处理过程按这个模式验证文档的有效性。这样，只有正确的数据才能被发送。当然，这个过程对两个方向都有效。不仅 View Ridge 可以确保送出合法的文档；通过验证接收到的文档的有效性，可以确保其接收合法的文档。而且文档有效性验证的程序是公开存在而且免费的，不需要为验证工作开发程序。

另外，每个画廊可以开发它自己的 XSL 文档以按照需要的方式实化客户数据。View Ridge 可以开发一个 XSL 文档在客户的计算机上显示数据，另一个 XSL 文档在销售人员的计算机上显示数据，以及为在路上的艺术品购买者的移动设备上显示的 XSL 文档，等等。通过这些 XSL，无论来自哪个画廊的客户数据都可以被显示。

现在可以把这个想法从两个小企业拓展到一个产业。例如，假设房地产行业在房屋属性列表的 XML 模式文档上取得了一致，房地产公司可以按这个模式产生数据并互相交换。给定这个模式，每个公司可以确保传递的文档和接收的文档都是合法的。而且每个公司可以开发自己的 XSL 文档以按需要的方式实化房屋列表。一旦准备好了这些 XSL 文档，来自任意一个公司的列表都可以被本地公司实化。图 11.62 列出了一些行业正在制定的 XML 标准。

作为另一个例子，考虑正在发展中的 B2B 电子商务。假设沃尔玛需要按特定的标准格式向它的供应商发送订单并接收按另一种标准格式对这些订单的送货响应。为此，沃尔玛可以为订单开发一个 XML 模式，为送货单开发另一个 XML 模式。然后在供应商可访问的站点上发布这些 XML 模式。这样，所有的供应商都可以确定应该怎样从沃尔玛接收订单和返回送货通知。

这些模式可以由沃尔玛及其所有供应商共享，确保只发送和接收合法的 XML 文档。而且沃尔玛可以开发 XSL 文档把订单和送货单转换成其会计、运作、市场、总经理部门所需要的特定格式。

这些 XSL 文档对所有订单和送货单都有效。在所有这些情况下，一旦准备好了 XML 模式文档和 XSL 文档，所有的验证和实化都是自动处理的。从最初沃尔玛发出订单到供应商提供商品的整个过程都不需要任何人工干预。

现在还需要的就是按照相关 XML 模式提取数据库中的数据放入 XML 文档中。SQL 可以被用于为只有一条多值路径的模式提供数据，这个限制过于严格。像 ADO.NET 这样的更新的技术可以简化从数据库数据到 XML 文档数据的转换。SQL 也可以用于简化了从 XML 文档数据到数据库数据的转换。

行业类型	标准举例
会计	● 美国公共认证会计师协会(AICPA)：可扩展财务报告标记语言(XFRML)[OASIS 封面] ● 开放应用集团公司(OAG)
建筑	● 结构、工程和构造 XML 工作小组(aecXML 工作小组) ● ConSource.com：构造制造和发布可扩展标记语言(cmdXML)
汽车	● 汽车产业行动小组(AIAG) ● 全球汽车媒体 ● MSR：工程过程中的信息交换标准(MEDOC) ● 汽车工程师协会(SAE)：汽车业的 XML——SAE J2008 [OASIS 封面] ● 开放应用集团公司(OAG)
银行	● 银行业技术(BITS)：[OASIS 封面] ● 财务服务技术协会(FSTC)：银行 Internet 支付系统(BIPS)[OASIS 封面] ● 开放应用集团公司(OAG)
电子数据交换	● 电子数据交换标准协会(DISA)：[OASIS 封面] ● EEMA EDI/EC 工作小组[OASIS 封面] ● 标准化/信息标准化系统欧洲委员会(CEN/ISSS)；欧洲 XML/EDI 导引项目[OASIS 封面] ● XML/EDI 小组[OASIS 封面]
人力资源	● DataMain：人力资源标记语言(hrml) ● HR-XML 协会[OASIS 封面]：职位发布，候选人简介，个人简历 ● 开放应用集团公司(OAG)：开放应用集团公司(OAG)界面规范(OASIS)[OASIS 封面] ● Tapestry.NET：JOB 标记语言(JOB) ● 开放应用集团公司(OAG)
保险	● ACORD：财产和伤亡[OASIS 封面]，Life(XMLife)[OASIS 封面] ● Lexica：iLingo
房地产	● OpenMLS：房地产列表管理系统(OpenMLS)[OASIS 封面] ● 房地产交易标准工作小组(RETS)：房地产交易标准(RETS)[OASIS 封面]
软件	● IBM：[OASIS 封面] ● Flashline.com：软件部件文档 DTD ● Flashline.com ● INRIA：Koala Bean 标记语言(KBML)[OASIS 封面] ● Marimba 和 Microsoft：开放软件描述格式(OSD)[OASIS 封面] ● 对象管理小组(OMG)：[OASIS 封面]
工作流	● Internet 工程任务小组(IETF)：简单工作流访问协议(SWAP)[OASIS 封面] ● 工作流管理联盟(MfMC)：Wf-XML [OASIS 封面]

图 11.62　XML 行业标准举例

11.13　其他的 XML 标准

现在可以看出，XML 有一系列的标准。到目前为止，我们已经提到了 XML、XSL、XSLT 和 XML 模式，还有一些其他的 XML 标准。图 11.63 列出了读者可能遇到的一些标准。可以在 www.w3.org 和 www.xml.org 站点找到有关的标准、文档和指南。

除了已经讨论的 4 种标准外，XPath 是用于定位文档中元素的标准。图 11.49 中的表达式 <xsl:value-of-select = "name/lastname"/> 就是使用这个标准定位文档中的特定元素。XPath 包含了来自另一个标准 XPointer 的概念，XPointer 提供了一种引用其他文档中元素的精确方法。

标　　准	描　　述
XML	可扩展标记语言。一种标记语言
XSL	XSLT 样式表。为 XSLT 转换 XML 文档提供{匹配项，动作}和其他数据的文档
XSLT	一种程序(或过程)，通过把 XSLT 样式表应用于 XML 文档产生经过变换的 XML 文档
XSL Schema	一种符合 XML 规范的语言。用于约束 XML 文档的结构，是对 DTD 的扩展和替换。目前正处于开发阶段，对数据库处理非常重要
XPath	XSLT 的一个子语言，用于确定 XML 文档中需要转换的部分。也可用于计算和串操作
XPointer	连接两个文档的标准。XPath 的许多元素来源于 Xpointer
SAX	XML 的简单 API(应用程序接口)。是一种基于事件的解析器，在解析文档过程中每当遇到一个 XML 文档元素就会触发一个事件
DOM	文档对象模型。一种把 XML 文档表达为树形结构的 API。树的每个节点代表文档的一个片段。程序可以直接操纵 DOM 表示的每个节点
Xquery	把数据库查询表达为 XML 文档的标准。利用 XPath 表达查询结构，查询结果则表达为 XML 格式。目前正处于开发阶段，未来可能成为重要标准
XML Namespaces	为定义的集合分配术语的标准。X：Name 被解释为在名空间 X 中定义的元素 Name。Y：Name 被解释为在名空间 Y 中定义的元素 Name。用于区分名称

图 11.63　重要的 XML 标准

SAX 和 DOM 是解析 XML 文档的两种不同方法。解析的过程包括读入文档、把文档分解为元素，然后以各种方式处理这些分解后的部分，例如存放到数据库中。XML 也会根据 DTD 或模式验证文档的有效性。

为了使用 SAX API，一个 XSLT 处理器(或其他处理 XML 文档的程序)调用支持 SAX 的解析器并向它传递需要解析的文档名称。SAX 解析器处理文档并在遇到特定结构时回调 XSLT 中的对象。例如，一个 SAX 解析器可以在遇到一个新的元素时调用 XSLT 解析器，向其传递元素的名称、内容和其他相关项。

DOM API 则以另一种方式工作。一个支持 DOM 的解析器处理整个 XML 文档并创建一棵树来表示它。文档中的每个元素在树中表示为一个节点。XSLT 处理器可以调用 DOM 解析器，通过 XPath 或类似定位方法得到特定的元素。DOM 要求同时处理整个文档，对于大文档可能会需要大量的内存。如果这样，SAX 可能是个较好的选择。另一方面，如果需要同时访问整个文档的内容，就只能选择 DOM。

XQuery 是表示 XML 文档查询的新标准。可以把 XQuery 看作是 XML 文档的 SQL。一旦可用，将成为数据库/XML 领域的一个非常重要的标准。访问 www. w3. org/standards/xml/query 可了解关于 XQuery 的更多信息。

最后一个标准 XML Namespaces 非常重要，因为它被用来把不同的词汇合成到同一个 XML 模式中。它可以被用于定义和支持域(domain)并区别术语。需要后者是因为文档中可能包含形式相同但含义不同的术语。例如，假设“器具”这个术语有两种含义。这个术语的一种含义是指音乐器具，具有的子元素{制造商，型号，材料}的值为{Horner，Bflat Clarinet，Wood}；这个术语的另一个含义是电气器具，具有的子元素{制造商，型号，电压}的值为{RadioShack，Ohm-meter，12-volt}。这样一个文档的 XML 模式的作者可以为每种含义定义一个名空间。然后，为“器具”的每个含义所做的 complexType 定义可以用相应名空间的标签作为前缀，例如本文的模式文档中的标签 xsd。有更多有关 XML 名空间的内容，读者使用 XML 时无疑将可以学到更多知识。

XML 标准委员会继续开展着他们的重要工作，随着需求的上升会开发出更多的标准。现在正在开发的是安全标准。经常访问 www. w3. org 可以了解到更多的信息。

11.14 小结

因特网数据库应用所处的环境是丰富和复杂的。除了关系数据库，还有非关系数据库、VSAM 及其他文件处理数据、电子邮件、图像或声音这样的其他类型的数据。为了方便系统开发，人们制定了各种标准。ODBC 是为关系数据库制定的，OLE DB 标准针对的是关系以及其他数据库，而 ADO 则是为非面向对象程序员访问 OLE DB 数据开发的。

ODBC，即开放数据库连接标准，为 Web 服务器程序提供了一个以独立于 DBMS 的方式访问和处理关系数据源的接口。ODBC 由一个业界委员会制定并由微软和许多其他厂商实现。ODBC 包括应用程序、驱动程序管理器、DBMS 驱动程序和数据源。定义了单层和多层驱动程序。有三种类型的数据源：文件、系统和用户。Web 服务器上推荐使用系统数据源。定义系统数据源的过程包括指定驱动程序类型和要处理的数据库的标识。

微软 .NET 框架是微软的全面的应用开发环境，目前的版本是 .NET Framework 4.5。这是建立在 .NET Framework 2.0 和 .NET Framework 3.0(及其更新服务包)之上的。它包括 ADO.NET、ASP.NET、CLR 以及 Base Class Library。对 .NET Framework 3.5 特定的增强包括支持 EDM 和 LINQ 的 ADO.NET。.NET Framework 4.0 增加了 Parallel LINQ(PLINQ)和 Task Parallel Library(TPL)，.NET Framework 4.5 增加了对 Windows 8 Apps 的支持，包括 .NET for Windows Store Apps、Portable 类库和 Managed Extensibility Framework(MEF)。

OLE DB 是微软数据访问的基础。它实现了微软的 OLE 和 COM 标准，面向对象程序可以使用所提供的接口。OLE DB 把 DBMS 的特征和功能分配到对象中，方便了厂商实现部分功能。关键的对象术语是：抽象、方法、属性和集合。对象由说明对象特征的属性和对象可以执行的方法定义。集合是包含一组对象的一个对象。接口是一组对象及它们提供的属性和方法。在不同的接口中对象可以提供不同的属性和方法。一个实现定义了对象如何完成它的功能。实现对外界是不可见的，可以修改而不会对对象的用户造成影响。而接口则永远不应该改变。

表结构数据提供者以行集(Rowset)的方式提供数据。服务提供者把数据转换成另一种形式，它们既是数据消费者又是数据提供者。行集等同于游标，基本的行集接口是 IRowSet、IAccessor 和 IColumnsInfo。为更高级的功能定义了其他接口。

ADO.NET 是一个新的、增强的和大大扩展的 ADO 版本，是微软 .NET 的一部分。它包含了 ADO 和 OLE DB 的功能，但增加了很多。特别是在 XML 文档和关系数据库之间的转换功能。最重要的是，ADO.NET 引入了数据集概念，这是驻留内存的、全功能、独立的数据库。

一个 .NET 数据提供者是一个类库，提供 ADO.NET 服务。一个数据提供者的数据阅读器提供快速和前向的数据访问。一个 Command 对象可以以类似于 ADO 的经过改进的方式执行 SQL 或者调用存储过程。ADO.NET 的主要新概念是数据集。ADO.NET 数据集是不与常规数据库连接的内存数据库，但具有常规数据库的所有特性。数据集可以有多个表、联系、引用完整性规则、引用完整性动作、视图以及触发器的等价物。数据集中的表可以有代理关键字字段(称为自动增加字段)以及主键，可以声明为唯一的。

数据集不与它的来源数据库连接，而且它可能来源于多个由不同 DBMS 管理的数据库。在构造了一个数据集以后，可以很容易根据其内容和结构构造相应的 XML 文档和 XML Schema。而且，这个过程也是可逆的，可以根据 XML Schema 建立 DataSet 的结构，根据 XML 文档填充 DataSet 的内容。

需要通过数据集为处理数据库视图提供一个标准化的非专有的方法。这对于有多条多值路径的视图的处理尤其重要。数据集的一个潜在缺点是由于不与数据库连接，针对所访问数据库的任何更新必须用乐观锁。在发生冲突时，要么重新处理数据集，要么强行更新数据库导致更新丢失问题。

JDBC 是基于 Java 的替代 ODBC 和 ADO 访问数据库的程序。几乎每种 DBMS 产品都有 JDBC 驱动程序。类型 1 驱动程序在 Java 和 ODBC 之间提供桥接。类型 2 ~ 类型 4 驱动程序则完全基于 Java 开发。类型 2 驱动程序依赖于 DBMS 产品进行计算机之间的连接。类型 3 驱动程序把 JDBC 调用翻译为独立于 DBMS 的网络协议。类型 4 驱动程序把 JDBC 调用翻译为依赖于 DBMS 的网络协议。

一个 applet 是一个编译好的 Java 字节码程序通过 HTTP 传送到浏览器并通过 HTTP 协议调用。一个 servlet 是在服务器上被调用响应 HTTP 请求的 Java 程序。类型 3 和类型 4 驱动程序都可以用于 applet 和 servlet。类型 2 驱动程序只能用于 servlet，而且必须要求 DBMS 和 Web 服务器在同一台机器上或者 DBMS 供应商处理 Web 服务器和数据库服务器之间的通信。

使用 JDBC 有 4 个步骤：(1)装载驱动程序；(2)建立与数据库的连接；(3)建立一个语句；(4)执行这个语句。

Java 服务器页面(JSP)提供了使用 HTML(和 XML)以及 Java 创建动态 Web 页面的一种方法。JSP 为页面开发人员提供了全面的面向对象语言的能力。VBScript 和 JavaScript 都不能用于 JSP。JSP 被编译为独立于机器的字节码。

JSP 被编译为 HTTPServlet 的子类。这样，小段代码或完整的 Java 程序都可以被放在 JSP 中。为了使用 JSP，Web 服务器必须实现 Java Servlet 2.1 + 和 Java Server Pages 1.0 + 规范 Apache Tomcat，Jakarta 项目的一个开放源代码的产品实现了这些规范。Tomcat 可以与 Apache 一起运行，也可以作为一个单独的 Web 服务器用于测试目的。

使用 Tomcat(或其他 JSP 处理器)时，JDBC 驱动程序和 JSP 页面必须在指定的目录下。JSP 页面使用的所有 Java bean 也必须存放在特定的目录下。当请求一个 JSP 页面时，Tomcat 保证使用最新的页面。如果有更新的未编译的版本，Tomcat 将自动对其进行编译。同一时刻内存中的 JSP 页面数量是受限制的，JSP 页面请求是被作为 servlet 处理器的线程而不是独立进程执行的。需要时，JSP 页面中的 Java 代码可以装载编译好的 Java bean。

PHP(PHP:Hypertext Processor)是一种可以嵌入在 Web 页面中的脚本语言。PHP 非常普遍而且容易学习，可以在大多数 Web 服务器环境和大多数数据库一起工作。

创建复杂网页时，需要一个集成开发环境(IDE)。一个 IDE 为建立和维护 Web 页面提供了一个最强壮和用户友好的方法。微软的 Visual Studio、Java 的 NetBeans IDE，以及开源的 Eclipse IDE 都是很好的 IDE。Eclipse 提供了一个框架可以通过增加不同的附件修改用于不同的目的。对于 PHP，有一个称为 Eclipse PDT 项目的对 Eclipse 的修改是专门提供的 PHP 开发环境。

PHP 现在包括面向对象特征和 PHP 数据对象(PDO)，它能够把 Web 页与数据库连接。

数据库处理技术和文档处理技术的融合是目前信息系统技术最重要的发展之一。这两种技术互相需要。数据库处理需要利用文档处理领域的思想用于数据库视图的表示和实化(materialization)。文档处理需要利用数据库进行数据的持久保存。

SGML 对于文档处理领域的重要性就像关系模型对于数据库领域的重要性一样。XML 是由数据库处理和文档处理领域的人员合作开发的一系列标准。XML 提供标准化并且可自定义的方法来描述文档内容。XML 文档可以从数据库数据自动生成，也可以从 XML 文档中自动提取数据库数据。

虽然 XML 可以被用于实化 Web 页面，但这是它最不重要的应用。更重要的应用在于描述、表示和实化数据库视图。XML 是数据库处理的前沿技术，应该经常访问 www. w3. org 和 www. xml. org 以了解最新的发展。

XML 是比 HTML 更好的一种标记语言，主要是因为 XML 明确区分了文档结构、内容和实化。XML 中符号的含义必须是明确的。

描述 XML 文档的内容可以有两种方法：文档类型描述(DTD)和 XML 模式。符合对应的 DTD 的 XML 文档是类型有效的文档。一个文档可以是格式完善(wellformed)的但不是类型有效的，要么因为它与对应的 DTD 不一致，要么因为它没有 DTD。

对一个 XML 文档的转换是通过一个 XSLT 处理器对这个 XML 文档应用一个 XSL 文档实现的。常见的转换是把 XML 文档转换为 HTML 格式。将来其他的转换将变得更加重要。例如，可以编写 XSL 文档把相同的订单文档转换为不同部门需要的格式，例如销售部、会计部和产品部。XSLT 处理是面向上下文的，给定一个特定的上下文，当遇到一个特定项时就会采取相应的动作。现在的大多数浏览器都有内置的 XSLT 处理器。

XML 模式是描述 XML 文档的一个标准。可以用于定义客户词汇。符合它们模式的 XML 文档被称为模式有效的(schema-valid)。不同于 DTD，XML 模式文档本身是 XML 文档，可以针对由 W3C 指定它们的模式验证有效性。

模式包含元素和属性。有两种类型的元素：简单元素和复杂元素。简单元素只有一个数据值。ComplexType 元素中可以嵌套多个元素。ComplexType 元素也可以有属性。包含在 ComplexType 中的元素可以是简单的也可以是其他 ComplexType 元素。ComplexType 元素还可以定义元素的顺序。一个好的原则是用元素表示数据，属性表示元数据，虽然这并不是 XML 标准的一部分。

XML 模式(和文档)可以有不限于表的字段的更多的结构。可以定义像 Phone 和 Address 这样的组。所有元素都在同一层次上的模式是平展模式。定义了像 Phone 和 Address 这样的更小的组的模式是结构模式。为了避免重复定义，可以定义全局元素。避免重复是因为当修改了一个定义而没有修改另一个时存在定义不一致的风险。

SQL Server、Oracle 和 MySQL 可以从数据库数据中产生 XML 文档。Oracle 要求使用 Java，访问 www. Oracle. com 可以了解到更多的信息。SQL Server 支持在 SQL 选择语句上加上 FOR XML 表达式的方式。FOR XML 可以用于产生把所有数据表达为属性的 XML 文档；或者也可以把所有数据表达为元素。FOR XML 也可以产生 XML 模式文档或 XML 文档。利用 FOR XML EXPLICIT，开发人员可以把一些字段放在元素中，另一些放在属性中。

当进行多表选择时，FOR XML 处理器按照表的顺序确定文档中元素的层次顺序。FOR XML 可以用于产生具有一条多值路径的 XML 文档。具有多条多值路径的文档需要在应用程序中通过某些方法组合在一起。

XML 的重要性在于它方便了组织机构之间的 XML 文档的共享。在定义了一个 XML 模式后，组织机构可以确保它们只接收或发送模式有效的文档。另外，可以编写 XSL 文档把来自各方面的模式有效的 XML 文档转换成其他的标准化的格式。当产业集团制定 XML 模式标准时这些优点变得更加重要。XML 也方便了企业到企业的电子商务处理。本章最后是对其他 XML 标准的一个简单描述：XPath、SAX、DOM、XQuery 和 XML Namespaces。

11.15　关键术语

<? php:
.NET 框架
用于 Windows 商店应用程序的 .NET
抽象
动态数据对象(ADO)
ADO.NET
ADO.NET 命令对像
ADO.NET 连接对象
ADO.NET 数据提供器
ADO.NET 数据适配对象
ADO.NET 数据读取器
ADO.NET 数据集
ADO.NET 实体框架
AMP
Apache Tomcat
Apache Web 服务器
applet
应用程序接口(API)
ASP.NET
基类库
字节码解释器
可调用语句对象
集合
公共语言运行时(CLT)
组件对象模型(COM)
约束
当前值
游标
数据消费者
数据提供者
DataColumnsCollection(数据字段集合)
DataRelationCollection(数据联系集合)
DataRelations(数据联系)
DataRowCollection(数据行集合)
数据表对象
DataTableCollection(数据表集合)
默认 Web 站点文件夹
删除命令对像
文档类型描述(DTD)
Eclipse 集成开发环境
Eclipse PHP 开发工具项目
实体数据模型(EDM)
可扩展标记语言(XML)
文件数据源
外键约束
HTML 文档标记
HTML 语法规则
http://localhost
超文本标记语言(HTML)
iisstart. html
实现
index. html
inetpub 文件夹
插入命令对象
集成开发环境(IDE)
接口
Internet 信息服务(IIS)
Internet 信息服务管理器(MTS)
Java 数据对象(JDO)
Java 数据库连接(JDBC)
Java 平台
Java 编程语言
Java 虚拟机
Java 服务器页面(JSP)
JDBC 连接对象
JDBC 驱动程序管理器
JDBC 结果集合对象
JDBC 结果集合元数据对象
JDBC 语句对象
LAMP
语言集成查询(LING)
管理可扩展框架(MEF)
方法
微软事务管理器
非类型有效的 XML 文档
对象
对象类
对象链接和嵌入(OLE)
ODBC 一致级别
ODBC 数据源
ODBC 数据源管理器
ODBC 驱动程序

ODBC 驱动程序管理器
ODBC 多层驱动程序
ODBC 单层驱动程序
ODBC SQL 一致级别
OLE DB
开放数据库连接(ODBC)
原始值
并行 LINQ(PLINQ)
PHP
PHP 拼接操作符(. =)
PHP 数据对象(PDO)
PHP 超文本处理器
可移植类库
POST 方法
准备好的语句对象
主键属性
属性
建议值
记录集
行集
选择命令对象
服务提供者
servlet
简单对象访问协议(SOAP)
SQL SELECT…FOR XML 语句
标准通用标记语言(SGML)
结构化模式
样式表
系统数据源
表数据提供者
任务并行库(TPL)
三层体系结构
两层体系结构
类型有效的 XML 文档
唯一约束
更新数据对象
用户数据源
WAMP
WWW 联盟(W3C)
wwwroot 文件夹
XHTML
XML 模式

11.16 习题

11.1 为什么说 Web 服务器的数据环境是复杂的?
11.2 解释 ODBC、OLE DB、ADO 的关系。
11.3 解释作者对微软标准的观点，你是否同意?
11.4 给出组成 ODBC 标准的元素的名称。
11.5 驱动程序管理器的功能是什么? 由谁提供?
11.6 DBMS 驱动程序的功能是什么? 由谁提供?
11.7 什么是单层驱动程序?
11.8 什么是多层驱动程序?
11.9 三层体系结构中的"层"和 ODBC 中的"层"有什么关系?
11.10 一致级别的重要性是什么?
11.11 概括 ODBC API 的三个一致级别。
11.12 概括 SQL 语法的三个一致级别。
11.13 解释三种数据源的区别。
11.14 Web 服务器上推荐使用的数据源类型是什么?
11.15 设立一个 ODBC 数据源时需要做的两件事是什么?
11.16 什么是微软的 .NET 框架? 它包含哪些基本元素?
11.17 当前的 .NET 框架的版本是什么? 它包含哪些新的特征?
11.18 OLE DB 为什么重要?
11.19 OLE DB 克服了 ODBC 的什么缺点?
11.20 定义抽象并解释它与 OLE DB 的关系。

11.21　给出一个包含记录集的抽象的例子。
11.22　定义对象的属性和方法。
11.23　对象类和对象的区别是什么？
11.24　解释数据消费者和数据提供者的角色。
11.25　什么是接口？
11.26　接口和实现的区别是什么？
11.27　为什么可以改变一个接口的实现而不可以改变一个接口？
11.28　概括 OLE DB 的目标。
11.29　解释表数据提供者和服务提供者的区别。把 OLE DB 数据转换成 XML 文档的产品的类型是什么？
11.30　在 OLE DB 中，记录集和游标的区别是什么？
11.31　什么是 ADO.NET？
11.32　什么是数据提供者？
11.33　什么是数据阅读器(data reader)？
11.34　怎样可以用 ADO.NET 处理数据库而不需要用 DataReader 或者数据集？
11.35　什么是 ADO.NET 数据集？
11.36　ADO.NET 数据集与数据库在概念上有什么区别？
11.37　列出本章所述的 ADO.NET 数据集的基本结构。
11.38　ADO.NET 数据集怎样解决多值路径视图的问题？
11.39　ADO.NET 数据集的主要缺点是什么？什么时候这会引起问题？
11.40　在数据库处理中，为什么成为一个面向对象程序员很重要？
11.41　什么是 ADO.NET 的 Connection。
11.42　什么是 DataAdapter？
11.43　一个 DataAdapter 的 SelectCommand 属性的作用是什么？
11.44　在 ADO.NET 中怎样构造一个数据表联系？
11.45　ADO.NET 中怎样定义引用完整性？可以有什么完整性动作？
11.46　解释原始、当前和建议值之间的区别。
11.47　ADO.NET DataSet 怎样能够进行触发器处理？
11.48　一个 DataAdapter 的 UpdateCommand 属性的作用是什么？
11.49　一个 DataAdapter 的 InsertCommand 和 DeleteCommand 属性的作用是什么？
11.50　解释使用 InsertCommand、UpdateCommand 和 DeleteCommand 属性的内在灵活性。
11.51　使用 JDBC 的一个主要要求是什么？
11.52　JDBC 代表什么？
11.53　JDBC 的 4 种类型驱动程序分别是什么？
11.54　解释 JDBC 类型 1 驱动程序。
11.55　解释 JDBC 类型 2 ~ 类型 4 驱动程序。
11.56　定义 applet 和 servlet。
11.57　解释 Java 怎样实现可移植性。
11.58　列出使用 JDBC 驱动程序的 4 个步骤。
11.59　JSP 的作用是什么？
11.60　描述 ASP 和 JSP 的区别。
11.61　解释 JSP 怎样实现可移植性。
11.62　Tomcat 的作用什么？
11.63　描述编译和执行 JSP 的过程。已过时的页面是否能被访问？为什么？
11.64　为什么 JSP 优于 CGI？

11.65 什么是超文本标记语言(HTML)? 它的作用是什么?
11.66 什么是 HTML 文档标记? 怎么用这些标记?
11.67 什么是 Web 联盟(W3C)?
11.68 为什么 index.html 是一个重要的文件名?
11.69 什么是 PHP? 它的作用是什么?
11.70 PHP 代码是怎样用于 Web 页面的?
11.71 PHP 中怎样做注释?
11.72 HTML 中怎样做注释?
11.73 什么是集成开发环境(IDE)? 怎样应用?
11.74 什么是 Eclipse IDE?
11.75 什么是 Eclipse PDT 项目?
11.76 给出建立到数据库连接的 PHP 代码片段, 解释这些代码的含义。
11.77 给出建立一个 RecordSet 的 PHP 代码片段, 解释这些代码的含义。
11.78 给出显示 RecordSet 内容的 PHP 代码片段, 解释这些代码的含义。
11.79 给出断开到数据库连接的 PHP 代码片段, 解释这些代码的含义。
11.80 HTTP 的无状态是什么含义?
11.81 在什么情况下无状态的特性会给数据库处理带来问题?
11.82 用平常的话说明数据库应用怎样管理 HTTP 会话?
11.83 什么是 PHP Data Objects(PDO)?
11.84 PDO 有什么重要性?
11.85 给出两段代码, 用标准 PHP 代码和用 PDO 创建数据库连接, 比较代码的相似和差异。
11.86 为什么数据库处理和文档处理互相需要?
11.87 HTML、SGML 和 XML 的联系是什么?
11.88 解释什么是"标准化但可自定义的"。
11.89 什么是 SOAP? 它最初的含义是什么? 它现在的含义是什么?
11.90 解释 HTML 中像 <h2> 这样的标记有什么问题?
11.91 什么是 DTD? 有什么作用?
11.92 格式完善的 XML 文档和类型有效的 XML 文档有什么区别?
11.93 为什么说仅仅把 XML 看作是 HTML 的下一个版本是不够的?
11.94 XML、XSL 和 XSLT 的联系是什么?
11.95 解释处理一个 XSL 文档时模式{匹配项, 动作}的应用。
11.96 XML 模式的作用是什么?
11.97 XML 模式与 DTD 的区别是什么?
11.98 什么是模式有效的文档?
11.99 解释在验证 XML 模式文档时的鸡与蛋的问题。
11.100 解释简单和复杂元素之间的区别。
11.101 解释元素和属性的区别。
11.102 使用元素和属性表示数据库数据的一个好的原则是什么?
11.103 给出一个不同于本章的平展的 XML 模式的例子。
11.104 给出一个不同于本章的结构 XML 模式的例子。
11.105 全局元素的作用是什么?
11.106 在 Oracle 中处理 XML 文档的要求是什么?
11.107 解释 FOR XML RAW 和 FOR XML AUTO、ELEMEMTS 之间的区别是什么?
11.108 什么时候需要使用 FOR XML EXPLICIT?

11.109　使用 FOR XML 的 SQL 语句中的表的顺序有什么意义?

11.110　用自己的话解释为什么带有 FOR XML 的 SQL 不能被用于构造具有两个多值路径的 XML 文档。

11.111　习题 11.110 的限制有什么重要意义?

11.112　用自己的话解释 XML 对于数据库处理的重要性。

11.113　XML 模式对于组织间文档共享有什么重要意义?

11.114　什么是 XPath?

11.115　DOM 与 SAX 的区别是什么?

11.116　什么是 XQuery? 作用是什么?

11.117　什么是 XML 名空间? 作用是什么?

11.17　项目练习

11.118　在这个练习中你将在 DBP 文件夹建立一个 Web 页，并把它连接到 VRG 文件夹下的 VRG 的 Web 页。

A. 图 11.64 是用于 DBP 文件夹下的 Web 页的 HTML 代码。注意这个页名为 index. html，与 VRG 文件夹下的 Web 页同名。这不要紧，因为它们在不同的文件夹中。在 DBP 文件夹下建立 index. html。

B. 图 11.65 是一些附加的 HTML 代码，要加在 VRG 文件夹下的 VRG 的 Web 页文件 index. html 的末尾，用这些代码修改 index. html。

C. 测试这些页面。在浏览器中输入 http://localhost/DBP 来显示 DBP 主页。这里利用每个页面的超链接应该能够在这两页之间来回转换。注意，在用 VRG 主页通过超链转到 DBP 主页时可能需要在浏览器上点击 Refresh 按钮才能正常工作。

```
<!DOCTYPE html PUBLIC "-//W3C//DTD HTML 4.01 Strict//EN"
"http://www.w3.org/TR/html4/strict.dtd">
<html>
      <head>
            <meta http-equiv="Content-Type" content="text/html; charset=ISO-8859-1" />
            <title>DBP-e13 Home Page</title>
      </head>
      <body>
            <h1 style="text-align: center; color: blue">
                  Database Processing (13th Edition) Home Page
            </h1>
            <hr />
            <h3 style="text-align: center">
                  Use this page to access Web-based materials from Chapter 11 of:
            </h3>
            <h2 style="text-align: center; color: blue">
                  Database Processing (13th Edition)
            </h2>
            <p style="text-align: center; font-weight: bold">
                  David M. Kroenke
            </p>
            <p style="text-align: center; font-weight: bold">
                  David J. Auer
            </p>
            <hr />
            <h3>Chapter 11 Demonstration Pages From Figures in the Text:</h3>
            <p>
                  <a href="VRG/index.html">
                        View Ridge Gallery Demonstration Pages
                  </a>
            </p>
            <hr />
      </body>
</html>
```

图 11.64　用于 DBP 文件夹下的 index. html 的 HTML 代码

11.119　微软大力推广 .NET 框架，但并没有从这些标准得到直接回报。IIS 在 Windows 7、Windows 8、Windows Server 2008 R2 和 Windows Server 2012 中是免费的。它的站点向开发者免费提供了大量的学习例子。为什么微软要这样做? 目的是什么?

```
        <p>Example 4:   
           <a href="NewCustomerWithInterestsForm.html">
              Add a New Customer to the CUSTOMER Table Using PHP PDO
           </a>
        </p>
        <hr />
        <!-- ************ NEW CODE STARTS HERE ***********  -->
        <p style="text-align: center">
           <a href="../index.html">
              Return to the Database Processing Home Page
           </a>
        </p>
        <hr />
     <!-- ************ NEW CODE ENDS HERE *************  -->
     </body>
  </html>
```

图 11.65　对 VRG 文件夹下的 index.html 的 HTML 进行修改

11.120　仅使用简单元素建立一个类似于图 11.52 的 DTD 和 XML 文档表示 ARTIST 表的一个记录。

11.121　为 TRANS 的记录建立一个 XML 模式文档。把 TransactionID 作为一个属性。把获取作品的数据组合成一个 complexType，销售数据组合成另一个 complexType。把图 11.53 作为一个例子。

11.122　为艺术家和对他们感兴趣的客户建立一个 XML 模式。把图 11.58 作为一个例子。

11.123　为艺术家、作品、交易和客户数据建立一个 XML 模式。把图 11.60 作为一个例子并且在这个模式中包含你对于项目练习 11.122 的答案。

11.124　为所有艺术家数据建立一个 XML 模式。把图 11.61 作为一个例子并且在这个模式中包含你对于项目练习 11.123 的答案。

11.125　写一个带有 FOR XML 的 SQL 语句产生在项目练习 11.122 中创建的文档(提示：图 11.59)。

Marcia 干洗店项目练习

首先创建 Marcia 干洗店(MDC)的数据库并填充数据，根据你所选用的 DBMS 参考：

- 第 10A 章对应 Microsoft SQL Server 2012
- 第 10B 章对应 Oracle Database 11g Release 2
- 第 10C 章对应 Oracle MySQL 5.6

A. 向 DBP 站点增加一个名为 MDC 的文件夹。在这个文件夹中为 Marcia 干洗店建立一个 Web 页，用 index.html 作为文件名。把这个页面链接到 DBP 页面上。

B. 为你的数据库建立一个适当的 ODBC 数据源。

C. 向 ORDER 中加入一个新的列 Status。假设 Status 的取值范围是['Waiting', 'In-process', 'Finished', 'Pending']。

D. 建立一个名为 CustomerOrder 的视图，其中包含列 LastName、FirstName、Phone、InvoiceNumber、Date、Total 和 Status。

E. 写一个 PHP 来显示 CustomerOrder。用你的数据库验证这个页面工作正常。

F. 写两个 HTML/PHP 页面来接收日期值 AsOfDate 并显示 CustomerOrder 中日期大于等于 AsOfDate 订单的记录。用你的数据库验证这个页面工作正常。

G. 写两个 HTML/PHP 页面来接收客户的 Phone、LastName 和 FirstName 并显示具有指定的 Phone、LastName 和 FirstName 的客户的记录。用你的数据库验证这个页面工作正常。

H. 写一个存储过程接收 InvoiceNumber 和 NewStatus 的值，然后把具有给定的 InvoiceNumber 值的记录的 Status 值设为 NewStatus 的值。如果没有记录具有给定的 InvoiceNumber，就生成一个错误信息。用你的数据库验证这个存储过程工作正常。

I. 写一个 PHP 调用在问题 H 中建立的存储过程。用你的数据库验证这个页面工作正常。

J. 把图 11.52 作为一个例子，仅用简单元素为 CUSTOMER 表中的记录建立一个 XML 模式文档。

K. 为 CUSTOMER 和 INVOICE 的联接建立一个 XML 模式文档。假设这个文档中有一个客户，这个客户可以有零到多次订购。把图 11.58 作为一个例子。

L. 编写一个带有 FOR XML 的 SQL 语句生成在问题 K 中创建的文档。

M. 建立一个具有给定客户所有数据的 XML 模式文档。这个模式中有多少个多值路径？

N. 解释在问题 M 中建立的 XML 模式文档可以怎样改进 Marcia 干洗店。

安娜王后古玩店项目练习

首先回答在第 7 章结尾关于安娜王后古玩店（QACS）项目练习中问题，根据你所选用的 DBMS 参考：

- 第 10A 章对应 Microsoft SQL Server 2012
- 第 10B 章对应 Oracle Database 11g Release 2
- 第 10C 章对应 Oracle MySQL 5.6

A. 向 DBP 站点增加一个名为 QACS 的文件夹。在这个文件夹为安娜王后古玩店建立一个 Web 页，用 index.html 作为文件名。把这个页面链接到 DBP 页面上。

B. 为你的数据库建立一个适当的 ODBC 数据源。

C. 编写一个 PHP 页面显示 ITEM 表中的数据。用你的样例数据库验证你写的页面能否正常工作。

D. 建立一个名为 CustomerPurchasesView 的视图，其中包含列 CustomerID、LastName、FirstName、SaleID、SaleDate、SaleItemID、ItemID、ItemDescription 和 ItemPrice。

E. 写一个 PHP 来显示 CustomerPurchasesView。向 QACS 网页中加入访问该页面的超链接。用你的数据库验证这个页面工作正常。

F. 写两个 HTML/PHP 页面来接收日期值 AsOfDate 并显示 CustomerPurchasesView 中 SaleDate 大于等于 AsOfDate 的购买记录。向 QACS 网页中加入访问该页面的超链接。用你的数据库验证这个页面工作正常。

G. 写一个存储过程接收 SaleItemID 和 NewItemPrice 的值，然后把具有给定 SaleItemID 值的记录的 ItemPrice 值设为 NewItemPrice 的值。如果没有记录具有给定的 SaleItemID，就生成一个错误信息。用你的数据库验证这个存储过程工作正常。

H. 写两个 HTML/PHP 页面调用在问题 G 中创建的存储过程。向 QACS 网页中加入访问该页面的超链接。用你的数据库验证这个页面工作正常。

I. 把图 11.51 作为一个例子，仅用简单元素为 CUSTOMER 表中的记录建立一个 XML 模式文档。

J. 为 CUSTOMER 和 SALE 的联接建立一个 XML 模式文档。假设这个文档中有一个客户，这个客户可以有零到多次订购。把图 11.58 作为一个例子。

K. 编写一个带有 FOR XML 的 SQL 语句生成在问题 J 中创建的文档。

L. 建立一个具有给定客户所有数据的 XML 模式文档。这个模式中有多少个多值路径？

M. 解释在问题 L 中建立的 XML 模式文档可以怎样改进安娜王后古玩店。

Morgan 进口公司项目练习

首先回答在第 7 章结尾关于 Morgan 进口公司（MI）项目练习中的问题，根据你所选用的 DBMS 参考：

- 第 10A 章对应 Microsoft SQL Server 2012
- 第 10B 章对应 Oracle Database 11g Release 2

- 第 10C 章对应 Oracle MySQL 5.6

A. 向 DBP 站点增加一个名为 MI 的文件夹。在这个文件夹中为 Morgan 进口公司建立一个 Web 页，用 index.html 作为文件名。把这个页面链接到 DBP 页面上。

B. 为你的数据库建立一个适当的 ODBC 数据源。

C. 建立一个名为 StorePurchasesView 的视图，其中包含列 StoreName、City、Country、Email、Contact、Date、Description、Category 和 PriceUSD。

D. 写一个 PHP 来显示 StorePurchasesView。用你的数据库验证这个页面工作正常。

E. 写两个 HTML/PHP 页面来接收日期值 AsOfDate 并显示 StorePurchasesView 中日期大于等于 AsOfDate 的购买记录。向 MI 网页中加入访问该页面的超链接。用你的数据库验证这个页面工作正常。

F. 写两个 HTML/PHP 页面来接收 Country 和 Category 的值，并显示具有指定的 Country 和 Category 的值的 StorePurchasesView 记录。向 MI 网页中加入访问该页面的超链接。用你的数据库验证这个页面工作正常。

G. 写一个名为 ItemPriceChange 的存储过程接收 ItemID 和 NewPriceUSD 的值，然后把具有给定的 ItemID 值的记录的 PriceUSD 值设为 NewPriceUSD 的值。如果没有记录具有给定的 ItemID，就生成一个错误信息。用你的数据库验证这个程序工作正常。

H. 写两个 HTML/PHP 页调用在问题 G 中建立的存储过程。向 MI 网页中加入访问该 HTML 页面的超链接。用你的数据库验证这个页面工作正常。

I. 把图 11.52 作为一个例子，仅用简单元素为 ITEM 表中的记录建立一个 XML 模式文档。

J. 为 STORE 和 ITEM 的联接建立一个 XML 模式文档。假设这个文档中有一个客户，这个客户可以有零到多次订购。把图 11.58 作为一个例子。

K. 编写一个带有 FOR XML 的 SQL 语句生成在问题 J 中创建的文档。

L. 建立一个具有给定项(item)所有数据的 XML 模式文档。这个模式中有多少个多值路径?

M. 解释在问题 L 中建立的 XML 模式文档可以怎样改进 Morgan 进口公司。

第12章　大数据、数据仓库和商务智能系统

本章目标：

- 学习大数据、结构化存储和 MapReduce 处理的基本概念
- 学习数据仓库和数据集市的基本概念
- 学习维数据库的基本概念
- 学习商务智能系统的基本概念
- 学习在线分析处理(OLAP)和数据挖掘的基本概念
- 学习分布式数据库的基本概念
- 学习虚拟机的基本概念
- 学习云计算的基本概念

本章介绍的内容建立在本书之前各章的基础之上。在设计和建立了数据库后，就可以开始使用数据库了。在第11章，我们为 View Ridge 画廊(VRG)信息系统建立了一个 Web 应用程序，而在本章，我们将关注商务智能(BI)系统应用程序。另外，本章还会关注与企业信息系统存储和使用的数据量快速增加有关的问题以及针对这些问题的一些技术。

这些问题通常包括处理大数据的需求，这是用于描述像搜索工具(例如 Google 和 Bing)和 Web 2.0 社会网络(例如 Facebook、LinkedIn 和 Twitter)这样的 Web 应用程序产生的庞大的数据集的流行语。虽然这些新的和非常可视化的 Web 应用程序使处理大数据集的问题受到重视，然而这些问题早已经出现在其他领域，例如科学研究和商务运作。①

多大的数据算大数据？图12.1定义了一些关于数据存储容量的常用术语。注意，计算机存储是基于二进制而非常用的十进制的。因此，一个 Kilobyte 是1024字节而非1000字节。

名　称	单位符号	近 似 值	实 际 值
Byte			8 b [存储一个字符]
Kilobyte	KB	约 10^3	2^{10} = 1024 B
Megabyte	MB	约 10^6	2^{20} = 1024 KB
Gigabyte	GB	约 10^9	2^{30} = 1024 MB
Terabyte	TB	约 10^{12}	2^{40} = 1024 GB
Petabyte	PB	约 10^{15}	2^{50} = 1024 TB
Exabyte	EB	约 10^{18}	2^{60} = 1024 PB
Zettabyte	ZB	约 10^{21}	2^{70} = 1024 EB
Yottabyte	YB	约 10^{24}	2^{80} = 1024 ZB

图12.1　存储容量术语

① 参考 http://en.wikipedia.org/wiki/Big_data 上的关于大数据的维基文章了解更多信息。

在写这本书的时候(2013 年初)，对于常用的桌面和笔记本电脑，其网上销售的笔记本的硬盘容量在 750 MB 以上，而某些台式机则高达 2 TB。这仅仅是一台电脑。报道称 Facebook 的数据库中包含超过 400 亿张照片。① 如果按一张数字照片占 2 MB 大小来计算，需要超过 9.3 PB 的容量。

另一个例子是 Amazon. com，据报道在 2010 年 11 月 29 日，产生了 1370 万件产品的订单。也就是每秒钟 158 件订单。② 还有的报道称 Amazon. com 在 2010 年假期的高峰日，其全球网络向 178 个国家发送了超过 900 万件的商品。如此大量的初期商务事务(商品销售)及其支撑事务(发送、追踪和金融事务)确实要求 Amazon. com 能够处理大数据。

随着时间的推移，需要处理的数据集越来越大。我们将研究这种发展趋势中的某些部分。首先从商务分析人员对用商务智能系统(BI)分析的大数据集的需要开始，并简要介绍 BI 系统，特别是在线分析处理(OLAP)及其所使用的数据仓库的结构。然后将研究分布式数据库、服务器集群以及正在发展中的 NoSQL 系统。

12.1 商务智能系统

商务智能(BI)系统是协助管理人员和专业人员分析现有和过去的活动，以及预测未来事件的信息系统。与事务处理系统不同，这类系统不支持日常活动，如订单的记录和处理，而是通过生成财产评估、分析、规划和控制的信息来支持管理活动。

12.2 日常型和商务智能型系统之间的关联

图 12.2 概述了日常型和商务智能系统之间的关系。日常系统如订单记录、购买、制造和仓储支撑着主要的商务活动。人们使用 DBMS 从日常数据库中读取数据和存入数据。这种系统也被称为事务系统或者在线处理(OLTP)系统，因为它们记录着业务事务流。

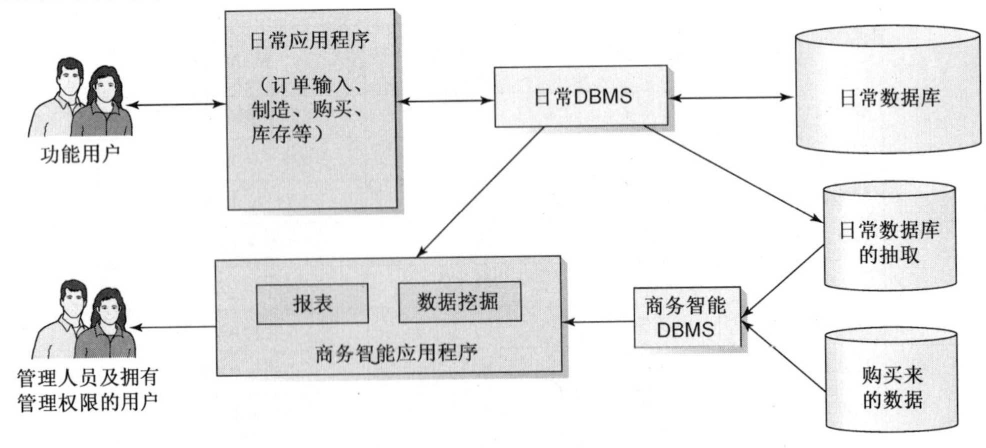

图 12.2 日常操作和商务智能系统之间的关联

① http://en. wikipedia. org/wiki/Big_data 关于大数据的维基文章(2013 年 2 月访问)。

② Amazon. com，"Third-Generation Kindle Now the Bestselling Product of All Time on Amazon Worldwide. 新闻稿，2010 年 11 月 27 日。网址为 http://phx. corporate-ir. net/phoenix. zhtml? c = 176060&p = irolnewsArticle&ID = 1510745&highlight = (2013 年 2 月访问)。

商务智能系统支持管理分析和决策活动，而不是日常业务活动。它通过三种可能的方式获得数据。第一种方式，从日常数据库中读取和处理数据。请注意人们使用日常 DBMS 来获得数据，但是并没有插入、修改或删除日常数据。第二种方式，商务智能系统对日常数据库进行数据的抽取。在这种情形下，使用一种商务智能化的 DBMS 来管理抽取了数据的数据库，这种 DBMS 可能和日常的 DBMS 一样，也可能不一样。最后一种方式，商务智能系统读取的数据还可以是从数据卖主那里购买得来的数据。

12.3　报表和数据挖掘应用

商务智能系统分为两大类：报表和数据挖掘。报表系统会对日常数据进行排序、过滤、分组和进行基本计算；数据挖掘应用则通过进行复杂的统计和数学处理过程，来实现异常复杂的数据分析。图 12.3 概括了商务智能应用的特征。

- 报表
  - 过滤、排序、分组和进行简单的计算
  - 概述当前状况
  - 当前状况和过去的或是预测状况的比较
  - 实体分类(客户、产品、雇员等)
  - 报表发送至关重要
- 数据挖掘
  - 通常应用异常复杂的统计和数学方法
  - 应用于：
    - ◇ 假定分析
    - ◇ 做出预测
    - ◇ 优化决策
  - 其结果通常会被包含进其他一些报表或系统中

图 12.3　商务智能系统应用的特征

12.3.1　报表系统

报表系统可以进行过滤、排序、分组和进行简单的计算。所有的报表分析都能够使用标准 SQL 执行，虽然扩展的 SQL 有时也可以用来简化生成报表的任务，如应用于联机分析处理(OLAP)的扩展 SQL。

报表系统总结了商业活动的当前状况，并且和过去的活动状况或是预测的未来活动状况进行比较。报表的发送是至关重要的。报表必须采用适当的形式和基于及时的原则发送给合适的用户。报表可能通过使用纸张、浏览器、电话、数字仪表板或其他的形式发送。

12.3.2　数据挖掘应用

数据挖掘应用使用异常复杂的统计和数学方法进行假定分析，做出预测和优化决策。例如，数据挖掘技术能够为竞争中的手机公司分析以往手机的使用情况，预测哪些用户很有可能会转而采用另一家竞争对手的手机。或者，利用数据挖掘技术来分析过去的贷款行为，从而确定哪些用户最有可能(或最不可能)拖欠贷款。

数据挖掘系统的报告发送不像报表系统那样困难。第一，大部分数据挖掘应用仅仅拥有几个用户，并且这些用户具备熟练的计算机技能。同时，数据挖掘分析的结果通常会合并到其他的报告、分析或信息系统中。在手机使用情况的例子中，那些很有可能转而采用另一家公司手机用户的特征会被告知销售部门，以便于采取行动。或者，将方程式中决定贷款拖欠可能性的参数合并到一个贷款审批应用程序中。

12.4 数据仓库和数据集市

根据图 12.2，一些商务智能系统直接从日常数据库中读取和处理日常数据。尽管对于简单报表系统和小型数据库这是可行的，但是对于更复杂的应用或者更大的数据库，这样直接读取日常数据的方式是不可行的。那些大型应用通常处理从日常数据库中抽取数据构造的另一个数据库。

日常数据是很难读取的，有以下几个原因。第一，商务智能应用查询数据会给 DBMS 带来很大的负担，并且会导致日常应用运行减慢到无法接受的程度。另外，日常数据存在一些问题，这限制了它们在商务智能应用中的使用。进一步说，商务智能系统的创建和维护需要并非日常运作中通常可用的程序、工具和专门技术。因为存在这些问题，很多企业选择了开发数据仓库和数据集市来支持商务智能应用。

12.4.1 数据仓库的组成

为了克服刚才描述的那些问题，许多企业已经创建了数据仓库。数据仓库是一种数据库系统，它拥有数据、计划和专门为商务智能处理进行数据准备工作的人员。数据仓库数据库不同于日常数据库是因为数据仓库的数据经常执行反规范化(denormalized)。数据仓库有着不同的规模和范围。它们可能简单(如单个雇员处理基于部分时间的数据抽取)或者复杂(如一个拥有几十个雇员的部门维护包含数据和计划的资料库)。

图 12.4 显示了数据仓库的组成元素。数据通过提取、转换和装载(ETL)系统从操作数据库中读取，然后清理和准备后用于商务智能处理。这可能是一个复杂的过程。

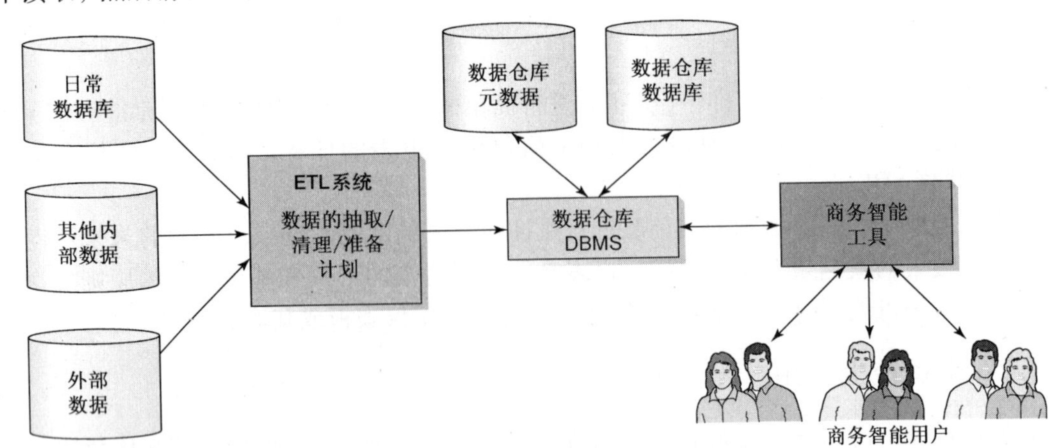

图 12.4 数据仓库的组成

首先，数据可能有问题，这将在下一节讨论。其次，数据可能需要根据数据仓库的需要进行改变或者转换。例如，日常系统可能用标准的两字母国家码存放有关国家的数据，例如 US

（美国）和 CA（加拿大）。而使用数据仓库的应用可能需要国家的全名，因此需要在数据装载入数据仓库之前进行国家码到国家名的转换。

ETL 用数据仓库 DBMS 把提取的数据存放在数据仓库数据库中，这可能不同于该组织日常数据库的 DBMS。例如，一个组织的日常处理可能使用 Oracle，而数据仓库则用 SQL Server。其他的组织也许用 SQL Server 做日常处理，而把 SAS 或者 SPSS 这些统计数据包中包含的数据管理程序用于数据仓库中。

关于数据源、数据格式、假设和约束条件，以及其他事实的元数据被保存在数据仓库元数据的数据库中。数据仓库 DBMS 抽取数据并将数据提供给商务智能工具，如数据挖掘程序。

BY THE WAY　有问题的日常数据经过 ETL 系统清理后也可以用于更新日常数据库以修正最初的数据问题。

日常数据问题

大多数日常数据库存在一些问题，限制了它们在所有商务智能应用中的有效性，除非是最简单的商务智能应用。图 12.5 列出了主要的问题分类。

首先，虽然对于成功的日常运作有重要意义的那些数据必须是完整的和精确的，但仅仅是边缘性需要的那些数据则没有必要是这样的。比方说，一些操作型系统在订购过程中收集客户的人口统计数据。然而，因为这些数据没有必要用来填写、载运或者用于将订单列成表，所以收集到的这些人口统计数据的质量会有所损失。

- 脏数据
- 缺失值
- 数据不一致
- 数据不完整
- 格式错误
  - 太细致
  - 不够细致
- 数据过多
  - 属性过多
  - 体积过大

图 12.5　用日常数据进行商务智能分析遇到的问题

有问题的数据被称为脏数据，比如客户性别为“G”，客户年龄为“213”。其他的例子还有一个美国的电话号码为“999-999-9999”，颜色的部分值为“gren”，以及一个电子邮件的地址为“WhyMe@ somewhereelseintheuniverse. who. ”，所有这些数值给报表和数据挖掘工作带来了一些问题。

购买来的数据经常会有一些丢失的成分。实际上，大部分数据卖主在他们所售卖的数据中会声明每一个属性值已丢失数值的比例。一个企业购买这些数据，是因为对一些用户来说有点数据总比没有任何数据要好。对那些数值是很难获得的数据项尤其如此，比如一个家庭中成年人的数量、家庭收入、房屋类型，以及主要经济收入成员的教育情况。有些丢失的数据对报表应用来说不是大问题，但是对于数据挖掘应用来说，一些丢失的或是错误的数据点甚至会比没有任何数据的情况还要糟糕。原因是这些数据会歪曲我们的分析。

随着时间的推移，收集来的数据非常普遍地存在数据不一致问题。如图 12.5 列出的第三个问题。比方说当一个区号改变了，某个客户在区号改变之前的电话号码和区号改变之后的电话号码是不一样的。局部代号会改变，销售地域也会有所改变。在使用这类数据之前，这些变化都要记录下来，以保证在研究过程中的数据一致性。

一些数据不一致性的出现是由商业活动的性质决定的。考察一个供全球范围内客户使用的基于 Web 的订单记录系统，若 Web 服务器端将订购的时间记录下来，那么它应该采用哪个时区的时间呢？服务器端的系统时钟的时间与分析客户行为是不相关的。任何标准时间，如通用协调时间(UTC)也是没有意义的。如此说来，Web 服务器端的时间必须根据客户所在的时区来进行调整。

另一个问题是数据不完整性。例如，假设一个企业需要报告客户的订购和支付行为。遗憾的是，订单数据存放在由 Siebel 开发的 CRM 系统中，而支付的数据记录在一个 PeopleSoft 的财产管理数据库中。为了完成分析，从某种意义来说这些数据必须是完整的。

接下来的问题是数据的格式不对。首先数据有可能太细致了。例如，假设我们需要分析一个订单记录网页上的图形和控制的布置问题。通过一种被称为点击流数据的形式来捕获客户的点击行为是可能的。然而点击流数据包含了客户的所有动作。在这些数据流序列的中间可能会存在那些点击了新闻、电子邮件、即时聊天和天气预报的操作数据。虽然所有这些数据可能对研究客户的计算机行为是有用的，但如果我们只是需要了解客户对位于屏幕上的广告是如何反应的，那么这些数据中有许多将是多余的，从而导致分析难以完成。由于这些数据过于细致，所以在处理这些数据之前的分析数据过程中，必须抛弃上百万甚至上千万的点击。

数据也可能是过于粗糙的。一个订单合计文件不能用于购物篮分析方法，该分析方法用于集中指出那些被普遍购买的物品。购物篮分析方法要求物品级的数据，我们必须知道那些物品是由哪个订单所订购的。这并不意味着订单合计数据是无用处的。它能够适用于其他的分析，只不过它不适用于购物篮分析方法。

如果数据太过细致，那么它们可以通过求和或合并而变得粗糙一些。一个分析员和一台计算机就能够对这些数据进行求和以及合并操作。然而如果数据是过于粗糙的，则不能够被分解为该数据原先的各组成的部分。

图 12.5 中列出的最后一个问题是数据的体积问题。我们可能会碰到那些过多的列，或过多的行的问题，或者两者同时存在。假设我们需要了解哪些属性会对增强客户的反应有重要影响。对于存储于企业中的客户数据和可以购买到的客户数据，我们可能需要考察上百个不同的属性或列，甚至更多。我们应该如何选择这些属性或列呢？由于存在一个被称为 curse of dimensionality 的现象，拥有越多的属性，则越容易建立一个合乎样品数据但作为一个预测器来说却并不具有价值的模型。因此，再加上其他的一些因素，我们应该减少属性的数量。而且在数据挖掘的主要行为中，其中就有一个涉及到变量选择的效率和有效性问题。

最后，我们也许有太多的数据实例或行数。假设我们需要分析 CNN. com 上的点击流数据，那么这个站点每月的点击次数有多少呢？上百万甚至上千万！为了有意义地分析这些数据，我们需要减少实例的数量。这个问题的一个好的解决办法就是统计采样。尽管如此，开发一个可靠的采样要求拥有专门的技术和信息系统工具。

- 姓名，地址，电话号码
- 年龄，性别
- 种族，宗教
- 收入
- 教育
- 婚姻，事业发展
- 身高、体重、头发和眼睛颜色
- 配偶姓名、生日，等等
- 孩子姓名和生日
- 投票登记信息
- 房屋所有权
- 车辆
- 杂志订阅
- 订单目录
- 爱好
- 态度

图 12.6 AmeriLink 中关于 2.3 亿多美国人的消费数据(来源：www. kbm1. com/AmeriLink)

从外部数据源购买来的数据

数据仓库经常包含从外部数据源购买来的数据。一个典型的例子就是客户信用数据。图 12.6 列出了一些可以从一个被称为 AmeriLink 的数据卖主那里购买得到的消费者数据(www.kbmg.com/servicesexpertise/data/data-sourcing/datacard-search-and-listings/)。真是令人惊异，而从个人隐私的立场来看则会是惊恐不已，这些数据仅仅是从这一个卖主那里得来的。

12.4.2　数据仓库对比数据集市

你可以想象在一个供应链中数据仓库扮演着分配者。数据仓库从数据生产者(操作型系统和购买来的数据)那里提取数据，经过清理和处理，然后将这些数据放置在一个可以形象地称为数据仓库的架子的地方。工作在数据仓库中的人们是数据管理、数据清理和数据转换等方面的专家。但是，他们在特定的商业功能上通常不会也是专家。

数据集市是小于数据仓库的数据集合，并且对应于商业中一个特定的组成部分或功能区域。数据集市在供应链上就像是零售商店。数据集市中的用户从数据仓库中获取属于特定的商业功能的数据。这些用户不具备数据仓库员工所具有的那些数据管理的专门技术，但是他们在特定的商业功能里却是知识渊博的分析家。图 12.7 说明了上述关系。

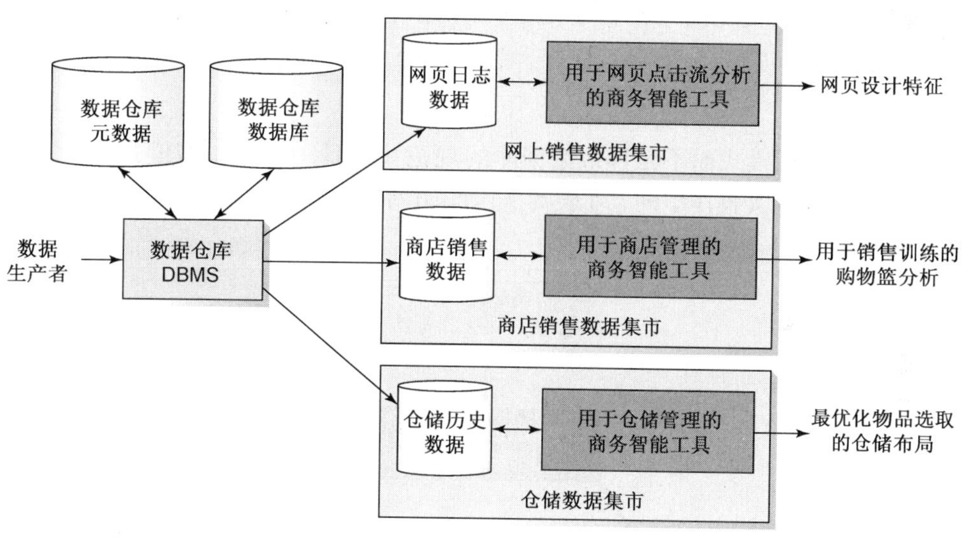

图 12.7　数据仓库和数据集市

数据仓库从数据生产者那里提取数据，并将这些数据分配到三个数据集市中。第一个数据集市分析点击流数据，目的是为了设计 Web 页面。

第二个则分析商店销售数据和确定哪一些产品存在需要合起来进货的趋势。这个信息用来训练销售人员通过最好的途径销售给高端客户。第三个数据集市分析客户订单数据，目的是为了减少从仓库里取出货物的劳动量。举个例子，一个像 Amazon.com 这样的公司，需要花大量的时间来组织它的仓库，从而减少其取出货物的开销。

图 12.7 所示的数据集市结构与图 12.4 所示的数据仓库体系结构结合后形成的系统称为企业数据仓库(EDW)体系结构。在这种配置中，数据仓库维护所有的企业商务智能数据，作为数据提取的合法数据源提供给数据集市。数据集市从数据仓库接收全部数据——它们并不增加或者保有任何附加数据。

自然，创建、支持和操纵数据仓库以及数据集市是昂贵的，只有财力雄厚的大企业才能够负担得起操纵 EDW 的系统开销。较小的组织操作这个系统的子集。例如，他们可能只有一个单一数据集分析营销和促销数据。

12.4.3 维数据库

数据仓库或者数据集市中的数据库与日常系统的规范化关系数据库的设计原则是不同的，数据仓库数据库的设计被称为维数据库，其目的是高效数据查询和分析。维数据库用于存放历史数据而不是日常数据库中的当前数据。图 12.8 比较了日常数据库和维数据库。

日常数据库	维数据库
用于结构化的事务数据处理	用于非结构化的分析数据处理
用当前的数据	同时用当前和历史数据
由用户插入、更新和删除数据	由系统而不是用户装载和更新数据

图 12.8 日常数据库和维数据库的特点

由于维数据库是用于分析历史数据的，其设计必须能处理随时间变化的数据。例如，一个客户的住所可能在一个城市内迁移，也可能迁移到一个完全不同的城市和州。这种类型的数据安排称为缓慢变化的维。为了能够跟踪这种变化，维数据库中也必须有一个日期或者时间维。

星型模式

维数据库使用星型模式而不是日常数据库的规范化设计。一个星型模式视觉上像一颗星星，如图 12.9 所示，事实表在中间，维表则从中间向周边发散。事实表总是完全规范化的，但维表可能是非规范化的。

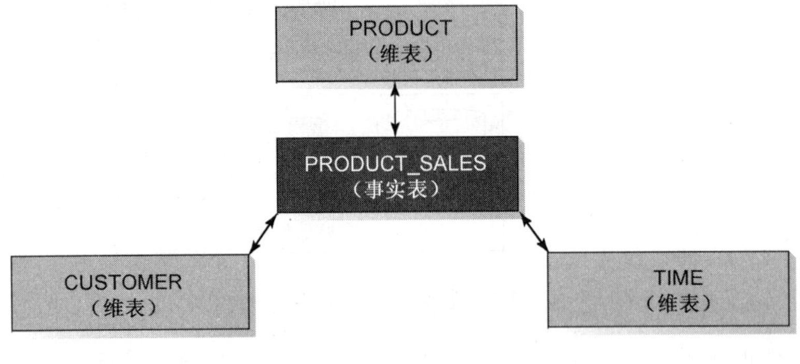

图 12.9 星型模式

BY THE WAY 星型模式有一个更复杂的版本称为雪花模式。在雪花模式中，每个维表也是规范化的，可以再建立其他的表附着在维表上。

为了说明维数据库中的星型模式，我们将为得克萨斯的一个专门提供厨房改造产品的公司[Heather Sweeney 设计(HSD)]建立一个非常小的数据仓库。HSD 通过研讨会吸引顾客，销售书籍和视频，也做实际的设计工作。参考第 7 章的 Heather Sweeney Designs 项目问题了解 Heather Sweeney Designs 的更多信息。图 12.10 是为 HSD 设计的一个数据库，图 12.11 是在 SQL Server 2012 上的数据库设计图。另外，在第 7 章的 Heather Sweeney 设计项目问题中把数据库字段的说明列在图 7.39 中，对 HSD 数据库的引用完整性约束在图 7.40 中描述，创建 HSD 数据库的 SQL 语句在图 7.41 中，而图 7.42 给出的是向 HSD 数据库中填充数据的 SQL 语句。HSD 是用于 Heather Sweeney Designs 的日常操作数据库。所有产品数据保存在 HSD 数据库中，作为即将载入一个维数据库的原数据用于 Heather Sweeney Designs 的 BI 分析。

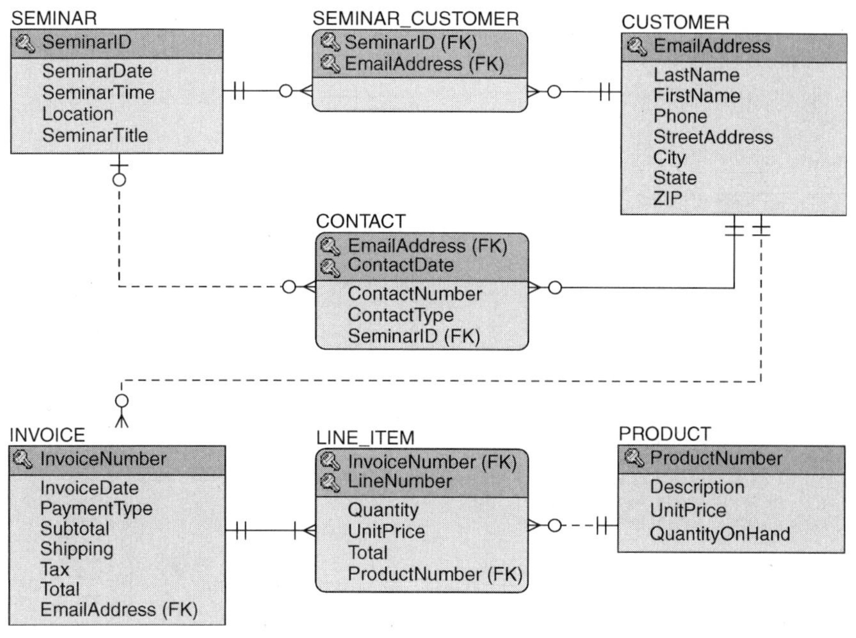

图 12.10　HSD 数据库设计

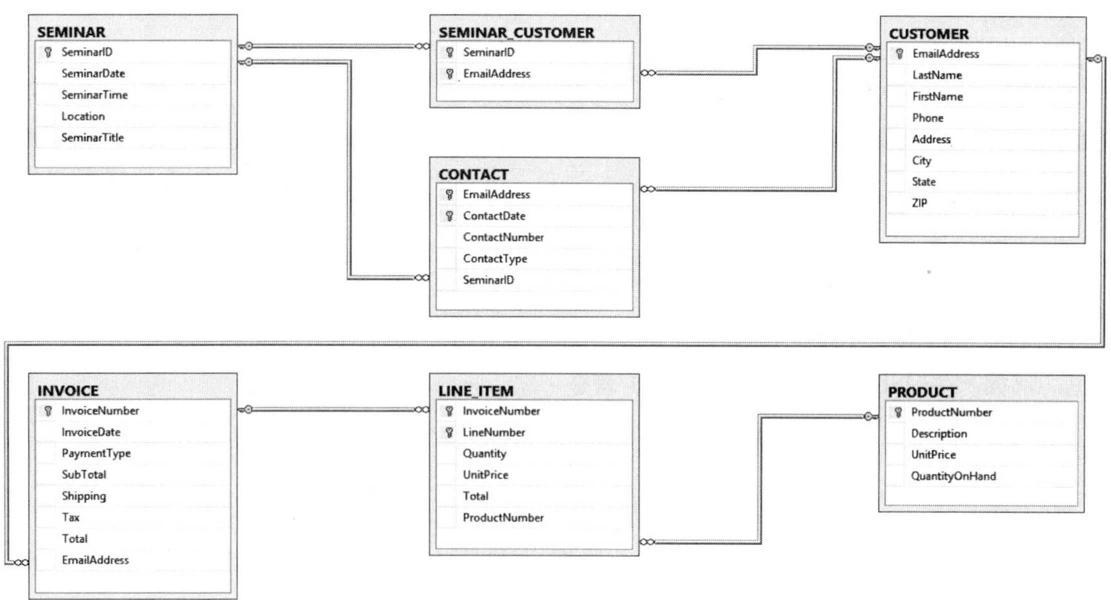

图 12.11　HSD 数据库图

BY THE WAY　不必为了创建本章的 HSD-DW 数据库而去创建 HSD 数据库。不过，由于 HSD-DW 数据库使用从 HSD 数据库提取的数据，研究并理解 HSD 数据库的结构及其中的数据，将有助于理解用于 HSD-DW 数据库的数据是怎样进行转换的。

用于 HSD 的商务智能的维数据库被命名为 HSD-DW，显示在图 12.12 中。用于建立 HSD-DW 中的数据库表的 SQL 语句显示在图 12.13 中，HSD-DW 数据库中的数据显示在图 12.14 中。把图 12.12 的 HSD-DW 维数据库模型与图 12.11 的 HSD 数据设计进行比较，注意 HSD 数据库中的数据怎样用在 HSD-DW 模式中。

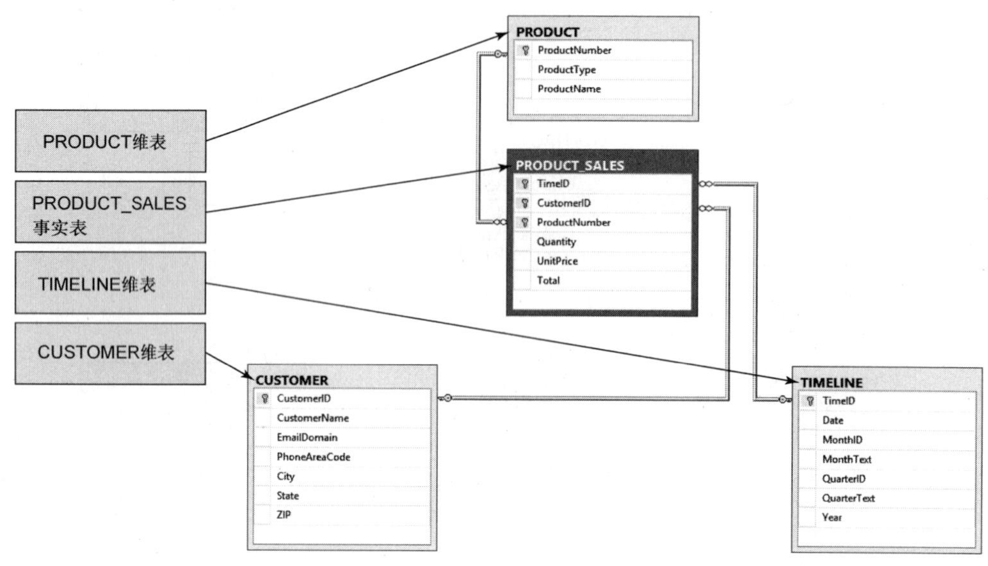

图 12.12　HSD-DW 星型模式

BY THE WAY　注意，在 HSD-DW 数据库中，CUSTOMER 表有一个代理主键 CustomerID，是一个整数值，而 HSD 数据库中用 EmailAddress 作为主键。原因有二：首先，HSD 数据库中用的关键字 EmailAddress 对于数据仓库而言过于烦琐，所以采用一个更合适的小的数值型代理关键字。第二，在 HSD-DW 数据库中并不用单独的 EmailAddress 值，而只用到 EmailDomain，由于其不唯一，不能作为主关键字。

一个事实表用于存放商业活动的量度，这是关于事实表所代表的实体的量化或者实际的数据。例如，在 HSD-DW 数据库中，事实表是

```
PRODUCT_SALES (TimeID, CustomerID, ProductNumber, Quantity,
UnitPrice, Total)
```

在这张表中：

- Quantity 是记录该项商品销量的量化数据。
- UnitPrice 是记录每项商品的美元价格的量化数据。
- Total(= Quantity * UnitPrice)是该项商品销售的总的美元价值的量化数据。

PRODUCT_SALES 表量度的是每天的产品单位。我们不用单个的销售数据(这可以基于 InvoiceNumber)，而是每天对每个客户的汇总数据。例如，如果把 HSD 数据库的 INVOICE 数据与 Ralph Able 在 6/5/13 进行比较，将看到 Ralph 在那一天购买了两次(InvoiceNumer 35013 和 35016)。在 HSD-DW 数据库中，这两次购买则被汇总到 Ralph(CustomerID = 3)在 6/5/13(TimeID = 41430)。

```
CREATE TABLE TIMELINE(
      TimeID             Int                NOT NULL,
      [Date]             Date               NOT NULL,
      MonthID            Int                NOT NULL,
      MonthText          Char(15)           NOT NULL,
      QuarterID          Int                NOT NULL,
      QuarterText        Char(10)           NOT NULL,
      [Year]             Int                NOT NULL,
      CONSTRAINT         TIMELINE_PK        PRIMARY KEY(TimeID)
      );

CREATE TABLE CUSTOMER(
      CustomerID         Int                NOT NULL,
      CustomerName       Char(75)           NOT NULL,
      EmailDomain        VarChar(100)       NOT NULL,
      PhoneAreaCode      Char(6)            NOT NULL,
      City               Char(35)           NULL,
      [State]            Char(2)            NULL,
      ZIP                Char(10)           NULL,
      CONSTRAINT         CUSTOMER_PK        PRIMARY KEY(CustomerID)
      );

CREATE TABLE PRODUCT(
      ProductNumber      Char(35)           NOT NULL,
      ProductType        Char(25)           NOT NULL,
      ProductName        VarChar(75)        NOT NULL,
      CONSTRAINT         PRODUCT_PK         PRIMARY KEY(ProductNumber)
      );

CREATE TABLE PRODUCT_SALES(
      TimeID             Int                NOT NULL,
      CustomerID         Int                NOT NULL,
      ProductNumber      Char(35)           NOT NULL,
      Quantity           Int                NOT NULL,
      UnitPrice          Numeric(9,2)       NOT NULL,
      Total              Numeric(9,2 )      NULL,
      CONSTRAINT         SALES_PK
                               PRIMARY KEY (TimeID, CustomerID, ProductNumber),
      CONSTRAINT         PS_TIMELINE_FK FOREIGN KEY(TimeID)
                               REFERENCES TIMELINE(TimeID)
                                     ON UPDATE NO ACTION
                                     ON DELETE NO ACTION,
      CONSTRAINT         PS_CUSTOMER_FK FOREIGN KEY(CustomerID)
                               REFERENCES CUSTOMER(CustomerID)
                                     ON UPDATE NO ACTION
                                     ON DELETE NO ACTION,
      CONSTRAINT         PS_PRODUCT_FK FOREIGN KEY(ProductNumber)
                               REFERENCES PRODUCT(ProductNumber)
                                     ON UPDATE NO ACTION
                                     ON DELETE NO ACTION
      );
```

图 12.13　HSD-DW SQL 语句

BY THE WAY　用于表示日期的 TimeID 值是微软 Excel 中使用的顺序序列值。从 1900 年 1 月 1 日开始的日期取值为 1，每个日历天日期值增加 1，因此 2013 年 6 月 5 日 =41430。可以在 Excel 的帮助系统中搜索“Date formats”了解更多信息。

维表是用于记录描述事实表中的事实量度的属性的值，这些属性用于选择和分组事实表中的量度的查询中。因此 CUSTOMER 记录 SALES 表中的 CustomerID 引用的客户数据，TIMELINE 提供可以用于解释 SALES 事件的时间（哪个月哪个季），等等。以下是按客户（CustomerName）和产品（ProductName）概括销售的产品的查询：

```
/* *** SQL-Query-CH12-01 *** */
SELECT      C.CustomerID, C.CustomerName,
            P.ProductNumber, P.ProductName,
            SUM(PS.Quantity) AS TotalQuantity
FROM        CUSTOMER AS C, PRODUCT_SALES AS PS, PRODUCT AS P
WHERE       C.CustomerID = PS.CustomerID
    AND     P.ProductNumber = PS.ProductNumber
GROUP BY    C.CustomerID, C.CustomerName,
            P.ProductNumber, P.ProductName
ORDER BY    C.CustomerID, P.ProductNumber;
```

这个查询的结果显示在图 12.15 中。

	TimeID	Date	MonthID	MonthText	QuarterID	QuarterText	Year
1	41197	2012-10-15	10	October	3	Qtr3	2012
2	41207	2012-10-25	10	October	3	Qtr3	2012
3	41263	2012-12-20	12	December	3	Qtr3	2012
4	41358	2013-03-25	3	March	1	Qtr1	2013
5	41360	2013-03-27	3	March	1	Qtr1	2013
6	41364	2013-03-31	3	March	1	Qtr1	2013
7	41367	2013-04-03	4	April	2	Qtr2	2013
8	41372	2013-04-03	4	April	2	Qtr2	2013
9	41387	2013-04-23	4	April	2	Qtr2	2013
10	41401	2013-05-07	5	May	2	Qtr2	2013
11	41415	2013-05-21	5	May	2	Qtr2	2013
12	41430	2013-06-05	6	June	2	Qtr2	2013

(a) TIMELINE维表

	CustomerID	CustomerName	EmailDomain	PhoneAreaCode	City	State	ZIP
1	1	Jacobs, Nancy	somewhere.com	817	Fort Worth	TX	76110
2	2	Jacobs, Chantel	somewhere.com	817	Fort Worth	TX	76112
3	3	Able, Ralph	somewhere.com	210	San Antonio	TX	78214
4	4	Baker, Susan	elsewhere.com	210	San Antonio	TX	78216
5	5	Eagleton, Sam	elsewhere.com	210	San Antonio	TX	78218
6	6	Foxtrot, Kathy	somewhere.com	972	Dallas	TX	75220
7	7	George, Sally	somewhere.com	972	Dallas	TX	75223
8	8	Hullett, Shawn	elsewhere.com	972	Dallas	TX	75224
9	9	Pearson, Bobbi	elsewhere.com	512	Austin	TX	78710
10	10	Ranger, Terry	somewhere.com	512	Austin	TX	78712
11	11	Tyler, Jenny	somewhere.com	972	Dallas	TX	75225
12	12	Wayne, Joan	elsewhere.com	817	Fort Worth	TX	76115

(b) CUSTOMER维表

	ProductNumber	ProductType	ProductName
1	BK001	Book	Kitchen Remodeling Basics For Everyone
2	BK002	Book	Advanced Kitchen Remodeling For Everyone
3	VB001	Video Companion	Kitchen Remodeling Basics Video Companion
4	VB002	Video Companion	Advanced Kitchen Remodeling Video Companion
5	VB003	Video Companion	Kitchen Remodeling Dallas Style Video Companion
6	VK001	DVD Video	Kitchen Remodeling Basics
7	VK002	DVD Video	Advanced Kitchen Remodeling
8	VK003	DVD Video	Kitchen Remodeling Dallas Style
9	VK004	DVD Video	Heather Sweeny Seminar Live in Dallas on 25-OCT-11

(c) PRODUCT维表

	TimeID	CustomerID	ProductNumber	Quantity	UnitPrice	Total
1	41197	3	VB001	1	7.99	7.99
2	41197	3	VK001	1	14.95	14.95
3	41207	4	BK001	1	24.95	24.95
4	41207	4	VB001	1	7.99	7.99
5	41207	4	VK001	1	14.95	14.95
6	41263	7	VK004	1	24.95	24.95
7	41358	4	BK002	1	24.95	24.95
8	41358	4	VK002	1	14.95	14.95
9	41358	4	VK004	1	24.95	24.95
10	41360	6	BK002	1	24.95	24.95
11	41360	6	VB003	1	9.99	9.99
12	41360	6	VK002	1	14.95	14.95
13	41360	6	VK003	1	19.95	19.95
14	41360	6	VK004	1	24.95	24.95
15	41360	7	BK001	1	24.95	24.95
16	41360	7	BK002	1	24.95	24.95
17	41360	7	VK003	1	19.95	19.95
18	41360	7	VK004	1	24.95	24.95
19	41364	9	BK001	1	24.95	24.95
20	41364	9	VB001	1	7.99	7.99
21	41364	9	VK001	1	14.95	14.95
22	41367	11	VB003	2	9.99	19.98
23	41367	11	VK003	2	19.95	39.90
24	41367	11	VK004	2	24.95	49.90
25	41372	1	BK001	1	24.95	24.95
26	41372	1	VB001	1	7.99	7.99
27	41372	1	VK001	1	14.95	14.95
28	41372	5	BK001	1	24.95	24.95
29	41372	5	VB001	1	7.99	7.99
30	41372	5	VK001	1	14.95	14.95
31	41387	3	BK001	1	24.95	24.95
32	41401	9	VB002	1	7.99	7.99
33	41401	9	VK002	1	14.95	14.95
34	41415	8	VB003	1	9.99	9.99
35	41415	8	VK003	1	19.95	19.95
36	41415	8	VK004	1	24.95	24.95
37	41430	3	BK002	1	24.95	24.95
38	41430	3	VB001	1	7.99	7.99
39	41430	3	VB002	2	7.99	15.98
40	41430	3	VK001	1	14.95	14.95
41	41430	3	VK002	2	14.95	29.90
42	41430	11	VB002	2	7.99	15.98
43	41430	11	VK002	2	14.95	29.90
44	41430	12	BK002	1	24.95	24.95
45	41430	12	VB003	1	9.99	9.99
46	41430	12	VK002	1	14.95	14.95
47	41430	12	VK003	1	19.95	19.95
48	41430	12	VK004	1	24.95	24.95

(d) PRODUCT_SALES事实表

图 12.14　HSD-DW 表数据

在第 6 章中讨论了数据库中怎样把一个 N∶M 联系通过交表建立为两个 1∶N 联系。我们也讨论了附加的属性怎样加入关联联系中的交表中。

在一个星型模式中，事实表是一个关联表——它是带有附加量度存储其中的维表之间联系的交表。而就像其他交表一样，事实表中的关键字是由指向维表的所有外键构成的复合关键字。

表现维模型

当提到维这个词时，你可能会想到“二维”、“三维”等。维模型可以通过二维矩阵和三维立方体表现。图 12.16 显示了图 12.15 的 SQL 查询，显示为 Product（用 ProductNumber）和 Customer（用 CustomerID）的一个二维矩阵，每个单元显示每个客户购买每种产品的数量。注意，ProductNumber 和 CustomerID 怎样定义矩阵的两维：CustomerID 标明 x 轴，ProductNumber 标明 y 轴。

	CustomerID	CustomerName	ProductNumber	ProductName	TotalQuantity
1	1	Jacobs, Nancy	BK001	Kitchen Remodeling Basics For Everyone	1
2	1	Jacobs, Nancy	VB001	Kitchen Remodeling Basics Video Companion	1
3	1	Jacobs, Nancy	VK001	Kitchen Remodeling Basics	1
4	3	Able, Ralph	BK001	Kitchen Remodeling Basics For Everyone	1
5	3	Able, Ralph	BK002	Advanced Kitchen Remodeling For Everyone	1
6	3	Able, Ralph	VB001	Kitchen Remodeling Basics Video Companion	2
7	3	Able, Ralph	VB002	Advanced Kitchen Remodeling Video Companion	2
8	3	Able, Ralph	VK001	Kitchen Remodeling Basics	2
9	3	Able, Ralph	VK002	Advanced Kitchen Remodeling	2
10	4	Baker, Susan	BK001	Kitchen Remodeling Basics For Everyone	1
11	4	Baker, Susan	BK002	Advanced Kitchen Remodeling For Everyone	1
12	4	Baker, Susan	VB001	Kitchen Remodeling Basics Video Companion	1
13	4	Baker, Susan	VK001	Kitchen Remodeling Basics	1
14	4	Baker, Susan	VK002	Advanced Kitchen Remodeling	1
15	4	Baker, Susan	VK004	Heather Sweeny Seminar Live in Dallas on 25-OCT-11	1
16	5	Eagleton, Sam	BK001	Kitchen Remodeling Basics For Everyone	1
17	5	Eagleton, Sam	VB001	Kitchen Remodeling Basics Video Companion	1
18	5	Eagleton, Sam	VK001	Kitchen Remodeling Basics	1
19	6	Foxtrot, Kathy	BK002	Advanced Kitchen Remodeling For Everyone	1
20	6	Foxtrot, Kathy	VB003	Kitchen Remodeling Dallas Style Video Companion	1
21	6	Foxtrot, Kathy	VK002	Advanced Kitchen Remodeling	1
22	6	Foxtrot, Kathy	VK003	Kitchen Remodeling Dallas Style	1
23	6	Foxtrot, Kathy	VK004	Heather Sweeny Seminar Live in Dallas on 25-OCT-11	1
24	7	George, Sally	BK001	Kitchen Remodeling Basics For Everyone	1
25	7	George, Sally	BK002	Advanced Kitchen Remodeling For Everyone	1
26	7	George, Sally	VK003	Kitchen Remodeling Dallas Style	1
27	7	George, Sally	VK004	Heather Sweeny Seminar Live in Dallas on 25-OCT-11	2
28	8	Hullett, Shawn	VB003	Kitchen Remodeling Dallas Style Video Companion	1
29	8	Hullett, Shawn	VK003	Kitchen Remodeling Dallas Style	1
30	8	Hullett, Shawn	VK004	Heather Sweeny Seminar Live in Dallas on 25-OCT-11	1
31	9	Pearson, Bobbi	BK001	Kitchen Remodeling Basics For Everyone	1
32	9	Pearson, Bobbi	VB001	Kitchen Remodeling Basics Video Companion	1
33	9	Pearson, Bobbi	VB002	Advanced Kitchen Remodeling Video Companion	1
34	9	Pearson, Bobbi	VK001	Kitchen Remodeling Basics	1
35	9	Pearson, Bobbi	VK002	Advanced Kitchen Remodeling	1
36	11	Tyler, Jenny	VB002	Advanced Kitchen Remodeling Video Companion	2
37	11	Tyler, Jenny	VB003	Kitchen Remodeling Dallas Style Video Companion	2
38	11	Tyler, Jenny	VK002	Advanced Kitchen Remodeling	2
39	11	Tyler, Jenny	VK003	Kitchen Remodeling Dallas Style	2
40	11	Tyler, Jenny	VK004	Heather Sweeny Seminar Live in Dallas on 25-OCT-11	2
41	12	Wayne, Joan	BK002	Advanced Kitchen Remodeling For Everyone	1
42	12	Wayne, Joan	VB003	Kitchen Remodeling Dallas Style Video Companion	1
43	12	Wayne, Joan	VK002	Advanced Kitchen Remodeling	1
44	12	Wayne, Joan	VK003	Kitchen Remodeling Dallas Style	1
45	12	Wayne, Joan	VK004	Heather Sweeny Seminar Live in Dallas on 25-OCT-11	1

图 12.15　HSD-DW 查询结果

每个单元显示每个顾客购买的每种产品的总量

	CustomerID											
ProductNumber	1	2	3	4	5	6	7	8	9	10	11	12
BK001	1		1	1			1		1			
BK002			1	1		1	1					1
VB001	1		2	1	1				1			
VB002			2						1		2	
VB003						1		1			2	1
VK001	1		2	1	1				1			
VK002			2	1		1			1		2	1
VK003						1	1	1			2	1
VK004				1		1	2	1			2	1

图 12.16　二维 ProductNumber-CustomerID 矩阵

图 12.17 显示了一个三维立方体，除上述 ProductNumber 和 CustomerID 外，还增加了 z 轴上的 Time 维。代替原来的二维单元，现在每个客户每天购买的总量表示在一个三维小立方体中，所有这些小立方体构成了一个大的立方体。

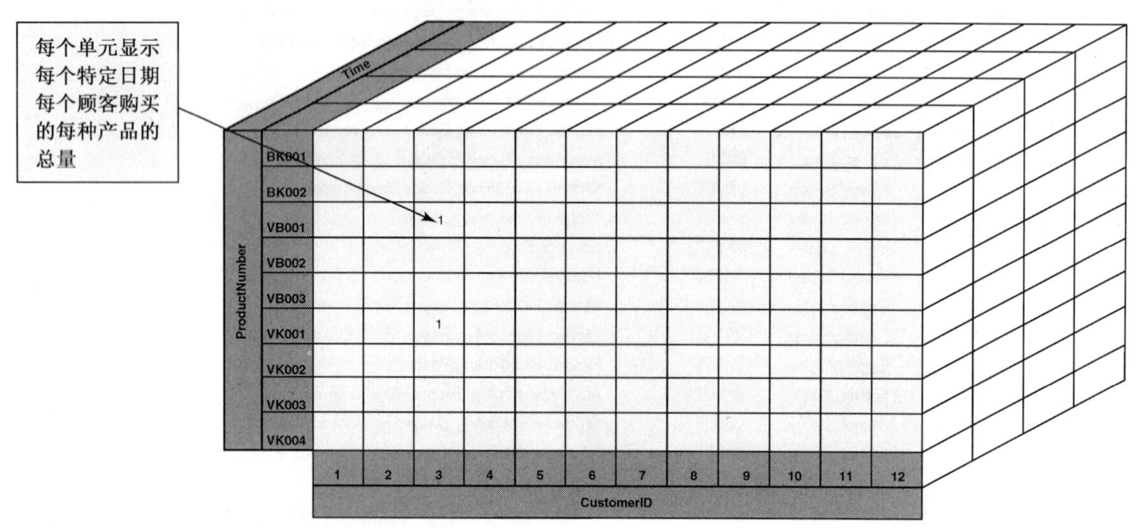

图 12.17　三维 Time-ProductNumber-CustomerID 立方体

我们可以把二维矩阵和三维立方体可视化，但无法把 4 维、5 维甚至更多维可视化，而商务智能系统和维数据库则可以处理这些模型。

多事实表和一致维

数据仓库系统按照需要建立维模型来分析商务智能问题，图 12.12 中的 HSD-DW 星型模式只是各种模式中的一种。图 12.18 中是一个扩展的 HSD-DW 模式。

图 12.18 中加入了另一个事实表 SALES_FOR_RFM：

```
SALES_FOR_RFM (TimeID, CustomerID, InvoiceNumber, PreTaxTotalSale)
```

这个表表明事实表的主键不一定仅仅由关联的维表的外键组合而成。在 SALES_FOR_RFM 表中，主键包括 InvoiceNumber 属性，这个属性是必要的，因为组合(TimeID，CustomerID)不唯一，不能作为主关键字。注意，SALES_FOR_RFM 与 PRODUCT_SALES 连接的是相同的 CUSTOMER 和 TIMELINE 维表。这是为了保持数据仓库内部的一致性，而当一个维表连接两个或者多个事实表时则称为一致维。

为什么我们需要增加事实表 SALES_FOR_RFM？为了解释这一点，需要讨论报表系统。

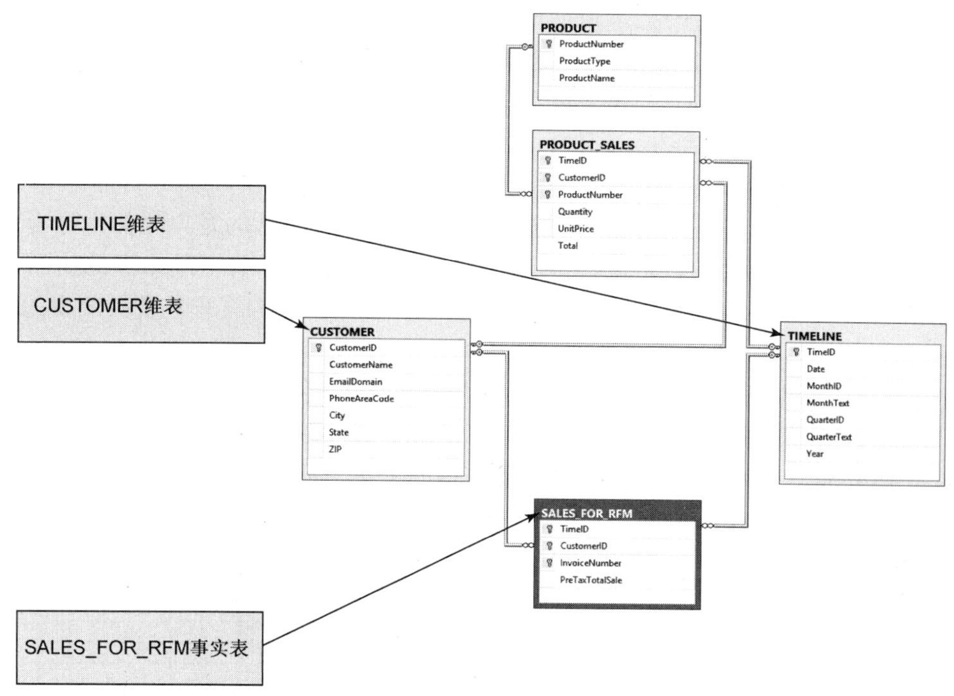

图 12.18　扩展的 HSD-DW 模式

12.5　报表系统

报表系统的目的是从不同的数据源产生出有意义的信息，然后按照及时原则将这些信息发送给合适的用户。正如前文所述，报表系统不同于数据挖掘是因为它们通过简单的操作，如排序、过滤、分组和进行简单的计算来创造信息。我们在这节的开始首先描述一下一个典型的报表问题：RFM 分析法。

12.5.1　RFM 分析法

正如前面讨论过的，RFM 分析法是根据客户的购买模式来分析和分类客户的一种途径。这是一种简单的方法，它考虑的是客户的订单时间(how recently)、客户的订购频率(how frequently)以及客户在一份订单上的花费(how much money)。图 12.19 概述了 RFM 分析法。

- 简单的基于报表的客户分类模式
- 按照客户的订单时间、订购频率、在一份订单上的花费给客户评分
- 典型的做法，对每个准则分为 5 组客户，并且得分是 1 ~ 5

图 12.19　RFM 分析法

为了得到一个 RFM 得分，只需要客户数据和每个客户每次购买(销售日期和销售总额)的销售数据。观察图 12.18 的 SALES_FOR_RFM 表和相关的 CUSTOMER 和 TIMELINE 维表，可以看到确实包含了这些数据：SALES_FOR_RFM 表是 HSD-DW 商务智能系统的 RFM 分析的起点。

接下来，首先将客户购买的记录根据最近的购买日期进行排序。这个分析法的一个通常的形式是，将客户分成5个组，并在每一个组内按顺序分别得分为1～5。所以，有20%的客户的购买记录时间是距离当前最近的，其R得分为1；有20%的客户的购买时间是距离当前第二近的，其R得分为2；依次类推，到最后20%的客户，其购买记录的R得分为5。

接着按订购频率将客户重新排序。有20%的客户订购频率最高，其F得分为1；20%的客户订购频率第二高，其F得分为2；依次类推，最后订购频率最低的客户的F得分为5。

最后，将客户按照订单的数量进行排序。其中20%的客户订购了最昂贵的物品，其M得分为1；接下来20%的客户其M得分为2；依次类推，最后20%的客户花费是最少的，其M得分为5。

图12.20显示了HSD的RFM数据例子。(注意，这里只是用于演示，实际数据并没有计算出来。)第一个客户Ralph Able的得分是{1 1 2}，说明他是最近订购的，而且订购频繁。但是他的M得分为3，意味着他并没有订购最昂贵的货物。从这些得分可以看出，销售小组可以猜测Ralph是一个好客户，并且可以尝试向他出售更为昂贵的货物。

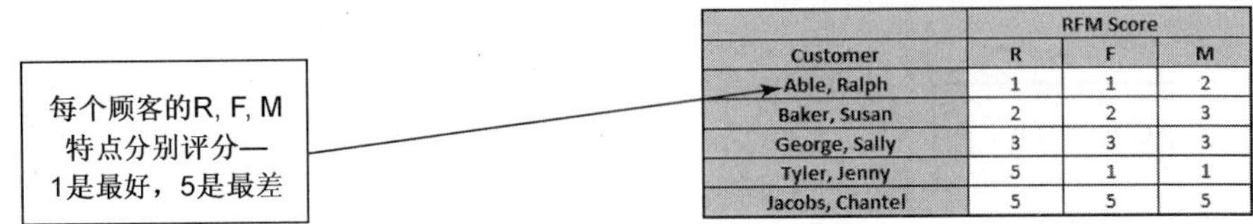

Customer	RFM Score R	F	M
Able, Ralph	1	1	2
Baker, Susan	2	2	3
George, Sally	3	3	3
Tyler, Jenny	5	1	1
Jacobs, Chantel	5	5	5

图12.20 RFM评分报告

Susan Baker(RFM得分为{2 2 3})在购买的最近程度和频繁程度上都是高于平均水平的，但购买金额是平均水平。Sally George(RFM得分为{3 3 3})处在真正的中间点。Jenny Tyler(RFM得分为{5 1 1})是一个问题，Jenny最近并没有订购，但是在过去她订购的时候，她的订购很频繁，而且订购的都是最昂贵的货物。这些数据表明Jenny也许正准备和另一卖主做生意。销售小组中的人员应该立即和她联系。相反，销售小组里任何人都不必要和Chantel Jacobs(RFM评分为{5 5 5})谈了。她已经有一段时间没有订购了，而订购的频率也不高，同时当她订购的时候只购买便宜的物品，数量也不多。

12.5.2 OLAP

OLAP对成组的数据提供求和、计数、求平均值以及执行其他简单的算术操作。OLAP系统生成OLAP报表。一个OLAP报表也称为OLAP立方。用这个词的原因是参照了维数据模型，而有些OLAP产品使用三个坐标轴来显示这些信息，如同一个几何立方。OLAP报表的一个显著特征是它的动态性。报表的格式可以由浏览者改变。这可以从OLAP的Online(联机)这个关键字看出来。

OLAP使用本章之前介绍的维数据模型，所以自然OLAP报表有量度和维度。量度是指维模型中感兴趣的事实，即数据项，可以进行求和或平均值或其他OLAP报表中的处理。销售总额、平均销售额或平均成本是量度的几个例子。量度用在这里因为要处理的量是可量度和记录的。维度是指量度的一个特征或者属性。购买日期、客户类型、客户地域和销售区域都是维度的几个例子。在HSD-DW中就可以看到时间维的重要性。

本节将利用SQL查询从HSD-DW数据库和微软Excel透视表中生成OLAP报表。

BY THE WAY　我们用微软的 SQL Server 2012 和微软 Excel 2013 显示这里关于 OLAP 和透视表的讨论。对于其他 DBMS 产品，如 MySQL，可以利用 OpenOffice.org 的产品套件的 Calc spreadsheet 的 DataPilot 功能(参见 www. openoffice. org)。

现在可以在 Excel spreadsheet 中建立一个 Excel 格式的表：

- 把 SQL 查询结果复制到 Excel spreadsheet 中。
  - 向结果中加入列名。
  - 把查询结果格式化成一个 Excel 表(可选)。
  - 选择带有列名的包含结果的 Excel 范围。
  - 创建透视表。
- 或者用 Get External Data 连接到 DBMS 数据源。
  - 点击 DATA 命令选项卡上的 Get External Data 命令。
  - 选择 SQL Server 数据库作为数据源。
  - 说明数据必须放入微软 Excel 表中。
  - 创建透视表。
- 或者用 Excel 2013 的 PowerPivot 插件连接到 DBMS 数据源，然后创建透视表。

把 SQL 查询结果复制到 Excel spreadsheet 中。在 SQL Server 中所用的 SQL 查询如下：

```
/* *** SQL-Query-CH12-02 *** */
SELECT      C.CustomerID, CustomerName, C.City,
            P.ProductNumber, P.ProductName,
            T.[Year], T.QuarterText,
            SUM(PS.Quantity) AS TotalQuantity
FROM        CUSTOMER C, PRODUCT_SALES PS, PRODUCT P, TIMELINE T
WHERE       C.CustomerID = PS.CustomerID
    AND     P.ProductNumber = PS.ProductNumber
    AND     T.TimeID = PS.TimeID
GROUP BY    C.CustomerID, C.CustomerName, C.City,
            P.ProductNumber, P.ProductName,
            T.QuarterText, T.[Year]
ORDER BY    C.CustomerName, T.[Year], T.QuarterText;
```

然而，由于 SQL Server(以及其他基于 SQL 的 DBMS 产品，如 Oracle 和 MySQL 等)只能保存视图而不是查询，如果要用 Excel 数据连接就要先建立一个 SQL 视图。在 SQL Server 中建立 HSDDWProductSalesView 的 SQL 查询如下：

```
/* *** SQL-CREATE-VIEW-CH12-01 *** */
CREATE VIEW HSDDWProductSalesView AS
SELECT      C.CustomerID, C.CustomerName, C.City,
            P.ProductNumber, P.ProductName,
            T.[Year], T.QuarterText,
            SUM(PS.Quantity) AS TotalQuantity
            FROM       CUSTOMER C, PRODUCT_SALES PS, PRODUCT P, TIMELINE T
            WHERE      C.CustomerID = PS.CustomerID
```

```
    AND      P.ProductNumber = PS.ProductNumber
    AND      T.TimeID = PS.TimeID
GROUP BY     C.CustomerID, C.CustomerName, C.City,
             P.ProductNumber, P.ProductName,
             T.QuarterText, T.[Year];
```

现在连接数据库作为 OLAP 报表数据源时就可以使用 DSDDWProductSalesView 了。我们将用 DATA 命令选项卡上的标准 Microsoft Excel 2013 工具来做这项工作，图 12.21(a)中显示了我们工作的起点，即一个空白 Microsoft Excel 2013 工作簿(名为 DBP-e13-HSD-BI. xlsx)以及 Microsoft SQL Server 2012 SP1 Data Mining Add-Ins for Office(下载地址：http://www.microsoft.com/en-us/download/details.apsx? id =35578)。

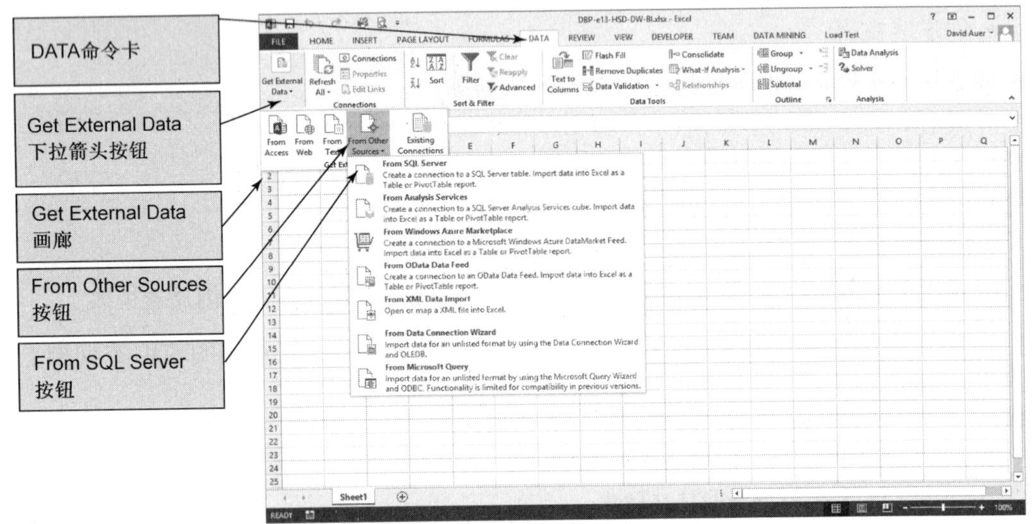

(a) Get External Data命令

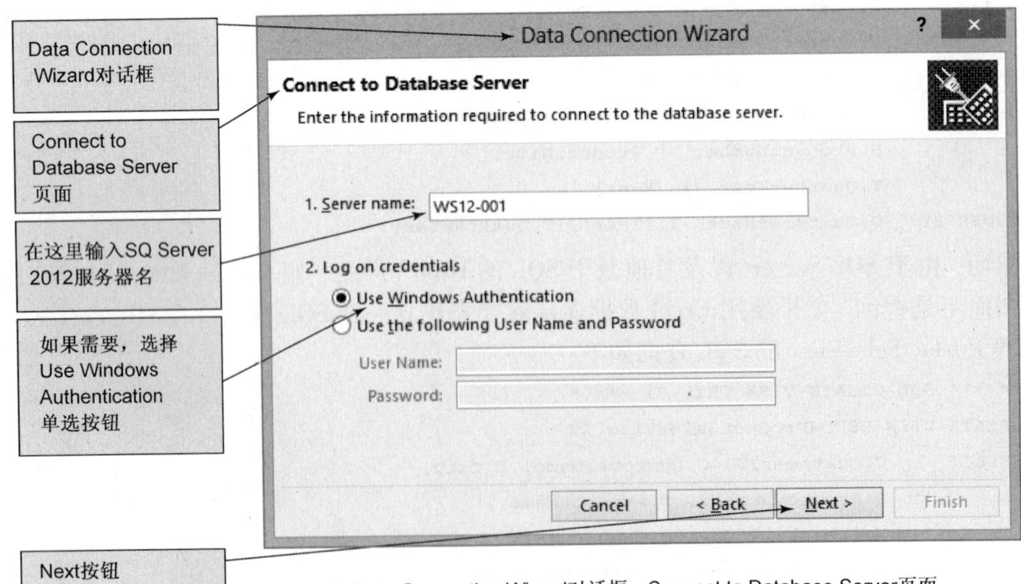

(b) Data Connection Wizard对话框—Connect to Database Server页面

图 12.21　OLAP 报表

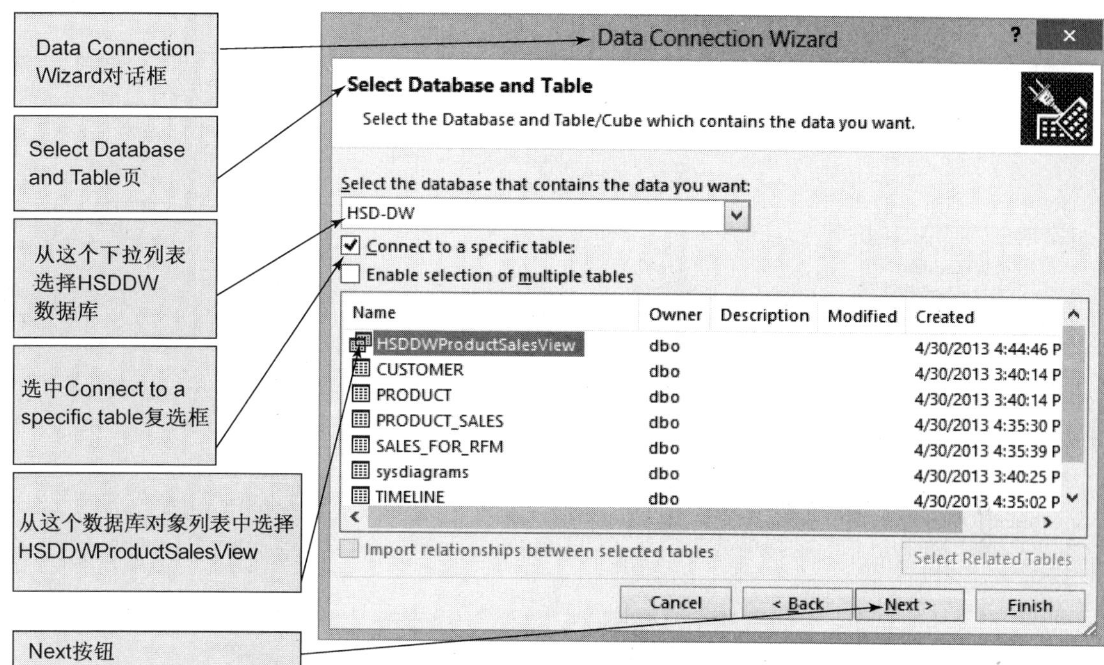

(c) Data Connection Wizard对话框—Connect to Database Server页面

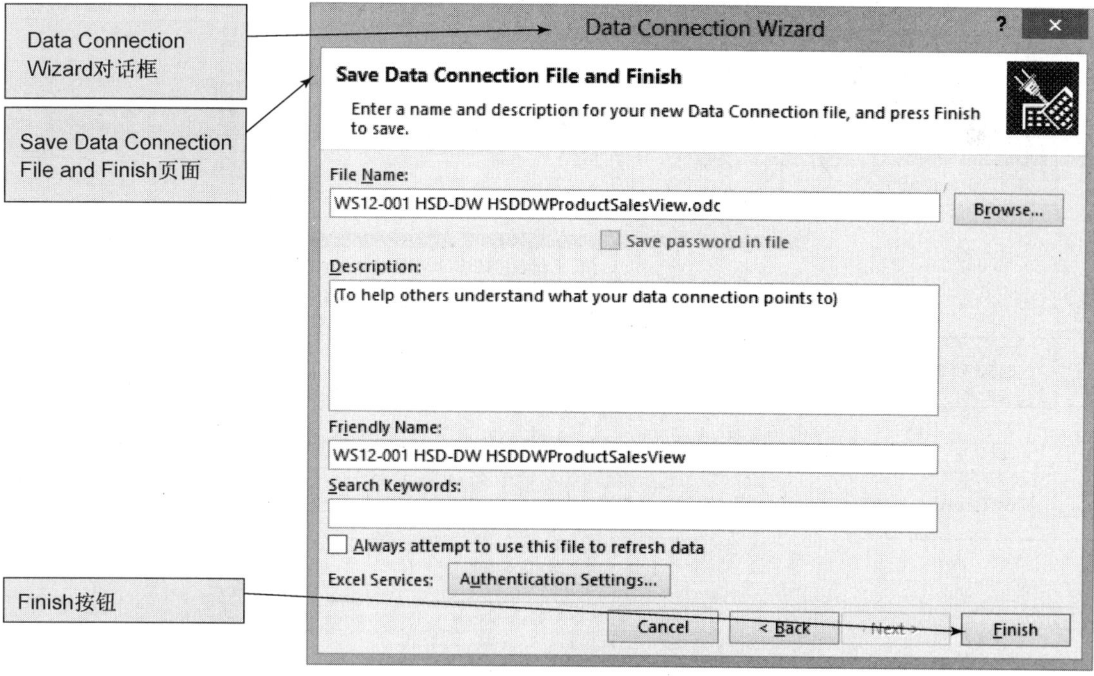

(d) Data Connection Wizard对话框—Save Data Connection File and Finish页面

图 12.21(续)　OLAP 报表

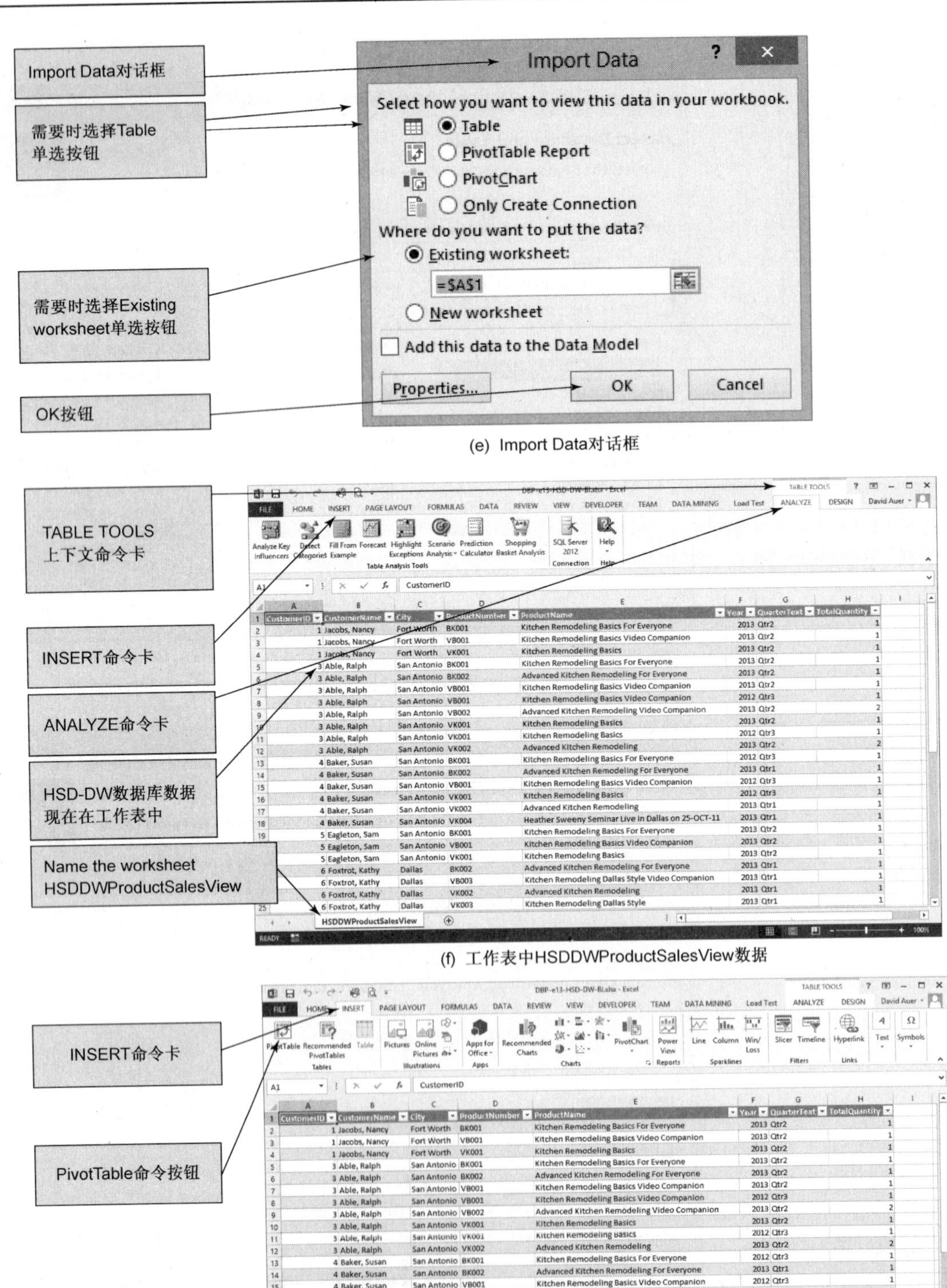

(e) Import Data对话框

(f) 工作表中HSDDWProductSalesView数据

(g) PivotTable命令

图 12.21(续) OLAP 报表

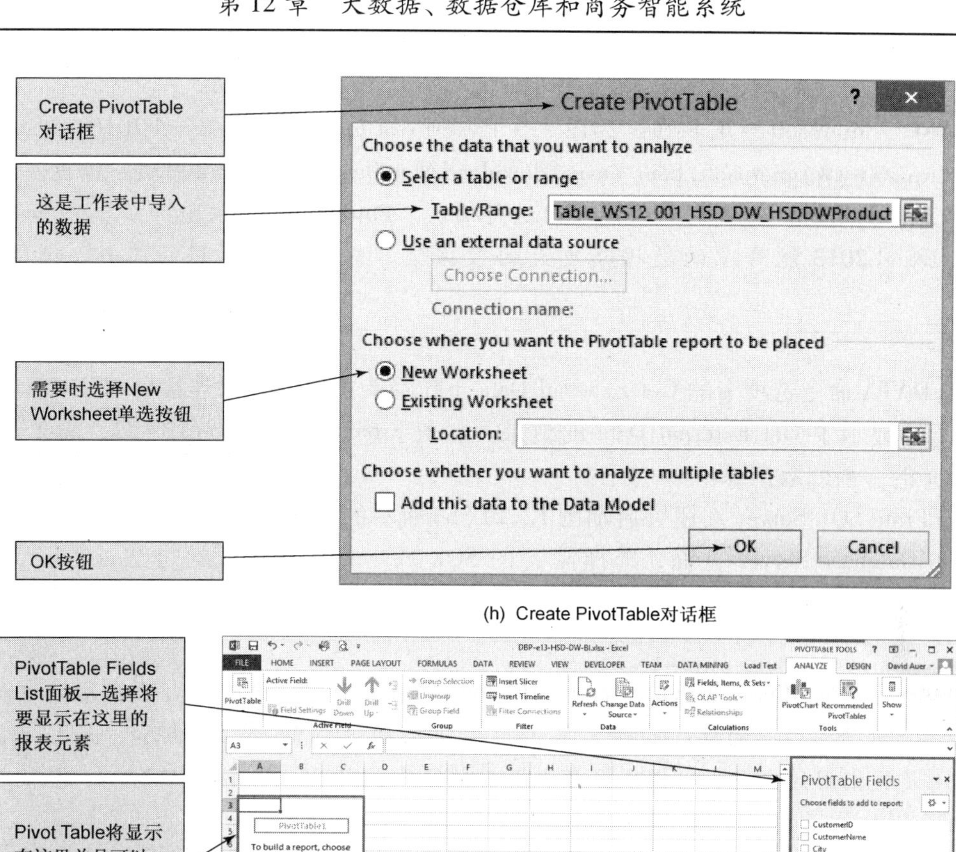

(h) Create PivotTable对话框

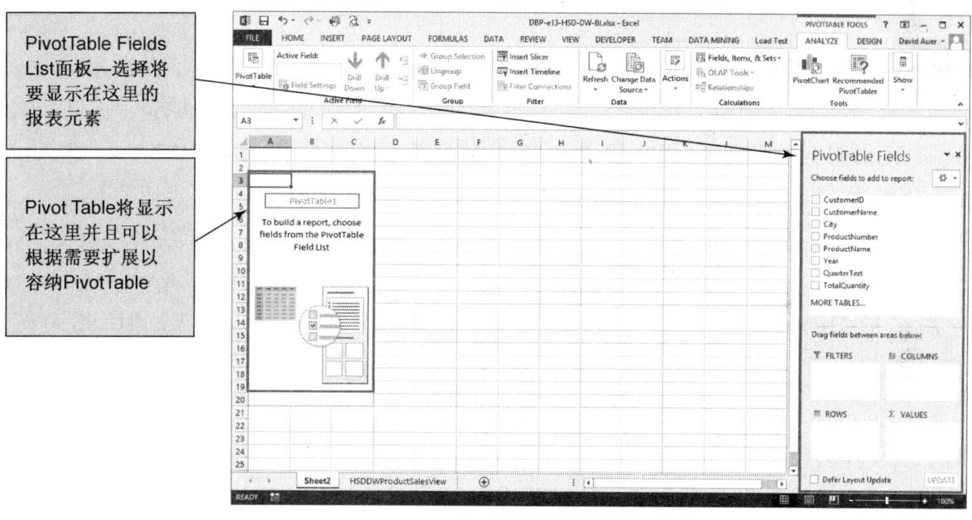

(i) 在新工作表中的PivotTable

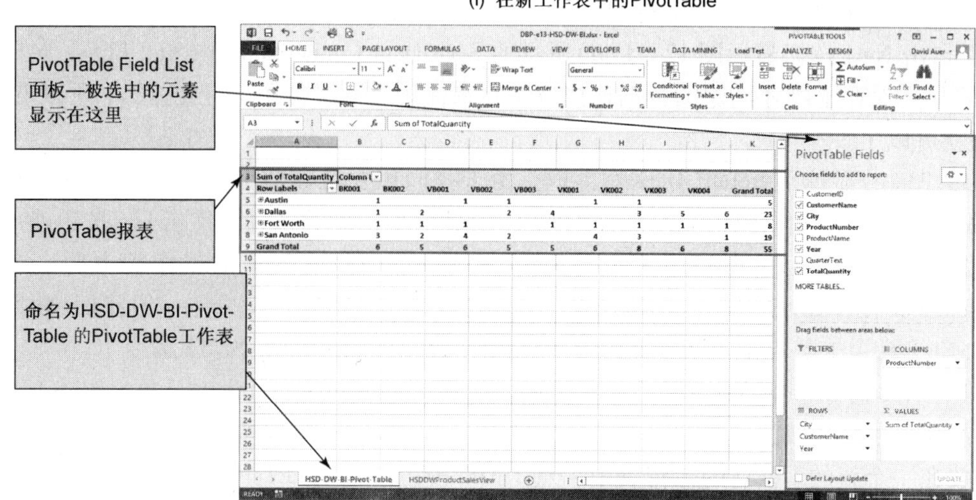

(j) 按City 分的ProductNumber的OLAP报表

图 12.21(续)　OLAP 报表

BY THE WAY　Microsoft SQL Server 2012 SP1 PowerPivot for Microsoft Excel 2010 add-in 的下载网址是:http://www.microsoft.com/en-us/download/details.aspx? id = 29074。据说在 Microsoft Excel 2013 中也能用。但我们尚未能对此进行确认。PowerPivot 提供附加工具和功能处理比 Microsoft Excel 2013 能处理的数据集更大的数据集。这是一个有用的工具，值得做一些研究。

点击 DATA 命令选项卡的 Get External Data 下拉箭头按钮就可以连接到 HSD-DW 的数据。图 12.21(a)显示了 Get External Data 的结果。点击 From Other Sources 按钮，就会列出包含 SQL Server 的一系列数据源。

点击 From SQL Server 按钮可启动图 12.21(b)所示的 Data Connection 向导。在该向导的 Connect to Database Server 页面，选择需要的 SQL Server 以及认证的方法，然后点击 Next 按钮。

BY THE WAY　如果 Microsoft SQL Server 2012 实例是在本地机器(即你自己在用的电脑)上并且安装为默认(未命名)的实例，则只要输入你自己的电脑的名字。例如，图 12.21(b)中 WS12-001 是我们用的电脑，我们已经在上面安装了默认的 Microsoft SQL Server 2012，则只要输入 WS12-001 即可。

如果连接一个非默认、已命名的 Microsoft SQL Server 2012 实例，则要同时输入电脑名和 SQL Server 2012。例如，如果在你的电脑上安装了 SQL Server 2012 Express Advanced 这样的另一个版本的 Microsoft SQL Server 2012，就需要输入 WS12-001\SQLEXPRESS 以连接这个给定名字的实例。

如图 12.21(c)所示，在向导的 Select Database and Table 页面，选择 DHSD-DW 数据库和 HSDDWProductSalesView 作为数据源。注意 SQL-CREATE-VIEW-CH12-01 语句和 HSDDWProductSalesView 视图在方便我们准确得到 PivotTable 中的数据时是多么有用。在选择了数据库和视图后，点击 Next 按钮显示图 12.21(d)所示的 Save Data Connection File and Finish 向导页面。这个步骤只是保存了刚才创建的数据连接以备将来使用，不需要在这里做什么，所以点击 Finish 按钮就可以了。

图 12.21(e)显示了 Import Data 对话框。由于我们想要在创建 PivotTable 表之前把数据保存在 Microsoft Excel 工作簿的一个工作表中，图中显示了正确的选择。点击 OK 按钮就可以了。

在图 12.21(f)中，数据被组织成名为 HSSDWProductSalcsView 的工作表中的一个表格。Microsoft Excel 在 TABLE TOOL 上下文命令卡中打开了 ANALYZE 命令卡，但我们这时需要的却是 INSERT 命令卡。点击 INSERT 命令卡显示图 12.21(g)中的 INSERT 命令卡。

在 INSERT 命令卡中点击 PivotTable 按钮。显示 Create Pivot Table 对话框，如图 12.21(h)所示。正确的数据区域已经选好了，然后选择 New Worksheet 单选按钮，因为我们需要把 PivotTable 放在一个新的、独立的工作表中。点击 OK 按钮创建 PivotTable 结构，如图 12.21(i)所示。选择 PivotTable Fields 框中的适当的字段创建 PivotTable，如图 12.21(j)所示。

在图 12.21(j)中，用销售量作为度量，用 ProductNumber 和 City 作为维。这个报表显示了销售量随产品和城市而变化。例如，在 Dallas 销售了 4 份 VB003(达拉斯风格厨房改造的视频指南)，而在 Austin 则没有销售。

图 12.21(j)的 OLAP 报表是用一个简单的 SQL 查询(用 Microsoft PowerPivot for Microsoft Excel 插件运行)和微软 Excel 生成的，而许多 DBMS 和商务智能产品包含了更多、更复杂的工具。例如，SQL Server 包括了 SQL Server 分析服务①。除了 Excel 外，还可以有很多方法显示 OLAP 立方体。一些第三方供应商提供更复杂的图形化显示，而 OLAP 报表可以像之前报表管理系统描述的其他报表一样产生。

OLAP 报表的显著特点是用户可以改变报表的格式。图 12.22 显示了一种改变，用户在水平显示中增加了两个维——客户和年份。现在销售量继续按客户和年份划分。在 OLAP 报表中，可以“钻入”数据，也就是说，可以进一步细化数据。例如，在图 12.22 中，用户细化 San Antonio 的数据以显示该城市所有用户的数据并且显示 Ralph Able 的年销售数据。

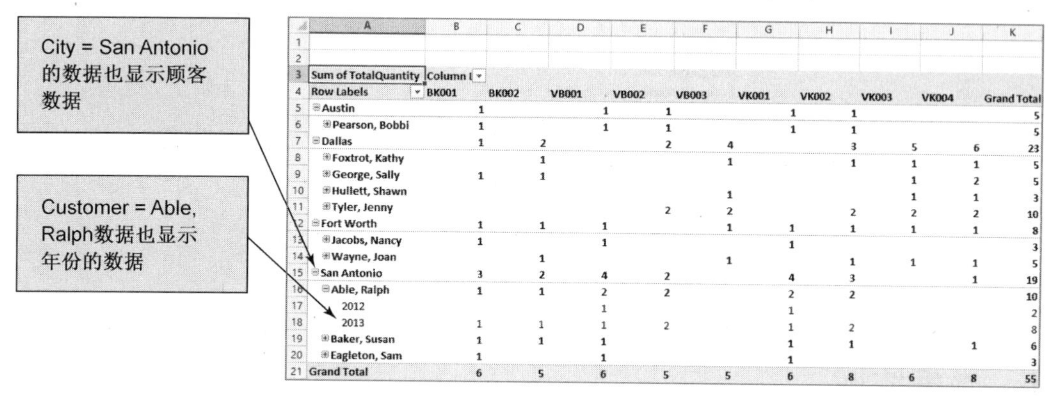

Sum of TotalQuantity	Column Labels									
Row Labels	BK001	BK002	VB001	VB002	VB003	VK001	VK002	VK003	VK004	Grand Total
⊟Austin	1		1	1		1	1			5
⊞Pearson, Bobbi	1		1	1		1	1			5
⊟Dallas	1	2		2	4		3	5	6	23
⊞Foxtrot, Kathy		1			1		1	1	1	5
⊞George, Sally	1	1						1	2	5
⊞Hullett, Shawn					1			1	1	3
⊞Tyler, Jenny				2	2		2	2	2	10
⊟Fort Worth	1	1	1		1	1	1	1	1	8
⊞Jacobs, Nancy	1		1			1				3
⊞Wayne, Joan		1			1		1	1	1	5
⊟San Antonio	3	2	4	2		4	3		1	19
⊟Able, Ralph	1	1	2	2		2	2			10
2012			1			1				2
2013	1	1	1	2		1	2			8
⊞Baker, Susan	1	1	1			1	1		1	6
⊞Eagleton, Sam	1		1			1				3
Grand Total	6	5	6	5	5	6	8	6	8	55

图 12.22　按城市、客户和年份给出的 OLAP ProductNumber 报表

在一个 OLAP 报表中可以更改各维的顺序。图 12.23 把按城市的量显示为垂直数据，而按产品的量则显示成水平数据。这个 OLAP 报表显示按城市、产品、客户和年份销售的量。

上述两种方式都是正确而有效的，用哪种方式是由用户的想法决定的。产品经理可能需要先看产品族(Product ID)后看商店位置的数据(城市)，而销售经理则可能需要先看商店位置信息再看产品的数据。OLAP 报表提供了这两种方式，用户可以在使用过程中进行自行转换。

不利的是，完成这些弹性转换是要花费一定代价的，只有计算机具备足够的能力才能完成这些数据必要的计算、分组和排序的动态操作。尽管标准的、商业性的 DBMS 产品具有生成 OLAP 报表所要求的特征和功能，但它们不是专门为此而设计的。它们是用来为事务处理应用提供快速响应的，比如订单记录和生产计划。

因此，已开发出来一种称为 OLAP Server 的有专门用途的产品，用于执行 OLAP 分析。如图 13.23 所示，OLAP Server 从日常数据库中读取数据，执行初步的计算，并将这些 OLAP 计算的结果保存到 OLAP 数据库中。出于性能和安全方面的原因，OLAP Server 和 DBMS 通常运行在分开的计算机上。OLAP Server 一般可能位于数据仓库或者数据集市中。

---

① 本书到此为止所做的工作都是用 SQL Server 2008 R2 Express 完成的。但 SQL Server Express 并不包含 SQL Server 分析服务，所以如果要用 SQL Server 分析服务需要用标准版或者更好的 SQL Server。虽然可以不用 SQL Server 分析服务生成 OLAP 报表，但 SQL Server 分析服务增加了很多功能，是本书所用的微软 Office 2007 中包含的 SQL Server 2008 数据挖掘附件正常工作所必需的。

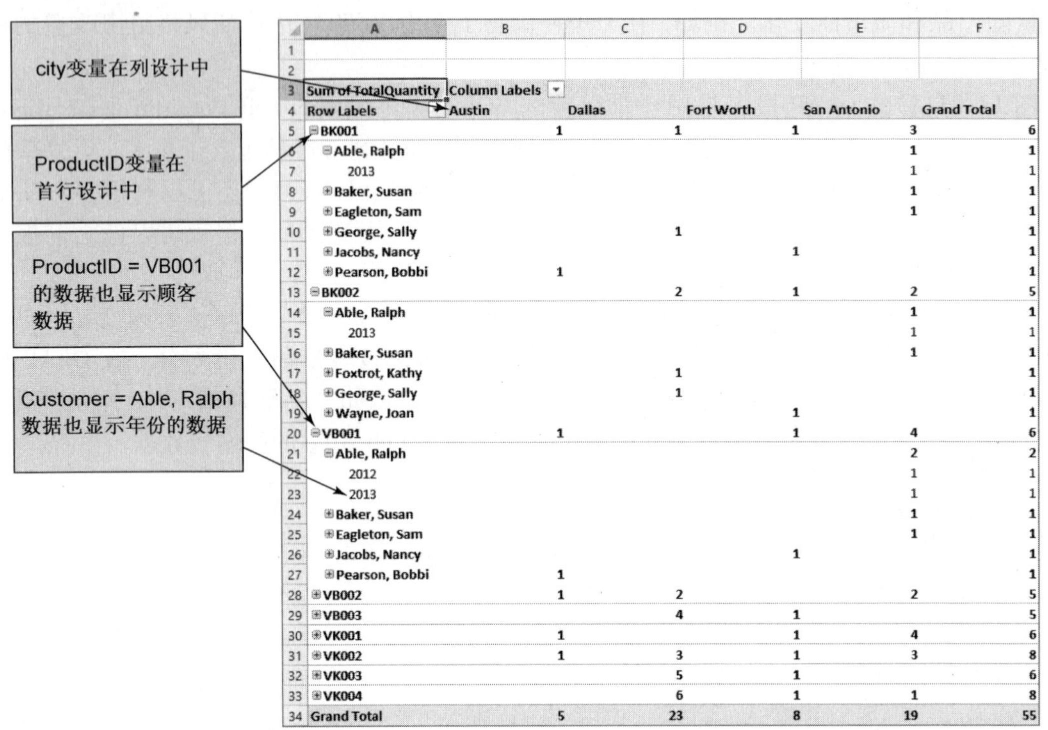

Sum of TotalQuantity	Column Labels				
Row Labels	Austin	Dallas	Fort Worth	San Antonio	Grand Total
⊟BK001	1	1	1	3	6
⊟Able, Ralph				1	1
2013				1	1
⊞Baker, Susan				1	1
⊞Eagleton, Sam				1	1
⊞George, Sally		1			1
⊞Jacobs, Nancy			1		1
⊞Pearson, Bobbi	1				1
⊟BK002		2	1	2	5
⊟Able, Ralph				1	1
2013				1	1
⊞Baker, Susan				1	1
⊞Foxtrot, Kathy		1			1
⊞George, Sally		1			1
⊞Wayne, Joan			1		1
⊟VB001	1		1	4	6
⊟Able, Ralph				2	2
2012				1	1
2013				1	1
⊞Baker, Susan				1	1
⊞Eagleton, Sam				1	1
⊞Jacobs, Nancy			1		1
⊞Pearson, Bobbi	1				1
⊞VB002	1	2		2	5
⊞VB003		4	1		5
⊞VK001	1		1	4	6
⊞VK002	1	3	1	3	8
⊞VK003		5	1		6
⊞VK004		6	1	1	8
Grand Total	5	23	8	19	55

图 12.23　分产品、客户和年份的按城市的 OLAP City 报表

12.6　数据挖掘

不同于报表应用中的基本计算过滤、排序和分组，数据挖掘是应用数学和统计的方法找出数据的模式和相互间的关系。这些模式和关系可以用来分类和进行预测。如图 12.24 所示，数据挖掘代表了几种现象的集合。数据挖掘技术是由统计和数学的规则、人工智能以及机器学习领域发展而来的。事实上，数据挖掘这个术语范畴是一个奇特的术语联合体，分别运用于各种不同的学科。

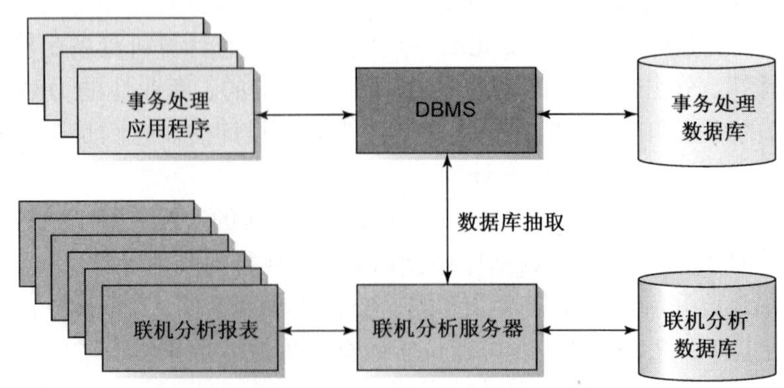

图 12.24　OLAP Server 和 OLAP 数据库的作用

数据挖掘技术利用了最近 10 年来出现的大规模数据库处理的发展成果。当然，如果不是出现了既快速又便宜的计算机，所有这些数据是不会产生的，并且这些新出现的技术也无法得到应用。

大部分数据挖掘技术非常复杂和难以使用。然而，这些技术对企业和一些商业专家，特别是金融专家和营销专家来说却很有价值，并且在应用过程中已经发展出来专门的技术。几乎所有数据挖掘技术都需要专门的软件。常见的数据挖掘产品如 SAS 公司的 Enterprise Miner、IBM 的 SPSS Modeler，以及 Insightful 公司的 Insightful Miner。

然而，有一个趋势使得更多人能够进行数据挖掘。例如，微软为 Office 创建了微软 SQL Server 2012 SP1 数据挖掘附件——它可以在 Microsoft Office 2010 和 Microsoft Office 2013① 上运行。图 12.26 显示了 Excel 2013 中的数据挖掘命令卡和命令组。通过这个附件，存放在 Excel 中的数据被送到 SQL Server 分析服务进行处理，结果则返回到 Excel 中显示。

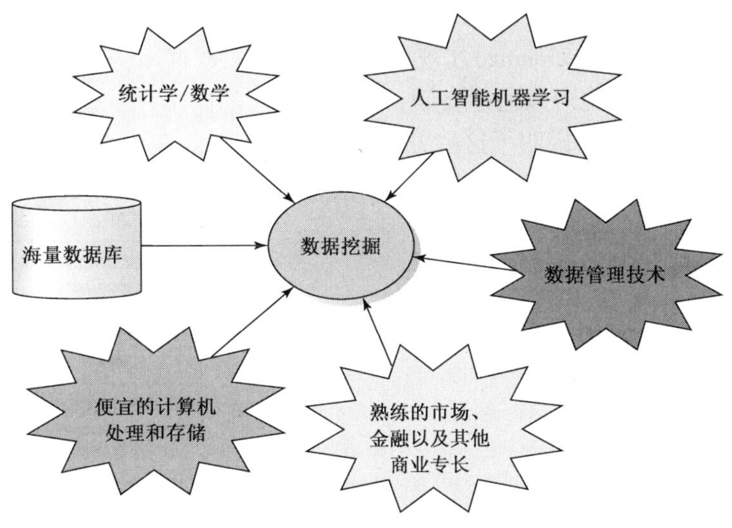

图 12.25　数据挖掘和几种现象的关系

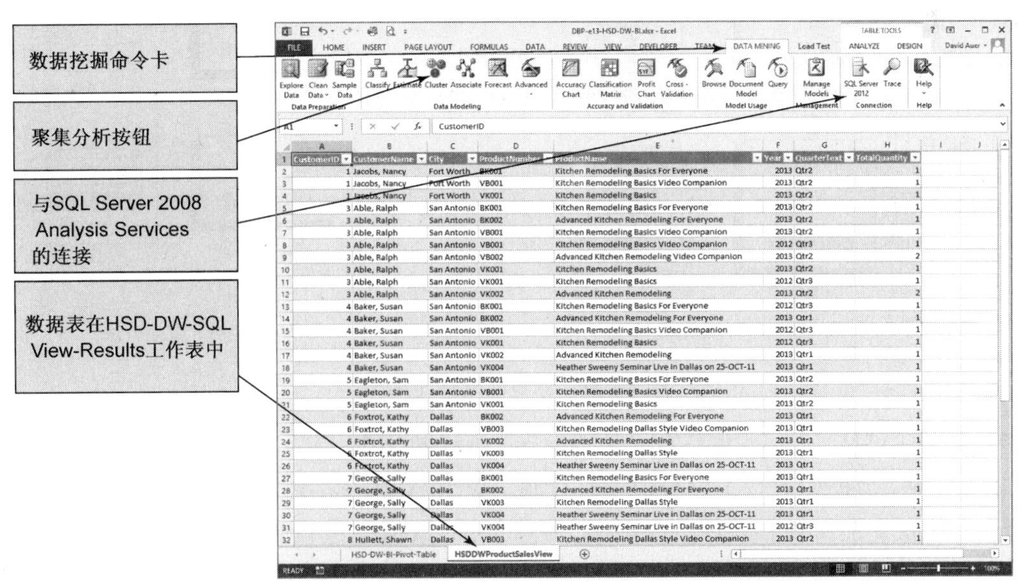

图 12.26　Excel 数据挖掘命令卡

① 可以到 http://www.microsoft.com/en-us/download/details.aspx? id = 35578 了解更多信息并且下载 Microsoft SQL Server 2012 SP1 Data Mining Add-ins for Microsoft Office 程序包。注意，这些插件不能与 SQL Server 2012 Express Edition 一起工作，需要一个带有 SQL Server 分析服务的 SQL Server 版本。

12.7 分布式数据库处理

最先想到的一种增加 DBMS 数据存储量的方法是把数据分散到多台数据库服务器上。一组相关的服务器被看作是一个服务器集群①，在这些服务器上共享的数据库称为分布式数据库。一个分布式数据库是在多台计算机上存储和处理的数据库。根据数据库类型以及所允许的处理，分布式数据库会表现出一些严重的问题。我们首先对分布式数据库进行分类。

12.7.1 分布式数据库的类型

数据库可以通过划分(partitioning)实现分布，也就是把数据库分为小的部分，并且把这些部分存放在多台计算机上；也可以通过复制，即把数据库的副本存放在多个计算机上；或者组合应用复制和划分。图 12.27 说明了这些方法。

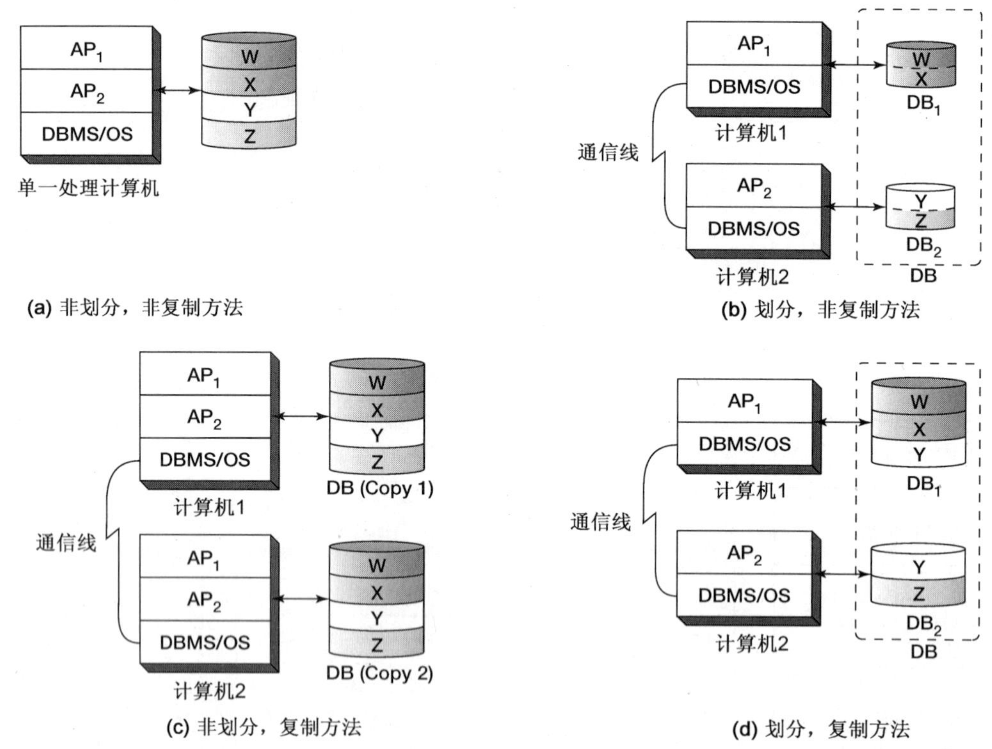

图 12.27 分布式数据库类型

图 12.27(a)显示了一个非分布式的数据库，由标签为 W、X、Y 和 Z 的 4 个部分构成。在图 12.27(b)中，数据库进行了划分但没有复制。W 和 X 部分在计算机 1 上保存和处理，Y 和 Z 部分在计算机 2 上保存和处理。在图 12.27(c)中，数据库进行了复制但没有划分。整个数据库在计算机 1 和 2 上保存和处理。最后，在图 12.27(d)中，数据库同时进行了复制和划分。Y 部分在计算机 1 和 2 上保存和处理。

划分和复制的部分可以用多种不同的方式定义。一个有 5 张表的数据库(例如 CUSTOM-

① 参考 http://en.wikipedia.org/wiki/Server_cluster 上了解关于服务器集群的更多情况。

ER、SALESPERSON、INVOICE、LINE_ITEM 和 PART)的一种划分可以把 CUSTOMER 指定为 W 部分，SALESPERSON 指定为 X 部分，INVOICE 和 LINE_ITEM 指定为 Y 部分，PART 指定为 Z 部分。还可以把这 5 张表不同的记录分配给不同的计算机，或者把不同的列分配给不同的计算机。

对数据库进行分布的原因主要有两个：性能和控制。在多台计算机上的数据库可以提高吞吐量，因为要么多台计算机可以共享负载，要么可以把计算机放到更靠近客户的地方以减少通信延迟。通过把数据库的不同部分隔离在不同的计算机上，分布数据库可以提高对数据库的控制，每一部分可以有自己的授权用户和许可设置。

12.7.2 分布式数据库面临的挑战

进行数据库分布需要克服一些重大的挑战，这些挑战依赖于分布式数据库的类型以及允许的活动。在完全复制的数据库中，如果只有一台计算机被允许对其中的一份副本进行更新，则不会有太大的问题。所有的更新活动都发生在单一的计算机上，数据库的副本则定期送到复制的站点。要面临的挑战是要确保只有一份逻辑一致的数据库副本被分发(例如没有部分或者未提交的事物)并且确保这些站点知道它们处理的数据可能不是最新的，因为在复制副本后可能又有对数据库的新的修改。

如果多台计算机都可以更新一个被复制的数据库，就会遇到困难的问题。特别是如果两台计算机被允许同时处理同一记录，就会导致 3 类错误：可能会造成不一致的修改，一台计算机可能删除另一台计算机正在更新的一条记录，或者两台计算机的修改可能违反唯一性约束。

为了防范这些问题，需要一些类型的记录加锁。由于涉及多台计算机，标准的记录加锁并不适合，而是需要一种称为分布式两阶段加锁的远为复杂的加锁模式。这种模式的细节超出了本书的范围，目前只要知道这个算法的实现困难而且代价高即可。如果多台计算机可以处理一个分布式数据库的多个副本，则需要解决这些严重的问题。

如果数据库被划分了但没有复制[图 12.27(b)]，如果有事务更新的数据跨越了两个或者多个分布划分，就会出现问题。例如，假设 CUSTOMER 和 SALESPERSON 表被放在一台计算机上的一个划分中，INVOICE、LINE_ITEM 和 PART 表被放在另一台计算机上。进一步假设当记录一次销售时所有的 5 张表都要在一个原子事务中进行更新。这时，一个事务必须在两台计算机上启动，并且只有在两台机器上都允许提交时在其中的每一台上提交。这时同样需要用到分布式两阶段加锁。

如果数据划分的方式使得不会有需要两个划分的数据的事务，则常规的加锁就够用了。但在这种情况下实际上是两个相互独立的数据库，有人因此认为这不应该被看作是分布式数据库。

如果数据划分的方式使得不会有需要更新两个划分的数据的事务，但一个或多个事务从一个划分中读数据而在另一个划分中更新数据，则常规的加锁是否够用就不一定了。如果可能发生脏读取，则需要某些形式的分布式加锁，否则常规的加锁就够用了。

如果数据库被划分并且至少一个划分被复制，则需要上述各种加锁的组合。如果复制的部分被更新，如果事务涉及多个划分，或者如果可能发生脏读取，则需要分布式两阶段加锁，否则常规的加锁也许就够用了。

分布式处理复杂而且会产生大量的问题。除了复制的、只读的数据库，否则只有经验丰富的且预算和时间充足的团队才能尝试分布式数据库。这样的数据库也需要数据通信方面的专门人才。

12.8 对象-关系型数据库

面向对象编程(OOP)是一种程序设计和编写的技术。现在大多数新的程序开发都采用面向对象技术。Java、C++、C#和 Visual Basic.NET 都是面向对象编程语言。

对象是同时拥有方法和数据的数据结构。一个给定的类的所有对象具有相同的方法，但每个对象则有各自的数据。当使用面向对象技术时，对象的属性存在内存中。把一个对象的属性值保存下来称为对象持久化。有多种技术用于对象持久化，其中一种用到了数据库技术的一些变形。

虽然关系数据库可用于对象持久化，然而却需要程序员的大量工作。因为对象数据结构往往比数据库表记录的结构复杂。通常需要多个不同表中的多个记录存储对象的数据。这意味着 OOP 程序员需要设计一个用于存放对象的小数据库。通常一个信息系统涉及多个对象，因此需要设计和处理多个不同的小数据库。这个方法由于太不方便而很少使用。

在 20 世纪 90 年代早期，一些厂商开发了专用的 DBMS 产品用于存放对象数据。这些产品被称为面向对象 DBMS(OODBMS)，但从未取得商业上的成功。这是因为它们诞生时大量数据已经保存成了关系型 DBMS 的格式，没有机构愿意把他们的数据转成 OODBMS 的格式，从而导致了这类产品的市场失败。

但对象持久化的需求并未消失。一些厂商，特别是 Oracle，给他们的关系型数据库 DBMS 产品中加入了创建面向对象数据库的特征和功能。这些特征和功能基本上都是附加在关系型 DBMS 上以方便对象持久化。利用这些特征，对象数据的保存比纯关系型数据库更为便利。而同时对象-关系型数据库仍然能够处理关系型数据。①

虽然 OODBMS 没有取得商业上的成功，但 OOP 却有着重要地位，而且现代的编程语言都是基于对象的。这很重要，因为正是这些编程语言被用于创建处理大数据的最新技术。

12.9 虚拟化

在计算领域的一个重要的发展是系统管理员发现硬件资源(CPU、内存、与磁盘存储之间的输入/输出)的利用率非常低。例如，在图 12.28 中，大部分时间 CPU 都不繁忙，并且在 CPU 进行应用程序处理时有大量内存没有被使用。

这个发现导致在多台计算机之间共享硬件资源的想法。但怎样才能做到呢？多台计算机怎么能共享硬件资源呢？

答案是让一台物理的计算机作为一个或者多个虚拟机的宿主。为此，实际的计算机硬件，现在称为宿主机，运行一个被称为虚拟机管理器或者监督器的应用程序。这个监督器创建并且管理虚拟机并控制虚拟机与物理硬件之间的交互。② 例如，如果给一个虚拟机分配了 2 GB 的内存，监督器就要负责确保分配了实际的物理内存并且对虚拟机可用。

虚拟机的实现有多种做法③，图 12.29 说明了两类标准的物理/虚拟机设置。图 12.29(a)显示

---

① 要更多了解对象-关系型数据库，可以参考 http://en.wikipedia.org/wiki/Object-oriented_database。

② 要进一步了解计算机的虚拟化，参考 http://en.wikipedia.org/wiki/Virtualization 的关于虚拟化的文章。

③ 参考 http://en.wikipedia.org/wiki/Comparison_of_platform_virtual_machines 上的关于虚拟机平台比较的文章。

的情形是宿主机除了运行虚拟机外，还运行其他的应用程序。这是桌面计算机用户常用的方式。例如，在运行电子表格应用程序（如 Microsoft Excel 2013）和字处理应用程序（如 Microsoft Word 2013）的同时作为虚拟机的宿主。这可以采用来自 VMware（参考 http://www.vmware.com）的可用于 Windows 和 Linux 的 VMware Workstation（参考 http://www.vmware.com/products/workstation/overview.html）这样的产品。

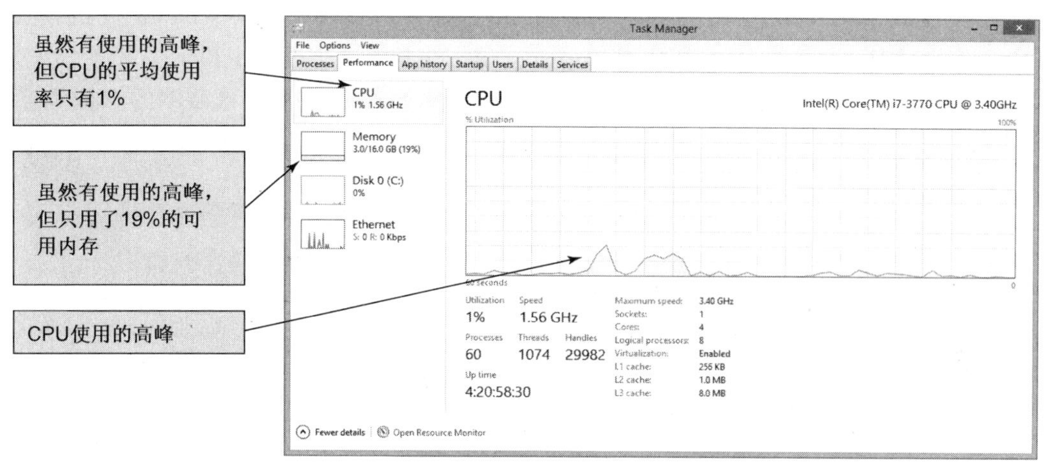

图 12.28　未充分利用的计算机资源

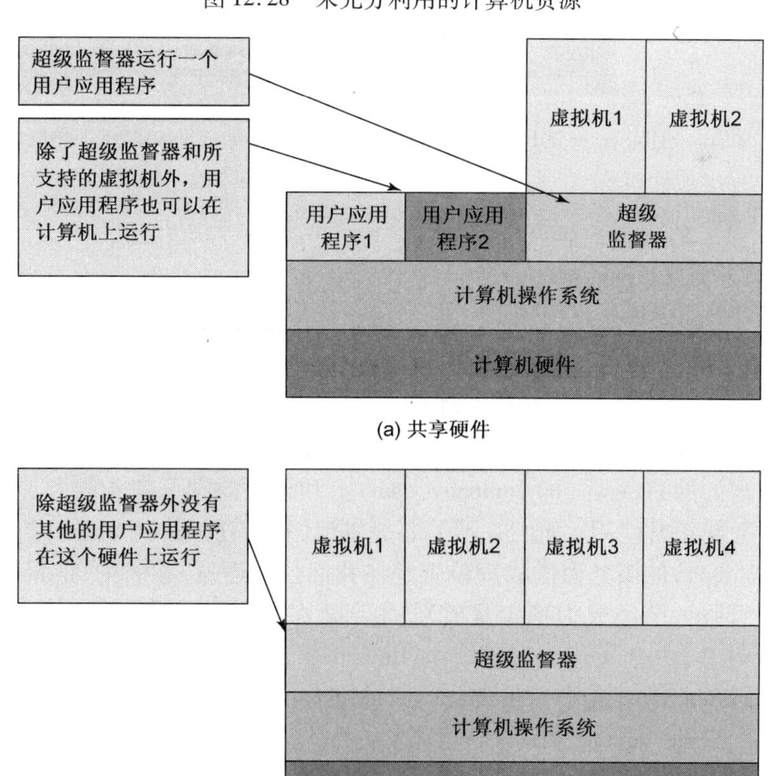

图 12.29　虚拟机环境

图 12.29(b)显示的是宿主机专用于运行虚拟机的情形。这是网络服务器的典型情况，目标是在多个服务器之间共享硬件资源以尽量提高硬件利用率，但在宿主机上没有用户运行的应用程序。

虚拟机的一个优点是在许多产品中可以运行不同的操作系统，并且都可以不同于在宿主机上运行的支持监督器的操作系统。因此，一个运行 Microsoft Windows 8 的桌面电脑上的虚拟机可以运行 Linux 和 FreeBSD 操作系统。图 12.30 显示的运行 Microsoft Windows 7 的桌面电脑上支持一个运行 Microsoft Server 2012 操作系统的虚拟主机，这个虚拟主机上安装了 SQL Server 2012。实际上，这正是用于得到本书第 10A 章所有 SQL Server 2012 屏幕截图的虚拟机。

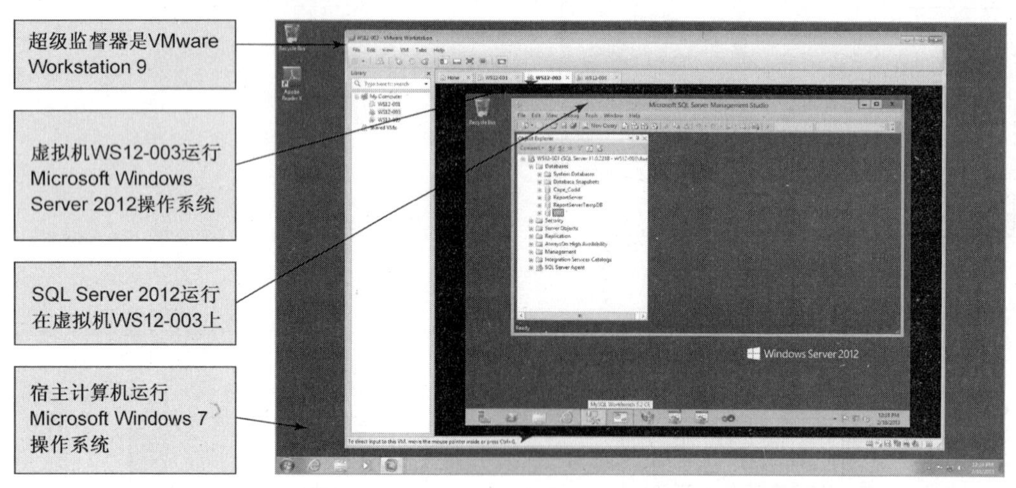

图 12.30 SQL Server 2012 运行在一个 Microsoft Windows Server 2012 虚拟机上

12.10 云计算

多年来，系统管理员和数据库管理员都知道他们的服务器的确切位置——在公司里一个专用的、安全的机房中。随着因特网的发展，一些公司开始提供服务器(物理的或者虚拟的)的托管服务，这些服务器位于其他地方——在公司之外(可能知道也可能不知道的)的某个地方。只要这些托管公司提供我们需要的服务(并且价格合理)，我们其实并不在意这些托管服务器具体在哪里。

这种通过因特网托管的服务器和服务的配置就是云计算。如图 12.31 所示，我们的因特网客户在我们公司的网站(www.ourcompany.com)上和相关的电子商务服务上与我们联系。只要他们需要的服务能正常使用，他们并不关心提供他们所需服务(例如可以看到和买到我们最新版的 Class A Widget)的服务器的物理位置是在我们公司还是“在云中”的某个位置。

基于云的托管服务已经成为稳定且赚钱的买卖。托管公司包括从 eNom(http://www.enom.com)和 Yahoo! Small Business(http://smallbusiness.yahoo.com/webhosting)这样的网站托管公司到 Microsoft Office 365(http://office.microsoft.comen-us/academic/)和 Google Business Solutions(http://www.google.com/services/)这样的提供全面业务支持的公司乃至提供完全虚拟服务器、文件存储、DBMS 等各种服务的公司。

上述最后一类中的重要参与者包括微软的 Windows Azure(http://www.windowsazure.com/en-us/)和 Amazon.com 的 Amazon Web Services(AWS)(http://aws.amazon.com/)。当然还有其他的参与者，但这两个产品提供了很好的起点。跟微软的其他产品一样，Windows Azure 是以微软为中心的，并且现在还没有 AWS 的产品贵。

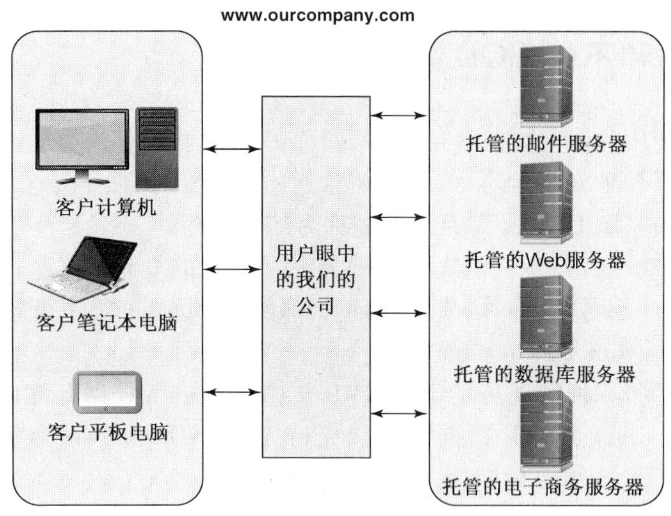

图 12.31　云计算环境

AWS 特别值得注意的是提供完整虚拟服务器的 EC2 服务、提供 NoSQL 数据存储(在本章后面讨论)的 DynamoDB 数据库服务，以及提供 Microsoft SQL Server、Oracle 数据库和 MySQL 的在线运行实例的 RDS(Relational DBMS Service)。

像在本书之前一样，现在我们用 RDS 来解释怎样使用在线数据库服务。我们建立了 SQL Server Express(实际是 SQL Server 2012 Express)的一个名为 kamssqlex01 的 RDS 实例。虽然由 AWS 托管，如果用普通的 SQL Server 管理工具连接这个数据库实例，它的表现与我们运行的其他 SQL Server 实例没有什么不同。

图 12.32 通过在 Microsoft SQL Server Management Studio 中显示 kamssqlex01 数据库实例来解释这个特点。在第 7 章和第 10A 章中已经创建了 VRG 数据库并填充了数据，并且在这个数据库上运行了一个查询的例子。我们在这里所看到的情况与把数据库放在我们自己的桌面计算机或者本地数据库服务器时所看到的是一样的。这说明设置托管在云中的计算资源是多么容易，因此毫无疑问云计算将得到越来越多的应用。

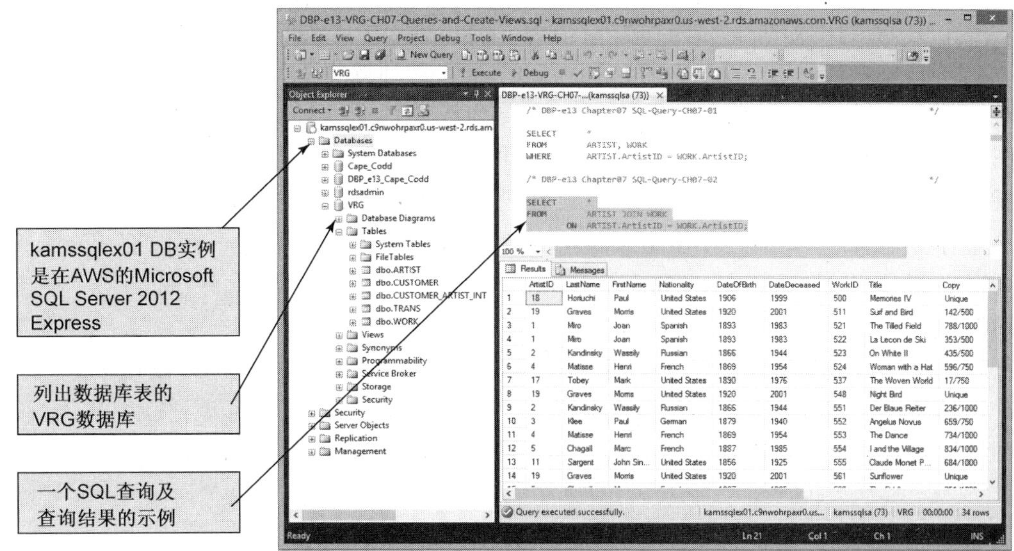

图 12.32　在 SQL Server Management Studio 中的 kamssqlex01 SQL Server 2012 Express DB 实例

12.11 大数据和不仅 SQL 运动

本书一直都在使用关系型数据库和 SQL，然而另一种思潮引领着最初被称为 NoSQL 的运动，现在则常被称为不仅 SQL 运动。[①] 我们注意到，大多数(虽然不是全部)与 NoSQL 运动相关的 DBMS 都是非关系型 DBMS，并且经常被称为结构化存储。[②]

一个 NoSQL DBMS 通常是一个本章之前描述的分布式的复制数据库，用于需要这种 DBMS 支持大数据集的地方。例如，Facebook 和 Twitter 都使用 Apache 软件基金的 Cassandra 数据库(网址是：http://cassandra.apache.org)。

NoSQL 数据库的另一种实现是基于以 XML 文档结构进行数据存储，例如开源的 dbXML(网址是 www.dbxml.com)。XML 数据库通常支持 W3C XQuery(www.w3.org/TR/xquery/)和 XPath(www.w3.org/TR/xpath/)标准。

12.11.1 结构化存储

大部分这些开发的基础是两个由 Amazon.com(Dynamo)和 Google(Bigtable)开发的结构化存储机制。Facebook 进行了 Cassandra 的最初开发，然后在 2008 年将其转给了开源开发社区。如前所述，Cassandra 现在是 Apache 软件基金的一个项目。

图 12.33 描述了一个一般意义上的结构化存储系统。关系型 DBMS(RDBMS)表在结构化存储中的对应物具有非常不同的构造。虽然使用相似的术语，但与在关系型 DBMS 中的类似术语有不同的含义。

最小的存储单位称为列，但实际上相当于 RDBMS 表中的一个单元格(RDBMS 中行和列的交叉点)。一个列包含 3 个元素：列名、列值或者数据、记录该值保存在该列的时间的时间戳。图 12.33(a)中保存值 Able 的 LastName 列表示了这种情况。列可以组合成称为超列的集合。图 12.33(b)中的 CustomerName 就是一个超列，其中包含了保存 CustomerName 的值 Ralph Able 的一个 FirstName 列和一个 LastName 列。

列和超列可以进一步组合成列族，这是 RDBMS 表在结构存储中的对应物。在一个列族中包含多个由列组构成的行，并且每一行有一个 RowKey，类似于 RDBMS 表中的主关键字。然而，不同于 RDBMS 表，列族中的一行不需要与同一列族中的其他行有相同的列数。在图 12.33(c)中用包含了 3 行客户数据的 Customer 列族说明了这种情况。

图 12.33(c)明确说明了结构化存储的列族和 RDBMS 表之间的区别：列族可以有可变列并且可以用 RDBMS 表不可能的方式在每一行中存储数据。这个存储列结构绝对不是第 2 章中定义的 1NF，更不要说是 BCNF 了。例如，注意到第一行没有 Phone 和 City 列，而第 3 行则不仅没有 FirstName、Phone 和 City 列，还包含了不在其他行中出现的 EmailAddress 列。

最后，所有的列族都包含在一个键空间(keyspace)中，键空间提供可以用于数据存储的 RowKey 的值集合。在图 12.33(c)中来自键空间的 RowKey 值被用于标识列族中的每一行。虽然这种结构初看起来有点奇怪，但实际上它提供了巨大的灵活性，因为任何时候都不需要修改

① 参考 http://en.wikipedia.org/wiki/NoSQL 上关于 NoSQL 的文章以了解更多信息。

② 参考 http://en.wikipedia.org/wiki/Structured_storage 上关于结构化存储的文章。

已有的表结构就能够使用包含新的数据的列。当然，关于结构化存储还有很多其他内容，而现在你应该对它有了基本的理解。

Name: LastName
Value: Able
Timestamp: 40324081235

(a) 一个列

Super Column Name:	CustomerName	
Super Column Values:	Name: FirstName	Name: LastName
	Value: Ralph	Value: Able
	Timestamp: 40324081235	Timestamp: 40324081235

(b) 一个超列

Column Family Name:	Customer			
RowKey001	Name: FirstName	Name: LastName		
	Value: Ralph	Value: Able		
	Timestamp: 40324081235	Timestamp: 40324081235		
RowKey002	Name: FirstName	Name: LastName	Name: Phone	Name: City
	Value: Nancy	Value: Jacobs	Value: 817-871-8123	Value: Fort Worth
	Timestamp: 40335091055	Timestamp: 40335091055	Timestamp: 40335091055	Timestamp: 40335091055
RowKey003	Name: LastName	Name: EmailAddress		
	Value: Baker	Value: Susan.Baker@elswhere.com		
	Timestamp: 40340103518	Timestamp: 40340103518		

(c) 一个列族

图 12.33　一个一般意义上的结构化存储系统

12.11.2 MapReduce

虽然结构化存储提供了把数据保存在大数据系统中的方法，而数据本身则用 MapReduce 处理进行分析。由于大数据涉及极为巨大的数据集，很难靠一台计算机本身处理这些数据。因此，需要用计算机集群并且采用类似于本章前面讨论的分布式数据库系统的分布式处理系统。

MapReduce 用于把大的分析任务分解为小的任务，把每个小任务指派给集群中的各台计算机，然后收集每个任务的结果并且把它们合成为原来的任务的最终结果。术语 Map 表示在各台计算机上完成的任务，术语 Reduce 表示把各个结果合成最终的结果。

一个 MapReduce 的常用例子是统计一个文档中每个词的使用次数。图 12.34 中说明了这个例子，其中可以看到原始的文档是怎样分解为节的，然后每一节被传递给集群中的一台计算机用 Map 过程处理。每个 Map 过程的处理结果随后集中到一台计算机上用 Reduce 过程把各个 Map 过程的结果合成为最终的输出，即词的列表以及文档中每个词出现的次数。

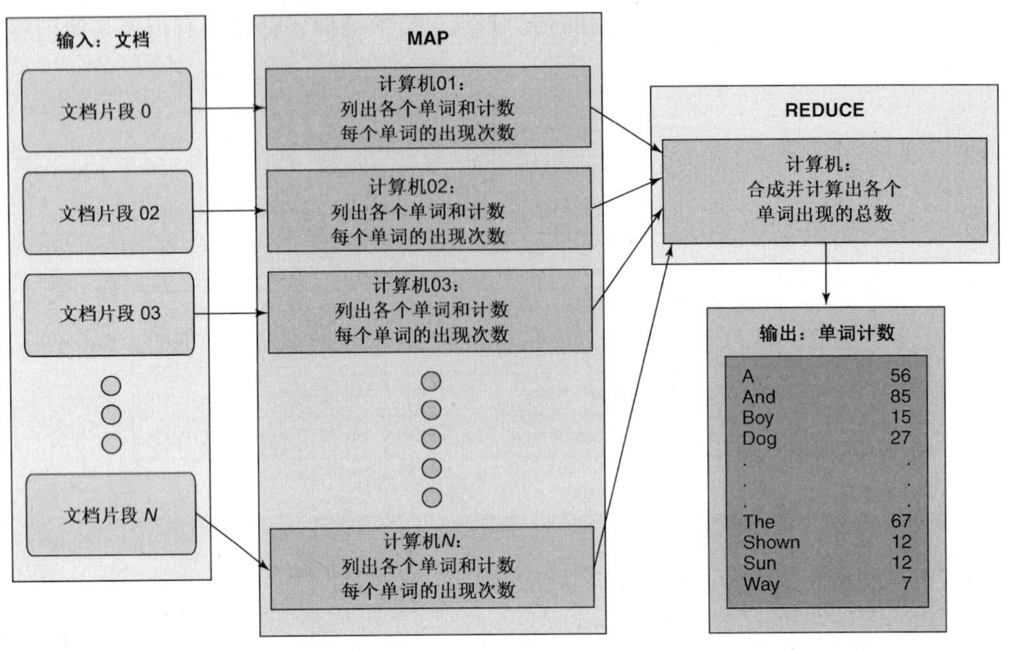

图 12.34 MapReduce

12.11.3 Hadoop

另一个正在成为大数据基础开发平台的 Apache 软件基金的项目是 Hadoop 分布式文件系统(HDFS)，其向集群服务器提供标准的文件服务，这样它们的文件系统可以像一个分布式文件系统一样工作(参考 http://hadoop.apache.org)。Hadoop 最初作为 Cassandra 的一部分，但 Hadoop 项目衍生出了一个称为 HBase(见 http://hbase.apache.org)的非关系型数据存储和一个名为 Pig(见 http://pig.apache.org)的查询语言。

更进一步，所有主流的 DBMS 都支持 Hadoop。微软正计划一个 Microsoft Hadoop 分布(见 http://social.technet.microsoft.com/wiki/contents/articles/microsoft-hadoop-distribution-documentation-plan.aspx)并且联手了 HP 和 Dell 提供 SQL Server Parallel Data Warehouse(见 http://www.microsoft.com/sqlserver/en/us/solutions-technologies/data-warehousing/pdw.aspx)。Oracle 则开发了使用 Hadoop 的 Oracle Big Data Appliance(见 www.oracle.com/us/corporate/press/512001)。在 Web 上用术语"MySQL Hadoop"做一下搜索可以看到 MySQL 团队也做了很多类似的工作。

这些大数据产品对于 Facebook 这样的机构的用处和重要性说明我们不仅可以预期关系型 DBMS 的改进而且可以预期非常不同的数据存储和信息处理的途径。大数据和大数据相关产品正在快速改进和演变，这个领域预期最近会有许多发展。

BY THE WAY NoSQL 领域是令人激动的，但你应该认识到如果想要参与其中，就需要提高你的面向对象编程技能。不同于可以用非常用户友好的管理和应用程序开发工具(Microsoft Access 本身、Microsoft SQL Server Management Studio、Oracle SQL Developer 和 MySQL Workbench)在 Microsoft Access、Microsoft SQL Server、Oracle Database 和 Oracle MySQL 上开发数据库，在 NoSQL 领域中目前只能用编程语言开发。当然这可能是会改变的，我们盼望着在 NoSQL 领域的进一步开发。但现在你还是应该去注册编程课程。

12.12 小结

现在把公司收集的极其大量的数据并需要对这些数据进行某种处理的情况称为大数据。本章概括了不断增加的数据量的处理工具的发展。

商务智能(BI)系统协助管理人员和其他专家分析当前和过去的活动，并且预测未来事件。BI 应用有两大主要类型：报表应用和数据挖掘应用。报表应用对数据进行初步的计算；数据挖掘应用则运用了复杂的数学和统计方法。

BI 应用从三种数据源获取数据：日常数据库、日常数据库的抽样数据库以及购买而来的数据。BI 系统有时拥有自己的 DBMS，这可以是日常 DBMS，也可以不是。报表和数据挖掘应用的特征已经列在图 12.3 中。

直接读取日常数据库中的数据是不可行的，除非是最小型和最简单的 BI 应用以及数据库。这其中有几个原因。查询日常数据库中的数据会导致操作型系统的运行减慢到无法接受的程度。日常数据存在一些问题，限制了它们在商务智能应用中的使用，而且商务智能系统的创建和维护需要具备并非日常运作中通常可用的程序、工具和专门技术。

图 12.5 列出了日常数据的问题。由于这些问题的存在，许多企业选择了创建并提供数据仓库和数据集市。数据仓库抽取和清理日常数据并将修改后的数据存入数据仓库数据库中。企业也许还会从数据卖主那里购买数据和进行数据管理。数据仓库为所包含数据维护其相关的数据源、数据格式、假设和约束条件的元数据。数据集市是小于数据仓库的数据集合，并且对应于商业中一个特定的组成部分或功能区域。在图 12.7 中，数据仓库向三个较小的数据集市发布数据。每个数据集市为不同方面商业活动的需要服务。

图 12.8 列出了日常数据库和维数据库具有不同的特点。维数据库采用星型模式，其中一个完全规范化的事实表连接可能非规范化的维表。维数据库必须处理缓慢变化的维，因此一个时间维对于维数据库很重要。事实表具有用户感兴趣的量度，维表则保存了用于查询的属性值。星型模式可以通过增加附加的事实表、维表和一致维进行扩展。

报表系统的目的是从不同的数据源产生出有意义的信息，然后按照及时原则将这些信息发送给合适的用户。报表系统通过对数据进行排序、过滤、分组和进行简单的计算然后生成报表。RFM 分析是典型的报表应用。根据客户的订单时间(R)、客户的订购频率(F)以及客户在一份订单上的花费(M)对客户进行分组和分类。RFM 分析的结果包括了三个分值。一种典型分析的记分范围是 1 ~ 5 分。RFM 的得分是{1 1 4}说明客户最近有订购行为，订购的频率也十分频繁，但是没有订购昂贵的货物。

联机分析处理(OLAP)是报表应用的一个普遍范畴，使得用户可以动态地改变报表的结构。量度是感兴趣的数据项，维度是量度的一个特征，OLAP 立方是关于量度和维度的排列。对于 OLAP 报表，用户可以进行细分(drill down)操作和交换维度的次序。在高要求的处理过程中，一些企业会指定分开的计算机做 OLAP 服务器使用。

数据挖掘是应用数学和统计方法找出模式和相互间的关系并进行分类和预测。图 12.25 所示因素的汇总即是数据挖掘在最近几年兴起的原因。

可以写出一个 SQL 连接语句用来创建视图，并给出在一次交易中同时出现的产品。对这个视图进行处理，计算出 support 值，然后对 support 视图进行处理则可以计算 confidence 和 lift 的值。

一个分布式数据库是一个在多台计算机上保存和处理的数据库。一个复制数据库是数据库的部分或者全部的多个副本存放在不同的计算机上。一个划分数据库是数据库的不同部分保存在不同的计算机上。一个分布式数据库可以是复制和分布的。

分布式数据库带来了处理的挑战。如果一个数据库只在单一的计算机上更新，则只要确保数据库的副本在分布时是逻辑一致的。然而，如果要在多台计算机上进行更新，问题就变得严重起来。如果数据库是划分但没有复制的，则在事务涉及多台计算机上的数据时会面临挑战。如果数据库是复制的并且更新发生在复制的部分，则需要特殊的称为分布式两阶段锁的加锁算法。实现这种算法会很困难而且昂贵。

对象包括方法和属性。一个给定类的所有对象具有相同的方法，但具有不同的属性值。对象持久化就是保存对象属性值的处理。关系型数据库难以进行对象持久化。一些称为面向对象 DBMS 的专门产品在 20 世纪 90 年代被开发出来但从未得到商业上的认可。Oracle 和其他公司扩展了他们的关系型 DBMS 产品的功能来提供对象持久化。这样的数据库称为对象-关系型数据库。

NoSQL(现在常称为“不仅 SQL”)运动是基于满足像 Amazon. com、Google 和 Facebook 这样的公司对于大数据存储的需求。完成这些工作的工具是称为结构化存储的非关系型 DBMS。早期的例子是 Dynamo 和 Bigtable，最近流行的例子是 Cassandra。这些产品基于用键空间中的行键值关联在一起的列、超列和列族的非规范表结构。大数据中的非常大的数据集的处理由 MapReduce 处理，它把数据处理任务分解为计算机集群中许多计算机执行的并行任务并且合并这些结果成为最终的结果。一个得到 Microsoft 和 Oracle 公司支持的新兴产品是 Hadoop 分布式文件系统(HDFS)，并衍生出 HBase(一个非关系型存储部件)和一种查询语言 Pig。

12.13 关键术语

Amazon Web 服务(AWS)
大数据
大表
商务智能(BI)系统
Cassandra
点击流数据
云计算
一致维
维度咒语
数据集市
数据挖掘应用程序
数据仓库
数据仓库元数据数据库
日期维
维表
维数据库
分布式数据库
分布式两阶段加锁
脏数据
下钻
动态报表
Dynamo
DynamoDB 数据库服务
EC2 服务
企业数据仓库体系结构(EDW)
抽取、转换和装载(ETL)系统
F 评分
Hadoop 分布式文件系统(HDFS)
HBase
宿主机
超级监督器
事实表
M 评分
量度
方法
MapReduce
非集成数据
NoSQL

不仅 SQL
对象
面向对象 DBMS(OODBMS)
面向对象编程(OOP)
对象持久化
对象关系型数据库
在线分析处理(OLAP)立方体
在线分析处理报表
在线分析处理服务器
在线分析处理
在线分析处理系统
操作用系统
Oracle 大数据工具
划分
Pig
透视表
属性
R 评分
复制
报告系统
关系型 DBMS 服务
RFM 分析
行键
服务器集群
缓慢改变维
SQL 服务器并行数据仓库
星型模式
结构化存储
时间维
事务系统
虚拟计算机
虚拟机
虚拟机管理器
Windows Azure

12.14 习题

12.1 什么是 BI 系统？

12.2 BI 系统和事务处理系统有何不同？

12.3 指出并描述两类主要的 BI 系统。

12.4 BI 系统的三种数据源分别是哪些？

12.5 说明报表应用和数据挖掘应用在处理上不一样的地方。

12.6 描述对于 BI 应用来说，从日常数据库直接读取数据不可行的原因。

12.7 总结日常数据库中哪些问题的存在限制了其在 BI 应用中的有用性。

12.8 什么是脏数据？脏数据是如何出现的？

12.9 为什么服务器时间对基于 Web 的订单记录的 BI 应用没有用处？

12.10 什么是点击流数据？它在 BI 应用中有何用处？

12.11 为什么数据仓库是必需的？

12.12 为什么作者将图 12.6 的数据描述成是令人“惊恐不已”的？

12.13 给出一些数据仓库元数据的例子。

12.14 说明数据仓库和数据集市之间的不同点。请使用供应链类推。

12.15 什么是企业数据仓库(EDW)体系结构？

12.16 介绍日常数据库与维数据库的区别。

12.17 什么是星型模式？

12.18 什么是事实表？什么样的数据存放在事实表中？

12.19 什么是量度？

12.20 什么是维表？什么样的数据存放在维表中？

12.21 什么是缓慢改变维？

12.22 为什么维模型中的时间维很重要？

12.23 什么是一致维？

12.24 阐述报表系统的目的。

12.25　在 RFM 分析中，字母 RFM 代表什么？
12.26　用通俗的方式描述 RFM 分析是如何完成的。
12.27　解释那些拥有下列 RFM 得分的客户的特征情况：1 1 5，1 5 1，5 5 5，2 5 5，5 1 2，1 1 3。
12.28　OLAP 代表什么？
12.29　OLAP 报表最显著的特征是什么？
12.30　定义量度、维度和立方。
12.31　给出一个本书以外的关于量度，以及和你的量度相关的两个维度，另外给出一个立方的例子。
12.32　什么是下钻(drill down)？
12.33　说明图 12.23 中的 OLAP 报表和图 12.22 中的报表的不同点。
12.34　OLAP 服务器的用途是什么？
12.35　定义分布式数据库。
12.36　给出一种划分数据库的方法，假设这个数据库有三个表：T1、T2 和 T3。
12.37　给出一种复制数据库的方法，假设这个数据库有三个表：T1、T2 和 T3。
12.38　解释当完全复制一个数据库但仅允许一台计算机处理更新时应该做什么。
12.39　如果多台计算机能够更新一个复制数据库，会出现哪 3 个问题？
12.40　要采取什么方法防止习题 12.39 的问题？
12.41　解释经过划分但没有复制的分布式数据库会发生什么问题。
12.42　什么机构应该考虑使用分布式数据库？
12.43　解释对象持久的含义。
12.44　概括说明为什么关系型数据库难以用于对象持久化。
12.45　OODBMS 代表什么？目的是什么？
12.46　根据本章内容，解释为什么 OODBMS 没有取得成功。
12.47　什么是对象-关系型数据库？
12.48　什么是虚拟化？
12.49　什么是云计算？
12.50　什么是大数据？
12.51　1 MB 存储和 1EB 存储之间有什么联系？
12.52　什么是 NoSQL 运动？
12.53　最初开发的两种非关系型数据存储是什么？是谁开发的？
12.54　什么是 Cassandra？它的开发历史和现状是怎样的？
12.55　如图 12.33 所示，什么是结构化存储？结构化存储系统是怎样构造的？比较结构化存储系统与 RDBMS 系统。
12.56　解释 MapReduce 处理。
12.57　什么是 Hadoop？Hadoop 开发历史和当前状态是怎样的？什么是 HBase 和 Pig？

12.15　项目练习

12.58　基于 Heather Sweeney Design 日常数据库(HSD)和维数据库(HSD-DW)，回答以下问题。

A. 用图 12.13 所示的 SQL 语句在 DBMS 中创建 HSD-DW 数据库。

B. 在 HSD-DW 载入数据之前做了什么数据转换？列出所有的转换，说明 HSD 数据的原始格式以及在 HSD-DW 数据库中的格式。

C. 写出向 HSD-DW 数据库中装载经过转换的数据的全部 SQL 语句。

D. 用 C 中的 SQL 语句填充 HSD-DW 数据库。

E. 图 12.35 是用于建立图 12.18 的 SALES_FOR_RFM 事实表的 SQL 代码。利用这些语句，把 SALES_FOR_RFM 表加入你的 HSD-DW 数据库中。

F. 装载 SALES_FOR_RFM 表需要什么样的数据转换？列出这些转换，说明 HSD 数据的原始格式以及这些数据在 HSD-DW 数据库中的格式。

```
CREATE TABLE TIMELINE(
CREATE TABLE SALES_FOR_RFM(
      TimeID              Int                   NOT NULL,
      CustomerID          Int                   NOT NULL,
      InvoiceNumber       Int                   NOT NULL,
      PreTaxTotalSale     Numeric(9,2)          NOT NULL,
      CONSTRAINT          SALES_FOR_RFM_PK
                                PRIMARY KEY (TimeID, CustomerID, InvoiceNumber),
      CONSTRAINT          SRFM_TIMELINE_FK FOREIGN KEY(TimeID)
                                REFERENCES TIMELINE(TimeID)
                                      ON UPDATE NO ACTION
                                      ON DELETE NO ACTION,
      CONSTRAINT          SRFM_CUSTOMER_FK FOREIGN KEY(CustomerID)
                                REFERENCES CUSTOMER(CustomerID)
                                      ON UPDATE NO ACTION
                                      ON DELETE NO ACTION
      );
```

图 12.35　HSD-DW SALES_FOR_RFM SQL 语句

G. 写一个类似于 SQL-Query-CH12-01 的 SQL 查询，用每天产品销售的总金额（而不是每天销售的产品数量）作为量度。

H. 写一个 SQL 视图，它等价于你回答 G 的 SQL 查询。

I. 在你的 HSD-DW 数据库中建立你在 H 中写的视图。

J. 建立一个名为 HSD-DW-BI-Exercises. xlsx 的 Excel 2013 工作簿。

K. 用在 G 中写的 SQL 查询（复制查询结果到 HSD-DW-BI-Exercises. xlsx 工作簿的一个工作表，然后将其按工作表的表格构造格式）或者在 I 中的 SQL 视图（建立一个到该视图的数据连接），建立一个类似于图 12.32 的 OLAP 报表。（提示：可以搜索 Excel 的帮助系统得到需要的 Excel 帮助。）

L. Heather Sweeney 对销售中的支付方式的效果感兴趣。

1. 修改 HSD-DW 维表数据库的设计，增加一个 PAYMENT_TYPE 维表。
2. 修改 HSD-DW 维表数据库，增加 PAYMENT_TYPE 维表。
3. PAYMENT_TYPE 维表会装载什么数据？什么数据将用于把外键数据载入 PRODUCT_SALES 事实表？写出装载这些数据需要的全部 SQL 语句。
4. 用问题 3 答案中的 SQL 语句填充 PAYMENT_TYPE 和 PRODUCT_SALES 表。
5. 建立应用 PaymentType 属性需要的 SQL 查询或者 SQL 视图。
6. 建立一个 Excel 2013 OLAP 报表显示支付类型对于销售金额的影响。

Marcia 干洗店项目练习

按以下描述在你使用的 DBMS 中创建并填充 Marcia 干洗店数据库（MDC）（如果这个数据库尚未创建和填充）：

- Microsoft SQL Server 2012，第 10A 章
- Oracle Database 11g Release 2，第 10B 章
- MySQL 5.6 A，第 10C 章

A. 需要大约 20 个 INVOICE 事务以及数据库中的支持 INVOICE_ITEM。为任何需要的附加 INVOICE 事务写出必要的 SQL 语句，并且向 MDC 数据库插入数据。

B. 为名为 MDC-DW 的维数据库设计数据仓库的星型模式。事实表的度量应该是 ExtendedPrice。
C. 在你选用的 DBMS 产品中创建 MDC-DW 数据库。
D. 在可以向 MDC-DW 数据库中装载数据之前需要做什么数据转换?列出所有的转换,给出 MDC 数据的原始格式以及在 MDC-DW 数据库中的形式。
E. 写出把经过转换的数据装载入 MDC-DW 数据库的完整 SQL 语句集合。
F. 用适当的 MDC 数据或这些数据的转换填充 MDC-DW 数据库。
G. 写一个类似于 SQL-Query-CH12-01 的 SQL 查询,用 ExtendedPrice 作为量度。
H. 写一个 SQL 视图,它等价于你回答问题 G 的 SQL 查询。
I. 在你的 MDC-DW 数据库中建立你在 H 中写的视图。
J. 建立一个名为 MDC-DW-BI-Exercises. xlsx 的 Excel 2013 工作簿。
K. 用在 G 中写的 SQL 查询(复制查询结果到 MDC-DW-BI. xlsx 工作簿的一个工作表,然后将其按工作表构造格式)或者在 I 中的 SQL 视图(建立一个到该视图的数据连接),建立一个类似于图 12. 21(d)的 OLAP 报表。(提示:可以搜索 Excel 的帮助系统得到需要的 Excel 帮助。)
L. 说明在 Marcia 的业务中可以怎样利用 RFM 分析。

安娜王后古玩店项目练习

如果尚未按照第 7 章在一个 DBMS 产品中实现安娜王后古玩店数据库,就在你选中的(或者你的教师指定的)DBMS 中创建和填充 QACS 数据库。

A. 需要在数据库上进行大约 30 个 PURCHASE 事务。为任何需要的附加 PURCHASE 事务写出必要的 SQL 语句,并且向数据库插入数据。
B. 为名为 QACS-DW 的维数据库设计数据仓库的星型模式。事实表的度量应该是 ItemPrice。
C. 在你选用的 DBMS 产品中创建 QACS-DW 数据库。
D. 在可以向 QACS-DW 数据库中装载数据之前需要做什么数据转换?列出所有的转换,给出 QACS 数据的原始格式以及在 QACS-DW 数据库中的形式。
E. 写出把经过转换的数据载入 QACS-DW 数据库的完整 SQL 语句集合。
F. 用适当的 QACS 数据或这些数据的转换填充 QACS-DW 数据库。
G. 写一个类似于 SQL-Query-CH12-01 的 SQL 查询,用零售价格作为量度。
H. 写一个 SQL 视图,它等价于你回答问题 G 的 SQL 查询。
I. 在你的 QACS-DW 数据库中建立你在 H 中写的视图。
J. 建立一个名为 QACS-DW-BI-Exercises. xlsx 的 Excel 2013 工作簿。
K. 用在 G 中写的 SQL 查询(复制查询结果到 QACS-DW-BI. xlsx 工作簿的一个工作表,然后将其按工作表构造格式)或者在 I 中的 SQL 视图(建立一个到该视图的数据连接),建立一个类似于图 12. 21(d)的 OLAP 报表。(提示:可以搜索 Excel 的帮助系统得到需要的 Excel 帮助。)
L. 说明在安娜王后古玩店的业务中可以怎样利用 RFM 分析。

Morgan 进口公司项目练习

如果尚未按照第 7 章在一个 DBMS 产品中实现 Morgan 进口公司数据库,就在你选中的(或者你的教师指定的)DBMS 中创建和填充 QACS 数据库。

James Morgan 想要根据货物的计划发运日期和实际发运日期对承运人进行评估。这个值名为 DepartureDelay,以日为单位。Days 的值可以是正值(表示发运迟于计划的日期)、0(表示按计划的日期发运)或者负值(表示发运早于计划的日期)。

由于 Morgan 进口公司的采购代理负责与承运人签订合同和安排发运,James 也想基于同样的数据对采购代理做出评估。

A. 需要在数据库上进行大约 30 个 SHIPMENT 事务。为任何需要的附加 SHIPMENT 事务写出必要的 SQL 语句，并且向数据库插入数据。

B. 为名为 MI-DW 的维数据库设计数据仓库的星型模式。事实表的度量应该是 DepartureDelay（ScheduledDepartureDate 和 ActualDepartureDate 之间的差值）。维表为 TIMELINE、SHIPMENT、SHIPPER、PURCHASING_AGENT（PURCHASING_AGENT 是 EMPLOYEE 的子集，只包含作为采购代理的员工的数据）。

C. 在你选用的 DBMS 产品中创建 MI-DW 数据库。

D. 在可以向 MI-DW 数据库中装载数据之前需要做什么数据转换？列出所有的转换，给出 MI 数据的原始格式以及在 MI-DW 数据库中的形式。

E. 写出把经过转换的数据载入 MI-DW 数据库的完整 SQL 语句集合。

F. 用适当的 MI 数据或这些数据的转换填充 MI-DW 数据库。

G. 写一个类似于 SQL-Query-CH12-01 的 SQL 查询，用 DepartureDelay 作为量度。

H. 写一个 SQL 视图，它等价于你回答问题 G 的 SQL 查询。

I. 在你的 MI-DW 数据库中建立你在 H 中写的视图。

J. 建立一个名为 MI-DW-BI-Exercises. xlsx 的 Excel 2013 工作簿。

K. 用在 G 中写的 SQL 查询（复制查询结果到 MI-DW-BI. xlsx 工作簿的一个工作表，然后将其按工作表构造格式）或者在 I 中的 SQL 视图（建立一个到该视图的数据连接），建立一个类似于图 12. 21（d）的 OLAP 报表。（提示：可以搜索 Excel 的帮助系统得到需要的 Excel 帮助。）

在 线 附 录

这里所列附录的完整版都在本书的 Web 站点上，可访问 www. pearsonhighered. com/kroenke，然后选择本书的配套网站。

附录 A

Microsoft Access 2013 入门

附录 B

Getting Started with Systems Analysis and Design

附录 C

E-R 图和 IDEF1X 标准

附录 D

E-R 图和 UML 标准

附录 E

MySQL 工作台数据建模工具入门

附录 F

Microsoft Visio 2013 入门

附录 G

数据库处理的数据结构

附录 H

语义对象模型

附录 I

Web 服务器入门、PHP 和 Eclipse PDT

附录 J

商务智能系统

参考资料

Web 链接

新闻组

CNET News. com：*http://news. cnet. com/*

Wired：*http://www. wired. com/*

ZDNet：*http://www. zdnet. com*

数据挖掘

IBM SPSS 软件：*http://www-01. ibm. com/software/analytics/spss/*

KDnuggets：*http://www. kdnuggets. com*

SAS Enterprise Miner：*http://www. sas. com/technologies/analytics/datamining/miner*

Microsoft SQL Server 2012 Data Mining Add-Ins for Office 2010：*http://www. microsoft. com/en-us/download/details. aspx? id=29061*

DBMS 及其他供应商

Oracle Database 11g Release 2：*http://www. oracle. com/database*

Oracle Database Express Edition 11g Release 2：*http://www. oracle. com/technetwork/products/express-edition/overview/index-100989. html*

Microsoft SQL Server 2012：*http://www. microsoft. com/en-us/sqlserver/editions. aspx*

Microsoft SQL Server 2012 Express Advanced：*http://www. microsoft. com/en-us/download/details. aspx? id=29062*

Microsoft Visual Studio 2012 Express Editions：*http://www. microsoft. com/visualstudio/eng/products/visual-studio-express-products*

MySQL 5.6：*http://www. mysql. com* 和 *http://dev. mysql. com/*

Eclipse IDE：*http://www. eclipse. org* 和 *http://projects. eclipse. org/projects/tools. pdt*

PHP：*http://us. php. net*

NetBeans：*https://netbeans. org*

标准

JDBC：*http://www. oracle. com/technetwork/java/index. html* 和 *http://en. wikipedia. org/wiki/JDBC*

ODBC：*http://en. wikipedia. org/wiki/Open_Database_Connectivity*

Worldwide Web Consortium(W3C)：*http://www. w3. org/*

XML：*http://www. w3. org* 和 *http://en. wikipedia. org/wiki/XML*

在线出版物

Database Journal：*http://www. databasejournal. com*

On the Database Journal Home page are two tabs(in the second row of tabs)labeled SQLCourse and SQLCourse2. These lead to two useful SQL tutorials:

SQLCourse. com: *http://www. sqlcourse. com*

SQLCourse2. com: *http://www. sqlcourse2. com*

经典文章和参考文献

ANSI X3. *American National Standard for Information Systems-Database Language SQL.* ANSI, 1992.

Bruce, T. *Designing Quality Databases with IDEF1X Information Models.* New York: Dorset House, 1992.

Chamberlin, D. D., et al. "SEQUEL 2: A Unified Approach to Data Definition, Manipulation, and Control." *IBM Journal of Research and Development* 20(November 1976).

Chen, P. "The Entity-Relationship Model: Toward a Unified Model of Data." *ACM Transactions on Database Systems* 1(March 1976).

Chen, P. *Entity-Relationship Approach to Information Modeling.* E-R Institute, 1981.

Coar, K. A. L. *Apache Server for Dummies.* Foster City, CA:IDG Books, 1997.

Codd, E. F. "A Relational Model of Data for Large Shared Data Banks." *Communications of the ACM* 25(February 1970).

Codd, E. F. "Extending the Relational Model to Capture More Meaning." *Transactions on Database Systems* 4 (December 1979).

Date, C. J. *An Introduction to Database Systems*, 8th ed. Upper Saddle River, NJ:Pearson Education, 2003.

Embley, D. W. "NFQL: The Natural Forms Query Language." *ACM Transactions on Database Systems* 14 (June 1989).

Eswaran, K. P., J. N. Gray, R. A. Lorie, and I. L. Traiger. "The Notion of Consistency and Predicate Locks in a Database System." *Communications of the ACM* 19(November 1976).

Fagin,R. "A Normal Form for Relational Databases That Is Based on Domains and Keys." *Transactions on Databse Systems* 6(September 1981).

Fagin, R. "Multivalued Dependencies and a New Normal Form for Relational Databases." *Transactions on Database Systems* 2(September 1977).

Hammer, M., andD. McLeod. "Database Description with SDM: A Semantic Database Model." *Tansactions on Database Systems* 6(September 1981).

Keuffel, W. "Battle of the Modeling Techniques." *DBMS Magazine*(August 1996).

Kroenke, D. "Waxing Semantic: An Interview." *DBMS Magazine*(Septermber 1994).

Moriarty, T. "Business Rule Analysis."*Database Programming and Design*(April 1993).

Muller, R. J. *Database Design for Smarties: Using UML for Data Modeling.* San Francisco: Morgan Kaufmann, 1999.

Nijssen, G.., and T. Halpin. *Conceptual Schema and Relational Database Design: A Fact-Oriented Approach.* Upper Saddle River, NJ:Prentice Hall, 1989.

Nolan, R. *Managing the Data Resource Function.* St. Paul: West Publishing, 1974.

Ratliff, C. Wayne,"dStory: How I Really Developed DBASE." *Data Based Advisor*(March 1991).

Rogers,D. "Manage Data with Modeling Tools." *VB Tech Journal*(December 1996).

Ross, R. *Principles of the Business Rule Approach.* Boston: Addison-Wesley, 2003.

Zloof, M. M. "Query by Example."*Proceedings of the National Comoputer Conference*, AFIPS 44(May 1975).

有用的书籍

Atkinson, Paul, and Vieira, Robert. *Beginning Microsoft SQL Server 2012 Programming.* Indianapolis: John Wiley & Sons, Inc., 2012.

Ben-Gan, Itzik, Sarka, Dejan, and Talmage, Ron. *Querying Microsoft SQL Server 2012: Exam 70-461 Training Kit.* Sebastopol: O'Reilly Media, Inc., 2012.

Berry, M., and G. Linoff. *Data Mining Techniques for Marketing, Sales, and Customer Support.* New York: Wiley, 1997.

Bordoloi, Bijoy, and Bock, Douglas. *Oracle SQL.* Upper Saddle River: Prentice Hall, 2004.

Bordoloi, Bijoy, and Bock, Douglas. *SQL for SQL Server.* Upper Saddle River: Prentice Hall, 2004.

Celko, J. *SQL for Smarties*, 4th ed. San Francisco: Morgan Kaufmann, 2011.

Celko, J. *SQL Puzzles and Answers*, 2nd ed. San Francisco: Morgan Kaufmann, 2007.

Conger, Steve. *Hands-On Database: An Introduction to Database Design and Development*, 2nd ed. Upper Saddle River: Prentice Hall, 2014.

Fields, D. K., and M. A. Kolb. *Web Development with Java Server Pages.* Greenwich, CT: Manning Press, 2000.

Garcia-Molina, Hector, Ullman, Jeffrey D., Widom, Jennifer. *Database Systems: The Complete Book*, 2nd ed. Upper Saddle River: Prentice Hall, 2009.

Harold, E. R. *XML: Extensible Markup Language.* New York: IDG Books Worldwide, 1998.

Hoffer, Jeffrey A., Ramesh, V., andTopi, Heikki. *Modern Database Management*, 11th ed. Upper Saddle River: Prentice Hall, 2013.

Jorgensen, Adam, Wort, Steven, LoFortre, Ross, and Knight, Brian. *Professional Microsoft SQL Server 2012 Administration.* Indianapolis: John Wiley & Sons, Inc., 2012.

Juki'c, Nenad, Vrbsky, Susan, and Nestrorov, Svetlozar. *Database Systems: Introduction to Databases and Data Warehouses.* Upper Saddle River: Prentice Hall, 2014.

Kay, M. XSLT: *Programmer's Reference.* Birmingham, United Kingdom: WROX Press, 2000.

Kendall, Kenneth E., and Kendall, Julie E. *Systems Analysis and Design*, 9th ed. Upper Saddle River: Prentice Hall, 2014.

Loney, K. *Oracle Database 11g: The Complete Reference.* Berkeley, CA: Osborne/McGraw-Hill, 2008.

Muench, S. *Building Oràcle XML Applications.* Sebastopol, CA: O'Reilly, 2000.

Muller, R. J. *Database Design forSmarties: Using UML for Data Modeling.* San Francisco: Morgan Kaufmann, 1999.

Mundy, J., Thornthwaite, W., and Kimball, R. *The Microsoft Data Warehouse Toolkit.* Indianapolis, IN: Wiley, 2006.

Perry, James, and Post, Gerald. *Introduction to Oracle 10g.* Upper Saddle River: Prentice Hall, 2007.

Perry, James, and Post, Gerald. *Introduction to SQL Server 2005.* Upper Saddle River: Prentice Hall, 2007.

Pyle, D. *Data Preparation for Data Mining.* San Francisco: Morgan Kaufmann, 1999.

Sarka, Dejan, Lah, Matija, and Jerkic, Grega. *Implementing a Data Warehouse with Microsoft SQL Server 2012: Exam 70-463 Training Kit.* Sebastopol: O'Reilly Media, Inc., 2012.

Thomas, Orin, Ward, Peter, and Taylor, Bob. *Administering Microsoft SQL Server 2012 Databases: Exam 70-462 Training Kit.* Sebastopol: O'Reilly Media, Inc., 2012.

术 语 表

虽然这里给出了书中的许多术语的定义，但并不详尽。例如，与特定数据库产品相关的术语的确切含义应该具体参考该产品对应的章节。类似地，这里也包含了一些 SQL 的概念，但应该到具体的章节中去查阅 SQL 命令和语法的细节。

.NET Framework(.NET 框架)：微软的综合性应用程序开发平台。包括诸如 ADO.NET 和 ASP.NET 等组件(component)。

.NET for Windows Store Apps(用于 Windows 应用程序商店的 .NET)：对 .NET 框架的一个扩展，支持为 Microsoft Windows 8 设备开发的应用程序。

<? php and ? >(<? php 和 ? >)：在 Web 页面中表示 PHP 代码块的符号。

/* and */(/* 和 */)：在 SQL Server 2008、Oracle 数据库 11g，以及 MySQL 5.1 的 SQL 脚本中表示注释行的符号。

Abstraction(抽象)：通过泛化(generalization)隐藏一些可能是不重要的细节以适应较广的类型。一个记录集(recordset)是一个关系的抽象，一个行集是一个记录集的抽象。

ACID transaction(ACID 事务)：代表原子性、一致性、孤立性和持久性的缩写。原子事务要求对数据库的修改作为一个整体提交，这些修改要么全部执行要么一个也不执行。一个一致的事务要求对数据库的处理保持统一的逻辑状态。一个孤立的事务要求不受来自其他用户修改的影响。一个持久事务一旦提交，其结果就得到保持，而不论后续的操作是否成败。有不同的一致和孤立级别。参考事务级一致和语句级一致，以及事务孤立级别。

Active Data Objects(ADO)(动态数据对象)：OLE DB 的一种实现，可以通过面向对象或非面向对象语言访问，主要作为脚本语言(JScript, VBScript)到 OLE DB 的接口。

Active repository(动态仓储)：系统开发过程的一部分，当创建系统部件时自动创建元数据。参见数据仓储。

Active Server Page(ASP)(动态服务器页面)：一个包含标记语言、服务器脚本和客户脚本，由 Microsoft 的 IIS 动态服务器处理器处理的文件。

Ad-hoc query(特定查询)：相对于预定义和存储的查询而言，由用户在需要的时候临时创建的查询。

ADO.NET：Microsoft .NET 计划中的数据访问技术。ADO.NET 提供 ADO 的功能，但对象结构与 ADO 不同。ADO.NET 还包括处理数据集的新功能。参见 ADO.NET 数据集。

ADO.NET Commandobject(ADO.NET 命令对象)：模仿 SQL 语句和存储过程的 ADO.NET 对象。针对数据集中的数据运行。

ADO.NET Connection object(ADO.NET 连接对象)：负责连接一个数据源的 ADO.NET 对象。

ADO.NET Data Provider(ADO.NET 数据提供者)：提供 ADO.NET 服务的一个类库。包括用于 ODBC、OLE DB、SQL 服务器以及 EDM 应用程序的数据提供者。

ADO.NET DataAdapter object(ADO.NET 数据适配器对象)：在一个连接对象和一个数据集对象之间作为连接器的 ADO.NET 对象。它用到 4 个命令对象：SelectCommand，InsertCommand，UpdateCommand，DeleteCommand。

ADO.NET DataReader(ADO.NET 数据阅读器)：类似于一个前向只读(read-only, forward only)游标的 ADO.NET 对象，只能由 ADO.NET 命令对象的 Execute 方法使用。

ADO.NET DataSet(ADO.NET 数据集)：数据库中的数据装载入内存后的一种表示，便于即时使用，不同于数据库中的数据，也不直接连接数据库中的数据。

ADO.NET Entity Framework(ADO.NET 实体框架)：ADO.NET 的一种扩展，支持微软 EDM。参见实体数据模型(EDM)。

After image(后影像)：一个数据库实体(常指一行或一页)在某次变化后的记录。用于恢复中的前向回滚操作。

Alert(警告)：在报表系统中，由一个事件触发的一种报表。

Alternate key(替代键)：在实体-联系模型中，是候选关键字的同义词。

American National Standards Institute(ANSI)(美国国家标准学会)：建立和发布 SQL 标准的美国国家标准化组织。参见结构化查询语言(SQL)。

AMP：Apache、MySQL 和 PHP/Pearl/Python 的缩写。参见 Apache Web 服务器，PHP。

Anomaly(异常)：一次数据修改的意外结果。该术语主要用于规范化问题的讨论。插入异常是指与两个或多个主题相关的事实只能作为一条记录插入；删除异常是指删除一条记录导致与两个或多个主题有关的事实丢失。

Apache Tomcat：与 Apache Web 服务器一起使用的一种应用服务器。参见 Apache Web 服务器。

Apache Web Server(Apache Web 服务器)：一种常见的 Web 服务器，能在大多数操作系统上运行，特别是 Windows 和 Linux。

API：参见 Application Program Interface，即应用程序接口。

Applet(小应用程序)：一个已编译为独立于机器平台的 Java 字节码程序，由嵌入在浏览器中的 Java 虚拟机执行。

Application(应用)：处理数据库以满足用户的信息需求的业务计算机系统，由菜单、窗体、报表、查询、Web 页面和应用程序等构成。

Application Program(应用程序)：用于数据库处理的定制开发的程序，可以用诸如 Java、C#、Visual Basic.NET、C++ 等通用编程语言编写，也可以用 PL/SQL、T-SQL 这些特定 DBMS 的语言编写。

Application Program Interface(API)(应用程序接口)：一组可以通过调用提供服务的过程或函数，API 包括过程或函数的名称，参数名称、用途和类型的描述。例如，一个 DBMS 产品可以提供一个调用数据库服务的函数库。过程的名称和参数构成了这个库的 API。

Archetype/versionobject(原型/版本实体)：表示一个标准项的多个版本的两对象结构。例如，一个 SOFTWARE-PRODUCT(原型)和 PRODUCT-RELEASE(原型的版本)。版本的标识总是包括原型对象的标识。

ASP：参见 Active Server Page(ASP)。

ASP.NET：.NET 框架下 ASP 的更新版本。参见 Active Server Page(ASP)，.NET 框架。

Associationobject(关联对象)：表示另外至少两个对象的组合及这个组合有关数据的一个对象。常用于合同和指派的应用(contracting and assignment application)。

Association pattern(关联模式)：数据库设计中的一种表模式，其中相交表中包含构成复合关键字的属性以外的附加属性。

Association table(关联表)：一个带有复合主键属性之外的附加属性的交叉表。

Asterisk(*) wildcard character(* 号通配符)：在 Access 2007 查询中使用的一种字符，代表一个或者多个非特定字符。参见 SQL 百分号(%)通配符。

Atomic(原子)：作为一个单元执行的一组操作，这组操作或者全部完成或者全都不做。

Atomic transaction(原子事务)：作为一个单元执行的一组逻辑相关的数据库操作。这组操作或者全部执行或者全都不做。

Attribute(属性)：(1)关系的一列，也称列(column)、字段(field)或数据项(data item)；(2)实体中的一个属性。

Authorization rules(授权规则)：用以描述哪些用户或用户组拥有对数据库特定部分执行特定动作的一组处理许可。

AUTO_INCREMENT attribute(自增属性)：在 MySQL 中，用于创建代理关键字的数据属性。

AutoNumber(自动数)：在 Access 2007 中，用于创建代理关键字的数据类型。

AVG：在 SQL 中，用于计算一组数的平均数的一个函数。参见 SQL 内置函数。

Base Class Library(基础类库)：微软 .NET 框架中的一个组件，提供对于 .NET 框架中使用的编程语言的支持。

Base domain(基本域)：在 IDEF1X 中一个独立定义的域，其他域可以被定义为基本域的子集。

Before-image(前影像)：一个数据库实体(常指一行或一页)在变化前的一个记录，用于后向回滚的恢复中。

Big Data(大数据)：表示由搜索工具(如 Google 和 Bing)以及 Facebook、LinkedIn 和 Twitter 等 Web 2.0 社会网络这样的 Web 应用程序产生的巨大数据集的术语。

Bigtable：由 Google 开发的一个非关系型非结构化数据存储。

BI：参见 Business intelligence(BI) system。

Binary relationship(二元联系)：两个确切实体或表之间的联系。

Boyce-Codd normal form(Boyce-Codd 范式)：一个关系位于第三范式中，且其每一个决定项都是一个候选关键字。

Business intelligence(BI) system(商务智能系统)：辅助经理和其他专业人员分析以往和当前的行动以预测未来事件的信息系统。两种主要的 BI 系统是报表系统和数据挖掘系统。

Bytecode interpreter(字节码解释器)：特定操作系统中用于执行 Java 应用程序的程序，通常被称为

Java 虚拟机。参见 Java 虚拟机。

Callable Statement object(可调用语句对象)：一个 JDBC 对象用于调用数据库的预先编译的查询和存储过程。

Candidate key(候选关键字)：标志一个关系中唯一一行的一个或一组属性，其中一个称为主关键字。

Cardinality(基数)：二元联系中任意一方允许出现元素的最大个数或最小个数。最大基数可以是 1:1，1:N，N:1 或 N:M。最小基数可以是可选-可选、可选-强制、强制-可选和强制-强制。

Cascading deletion(级联删除)：一个参照完整性动作，指定当双亲记录被删除时，子记录中对应的记录将同时被删除。

Cascading update(级联更新)：一个参照完整性动作，指定当双亲记录中的键被更新时，子记录中对应的外键将同时被更新。

Cassandra：Apache 软件基金的一个非关系型非结构化的数据存储。

Casual relationship(偶然联系)：一个没有外键约束的联系。用于表中数据缺失的情况。

Categorization cluster(分类聚集)：在 IDEF1X 中一组互斥的分类实体。参见完全分类聚集(Complete category cluster)。

Category entity(分类实体)：在 IDEF1X 中属于一个分类聚集的一个子类型。

CHECK constraint(检查约束)：SQL 中，说明特定字段中允许的数据值的约束。

Checkpoint(检查点)：数据库与事务日志间的同步点。所有缓冲区的内容都被强制写到外存储器里。这是检查点的标准定义，但有时也用于 DBMS 产品的其他方面。

Child(孩子)：一对多联系中多方一侧的行、记录或节点。

Class attribute(类属性)：在统一建模语言(UML)中，属于某一类给定类型的全部实体的属性。

Click-stream data(点击流数据)：关于客户在 Web 页面上点击行为的数据；电子商务公司常常要分析这些数据。

Cloud computing(云计算)：使用网络，例如因特网，向用户提供服务，而用户则不需要关心提供服务的服务器的具体位置。因此，这些服务器被称为“在云中”。

Cluster analysis(聚集分析)：一种不受监控的数据挖掘，通过统计技术识别具有相似特点的实体集合。

CODASYL DBTG：由数据库系统语言会议(CODASYL)的数据库任务组 Group(DBTG)制定的一个标准化的数据模型。

Collection(集合)：一个包含一组其他对象的对象。例如 ADO 的名称、错误和参数集合。

Column(列)：关系或表中行的逻辑字节组，其含义适用于关系的每一行。

COM：Microsoft 用于开发面向对象程序的一个规范，使得这些程序能够方便地协同工作。

Command line utility(命令行工具)：字符用户界面的一个程序，向用户显示命令提示，用户输入命令并且按 Enter 键执行。每个主流的 DBMS 产品都有一个命令行工具。

Commit(提交)：发往 DBMS 进行数据库永久修改的命令。一旦执行，修改内容将写入数据库和日志，用于系统崩溃及其他故障的情形。提交往往放在原子事务的最后。与 Rollback(回滚)相对应。

Common Language Runtime(CLT)(公用语言运行时)：微软 .NET 框架的一个部件，为 .NET 框架中所用的编程语言提供支持。

Complete category cluster(完全分类聚集)：一个定义了所有可能的分类实体的分类聚集。一般实体必须是一种分类实体。

Component design(组件设计)：在系统开发生命周期(SDLC)中的一个步骤。参考系统开发生命周期。附录 B“系统分析和设计入门”。Component Object Model(组件对象模型)参见 COM。

Composite determinant(复合决定因子)：函数依赖中，由两个或者多个属性构成的一个决定因子。

Composite identifiter(复合标识)：在数据建模时，由两个或者多个属性构成的一个标识。

Composite key(复合关键字)：在数据库设计中，由两个或者多个属性构成的关键字。

Composite primary key(复合主关键字)：在数据库设计以及实际的数据库中，由两个或者多个属性构成的主关键字。

Computed value(导出值)：表中通过其他列计算得出的列。其值不保存，仅当显示时才计算。

Concurrency(并发)：两个或多个事务同时对数据库进行处理的状态。在单 CPU 系统中，变化是交错的；在多 CPU 系统中，事务处理是同时进行的，数据库服务器上的改变是交错进行的。

Concurrent processing(并发处理)：事务间共享 CPU。CPU 按一定的时间片或其他方式分配给每个事务。操作速度使用户感到好像同时在运行。在局域网和其他分布式应用中，并发通常指多个计算机上的应用处理(可能是同时的)。

Concurrent transactions：同时处理的两个事务。

Concurrent update problem(并发修改问题)：某个

用户修改数据的结果被另一个用户的数据修改结果所覆盖。与修改丢失问题和修改丢失异常的含义相同。

Confidence(置信度)：在购物篮分析中，已知一个客户购买了一种产品，推出他购买另一种产品的可能性。

Conformed dimension(共同维)：在一个多维数据库设计中，与两个或者多个事实表关联的一个维表。

Connection relationship(连接联系)：在 IDEF1X 中的 HAS-A 联系。

Consistency(一致性)：两个或多个事物的并发结果与它们的某个串行执行顺序相同。

Consistent(一致)：在一个 ACID 事务中的语句级或者事务级的一致性。参见 ACID 事务、一致性、语句级一致性和事务级一致性。

Consistent backup(一致备份)：一个被删除了所有未提交修改的备份文件。

Constraints(约束)：ADO.NET DataTableCollection 的一部分。

Control-of-flow statements(控制流语句)：过程语言中的语句，指示程序的执行依赖于一个给定的条件。控制流语句包括 IF.. THEN.. ELSE 和 DO While 等。

Correlated subquery(相关子查询)：一种子查询，其中的元素引用上层包含查询。这种查询要求嵌套处理。

COUNT(计数)：在 SQL 中，统计查询返回结果的记录数的一个函数，参见 SQL 内置函数。

Crow's foot model(鸦足模型)：正式名称为信息工程鸦足模型，是用于数据建模和数据库设计中构造 ER 图的一个符号学系统。

Crow's foot symbol(鸦足符号)：信息工程 E-R 模型中的一个符号，指示联系中的多方。样子像鸟的脚，所以被称为鸦足。

CRUD：创建、读、更新和删除的缩写。用于描述 DBMS 的 4 个数据操作。

Curse of dimensionality(维度诅咒)：在数据挖掘应用中的一种现象，即属性越多，就越容易建立一个符合样本数据的模型，但却无助于预测。

Cursor(游标)：嵌入式 SQL SELECT 语句的查询结果中的当前记录的指示器。

Cursor type(游标类型)：对游标的一个声明，决定 DBMS 如何加隐含锁，本书讨论的 4 种类型是前向、快照、关键字集和动态。

Data(数据)：在数据库表中存储的数值。

Data administration(数据管理)：有关企业组织中数据资产的效用和控制的功能。可以是一个人，但通常是一个群体。具体包括制定数据标准和数据策略、提供冲突消除的讨论会。参见 Data base administrator。

Data constraint(数据约束)：对数据值的限制。参加域约束、关系间约束、关系内约束、范围约束。

Data consumer(数据消费者)：OLE DB 功能的一个用户。

Data control language(DCL)：用于描述数据库授权的语言。SQL DCL 是 SQL 中用于授予和收回数据库授权的部分。

Data definition language(DDL)：用于描述数据库结构的一种语言。SQL DDL 就是 SQL 中的这个部分，用于创建、修改和删除数据库结构。

Data dictionary(数据字典)：数据库和应用元数据中用户可访问的目录。当数据库或者应用程序结构被改变时，主动数据字典的内容由 DBMS 自动更新。而被动数据字典中的内容则需要人工更新。

Data integrity(数据完整性)：数据库中所有的约束都得到满足的状态。通常指关系间的约束中，外关键字的值出现在这些值为主关键字的表中。

Data integrity problems(数据完整性问题)：由于一个数据表的不一致性引起的插入、更新或者删除异常。

Data Language/I(DL/I)(数据语言/I)：一种早期的 DBMS 产品，使用层次或者树形结构表示数据。

Data manipulation language(DML)(数据操纵语言)：描述数据库中的处理的一种语言。SQL DML 是 SQL 中的这个部分，用于数据的查询、插入和更新。

Data mart(数据集市)：类似于数据仓库的一种机制，但局限于某个领域。通常其数据局限于特定的类型、业务功能或者业务部门。

Data mining application(数据挖掘应用)：应用复杂的统计和数学技术的商务智能系统，进行 what-if 分析，进行预测和决策支持。不同于报表系统。

Data model(数据模型)：用户数据需求的模型，通常用实体联系模型表示。

Data provider(数据提供者)：OLE DB 功能的提供者，例如表数据提供者和服务数据提供者。

Data repository(数据仓储)：关于数据库、数据库应用程序、Web 页面、用户以及其他应用程序组件的元数据集合。

Data sublanguage(数据子语言)：用于定义和处理数据库的一种语言，嵌入在另一种语言编写的程序中，例如 Java、C#、Visual Basic 或者C++ 的程序中。一个数据子语言是一个不完整的编程语言，因为它只包含数据访问的功能。

Data warehouse(数据仓库)：企业数据的一种存储方式，用于支持管理决策。一个数据仓库除包含数据外，还包含元数据、工具、过程、训练、人事信息，以及其他资源，使得访问数据更加方便，与决策的关系更紧密。

Data warehouse metadata(数据仓库元数据)：在一个数据仓库中，有关数据、数据的来源、格式、假设和约束以及关于数据的其他事实的元数据。

Data warehouse metadata database(数据仓库元数据数据库)：用于存放数据仓库元数据的数据。

Database(数据库)：一个自描述记录的集合。

Database administration(数据库管理)：有关某个特别数据库的效用、控制及其应用的功能。

Database administrator(数据库管理员)：为控制和保护数据库而建立策略和过程的一个人或一个小组。其在规定范围内通过数据管理来控制数据库结构、管理数据变化及 DBMS 程序。

Database application(数据库应用程序)：一个应用程序，用数据库存放程序中需要的数据。

Database data(数据库数据)：数据库中终端用户感兴趣并使用的数据。

Database Design(as a process)(数据库设计(作为一个过程))：创建表示一个将在一个 DBMS 产品中实现的数据库的图的过程。

Database design(as a product)(数据库设计(作为一个产品))：表示某个数据库的图，用于在某种数据库管理系统中实现这个数据库。

Database Management System(DBMS)(数据库管理系统)：定义、管理和处理数据库及其应用的一组程序。

Database migration(数据库迁移)：为新的或者变化的需求改变一个数据库。

Database redesign(数据库再设计)：改变数据库结构以适应需求变化的过程。

Database save(数据库备份)：用于将数据库恢复到以前的某个一致状态的数据库文件的副本。

Database schema(数据库模式)：在 MySQL 中对应微软的 Access 或者 SQL Server 的数据库中的功能等价物。

Database system(数据库系统)：一个信息系统，由用户、数据库应用程序、一个数据库管理系统(DBMS)和一个数据库组成。

DataColumnsCollection(数据列集合)：一个 ADO.NET DataTable 对象。

DataRelationCollection(数据关系集合)：存放 DataRelations 的 ADO.NET 结构。

DataRelations(数据关系)：在一个 ADO.NET DataRelationCollection 中表之间的关系型链接。

DataRowCollection(数据记录集合)：一个 ADO.NET DataTable 对象。

Dataset(数据集)：在 ADO.NET 中，不与数据库连接的驻留内存的一组表，其中有关系、引用完整性约束、引用完整性动作，以及其他一些重要的数据库特征。由 ADO.NET 对象处理。一个单一的数据集可以被实化为表、XML 文档或者 XML 模式。

DataTable object(数据表对象)：模拟一个关系型数据库表的 ADO.NET 结构。

DataTableCollection(数据表集合)：存储 DataTable 的 ADO.NET 结构。

Date Dimension(日期维)：在维数据库中，存储日期和时间值的一个维。参考 dimensional database。

DBA：参见 Database administrator。

DBMS：参见 Database management system(DBMS)。

DBMSreserved word(数据库管理系统保留字)：在数据库管理系统中具有特殊含义的字，不能作为数据库中的表、列或者其他名字。

DDL：参见 Data Definition Language。

Deadlock(死锁)：在包含两个或多个事务的并发过程中，每个事务都在等待访问被另一事务锁定的数据。也称为死亡拥抱。

Deadly embrace(死亡拥抱)：参见 Deadlock。

Decision support system(DSS)(决策支持系统)：为管理人员决策提供帮助的一个或者多个应用程序，是商务智能(BI)的早期名称。

Decision tree analysis(决策树分析)：一种不受监督的数据挖掘，按照量度实体历史的属性值把感兴趣的实体分为两个或多个集合。

DEFAULT keyword(DEFAULT 关键字)：在 SQL 中用于指定一个属性的默认值。

Default namespace(默认名空间)：XML 模式文档中所有未标明的元素所使用的名空间。

Default value(默认值)：当表中建立一个新的记录时，默认指定给一个属性的值。

Degree(元)：实体-联系模型中参与联系的实体的个数。多数情形是二元联系。

Deletion anomaly(删除异常)：在关系中，删除表中一行也删除了有关其他主体的信息，这种情形称删除异常。

Delimited identifier(定界标识符)：把 DBMS 中的关键字放在一个特殊的符号中，以区别于 DBMS 中的保留字，可以用于数据库中的表、列等的名字。

Denormalize(删除异常)：有意建立一组不符合 BCNF 和 4NF 的数据库表。

Dependency graph(依赖图)：由节点和线组成的网

络用于表示表、视图、触发器、存储过程、索引和其他数据库结构之间的逻辑依赖关系。

Determinant(决定属性)：能够通过函数依赖决定其他属性的属性。例如，在函数依赖(A,B)→C 中，属性(A,B)是决定属性。

Differential backup(差别备份)：仅包含从上次备份以来修改的备份文件。

Digital dashboard(数字仪表板)：在报表系统中，为一个特定客户定制的显示。通常一个数字仪表板会连接多个不同的报表。

Dimension table(维表)：在一个星型模式的维数据库中，连接中心事实表的表。维表中具有用于构造诸如 OLAP 立方体的查询的属性。

Dimensional database(维数据库)：用于高效查询和分析的数据仓库的数据库设计，包括一个中心事实表及其相连的一个或者多个维表。

Dirty data(脏数据)：在一个商务智能系统中带有错误的数据。例如，客户性别取值为"G"或者客户年龄为"213"。其他还有如"999-999-9999"作为美国的电话号码，以及"gren"颜色和电子邮件地址"WhyMe@ somewhereelseintheuniverse. who"。脏数据给报表和数据挖掘应用造成了问题。

Dirty read(脏读取)：读已被修改但还未提交给数据库的数据。这种修改可能随后会被回滚(roll back)并从数据库中删除。

Discriminator(鉴别器)：在实体-联系模型中，可以用于确定一个给定的一般实体实例所属的分类聚集。

Distributed database(分布式数据库)：一个数据库以划分或者复制的方式存在于多台数据库服务器上。

Distributed two-phase locking(分布式两阶段加锁)：分布式数据库使用的一种加锁机制。

DK/NF：参见域/关键字范式。

DML：参见 Data Manipulation Language(数据操纵语言)。

Document Object Model(DOM)(文档对象模型)：把 XML 文档表达为一棵树的 API。树的每个节点代表 XML 文档的一部分。可以从程序中直接访问和操纵 DOM 中的节点。

Document type declaration(DTD)(文档类型描述)：定义 XML 文档结构的一组标记元素。

DOM：参见文档对象模型。

Domain(域)：一个属性的所有可能取值的集合。定义一个域可以通过列表允许的值或定义允许的值需要符合的规则。

Domain constraint(域约束)：一种数据约束，限制在一个小的值集合中取值。参考 data constraint、interrelation constraint、intrarelation constraint、range constraint。

Domain integrity constraint(域完整性约束)：要求一个关系(表)的一个字段的取值必须是相同类型的。

Domain/key normal form(DK/NF)(域/关键字范式)：关系中所有约束都是域和关键字的逻辑结果。

Drill down(下钻)：由用户引导的从高层数据到组成元素的数据解除聚集。

DTD：参见 Document Type Declaration(文档类型描述)。

Durable(持久性)：在一个 ACID 事务中，对数据库的改变是永久性的。参见 ACID 事务。

Dynamic cursor(动态游标)：一个功能完整的游标。所有的插入、更新、删除以及行顺序的改变对于动态游标都是可见的。

Dynamic report(动态报表)：在报表系统中，在创建报表时读入最新数据的报表。与静态报表相反。

Dynamo：由 Amazon. com 开发的非关系型非结构化数据存储。

Eclipse IDE(Eclipse 集成开发环境)：一种常见的开源集成开发环境。

Eclipse PDT(PHP Development Tools) Project(Eclipse PHP 开发工具项目)：为 PHP 定制的 Eclipse 集成开发环境的一个版本。参见 Eclipse IDE，PHP。

Empty set(空集)：在一个 SQL 查询中，一个不包含任何记录的查询响应，说明在数据库中没有符合查询要求的数据。

Enterprise-class database system(企业级数据库系统)：一种能够支持大型机构日常运作需求的 DBMS 产品。

Enterprise data warehouse(EDW) architecture(企业数据仓库体系结构)：一种数据仓库的体系结构，把专门的数据集市与一个中心数据库仓库连接用于数据一致性和有效性操作。

Entity(实体)：(1)在实体-联系模型中，表示用户希望记录的某种事物。参见实体类和实体实例。(2)在一般意义上用户希望记录的某种事物。在关系模型中，一个实体被保存为数据库表中的一行。

Entity class(实体类)：在实体联系模型中同一类型的一组实体。例如，EMPLOYEE 和 DEPARTMENT。实体类用它的属性描述。

Entity Data Model(实体数据模型)：一种新的微软的数据建模技术，是.NET 框架的一部分。

Entity instance(**实体实例**):一个实体的一个特定个体。例如,Employee 100 和 Accounting Department。实体实例用它的属性值描述。

Entity-relationship(E-R) data modeling(**实体-联系数据建模**):用 E-R 图建立一个数据模型。参见 E-R 图。

Entity integrity constraint(**实体完整性约束**):在一个关系中的一个关键字,无论是单字段或者组合键,在这个关系(表)的范围内取值必须具有唯一性。

Entity-relationship(E-R) diagram(**实体-联系图**):表示实体及其间联系的图形。通常用正方形或矩形表示实体,用菱形表示联系。联系的基数标在菱形中。在鸦足模型中,矩形表示实体,矩形间的连线表示联系。属性通常列在矩形中。联系中的多方用一个鸦足表示。

Entity-relationship(E-R) model(**实体-联系模型**):用于创建描述用户数据的模型的构造法则[参见 Data model(数据模型)]。用户世界中的事物用实体表示,事物间的关联用联系表示。其结果常被绘成实体-联系图。

Equijoin(**等值联接**):包含属性 A1 的关系 A 与包含属性 B1 的关系 B 联接得到 C,使得 C 的每一行中,满足 A1 = B1。A1 和 B1 均表示在 C 中。

E-R diagram(**E-R 图**):参见实体-联系图。

Exclusive lock(**排他锁**):数据资源上防止其他事务读写的锁。

Exclusive subtype(**排他子类型**):一个子类型,其中一个超类型实例与一组可能的子类型中的至少一个子类型关联。

Existence-dependent entity(**存在依赖实体**):等同于弱实体。是一个不能出现在数据库中的实体,除非一个或多个其他实体的实例也出现在数据库中。存在依赖实体的一个子类是 ID 依赖实体。

Explicit lock(**显式锁**):由一个应用程序的命令请求的一个锁。

Extended E-R model(**扩展 E-R 模型**):用子类型扩展的实体-联系(E-R)模型。参考实体-联系(E-R)模型。

Extensible Markup Language(**可扩展标记语言**):参见 XML。

Extensible Style Language(**可扩展样式语言**):参见 XSLT。

Extract(**提取**):下载到局域网或微机上供本地处理的一部分可操作数据库。当从由事务处理创建的数据进行查询和创建报表时,提取可以减少通信开销和时间。

Extract, Transform, and Load(ETL) system(**提取、转换和装载系统**):数据仓库中把操作数据转换为数据仓库中的数据的部分。

F score(**F 评分**):在 RFM 分析中,表示频繁程度的分值,反映一个客户购买的频繁程度。参见 RFM 分析。

Fact table(**事实表**):在维数据库中,包含数据值的中心数据库表。

Field(**字段**):(1)记录中字节的逻辑组,例如名字或者电话号码;(2)在关系模型中,与属性同义。

Fifth normal form(**第五范式**):这是一种范式,用于消除一种异常,即一个表被分裂后不能通过联接还原。也称为投影联接范式(PJ/NF)。

File data source(**文件数据源**):一个存储在文件上的 ODBC 数据源,可以通过电子邮件以及其他方式在用户之间传递。

First normal form(**第一范式**):符合关系定义的表。

Flat file(**平面文件**):文件中的每个域只能取单值,任意一行中列的含义相同。

Foreign key(**外键**):一个联系中非关键字属性作为其他关系的关键字出现。

FOREIGN KEY constraint(**外键约束**):在 SQL 中,用于建立联系和表间引用完整性的约束。

Fourth normal form(**第四范式**):属于 Boyce-Codd 范式的关系,其中没有多值依赖,或者所有属性参与单一的多值依赖。

Functional dependency(**函数依赖**):一个属性或一组属性决定另一个属性的关系。表达式 $X \rightarrow Y$ 的含义是给定 X 的值,可以决定 Y 的值。一个给定 X 的值可能在关系中多次出现,如果这样,每次都应该与相同的 Y 值配对。同时,如果 $X \rightarrow (Y, Z)$,则有 $X \rightarrow Y$ 与 $X \rightarrow Z$。然而,如果 $(X, Y) \rightarrow Z$,则通常没有 $X \rightarrow Y$ 与 $X \rightarrow Z$。

Functionally dependent(**函数依赖方**):表示一个函数依赖的右侧部分。一个函数依赖右侧的取值依赖于该函数依赖左侧的取值。在表达式 $X \rightarrow Y$ 中,Y 就是函数依赖于 X 的。参考函数依赖。

Generic entity(**一般实体**):在 IDEF1X 中具有一个或多个分类聚集的实体。一般实体是分类聚集中分类实体的超类型。

Granularity(**粒度**):可被加锁的数据库资源的大小。对整个数据库加锁就是一种大粒度锁;对特定行的一列加锁就是一种小粒度锁。

Graphical User Interface(GUI)(**图形用户界面**):使用图形元素与用户交互的用户界面。

Growing phase(**增长阶段**):两阶段锁协议的第一阶段,获得锁而非释放锁。

HAS-A relationship(**HAS-A 联系**):具有不同逻辑类

型的两个实体或对象间的一种联系。例如，EMPLOYEE HAS-A(n) AUTO。参见 IS-A 联系。

Hadoop Distributed File System(HDFS)(Hadoop 分布式文件系统)：一种开源分布式文件系统为服务器集群提供标准的文件服务使得它们的文件系统像同一个分布式文件系统一样工作。

HAS-A relationship(HAS-A 关系)：在两个不同逻辑类型的实体或者对象之间的联系。例如，EMPLOYEE HASA(n) AUTO。作为比较，参考 IS-A 关系。

HBase：作为 Apache Software Foundation 的 Hadoop 项目的一部分开发的一种非关系型非结构化数据存储。参考 Hadoop Distributed File System (HDFS)。

HTML：参见 Hypertext Markup Language(超文本标记语言)。

HTML document tags(HTML 文档标记)：HTML 文档中的标记，指明文档的结构。

HTML syntax rules(HTML 语法规则)：用于建立 HTML 文档的标准。

HTTP：参见 Hypertext Transfer Protocol(超文本传输协议)。

Http://localhost：一个 Web 服务器中指向本机的 Web 地址。

Hypertext Markup Language(HTML)(超文本标记语言)：一个用于文本格式、图像和其他非文本文件定位以及联接或引用其他文档的标准化的标记系统。

Hypertxt Transfer Protocol(HTTP)(超文本传输协议)：HTTP，一种通过 TCP/IP 在网络上传输 HTML 文档的标准化的方法。

ID-dependent entity(标识依赖实体)：一个实体的标识包含另一个实体的标识。例如，如果 APPOINTMENT 的标识是(Date，Time，ClientNumber)，而 CLIENT 的标识是(ClientNumber)，则 APPOINTMENT 的标识依赖于 CLIENT。一个标识依赖实体是弱实体，因为如果另一个实体不存在则它也不能逻辑存在。但并非所有的弱实体都是标识依赖的。

IDEF1X：实体-联系模型的一个版本，1993 年被公布为(美国)国家标准。

Identifier：标识一个实体的属性。

Identifying connection relationship(标识连接联系)：在 IDEF1X 中，一个 1:1 或 1:N HAS-A 联系，其中子实体的标识依赖于双亲实体。

Identifying relationship(标识联系)：当子实体标识依赖于双亲实体时的联系。

IDENTITY({StartValue},{Increment}) property(IDENTITY({初值},{增量})属性)：在 SQL Server2012 中，用于建立代理关键字的属性。

IE Crow's Foot model(信息工程鸦脚模型)：用于绘制数据模型的 James Martin 版本的信息工程(IE)模型，它使用鸦脚符号表示关系的多方。参考 Information Engineering(IE)模型。

IIS：Internet 信息服务器的缩写。

Iisstart.htm：Microsoft Internet Information Service Web 服务器的默认 Web 页面。参考 Internet Information Service(IIS)。

Implementation(实现)：在 OOP 中，实例化一个特定 OOP 接口的一组对象。

Implicit lock(隐式锁)：由 DBMS 自动加上的锁。

Import(输入)：DBMS 中读入整个数据文件的功能。

Inclusive subtype(包含子类型)：在数据建模和数据库设计中，允许一个超类型实体与多个子类型关联的子类型。

Inconsistent backup(不一致备份)：包含未提交修改的备份文件。

Inconsistent read problem(不一致读问题)：在并发处理中，事务执行了相互间不一致的读操作。两阶段锁或其他策略可以避免这种异常现象。

Index(索引)：用于改善访问和排序性能的附加数据。索引常建在一列或几列上。在报表的控制断点或联接的条件说明中非常有用。

Index.html：大多数 Web 服务器提供的默认 Web 页的名称。

Inetpub folder(Inetpub 文件夹)：Windows 操作系统中 IIS Web 服务器的根文件夹。

Information(信息)：(1)从数据中导出的知识；(2)在一个有意义的上下文中表达的数据；(3)通过求和、排序、求平均、分组、比较或者其他类似操作处理的数据。

Information Engineering(IE) Model(信息工程模型)：由 James Martin 开发的一个 ER 模型。

Inner join(内联接)：联接的同义词。与外联接不同。

InsertCommand object(InsertCommand 对象)：用于把新数据从一个 DataSet 插入回实际的 DBMS 的 ADO.NET DataAdapter 对象。

Insertion anomaly(插入异常)：关系中，向表中加入一行时，必须添加两个或更多逻辑上不同的主题，否则会产生插入异常。

Instance(实例)：一个具体的对象。

Instance failure(实例失败)：引起 DBMS 失败的一个操作系统或硬件错误。

**Integrated Definition 1, Extended(IDEF1X)(扩展

的集成定义 1):由 National Institute of Standards and Technology 在 1993 年发布的 E-R 模型的一个版本。参考 Entity-relationship(E-R)模型。

Integrated Development Environment(IDE)(集成开发环境):一个应用程序为程序员或者应用程序开发人员提供全套的开发工具。

Integrated tables(集成表):同时保存数据及数据间关系的数据库表。

Interface(接口):(1)程序之间互相调用的方法,定义程序之间的过程调用;(2)在 OOP 中,包括对象名、方法和属性的一组对象的定义。

International Organization for Standardization(ISO)(国际标准化组织):制定 SQL 以及其他标准的国际标准化组织。

Internet InformationServices(Internet 信息服务器):Microsoft 的 HTTP 服务器产品。

Internet Information Services Manager(Internet 信息服务管理器):用于管理微软 IIS Web 服务器的应用程序。

Interrelation constraint(关系间约束):两个表之间的一个数据约束。参考 data constraint、domain constraint、intrarelation constraint、range constraint。

Intersectiontable(交表):表示多对多联系的表(关系),包含各表(关系)的关键字。从双亲表到交表的联系必须具有强制-可选或者强制-强制的最小基数。

Interrelation constraint(关系间约束):两个表之间的数据约束。

Intrarelation constraint(关系内约束):一个表内部的数据约束。

IS-A relationship(IS-A 联系):同一逻辑类型的两个实体或对象间的联系。如在 ENGINEER IS-A(n) EMPLOYEE 中,就是 IS-A 联系。

Isolated(孤立性):一个 ACID 事务必须具备的 4 种特性之一:这 4 种特性是原子性、一致性、孤立性和持久性。参考 ACID transaction, transaction isolation level。

Isolation level(孤立级):一个事务中决定 DBMS 如何进行隐式加锁的声明,本书讨论的 4 种类型孤立级是排他使用、可重读、游标稳定和脏读取。

Java:一种比C++提供更好内存管理和边界检查的面向对象的编程语言,主要用于 Internet 上的应用,但也可以作为通用的编程语言。Java 编译器生成由客户机解释执行的字节码。许多人认为微软的 C#与 Java 非常相似。

Java Data Objects(Java 数据对象):Oracle 公司的 Java Platform 的一部分。参考 Java、Java Platform。

JavaDatabase Connectivity(JDBC) (Java 数据库连接):Java 应用程序可以以独立于 DBMS 的方式访问 SQL 数据库(或像 spreadsheet 和文本表的表结构)的一个标准接口。

Java platform(Java 平台):由 Sun 公司提供的 Java 的完整工具集。

Java Programming Language(Java 编程语言):参考 Java、Java Platform。

Java Runtime Environment(JRE) (Java 运行时环境):Oracle 公司的 Java 平台的一部分,必须安装在各个计算机上才能使用 Java 应用程序。参考 Java、Java Platform。

Java servlet:参见 Servlet。

Java virtual machine(Java 虚拟机):运行于特定计算机环境(例如 Intel 386, Alpha)的 Java 字节码解释器。这种解释器通常嵌入于浏览器中、包含于操作系统或作为 Java 开发环境的一部分。

JavaScript:Netscape 的脚本语言,Microsoft 的版本称为 JScript,标准版本称为 ECMAScript-262。是用于 Web 服务器和客户应用的易学的解释语言,有时写为"Java Script"。

Java Server Page(JSP)(Java 服务器页面):HTML 和 Java 的合成,被编译为 HttpServlet 的子类 Java servlet。嵌入 JSP 的 Java 代码可以访问 HTTP 对象和方法。JSP 与 ASP 类似,但是被编译而不是解释执行。

JDBC:参见 Java 数据库连接。

JDBC Connection Object(JDBC 连接对象):一个 Java 应用程序创建的用于通过 JDBC 连接数据库的一组对象中的一个。参考 Java、Java Database Connectivity(JDBC)。

JDBC DriverManager(JDBC 驱动器管理器):JDBC 应用程序,把对 JDBC 对象的调用交给适当的 JDBC 驱动器以连接数据库。参考 Java、Java Database Connectivity(JDBC)。

JDBC ResultSet Object(JDBC 结果集合对象):一个 Java 应用程序创建的用于通过 JDBC 连接数据库的一组对象中的一个。参考 Java、Java Database Connectivity(JDBC)。

JDBC ResultSetMetaData Object(JDBC 结果集合元数据对象):一个 Java 应用程序创建的用于通过 JDBC 连接数据库的一组对象中的一个。参考 Java、Java Database Connectivity(JDBC)。

JDBC Statement Object(JDBC 语句对象):一个 Java 应用程序创建的用于通过 JDBC 连接数据库的一组对象中的一个。参考 Java、Java Database Connectivity(JDBC)。

Join(联接)：两个关系 A 和 B 上的关系代数操作，产生第 3 个关系 C。若 A 和 B 中某些行满足一定的约束，则 A 中的行与 B 中的行联接构成 C 中的行。例如，A1 是 A 的属性，B1 是 B 的属性，A 与 B 在 A1 = B1 的约束下联接产生关系 C，使得 A 与 B 在行上的联接结果满足 A1 的值小于 B1 的值。参见等值联接和自然联接。

Join operation(联接)：SQL 中组合两个表中的数据行的处理。参见 Join。

Joining the two tables(联接两个表)：在 SQL 中合并两个表的记录的过程。参考 join。

JScript：Microsoft 的一种专有脚本语言。Netscape 的版本称为 JavaScript，标准版本称为 ECMAScript-262。这些易学的解释语言可以用于 Web 服务器和 Web 客户端应用程序的处理。

JSP：参见 Java Server Page。

Key(关键字)：(1)关系中唯一标识一行的一个或多个属性的集合。因为关系中不能有重复行，所以每个关系至少要有一个关键字，即关系中所有属性的组合。关键字有时也称为逻辑关键字；(2)在一些关系型 DBMS 产品中，用于改善访问和排序速度的某列的索引。有时称为物理关键字。

Keyset cursor(关键字集合游标)：一种 SQL 游标同时具有静态游标和动态游标的一些特性。参考 cursor，cursor type。

Knowledge worker(知识工作者)：一个信息系统用户，负责准备报表、挖掘数据以及其他类型的数据分析。

Labeled namespace(标签名空间)：在 XML 模式文档中，给定名称(标签)的名空间。以标签名空间开头的所有元素都被认为是定义在标签名空间中。

LAMP：运行在 Linux 上的 AMP 的一个版本。参见 AMP。

Language Integrated Query (LINQ)(语言集成查询)：微软 .NET 框架中的一个组件，允许直接从应用程序中运行 SQL 查询。

LEFT OUTER join(左外联接)：一种联接，包含在 SQL 语句中的第一张表(即“左”表)中的所有行，无论这些行在另一张表中是否有配对行。

Lift(改善度)：在购物篮分析中，置信度除以一种购买商品项的概率。

Lock(锁)：将数据库资源分配给并发处理系统中的某个事务的处理方式。被锁资源的大小称为锁粒度。对排他锁而言，其他事务不可以读写该资源；对共享锁而言，其他事务可以读但不可以写该资源。

Lock granularity(锁粒度)：被锁住的数据元素的大小。一行中列上的锁是小粒度锁，整个表上的锁是大粒度锁。

Log(日志)：记录数据库变化的文件，包括前影像和后影像。

Logical unit of work(LUW)(逻辑工作单元)：事务的同义词。参见事务。

Logistic regression(逻辑回归)：估计一个方程中的参数，用于计算一个给定事件发生的可能性的一种受监督的数据挖掘。

Lost update problem(更新丢失问题)：同 Concurrent update problem(并发更新问题)。

M score(M 评分)：在 RFM 分析中，关于消费金额的评分，反映一个顾客每次购买消费的金额。参见 RFM 分析。

Managed Extensibility Framework (MEF)(受管理的扩展框架)：在 4.5 版本中对 Microsoft .NET Framework 的一个扩充，为 Windows 8 应用提供支持。

Mandatory(强制的)：在一个联系中，如果至少要有一个实体参与到这个联系中，则称参与这个联系是强制的。参考 minimum cardinality、optional。

Mandatory-to-mandatory (M-M) relationship(强制-强制联系)：一种联系，要求联系的两边都有实体存在。

Mandatory-to-optional (M-O) relationship(强制-可选联系)：一种联系，在联系的左边至少有一个实体，但在右边不要求。

Many-to-many (N:M) relationship(多对多联系)：一种联系，其中一个双亲实体实例可以与多个子实体实例关联，同时，一个子实体实例也可以与多个双亲实体实例关联。在实际数据库中，这种联系被转换成在原始实体(表)和一个关联表之间的两个一对多联系。

MapReduce：一种大数据处理技术，把数据分析分解为许多并行的处理(即 Map 的功能)，然后把这些处理的结果合成为一个最终的结果(即 Reduce 的功能)。

Market basket analysis(购物篮分析)：一种估算同时购买的商品之间的相关度的数据挖掘。参见 confidence 和 lift。

MAX(求最大值)：在 SQL 中，在一组数中求最大值的函数。参见 SQL 内置函数。

Maximum cardinality(最大基数)：(1)在实体联系模型的一个二元联系中，在联系的每一边实体数量的最大值。常见的值是 1:1、1:N 和 N:M。(2)在关系模型的联系中，联系的每一边最大的行的数量。常见的值是 1:1 和 1:N。而 N:M 联系在关系模型中是不可能存在的。

Measure(测量值)：OLAP 中立方体的源数据，在单元中显示，可以是原始数据或累计、平均等的计算结果。

Media failure(介质失败)：当 DBMS 无法写磁盘时发生的失败。通常由于磁头或其他磁盘失败引起。

Metadata(元数据)：存放在数据字典中的有关数据库数据的结构数据。元数据用于描述表、列、约束、索引等。对照应用元数据。

Method(方法)：面向对象程序设计(OOP)中与某个对象相关的程序，可以被低层 OOP 对象继承。

Microsoft SQL Server 2012 Management Studio：微软 SQL Server 2012 使用的图形用户界面工具箱。

Microsoft Transaction Manager(MTS)(微软事务管理器)：Microsoft 的 OLE DB 的一部分。参考 OLE DB。

Microsoft Windows PowerShell：微软的一种命令行工具箱。

MIN(求最小值)：在 SQL 中，在一组数中求最小值的函数。参见 SQL 内置函数。

Minimum cardinality(最小基数)：(1)在实体联系模型的一个二元联系中，在联系的每一边实体数量的最小值。(2)在关系模型的一个二元联系中，联系的每一边最小的行的数量。这两种情况的常见的值是可选对可选(O∶O)、必须对可选(M∶O)、可选对必须(O∶M)和必须对必须(M∶M)。

Minimum cardinality enforcement action(最小基数增强动作)：为了保持最小基数约束必须采取的行动。概括在图 6.28 中。参见引用完整性(RI)动作。

Modification anomaly(更新异常)：表中一行的存储代表了两个或者多个分立的实体，或者删除一行消去了两个或者多个实体的信息。

Multivalue dependency(多值依赖)：在由三个或更多属性组成的关系中，相互独立的属性间值无关的性质。确切地说，在关系 R(A,B,C)中，(A,B,C)是关键字，A 的一个值对应 B(或 C，或 BC)的多个值，B 不决定 C，C 也不决定 B。例如，对关系 EMPLOYEE(EmpNumber，EmpSkill，DependentName)来讲，雇员可以有多个 EmpSkill 和 DependentName 的值，EmpSkill 和 DependentName 间具有值无关的性质。

MUST constraint(必须约束)：要求一个实体与另一个实体组合的约束。

MUST COVER constraint(必须覆盖约束)：指示必须出现在三元联系中的所有组合的二元联系。

MUST NOT constraint(必须覆盖约束)：指示不能出现在三元联系中的组合的二元联系。

MySQL Workbench(MySQL 工作台)：MySQL 5.6 使用的 GUI 工具箱。

Natural join(自然联接)：包含属性 A1 的关系 A 和包含属性 B1 的关系 B，在 A1 的值与 B1 的值相等的约束下的联接，所得关系 C 包含 A1 和 B1 中的一个，与等值联接不同。

Neural networks(神经网络)：一种受监控的数据挖掘，通过计算复杂的数学函数进行预测。名称带有误导性。因为虽然神经网络的结构与生物神经元网络之间有些类似，但这只是表面现象。

N∶M：表示两个表的行间多对多联系的缩写。

Nonidentifying connection relationship(非标识连接联系)：在 IDEF1X 中，不具有 ID 依赖实体的 1∶1 和 1∶N HAS-A 联系。

Nonidentifying relationship(非标识联系)：在数据建模中，两个实体之间的一种联系，一方并不标识依赖于另一方。参见标识联系。

Nonintegrated data(非集成数据)：存放在两个不兼容信息系统中的数据。

Non-prime attribute(非主属性)：一个不包含在任何候选关键字中的属性。

Nonrepeatable read(非可重复读)：当一个事务读它先前读过的数据时发现已经被另一个已提交的事务修改或删除时发生的情况。

NonspecificIDEF1X relationship(非指定 IDEF1X 联系)：IDEF1X 中的一个 N∶M 联系。

Normal form(范式)：约束关系中所能允许结构的一个或一组规则。规则用于属性、函数依赖、多值依赖、域和约束。最重要的范式是 1NF、2NF、3NF、Boyce-Codd NF、4NF、5NF 和域/关键字范式。

Normalization(规范化)：判定一个关系是否属于某种范式，必要时把它转换成某种范式的过程。

NoSQL：参考 Not only SQL。

NoSQL movement(NoSQL 运动)：参考 Not only SQL。

NOT NULL constraint(非空约束)：在 SQL 中，一种要求一个字段中不能出现空值的约束。

Not only SQL(NoSQL 运动)：实际指创建和使用非关系型 DBMS 产品而不是只使用 SQL 语言，这个运动最初被误称为 NoSQL 运动。现在已经认识到管理信息系统同时需要关系型和非关系型 DBMS 产品，它们必须相互联系。因此称为不仅 SQL。参考结构化存储。

Not-type-validXMLdocument(非类型有效 XML 文档)：一个 XML 文档，或者不符合它的 DTD，或者没有 DTD。对照类型有效文档。

NULL constraint(空值约束)：在 SQL 中，一种要求一个字段必须在部分或者所有行中为空值的约束。

Null status(空值状态)：说明一个字段是否具有空值约束或者非空约束。参见空值约束和非空约束。

Null value(空值)：表示不知道或尚不可用的值。尽管在许多 DBMS 产品中用零或空白表示空值，但控制并非零或空白。

Object(对象)：面向对象编程中，由其属性和方法定义的一种抽象，参考面向对象编程(OOP)。

Object class(对象类)：面向对象编程具有同样结构的一组对象。参见面向对象编程。

Object Linking and Embedding(OLE)(对象链接和嵌入)：微软的一种对象接口标准。OLE 对象是组件对象模型(COM)的对象并且支持这种对象所要求的所有接口。

Object-oriented DBMS(OODBMS 或 ODBMS)(面向对象数据库管理系统)：一种能保存类似于面向对象编程中用到的对象的 DBMS。参见面向对象编程。

Object-oriented programming(OOP)(面向对象编程)：一种通过定义对象以及对象之间的交互以建立应用程序的编程方法。

Object persistence(对象持久)：在面向对象程序设计中，对象被保存在诸如磁盘等的非易失的存储器件里。永久对象在程序的两次执行之间存在。

Object-relational DBMS(对象关系数据库管理系统)：能够同时支持关系和面向对象编程数据结构的数据库管理系统产品，例如 Oracle。

ODBC：参见开放数据库连接标准。

ODBC conformance level(ODBC 一致级别)：在 ODBC 中，通过驱动器应用程序接口(API)可用的特征和功能的定义。一个驱动器应用程序接口是应用程序能够调用以取得服务的一组功能。有三个一致级别：核心 API、一级 API 和二级 API。

ODBC data source(ODBC 数据源)：在 ODBC 标准中，一个数据库及其相关的数据库管理系统、操作系统和网络平台。

ODBC Data Source Administrator(ODBC 数据源管理器)：负责创建 ODBC 数据源的应用程序。

ODBC Driver(ODBC 驱动器)：在 ODBC 中，作为 ODBC 驱动器管理器和特定数据库管理系统产品之间接口的一个程序。在客户-服务器结构中运行于客户端。

ODBC Driver Manager(ODBC 驱动器管理器)：在 ODBC 中，作为应用程序和 ODBC 驱动器之间接口的一个程序。它决定所需要的驱动器，将其装入内存，并且协调应用程序和驱动器的动作。Window 系统中的 ODBC 驱动器管理器由微软提供。

ODBC multiple-tier driver(多层 ODBC 驱动器)：在 ODBC 中的一种由两部分构成的驱动器，通常用于客户服务器数据库系统。驱动器的一部分驻留在客户端并且与应用程序交互，另一部分驻留于服务器端与数据库管理系统交互。

ODBC single-tier driver(单层 ODBC 驱动器)：在 ODBC 中的一种驱动器，从驱动器管理器接受 SQL 语句，独立处理这些语句而不需要调用其他程序或者数据库管理系统上的功能。一个单层 ODBC 驱动器既是 ODBC 驱动器又是一个数据库管理系统。它被用于文件处理系统中。

ODBC SQL conformance levels(ODBC SQL 一致级别)：ODBC SQL 一致级别说明一个 ODBC 驱动器能够处理哪些 SQL 语句、表达式和数据类型。有三种 ODBC SQL 一致级别：最小 SQL 语法，核心 SQL 语法，扩展 SQL 语法。

OLAP：参见在线分析处理。

OLAP cube(在线分析处理立方体)：在线分析处理中，一种在轴上表示数据维的表示结构。量度数据显示在立方体的单元中。也称为超立方体。

OLAP report(在线分析处理报表)：在线分析处理的输出表格。例如，一个 Excel 的透视表(Excel Pivot Table)。

OLAP server(在线分析处理服务器)：一台专用于在线分析处理的服务器。

OLE DB：Microsoft 基于 COM 的数据访问基础。OLE DB 对象支持 OLE 对象标准，ADO 建立在 OLE DB 上。

1:N：两个表中行间一对多联系的缩写。

One-to-many(1:N) relationship(一对多联系)：一个联系中一个父实体实例(父表中的一行)可以与多个子实体实例(子表中的行)关联。而同时，一个子实体实例(子表中的一行)只可以与一个父实体实例(父表中的行)关联。

One-to-one(1:1) relationship(一对一联系)：一个联系中一个父实体实例(父表中的一行)只可以与一个子实体实例(子表中的行)关联。同时，一个子实体实例(子表中的一行)也只可以与一个父实体实例(父表中的行)关联。

On-Line Analytical Processing(OLAP)(在线分析处理)：一种数据表现形式，在表格或立方体的框架中综合和观察数据。

Online transaction processing(OLTP) system(在线事务处理系统)：专用于事务处理的日常数据库系统。

**Open Database Connectivity standard(ODBC)(开

放数据库连接标准):一种标准接口,应用程序可以通过数据库管理系统或者以独立于程序的方式访问和处理关系数据库、spreadsheet、文本文件以及类似表的结构。ODBC 的驱动程序管理器部分包含在 Windows 中,ODBC 的驱动程序由数据库管理系统供应商、微软以及第三方软件开发商提供。

Operational system(**操作系统**):用于企业运作的数据库系统,通常是一个在线事务处理系统。参见在线事务处理系统。

Optimistic locking(**乐观加锁**):一种加锁策略,假设不会发生冲突,处理一个事务,然后检查是否发生锁冲突,如确实发生锁冲突就保持数据库不变,然后重复这个事务。参见 Pessimistic locking(悲观加锁)。

Optional(**可选的**):参与一个联系的最少实体数量为 0,则称参与这个联系是可选的。参考 mandatory、minimum cardinality。

Optional-to-mandatory(O-M) relationship(**可选-强制型联系**):一个联系,要求联系的右边至少要有一个实体,但左边则是可选的。

Optional-to-optional(O-O) relationship(**可选-可选型联系**):一个联系,联系的两边都没有对实体数量的强制要求。

Oracle SQL Developer(**Oracle SQL 开发器**):Oracle 数据库 11 版的图形用户界面工具。

Outer join(**外联接**):一种联接,不论是否满足联接条件,其中一个表的所有行都会在结果中出现。左外联接中,左边关系的所有行出现在结果中;右外联接时,右边关系的所有行在结果中出现。

Overlapping candidate keys(**交叉候选关键字**):两个候选关键字如果有一个或者多个共同属性,则被称作交叉候选关键字。

Owner entity(**所有者实体**):参考 parent。

Parameter(**参数**):作为存储过程或者其他程序的输入的一个数据值。

Parent(**双亲**):在一对多联系中的"一"端的一个实体或者记录。

Parent mandatory and child mandatory(M-M)(**父必需子必需**):一个联系其中父和子的最小基数都是 1。

Parent mandatory and child optional(M-O)(**父必需子可选**):一个联系其中父的最小基数是 1,而子的最小基数是 0。

Parent optional and child mandatory(O-M)(**父可选子必需**):一个联系其中父的最小基数是 0,而子的最小基数是 1。

Parent optional and child optional(O-O)(**父可选子可选**):一个联系其中父子的最小基数都是 0。

Partially dependent(**部分依赖**):在规范化中的一种情况,一个属性只依赖于一个复合关键字的一部分而不是全部。

Passive repository(**被动数据仓储**):只有在有人主动向数据仓储中生成需要的元数据时才会进行填充的数据仓储。参见数据仓储。

Persistent object(**持久对象**):一个被写入持久存储的 OOP 对象。

Persistent Stored Modules(**持久存储模块**):参考 SQL/Persistent Stored Modules(SQL/PSM)。

Personal database system(**个人数据库系统**):由个人或者小的工作组使用的一种数据库管理系统。这种系统通常还附带诸如表单生成器和报表生成器这样的应用程序开发工具,例如微软的 Access 2007。

Pessimistic locking(**悲观加锁**):一种通过在数据库处理读写请求之前预先加锁来预防冲突的加锁策略,参见 Optimistic locking(乐观加锁)和死锁。

Phantom read(**幻读**):当一个事务读先前读过的数据发现另一个已提交的事务插入的新记录时的情况。

PHP:参见 PHP:超文本处理器。

PHP Data Objects(PDO)(**PHP 数据对象**):PHP 的一种一致数据访问规范,允许一个程序员使用同样的函数而不依赖于所使用的数据库管理系统。

PHP:Hypertext Processor(PHP)(**PHP:超文本处理器**):用于创建动态 Web 页的一种脚本语言。目前它包括一个面向对象编程组件和 PHP 数据对象(PDO)。参见 PHP 数据对象。

Pig:作为 Hadoop 套件一部分的数据库查询语言,用于查询 HBase 这种非关系型 DBMS。参见 Hadoop、Hbase。

PivotTable:微软对其 OLAP 客户端的命名,用于 Microsoft Excel 2012。参考 OLAP。

PL/SQL:参见过程语言/SQL。

Portable class libraries(**可移植类库**):在第 4.5 版加入的对 Microsoft .NET Framework 的扩充,为 Windows 8 apps 提供支持。

POST method(**POST 方法**):在 PHP 中从一个 Web 页向另一个 Web 页传递数据值进行处理的一种方法。

PowerShell sqlps utility [MSSQL](**PowerShell sqlps 工具[MSSQL]**):在 SQL Server 2008 中微软的 PowerShell 命令行工具上的一个附加程序,允许它与 SQL Server 一起工作。

Prepared Statement object(**预先准备好的语句对**

象)：用于调用数据库中预编译的查询和存储过程的一个 JDBC 对象。

Primary key(**主关键字**)：一个关系中被选为键的候选关键字。在表示联系时主键被作为外键。

PRIMARY KEY constraint(**主关键字约束**)：在 SQL 中用于创建一张表的一个主键的一个约束语句。

Procedural Language/SQL(PL/SQL)(**过程语言/SQL**)：Oracle 支持的把 while 循环、if-then-else 块和其他类似结构扩展入 SQL 的语言。PL/SQL 被用于创建存储过程和触发器。

Procedural programming language(**过程化编程语言**)：一种编程语言，必须说明任务的每个步骤。这种语言有的能够通过被称为过程或者子过程的结构来包含一组步骤。

Processing rights and responsibilities(**处理权限和责任**)：规定哪些小组可以对指定的数据项或其他数据集合采取动作。

Program/data independence(**程序/数据独立**)：数据结构并不定义在应用程序中，而是定义在数据库中，应用程序从 DBMS 获得其结构。这样，数据结构的变化不会影响应用程序。

Programmer(**程序员**)：用程序语言写程序的人。

Project-Join normal form(**投影联接范式**)：即第 5 范式。参见第 5 范式。

Property(**性质**)：即属性。

Proposed values(**建议值**)：ADO.NET DataSet 的一种对象数据值，存储在 DataTable 对象中的一个 DataRow 集合中。

Prototype(**原型**)：应用或应用的一部分的快速开发示意。

Pseudofile(**伪文件**)：代表一个带有游标的 SQL 语句的结果。参考 cursor。

Pull report(**拉报表**)：在一个报表系统中，必须由用户要求的报表。

Push report(**推报表**)：在一个报表系统中，按计划送给用户的报表。

QBE：参见按例查询。

Query(**查询**)：向数据库请求符合特定条件的数据。也可以看作是向数据库提问，得到返回数据作为回答。

Query by example(QBE)(**按例查询**)：允许用户使用示例表示查询的一种查询界面方式。最初由 IBM 公司开发，后来被其他开发商所采纳。

Microsoft Access Question mark(?) wildcard character(**问号通配符**)：在 Access 2013 查询中表示单个未指定字符。参考 SQL 下画线通配符。

R score(**R 评分**)：在 RFM 分析中关于“最近”的评分，反映了一个顾客进行购买的最近程度。参 RFM 分析。

Range constraint(**范围约束**)：在 SQL 中的一种约束，指定数据值必须在一个指定的范围内。

Read committed isolation level(**提交读孤立级别**)：一种事务孤立级别，禁止“脏”读，但允许不可重复读（nonrepeatable read）和幻读(Phantom read)。

Read uncommitted isolation level(**非提交读孤立级别**)：一种事务孤立级别，允许“脏”读、不可重复读(nonrepeatable read)和幻读(Phantom read)。

Record(**记录**)：(1)与同一实体相关的一组字段，用于文件处理系统；(2)关系模型中行和元组的同义词。

Recordset(**记录集**)：代表一个关系的 ADO 对象，是作为执行一条 SQL 语句或存储过程的结果建立起来的。

Recovery via reprocessing(**通过再处理的恢复**)：通过最近的完整备份恢复一个数据库，然后重建该备份之后的每个事务。

Recovery via rollback/rollforward(**通过回滚/前滚的恢复**)：通过最近的完整备份恢复一个数据库，然后用保存在事务日志中的数据按需要要么增加事务(前滚)要么删除错误的事务(回滚)来修改数据库。

Recursive relationship(**递归联系**)：在同类型实体或者记录之间的联系。例如，如果 CUSTOMER 引用了其他的 CUSTOMER，这个联系就是递归的。

ReDo files(**重做文件**)：在 Oracle 中，用于备份和恢复的回滚段(rollback segment)的备份。

Referential integrity action(**参照完整性动作**)：说明当一个联系中双亲或子实体发生插入、更新、删除时的动作的规则。可能的行为可以是无、级联、设为默认、设为空和限制。也可以在数据库设计时定义其他行为。

Referential integrity constraint(**参照完整性约束**)：对外键值的一个联系约束。指定一个外键的值必须是它所引用的主键的值的适当子集。

Regression analysis(**回归分析**)：一种受监控的数据挖掘，通过分析估计方程中的参数。

Relation(**关系**)：具有单值入口、无重复行的二元数组。每行中列的含义是相同的。行和列的顺序不重要。

Relational database(**关系数据库**)：由关系组成的数组。一般按照规范化原理进行组织，尽管实际数据库中的关系包含重复行。多数 DBMS 产品在必要时可以去掉重复行，但事实上由于费时和代价昂贵而往往不做这种操作。

Relational model(关系模型)：一种数据模型，其中把数据存放在关系里，行间的关系用数据值来表示。

Relational schema(关系模式)：带有关系间约束的一组关系。

Relationship(联系)：两个实体、对象或关系中两行间的相关性。

Relationship cardinality constraint(联系基数约束)：对于可以参与一个联系的记录数的约束。最小联系基数约束确定必须参与联系的记录数；最大联系基数约束确定可以参与联系的最大记录数。

Relationship class(联系类)：实体类之间的一种关联。

Relationship instance(联系实例)：(1)实体实例之间的一种关联；(2)数据库中两个表之间的一种特定联系。

Repeatable read isolation level(可重复读孤立级别)：一种事务孤立级别，禁止"脏"读和不可重复读(nonrepeatable read)，但允许幻读(Phantom read)。

Replication(副本)：在 Oracle 和 SQL Server 中，代表分布在多台计算机上的数据库。

Report(报表)：按用户要求的格式提供的信息。

Report authoring(报表生成)：在报表系统中连接数据源，建立报表结构并构造报表格式的过程。

Report delivery(报表发布)：在报表系统中向用户发布报表或者允许用户按需要取得报表。

Report management(报表管理)：在报表系统中定义什么人在什么时间以什么方式得到什么报表。

Reporting system(报表系统)：通过过滤、排序和简单计算的商务智能系统。不同于数据挖掘系统，OLAP 就是一种报表系统。

Repository(仓储)：一个有关数据库结构、应用、Web 页面、用户、其他应用组件的元数据集合。主动仓储由应用开发环境中的工具自动维护，被动仓储需要手工维护。

Requirements Analysis(需求分析)：在系统开发生命周期中的一个步骤(SDLC)。参考 systems development life cycle，附录 B—Getting Started in Systems Analysis and Design。

Reserved word(保留字)：在数据库管理系统或者 ODBC 中具有特定含义的一个字，不能作为数据库的表、字段或者其他的名称。参见数据库管理系统保留字。

Resource locking(资源锁)：参见 Lock(锁)。

Reverse engineered data model(逆向工程数据模型)：逆向工程获得的数据模型。这并不是一个概念模型，因为其中包括了交关系表(intersection table)这样的物理结构，但比数据库模式更加概念化。

Reverse engineering(逆向工程)：读取一个现有数据库的结构并建立逆向工程数据模型的过程。

RFM analysis(RFM 分析)：一种报表系统，其中按订单的时间临近程度、频繁程度、花钱的量来分类客户。

RIGHT OUTER constraint(右外联接约束)：一种联接，包含了 SQL 语句中第二个表(右表)的所有行，而不论这些行在另一张表中是否有匹配的行。

Role(角色)：在数据库管理中，一组预先定义的许可，可以被赋予用户或者组。

Rollback(回滚)：恢复数据库的过程，将前影像施加给数据库，返回到较早的一个检查点或使数据库保持逻辑一致的位置。

Rollforward(前向回滚)：恢复数据库的过程，将后影像施加给数据库的保存备份。返回到较早的一个检查点或使数据库保持逻辑一致的位置。

Root(根)：一棵树上的顶端记录、行或节点。根没有父节点。

Row(行)：表中的一个列组。行中所有列均与同一实体相关。一行等同于一个元组或一条记录。

Rowset(行集)：在 OLE DB 中，对一个像记录集、电子邮件地址、其他非关系型数据的集合的一个抽象。

SAX：XML 简单应用程序编程接口。是一种基于事件的解析器，在解析文档过程中每当遇到 XML 元素就会向程序发出一个消息。

Schema(模式)：一个数据库的完整逻辑视图。

Schema-valid document(模式有效文档)：一个符合它的 XML 模式定义的 XML 文档。

SCN：参见系统改变数(System Change Number)。

Scrollable cursor(可滚动游标)：一种游标类型，允许在记录集内前后移动，这里讨论的三种可滚动游标是快照、关键字集和动态游标。

Second normal form(第二范式)：在一个第一范式的关系中，所有非关键字都依赖于关键字。

SelectCommand object(SelectCommand 对象)：用于在一个 DataSet 中查询数据的 ADO.NET DataAdapter 对象。

Self-describing(自描述)：在数据库中，把有关数据库的数据包含在数据库自身中的特点。这样，定义一个表的数据以及该表中包含的数据都包含在数据库中。这些描述性数据称为元数据。参见表、关系、元数据。

Semantic object model(语义对象模型)：构造用户

数据模型的一组法则。用户世界中的事物用语义对象(有时称为对象)来表达。关系被描述成对象,结果被刻画成对象图。

Sequence:Oracle 数据库 11 版中建立代理关键字值的 SQL 语句。

Serializable(可串行化):两个或多个并发事务的执行结果与它们的某个串行执行结果相同。

Service provider(服务提供者):一个转换数据的 OLE DB 数据提供者,一个服务提供者既是一个数据消费者又是一个数据提供者。

Servlet:由 Web 服务器上的 Java 虚拟机执行的独立于机器的已编译 Java 字节码程序。

SGML:参见标准通用标记语言。

Shared lock(共享锁):某个数据资源上,只允许一个事务修改数据而其他事务可以并发读该数据的锁类型。

Shrinking phase(减缩阶段):两阶段锁协议中锁被释放但尚未被授予的阶段。

Sibling(兄弟):具有相同双亲的记录或节点。

Simple Object Access Protocol(简单对象访问协议):通过 HTTP 用小段 XML 文档传输过程调用的一种协议。

Slowly changing dimension(缓慢改变维):在一个维数据库中,一个列的数据随着时间无规律地偶尔改变的情况,例如客户的地址或者电话号码。

Snowflake schema(雪花模式):在维数据库或者 OLAP 数据库的表结构中,维表与存放测量值的表有若干层次的距离。与星模式(Star schema)不同,这些维表通常是规范化的。

SOAP:原来代表简单对象访问协议,现在则是另一种远过程调用协议,因为它包含了 HTTP 之外的其他传输协议,不再是一个缩写。

Software development kit(SDK):帮助程序员开发应用程序的一组开发工具。

SQL(Structured query language)(结构化查询语言):参见结构化查询语言。

SQL ALTER TABLE statement(SQL ALTER TABLE 语句):用于改变数据库表结构的 SQL 命令。

SQL AND operator(SQL 的 AND 操作符):在 SQL WHERE 中用于合并条件的操作符。

SQL built-in functions(SQL 内置函数):在 SQL 中的函数 COUNT、SUM、AVG、MAX 和 MIN。

SQLCMD utility(SQL 命令行工具集):SQL Server 2008 中的一个命令行工具集。

SQL CREATE TABLE statement(SQL CREATE TABLE 语句):用于建立数据库表的 SQL 语句。

SQL CREATE VIEW statement(SQL CREATE VIEW 语句):用于建立数据库视图的 SQL 语句。

SQL data control language(DCL)(SQL 数据控制语言(DCL)):创建和控制 SQL 控制事务的 SQL 语句,以此保护数据库数据。

SQL DROP TABLE statement(SQL DROP TABLE 语句):用于从数据库中删除一个数据库表的 SQL 命令。

SQL expression(SQL 表达式):确定一个 SQL 查询的确切结果的一个公式或者值集合。可以把 SQL 表达式看作任何跟随在实际或者隐含的等号(=)(或者任何其他的关系操作符,例如大于[>],小于[<]等)或某些 SQL 关键字,如 LIKE 和 BETWEEN 之后的任何内容。

SQL FROM clause(SQL FROM 子句):SQL SELECT 语句中用于指定参与查询的表的部分。

SQL GROUP BY clause(SQL GROUP BY 子句):SQL SELECT 语句中用于指定查询中的行分组条件的部分。

SQL HAVING clause(SQL HAVING 子句):SQL SELECT 语句的 GROUP BY 子句中用于指定哪些行参与分组的部分。

SQL injection attack(SQL 注入攻击):使用 SQL 语句攻击和感染 Web 站点的 SQL 数据库。可以通过仔细的编码进行防范。Lizamoon SQL 注入攻击在 2011 年 3 月影响了超过 150 万的 URL。

SQL MERGE statement(SQL MERGE 语句):这种 SQL 语句本质上是 SQL INSERT 和 SQL UPDATE 语句的组合,根据现有的数据执行 INSERT 到 UPDATE 的操作。

SQL OR operator(SQL 的 OR 操作符):在 SQL WHERE 中用于表示可替换条件的操作符。

SQL ORDER BY clause(SQL ORDER BY 子句):SQL SELECT 语句中用于指定查询结果的显示顺序的部分。

SQL percent sign(%) wildcard character(SQL 百分号通配符):SQL 语句中用于代表多个字符的标准通配符。微软的 Access 2007 中则用星号(*)而不是百分号。

SQL/Persistent Stored Modules (SQL/PSM)(SQL/持久存储模块):扩展 SQL 的 SQL 语句,通过加入编程功能,例如变量和流程控制语句,以在 SQL 框架中提供一些可编程性。SQL/PSM 用于创建用户定义的函数、存储过程和触发器。参考 trigger、stored procedure and user-defined function。

SQL/PSM:参考 SQL/Persistent Stored Modules(SQL/PSM)。

SQL script(SQL 脚本):一组一起执行的 SQL 语句。

SQL script comment(SQL 脚本注释): SQL 脚本中的注释。参见 SQL 脚本。

SQL scriptfile(SQL 脚本文件): 保存 SQL 脚本以便重复执行的文件。参见 SQL 脚本。

SQL SELECT clause(SQL SELECT 子句): SQL SELECT 语句中用于指定查询结果包含哪些列的部分。

SQL SELECT * statement(SQL SELECT * 语句): SQL SELECT 的一种变形，表示查询结果中包含参与查询的全部表中的全部列。

SQL SELECT… for XML statement(SQL SELECT … for XML 语句): SQL SELECT 的一种变形，表示查询结果以 XML 格式输出。

SQL SELECT/FROM/WHERE framework(SQL SELECT/FROM/WHERE 框架): SQL 查询的基本结构。参见 SQL SELECT 子句，SQL FROM 子句，SQL WHERE 子句，SQL ORDER BY 子句，SQL GROUP BY 子句，SQL HAVING 子句，SQL AND 操作符，SQL OR 操作符。

SQL TRUNCATE TABLE statement(SQL TRUNCATE TABLE 语句): SQL TRUNCATE TABLE 命令删除一个数据库表的所有数据，但保留该表的表结构。

SQL underscore(_) wildcard character(SQL 下画线通配符): SQL 语句中用于代表单个字符的标准通配符。微软的 Access 2007 中则用星号(?)而不是下画线。

SQL WHERE clause(SQL WHERE 子句): SQL SELECT 语句中用于指定查询条件的部分。

SQL view(SQL 视图): 由一个单独 SQL SELECT 语句构造的关系。SQL 视图至多只有一个多值路径(multivalued path)。在大多数 DBMS 产品，包括 Access、Oracle 和 SQL 服务器中，术语视图(view)都代表 SQL 视图。

SQL * Plus: Oracle 数据库 11 版中的命令行工具。

Standard Generalized Markup Language(SGML)(标准通用标记语言): 用于标记文档格式、结构、内容的标准方法，HTML 是 SGML 的一个子集。

Star schema(星模式): 在一个 OLAP 数据库的表结构中，每个维表都与存放测量值的表邻接。与雪花模式(Snowflake schema)不同，星模式中的维表通常没有规范化。

Statement-level consistency(语句级一致): 在一个单一 SQL 语句执行过程中，保护受其影响的所有行(row)以防止其他用户的修改。与事务级一致不同。

Staticcursor(静态游标): 一个取得关系的快照并且处理这个快照的游标。

Static report(静态报表): 在报表系统中，一种根据基础数据生成后不再随着基础数据的改变而改变的报表。对比 Dynamic report。

Stock-keeping unit(SKU)(最小库存单位): 库存中每个产品的唯一标识。

Stored function(存储函数): 参考 user-defined function。

Stored procedure(存储过程): 可以由一个命令调用的存储在某个文件中的一组 SQL 语句。通常 DBMS 产品提供由 SQL 扩充编程语言结构的语言用于创建存储过程。Oracle 提供的是 PL/SQL，SQL 服务器提供的是 TRANSACT/SQL。其他有些产品的存储过程可以用像 Java 这样的标准语言创建。存储过程常常被保存在数据库本身中。

Strong entity(强实体): 在实体-联系模型中，数据库里不依赖于其他实体的存在而存在的实体。参见 ID-dependent entity(ID 依赖实体)和 Weak entity(弱实体)。

Strong password(强口令): 一个符合要求不容易被破解的口令。

Structured Query Language(结构化查询语言): 定义关系数据库结构和处理过程的语言。可以单独使用，也可以嵌在应用程序中使用。SQL 作为美国国家标准局的国家标准，目前常用的版本是由美国国家标准局在 1992 年改进的 SQL-92，SQL 最初是由 IBM 公司开发的。

Structured schema(结构化模式): 一个非平展(flat)的 XML 模式。

Stylesheet(样式表): 一种文档，由 XSLT 用于指定 XML 文档中的元素怎样转换成另一种格式。

Subquery(子查询): SQL 中嵌入在一个 SELECT 语句中的 SELECT 语句。

Subtype(子类): 抽象层次中作为较高类型的子类或子范畴的实体或对象。例如，ENGINEER 是 EMPLOYEE 的子类。

SUM: SQL 中把一组数值累加起来的函数。参见 SQL 内置函数。

Supertype(超类): 抽象层次中逻辑包含子类的实体或对象。例如，EMPLOYEE 是 ENGINEER、ACCOUNTANT 和 MANAGER 的超类。

Supervised data mining(受监控的数据挖掘): 一种数据挖掘，分析人员先建立一个模型或猜想，然后用数据检验这个模型或猜想。

Support(支持度): 在市场购物篮分析中，两种商品被同时购买的可能性。

Surrogate key(代理关键字): 由应用程序 DBMS 维

护的具有唯一值的列。通常作为表的主关键字。

System Change Number(SCN)(**系统改变数**)：在 Oracle 中的一种全数据库范围的值，由于记录对数据库数据的改变顺序。每当提交数据库修改时，SCN 的值就会增加。

System data source(**系统数据源**)：在一台计算机上的本地数据源，可以被操作系统及特定的用户访问。

Systems analysis and design(**系统分析和设计**)：建立管理信息系统的方法论。

Systems development life cycle(**系统开发生命周期**)：用于开发管理信息系统的 5 阶段周期。

Table(**表**)：数据库中由行和列构造单元存放数据的结构，在关系数据库中也称为关系，虽然严格意义上只有符合特定的条件的表才能被称为关系。参见关系。

TableName. ColumnName syntax (TableName. ColumnName **语法**)：一种指定表中的列的语法。例如，CUSTOMER. LastName 表示 CUSTOMER 表中的 LastName 列。

Tabular data provider(**表数据提供者**)：一种 OLE DB 数据提供者，以行集的形式提供数据。

Ternary relationship(**三元联系**)：三个实体之间的联系。

Third normal form(**第三范式**)：一个关系是第二范式，且其中无传递依赖。

Three-tier architecture(**三层结构**)：一个由数据库服务器、Web 服务器、客户机组成的计算机系统。DBMS 在数据库服务器上，Web 服务器在 HTTP 服务器上，浏览器在客户机上。不同层上可以有不同的操作系统。

Time dimension(**时间维**)：维数据库中一个必要的维表，允许按时间分析数据。

Transaction(**事务**)：(1)一个原子事务；(2)商务领域中描述一个事件的一条记录。

Transaction isolation level(**事务孤立级**)：参见孤立级。

Transaction-level consistency(**事务级一致**)：在一个事务的全过程中，保护所有受事务中的任何 SQL 语句影响的记录不受其他事务的修改。维护这个级别的一致性的代价很高并可能降低系统的性能。这也意味着一个事务不能看见它自己做的修改。与语句级一致性不同。

Transact-SQL：由 Microsoft 提供的作为 SQL 服务器一部分的语言。它扩展了 SQL，加入了 while 循环、if-then-else 块等程序语言的控制结构。用于创建存储过程和触发器。有时又称为 T-SQL。

Transactional system：专用于诸如产品销售和订单这样的事务处理的数据库。它被设计为确保只有完整的事务被保存在数据库中。

Transitive dependency(**传递依赖**)：在包含至少三个属性的关系 R(A,B,C)中，A 决定 B，B 决定 C，但 B 不决定 A。

Tree(**树**)：一组记录、实体或其他数据结构，其中每个元素至多有一个双亲，顶端元素没有双亲。

Trigger(**触发器**)：当数据库中的数据满足特定条件时所激发的过程。例如，零件的 Quantity on-Hand 达到零(或某些其他值)时，订购零件的过程就被触发。

T-SQL：参见 Transact-SQL

Tuple(**元组**)：参见 Row。

Two-dashes(--)(**两划线**)：SQL Server 2008、Oracle 数据库 11 版以及 MySQL 5.1 中，指示存储过程或者触发器中的单行注释的符号。

Two-phase locking(**两阶段锁**)：锁的获得和释放分成两阶段进行的过程。锁在增长阶段获得，在减缩阶段释放。一个事务的锁一经释放将不再持有。它保证了并发处理环境中数据库更新的一致性。

Two-tier architecture(**两层体系结构**)：在基于 Web 的数据库处理环境中，Web 服务器和数据库管理系统运行在同一台计算机上。则浏览器算一层，Web 服务器和数据库管理系统所在的计算机算一层。

Type domain(**类型域**)：在 IDEF1X 中，定义为一个基本域或另一个类型域的子集的域。

Type-validXML document(**类型有效 XML 文档**)：一个符合其 DTD 的 XML 文档，对照非类型有效文档。

UML：参见统一建模语言。

Unary relationship(**单一实体的联系**)：一个实体自己与自己之间的联系。参考 recursive relationship。

Unified Modeling Language(**统一建模语言**)：用于建模和设计面向对象程序和应用的一组结构和技术。它同时提供了用于这种开发的方法学和一组工具。它包含了数据建模中的实体联系模型。

UNIQUE constraint：在 SQL 中，指定一个列中的值必须唯一的约束。

Unsupervised data mining(**不受监控的数据挖掘**)：一种数据挖掘，分析人员不预先建立模型或猜想，而是通过数据分析发现模型。

Updatable view(**可更新视图**)：可以被更新的 SQL 视图。这种视图通常很简单，允许更新的规则通常很严格。非可更新视图通常可以通过特定应用的 INSTEAD OF 触发器实现。

Update anomaly(更新异常)：在一个非规范化的表上，由于更新了一个值而没有更新这张表中另一个地方的同一个值而发生的数据错误。

UpdateCommand object(UpdateCommand 对象)：用于从一个 DataSet 把数据更新回 DBMS 的 ADO.NET DataAdapter 对象。

User(用户)：一个使用数据库的人。

User data source(用户数据源)：一个只对建立它的用户可用的 ODBC 数据源。

User-defined function(用户定义的函数)：是一个存储的 SQL 语句集合，由另一个 SQL 语句用名称进行调用，调用的 SQL 语句可能会有参数传递给它，它则返回输出值给调用的 SQL 语句。

User group(用户组)：一组用户。参见用户。

Variable：SQL Server 2008、Oracle 数据库 11 版以及 MySQL 5.1 中，必须由存储过程或者触发器计算或者赋值的一个值。

VBScript：一种可以在 Web 服务器和客户端应用程序中使用的易学的解释语言。

Virtualization(虚拟化)：通过让一台物理计算机作为多台虚拟机的宿主以便共享该物理计算机的硬件资源的技术。为此，实际的计算机硬件，现在称为宿主机，要运行一个称为虚拟机管理器或者监督器的应用程序。这个监督器创建和管理虚拟机并控制虚拟机和物理硬件之间的交互。例如，如果给虚拟机分配了2 GB的内存，则监督器就要负责确保分配了实际的物理内存并且虚拟机可以使用这些内存。

WAMP：运行在 Window 操作系统上的 AMP。参见 AMP。

Weak entity(弱实体)：实体联系模型中依赖于其他实体存在的实体。参见 ID-dependent entity(ID 依赖实体)和 strong entity(强实体)。

Web portal(Web 门户)：作为一个 Web 站点入口的一个 Web 页。它可能显示多个来源地信息，而且可能需要通过身份验证才能访问。

World Wide Web Consortium(W3C)：负责建立、维护、修订和发布包括 HTML、XML 和 XHTML 等 WWW 有关标准的团体。

Wwwroot folder(Wwwroot 文件夹)：微软 IIS Web 服务器上的 Web 站点的根目录。

x.. y cardinality format [UML](x.. y 基数格式[UML])：UML 的 E-R 图中表示最大和最小基数的语法格式。其中，x 记录最小的基数，而 y 记录最大的基数。

XHTML：可扩展超文本标记语言，按照 XML 格式完善标准重构的 HTML。

XML(Extensible Markup Language)(XML(可扩展标记语言))：一种标准的标记语言，明确区分结构、内容和实现。可以表示任意层次，因此可以传输任何数据库视图。

XML Namespaces(XML 名空间)：为定义的集合命名的一个标准。X:Name 被解释为在名空间 X 中定义的元素 Name。Y:Name 被解释为在名空间 Y 中定义的元素 Name。用于区别名称。

XML Schema(XML 模式)：一种与 XML 一致的语言，用于约束一个 XML 文档的结构，是对 DTD 的扩展和替换。目前正处于开发中，对数据库处理非常重要。

XPath：XSLT 中的一个子语言，用于定位 XML 文档中的一部分用于变换，也可用于计算和字符串操作，是 XSLT 的一部分。

XPointer：链接文档的一种标准。XPath 的许多元素来源于 XPointer。

XQuery：把数据库查询表达为 XML 文档的一个标准。查询结构使用 XPath，查询结果表达为 XML 格式。正在开发中，可能成为未来的重要标准。

XSL(XSLT Stylesheet)：XSLT 样式表。为 XSLT 转换 XML 文档提供{匹配，动作}对和其他数据。

XSLT(Extensible Style Language：Transformations)：可扩展样式语言的转换部分。把 XSLT 样式表应用于一个 XML 文档产生转换后的 XML 文档的一个程序或过程。